内蒙古植物志

（第三版）

第一卷

赵一之　赵利清　曹　瑞　主编

内蒙古人民出版社

2019·呼和浩特

图书在版编目（CIP）数据

内蒙古植物志 . 1-6 卷 / 赵一之，赵利清，曹瑞主编 . —3 版 . —呼和浩特：内蒙古人民出版社，2019.8（2020.5 重印）

ISBN 978-7-204-15321-3

Ⅰ . ①内… Ⅱ . ①赵… ②赵… ③曹… Ⅲ . ①植物志－内蒙古 Ⅳ . ① Q948.522.6

中国版本图书馆 CIP 数据核字（2018）第 060214 号

内 蒙 古 植 物 志 （1—6 卷）
NEIMENGGU ZHIWUZHI（1—6 JUAN）

丛书策划	吉日木图　郭　刚
策划编辑	田建群　刘智聪
主　编	赵一之　赵利清　曹　瑞
责任编辑	王　瑶　南　丁　李向东
责任监印	王丽燕
封面设计	南　丁
版式设计	朝克泰　南　丁
出版发行	内蒙古人民出版社
地　　址	呼和浩特市新城区中山东路 8 号波士名人国际 B 座 5 楼
网　　址	http://www.impph.cn
印　　刷	内蒙古爱信达教育印务有限责任公司
开　　本	889mm×1194mm　1/16
印　　张	50.75
字　　数	1300 千
版　　次	2019 年 8 月第 1 版
印　　次	2020 年 5 月第 2 次印刷
印　　数	501—3500 册
书　　号	ISBN 978-7-204-15321-3
定　　价	1080.00 元（1—6 卷）

图书营销部联系电话：（0471）3946267 3946269
如发现印装质量问题，请与我社联系。联系电话：（0471）3946120 3946124

FLORA INTRAMONGOLICA

EDITIO TERTIA
Tomus 1

Redactore Principali:Zhao Yi-Zhi   Zhao Li-Qing   Cao Rui

TYPIS INTRAMONGOLICAE POPULARIS

2019·HUHHOT

《内蒙古植物志》（第一版）编辑委员会

主　　编：马毓泉

副　主　编：富象乾　陈　山

编 辑 委 员（以姓氏笔画为序）：

　　　　马恩伟　马毓泉　王朝品　朱宗元　刘钟龄　孙岱阳　李　博

　　　　杨锡麟　陈　山　音扎布　徐　诚　温都苏　富象乾

《内蒙古植物志》（第二版）编辑委员会

主　　编：马毓泉

副　主　编：富象乾　陈　山

编 辑 委 员（以姓氏笔画为序）：

　　　　马恩伟　马毓泉　王朝品　朱宗元　刘钟龄　李可达　李　博

　　　　杨锡麟　陈　山　周世权　音扎布　温都苏　富象乾

办公室主任：赵一之

办公室成员：马　平　曹　瑞

说明

　　本书是在内蒙古大学和内蒙古人民出版社的主持下，由国家出版基金资助完成的。在研究过程中，得到国家自然科学基金项目"中国锦鸡儿属植物分子系统学研究"（项目号：30260010）、"蒙古高原维管植物多样性编目"（项目号：31670532）、"黄土丘陵沟壑区沟谷植被特性与沟谷稳定性关系研究"（项目号：30960067）、"脓疮草复合体的物种生物学研究"（项目号：39460007）、"绵刺属的系统位置研究"（项目号：39860008）等的资助。

　　全书共分六卷，第一卷包括序言、内蒙古植物区系研究历史、内蒙古植物区系概述、蕨类植物、裸子植物和被子植物的金粟兰科至马齿苋科，第二卷包括石竹科至蔷薇科，第三卷包括豆科至山茱萸科，第四卷包括鹿蹄草科至葫芦科，第五卷包括桔梗科至菊科，第六卷包括香蒲科至兰科。

　　本卷记载了内蒙古植物区系研究历史、内蒙古植物区系概述、蕨类植物、裸子植物和被子植物的金粟兰科至马齿苋科，计37科（其中包括石松科、木贼科、铁角蕨科、水龙骨科、松科、柏科、麻黄科、杨柳科、蓼科、藜科等）、92属、342种，另有4栽培属、36栽培种。内容有科、属、种的各级检索表及科、属特征；每个种有中文名、别名、拉丁文名、蒙古文名、主要文献引证、特征记述、生活型、水分生态类群、生境、重要种的群落成员型及其群落学作用、产地（参考内蒙古植物分区图）、分布、区系地理分布类型、经济用途、彩色照片和黑白线条图等。在卷末附有本卷的植物蒙古文名、中文名、拉丁文名对照名录及全书的中文名总索引和拉丁文名总索引。

　　本卷编写者分工如下：

第三版序言（一）……………………………………………………………洪德元
第三版序言（二）……………………………………………………………刘钟龄
第三版前言……………………………………………………赵一之　赵利清　曹瑞
内蒙古植物区系研究历史………………………………………………朱宗元　赵一之

内蒙古植物区系概述……………………………………………………………刘钟龄　赵一之

蕨类植物、裸子植物和被子植物的金粟兰科至马齿苋科……………赵一之　赵利清　曹瑞

蒙古文名及蒙古文名、中文名、拉丁文名对照名录…………………哈斯巴根　乌吉斯古楞

　　书中彩色照片除署名者外，均为赵利清在野外实地拍摄，黑白线条图主要引自第一、二版《内蒙古植物志》。此外，还引用了《中国高等植物图鉴》《中国高等植物》《东北草本植物志》及 Flora of China 等有关植物志书和文献中的图片。

　　本书如有不妥之处，敬请读者指正。

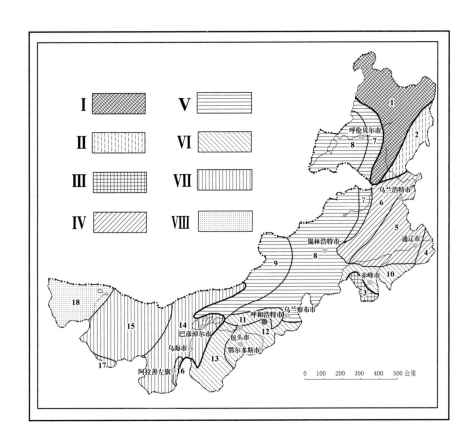

内蒙古植物分区图

Ⅰ. 兴安北部省   6. 兴安南部州   13. 鄂尔多斯州

 1. 兴安北部州   Ⅴ. 蒙古高原东部省 Ⅶ. 阿拉善省

Ⅱ. 岭东省   7. 岭西州   14. 东阿拉善州

 2. 岭东州   8. 呼锡高原州   15. 西阿拉善州

Ⅲ. 燕山北部省   9. 乌兰察布州   16. 贺兰山州

 3. 燕山北部州   Ⅵ. 黄土丘陵省   17. 龙首山州

Ⅳ. 科尔沁省   10. 赤峰丘陵州   Ⅷ. 中央戈壁省

 4. 辽河平原州   11. 阴山州   18. 额济纳州

 5. 科尔沁州   12. 阴南丘陵州

目　录

第三版序言（一）

　　《内蒙古植物志》在 30 年前出了第一版，1985～1998 年完成了第二版，现在我们又欣喜地看到了第三版，它对第二版作了重要的修订。我首先向赵一之、赵利清和曹瑞三位教授表示祝贺。他们已在前言中清楚地阐述了对第二版作出修订和出版第三版的必要性。第三版增加了12 科、53 属、320 种，补充了新的内容，修正了第二版中的错误和瑕疵。第三版《内蒙古植物志》以更丰富而充实的内容、更高水平的科学性奉献给广大读者，可喜可贺。

　　我国绝大多数省（市）都有了自己的植物志书，但也有的省连第一版植物志书尚未完成，而《内蒙古植物志》已出了第三版，可见内蒙古的植物学家在这方面起了表率作用。

　　《内蒙古植物志》，顾名思义，是内蒙古植物的大全。植物与人类的生存和日常生活息息相关。《内蒙古植物志》的第一、二版为内蒙古植物资源的合理开发和利用，为生物多样性保护和生态文明建设发挥了重要作用。我相信这也是出版、修订第三版的动力。内蒙古地域辽阔，从东北部的森林、草甸草原，中部的干草原和半荒漠，到西南部典型的荒漠，其地理环境和生物种类多种多样，但同时也很脆弱。对内蒙古地区来说，生态保护再怎么强调也不为过，植物资源的开发利用也要特别讲究科学性和合理性。我相信，《内蒙古植物志》第三版会在这两方面起到更大的作用。

　　我国植物分类学的发展历程只有欧洲的三分之一。比起欧洲来，我们的植物分类学还有很长的路要走。衡量一部植物志的水平在于对物种的认识，在认识物种的变异、特性和种间关系的基础上对物种作出科学、自然的划分。我希望内蒙古的植物学家再接再厉，在不断提高植物志书的科学水平上做出表率。

中国科学院院士

世界科学院（TWAS）院士　　洪德元

中国植物学会名誉理事长

2015 年 12 月 5 日

A Preface (I) to the Third Edition

Flora of Inner Mongolia was published thirty years ago as its first edition and the second edition was launched in 1998. Now we delightedly witness its third edition, which made an important revision for the second edition. I'd like to express my congratulations to the three professors Zhao Yizhi, Zhao Liqing and Cao Rui, who had elaborated clearly the necessity of the revision of the second edition and completion of the third edition. In the third edition, there added 12 families, 53 genera, 320 species, new contents and corrected the mistakes and flaws in the second edition. It's gratifying that *Flora of Inner Mongolia* in the third edition will present readers more abundant and substantial contents at a much higher scientific level.

In China, the majority of provinces or cities have already owned their *Flora* and there are also some provinces have not finished the first edition flora yet. While *Flora of Inner Mongolia* is the first one that has its third edition, which can be seen that the Inner Mongolian botanists take the lead in this area.

Flora of Inner Mongolia, just as its name implies, is an encyclopedia of Inner Mongolian botany. The plant is closely related to human survival and daily life. It is believed that the first and second editions of *Flora of Inner Mongolia* played a vital role in the reasonable development and utilization of plant resources of Inner Mongolia and in the protection of biodiversity and the construction of ecological civilization. I think that is the impetus to publish the third edition. Inner Mongolia has vast expanse of fertile land, with forest and meadow prairie in the northeast, dry steppe and semidesert in the middle and typical desert in the southwest. The geographical environment and biodiversity are varied but meanwhile it is very fragile. As for Inner Mongolia, we cannot emphasize too much the importance of protecting the ecology. The development and utilization of plant resources should be especially paid attention to the scientific nature and rationality. I hold a view that *Flora of Inner Mongolia* in the third edition will play bigger role in these two aspects.

The developing course of plant taxonomy in China is only one third of that of Europe. Compared with Europe, our plant taxonomy still has a long way to go. To measure the level of a flora lies in the understanding of species and scientific and natural division of species on the basis of knowing the variation characteristics of species and interspecific relationship. I hope Inner Mongolian botanists will make persistent efforts and take a lead in constantly improving the scientific level of flora.

Hong Deyuan
Academician of Chinese Academy of Sciences
Academician of the Third World Academy of Sciences (TWAS)
Honorary President of China Botanical Society

第三版序言（二）

内蒙古自治区位于我国北部边陲，其地域环境和森林、草原与荒漠区的生态系统及生物的多样构成了我国北方重要的生态安全屏障，也是我国重要的绿色农牧林业产品基地和民族文化特色旅游区。生物多样性是新型产业体系建设中的一项可持续利用的重要资源，亦是经济、社会、文化发展中不可缺少的基本物质保障。

《内蒙古植物志》是关于内蒙古植物区系、植物地理、植物生态和植物资源的一部综合性科学专著，是我国老一辈植物学家李继侗先生首先倡导并作出具体安排的重大科学项目。李先生要求内蒙古的植物学工作者首先用 10 年时间调查和采集内蒙古的植物标本并建立生物标本馆，再在基本完成植物调查采集的基础上，着手编写《内蒙古植物志》。

按照这一计划，从 1958 年起，由内蒙古自治区科技委员会和内蒙古大学主持，先后组织内蒙古百余名植物学者和生物学专业的学生对内蒙古的植物进行调查和采集。同时期，中国科学院、北京大学和内蒙古各高校及农林等部门也进行了多次科学考察。他们共同为《内蒙古植物志》的编写提供了丰富的标本和资料，从而奠定了良好的基础。

1977 年，在多年来全面采集植物标本和大量研究工作的基础上，内蒙古自治区科技委员会组织并资助内蒙古的植物学者编写《内蒙古植物志》。根据研究和编写工作的进度与分工，决定分八卷陆续出版。从 1977 年到 1985 年，这八卷陆续出版，是为第一版。这表明约占我国八分之一国土面积的植物区系组成已基本查明。这是内蒙古植物科学史上完成的第一部植物志书，在生产、教学和科学研究上得到了广泛应用，并为当时编写《中国植物志》提供了相关资料，在国际交流中也获得了好评。

鉴于《内蒙古植物志》第一版在编写第二、三、四卷期间（1977～1979 年），内蒙古自治区的行政区划不包括通辽市、赤峰市、呼伦贝尔市、兴安盟和阿拉善盟，致使第一版未曾载录大兴安岭林区和阿拉善荒漠区的植物。因此编委会和全体作者决定再接再厉，编写《内蒙古植物志》第二版。

1989 年至 1998 年，《内蒙古植物志》第二版各卷陆续出版，较第一版增加了 8 科、78 属、483 种植物，强化了重点科属的研究，并发表了一系列新种属，还增写了《内蒙古植物区系研究历史》一章，让《内蒙古植物志》的学术水平全面提高到 20 世纪的新水平。

《内蒙古植物志》第一版和第二版的出版，都是由内蒙古人民出版社全力支持，并作为重点图书出版的。

　　《内蒙古植物志》第二版出版以后至今的 20 年来，以赵一之、朱宗元为代表的内蒙古多位植物学家又进行了大量的考察、采集和研究工作，取得了一批创新性成果。如赵一之的《内蒙古维管植物》，赵一之、赵利清的《内蒙古维管植物检索表》和朱宗元、梁存柱等人的《贺兰山植物志》以及大量的植物学新文献，都对《内蒙古植物志》第二版作了重要增补和提升，为《内蒙古植物志》第三版的出版奠定了扎实的基础。

　　值此内蒙古自治区成立 70 周年之际，内蒙古人民出版社在国家出版基金的支持下出版《内蒙古植物志》第三版，这也是在实现"两个一百年"奋斗目标的新时期，内蒙古的植物学者应当完成的一项重要的科学创新任务。

　　当今，现代植物科学在理论、方法与成果上已有许多重大发展。2004 年，《中国植物志》（80 卷）已全部出版，《中国高等植物》（13 卷）和 *Flora of China*（25 卷）也相继于 2009 年和 2013 年全部出版。在我国植物学的重大成果集中问世的形势下，《内蒙古植物志》第三版也应时出版。目前，全书的文稿、图版与彩色照相已全部完成，较第二版增加了 12 科、53 属、320 种，拉丁学名改动了 17 属、330 种，又新发现了 2 新属、76 新种。这是对《内蒙古植物志》第二版的全面修订、增补和提高，达到了 21 世纪的全新水平。

　　《内蒙古植物志》第三版共收载野生植物 2619 种（分属于 144 科、737 属），也编入了在内蒙古可以稳定地完成开花结实周期或安全越冬的栽培植物 178 种，涵盖近 20 年来国际植物学和内蒙古植物区系深入研究的新成果。

　　综观《内蒙古植物志》三版的相继出版，充分显示了内蒙古的植物科学研究已跻身于国内外的先进行列。同时，第三版的出版也为内蒙古自治区成立 70 周年增添了一抹绚丽的色彩。

刘钟龄

2016 年 4 月 14 日

A Preface (II) to the Third Edition

The Inner Mongolia Autonomous Region is located in the northern frontier of China, and its regional environment and the ecological system and biodiversity of forest, grassland and desert area constitute the important ecological security barrier in the north of China and it is also an important green agriculture, animal husbandry and forestry products base and a tourist area with national cultural characteristics in China. The diversity of flora in Inner Mongolia is an important resource for sustainable utilization of new industrial system, and it is an indispensable basic material guarantee in the development of economy, society and culture.

Flora of Inner Mongolia is a comprehensive scientific treatise on the flora, plant geography, plant ecology and plant resources of Inner Mongolia and it is a significant scientific project first advocated and made specific arrangements by Li Jitong, the elder generation of botanists in China. Prof. Li demanded that in the first ten years, the botany workers of the Inner Mongolia investigate and collect plant specimens from the whole area and then construct the Museum of Biological Specimens and on the basis of completing the investigation and collection of plants, they begin to compile *Flora of Inner Mongolia*.

According to the plan, since 1958, presided over by the Science and Technology Commission of the Inner Mongolia Autonomous Region and Inner Mongolia University, hundreds of botanists and biology-majored students have been organized to undertake an ongoing survey and collection of plants in Inner Mongolia. During the same period, the Chinese Academy of Sciences, the Peking University and the universities in Inner Mongolia and the Department of Agriculture and Forestry have carried out many scientific investigations. It has provided abundant specimens and materials for the compilation of the *Flora of Inner Mongolia* and thereby laid a good foundation.

Upon the time of China's scientific spring approaching in 1977, based on years of work of comprehensive botany workers collecting plant specimens and a lot of research work organized and subsidized by the Science and Technology Commission of the Inner Mongolia Autonomous Region, the compilation of *Flora of Inner Mongolia* was launched. According to the progress and division of work of research and editing, the decision was made to publish it in 8 volumes successively, and from 1977 to 1985, the 8 volumes of the book were published as the first edition. This shows that the floristic composition of about 1/8 of China's land area has been basically ascertained. This is the first flora recorded in the history of plant science in Inner Mongolia. It is widely used in production, teaching and scientific research. It provided relevant data for the work of compiling the *Flora of China* at that time. It also received favorable comments in the international exchanges.

In view of the first edition of *Flora of Inner Mongolia*, during the period of editing the second, third and fourth volumes (1977~1979), the administrative divisions of the Inner Mongolia Autonomous Region did not include Tongliao, Chifeng, Xing'an League and Alxa League, resulting in the lack of many plants in Greater Khingan Range Forest Region and Alxa desert area. Therefore, the editorial board and all the authors are determined to make persistent efforts to make efforts to reedit the second edition of the *Flora of Inner Mongolia*.

From 1989 to 1998, the second edition of the *Flora of Inner Mongolia* was completed and published. Compared with the first edition, it adds 8 families, 78 genera and 483 species of plants, strengthens the study of key families and categories, publishes a series of new species, adds a chapter of research of *Flora of Inner Mongolia* and further unifies the edited style in the second edition. All in all, *Flora of Inner Mongolia* was thus raised to a new level in the 20th century.

The first and second editions of the *Flora of Inner Mongolia* are all supported by the People's Publishing House of Inner Mongolia and published as the key books of the press.

Since 20 years after the publication of the second edition of *Flora of Inner Mongolia*, botanists represented by Zhao Yizhi and Zhu Zongyuan continued to carry out a great deal of investigation, collection and research work and achieved a number of innovations, for example, *Vascular Plant of Inner Mongolia* written by Zhao YiZhi, *Vascular Plant Index of Inner Mongolia* by Zhao Yizhi and Zhao Liqing, *Flora of Helan Mountain* compiled by Zhu Zongyuan and Liang Cunzhu and a large number of new botanical literature made important additions and improvements to the second edition of *Flora of Inner Mongolia* and laid a solid foundation for the third edition of *Flora of Inner Mongolia*.

Upon the time of celebrating the 70th anniversary of the founding of the Inner Mongolia Autonomous Region, under the support of national publishing fund, the third edition of *Flora of Inner Mongolia* is set to be published. This requires botanists in Inner Mongolia to complete an important scientific innovation task in a new period to realize the Two Centenary Goals of China.

Nowadays, modern plant science has made great progress in theory, method and result. By 2004, a total of 80 volumes of the *Flora of China* had been published. A total of 13 volumes of *Chinese Higher Plants* and 25 volumes of *Flora of China* in English were published in 2009 and 2013. Under the circumstances that the great achievements of botany have come out in China, the third edition of the *Flora of Inner Mongolia* will be published soon. At present, the manuscript, plate and color photography of the whole book have been all completed. Compared with the second edition, 12 families, 53 genera and 320 species have been added and 17 genera and 330 species of Latin names have been changed; 2 new genera and 76 new species have been found. This is a comprehensive revision, addition and enhancement of the second edition of the *Flora of Inner Mongolia*, reaching a new level in the 21st century.

The third edition of *Flora of Inner Mongolia* has recorded 2,619 species of wild plants (belonging to 144 families and 737 genera), also incorporated 178 cultivated plants in Inner Mongolia which can complete the blooming period stably and pass winter safely. It also includes the whole-new results of international botany and in-depth study of Inner Mongolian flora in recent 20 years.

In view of the successive publication of the three editions of the *Flora of Inner Mongolia*, it has fully demonstrated that Inner Mongolia has been among the advanced ranks both at home and abroad in the field of plant sciences, adding brilliant splendor for the 70th anniversary of the founding of the Inner Mongolia Autonomous Region.

Liu Zhongling

April. 14. 2016

第一版序言

  《内蒙古植物志》自 1977 年陆续出版以来，经过该志编委会全体编写者的共同努力，已于今年年底全部交稿，明年即可全部出版。全书共 8 卷，总计 400 多万字，附图版 1036 幅，系统记载了内蒙古自治区所产几乎全部维管束植物，共 131 科、660 属、2167 种。该书内容丰富，图文并茂，是我国植物科学中的一项重要科研成果，值得庆祝！

  特别应该指出的是，《内蒙古植物志》为祖国边疆少数民族地区的科学文化宝库增加了崭新的内容，为合理开发利用边疆植物资源，发展农、林、牧业生产和改善环境事业提供了基础科学资料，同时对提高植物教学科研水平和进一步研究亚洲大陆的植物区系和植物地理具有十分重要的学术意义。

  中华人民共和国成立以后，党和国家对科学事业非常重视。自 1959 年起，在中国科学院的领导、支持和组织下，全国植物分类学工作者共同协作，着手编写《中国植物志》。由于工作量大，至今已完成初稿及出版的志书，仅到全书 80 卷的一半，尚须数年努力方能全部完成。至于各省（区）市植物志书的编写则由各省（区）市分别进行，广州、海南、北京、江苏、湖北、四川、云南、贵州、西藏、广西、河北等省（区）的植物志书及《东北木本植物图志》《东北草本植物志》《秦岭植物志》正在编写，但到今年除《海南植物志》《江苏植物志》和《北京植物志》三部出齐以外，其余各省（区）市的志书大部分尚在编写或付印中。试就各省（区）市的植物志书出版情况进行比较，《内蒙古植物志》不论在速度上和质量上，都占着优先的地位。

  这些成就应归功于内蒙古自治区党委和科委领导的亲切关怀与大力支持，归功于内蒙古十多所大专院校和农、林、医、畜等科研单位科学工作者的积极参加和团结协作，特别是内蒙古大学生物系在组织协调和规划设计等方面起到的十分重要的带头作用，保证了编写工作的顺利进行，按时完成了全书的编写任务。

  《内蒙古植物志》具有许多优点和特点，值得指出的是：其一，注意发扬地区特色，如对每一种植物的蒙古文名称、地方别名以及在本区的生态环境、生态特性等都进行了准确和详细的描述；其二，注意调查植物的经济价值，如对药材、牧草、饲料、林木、薪炭、蔬菜、果树以及轻工业原料等方面的利用价值都进行了简要的记载和评价；其三，所有科、属、种的描写均能简明扼要、通俗易懂，检索表引用显明性状，便于鉴定。如此，志书将在普及植物分类学知识、解决植物命名问题上起到良好的推动作用。

  当然毋庸讳言，由于历史的原因，本书在编写规格和图文质量上存在前后各卷不一致的缺陷。例如 1979 年中央决定恢复内蒙古自治区 1969 年以前的行政区划范围，故而本志应把产地分布在东四盟（今通辽市、赤峰市、呼伦贝尔市及兴安盟）和阿拉善盟的种类收容进来，特别是先出的二、三、四卷必须增补这部分内容。早期有些种类遗漏者，有些图版插图不完善者，有些未曾引用原始文献者，都可借再版的机会补充修正，力求全书的统一与完整。并在八卷之后，建议增编全书的科名、属名和种名的总索引，以便植物学工作者检查利用。

总之，《内蒙古植物志》是一部成功的科学著作，具有许多优点和特点，值得我们植物分类学工作者学习和借鉴。祝贺之余，特表敬意！

《中国植物志》主编　俞德浚

1984 年 12 月 20 日

集中国草原植物之大成

为内蒙古农林牧各业的

发展服务。

为内蒙古植物志第二版题

吴征镒 一九九六

六月十日

第二版序言

我国近代植物分类学的研究在 20 世纪初才起步，到1949 年新中国成立的三十余年间，主要从事筹建研究机构，进行标本采集、一些专科专属的研究工作等，地区植物志书的编写工作甚少开展。可以说，这个时期是我国近代植物分类学开始的一个准备阶段。新中国成立后，从 20 世纪50 年代中期到 60 年代初，先后出版了《东北树木图志》《广州植物志》《陕甘宁盆地植物志》《江苏南部种子植物手册》《东北植物检索表》《北京植物志》《海南植物志》（二卷）等，这些著作的问世揭开了我国地区植物志书编写工作的序幕。1969 年至 1970 年，全国范围内掀起了一个中草药普查的热潮。在这个热潮中，鉴定了大量的中草药植物标本，植物分类学研究工作得到了促进。在"文化大革命"后期，当中草药普查工作尚未完全结束时，编写地区植物志书的热潮兴起了，这个热潮来势颇为迅猛，且至今不衰。在这近 20 年的时间中，我国多数省区都出版了自己的植物志、检索表或名录等著作。在这大量的地区植物志中，《内蒙古植物志》是突出的一部。

为编写《内蒙古植物志》，1976 年成立了内蒙古植物志编写组，1981 年扩大为内蒙古植物志编辑委员会。在建立了编写班子之后，编委们和全体作者立即投入了紧张的组织和编写等工作中，全书八卷从 1977 年到 1985 年以相当快的编写速度先后完成并出版，共收载内蒙古维管束植物 2167 种，图版有 1036 幅之多。这部图文并茂、内容丰富的著作，正如其序言作者，已故世的我国著名植物分类学家俞德浚教授指出的，为合理开发、利用边疆植物资源，发展农、林、牧业生产提供了基础科学资料，同时，对植物学教学和亚洲大陆植物区系的研究具有十分重要的意义。1979 年，内蒙古自治区行政区划的范围发生变动，较前扩大。内蒙古植物志编委会针对这一情况很快作出进行《内蒙古植物志》第二版编写工作的决定。和第一版一样，第二版的编写工作仍以较快的速度进行，从 1986 年到 1994 年的八年中，全书五卷先后完成并出版，收载了内蒙古自治区维管束植物 2442 种，图版增加到 1225 幅。在第二版中，对全部植物种类都引证了原始文献和有关的少量重要文献和异名，这为内蒙古和其他省区的研究者提供了重要资料，有利于内蒙古植物志以后再版的编写和内蒙古植物区系的进一步研究。这样，新的一版在质量上和种类的数量上均比第一版有明显提高。在较短的十七年中，一部植物志书竟编写两版之多，这是很罕见的情况。内蒙古的同行们对事业的高度认真负责态度，对编写工作精益求精的钻研精神以及整个编写工作的跃进速度，都给我留下了极为深刻的印象，我谨在此向他们表示由衷的钦佩和敬意。

我们看到，近 20 年来，在地区植物志大量出版的同时，我国还出版了《中国植物志》70 余卷册，因此，这一时期是我国编写植物志书的一个高潮。在我国植物分类学研究历史还不足 80 年的较短时间中，能从无到有，做出如此众多的成果，实令人欢欣鼓舞。近年问世的大量志书为开发、利用我国丰富的植物资源和研究我国植物区系等方面提供了极为宝贵的基础资料，对我国的经济建设和植物学的进一步发展必将产生深远的、积极的重要影响。

由于我国近代自然科学的研究历史较短，因此有必要了解一下世界的情况。从全世界看，在编写植物志书方面最先进的当属欧洲。据英国 Reading 大学 V. H. Heywood 教授（1978 年）所言，在 17 世纪，M. J. Quer 已编出巨著 *Flora Espanola*（《西班牙植物志》），以后，到了 18 世纪，林奈的 *Species Plantarum*（《植物种志》）和欧洲其他国家的植物志陆续出版。欧洲编写植物志的最盛时期在 19 世纪，在这一世纪中，欧洲各国出版的植物志有数百种之多。我在 1991 年 6 月得到一次机会访问了著名的英国 Kew 皇家植物园的标本馆，在其图书馆（可能是世界上收藏植物分类学著作最全的图书馆）中，我看到了大量的欧洲植物志书籍，其编写格式多种多样，有大部头百科全书式的，有袖珍手册式的，描述内容或繁或简，插图数量有多有寡，或为黑白线条图，或为彩色图，形式五彩缤纷，洋洋大观。看到这千余种在近四个世纪中由千余位欧洲植物分类学者辛勤编写的志书，令我惊叹不已，同时也使我看到我们的志书和欧洲志书之间存在不小的差距。写到这里，我回忆起 1963 年在北京召开的一次《中国植物志》编委会的扩大会议上俞德浚教授的重要发言，俞教授提出了编好《中国植物志》的四项指标：（一）种类齐全，（二）鉴定正确，（三）描述正确，（四）检索表好用。出席那次会议的我国植物分类学界的第一代全部教授和第二代的多数教授都对俞教授的发言表示赞许。在植物志的编写工作方面，会牵涉许多问题，譬如，标本采集的质量和数量问题，属、种的划分问题等，不过，上述四个指标的确是编好《中国植物志》以及地区植物志的关键。我想，近几十年出版的 *Flora Europaea*（《欧洲植物志》），*Flora U.S.S.R.*（《苏联植物志》）等欧洲著作，大概都达到了或基本上达到了这些标准。回头来看我国的情况。根据我过去搞过的一些科、属研究的经验，要达到上述标准，殊非易事。其原因不少，我想，这主要是因为我国的生物学调查采集（exploration）阶段至今尚未完成。我国幅员辽阔，虽然百余年来不少地区得到调查，但是还有不少空白地区尚待调查、研究。这种情况就直接影响到"种类齐全"这一指标。其次，不少模式标本收藏在国外的诸多标本馆中，难于查阅，这常会给实现"正确鉴定"这一指标造成困难。除了上述两点之外，可能还有文献收集、标本借阅等其他方面的困难，这些都给志书编写工作的开展和质量带来或大或小的影响。所以，为了赶上编写志书的国际水平，为了编写出为生产、科研、教学等方面便于利用的、多种多样的、高水平的植物志书籍，我们还要继续做出不懈的努力。

中国科学院院士　中国科学院植物研究所研究员　王文采

1994 年 2 月 24 日

第二版前言

自《内蒙古植物志》第一版（1～8卷）（1977～1985年）出版以来，为农、林、牧、医药、花卉、轻工、环保及大专院校的科研、教学和生产等部门所广泛使用，且受到国内外同行的一致好评。然而第一版的2～4卷，由于后来行政区划的变动，未能将本区东部四个盟市（今通辽市、赤峰市、呼伦贝尔市及兴安盟）、西部一个盟（阿拉善盟）的植物种或某些种的分布包括在内；其次，2～4卷受"文化大革命"历史影响，缺少种的文献引证，不符合国际上种的描述形式与规范；第三，少数种因考证或鉴定不准，还存在一些错误。鉴于此，很有必要出版第二版来修订其中之不足。况且，第一版出版后的多年来，内蒙古植物分类和区系研究迅速发展，不仅植物标本采集又有了新的补充，而且随着多种学科的相互渗透以及新技术的应用，孢粉分析、细胞染色体分类、数量分类、分支分类、遗传繁育系统分析等现代植物分类的多种方法均已开展，专科专属的区系、分类、研究越来越深入、广泛。同时，本版作者还参加了由中国科学院院士、著名植物学家吴征镒主持的"中国种子植物区系研究"的国家自然科学基金重大研究项目，对内蒙古草原植物区系进行了全面的系统分析。如此等等，内蒙古的植物分类研究更为深入。在此基础上，现正在出版的第二版《内蒙古植物志》（1989～1997年），种数已增加到2442种，所有植物种都有了文献引证和补充，修改了一些种的错误鉴定，增加了不少种的产地和分布描述，特别是对内蒙古植物区系研究历史和内蒙古植物区系分析做了大量修改和新的补足，使之焕然一新。第二版无论在数量上还是在质量上都较第一版有了明显的提高。《内蒙古植物志》第二版共5卷，约500万字，附图1225幅，记载了134科、681属、2270种植物以及70属、172种栽培植物。

两版《内蒙古植物志》的出版是在内蒙古自治区科学技术委员会和内蒙古自治区教育厅的领导与资助下完成的，出版中得到内蒙古人民出版社的鼎力支持，对此深表谢意。

两版《内蒙古植物志》整整用了20年的时间，有40多位编写者为此献出了他们的聪明才智和毕生精力。如今全治国、曾泗弟、朱亚民、孙岱阳、郭新清、吴高升、陈忠义已经去世，对他们谨表深切怀念和敬意。

需要声明的是，这样一部大型著作，由于水平所限，错误和不足在所难免，真诚地希望读者不吝指正，以便补充修改。

本卷，即《内蒙古植物志》第二版第一卷包括内蒙古植物区系研究历史、内蒙古植物区系概述、蕨类植物门（17科，28属，62种，4变种，1变型）、裸子植物门（3科，7属，25种，2变种），并附图版 40 幅、附图 32 幅。内容有科、属、种的各级检索表，每个种有中文名、蒙古文名、别名、拉丁文名、主要文献引证、特征记述、生态生物学特性、生境、植物州（参考内蒙古植物分区图）、产地、分布、经济用途、染色体计数和插图。在卷末附有第 1～5 卷的植物中文名和拉丁文名的总索引。

本卷由内蒙古大学马毓泉、刘钟龄、雍世鹏、赵一之、吴庆如、白学良、梁存柱，内蒙古林学院马恩伟，内蒙古林业科学院童成仁，内蒙古乌兰察布盟（今乌兰察布市）科学技术委员会朱宗元等人编写。此外，内蒙古医学院罗布桑和内蒙古药品检验所徐嫦担任药用植物药效部分的编审工作，内蒙古师范大学音扎布参与拟定植物种的蒙古文名的工作，内蒙古大学马平、张海燕、田虹参与绘图工作，苏德毕力格参与资料统计工作。

值得提到的是马毓芳女士是主编马毓泉之姐，她曾在台湾救灾总署工作，退休后侨居美国加利福尼亚州。她虽身在外国，但心念祖国，捐款人民币壹万元资助《内蒙古植物志》第二版的出版，特此致谢。

内蒙古植物志编委会

1997 年 12 月 3 日

第三版前言

　　内蒙古自治区位于祖国北疆，面积约118.3万平方公里，有着丰富的天然草原、荒漠和森林植被及各类草甸、沼泽和水生植被。由于生态环境保护和经济建设的迫切需要，《内蒙古植物志》第一版（1～8卷）（1977～1985年）和第二版（1～5卷）（1989～1998年）出版后，很快成为有关科研、教学、生产和管理部门的重要参考用书，极大地促进了内蒙古植物科学及其相关学科的发展，也受到了国内外学术界的普遍关注和赞赏。

　　20世纪90年代至21世纪初，由于新技术、新方法的广泛应用，世界植物分类学研究得到了飞速发展。在我国，《中国植物志》（1～80卷）（1959～2004年）、《中国高等植物》（1～13卷）（1998～2009年）和 *Flora of China*（1～25卷）（1994～2013年）陆续出版，另有许多论文和著作发表和出版。这些为研究内蒙古植物科学提供了新的基础材料。

　　在近20年的研究中，我们发现《内蒙古植物志》第二版中有不少种类需要增补，许多学名需要修正，许多种的原文献引证及产地分布需要补充或修正，还有很多新采集到的种类需要增加，所以《内蒙古植物志》第三版应运而生。

　　第三版对第二版进行了全面的修订和增补，为方便查找和鉴定植物，第三版对第二版中确认的种在原文献引证之后都增加了第二版的文献引证；凡第二版中错误的学名都用"auct. non"加以标注；新增加的种在原文献引证之后一般都要引用一篇主要参考文献；凡第二版中学名变动（即不合法名）的种均以异名的方式处理，且引证第二版；凡第二版已作出正确处理的异名及其文献引证，本书一般不再重复引用；凡不能在室外越冬的栽培花卉，本书不再予以收载。内蒙古的产地基本上以《内蒙古植物分区图》中的18个州加以记载，如果不在州中普遍分布，则在其后的括号里列出分布地区，个别的种会指出具体分布地点。

　　本书收载内蒙古野生维管植物144科、737属、2619种，另有栽培植物1科、63属、178种（如果1种植物在内蒙古没有正种分布，只有亚种或变种或变型，按1种统计；如果1种植物不仅有正种分布，其下还有若干亚种、变种或变型，仍按1种统计）。内容有科、属特征及科、属、种的各级检索表；每个种的描述包括中文名、别名、拉丁文名、主要文献引证、性状描述、生活型、水分生态类群、生境、重要种的群落成员型及其群落学作用、产地、分布、区系地理分布类型、经济用途、彩色照片及黑白线条图等。在每卷卷末附有植物的蒙古文名、中文名、拉丁文名对照名录及中文名索引、拉丁文名索引，第一卷卷末附有全书的中文名总索引和拉丁文名总索引。遇有新的分类群，则进行拉丁文特征描述、中英文描述，并插入新种的图片等。除蕨类植物按秦仁昌系统排列外，其他植物类群全部按恩格勒系统排列，但把目前植物分类学界公认的大麻科 *Cannabaceae*、五味子科 *Schisandraceae*、芍药科 *Paeoniaceae*、紫堇科 *Fumariaceae*、菟丝子科 *Cuscutaceae*、白刺科 *Nitrariaceae*、骆驼蓬科 *Peganaceae*、睡菜科 *Menyanthaceae*、菖蒲科 *Acoraceae*、角果藻科 *Zannichelliaceae*、水鳖科 *Hydrocharitaceae* 予以确认，此外还新增了粟米草科 *Molluginaceae* 和在内蒙古只有 1 个栽培种的漆树科 *Anacardiaceae*。

与《内蒙古植物志》第二版相比，本书新确认了野生维管植物 11 科（排除了第二版中的木兰科 *Magnoliaceae* 和茨藻科 *Najadaceae*），另外新增加野生维管植物 1 个新分布科、53 属、320 种（亚种或变种），改动拉丁学名 17 属、330 种（亚种、变种、变型，其中包含第二版中定错了的种或变种和错误发表的新种或新变种），合并 3 属、141 种（亚种、变种、变型）；增加了第二版之后发现的 1 新族、2 新属、3 新亚属、2 新组、43 新种、20 新组合种、7 新变种、6 新组合变种，还比较全面地为每个种插入彩色照片，补充和替换了部分种的黑白线条图，编制了新的各级分类群的检索表，补齐了第二版中漏掉的基本异名及其原文献引证，更改了很多种名的原始文献名称写法，纠正了不少图版的错误标记和图号，补充了一些种的群落生态学描述。此外，鉴于植物区系地理学研究的需要，我们对内蒙古及国内外的产地分布作了大量的详细补充和修改，在此基础上，根据已有的最新的植物分布资料，本书初步确定了每一种植物的植物区系地理分布类型。

本书的编写当然离不开《内蒙古植物志》第二版编写者们所奠定的扎实基础，在此对他们的辛勤劳动和智慧表示诚挚的谢意。

本书的出版，将对深入研究内蒙古、蒙古高原乃至中国的植物区系、分类和植物地理具有十分重要的科学价值，同时亦可为有关科研、教学、生产和管理部门提供可靠的基础科学资料。

本书为国家出版基金资助项目，由内蒙古人民出版社申报，内蒙古大学修订和增补。在编撰过程中得到了内蒙古大学生态与环境学院蒙古高原生态学与资源利用教育部重点实验室、省部共建草地生态学国家重点实验室培育基地、生命科学学院等单位的支持，同时也得到陈龙、秦帅、朱媛君、旭日、曹新萍、杨柳、要振宇、阿拉坦主拉、朱乐等研究生的帮助，在此表示衷心的感谢！

由于工作量较大，本书虽然反映了目前国内外科研的新水平，但难免有遗漏和不足，甚至错误之处，敬请批评指正。

赵一之　赵利清　曹瑞

2015 年 9 月

内蒙古植物区系研究历史

内蒙古自治区（以下简称"内蒙古"）植物区系的研究工作，在中华人民共和国成立后60多年来有了很大发展，特别是自编纂《内蒙古植物志》以来，内蒙古各大专院校和科研部门的植物分类学、植物地理学、植物生态学以及农学、林学、草原学、药物学和园艺学等方面的专家、学者联合在一起，形成了一支相当可观的科技力量，使植物区系的研究工作进入了一个有组织、有计划的采集、整理、鉴定、系统研究的新阶段。编志工作不仅推动了内蒙古的植物区系研究工作，同时也为开发利用植物资源、发展农牧林业生产，为医药卫生、教学研究以及生态环境保护等事业提供了基础资料，为祖国边疆少数民族地区的科学文化宝库增添了一项重要成果。

内蒙古植物区系研究取得的成果，无疑是建立在先辈工作的基础上并逐步发展而来的。首先它得益于我国传统的植物学、本草植物学和民族植物学研究。在内蒙古，蒙古民族是一个以畜牧业为主的民族，他们很早就有一套区分与识别牧草的办法，并对其进行归类和命名。从整体水平来看，蒙古民族鉴别植物的能力是很高的。随着近代植物学的不断发展，植物分类学传入中国并得到应用，使我国的植物学研究工作逐渐步入近代化的轨道，进而蓬勃发展起来。追溯起来，内蒙古植物区系研究历史有300多年，在这段科研历程中，参与者既有我国的植物学工作者，也有外国人，但后者主要是在前期。按工作历程和情况，我们大体上把这段历史划分为三个阶段。

一、中华人民共和国成立前以外国人为主的植物考察与采集阶段

外国人对内蒙古地区的植物采集和描述是从17世纪末、18世纪初期开始的。最早涉足内蒙古的是外国使团、商队、传教士和旅行家，用英国人 E. H. M. Cox 1945年总结19世纪前殖民主义对中国植物资源掠夺的话说："凡是没有被欧洲人所足踏之处，植物采集者往往是开路先锋。"

1698年，法国传教士 Daminicus Parennin 来到中国。他在中国居住了18年，经常随清康熙皇帝到南部蒙古（大体上是今内蒙古范围）和今东北地区旅行，并对该地区的植物进行观察和记载，且将观察结果函告巴黎。在他的书信中除记述一些东北产的植物外，还记载了一种产自内蒙古的矮茎、结大红色樱桃的灌木（现学名为 *Prunus humilis* Bunge，欧李）。这位传教士算是第一位把内蒙古的植物介绍到欧洲的人。

1753年，瑞典植物学家林奈 Carolus Linnaeus 在他的 *Species Plantarum*（《植物种志》）中，记载了一种产于西伯利亚和里海荒漠的角果匙荠 *Bunias cornuta* L.。1791年，J. Gaertner 将该种提升为新属，定名为沙芥属 *Pugionium* Gaertn. (De Fr. 2:291. t.142. 1791.)，将此属的模式种 *P. cornutum* (L.) Gaertn. 产地定于伏尔加河和乌拉尔山之间或伊谢特河和托波尔河之间。但之后经 V. Komarov 等考证（Bull. Jard. Bot. Acad. Sci. U.R.S.S. 30:718.1932.），这两个地区根本不产沙芥属植物。实际上，用来鉴定该植物所依据的标本不是科学工作者所采的，而是欧洲贩卖大黄的商人，由此误传了产地，其实沙芥属真正的模式产地是内蒙古鄂尔多斯（库布其沙漠或毛乌素沙地）。这也算是内蒙古植物区系研究史上的一件轶事。

内蒙古植物的采集，有确切的记载年代是1724年。为了叙述方便，我们按国籍、年代分成四组来记述。

（一）欧美人在内蒙古的采集与研究

最早来内蒙古进行植物采集的是德国学者 D. G. Messerschmidt。1724 年，他接受俄国彼得大帝的派遣到西伯利亚地区进行研究。在此期间，他曾到内蒙古探险，在今呼伦贝尔市的达赉湖（呼伦湖）一带进行了植物标本采集，所采到的标本由 J. Amman、G. J. Gmelin、P. S. Pallas 等人鉴定。其中砂引草属 *Messerschmidia* L. 就是林奈为纪念此人而命名的，黄花补血草 *Limonium aureum* (L.) Hill——*Statice aurea* L. 的模式标本也是这次采集的，可惜这批标本没有保存下来。

从 1854 年起，比利时教会团在内蒙古西部设立教会组织。神父 Artselaer 于 1885 年在察哈尔盟（今锡林郭勒盟南部和乌兰察布市中部）一带采集标本，所采标本送给了彼得堡植物园，由 C. Maximowicz 等人进行鉴定。

法国人 G. E. Simon 在 1862 年调查中国农业情况时曾到过内蒙古，并采集了植物标本，小叶杨 *Populus simonii* Carr. 就是以他的名字命名的。

西欧人较重要的一次采集是由法国神父 A. David（谭神父）进行的。1866 年，他从北京出发，经张家口、西湾堡、山阴县至呼和浩特，沿大青山前往包头、乌拉特前旗，向北到今达尔罕茂明安联合旗南部的茂明安（Mao-Ming-Ngan），向南渡过黄河到达鄂尔多斯（Ordos）北缘。他重点在土默特、萨拉齐、乌拉特、乌拉山以及黄河沿岸进行了植物采集。另外，David 于 1864 年和 1866 年春季在热河省（旧行政区划，包括今内蒙古的一些盟市）进行了较长时间的采集，所采标本均赠给了巴黎博物馆植物园，其中大部分标本由植物学家 A. Franchet 鉴定。后于 1883 年～1888 年间出版了两部《David 在中国所采集的植物》，第一部 *Plantes de la Mongolie Chinoise et de la Chine septentrionale et centrale*（1884 年）主要记录了在内蒙古西部、热河省、北京以及华北地区等地采集的植物，记述了维管束植物 1174 种（实为 1175 种，371 号为重号），并发表新种 84 个。其中采自内蒙古西部和热河省的植物有 704 种，而内蒙古西部有 360 多种（其中新种和新变种有 40 多个）。目前公认的 David 从内蒙古西部采集的新种和新变种有 14 个（见表 1），从热河省采集的新种和新变种有 23 个（见表 2）。

表 1　David 1866 年在内蒙古西部所采集的模式标本

中文名、学名及现用学名	模式产地、采集号、时间	文献
旱榆 Ulmus glaucescens Franch.	萨拉齐（Sarchy）2634 1866.6.	P1. David. 1:267. 1884.
蒙桑 Morus alba L. var. mongolica Bur. = M. mongolica (Bur.) Schneid.	萨拉齐—土默特 2635 1866.6.	Prodr. 17:241. 1874.
紫花棒果芥 Dontostemon matthioloides Franch. = Sterigmostemum matthioloides (Franch.) Botsch. =紫爪花芥 Oreoloma matthioloides (Franch.) Botsch.	乌拉特（Ourato）2684 1866.6.	P1. David. 1:35. 1884.
庭荠糖芥 Erysimum alyssoides Franch. = Neotorularia humilis (C. A. Mey.) Hedge et J. Leonard	萨拉齐 2728 1866.5.	P1. David. 1:37. 1884.
乌拉绣线菊 Spiraea uratensis Franch.	乌拉特 2964 1866.7.	Nouv. Arch. Mus. Hist. Nat. Paris Ser.2, 5:59. 1883.

续表1

中文名、学名及现用学名	模式产地、采集号、时间	文献
粗壮黄芪 Astragalus hoantchy Franch.	乌拉特 2769 1866.7.	Pl. David. 1:86. 1884.
圆果甘草 Glycyrrhiza squamulosa Franch.	土默特（Toument）2902 18668.	Pl. David. 1:93. 1884.
大卫棘豆 Oxtropis davidi Franch. ＝多叶棘豆 O. myriophylla (Pall.) DC.	乌拉特 2696 1866.6.	Pl. David. 1:89. 1884.
绒果芹 Pimpinella albescens Franch. ≡ Eriocycla albescens (Franch.) H. Wolff.	萨拉齐 2948 1866.8.	Pl. David. 1:239. 1884.
尖齿糙苏 Phlomis dentosa Franch.	萨拉齐 2731 1866.6.	Pl. David. 1:243. 1884.
葱皮忍冬 Lonicera ferdinandi Franch.	萨拉齐—土默特 2624 1866.6.	Nouv. Arch. Mus. Hist. Nat. Paris Ser. 2, 6:31. 1883.
紊蒿 Artemisia intricata Franch. ＝ Elachanthemum intricatum (Franch.) Ling et Y. R.Ling	萨拉齐 2962 1866.4.	Pl. David. 1:170. 1884.
线叶柴胡 Bupleurum falcatum L. var. angustissimum Franch. ＝ B. scorzonerifolium Willd. var. angustissimum (Franch.) Y. H. Huang	乌拉山（Oulachan）2850 1866.	Nouv. Arch. Mus. Hist. Nat. Paris Ser. 2, 6:18. 1883.
绢毛细蔓委陵菜 Potentilla reptans L.var. sericophylla Franch.	萨拉齐 2744 1866.	Pl. David. 1:113. 1884.

注："＝"表示前者是后者的基本异名，"≡"表示前者是后者的异名。下同。

表2 David 1864 ～ 1866 年在热河省所采集的模式标本

中文名、学名及现用学名	模式产地、采集号、时间	文献
山杨 Populus davidiana Dode	热河 1687 1864.5.	Mem. Soc. Hist. Autum 18:31. 1905.
筐柳 Salix purpurea L.var. stipularis Franch. ＝ S. linearistipularis K. S. Hao	热河 1681 1864.5.	Pl. David. 1:284. 1884.
虎榛子 Ostryopsis davidiana Decne.	热河 1694 1864.4~7.	Bull. Bot. Soc. Franch.20:155. 1873.
春榆 Ulmus davidiana Planch.	热河 1716 1864.	J. Bot. 6:332. 1868.
大果榆 Ulmus macrocarpa Hance	热河 1718 1864.	J. Bot. 6:332. 1868.
刺榆 Planera davidii Hance ＝ Hemiptelea davidii （Hance）Planch.	热河 1785 1864.	J. Bot. 6:333. 1868.
蒙桑 Morus alba L.var. mongolica Bur. ＝ M. mongolica (Bur.) Schneid.	热河 1804 1864.	Prodr. 17:241. 1874.

续表2

中文名、学名及现用学名	模式产地、采集号、时间	文献
山桃 Persica davidiana Carr. ＝ Prunus davidiana（Carr.）Franch. ＝ Amygdalus davidiana (Carr.) de Vos ex L. Henry	热河 1684 1864.5.	Rev. Hort. 1872:74. 1872.
花曲柳 Fraxinus rhynchophylla Hance	热河：大山口（Ta-Chan-Kou）1703 1864.4.	J. Bot. 164. 1869.
蔓假繁缕 Krascheninikovia davidii Franch. ＝ Pseudostellaria davidii (Franch.) Pax	热河：大山口 1709,1924 1864.5.	Pl. David. 1:51. 1844.
粉绿垂果南芥 Arabis pendula L. var. hypoglauca Franch. ≡ A. pendula L.	热河 2181 1866.	Pl. David. 1:33. 1844.
热河东爪草 Crassula mongolica Franch. ＝ Tillaea mongolica (Franch.) S. H. Fu	热河 1712 1864.	Nouv. Arch. Mus. Hist. Nat. Paris Ser. 2, 5:t.16. f.1. 1882-1883; 6:7. 1883.
承德八宝 Sedum fabaria Koch. var. mongolica Franch. ＝ Hylotelephium mongolicum (Franch.)S. H. Fu	热河 2206 1866.	Pl. David. 1:130. 1884.
大山鸎豆 Lathyrus davidii Hance	热河 2215 1868.	J. Bot. Brit et For 9:130. 1871.
辽西黄芪 Astragalus sciadophorus Franch.	热河 s. n.*	Pl. David. 1:84. 1884.
皱黄芪 Astragalus tataricus Franch. ≡ A. zacharensis Bunge	热河 2151 1866.7.	Pl. David. 1:87. 1884.
多裂短毛独活 Heracleum microcarpum Franch. var. subbipinnatum Franch. ＝ H. moellendorffii Hance var. subbipinnatum (Franch.) Kitag.	热河：南大山 2112 1864.8.	Pl. David. 1:144. 1884.
蒙古堇菜 Viola mongolica Franch.	热河：南大山 1737,1796 1866.5.	Pl. David.1: 42. 1884.
北方马兰 Aster mongolicus Franch. ＝ Kalimeris mongolica (Franch.) Kalim.	热河 1995,2189 1864.7.	Pl. David. 1:161. 1884.
华北风毛菊 Saussurea ussuriensis Maxim. var. mongolica Franch. ＝ S. mongolica Franch.	热河 2141,2110 1864.8.	Pl. David. 1:180. 1884.
蒙古香蒲 Typha martini Jordan var. davidiana Kronf. ＝ T. davidiana（Kronf.）Hand.-Mazz.	热河 1860 1864.8.	Nouv. Zool-Bot. Ges. Wien 48. 1889.
无毛画眉草 Eragrostis pilosa (L.) Beauv. var.imberbis Franch.	热河 2002 1864.	Nouv. Arch. Mus. Hist. Nat. Paris Ser. 2, 7:145. 1884.
长花天门冬 Asparagus longiflorus Franch.	热河 1766 1864.5~6.	Pl. David. 1:300. 1884.

＊"s. n."表示没有采集到。

20 世纪初（1900 年），德国学者 K. Futterer 到内蒙古西部和甘肃、西藏等地进行植物采集，标本送到柏林植物园由几位德国分类学家鉴定。1903 年，该园主任 L. Diels 发表了 K. Futterer 在中国所采的植物名录（*Beschreibung der auf der Farschungsreis dutch Asiengesammelte Pflanzen-B KH: K. Futterer Dutch. Asie* 3：1 ～ 24）。文中发表了一些新种，采自内蒙古贺兰山的针枝芸香 *Haplophyllum tragacanthoides* Diels 就是其中之一。

美国学者 F. N. Meyer 于 1905 ～ 1908 年受美国农业部派遣调查我国农业和资源植物情况，其中包括美国政府特别注意的大豆。他遍游我国长江流域和华北、东北地区，搜集作物品种甚多，受到美国政府奖励，被授予"国外植物引种"奖章。此后，他分别于 1909 ～ 1912 年从俄国进入我国新疆、甘肃、内蒙古，1913 年到河北、内蒙古，1914 年到陕西、河南等地进行过多次考察，均进行了植物采集。其中麻黄 *Ephedra sinica* Stapf 的模式标本采自中国北部（直隶省 Chili，Tanhwa，no.1095），亮皮柳 *Salix polia* Schneid.（≡ *Salix schwerinii* E. L. Wolf）的模式标本采自内蒙古（Saianskx[①]）（F. N. Meyer，733，1911.5.21.）。

同期，美国纽约自然历史博物馆也组织过几次对我国北部地区的生物调查。1908 ～ 1913 年，A. de C. Soweby 对我国东北地区和内蒙古东部进行了四次动物调查，同时进行了植物标本采集。之后该馆的 R. C. Andrews 三次到内蒙古调查（1916 ～ 1917 年，1921 ～ 1928 年，1929 ～ 1930 年），他的调查以挖掘古生物化石为主，也采集动植物标本。Andrews 第三次考察时，与中国联合组成了"中亚考察团"，他任团长，据记载，本次考察共采到动物标本一万余件、植物标本五千余件。R. W. Chaney 就所采到的植物标本在该考察团报告中发表了一个名录。

法国耶稣会教士 E. Licent（汉名"桑志华"）曾长期担任天津北疆博物院（Musee Honghopaiho）院长。1914 ～ 1923 年，他在河北、山西、内蒙古、陕西、宁夏、甘肃、青海等地进行过植物采集。1923 年，他与古生物学家德日进沿黄河逆流而上，从包头至河套、狼山，又从磴口（三盛公）向西南经宁夏到鄂尔多斯南部的萨拉乌素（乌审旗南部小石砭乡一带）进行采集。他们把采到的标本送到欧洲各大标本馆，由维也纳博物馆主任 H. Handel-Mazzeti 等分类学家鉴定，发现了一批新种（见表 3），其复份标本保存于天津博物馆中。Handel-Mazzeti 通过在中国

表 3   E. Licent(桑志华) 在内蒙古所采集的模式标本

中文名、学名及现用学名	模式产地、采集号、时间	文献
亚马景天 Sedum almae Frod. ≡ Hylotelephium almae (Frod.) K. T. Fu et G. Y. Rao ≡ 华北八宝 Hylotelephium tatarinowii (Maxim.) H. Ohba	河北，热河，承德，马兰峪，九堡子（Kiou Poueze）3647 1917.	Bull. Mus. Hist. Nat. Paris Ser. 2, 1:441. 1929.
四柱繁缕 Stellaria strongyloscepala Hand.-Mazz.	狼山（沙拉纳林 Sehara narin Ula）山脚赛音淖儿 13623 1937.7.17.	Osterr. Bot. Zeitschr. 88:301. 1939.
多叶黄芪 Astragalus scabrisetus Bong. var. multijugus Hand-Mazz. ≡ A. grubovii Sancz.	三盛公（磴口）附近 无采集号 1923.7.4.	l.c. 88:303. 1939.
微硬毛建草 Dracocephalum rigidulum Hand.-Mazz.	狼山 无采集号 1923.7.	l.c. 88:306. 1939.

① Saianskx 为俄译内蒙古地区的地名，该地名尚未确定。

续表 3

中文名、学名及现用学名	模式产地、采集号、时间	文献
合萼附地菜 Trigonotis gamocalyx Hand.-Mazz. ≡ Myosotis caespitosa Sehutz.	鄂尔多斯南部萨拉乌素 10276 1923.7.25.	l.c. 83:233. 1934.
长颖甜茅 Glyceria longiglumis Hand.-Mazz. ≡ G. spiculosa (F. Schmidt) Rosheu.	巴盟（今巴彦淖尔市）河套苏腾高勒与羊登苏木之间 7463 1923.6.19.	l.c. 87:130. 1938.

进行的多年的植物采集调查工作，成为研究中国植物的著名专家。1931 年，他综合多年分类学和区系学方面的资料，发表了论文《中国植物地理分区》，把内蒙古大部分地区划入"戈壁—蒙古荒漠区"。

1923 年，美国国立地理学会派 F. R. Wulsin 来我国考察，他组织的甘蒙科学考察团分人文、动物、植物三组，我国植物学家秦仁昌教授在该团主持植物组工作。考察团从包头出发，经吉兰泰盐池至定远营（今巴彦浩特镇），于 5 月上旬在贺兰山进行了植物采集，后又到宁夏、甘肃、青海进行采集，返回时正值秋季，他们又再次上贺兰山采集。这次采集的植物标本由美国纽约植物园 H. Walker 整理鉴定，于 1941 年出版了《秦仁昌在中国蒙古南部和甘肃省所采集的植物》一书，记述了这次考察成果。书中记载了几个新种，其中在内蒙古贺兰山采到的有秦氏黄芪 *Astragalus chingianus* Pet.-Stib（≡ *Astragalus alaschanus* Bunge）、毛果旱榆 *Ulmus glaucescens* Franch. var. *lasiocarpa* Rehd.、贺兰山稀花紫堇 *Corydalis pauciflora* (Steph ex Willd.) Pers var. *holanschanica* Fedde，但最后一种已被俄国人 Przewalski 于 1872 年采走，所以根据《国际植物命名法规》其成为 *Corydalis pauciflora* var. *alaschanica* Maxim.［= *Corydalis alaschanica* (Maxim.) Peschk.］的异名。

这次调查后，美国农业部为了采集耐干旱的牧草种子以改良美国西部草原，派遣以 N. Roerich 和 G. Roerich 父子为首的考察团来我国内蒙古等地进行植物采集。1935 年，考察团到察哈尔盟（宝昌）及百灵庙一带采集，当时我国中央研究院动植物研究所耿以礼教授随同前往。这次考察共采集 700 余号植物标本。

另一次欧洲人对我国西北（包括内蒙古）地区的考察，是由瑞典旅行家 Sven-Hedin 组织的。Sven-Hedin 曾进行过四次考察，第一次是在 1893～1897 年，从乌拉尔山脉西南端的奥伦堡（今契卡罗夫）出发，经新疆、青海、内蒙古鄂尔多斯、河北张家口到达北京，这次旅行著有《穿过亚洲》（1893～1897 年）、《我的中央亚细亚地理科学旅行的收获》（1908 年）。第二次考察是在 1899～1902 年，主要在新疆（罗布泊）、西藏等地，他从克什米尔越过喀喇昆仑山到费尔干纳山，还在罗布泊旁边发现了古楼兰国遗址。这次考察后著有《中亚旅行的学术成就》（8 卷）（1904～1907 年）。第三次是 1906～1908 年，到印度河等三个河流的发源地考察，著有《横越喜马拉雅山》（2 卷）（1909 年）。第四次是他组织和领导的中瑞西北科学考察团，其成员除瑞典科学家外，还有中国和德国的气象、地理、地貌、古生物、考古、人类、动物、植物等学科的专家，对内蒙古西部、甘肃、青海、新疆东北部进行了广泛调查。参加植物采集的主要有 D. Hummel、G. Soderbom、Eriksson 等。D. Hummel 于 1927 年 6 月初从内蒙古中部向西经胡吉尔图河、巴彦淖尔盟（今巴彦淖尔市）到达阿拉善盟，11 月初从额济纳旗嘎顺诺尔到蒙古国西部。1930 年，他又与郝景盛教授一起考察，从上海到四川岷县以后二人分手，郝去青海西宁等地，Hummel 到西固后返回北京，共采标本 2500 余号。Soderbom 曾于 1927 年、1928 年、1929 年到内蒙古采集，其采集点有大青山蜈蚣坝（Wu-Kung-Pa）（今呼和浩特市区北部坝口子至坝顶）、绥远东公旗（乌拉特前旗 Dunga-Gung-Prsv）、阿拉善盟巴音宝格达（Bayan-Bogdo）、文青海子（We-tsen-hai-tze）、宁夏大舍敖包（Dash-Obo）、额济纳河、嘎顺诺尔（Gashun-nor）等。Eriksson 则在 1926 年、1927 年、1928 年、1934 年多次来内蒙古采集，其采集点偏东，在内蒙古中东部，有胡吉尔图河（Khujurtu-Gol）、奈曼乌拉（Naiman-Ul）、东苏尼特（Orint. Sunit）、红格尔敖包（Khogkhor-Obo）、卡登苏木（Khad-ain-Sume）、大雁（Dayen）等，所采标本均集中到瑞典斯德哥尔摩植物园，由植物分类学家 F. C. Melderis 鉴定。1937 年起，该考察团的研究报告《斯文海定探险队在中国西北地区学术探险报告书》陆续刊行，至 1980 年已出版了 50 卷。该报告内容极为丰富，其中有 4 卷，即第 13 卷、22 卷、31 卷和 33 卷专门报道了植物学方面的成果。第 13 卷、22 卷专门记载了亚洲中部的地衣。第 31 卷（1949 年）报道了蒙古草原和荒漠区植物区系的一部分——从蕨类植物、裸子植物到被子植物的单子叶植物禾本科，本部分由 T. Norlindh 编写。该卷的植物分类工作做得较细，种下等级较多，在内蒙古境内采集的模式标本基本上是新变种（见表 4）。第 33 卷（1949 年）记载了内蒙古、甘肃、青海植被的分布概况，由于考察团内无植物学家参加，因之植被的描述较为一般。

表 4　中瑞西北科学考察团从内蒙古所采集的模式标本

中文名、学名及现用学名	采集地点	采集人、采集号、采集时间	文献
蒙古赖草 Elymus dasystachys Trin.var. mongolicus Meld. = Leymus secalinus (Georgi) Tzvel. var. mongolicus (Meld.) Tzvel. ≡ Leymus secalinus (Georgi) Tzvel.	内蒙古中部：沙拉－穆林（Shara-Muren）	Eriksson 788 1934. 8.19.	Norlindh. Fl. Mong. Stepp. 1:128. 1949.
小花赖草 Elymus dasystachys Trin.var. parviflorus Meld. = Leymus secalinus (Georgi) Tzvel. var. parviflorus (Meld.) Tzvel. ≡ Leymus secalinus (Georgi) Tzvel.	阿拉善盟：库尼－扎干－吃落河（Khonin-Chagan-Cholo-Gol）	Hummel 1282 1927.8.	l.c. 1:128. 1949.
旱假苇佛子茅 Calamagrostis pseudophragmites (Hall.f.) Koeler var. stepposa Meld. ≡ C. pseudophragmites (Hall. f.) Koeler	阿拉善盟：库布林－淖尔（Khoburin-nor）	Hummel 1511 1927.8.29.	l.c. 1:128. 1949.
小假苇拂子茅 Calamagrostis pseudophragmites (Hall.f.) Koeler var. minor Meld.≡ C. pseudophragmites (Hall. f.) Koeler	阿拉善盟：锡利苏木（Shire-Sume）东达贡嘎（Dundagung）	Soderbom 6845 1927.8.5.	l.c. 1:128. 1949.
矮羊草 Elymus chinensis (Trin.) Keng var. pumilus Meld. = Leymus chinensis (Trin.) Tzvel. var. pumilus (Meld.) Tzvel. ≡ Leymus chinensis (Trin.) Tzvel.	乌拉特前旗（绥远东公旗）：布伦－胡都克（Bulung-Khuduk）	Soderbom 6609 1927.6.17.	l.c. 1:134. 1949.
艾氏冰草 Agropyron cristatum (L.) Gaertn. var. erickssonii Mold. ≡ A. cristatum (L.) Gaertn.	内蒙古中部：奈曼－乌拉（Naiman-Ula）	Eriksson 451 1928.6.25.	l.c. 1:134. 1949.

（二）俄国人在内蒙古的采集与研究

最早来内蒙古进行植物采集的俄国人是著名植物学家 A. A. Bunge。1830 年，他随沙皇第十届宗教使团来到北京，在周边山地（如翠微山、西山、盘山等）和州县进行了广泛的采集，其范围东至唐山，西至山西北部，北到河北宣化府。1831 年，Bunge 返回俄国，回国途中，在内蒙古锡林郭勒盟西部草原又进行了采集。1832 年，他发表了《中国北部植物名录》。在他发表的 95 科、420 种的名录中，有 11 个新属（加上后来陆续发表的新属，共 17 个）、152 个新种。除禾本科由 C. B. Trinius 鉴定外，其余绝大部分均由 Bunge 本人鉴定发表。这些新属至今保留的有知母属 *Anemarrhena*、斑种草属 *Bothriospermum*、文冠果属 *Xanthoceras*、诸葛菜属 *Orychophragmus*、独根草属 *Oresitrophe*、泥胡菜属 *Hemisteptia*、赤爬属 *Thladiantha*、松蒿属 *Phtheirospermum*、杭子梢属 *Campylotropis* 和蚂蚱腿子属 *Myripnois* 等。这些属和大部分新种多采自北京周围和河北北部，采自内蒙古的新种只有少数几个，如骆驼蓬 *Peganum nigellastrum* Bunge、糖芥 *Cheiranthus aurantiacus* Bunge(= *Erysimum amurense* Kitag.)、黄花铁线莲 *Clematis intricata* Bunge、二色补血草 *Statice bicolor* Bunge〔= *Limonium bicolor* (Bunge) O. Kuntz.〕、异叶败酱 *Patrinia heterophylla* Bunge 等。1835 年，Bunge 研究了从张家口至恰克图沿途采集的植物标本，发表了《中国—蒙古植物的新属种》。其中在内蒙古境内发现新属 2 个，莸属 *Caryopteris* 和兔唇花属 *Lagochilus*；新种有蒙古莸 *Caryopteris mongholica* Bunge、冬青叶兔唇花 *Lagochilus ilicifolius* Bunge、糙叶败酱 *Patrinia scabra* Bunge〔= *Patrinia rupestris* (Pall.) Juss. subsp. *scabra* (Bunge) H. J. Wang〕等。此后又发表了在内蒙古境内发现的新种珍珠猪毛菜 *Salsola passerina* Bunge、厚叶花旗杆 *Andreoskia crassifolia* Bunge〔= *Dontostemon crassifolius* (Bunge) Maxim.〕、糜蒿 *Artemisia blepharolepis* Bunge、霸王 *Sarcozygium xanthoxylon* Bunge〔= *Zygophyllum xanthoxylon* (Bunge) Maxim.〕、线叶碱茅 *Colpodium filifolium* Trin.〔= *Puccinellia filifolia* (Trin.)Tzvel.〕等。1851 年后，Bunge 又精心从事黄芪属、棘豆属和蒙古与中亚藜科植物的研究，发表了一大批新属种，其中仅藜科就有 7 个新属，如梭梭属 *Haloxylon*、合头藜属 *Sympegma*、蛛丝蓬属 *Micropeplis*（该属模式产地在二连浩特附近，1831 年由 I. Kuznezov 采集）等。其中涉及内蒙古的黄芪属的新种有蒙古黄芪 *Astragalus mongholicus* Bunge〔= *Astragalus membranaceus* var. *mongholicus* (Bunge) Hsiao〕、细弱黄芪 *Astragalus miniatus* Bunge、变异黄芪 *Astragalus variabilis* Bunge ex Maxim.、阿拉善黄芪 *Astragalus alaschanus* Bunge ex Maxim.、灰叶黄芪 *Astragalus discolor* Bunge ex Maxim.，涉及棘豆属的新种有纤长棘豆 *Oxytropis gracillima* Bunge〔≡ *Oxytropis racemosa* Turcz.〕等。后来人们又从 Bunge 的标本中发现了一些新属种，如模式种采自锡林郭勒盟浑善达克沙地西部的新属沙鞭属 *Psammochloa*〔单种属，沙鞭 *Psammochloa villosa* (Trin.) Bor.——*Arundo villosa* Trin〕、新种尖叶盐爪爪 *Kalidium cuspidatum* (Ung.-Sternb.) Grub.（模式标本系 Bunge 于 1831 年 7 月采自二连浩特附近）。总之，Bunge 在内蒙古早期的植物采集和植物分类学研究中起了相当重要的作用。为了纪念他对植物学的贡献，许多植物都是用他的名字命名的，如本氏针茅 *Stipa bungeana* Trin.（模式采自北京）、彭氏鸢尾 *Iris bungei* Maxim.〔模式标本系 I. Kuznezov 于 1831 年 6 月 4 日采自内蒙古（张家口以北）的沙巴尔图〕。

1828 ~ 1836 年，担任俄国伊尔库茨克郡郡长的植物分类学家、达乌里植物区系的奠基人 N. Turczaninow，对贝加尔湖及达乌里地区的植物进行了长期的调查和区系研究，间或也到我国东北和内蒙古边界地区采集标本。从他发表的新种产地来看，他曾于 1832 年到我国（内蒙古）和俄国的界河额尔古纳河流域进行采集，并发现了一些新种。他的调查报告《贝加尔和达乌里地区野生植物目录》于 1848 年发表。1842 ～ 1856 年，发表了分类学经典著作《贝加尔达乌里植物志》，成为研究我国东北及内蒙古北部地区植物的重要参考文献，唯其印刷册数极少，已成为不可多得的珍本。

1831 年，N. Turczaninow 派 I. Kuznezov 到今蒙古国和我国北方进行植物采集，范围是从恰克图到张家口。1832 年，Turczaninow 根据 Kuznezov 所采的标本，在莫斯科自然科学工作者协会汇刊上，发表了《中国北部植物名录和中国蒙古产的新植物》，其中发现了 1 个新属草瑞香属 *Diarthron* 和一大批新种，其中芹叶铁线莲 *Clematis aethusifolia* Turcz.、土庄绣线菊 *Spiraea pubescens* Turcz.、全缘囊吾 *Cineraria mongolica* Turcz.〔= *Ligularia* mongolica (Turcz.) DC.〕、刺旋花 *Convolvulus tragacanthoides* Turcz.、小叶茶藨 *Ribes pulchellum* Turcz.、灰栒子 *Cotoneaster acutifolius* Turcz. 等新种采自河北北部（包括北京、张家口及蒙古高原南缘），拐轴鸦葱 *Scorzonera divaricata* Turcz.、毛萼香芥 *Hesperis trichosepala* Turcz.〔= *Clausia trichosepala* (Turcz.) Dvorak〕、灌木铁线莲 *Clematis fruticosa* Turcz.、毛灌木铁线莲 *Clematis fruticasa* var. *canescens* Turcz.、缘毛棘豆 *Oxytropis ciliata* Turcz.、矿珍棘豆 *Oxytropis recemosa* Turcz.、黄毛棘豆 *Oxytropis ochrantha* Turcz.、蓼子朴 *Conyza salsoloides* Turcz〔= *Inula salsoloides* (Turcz.) Osteuf〕、砂蓝刺头 *Echinops gmelinii* Turcz.、鳍蓟 *Carduus leucophyllus* Turcz.〔= *Olgaea leucophylla* (Turcz.) Iljin〕、长叶点地梅 *Androsace longifolia* Turcz.、心岩蕨 *Woodsia subcordata* Turcz. 等新种采自内蒙古境内，蓍状亚菊 *Artemisia achilleoides* Turcz.〔= *Ajania achilleoides* (Turcz.) Poljak. ex Grub.〕、女蒿 *Artemisia trifida* Turcz.〔= *Hippolytia trifida* (Turcz.) Poljak.〕、庭荠紫菀木 *Aster alyssoides* Turcz.〔= *Asterothamnus alyssoides* (Turcz.) Novopokr.〕、蒙古沙拐枣 *Calligonum mongolicum* Turcz.、细枝补血草 *Statice tenella* Turcz.〔= *Limonium tenellum* (Turcz.) O. Kuntze〕等新种采自蒙古高原中部二连浩特附近今中蒙边境一带。后来，其他分类学家也参加了这批标本的鉴定。Bunge 参加了黄芪属和棘豆属的鉴定，其中内蒙黄芪 *Astragalus mongholicus* Bunge 等的模式之一即是由 Kuznezov 采自南蒙古[①]；E. Fenzl 发现的细枝盐爪爪 *Kalidium gracile* Fenzl 的模式也是 Kuznezov 采自二连浩特北部的扎木乌得（Цзамын-удук）。1840 年后，Turczaninow、Bunge 和 E. Regel 又根据 Kuznezov 和俄国人 P. Kirilow（1830 ～ 1840 年在北京期间曾在百花山、河北等地采过标本）于 1841 年返回俄国途中在内蒙古采集的标本，在莫斯科自然科学工作者协会汇刊第十二卷（1840 年）、第十五卷（1842 年）发表了一批新植物，其中涉及内蒙古的有蒙古岩黄芪 *Hedysarum mongolicum* Turcz.、蒙古糙苏 *Phlomis mongolica* Turcz.、松叶猪毛菜 *Salsola laricifolia* Turcz. ex Litv.。长毛荚黄芪 *Astragalus monophyllus* Bunge 的模式标本即是 P. Kirilow 自二连浩特附近的察汗 - 吐鲁里克（Zaghan-tugurik）采集的。植物学家为了纪念他们的功勋，将一些新种以他们的名字命名，如狭苞斑种草 *Bothriospermum kusnezowii* Bunge、花木蓝 *Indigofera kirilowii* Maxim.。

这一时期曾在内蒙古进行植物采集的还有俄国人 G. Rosov。1830 ～ 1840 年，他在北京附近进行过采集，回国途中又沿途进行了采集，其采集的代表植物有石生霸王 *Zygophyllum rosovii* Bunge、纤长棘豆 *Oxytropis gracillima* Bunge（模式或合模式均采自蒙古高原中部）。与 Rosov 同期采集的还有俄国教会医生（后担任彼得堡植物园主任）A. A. Tatarinov。1840 ～ 1850 年，他在

---

① 《中国植物志黄芪属预报》（一）（《东北林学院植物研究室汇刊》8：54. 1980）、《中国植物志》〔42(1)：133. 1993.〕记载该种的模式产地是"内蒙古乌拉山"，与原记载不符。

北京、河北、热河一带采集，回国路经内蒙古时也进行了零星采集。其采集的代表植物有华北八宝 *Sedum tatarinowii* Maxim. ［= *Hylotelephium tatarinowii* (Maxim.) H. Ohba，模式采自阴山[①]（应为燕山）］、棉荚棘豆 *Oxytropis lasiopoda* Bunge（模式采自蒙古高原中部蒙古国中哈尔哈地区）。

俄国的个别采集者还有 Goxski。1842 年，他在中国北部蒙古地区（Mongolia，China，可能是内蒙古）采到沙地繁缕 *Stellaria gypsophiloides* Fenzl.。

以上是俄国学者零星采集阶段，到了 19 世纪 70 年代，有组织的探险队、考察队相继来华，组织了一次又一次的对包括内蒙古在内的亚洲中部的探险活动。其中主要的探险活动都是由俄国地理学会组织的。该学会于 1845 年在圣彼得堡成立，从 1870 至 1926 年，组织了长达 50 余年之久的亚洲中部探险。

第一个探险队是由 Przewalski 领导的。他进行了 5 次探险，前后长达 20 年（实际考察仅有 11 年），除第一次在乌苏里地区外，其余 4 次均在亚洲中部，总行程 33268 公里，其中 32551 公里在亚洲中部，共采集植物标本 15000 余号，1700 余种。经彼得堡植物园主任 C. I. Maximowicz 等人鉴定，发现 9 个新属（后又经他人研究增至 11 个）、218 个新种（后增至 312 个）。Przewalski 亚洲中部探险中有 3 次途经内蒙古（附 Przewalski 及其他俄国探险队在内蒙古考察路线图，图 1）。第一次亚洲中部探险也称"蒙古之行"（1870 ～ 1873 年），无论从时间上或地理范围上都是最大的一次，行程 12000 多公里，其中相当一部分探险是在内蒙古进行的。1870 年 1 月，探险队从恰克图出发，经乌兰巴托（乌尔加），过张家口（卡尔干），于翌年 1 月到达北京。接着于 2 月 25 日离京，经古北口、丰宁，到达内蒙古（今克什克腾旗）的达里诺尔考察，后经多伦、张家口返回北京。这次由于季节因素（大部分在冬季）没有采集植物标本。1871 年 5 月，探险队又从北京出发，经张家口，于 5 月底到达今呼和浩特，7 月中旬在阴山西段的乌拉山（莫尼乌拉）进行了重点采集，7 月末过黄河到鄂尔多斯西北部考察了库布其沙漠（在库布其沙漠及其边缘的黄河沿岸进行了一个多月的植物标本采集），向东抵达盐海子，后经磴口县（三盛公）过黄河至阿拉善盟东缘，9 月到达定远营（今巴彦浩特镇）。又由北线经哈拉－纳林 (Khara-narin) 山（狼山）、色尔腾山 (Sheiten ula)，于 12 月返回张家口。1872 年 3 月，从张家口出发走原路，4 月下旬至 4 月底在乌拉山进行了采集，5 月初过黄河经阿拉善盟东缘，于 5 月 23 日到达定远营（今巴彦浩特镇），后沿长城南去兰州、祁连山和柴达木，最后经黄河、长江上游返回。1873 年 6 月底至 8 月初，经阿拉善盟返回恰克图。Przewalski 第一次到定远营（今巴彦浩特镇）时仅在贺兰山逗留了两周，第二次到定远营时未登贺兰山，仅在 1873 年 6 月底至 7 月底重点采集了贺兰山的植物。据现时统计，仅贺兰山 Przewalski 就采到新种 20 多个（见表 5）。

第二次亚洲中部考察（1876 ～ 1877 年）集中在我国新疆和今蒙古国西部进行，没有到内蒙古地区。

[①] 阴山 (inschania)，指内蒙古中西部的大青山、蛮汗山、乌拉山、狼山及其北缘的色尔腾山，最东端是乌兰察布市的辉腾梁。但在 19 世纪中叶前，俄国人将北京北部至张家口一带的燕山与阴山山脉混为一体，统称为阴山，故一些植物新种命名用的种加词 inschania 和一些植物的模式产地写 inschania 的，其实不是指内蒙古境内的阴山，而是指燕山，如阴山胡枝子 *Lespedeza inschania* (Maxim.) Schindl. 和华北八宝 *Hylotelephium tatarinowii* (Maxim.) H. Ohba。当时，采集这些植物的俄国人所走的路线都是由北京到张家口（卡尔干）、乌兰巴托（库伦），再到当时中俄边界的恰克图（买卖城），而这条路线根本走不到真正的阴山山脉。其路线大体是从张家口上坝上，经锡林郭勒盟西部（绕过浑善达克沙地）、二连浩特附近的扎门乌德到乌兰巴托。这条路线当时被称作达尔汗扎姆大道，是以乌兰巴托南的达尔汗圣山命名的，A. Bunge、I. Kuznezov、P. Kirilow、G. Rosov、A. Tatarinow 都是走的这条路线。我国一些文献中，将 inschania 产地植物的模式认定为采自内蒙古阴山是不确切的。

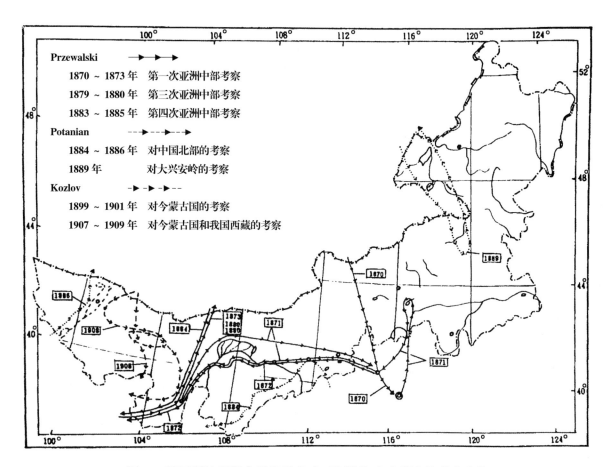

图 1　俄罗斯地理学会组织的几次"探险"在内蒙古的考察路线

第三次亚洲中部考察（1879 ～ 1880 年），也称"西藏之行"。从靠近新疆的斋桑出发，经准格尔盆地、柴达木盆地，进入西藏腹地，越过唐古拉山到达布萨姆山（怒江上游北部）；返回时经青海湖（库库诺尔）、祁连山，过河西走廊，于 1880 年 8 月初进入阿拉善盟，8 月中旬至 9 月初进入腾格里沙漠考察，9 月上旬第二次上贺兰山采集，而后从阿拉善盟东北部返回恰克图。本次考察沿途都进行了植物采集。

最后一次亚洲中部考察（1883 ～ 1885 年），也称"第二次西藏之行"，主要是探测黄河发源地、阿尔金山和喀什噶尔区域。这次考察仍从恰克图出发，1884 年 1 月穿过阿拉善，采到冬态常绿的沙冬青 *Ammopiptanthus mongolicus* （Maxim.）Cheng f.，最后经新疆回俄国。在 1888 年第五次亚洲中部探险前，Przewalski 在喀拉可尔（此城后改名为"普热瓦尔斯基斯克"）逝世。

Przewalski 在内蒙古境内共采集到 4 个新属：四合木属 *Tetraena* Maxim.（单种属，仅 1 种，四合木 *T. mongolica* Maxim.，模式标本采自库布其沙漠南缘黄河阶地上）、绵刺属 *Potaninia* Maxim.（单种属，仅 1 种，绵刺 *P. mongolica* Maxim.，模式标本采自阿拉善盟东部）、沙冬青属 *Ammopiptanthus* Cheng f.（仅 2 种，模式种沙冬青的模式标本采自阿拉善盟南缘）、百花蒿属 *Stilpnolepis* Krasch.（单种属，仅 1 种，百花蒿 *S. centiflora* Krasch. ＝ *Artemisia centiflora* Maxim.，模式采自腾格里沙漠）。除贺兰山外，他从阿拉善地区采集到新种 15 个（见表 6），在阴山和鄂尔多斯采集到新种 20 多个（见表 7）。这些新种由 I. C. Maximowicz 鉴定后集中发表在 1877 年 ～ 1888 年的《亚洲新植物分析》I ～ VII 卷中。

表5　Przewalski 1873 年 6~7月、1880 年 8 月在贺兰山所采集的模式标本

中文名、学名及现用学名	文献
总序大黄 Rheum racemiferum Maxim.	Bull. Acad. Imp. Sci. St.-Petersb. 26:503. 1880.
白花长瓣铁线莲 Clematis alpina (L.) Mill. subsp. macropetala (Ledeb.) Kuntze var. albiflora Maxim. ex Kuntze = C. macropetala Ledeb. var. albiflora (Maxim.ex Kuntze) Hand.-Mazz.	Verh. Bot. Vereins Prov. Brandenburg. 26:163. 1885.
贺兰山翠雀 Delphinium przewalskii Huth = D. albocoeruleum Maxim. var. przewalskii (Huth) W. T. Wang	Bot. Jahrb. Syst. 20:407. 1895.
贺兰山紫堇 Corydalis pauciflora (Steph. ex Willd.) Pers. var. alaschanica Maxim. = C. alaschanica (Maxim.) Peschk.	Enum. Pl. Mongol. 37. 1889.
贺兰山女娄菜　Lychnis alaschanica Maxim. = Melandrium alaschanicum (Maxim.) Y. Z. Zhao	Bull. Acad. Imp. Sci. St.-Petersb. 26:427. 1880.
贺兰山南芥 Arabis alaschanica Maxim. =针喙芥 Acirostrum alaschanicum (Maxim.) Y. Z. Zhao	l.c. 26:421. 1880.
宽叶多序岩黄芪 Hedysarum semenovii Regel. et Herd. var. alaschanicum B. Fedtseh. = H. polybotrys Hand.-Mazz. var. alaschanicum (B. Fedtsch.) H. C. Fu et. Z. Y. Chu =宽叶岩黄芪 H. przewalskii Yakovl.	Trudy Imp. St.-Petersb. Bot. Sada 19: 250. 1902.
贺兰山岩黄芪 Hedysarum pumilum (Ledeb.) B. Fedtseh. var. patulum B. Fedtseh. = H. petrovii Yakovl.	l.c. 305. 1902.
阿拉善黄芪 Astragalus alaschanus Bunge ex Maxim.	Bull. Acad. Imp. Sci. St.-Petersb. 24:31. 1878.
灰叶黄芪 Astragalus discolor Bunge ex Maxim.	l.c. 24:33. 1878.
毛脉鼠李 Rhamnus virgata Roxb. var. mongolica Maxim. = R. maximovicziana J. J.Vass.	Fl. Mongol. 137. 1889.
阿拉善点地梅 Androsace alaschanica Maxim.	Bull. Acad. Imp. Sci. St.-Petersb. Ser. 3, 32:503. 1888.
阿拉善黄芩 Scutellaria alaschanica Tschern. ≡ S. rehderiana Diels	Nov. Sist. Vyssh. Rast. 1965:220. 1965.
蒙古芯芭 Cymbaria mongolica Maxim.	Mem. Acad. Imp. Sci. St.-Petersb. 29:66. 1881.
阿拉善马先蒿 Pedicularis alaschanica Maxim.	Bull. Acad. Imp. Sci. St-Petersb. 24:59. 1878.
藓生马先蒿 Pedicularis muscicola Maxim.	l.c. 24:54. 1878.
粗野马先蒿 Pedicularis rudis Maxim.	l.c. 24:67. 1878.

续表 5

中文名、学名及现用学名	文献
贺兰玄参 Scrophularia alaschanica Batal.	Trudy Imp. St.-Petersb. Bot. Sada 13(2):380. 1894.
阿拉善亚菊 Ajania przewalskii Poljak.	Bot. Mater. Gerb. Bot. Inst. Kom. Akad. Nauk S.S.S.R. 17:422. 1955.
火烙草 Echinops przewalskyi Iljin	Not. Syst. Hort. Petrop. 4:108. 1923.
阿拉善风毛菊 Saussurea alaschanica Maxim.	Bull. Acad. Imp. Sci. St.-Petersb. 27: 492. 1882.
裂瓣角盘兰 Herminium alaschanicum Maxim.	l.c. 31:105. 1887.

　　继 Przewalski 之后，G. N. Potanin 于 1876 年开始了亚洲中部考察，他在亚洲中部共进行了 5 次考察。第一次（1876 ～ 1877 年）和第二次（1879 ～ 1880 年）主要考察今蒙古国西北部。第三次（1884 ～ 1886 年）与内蒙古的关系最大，因为相当一部分考察是在内蒙古境内进行的。1884 年初，他和动物学家 Berezovski、地貌学家 Scassi 一道，于 4 月从北京出发，经河北保定、山西五台山，7 月到达内蒙古，在呼和浩特采集后，8 月经托克托县河口镇 (Hokou) 进入鄂尔多斯，在鄂尔多斯东部毛乌素沙地的纳林河流域、乌兰木伦等地进行了大量的采集，后转宁夏，于 10 月末到达兰州。1886 年 6 月，他们从河西走廊的高台、金塔，穿过内蒙古的阿拉善戈壁（实为额济纳），经蒙古国回俄国。这次考察带回植物标本 12000 余份。第四次考察（1891 ～ 1894 年）是在四川和西藏东部进行的。第五次考察（1889 年）是在内蒙古东部和大兴安岭地区进行的，重点考察了今呼伦贝尔市西部和大兴安岭及其西麓，并采集了相当多的标本。

　　Potanin 所采的标本也都送到彼得堡植物园，经 Maximowicz、Komarov 和 A. Batalin 等鉴定，发现了 3 个新属、160 多个新种。这些标本绝大部分是在四川、甘肃等地采集的，采自内蒙古的新种有 10 多个（见表 8）。1889 年，Maximowicz 根据 Przewalski 和 Potanin 所采的标本，编写了《唐古特植物志》第一卷，包括双子叶植物的托花系和盘花系，全书共 114 页；1890 年，又专门发表了 Potanin 及其同事在中国所采的植物 [Plantae chinensis Potaniniane nee non Piasezkianae——Тр. Спб. Ботан. сада 11 (1)：1 ～ 112]。

　　与 Potanin 同期，俄国的 М. В. Певчов 于 1878 年由科布多横穿戈壁到达呼和浩特、张家口，1879 年初由张家口经内蒙古、今蒙古国回国，沿途所采标本不多，仅 200 多份，没有发现新种。

　　继 Potanin 之后，另一次大规模的亚洲中部植物考察是由 P. K. Kozlov 领导的。1899 ～ 1926 年，他的考察队从 3 个方向分 5 次穿过戈壁荒漠。1899 ～ 1901 年，考察了今蒙古国西南部、我国西藏东部及西康（喀姆）地区。这次考察穿过阿尔泰山到巴丹吉林沙漠北缘的拐子湖（果勒谷），沿巴丹吉林沙漠边缘进入腾格里沙漠到河西走廊。这是第一批到达巴丹吉林沙漠的考察者。在这次考察中，Kozlov 的旅伴 А. Н. Казнаков 还从另一条路线考察了腾格里沙漠，路线是由定远营（今巴彦浩特镇）西行，越过腾格里沙漠而至民勤县。第二次考察是对今蒙古国和我国西藏的考察（1907 ～ 1909 年），期间他们在内蒙古西部考察了较长时间。这次考察中在弱水（额济纳河）下游东发现了著名的黑城（哈日－霍特）废墟。1908 年 3 月底至 5 月底，他们在定远营

表6　Przewalski 在内蒙古阿拉善地区所采集的模式标本

中文名、学名及现用学名	采集地点、采集号、采集时间	文献
碟果虫实 Corispermum patelliforme Iljin	阿拉善荒漠沙地　无采集号 1871.9.	Izv. Glavn. Bot. Sada S.S.S.R. 28:643. 1929.
茄叶碱蓬 Suaeda przewalskii Bunge	阿拉善荒漠扎干－淖儿 392 1871.9.21.	Bull. Acad. Imp. Sci. St.-Petersb. 25:260. 1879.
单脉大黄 Rheum uninerve Maxim.	阿拉善荒漠　无采集号 1873.7.14~26.	l.c. 26:503. 1880.
总序大黄 Rheum racemiferum Maxim.	阿拉善（贺兰山）荒漠 无采集号　1873.7.	l.c. 26:503. 1880.
蒙古绣线菊 Spiraea mongolica Maxim.	甘肃西北部与内蒙古交界 无采集号及采集时间	l.c. 27:467. 1881.
变异黄芪 Astragalus variabilis Bunge ex Maxim.	阿拉善戈壁　无采集号 1873.	l.c. 24:33. 1878.
蒙古雀儿豆 Chesneya mongolica Maxim.Chesneya mongolica Maxim.= Chesniella mongolica (Maxim.) Boriss.	阿拉善荒漠布尔嘎斯台 无采集号　1873.9.3.	l.c. 27:462. 1881.
树岩黄芪（花棒）Hedysarum arbuscula Maxim. ≡ H. scoparium Fisch.et C. A. Mey. ＝ Corethrodendron scoparium (Fisch. et C. A. Mey.)Fisch. et Basiner	阿拉善腾格里沙漠　无采集号 1880.8.28.	l.c. 27:465. 1881.
草霸王 Zygophyllum mucronatum Maxim.	阿拉善荒漠东部　无采集号及 采集时间	Melanges Biol. Bull. Phys.-Math. Acad. Imp. Sci. St.-Petersb. 11:175. 1881.
戈壁霸王 Zygophyllum gobicum Maxim.	阿拉善荒漠　无采集号及采集 时间	Enum. Pl. Mongol. 298. 1889.
阔叶水柏枝 Myricaria platyphylla Maxim.	贺兰山山麓　无采集号　1873.	Bull. Acad. Imp. Sci. St.-Petersb. 27:425. 1881.
长叶红砂 Reaumuria trigyna Maxim.	贺兰山山麓丘陵　无采集号 1872.	l.c. 27:425. 1881.
腾格里沙拐枣 Calligonum przewalskii A. Los.≡ C. alaschanicum A. Los.	阿拉善腾格里沙漠　无采集号 1880.8.15.	Izv. Glavn. Bot. Sada S.S.S.R. 26: 602. 1927.
籽蒿 Artemisia sphaerocephala Krasch.	阿拉善腾格里沙漠　无采集号 1880.9.4.	Trudy Bot. Inst. Akad. Nauk S.S.S.R. Ser. 1, Fl. Sist. Vyssh. Rast. 3:348. 1937.
蒙新苓菊 Jurinea mongolica Maxim.	阿拉善荒漠东部　无采集号 1872.	Bull. Acad. Imp. Sci.St.-Petersb. 19:519. 1874.

表7　Przewalski 在内蒙古境内阴山、鄂尔多斯采集的模式标本

中文名、学名及现用学名	采集地点、采集号、采集时间	文献
土默特鼠李 Rhamnus tumetica Grub.	土默特沙拉哈达　无采集号 1871.5.18~30.	Bot. Mater. Gerb. Bot. Inst. Kom. Akad. Nauk S.S.S.R. 12: 129. 1950.
石生大瓣铁线莲 Clematis alpina (L.) Mill. subsp. macropetala (Ledeb.) Kuntze var. rupestris Turcz.ex Kuntze ＝ C. macropetala Ledeb. var. rupestris (Turcz.) Hand.-Mazz. ≡ C. macropetala Ledeb.	乌拉山（莫尼乌拉） 无采集号 1871.6.	Verh. Bot. Ver. Brand. 26:163. 1885.
圆叶木蓼 Atraphaxis tortuosa A. Los. ＝ Polygonum intramongolicum Borodina	乌拉山（莫尼乌拉） 无采集号 1872.5.1~2.	Izv. Glavn. Bot. Sada S.S.S.R. 26: 44. 1927.
乳毛费菜 Sedum aizoon L. var. scabrum Maxim. ＝ Phedimus aizoon (L.) Hart. var. scabrus (Maxim.) H. Ohba et al.	乌拉山（莫尼乌拉） 无采集号 1871.	Bull. Acad. Imp. Sci. St.-Petersb. 29:144. 1883.
蒙椴 Tilia mongolica Maxim.	乌拉山（莫尼乌拉） 无采集号 1871.	Bull. Acad. Imp. Sci. St.-Petersb. 26:433. 1880.
掌叶橐吾 Senecio przewalskii Maxim. ＝ Ligularia przewalskii (Maxim.) Diels	乌拉山（莫尼乌拉） 无采集号 1871.7.	Bull. Acad. Imp. Sci. St.-Petersb. 26:493. 1880.
蒙古葱　Allium mongolicum Regel	乌拉山（莫尼乌拉）山前黄河沿岸沙地　无采集号 1871.7.13.	Trudy Imp. St.-Petersb. Bot. Sada 3(2):160. 1875.
沙木蓼 Atraphaxis bracteata A. Los.	鄂尔多斯黄河沿岸沙地 无采集号 1871.8.2.	Izv. Glavn. Bot. Sada S.S.S.R. 26:43. 1927.
宽翅沙芥 Pugionium dolabratum Maxim.	鄂尔多斯库布其沙漠 无采集号 1871.8.14.	Bull. Acad. Imp. Sci. St.-Petersb. 26(4):426~427. 1880.
柠条锦鸡儿 Caragana korshinskii Kom.	鄂尔多斯黄河沿岸沙地 无采集号 1872.5.6 [18].	Trudy Imp. St.-Petersb. Bot. Sada 29(2): 351. 1908.
塔落岩黄芪 Hedysarum laeve Maxim. ≡ 羊柴 Corethrodendron fruticosum (Pall.) B. H. Choi et H. Ohashi var. lignosum (Trauv.) Y. Z. Zhao	鄂尔多斯库布其沙漠中部 无采集号 1871.8.29.	Bull. Acad. Imp. Sci. St.-Petersb. 27:464. 1881.
油蒿 Artemisia salsoloides Willd. var. mongolica Pamp. ＝ A. ordosica Krasch.	鄂尔多斯西北部沙地 无采集号 1871.8.	Nuovo Giorn. Bot. Ital. n.s., 34:698. 1927.
旱蒿 Artemisia xerophytica Krasch.	鄂尔多斯库布其沙漠南缘 无采集号 1871.8.29.	Bot. Mater. Gerb. Glavn. Bot. Sada R.S.F.S.R. 3:24. 1922.

续表7

中文名、学名及现用学名	采集地点、采集号、采集时间	文献
头状鸦葱 Scorzonera capito Maxim.	鄂尔多斯西北部　无采集号 1872.5.12~14.	Bull. Acad. Imp. Sci. St.-Petersb. 32:491. 1888.
白毛花旗杆 Dontostemon senilis Maxim.	鄂尔多斯西北部　无采集号 1872.5.12~14.	Bull. Acad. Imp. Sci. St.-Petersb. Ser. 3, 26:421. 1880.
阿拉善沙拐枣 Calligonum alaschanicum A. Los.	鄂尔多斯库布其沙漠　384 1871.8.17. 阿拉善腾格里沙漠　无采集号 1880.8.15.	Izv. Glavn. Bot. Sada S.S.S.R. 26:600. 1927.
雀瓢 Vincetoxicum sibiricum Decne. var. australe Maxim. = Cynanchum thesioides (Freyn) K. Schum. var. australe (Maxim.) Tsiang et P. T. Li	鄂尔多斯西北部　无采集号 1871.8.	Bull. Acad. Imp. Sci. St.-Petersb. 23:355. 1877.
牛心朴子 Vincetoxicum mongolicum Maxim. ≡ Cynanchum mongolicum (Maxim.) Hemsl.	鄂尔多斯库布其沙漠南缘 无采集号 1871.8.	l.c. 23:356. 1877.
裸果木 Gymnocarpos przewalskii Bunge ex Maxim.	鄂尔多斯西北部黄河沿岸 无采集号 1871.8.	Bull. Acad. Imp. Sci. St.-Petersb. Ser. 3, 26:502. 1880.
楔叶毛茛 Ranunculus cuneifolius Maxim.	鄂尔多斯西北部黄河沿岸 无采集号 1871.8.	Bull. Acad. Imp. Sci. St.-Petersb. Ser. 3, 23:314. 1877.
阿拉善脓疮草 Panzeria alaschanica Kupr. = 脓疮草 P. lanata (L.) Sojak	乌拉山（莫尼乌拉）黄河沿岸 无采集号 1871.6.20.	Bot. Mater. Gerb. Bot. Inst. Kom. Akad. Nauk S.S.S.R. 15:363. 1953.

（今巴彦浩特镇）附近进行了植物采集。其考察队员 Tchetyrkin（Czetyrkin 或 С. С. Четыркин）于 5 月中旬上贺兰山考察，采到一批贺兰山的春季开花植物，补充了 Przewalski 以前采集的不足。第三次考察（1923 ～ 1926 年）是在十月革命以后进行的，这次考察，他们到过内蒙古西部的居延海、索果诺尔。Kozlov 考察队三次亚洲中部"探险"，从我国（主要是西藏东部、西康地区）采集到植物标本 25000 多份，1300 多种，300 多号种子，近百种新种，其中采自内蒙古的新种见表 9。

在此期间，还有其他人到内蒙古进行过植物采集和研究，如 А. М. Ломоносов 于 1870 年到今呼伦贝尔市呼伦湖一带采集，E. V. Bretschneider（俄国驻华使馆医生）于 1873 年搜集内蒙古西部贺兰山标本，送给在华的英国植物分类学家 H. F. Hance 鉴定。在华期间，Bretschneider 写了一些植物学方面的文章，如 *Journal of the North China Branch of the Royal Asiatic Society*，用英文发表在上海文汇刊物上，其中《先辈欧洲人对中国植物的研究》（1881）、《西欧人在华植物发现史》（1898）是介绍早期欧洲人对中国进行植物采集和研究的重要参考文献。Е. Гарнак（俄

表8   Potanin 在内蒙古境内所采的模式标本

中文名、学名及现用学名	采集地点及时间	文献
北方枸杞 Lycium potaninii Pojark. ＝ L. chinense Mill. var. potaninii (Pojark.) A. M. Lu	呼和浩特 1884.7.14.	Bot. Mater. Gerb. Bot. Inst. Kom. Akad. Nauk S.S.S.R. 13: 265. 1950.
牛枝子 Lespedeza potaninii Vass.	呼和浩特 1884.7.15.	l.c. 9:202. 1946.
狭叶沙木蓼 Atraphaxis bracteata A. Los. var. angustifolia A. Los.	鄂尔多斯纳林河附近沙地 1884.9.10.	Izv. Glavn. Bot. Sada S.S.S.R. 26: 44. 1927.
扁核木 Prinsepia uniflora Batal.	鄂尔多斯东南部（南蒙古） 1884.9.	Trudy Imp. St.-Petersb. Bot. Sada. 12:167. 1892.
华北驼绒藜 Eurotia arborescens Losinsk. ＝ Ceratoides arborescens (Losinsk.) Tsien et C. G. Ma ≡ Krascheninnikovia arborescens (Losinsk.) Czerep.	鄂尔多斯东部乌兰木伦河谷 1884.8.21.	Izv. Akad. Nauk S.S.S.R. Ser. 7, Otd. Fiz.-Mat. Nauk 9:999. 1930.
多枝棘豆 Oxytropis ramosissima Kom.	鄂尔多斯巴格格落 1884.9.12.	Repert. Spec. Nov. Regni Veg. 13:227. 1914.
膜果麻黄 Ephedra przewalskii Stapf	阿拉善戈壁（额济纳） 好依日－陶来 1886.7.6.	Osterr. Akad. Wiss. Math.-Naturwiss. Kl., Denkschr. 56(2): 40. 1889.
大果蒙古虫实 Corispermum mongolicum Iljin var. macrocarpum Grub. ≡ C. mongolicum Iljin	阿拉善戈壁（额济纳河） 查干－别立 1886.7.17.	P1. Asia. Centr. 2:56. 1966.
鄂尔多斯蝇子草 Silene foliosa Maxim. var. mongolica Maxim. ≡ S. foliosa Maxim.	鄂尔多斯东部乌兰木伦 1884.8.22.	Enum. Pl. Mongol. 1:91. 1889.
蒙古鸦葱 Scorzonera mongolica Maxim.	南戈壁额济纳河（Yedsin-Gol.）1886.6.7.	Bull. Acad. Imp. Sci. St.-Petersb. 32:492. 1888.
戈壁猪毛菜 Salsola gobicola Iljin ≡ 薄翅猪毛菜 S. pellucida Litv.	阿拉善戈壁（额济纳河） 查干－别立 1886.7.18.	Bot. Mater. Gerb. Bot. Inst. Kom. Acad. Nauk S.S.S.R. 17:124. f. 2~3. 1955.
多头麻花头 Serratula polycephala Iljin ＝ Klasea polycephala (Iljin) Kitag.	呼伦贝尔盟[*]1889.	Izv. Glavn. Bot. Sada S.S.S.R. 27:90. 1928.
狭叶锦鸡儿 Caragana stenophylla Pojark.	呼伦贝尔盟好依尔－托洛盖 1889.6.7.	Fl. U.R.S.S. 11:344,397. 1945.

* 呼伦贝尔盟指今呼伦贝尔市。

表9　Kozlov 等人在内蒙古境内所采集的模式标本

中文名、学名及现用学名	采集地点	采集人及采集时间	文献
阿拉善杨 Populus alaschanica Kom.	定远营（今巴彦浩特镇）附近，渠湖岸边	Tchetyrkin 1908.3.27, 1908.4.16,1908.6.4.	Repert. Spec. Nov. Regni Veg. 13:233. 1914.
距果沙芥 Pugionium calcaratum Kom. ≡ P. dolabratum Maxim.	阿拉善荒漠，腾格里沙漠	Kozlov 1901.9.25.	Izv. Bot. Sada Akad. Nauk S.S.S.R. 30:718, f.1, 1–3. 1932.
沙生大戟 Euphorbia kozlovii Prokh.	阿拉善腾格里沙漠外缘	Kozlov 1901.9.	Izv. Akad. Nauk S.S.S.R. Ser. 6, 20:1370,1383. 1926.
沙木蓼 Atraphaxis bracteata A. Los.	阿拉善腾格里沙漠	Tchetyrkin 1908.5.15.	Izv. Glavn. Bot. Sada S.S.S.R. 26:43. 1927.
阿拉善苜蓿 Medicago alaschanica Vass.	定远营（今巴彦浩特镇）附近	Thetyrkin 1908.5.29.	Bot. Mater. Gerb. Bot. Inst. Kom. Akad. Nauk S.S.S.R. 12: 113. 1950.
阿拉善凸脉薹草 Carex lanceolata Boott var. alaschanica Egor.	阿拉善，贺兰山山地	Tchetyrkin 1908.5.11.	Pl. Asia. Centr. 3:74. 1967.

国陆军上校）1887年随一个考察队到大兴安岭考察，其路线为：北京→张家口→锡林郭勒→呼伦湖→大兴安岭，采得植物110多种。D. V. Putiata(Д. В. Путгты)（俄国驻天津军事机构上校）和 L. I. Borodovski（俄国植物学家）于1891年出喜峰口到承德、大兴安岭南部采集，采得标本284号，发现新种4个。Д. А. Клеменц 及其妻子 Е. Н. Клеменц 于1893～1898年到今蒙古国旅行，到过克鲁伦河下游考察，考察中他的妻子为他搜集了大量植物标本。J. W. Palibin（俄国植物学家）于1899年从库伦沿商道至克鲁伦河，后沿克鲁伦河河谷经呼伦贝尔到达我国东北，共采2000多份标本。根据这些标本和上述 Путеты 和 Гарнак 的标本，1902～1909年间，俄国地理学会陆续发表了《北蒙古植物区系资料》。В. И. Липский（植物学家）于1901年到海拉尔及大兴安岭山地采集，共采得植物200多种。Д. И. Литвинов（学者）于1902年到今满洲里、呼伦湖、海拉尔、牙克石、扎兰屯一带进行采集。二人（В. И. Липский、Д. И. Литвинов）采集的标本均由 Komarov 鉴定，并在《满洲植物志》第三卷中引用。Г. Е. Грум-Гржимйло Грум-Г 于1889～1890年受俄国地理学会委托，率队到亚洲中部考察，到过天山、准格尔、北山、南山和戈壁。其中对北山（Грум-Гржимайло 误认龙首山为马鬃山，后来俄国学者如 Grubov 一直沿用此材料）的考察，曾涉足内蒙古与甘肃的边界地区，还记述了北山的山地植被分布状况：“北山中部马鬃山（海拔最高为2791米）有由 *Picea asperata*（应为 *Picea crassifolia*）、*Betula*、*Sorbus* 和 *Populus* 组成的青海云杉林类型的森林，林下灌木有 *Rosa*、*Cotoneaster*、*Rhamnus*、*Filipendula*、*Salix* 等。”在考察期间，考察团采集了大量植物标本，并写有《中国西部旅行记》，其中第二部分为对北山和南山的描述。此外，Т. Т. Тугаринов 于1928年在今蒙古国旅行时，曾到贝尔湖附近采过标本。以上这些采集所发表的新种见表10。

表 10　俄国零星采集者在内蒙古及其边境所采的模式标本

中文名、学名及现用学名	采集地点	采集人及采集时间	文献
榛子 Corylus heterophylla Fisch. ex Trautv.	呼伦贝尔盟*额尔古纳河右岸	N. Turczaninow 1834.	Pl. Imag. Descr. 10. 1884.
蒙古栎 Quercus mongolica Fisch.ex Turcz.	呼伦贝尔盟额尔古纳河右岸	N. Turczaninow 1834.	Fl. Ross. 3(2): 589. 1850.
额尔古纳薹草 Carex argunensis Turcz. ex Ledeb.	呼伦贝尔盟额尔古纳河右岸	N. Turczaninow 1834.	Fl. Ross. 4: 267. 1852.
蝟菊 Carduus lomonossowii Trautv. = Olgaea lomonossowii (Trautv.) Iljin	呼伦贝尔盟	А. М. Помоносов 1870.	Trudy Imp. St.-Petersb. Bot. Sada 1:183. 1871-1872.
木岩黄芪 Hedysarum lignosum Trautv. = H. fruticosum Pall. var. lignosum (Trautv.) Kitag. = 羊柴 Corethrodendron fruticosum (Pall.) B. H. Choi et H.Ohashi var. lignosum (Trauv.)Y. Z. Zhao	呼伦贝尔盟海拉尔附近沙地	А. М. Помоносов 1870.	Trudy Imp. St.-Petersb. Bot. Sada 1:176. 1872.
醉马草 Stipa inebrians Hance = Achnatherum inebrians (Hance) Keng ex Tzvel.	阿拉善盟贺兰山山地	E.V. Bretschneider (misit) 1875.	J. Bot. 14:212. 1876.
波氏马先蒿 Pedicularis borodowskii Palib. ≡ P. curvituba Maxim. subsp. provotii (Franch.) Tsoong	兴安南部山地	L. I. Borodovski 1891.	Trudy Imp. St.-Petersb. Bot. Sada 14(5):134. 1895.
樟子松 Pinus sylvestris L. var. mongolica Litv.	呼伦贝尔盟海拉尔附近	Д. И. Литвинов 1902.	Sched. Herb. Fl. Ross. 5:160. 1905.
兴安薹草 Carex chinganensis Litv.	呼伦贝尔盟大兴安岭兴安（车站）	Д. И. Литвинов 1902.	Sched. Herb. Fl. Ross. 6:135. 1908.
兴安虫实 Corispermum chinganicum Iljin	呼伦贝尔盟贝尔湖附近	Т. Т. Тугаринов 1928.8.27.	Izv. Glavn. Bot. Sada S.S.S.R. 28:648. 1929.
额尔古纳早熟禾 Poa argunensis Roshev.	呼伦贝尔盟额尔古纳河流域乌伦古雅（урулюнгуя）	Шарана идр. 1930.7.9.	Fl. U.R.S.S. 2: 404. 1934.

* 呼伦贝尔盟指今呼伦贝尔市。

上述考察探险队和个人所采到的植物标本，均集中在彼得堡植物园（后改为苏联柯马洛夫植物研究所）的亚洲中部植物标本室，亚洲中部植物区系的研究工作也在此处进行，发表了一系列的专科专属研究，主要有 H. Krastheninnikov 的"菊科的亚洲新植物"及蒿属 *Artemisia*、百花蒿属 *Stilpnolepis*、短舌菊属 *Brachanthemum* 的研究，A. Лосина-Лосинская(A. Los.) 的木蓼属 *Atraphaxis*、沙拐枣属 *Calligonum*、驼绒藜属 *Eurotia* (≡ *Kraschenimikovia*)、大黄属 *Rheum* 的研究，M. M. Iljin 的藜科及其猪毛菜属 *Salsola*、虫实属 *Corispermum* 和菊科的蝟菊属 *Olgaea*、苓菊属 *Jurinea*、麻花头属 *Serratula*、蓝刺头属 *Echinops*、革苞菊属 *Tugarinovia* 的研究，E. Rcgcl 的葱属 *Allium* 研究，B. Fedtsehenko 的豆科及岩黄芪属 *Hedysarum* 的研究，I. Novopokrovski 的紫菀木属 *Asterothamnus* 的研究，S. Lipschitz 的鸦葱属 *Scorzonera*、风毛菊属 *Saussurea* 的研究，V. Komarov 的锦鸡儿属 *Caragana*、白刺属 *Nitraria*、沙芥属 *Pugionium* 的研究，P. Poljakov 的亚菊属 *Ajania*、女蒿属 *Hippolytia* 的研究等。在此基础上，Komarov 于 1908 年完成了《中国及蒙古植物区系引论》，该书讨论了蒙古国和中国北部植物区系形成的途径，并首次对蒙古国植物进行了分区。

1963 年，苏联植物研究所亚洲中部植物标本室主任 V. I. Grubov 根据该馆所藏标本（包括 20 世纪 50、60 年代在蒙古国及我国内蒙古、新疆所采的标本）和上述研究成果开始系统地出版《亚洲中部植物》，至 2007 年已出版了 16 卷。第一卷为概论和蕨类植物（1963 年），第二卷为藜科（1966 年），第三卷为莎草科至灯心草科（1967 年），第四卷为禾本科（1968 年），第五卷为马鞭草科至玄参科（1970 年），第六卷为裸子植物和香蒲科至禾本科的单子叶植物各科（1971 年），第七卷为单子叶植物百合科至兰科（1977 年），第八卷（3 册）为豆科（1988 年、1998 年、2000 年），第九卷为杨柳科至蓼科（1989 年），第十卷为五加科、伞形科、山茱萸科（1994 年），第十一卷为苋科至石竹科（1994 年），第十二卷为睡莲科至防己科（2001 年），第十三卷为白花丹科至萝藦科（2002 年），第十四卷为菊科（只出版了春黄菊族和菊苣族，共 2 册）（2003 年、2008 年），第十五卷为紫葳科至桔梗科（2006 年），第十六卷为景天科和虎耳草科（2007 年）。至此蕨类植物、裸子植物、单子叶植物已经出版齐全，双子叶植物出版了 47 个科。该书是研究我国北方地区特别是内蒙古植物分类的重要参考书籍，也是俄国人两百多年来对亚洲中部植物区系采集和研究的总结。

此外，在 20 世纪初，俄国还派遣了一批科学工作者在哈尔滨组织过一些学会，其中最著名的是"东方文物研究会"。1922 年以后这些学会均由哈尔滨博物馆领导，其中有些学者对内蒙古东部的植物区系进行过研究。从 1918 年至 1934 年（个别延续至 1935 年），学会先后多次到内蒙古呼伦贝尔西部及大兴安岭采集标本。学会主要代表有 T. P. Gordeev、V. S. Pokrovsky、B. V. Skvortzov、刘德、V. I. Kozlov，及他们组织的"列力合"工作考察团和土壤植物考察团。其中以 Gordeev 采集的次数最多，他在 1924、1925、1927、1929、1930、1934、1950、1955 等年份，常在 7 月、8 月或 5 月沿滨洲铁路各火车站附近进行采集。他的主要采集点有博克图、兴安、巴林、牙克石、海拉尔、满洲里。1950 年 8 月，他曾到三河、上库力、根河、额尔古纳河一带采集，采得标本 260 多号。Pokrovsky 于 1918、1924、1926、1933、1935、1940 等年份，在海拉尔、免渡河、伊敏河、额尔古纳河、呼伦湖、阿尔山、宝格达－乌拉、喇嘛库伦进行采集，共采得标本 344 号。Skvortzov 于 1918、1922、1924 等年份在海拉尔、满洲里、伊列克得、巴林、兴安、扎兰屯一带采集，采得标本 69 号。Kozlov 于 1925 年、1927 年在海拉尔、三河、呼伦湖、扎赉诺尔、嵯岗、赫尔洪得、牙克石采得标本 23 号。刘德于 1935 年在呼伦湖、满洲里采得标本 89 号。

"列力合"考察团于 1934 年在海拉尔、甘珠尔庙、罕达盖、嵯岗、小阿尔山、巴林一带采得标本 179 号。土壤植物考察团在额尔古纳、海拉尔、免渡河、赫尔洪得、满洲里等地采得标本 44 号。以上标本共 1180 余号、593 种，十多个变种，均藏于哈尔滨博物馆中（见《哈尔滨博物馆馆藏植物标本名录·第一辑》，1965 年），分别由 Skvortzov、Gordeev、Pokrovsky、Kitagawa、Komarov 等人鉴定，只有一少部分被送到彼得堡植物园。这些标本在日本侵占东北后，为日本学者北川政夫（M.Kitagawa）所利用。中华人民共和国成立后，这些标本为我国编写《东北木本植物图志》《东北草本植物志》及《中国植物志》部分卷册提供了素材。在他们所采的标本中，内蒙古境内有 2 个新种：兴安杨 *Populus hsinganica* Wang et Skv. (B. V. Skvortzov 于 1928 年 10 月 8 日采自巴林）和黄柳 *Salix gordejevii* Y. L. Chang et Skv. ［T. P. Gordeev 于 1934 年 10 月 3 日采自罕达盖（Khandagai）附近的沙地］。

（三）日本人对内蒙古植物的采集与研究

最早（1892 年）涉足我国东北探险的日本人是福岛安正。日俄战争后，日本取得沙俄在我国东北的控制权，一些日本学者也相继来到东北和内蒙古东部。1906 ～ 1907 年，以鸟居龙藏为首的学术调查队考察了东北地区和内蒙古东部，虽以考古学为重点，但也采集了不少植物标本，后由日本东京帝国大学的矢部吉祯整理。这一时期来采集的还有神保、白泽、佐滕佐吉、协山三弥等。

1907 年，日本在我国大连建立了南满铁路株式会社。该组织经常派出各种调查队到各地进行自然资源的调查，其中也包括植物资源的调查研究。

1909 年，矢部吉祯受南满铁路株式会社之托，沿南满铁路线进行植物调查。他根据前人和自己所采的标本，编出《南满洲植物目录》（1912 年），这是研究东北地区和内蒙古东部植物较早的文献之一。1916 年，矢部整理了鸟居龙藏等人在内蒙古东部采集的标本，并参考了 J. W. Palibin 所发表的有关该地区植物学方面的论文，写出了《东蒙古牧草和杂草报告 I》及《东蒙古植物名录 I》，此名录涵盖了内蒙古东部地区的很多植物。南满铁路株式会社多次派遣考察队进行考察，陆续刊出近千篇考察报告，其中与植物学有关的多为该会社庶务部和兴业部及哈尔滨事务所刊出的报告。与内蒙古有关的报告有《满蒙牧草植物调查》（兴业部务农课，1915 年）、《满洲的森林》（庶务部调查所，1924 年）、《大兴安岭纵断面调查报告》（北满经济调查所，1939 年）、《兴安北省牧野调查报告》等。

日本侵占我国东北后，为了进一步掠夺资源，于 1933 年在日本外务省文化事业部和南满铁路株式会社的支持下，由早稻田大学教授德永重康发动组织了"第一次满蒙学术调查研究团"。该团含地质学、地理学、动物学、植物学、人类学等方面学者 13 人，于 1933 年 8 月至 10 月，在热河省境内进行了综合考察（其路线见图 2）。由于组织和准备工作做得较好，本次考察仅用了 70 多天，就搜集了丰富的资料和大量的标本。考察结果共出版了 6 卷《第一次满蒙学术调查研究团报告》，其中第 4 卷为植物学内容，共分 4 篇，每篇 1 册。第一篇是由中井猛之进和北川政夫写的《热河省产的新植物》，包括《热河省产的新木本植物》和《热河省承德、兴隆堂、雾灵山及长山裕附近产的新植物》；第二篇是由中井猛之进、本田正次、北川政夫合写的《满洲植物区系新知的资料》，报道了某些科属如葱属 *Allium*、虫实属 *Corispermum*、沙参属 *Adenophora*、蓝刺头属 *Echinops*、乌头属 *Aconitum* 等的整理结果，发现了一批新种；第三篇载有高桥基生所写的《热河省植物生态学的研究》（1936 年）；第四篇是由中井猛之进、本田正次、

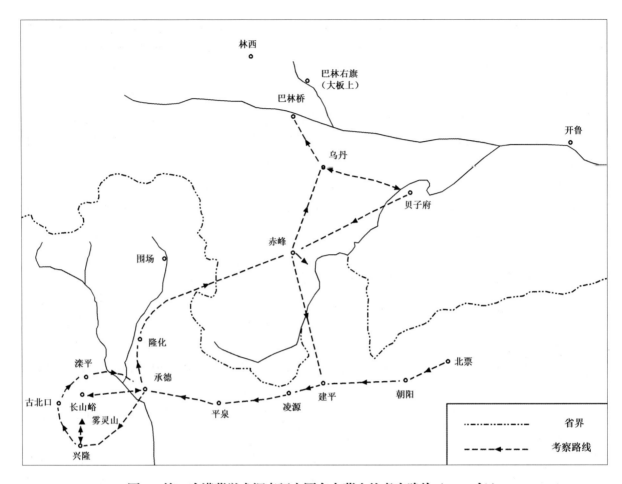

图 2　第一次满蒙学术调查研究团在内蒙古的考察路线（1933 年）

佐竹义辅和北川政夫编写的《热河省野生的高等植物目录》，附有新植物的描述，记载了调查区高等植物（包括蕨类植物）924 种，包括新种、新变种、新变型共计 81 个。其中采自内蒙古的模式标本见表 11。

七七事变后，日本侵占了我国华北地区。日本一些学术团体和个人又进一步展开了对我国包括内蒙古中西部在内的华北地区的考察。继"第一次满蒙学术调查研究团"后，于 1934 ～ 1939 年又组织了"早稻田大学满蒙学术调查研究团"；1938 年，组织了"京都帝国大学蒙疆学术探险队"，在内蒙古东部、河北小五台山进行了调查；1938 年，"京都帝国大学学术调查队"在内蒙古东部进行了调查；1940 年，由多田领导的"京都帝国大学浑善达克沙漠调查队"，对锡林郭勒盟中部的浑善达克沙地进行了考察，后由多田撰写《蒙疆浑善达克沙漠调查报告》（1941 年）等，可惜这些考察均没有见到植物学方面的专门报告。1943 年，在"北支经济调查所"的《蒙疆牧野调查报告》中，有一篇由岩田悦行写的察哈尔省（包括今内蒙古部分地区和河北省部分地区）的植物调查报告。本篇报告前一部分为植被类型研究，将其划分为 12 个类型，并且每个群落都有详细的样方材料，还确定了贝加尔针茅、羊草、冷蒿、小叶锦鸡儿等植物种的重要生态作用。报告的后一部分报道了调查区的资源植物，分别描述了主要的饲用植物、药用植物、有毒有害植物、救荒植物和防沙、观赏植物，对重要的饲用植物还进行了适口性分级，列举了化学成分的分析结果，最后还列出了调查区的 258 种植物名，注明了每个植物种的采集地点和生境，并对这 258 种植物的科属进行了统计分析。这些结果与现今的考察

表11　满蒙学术调查研究团在内蒙古境内所采集的模式标本

中文名、学名及现用学名	采集地点及时间	文献
热河杨 Populus manshurica Nakai	赤峰附近 1933.9.25.	Rep. First Exped. Manch. Sect. 4，4:73. 1936.
巴尔登柳 Salix bordensis Nakai ＝ S. microstachya Turcz. ex Trautv. var. bordensis (Nakai) C. F. Fang	"兴安西省"*（赤峰地区）巴尔登湖（Borden-hu）附近 1933.9.30.	l.c. 4:73. 1936.
兴安木蓼 Atraphaxis manshurica Kitag.	"兴安西省"巴尔登湖 1933.9.28.	l.c. 4:75. 1936.
东北蓼 Polygonum manshuricola Kitag. ≡ P. longisetum Bruijin	"兴安西省"翁牛特旗 1933.10.2.	Rep. Inst. Sci. Res. Manch. 6:121. 1942.
辽西虫实 Corispermum thelegium Kitag. var. dilutum Kitag. ＝ C. dilutum (Kitag.) Tsien et C. G. Ma	"兴安西省"巴林桥附近 1993.9.28.	Rep. First Exped. Manch. Sect. 4，2:105. 1935.
山葶苈 Draba multiceps Kitag. ≡ Stevenia cheiranthoides DC.	赤峰附近 1933.9.26.	l.c. 2:18. 1935.
蒙古石竹 Dianthus subulifolius Kitag. ＝ D. chinensis L. var. subulifolius (Kitag.) Ma ≡ D. chinensis L. var. versicolor (Fisk. ex Link.) Ma	"兴安西省"乌丹至巴林桥之间 1933.9.28.	l.c. 2:16. 1935.
亚洲百里香 Thymus serpyllum L. var. asiaticus Kitag. ＝百里香 T. serphyllum L.	"兴安西省"巴林桥巴尔登湖附近 1933.9.30.	l.c. 4:92. 1936.
毛叶蓝盆花 Scabiosa lachnophylla Kitag. ＝ S. comosa Fisch. ex Roem. et Schuh. var.lachnophylla (Kitag.) Kitag.	"兴安西省"翁牛特旗 1933.10.2.	l.c. 2:33. 1935.
蒙古苍耳 Xanthium mongolicum Kitag.	"兴安西省"四楞子山至翁牛特之间 1933.10.2.	l.c. 4:97. 1936.
热河灯心草 Juncus jeholensis Satake ＝ J. turczaninowii (Buch.) Krecz. var. jeholensis (Satake) K. F. Wu et Y. C. Ma	"兴安西省"巴林桥附近 1933.9.28.	l.c. 4:106. 1936.

　＊"兴安西省"是伪满洲国的一个行政区划，大约包括今通辽市扎鲁特旗、奈曼旗、开鲁县以及赤峰市阿鲁科尔沁旗、翁牛特旗、巴林左旗、巴林右旗、克什克腾旗等地区。

结果是一致的（附考察路线图——图3）。此外，日本还进行过多次小型调查研究，其中来过内蒙古采集和调查的有大贺一郎、三浦密成、山荛一海、佐藤润平、小林胜、金城铁郎、大久保五成、桐山广市，发表的有关植物学方面的资料有三浦密成的《满蒙植物目录》（1925年）、《察绥植物目录》（1937年）和《满洲植物志》（第一辑为禾本科，1925年；第二辑为豆科，1926年），

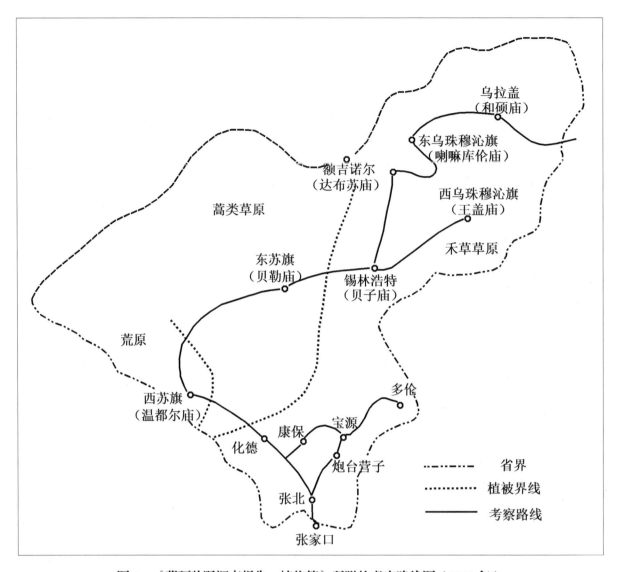

图 3　《蒙疆牧野调查报告·植物篇》所附的考察路线图（1943 年）

山茑一海的《满洲植物目录》（1925 年），佐藤润平的《满蒙植物照片辑》《东乌珠穆沁植物调查报告》（1934 年）和《满洲树木名汇》（1934 年）等。

　　他们所采的标本均集中到日本京都帝国大学，由北村四郎、北川政夫、大井次三郎等整理。根据这些标本，北村四郎在 1935 年发表了《佐藤润平氏采集的菊科植物》（《植物分类》地理 4 卷）、《菊科的一个新属线叶菊属 *Filifolium* Kitam.》（《植物分类》地理 9 卷，1940 年）。大井次三郎则发表了一些禾本科、莎草科新种，如蒙古锋芒草 *Tragus mongolorum* Ohwi（Raoto, 10019，1940 年采自锡林郭勒盟西部）、粗糙鹅观草 *Agropyron scabridula* Ohwi〔= *Roegneria scabridula* Ohwi(Ohwi) Melderis = *Elymus scabridulus* (Ohwi) Tzvel. (T. Kanashiro 3841)〕、福生庄冰草 *Agropyron kanashiroi* Ohwi（T. Kanashiro, 3907，粗糙鹅观草和福生庄冰草均采自原绥远省福生庄）、大芒鹅观草 *Roegneria turczaninovii* (Drob.) Nevski var. *macrathea* Ohwi、山林薹草 *Carex yamatsudana* Ohwi（大芒鹅观草和山林薹草均采自大兴安岭）。除上述临时性的考察团体与个人外，伪满大陆科学院也是日本人进行我国植物学研究的一个据点。伪满大陆科学院是日本侵占我国东北后在长春成立的，是将原来俄国人经营的哈尔滨博物馆接收改组变成的伪满大陆科学院哈尔滨分院，北川政夫、斋滕道雄、渡边政敏以及保留下来的俄国人 B. V. Skvortzow、T. P. Gordeev、A. I. Baranov 等成为该机构的主要研究人员，对我国东北地区及内蒙古东部进行了多次考察。北川政夫等对大兴安岭及呼伦贝尔草原进行了专门的采集和研究，其结果多发表在《大陆科学院研究报告》中。该报告包括北川政夫的《海拉尔植物相》（《大陆科学院报告》，1 卷 8 号，1937 年）、《博克图附近的植物相》（同上），斋滕、渡边等人写的《满洲产野生草类的饲料学研究》（第 1 ～ 6 报）（《大陆科学院研究报告》，3 ～ 5 卷，1939 ～ 1940 年）。在植物区系研究方面，北川政夫从 1932 年即在京都帝国大学理学部植物教研室开始了对满洲植物的系统研究，利用山莴一海、佐藤润平、小林胜、大久保五成等人所采的标本和他本人 13 年间在我国东北地区、内蒙古所采的标本以及俄国人在哈尔滨博物馆收藏的标本，并参考了 V. Komorov 的《满洲植物志》，于 1939 年出版了《满洲植物考》。该书是一部研究我国东北地区和内蒙古东部地区植物的重要参考资料，也是当时日本人对该地区植物分类学上的一个系统总结。北川政夫的这项工作一直延续到 20 世纪 80 年代，于 1979 年又出版了《新满洲植物考》。北川政夫 20 世纪 30 年代从内蒙古所采的模式标本见表 12。

表 12　北川政夫等人在内蒙古采集和发表的新分类群

中文名、学名及现用学名	采集地	文献
兴安繁缕 Stellaria hsinganensis Kitag.	呼伦贝尔盟*喜桂图旗伊列克得	J. Jap. Bot. 24:89. 1949.
岩罂粟 Papaver nudicaule L. var. saxatile Kitag. ＝ 野罂粟 P. nudicaule L.	呼伦贝尔盟满洲里附近	l.c. 19:70. 1943.
银叶毛茛 Ranunculus hsinganensis Kitag. ＝ R. japonicus Thunb. var. hsinganensis (Kitag.) W. T. Wang	呼伦贝尔盟大兴安岭（白狼）	l.c. 22:175. 1948.
草原黄芪 Astragalus dalaiensis Kitag.	呼伦贝尔盟呼伦池（呼伦湖）附近	l.c. 22:172. 1948.
小米黄芪 Astragalus satoi Kitag.	呼伦贝尔盟喜桂图旗伊列克得	Bot. Mag. Tokyo 48:99. 1934.
海拉尔棘豆 Oxytropis hailarensis Kitag. ≡ O. oxyphylla (Pall.) DC.	呼伦贝尔盟海拉尔西山	l.c. 48:907. 1934.
喜沙黄芩 Scutellaria ammophila Kitag. ＝ S. scordifolia Fisch. ex Schrank var. ammophila (Kitag.) C. Y. Wu et W. T. Wang ≡ S. scordifolia Fisch. ex Schrank	哲里木盟**科尔沁左翼后旗伊胡塔	Lineam. Fl. Mansh. 386. 1939.
丘沙参 Adenophora collina Kitag. ＝ A. stenanthina var. collina (Kitag.) Y. Z. Zhao	呼伦贝尔盟大兴安岭	Rep. Inst. Sci. Res. Manch. 4:98. 1940.
东北蛔蒿 Artemisia finita Kitag. ＝ Seriphidium finitum (Kitag.) Ling et Y. R. Ling	呼伦贝尔盟满洲里附近	l.c. 6:124. 1942.

续表 12

中文名、学名及现用学名	采集地	文献
兴安蒲公英 Taraxacum falcilobum Kitag.	呼伦贝尔盟大兴安岭伊列克得	1.c. 2:312. 1938.
兴安拂子茅 Calamagrostis arunidiacea (L.) Roth. var. hsinganensis Kitag. = C. hsinganensis (Kitag.) Kitag. ≡ Deyeuxia pyramidalis (Host) Veldkamp.	呼伦贝尔盟大兴安岭博克图	1.c. 1:294. 1937.
蒙古拂子茅 Calamagrostis neglecta Gaertner var. mongolica Kitag. = C. mongolica (Kitag.) Kitag. ≡ Deyeuxia neglecta (Ehrh.) Kunth	呼伦贝尔盟胡吉尔－淖尔（Circa, Hozir-nor）	Lineam. F1. Mansh. 66. 1939.
断穗狗尾草 Setaria arenaria Kitag.	呼伦贝尔盟海拉尔	Rep. Inst. Sci. Res. Manch. 4:7. 1940.
肋脉薹草 Carex pachyneura Kitag.	呼伦贝尔盟新科后旗（Hsikehouchi）	1.c. 4:8. 1940.

* 呼伦贝尔盟指今呼伦贝尔市。　　** 哲里木盟指今通辽市。

（四）我国学者对内蒙古植物的考察与研究

中华人民共和国成立前，我国学者对内蒙古和西北地区的植物考察有两种情况：一是参加外国组织的学术考察团体或与外国学者共同组织学术团体，另一种是我国组织的学术考察团体或我国学者单独进行的。

前者，如最早来内蒙古进行植物调查、采集的秦仁昌教授。他于 1923 年 5 月参加由美国 P. R. Welsin 所组织的甘蒙科学考察团，到今阿拉善盟阿拉善左旗巴彦浩特镇考察，并在贺兰山上进行了七天的植物调查和采集工作，共采得植物 200 余种，由美国植物分类学家 Walker 整理，并发表了专著。秦仁昌先生本人也于 1941 年在《静生生物调查汇报》第十卷五期上用英文发表了《内蒙古贺兰山植物采集记略》。

刘慎谔教授先是随同中法西北学术考察团一起，而后独自进行了长达两年之久的对我国西北地区和西藏地区的考察。刘慎谔教授随中法学术考察团于 1931 年 5 月 17 日从北京出发，我国学者郝景盛教授也一同参加，经张家口北上进入内蒙古，沿百灵庙、乌里乌素、巴格毛都考察乌拉特草原，随后郝景盛到乌里乌素后由包头返京，刘慎谔等再经阿拉善北部到达额济纳，从额济纳到酒泉转新疆，在迪化（今乌鲁木齐）结束了本次考察团。（刘慎谔在内蒙古的考察路线见图 4）此后，刘慎谔两次翻越天山，考察了南疆塔里木西部，后到西藏，又经克什米尔地区、印度回国。这次考察共采植物标本 2500 余号，是我国植物分类学研究西北地区和西藏地区的珍贵资料，其中采自内蒙古境内的新种有 4 个。这次考察结果，刘慎谔教授于 1934 年写了《中国北部和西北部地区植物地理概论》一文，其中相当篇幅是记载与论述内蒙古地区的植物及其分布规律，并从区系性质上划分了蒙古植物区的范围。他认为蒙古植物区"东以西兴安岭为界，岭之西坡已入蒙古境内；南以长城为界，包括阴山山脉及河套在内"，

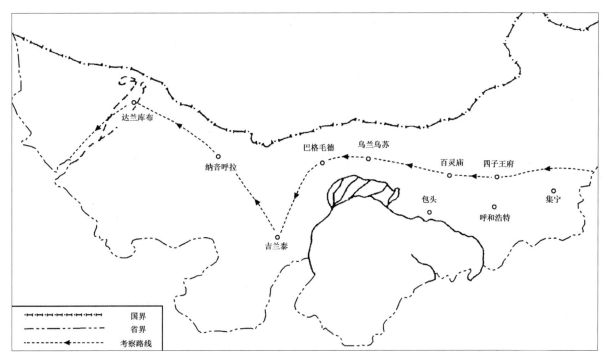

图 4 刘慎谔 1931 年在内蒙古考察时的路线

"西界以甘肃的额济纳河为蒙古植物区系的止点"，"包括察哈尔之北部（张家口以北）、绥远之全部、宁夏之东部（额济纳河为界）、外蒙古之南部和甘肃北境（长城附近）"，并明确指出"唯阴山山脉之植物与华北（黄河区）相近"。书中认为内蒙古沙漠区的特征植物有沙葱 *Allium mongolicum*、沙米 *Agriophyllum arenarium*［= *Agriophyllum squarrosum* (L.) Moq.］、霸王 *Sarcozygium xanthoxylum*、泡泡刺 *Nitraria schoberi*（应为 *Nitraria sphaerocarpa*，或其他种）、骆驼蓬 *Peganum nigellastrum*、红砂 *Reaumuria soongarica*、蒙古沙拐枣 *Calligonum mongolicum*、梭梭 *Haloxylon ammodendron*、藏锦鸡儿 *Caragana tibetica*、沙冬青 *Ammopiptanthus mongolicus*、蒙古扁桃 *Prunus mongolica* 等，并说"蒙古区与新疆区雷同植物甚多"。这些观点，已为现今研究者所证实。

耿以礼教授于 1935 年随同美国农业部罗列氏 Roerich 采集团来内蒙古百灵庙一带进行植物采集，采得腊叶标本 600 余号、200 多种，后来发表了几个新种。1936 年，耿以礼写了《内蒙古考察记》，1938 年写了《绥远省百灵庙的新禾草》。

从 20 世纪 20 年代初开始，在生物学家的倡议和努力下，我国先后成立了两个植物学研究机构：1922 年 8 月，在南京成立了中国科学社生物研究所；1928 年，由尚志学会和中华教育文化基金会合资在今北京建立了静生生物调查所。这两个研究所曾多次在我国进行广泛的调查采集工作，以云南、四川为重点，未涉足内蒙古地区。1929 年，刘慎谔从法国留学回国后，被聘为北平研究院植物所研究员兼主任，开展植物研究所的创建工作。从 20 世纪 30 年代开始，北平研究院植物所进行了以中国西北部为重点的植物采集工作，参加采集的有夏纬瑛、王作宾、刘继孟、孔宪武、郝景盛等，其中夏纬瑛、王作宾曾到内蒙古采集。

夏纬瑛于 1931 年夏由张家口经大同进入内蒙古，先在今呼和浩特市附近采集，到过公主府、大青山、哈拉沁沟，后又沿大青山南麓西向包头采集，8 月初到五当召，8 月中到包头，而后继续向西进入乌拉山，在乌拉山采集 10 日后由西山嘴进入河套，在河套、五原等地采集后返回北

京。1933 年，又从陕西延安、榆林北上进入内蒙古鄂尔多斯，由达布察克、伊肯乌素、特默林、
察干敖包，到黄河沿岸的艾力套海，过黄河到达阿拉善，登贺兰山采集。夏纬瑛两次采集共得
标本 800 余号，第一次 600 号（从 2600 号至 3200 号），第二次 240 余号（从 3740 号至 3980 号），
还在贺兰山上采到了几个新种。

王作宾于 1935 年 7 月从张家口经大同进入内蒙古，在大青山—包头一线采集，主要采集点
有土默川（称西大套）、磴口；后由包头向西到乌拉山采集，采集点有大坝沟、哈达门沟、柳
树窑子等。本次采集共历时一个多月，8 月下旬转向山西。王作宾共采植物标本 300 余号（从
2300 号至 2600 号）。

此外，白荫元于 1933 年从陕北进入鄂尔多斯，在查干敖包、陶木吐、杭锦敖包、博贺台乌
素进行过采集，后过黄河上贺兰山采集。白荫元共采标本 180 余号，还在贺兰山上采到了几个
新种。

1937 年 6 月，刚从清华大学毕业并留校任教的吴征镒参加了当时北平政府组织的"中国西
北科学考察团"，由集宁至包头，经河套到巴彦淖尔盟定远营（今巴彦浩特镇），沿途进行了
植物标本采集。七七事变后，北平陷落，考察被迫中止。

1949 年夏，崔友文自山西向北采集，经丰镇、集宁、陶林（今察哈尔右翼中旗）、卓资县到
归绥（今呼和浩特市）。他在采集中注重经济植物的调查，从而丰富了《华北经济植物志要》（科
学出版社，1953 年）的内容。

中国学者在中华人民共和国成立前所采的新分类群见表 13。

表 13　中华人民共和国成立前我国学者在内蒙古采集的模式标本

中文名、学名及现用学名	模式产地	采集人、采集号、时间	文献
异叶棘豆 Oxytropis diversifolia Pet.-Stib.	巴彦淖尔盟 *北部	刘慎谔 无采集号 1931.5.	Act. Hort. Gothob. 12:78. 1938.
长毛荚黄芪 Astragalus macrotrichus Pet.-Stib. ≡ A. monophyllus Bunge ex Maxim.	巴彦淖尔盟乌拉特	刘慎谔 2130 1931.5.	Act. Hort. Gothob. 12:67. 1938.
拟糙叶黄芪 Astragalus pseudoscaberrimus Wang et Tang ≡ 卵果黄芪 A. grubovii Sancz.	巴彦淖尔盟（北部）乌兰乌苏	刘慎谔 2085 1931.5.26.	《植物研究》3(1):57. 1983.
小花兔黄芪 Astragalus laguroides Pall. var. micranthus S. B. Ho ≡ 戈壁阿尔泰黄芪 A. gobi-altaicus N. Ulzigkh.	巴彦淖尔盟乌拉特后旗巴格毛都	刘慎谔 2149 1931.5.29.	《植物研究》3(4):57. 1983.
密毛鹤虱 Lappula duplicicarpa N. Pavl. var. densihispida C. J. Wang	阿拉善盟额济纳河旁	刘慎谔 2213 1931.6.9.	《植物研究》1(4):83. 1981.

续表 13

中文名、学名及现用学名	模式产地	采集人、采集号、时间	文献
宁夏麦瓶草 Silene ningxiaensis L. T. Tang	阿拉善盟贺兰山	夏纬瑛 3906, 3925 1933.8.25.	《云南植物研究》 2(4):434. 1980.
硬叶早熟禾 Poa stereophylla Keng ex L. Liu	阿拉善盟贺兰山	夏纬瑛 3950 1933.8.	《中国主要植物图说》（禾本科），199. 1959.
术叶菊 Senecio atractylidifolia Ling = Synotis atractylidifolia (Ling) C. Jeffrey et Y. L. Chen	阿拉善盟贺兰山	夏纬瑛 3905 1933.8.27.	Contr. Inst. Bot. Nat. Acad. Peiping 5:24. 1937.
贺兰山女蒿 Tanacetum alashanense Ling = Hippolytia alashanensis (Ling) Shih	阿拉善盟贺兰山	白荫元 151 1933.8.	Contr. Inst. Bot. Nat. Acad. Peiping 2:502. 1935.
阿拉善鹅观草 Roegneria alashanica Keng	阿拉善盟贺兰山	白荫元 146 1933.8.29.	《南京大学学报》（生物）1963(1):73. 1963.
多叶鹅观草 Roegneria foliosa Keng ≡ R. aliena Keng	乌兰察布盟**百灵庙附近	耿以礼 770 1935.7.26.	l.c. 1963(1):73. 1963.
蒙古冰草 Agropyron mongolicum Keng	乌兰察布盟百灵庙附近	耿以礼 886 1935.8.21.	J. Washington Acad. Sci. 28:305. 1938.
苞鞘隐子草 Cleistogenes foliosa Keng = C. kitagawai Honda var. foliosa (Keng) S. L. Chen et C. P. Wang ≡ 凌源隐子草 C. kitagawai Honda	乌兰察布盟百灵庙附近	耿以礼 748 1935.8.9.	l.c. 28:298. 1938.
毛叶三裂绣线菊 Spiraea trilobata L. var. pubeseens T. T. Yu	乌兰察布盟卓资县凉山	崔友文 1070 A 1949.9.19.	《植物分类学报》 8:216. 1963.
毛枝蒙古绣线菊 Spiraea mongolica Maxim.var. tomentulosa T. T. Yu = 回折绣线菊 S. tomentulosa (T. T. Yu) Y. Z. Zhao	阿拉善盟贺兰山	夏纬瑛 3893 1933.8.	l.c. 8:216. 1963.

* 巴彦淖尔盟指今巴彦淖尔市。　　** 乌兰察布盟指今乌兰察布市。

除上述学者专业性的调查采集外，我国也曾组织过农林考察团队对内蒙古进行植物学考察和标本采集。1941 年，宁夏林务局组织了贺兰山森林考察，考察结果由冯钟礼等写出了《贺兰山森林调查报告》。该报告第一次较全面、详细地报道了贺兰山的森林分布状况，按海拔划分了垂直植被带，分出了云杉林带、油松与山杨混交林带和落叶阔叶林带，并对每个森林类型进行了描述。1944 年初，我国组织了川康宁农业调查队，董正钧参加了农业经济部分的调查，重点考察了额济纳旗（当时额济纳旗归宁夏管辖）。考察队由兰州出发，经酒泉沿额济纳河北上至居延海，历时 8 个月完成了考察任务，其考察结果由董正钧写成《居延海》一书。书中除介绍了人文、历史、自然条件、水资源、土资源外，还专门写了牧场和森林，最后列举了采得的 86 种植物，并附有每种植物的学名、分布和用途。其标本是由当时西北师范学院生物系主任孔宪武及甘肃省科学教育馆博物系主任何景二位教授鉴定。该书对重要植物如梭梭、胡杨、沙枣、红柳、骆驼刺、老鸦秧（沙拐枣）、黑子刺（黑果枸杞）、霸王、白刺、枇杷柴（红砂）、甘草、麻黄、苦豆子等作了详细介绍，将芨芨草、芦苇等列为重要饲草；还记载了当时芨芨草高可及丈且呈单纯社会，黑柴（合头藜）为骆驼的最优良牧草的内容。关于如何利用野生植物资源，也记载得非常详细，如胡杨的树皮伤口处可分泌碱液结晶，一株可产 1 斤多，为良好的食用碱，发面用后不仅好吃而且食后不生火气；又如沙葱是当地人们的重要蔬菜，食后能治寒腿；碱蓬、碱柴等可烧灰取碱，也可用于洗衣服；黑子刺的果实可做染料；等等。另外，在所列的名录中有些种现在在额济纳旗已经找不到了，如百花蒿 *Artemisia centiflora*(≡ *Stilpnolepis centiflora*)；有的是我们一直没采到过的种，如洋甘草 *Glycyrrhiza glabra*、大叶补血草 *Statice gmelinii*（= *Limonium gmelinii*）等，及一种高达 3 尺的大戟属存疑种 *Euphorbia* spp.。这些记载是我们了解当时植物区系组成和植被演替、退化的很珍贵的资料，现均已不见。

此外，在 1927 ～ 1929 年间，原绥远省立归绥农科职业学校的田圃、李藻和张守仁等先生，曾带领学生采集了千余份内蒙古西部的植物标本，可惜因战乱有所损失，所保存下来的算是内蒙古现今保存最早的标本。

二、中华人民共和国成立后我国学者的植物采集与调查阶段

中华人民共和国成立后，由于国家生产建设的需要，内蒙古自治区政府将农牧林业自然资源的考察作为发展经济的基础工作之一予以重视，随即成立了有关专业研究机构和大专院校，并组织了多次包括植物资源在内的专项或综合考察。同时，国家为了加强和支持边疆少数民族地区的经济建设，也多次派遣水保、林业、草原、治沙、综合考察等专业考察队来内蒙古考察，使内蒙古的自然资源研究工作进入了一个有计划的、全面的发展阶段。由此，内蒙古植物的采集、调查和区系学研究也随之进入一个崭新阶段。这些考察按其与本学科的关系和时间顺序，主要可列举以下 14 次。

1. 1950 ～ 1951 年，中国科学院组织了"黄河中下游水土保持的考察"，我国著名植物学家林镕、张肇骞、李继侗、吴征镒、侯学煜、蔡希陶等均参加了这次考察。这不仅支持了国民经济建设，还为黄河中游地区的水保建设、生态环境治理和保护提出了退耕还林还草还牧等许多宝贵意见。考察者在内蒙古的伊克昭盟（今鄂尔多斯市）、河套地区和贺兰山地区采集了大量植物标本，为该区的植物学研究提供了丰富的资料。

2. 1952 年 6 ～ 8 月，中央和内蒙古有关部门联合组织了牧区调查团，对锡林郭勒草原进行了考察。调查团草场组由我国著名的草地经营学家王栋领导，参加这次草场组考察工作的还有

李世英、许令妊等人。他们于 6 月 22 日从张家口出发，经温都尔庙、锡林浩特、吐克图一线，对锡林郭勒盟的北部草原进行了广泛的调查，8 月 20 日完成考察任务。本次考察共采集植物标本 418 号，由中国科学院植物研究所鉴定出 262 种，并向当地有经验的牧民访问了每种植物的蒙古文名、适口性、生长季节及分布范围等。在 262 种植物中，确定了 131 种为饲用植物，其中 19 种为优良牧草、4 种为有毒有害植物。还编制了《内蒙古锡林郭勒盟牧场饲料植物种类及其适口性调查表》（由中国科学院植物研究所内部刊出）。1955 年，王栋、许令妊、梁祖铎正式出版了《内蒙古锡林郭勒盟草场及主要牧草介绍》一书。

3. 1952 ～ 1953 年，为了加强西北地区与华北地区的铁路联系，中国科学院地理研究所与铁道部西北干线工程局组织了对包兰铁路线的地理学等专业考察，参加考察的有吴传钧、孙承烈、邓静中、王明业、马境治、祝景太、武泰昌等。1952 年 9 月至 12 月，首先考察了兰州至银川一段；1953 年 3 月至 6 月，又考察了银川至包头一段，包括内蒙古包头市，伊克昭盟（今鄂尔多斯市）全境，河套行政区，乌兰察布盟（今乌兰察布市）的固阳县（今属包头市）、石拐区（今属包头市）、乌拉特前旗（今属巴彦淖尔市）、乌拉特中后旗（今属巴彦淖尔市）、达尔罕茂明安联合旗（今属包头市）等。其考察结果除完成了包兰线的专门调查报告外，吴传钧、孙承烈、邓静中、王明业还出版了《黄河中游西部地区经济地理》一书，介绍了阴山山地、贺兰山山地、黄土高原、蒙古高原及黄河沿岸沙地的植物生长状况。

4. 1953 年，中国科学院和林业部组成了陕北流沙调查队。1954 ～ 1955 年，林业部调查设计局又继续进行了陕北长城沿线的沙地调查，参加此次调查的有严钦尚、郑威等地理学家。调查路线是从陕北四十里铺出发，经米脂至榆林，向西到靖边与定边，后经内蒙古鄂托克旗城川、乌审旗大石砭、小石砭返回榆林，此为第一段。从榆林北上至伊克昭盟（今鄂尔多斯市）东部的札萨克旗、郡王旗（札、郡二旗现合为伊金霍洛旗），经东胜至包头，此为第二段。这次调查首次大范围地使用了航拍技术。调查结果有严钦尚、郑威等人的《陕北流沙及其改造》（1953 年，内部资料），严钦尚的《陕北、榆林定边间流动沙丘及其改造》（《科学通报》，1954 年 3 月），郑威的《陕北长城内外的流动沙丘》（《地理集刊》第 1 号，1957 年）等。采集的植物标本由南京中山植物园陈守良鉴定，列出优良沙生植物 20 余种，如沙桧（臭柏）、柠条、沙柳、乌柳、沙蒿、沙蓬、沙竹、沙米、牛心朴子等，并认定最好的固沙植物是沙蒿、沙桧。

5. 1954 ～ 1955 年，中央林业部和苏联农业部森林调查设计总局特种综合调查队合作，进行了大兴安岭森林资源调查，其调查结果是 8 卷本的《大兴安岭森林资源调查报告》。该报告除对大兴安岭的自然条件、木材蓄积量、森林更新、森林病虫害作了详细报道外，还对主要树种及其生长过程、形成的林型进行了系统描述，成为了解大兴安岭森林植物及区系组成的重要参考资料。

6. 1955 年，中央畜牧兽医学会、中央农业部、内蒙古农牧厅组织了内蒙古伊克昭盟草原调查队。该队由北京农业大学贾慎修教授率领，参加调查的有来自十多个单位的 24 人。调查队于 7 月初开始工作，8 月下旬完成外业，持续了 50 余天。路线是由东胜西行至鄂托克旗、杭锦旗（对此二旗作了重点调查），后经郡王旗（今伊金霍洛旗一部分）返回东胜。其调查结果载入了《内蒙古伊克昭盟草原调查报告》（内部资料）一文中。这份报告介绍了伊克昭盟（今鄂尔多斯市）的自然条件、草场类型、经济评价、演替规律，还讨论了畜牧业、农业、饲料生产等问题。报告中特别强调了沙地红豆草［即塔落岩黄芪 *Hedysarum laeve* Maxim. ≡ 羊柴 *Corethrodendron fruticosum* (Pall.) B. H. Choi et H. Ohashi var. *lignosum* (Trautv.) Y. Z. Zhao］应作为优良牧草和固沙植物大力推广。

7. 1956 年，中国科学院为了完成国家根治黄河水害、开发黄河水利、发展山区生产的任务，又组织了中国科学院黄河中游水土保持综合考察队。中国科学院所属各有关研究所及院外有关部门共同组成了 12 个专业组，共 100 余人，其中植物组有我国植物学家林镕、钟补求、李继侗、崔友文等人参加，马毓泉、李博、刘钟龄也参与其中（根据所采标本于 1958 年编写了《黄河中游黄土区植物名录》）。1957 年，考察队增设了一个分队——固沙队，并邀请了苏联专家组参与。该专家组共 7 人，其中有著名的治沙专家、生物学博士彼得洛夫（П. Петров）。后来，中国科学院与苏联科学院合作，将固沙队扩大成沙漠综合考察队，出内蒙占林业厅、甘肃林业厅等单位一些同志组成了气象、地貌、水文、地质、植物、林业、畜牧 7 个专业组。至 1958 年，他们在内蒙古伊克昭盟（今鄂尔多斯市）、巴彦淖尔盟（今巴彦淖尔市）的阿拉善旗（今阿拉善盟），宁夏，陕西榆林专区，甘肃张掖专区进行了综合考察。考察成果发表在沙漠地区的综合调查研究报告（第 1 号，1958 年；第 2 号，1959 年）中，其中第 1 号中专门报道了内蒙古西部及河西走廊的沙生植物 116 种（包括野生植物 110 种、引进栽培植物 6 种）。彼得洛夫在第 2 号中写了《中国北部的沙地（鄂尔多斯和阿拉善东部）》《鄂尔多斯（自然地理）》，还在水保和沙漠考察中采集了大量植物标本。我国队员所采集的标本分别保存在中国科学院植物研究所和兰州沙漠研究所（现为中国科学院西北生态环境资源研究院的一部分）。彼得洛夫所采的 2500 余号标本，全部运送到苏联植物研究所亚洲中部标本室。目前已知这次考察从贺兰山采集到 2 个新种：宁夏绣线菊 *Spiraea ningshiaensis* T. T. Yu et L. T. Lu（黄河调查队采自贺兰山东坡苏裕口附近，1956.9.20.），斑子麻黄 *Ephedra rhytidosperma* Pachom.（彼得洛夫采自贺兰山西部，1958.6.10.）。

8. 1956 年，李继侗教授率领北京大学生物系实习队在呼伦贝尔盟（今呼伦贝尔市）谢尔塔拉一带进行草原调查，绘出了 1:25000 的植被图，写出《内蒙古呼伦贝尔盟谢尔塔拉种畜场植被调查报告》（内部资料）。这次调查过程中，李继侗教授还派遣他的研究生刘钟龄到大兴安岭西麓草原进行调查，也收集到一些资料。

9. 1956～1959 年，中国科学院与苏联科学院合作，对黑龙江流域进行了综合考察。内蒙古呼伦贝尔盟（今呼伦贝尔市）大部分地区（由中国方面自己考察）在其考察范围。考察分 5 个专业组，自然条件为一个组，包括地貌、气候、植物、土壤等专业，其中植物专业由刘慎谔教授领导，赵大昌、南寅镐等参加此项考察。他们还于 1958～1959 年在海拉尔地区进行了定位观测研究。考察结果于 1961 年刊出《黑龙江流域及其毗邻地区自然条件》，其中地植物学部分由赵大昌和南寅镐执笔，较详细地介绍了这一地区植被类型和植物分布状况。

10. 1957～1959 年，内蒙古畜牧厅草原勘测总队（后成立为草原管理局）组织了全区的草原勘测，内设植物、土壤等 7 个专业组。1957 年确立陈巴尔虎旗为试点，1958 年进行了呼伦贝尔盟（今呼伦贝尔市）牧业三旗、乌兰察布盟（今乌兰察布市）牧业三旗、伊克昭盟（今鄂尔多斯市）牧业三旗的勘测工作，1959 年进行了锡林郭勒盟全部牧业旗、巴彦淖尔盟（今巴彦淖尔市）阿拉善旗（今阿拉善盟）的勘测工作，至此，完成了 19 个牧业旗的勘测。内蒙古大学生物系师生马毓泉、刘钟龄、赵一之等人参加了锡林郭勒盟、呼伦贝尔盟（今呼伦贝尔市）的工作，绘制了 1:200000 的植被图和土壤图，编写了专业考察报告。植物区系方面由马毓泉等写出了《内蒙古锡林郭勒盟植物区系考察报告》（《内蒙古大学学报》，1959 年第 1 期）。最后草原管理局与内蒙古大学生物系共同绘制了内蒙古 1:1000000 植被图，并合编了《内蒙古植被》（初稿），草原局刊印了《内蒙古主要野生饲用植物简介》。这次考察人数之多、规模之大是空前的，共采植物标本 9000 余号。朱宗元据此编出《内蒙古野生种子植物名录》（手稿），其中种子植物 110 科，574 属，1947 种，163 变、亚种，已占到内蒙古种子植物的 80% 左右。这批标本除少部分送到内蒙古大学和内蒙古草原站保存外，大部分已在"文化大革命"中损失。在保留的标本中曾发现 1 个新变种——锡林麦瓶草 *Silene repens* Patr. var. *xilingensis* Y. Z. Zhao（全京淑、张素红采集，53 号，1959 年 7 月 13 日采自东乌珠穆沁旗农乃庙）；内蒙古大学师生发现 1 个新种——草原沙参 *Adenophora pratensis* Y. Z. Zhao（内蒙古大学第三组采集，95 号，采自东乌珠穆沁旗喇嘛库伦），1 个新变种——窄叶岩黄芪 *Hedysarum gmelinii* Ledeb. var. *lineiforme* H. C. Fu(≡ *Hedysarum gmelinii* Ledeb.)（内蒙古大学采集组采集，192 号，1959 年 8 月 3 日采自东乌珠穆沁旗喇嘛库伦）。

11. 1958～1960 年，内蒙古自治区科学技术委员会组织了全区资源植物普查工作。自 1958 年从昭乌达盟（今赤峰市）南部开始，1959 年在呼伦贝尔盟（今呼伦贝尔市）全盟、锡林郭勒盟北部五旗、乌兰察布盟（今乌兰察布市）南部进行了调查采集，1960 年又在昭乌达盟（今赤峰市）全盟、哲里木盟（今通辽市）全盟、锡林郭勒盟南部三旗、巴彦淖尔盟（今巴彦淖尔市）河套地区进行了考察。经过 3 年的考察，初步摸清了内蒙古资源植物概况，采集植物标本 1 万余号、600 余种，为内蒙古资源植物研究和植物区系研究奠定了一定的基础。在此期间，编出了一些地区性植物名录，如内蒙古师范学院（今内蒙古师范大学）编写的《乌兰察布盟南部野生植物初步调查报告》（《内蒙古师范学院学报》，1960 年第 1 期）；1961 年，马毓泉、富象乾、杨锡麟等编写的《内蒙古经济植物手册》（内部刊出），记载经济植物 467 种。在经济植物普查中，发现 1 个新变种锡林沙参 *Adenophora stenanthia* (Ledeb.) Kitag. var. *angusti-lanceifolia* Y. Z. Zhao（昭锡分队正蓝旗组采集，96 号，1960 年 9 月 10 日采自正蓝旗沙丘间）。

12. 1959～1963 年，中国科学院组织了大规模的沙漠考察，许多科研院所和大专院校都参加了这次考察。内蒙古参加考察的有内蒙古大学（李博、曾泗弟、赖守国等人）、内蒙古师范学院（陈山）、内蒙古林业厅等单位。他们考察了我国西北的几个著名沙漠，其中有内蒙古的巴丹吉林沙漠、腾格里沙漠、库布其沙漠、乌兰布和沙漠、亚玛雷克沙漠、本巴图沙漠、毛乌素沙地及浑善达克沙地。考察报告均发表在《治沙研究》3～6 号中。内蒙古大学治沙小组（由李博执笔）写出了《内蒙古荒漠区植被考察初报》[《内蒙古大学学报》（自然科学版），1960 年 2 卷第 1 期]，陈山写出了《内蒙古西部戈壁及巴丹吉林沙漠植物》（内部资料）。这次考察采得的新种见表 14。

13. 1961～1964 年，中国科学院组织了内蒙古、宁夏综合考察队，对内蒙古中东部地区进行了全面考察。参加单位包括中国科学院有关研究所、一些高等院校和内蒙古自治区的有关厅局等 35 个单位，一百余人，分 15 个专业组，其中植物、草场、林业 3 个专业组进行过植物学考察和植物标本采集。1965 年开始进行考察总结，后因"文化大革命"而中断。1973 年重新开始总结，同时植物组还对内蒙古西部进行了补点工作。最后全队总结出版了 8 册的《综合考察专集》，植物组刘钟龄、王义凤、雍世鹏、孔德珍、赵献英、朱宗元编写了专集中的《内蒙古植被》（1985 年）。该书前一部分为植物区系研究，介绍了区系科属组成、区系地理成分和区系分区，记载了内蒙古境内 128 科、691 属、2271 种的地理分布、生境类型、生态生物学特性和群落学作用；后一部分记述了植被类型、植被分区和植被的利用、保护和改造，并附有 1:4000000 的《内蒙古植被类型图》。该书第一次把植物区系和植被研究汇集一体。蒙宁考察队所采植物标本保存在中国科学院综合考察委员会（现属中国科学院地理科学与资源研究所），另有部分

表14　沙漠考察在内蒙古采集的模式标本

中文名、学名	采集地点	采集人、采集号、时间	文献
肉苁蓉 Cistanche deserticola Ma	阿拉善盟巴丹吉林沙漠北缘的拐子湖	陈山等 38 1959.5.7.	《内蒙古大学学报》（自然科学版）2(1):63. 1960.
阿拉善单刺蓬 Cornulaca alaschanica Tsien et G. L. Chu	阿拉善盟腾格里沙漠乌素图流沙边缘	陈必寿、张强 234 1959.	《植物分类学报》16(1):122. 1978.
毛果兴安虫实 Corispermum chinganicum Iljin var. stellipile Tsien ef C. G. Ma	伊克昭盟*达拉特旗沙滩村黄河沿岸	郎学忠 285 1959.	《植物分类学报》16(1):118. 1978.
阿拉善独行菜 Lepidium alaschanicum S. L. Yang	阿拉善盟贺兰山西麓	张强、陈必寿 0174 1964.7.4.	《植物分类学报》19(2):241. 1981.

* 伊克昭盟指今鄂尔多斯市。

标本保存在内蒙古大学标本室。在内蒙古大学采集的标本中，发现了 1 个新变种——疏毛翠雀 *Delphinium grandiflorum* L. var. *pilosum* Y. Z. Zhao（蒙宁考察队采集，1962 ～ 1246 号，1962 年采自赤峰市克什克腾旗黄岗梁）。

14. 1973 ～ 1977 年，中国科学院组织了黑龙江省土地资源考察队，对当时属于黑龙江省的呼伦贝尔盟（今呼伦贝尔市）和大兴安岭地区进行了以寻找宜耕地资源为主要任务的综合考察，并对呼伦贝尔盟牧业四旗（陈巴尔虎旗、鄂温克族自治旗、新巴尔虎左旗、新巴尔虎右旗）做了草原考察。参加植被组野外工作的单位有中国科学院地理研究所、内蒙古大学、内蒙古农牧学院（现属内蒙古农业大学）、黑龙江省土地勘测队、黑龙江省畜牧研究所、黑龙江省林业科学队、大兴安岭地区林业局、呼伦贝尔盟林业局、呼伦贝尔盟草原工作站等，由内蒙古大学李博率领，曾泗弟、孙鸿良、浦汉昕等人参加。考察结果写出了《呼伦贝尔盟、大兴安岭地区土地资源的地植物学评价》（未刊）、《呼伦贝尔盟牧区草场资源及其利用方向的探讨》（《自然资源》，1980 年第 4 期）。考察中采集了大量植物标本，后由赵一之全面整理编写了《呼伦贝尔盟、大兴安岭、嫩江地区植物名录》（油印稿），共 114 科、499 属、1581 种。此时正值《内蒙古植物志》编志前期，这批标本为后来编写大兴安岭地区的植物种增添了不少新资料，其中发现了 1 个新种——兴安小檗 *Berberis xinganensis* G. H. Liu et S. Q. Zhou(≡ *Berberis sibirica* Pall.)［荒地队采集，103 号，1974 年 6 月 27 日采自额尔古纳左旗（今根河市）大黑山］。

除上述较大规模的考察外，科研部门和大专院校还经常进行植物采集和研究工作。就内蒙古东部而言应该指出的是中国科学院林业土壤研究所（现为中国科学院沈阳应用生态研究所），在刘慎谔教授领导下，对东部四盟［呼伦贝尔盟（今呼伦贝尔市）、兴安盟、哲里木盟（今通辽市）、昭乌达盟（今赤峰市）］进行了多年的植物采集和深入的区系研究工作。其成果有 1955 年由刘慎谔主编的《东北木本植物图志》、1958 年至 2004 年陆续出版的《东北草本植物志》（1 ～ 12 卷）、1959 年出版的《东北植物检索表》、1995 年由傅沛云主编的第二版《东北植物检索表》，这些都是研究内蒙古植物的重要参考资料。其中采自内蒙古地区的新种、新变种有 20 多个（见表 15、表 16）。

表15 中国科学院林业土壤研究所在内蒙古采集的模式标本（木本）

中文名、学名及现用学名	模式产地	采集人、采集号、时间	文献
海拉尔绣线菊 Spiraea hailarensis Liou	呼伦贝尔盟*海拉尔西山	王战 532 1951.6.7.	《东北木本植物图志》563. 1955.
贫齿柳叶绣线菊 Spiraea salicifolia L. var. oligodonata T. T. Yu ≡ 柳叶绣线菊 S. salicifolia L.	呼伦贝尔盟（呼纳盟）	王光正 2124 无采集时间	《植物分类学报》8:215. 1963.
巨齿柳叶绣线菊 Spiraea salicifolia L. var. grosseserrata Liou	呼伦贝尔盟大兴安岭	周以良、傅沛云 2322 1950.9.5.	《东北木本植物图志》564.1955.
英吉里岳桦 Betula ermanii Cham. var.yingkiliensis Liou et Wang	呼伦贝尔盟大兴安岭 英吉里山	王战等 1874 1951.8.11.	《东北木本植物图志》559. 1955.
东北小叶茶藨子 Ribes pulchellum Turcz. var. manshuriense Wang et Li	呼伦贝尔盟满洲里南山	王战 1090 1951.7.2.	《东北木本植物图志》562. 1955.
密花茶藨子 Ribes densiflorum Liou ≡ R. liouanum Kitag. ≡ R. palczewskii (Jancz.) Pojark.	呼伦贝尔盟额尔古纳旗 大乌拉盖	王战 1475 无采集时间	《东北木本植物图志》562. 1955.
乌丹蒿 Artemisia wudanica Liou et W. Wang	赤峰市、翁牛特旗乌丹镇附近	李鸣岗 640 1954.9.12.	《植物分类学报》17(4)：88. 1999.
兴安柳 Salix hsinganica Chang et Skv.	呼伦贝尔盟三河道附近	Y. Kuzmin 19 1951.6.20.	《东北木本植物图志》556. 1955.

* 呼伦贝尔盟指今呼伦贝尔市。

表16 中国科学院林业土壤研究所在内蒙古采集的模式标本（草本）

中文名、学名及现用学名	模式产地	采集人、采集号、时间	文献
尖叶卷柏 Selaginella tamariscina (P. Beauv.) Spring var. ulanchotensis Ching et Wang-Wei	兴安盟乌兰浩特附近山地	张玉良、傅沛云 479 1958.9.1.	《东北草本植物志》1:69. 1958.
毛果辽西虫实 Corispermum dilutum (Kitag.) Tsien et C.G.Ma var. hebecarpum Tsien et C. G. Ma	赤峰市东沙坨子沙碱地	刘慎谔 5146 无采集时间	《植物分类学报》25(2):71. 1979.
内蒙古女娄菜 Silene orientalimongolica Ju. Kozhevn. ＝ Melandrium orientalimongolicum（Ju. Kozhevn.）Y. Z. Zhao	呼伦贝尔盟*牙克石市	王光正 2284 1954.	Syst. Pl. Vasc. 21:68. 1984.
兴安翠雀 Delphinium hsinganense S. H. Li et Z. F. Fang	呼伦贝尔盟牙克石市	王光正 2602 1954.7.14.	《东北草本植物志》3:229. 1975.
兴安麦瓶草 Silene jenisseensis Willd. var. viscifera Y. C. Chu ≡ S. graminifolia Otth	兴安盟科尔沁右翼前旗伊尔施	傅沛云 2174 1963.6.23.	《东北草本植物志》3:228. 1975
兴安糖芥 Erysimum altaicum C. A. Mey. var. shinganicum Y. L. Chang ＝ E. flavum (Georgi) Bobor. var. shinganicum (Y. L. Chang) K. C. Kuan ≡ E. flavum (Georgi) Bobr.	呼伦贝尔盟扎兰屯市	Wietermayer 无采集号 1939.	《东北草本植物志》4:230. 1980.
兴安景天 Sedum hsinganicum Y. C. Chu ex S. H. Fu et Y. H. Huang ＝兴安费菜 Phedimus aizoon (L.) Hart. var. hsinganicum (Y. C. Chu ex S. H. Fu et Y. H. Huang) Y. Z. Zhao	呼伦贝尔盟额尔古纳旗马力德嘎河岸	王战 1934 1951.8.8.	《东北草本植物志》4:230. 1980.
圆叶龙芽草 Agrimonia pilosa Ledeb. var. rotundifolia Liou et C. Y. Li ≡ A. pilosa Ledeb.	呼伦贝尔盟新巴尔虎右旗	王战 1934 1951.8.8.	《东北草本植物志》5:174. 1976.
五出叶委陵菜 Potentilla leucophylla Pall. var. pentaphylla Liou et C. Y. Li ≡ P. betonicifolia Poir.	呼伦贝尔盟牙克石市	赵大昌 无采集号 1954.7.4.	《东北草本植物志》5:174. 1976.

续表 16

中文名、学名及现用学名	模式产地	采集人、采集号、时间	文献
爪轮叶委陵菜 Potentilla verticillaris Steph. ex Willd. var. pedatisecta Liou et C. Y. Li ≡ P. verticillaris Steph. ex Willd.	兴安盟乌兰浩特北山	傅沛云 1987 1963.6.7.	《东北草本植物志》 5:174. 1976.
丝叶山芹 Ostericum filisectum Chu ≡ O. maximowizii (F. Schmidt ex Maxim.) var. filisectum (Chu) C. Q. Yuan et R. H. Shan	呼伦贝尔盟额尔古纳旗	王战 1970 1951.8.16.	《东北草本植物志》 6:294. 1977.
细裂东北茴芹 Pimpinella thellungiana Wolff. var. tenuisecta Chu ≡ P. cnidioides H. Pearson ex H. Wolff	呼伦贝尔盟额尔古纳旗	王战 1439 1951.7.16.	《东北草本植物志》 6:293. 1977.
兴安羊胡子薹草 Carex callitrichos V. Krecz. var. austrohingarica Y. L. Chang et Y. L. Yang ≡ C. humilis Leysser	兴安盟科尔沁右翼前旗塔格宾	傅沛云 2361 1963.6.29.	《东北草本植物志》 11:205. 1976.
湿薹草 Carex humida Y. L. Chang et Y. L. Yang	呼伦贝尔盟额尔古纳左旗	B. Kuzmin 132 1951.6.29.	《东北草本植物志》 11:204. 1976.
轴薹草 Carex rostellifera Y. L. Chang et. Y. L. Yang	兴安盟科尔沁右翼前旗塔格宾	傅沛云 2362 1963.6.29.	《东北草本植物志》 11:205. 1976.
小囊灰脉薹草 Carex appendiculata var. sacculiformis Y. L. Chang et Y. L. Yang	兴安盟科尔沁右翼前旗索伦	傅沛云 1981 1963.6.13.	《东北草本植物志》 11:206. 1976.
狭叶疣囊薹草 Carex pallida C. A. Mey. var. angustifolia Y. L. Chang et Y. L. Yang	呼伦贝尔盟额古纳旗根河	刘鸣远 2662 1954.7.16.	《东北草本植物志》 11:207. 1976.

＊ 呼伦贝尔盟指今呼伦贝尔市。

东北林业大学（前称东北林学院）以大兴安岭为主要研究地区，开展了森林学、植物群落学和植物分类学等学科的研究工作。周以良先生等发表了《中国大兴安岭资源植物地理学资料》（《中国植物学会 30 周年年会论文摘要汇编》，1963 年）、《中国兴安岭柳树之研究资料》（同上）等。东北林业大学在内蒙古采的新种、新变种见表 17。

表17　东北林业大学在内蒙古境内采集的模式标本

中文名、学名及现用学名	模式产地	采集人、采集号、时间	文献
兴安松 Pinus hingganensis H. J. Zhang ≡ P. sibirica Du Tour.	呼伦贝尔盟*大兴安岭安格林	张翰杰 927 1983.8.6.	《 植 物 研 究 》5(1):151. 1985.
蒙古云杉 Picea meyeri Rehd. et Wils. var. mongolica H. Q. Wu ≡ P. mongolica (H. Q.Wu) W. D. Xu	克什克腾旗白音敖包	乌弘奇 84059 1984.12.8.	《植物研究》6(2): 153~155. 1986.
圆叶小叶杨 Populus simonii Carr. var. rotundifolia S. C. Lu ex C. Wang et Tung	赤峰市附近	董世林 7626 1980.9.9.	《 植 物 研 究 》2(2):116. 1982.
羽裂接骨木 Sambucus sieboldiana (Miq.) Blume ex Schwer var. pinnatisecta G. Y. Luo et P. H. Huang ≡ S. williamsii Hance	大兴安岭加格达奇塔河林场	罗光裕 6190 1986.8.4.	《 植 物 研 究 》7(2):147. 1987.
兴安花荵 Polemonium boreale Adams subsp. hingganicum P. H. Huang et S. Y. Li	大兴安岭呼中阿尔河林场	东北林学院 841~372 1984.7.23	《 植 物 研 究 》5(4):151. 1985.
白花鳍蓟 Olgaea leucophylla (Turcz.) Iljin var. albiflora Y. B. Chang ≡ O. leucophylla (Turcz.) Iljin	呼伦贝尔盟新巴尔虎左旗阿尔山林场	罗光裕 276 1975.7.14.	《 植 物 研 究 》3(2):157. 1983.
白花兴安麻花头 Klasea centauroides (L.) Cassia var. albiflora Y. B. Chang ≡ K. centauroides (L.) Cassia	呼伦贝尔盟满洲里市南山	罗光裕 434 1975.7.22.	《 植 物 研 究 》3(2):158. 1983.

*　呼伦贝尔盟指今呼伦贝尔市。

　　东北辽宁大学生物系赵常忠、哈尔滨师范大学生物系李景信，于 1981 年到内蒙古呼伦贝尔盟（今呼伦贝尔市）新巴尔虎右旗进行了植物区系考察，采得维管束植物 55 科、171 属、298 种，写有《新巴尔右旗植物小志》，并以此与东北的萨尔图草原、帽儿山山地作了植物区系比较。1986 年，哈尔滨师范大学张贵一在大兴安岭采集植物标本，发现新亚种——北牡蒿 *Artemisia eriopoda* Bunge subsp. *jaagedaqiensis* G. Y. Chang et X. J. Liu（模式采自加格达奇）。

　　在内蒙古西部，中国科学院植物研究所、兰州沙漠研究所（中国科学院西北生态环境资源研究院）、西北植物研究所（现属西北农林科技大学）都程度不同地对内蒙古植物进行过采集和研究，特别是后者曾多次到贺兰山调查采集，如 1959 年何业祺的采集，1960 年石铸的采集，1983 年李延峙的采集，1985 年狄维忠、任毅的采集。西北大学生物系于 1983～1984 年还专门组织了"西北大学贺兰山采集队"(EHNWU)，所采集的标本由狄维忠等人编写了《贺兰山维管束植物》。兰州沙漠研究所一直在内蒙古荒漠、半荒漠地带进行采集调查，并编写了《中国沙漠植物志》(1～3 卷)。上述涉及内蒙古的新种见表18。

表 18　中科院西北植物所、西北大学和兰州沙漠研究所在内蒙古贺兰山等地采集的模式标本

中文名、学名及现用学名	模式产地	采集人、采集号、时间	文献
贺兰山荨麻 Urtica helanshanica W. Z. Di et W. B. Liao	贺兰山苏峪口樱桃沟	EHNWU* 6271 1984.7.21.	《贺兰山维管束植物》68,327. 1986.
无刺刺藜 Chenopodium aristatum L. var. inerme W. Z. Di ≡ 矮藜 C. minimum W. Wang et P. Y. Fu	贺兰山北寺沟	EHNWU 5321 1983.8.3.	《贺兰山维管束植物》81,326. 1986.
贺兰山孩儿参 Pseudostellaria helanshanensis W. Z. Di et Y. Ren	贺兰山水磨沟	任毅 0051 1985.8.22.	《植物分类学报》25(6):478. 1987.
短龙骨黄芪 Astragalus parvicarinatus S. B. Ho	巴彦浩特镇附近	何业棋 2551 1959.5.31.	《植物研究》3(1):55. 1983.
软毛细裂槭 Acer stenolobum Rehd. var. pubescens W. Z. Di	贺兰山冰沟	EHNWU 3158 1983.8.17.	《贺兰山维管束植物》175. 1986.
毛冬青叶兔唇花 Lagochilus ilicifolius Bunge ex Beth. var. tomentosus W. Z. Di et Y. Z. Wang	贺兰山苏峪沟	李延峥 3106 1983.8.5.	《贺兰山维管束植物》215. 1986.
贺兰山嵩草 Kobresia helanshanica W. Z. Di et M. J. Zhong ≡ 高原嵩草 K. pusilla N. A. Ivanova	贺兰山	EFNWU 6503 1984.7.28.	《西北植物学报》5(4):311. 1985.
二蕊嵩草 Kobresia bistamisis W. Z. Di et M. J. Zhong	贺兰山	EFNWU 6051 1984.7.25.	《西北植物学报》6(4):275. 1986.
内蒙古大麦草 Hordeum innermongolicum P. C. Kuo et L. B. Cai	锡林郭勒盟宝格达山	高原生物所资源组 10689 1975.8.14.	《高原生物学集刊》6(6):223. 1987.
刘氏大戟 Euphorbia lioui C. Y. Wu et J. S. Ma	阿拉善左旗巴彦浩特镇	刘瑛心、杨喜林 79005 无采集时间	《云南植物研究所》14(4):371. 1992.
雅布赖风毛菊 Saussurea yabulaiensis Y. Y. Yao	阿拉善右旗雅布赖山	王振先 044 1971.10.	《中国沙漠植物志》3:472. 1992
毛轴兴安杨 Populus hsinganica C. Wang et Sky. var. trichorachis Z. E. Chen	乌兰察布盟武川县**	陈振峰 CF-IM-032 1985.6.	《植物研究》8(1):115. 1988

* EHNWU 指西北大学贺兰山采集队。　** 乌兰察布盟指今乌兰察布市。武川县现归呼和浩特市管辖。

　　阿拉善左旗在"文革"时期归宁夏回族自治区管辖。宁夏畜牧局于 1974 ～ 1975 年组织了对阿拉善左旗的草原普查，普查中进行了植被和草场调查，普查后绘制了草场图和植被图，编制了《阿拉善左旗植物名录》。宁夏大学在此期间也对贺兰山进行过植物采集，所采标本藏于宁夏大学生物系标本室。此外，宁夏林业部门较早就进行了贺兰山的植物采集和分类研究工作。1959 年，冯显逵编写了《六盘山、贺兰山木本植物图鉴》。阿拉善右旗在"文革"期间归甘肃省管辖。兰州大学和甘肃师范大学的张鹏云、彭泽祥和朱格麟等人在 20 世纪 70 年代中期到阿拉善右旗的龙首山、桃花山等地采集过标本，并为阿拉善右旗草原站鉴定过标本。阿拉善右旗根据这批经过鉴定的标本，编印了《阿拉善右旗植物名录》。

　　另外，内蒙古各高等院校和科研单位结合自己的教学和科研工作，多年来一直在内蒙古各地进行植物调查和植物标本采集工作。比较重要的采集有：1962 年，内蒙古大学生物系植物学专业学生在李博、马毓泉带领下对贺兰山的采集；次年马毓泉等人又上贺兰山采集。这两次采集收获较大，后来在标本鉴定中发现了一些新分类群（见表 19）。内蒙古高等院校师生对大青山的采集次数最多、时间最长：内蒙古大学 20 世纪 60 年代至 70 年代多次进行过比较系统的采集（新分类群见表 20）；内蒙古农牧学院、内蒙古师范学院均进行过多次采集，也采得一批新植物（见表 21）。内蒙古农牧学院结合自治区草原改良试验站的建立，于 1958 ～ 1959 年在乌兰察布盟（今乌兰察布市）达尔罕茂明安联合旗（今属包头市）北部、锡林郭勒盟苏尼特右旗南部、呼伦贝尔盟（呼伦贝尔市）新巴尔虎左旗莫达木吉等地进行过较详细的采集。内蒙古林学院则侧重于对大兴安岭、大青山、蛮汗山以及各主要沙区的采集。中国农科院草原研究所曾对锡林郭勒盟及其邻近地区作过较详细的采集。各大专院校在内蒙古各地所采到的新分类群见表 22、表 23，内蒙古有关科研单位所采到的新分类群见表 24。各盟市草原工作站、药品检验所、科委等单位的技术人员结合草原普查、药材普查等工作也采集了数量众多的标本，部分送到大专院校，或赠送或请予鉴定。在这些标本中，发现了一些新分类群（见表 25）。

　　蒙古国的植物学研究对内蒙古植物区系研究工作也起到了促进作用。20 世纪 40 年代至 50 年代初，苏联在今蒙古国进行了大规模的科学考察。在植物学方面，A.A. Юнатов 1950 年出版了《蒙古人民共和国植被的基本特点》（李继侗等译，科学出版社，1959 年），1954 年又出版了《蒙古人民共和国放牧地和刈草地的饲用植物》（黄兆华、马毓泉、汪劲武译，科学出版社，1958 年）；В.И. Грубов 1955 年出版了《蒙古人民共和国植物区系大纲》，1982 年又出版了《蒙古维管束植物检索》。在 20 世纪 60 年代以后，蒙古国科学院植物研究所的 Н. Улзихутаг 和 Ц. Санчьр 等人对豆科棘豆属、锦鸡儿属、黄芪属、黄华属进行了专属研究，有些种类涉及内蒙古地区。蒙古国有许多植物和内蒙古共有，植物区系也有相同之处，有关书籍、专著的出版和翻译，对编写《内蒙古植物志》具有重要的参考价值。

表19　内蒙古大学生物系20世纪60年代在贺兰山采集的模式标本

中文名、学名及现用学名	模式产地	采集人、采集号、时间	文献
贺兰山毛茛 Ranunculus nephelogenes Edgew. var. pubescens W. T. Wang ＝ R. alaschanicus Y. Z. Zhao	贺兰山哈拉乌沟	内蒙古大学生物系四年级 144　1962.7.3.	《植物研究》 9(1):72. 1989.
小伞花繁缕 Stellaria parviumbellata Y. Z. Zhao	贺兰山黄土梁	内蒙古大学生物系四年级 168　1962.7.4.	《内蒙古大学学报》 20(2):226. 1989.
贺兰山棘豆 Oxytropis holanshanensis H. C. Fu	贺兰山	叶友谦　321　1962.7.26.	《植物分类学报》 20(3):313. 1982.
贺兰山繁缕 Stellaria alaschanica Y. Z. Zhao	贺兰山云杉林下	马毓泉　62~140　1962.8.10.	《内蒙古大学学报》 13(3):283. 1982.
耳瓣女娄菜 Melandrium auritipetalum Y. Z. Zhao et P. Ma	贺兰山	马毓泉　135　1963.8.10.	《植物分类学报》 27(3):225. 1989.
贺兰山丁香 Syringa pinnatifolia Hemsl. var. alashanensis Y. C. Ma et S. Q. Zhou	贺兰山匣子沟	马毓泉　275　1963.8.7.	《内蒙古植物志》 5:412. 1980.
大叶细裂槭 Acer stenolobum Rehd. var. megalophyllum Fang et Wu ≡细裂槭 A. stenolobum Rehd.	贺兰山匣子沟山地	马毓泉　23　1963.8.7.	《植物分类学报》 17(1):77. 1981.
二柱繁缕 Stellaria bistyla Y. Z. Zhao	贺兰山岔沟北沟	马毓泉　205　1963.7.7.	《植物研究》 5(4):142. 1985.

表20　内蒙古大学20世纪60、70年代在大青山采集的模式标本

中文名、学名及现用学名	模式产地	采集人、采集号、时间	文献
紫萼黄花铁线莲 Clematis intricata Bunge var. purpurea Y. Z. Zhao	大青山哈拉沁沟黄草洼	马毓泉　28　1964.9.6.	《内蒙古植物志》 2:242,369. 1978.
阴山毛茛 Ranunculus pulchellus C. A. Mey. var. yinshanensis Y. Z. Zhao ＝ R. yinshanensis (Y.Z.Zhao) Y. Z. Zhao	旧窝铺	马毓泉　30　1963.6.6.	《内蒙古植物志》 2:245,369. 1978.

续表20

中文名、学名及现用学名	模式产地	采集人、采集号、时间	文献
毛白花前胡 Peucedanum praeruptorum Dunn subsp. hirsutiusculum Y. C. Ma ≡ 华北前胡 P. harrysmithii Fedde ex H. Wolff	大青山哈拉沁沟	马毓泉 64007 1964.8.16.	《内蒙古植物志》4:198, 208. 1979.
卷毛沙梾 Cornus bretschneideri L. Henry var. crispa Fang et W. K. Hu	大青山毕克齐山坡	吴庆如 23 1972.6.25.	J. Sichuan Univ. Nat. Sci. 3:157.1980;《植物研究》4(3):103. 1984.
大青山风铃草 Campanula glomerata L. subsp. dagingshanica Hong et Y. Z. Zhao ≡ 聚花风铃草 C. glomerata L.	旧窝铺	内蒙古大学 63 级 4 组 81 1965.7.19.	《中国植物志》73(2):84,184. 1983.
二型叶沙参 Adenophora biformifolia Y. Z. Zhao	大青山白彦沟	赵一之、王守祥 无采集号 1976.9.23.	《内蒙古大学学报》11(1):57. 1980.
山沙参 Adenophora borealis Hong et Y. Z. Zhao	大青山黄草洼	马毓泉、吴庆如 188 1965.	《内蒙古大学学报》11(1):57. 1980.
齿叶紫沙参 Adenophora paniculata Nannf. var. dentata Y. Z. Zhao	旧窝铺	吴庆如 无采集号 1964.8.18.	《内蒙古大学学报》11(1):58. 1980.
有柄紫沙参 Adenophora paniculata Nannf. var. petiolata Y. Z. Zhao	旧窝铺	吴庆如 8 1964.8.16.	《内蒙古大学学报》11(1):58. 1980.
小瘤蒲公英 Taraxacum huhhoticum Z. Xu et H. C. Fu ≡ 蒙古蒲公英 T. mongolicum Hand.-Mazz.	乌兰察布盟[*]卓资县梁山	马毓泉 141 1974.7.6.	《内蒙古植物志》6:329,288. 1982.
阴山蒲公英 Taraxacum yinshanicum Z. Xu et H. C. Fu ≡ 亚洲蒲公英 T. asiaticum Dahlst.	大青山白楂子沟	马毓泉 103 1973.7.16.	《内蒙古植物志》6:330,290. 1982.
青紫披碱草 Elymus dahuricus Turcz. ex Griseb. var. violeus C. P. Wang et H. L. Yang	大青山	内蒙古大学采集 65~199 1965.8.6.	《植物研究》4(4):86. 1984.
九峰山鹅观草 Roegneria alashanica Keng var. jufinshanica C. P. Wang et H. L. Yang = R. jufinshanica (C. P. Wang et H. L. Yang) L. B. Cai	大青山九峰山	马毓泉、吴庆如 20 1964.7.15.	《植物研究》4(4):86. 1984.

[*] 乌兰察布盟指今乌兰察布市。

表 21　内蒙古大专院校在大青山采集的模式标本

中文名、学名及现用学名	模式产地	采集人、采集号、时间	文献
白皮杨 Populus cana T. Y. Sun	大青山（武川县）井尔沟	孙岱阳　73602　1973.6.25.	《南京林业大学学报》4:111. 1986.
青皮杨 Populus platyphylla T. Y. Sun var. glauca T. Y. Sun et Z. F. Chen ≡ P. platyphylla T. Y. Sun	大青山（武川县）井尔沟	孙岱阳　74620（果）1974.6.23.	《南京林业大学学报》4:115. 1986.
展枝小青杨 Populus pseudosimonii Kitag. var. patula T. Y. Sun	大青山（武川县）	孙岱阳　73104　1973.10.4.	《南京林业大学学报》4:113. 1986.
阴山扁蓿豆 Melilotoides ruthenica (L.) Sojak. var. inschanica H. C. Fu ≡ 扁蓿豆 M. ruthenica (L.) Sojak	大青山	王朝品　224　1963.7.7.	《内蒙古植物志》3:146. 1977.
阴山棘豆 Oxytropis inschanica H. C. Fu	旧窝铺	富象乾　501　1963.7.10.	《内蒙古植物志》3:223,289. 1977.
阴山沙参 Adenophora wawreana A. Zahlbr. var. lanceifolia Y. Z. Zhao	大青山哈拉沁沟	富象乾　无采集号　1965.9.3.	《内蒙古大学学报》11(1):59. 1980.
紫芒披碱草 Elymus purpuraristatus C. P. Wang et H. L. Yang	大青山（呼和浩特市）	王朝品　273　1965.8.6.	《植物研究》4(4):83. 1984.
毛披碱草 Elymus villifer C. P. Wang et H. L. Yang	大青山	王朝品　6~11　1963.7.3.	《植物研究》4(4):84. 1984.
枝花隐子草 Cleistogenes ramiflora Keng et C. P. Wang ≡ 小尖隐子草 C. mucronada Keng ex P. C. Keng et L. Liu	大青山	王朝品　69　1960.8.29.	《植物研究》6(1):175. 1986.
毛花鹅观草 Roegneria hirtiflora C. P. Wang et H. L. Yang	大青山坝口子	王朝品　099　1960.7.15.	《植物研究》4(4):86. 1984.
狭叶鹅观草 Roegneria sinica Keng var. angustifolia C. P. Wang et H. L. Yang	大青山	王朝品　4~75　1963.7.14.	《植物研究》4(4):88. 1984.

表 22　内蒙古大学在内蒙古各地采集的模式标本

中文名、学名及现用学名	模式产地	采集人、采集号、时间	文献
阴山乌头 Aconitum flavum Hand. -Mazz. var. galeatum W. T. Wang＝A. yinschanicum Y. Z. Zhao	乌兰察布盟*凉城县蛮汗山	马毓泉、吴庆如 73　1965.8.	《植物分类学报》12:157. 1974；《内蒙古植物志》ed. 2, 2:568. 1990.
小花矮锦鸡儿 Caragana pygmaea (L.)DC. var. parviflora H. C. Fu≡狭叶锦鸡儿 C. stenophylla Pojark.	锡林郭勒盟二连浩特市	沈霭如、王朝品 33　1963.6.7.	《内蒙古植物志》3:168,287. 1977.
内蒙西风芹 Seseli intramongolicum Y. C. Ma	包头市固阳县察斯台山	马毓泉 78~80　1978.8.28.	《内蒙古植物志》4:171, 207. 1979.
苏木山花荵 Polemonium sumushanense G. H. Liu et Y. C. Ma ≡ P. caeruleum L.	乌兰察布盟兴和县苏木山大南沟	赵一之　无采集号　1977.7.14.	《内蒙古大学学报》20(3):392. 1989.
细叶沙生大戟 Euphorbia kozlovii Prokh. var. angustifolia S. Q. Zhou ≡ E. kozlovii Prokh.	伊克昭盟**鄂托克旗布拉格	马毓泉 77　1977.8.13.	《内蒙古植物志》4:207. 1979.
假球蒿 Artemisia globosoides Ling et Y. R. Ling	乌兰察布盟	马毓泉 3541　无采集时间	《植物研究》5(2):7. 1985.
小甘肃蒿 Artemisia gansuensis var. oligantha Ling et Y. R. Ling	伊克昭盟	刘一陈 533　无采集时间	《植物研究》5(2):10. 1985.
纳林韭 Allium tenuissimum L. var. nalinicum Sh. Chen≡细叶葱 A. tenuissimum L.	伊克昭盟乌审旗纳林河	内蒙古大学实习队 20　1960.7.9.	《植物研究》5(2):10. 1985.

＊乌兰察布盟指今乌兰察布市。＊＊伊克昭盟指今鄂尔多斯市。

表 23　内蒙古大专院校在内蒙古各地采集的模式标本

中文名、学名及现用学名	模式产地	采集人、采集号、时间	文献
阔叶青杨 Populus platyphylla T. Y. Sun	乌兰察布盟*凉城县蛮汗山	孙岱阳 74719 1974.7.16.	《内蒙古植物志》1:277,172. 1985.
内蒙杨 Populus intramongolica T. Y. Sun et E. W. Ma	乌兰察布盟凉城县蛮汗山	孙岱阳 73703 1973.6.24.	《南京林业大学学报》4:109. 1986.
黄花杨 Populus platyphylla T. Y. Sun var. flaviflora T. Y. Sun ≡ P. platyphylla T. Y. Sun	乌兰察布盟凉城县八苏木	孙岱阳 s.n.	《南京林业大学学报》4:114. 1986.
科尔沁杨 Populus keerqinensisT. Y. Sun	哲里木盟**科尔沁左翼后旗大青沟	孙岱阳 80125 1980.	《内蒙古植物志》1:277,177. 1985.
短序小叶杨 Populus simonii Carr.var. breviamenta T. Y. Sun ≡ P. simonii Carr. var. liaotungensis (C. Wang et Skv.) C. Wang et Tung	乌兰察布盟四子王旗	孙岱阳 73616 （果）1973.6.16.	《南京林业大学报》4:116. 1986.
灰白小叶杨 Populus simonii Carr. var. griseoalba T. Y. Sun ≡ 青甘杨 P. przewalskii Maxim.	乌兰察布盟四子王旗	孙岱阳 83662（果） 1983.6.6.	《南京林业大学报》4:116. 1986.
卵叶小叶杨 Populus simonii Carr. var. ovata T. Y. Sun ≡ 青甘杨 P. przewalskii Maxim.	乌兰察布盟凉城县	孙岱阳 82510 251.1982.5.10.	《南京林业大学报》4:115. 1986.
包头黄芪 Astragalus baotouensis H. C. Fu	包头市白云敖包	雷喜亭 1922 1979.8.28.	《内蒙古植物志》ed. 2, 3:670, 295. 1989.
囊萼棘豆 Oxytropis sacciformis H. C. Fu	乌兰察布盟达茂联合旗百灵庙	赵书元 35 1979.6.5.	《植物分类学报》20(3):311. 1982.
异形鹤虱 Lappula heteromorpha C. T. Wang	伊克昭盟***鄂托克旗	马恩伟 109 1976.7.8.	《植物研究》1(4):95. 1981.
大头紊蒿 Elachanthemum intricatum (Franch.) Ling et Y. R. Ling var. macrocephalum H. C. Fu ≡ 紊蒿 E. intricatum (Franch.) Ling et Y. R. Ling	达茂联合旗查干敖包	王朝品 270 1958.7.18.	《内蒙古植物志》6:326,101. 1982.
毛沙芦草 Agropyron mongolicum Keng var. villosum H. C. Yang	锡林郭勒盟	王朝品 308 1964.7.25.	《植物研究》4(4):89. 1984.
多花冰草 Agropyron cristatum (L.) Gaertn. var. pluriflorum H. L. Yang	锡林郭勒盟西乌珠穆沁	杨锡麟 157 1973.7.11.	《植物研究》4(4):88. 1984.

*乌兰察布盟指今乌兰察布市。　**哲里木盟指今通辽市。　***伊克昭盟指今鄂尔多斯市。

表24 内蒙古科研单位在内蒙古各地采集的模式标本

中文名、学名及现用学名	模式产地	采集人、采集号、时间	文献
宽叶沙木蓼 Atraphaxis bracteata A. Los. var. latifolia H.C.Fu et M. H. Zhao ≡ 沙木蓼 A. bracteata A. Los.	伊克昭盟*毛乌素沙地	内蒙林业勘测设计院 无采集号 1959.8.	《内蒙古植物志》 2:27,368. 1978.
短苞百蕊草 Thesium brevibracteatum Tam.	锡林郭勒盟	邱莲卿 5128 1965.9.7.	《植物研究》 1(3):73. 1981.
红翅猪毛菜 Salsola intramongolica H. C. Fu et Z. Y. Chu	乌兰察布盟**四子王旗 白音朝克图	内蒙古水利设计院 91 1959.9.27.	《内蒙古植物志》 2:368.142. 1978.
毓泉翠雀 Delphinium yuchuanii Y. Z. Zhao	昭乌达盟***克什克腾旗 白音敖包	刘书润 548 1969.8.15.	《内蒙古大学学报》 20(2):248. 1989.
内蒙野丁香 Leptodermis ordosica H. C. Fu et E. W. Ma	伊克昭盟鄂托克旗棋盘井	刘书润 无采集号 1973.8.11.	《内蒙古植物志》 5:413. 1980.
根茎碱蛇床 Cnidium salinum Turcz. var. rhizomaticum Y. C. Ma ≡ 碱蛇床 C. salinum Turcz.	伊克昭盟乌审旗图克公社	内蒙古药检所蒙药普查队 271 1975.8.20.	《内蒙古植物志》 4:207. 1979.
白花返顾马先蒿 Pedicularis resupinata L. var. albiflora Y. Z. Zhao	昭乌达盟克什克腾旗	刘书润 无采集号 1967.7.	《内蒙古植物志》 5:413,294. 1980.
锡林婆婆纳 Veronica xilinensis Y. Z. Zhao ＝锡林穗花 Pseudolysimachion xilinensis (Y. Z. Zhao) Y. Z. Zhao	锡林郭勒盟 阿巴哈纳尔旗****	刘书润 942 1979.8.25.	《内蒙古植物志》 5:412,268. 1980.
兴安沙参 Adenophora pereskiifolia (Fisch. ex Schult.) G. Don var. alternifolia Fuh ex Y. Z. Zhao	呼伦贝尔盟***** 额尔古纳旗大兴安岭	内蒙古林科院林型组 无采集号 1954.	《内蒙古大学学报》 11(1):57. 1980.
内蒙古亚菊 Ajania alabasica H. C. Fu	伊克昭盟鄂托克旗 阿拉巴斯山	温都苏 无采集号 1977.8.16.	《内蒙古植物志》 6:325,94. 1982.
全缘碱地风毛菊 Saussurea runcinata DC. var. integrifolia H. C. Fu et D. S. Wen ≡ 碱地风毛菊 S. runcinata DC.	哲里木盟****** 科尔沁左翼后旗	温都苏 无采集号 1981.8.22.	《内蒙古植物志》 6:329. 1982.

续表 24

中文名、学名及现用学名	模式产地	采集人、采集号、时间	文献
荒漠风毛菊 Saussurea deserticola H. C. Fu	伊克昭盟鄂托克旗千里山	内蒙古药检所蒙药普查队 392 1975.9.9.	《内蒙古植物志》 6:3. 1982.
蒙古羊茅 Festuca dahurica (St.-Yves) V. Krecz. et Bobr. subsp. mongolica S. R. Liou et Y.C.Ma ＝ F. mongolica (S. R. Liu et Y. C. Ma) Y. Z. Zhao	锡林郭勒盟阿巴哈纳尔旗	刘书润 741 1979.6.30.	《内蒙古植物志》 7:261,69. 1983.
内蒙鹅观草 Roegneria intramongolica Sh. Chen et Gaowua	锡林郭勒盟宝格达山	草原研究所资源组 10717 1975.8.15	《植物分类学报》 17(4):93. 1979.
鄂尔多斯葱 Allium alabasicum Y. Z. Zhao	伊克昭盟鄂托克旗 阿尔巴斯山	温都苏 无采集号 1978.8.13.	《内蒙古大学学报》 23(4):555. 1992.

* 伊克昭盟指今鄂尔多斯市。　** 乌兰察布盟指今乌兰察布市。　*** 昭乌达盟指今赤峰市。
**** 阿巴哈纳尔旗指今锡林浩特市。　***** 呼伦贝尔盟指今呼伦贝尔市。　****** 哲里木盟指今通辽市。

表 25　各盟市专业机构在内蒙古各地采集的模式标本

中文名、学名及现用学名	模式产地	采集人、采集号、时间	文献
大苞中亚滨藜 Atriplex centralasiatica Iljin var. macrocteata H. C. Fu.et Z. Y. Chu ≡ A. centralasiatica Iljin var. megalothea (Popovex Iljin) G. L. Chu	苏尼特右旗布图木吉	朱宗元 75~11 1975.	《内蒙古植物志》 2:71, 368. 1978.
角果野滨藜 Atriplex fera (L.) Bunge var. cammixta H. C. Fu et Z. Y. Chu	集宁区霸王河河边	朱宗元 76~21 1976.9.23.	《内蒙古植物志》 2:73, 368. 1978.
囊苞北滨藜 Atriplex gmelinii C. A. Mey var. saccata H.C. Fu et Z. Y. Chu ＝ A. laevis C. A. Mey. var. saccata (H. C. Fu et Z. Y. Chu) Y. Z. Zhao	集宁区附近	朱宗元 76~46 1976.10.2.	《内蒙古植物志》 2:76, 368. 1978.
盆果虫实 Corispermum patelliforme Iljin var. pelviforme H. C. Fu et Z. Y. Chu ≡ 碟果虫实 C. patelliforme Iljin	三盛公西北，乌兰布和 沙漠	朱宗元 无采集号 1974.10.5.	《内蒙古植物志》 2:88, 368. 1978.

续表 25

中文名、学名及现用学名	模式产地	采集人、采集号、时间	文献
清水河小蒜芥 Microsisymbrium qingshuiheenese Y. C. Ma et Z. Y. Chu＝清水河念珠芥 Neotorularia qingshuiheenesie (Y. C. Ma et Z. Y. Chu) Al Shchbaz at al.	清水河县韭菜庄	朱宗元 88~003 1988.7.16.	《内蒙古大学学报》20(4):536. 1989
狼山棘豆 Oxytropis langshanica H. C. Fu	乌拉特中旗宝音图	革命 无采集号 1982.6.7.	《内蒙古植物志》ed.2, 3:672. 1989.
鄂托克黄芪 Astragalus ordosicus H. C. Fu≡卵果黄芪 A. grubovii Sancz.	海勃湾	徐志捷 494 1974.8.24.	《内蒙古植物志》ed.2, 3:671. 1989.
中间锦鸡儿 Caragana intermedia H. C. Fu＝小叶锦鸡儿 C. microphylla Lam.	乌审旗乌审召	徐志捷 8 1971.5.16.	《内蒙古植物志》ed.2, 3:287, 178. 1977.
北方石龙尾 Limnophila borealis Y. Z. Zhao et P. Ma	扎赉特旗保安沼	陈忠义 无采集号 1984.	《内蒙古大学学报》21(1):137. 1990.
阴山马先蒿 Pedicularis longiflora var. yinshanensis Z. Y. Chu et Y. Z. Zhao＝P. yinshanensis (Z. Y. Chu et Y. Z. Zhao) Y. Z. Zhao	察哈尔右翼中旗辉腾梁草垛山	朱宗元 86~360 1986.8.5.	《内蒙古大学学报》19(1):175. 1988.
菱叶石沙参 Adenophora polyantha Nakai var. rhombica Y. Z. Zhao	呼伦贝尔盟*扎兰屯市	刘英俊 无采集号 1982.8.	《内蒙古植物志》ed.2, 4:457, 847. 1993.
褐沙蒿 Artemisia intramongolica H. C. Fu	苏尼特右旗桑宝力嘎	林克敬 5 1979.8.28.	《内蒙古植物志》6:327, 125. 1979.
卵叶革苞菊 Tugarinovia mongolica Iljin var. ovatifolia Y. Ling et Y. C. Ma＝T. ovatifolia (Y. Ling et Y. C. Ma) Y. Z. Zhao	海勃湾拉僧庙	徐志捷 466 1974.8.	《中国植物志》75:248. 1979.
兴安眼子菜 Potamogeton xinganensis Y. C. Ma	科尔沁右翼前旗伊尔施	赵晓峰、汪德 2512 1984.8.9.	《内蒙古大学学报》20(2):281. 1989.

＊呼伦贝尔盟指今呼伦贝尔市。

在上述各类考察的基础上，同时作为编写植物志的前期工作，内蒙古植物学工作者较早就开展了一些地方检索表的编写和专科专属的研究。如富象乾 1955 年编的《内蒙古西部种子植物检索表》（油印本），内蒙古师范学院（今内蒙古师范大学）1956 年编的《呼和浩特野生植物种属检索表》（油印本），杨锡麟 1958 年编的《内蒙古种子植物名录（草稿）》（《内蒙古师范学院学报》，1958 年第 1 期），马毓泉等 1959 年编的《内蒙古锡林郭勒盟植物检索表初稿》（油印本），内蒙古大学、内蒙古师范学院、内蒙古农牧学院、内蒙古林学院于 1978 年合编的《内蒙古大青山区种子植物检索表》（铅印，内部发行），陈山等 1983 年写的《锡林郭勒草原野生饲用禾草》，马恩伟、周世权、赵美华 1976 年编写的《内蒙古木本植物检索表》等。专科专属的研究有马毓泉 1960 年写的《内蒙古肉苁蓉属 (Cistanche) 植物的初步研究》[《内蒙古大学学报》（自然科学版），1960 年第 1 期]、富象乾 1965 年写的《内蒙古植物研究（一）豆科》（内蒙古农牧学院印刷）等。

三、编志后的植物补点采集和系统研究阶段

早在 20 世纪 50 年代，内蒙古的几位植物学工作者在他们的著作中就提出了编写《内蒙古植物志》的倡议。1957 年，我国著名的植物生态学家李继侗来内蒙古大学工作后，倡议"要团结全区植物分类学工作者，采集植物标本，建立标本室与编写《内蒙古植物志》"。1963 年曾一度组织编志工作，但由于条件不成熟未能进行。

1973 年，富象乾与马毓泉等几位同行商酌后，向内蒙古自治区党委提出《立即组织全区有关人员，编写〈内蒙古植物志〉的请示报告》。不久即得到批准，并被内蒙古科委列为自治区科研课题，受其直接组织领导。1976 年，组成《内蒙古植物志》编写组，全治国任组长，富象乾任副组长，马毓泉、马恩伟、杨锡麟、陈山为组员，内蒙古大学为课题挂靠单位，参加协作的单位共 13 个。在先后出版了三、二、四卷后，为了充分发挥科技人员作用，加强编志工作领导，1981 年编写组扩建为"内蒙古植物志编辑委员会"，选出编委 13 人，马毓泉任主编，富象乾与陈山任副主编。

行政区划的调整，给编志提出了新的要求。在编写三、二、四卷时，是根据当时的内蒙古行政区划范围——四盟三市，即锡林郭勒盟、乌兰察布盟（今乌兰察布市）、伊克昭盟（今鄂尔多斯市）、巴彦淖尔盟（今巴彦淖尔市）、呼和浩特市、包头市、乌海市。十一届三中全会以后，中央恢复了内蒙古自治区原来的建制，即划归了东三盟、西三旗，最后调整为八盟四市，除上面提到的四盟三市以外，还有呼伦贝尔盟（今呼伦贝尔市）、兴安盟、哲里木盟（今通辽市）、阿拉善盟和赤峰市（原昭乌达盟）。因此，《内蒙古植物志》从第五卷开始，均按恢复以后的行政区划范围进行编写。

为了保证编志质量，体现《内蒙古植物志》的特点，编者们坚持了以下三个原则。一是坚持以内蒙古植物标本为依据，查阅原始文献，力求做到鉴定正确，遇到疑难问题除广泛查对文献、标本外，还要请教有关专家加以解决。二是注意发挥地区特色和风格。对植物的蒙古文名、地方名以及区域性的生态生物学特性、种的地理分布（行政区的分布和区系分区的分布）要进行准确的描述。三是增强实用性。对植物的药用价值、饲用价值、引种栽培价值、濒危保护价值、林木经营价值及其他民用经济价值（代茶、代食、代糖、染料、编织、工艺等）进行阐释。

植物标本是编志工作的基础材料，考虑到多年来所采集的标本种数仅占 80%～90%，还有一些空白点和特殊自然环境区采集得不够充分，为使标本种数的占有量达到 95% 以上，编委

会又多次进行了积极补充和补点采集。为此，除分担各科属的编者注意搜集补采外，编写组，特别是在编委会成立后，多次派出补点采集组（重点补采区见图5）。较大规模的采集有以下15次。

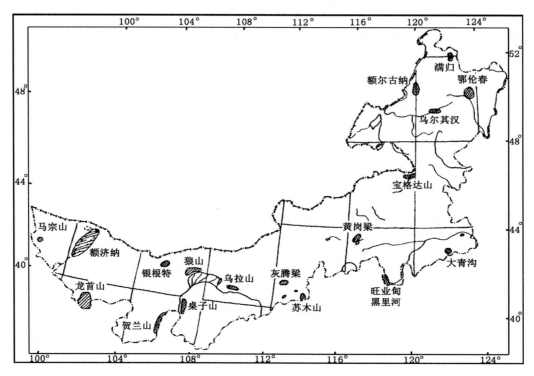

图 5 《内蒙古植物志》补点采集区位置图

1. 1977 年，赵一之、马平等在乌兰察布盟（今乌兰察布市）兴和县苏木山进行补点采集，共采标本 226 号。

2. 1978 年，雍世鹏、赵一之对狼山北部典型荒漠地带进行补点采集，共采标本 229 号，包括种子植物 27 科、80 属、115 种、5 个变种。调查结果有《狼山北部典型荒漠地区植物区系的基本特点》，发表在《内蒙古大学学报》（自然科学版）1979 年第 2 期。

3. 1980 年 6 月和 9 月，赵一之、周世权等 10 人到贺兰山进行补点采集，共采标本 697 号，2500 余份。其调查结果赵一之于 1981 年写了《贺兰山植物区系考察报告》；1987 年写了《贺兰山西坡维管束植物志要》，发表在《内蒙古大学学报》（自然科学版）18 卷第 2 期。本次采集采得新种及新变种 6 个（见表 26）。

4. 1980 年，马毓泉、孙岱阳、赵书元等十余人，到哲里木盟（今通辽市）大青沟自然保护区及西辽河地区进行补点采集，共采植物标本 598 号，隶属 104 科、320 属、528 种。马毓泉编写了《大青沟自然保护区植物考察报告》（油印本）。

5. 1981 年，雷喜亭、杨文胜等到昭乌达盟（今赤峰市）喀喇沁旗旺业甸进行补点采集，共采集植物标本 597 号，隶属 60 科、318 种。杨文胜写了《昭乌达盟旺业甸林区植物采集报告》。

6. 1981 年，马毓泉、朱亚民、刘书润等在大兴安岭乌尔其汉等地进行补点采集，其中刘书润小组采标本 1137 号，包括维管束植物 77 科、305 属、606 种。朱亚民写了《大兴安岭乌尔其汉地区药用植物资源考察报告》（油印本），刘书润指导朴顺姬、孟慧君二人写了毕业论文《大兴安岭乌尔其汉地区植被及植物区系考察报告》（油印本）。

表 26　《内蒙古植物志》贺兰山补点采集队在贺兰山采集的模式标本

中文名、学名及现用学名	模式产地	采集人、采集号、时间	文献
尖叶杯腺柳 Salix cupularis Rehd. var. aeutifolia S. Q. Zhou ＝山生柳 S. oritrepha C. K. Schneid.	贺兰山哈拉乌北沟	周世权、赵一之 0051 1980.8.31.	《西北植物研究》 4(1):2. 1984.
瘤翅女娄菜 Melandrium verrucosoalatum Y. Z. Zhao et P. Ma	贺兰山	雷喜亭 121 1984.7.2.	《植物分类学报》 27(3):227. 1989.
宽裂白蓝翠 Delphinium albocoeruleum Maxim. var. latilobum Y. Z. Zhao	贺兰山哈拉乌沟	赵一之、周世权 24796 1980.8.31.	《内蒙古大学学报》 19(4):670. 1988.
内蒙古棘豆 Oxytropis neimonggolica W. C. Chang et Y. Z. Zhao	贺兰山香池子沟	赵一之、周世权 1114 1980.6.6.	《植物分类学报》 19(4):523. 1981.
阿拉善茜草 Rubia cordifolia L. var. alaschanica G. H. Liu ＝黑果茜草 R. cordifolia L. var. pratensis Maxim.	贺兰山南寺沟	赵一之等 2606 1980.9.5.	《内蒙古大学学报》 19(4):676. 1988.
阿拉善葱 Allium alaschanicum Y. Z. Zhao	贺兰山哈拉乌沟	赵一之 26 1990.9.5.	《内蒙古大学学报》 23(3):110. 1992.

7. 1981 年，吴庆如、曹瑞等人在大兴安岭满归进行补点采集，共采植物标本 396 号。采到毛茛叶乌头 Aconitum ranunculoides Turcz.、兴安风铃草 Campanula rotundifolia L. 等几个新种。

8. 1982 年 7 月～8 月和 1983 年 6 月，雷喜亭、曹瑞、杨文胜、张洪溢等人两次到阿拉善盟龙首山进行补点采集，共采植物标本 635 号、近 4000 份，包括维管束植物 65 科、236 属、484 种。由雷喜亭、曹瑞写了《内蒙古阿拉善右旗及龙首山地区植物资源概况》［《内蒙古大学学报》（自然科学版）15 卷 4 期，1984 年］。

9. 1982 年 9 月，朱宗元、温都苏到额济纳旗进行补点采集，共采植物标本 204 号、1000 余份，包括种子植物 42 科、119 属、189 种，并写出《额济纳旗植被和植物区系考察报告》［《内蒙古大学学报》（自然科学版）15 卷第 4 期，1984 年］。

10. 1983 年，编委会分 8 个组进行补点采集，重点在东四盟。各组采集点如下：马毓泉组到呼伦贝尔盟（今呼伦贝尔市）鄂伦春自治旗，采标本 728 号；吴庆如组到兴安盟，采标本 919 号；赵一之组在呼伦贝尔盟（今呼伦贝尔市）牧业四旗（新巴尔虎左旗、新巴尔虎右旗、陈巴尔虎旗、鄂温克族自治旗），采标本 360 余号；刘书润组在哲里木盟（今通辽市）科尔沁左翼后旗采标本 771 号；杨文胜组在昭乌达盟（今赤峰市）西北部和锡林郭勒盟东南部，采标本 1075 号；雷喜亭组在阿拉善右旗，采标本 182 号；温都苏组在呼伦贝尔盟（今呼伦贝尔市）额尔古纳右旗（现已撤销，今属额尔古纳市）采集；赵书元组在狼山采集。

11. 1986 年，刘书润等人在呼伦贝尔盟额尔古纳右旗采集植物标本 2000 余号，分属 87 科、338 属、739 种。考察结果《额尔古纳植物资源考察报告》发表在《额尔古纳右旗社会经济发展战略规划》一书的附录中。

12. 1988 年，赵一之、马平、张寿洲等人带领学生在狼山采集标本，采标本 306 种，分属 61 科、188 属。赵一之写了《狼山山地植被及其植物区系组成的基本特征》（入《中国植物学会 60 周年年会学术报告论文集摘要汇编》）发表在《额尔古纳右旗社会经济发展战略规划》一书的附录中。

13. 1989 年，赵一之、曹瑞等人带领学生在巴彦淖尔盟（今巴彦淖尔市）磴口县进行植物采集，后写成《磴口县植物区系》，收种子植物 45 科、126 属、194 种。

14. 1990 年，赵一之、曹瑞等人带领学生在乌兰察布盟（今乌兰察布市）灰腾梁（即辉腾梁）采集标本。后由赵一之、曹瑞、孙冷整理写成《阴山山脉灰腾梁植物区系组成及其基本特征》（手稿）一文，共收载维管束植物 56 科、193 属、330 种。

15. 1991 年，赵一之、曹瑞等人带领学生在乌拉山进行植物采集，后由赵一之、曹瑞、齐亚巨写成《乌拉山植物区系的基本特征》（手稿）一文，共收载维管束植物 71 科、219 属、328 种。

以上各次的补点采集所采到的新分类群见表 27、表 28。

经过多年的采集、积累及编志后的补点采集，内蒙古各高等院校和科研单位所采到和保藏的植物标本有 10 万多份，其中维管束植物比较齐全，可达到 95% 左右（这些标本较集中地保存在内蒙古大学植物标本室内）。第一版的《内蒙古植物志》（1～8 卷），已收载维管束植物 131 科、660 属、2167 种（含变种、亚种）。编写其中二、三、四卷时，研究范围是内蒙古调整前的行政区划，其范围较小，编志过程中发现新属 1 个（阴山荠属 *Yinshania* Y. C. Ma et Y. Z. Zhao）、新种 64 个、新亚种 1 个、新变种 52 个、新变型 7 个。

做好编志工作的另一个基本条件是广泛搜集有关文献和资料。分担各科、属编写任务的作者，都力争查到种的原始描述或专科专属的研究资料。为此，在编写过程中，我们与中国科学院北京植物研究所、沈阳林业土壤研究所、西北植物研究所、昆明植物研究所、兰州沙漠研究所、江苏植物研究所等研究单位，北京大学、南京大学、四川大学、甘肃师范大学、兰州大学等高等院校，还有很多专家，建立了密切的联系，得到了热情的帮助。他们为我们提供了不少图书、资料和标本。此外，我们还与日内瓦博物馆与植物园、德国柏林植物园、瑞典乌普萨拉大学植物研究所、英国皇家丘植物园、苏联科学院植物研究所、蒙古科学院植物研究所、日本东京大学、东京农业大学、日本东北大学、莫斯科大学等单位建立了资料交换关系，从中找到了许多国内没有的珍贵原始文献。个别情况下，我们还从国外借用疑难种，甚至模式标本。

为了提高编志质量，编委会认真组织了审稿工作。每一卷提交初稿后，编委会立即组织专门人员审查，进一步查阅文献资料、核对标本，特别是在种的鉴定上力求准确无误，疑难种一般都请教国内有关科属专家帮助鉴定。初审后，还特别邀请我国知名植物分类专家进行审稿，如菊科曾请教过林镕、陈艺林、石铸、林有润等，毛茛科、石竹科曾请教过王文采，蕨类曾请教过秦仁昌、邢公侠，十字花科曾请教过关克俭、安争夕，藜科、蓼科曾请教过李安仁、马成功、朱格麟，蒺藜科曾请教过刘瑛心，伞形科曾请教过单人骅，桔梗科、玄参科曾请教过洪德元，兰科曾请教过陈心启、郎楷永，鸢尾科曾请教过赵毓堂等诸位先生。由于审稿认真细致，提高了书稿的质量。

表27 《内蒙古植物志》东部补点组采集的模式标本

中文名、学名及现用学名	模式产地	采集人、采集号、时间	文献
大兴安岭乌头 Aconitum daxinganlinense Y. Z. Zhao	大兴安岭喜桂图旗乌尔其汉七叉线	朴顺姬 758 1981.7.17.	《内蒙古大学学报》14(2): 223. 1983.
白狼乌头 Aconitum bailangense Y. Z. Zhao	兴安盟科尔沁右翼前旗白狼	药物调查队 756 1982.7.23.	《植物分类学报》23(1):58. 1985.
五岔沟乌头 Aconitum wuchangouense Y. Z. Zhao	兴安盟科尔沁右翼前旗五岔沟	药物调查队 567 1982.8.13.	《植物分类学报》23(1):57. 1985.
旺业甸乌头 Aconitum wangyedianense Y. Z. Zhao	七老图山旺业甸林场	雷喜亭、杨文胜 89 1981.7.15.	《植物研究》3(1):159. 1983.
展毛唇花翠雀 Delphinium cheilanthum Fisch. ex DC. var. pubescens Y. Z. Zhao	呼伦贝尔盟额尔古纳右旗*奇乾	达丽 929A 1986.7.15.	《内蒙古植物志》ed. 2, 2:541,712. 1990.
内蒙古毛茛 Ranunculus intramongolicus Y. Z. Zhao	大兴安岭喜桂图旗乌尔其汉	孟慧君 1981—705 1981.8.4.	《植物研究》9(1):69. 1989.
卵叶红叶鹿蹄草 Pyrola incarnata Fiseh. ex DC. var. ovatifolia Y. Z. Zhao	呼伦贝尔盟额尔古纳左旗**满归	吴庆如 117 1991.7.18.	《内蒙古植物志》ed.2, 4:l 12,846. 1993.
全缘轮叶沙参 Adenophora tetraphylla(Thunb.) Fisch. var. integrifolia Y. Z. Zhao	呼伦贝尔盟鄂伦春自治旗托扎敏	植物考察队 667 1983.8.5.	《内蒙古植物志》ed.2, 4:847. 1993.
狭叶长白沙参 Adenophora pereskiifolia(Fisch. ex Schult) G. Don var. angustifolia Y. Z. Zhao	兴安盟科尔沁右翼前旗白狼	药物调查队 336 1982.7.28.	《内蒙古植物志》ed.2, 4:846. 1993.
角翅桦 Betula ceratoptera G. H. Liu et Y. C. Ma	宁城县鸡冠山	雷喜亭 216 1981.7.21.	《植物研究》9(4):55. 1989.
毛茎花荵 Polemonium chinense Brand. var. hirticaulum G. H. Liu et Y. C. Ma ＝花荵 P. caeruleum L.	大兴安岭喜桂图旗乌尔其汉	马毓泉 329 1981.7.17.	《内蒙古大学学报》20(3):392. 1989.
互叶雾灵沙参 Adenophora wulingshanica D. Y. Hong var. alterna Y. Z. Zhao	喀喇沁旗旺业甸	周世权 8147 1989.8.4.	《内蒙古植物志》ed.2, 4:847,453. 1993.

* 呼伦贝尔盟指今呼伦贝尔市。额尔古纳右旗已撤销，今属额尔古纳市。** 额尔古纳左旗现已撤销，设为根河市。

表28 《内蒙古植物志》西部补点组采集的模式标本

中文名、学名及现用学名	模式产地	采集人、采集号、时间	文献
密花灰绿碱蓬 Suaeda glauca (Bunge) Bunge var. conferiflora H. C. Fu et Z. Y. Chu	额济纳旗达兰库布	朱宗元、温都苏 049 1982.9.12.	《内蒙古植物志》ed.2, 2:711,270. 1990.
格尔乌苏黄芪 Astragalus geerwusuensis H. C. Fu ≡ 卵果黄芪 A. grubovii Sancz.	阿拉善右旗格尔乌素	雷喜亭 83067 1983.6.10.	《内蒙古植物志》ed.2, 3:283,671. 1989.
狼山西风芹 Seseli langshanense Y. Z. Zhao et Y. Z. Ma	巴彦淖尔盟*狼山呼勒盖尔	赵一之等 2179 1988.7.7.	《内蒙古大学学报》22(3):407. 1991.
毓泉风毛菊 Saussurea mae H. C. Fu	阿拉善右旗龙首山	雷喜亭 10 1982.5.21.	《内蒙古植物志》ed. 2, 4:848. 1993.
阿右风毛菊 Saussurea jurineioides H. C. Fu	阿拉善右旗龙首山	雷喜亭、曹瑞 69 1982.7.21.	《内蒙古植物志》ed. 2, 4:847. 1993.
阿拉善黄鹤菜 Youngia alashanica H. C. Fu ≡ 假小喙菊 Paramicrorhynchus procumbens (Roxb.) Kirp.	额济纳旗水库边	朱宗元、温都苏 178 1982.9.20.	《内蒙古植物志》ed. 2, 4:849. 1993.
内蒙眼子菜 Potamogeton intramongolicus Y. C. Ma ≡ 龙须眼子菜 Stuckenia pectinata (L.) Borner	乌兰察布盟**察哈尔右翼前旗黄旗海	马毓泉、曹江营 82—1 1982.7.3.	《西北植物研究》3(1):8. 1983.
内蒙大茨藻 Najas intramongolica Y. C. Ma ＝短果茨藻 N. marina L. var. brachycarpa Trautv.	巴彦淖尔盟临河区	马毓泉、许丙寅 3（雄花）、4（雌花） 1982.7.12.	《内蒙古植物志》7:259. 1983.
毓泉葱 Allium yuchuanii Y. Z. Zhao	伊克昭盟***准格尔旗黑岱沟	曹江营 1986—205 1986.6.15.	《内蒙古大学学报》20(2):241. 1989.
四子王棘豆 Oxytropis siziwangensis Y. Z. Zhao et Zong Y. Zhu	乌兰察布盟四子王旗王府	朱宗元 无采集号 1976.	《内蒙古大学学报》26 (6):721. 1995.

续表 28

中文名、学名及现用学名	模式产地	采集人、采集号、时间	文献
细弱京风毛菊 Saussurea chinnampoensis Leyl. et Vant. var. gracilis H. C. Fu et D. S.Wen ≡ 京风毛菊 S. chinnampoensis Leyl. et Vant.	巴彦淖尔盟乌拉特中后联合旗	宛涛 无采集号 1981.7.20.	《内蒙古植物志》6:329, 238. 1982.
大青山嵩草 Kobresia daqingshanica X. Y. Mao	乌兰察布盟武川县大青山淖儿梁	毛雪莹 141 1984.7.14.	《内蒙古大学学报》19(2):341. 1988.
阿拉善滨藜 Atriplex alaschanica Y. Z. Zhao	阿拉善左旗新浩特	雷喜亭等 840535 1984.7.22.	《植物分类学报》35(3):257. 1997.
大青山棘豆 Oxytropis daqingshanica Y. Z. Zhao et Zong Y. Zhu	大青山	朱宗元 74 1984.7.	《内蒙古大学学报》27(1):83. 1996.

* 巴彦淖尔盟指今巴彦淖尔市。　** 乌兰察布盟指今乌兰察布市。　*** 伊克昭盟指今鄂尔多斯市。

《内蒙古植物志》第一版和第二版（虽然《内蒙古植物志》第二版最后一卷 1998 年才出版，但该卷的文稿已于 1992 年定稿，因此《内蒙古植物志》第二版的研究内容实际上是截止于 1992 年）出版之间（1979～1992 年）发表在各类刊物上的文章现收集如下 80 篇：

弓跃明、马毓泉. 内蒙古兰科植物分类研究. 内蒙古大学学报，1985，16(1):95～107.

弓跃明、马毓泉. 内蒙古兰科植物的分布与区系分析. 内蒙古大学学报，1985，16(3):455～462.

弓跃明、马毓泉. 内蒙古兰科植物的数量分类研究. 内蒙古大学学报，1986，17(2):351～364.

马毓泉、朱宗元. 内蒙古小蒜芥属一新种. 内蒙古大学学报，1989，20(4):536～538.

马毓泉、张寿洲. 四合木属系统地位的研究. 植物分类学报，1990，28(2):89～95.

马毓泉、赵一之. 阴山荠属——中国十字花科一新属. 植物分类学报，1979，2:87～107.

马毓泉、屠丽珠等. 内蒙古眼子菜属植物的形态学和解剖学的分类研究. 西北植物研究，1983，3(1):1～17.

马毓泉. 内蒙古灯芯草属植物的分类研究. 内蒙古大学学报，1984，15(1):111～118.

马毓泉. 内蒙古眼子菜属一新种. 内蒙古大学学报，1989，20(2):281～283.

马毓泉. 革苞菊属及其系统位置的订正. 植物分类学报，1980，18(2):217～219.

马毓泉. 蒙古高原及其邻近地区的维管束植物区系研究初报 (1). 内蒙古大学学报，1987，18(3):563～566.

马毓泉. 蒙古高原及其邻近地区的维管束植物区系研究初报 (2). 内蒙古大学学报，1987，19(4):681～684.

王朝品. 中国禾草一新种. 植物研究，1986，6(1):175～177.

毛雪莹. 内蒙古嵩草属一新种. 内蒙古大学学报. 1988，19(2):341～344.

白世君、刘书润、马毓泉. 内蒙古紫堇属 Corydalis Vent. 植物分类与分布. 内蒙古大学学报，1987，18(1):171～178.

朱宗元、曹瑞. 中国雀儿豆属 Chesneya 的新记录种及一些种的订正. 内蒙古大学学报，1986，17(4):757～761.

朱宗元、温都苏. 额济纳旗植被和植物区系考察报告. 内蒙古大学学报，1984，15(4):417～431.

刘书润、赵一之、马毓泉. 内蒙古种子植物新记录分类群. 内蒙古大学学报，1988，19(1):171～174.

刘书润. 内蒙古羊茅属 *Festuca* L. 植物的初步整理. 内蒙古大学学报，1983，14(3):327～331.

刘书润. 内蒙古锡林郭勒地区冰草属 *Agropyron* J. Gaertn. 植物的初步研究. 内蒙古大学学报，1982，13(1):71～76.

刘书润. 额尔古纳右旗植物资源考察报告. 额尔古纳右旗社会经济发展战略规划. 呼和浩特：内蒙古人民出版社，1989，93～140.

刘果厚、马恩伟、马毓泉. 内蒙古桦木属植物的分类与分布. 内蒙古林学院学报，1988，1:1～18.

刘果厚、马恩伟、曹瑞. 内蒙占拉拉藤的分类与分布. 内蒙古林学院学报，1990，12(2):29～35.

刘果厚、马毓泉. 中国桦木属一新种. 植物研究，1989，9(4):55～57.

刘果厚、马毓泉. 内蒙古花荵属的分类研究. 内蒙古大学学报，1989，20(3):390～394.

刘瑛心主编. 中国沙漠植物志，1～3卷. 北京：科学出版社，1985～1992.

孙岱阳. 内蒙古杨属二新种和六新变种. 南京林业大学学报，1986，4:109～115.

孙燕、刘书润、马毓泉. 内蒙古悬钩子属植物的分类与分布. 内蒙古大学学报，1987，18(1):179～185.

杨文胜、宋刚. 包头生物资源，第一章，野生植物. 呼和浩特：内蒙古人民出版社，1992，7～115.

杨锡麟、王朝品. 中国禾本科的新分类群. 植物研究，1984，4(4):83～95.

杨锡麟. 国产冰草属 *Agropyron* J. Gaertn. 的初步整理. 内蒙古师范学院学报，1979，1:65～76.

吴庆如、白学良. 内蒙古蕨类植物初报. 内蒙古大学学报，1984，15(4):407～415.

吴庆如、杨忠. 内蒙古绣线菊属 *Spiraea* L. 的分类与分布. 内蒙古大学学报，1988，19(1):184～193.

张振万、赵一之. 内蒙古棘豆属一新种. 植物分类学报，1981，19(4):523～525.

陈山、高瓦. 内蒙古牧草一新种. 植物分类学报，1979，17(4):93～94.

周世权. 内蒙古西部地区几种柳树的研究. 内蒙古林学院学报，1983，5:29～35.

赵一之. 内蒙古铁线莲属 *Clematis* 长瓣铁线莲组 Sect. *Atragens*(L.)DC. 植物的分类研究. 内蒙古大学学报，1981，12(3):77～80.

赵一之、马平. 内蒙古女娄菜属二新种. 植物分类学报，1989，27(3):225～227.

赵一之、马毓泉. 内蒙古西风芹属一新种. 内蒙古大学学报，1991，22(3):407～409.

赵一之、朱宗元. 内蒙古马先蒿属一新变种. 内蒙古大学学报，1988，19(1):175～177.

赵一之、朱宗元. 内蒙古西部黄芪属一新种. 内蒙古大学学报，1983，14(4):447～450.

赵一之. A New Species of Delphinium from Nei Mongol. 内蒙古大学学报，1989，20(2):248～249.

赵一之. A New Species of Stellaria from Nei Mongol. 内蒙古大学学报，1989，20(2):226～228.

赵一之. 中间锦鸡儿之研究. 内蒙古大学学报，1990，21(4):560～563.

赵一之. 中国乌头属一新种. 植物研究，1983，3(1):159～161.

赵一之. 中国乌头属二新种. 植物分类学报，1985，23(1):57～60.

赵一之. 中国石龙尾属一新种. 内蒙古大学学报，1990，21(1):137～138.

赵一之. 中国西北部岩黄芪属一新种. 内蒙古大学学报，1986，17(2):347～349.

赵一之. 中国西北部繁缕属一新种. 内蒙古大学学报，1982，13(3):283～285.

赵一之. 中国牧区五种主要毒草的植物区系地理学研究. 内蒙古大学学报，1992，23(1):124～128.

赵一之. 内蒙古女娄菜属植物的分类研究及其生态地理分布特点. 内蒙古大学学报，1985，16(4):583～589.

赵一之. 内蒙古水苏属植物的研究. 内蒙古大学学报，1987，18(1):151～153.

赵一之. 内蒙古毛茛属的分类研究. 植物研究，1989，9(1):61～72.

赵一之. 内蒙古毛茛属植物生态地理分布特点. 内蒙古大学学报，1989，20(3):371～377.

赵一之. 内蒙古乌头属植物分类研究及其生态地理分布特点. 内蒙古大学学报, 1983, 14(2):219～230.

赵一之. 内蒙古石竹属的分类和分布. 内蒙古大学学报, 1989, 20(1):108～112.

赵一之. 内蒙古白头翁属植物的分类及其生态地理分布. 内蒙古大学学报, 1988, 19(4):654～661.

赵一之. 内蒙古丝石竹属植物分类及其生态地理分布的研究. 西北植物学报, 1986, 6(1):59～63.

赵一之. 内蒙古麦瓶草属植物分类研究及其生态地理分布. 内蒙古大学学报, 1985, 16(4):590～599.

赵一之. 内蒙古沙参植物分类研究初报. 内蒙古大学学报, 1980, 11(1):53～61.

赵一之. 内蒙古的薤白及其近似种. 内蒙古大学学报, 1989, 20(2):240～243.

赵一之. 内蒙古孩儿参属的研究. 内蒙古大学学报, 1988, 19(4):669～672.

赵一之. 内蒙古葱属一新种. 内蒙古大学学报, 1992, 23(1):109～111.

赵一之. 内蒙古植物志（第5卷）唇形科五种植物学名的订正. 内蒙古大学学报, 1988, 19(2):337～340.

赵一之. 内蒙古锦鸡儿属的分类及其生态地理分布. 内蒙古大学学报, 1991, 22(2):264～273.

赵一之. 内蒙古翠雀花属（*Delphenium* L.）植物的研究. 内蒙古大学学报, 1988, 19(4):673～680.

赵一之. 内蒙古耧斗菜属 (*Aquilegia* L.) 植物的研究. 内蒙古大学学报, 1986, 17(4):729～734.

赵一之. 内蒙古繁缕属植物分类研究. 植物研究, 1985, 5(4):139～150.

赵一之. 甘肃锦鸡儿之考证. 内蒙古大学学报, 1991, 22(1):97～100.

赵一之. 多叶锦鸡儿及其易混种. 内蒙古大学学报, 1990, 21(4):564～567.

赵一之. 关于 *Caragana przewalskii* Pojark.. 内蒙古大学学报, 1990, 21(3):391～392.

赵一之. 呼伦贝尔草原区的植物资源及其开发利用保护意见. 干旱区资源与环境, 1987, 1(2):107～114.

赵一之. 贺兰山西坡维管束植物志要. 内蒙古大学学报, 1987, 18(2):279～310.

赵一之. 内蒙古针茅属二新变种. 内蒙古大学学报, 1992, 23(4):545～548.

赵一之. 鄂尔多斯葱——葱属一新种. 内蒙古大学学报, 1992, 23(4):555～556.

赵一之主编. 内蒙古珍稀濒危植物图谱. 北京：中国农业科技出版社, 1992, 1～197.

曹瑞、雷喜亭. 阿拉善地区的内蒙古新记录分类群. 内蒙古大学学报, 1988, 19(2):380～384.

富象乾. 内蒙古风毛菊属 *Saussurea* DC. 的分类研究. 内蒙古农牧学院学报, 1981, 1:47～51.

雷喜亭、曹瑞. 内蒙古阿拉善右旗及龙首山地区植物资源概括. 内蒙古大学学报, 1984, 15(4):439～457.

雍世鹏、赵一之. 狼山北部典型荒漠区植物区系的基本特点. 内蒙古大学学报, 1979, 11(1):53～61.

总之，第一版与第二版《内蒙古植物志》取得了巨大的成果，不仅促进了内蒙古的植物科学研究，为内蒙古的经济建设做出了突出贡献，而且又为我们编写第三版《内蒙古植物志》奠定了雄厚的基础。这50多位作者是（按姓氏笔画排序）：丁文江、弓耀明、马万里、马炜梁、马恩伟、马毓泉、王六英、王承斌、王银、王朝品、王智敏、毛雪莹、白学良、宁布、朱亚民、朱宗元、刘书润、刘果厚、刘钟龄、孙岱阳、李博、杨明权、杨茜、杨锡麟、吴庆如、吴高升、张恩厚、陈山、陈忠义、罗布桑、周世权、赵一之、赵书元、赵美华、哈斯巴根、音扎布、姜海楼、徐柱、徐嫦、郭新清、曹瑞、梁存柱、蒋尤泉、童成仁、曾泗弟、温都苏、富象乾、雍世鹏。参与绘图的有马平、张海燕、田虹、孙玉荣、仝青、王慧敏、张克威、邱晴。

四、《内蒙古植物志》（第二版）出版之后的深入研究

《内蒙古植物志》第一版（1～8卷）（1977～1985年）和第二版（1～5卷）（1989～1998年）出版之后，很快成为有关科研、教学、生产和管理部门的重要参考用书，促进了内蒙古植物科学及其相关学科的发展，而且受到了国内外同行们的普遍关注和赞赏。20世纪90年代至21世

纪初，世界植物分类学研究由于新技术、新方法的广泛应用，得到飞速发展。在我国，《中国植物志》（1～80卷）（1959～2004年）出版之后，又连续出版了《中国高等植物》（1～13卷）（1998～2009年）和 *Flora of China*（1～25卷）（1994～2013年），还发表了许多新的研究论文和著作。我们发现《内蒙古植物志》第二版中漏掉了不少种类，一些学名也需要修正，很多种的原文献引证及产地分布需要补充或订正，很多新采集到的种类需要增加。

这20多年（1993～2015年）来，国内外各种专业学术期刊上发表了有关论文（著作）主要有156篇（部）：

于景华、原树生、佟露. 内蒙古大兴安岭一新变种. 植物研究，2010，30(6):648.

马文红、赵一之. 内蒙古花葱属植物的分类校正及其区系地理分布. 内蒙古大学学报，2000，31(4):435～439.

马毓泉、刘钟龄、赵一之. 内蒙古草原植物区系的初步研究. 马毓泉文集. 呼和浩特：内蒙古人民出版社，1995:294～316.

马德兹、刘慧兰、胡福秀主编. 宁夏植物志第二版（上卷、下卷）. 银川：宁夏人民出版社，2007.

王长荣. 内蒙古苏尼特左旗野生植物资源与草原生态研究. 呼和浩特：内蒙古人民出版社，2008，1～160.

王铁娟、赵一之、王娜娜、董学琴. 内蒙古大青山种子植物区系研究. 干旱区资源与环境，2008，22(1):174～178.

王铁娟、赵一之. 蒙古高原绣线菊属植物分布区图. 植物研究，2001，21(3):493～495.

王铁娟、赵一之. 蒙古高原绣线菊属植物演化系统的研究. 西北植物学报，2002，22(3):490～495.

王铁娟、赵一之. 花旗竿属 *Dontostemon* 植物的分类研究. 内蒙古教育学院学报，1996，2:47～50.

王铁娟、赵一之. 绣线菊属二新种. 木本植物研究，2000，20(4):361～363.

王铁娟、赵一之. 蒙古高原绣线菊属植物区系地理成分及其生态地理分布规律的研究. 植物研究，2001，21(2):245～251.

王铁娟、赵一之. 蒙古高原绣线菊属植物的分类学研究. 内蒙古大学学报，2001，32(4):419～426.

王银、刘英俊主编. 呼伦贝尔检索表. 长春：吉林科学技术出版社，1993，1～413.

王维国. 克什克腾旗植物名录. 赤峰：内蒙古科学技术出版社，2008.

天莹、雍世鹏、赵一之. 内蒙古高原葱属植物生态地理分布规律初步分析. 内蒙古大学学报，1993，24(6):668～674.

天莹、雍世鹏、赵一之. 蒙古高原葱属植物区系地理成分分析与毗邻地区的区系联系. 内蒙古大学学报，1993，24(6):654～667.

付立国等主编. 中国高等植物，3～13卷. 青岛：青岛出版社，1999～2009.

付坤俊主编. 黄土高原植物志，1、2、5卷. 北京：科学出版社，1989～2000.

朱宗元、马毓泉、刘钟龄、赵一之. 阿拉善、鄂尔多斯生物多样性中心的特有植物和植物区系的性质. 干旱区资源与环境，1999，13(6):1～14.

朱宗元、梁存柱、王炜、刘钟龄. 紊蒿属一新种和对该属分类及演化的讨论. 植物研究，2003，23(2):147～153.

朱宗元、梁存柱、李志刚主编. 贺兰山植物志. 银川：阳光出版社，2011，1～848.

刘天慰主编. 山西植物志，1～5卷. 北京：中国科学技术出版社，1992～2004.

刘云波、赵一之. 用分支分类法探讨蒙古高原野豌豆属植物系统演化. 内蒙古大学学报，2000，31(3):293～299.

刘云波、赵一之. 蒙古高原野豌豆属植物的分类研究. 内蒙古大学学报，2001，32(1):66～73.

刘丽、赵一之. 内蒙古棘豆属植物分支分类的初步探讨，内蒙古大学学报，1996，27(1):72～82.

刘尚武主编.青海植物志,1～4卷.西宁:青海人民出版社,1996～1999.

刘桂香、赵一之、刘丽华、刘殿卿.蒙古高原鸦葱属的植物区系地理分析.草地学报,2002,2:39～46.

刘桂香、赵一之.蒙古高原鸦葱属植物的分类和地理分布研究.中国草地,2001,2:12～18.

刘铁志、王桂琴.被子植物内蒙古二新记录种.昭乌达蒙族师专学报,1997,15(2):47～48.

刘铁志、关永田、于国栋.赤峰市南山植物区系调查报告.昭乌达蒙族师专学报,1993,11(1～2):50～59.

刘铁志、韩立峰、周天民、于春元.内蒙古黑里河自然保护区植物考察报告.昭乌达蒙族师专学报,2000,21(3):59～63.

刘铁志、韩立峰.内蒙古五加科一新分布种.昭乌达蒙族师专学报,1998,16(1):49～50.

刘铁志编著.赤峰维管植物检索表.呼和浩特:内蒙古大学出版社,2013,1～345.

刘新民、赵哈林、赵爱芬主编.科尔沁沙地风沙环境与植被.北京:科学出版社,1996,274～294.

刘慎鄂等主编.东北草本植物志,1～12卷.北京:科学出版社,1958～2004.

那音太、韩海宝主编.内蒙古自治区达尔罕茂明安联合旗农牧业资源区划.呼和浩特:内蒙古人民出版社,1999,493～557.

杜诚、岳晓娜、盛国文、常朝阳、徐朗然.单小叶黄芪——内蒙古豆科一新记录种.西北植物学报,2010,30(5):1057～1059.

李素英、赵一之.脓疮草复合体的生物学特性研究.西北植物学报,2000,20(2):268～274.

李素英、曹瑞、赵一之.脓疮草复合体的染色体研究.内蒙古大学学报,1999,30(2):200～205.

李振宇、解焱主编.中国外来入侵种.北京:中国林业出版社,2002,98～189.

张寿洲、马毓泉、李懋学.内蒙古棘豆属细胞分类学研究.内蒙古大学学报,1994,25(1):64～72.

陈世龙、杨锡麟.内蒙古赖草属(*Leymus* Hochst.)植物的分类及同工酶研究.内蒙古师范大学学报,1993,4:51～57.

呼格吉勒图、赵一之、宝音陶格涛.内蒙古景天属植物分类及其生态地理分布研究.干旱区资源与环境,2007,21(4):132～135.

图力古尔、包海鹰、朝克图.乌头属药用植物一新变种.吉林农业大学学报,1996,18(2):89～90.

周世权、蓝登明.沙芥属(*Pugionium* Gaertn.)植物的分类.内蒙古林学院学报,1998,20(3):28～31.

赵一之、朱宗元.四子王棘豆——棘豆属一新种.内蒙古大学学报,1995,26(6):721～722.

赵一之、王铁娟.关于*Dontostemon perennis* C. A. Mey.在中国的分布问题.内蒙古大学学报,1996,27(4):544～546.

赵一之、马玲.中国黄鹌菜属一新种——南寺黄鹌菜.植物研究,2004,24(2):45～46.

赵一之、马玲.鄂尔多斯黄鹌菜——黄鹌菜属一新种.植物研究,2003,23(3):261～262.

赵一之、王光辉、赵利清.鹅肠菜属——内蒙古石竹科一新记录属.内蒙古大学学报,2005,38(1):75.

赵一之、王光辉.乌苏里鼠李的名实问题.植物研究,2005,25(1):11～13.

赵一之、王铁娟.花旗竿属植物的区系地理成分及其生态地理分布规律的分析.内蒙古大学学报,1998,29(3):390～394.

赵一之、王铁娟.关于绣球绣线菊在内蒙古的分布.内蒙古大学学报,2000,31(5):549～550.

赵一之、王铁娟.关于蒙古绣线菊毛枝变种及回折绣线菊的学名订正.木本植物研究,2000,20(3):257～259.

赵一之、田虹.内蒙古栎属的分类校正及其区系分析.内蒙古大学学报,2001,32(4):470～472.

赵一之、成文连、尹俊、曹瑞、张竟秋.用rDNA的ITS序列探讨绵刺属的系统位置.植物研究,2003,23(4):402～406.

赵一之、成文联. 紊蒿属的分布区及其区系地理成分. 内蒙古大学学报, 1999, 30(1):73～76.

赵一之、朱宗元、赵利清. 红纹腺鳞草——内蒙古腺鳞草属（龙胆科）一新种. 植物分类学报, 2004, 42(1):83～85.

赵一之、朱宗元、赵利清. 卷叶锦鸡儿——锦鸡儿属（豆科）一新种. 植物研究, 2005, 25(4):385～388.

赵一之、朱宗元. 内蒙古菊科一新记录属——假小喙菊属. 内蒙古大学学报, 2003, 34(1):63～64.

赵一之、朱宗元. 亚洲中部荒漠区的植物特有属. 云南植物研究, 2003, 25(2):113～121,

赵一之、乔俊缠 关于阿拉善黄芩. 西北植物学报, 1999, 19(1):166～168.

赵一之、刘丽. 内蒙古棘豆属植物区系生态地理分布特征. 内蒙古大学学报, 1997, 28(2):200～212.

赵一之、刘云波. 脓疮草属的植物区系分析. 内蒙古大学学报, 1997, 28(6):823～824.

赵一之、刘云波. 蒙古高原野豌豆属植物区系生态地理分布研究. 内蒙古大学学报, 2001, 32(2):202～210.

赵一之、李素英、曹瑞、刘云波. 脓疮草复合体的形态性状分析与分类修订. 植物分类学报, 1998, 36(3):193～205.

赵一之、赵利清. 内蒙古顶冰花属（百合科）一新种. 植物分类学报, 2003, 41(4):393～394.

赵一之、郝利霞. 关于亚马景天的名实问题. 植物分类学报, 2007, 45(3):421～423.

赵一之、段飞舟. 内蒙古植物志第二版益母草属的分类校正. 内蒙古大学学报 1998, 29(5):678～681.

赵一之、萨仁. 蒙古高原岩黄芪属植物区系生态地理分布研究. 内蒙古大学学报, 1999, 30(2):190～196.

赵一之、曹瑞、朱宗元. 半日花属一新种——鄂尔多斯半日花. 植物分类学报, 2000, 38(3):294～296.

赵一之、曹瑞、萨仁. 羊柴学名考. 中国草地, 1997, 1:5～8, 18.

赵一之、曹瑞. 内蒙古的特有植物. 内蒙古大学学报, 1996, 27(2):208～213.

赵一之. *Oxytropis daqingshanica* Y. Z. Zhao et Z. Y. Zhu——A New Species of the *Oxytropis* DC.. 内蒙古大学学报, 1996, 27(1):83～84.

赵一之. 小叶、中间和柠条 3 种锦鸡儿的分布式样及其生态适应. 生态学报, 2005, 25(12):3411～3414.

赵一之. 中国西北荒漠区植物特有属研究. 植物研究, 2003, 23(1):14～17.

赵一之. 中药黄芪植物分类及其区系地理分布研究. 植物研究, 2006, 26(5):532～538.

赵一之. 内蒙古肋柱花属植物分类及其地理分布研究. 植物研究, 2004, 24(1):7～8.

赵一之. 内蒙古沙参属一新异名和一新名称. 植物分类学报, 2006, 44(5):614～615.

赵一之. 内蒙古鼠李属植物分类研究. 中国植物学会 70 周年年会论文摘要汇编. 北京：高等教育出版社, 2003, 112～113.

赵一之. 世界锦鸡儿属植物分类及其区系地理. 呼和浩特：内蒙古大学出版社, 2009, 1～167.

赵一之. 百花蒿（*Stilpnolepis centiflora*）的分布区及其区系地理成分. 内蒙古大学学报, 1996, 27(5):662～663.

赵一之. 阿拉善滨藜——滨藜属一新种. 植物分类学报, 1997, 35(3):255～256.

赵一之. 草玉梅与小花草玉梅的分布式样和迁移路线. 内蒙古大学学报, 2002, 33(4):443～445.

赵一之. 树锦鸡儿的分布式样及其生态适应. 植物研究, 2006, 26(4):402～404.

赵一之. 黄芪植物来源及其产地分布研究. 中草药, 2004, 35(10):1189～1190.

赵一之. 鄂尔多斯高原维管植物. 呼和浩特：内蒙古大学出版社, 2006, 1～300.

赵一之. 绵刺属的分布区及其区系地理成分. 西北植物学报, 2002, 22(1):43～45.

赵一之. 《内蒙古植物志》第二版菘蓝属的订正. 内蒙古大学学报, 2001, 32(5):543～545.

赵一之. 中国锦鸡儿属的分类学研究. 内蒙古大学学报, 1993, 24(6):631～653.

赵一之. 内蒙古葱属植物生态地理分布特征. 内蒙古大学学报, 1994, 25(5):546～553.

赵一之. 内蒙古葱属植物的分类研究. 内蒙古大学学报，1993，24(1)：105～111.

赵一之. 长叶红砂（*Reaumuria trigyna*）植物区系地理分布研究. 内蒙古大学学报，1996，27(3)：369～370.

赵一之. 关于 *Oxytropis oxyphylla* (Pall.) DC. 在中国的分布. 内蒙古大学学报，1993，25(4)：434～436.

赵一之. 关于连蕊芥属和花旗竿属的系统位置，中国植物学会 65 周年年会学术报告及论文摘要汇编. 北京：中国林业出版社，1998，164.

赵一之. 关于条叶连蕊芥的归并. 植物研究，1998，18(3)：289～290.

赵一之. 关于榆叶梅的系统位置. 内蒙古大学学报，1996，27(1)：70～71.

赵一之. 蓍草叶马先蒿——内蒙古一新记录种，内蒙古大学学报，1996，27(2)：228.

赵一之. 芯芭属的种类考证及其植物区系分析. 内蒙古大学学报，1999，30(3)：351～353.

赵一之. 芯芭属的植物区系生态分析. 中国植物学会 65 周年年会学术报告及论文摘要汇编. 北京：中国林业出版社，1998，319～320.

赵一之. 连蕊芥属的植物区系分析. 内蒙古大学学报，1998，29(1)：85～86.

赵一之. 沙芥属的分类校正及其区系分析. 内蒙古大学学报，1999，30(2)：197～199.

赵一之. 革苞菊属的分类及其地理分布. 西北植物学报，2000，20(5)：873～875.

赵一之. 荒漠连蕊芥——内蒙古十字花科一新种. 植物分类学报，1998，36(4)：373～374.

赵一之. 砂珍棘豆之学名考. 内蒙古大学学报，1994，25(6)：670～672.

赵一之. 莎菀属的分布区及其区系地理成分. 内蒙古大学学报，1996，27(4)：529～530.

赵一之. 紫菀木属（*Asterothamnus*）的植物区系分析. 内蒙古大学学报，1996，27(5)：659～661.

赵一之. 短舌菊属的分类及其区系分析. 内蒙古大学学报，1996，27(6)：805～807.

赵一之. 蒙古豆科、菊科植物检索表（译著）. 干旱区资源与环境增刊，1993，1～83.

赵一之. 蒙古扁桃的植物区系地理分布研究. 内蒙古大学学报，1995，26(6)：713～715.

赵一之. 蒙古莸的植物区系地理分布研究. 内蒙古大学学报，1995，26(2)：195～197.

赵一之. 蒙古高原植物的特有属及其基本特征. 内蒙古大学学报，1997，28(4)：547～552.

赵一之主编. 内蒙古大青山高等植物检索表. 呼和浩特：内蒙古大学出版社，2005，1～243.

赵一之著. 鄂尔多斯维管植物. 呼和浩特：内蒙古大学出版社，2006，1～300.

赵一之编著. 内蒙古野生植物资源保护利用. 呼和浩特：内蒙古教育出版社. 1999，1～181.

赵利清、王乐、包萨茹拉、庞哲. 内蒙古被子植物新资料. 西北植物学报，2012，32(11)：2363～2364.

赵利清、达来、陶格日勒. 内蒙古种子植物新资料. 西北植物学报，2011，31(4)：856～857.

赵利清、刘芳、陈宝瑞. 内蒙古白头翁属一新变种. 西北植物学报，2011，31(10)：2131～2132.

赵利清、杨劼. 内蒙古冰草属（禾本科）一新变种——毛稃沙芦草. 植物研究，2006，26(3)：260.

赵利清、赵一之、杨劼、梁存柱. 内蒙古被子植物新资料. 西北植物学报，2009，29(5)：1046～1049.

赵利清、赵一之. 中国棘豆属二新记录种. 西北植物学报，2013，33(5)：1051～1053.

赵利清、赵一之. 乱子草属——内蒙古禾本科一新记录属. 内蒙古大学学报，2003，34(1)：62.

赵利清、郭柯、朱相云、陈宝瑞. 中国棘豆属一新记录种. 植物科学学报，2011，29(2)：248～249.

赵利清、臧春鑫、杨劼. 侵入种刺苍耳在内蒙古和宁夏的分布. 内蒙古大学学报，2006，37(3)：308～310.

宁鲁静、程凯利、盛钰平、赵利清、张铁军. 乳白花黄耆（豆科）的一些新异名. 西北植物学报，2015，35(4)：837～841.

秦帅、葛欢、赵利清. 内蒙古维管植物新资料. 西北植物学报，2014，34(2)：397～400.

陈龙、旭日、赵利清. 内蒙古被子植物新记录. 西北植物学报，2014，34(3)：634～635.

旭日、赵利清、赵一之、马文红. 粟米草科——内蒙古一分布新记录科. 西北植物学报，2013，33(8):1698～1699.

郝利霞、赵一之、李波. 蒙古高原八宝属植物分类及其区系生态地理研究. 西北植物学报，2008，28(1):171～178.

侯鑫、刘俊娥、赵一之、赵利清. 基于 ITS 序列和 trnL-F 序列探讨小叶锦鸡儿、中国锦鸡儿和柠条锦鸡儿的种间关系. 植物分类学报，2006，44(2):126～133.

侯鑫、刘俊娥、赵一之. 中国锦鸡儿属的分子系统发育. 植物分类学报，2008，46(4):600～607.

秦帅、陈龙、臧春鑫、赵利清. 贺兰山及内蒙古、宁夏维管植物新纪录. 干旱区研究，2016，33(4):789～791.

钱关泽、刘莲芬、朱齐、宋兴民. 棘豆属（豆科）一新组. 植物研究，1999，19(1):1～4.

徐杰、赵一之、田桂泉. 蒙古高原天门冬属植物分支系统演化的研究. 内蒙古大学学报，2003，34(3):325～329.

徐杰、赵一之、刘桂香. 蒙古高原天门冬属植物的分类研究. 中国草地，2000，5:10～17.

徐杰、赵一之、檀庆海. 蒙古高原天门冬属植物区系生态地理分布研究. 内蒙古大学学报，2002，33(2):167～176.

萨仁、赵一之. 蒙古高原岩黄芪属植物的分支分类学研究. 植物研究，2001，21(1):18～23.

萨仁、曹瑞、赵一之. 蒙古高原岩黄芪属（*Hedysarum*）植物的分类学研究. 内蒙古大学学报，1996，27(5):675～681.

曹瑞、萨仁、赵一之. 内蒙古岩黄芪属半灌木岩黄芪组的分类学研究. 中国植物学会系统与进化植物学青年学术研讨会论文集.1994，12.

梁存柱、朱宗元、王炜. 内蒙古植物区系新增补. 内蒙古大学学报，2000，31(1):98～100.

梁存柱、朱宗元、田瑛、王炜.《内蒙古植物志》第二版驼绒藜属、扁核木属学名的订正. 内蒙古大学学报，2003，34(5):503～505.

屠鹏飞、陈虎彪、徐国钧、徐珞珊. 中国沙参属分类处理与演化关系. 西北植物学报，1998，18(4):613～621.

傅沛云主编. 东北植物检索表. 北京：科学出版社，1995，1～1006.

廉永善、孙坤主编. 甘肃植物志，第二卷. 兰州：甘肃科学技术出版社，2005，1～606.

新疆植物志编辑委员会. 新疆植物志，1～6卷. 乌鲁木齐：新疆科技卫生出版社，1992～2011.

雍世鹏、邢莲莲、李桂林主编. 赛罕乌拉国家级自然保护区生物多样性编目，维管植物. 呼和浩特：内蒙古人民出版社，2011，17～400.

燕玲主编. 阿拉善荒漠区种子植物. 北京：现代教育出版社，2011，1～557.

Grubov V. I. Chief editor. Plantae Asiae Centralis, Vol.1-15. Moscou vel Leninggrad:《NUKA》Press, 1963-2006.

Wu Zhengyi and Peter H. Raven Co-chairs of the editorial committee. Flora of China. Vol. 2-25. Beijing:Science Press and St.-Louis: Missouri Botanical Garden Press, 1994-2013.

Zhang Xin, Zhao Yizhi and Zhang Zhixiang. Classification and distribution of *Comastoma* (Gentianaceae) in Helan Mountais in China by floristic, ecological and geographical approaches. Forestry Studies in China, 2007, 9(2):147-151.

Zhao Yizhi. *Adenophora urceolata* (Campanulaceae), a new species from Inner Mongolia, China. Annales Botanici Fennici. 2002, 39 (4)：335-336.

Zhao Yizhi. A New Species of the Genus *Tulipa* (Liliaceae) from China. Novon(Missouri Botanical Garden), 2003, 13:277-278.

Zhao Yizhi and Zhao Liqing. *Gagea chinensis* (Liliaceae), a new species from Inner Mongolia, China. Annales Botanici Fennici. 2004, 41(4):297-298.

Zhao Yizhi. *Adenophora biloba* (Campanulaceae), a new species from Inner Mongolia, China. Annales Botanici Fennici. 2004, 41 (5):381-382.

Zhao Yizhi and Zhao Liqing. A new species of the genus *Rhamnus* (Rhamnaceae) from China. Novon (Missuri Botanical Gaeden), 2006, 16(1):158.

Zhao Liqing and Yang Jie. *Gagea daqingshanensis* (Liliaceae), a new species from Inner Mongolia, China. Annales Botanici Fennici. 2006, 43(3):223-2224.

Zhao Liqing and Guo Ke. *Stipa albasiensis* (Poaceae), a new species from Inner Mongolia, China. Annales Botanici Fennici. 2011, 48:522-524.

Zhao Liqing, Yang Jie, Niu Jianming and Zhang Qing. *Carex helingeerensis* (Cyperaceae), a new species from Inner Mongolia, China. Annales Botanici Fennici. 2012, 49:1-3.

Zhao Liqing, Yang Jie, Niu Jianming and Zhang Qing. *Chrysanthemum zhuozishanense* (Compositae), a new species from Inner Mongolia, China. Novon (Missuri Botanical Gaeden), 2014, 23(2):255-257.

Zhao Liqing, Xin Zhiming and Zhao Yizhi. *Silene langshanensis* (Caryophyllaceae), a new species from Inner Mongolia, China. Annales Botanici Fennici, 2016, 53(1-2): 37-39.(SCI)

Zhao Liqing and Zhao Yizhi. *Rosa longshoushanica* (Rosaceae), a new species from Gansu and Inner Mongolia, China. Annales Botanici Fennici, 2016, 53(1-2): 103-105.

在总结了前人关于内蒙古植物研究成果的基础上，赵一之于2012年出版了《内蒙古维管植物分类及其区系生态地理分布》，对《内蒙古植物志》（第二版）作了比较全面的修订和增补。紧接着，赵一之和赵利清于2014年出版了《内蒙古维管植物检索表》，又进行了新的修订和增补。在此基础上，又对《内蒙古植物志》（第二版）作了全面的整理和补充，并插入了植物的彩色照片，进而完成了《内蒙古植物志》（第三版）的编写。

《内蒙古植物志》（第二版）出版之后（包括以前发表而未收入第二版的分类群），赵一之、赵利清等又发现了新属2个、新族1个、新亚属3个、新组2个、新种43个、新组合种20个、新变种7个、新变种组合6个。新分类群详情如下：

新属2个：

1. 针喙芥属 Acirostrum Y. Z. Zhao in Class. Fl. Ecol. Geogr. Distr. Vasc. Pl. Inn. Mongol. 216. t.3. 2012.

2. 贺兰芹属 Helania L. Q. Zhao et Y. Z. Zhao in Fl. Intramongolica. ed. 3, 3: 423. 2018; Key to the Vasc. Pl. Helan. Mount. 165. 2016.

新族1个：

1. 锦鸡儿族 Caraganeae Y. Z. Zhao in in Class. Fl. Ecol. Geogr. Distr. Vasc. Pl. Inn. Mongol. 298. 2012.

新亚属3个：

1. 落轴亚属 Subgen. Caragana Y. Z. Zhao in Act. Sci. Nat. Univ. Intramongol. 24(6):632. 1993.

2. 宿轴亚属 Subgen. Jubatae Y. Z. Zhao in Act. Sci. Nat. Univ. Intramongol. 24(6):633. 1993.

3. 宿落轴亚属 Subgen. Frutescentes Y. Z. Zhao in Act. Sci. Nat. Univ. Intramongol. 24(6):634. 1993.

新组 2 个：

1. 鬼箭组 Sect. Jubatae (Kom.) Y. Z. Zhao in Act. Sci. Nat. Univ. Intramongol. 24(6):633. 1993.

2. 针刺组 Sect. Spinosae (Kom.) Y. Z. Zhao in Act. Sci. Nat. Univ. Intramongol. 24(6):635. 1993.

新种 43 个：

1. 阿拉善滨藜 Atriplex alaschanica Y. Z. Zhao in Act. Phytotax. Sin. 35(3):257. f.1. 1997.

2. 巴彦繁缕 Stellaria bayanensis L. Q. Zhao et Y. Z. Zhao in Key Vasc. Pl. Inn. Mongol. 61. 2014.

3. 阴山繁缕 Stellaria yinshanensis L. Q. Zhao et Y. Z. Zhao in Key Vasc. Pl. Inn. Mongol. 61. 2014.

4. 龙首山女娄菜 Melandrium longshoushanicum L. Q. Zhao et Y. Z. Zhao in Key Vasc. Pl. Inn. Mongol. 64. 2014.

5. 长果女娄菜 Melandrium longicarpum Y. Z. Zhao et Z. Y. Chu in Class. Fl. Ecol. Geogr. Distr. Vasc. Pl. Inn. Mongol. 142. t.1. 2012.

6. 紫红花麦瓶草 Silene jiningensis Y. Z. Zhao et Z. Y. Chu in Class. Fl. Ecol. Geogr. Distr. Vasc. Pl. Inn. Mongol. 145. t.2. 2012.

7. 狼山麦瓶草 Silene langshanensis L. Q. Zhao ,Y. Z. Zhao et Z. M. Xin in Ann Boc. Fenn. 53(1-2):37-39. 2016.

8. 呼伦白头翁 Pulsatilla hulunensis (L. Q. Zhao) L. Q. Zhao et Y. Z. Zhao in Key Vasc. Pl. Inn. Mongol. 74. 2014.

9. 针喙芥 Acirostrum alaschanicum (Maxim.) Y. Z. Zhao in Class. Fl. Ecol. Geogr. Distr. Vasc. Pl. Inn. Mongol. 216. 2012.

10. 沙地绣线菊 Spiraea arenaria Y. Z. Zhao et T. J. Wang in Bull. Bot. Res. Harbin 20(4): 361. f.1. 2000.

11. 阿拉善绣线菊 Spiraea alaschanica Y. Z. Zhao et T. J. Wang in Bull. Bot. Res. Harbin 20(4): 362. f.2. 2000.

12. 龙首山蔷薇 Rosa longshoushanica L. Q. Zhao et Y. Z. Zhao in Ann Boc. Fenn. 53(1-2):103-105. 2016.

13. 卷叶锦鸡儿 Caragana ordosica Y. Z. Zhao, Zong Y. Zhu et L. Q. Zhao in Bull. Bot. Res. Harbin 25(4): 385. 2005.

14. 中戈壁黄芪 Astragalus centrali–gobicus Z. Y. Chu et Y. Z. Zhao in Act. Sci. Nat. Univ. Intramongol. 14(4):447. f.1. 1983.

15. 北蒙古黄芪 Astragalus borealimongolicus Y. Z. Zhao in Bull. Bot. Res. Harbin 26(5): 536. 2006.

16. 哈拉乌黄芪 Astragalus halawuensis Y. Z. Zhao et L. Q. Zhao in Class. Fl. Ecol. Geogr. Distr. Vasc. Pl. Inn. Mongol. 294. 2012.

17. 乌兰察布黄芪 Astragulus wulanchabuensis L. Q. Zhao et Z. Y. Zhao in Fl. Intramongol. ed. 3, 3: 108. 2018.

18. 内蒙古棘豆 Oxytropis neimonggolica C. W. Chang et Y. Z. Zhao in Act. Phtotax. Sin. 19(4):523. f.1. 1981.

19. 四子王棘豆 Oxytropis siziwangensis Y. Z. Zhao et Zong Y. Zhu in Act. Sci. Nat. Univ. Intramongol. 26(6):721. f.1. 1995.

20. 大青山棘豆 Oxytropis daqingshanica Y. Z. Zhao et Zong Y. Zhu in Act. Sci. Nat. Univ. Intramongol. 27(1):83. f.1. 1996.

21. 蒙古鼠李 Rhamnus mongolica Y. Z. Zhao et L. Q. Zhao in Novon 16(1):158. 2006.

22. 鄂尔多斯半日花 Helianthemum ordosicum Y. Z. Zhao, Zong. Y. Zhu et R. Cao in Act. Phytotax. Sin. 38(3):294. f.1. 2000.

23. 狼山西风芹 Seseli langshanense Y. Z. Zhao et Y. C. Ma in Act. Sci. Nat. Univ. Intramongol. 22(3):407. f.1. 1991.

24. 贺兰芹 Helania radialipetala L. Q. Zhao et Y. Z. Zhao in Fl. Intramongol. ed. 3, 3: 424. 2018.

25. 红纹腺鳞草 Anagallidium rubrostriatum Y. Z. Zhao, Zong Y. Zhu et L. Q. Zhao in Act. Phytotax. Sin. 41(1):83. f.1. 2004.

26. 阿拉善喉毛花 Comastoma alashanicum Y. Z. Zhao et Z. Y. Chu in Key Vasc. Pl. Inn. Mongol. 186. 2014.

27. 二裂沙参 Adenophora biloba Y. Z. Zhao in Ann. Bot. Fenn. 41(5):381. f.1. 2004.

28. 大青山沙参 Adenophora daqingshanica Y. Z. Zhao et L. Q. Zhao in Class. Fl. Ecol. Geogr. Distr. Vasc. Pl. Inn. Mongol. 500. 2012.

29. 库伦沙参 Adenophora kulunensis Y. Z. Zhao in Act. Phytotax. Sin. 44(5):614. 2006.——坛盘沙参 *A. urceolata* Y. Z. Zhao in Ann. Bot. Fenn. 39(4):335. f.1. 2002. nom. delendum.

30. 锡林鬼针草 Bidens xilinensis Y. Z. Zhao et L. Q. Zhao in Class. Fl. Ecol. Geogr. Distr. Vasc. Pl. Inn. Mongol. 525. 2012.

31. 罕乌拉蒿 Artemisia hanwulaensis Y. Z. Zhao in Class. Fl. Ecol. Geogr. Distr. Vasc. Pl. Inn. Mongol. 548. 2012.

32. 桌子山菊 Chrysanthemum zhuozishanense L. Q. Zhao et J. Yang in Novon 23(2):255. f.1. 2014.

33. 鄂尔多斯黄鹌菜 Youngia ordosica Y. Z. Zhao et L. Ma in Bull. Bot. Res. Harbin 23(3): 261. f.1. 2003.

34. 南寺黄鹌菜 Youngia nansiensis Y. Z. Zhao et L. Ma in Bull. Bot. Res. Harbin 24(2): 45. f.1. 2003.

35. 阴山薹草 Carex yinshanica Y. Z. Zhao in Class. Fl. Ecol. Geogr. Distr. Vasc. Pl. Inn. Mongol. 703. 2012.

36. 阿尔巴斯针茅 Stipa albasiensis L. Q. Zhao et K. Guo in Ann. Bot. Fenn. 48:522. f.1. 2011.

37. 和林薹草 Carex helingeeriensis L. Q. Zhao et J. Yang in Ann. Bot. Fenn. 50(1-2):32-34. f.1. 2013.

38. 阿拉善顶冰花 Gagea alashanica Y. Z. Zhao et L. Q. Zhao in Act. Phytotax. Sin. 41(4):393. f.1. 2003.

39. 顶冰花 Gagea chinensis Y. Z. Zhao et L. Q. Zhao in Ann. Bot. Fenn. 41(4):297. f.1. 2004.

40. 大青山顶冰花 Gagea daqingshanensis L. Q. Zhao et J. Yang in Ann. Bot. Fenn. 41(3):223. f.1. 2006.

41. 乌拉特葱 Allium wulateicum Y. Z. Zhao et Geming in Class. Fl. Ecol. Geogr. Distr. Vasc. Pl. Inn. Mongol. 725. 2012.

42. 蒙古郁金香 Tulipa mongolica Y. Z. Zhao in Novon 13(2):277. f.1. 2003.

43. 棕花杓兰 Cypripedium yinshanicum Y. C. Ma et Y. Z. Zhao in Class. Fl. Ecol. Geogr. Distr. Vasc. Pl. Inn. Mongol. 749. 2012.

新种组合 20 个：

1. 小花草玉梅 Anemone flore–minore (Maxim.) Y. Z. Zhao in Class. Fl. Ecol. Geogr. Distr. Vasc. Pl. Inn. Mongol. 162. 2012.

2. 银露梅 Pentaphylloides glabra (Lodd.) Y. Z. Zhao in Key High. Pl. Daqing Mount. Inn. Mongol. 80. 2005; Class. Fl. Ecol. Geogr. Distr. Vasc. Pl. Inn. Mongol. 256. 2012.

3. 窄叶锦鸡儿 Caragana angustissima (C. K. Schneid.) Y. Z. Zhao in Vasc. Pl. Plat. Ordos 35. 2006; Class. Fl. Ecol. Geogr. Distr. Vasc. Pl. Inn. Mongol. 301. 2012.

4. 达茂棘豆（陀螺棘豆）Oxytropis turbinata (H. C. Fu) Y. Z. Zhao et L. Q. Zhao in Fl. Intramongol. ed. 3, 3: 51. 2018.

5. 短萼肋柱花 Lomatogonium floribundum (Franch.) Y. Z. Zhao in Bull. Bot. Res. Harbin 24(1): 8. 2004.

6. 宽叶扁蕾 Gentianopsis ovatodeltoidea (Burk.) Y. Z. Zhao in Class. Fl. Ecol. Geogr. Distr. Vasc. Pl. Inn. Mongol. 406. 2012.

7. 尖叶喉毛花 Comastoma acutum (Michx.) Y. Z. Zhao et X. Zhang in Forestry Studies China 9(2):149. 2007.

8. 锡林穗花 Pseudolysimachion xilinense (Y. Z. Zhao) Y. Z. Zhao in Class. Fl. Ecol. Geogr. Distr. Vasc. Pl. Inn. Mongol. 467. 2012.

9. 水 蔓 菁 Pseudolysimachion dilatatum (Nakai et Kitag.) Y. Z. Zhao in Class. Fl. Ecol. Geogr. Distr. Vasc. Pl. Inn. Mongol. 467. 2012.

10. 阴山马先蒿 Pedicularis yinshanensis (Zong Y. Zhu et Y. Z. Zhao) Y. Z. Zhao in Key High. Pl. Daqing Mount. Inn. Mongol. 128. 2005; Class. Fl. Ecol. Geogr. Distr. Vasc. Pl. Inn. Mongol. 464. 2012.——*P. longiflora* Rudolph var. *yinshanensis* Z. Y. Zhu et Y. Z. Zhao in Act. Sci. Nat. Univ. Intramongol. 19(1):175. f.1. 1988.

11. 卵叶革苞菊 Tugarinovia ovatifolia (Ling et Y. C. Ma) Y. Z. Zhao in Act. Bot. Bor.-Occid. Sin. 20(5).875. 2000.

12. 直苞风毛菊 Saussurea ortholepis (Hand-.Mazz.) Y. Z. Zhao et L. Q. Zhao in Key Pl. Inn. Mongol. 270. 2014.

13. 碗苞麻花头 Klasea chanetii (Levl.) Y. Z. Zhao in Class. Fl. Ecol. Geogr. Distr. Vasc. Pl. Inn. Mongol. 581. 2012.

14. 阿拉善拟鹅观草 Pseudoroegneria alashanica (Keng) Y. Z. Zhao in Key High. Pl. Daqing Mount. Inn. Mongol. 165. 2005.

15. 华 北 赖 草 Leymus humilis (S. L. Chen et H. L. Yang) Y. Z. Zhao in Class. Fl. Ecol. Geogr. Distr. Vasc. Pl. Inn. Mongol. 647. 2012.

16. 狼山针茅 Stipa langshanica (Y. Z. Zhao) Y. Z. Zhao in Act. Sci. Nat. Univ. Intramongol. 27(2): 211. 1996.——*S. glareosa* P. Smirn. var. *langshanica* Y. Z. Zhao in Act. Sci. Nat. Univ. Intramongol. 23(4): 546. f.1. 1992.

17. 乌拉特针茅 Stipa wulateica (Y. Z. Zhao) Y. Z. Zhao in Act. Sci. Nat. Univ. Intramongol. 27(2): 211. 1996.——*S. gobica* Roshev. var. *wulateica* Y. Z. Zhao in Act. Sci. Nat. Univ. Intramongol. 23(4): 546. f.2. 1992.

18. 蒙 古 羊 茅 Festuca mongolica (S. R. Liu et Y. C. Ma) Y. Z. Zhao in Class. Fl. Ecol. Geogr. Distr. Vasc. Pl. Inn. Mongol. 581. 2012.

19. 多叶早熟禾 Poa erikssonii (Melderis) Y. Z. Zhao in Class. Fl. Ecol. Geogr. Distr. Vasc. Pl. Inn. Mongol. 629. 2012.

20. 中华落芒草 Piptatherum helanshanense L. Q. Zhao et Y. Z. Zhao. in Fl. Intramongol. ed.3, 6:203. 2018.

新变种 7 个：

1. 宽芹叶铁线莲 Clematis aethusifolia Turcz. var. **pratensis** Y. Z. Zhao in Class. Fl. Ecol. Geogr. Distr. Vasc. Pl. Inn. Mongol. 178. 2012.

2. 光果砂珍棘豆 Oxytropis racemosa Turcz. var. **glabricarpa** Y. Z. Zhao in Class. Fl. Ecol. Geogr. Distr. Vasc. Pl. Inn. Mongol. 285. 2012.

3. 戈 壁 岩 黄 芪 Hedysarum fruticosum Pall. var. **gobicum** Y. Z. Zhao et al. in Act. Sci. Nat. Univ. Intramongol. 27(5):681. 1996.≡ 山竹子 **Corethrodendron fruticosum** (Pall.) B. H. Choi et Ohashi in Taxon 52:573. 2003.

4. 橙黄肋柱花 Lomatogonium rotatum (L.) Fries ex Nyman var. **aurantiacum** Y. Z. Zhao in Bull. Bot. Res. Harbin 24(1):8. 2004.

5. 狭叶北方沙参 Adenophora borealis D. Y. Hong et Y. Z. Zhao var. **linearifolia** Y. Z. Zhao in Class. Fl. Ecol. Geogr. Distr. Vasc. Pl. Inn. Mongol. 500. 2012.

6. 狭叶雾灵沙参 Adenophora wulingshanica D. Y. Hong var. **angustifolia** Y. Z. Zhao in Class. Fl. Ecol. Geogr. Distr. Vasc. Pl. Inn. Mongol. 501. 2012.

7. 毛稃沙芦草 Agropyron mongolicum Keng var. **helinicum** L. Q. Zhao et J. Yang in Bull. Bot. Res. Harbin 26(3):260. 2004.

新变种组合 6 个：

1.囊苞北冰藜 Atriplex laevis C. A. Mey. var. **saccata** (H. C. Fu et Z. Y. Chu) Y. Z. Zhao in Class. Fl. Ecol. Geogr. Distr.

Vasc. Pl. Inn. Mongol. 120. 2012.

2. 无刺刺藜 Dysphania aristata (L.) Mosyakin et Clemants var. **inermis** (W. Z. Di) Y. Z. Zhao in Class. Fl. Ecol. Geogr. Distr. Vasc. Pl. Inn. Mongol. 124. 2012.≡矮藜 **Chenopodium minimum** W. Wang et P. Y. Fu in Fl. Pl. Herb. Chin. Bor.-Orient. 2:98,111. 1959.

3. 兴安费菜 Phedimus aizoon (L.) 't. Hart. var. **hsinganicus** (Y. C. Chu ex S. H. Fu et Y. H. Huang) Y. Z. Zhao in Class. Fl. Ecol. Geogr. Distr. Vasc. Pl. Inn. Mongol. 227. 2012.

4. 华西银露梅 Pentaphylloides glabra (Lodd.) Y. Z. Zhao var. **mandshurica** (Maxim.) Y. Z. Zhao in Key High. Pl. Daqing Mount. Inn. Mongol. 80. 2005; Class. Fl. Ecol. Geogr. Distr. Vasc. Pl. Inn. Mongol. 256. 2012.

5. 毛果拟蚕豆岩黄芪 Hedysarum vicioides Turcz. var. **alaschanicum** (B. Fedtsch.) Y. Z. Zhao et al. in Act. Sci. Nat. Univ. Intramongol. 27(5):673. 1996.

6. 羊柴 Corethrodendron fruticosum (Pall.) B. H. Choi et H. Ohashi var. **lignosum** (Trautv.) Y. Z. Zhao in Class. Fl. Ecol. Geogr. Distr. Vasc. Pl. Inn. Mongol. 317. 2012.

自 18 世纪 30 年代 D. G. Messerschnidt 在内蒙古呼伦贝尔第一次采集植物标本以来，内蒙古植物区系研究的历史已有 300 多年了。本章较详细记述了内蒙古植物区系研究的历史，也介绍了很多研究者，其中外国人有 80 多人、中国人有 100 多人。此外，这 300 多年间，还有由我国政府部门组织的涉及内蒙古的采集队或考察队共 20 余个，参与人数有数千人之多。

列举这些人数是衷心地希望后来的植物学工作者能继续深入地开展工作，用现代化的研究手段和方法，把植物区系研究推向一个更高的阶段，为祖国边疆少数民族地区的科学事业做出更大的贡献。

内蒙古植物区系概述

一、植物区系的地理环境

内蒙古处于亚洲大陆中部偏东的位置，属于北半球的中纬度地区，北纬 37° 30′～53° 20′，东经 97° 10′～126° 02′，其中绝大部分处在北纬 40°～50° 之间，东西距离约 3000 公里，南北跨度约 1700 公里，平均宽约 400 公里，总面积 118.3 万平方公里。

内蒙古地处蒙古高原东南部。它的东部是大兴安岭山地，与嫩江平原、辽河平原相接；东南一隅延及冀北山地的北麓，隔山与华北平原相望；南部的鄂尔多斯高原和晋陕宁甘的黄土高原连在一起；西部的阿拉善荒漠区与河西走廊以至新疆荒漠相接；北部与蒙古国的蒙古高原本部连成一体。

贯穿于内蒙古东部与中部的两大山脉——大兴安岭和阴山山脉是蒙古高原东南侧的弧形脊梁，它们是亚洲中部内陆流域和太平洋流域的基本分水界。蒙古高原本部是一个四面远离海洋、边缘有山地环绕的典型内陆地区。内蒙古东部与南部的外流地区属于太平洋流域，但是由于它的地理位置和外缘山地的屏障作用，故而也具有内陆腹地的自然特征。内蒙古以东有小兴安岭与长白山的阻挡，东南面有燕山山地与沿海地区相隔，由此往西有太行山脉与吕梁山脉影响东南海洋季风，西南部被祁连山脉及青藏高原所阻隔，故而极大地削弱了海洋季风对内蒙古的影响，使得内蒙古成为亚洲大陆半干旱与干旱地区的一部分，成为以草原和荒漠为主体的景观生态区域。内蒙古由东向西从中温带湿润区、半湿润区过渡到半干旱区、干旱区以至极干旱区，并相应地发育了寒温性针叶林植被、温带夏绿阔叶林植被、温带草原植被和温带荒漠植被。下面分别对内蒙古地理环境的历史演变、地貌条件、气候条件、土壤条件与景观生态分区等作简要说明。

（一）古地理环境的变迁

我国北方的陆地环境是历经漫长的沧桑巨变形成的，最早是围绕太古代早期的"鄂尔多斯陆核""冀北—辽东陆核"以及黄河与淮河之间的"黄淮陆核"出现的，经过长期的陆壳发展，至早元古代末期形成了华北古陆的稳固基底，到晚元古代全部固结而形成了巨大的地台（王鸿桢）。华北古陆的北缘，即阴山地区以北是浩荡的海域，构成了兴（安）蒙（古）海槽，使华北陆区与西伯利亚大陆相隔。内蒙古的鄂尔多斯陆台、狼山、阴山至燕山地区，自元古代五台运动奠定了地台基础以后，即便又受构造运动的影响，使岩浆侵入、岩性变质，并接受侵蚀夷平、断陷或抬升，但仍保持着陆地面貌。直到古生代，在海西运动的造山作用下，褶皱隆起成山，并接受侵蚀、夷平与陆相堆积，内蒙古阴山南北均没有了海洋环境。由此可见，陆地环境受外力的作用可能始于古生代晚期，而从太古代到早古生代，陆地虽已形成，但地表不存在生物。

进入寒武纪，海面又复扩大，华北陆台的大部分被浅海淹没，至奥陶纪时海浸达到极盛，华北陆区除东胜古陆、阴山、燕山等岛群散落相望以外，原来的大部分陆地均成为陆表海，这是我国北方陆地史上海浸规模最大的时期，为海洋生物的繁衍创造了条件。到志留纪末期，伴随着加里东运动发生了大规模的海退，陆地面积逐渐扩大，海洋生物的若干类群占领了滨海以至河口的半淡水生境，滨海低地沼泽中出现原始裸蕨类植物，为生物登陆准备了条件。

晚古生代期间，全球性陆地环境又发生了很大变化。北方各陆台经过加里东运动联结成 Larasia 大陆，并与南方的 Gondwana 大陆慢慢会合而形成单一的联合古陆 Pangaea，这是我国陆地环境演变的大背景。泥盆纪晚期又发生广泛的浅海海浸，二叠纪时出现海退，兴蒙海槽北部出现额尔古纳古陆盆地。古生代末期，在海西运动的作用下，天山—兴安岭海槽褶皱隆起形成一系列内陆盆地，华北—塔里木古陆与蒙古—西伯利亚古陆对接拼合，我国境内大别山—秦岭—柴达木—塔里木一线以北形成统一的大陆，华北广大陆区北缘形成阴山高地，由北向南地势降低。华北北缘从大青山至太子河流域一带的高地，在粗砂岩和砾岩中含煤性良好，未见海相夹层；在大同、京西等拗陷盆地中均出现了厚煤层，表明其陆生植物生长已十分旺盛。石炭纪至二叠纪早期，西起新疆准噶尔盆地，经内蒙古北部直至松辽古陆这片地区属于安加拉植物区，植物以草木贡蕨和种子蕨为主，木本植物以匙叶（Neoggerathiopsis）为代表，均属于温带植物类型。安加拉植物区以天山—兴安岭大地槽为南界，由此往南，从我国华北盆地进入湿热气候环境的植物区，该植物区的植物以高大的石松、节蕨、科达类为特征，逐渐发展演变为华夏植物群，到二叠纪晚期，松柏类和苏铁类植物大量繁生，裸子植物渐渐占据主导地位。

晚古生代逐渐拼成的联合古陆在三叠纪之末趋向于解体，随着大陆的分裂，大西洋、印度洋的扩展与太平洋的挤压缩小，到中生代末期形成了接近现代海陆分布的新格局。在整个中生代期间，全球气候比较温暖湿润，为陆生生物的繁衍和急剧进化创造了条件，蕨类植物逐渐衰落，进入了裸子植物繁盛的时代。到白垩纪中期，植物王国中出现了相当数量的被子植物，并且乔木、灌木、草本等多种生活型植物广泛适应气候的变化；至白垩纪末，被子植物已遍及各大陆，逐渐成为植物界的主宰。

内蒙古的大地在中生代时期基本上是被侵蚀夷平的地区。鄂尔多斯盆地沉积有厚度不同的白垩系或侏罗系陆相沉积物，岩层以砾岩、砂岩为主，并形成煤层或油页岩等。锡林郭勒与呼伦贝尔盆地也属沉积区。阴山、燕山与兴安岭高地为侵蚀区，在印支运动与燕山运动过程中，有不同程度的岩浆侵入，中性岩浆喷发，断裂抬升，岩层深度变质，构造变动剧烈，隆起为古阴山与古兴安岭，为形成现代阴山山地与兴安岭山地奠定了基础。燕山运动的强烈造山作用对内蒙古的地势轮廓产生了全面的深刻的影响，鄂尔多斯盆地等沉积区也都逐渐被填满而转变为高地。

中生代时期，内蒙古的气候虽然也有干湿程度的历史性波动，但基本上是湿润温暖气候，属于暖温带、亚热带气候区。因此植物相当繁茂，裸子植物占优势，蕨类植物已见衰落，银杏类、松科、罗汉松科和海金沙科植物在侏罗纪和白垩纪早期特别发达，这些植物类群所组成的森林植被成为当时的主要景观特征，也是成煤的主要有机物质。在这个重要的成煤期，鄂尔多斯市、大同市、锡林郭勒盟、赤峰市、呼伦贝尔市都形成了含煤层。

新生代是大陆漂移、海洋扩张继续发展、岩石圈构造发生巨大变动的时期，海陆分布及地形都逐渐接近于现代面貌，气候变化的总趋势是向温凉转变，生物界的演化已进入了哺乳动物和被子植物繁盛的时代。新生代的喜马拉雅运动对欧亚大陆的地理环境造成了极大的影响，我国的地形格局和气候环流大势也发生了根本变化。内蒙古地区受喜马拉雅运动的影响，在燕山运动构造线的基础上，阴山山地及其以北地区发生程度不同的上升，而阴山南麓沿东西方向断裂下陷形成深厚的沉积；大青山东端的乌兰哈达、辉腾梁、集宁区及岱海地区，锡林郭勒盟阿巴嘎旗均有较大范围的玄武岩喷发，形成了高度不等的熔岩台地。喜马拉雅运动不仅在地质构造与地势的变化上逐渐塑造了今日的内蒙古地貌，而且对其气候演变也产生了深刻的影响。

内蒙古地理环境变迁的综合过程可概括为三个时期。

1. 森林化时期

内蒙古地区在中生代时期，气候温暖湿润，植物葱郁，森林繁茂；在中生代后期、晚白垩世时期，气候趋于旱化，但仍然比较温暖。据二连浩特市、四子王旗脑木根等地晚白垩世马斯特里赫特期孢粉组合表明，当时这里的平原已形成常绿阔叶林和针阔混交林，山地植被仍为针叶林，低洼湖滨已有沼泽植物。主要裸子植物为松科、罗汉松科、杉科等，被子植物已有杨柳科、杨梅科、胡桃科、桦木科、壳斗科、榆科、山龙眼科、漆树科、忍冬科、豆科等，此外还有蕨类植物的石松科、紫萁科、莎草蕨科等。

进入新生代，即第三纪的古新世、始新世，我国西部地区仍被特提斯海占据，四周的暖洋流对内蒙古气候有强烈影响，植被为暖温带、亚热带的阔叶针叶林，还有不少常绿阔叶树。山地针叶林的植物有红杉、水杉、柳杉、雪松、油杉、铁杉、银杏等；丘陵与平原的主要森林植物有水青冈、山毛榉、桦、榆、胡桃、山核桃、杨梅、杜鹃、黄杨、黄杞、枫香等，林下常有蕨类植物如紫萁等，但缺乏草本被子植物。到了渐新世，气温进一步降低，森林植物以适应较寒冷气候的云杉、山核桃、栗、榆等为主，常绿植物已趋于消失，森林植被已向温带落叶阔叶林演变。

上述森林化时期，从中生代延续到新生代的早第三纪，是地理环境相对稳定的时期。由于气候温暖湿润，森林分布广泛，木本植物占主导地位，生物物质积累作用强烈，土壤发育良好，腐殖质含量丰富，所以土壤肥沃。而且，由于雨量充沛，河流遍布，河谷宽而平坦，河水清澈，使得这一时期成为生物繁衍、物种演化的一个繁盛时期。

2. 草原化时期

渐新世以后，内蒙古经历了以草原化过程为主的时期。伴随着喜马拉雅运动，内蒙古广大地区逐渐抬升，特提斯海从我国西南部退出。海陆对比所造成的季风环流形势渐渐取代了原来的行星风系环流形势，我国的气候带逐渐出现了东西之间的梯度分异。内蒙古气候的大陆性也在加强，与我国东部区相比，干旱化程度增强，气温趋于下降，温差加大。所以晚第三纪的内蒙古气候产生了东西差异，东半部属于湿润暖温带，西半部属于干旱暖温带。内蒙古植被由针叶林及夏绿阔叶林向疏林草原与草原演变。在东部的针叶林中，杉科与银杏类减少，以松类树木为主；落叶阔叶林则以栎、桦、杨、榆、柳等属的落叶树种为主，其叶片为中等大小、薄叶型，叶缘多有齿，代表处于温带中生环境。这时，植物群落的组成比早第三纪更为复杂，被子植物进一步发展，尤其是草本植物在演化中对气候变迁表现出良好的适应性和可塑性，种类数量逐渐增多，以至在内蒙古中、西部地区成为群落的主要成分。藜科、蓼科、伞形科、禾本科的种类数量众多，菊科的蒿属大为繁盛，车前科、灯心草科、蕃菜科也在中新世出现。古老的蕨类植物、裸子植物及原始类型的被子植物急剧衰减。禾本科的针茅属植物在渐新世出现，在晚第三纪有所发展，以至成为草原植物群的优胜者，故而有针茅属植物参与所构成的草原景观在中新世就已经形成了。在内蒙古南部与华北山地丘陵相邻地区，晚第三纪时已形成草原与森林的交错地带，据凉城地区上新世孢粉组合和化石可知，这里的针叶乔木主要是云杉、冷杉，阔叶树为桦、栎、榆、赤杨等，这是组成针阔叶混交林的主要成分；草本植物则主要是禾本科、蒿类与藜科植物等草原成分。

动物界在第三纪的演化发展也很明显，特别是陆上哺乳动物的进化尤为突出，从古新世时期即进入了哺乳动物的时代，到始新世晚期，哺乳类动物的科数增加了近一倍。渐新世开始，随着气候地带的差异，哺乳动物类群与分布出现了地带间的不同组合，这是气候、地形等环境条件的变化对动物演化迁徙产生深刻影响的结果。当时，奇蹄目、偶蹄目、啮齿目、兔形目和食肉目的种类已有不少分化繁衍。在内蒙古地区，因气候带的分异，为适应草原化地理环境的变化，动物类群也表现出明显的草原特征。例如在内蒙古集宁区、准格尔旗等地均发现了三趾马、中华马、长颈鹿、包氏轭齿象、布氏羚羊、双叉付鹿等食草兽类，它们属于中上新世"蓬蒂期三趾马动物群"；草原小型食草类动物，如联合翼兔、德氏黎明鼠、开端仿田鼠、葛氏脊齿跳鼠、假沙鼠、徽氏东方鼠、艾氏原鼢鼠等化石在中晚上新世地层亦有不少发现，它们属于"二登图动物群"。在内蒙古二连浩特市一带，发现有同时期的丽蚌等瓣鳃类化石，表明在广阔草原的低洼处有湖盆分布，其周围有沼泽与草甸。上述古动物类群的发现也充分反映了晚第三纪内蒙古草原化环境演变的进程。

上新世末至第四纪初，喜马拉雅运动断块式抬升作用使青藏高原大面积隆起，大气环流格局又有变化，季风气候更为明显。内蒙古的气候进一步向干旱冷凉转变，草原景观也有所扩展。沉寂的大地也活跃起来，基性玄武岩进一步喷发，在原来的构造基础上火山、断裂、沉陷与抬升更广泛地发生，地面侵蚀、剥蚀作用也大范围地出现。到早更新世，阴山以北基本上是半干旱草原气候，阴山以南略为湿润，内蒙古地区植被类型由疏林草原向草原转变，东南地区则为森林草原。同时，内蒙古地区的地表风化壳中已有明显的碳酸钙与石膏淀积，为草原植物旱生化适应与草原特征植物生态型的出现准备了条件。

3.荒漠化时期

第四纪虽然历时不过 300 万年，但却使环境演变和生物发展发生了巨大的飞跃。首先，地壳的升降运动与板块的水平运动都十分活跃，其中以喜马拉雅运动大幅度整体断块隆起为特征，形成了气势雄伟的青藏高原。青藏高原以东的黄土高原与蒙古高原也都属于整体抬升的新构造运动区，这两个高原之间的阴山山地也做断裂抬升，在第四纪期间抬升高度 500 ～ 1000 米。由于青藏高原及其高耸山系的隆升阻挡了印度洋湿润气流北上，迫使干冷的西伯利亚冬季风转向东南与太平洋进行热交换，从而愈加强化了东亚季风环流。第四季冰期的到来，特别是中更新世以后的冰期，其规模和深刻程度都是空前的，气温发生多次波动，但是总的趋势是逐渐变冷。这一现象导致地球水体不断增加固结，海洋面下降，我国海岸线东移，大陆腹地离海洋愈来愈远，至此，内蒙古及我国西北地区深居内陆。由于处在西伯利亚高压侵入的前沿，所以从第四纪以来，尤其是早更新世末期以后，内蒙古进入了以荒漠化为总趋势的环境演变时期。

中更新世初期虽然气候转暖一些，但受二次冰期（相当于民德冰期、里斯冰期）的深刻影响，气候干寒，内蒙古中西部的植被演变为以荒漠草原与荒漠为主，主要植物科属为蒿属、藜科、禾本科、蒺藜科、麻黄科。

晚更新世前期为间冰期（相当于里斯—玉木间冰期），气候转湿暖，低洼处的河湖相沉积物又有广泛分布，以砂砾石为主，"西脑包砂砾组"即为此时的产物。自然景观又向草原和荒漠草原恢复，在山地上部阴坡又有云杉、冷杉、松等为主要成分的森林。

晚更新世后期经历了第四纪以来最后一次大范围的冰期——玉木冰期。由于气候寒冷，海水又被大量固结在两极及大陆山地，海洋退缩，大陆海岸线向深海推移，海平面下降到低于现今 120 ～ 160 米。内蒙古距离海洋更远，东南季风难于抵达，冬、春季受西伯利亚高压控制，气候干旱而寒冷。因此，这一时期又经历了范围空前广大、程度很深的荒漠化过程，这是内蒙古荒漠化时期最突出的阶段。当时一月平均气温为 -25℃～ -35℃，比现代同期要低 12℃～ 15℃；七月平均气温为 13℃～ 20℃，比现代同期气温要低 2℃～ 9℃；年平均气温在 0℃ 以下，最北部可达 -10℃左右。年降水为 50～ 150 毫米，仅相当于现代内蒙古平均降水量的 30%～ 40%。可见，处在冰期的晚更新世气候完全属于典型荒漠气候，其降水量虽与现代阿拉善地区大体相当，但热量却低于现代的阿拉善地区。因此，景观特征更为荒凉，地面裸露，物理风化强烈，风蚀作用显著。阴山南北最早的一些风积沙地主要形成于本时期，而沙漠外围黄土分布区的马兰黄土也是荒漠化时期的"附产品"。在内蒙古最北部地区，晚更新世后期气温更低，接近北方冻土带，出现永冻现象，地面流水作用基本停止，完全为干燥剥蚀作用所代替，地面细物质被吹扬风蚀，基岩裸露，沙丘四起，如浑善达克沙地。由于晚更新世后期黄河水位下降，早期沉积的冲积——湖积物被强劲的西北风搬运，形成沿黄河走向分布的风积沙带，大体覆盖于黄河二、三级阶地之上，此即库布其沙漠的形成原因。鄂尔多斯南部毛乌素沙地沉积有深厚的河湖相沉积物，即所谓萨拉乌素系，其上层经吹蚀产生的物质是毛乌素沙地风积沙的主要来源。阴山南麓土默川一带，晚更新世早期河流还相当活跃，河网、湖泊、沼泽到处可见，但在后期随着气候条件的变迁也极大地干旱化了，土壤盐渍化也很明显。

晚更新世后期的内蒙古植被基本上以荒漠草原与荒漠为主，低洼处镶嵌有面积大小不等的盐生植被，主要成分为菊科蒿属、藜科猪毛菜属、碱蓬属、盐爪爪属、百合科葱属、豆科锦鸡儿属、禾本科针茅属、芦苇属、柽柳科、麻黄科等。在荒漠与荒漠草原上活动的动物主要有双峰驼、鸵鸟、布氏羚羊、野驴、盘羊、狼及穴居啮齿类动物。这些动物都能奔善跑，适应于干旱环境。

随着永久性冻土的逐渐消融、气温转暖，内蒙古中、东部降水增多，沙丘渐渐被固定，禾本科植物逐渐成为植被的主要组成成分，荒漠渐被草原代替，这意味着地质历史时期最后一次冰期的结束，并宣告了全新世的到来，现代草原景观在内蒙古中部的大地上广泛形成，开始了一个新的与人类生存更为密切的历史阶段。（本节主要参用汪久文教授的论文及提供的资料，特致谢忱）

（二）地貌条件

内蒙古的地貌是在上述漫长的自然历史演变过程中由内、外营力塑造形成的，大体以高平原地形为主体，约占内蒙古总面积的一半。在地质构造上主要受华夏系构造带和纬向构造带控制，西部受阿拉善弧形构造的制约，因而西起走廊北山（合黎山、龙首山）、贺兰山，向东与阴山山脉及大兴安岭相连结，构成内蒙古高原的外缘山地。它成为我国北方一条重要的自然界线，使各项自然要素呈东北—西南向的弧形带状分布，也影响着植物区系地理分布的格局。

大兴安岭、阴山山脉和北山山系所构成的隆起带以北是开阔坦荡的内蒙古高原，其海拔高度在 700～ 1400 米，地势由南向北、从西向东逐渐倾斜下降。在地貌结构上，大体由外缘山地逐渐向浑圆的低缓丘陵与高平原依次更替。丘陵区以古生代的结晶岩、变质岩以及中生代的花岗岩侵入体为主。广大的高平原主要由中生代和第三纪的砂岩、砂砾岩及泥岩组成，上覆较薄的第四纪沉积物。

内蒙古高原的东北部是呼伦贝尔高原地区，它由大兴安岭西麓的山前丘陵与高平原组成，以海拉尔台地为主体，海拔高度 600～ 800 米。山前丘陵地带广泛堆积着黄土状物质与冰水沉积物，植被与景观以森林草原为特色。高平原中部，地面波状起伏，广泛覆盖地带性草原植被。沉积物以厚度不等的沙层和沙砾层为主。局部的沙地上发育着樟子松疏林、灌丛与半灌木植被。

呼伦贝尔高原的地表水系比较发达，在几条较大的河流两侧都有发育良好的河岸沼泽、河滩灌丛与草甸。呼伦湖和贝尔湖是高平原的低洼中心，其周围有盐化低地的分布，形成各类草甸植被。

内蒙古高原中段的锡林郭勒高原位于呼伦贝尔高原以南，也是一个广大的草原地区，海拔900～1300米。它的北面、东面和南面均有丘陵或低山隆起，但地形切割不甚剧烈。区内也有一些不大的内陆河流和洼地，分布着各种草甸植被。这一高原区的东半部以乌拉盖河为中心，形成乌珠穆沁盆地，中部有阿巴嘎熔岩台地，南部是面积相当广阔的浑善达克沙地。沙区内缺乏地带性植被的分布，榆树疏林、各类灌丛、草甸和沙蒿群落等都十分发达。

锡林郭勒高原往西，则进入阴山山脉以北的乌兰察布高原区，海拔1000～1500米，其南部是阴山北麓的山前丘陵，丘陵以北是地势平缓的凹陷地带，海拔1400米左右，这里农业比较发达。凹陷带以北又有一横贯东西的石质丘陵隆起带，海拔1500～1600米，剥蚀比较强烈。由此往北进入逐级下降的层状高平原地区，这里地形平坦，地幅广阔，海拔1000～1300米，地面组成物质主要是第三纪的泥质、沙砾质岩层，形成了荒漠草原占优势的自然景观。层状高平原上还分布着一些干河道和湖盆洼地，是盐化草甸和盐生植被占优势的生境。

内蒙古高原的西部是阿拉善高原区，它基本上是一个干燥剥蚀平原地区，海拔1000～1500米。这里是亚洲荒漠区的最东部。它的四周被阿尔泰山、狼山、贺兰山、龙首山、合黎山与马鬃山等山地所围绕。区内还有一些老年期的干燥剥蚀丘陵和低山，相对高度100～500米，如雅布赖山高处海拔为2000米以上。由于这些低山、丘陵的伸展分布，把高平原分割成若干盆地。阿拉善高原区内沙层广泛覆盖，形成著名的巴丹吉林沙漠、腾格里沙漠和乌兰布和沙漠。沙漠之间还有大面积的沙砾质和砾石质戈壁。这些都是地带性荒漠植被分布的地区。高原上还分布着许多盐湖和湖盆洼地，较大的有居延海、古龙乃湖、吉兰太盐池等，它们都是盐生荒漠与盐生植被占优势的生境。

阴山山脉以南被黄河大湾所包围的鄂尔多斯高原，为一古老的陆台，海拔1100～1500米。基岩以中生代的疏松砂岩为主，地面覆盖大量的第四纪冲积物和风积物。高原的中部为剥蚀平原，并具有许多剥蚀残丘、沟谷和湖盆洼地等，使地形切割比较明显。高原西部的桌子山为一南北走向的断块山地，在构造上与贺兰山相连，海拔1600～2000米。高原的东部是流水侵蚀造成的地面切割十分破碎的黄土丘陵和基岩裸露区。鄂尔多斯的南部是较大面积的第四纪沙层所构成的毛乌素沙地。在黄河南岸，高原的北缘还有一条狭长的库布其沙带横贯东西。鄂尔多斯高原经受强烈剥蚀的长期作用，使典型的地带性植被不能充分发育，但适应于地表侵蚀和堆积作用的半灌木植被与沙地植被具有广泛的分布。

鄂尔多斯高原与阴山山脉之间的河套平原在构造上是一条东西走向的沉降盆地，海拔900～1100米。在盆地基础上普遍沉积了很厚的第四纪冲积湖积沙土、亚沙土、亚黏土和淤泥等，黄河两岸尚有小规模的风积沙层。阴山山脉南麓的冲积洪积扇裙形成了山前倾斜平原，在扇裙边缘，由于潜水溢出，故形成断续的沼泽化低地。因大青山沿着断裂带继续隆升，所以山谷内普遍发育着一至四级阶地。现代黄河也有轻微下切，在河漫滩以上形成高出河面10米左右的阶地。河套平原的上述地形条件，使地带性植被的分布仅限于山前倾斜平原及局部隆起的部位，而隐域性的盐生草甸及盐生植被则广泛发育。由于地下潜水水位较高，引黄河水灌溉较为便利，所以河套平原已成为灌溉农业地区，自然植被多被农田代替。

西辽河平原位于大兴安岭和冀北山地之间，是西辽河及其各支流的冲积平原。它西部狭窄，东部宽阔，略呈三角形，东西长270余公里，是我国东北松辽平原的一部分。地势西高（海拔

400 米左右）东低（海拔低于 250 米），北部和松嫩平原相接，东南与辽河平原相接。地貌上最显著的特点是沙层广泛覆盖，形成沙丘与丘间洼地相间排列的地形组合，当地群众泛称"坨甸地"。其中，沙丘多呈北西西—南东东走向的垄岗状，与本地区的主风向是一致的。沙丘之间形成低湿滩地、沼泽和小型盐湖。在沙丘上形成的植被有沙地疏林、沙生灌丛、沙蒿群落等，沙丘间的低湿地上则分布着草甸、沼泽等群落的生态系列；西辽河沿岸的冲积平原上，没有风成沙丘的大量堆积，主要的原生植被也是草甸与沼泽植被，目前已有广泛的开垦，农业比较发达。西辽河上游的老哈河流域还有黄土堆积形成的黄土丘陵，由于流水侵蚀较重，沟壑纵横，植被以虎榛子灌丛、白莲蒿群落及次生的本氏针茅草原群落为最常见。

大兴安岭山脉，从黑龙江右岸的漠河一带至西拉木伦河左岸，全长 1300～1400 公里，宽 150～300 公里，北段较南段宽广；海拔自北而南由 1000 米逐渐升高，到洮儿河上游附近可达 1500～1700 米，再向南又下降到 1000 米左右，继续往西南延伸到林东镇的西北部，山势骤升，最高峰达 1900 米，然后又逐渐下降，平均海拔一般保持在 1500 米左右。大兴安岭的主要分水岭是不连贯的，山脉的东坡和西坡也有明显的差异，由于第三纪后期的新构造运动使山岭西侧随蒙古高原抬升，总的坡降不大；山岭东侧则因松辽平原的下降，加之切割比较剧烈，所以东西两侧呈不对称的形态。随着山地高度的差异和坡向的不同，植被的分布有一定的垂直分带现象，山脉北段是兴安落叶松林为主的针叶林区，中、南段则为坐落在草原区的山地森林草原景观，大兴安岭东、西两麓的山前丘陵地带也是森林草原带的一部分，山地分水岭则成为松辽平原草原区和内蒙古高原草原区的界线。

阴山山脉屹立在内蒙古高原的南部边缘，包括若干东西走向的断裂山地。最西部的一段是狼山，海拔 1500～2200 米，南北宽度 20～30 公里；狼山以东为色尔腾山，海拔低于 1700 米；狼山的东南接着乌拉山，虽然山地较狭窄，但最高峰 2200 多米。阴山山脉的东段是大青山，由太古代片麻岩、石英岩及古生代的砂页岩、砾岩组成，高 2300 多米。阴山山脉的南、北两侧也是很不对称的，南坡面向陷落的河套平原及土默特平原，山地的相对高度为 1000 米以上，因而显示出巍峨的中山地貌；北坡则经过剥蚀的低山丘陵缓缓过渡，逐步下降到内蒙古高原上，相对高差只有 200～400 米，所以山地形态很不显著。阴山山地的东部，集宁区一带，为大片的玄武岩所覆盖，后经不同程度的侵蚀形成以台地为主并与丘陵盆地交错分布的地貌。阴山山脉作为内蒙古高原南缘隆起山地，其南坡主要形成了与华北植物种类成分相似的山地森林、灌丛及草原植被，北坡则以草原植被占优势。阴山山脉的分水岭在内蒙古高原草原区与黄土高原草原区之间，是一条天然界线。

贺兰山是阿拉善高原区东南边缘的隆起山地，呈南北走向。它是内蒙古海拔最高的山地，最高峰达 3556 米，相对高度 1500～2000 米，因此形成了比较完全的山地植被垂直带。上部有亚高山植被发育，在植被水平地带分异中，它的分水岭成为草原区与荒漠区的一段重要的天然界线。

内蒙古的地貌格局对气候环流和水、热的分配必然产生制约和影响，因而对生态多样性的分化和植物的分布也有重大影响，也是形成自然地带的十分重要的因素。

（三）气候条件

内蒙古处在亚洲中纬度的内陆地区，因此，气候具有明显的温带大陆性特点。漫长的冬季，全区均受蒙古高压的控制，从大陆中心向沿海移动的寒潮极为盛行；夏季则受到东南海洋湿热气团的一定影响。内蒙古外围有长白山、燕山、太行山、吕梁山等山系在东南面环绕，境内又有大兴安岭和阴山山脉阻隔，使海洋季风的影响由东南向西北渐趋削弱，所以内蒙古地区东南季风的作用不强，它所能影响的范围一般只能波及内蒙古高原的东部、南部，不能深入到高原的中心，狼山与贺兰山以西的地区则仍在大陆气团的控制之下。在海陆分布和地形条件的影响下，大气环流的上述特点使内蒙古各项气候因素形成了弧形气候带。气候带的这一特点对植物和土壤的分布都产生了明显的影响。

热量分布虽然与不同纬度的太阳辐射强度有关，但内蒙古地区受地形条件、地表组成物质和下垫面等因素的影响，其热量分布从东北向西南逐渐递增。内蒙古境内的南部边缘和西部地区已接近暖温带的热量指标：年平均温度 5℃～8℃，≥10℃ 的积温为 3000℃～3200℃。而最北部的呼伦贝尔市及大兴安岭地区，年平均温度多在 0℃ 以下（根河和图里河可达 -5℃），积温 1500℃～1800℃，达到了寒温带的指标。内蒙古中部的锡林郭勒高原地区，年均温 1℃～4℃，积温 1800℃～2400℃。往西到乌兰察布高原，年均温上升到 3℃～6℃，积温 2200℃～2600℃。进入西部的荒漠地区，热量更高，年均温为 6℃～9℃，积温 3000℃～3600℃。大兴安岭以东地区，也呈现由北向南热量递增的趋势，例如北部的尼尔基镇，年均温度约 1.4℃，积温约 2100℃；扎兰屯市年均温约 2.5℃，积温约 2300℃；保安沼农场年均温约 3.4℃，积温约 2500℃；高力板镇年均温约 5.5℃，积温约 2800℃；赤峰市红山区、宁城县一带年均温 7℃ 以上，积温超过 3000℃。

内蒙古处在内陆地区，所以气候的大陆性较强，一般在 70% 左右。冬季受蒙古高压的控制，气流来自北方，气温降低，又因南部山地的阻挡，近地面的冷空气长久停滞，所以冬季漫长而严寒。例如免渡河可达 -50℃，是全国最寒冷的地区之一，按照候均温 5℃ 以下为冬季的指标，该地区的冬季长达 5～7 个月。按候均温 20℃ 以上为夏季的指标来看，内蒙古西部地区的夏季可超过 3 个月，其余广大地区只有 1～2 个月。内蒙古气温的另一特点是春温骤升、秋温剧降。反映气候大陆度的年温差和日差温也都十分大，全年温差一般在 33℃～45℃ 之间，绝对高、低温差常达 50℃～70℃，日温差往往为 15℃ 上下。

日照丰富也是内蒙古气候条件的重要特点。各地全年日照总时数 2500～3400 小时，日照百分率为 55%～78%，是我国日照最丰富的地区之一。

大兴安岭北部及其东麓，年降水量在 400～500 毫米以上。西辽河流域、阴山南麓的山前平原和丘陵区、鄂尔多斯高原的东部等地区降水一般不少于 400 毫米。大兴安岭以西，呼伦贝尔—锡林郭勒高原和鄂尔多斯高原中部降水一般只有 300 毫米，由此往西，逐渐下降到 200～250 毫米。东阿拉善地区低于 150 毫米，西阿拉善地区全年只有几十毫米的降水量。

与同纬度的东北平原及华北地区相比，内蒙古的绝对湿度是较低的，它和降水量的分布一样，是从东南向西北逐步减少，而且全年最高值出现在夏季，最低值出现在冬季。大兴安岭山区相对湿度在 70% 以上，内蒙古高原的广大地区在 60% 以下，阿拉善荒漠地区普遍低于 40%。

蒸发量大大超过降水量是干旱、半干旱地区自然条件的一项重要特征。总的来说，内蒙古地区的蒸发量相当于年降水量的 3～5 倍，不少地区超过 10 倍，荒漠地区可达 15～20 倍以上，阿拉善的沙漠地区更高达 200 倍。内蒙古地区的蒸发量由东向西随温度增高而湿度减低、云量减少，日照则随之增强且递增，除大兴安岭地区年蒸发量少于 1200 毫米以外，大部分地区都在 1200～3000 毫米之间，最西部可达 4600 毫米。

多风也是内蒙古气候的重要特点。冬季、春季在蒙古高压控制下，大风尤为频繁。全年内风向的变化主要决定于冬、夏季风的变换，冬季盛行西北风，夏季多偏南和东南风。大部分地区年平均风速在 3 米 / 秒以上，也有些地区超过 4 米 / 秒。

气候因素是直接影响生物生存的能量和物质条件，其中因热量的差别与干湿程度的不同所形成的水热组合条件是主导因素。因此，生物地理分异大体上是与气候带的分布相吻合的。

（四）土壤条件

成土过程受许多因素制约，气候、地形、基岩、母质、生物地球化学以及水文条件等都对土壤的性质有重要的影响。

内蒙古在生物气候条件影响下形成的地带性土壤类型比较复杂，其中主要有黑土、黑钙土、栗钙土、棕钙土、灰钙土、黑垆土、灰漠土、灰棕荒漠土、褐土以及山地上发育的灰白色森林土、灰色森林土、灰棕壤、棕壤和灰褐土等。此外，在许多局部性的特殊环境中还有非地带性的草甸土、沼泽土、盐土以及沙土、披沙石土等。各类土壤形成了与内蒙古生物气候带大体一致的土壤带，即上述的地带性土类与非地带性土类所构成的土被组成。

黑土主要分布在大兴安岭北部及其东麓的山前丘陵平原地区，并与其他土类组合分布形成黑土带。黑土是在湿润、半湿润气候条件下与林间杂草类草甸植被相辅而成的，它的发育既有草甸过程（腐殖质积累和潜育化过程）的特点，又常表现出森林土壤成土过程（黏化和盐基淋溶过程）的某些特点。黑土腐殖质含量相当高，表层可达 5%～10%，C/N 在 10～14 之间，底部无碳酸盐聚积层；土壤呈微酸性，pH 值 5.6～6.6，而且通体比较均匀一致。从黑土的剖面形态差异来看，可将其分为深厚黑土、普通黑土、草甸黑土三个亚类。

黑钙土大面积地分布在大兴安岭西麓地区，形成了连续地带。它幅度不宽，集中在森林草原带的范围内，并与我国东北平原、蒙古国以及俄罗斯外贝加尔的黑钙土带连成一体。黑钙土带内，往往和阴坡上的森林土壤组成复合土被。黑钙土的土壤溶液呈中性反应，pH 值自土壤表面而下逐步提高，局部有碱化、盐化的特点。黑钙土腐殖质层深厚，颜色呈黑色、黑灰色或暗棕灰色，一般具有团粒结构，腐殖质含量高达 170～500 吨 / 公顷，表层含量 3.5%～12%，并有较厚的腐殖质过渡层。内蒙古地区常见有暗黑钙土、普通黑钙土、淡黑钙土、草甸黑钙土等亚类的分化。

栗钙土是最典型的草原土壤，与典型草原带大体吻合，形成栗钙土带。它分布广泛，东至呼伦贝尔高原及西辽河流域，西至大青山北麓及鄂尔多斯高原中部，随气候干旱程度和草原植被旱生性的加剧还形成不同的亚带—暗栗钙土、普通栗钙土和淡栗钙土。栗钙土的剖面由栗色或灰棕色腐殖质层与紧实的灰白色碳酸钙淀积层组成，腐殖质层厚度 25～45 厘米，而且向下急剧转淡，过渡层明显，腐殖质含量一般为 40～130 吨 / 公顷，表层有机质含量 1.5%～4.5%，C/N 在 5～12 之间，结构多呈细粒状、团块状、粉末状，缺乏团粒结构。钙积层淀积的深度、厚度、数量和形式随地区水热条件和成土母质的不同而有明显差别。

棕钙土形成于最干旱的草原气候条件下，集中分布在内蒙古高原和鄂尔多斯高原的西部，构成了与荒漠草原、草原化荒漠带大体相符的棕钙土带。这一带的土被组合以棕钙土占优势，间有局部的盐化荒漠土、盐化草甸土、盐土、沙土以及山地栗钙土等。形成棕钙土的生物气候条件具有草原和荒漠的过渡性特点，在土壤性状上也表现出草原、荒漠两种成土过程的特征。棕钙土腐殖质含量为 1.0%～1.8%，总贮量 30～60 吨 / 公顷，C/N 在 6～13 之间。在腐殖质层内，有机质含量很不均匀，往往出现颜色差异明显的两个或几个亚层。土壤结构多呈粉末和块状。钙积层部位较高，一般紧接在腐殖质层之下，出现在 20～30 厘米的深度，其厚度为 20～30 厘米。在气候愈干旱的地区，钙积层出现的部位愈高，其厚度愈小，含量也较低。总之，越靠近荒漠地区，棕钙土的碳酸钙移动和淀积的程度愈弱。土壤通体呈碱性反应，pH 值为 9.0～9.5，并随土层深度加剧。由于成土条件的差异，棕钙土的亚类主要有暗棕钙土、淡棕钙土和草甸棕钙土等。

褐土是我国华北区的重要土类，它在内蒙古地区的水平地带上分布面积不大，只见于赤峰市宁城县、喀喇沁旗和敖汉旗的最南部。褐土是在暖温带半湿润地区森林灌丛草原的条件下形成的土壤，其成土母质多为黄土性物质。土壤剖面主要由腐殖质层和黏化层组成，除淋溶型的褐土以外，底部（接近母质层）还明显存在钙积层，表现出兼有森林和草原两种土壤成土过程的特点。土体中紧实的棕褐色黏化层是褐土区别于其他暖温型草原土被（黑垆土、灰钙土等）的重要特征。腐殖质含量较丰富，总贮量达 300 吨／公顷，表层有机质含量 4%～7%，C/N 在 13～20 之间，介于森林和草原中间；褐土无盐化和碱化现象，全剖面呈微碱性或碱性反应，上层 pH 值为 7.8～8.0，下部可达 8.5～9.0；碳酸盐淋洗不完全，剖面上层也常有碳酸钙反应；以上都是褐土区别于森林土壤的特征。从碳酸盐分布特点来看，褐土可区分为淋溶褐土、碳酸盐褐土和普通褐土三个亚型。

分布在内蒙古南部边缘地区的黑垆土是暖温型的草原土，一般发育在黄土母质上。由于黄土的结构特性使它极易遭受侵蚀，所以天然植被破坏后，长期的侵蚀使黑垆土保存得不多。

灰钙土在内蒙古的分布范围很小，只限于鄂尔多斯高原的西南角及贺兰山西侧的山麓地带，往南、往西则连续分布到宁夏和甘肃的黄土丘陵地区，形成灰钙土带。这一土类是在我国黄土高原区的暖温型荒漠草原中形成的，成土母质也多是黄土性物质。灰钙土的剖面分化不明显；腐殖质层呈棕黄带灰色，有机质含量较低，一般在 0.5～0.9 之间，但腐殖质下渗较深，为 30～70 厘米；过渡不明显，结构性较差，C/N 变动较大，为 6～16。钙积层多呈假菌丝状和斑点状聚积，少数呈层状分布。全剖面 pH 值在 9.0 以上，并随深度增加而增大。有淡灰钙土和草甸灰钙土亚类分化。

以上是内蒙古各草原带分布的地带性土壤，是各类草原植物生长的重要生态条件。

由草原区往西，进入荒漠区的范围，地带性草原土壤逐渐消失，荒漠土壤成为土被组合的优势类型。其中，灰漠土分布在鄂尔多斯高原的西北部和阿拉善高原的东部与南部，是在草原化荒漠的干旱气候条件下发育的土类。这里的热量接近于暖温带的标准，而干旱程度仅次于典型荒漠地区，所以土壤性状具有明显的荒漠土壤特征——龟裂结皮，表土沙质化、砾质化等，但是仍然带有草原土壤的成土特性。灰棕荒漠土是在最干旱的气候条件下形成的典型荒漠土，它已完全不具备草原土壤的成土特性，分布在阿拉善高原区的中部与西部，土体呈碱性反应。灰棕荒漠土可分化为普通灰棕荒漠土和石膏灰棕荒漠土两类，后者主要分布在极干旱的荒漠中心地区。

此外，在大兴安岭、阴山、贺兰山等山地还发育了一些森林土壤和灌丛土壤。其中最主要的有以下几类。

灰白色森林土，分布在大兴安岭北段的山地上部，是寒温型针叶林（主要是兴安落叶松林）下发育的土壤。其土层厚度在 1 米左右，剖面层次分化明显，大致可分为枯枝落叶层（厚 3～15 厘米）、棕灰色的粗腐殖质或泥炭粗腐殖质层（厚 10～20 厘米）、灰白色或灰蓝色潜育层以及浅棕灰或灰棕色淀积层。土壤水分常处于饱和持水状态。土壤通体呈酸性反应，pH 值 5～6。

与灰白色森林土相似的灰色森林土主要分布在大兴安岭北段，多出现在灰白色森林土的分布界线以下，也是针叶林下形成的土壤。

灰棕壤，也称为灰棕色森林土或暗棕色森林土，主要分布在大兴安岭北部东侧，发育在中温型夏绿阔叶林和针阔叶混交林下。地表有枯枝落叶层，但腐殖质层不厚。全部剖面均无泡沫反应，土壤有机质含量较灰白色森林土丰富，一般可达5%～10%，C/N12～17，pH值5.8～6.7。灰棕壤具有明显的腐殖质积累、盐基淋溶和黏化等森林土壤的特性，但灰化过程表现不明显。

棕壤即棕色森林土，在内蒙古的燕北山地、大兴安岭南段的东南坡、大青山、贺兰山均有分布，是湿润温暖的夏绿阔叶林和针阔混交林下发育的森林土壤。典型的棕壤剖面由枯落层、腐殖质层和质地黏重的棕色淀积层组成，通体无泡沫反应，也没有明显的灰化特征，有机质含量5%～10%，C/N14～20，pH值6.5～7.0。

灰褐土多见于西拉木伦河以南的低山地区，一般出现在海拔700～1200米之间的地区，属于暖温型的半湿润气候条件下发育的土壤。剖面结构中缺少明显的淀积层，剖面由微薄的枯落物层、腐殖质层和不明显的过渡层组成。表层有机质含量达5%～7%，C/N11～13，剖面上部到下部呈中性至弱碱性反应。从灰褐土的形态和理化性状来看，它兼有褐土、黑垆土和棕壤的某些特性，是介于三者之间的过渡型土壤。

草甸土、沼泽土、盐土、沙土是内蒙古各地带内常遇到的隐域性土壤，它们的形成不但受大气候的制约，而且同局部环境的水分运转、盐分移动、基质活动等因素也有密切关系。

（五）自然地带

各种类型的陆地生态景观都是在一定的环境条件下由不同的生物群落所组成的。随着古地理环境的演变，太阳辐射与水热组合等气候条件的地区差异，植物区系组成及其生态组合的发生与发展，使内蒙古明显地分化成一系列自然地带及独特的景观生态区域。

1. 温寒湿润针叶林灰色森林土地带

这一地带集中分布在内蒙古东北部的大兴安岭山地北段，是欧亚大陆寒温带针叶林区在我国境内延伸的一部分，与黑龙江省北部的针叶林区连接在一起。大气环流受蒙古高压和海洋季风的交替影响，属于温寒湿润气候区。年平均降水量500毫米左右，气候湿润度在1.0以上，年平均气温-4℃左右，≥10℃的全年积温1400℃～1700℃。常年冻土层有广泛分布，因而沼泽化现象也很多见。地带性土壤是灰白色森林土及灰色森林土，此外，山地黑土、草甸土与沼泽土均有分布。植物区系以欧洲—西伯利亚成分、东西伯利亚成分为特色，并含有一定数量的环北极成分、亚北极成分及北极高山成分。地带性植被类型以明亮针叶林为主，以兴安落叶松为建群种组成了多种不同的林型。此外，云杉林、樟子松林也有少量分布，在山地的顶部还有偃松林的分布，次生性白桦林和山杨林则广泛分布。山地五花草甸多是在采伐迹地上发育的林间草本植被。本地带森林及其次生植被是东北平原和呼伦贝尔草原的重要生态屏障。针叶林带的生态组合及多种生物资源为林区的综合经营提供了十分有利的条件。

2. 温凉湿润夏绿林灰棕壤地带

本地带分布在大兴安岭山地北段的东坡，与我国东北夏绿阔叶林带相接，是针叶林带向阔叶林带过渡的地带。气候受海洋季风的一定影响比较湿润，但因纬度偏北，所以属于温凉湿润、半湿润气候区的一部分。年平均气温0℃左右，局部可达3℃～4℃，≥10℃的年积温

1800℃～2500℃，年降水量约450毫米，气候湿润度0.8～1.0。地带性土壤为灰棕壤，局部分布草甸黑土等。植物区系组成的代表性成分是东亚成分及中国东北成分，兼有达乌里—蒙古成分。原生的地带性植被是兴安落叶松与蒙古栎组成的针阔叶混交林，在长期人为活动影响下，原生的森林植被保存不多。此外，黑桦林及桦场林分布较多，次生矮化的蒙古栎疏林、山地榛灌丛及五花草甸也有一定的分布。在沟谷、河滩与平缓山坡已开垦大量的农田，经过多年耕种，目前土地肥力已明显下降。

3. 温暖湿润夏绿林棕壤地带

本地带仅分布在燕山山地北部，即内蒙古赤峰市宁城县与喀喇沁旗南部，是我国华北夏绿林带的北部边缘。属于暖温型半湿润—湿润气候区，降水量450毫米左右，年均温约6℃，≥10℃的年积温约3000℃，气候湿润度约0.8。地带性土类以山地棕壤为主。植物区系组成中含有不少典型的华北区系成分和东亚区系成分，是华北区系、东北区系与蒙古区系交会地区。代表性的原生植被类型是栎林和油松与蒙古栎的针阔叶混交林，次生森林植被的主要类型是桦杨林、椴树林。山地中生灌丛也很发达，主要有杜鹃类灌丛、虎榛子灌丛、绣线菊灌丛、荆条灌丛等。山体上部有山地草甸植被的分布。

4. 温凉半湿润森林草原黑钙土地带

本地带在大兴安岭北部的西麓山前丘陵地区及大兴安岭南部山地形成连续的森林草原地带，西边与俄罗斯外贝加尔地区的森林草原带相接，东面与我国东北地区的森林草原带相连。具有温凉半湿润气候条件，年均温 -2℃～0℃，≥10℃的年积温1800℃～2200℃，年降水量400毫米左右，气候湿润度0.6～0.8。土壤类型以黑钙土为主，并有森林灰化土岛状分布。植物区系的典型成分是达乌里—蒙古成分，也含有一些东亚区系成分和北方成分。植被的突出特点是森林与草原交错出现。森林以桦、山杨林为主，呈岛状分布在比较阴湿的山地与丘陵阴坡。草原植被以贝加尔针茅草原为地带性代表，并且常与丘陵上部的线叶菊草原和下部的羊草草原组成生态分布系列。沟谷与阴坡常有五花草甸的分布。

5. 温凉半干旱草原栗钙土地带

这是内蒙古地区境内面积最广阔的自然地带，包括内蒙古高原草原带与西辽河平原草原带，是欧亚草原区的最东翼，西面与蒙古国的草原带连成一体。由于这一地带受海洋季风的影响有所减弱，所以气候属于温凉半干旱气候，年均温 -2℃～5℃，≥10℃年积温2000℃～2800℃，年降水量250～350毫米，气候湿润度0.3～0.5。栗钙土是本地带最广泛分布的地带性草原土壤。植物区系中以达乌里—蒙古成分和蒙古成分为特征，西辽河平原草原带含有一些东亚区系成分。地带性植被是典型草原植被，以大针茅草原与克氏针茅草原为代表群系，羊草草原也常有分布；在草原带的低湿滩地上多形成草甸与盐湿草甸植被；这些都是重要的天然草场资源。

6. 温凉干旱荒漠草原棕钙土地带

本地带位于内蒙古高原的中西部地区，北面与蒙古国的荒漠草原地带相连，是气候最干旱的草原地带。年平均温度2℃～5℃，≥10℃的年积温2200℃～2700℃，年降水量150～200毫米，气候湿润度0.13～0.2。地带性土壤为棕钙土。植物区系以蒙古成分、戈壁—蒙古成分为代表，并有古地中海区系成分。荒漠草原植被的典型群系是小针茅草原和沙生针茅草原。在本地带的南部边缘有短花针茅草原的局部分布。隐域性生境中常有芨芨草草甸及盐生植被的分布。

7. 温暖半干旱草原黑垆土地带

这一带位于燕山北麓的丘陵平原地区与阴山山脉以南的丘陵平原区，中间通过冀北与晋西北地区的草原地带连接起来，构成一个完整的地带。属于比较温暖的半干旱气候区。年平均气温5℃～7℃，≥10℃的年积温2800℃～3200℃，年降水量300～400毫米，气候湿润度0.3～0.5。黑垆土是本地带的典型土壤。植物区系中，亚洲中部成分占主导地位，但也具有华北成分和东亚成分，蒙古草原成分也有明显渗透。地带性植被以本氏针茅草原为典型，在侵蚀作用较强的条件下，半灌木蒿类及百里香等构成了草原植被的变型。在低山丘陵上，灌丛植被的分布很广，例如虎榛子灌丛、绣线菊灌丛、沙棘灌丛等。本地带的山地，多形成以华北区系成分为主的夏绿林与针叶林，例如辽东栎林、椴树林、油松林等。

8. 温暖干旱荒漠草原灰钙土地带

本地带分布在鄂尔多斯高原的中西部地区，并延伸到宁夏、甘肃境内。因距海洋较远，海洋季风作用不强，所以气候干旱。年平均温度约7℃，≥10℃的年积温3000℃～3200℃，年降水量200毫米左右，气候湿润度约0.2。土壤以灰钙土为代表，并有风积沙的广泛分布。植物区系以亚洲中部成分为代表，兼有古地中海成分及蒙古戈壁成分。草原植被以短花针茅草原及沙生针茅草原占优势，在大面积的沙地中，蒿类群落分布很广。锦鸡儿类灌丛也比较发达。

9. 温暖干旱半荒漠棕漠土地带

本地带位于东阿拉善与西鄂尔多斯地区，北面进入蒙古国境内，向南扩展到甘肃河西地区，是亚洲荒漠区的最东端。因地处内陆，形成大陆性干旱气候。年平均气温6℃～8℃，≥10℃的年积温3100℃～3400℃，年降水量100～150毫米，气候湿润度0.06～0.13。地带性土壤是棕漠土，风沙土有大面积的分布，绿洲土壤以盐渍土及草甸土为主。植物区系以戈壁成分为代表，并含有若干独特的地方特有成分与古老残遗成分。荒漠植被的群落类型比较多样，主要有藏锦鸡儿荒漠、红砂荒漠、绵刺荒漠、珍珠柴荒漠以及特有的四合木荒漠、沙冬青荒漠、半日花荒漠等。这些荒漠植被的群落组成中多含有旱生禾草类层片，由荒漠草原的几个建群种——小型针茅等组成，这是草原化的特征。

10. 温热极干旱荒漠灰棕漠土地带

本地带集中分布在阿拉善高原中西部地区，并与蒙古国及我国新疆、甘肃河西的荒漠地区连成一体。因处于内陆腹地，海洋季风作用甚微，形成了极干旱的大陆性气候，但热量较高，日照较丰富。年平均气温在8℃以上，≥10℃的年积温3300℃～3600℃，年降水量多在50毫米左右，气候湿润度0.02～0.06。在植物区系组成中，古地中海成分占有较突出的地位，而戈壁成分是区系的主要特色。这里的生态环境十分严酷，生物生产力很低，植被稀疏，不能郁闭，许多沙漠与戈壁几乎完全裸露。荒漠植被的主要类型是红砂荒漠、珍珠柴荒漠、绵刺荒漠、梭梭荒漠、霸王荒漠等。由于荒漠植被的组成以坚硬多刺、木质化、肉质化植物为主，所以多适于饲养骆驼。

综上所述，内蒙古由于热量条件的差异，大体上沿纬度方向分化出温带范围内的温寒、温凉、温暖、温热四个地带，又因海洋季风影响强弱不同，由东向西依次形成了湿润、半湿润、半干旱、干旱、极干旱五种气候区域。这是形成整个内蒙古生态外貌及生物生产力发生地带分异的物质与能量基础，因而在湿润地区形成了森林生态景观，在半干旱地区形成了草原生态景观，在干旱地区形成了荒漠草原与半荒漠生态景观，在极干旱地区形成了荒漠生态景观。随着热量分配状况的不同，又产生了森林、草原与荒漠类型的差别，使内蒙古的自然环境更为多样，同时具有多方面的优势与限制。

二、植被组合及其群落类型

内蒙古的各个自然地带因大气水热组合以及生态地理环境的分异，演化成多样化的植被类型。在广阔的高原、平原及丘陵地区，地带性植被的主要类型是温带草原植被和温带荒漠植被。在内蒙古的山地、沙地、隐域性的低湿地、盐渍地等生态环境中也分别有森林、灌丛、草甸、沼泽、盐生等群落类型构成错综复杂的植被组合。下面对这些不同的植被类型分别作简要的阐述。

（一）温带草原植被

温带草原植被是由耐冬寒的旱生性多年生草本植物所建群的植物群落。组成草原群落的植物种类以地面芽植物和地下芽植物为主，包括丛生型禾草、根状茎型禾草、薹草、鳞茎型草类及轴根型草类等，是适应冬寒与干旱条件的生活型植物。草原地上芽植物种类很少，矮高位芽植物的种类极少。

温带草原植被作为地带性植被类型在内蒙古高原、西辽河平原及鄂尔多斯高原中东部连续分布，构成了内蒙古草原区，北面与蒙古国的草原区相接，共同组成亚洲大陆中部的蒙古草原区。

在内蒙古草原区，阴山山脉以北，气候温凉，为中温型草原带；阴山山脉以南，气候较为温暖，为暖温型草原带。由于气候湿润度的地理差异，在大兴安岭山前半湿润气候区形成了森林草原带；内蒙古草原区中部是广大的半干旱气候区，形成了典型草原带；草原区的西部进入了干旱气候区，出现了向荒漠过渡的荒漠草原带。

内蒙古的草原植被，按照植物区系组成的生态学分析，可以划分为不同的草原类型（见表29）。

1. 草甸草原

在温凉半湿润的气候条件下，含有较丰富的中生性双子叶草本植物，以中旱生草类为优势成分的草原植物群落称为草甸草原。最有代表性的建群植物、优势植物及特征种是：贝加尔针茅 *Stipa baicalensis*、羊草 *Leymus chinensis*、线叶菊 *Filifolium sibiricum*、羽茅 *Achnatherum sibiricum*、无芒雀麦 *Bromus inermis*、冰草 *Agropyron cristatum*、脚薹草 *Carex pediformis*、小黄花菜 *Hemerocallis minor*、射干鸢尾 *Iris dichotoma*、野火球 *Trifolium lupinaster*、蓬子菜 *Galium verum*、裂叶蒿 *Artemisia tanacetifolia*。

草甸草原主要集中分布在大兴安岭山麓及阴山山地，它与山地阴坡分布的岛状森林、灌丛、草甸等植被组合构成森林草原景观。这一地带的河谷低湿地上往往有很发达的草甸、沼泽及河岸灌丛等植被。

表 29　内蒙古草原植被及其群落类型（群系）

荒漠类型	群系组	群系
草甸草原	丛生禾草草原	贝加尔针茅草原 Form. *Stipa baicalensis*
	根状茎禾草草原	羊草草原 Form. *Leymus chinensis*
	轴根杂类草草原	线叶菊草原 Form. *Filifolium sibiricum*
典型草原	丛生禾草草原	大针茅草原 Form. *Stipa grandis*
		克氏针茅草原 Form. *Stipa krylovii*
		本氏针茅草原 Form. *Stipa bungeana*
		羊茅草原 Form. *Festuca ovina*
	根状茎禾草草原	冰草草原 Form. *Agropyron cristatum*
		沙生冰草草原 Form. *Agropyron desertorum*
		羊草 + 针茅草原 Subform. *Leymus chinensis+Stipa spp.*
	小半灌木草原	冷蒿草原 Form. *Artemisia frigida*
		百里香草原 From. *Thymus serpyllum*
荒漠草原	丛生禾草草原	小针茅草原 Form. *Stipa klemenzii*
		沙生针茅草原 Form. *Stipa glareosa*
		短花针茅草原 Form. *Stipa breviflora*
		戈壁针茅草原 Form. *Stipa gobica*
	鳞茎草类草原	多根葱草原 Form. *Allium polyrhizum*
	小半灌木草原	蓍状亚菊草原 Form. *Ajania achilleoides*

　　草甸草原的主要群落类型（群系）有贝加尔针茅草原、羊草草原、线叶菊草原等。这三个群落类型常常在丘陵地上构成一个生态系列。

　　贝加尔针茅草原在森林草原带占据典型的地带性生境，多分布在缓坡地、岗台地和丘陵坡地中部。群落组成较为丰富，种的饱和度可达 20 ～ 30 种 / 米²，据统计，约有种子植物 150 种，分属于 100 属、33 科。植物生态类群也比较多样，常分别与丛生禾草、根状茎禾草、杂类草结合组成十余个不同的群丛。

　　羊草草原是森林草原带的平原、阶地、丘陵坡麓及宽谷地上所分布的草甸草原群落。植物种类十分丰富，约有 195 种种子植物，分属于 119 属、33 科。群落类型的多样性也最突出，据调查，约分为 40 个不同群丛，分别与中旱生禾草、薹草及中生或中旱生杂类草组成群落。

　　线叶菊草原多见于丘陵上部或砾石性土壤上，具有山地草原的特点。随地理纬度的南移，线叶菊草原分布的海拔高度依次上升：在大兴安岭以西，北纬 46° 以北，一般分布在海拔 700 ～ 1000 米的地区上；北纬 43° ～ 46°，分布在 1000 ～ 1500 米；北纬 41° ～ 43°，分布在 1500 ～ 1700 米的地区上。线叶菊草原的植物种类也很丰富，据初步统计，约有 196 种，分属于 119 属、34 科。群落类型约分化出 20 个群丛。

上述三个群系又常常与低山丘陵阴坡的白桦、山杨林以及山地五花草甸、沟谷草甸、沼泽等多种植物群落组合构成森林草原带。

2. 典型草原

由典型旱生性多年生草本植物组成的草原植被称为典型草原。其植物区系组成中，禾本科植物与蒿类植物占优势，最有代表性的建群种与特征种是大针茅 *Stipa grandis*、克氏针茅 *Stipa krylovii*、本氏针茅 *Stipa bungeana*、糙隐子草 *Cleistogenes squarrosa*、冰草 *Agropyron cristatum*、落草 *Koeleria macrantha*、黄囊薹草 *Carex korshinskii*、寸草薹 *Carex duriuscula*、双齿葱 *Allium bidentatum*、山葱 *Allium senescens*、小叶锦鸡儿 *Caragana microphylla*、草本樨状黄芪 *Astragalus melilotoides*、扁蓿豆 *Melilotoides ruthenica*、达乌里胡枝子 *Lespedeza davurica*、细柴胡 *Bupleurum scorzonerifolium*、麻花头 *Klasea centauroides*、冷蒿 *Artemisia frigida*、变蒿 *Artemisia commutata*。

典型草原植被广泛分布在内蒙古高原的呼伦贝尔高原、锡林郭勒高原、阴山南麓及鄂尔多斯高原东部，构成了广阔的典型草原地带，这是内蒙古草原区的主体。在典型草原地带以内，阴山山地与大兴安岭南部山地因海拔升高到 1800～2500 米，在垂直带上出现了针叶林、夏绿阔叶林以及山地灌丛和草甸等，使草原区的植被组合复杂化，也极大地丰富了植物区系。典型草原带的河谷与湖沼等低湿地生境，中生与湿生植被的生长也增加了草原植物区系的成分。风积沙地也是草原带的一类特异性生境，形成了不稳定的沙生植被，包含着一组沙生植物生态类群，多在植物演替系列上具有先锋植物和半先锋植物的特性，如差不嘎蒿 *Artemisia halodendron*、油蒿 *Artemisia ordosica*、沙蓬 *Agriophyllum squarrosum*、沙鞭 *Psammochloa villosa* 等。

典型草原的主要群落类型有大针茅草原、克氏针茅草原、本氏针茅草原、羊草＋针茅草原、冰草草原、冷蒿草原、百里香草原等。

大针茅草原是内蒙古高原上（呼伦贝尔—锡林郭勒高原）占据地带性生境的基本群落类型，分布区中心为蒙古高原，周围扩及俄罗斯中西伯利亚、我国松嫩平原和黄土高原。群落组成比较丰富，据统计，约有种子植物 160 种，分属于 93 属、32 科，种的饱和度 15～25 种／米²。群落类型以大针茅＋糙隐子草＋冷蒿群丛为典型代表，随着生境的差异而分化出中生化、旱化与沙化的群落类型。

克氏针茅草原是大针茅草原向旱化或轻微退化的替代类型，广泛分布于典型草原带，其中呼伦贝尔草原西部及锡林郭勒草原中西部分布最为集中。它的群落组成、群落类型及生物生产力均低于大针茅草原。

本氏针茅草原是限于阴山山脉以南地区分布的主要草原群落类型，目前因长期广泛农垦，这一群落类型已残留不多，在内蒙古境内主要见于阴山南坡、燕山北部及鄂尔多斯高原东部，是黄土高原草原的主要地带性群落类型。在群落组成中常有华北区系成分出现。二色棘豆 *Oxytropis bicolor*、茭蒿 *Artemisia giraldii* 等都是常见的主要特征植物。

羊草＋针茅草原是典型草原带分布很广的草原群落类型，占据土质良好的平原、阶地、缓坡地下部、宽谷地等生境，常与大针茅草原、克氏针茅草原等群落组成生态系列。群落中的植物种类丰富，约有 175 种种子植物，分属于 32 科、105 属。群落类型分化出 38 个群丛，广泛适应于典型草原带的地带性生境。

　　冰草草原与沙生冰草草原是适应于沙质土壤的草原群落类型。冰草草原零散分布于内蒙古高原典型草原带，沙生冰草草原在西辽河平原区有较多分布。这两个群系的群落类型分化及其植物组成都比较简单。

　　冷蒿草原是典型草原放牧退化演替的变型，也是草原旱生化的群落类型。目前在内蒙古高原典型草原带分布很多，群落组成比较单一，群落类型多以演替进程而有分化，构成冷蒿群落的动态序列。对草原植被实行封育保护的条件下，冷蒿草原可以恢复演替为大针茅草原等群落。

　　百里香草原是黄土高原草原区北部的土壤侵蚀变型。在内蒙古境内，主要分布于鄂尔多斯高原东部及西拉木伦河与老哈河流域。群落组成中常有本氏针茅、达乌里胡枝子等特征植物。群落类型分化较少，常见的有百里香＋本氏针茅群丛、百里香＋冷蒿群丛、百里香＋达乌里胡枝子群丛。

3. 荒漠草原

　　荒漠草原是由旱生性更强的多年生矮小草本植物组成的半郁闭草原植被，也构成连续分布的荒漠草原带。植被组合比较单一，植物区系也比较贫乏，生物多样性不高，但拥有一组特征植物种属，如羽针组的小型羽状芒针茅——小针茅 *Stipa klemenzii*、沙生针茅 *Stipa glareosa*、戈壁针茅 *Stipa gobica*，须芒组的小型针茅——短花针茅 *Stipa breviflora* 以及无芒隐子草 *Cleistogenes songorica*、多根葱 *Allium polyrhizum*、戈壁天门冬 *Asparagus gobicus*、大苞鸢尾 *Iris bungei*、狭叶锦鸡儿 *Caragana stenophylla*、冬青叶兔唇花 *Lagochilus ilicifolius*、拐轴鸦葱 *Scorzonera divaricata*、著状亚菊 *Ajania achilleoides*、内蒙古旱蒿 *Artemisia xerophytica* 等。

　　荒漠草原主要集中分布于阴山山脉以北的乌兰察布高原及西鄂尔多斯地区，并延伸到贺兰山东麓。荒漠草原带的河谷低地、湖盆洼地、盐渍低地等特异生境中往往形成芨芨草盐生草甸及盐生荒漠等植被，成为荒漠草原带植被组合的特征。

　　荒漠草原的主要群落类型有小针茅草原、沙生针茅草原、短花针茅草原、戈壁针茅草原、多根葱草原、著状亚菊草原。

　　小针茅草原是内蒙古荒漠草原的主要地带性群落类型。它集中分布于乌兰察布高原的棕钙土上，往北分布到蒙古国东戈壁地区。小针茅草原的植物组成中有75种种子植物，分属于27科、52属。群落分化也较多，常与糙隐子草、无芒隐子草、多根葱、冷蒿、著状亚菊等分别组成不同群丛。

　　沙生针茅草原是沙质化荒漠草原的群落类型。内蒙古高原区的荒漠草原带主要分布在二连浩特，在鄂尔多斯高原也有较多分布。群落结构的突出特点是2种锦鸡儿，窄叶锦鸡儿 *Caragana angustissima* 和狭叶锦鸡儿 *C. stenophylla*，在群落中构成小灌木层片，组成灌丛化荒漠草原。

　　短花针茅草原是黄土高原荒漠草原带的主要草原群系。在内蒙古境内，它分布在鄂尔多斯高原中部及乌兰察布高原的南部地区，处于我国短花针茅草原分布区北缘。群落类型较少，植物种类组成也比较贫乏。

　　戈壁针茅草原是石质化荒漠草原的群落类型。它多零星分布在草原区山地基岩出露的砾石质坡地上，如阴山山地、乌兰察布高原的石质残山与残丘上。群落类型因伴生植物层片的性质不同而分化出多种群落。

　　多根葱草原是乌兰察布高原北部轻度碱化低地上出现的荒漠草原群落类型。群落组成中，小针茅、无芒隐子草等荒漠草原特征植物仍组成次优势层片。

著状亚菊草原是砾石质高平原荒漠草原的群落变型，与小针茅草原在乌兰察布高原上交替分布，与短花针茅草原在鄂尔多斯高原上交错分布。群落组成与这两类小型针茅草原的成分十分相近。

（二）温带荒漠植被

荒漠植被是旱生性最强的植物群落类型，由适应干旱与冬寒气候的超级旱生植物建群，以矮化的木本、半木木或肉质化植物为主，形成稀疏的植物群落。一般地上部分是不郁闭的，其生物积累微弱（生物产量低），土壤的钙化、石膏化、盐碱化强烈，地表物质的剥蚀与堆积现象明显，生物与环境的斗争格外激烈。

内蒙古的荒漠植被是在夏热冬寒的温带气候条件下演化而成的，集中分布于阿拉善高原及鄂尔多斯高原西部的干旱与极旱气候区内，是温带干旱区的地带性植被。内蒙古的荒漠区位于亚洲大陆温带与亚热带荒漠的东翼，因沉积物组成的不同，可分为沙质荒漠（沙漠）、砾石质荒漠（戈壁）、石质荒漠（石漠）、土质荒漠（土漠）、盐土荒漠（盐漠）等景观类型。内蒙古荒漠区气候干燥度存在地带差异，在西鄂尔多斯和东阿拉善形成了草原化荒漠带（半荒漠带），在阿拉善中部形成典型荒漠带，阿拉善西端则进入了极旱荒漠带。

荒漠植物生活型的突出特点是适应干旱与土壤盐分的性状，植物根系发达，深度与广度所扩及的范围常超过地上部分若干倍；植物枝条硬化或刺化，退化叶、小叶、硬叶、刺叶、肉质叶、异形叶等都很普遍。还有一些植物则以每年集中脱落一部分新生枝条的半木本性质为特征。这些都是因干旱胁迫而降低水分消耗的旱生型灌木与半灌木等植物生活型的特征。

按照建群植物与优势植物生活型的不同，荒漠植被可以分为灌木荒漠、半灌木荒漠与小半乔木荒漠。这些荒漠植被类型又因生态适应方式的分化，组成不同的群落类型（见表30），下面分别进行说明。

1. 灌木荒漠

内蒙古荒漠区的灌木荒漠分布广泛，类型多样，根据建群种的生态特性可分为：泌盐小灌木荒漠、具刺灌木荒漠、旱生叶小灌木荒漠、肉质叶灌木荒漠、退化叶灌木荒漠、常绿叶灌木荒漠。再按照群落建群种共分出13个群落类型（群系）。

红砂荒漠是由柽柳科的泌盐小灌木红砂 *Reaumuria soongarica* 建群的荒漠群落，在亚洲荒漠区有广泛分布，在内蒙古荒漠区是分布最广的群落，并且在草原区的盐渍低地上也有隐域性的群落片段出现。由于分布广泛，所以植物区系组成比较丰富。据统计，在内蒙古境内，组成红砂荒漠的植物约121种，分属于24科、66属，其中以藜科植物最为丰富，此外蒺藜科也是具有特征意义的科类。红砂荒漠按群落组成和生态结构特点可以划分为40多个群丛，是内蒙古荒漠植被中群落分化最多的群系。

绵刺荒漠是由蔷薇科单种属的古老残遗植物绵刺 *Potaninia mongolica* 组成的荒漠群落。它集中分布在阿拉善荒漠区，成为阿拉善特有种。绵刺是具刺旱生小灌木，对干旱有高度适应性，常以"假死"的休眠状态渡过干旱季节、年度，雨后能快速返青。绵刺荒漠的种类组成中有80余种植物，其中菊科、藜科植物最多，蒺藜科也较多。群落随气候干燥度的差异和风蚀风积作用强度的不同而分化为草原化绵刺荒漠、极旱绵刺荒漠、石质性绵刺荒漠、沙质化绵刺荒漠和沙砾质典型绵刺荒漠等群落。

表 30　内蒙古荒漠植被及其群落类型（群系）

荒漠类型	群系组	群系
灌木荒漠	泌盐小灌木荒漠	红砂荒漠 Form. *Reaumuria soongarica*
	具刺灌木荒漠	绵刺荒漠 Form. *Potaninia mongolica*
		卷叶锦鸡儿荒漠 Form. *Caragana ordosica*
		柠条锦鸡儿荒漠 Form. *Caragana korshinskii*
	旱生叶小灌木荒漠	半日花荒漠 Form. *Helianthemum ordosicum*
	肉质叶灌木荒漠	霸王荒漠 Form. *Sarcozygium xanthoxylon*
		四合木荒漠 Form. *Tetraena mongolica*
		裸果木荒漠 Form. *Gymnocarpos przewalskii*
		泡泡刺荒漠 Form. *Nitraria sphaerocarpa*
		白刺荒漠 Form. *Nitraria roborowskii*
		松叶猪毛菜荒漠 From. *Salsola laricifolia*
	退化叶灌木荒漠	膜果麻黄荒漠 From. *Ephedra przewalskii*
	常绿叶灌木荒漠	沙冬青荒漠 Form. *Ammopiptanthus mongolicus*
半灌木荒漠	肉质叶半灌木荒漠	珍珠柴荒漠 From. *Salsola passerina*
		蒿叶猪毛菜荒漠 Form. *Salsola abrotanoides*
		短叶假木贼荒漠 Form. *Anabasis brevifolia*
		合头藜荒漠 Form. *Sympegma regelii*
	旱生叶半灌木荒漠	驼绒藜荒漠 Form. *Krascheninnikovia ceratoides*
		戈壁短舌菊荒漠 Form. *Brachathemum gobicum*
		星毛短舌菊荒漠 Form. *Brachathemum pulvinatum*
	退化叶半灌木荒漠	蒙古沙拐枣荒漠 Form. *Calligonum mongolicum*
小半乔木荒漠	退化叶小半乔木荒漠	梭梭荒漠 Form. *Haloxylon ammodendron*

　　卷叶锦鸡儿荒漠是草原化荒漠植被的代表性群系。卷叶锦鸡儿 *Caragana ordosica* 是一种拟垫状型的旱生灌木，具有明显的旱生结构特征，生态适应幅度狭窄，群集性很强，集中分布在荒漠草原带向荒漠区过渡的区域，即乌兰察布高原西端及鄂尔多斯高原西部的桌子山东麓地区。根据样地调查统计，卷叶锦鸡儿群系的种子植物约 70 种，分属于 24 科、45 属，其中包含较多的蒿属、针茅属草本植物，表现出明显的草原化特征，并分别与旱生禾草、葱类、旱生半灌木、旱生灌木等优势成分组成不同的群落。

　　柠条锦鸡儿荒漠是由高大的旱生灌木柠条锦鸡儿 *Caragana korshinskii* 组成的沙质荒漠。分布于库布其沙漠西部、乌兰布和沙漠、腾格里沙漠及其外围地，是东戈壁西部西鄂尔多斯—东阿拉善地区特有植物。群落结构比较单调，在厚层沙地上形成单优种群落，或与蒙古沙拐枣共同组成群落；在沙层较薄的沙地上可与霸王、沙冬青等形成混生群落。

半日花荒漠是由孤立的岛状分布的残遗种鄂尔多斯半日花 *Helianthemum ordosicum* 组成，局限于鄂尔多斯高原西部桌子山地区分布的砾石质荒漠。群落组成和结构十分简单，多含小型针茅、细柄茅等小禾草，表现出草原化荒漠的特征。具有重要的科学价值，已被列为生物多样性保护的类型。

霸王荒漠的建群种霸王 *Sarcozygium xanthoxylon* 是亚洲荒漠的古老残遗植物，分布在整个亚洲中部荒漠区，是古地中海干热植物区系的后裔。霸王是超旱生肉质叶灌木，植株较高大，可适应于石质、砾石质和沙砾质荒漠生境。在极干旱的剥蚀残丘石质坡地上，可形成比较单一的群落，在沙质与沙砾质荒漠中常与猫头刺、驼绒藜、绵刺、红砂、木蓼、泡泡刺、沙冬青等荒漠植物分别组成混生群落。

四合木荒漠是由蒺藜科系统地位很独特的古老残遗种四合木 *Tetraena mongolica* 组成的肉质叶小灌木荒漠群落。四合木属为单种属，分布区仅限于西鄂尔多斯的桌子山山麓地区，成为西鄂尔多斯的特有属、种和特有群系，它的起源与南古大陆热带区系有密切联系。四合木荒漠为沙砾质荒漠，群落结构中有很多小型禾草层片，形成草原化荒漠群落。四合木也常与其他荒漠植物混生形成多种不同群落。

泡泡刺荒漠、白刺荒漠是由同属的两种肉质叶旱生小灌木泡泡刺 *Nitraria sphaerocarpa*、白刺 *Nitraria roborowskii* 组成的不同荒漠群落。泡泡刺荒漠是典型荒漠的代表群系，从阿拉善到塔里木荒漠区均有分布，多形成单优种的沙砾质荒漠群落及泡泡刺 + 红砂群落。白刺荒漠是盐化荒漠的群落类型，多环绕湖盆外围分布或在谷地与坡麓分布，群落组成均比较丰富，尤以藜科植物种类最多。白刺荒漠的分布区较广，从阿拉善、河西走廊到青海柴达木、新疆准噶尔及塔里木均有分布。

松叶猪毛菜荒漠由肉质叶小灌木松叶猪毛菜 *Salsola laricifolia* 所建群。松叶猪毛菜荒漠是草原化石质荒漠群系，群落类型单一，主要分布在西鄂尔多斯的桌子山，东阿拉善的狼山、贺兰山、雅布赖山、龙首山等石质低山丘陵上，也零星出现在乌兰察布荒漠草原带的剥蚀残丘上。

膜果麻黄荒漠是叶片退化、小枝常绿的灌木荒漠。膜果麻黄 *Ephedra przewalskii* 的分布区为阿拉善西部到河西走廊、柴达木盆地及塔里木盆地。是典型荒漠带的砾石质荒漠群落，群落结构比较简单，植物种类贫乏，偶有霸王、梭梭、裸果木、红砂等植物伴生。

裸果木荒漠是与膜果麻黄荒漠的分布区和生境相似的荒漠，是由超旱生小灌木裸果木 *Gymnocarpos przewalskii* 组成的小面积群落，种类成分贫乏，群落类型也很少，主要分布在石质山丘与干谷地，是分布稀少的荒漠群落。

沙冬青荒漠是内蒙古唯一的常绿叶灌木荒漠。沙冬青 *Ammopiptanthus mongolicus* 是古老的第三纪残遗植物，与古热带气候相联系，分布于阿拉善荒漠区，南至甘肃北部，东至西鄂尔多斯，西至雅布赖山，是阿拉善特有种。沙冬青荒漠群落的植物组成与群落类型都比较多样，除霸王等荒漠灌木植物可成为次优势成分外，混生小型针茅、亚菊、猫头刺、蒙古葱等荒漠草原成分也很多，所以说沙冬青群落是草原化荒漠的代表性群系。

2. 半灌木荒漠

半灌木荒漠也广泛分布在内蒙古荒漠区，可分为肉质叶半灌木荒漠、旱生叶半灌木荒漠、退化叶半灌木荒漠等，共有以下几个群系。

珍珠柴荒漠是肉质叶小半灌木荒漠中富有代表性的地带性荒漠群系。珍珠柴 *Salsola passerina* 的分布区以阿拉善为中心，往北进入蒙古国达北纬45°线，往南至河西走廊，往西一直分布到疏勒河下游，往东进入荒漠草原带沿集二铁路线分布在盐渍低地上。据统计，珍珠柴荒漠群落约有种子植物90种，分属于22科、58属，其中藜科、菊科植物最多。群落结构简单，但群落分化较多，含有丛生小禾草、葱类或亚菊类的珍珠柴群落属于草原化荒漠，含有荒漠小灌木或小半灌木的群落属于典型荒漠。

蒿叶猪毛菜荒漠是由超旱生肉质化小半灌木蒿叶猪毛菜 *Salsola abrotanoides* 所建群。蒿叶猪毛菜荒漠的群落组成比较简单，常与红砂、合头藜等组成典型荒漠群落，在内蒙古境内仅分布在额济纳旗的马鬃山区，并分布到河西走廊、柴达木盆地、新疆的中东部，往北分布到蒙古国的戈壁—阿尔泰区及蒙古阿尔泰山区。

短叶假木贼荒漠是由超旱生肉质化小半灌木短叶假木贼 *Anabasis brevifolia* 所建群的石质盐土荒漠群落。主要分布在阿拉善北部及蒙古国境内的戈壁—阿尔泰地区。除组成单优种荒漠群落之外，还在荒漠草原带出现零星的群落片段。

合头藜荒漠由超旱生半灌木合头藜 *Sympegma regelii* 所建群，为石质荒漠。分布于从阿拉善到柴达木和塔里木的石质山地与剥蚀残丘上。群落外貌单调，种类成分贫乏，常与珍珠柴、短叶假木贼、霸王、红砂等分别组成不同群落。

驼绒藜荒漠是沙质草原化荒漠的主要群系之一，由旱生叶半灌木驼绒藜 *Krascheninnikovia ceratoides* 组成。在西鄂尔多斯有较多分布，阿拉善东北部也有较大面积的分布，往西多零散分布在海拔较高的山麓地带。群落类型较少，常含有小型针茅、葱类、亚菊、冷蒿等荒漠草原成分，或与卷叶锦鸡儿等组成群落。

戈壁短舌菊荒漠是分布范围狭小的荒漠群系。戈壁短舌菊 *Brachanthemum gobicum* 是比较高大的半灌木，组成沙砾质荒漠。分布于阿拉善东北部，南至吉兰太盐湖，西至巴丹吉林沙漠边缘，北至蒙古国东戈壁区，多为零散分布的小面积群落。此外，在阿拉善南部还有星毛短舌菊 *Brachanthemum pulvinatum* 组成的群落片段零星分布，该群落经河西走廊南至柴达木盆地；蒙古短舌菊 *Brachanthemum mongolicum* 组成的群落片段在额济纳西部有零星分布，西至新疆东北部，北达蒙古国的准噶尔戈壁。这三种短花菊群落成为替代分布格局。

蒙古沙拐枣荒漠是半灌木沙质荒漠群系。蒙古沙拐枣 *Calligonum mongolicum* 是比较高的旱生半灌木，在巴丹吉林沙漠、腾格里沙漠、乌兰布和沙漠、库布其沙漠及阿拉善北部的覆沙地上有较大面积的分布。群落结构均一，植物种类很少，常有膜果麻黄、木蓼及沙生植物少量混生。在腾格里沙漠和库布其沙漠的西端流沙地上，被阿拉善沙拐枣 *Calligonum alaschanicum* 组成的十分稀疏的群落替代。

3. 小半乔木荒漠

内蒙古的小半乔木荒漠只有梭梭荒漠，是一种十分独特的荒漠类型。梭梭 *Haloxylon ammodendron* 是小乔木状的半木本性植物，冬季有大量新生枝脱落，是在荒漠区选择演化中形成的特殊植物生活型，而且是古老的第三纪植物种属。梭梭荒漠在阿拉善有比较广泛而又集中的分布，形成若干大面积的群落。群落的种类组成比较多样，据统计，约有100种种子植物，分属于24科、65属。因而在土壤基质为沙质、沙砾质、砾石质等的不同生境中形成不同的梭梭荒漠群落。

内蒙古荒漠地处亚洲荒漠东翼，具有十分突出的特色。首先是群落类型多样，有20多个不同的群系，其群落生态特性的分异也很明显。其次是拥有许多古老的植物种属及残遗成分，例如霸王属、四合木属、绵刺属、扁桃属 *Amygdalus*、沙冬青属、半日花属、麻黄属、梭梭属、革苞菊属 *Tugarinovia* 等，其中有些种属成为地方特有成分，在植物区系历史、地理学研究中具有重要的意义。第三是处于亚洲内陆腹地干旱区的东部边缘，具有东亚季风气候的边缘效应，因而形成了草原化荒漠（半荒漠）地带，并有夏雨型一年生植物层片，成为内蒙古荒漠区别于新疆荒漠的春季短命植物层片。

（三）山地森林、灌丛、草甸植被

内蒙古的大兴安岭山地、冀北山地北部、阴山山地、贺兰山、龙首山、马鬃山等山区约占内蒙古总面积的17%。除贺兰山、龙首山两个较小的山区最高海拔超过3000米外，其余都是中山和低山。由于山地的大气、水热等气候因素随海拔高程及坡向、坡度的不同而有明显差异，因此，山地植物与植被表现出垂直分布的形态以及由地形分割形成的分布格局。所以山地植被不是单一的植被类型，而是由不同植被类型组合而成的植被复合系列。当然，因山体大小、海拔高度、相对高差、山地所坐落的水平地带位置及地质地貌等差别，植被类型组合也显著不同：在海拔较高的山地形成了针叶林带、夏绿阔叶林带及高山（亚高山）植被带，山地的主要植被类型是针叶林、夏绿阔叶林、灌丛植被、山地草甸植被、山地草原及山地荒漠植被；在山地沟谷与河滩有河谷林、河谷灌丛、河滩草甸及沼泽植被。下面对山地森林、灌丛及草甸植被及群落类型作简要介绍。

1. 山地针叶林

主要由落叶松属 *Larix*、云杉属 *Picea*、松属 *Pinus* 的树种所建群，分别组成明亮针叶林和常绿针叶林（见表31）。

表31　内蒙古山地针叶林的类型及林型

山地针叶林类型	林型（群系）	群丛组
明亮针叶林	兴安落叶松林 Form. *Larix gmelinii*	兴安落叶松—草类林 兴安落叶松—杜鹃林 兴安落叶松—杜香林 兴安落叶松—藓类型 兴安落叶松—偃松林 兴安落叶松—蒙古栎林 兴安落叶松—桦木林
	华北落叶松林 Form. *Larix principis-rupprechtii*	

续表 31

山地针叶林类型	林型（群系）	群丛组
常绿针叶林	红皮云杉林 Form. *Picea koraiensis*	
	白扦林 Form. *Picea meyeri*	
	沙地云杉林 Form. *Picea meyeri* var. *mongolica*	
	青扦林 Form. *Picea wilsonii*	
	青海云杉林 Form. *Picea crassifolia*	
	欧洲赤松林 Form. *Pinus sylvestris*	
	樟子松林 Form. *Pinus sylvestris* var. *mongolica*	
	油松林 Form. *Pinus tabuliformis*	
	偃松林 Form. *Pinus pumila*	

兴安落叶松林是东西伯利亚及中西伯利亚东部的特有群系，延伸分布到我国大兴安岭山地。在内蒙古的森林植被中，兴安落叶松林是面积最大的森林类型，约占内蒙古森林总面积的60%。兴安落叶松是夏绿针叶树，生态可塑性较大，组成多种林型。兴安落叶松林的植物中种子植物约 220 种，苔藓与蕨类植物约 40 种；以毛茛科、菊科、蔷薇科、莎草科、百合科的植物种属居多，豆科、桦木科、杜鹃科植物也较多，这 8 个科的植物约 110 种。随森林立地条件不同，分化形成不同林型，各林型在生态发生系列中的位置如下式：

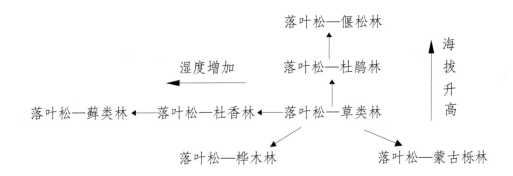

华北落叶松林属于我国华北山地针叶林类型，在内蒙古仅阴山南部的蛮汗山、冀北山地北缘及大兴安岭南端的黄岗梁、赛罕乌拉、乌兰坝等地有零星分布。近些年来，通过森林封育和人工造林，扩大了华北落叶松林在这些山区的分布。

红皮云杉林是分布在大兴安岭北部、小兴安岭、长白山的针叶林类型。多生于山地阴坡及河谷中，常与兴安落叶松、白桦等组成混交林。

白扦林主要分布在我国华北的雾灵山、小五台山、五台山、管涔山及内蒙古的大青山、蛮汗山、大兴安岭南部山地。常与华北落叶松组成混交林，在大青山山地还有白扦与青扦、青海云杉的混交林。

沙地云杉林是大兴安岭南部山地沙地（白音敖包、乌兰布统、正蓝旗东北部、白音锡勒牧场）所分布的针叶林，常组成单优树种，为白扦林的沙地生态变型。

青扦林广泛分布于我国华北、西北及西南山区。青扦为中国—喜马拉雅成分，在内蒙古的阴山及贺兰山均有分布，是山地针叶林带的主要森林类型，多形成单树种林，或与白扦、青海云杉混交成林。

青海云杉林分布于祁连山、六盘山及内蒙古的阴山、贺兰山及龙首山。青海云杉成为祁连山—贺兰山特有成分，是构成山地针叶林的主要类型，分布的海拔也多在 1700 米以上，常组成单优树种林，或与白桦、山杨组成混交林。

以上 4 种云杉表现出由我国东北、华北、内蒙古到西北和西南山地的地理替代分布，进入新疆山地后有雪岭云杉 *Picea schrenkiana* 成为替代种。

欧洲赤松是欧洲—西伯利亚松林带的主要建群种，在我国大兴安岭北部石质山地，欧洲赤松林随立地条件而分化为欧洲赤松—偃松林、欧洲赤松—杜鹃林、欧洲赤松—越桔林、欧洲赤松—杜香林、欧洲赤松—草类林。

樟子松林是在大兴安岭西麓沙地所分布的针叶林，是欧洲赤松在呼伦贝尔红花尔基和海拉尔河南部沙地的地方变种，常形成较大面积的樟子松纯林。沙地樟子松林具有草原化特征，常成为单树种的针叶林，或与白桦、落叶松组成混交林。

油松林广泛分布于我国华北山地，往西到祁连山，内蒙古的阴山山地、贺兰山及冀北山地北缘均有分布。在华北各山区多与蒙古栎组成混交林，在内蒙古境内的山地上多形成单优树种的油松林。

偃松林是大兴安岭北部山顶所形成的特殊森林类型。偃松匍匐偃卧丛生，所以群落呈灌丛状，是适应山顶多风寒冷生境的森林生态变型。

2. 夏绿阔叶林

由栎属 *Quercus*、椴树属 *Tilia*、槭树属 *Acer*、杨属 *Populus*、桦木属 *Betula* 的树种组成，一般分布在山地阴坡及山地沟谷中。

阔叶林主要有以下一些群落类型。

蒙古栎林 Form. *Quercus mongolica* 分布于大兴安岭东麓及南部山地，多见于海拔 1000 米以上的山地，而在大青山与蛮汗山则分布于海拔 1700 米以上的山地阴坡。蒙古栎常与白桦、山杨等组成混交林。

白桦林 Form. *Betula platyphylla* 是大兴安岭北部西麓山前丘陵、大兴安岭南部山地、阴山山地广泛分布的阔叶林，也是森林草原带的主要森林群落。

黑桦林 Form. *Betula dahurica* 分布于我国东北及华北山地，在内蒙古只分布在大兴安岭东坡和大兴安岭南部山地局部地区，常与蒙古栎、白桦混生成林，或成为兴安落叶松林的混生树种。

山杨林 Form. *Populus davidiana* 也是森林草原带的主要森林群落，分布范围与白桦林一致，并常与白桦组成混交林。

椴树林 Form. *Tilia mongolica* 是阴山山地零散分布的阔叶林，在冀北山地是白桦、山杨林的混生树种。

3. 山地灌丛植被

是广泛适应山地多种生境的植被类型。由圆柏属 *Sabina*、桦木属 *Betula*、榛属 *Corylus*、虎榛子属 *Ostryopsis*、柳属 *Salix*、绣线菊属 *Spiraea*、蔷薇属 *Rosa*、栒子属 *Cotoneaster*、桃

属 *Amygdalus*、金露梅属 *Pentaphylloides*、锦鸡儿属 *Caragana*、鼠李属 *Rhamnus*、沙棘属 *Hippophae*、岩高兰属 *Empetrum* 的植物建群，组成多种群落类型。

属于高寒灌丛的群落类型有大兴安岭北部高纬度地区石质山顶上形成的岩高兰灌丛 Form. *Empetrum nigrum*，贺兰山高山带分布的山生柳灌丛 Form. *Salix oritrepha* 和鬼箭锦鸡儿灌丛 Form. *Caragana jubata*，亚高山分布的小叶金露梅灌丛 Form. *Pentaphylloides parvifolia*。

针叶林区的山地灌丛有大兴安岭北部的柴桦灌丛 Form. *Betula fruticosa*、榛灌丛 Form. *Corylus heterophylla*。

在草原区山地分布的中生灌丛有土庄绣线菊灌丛 Form. *Spiraea pubescens*、三裂绣线菊灌丛 Form. *Spiraea trilobata*、蒙古绣线菊灌丛 Form. *Spiraea mongolica*、黄刺玫灌丛 Form. *Rosa xanthina*、山刺玫灌丛 Form. *Rosa davurica*、柄扁桃灌丛 Form. *Amygdalus pedunculata*、沙棘灌丛 Form. *Hippophae rhamnoides* subsp. *sinensis*、虎榛子灌丛 Form. *Ostryopsis davidiana*、叉子圆柏灌丛 Form. *Sabina vulgaris* 等。

4. 山地草甸植被

包括高山、亚高山草甸和中低山带的山地草甸，是由中生性多年生草本植物建群的植物群落。

高山、亚高山草甸是在山地森林带以上形成的草甸植被，在贺兰山、龙首山海拔 3000 米以上的高山带有片段分布，或在其山顶呈帽状分布。主要以高山嵩草 *Kobresia pygmaea* 为建群种，伴生成分有高原嵩草 *Kobresia pusilla*、祁连薹草 *Carex allivescens*、矮火绒草 *Leontopodium nanum*、珠芽蓼 *Polygonum viviparum*、高山蚤缀 *Arenaria meyeri* 等。

山地中部与下部形成的山地草甸与森林同带分布，或是森林的次生植被，最常见的山地草甸有两类：一是五花草甸，是由多种花色华丽的双子叶草类组成的草甸群落，在大兴安岭山地东、西两侧均有大量分布，优势植物有地榆 *Sanguisorba officinalis*、小黄花菜 *Hemerocallis minor*、蓬子菜 *Galium verum*、野豌豆 *Vicia* spp.、百合 *Lilium* spp.、薹草 *Carex* spp. 等；另一类是禾草草甸，以高大禾草为优势成分，如无芒雀麦、早熟禾 *Poa* spp.、野青茅 *Deyeuxia* spp.、大油芒 *Spodiopogon sibiricus* 等。

（四）低湿地草甸、草本沼泽、灌丛、河滩林与盐生植被

在河谷滩地、湖盆低地、丘间洼地与风蚀洼地等隐域性生境中，由于地下水可供应植物的生长需要，或土壤盐分含量较高，所以形成了由中生植物、湿生植物或盐生植物所组成的植被类型。

1. 低湿地草甸植被

在土壤有效水分充足或基本充足的低湿滩地上，有由多年生中生性草本植物所组成的隐域性植物群落，其土壤水分主要来源于地下水与地表径流。低湿地草甸的地理分布十分广泛，东起大兴安岭山地与西辽河平原，西至阿拉善荒漠地区，在内蒙古各个自然地带都有低湿地草甸植被的群落类型。按其水分、盐分适应性的一般特点，划分为典型草甸、沼泽草甸、草原化草甸、盐化草甸等类型。

典型草甸多是由禾本科的中生草类所建群的群落，薹草属与双子叶植物的建群种较少。占

据中等湿度的生境，土壤 pH 值为中性。主要分布在大兴安岭山区及其两麓、西辽河流域、内蒙古高原东部、黄河沿岸等地区的低湿地上。常见的群落类型有巨序翦股颖草甸 Form. *Agrostis gigantea*、无芒雀麦草甸 Form. *Bromus inermis*、拂子茅草甸 Form. *Calamagrostis epigeios*、散穗早熟禾草甸 Form. *Poa subfastigiata*、寸草薹草甸 Form. *Carex duriuscula*、地榆草甸 Form. *Sanguisorba officinalis*、黄花苜蓿草甸 Form. *Medicago falcata*、鹅绒委陵菜草甸 Form. *Potentilla anserina* 等。

沼泽草甸是以湿中生多年生薹类占优势的群落，多出现在季节性地表积水泛滥的低地上。主要群落类型有大叶章沼泽草甸 Form. *Deyeuxia purpurea*、菵草沼泽草甸 Form. *Beckmannia syzigachne*、看麦娘沼泽草甸 Form. *Alopecurus aequalis*、牛鞭草沼泽草甸 Form. *Hemarthria compressa*、荻沼泽草甸 Form. *Miscanthus sacchariflorus* 等。

草原化草甸是由旱中生草类建群或在群落中含有草原植物层片的群落类型，是一类旱化的草甸植被，多分布在高河漫滩、阶地、宽谷地等生境中。代表性的群落类型有野古草草甸 Form. *Arundinella hirta*、披碱草草甸 Form. *Elymus dahuricus*、光稃茅香草甸 Form. *Anthoxanthum glabrum*、白草草甸 Form. *Pennisetum flaccidun* 等。

盐化草甸植被由耐盐性中生草类建群，是在地面蒸发较强烈、土壤盐渍化的低湿地上形成的群落类型，因此多分布在典型草原地带、荒漠草原地带及荒漠区内的盐化低地上。盐化草甸多由禾草组成，也包含一些耐盐性杂类草及小半灌木、小灌木类植物。分布最广、数量最多的盐化草甸是芨芨草草甸 Form. *Achnatherum splendens*，其在典型草原带、荒漠草原带及荒漠区都是最常见的群落类型。由于芨芨草的生态幅度较宽，所适应的生境类型较多，所以分化出许多不同的群丛。此外，还有野黑麦盐化草甸 Form. *Hordeum brevisubulatum*、赖草盐化草甸 Form. *Leymus secalinus*、星星草盐化草甸 Form. *Puccinellia tenuiflora*、马蔺盐化草甸 Form. *Iris lactea* var.*chinensis* 等。

2. 草本沼泽植被

在地表积水、土壤过湿并常有泥炭积累的低湿滩地生境中，由湿生草本植物组成的植物群落为草本沼泽。由于多水的生境中生态条件比较均一，所以植物的广布种较多，植物群落多是跨地带分布的。在内蒙古分布较广的草本沼泽群落类型有芦苇沼泽 Form. *Phragmites australis*、丛薹草沼泽 Form. *Carex caespitosa*、乌拉草沼泽 Form. *Carex meyeriana*、白毛羊胡子草沼泽 Form. *Eriophorum vaginatum*、藨草沼泽 Form. *Schoenoplectus triqueter*、水葱沼泽 Form. *Schoenoplectus tabernaemontani*、东方香蒲沼泽 Form. *Typha orientalis*、泥炭藓类沼泽 Form. *Sphagnum* spp. 等。

3. 低湿地灌丛植被

在许多河谷滩地、沙丘间洼地、盐化低地、湖盆凹地中，有由中生或湿生灌木组成的各种类型的灌丛植被。在大兴安岭及其两麓低山丘陵区的河谷中，由蔷薇科的多种灌木如山荆子 *Malus baccata*、稠李 *Padus avium*、辽宁山楂 *Crataegus sanguinea* 等混生组成河谷灌丛。

在内蒙古各地的河流沿岸及沙区的沙丘间滩地上，有多种柳灌丛的分布。其中大兴安岭及其两麓低山丘陵区河滩柳灌丛的群落类型最多，主要由沼柳 *Salix rosmarinifolia*、兴安柳 *Salix hsinganica*、鹿蹄柳 *Salix pyrolifolia*、五蕊柳 *Salix pentandra*、越桔柳 *Salix myrtilloides* 等。广泛分布于内蒙古各山区的河滩柳灌丛有砂杞柳 *Salix kochiana* 灌丛等。沙丘间滩地柳灌丛的主要建群种有小红柳 *Salix microstachya*、乌柳 *Salix cheilophila*、北沙柳 *Salix psammophila* 等。

在内蒙古荒漠区及荒漠草原地带的盐化低地上，有几种柽柳组成的盐湿灌丛，主要群落类型有红柳灌丛 Form. *Tamarix ramosissima*、柽柳灌丛 Form. *Tamarix chinensis*、细穗柽柳灌丛 Form. *Tamarix leptostachya*、长穗柽柳灌丛 Form. *Tamarix elongata*、短穗柽柳灌丛 Form. *Tamarix laxa* 等。

4. 河滩林

大兴安岭山区河谷林的主要类型有钻天柳林 Form. *Chosenia arbutifolia*、甜杨林 Form. *Populus suaveolens*。西辽河平原南部的大青沟分布着朝鲜柳林 Form. *Salix koreensis*。内蒙古荒漠区的黄河河漫滩、额济纳河河漫滩等地有沙枣林 Form. *Elaeagnus angustifolia* 与胡杨林 Form. *Populus euphratica* 的分布。

5. 盐生植被

在内蒙古干旱、半干旱区的盐渍低地上，由盐生小半灌木及盐生一年生植物组成的群落类型具有很强的适应盐土的特性。最有代表性的群落是由盐爪爪属 *Kalidium* 的几种小半灌木建群的盐爪爪群落 Form. *K. foliatum*、细枝盐爪爪群落 Form. *K. gracile*、尖叶盐爪爪群落 Form. *K. cuspidatum*。这些盐生群落也属于隐域性的盐湿荒漠植被。

一年生盐生植物群落主要由碱蓬 *Suaeda glauca*、茄叶碱蓬 *Suaeda przewalskii*、肥叶碱蓬 *Suaeda kossinskyi*、盐地碱蓬 *Suaeda salsa*、角果碱蓬 *Suaeda corniculata*、平卧碱蓬 *Suaeda prostrata*、盐角草 *Salicornia europaea*、盐生草 *Halogeton glomeratus*、蛛丝蓬 *Micropeplis arachnoidea* 等组成。

三、植物分类群的多样性分析

内蒙古植物区系多样性的研究，首先应该从植物种类多样性入手，以便探索本地区植物界演化的历史以及生物多样性的区域特征。内蒙古植物区系包含植物界的各大类群：种子植物、蕨类植物、苔藓植物、藻类植物、菌类及地衣类等。本书只限于对蕨类植物及种子植物的记述。关于苔藓植物已另有专门研究，其成果为《内蒙古苔藓植物志》（白学良主编，内蒙古大学出版社，1997 年），不再赘述。因此，对内蒙古的高等植物类群可以进行较完整的统计和分析。目前，内蒙古的藻类植物研究工作比较薄弱，菌类、地衣类也缺乏完整的研究成果，所以不便于进行全面统计。

截止到目前，在内蒙古所搜集到的维管植物（种子植物、蕨类植物）2619 种（不包括种下单位和栽培植物），其中种子植物 2551 种、蕨类植物 68 种。这些植物分属于 144 科、737 属。按照植物大类群进行统计，列入表 32 中。

内蒙古自治区总面积 118.3 万平方公里，约占全国国土总面积的 12%。但植物区系的科属种组成在全国植物区系中占的比例却是不一致的。按照王利松等人 2015 年对全国高等植物的统计，内蒙古的维管植物科的数目占全国维管植物总科数 303 的 47.5%，属占全国维管植物总属数 3216 的 22.9%，而种数只占全国总种数 32067 的 8.2%。这些数据反映出内蒙古植物区系多

表 32　内蒙古维管植物大类群的统计（不包括栽培类群）

植物类群	科、属、种数	科数	占总科数的百分比（%）	属数	占总属数的百分比（%）	种数	占总种数的百分比（%）
蕨类植物		17	11.8	30	4.1	68	2.6
种子植物	裸子植物	3	2.1	7	0.9	25	0.9
	被子植物　双子叶植物	103	71.5	547	74.2	1927	73.6
	单子叶植物	21	14.6	153	20.8	599	22.9
维管植物（总计）		144	100	737	100	2619	100

样性的地区特征，种的数量偏少反映了区域生态地理环境趋于严酷化的历史特点，科属类群的多样性较高又表现出植物区系漫长的分化变异与迁移融合的复杂历程。

　　内蒙古的植物区系中，单属科以及在内蒙古只含有一种或极少数种的科是很多的，单种属、寡种属及在内蒙古只含一种或少数种的属也很多。这是亚洲大陆中部草原区和荒漠区植物区系的重要特点之一。从另一方面来看，内蒙古如与同类的半干旱及干旱地区相比，植物种的数量还是比较多的。例如相邻的蒙古国，总面积 156 万平方公里，而种子植物只有 3127 种（M. Urgamal et al., 2014）；我国新疆总面积 160 多万平方公里，境内又有天山、阿尔泰山等几大山区，但野生维管植物有 3276 种（《新疆植物志》，2011）。内蒙古因为横跨针叶林区、夏绿阔叶林区、草原区和荒漠等几大自然地带，而且又处于我国东北、华北及蒙古等植物区系成分相互渗透的地区，所以植物区系组成丰富。当然，内蒙古的植物种类的分布是不均衡的，其中山区的植物最丰富，如东部的大兴安岭拥有很丰富的森林植物以及草甸、沼泽与水生植物；中部的阴山山脉及西部的贺兰山不但兼有森林和草原植物，而且还有草甸、沼泽成分；广大的高平原和平原地区则以草原与荒漠旱生型植物为主，草甸植物与盐生植物等较少。

（一）植物科的多样性分析

　　植物的科一级分类单位可以为植物区系多样性分化的起源提供线索，并可反映出不同区域间区系的联系。

　　内蒙古有种子植物 127 科，占本区维管植物 144 科的 88.2%，构成内蒙古植物区系的主体成分。其中有高度进化、物种多样性分化十分复杂的菊科、禾本科等大科，也有在演化史上比较古老的睡莲科、五味子科、金粟兰科、马兜铃科等。内蒙古种子植物科的数量较多，也表明其与其他相关地区的植物区系有十分广泛的联系。

　　按照各科所包含的种数来分析（见表 33、表 34），含有 200 种以上的大科只有菊科、禾本科，含有 101～200 种的科有 4 科，含有 51～100 种的科有 8 科，总计 14 科、1768 种，占维管植物总种数 2619 的 67.5%，而科数只占总科数 144 科的 9.7%。这 14 个科不仅含有内蒙古大部分植物种，而且还包含了一些大属，如薹草属 *Carex*、蒿属 *Artemisia*、蓼属 *Polygonum*、黄芪属 *Astragalus*、柳属 *Salix*、风毛菊属 *Sarussurea*、委陵菜属 *Potentilla*、棘豆属 *Oxytropis*、葱属 *Allium*、针茅属 *Stipa*、锦鸡儿属 *Caragana*、绣线菊属 *Spiraea* 等。这些大科大属包含了许多在内蒙古植被组成中具有重要作用的植物种。

表33 内蒙古维管植物科的大小顺序统计表

种数（科数）	科名（属数／种数）
>300（1）	菊科 (88/356)
201～300（1）	禾本科 (72/254)
101～200（4）	毛茛科（17/124）、蔷薇科（29/121）、豆科（29/180）、莎草科 (14/148)
51～100（8）	蓼科 (7/65)、藜科 (21/83)、石竹科 (19/87)、十字花科 (42/85)、伞形科 (29/58)、唇形科 (25/57)、玄参科 (23/69)、百合科 (20/81)
31～50（3）	杨柳科 (3/49)、龙胆科 (10/37)、紫草科 (17/40)
21～30（5）	虎耳草科 (10/27)、堇菜科 (1/26)、报春花科 (6/22)、桔梗科 (5/29)、兰科 (20/29)
11～20（17）	松科 (3/11)、桦木科 (4/17)、紫堇科 (1/12)、景天科 (6/18)、牻牛儿苗科 (2/12)、蒺藜科 (4/12)、大戟科 (4/15)、柽柳科 (3/17)、柳叶菜科 (4/12)、杜鹃花科 (7/12)、萝藦科 (3/14)、茄科 (6/14)、茜草科 (3/17)、忍冬科 (7/16)、眼子菜科 (2/13)、灯心草科 (2/13)、鸢尾科 (2/16)
6～10（23）	卷柏科 (1/6)、木贼科 (2/9)、蹄盖蕨科 (4/7)、铁角蕨科 (2/7)、岩蕨科 (2/9)、鳞毛蕨科 (2/7)、柏科 (3/7)、麻黄科 (1/7)、榆科 (3/8)、荨麻科 (4/8)、小檗科 (2/6)、鼠李科 (2/10)、鹿蹄草科 (4/10)、白花丹科 (3/8)、木樨科 (2/7)、旋花科 (3/9)、菟丝子科 (1/7)、列当科 (3/10)、车前科 (1/9)、败酱科 (2/7)、香蒲科 (1/9)、黑三棱科 (1/6)、泽泻科 (3/7)
4～5（13）	阴地蕨科（2/4）、水龙骨科（3/5）、檀香科 (1/4)、苋科 (1/4)、罂粟科 (3/4)、亚麻科 (1/5)、芸香科 (3/4)、卫矛科 (2/5)、槭树科 (1/4)、葡萄科 (2/4)、狸藻科 (2/4)、川续断科 (3/4)、浮萍科 (2/5)
2～3（34）	石松科 (2/3)、碗蕨科 (2/2)、中国蕨科 (1/2)、球子蕨科 (2/2)、大麻科 (2/2)、桑寄生科 (2/2)、睡莲科 (3/3)、金鱼藻科 (1/2)、芍药科 (1/2)、白刺科 (1/3)、骆驼蓬科 (1/3)、远志科 (1/2)、水马齿科 (1/2)、凤仙花科 (1/2)、椴树科 (1/3)、锦葵科 (3/3)、藤黄科 (1/3)、瑞香科 (2/2)、胡颓子科 (2/2)、小二仙草科 (1/2)、杉叶藻科 (1/2)、五加科 (2/3)、山茱萸科 (1/2)、睡菜科 (2/2)、夹竹桃科 (1/2)、花荵科 (1/2)、马鞭草科 (2/2)、紫葳科 (1/2)、葫芦科 (3/3)、水鳖科 (1/3)、水麦冬科 (1/2)、天南星科 (3/3)、鸭跖草科 (3/3)、雨久花科 (1/2)
1（35）	瓶尔小草科、裸子蕨科、金星蕨科、槲蕨科、槐叶苹科、金粟兰科、胡桃科、壳斗科、桑科、马兜铃科、粟米草科、马齿苋科、防己科、五味子科、茅膏菜科、酢浆草科、苦木科、岩高兰科、无患子科、猕猴桃科、沟繁缕科、瓣鳞花科、半日花科、千屈菜科、菱科、锁阳科、马钱科、胡麻科、透骨草科、五福花科、角果藻科、花蔺科、菖蒲科、谷精草科、薯蓣科

表 34 内蒙古种子植物主要科的数量及与邻区植物科的比较

	内蒙古 （118.3万平方公里）				华北地区 （100万余平方公里）		蒙古国 （156万平方公里）	
	属数	属数占全区的 百分比（%）	种数	种数占全区的 百分比（%）	种数	占全部种数的 百分比（%）	种数	占全部种数的 百分比（%）
全部植物	737	100	2619	100	3925	100	3127	100
1. 菊科	88	11.94	356	13.59	388	9.89	478	15.29
2. 禾本科	72	9.77	254	9.70	293	7.46	259	8.28
3. 豆科	29	3.93	180	6.67	170	4.33	356	11.38
4. 莎草科	14	1.90	148	5.65	181	4.61	132	4.22
5. 毛茛科	17	2.31	124	4.73	175	4.43	138	4.41
6. 蔷薇科	29	3.93	121	4.62	276	7.03	161	5.15
7. 十字花科	42	5.70	85	3.25	84	2.14	160	5.12
8. 石竹科	19	2.58	87	3.32	66	1.68	97	3.10
9. 百合科	20	2.71	81	3.09	138	3.52	93	2.97
10. 藜科	21	2.85	83	3.17	64	1.63	101	3.23
11. 玄参科	23	3.12	69	2.63	79	2.01	90	2.88
12. 蓼科	7	0.95	65	2.48	85	2.17	33	2.11
13. 伞形科	29	3.93	58	2.21	110	2.80	74	2.37
14. 唇形科	25	3.39	57	2.18	129	3.29	102	3.26
15. 杨柳科	3	0.41	49	1.87	87	2.22	49	1.57
16. 紫草科	17	2.31	40	1.53	46	1.17	66	2.11
17. 兰科	20	2.71	29	1.11	54	1.38	27	0.86
18. 虎耳草科	10	1.36	27	1.03	83	2.11	36	1.15
19. 龙胆科	10	1.36	37	1.41	41	1.04	34	1.09
20. 桔梗科	5	0.68	29	1.11	39	0.99	17	0.54
21. 堇菜科	1	0.14	26	0.99	43	1.10	26	0.83
22. 报春花科	6	0.81	22	0.84	35	0.89	28	0.90
23. 景天科	6	0.81	18	0.69	43	1.10	19	0.61
24. 蒺藜科（广义）	6	0.81	18	0.69	6	0.15	19	0.61
25. 桦木科	4	0.54	17	0.65	36	0.92	10	0.32
26. 柽柳科	3	0.41	17	0.65	7	0.18	13	0.42
27. 茜草科	3	0.41	17	0.65	43	1.10	13	0.42
28. 忍冬科	7	0.95	16	0.61	66	1.68	14	0.45
29. 鸢尾科	2	0.27	16	0.61	19	0.48	20	0.64
30. 罂粟科（广义）	4	0.54	16	0.61	31	0.79	29	0.93
31. 旋花科（广义）	4	0.54	16	0.61	16	4.41	16	0.51
32. 大戟科	4	0.54	15	0.57	35	0.89	15	0.48
33. 眼子菜科	2	0.27	13	0.50	27	0.69	16	0.51
34. 牻牛儿苗科	2	0.27	12	0.46	15	0.38	14	0.45
35. 松科	3	0.41	11	0.42	19	0.48	9	0.29

大科中的菊科是全球广泛分布的科，也是内蒙古最大的科。它在温带地区分布的种属多样性最高，种属分化十分丰富，在被子植物中是最进化的类群，几乎全部是草本植物。在内蒙古植被中，菊科拥有许多建群种、优势种和特征种，如冷蒿 *Artemisia frigida* 是草原区广泛分布的建群种和优势种；白莲蒿 *Artemisia gmelinii* 是石质山地的建群种；差不嘎蒿 *Artemisia halodendron*、乌丹蒿 *Artemisia wudanica*、褐沙蒿 *Artemisia intramongolica*、油蒿 *Artemisia ordosica*、白沙蒿 *Artemisia sphaerocephala* 等是第四纪以来伴随风积沙地的形成而分化的年轻物种，是沙生植被的建群种；线叶菊 *Filifolium sibiricum* 是森林草原地带山地草原的建群种；亚菊属 *Ajania* 的一些种是荒漠草原和荒漠植被的优势种。

禾本科是单子叶植物中高度进化的大科，在全球广布，种属多样性十分突出，是各类草本植被的主要成分，并侵入各类森林和灌丛植被中。在内蒙古草原及草甸植被中，禾本科草类是最主要的建群种和优势种。针茅属 *Stipa* 的许多种长期适应草原植被的形成，是其主导植物。冰草属 *Agropyron*、隐子草属 *Cleistogenes*、羊茅属 *Festuca*、早熟禾属 *Poa* 的许多种都是草原和草甸的优势类群。

豆科也是有代表性的世界分布科，在内蒙古的森林、草原、荒漠、草甸及山地植被中都有与其相适应的特征植物和优势种，其中黄芪属、棘豆属、锦鸡儿属的种最为典型。

毛茛科、蔷薇科都是北半球温带广布的典型科，在森林、草甸和山地植被中具有十分突出的作用，在草原植被中也有一些旱生化的特征植物，如唐松草属 *Thalictrum*、委陵菜属 *Potentilla* 等。

莎草科也是世界性分布的科，多数种类见于草甸、沼泽和林下。内蒙古各地的沼泽草甸中有丰富的莎草科植物成为优势成分。

藜科、十字花科、唇形科从亚洲中部到地中海形成了多样化中心，成为荒漠和草原的特征植物。猪毛菜属 *Salsola*、虫实属 *Corispermum*、白刺属 *Nitraria*、兔唇花属 *Lagochilus*、百里香属 *Thymus* 都是典型属。

蓼科、伞形科、石竹科、百合科、玄参科、杨柳科都是以北半球温带分布区为主的科，在森林和草原地区有许多种属的分化，特别是在山地生境中种属多样性最高。

内蒙古只含有 1 种植物的科共 35 科，其中种子植物 30 科、蕨类植物 5 科；只含有 2～3 种植物的科 34 科，其中种子植物 30 科、蕨类植物 4 科。这些只含 1～3 种植物的科合计 69 科，占维管植物总科数的 47.92%；但所含有的种数只有 115 种，占维管植物总种数的 4.39%。这些种属稀少的科往往也是植物区系分化演变的历史见证。

内蒙古植物区系中包含的单属科有卷柏科 *Selaginellaceae*、槐叶苹科 *Salviniaceae*、麻黄科 *Ephedraceae*、金鱼藻科 *Ceratophyllaceae*、水马齿科 *Callitrichaceae*、菱科 *Trapaceae*、杉叶藻科 *Hippuridaceae*、锁阳科 *Cynomoriaceae*、黑三棱科 *Sparganiaceae*、角果藻科 *Zannichelliaceae* 10 科。

内蒙古只包含 1 个属的科有：瓶尔小草科 *Ophioglossaceae*、中国蕨科 *Sinopteridaceae*、裸子蕨科 *Hemionitidaceae*、金星蕨科 *Thelypteridaceae*、槲蕨科 *Drynariaceae*、金粟兰科 *Chloranthaceae*、胡桃科 *Juglandaceae*、壳斗科 *Fagaceae*、桑科 *Moraceae*、檀香科 *Santalaceae*、马兜铃科 *Aristolochiaceae*、苋科 *Amaranthaceae*、粟米草科 *Molluginaceae*、马齿苋科 *Portulacaceae*、芍药科 *Paeoniaceae*、防己科 *Menispermaceae*、五味子科 *Magnoliaceae*、紫堇科 *Fumariaceae*、茅膏菜科 *Droseraceae*、酢浆草科 *Oxalidaceae*、亚麻科 *Linaceae*、白刺

科 *Nitrariaceae*、骆驼蓬科 *Peganaceae*、苦木科 *Simaroubaceae*、远志科 *Polygalaceae*、岩高兰科 *Empetraceae*、槭树科 *Aceraceae*、无患子科 *Sapindaceae*、凤仙花科 *Balsaminaceae*、椴树科 *Tiliaceae*、猕猴桃科 *Actinidiaceae*、藤黄科 *Clusiaceae*、沟繁缕科 *Elatinaceae*、瓣鳞花科 *Frankeniaceae*、半日花科 *Cistaceae*、堇菜科 *Violaceae*、千屈菜科 *Lythraceae*、小二仙草科 *Haloragaceae*、山茱萸科 *Cornaceae*、马钱科 *Loganiaceae*、夹竹桃科 *Apocynaceae*、菟丝子科 *Cuscutaceae*、花荵科 *Polemoniaceae*、紫葳科 *Bignoniaceae*、胡麻科 *Pedaliaceae*、透骨草科 *Phrymaccac*、车前科 *Plantaginaceae*、五福花科 *Adoxaceae*、香蒲科 *Typhaceae*、水鳖科 *Hydrocharitaceae*、水麦冬科 *Juncaginaceae*、花蔺科 *Butomaceae*、菖蒲科 *Acoraceae*、谷精草科 *Eriocaulaceae*、雨久花科 *Pontederiaceae*、薯蓣科 *Dioscoreaceae*56 科。

上述 10 个单属科与 56 个只含 1 个属的科合计 66 科，占内蒙古总科数的 45.83%。这是内蒙古植物区系组成的一大特点。

与邻近地区的植物区系比较，内蒙古种子植物的科数是相当丰富的（见表 35），不仅占全国种子植物总科数的 47.9%，而且高于我国西北干旱荒漠平原区及东北平原区，仅仅低于暖温带的华北地区和南方亚热带地区，与相邻的蒙古国植物科数大体相当。

表35　内蒙古与邻近地区种子植物科属种数的比较

分布区	科数	占全国科数百分比（%）	属数	平均每科属数	种数	平均每科种数
内蒙古（温带）	127	47.9	707	5.6	2551	20.1
华北（暖温带）	151	57.0	914	6.1	3465	22.9
东北平原（温带）	98	37.0	429	4.4	1049	10.7
西北荒漠（温带）	68	25.7	361	5.3	1079	15.9
华中（亚热带）	207	78.1	1279	6.2	5444	26.3
中国	265	100	3040	11.5	244943	113.0
蒙古国	112		683	6.1	3127	27.9

*华北地区数据引自王荷生（1997）。

东北平原数据引自傅沛云（1995）。

西北荒漠数据引自沈观冕（1994）。

华中数据引自祁承经（1995）。

中国数据引自王利松（2015）。

蒙古国数据引自 M. Urgamal et al.(2014)。

在上述不同地区大科的排序中，菊科都排在首位。在内蒙古与华北地区、东北平原中，禾本科居第二位；而西北荒漠区是藜科占第二位，禾本科退居第五位；华中地区的禾本科居第三位，蔷薇科占第二位；蒙古国则是豆科占第二位，禾本科居第三位。另外，内蒙古的豆科、莎草科、毛茛科、蔷薇科、十字花科、石竹科、百合科、藜科 8 科的排序与华北地区比较，有 5 科是一致的，与东北平原有 7 科是一致的，与西北荒漠区有 6 科比较相似，与华中地区只有 4 科相近似，与蒙古国的各科排序是比较相近的。

内蒙古与华北地区相比较（见表34），植物种最丰富的6个大科是一致的，说明两地区植物区系具有明显的共同性和联系。但是华北地区蔷薇科的种的数量显然比内蒙古丰富（276:121），百合科、唇形科、伞形科、杨柳科、虎耳草科、忍冬科、桦木科等科的物种丰富度显著高于内蒙古，这彰显了华北地区东亚植物区系的突出特色；内蒙古的藜科、蒺藜科、柽柳科均比华北丰富，反映了其亚洲内陆干旱区植物区系的特点。在蒙古国（见表34），菊科、豆科、十字花科的种数均多于内蒙古，是居第一、第二、第五位的大科，这是由蒙古国的山地及高山植物种类丰富多样形成的。

（二）植物属的多样性分析

在植物界的演化系统中，同一属的物种常具有共同的起源和相似的进化趋势，因此在地区性区系研究中，属一级多样性的研究可为探索区系的演变提供更有力的佐证与线索。

内蒙古的维管植物共有737属，其中种子植物有707属。内蒙古植物种数最多的属是薹草属（100种），其次是蒿属（73种）和黄芪属（52种），含31～40种的属共有4个，含21～30种的属有7个，含11～20种的属27个，含5～10种的属98个，含1～4种的属567个（见表36）。

表36　内蒙古种子植物属的含有种数统计

含不同种数的属	属数	含不同种数的属	属数
含1种的属	348	含17种的属	1
含2种的属	123	含18种的属	1
含3种的属	56	含19种的属	2
含4种的属	41	含20种的属	2
含5种的属	26	含22种的属	2
含6种的属	25	含25种的属	1
含7种的属	13	含26种的属	2
含8种的属	11	含27种的属	1
含9种的属	14	含30种的属	1
含10种的属	9	含33种的属	1
含11种的属	4	含34种的属	1
含12种的属	8	含35种的属	1
含13种的属	4	含39种的属	1
含14种的属	1	含52种的属	1
含15种的属	3	含73种的属	1
含16种的属	1	含100种的属	1

据此，可将在内蒙古含1～4种的属定为小属，5～15种的属定为中等属，16～30种的属定为较大属，31～40种的属定为大属，50种以上的属定为特大属。

内蒙古种子植物的特大属、大属与较大属共21属，所含有的种数总计692种，分别占种子植物总属数与总种数的3%及27.1%；中等属与小属合计686属，含有的种数为1859种，分别占总属数与总种数的97.0%及72.9%。下面对内蒙古植物区系组成中的主要属作简要说明（见表37）。

表37 内蒙古维管植物前41个属的种数统计表

序号	属名	种数	序号	属名	种数
1.	薹草属 Carex	100	22.	鸢尾属 Iris	15
2.	蒿属 Artemisia	73	23.	针茅属 Stipa	15
3.	黄芪属 Astragalus	52	24.	锦鸡儿属 Caragana	15
4.	风毛菊属 Saussurea	39	25.	野豌豆属 Vicia	14
5.	早熟禾属 Poa	36	26.	蓼属 Polygonum	13
6.	棘豆属 Oxytropis	35	27.	酸模属 Rumex	13
7.	葱属 Allium	34	28.	虫实属 Corispermum	13
8.	蓼属 Polygonum	33	29.	柽柳属 Tamarix	13
9.	柳属 Salix	30	30.	紫堇属 Corydalis	12
10.	委陵菜属 Potentilla	27	31.	猪毛菜属 Salsola	12
11.	堇菜属 Viola	26	32.	鹅绒藤属 Cynanchum	12
12.	繁缕属 Stellaria	26	33.	桦木属 Betulla	12
13.	毛茛属 Ranunculus	25	34.	龙胆属 Gentiana	12
14.	鹅观草属 Roegneria	23	35.	大戟属 Euphorbia	12
15.	沙参属 Adenophora	22	36.	婆婆纳属 Veronica	12
16.	绣线菊属 Spiraea	20	37.	拉拉藤属 Galium	12
17.	乌头属 Aconitum	20	38.	蓟属 Cirsium	11
18.	马先蒿属 Pedicularis	21	39.	眼子菜属 Potamogeton	11
19.	杨属 Populus	19	40.	碱茅属 Puccinellia	11
20.	蒲公英属 Taraxacum	17	41.	天门冬属 Asparagus	11
21.	铁线莲属 Clematis	16			
41个属，合计种数943，占全部种数的36.0%					

  薹草属是全世界广泛分布的大属，是各类森林、沼泽和草甸的重要成分。在内蒙古，薹草属是占首位的特大属，各类植被中除荒漠植被及盐生植被少有薹草属植物以外，其他植被中均有该属植物出现，有些种成为沼泽草甸的建群种与特征种。在森林的林下、草甸草原、山地草原、典型草原也常有薹草属的优势种。

  蒿属主要分布于北半球温带地区，是一种高度分化的属，果实传播与繁殖能力很强，在北半球的森林、草地及荒漠中都有常见种及优势种。蒿属是内蒙古植被组成中分布甚广的属，夏绿林、草原、草甸、荒漠、沙地植被、山地植被及农田与撂荒地均可见到不同的蒿属植物种，有些种成为优势种。

  黄芪属是一种世界性分布属。在内蒙古，它遍及各种植被类型中，既有森林草甸特征种，也有草原优势种和荒漠种，在沙地与山地中种数也很多。

  风毛菊属为泛北极分布型，在内蒙古主要见于森林草甸与山地，也有少数种是草原的常见种。蓼属是世界性分布属，主要是中生性草本植物，在内蒙古多见于草甸中。葱属是泛北极广布属，中生种与旱生种都很多，是资源价值很高的植物类群。葱属在内蒙古草原与荒漠中有一系列替代性分布的旱生种，并成为优势种或特征种，在山地与草甸中也有不少中生种。早熟禾属是高度分化的世界分布属，多为中生种。在内蒙古草甸植被中，早熟禾属有若干建群种、优势种和特征种，也有少数草原种。

棘豆属、委陵菜属为泛北极分布属，在内蒙古，多数种是见于草原和山地的特征植物。柳属是泛北极分布的木本植物，在内蒙古多是低湿地、沙地和山地成分，分别组成柳灌丛群落，具有重要的生态防护与资源价值。堇菜属、毛茛属、繁缕属都是世界广布属，乌头属是泛北极属，这4属都是内蒙古山地森林草甸的常见成分。鹅观草属是欧亚大陆温带分布属，主要见于草甸中。沙参属和马先蒿属都是温带分布属，中生种居多，内蒙古山地分布的种较多，也有些草甸草原的特征种和少数草原种。蒲公英属是泛北极广布种，主要见于草甸、农田及撂荒地。铁线莲属是世界性分布属，在内蒙古有一些特异分化种及旱生种，分别出现在山地、草原与石质荒漠中。绣线菊属是泛北极分布的山地灌木属，多组成山地灌丛植被，内蒙古的各山区有不同种建群的山地灌丛。

锦鸡儿属是亚洲温带分布的灌木属，随着中新世以来亚洲大陆环境的剧变，本属也有若干旱生化与适应高寒气候的种系分化，成为亚洲大陆中部的重要特征属，并形成地理替代分布，在内蒙古草原区及荒漠区分布的十余种即反映了本属种系分化的趋势。鸢尾属为泛北极分布属，也存在显著的生态地理分化。内蒙古的鸢尾属植物分化为中生与旱生，有沼泽草甸种、盐化草甸优势种，也有草甸草原、典型草原及荒漠草原的特征种。虫实属是泛北极分布的一年生草本植物，在内蒙古地区高度适应于沙地，常常成为其先锋植物居群或伴生成分。猪毛菜属是生态地理分异多样化的世界分布属，在内蒙古也有明显的分化，有4种为强旱生灌木或半灌木荒漠建群种与优势种，另有9种是旱生化一年生草本植物，多生于干旱荒漠沙地，少数种可在撂荒地形成群聚。野豌豆属是全温带分布属，在内蒙古多出现于山地森林、灌丛、草甸、草甸草原中，是中生性草本植物。婆婆纳属也是全温带分布属，在内蒙古主要见于山地、森林、灌丛及草甸，只有少数种成为草原成分。针茅属主要分布于欧亚大陆温带草原、北美温带草原及南美温带草原，是草原旱生化多年生丛生型禾草，是草原的主导成分。内蒙古草原区的针茅属形成了三组地理替代分布种，都是草原建群种或优势种，组成了内蒙古草原最主要的几个群系。

单种属与寡种属从属一级的起源、分化与发展中反映出植物区系演化的特点。有些单种属与寡种属是新属初始发生但尚未充分发展的植物种系，甚至是十分进化的类型；有些单种属与寡种属是古老属演化的末期产物，是残遗性的类群。在内蒙古植物区系中，上述两类都有典型代表，前者如菊科的翠菊属 Callistephus、百花蒿属 Stilpnolepis、素蒿属 Elachanthemum、栉叶蒿属 Neopallasia、线叶菊属 Filifolium 等，代表新属的初始分化；后者如刺榆属 Hemiptelea、沙冬青属 Ammopiptanthus、四合木属 Tetraena，都是古老的类型。单种属与寡种属也代表着多样化的演化适应途径，如虎榛子属 Ostryopsis、文冠果属 Xanthoceras、单侧花属 Orthilia 是森林区植物区系演化的产物，脓疮草属 Panzerina、绵刺属 Potaninia 和桃属 Amygdalus 是适应荒漠旱生化的类型，杉叶藻属 Hippuris 是适应水生生境的代表，盐穗木属 Halostachys、盐生草属 Halogeton 是盐土荒漠中保存的类型，锁阳属 Cynomorium 是干旱区孤立残存的寄生植物类型，透骨草属 Phryma 则是东亚—北美间断分布的残遗属。

四、植物区系中主要植物科、属的地位与作用

内蒙古植物的各个科、属在植物区系和植被的组成中显然处于不同地位，具有不同作用。下面分别介绍一些主要科、属的地位与作用。

蕨类植物　内蒙古共有 17 科，计 68 种。它们大多是中生的多年生草本植物，绝大部分属、种分布在大兴安岭及其他山地森林带。其中，多数是森林的林下草本植物层和草甸植被的组成成分，也有少数种生于高山冻原、灌丛和沼泽植被中。有些种在群落中可成为次优势成分，如问荆 *Equisetum arvense*、木贼 *Hippochaete hyemalis* 常见于山地草甸及低湿地草甸，蕨菜 *Pteridium aquilinum* var. *latiusculum* 在林下与林间草甸中成为次优势植物等。还有一些种是在岩石露头及石隙中生长的石生种，例如卷柏科、岩蕨科、水龙骨科的许多种及银粉背蕨 *Aleuritopteris argentea*、冷蕨 *Cystopteris fragilis*、香鳞毛蕨 *Dryopteris fragrans* 等。蕨类植物很少参加草原群落的组成，更不进入荒漠植被的严酷环境中。

松科、柏科　内蒙古这两科的种属数目较少，松科含 3 属、11 种，柏科含 3 属、7 种。它们集中分布在内蒙古的山地和部分沙地，是构成针叶林和针阔叶混交林的基本树种。在大兴安岭明亮针叶林带，兴安落叶松（*Larix gmelinii*）林是最主要的森林类型，占林区森林面积的 70% 以上。樟子松 *Pinus sylvestris* var. *mongolica* 在大兴安岭岭西的沙地上成为松林的建群树种。偃松 *Pinus pumila* 在大兴安岭北部山地顶部常形成矮林。油松 *Pinus tabuliformis* 是华北山地森林的主要树种，在内蒙古南部的燕山、阴山及贺兰山等山地可形成油松林及松栎混交林。云杉属 *Picea* 的几个树种也是山地针叶林的成林树种，在大兴安岭北部有红皮云杉 *Picea koraiensis*，在内蒙古南部各山地有白扦 *Picea meyeri*、青扦 *Picea wilsonii* 和青海云杉 *Picea crassifolia* 等，其中，白扦在沙地上（小腾格里沙地东端）也可形成沙地云杉（*Picea meyeri* var. *mongolica*）林。柏科的杜松 *Juniperus rigida* 在大兴安岭南部、阴山及贺兰山等山地是阳坡残林的优势树种，在毛乌素沙地南部有杜松疏林。侧柏 *Platycladus orientalis* 在大青山西部、乌拉山以及阴山南黄土丘陵区（准格尔旗神山林场）可成林。叉子圆柏 *Sabina vulgaris* 在小腾格里及毛乌素两个沙区可组成小片的沙地常绿灌丛，在阴山北部石质丘陵、乌拉山、狼山、贺兰山可形成岛状分布的山地常绿灌丛。

麻黄科　本科是裸子植物中的单属科，只有麻黄属 *Ephedra* 1 属，内蒙古共有 7 种，从东部的西辽河流域及大兴安岭山地直到西部荒漠区，均有麻黄属植物的分布。其中，木贼麻黄 *E. major* 在内蒙古中部、西部均有分布，多生于石质坡地。单子麻黄 *E. monosperma* 与草麻黄 *E. sinica* 主要分布于草原区及其山地，在沙地上常有聚生的小片群落。膜果麻黄 *E. przewalskii* 则是荒漠区及草原化荒漠区所特有的重要成分，可成为荒漠植被的建群种或优势种。

杨柳科　内蒙古有 3 属、52 种，另有栽培种 12 种，乔木或灌木，在山地森林植被、森林带与森林草原带的沼泽植被、灌丛植被以及草原区的沙地植被中都有重要作用。杨属 *Populus* 有 19 种，均为乔木。其中山杨 *P. davidiana* 是广泛分布于内蒙古各山地森林带的建群树种，常与白桦混生成林；香杨 *P. koreana*、甜杨 *P. suaveolens* 是大兴安岭山区河谷林的重要树种；胡杨 *P. euphratica* 是荒漠地区所特有的杨属树种，在荒漠河滩林中成为主要优势树种，也常与沙枣混生成林，在额济纳河沿岸有集中分布。

柳属 *Salix* 计 30 种，其中灌木较多，大部分种是森林区和草原区河滩灌丛的主要成分。

如细叶沼柳 *S. rosmarinifolia*、越桔柳 *S. myrtilloides*、五蕊柳 *S. pentandra* 是森林区沼泽化灌丛的优势种或常见种，粉枝柳 *S. rorida*、乌柳 *S. cheilophila*、小穗柳 *S. microstachya*、卷边柳 *S. siuzevii*、蒿柳 *S. schwerinii* 是广泛分布于河滩灌丛的灌木，还有些种见于沙区的丘间滩地灌丛中。黄柳 *S. gordejevii* 是典型的流沙植物，广泛见于草原带的沙地，在裸沙地上形成单种灌丛群聚，为先锋植物群落。旱柳 *S. matsudana* 是内蒙古广泛栽培的行道树及防护林树种，而且在河谷及低湿滩地有天然自生的旱柳河滩林。此外，钻天柳属 *Chosenia* 仅有钻天柳 *C. arbutifolia* 1 种，为单种属，高大乔木，在大兴安岭北部是组成大面积河岸林的建群树种。

桦木科 内蒙古有 4 属、17 种，均为乔灌木，在森林、灌丛及沙地植被中常为优势植物。桦木属 *Betula* 共 12 种，生于山地和沙地。白桦 *B. platyphylla* 是分布很广的树种，在内蒙古各山地均有分布，是山地次生林的建群种，也是针叶林的伴生树种之一。大兴安岭林区针叶林的采伐迹地或火烧迹地上多形成白桦林与白桦—山杨林。燕山山地、阴山山地上白桦林也很多见。大兴安岭两麓的森林草原带上，白桦林只出现在阴坡，并与阳坡的草原植被组合在一起构成森林草原景观。黑桦 *B. dahurica* 少见于大兴安岭西侧，但为其东侧的主要成林树种之一，组成黑桦林，或与蒙古栎、白桦混生成林。岳桦 *B. ermanii* 是大兴安岭高山带的代表树种之一。柴桦 *B. fruticosa* 等灌木在林区的河岸沼泽化灌丛及沙地灌丛中成为优势种，或混生于沼泽化柳灌丛中。砂生桦 *B. gmelinii*、扇叶桦 *B. middendorffii* 等是林地与林缘灌丛的灌木种。

榛属 *Corylus* 的榛 *C. heterophylla*、毛榛 *C. mandshurica* 均为大兴安岭及燕山山地灌丛的优势种，亦可生于林下。

虎榛子属 *Ostryopsis* 的虎榛子 *O. davidiana* 的分布限于大兴安岭南部以南山区，为燕山、阴山山地较耐旱的山地灌丛的建群种。

壳斗科 内蒙古虽仅有 1 属、1 种，但作用很重要。蒙古栎 *Quercus mongolica* 为夏绿阔叶乔木，是温带阔叶林的基本树种，广泛分布于我国东北和华北地区各林区，是大兴安岭东部与南部、燕山及阴山山地夏绿阔叶林的主要建群树种，目前以萌生矮林居多。

榆科 内蒙古该科的种类不多，有 3 属、8 种，多为乔木。榆属 *Ulmus* 有 6 种。大果榆 *U. macrocarpa* 分布于大兴安岭东部与南部、燕山山地及其北麓丘陵、阴山山地及其以南的低山丘陵、科尔沁沙地等地区，在低山丘陵坡地、沙地上形成大果榆矮林，其中常混生很多山杏或在山杏—大果榆灌丛中成为亚优势种。家榆 *U. pumila* 广泛见于内蒙古，在草原区的沙地上是榆树疏林的优势种，在荒漠草原带和荒漠区的古河床上常有零星散生。旱榆 *U. glaucescens* 是荒漠区干燥剥蚀山地的特有树种，可形成旱榆疏林，有时也少量聚生在干沟中。

蓼科 内蒙古有 7 属、65 种，是种类比较丰富的一科，种的数量在内蒙古居第 12 位，但是在植被组成中的作用不显著。蓼科最大的属是蓼属 *Polygonum*，内蒙古有 33 种，均为草本植物。在草甸、草原、森林、灌丛以及山地、沙地、盐湿低地中都有蓼属植物出现，但是建群种和优势种很少。沙质草原群落中，叉分蓼 *P. divaricatum* 可以较高度地出现。盐化草甸中，西伯利亚蓼 *P. sibiricum* 可成为优势植物。一年生的萹蓄 *P. aviculare* 分布甚广，常大量生长在撂荒地上及盐化草甸中。珠芽蓼 *P. viviparum* 可在山地草甸中成为亚优势种。兴安蓼 *P. ajanense*、高山蓼 *P. alpinum*、细叶蓼 *P. angustifolium* 为草甸成分。

木蓼属 *Atraphaxis* 内蒙古有 6 种，均为灌木，是旱生植被成分。东北木蓼 *A. manshurica* 是内蒙古东部的沙质草原灌木，木蓼 *A. frutescens*、锐枝木蓼 *A. pungens*、沙木蓼 *P. bracteata* 见于荒漠草原及荒漠带，生于沙地、砾石坡地及干河床中。

沙拐枣属 *Calligonum* 内蒙古只有 3 种。其中沙拐枣 *C. mongolicum* 是典型的荒漠沙生植物，能形成沙拐枣荒漠群落，但是生长得十分稀疏，其他伴生植物种类也极少。

酸模属 *Rumex* 植物均为中生草本植物，对植被的组成无重要作用。

大黄属 *Rheum* 中的华北大黄 *R. franzenbachii* 多生于森林草原和草原带的山地；矮大黄 *R. nanum* 是典型的荒漠植物，生于草原化荒漠带与荒漠带的砾石坡地与盐化土上。这两种都呈零星散生，不形成群聚。

藜科 本科在荒漠和荒漠草原带是十分重要的科，种类比较丰富，内蒙古共有 21 属、83 种。有许多种是典型的荒漠植物，有些是荒漠建群种，还有一部分是生于盐渍低地的盐生植物。藜科植物在草原带也不少，但在植被中的作用远不及荒漠及荒漠草原的种类，在森林草原带的作用就更微小了。藜科植物的生活型和生态类型也是十分多样的，其中一年生草本、多年生草本、半灌木及小半灌木都有不少种类，还有很独特的小半乔木，此外沙生植物、盐生植物、砾石生植物、旱生植物、中生植物也都有典型代表。下面对各属的代表植物及其作用作简要说明。

猪毛菜属 *Salsola* 是内蒙古藜科中最重要的属，有 12 种，多为半灌木、灌木及一年生草本植物，有些种在荒漠植被的组成中作用十分显著。小半灌木珍珠猪毛菜 *S. passerina* 是组成荒漠植被的重要建群种，也是戈壁—蒙古地区的特有种。在阿拉善北部，珍珠猪毛菜荒漠相当发达，同时也是红砂、绵刺或短叶假木贼等几种荒漠群落的次优势成分。珍珠猪毛菜适应于砾石质及沙砾质土壤，也生于黏壤质碱化土及轻度盐化土壤上。荒漠草原带的盐化低地上也常有珍珠猪毛菜—红砂荒漠群聚越带出现。小灌木松叶猪毛菜 *S. laricifolia* 在荒漠带及荒漠草原也颇为常见，在石质坡地及砾石质洪积扇上可形成稀疏的群落，或为石质荒漠群落中小灌木层片的主要成分。木本猪毛菜 *S. arbuscula* 是典型荒漠灌木，常见于砂质及沙砾质荒漠。蒿叶猪毛菜 *S. abrotanoides* 是见于额济纳地区的荒漠半灌木植物，多在盐碱化低地上或洪积扇上形成稀疏的荒漠群落。一年生草本类猪毛菜分布比较广泛，其中刺沙蓬 *S. tragus* 与猪毛菜 *S. collina* 分布最广，遍及草原与荒漠地区：在草原区，多生于幼年撂荒地，形成十分繁茂的先锋植物群聚；在荒漠草原及荒漠群落中，它们是雨后一年生植物层片的常见成分，喜疏松沙质土壤。蒙古猪毛菜 *S. ikonnikovii* 与薄翅猪毛菜 *S. pellucida* 是荒漠带的一年生草本类猪毛菜。

驼绒藜属 *Krascheninnikovia* 内蒙古只有 2 种，均为半灌木。华北驼绒藜 *K. arborescens* 常见于草原区，生于沙质草原及沙地上，可形成沙地半灌木群落，但面积不大。驼绒藜 *K. ceratoides* 为荒漠建群种，但在内蒙古多组成草原化荒漠群落，主要生于沙质或沙砾质土壤上。

假木贼属 *Anabasis* 内蒙古仅有 1 种，即短叶假木贼 *A. brevifolia*，是小半灌木典型荒漠的建群种，也可渗入荒漠草原植被中。它适应于黏壤质土壤及砾石性基质，在石质坡地、砾石戈壁及黏壤土的倾斜平原上均可见到短叶假木贼荒漠。

合头藜属 *Sympegma* 与戈壁藜属 *Iljinia* 均为亚洲中部戈壁荒漠特有的单种属。合头藜 *S. regelii* 常组成单优种的小半灌木荒漠，在石质或砾石质土壤上形成稀疏的群落，也可与红砂、珍珠猪毛菜或其他植物共同组成石质荒漠群落。戈壁藜 *I. regelii* 也是小半灌木荒漠的建群种，分布在中央戈壁区，是在最干旱严酷的条件下形成的荒漠类型。在内蒙古，仅在额济纳戈壁有极少的分布。

盐爪爪属 *Kalidium* 内蒙古有 3 种，全为盐生小半灌木，是盐湿荒漠的建群种。盐爪爪 *K. foliatum* 与细枝盐爪爪 *K. gracile* 的分布范围较广，除荒漠与荒漠草原带为其主要分布区以外，也可进入典型草原带的盐渍低地。尖叶盐爪爪 *K. cuspidatum* 则集中分布在荒漠与荒漠草原带。这几个种在各地带的盐渍低地上不但可以形成密集的单优种荒漠群落，而且也常与其荒漠成分（珍珠柴、红砂、白刺等）、盐生草甸成分（芨芨草等）组成不同的混合群落。

盐穗木属 *Halostachys* 是一个单种属，盐穗木 *H. caspica* 是盐生荒漠小半灌木植物，在内蒙古仅在额济纳河沿岸及其以西地区有分布，在结皮盐土与龟裂盐土上形成荒漠群落。

梭梭属 *Haloxylon* 是中亚荒漠的重要成分，内蒙古只有 1 种，即梭梭 *H. ammodendron*，为小半乔木。阿拉善地区的梭梭荒漠比较多见，并且在沙质、沙砾质和盐化壤质土上均能形成梭梭荒漠。常见的群落类型是单优种群落及梭梭—白刺荒漠群落。

地肤属 *Kochia* 内蒙古有 6 种。小半灌木木地肤 *K. prostrata* 应属于草原伴生种，常出现于沙质草原、典型草原及荒漠草原群落中，稀见于某些草原化荒漠植被中。碱地肤 *K. sieversiana* 与地肤 *K. scoparia* 都是内蒙古广泛分布的一年生中生杂草。其余 3 种在阿拉善或额济纳荒漠有分布。

虫实属 *Corispermum* 的植物种分布最广泛，内蒙古有 13 种，均为一年生草本，多为群落的伴生成分。草原带的沙地与沙质草原中常见的种有兴安虫实 *C. chinganicum*、长穗虫实 *C. elongatum*、辽西虫实 *C. dilutum*、烛台虫实 *C. candelabrum*、西伯利亚虫实 *C. sibiricum* 等。中亚虫实 *C. heptapotamicum*、毛果绳虫实 *C. declinatum* var. *tylocarpum* 和蒙古虫实 *C. mongolicum* 从草原带一直分布至荒漠带的沙地及低洼地。荒漠带的虫实属植物有碟果虫实 *C. patelliforme*。

沙蓬属 *Agriophyllum* 内蒙古只有 1 种，即沙蓬 *A. squarrosum*，为一年生草本植物，典型沙生植物，遍及内蒙古各地带的沙地上，是流沙的先锋植物。它的数量随降雨量而有显著变化，多雨年份裸沙地上茂密的沙蓬可形成单种群聚。

藜属 *Chenopodium* 内蒙古有 13 种，多为广泛分布的一年生中生杂草。藜 *C. album*、尖头叶藜 *C. acuminatum*、灰绿藜 *C. glaucum* 等都广布于内蒙古，生于村舍、路旁、撂荒地，并侵入农田成为常见的田间杂草。

刺藜属 *Dysphania* 和雾冰藜属 *Bassia* 中的一年生草本植物刺藜 *D. aristata*、雾冰藜 *B. dasyphylla* 喜生于沙地，也大量侵入草原带的撂荒地及农田，甚至形成十分繁盛的一年生群聚。

滨藜属 *Atriplex* 内蒙古有 7 种，以耐盐性的旱中生植物为主，多见于盐化草甸中。一年生的西伯利亚滨藜 *A. sibirica* 分布最广，在内蒙古各地的盐化低地草甸中都能见到。中亚滨藜 *A. centralasiatica* 只生在荒漠及草原地带。

盐生草属 *Halogeton* 内蒙古有 1 种，即盐生草 *H. glomeratus*，一年生草本，分布于荒漠及荒漠草原带，生在石膏化土壤及盐化土壤上，常为芨芨草草甸中的伴生成分，或为路边、村旁的杂草。

碱蓬属 *Suaeda* 与盐角草属 *Salicornia* 均为藜科的盐生草本植物，分布范围都很广，在盐土上常形成单种盐生群落。角果碱蓬 *Suaeda corniculata*、碱蓬 *Suaeda glauca* 及盐角草 *Salicornia europaea* 都是内蒙古广布种，而盘果碱蓬 *Suaeda heterophylla* 只在额济纳荒漠区的盐湿洼地或河岸盐碱地上生长，在局部地段可形成群落。

石竹科 内蒙古有 87 种，大部分是中旱生和旱生的草原种。种数较多的繁缕属 *Stellaria*

（27 种）以及麦瓶草属 *Silene*、石竹属 *Dianthus* 都有森林草原和草原带的常见种，如叉歧繁缕 *Stellaria dichotoma*、兴安繁缕 *Stellaria cherleriae*、禾叶繁缕 *Stellaria graminea*、沙地繁缕 *Sullaria gypsophiloides*（本种也可分布到荒漠带）、旱麦瓶草 *Silene jenisseensis*、毛萼麦瓶草 *Silene repens*、兴安石竹 *Dianthus chinensis* var. *versicolor*、瞿麦 *D. superbus* 等。蚤缀属 *Arenaria* 和丝石竹属 *Gypsophila* 的一些种是砾石生草原种，如灯心草蚤缀 *Arenaria juncea*、毛叶蚤缀 *A. capillaris*、草原丝石竹 *G. davurica* 等。荒漠丝石竹 *G. desertorum* 是荒漠草原成分，常在小针茅草原中成为伴生种。女娄菜属 *Melandrium*、卷耳属 *Cerastium* 多为山地草甸及草甸植物。

裸果木属 *Gymnocarpos* 共含 2 种，超旱生小灌木裸果木 *G. przewalskii* 是古地中海区系的第三纪残遗成分，分布于我国新疆及蒙古国，往东分布到内蒙古东阿拉善，是典型荒漠种，在新疆嘎顺戈壁可组成极贫乏的单优种荒漠群落；另一种分布在北非—巴基斯坦地区。裸果木在内蒙古境内不能建群。近来，有人主张将本属从石竹科中分出来另成立裸果木科。

芍药科　北温带分布的一个单属科。内蒙古分布的芍药属 *Paeonia* 有 2 种，是山地林缘草甸或林下植物，其中芍药 *P. lactiflora* 也常混生于草甸草原及山地草原群落中。

毛茛科　主产于泛北极地区，在内蒙古是种类相当丰富的一个大科，拥有 17 属、124 种。本科大多数种分布在森林区、森林草原带和草原区，并且生长在较为湿润的生境中，是草甸及草甸草原的主要杂类草成分，在荒漠草原带和荒漠区的低湿地上只有很少数的种。

唐松草属 *Thalictrum* 共有 10 种，多为草甸和草原伴生种。草原区分布的展枝唐松草 *T. squarrosum* 是草原群落多年生中旱生杂类草层片的常见伴生种。箭头唐松草 *T. simplex*、欧亚唐松草 *T. minus*、瓣蕊唐松草 *T. petaloideum*、球果唐松草 *T. baicalense* 等都是林缘草甸、沟谷草甸的伴生成分。高山唐松草 *T. alpinum* 见于贺兰山的亚高山草甸。

毛茛属 *Ranunculus* 种数也较多，计 25 种，均为中生草本植物，多生于沼泽草甸及山地林缘草甸。

乌头属 *Aconitum* 有 20 种，多为山地林下草本植物，或生于灌丛与林缘草甸中，常见种有细叶黄乌头 *A. barbatum*、草乌头 *A. kusnezoffii* 等。

铁线莲属 *Clematis* 分布较广，有 16 种，在森林区、草原区和荒漠草原带都有不同的种，生活型也各有差异。短尾铁线莲 *C. brevicaudata*、长瓣铁线莲 *C. macropetala* 与芹叶铁线莲 *C. aethusifolia* 均为山地灌丛的伴生成分，是攀援性多年生草本。棉团铁线莲 *C. hexapetala* 是广泛见于山地灌丛及草甸草原群落的中旱生多年生草本。灌木铁线莲 *C. fruticosa* 为直立小灌木，常见于荒漠草原带和邻近地区，是比较耐旱的一个种，多生在干河床、浅洼地和沟谷径流线上。进入荒漠地区的种有灰叶铁线莲 *C. tomentella*、小叶铁线莲 *C. nannophylla* 和准噶尔铁线莲 *C. songorica*。

白头翁属 *Pulsatilla* 有 9 种，多是草甸草原、山地草原和典型草原的重要伴生杂类草，不进入荒漠草原和荒漠。最常见的细叶白头翁 *P. turczaninovii* 是草甸草原及山地草原的主要伴生种，在这些群落的杂类草层片中可能成为优势种，也可进入林缘草甸和灌丛中。掌叶白头翁 *P. patens* subsp. *multifida* 和白头翁 *P. chinensis* 是生于山地林下的草本植物，也可见于林缘草甸。

翠雀属 *Delphinium* 有 9 种，均为山地草甸中生杂类草，有些可进入灌丛及疏林下。只有翠雀花 *D. grandiflorum* 可生于草原群落中，成为草原中旱生成分。

银莲花属 *Anemone*、金莲花属 *Trollius*、耧斗菜属 *Aquilegia*、升麻属 *Cimicifuga*、类叶升麻属 *Actaea*、侧金盏花属 *Adonis* 都是生于山地森林和森林草原带比较湿润生境的中生杂类草，一般为山地草甸的伴生成分。

水毛茛属 *Batrachium*、驴蹄草属 *Caltha* 均为水生、沼生植物，并为北半球广布种。碱毛茛属 *Halerpestes* 的 2 个种都是耐盐中生草本植物，在草原区以至荒漠区的低湿地草甸中可成为优势种，与薹草 *Carex* spp. 等共同组成低矮的"寸草"草甸。

十字花科 多为草本植物，主产泛北极地区。内蒙古有 42 属、85 种，在各类植被的组成中，优势种、建群种极少，但分布范围广及内蒙古各个地带。

花旗杆属 *Dontostemon* 有 6 种，是一种以蒙古高原为主要分布区的属，有些种是一、二年生草本植物，有些种是多年生草本植物。在草原区及荒漠区均有不同种的分布，它们的生态特性也有差别。较为常见的全缘叶花旗杆 *D. integrifolius*、花旗杆 *D. dentatus* 分布在森林草原带和草原带的沙质草原，或稀疏地生于砾石坡地、浅洼地与干河床，也是撂荒地及农田杂草，都是一、二年生草本植物。白毛花旗杆 *D. senilis*、厚叶花旗杆 *D. crassifolius* 为多年生旱生草本植物，主要分布在荒漠草原带和荒漠带，生于平坦草原、砾石坡地及小沙丘上。扭果花旗杆 *D. elegans* 只见于荒漠带，生在梭梭荒漠与猪毛菜类荒漠中，也常出现在干河床与浅洼地上。

独行菜属 *Lepidium* 有 7 种。分布最广的独行菜 *L. apetalum* 常侵入农田成为田间杂草，路旁、庭院以及退化草场上都有分布。宽叶独行菜 *L. latifolium* 分布也很普遍，由草原区到荒漠区的东部边缘都有，生于芨芨草群落及盐化沙地上，也可成为农田杂草。北方独行菜 *L. cordatum* 分布在草原区和荒漠区，多生于轻度盐化的草甸上。

碎米荠属 *Cardamine* 有 8 种。草甸碎米荠 *C. pratensis* 主要见于森林区的湿地上。白花碎米荠 *C. leucantha* 在森林区的林下、林缘或山坡阴湿生境中可经常见到。水田碎米荠 *C. lyrata* 则生于湖沼及河岸水边。

葶苈属 *Draba* 有 5 种。分布较广的一年生草本葶苈 *D. nemorosa* 为田间杂草，村旁、路边常有生长。喜山葶苈 *D. oreades* 是见于贺兰山的山地成分。锥果葶苈 *D. lanceolata* 则见于大兴安岭的石质山坡。

沙芥属 *Pugionium* 有 2 种，是残遗分布在蒙古高原的一类沙生植物。宽翅沙芥 *P. dolabratum* 分布于荒漠区和半荒漠带库布其沙漠西段及腾格里沙漠的流动或半流动沙丘上，而沙芥 *P. cornutum* 则替代分布于草原区科尔沁沙地、浑善达克沙地和鄂尔多斯沙地的半流动或流动沙地上。

糖芥属 *Erysimum* 有 5 种。蒙古糖芥 *E. flavum* 为多年生中旱生草本，主要生于森林草原带的山地草原及砾石质山坡。糖芥 *E. amurense* 及小花糖芥 *E. cheiranthoides* 见于森林草原带和草原带的林缘、草甸或沟谷，也生于草甸草原中。

南芥属 *Arabis* 有 2 种，垂果南芥 *A. pendula* 和硬毛南芥 *A. hirsuta*，较稀疏地出现于森林草原带的山地林缘、灌丛或石质坡地与干河床。

燥原荠属 *Ptilotrichum* 有 2 种，旱生或中旱生小半灌木。燥原荠 *P. canescens* 生于荒漠区的砾石质山坡或干河床。细叶燥原荠 *P. tenuifolium* 与前者很相近，主要分布在草原区和荒漠草原带的山地草原与砾石质坡地。

菘蓝属 *Isatis* 只有 1 个野生种，即三肋菘蓝 *I. costata*，为一、二年生草本，生于草原区的干河床与谷地。

庭荠属 *Alyssum* 有 2 种，即北方庭荠 *A. lenense*、倒卵叶庭荠 *A. obovatun*，是森林区和森林草原带的山地草原和草原的常见伴生植物，多生于砾石质坡地和薄层土壤的山地草原中。

大蒜芥属 *Sisymbrium* 有 4 种。其中垂果蒜芥 *S. heteromallum* 是分布较广的一、二年生植物，多生于森林区和草原区的山地林缘、草甸、石质山地及沟谷溪边。

蔊菜属 *Rorippa* 有 3 种，均生于滩地或沼泽草甸。

遏蓝菜属 *Thlaspi* 的遏蓝菜 *T. arvense* 是山地灌丛、草甸与草甸草原的伴生植物。

群心菜属 *Cardaria* 仅 1 种，即毛果群心菜 *C. pubescens*，是荒漠区绿洲上的盐生多年生草本植物，可在松陷盐土上成群生长。

此外，十字花科还有不少农田杂草种，例如播娘蒿 *Descurainia sophia* 等。

景天科 内蒙古有 6 属、18 种，均为肉质草本植物，多生于山地、砾石质及砂质土壤上，一般不成为优势种。

瓦松属 *Orostachys* 有 4 种，均为二年生肉质草本植物，在典型草原群落中常见的伴生种以瓦松 *O. fimbriata* 为主，草甸草原的伴生种多为钝叶瓦松 *O. malacophylla*。此外，在山地及丘陵的石质丘顶常有瓦松聚生成小群落斑块。

费菜属 *Phedimus* 以多年生旱中生草本为主，一般生于山地疏林、灌丛、林缘草甸中，为伴生植物，最常见的是费菜 *P. aizoon*。

虎耳草科 内蒙古有 10 属、27 种，多数是山地灌丛及林缘草甸成分。

茶藨子属 *Ribes* 种类较多，有 10 种，均为中生灌木，是组成山地或沙地灌丛的常见植物。其中，楔叶茶藨 *R. diacanthum* 分布较广，而且可以成为沙地灌丛的优势植物。小叶茶藨 *R. pulchellum* 是广泛分布的山地灌丛植物。瘤糖茶藨 *R. himalense* var. *verruculosum* 在内蒙古见于阴山山地的灌丛与沟谷中。

虎耳草属 *Saxifraga* 植物都是多年生草本，多见于大兴安岭、燕山、阴山及贺兰山等山地草甸中。

溲疏属 *Deutzia* 有 2 种，即小花溲疏 *D. parviflora* 和大花溲疏 *D. grandiflora*，均为中生灌木，仅见于燕山北部山地灌丛。

八仙花属 *Hydrangea* 仅有 1 种，即东陵八仙花 *H. bretschneideri*，也是喜暖的中生灌木，生于阴山、燕山、大兴安岭南部等山地灌丛中。

此外，红升麻 *Astilbe chinensis*、梅花草 *Parnassia palustris*、细叉梅花草 *Parnassia. oreophila* 等均为山地草甸及沼泽草甸的多年生草类。

蔷薇科 在内蒙古的植被组成中占有显著地位，计 121 种，分属于 29 属，是内蒙古排第六位的大科。其中最大的属是委陵菜属 *Potentilla*，内蒙古有 27 种，多是草原及草甸杂类草层片的常见成分。矮小的旱生杂类草星毛委陵菜 *P. acaulis* 分布范围很广，在草原带是针茅草原群落下层的常见成分，甚至成为次优势植物，在其他草原及砾石坡地上也颇多见，特别是在放牧退化演替形成的次生群落——冷蒿群落中可以成为亚建群种，在极强度放牧的退化草原上可形成星毛委陵菜单优势种群落。二裂委陵菜 *P. bifurca* 分布更广，生态变型也很多，是各种草原群落的伴生种和农田杂草，在荒漠草原及荒漠带可以混生在低地草甸中。大萼委陵菜 *P. conferta*、多裂委陵菜 *P. multifida*、绢毛委陵菜 *P. sericea*、轮叶委陵菜 *P. verticillaris* 等都是典型草原常见的旱生杂类草。腺毛委陵菜 *P. longifolia*、菊叶委陵菜 *P. tanacetifolia* 等中旱生植物是典型草原和草甸草原的常见伴生种。委陵菜 *P. chinensis*、翻白委陵菜 *P. discolor* 是大兴安岭以东及阴山以南分布较多的草原伴生植物。还有一些中生及旱中生种是山地林缘草甸、灌丛和草甸化草原的伴生植物，如匍枝委陵菜 *P. flagellaris*、绢毛细蔓委陵菜 *P. reptans* var. *sericophylla*、等齿委陵菜 *P. simulatrix*、莓叶委陵菜 *P. fragarioides* 等。具有匍匐茎的鹅绒委陵菜 *P. anserina* 为中生耐盐植物，在低湿地矮草草甸中是重要优势植物，也常侵入湿润的农田成为田间杂草。具有革质叶的三出委陵菜 *P. betonicifolia* 是砾石生草原旱生植物，多生于粗骨性土壤及砾石丘顶，并可形成小群落片段。一、二年生草本的朝天委陵菜 *P. supina* 是耐盐的旱中生植物，在草原区、荒漠区的低湿草甸及盐化草甸中成为伴生植物，或见于农田与路旁。

地蔷薇属 *Chamaerhodos* 内蒙古有 5 种，生态特点虽有不同，但均为砾石生及沙生植物。毛地蔷薇 *C. canescens*、三裂地蔷薇 *C. trifida*、砂生地蔷薇 *C. sabulosa* 都是多年生旱生草本植物，在砾石性基质的草原中可组成砾石生草类层片。阿尔泰地蔷薇 *C. altaica* 为低矮的垫状半灌木，是早春开花的耐寒砾石生旱生植物，生于砾石质坡地与丘顶，可形成占优势的群落片段。地蔷薇 *C. erecta* 是二年生草本植物，生于沙砾质草原及砾石丘顶。

山莓草属 *Sibbaldia* 内蒙古有 2 种，即伏毛山莓草 *S. adpressa* 和绢毛山莓草 *S. sericea*，均为旱生多年生草本，是草原及山地草原的稀见伴生种。

地榆属 *Sanguisorba* 有 3 种，均为多年生中生草甸植物，最常见的一种地榆 *S. officinalis* 广泛分布在内蒙古各地带，在森林草原带分布最多，是林缘杂类草草甸（五花草甸）的优势种和建群种，也可生于阔叶林林下，在草原区常见于滩地草甸及草甸化草原群落中。地榆属的其他种也是山地草甸的重要成分。

龙牙草属 *Agrimonia*、蚊子草属 *Filipendula*、水杨梅属 *Geum*、草莓属 *Fragaria* 等都是中生多年生草本植物，内蒙古所见到的种不多，主要生于山地林缘草甸、沼泽草甸以及林下和灌丛中。

悬钩子属 *Rubus* 植物也是山地林下、灌丛和草甸的成分，内蒙古有 8 种。库页悬钩子 *R. sachalinensis* 为中生灌木，见于大兴安岭、燕山北部、阴山及贺兰山山地的林下、林缘灌丛和沟谷中。华北覆盆子 *R. idaeus* var. *borealisinensis* 则只见于阴山山地林缘、灌丛或草甸。石生悬钩子 *R. saxatilis* 是多年生耐寒中生草本植物，内蒙古森林区和草原区各山地的林下、灌丛、林缘草甸及林线以上的石质山坡均可见到。

蔷薇属 *Rosa* 内蒙古有 6 种，全为中生灌木，是山地中生灌丛的重要成分。黄刺玫 *R. xanthina* 与美蔷薇 *R. bella* 在阴山山地及其以南的山地灌丛中是建群种和优势种，往南可分布到华北夏绿林区及黄土高原区。山刺玫 *R. davurica* 是见于内蒙古各山地的中生灌丛优势成分，也可渗入到森林草原带的草甸化草原群落中。刺蔷薇 *R. acicularis* 是针叶林地带及较高山地的中生耐寒灌木，散生于林下和山地灌丛中。

绵刺属 *Potaninia* 是阿拉善荒漠区特有的单种属。绵刺 *P. mongolica* 为强旱生小灌木，又是组成沙砾质荒漠植被的重要建群种，在东阿拉善地区占有很大面积，是主要荒漠群系之一。

绣线菊属 *Spiraea*，灌木，是山地灌丛的重要成分，内蒙古有 20 种。楼斗叶绣线菊 *S.*

aquilegiifolia 是旱中生灌木，主要见于草原区的低山丘陵阴坡，可成为建群种从而组成山地灌丛，也常散生于石质山坡。蒙古绣线菊 *S. mongolica*、乌拉特绣线菊 *S. uratensis* 是分布于阴山山地及华北、西北地区的旱中生灌木，生于石质山坡。三裂绣线菊 *S. trilobata*、土庄绣线菊 *S. pubescens*、石蚕叶绣线菊 *S. chamaedryfolia* 是广泛分布于内蒙古各山地的中生灌木，均可组成山地灌丛。土庄绣线菊也见于草原区的沙地上。海拉尔绣线菊 *S. hailarensis* 分布于呼伦贝尔草原区东部的沙地上，是组成沙地灌丛的旱中生灌木。欧亚绣线菊 *S. media* 是比较耐寒的中生灌木，主要见于针叶林及针阔叶混交林带，也见于草原带较高的山地，生于林下、灌丛及石质山坡。柳叶绣线菊 *S. salicifolia* 为湿中生灌木，是沼泽化灌丛的建群种，也见于河滩沼泽化草甸，并可散生于兴安落叶松林下。

杏属 *Armeniaca*、稠李属 *Padus*、樱属 *Cerasus* 和桃属 *Amygdalus* 在植被组成中也有重要意义。西伯利亚杏 *Armeniaca sibirica* 为旱中生灌木，主要见于森林草原地带及其邻近的夏绿阔叶林地带的边缘；在石质向阳山坡，常成为建群植物，组成山地灌丛，或成为大果榆疏林的亚优势种；在大兴安岭东南麓森林草原地带，又是灌丛化草原的优势种和景观植物，也散见于草原地带的沙地。稠李 *Padus avium* 是中生小乔木或灌木，在森林区、森林草原带的河岸灌丛中可成为优势种，也是草原带沙地灌丛的常见植物，还可零星见于山地杂木林中。欧李 *Cerasus humilis* 为矮小的中生灌木，生于山地灌丛中，也见于固定沙丘，广泛分布于夏绿阔叶林区。柄扁桃 *Amygdalus pedunculata* 只在草原及荒漠草原带的山地、丘陵阳坡或坡麓生长，为中旱生灌木，可组成山地阳坡的旱生灌丛。蒙古扁桃 *Amygdalus mongolica* 是旱生灌木，生于荒漠区和荒漠草原带的低山丘陵坡麓、石质坡地、沟谷及干河床，成为这些生境的景观植物，也可形成局部的小面积群落，主要分布于阿拉善荒漠区。

扁核木属 *Prinsepia* 在内蒙古有 2 种。其中，蕤核 *P. uniflora* 为喜暖中生灌木，内蒙古限于鄂尔多斯南部分布，往南分布到我国黄土高原地区，生在低山丘陵阳坡及固定沙地。

苹果属 *Malus* 在内蒙古的野生种不多。山荆子 *M. baccata* 为中生小乔木，或呈灌木状，常在森林区及森林草原带的河滩灌丛中成为优势种，也见于山地林缘及森林草原带的沙地。毛山荆子 *M. mandshurica* 与前者生态特点相似，主要分布于大兴安岭山地及山麓森林草原带的河滩灌丛中。西府海棠 *M. micromalus* 是阴山南麓的山地中生乔木树种，花叶海棠 *M. transitoria* 见于贺兰山山地灌丛及鄂尔多斯南部的低山与黄土丘陵，这两种都是华北夏绿阔叶林区的成分。

梨属 *Pyrus* 有 1 种，即秋子梨 *P. ussuriensis*，散生于岭东、兴安南部、燕山北部及大青沟、大青山的山地阔叶林和溪谷杂木林中。

花楸属 *Sorbus* 有 3 种。其中，花楸树 *S. pohuashanensis* 见于大兴安岭、燕山山地及阴山山地；而北京花楸 *S. discolor* 仅见于燕山北部山地，为少量生长的中生乔木。

山楂属 *Crataegus* 的种类也不多，均为中生小乔木或灌木，生于山地灌丛、杂木林、沙地灌丛及沟谷中，主要有毛山楂 *C. maximowiczii*、辽宁山楂 *C. sanguinea*、山楂 *C. pinnatifida* 等。

栒子属 *Cotoneaster* 是山地灌丛及沙地灌丛的组成成分，均为中生灌木。水栒子 *C. multiflorus* 分布很广，可见于各山地的灌丛及沟谷中。蒙古栒子 *C. mongolicus* 是草原区和荒漠区山地灌丛的散生成分。黑果栒子 *C. melanocarpus*、灰栒子 *C. acutifolius* 和全缘栒子 *C. integerrimus* 均可在各山区成为中生灌丛的优势种，也散见于桦林、杨林中。准噶尔栒子 *C.*

soongoricus 有一些耐旱性，可看作旱中生灌木，内蒙古贺兰山有零散分布。

豆科 是内蒙古植物区系组成中的第三大科，种类很丰富，有 29 属、180 种，分布也很广泛，在各种不同的植被类型中都有豆科植物成为重要成分。作用最突出的属有黄芪属 *Astragalus*、棘豆属 *Oxytropis*、锦鸡儿属 *Caragana*、岩黄芪属 *Hedysarum*、野豌豆属 *Vicia*、胡枝子属 *Lespedeza* 等。

黄芪属 *Astragalus* 是内蒙古豆科植物中最大的一属，共 52 种，广布于内蒙古各自然地带。在草原及草甸草原植被中常见的种有高大的中旱生多年生草本植物斜茎黄芪 *A. laxmannii* 和草木樨状黄芪 *A. melilotoides*，二者均可成为草原杂类草层片的优势种，特别是在羊草草原、大针茅草原、贝加尔针茅草原、本氏针茅草原及线叶菊草原中都很多见。细叶黄芪 *A. tenuis* 为旱生植物，并成为典型草原的常见伴生种，是草木樨状黄芪的旱化替代种。察哈尔黄芪 *A. zacharensis* 与小米黄芪 *A. satoi* 也是中旱生多年生草本，为草原及草甸草原伴生种。乳白花黄芪 *A. galactites*、卵果黄芪 *A. grubovii* 与糙叶黄芪 *A. scaberrimus* 等均为旱生多年生草类，植丛较低矮，是典型草原的常见伴生种。还有更耐旱的黄芪属植物，属于比较矮小的多年生草类，是荒漠草原的伴生成分，常见的有单叶黄芪 *A. efoliolatus*、长毛荚黄芪 *A. monophyllus*、灰叶黄芪 *A. discolor* 等。生于荒漠区的若干种黄芪，旱生性很强，具有显著的旱生结构特征，植丛也不高，多是荒漠群落的伴生成分，如胀萼黄芪 *A. ellipsoideus*、库尔楚黄芪 *A. kurtschumensis*、阿卡儿黄芪 *A. arkalycensis* 是见于砾石荒漠的强旱生植物，变异黄芪 *A. variabilis* 和了墩黄芪 *A. pavlovii* 多生在荒漠区的干河床、浅洼地及沙砾质冲积土上，耐盐旱生植物细弱黄芪 *A. miniatus* 多见于荒漠草原，也见于草原区的盐湿低地上。黄芪属还有不少高大的中生与旱中生种类，如膜荚黄芪 *A. membranaceus* 是一种山地中生多年生草本植物，是山地灌丛、林缘草甸、河滩草甸、草甸化草原及沙地的散生成分。蒙古黄芪 *A. mongholicus*、华黄芪 *A. chinensis*、草珠黄芪 *A. capillipes* 等均为多年生旱中生草类，散见于山地草甸、河滩草甸、草甸化草原以及灌丛中；湿地黄芪 *A. uliginosus* 是多年生湿中生植物，多生于河滩、湖滨及沟谷中，为沼泽草甸及林缘草甸的伴生种；扁茎黄芪 *A. complanatus* 常为农田杂草，是多年生旱中生植物；达乌里黄芪 *A. dahuricus* 是二年生的旱中生草本，多为草甸及草甸草原伴生植物，在农田、撂荒地上也常有散生。

棘豆属 *Oxytropis* 内蒙古有 35 种，略少于黄芪属，但在草原及荒漠植被的组成中具有较重要的作用。具刺的旱生小半灌木猫头刺 *O. aciphylla* 是荒漠草原的伴生植物，有些可达次优势地位组成小半灌木层片，往西进入荒漠区东部，在干燥的覆沙地上可形成猫头刺占优势的小面积荒漠群落。异叶棘豆 *O. diversifolia* 和鳞萼棘豆 *O. squammulosa* 都是荒漠草原成分，生于沙砾质及砾石质坡地，并可见于干河床及盐化低地，均为多年生旱生草类。属于典型草原成分的棘豆有薄叶棘豆 *O. leptophylla*、缘毛棘豆 *O. ciliata*、线棘豆 *O. filiformis* 等，多生在砾石质草原和山地草原中。多枝棘豆 *O. ramosissima* 是见于鄂尔多斯及其周围沙地及沙质草原的旱生植物。黄毛棘豆 *O. ochrantha* 是中旱生植物，散生于山地草原及草甸草原中，也可进入沟谷与沙地。二色棘豆 *O. bicolor* 在沙地与沙质草原中散生，也是中旱生多年生草本。多叶棘豆 *O. myriophylla* 为砾石质草甸草原的中旱生植物，多出现在森林草原带的石质丘陵上部，一般为草原伴生种，局部可形成优势，或组成较发达的砾石生杂类草层片。还有两种典型的沙生棘豆，即砂珍棘豆 *O. racemosa*，和尖叶棘豆 *O. oxyphylla*，均可成为流动沙地先锋植物群聚的主要成分。砂珍棘豆比较喜暖，广泛分布于内蒙古南部的沙地上；尖叶棘豆分布于草原区北部的沙地中，成为砂珍棘豆往北分布的地理替代种。棘豆属的旱中生草甸成分也有若干种，其中大花棘豆 *O. grandiflora*、蓝花棘豆 *O. caerulea* 及硬毛棘豆 *O. hirta* 都是见于山地林缘草甸和草甸草原的伴生种；小花棘豆 *O. glabra* 是耐盐的旱中生植物，常为草原区盐化草甸的成分，也可成为草甸的优势种。瘤果棘豆 *O. microphylla* 是山地石质丘陵草原的伴生种。

锦鸡儿属 *Caragana* 的植物全部为灌木，内蒙古有 15 种，在草原、荒漠和沙地灌丛等群落的组成中都有很明显的作用。在典型草原植被中，具有重要景观作用的小叶锦鸡儿 *C. microphylla* 为中旱生小灌木，内蒙古高原草原带的大针茅草原及克氏针茅草原伴随着基质的沙质化与砾石化常混生许多小叶锦鸡儿，成为灌丛化的针茅草原，次生的冷蒿群落也常有这种灌丛化的群落类型。荒漠草原带的各类小针茅草原中，狭叶锦鸡儿 *C. stenophylla*、窄叶锦鸡儿 *C. angustissima* 代替小叶锦鸡儿，成为荒漠草原灌丛化的景观植物。草原化荒漠的重要建群种卷叶锦鸡儿 *C. ordosica* 是一种带有垫状特征的旱生小灌木，在内蒙古高原的西部（狼山以北）及鄂尔多斯高原西部及贺兰山西麓的南部均形成大面积的卷叶锦鸡儿沙砾质荒漠。短脚锦鸡儿 *C. brachypoda* 也是强度旱生的小灌木，为沙砾质荒漠植被的伴生植物，也可少量渗入荒漠草原中，常在绵刺荒漠中混生，甚至成为次优势成分。另一种强度旱生的小灌木荒漠锦鸡儿 *C. roborovskyi* 生于干燥剥蚀山地及干谷地，并可沿沟谷形成小面积的荒漠群落，分布于鄂尔多斯西部的桌子山及阿拉善地区的山地。柠条锦鸡儿 *C. korshinskii* 是高大的荒漠沙生旱生灌木，散生于荒漠、半荒漠地带的流动沙地及半固定沙地，形成稀疏的沙质荒漠植被，库布其沙漠（西部）及阿拉善的各沙漠中都有分布。鬼箭锦鸡儿 *C. jubata* 是贺兰山、龙首山高山灌丛的优势种，也可混生到高山草甸群落中，具有寒旱生的生态特点，是一种具有垫状特征的植丛。甘蒙锦鸡儿 *C. opulens* 为山地、黄土丘陵区中旱生灌木，见于阴山山地，往南分布到华北及陕甘地区，多散生于山地及丘陵或混生于山地灌丛中。喜暖的中生灌木红花锦鸡儿 *C. rosea* 仅见于内蒙古南部的兴和县苏木山和赤峰市燕山北部的山地，是华北及黄土高原区的区系成分，零散生于山地灌丛及沟谷灌丛中。在大兴安岭山区及森林草原带，有树锦鸡儿 *C. arborescens* 的分布，它是山地中生灌木，可生于落叶松林下的灌木层片中。

岩黄芪属 *Hedysarum* 在内蒙古有 8 种，见于草原、草甸和沙地植被中。华北岩黄芪 *H. gmelinii* 是多年生的草原中旱生杂类草，常在典型草原和草甸草原群落中散生，局部可成为杂类草层片的主要成分。短翼岩黄芪 *H. brachypterum* 则是旱生多年生草原杂类草，多生于沙砾质荒漠草原群落中，也出现于典型草原的某些群落中，是华北岩黄芪的旱化替代种。阴山岩黄芪 *H. yinshanicum* 是多年生旱中生草本，主要见于阴山山地，并分布到华北地区。山岩黄芪 *H. alpinum* 是多年生湿中生草类，主要生于山地河谷沼泽化草甸、河岸沼泽化灌丛及林缘草甸。

山竹子属 *Corethrodendron* 在内蒙古有 3 种，除红花山竹子 *C. multijugum* 可以分布在荒漠区砾石质山坡或山坡草地、灌木丛，其余的为沙生半灌木。山竹子 *C. fruticosum* 是草原沙生半灌木，生于草原区的沙地，局部可形成优势，也少量见于森林草原带的沙地。细枝山竹子 *C. scoparium* 是更为耐旱的荒漠沙生半灌木，生于荒漠区的半固定沙丘和流动沙丘，可成为沙漠植被的优势种，从而形成小面积的稀疏群落。

野豌豆属 *Vicia* 在内蒙古有 14 种，多为中生性多年生草本植物，是组成草甸及草甸化草原的种类成分。在森林区及森林草原带，野豌豆属植物最多。大叶野豌豆 *V. pseudo-orobus*、歪

头菜 *V. unijuga*、柳叶野豌豆 *V. venosa*、多茎野豌豆 *V. multicaulis*、大野豌豆 *V. sinogigantea* 等都是森林草甸中生植物，散生于林下、林缘草甸、山地灌丛及草甸化草原群落中。山野豌豆 *V. amoena* 也是草甸中生成分，为林缘草甸和草甸草原的伴生种，局部可成为优势种，并形成小群落片段。广布野豌豆 *V. cracca* 为旱中生植物，在山地林缘草甸、河滩草甸、草甸草原及灌丛中均有混生，并且可以在草甸草原群落中沿径流线及低洼的小生境形成小群落片段，也常散生于湿润的农田及撂荒地。具有旱生特性的肋脉野豌豆 *V. costata* 常生于荒漠草原与草原带的干河谷及砾石质坡地，但只有零星散生。

胡枝子属 *Lespedeza* 在森林、灌丛和草原植被中有不同的种，内蒙古有 8 种。胡枝子 *L. bicolor* 为林下耐阴中生灌木，在夏绿阔叶林区常成为栎林下灌木层的优势种，也可在山地阴坡与榛 *Corylus heterophylla* 共同组成林缘灌丛。多花胡枝子 *L. floribunda* 是旱中生小半灌木，多生在山地林缘灌丛中，主要见于阴山山地及其以南地区，往南分布到华北地区。尖叶胡枝子 *L. juncea* 为中旱生小半灌木，在山地草甸草原群落中可成为次优势种或伴生种，也散见于山地灌丛间。达乌里胡枝子 *L. davurica* 也是中旱生小半灌木，比较喜暖，主要分布于阴山以南及大兴安岭以东，是暖温型草原的特征植物，在本氏针茅草原及其他草原群落中成为常见伴生种。牛枝子 *L. potaninii* 是旱生小半灌木，形态特点与达乌里胡枝子相似，在荒漠草原中成为伴生种，也散生在荒漠草原带的固定沙地与石质丘陵坡地上，是达乌里胡枝子的地理替代种。

山黧豆属 *Lathyrus* 在内蒙古只有 5 种，为多年生中生草本植物，主要分布在山地森林区和森林草原带。矮山黧豆 *L. humilis*、三脉山黧豆 *L. komarovii* 生于山地落叶松林和桦杨林下，可成为林下草本层的优势成分，也见于林缘草甸和灌丛中。山黧豆 *L. quinquenervius* 是森林草原带和森林区的河滩草甸成分，毛山黧豆 *L. palustris* var. *pilosus* 则生于沼泽化草甸和林缘草甸中。

车轴草属 *Trifolium* 的野生种内蒙古只有 1 种，即野火球 *T. lupinaster*，为多年生的森林草甸中生植物，在森林区和森林草原带的林缘草甸（五花草甸）中常为次优势种或伴生种，也见于草甸草原及山地灌丛中，多生于黑土及黑钙土上，但也可适应于砾石质粗骨土。

苜蓿属 *Medicago* 的野生种内蒙古有 3 种。黄花苜蓿 *M. falcata* 是多年生旱中生草本植物，比较耐寒，一直分布到内蒙古最北部，为草甸化草原及草甸植被的伴生种或优势种，喜生于沙质土壤及河滩、沟谷等低湿生境中。黄花苜蓿与羊草 *Leymus chinensis* 组成的羊草＋黄花苜蓿草原及与无芒雀麦 *Bromus inermis* 组成的无芒雀麦＋黄花苜蓿草甸，是两种经济价值很高的天然牧草群落组合。天篮苜蓿 *M. lupulina* 是一、二年生中生植物，多为河滩及低湿地草甸的伴生成分，也见于农田渠边。

草木樨属 *Melilotus* 中的种均为一、二年生的草本中生植物，内蒙古有 3 种。细齿草木樨 *M. dentatus*、草木樨 *M. officinalis*、白花草木樨 *M. albus* 都是草甸及盐化草甸的伴生植物，多生于河滩、沟谷、湖滨洼地等低湿地生境中。

扁蓿豆属 *Melilotoides* 在内蒙古仅有 1 种，即扁蓿豆 *M. ruthenica*，是多年生广幅旱生草本植物，常为典型草原、沙质草原和沙生植被的伴生植物。本种的生态变型较多，适应性较广，所以颇有引种栽培前途。

米口袋属 *Gueldenstaedtia* 在内蒙古有 3 种。狭叶米口袋 *G. stenophylla* 及少花米口袋 *G. verna* 均为多年生的旱生小草本植物，为零星出现在草原群落的伴生植物。

木蓝属 *Indigofera* 仅限于在内蒙古东南部的燕山山地分布，有 2 种，即花木蓝 *I. kirilowii* 与铁扫帚 *I. bungeana*，均为喜暖的山地中生灌木，生于燕山北部山地灌丛与疏林中。

甘草属 *Glycyrrhiza* 在内蒙古有 5 种。甘草 *G. uralensis* 是内蒙古广泛分布的多年生草本植物，有一定的旱生特性，生态幅度颇广，在夏绿阔叶林区、森林草原、草原及荒漠草原带都有分布，常生于沙质草原及轻度碱化的草甸中，也可在沙地及碱化沙地上成为优势植物，与草麻黄 *Ephedra sinica* 组成草麻黄＋甘草群落，或单独组成片状分布的甘草群落。圆果甘草 *G. squamulosa* 主要分布于内蒙古西部，见于干河沟、沙地与盐碱地。刺果甘草 *G. pallidiflora* 是内蒙古西辽河流域分布的一种多年生草本植物，也常生于沙质草原及沙地上。

槐属 *Sophora* 在内蒙古有 2 种，为多年生草本植物。苦参 *S. flavescens* 是一种中旱生植物，主要见于内蒙古东部的草原带沙地及沙质草原中，也生于山地。苦豆子 *S. alopecuroides* 为耐盐旱生植物，分布于阴山山地以南的暖温草原带及半荒漠地带，在盐化覆沙地上及平坦的固定沙地上可成为优势植物，组成苦豆子沙生草本植物群落。内蒙古黄河沿岸、鄂尔多斯及额济纳河沿岸地区，苦豆子群落比较多见。

苦马豆属 *Sphaerophysa* 在内蒙古仅有 1 种，即苦马豆 *S. salsula*，为多年生草本植物，是盐化草甸、河滩林下、河滩灌丛及盐化低地散见的旱中生杂草。

黄华属 *Thermopsis* 在内蒙古有 4 种。披针叶黄华 *T. lanceolata* 为多年生耐盐碱的中旱生植物，内蒙古分布较广，是草甸草原、碱化羊草草原及盐化草甸的伴生植物。

沙冬青属 *Ammopiptanthus* 的沙冬青 *A. mongolicus* 是内蒙古荒漠的重要建群植物之一，在西鄂尔多斯和东阿拉善地区组成沙冬青荒漠群系，是内蒙古唯一的常绿阔叶灌木，喜生于沙质及沙砾质基质上，常与霸王 *Sarcozygium xanthoxylon*、沙生蒿类植物等组成群落。

骆驼刺属 *Alhagi* 为寡种属，我国仅有 1 种，即落叶灌木骆驼刺 *A. sparsifolia*，为典型荒漠植物。在内蒙古分布于荒漠区最西部（阿拉善右旗、额济纳旗）的沙漠及轻度盐化低地上。

旱雀儿豆属 *Chesniella* 在内蒙古仅有 2 种，均为荒漠旱生植物，一种是戈壁雀儿豆 *C. ferganensis*，另一种是蒙古旱雀豆 *C. mongolica*。前者生于荒漠区的砾石质坡地，后者多见于荒漠区的干河床、浅洼地及丘陵坡麓等生境中。

牻牛儿苗科 内蒙古有 2 属、12 种，均为草本植物，在植被组成中的作用不大，一般零散生于林下、灌丛、草甸中，少数种散见于草原，或为农田、路边杂草。

亚麻科 内蒙古有 1 属（亚麻属 *Linum*）、5 种。宿根亚麻 *L. perenne* 和野亚麻 *L. stelleroides* 是草原和草甸草原群落的常见伴生种，为多年生中旱生草本植物。

蒺藜科 本科是荒漠植物区系的重要科，内蒙古有 4 属、12 种，而且多数属、种在内蒙古荒漠植被的组成中有着突出的作用。

驼蹄瓣属 *Zygophyllum* 是最丰富的一属，有 9 种，均为荒漠成分，并不同程度地有肉质结构特点，为肉质多年生草本植物。其植物均为荒漠植被的常见伴生种，其中石生驼蹄瓣 *Z. rosowii* 及蝎虎驼蹄瓣 *Z. mucronatum* 还可伴生于小针茅荒漠草原群落中。

霸王属 *Sarcozygium* 为单种属，是强旱生灌木。霸王 *S. xanthoxylon* 的分布范围较广，从荒漠草原带一直分布到荒漠区的中心，是阿拉善砾石戈壁荒漠的重要建群种，组成霸王荒漠群系，也常在其他荒漠群落中成为伴生种。

四合木属 *Tetraena* 是西鄂尔多斯、东阿拉善荒漠区特有的单种属，只含 1 种超旱生肉质叶小灌木四合木 *T. mongolica*。它是草原化荒漠的建群种，常组成四合木—小针茅荒漠及四合木—无芒隐子草荒漠群落，也常与霸王、红砂等荒漠植物组成荒漠植被。

蒺藜属 *Tribulus* 在内蒙古只有 1 种，即蒺藜 *T. terrestris*，为一年生草本植物，是广布于路边、农田的杂草，内蒙古全境均可见。

白刺科　为单属科。白刺属 *Nitraria* 的 3 种都是荒漠建群植物，均为旱生小灌木。西伯利亚白刺 *N. sibirica* 分布较广，在荒漠区以及荒漠草原与草原地带都有分布，具有明显的耐盐性，多在湖盆外围、干河床等盐化覆沙低地上形成西伯利亚白刺荒漠，此外在梭梭荒漠和芨芨草盐化草甸等群落中常成为次优势种或伴生种。白刺 *N. roborowskii* 分布于荒漠区，也是盐化荒漠的建群种。泡泡刺 *N. sphaerocarpa* 也限于荒漠区分布，是沙砾质荒漠的建群种，在红砂荒漠及其他荒漠群落中常为共建种或伴生种。

骆驼蓬科　为单属科。骆驼蓬属 *Peganum* 有 3 种，均为旱生多年生草本植物。匍根骆驼蓬 *P. nigellastrum* 与骆驼蓬 *P. harmala* 分布于荒漠区及荒漠草原带。在天然植被遭到破坏的裸地和半裸地上，骆驼蓬可形成优势种组成茂盛的次生群落，也可零散生于荒漠及荒漠草原群落中，亦是居民点、畜群点附近最常见的杂草。

芸香科　在内蒙古的种类很少。在草原区及山地上常见的北芸香 *Haplophyllum dauricum* 是一种多年生旱生草本植物或小半灌木，在典型草原、荒漠草原和山地灌丛中经常成为伴生种。白鲜 *Dictamnus dasycarpus* 是常见于内蒙古东部山地灌丛、草甸及草甸化草原的多年生中生杂类草。黄檗 *Phellodendron amurense* 是分布于燕山北部、兴安南部和岭东的一种山地中生乔木，混生于山地杂木林中。

远志科　细叶远志 *Polygala tenuifolia* 是一种草原旱生多年生草本植物，成为石质、山地及典型草原的常见伴生种。

大戟科　在内蒙古植被组成中的作用不明显，有 4 属、15 种。大戟属 *Euphorbia* 的种最多，均为草本植物。乳浆大戟 *E. esula* 是广泛见于草原的伴生植物。狼毒大戟 *E. fischeriana* 分布在森林草原带，是草甸草原的伴生种。沙生大戟 *E. kozlovii* 则是荒漠区沙地上的伴生植物。地锦 *E. humifusa* 是常见于草原及荒漠草原的一年生匍匐草本植物。一叶萩属 *Flueggea* 的一叶萩 *F. suffruticosa* 为山地中生灌木，见于大兴安岭、燕山北部、赤峰丘陵、阴山、贺兰山等山地及丘陵，生在灌丛中。地构叶 *Speranskia tuberculata* 生于山地石质山坡，是内蒙古南部可见的农田杂草。

槭树科　在内蒙古只有槭树属 *Acer* 1 属，均为乔木，分布于内蒙古南部较温暖的山地与沙区。茶条槭 *A. ginnala* 常呈灌木状，生于山地灌丛或沙地灌丛中。色木槭 *A. mono* 是山地阔叶林的混生树种。元宝槭 *A. truncatum* 在西辽河平原东部的沙地疏林中成为主要组成树种之一。

鼠李科　内蒙古有 2 属。鼠李属 *Rhamnus* 有 9 种，多为中生灌木，生于山地灌丛中。小叶鼠李 *R. parvifolia* 是比较耐旱的一种，除见于山地灌丛以外，也常在草原区的石质丘陵上形成疏灌丛。柳叶鼠李 *R. erythroxylon* 在内蒙古南部常组成沙地灌丛，也见于山地。枣属 *Ziziphus* 的酸枣 *Z. jujuba* var. *spinosa*，为旱中生有刺灌木，是华北地区山地阳坡的优势灌木种，在内蒙古限于大兴安岭南部、燕山山地、阴山南坡、鄂尔多斯南部丘陵等较温暖的山区与丘陵零星分布。

椴树科　内蒙古有 1 属（椴树属 *Tilia*）、3 种（紫椴 *T. amurensis*、糠椴 *T. mandshurica* 和蒙椴 *T.*

mongolica），均为山地成林乔木，在大兴安岭南部、燕山山地、阴山山地有分布，或生于山地桦杨林与杂木林中，或形成小片的椴树林。

柽柳科 该科植物多集中分布于内蒙古西部的干旱地区，有 3 属、17 种。

红砂属 *Reaumuria* 有 2 种。红砂 *R. soongarica* 是泌盐性强旱生小灌木，是内蒙古荒漠植被的主要建群种，能适应各种基质条件，形成多种不同的群落类型。红砂荒漠除在荒漠区是优势群系之外，在荒漠草原带的湖盆外围、盐化低地上也常有越带分布的荒漠群聚，甚至可以少量散生在典型草原带的盐化低地上。长叶红砂 *R. trigyna* 也是荒漠小灌木，只在东阿拉善荒漠区出现，一般不成建群种，混生在各种荒漠群落中。

柽柳属 *Tamarix* 有 13 种，均为盐中生灌木，在干旱区的盐湖外围、盐渍低地、河滩地等生境中形成各种柽柳灌丛，或混生于河岸胡杨林中。

水柏枝属 *Myricaria* 的几种灌木也是河滩与低地灌丛的成分。

半日花科 内蒙古只有 1 种，即鄂尔多斯半日花 *Helianthemum ordosicum*，为强旱生荒漠小灌木，仅在西鄂尔多斯的桌子山南部和贺兰山北段东麓低山丘陵区有残遗分布，是砾石质荒漠的建群种，在砾石质丘陵坡地上组成半日花荒漠。

瑞香科 内蒙古有 2 属、2 种。狼毒 *Stellera chamaejasme* 广泛见于草原区和森林草原带，为多年生中旱生草本植物，是草原和草甸草原的常见伴生种，也生于沙地、山地与石质丘陵。在放牧频繁的退化草原牧场上，狼毒可成为优势杂草，因此可作为牧场植被退化演替的标志。

胡颓子科 内蒙古的种类很少。沙枣 *Elaeagnus angustifolia* 是分布于荒漠区的乔木树种，也常有灌木状的，在荒漠区的河滩地上形成沙枣疏林或与胡杨混生成林，在沙漠中的绿洲及低湿沙地上也有生长。沙枣已被人工引种栽培，是荒漠区很有价值的绿化树种，果实含丰富的醣类，是良好的木本粮食树种。中国沙棘 *Hippophae rhamnoides* subsp. *sinensis* 见于内蒙古南部的各山地及石质丘陵，为灌丛成分。

千屈菜科、柳叶菜科 多为喜湿或中生的草本植物，是组成沼泽草甸、山地草甸或生于林下的种类成分。千屈菜 *Lythrum salicaria*、沼生柳叶菜 *Epilobium palustre*、柳叶菜 *Epilobium hirsutum* 等都是分布广泛的沼泽草甸植物；柳兰 *Epilobium angustifolium* 常生于山地林缘、丘陵阴坡或路边，可形成群聚或优势成分。

伞形科 内蒙古有 58 种，全为草本，多数是中生植物，少数是草原及荒漠草原成分。

柴胡属 *Bupleurum* 中分布最广的是多年生中旱生草本植物红柴胡 *B. scorzonerifolium*。它相当普遍地见于森林草原带和草原区的草原群落中，经常成为针茅草原、羊草草原群落的优势杂类草，也可进入山地灌丛及疏林中。锥叶柴胡 *B. bicaule* 也是耐旱的多年生草本，生于砾石质草原及荒漠草原中，但数量稀少。柴胡属的其他种，如兴安柴胡 *B. sibiricum*、北柴胡 *B. chinense* 等多分布于山地。

沙茴香 *Ferula bungeana* 是荒漠草原带常见的旱生多年生草本植物，喜生于沙质荒漠草原群落中，也可传播到荒漠带及干草原带。

防风 *Saposhnikovia divaricata* 也是中旱生多年生杂类草，常伴生于草原、草甸草原和山地草原中。

在山地林下、灌丛和林缘草甸中常见的中生草类有当归属 *Angelica* spp.、峨参属 *Anthriscus*

spp.、藁本属 *Ligusticum* spp.，也有兴安蛇床 *Cnidium dauricum*、东北羊角芹 *Aegopodium alpestre*、香芹 *Libanotis seseloides* 等种。生于河滩草甸及沼泽的种类有泽芹 *Sium suave*、毒芹 *Cicuta virosa*、水芹 *Oenanthe javanica* 等。还有一些一、二年生的草本植物是常见的农田杂草，如田葛缕子 *Carum buriaticum*、迷果芹 *Sphallerocarpus gracilis* 等。

杜鹃花科　本科植物均为内蒙古山地森林及林缘灌丛的植物种类，有 12 种，大多分布于大兴安岭山地森林区。杜鹃属 *Rhododendron* 在内蒙古有 4 种，生于林下及林缘灌丛，其中照山白 *R. micranthum* 可成为山地中生灌丛的建群种。越橘属 *Vaccinium* 的 2 种均为兴安落叶松林的林下成分。杜香 *Ledum palustre*、毛蒿豆 *Oxycoccus microcarpus* 与甸杜 *Chamaedaphne calyculata* 都是山地针叶林下的常绿灌木，前两者为寡种属，后者为单种属。天栌属 *Arctous* 也是寡种属，大兴安岭北部分布的黑果天栌 *A. alpinus* 及天栌 *A. ruber* 均为北极—高山植物成分。

报春花科　内蒙古发现 22 种，大多生于山地，全为草本植物。点地梅属 *Androsace* 有 9 种，多见于石质山坡或丘顶，其中白花点地梅 *A. incana* 是森林草原带的砾石质山地草原种；长叶点地梅 *A. longifolia* 和北点地梅 *A. septentrionalis* 均为砾石质草原群落的伴生植物，因早春开花而具有特殊的季相作用。报春花属 *Primula* 的若干种为山地草甸和沼泽化草甸成分。假报春属 *Cortusa* 为寡种属，内蒙古有 2 种，见于大兴安岭、燕山北部、阴山及贺兰山。单种属海乳草属 *Glaux* 的海乳草 *G. maritima* 是分布遍及内蒙古的中生草本植物，多混生于轻度盐化的矮草草甸中。

白花丹科　内蒙古有 3 属、8 种。补血草属 *Limonium* 的二色补血草 *L. bicolor* 为多年生旱生草本植物，常零星散生于草原及芨芨草盐化草甸中。黄花补血草 *L. aureum* 是具有明显耐盐性的多年生草本植物，在草原、荒漠草原及荒漠地带的盐化低地上，成为芨芨草草甸和白刺荒漠群落的零星伴生植物。细枝补血草 *L. tenellum* 是生于荒漠区和荒漠草原区石质丘陵坡地的旱生草类，红根补血草 *L. erythrorrhizum* 和格鲁包夫补血草 *L. grubovii* 是荒漠区盐化草甸的旱生草类，曲枝补血草 *L. flexuosum* 是草原区、典型草原区的旱生草类。

龙胆科　内蒙古有 10 属、37 种，但在植被组成中作用不显著，多为少量散生的杂类草。龙胆属 *Gentiana* 中的达乌里龙胆 *G. dahurica* 是常见于草原和草甸草原群落的伴生植物，为多年生中旱生草本植物。龙胆 *G. scabra*、兴安龙胆 *G. hsinganica* 和斜升龙胆 *G. decumbens* 主要是森林区的草甸伴生种，鳞叶龙胆 *G. squarrosa* 是草甸草原和草甸伴生的一年生草类。

萝藦科　内蒙古有 3 属、14 种。鹅绒藤属 *Cynanchum* 中的地梢瓜 *C. thesioides* 是草原及山地常见的旱生植物，在土壤松软的草原撂荒地上或农田中也常有生长；羊角子草 *C. cathayense* 是荒漠及荒漠草原带芨芨草草甸的伴生植物；牛心朴子 *C. mongolicum* 限于阴山山地以南分布，为中旱生多年生草本，在鄂尔多斯高原区的沙质草原和沙地上常有大量生长，在沙质草原化荒漠群落中也可少量出现。杠柳 *Periploca sepium* 是内蒙古南部边缘稀见的灌木。

旋花科　内蒙古有 3 属、9 种。旋花属 *Convolvulus* 中的银灰旋花 *C. ammannii* 为矮小的旱生多年生草本植物，是干草原和荒漠草原群落中常见的伴生种，可成为因强烈放牧而退化的荒漠草原群落中的优势杂草，在畜群点、饮水点可见到银灰旋花占绝对优势的次生群落片段。刺旋花 *C. tragacanthoides* 及鹰爪柴 *C. gortschakovii* 均为强旱生小灌木，可成为荒漠伴生种或优势种，在半日花荒漠群落中常为优势种，在干河床、干沟的沙砾质地段上可组成局部的群落片段。田旋花 *C. arvensis* 是内蒙古常见的农田杂草。

紫草科 该科的植物中旱生种较多，常为草原和荒漠草原的伴生植物。鹤虱属 *Lappula* spp.、软紫草属 *Arnebia* spp.、齿缘草属 *Eritrichium* spp. 植物及狭苞斑种草 *Bothriospermum kusnezowii*、砂引草 *Tournefortia sibirica* 等种，均为草原、荒漠草原、沙质草原的伴生种，有些种还可进入荒漠群落。

马鞭草科 内蒙古仅有 2 种。蒙古莸 *Caryopteris mongholica* 为旱生半灌木，散生于草原区及荒漠草原带的石质坡地、沙地与干河床等处，在局部沙地植被中可成为优势植物。荆条 *Vitex negundo* var. *heterophylla* 是华北山地灌丛的优势植物，仅在内蒙古南部燕山山地、阴山南部丘陵等处有少量出现。

唇形科 该科是内蒙古较大的一科，有 25 属、57 种。其中，山地及草原带的种属较丰富，荒漠区的种类很少。

在草原区，作用最突出的植物是旱生匍匐小半灌木百里香 *Thymus serpyllum*，在草原区的黄土丘陵地区（如赤峰地区、鄂尔多斯东部地区）组成分布很广的百里香群落。该群落是在常态的风蚀与风积作用下所形成的小半灌木植被，是本氏针茅草原的侵蚀变型。百里香也常与白莲蒿组成小半灌木群落，或在砾石质草原群落中成为伴生植物。

黄芩属 *Scutellaria* 在内蒙古有 8 种，分布在森林草原和草原带。黄芩 *S. baicalensis* 为中旱生多年生草本，是砾石质草原群落的重要伴生植物，常见于线叶菊草原及针茅草原中。并头黄芩 *S. scordifolia*、粘毛黄芩 *S. viscidula* 也是伴生于草原及草甸草原的中旱生杂类草。

裂叶荆芥属 *Schizonepeta* 为寡种属，其中多裂叶荆芥 *S. multifida* 在森林草原带是草甸草原、山地草原的常见伴生种。

青兰属 *Dracocephalum*、香薷属 *Elsholtzia*、益母草属 *Leonurus* 均有若干种山地杂类草，有些种是山地草甸、灌丛的伴生种，也有些种见于草甸草原及草原群落中。

冬青叶兔唇花 *Lagochilus ilicifolius* 是伴生于荒漠草原的特征植物，为典型旱生多年生小型草本植物，也少量进入荒漠植被中及草原区边缘。

脓疮草 *Panzerina lanata* 是多年生旱生草本，为荒漠草原及干草原的沙生植物。

糙苏属 *Phlomis* 在内蒙古有 6 种，均为中生草甸杂类草，常见的蒙古糙苏 *P. mongolica* 及块茎糙苏 *P. tuberosa* 是草原区低湿地草甸的伴生成分，其他种多见于山地。

玄参科 本科也是内蒙古较丰富的一科，有 23 属、69 种，在山地植被及草原植被中均有许多伴生成分。

马先蒿属 *Pedicularis* 有 20 种，多见于山地。黄花马先蒿 *P. flava* 及大花马先蒿 *P. grandiflora* 是森林草原带及草原带的山地草原伴生种。返顾马先蒿 *P. resupinata* 与穗花马先蒿 *P. spicata* 生于林缘草甸、灌丛及草甸草原群落中。还有些种见于山地森林及沼泽化草甸中。

穗花属 *Pseudolysimachion* 有 6 种，是山地林缘草甸及草甸草原的中生、中旱生杂类草，其中白毛穗花 *P. incanm* 是典型草原中经常伴生的旱生杂类草。

柳穿鱼属 *Linaria* 种类不多，其中柳穿鱼 *L. vulgaris* subsp. *chinensis* 是广泛分布于草原带及其山地的中旱生杂类草，在典型草原、草甸草原及山地草原中均有伴生。

芯芭属 *Cymbaria* 有 2 种，达乌里芯芭 *C. daurica*、蒙古芯芭 *C. mongolica*，均为草原旱生小型草本植物，是典型草原的特征伴生种，其中蒙古芯芭多分布于鄂尔多斯地区。

车前科 内蒙古仅 1 属，种数也不多。最常见的车前 *Plantago asiatica* 是低湿地草甸的优势杂草之一。此外，车前属 *Plantago* 的平车前 *P. depressa* 常见于草甸及田野，盐生车前 *P. maritima* subsp. *ciliata* 广泛出现在盐化草甸（芨芨草草甸与马蔺草甸）群落中，条叶车前 *P. minuta* 是荒漠草原所伴生的耐旱植物。

茜草科 该科植物多为山地草甸及灌丛杂类草。蓬子菜 *Galium verum* 是本科很常见的一种，多生于草甸草原群落，可成为优势杂类草，也常生于草原化草甸及山地灌丛中。内蒙野丁香 *Leptodermis ordosica* 是分布于荒漠区石质山地丘陵的旱生小灌木。

忍冬科 内蒙古有 7 属、16 种，多为山地灌木，生于灌丛或林下。北极花属 *Linnaea* 在内蒙古仅有 1 种，即北极花 *L. borealis*，是大兴安岭北部林下生长的常绿小灌木，多生于苔藓针叶林下。六道木属 *Abelia* 只限于内蒙古最南部边缘山地（燕山山地等处）分布，有 1 种，即六道木 *A. biflora*，混生于灌丛中。蝟实属 *Kolkwitzia* 是我国特有的单种属，见于内蒙古西南边缘山地的林下或灌丛中。忍冬属 *Lonicera*、接骨木属 *Sambucus*、荚蒾属 *Viburnum* 均有若干种在山地林下或灌丛中伴生的中生灌木。

败酱科 内蒙古有 2 属、7 种。败酱属 *Patrinia* 中的岩败酱 *P. rupestris* 为草原中旱生草本植物，见于草原带及森林草原带的砾石质山坡与丘顶，是砾石质草原的伴生杂类草，局部可形成优势。败酱 *P. scabiosifolia* 为高大的中生草本植物，在森林草原带和草原带山地杂类草草甸与草甸化草原中可成为优势杂类草或伴生种。缬草属 *Valeriana* 的几种中生草本植物均为草甸、林缘草甸或林下的伴生成分。

川续断科 内蒙古有 3 属、4 种。蓝盆花属 *Scabiosa* 中的窄叶蓝盆花 *S. comosa* 与华北蓝盆花 *S. tschiliensis*，均为典型草原或沙质草原群落所伴生的中旱生多年生杂类草。

桔梗科 内蒙古有 5 属、29 种，多为山地草本植物。沙参属 *Adenophora* 较为丰富，有 22 种，大多为多年生中生草本植物，混生于山地林下、灌丛、林缘草甸及草甸化草原中。其中，狭叶沙参 *A. gmelinii* 为旱中生杂类草，在草甸化羊草草原中可成为优势杂类草。长柱沙参 *A. stenanthina* 也常见于草甸草原中。石沙参 *A. polyantha* 是草原区石质丘陵坡地的常见种。轮叶沙参 *A. tetraphylla*、锯齿沙参 *A. tricuspidata* 等均为林下、灌丛和林缘草甸的中生成分。风铃草属 *Campanula*、党参属 *Codonopsis* 也有几种林下、灌丛及草甸中生草类植物。

菊科 本科植物种类最为丰富，其种、属的数量在内蒙古均占首位，共 356 种，分属于 88 属。其中尤以蒿属 *Artemisia* 最为突出，有 73 种，在草原、荒漠草原、荒漠、草甸以及山地植被的组成中都占有重要地位，有些种是优势种和建群种。分布十分广泛的旱生小半灌木冷蒿 *A. frigida* 从内蒙古东部的森林草原带边缘一直分布到西部荒漠区，其分布中心在草原和荒漠草原带。由于冷蒿具有耐旱、半匍匐、耐践踏、萌生力强等特点，所以在典型草原中可以成为优势成分，常与大针茅、克氏针茅、本氏针茅或羊草组成群落。在地表侵蚀作用较强的地区，针茅草原常因不耐侵蚀而被冷蒿群落所取代。在放牧较重的草原上，冷蒿往往演替为占优势的次生群落。在荒漠草原带，冷蒿常在短花针茅、小针茅等草原群落中成为优势成分之一。最西部阿拉善荒漠中，冷蒿显著减少，而被形态结构近似于冷蒿、木质化程度较高、旱生性更强的内蒙古旱蒿 *A. xerophytica* 所代替。白莲蒿 *A. gmelinii* 也是一种分布较广的旱生半灌木，是内蒙古东部、南部山地与石质丘陵上的建群种或优势种，常组成砾石质坡地上的白莲蒿群落，或与旱生

小半灌木百里香 *Thymus serpyllum* 组成半灌木群落，在许多羊草草原和针茅草原群落中成为优势成分，荒漠区的山地也有它的分布。柔毛蒿 *A. pubescens*、变蒿 *A. commutata*、狭叶青蒿 *A. dracunculus*、裂叶蒿 *A. tanacetifolia*、蒙古蒿 *A. mongolica* 等在森林草原带和草原带有广泛分布。在草原及荒漠草原带强烈剥蚀的石质丘陵坡地上常有山蒿 *A. brachyloba* 所组成的石生半灌木群落。蒿属还有一组特殊的沙生植物：在沙地水分条件较好的东部草原带上，主要分布着差不嘎蒿 *A. halodendron*，成为沙生植被的建群种；在中部草原带的沙地上（小腾格里沙区及鄂尔多斯的沙地上），分布着两种沙蒿，一种是黑沙蒿 *A. ordosica*，另一种是介于差不嘎蒿及黑沙蒿之间的中间类型——褐沙蒿 *A. intramongolica*，这两个种均能广泛形成沙生半灌木群落；往西，进入荒漠区的乌兰布和沙漠、巴丹吉林沙漠，因多为流动沙丘，占优势的蒿类植物由更能适应流沙生境的白沙蒿 *A. sphaerocephala* 所替代。在低湿地草甸和山地草甸植被中，还有一些多年生中生蒿类，如蒌蒿 *A. selengensis*、艾蒿 *A. argyi*、柳叶蒿 *A. integrifolia*、宽叶山蒿 *A. stolonifera*、野艾蒿 *A. codonocephala* 等，在草甸植被中可成为优势杂类草或伴生种。盐化低地上常见的丝裂蒿 *A. adamsii*、莳萝蒿 *A. anethoides*、碱蒿 *A. anethifolia* 等均为盐化草甸和盐湿草原的伴生植物，局部可形成优势。此外还有不少种一、二年生的蒿类出现在各种植被类型中，如猪毛蒿 *A. scoparia* 广布于内蒙古，在草原撂荒地上可形成蒿类先锋植物群聚，在荒漠草原及荒漠植被中是夏季一年生植物层片的优势种或常见种；黄花蒿 *A. annua*、黑蒿 *A. palustris* 等多见于低湿地生境中。栉叶蒿 *Neopallasia pectinata* 已从蒿属中分立出来，它在荒漠草原及荒漠群落中也是一年生植物层片的重要成分，多雨年份可形成具有压倒性优势的临时性层片。素蒿 *Elachanthemum intricatum* 常生于荒漠草原，也进入荒漠，为夏雨型一年生草本层片的主要成分之一。

　　风毛菊属 *Saussurea* 是菊科的另一大属，内蒙古有 39 种，多为中生和旱中生杂类草，生于山地和草甸上，少数种见于草原。常见的草地风毛菊 *S. amara* 是盐化草甸的优势杂类草，盐地风毛菊 *S. salsa*、碱地风毛菊 *S. runcinata*、达乌里风毛菊 *S. daurica*、裂叶风毛菊 *S. laciniata* 等常出现在盐化草甸中，风毛菊 *S. japonica*、密花风毛菊 *S. acuminata* 等是草甸或沼泽化草甸的成分，柳叶风毛菊 *S. salicifolia* 常为草甸草原的伴生杂类草，灰白风毛菊 *S. pricei* 与直苞风毛菊 *S. ortholepis* 均为耐旱的草原成分。

　　鸦葱属 *Scorzonera* 在内蒙古有 9 种，分布很广泛，伴生于多种植被类型中。丝叶鸦葱 *S. curvata* 是多年生中旱生草本，在草原和草甸草原群落中成为伴生种。拐轴鸦葱 *S. divaricata* 为典型旱生植物，是荒漠草原的特征伴生种，也见于草原化荒漠植被中。头序鸦葱 *S. capito* 是强旱生的荒漠和荒漠草原带的石生植物，在石质荒漠中有少量伴生而成为特征植物。笔管草 *S. albicaulis* 与桃叶鸦葱 *S. sinensis* 均生于草甸和草甸化草原中。蒙古鸦葱 *S. mongolica* 则是盐化低地、盐湿草甸的混生成分。

　　麻花头属 *Klasea* 的一些种主要分布在山地和草原植被中。最常见的麻花头 *K. centauroides* 为多年生中旱生杂类草，是草原和草甸草原的重要伴生植物，特别是在沙质草原中可成为优势杂类草。

　　狗舌草属 *Tephroseris* 在内蒙古有 4 种，均为草甸、沼泽草甸的中生或湿中生杂类草。常见的狗舌草 *T. kirilowii* 是森林草原带和草原带的草甸伴生植物。

　　蒲公英属 *Taraxacum* 所包含的种也是草甸及盐化草甸的中生植物。蒲公英 *T. mongolicum* 是广泛多见的一种。

菊属 *Chrysanthemum* 的若干种是山地林下或灌丛的中生草类。

橐吾属 *Ligularia* 是草甸及山地草甸中生草类，其中全缘橐吾 *L. mongolica* 也少量伴生于草甸化草原中。

猫儿菊属 *Hypochaeris* 为山地草甸成分，其中猫儿菊 *A. ciliata* 在大兴安岭及其西麓的山地草甸中颇为多见。

蓍属 *Achillea* 也有一些较常见的草甸中生杂类草。

旋覆花属 *Inula* 除含有几种草甸中生草类以外，还有一种广泛生于沙地的蓼子朴 *I. salsoloides*。

线叶菊属 *Filifolium* 是亚洲东北部所特有的单种属。线叶菊 *F. sibiricum* 在我国东北及内蒙古东部草原上是一种很重要的建群植物，组成独特的山地杂类草草原，并成为森林草原带的优势群系之一。在松嫩平原的隆起岗丘上，也有线叶菊草原的分布。线叶菊也常混生于某些羊草草原、针茅草原及山地杂类草草甸群落中，是具有耐旱、耐寒特性的中旱生杂类草，可生于肥沃的黑钙土与黑土，也能适应于比较瘠薄的砾石质土壤。

火绒草属 *Leontopodium* 的 5 种均为多年生旱生草本植物，是草原和山地草原群落的伴生种。其中最常见的是火绒草 *L. leontopodioides*。

狗娃花属 *Heteropappus* 在内蒙古有 3 种，其中阿尔泰狗娃花 *H. altaicus* 分布最广，不仅在各种典型草原群落中是最常见的伴生植物，而且也见于草甸草原、山地草原中，在放牧退化草原上往往可以形成局部的优势分布。

漏芦属 *Rhaponticum* 在内蒙古仅有 1 种，即漏芦 *R. uniflorum*，是广泛见于草原的中旱生杂类草，在山地草原、砾石质草原中更为多见。

蝟菊属 *Olgaea* 在内蒙古有 3 种，为草原旱生成分，多伴生于沙质草原中，或见于山地砾石质坡地上。

蓝刺头属 *Echinops* 在内蒙古有 6 种，为旱生草本植物。驴欺口（蓝刺头）*E. davuricus* 是草原及草甸草原伴生种。砂蓝刺头 *E. gmelinii* 散生于沙质草原及荒漠草原中，并可少量出现在荒漠群落中。

还阳参属 *Crepis* 尚有几种草原砾石生植物，较为多见的是还阳参 *C. crocea* 及西伯利亚还阳参 *C. sibirica*。

亚菊属 *Ajania* 在内蒙古有 6 种，女蒿属 *Hippolytia* 有 2 种，都是荒漠草原及荒漠带的旱生小半灌木。蓍状亚菊 *A. achilleoides* 在荒漠草原带的砾石质棕钙土上常作为建群植物与小针茅组成小半灌木群落，或成为小针茅草原群落的伴生种或亚优势种，也混生于某些荒漠植被中。女蒿 *H. trifida* 的植株形态近似于蓍状亚菊，是荒漠草原带砾石质小半灌木植被的建群种。该群系主要分布在蒙古高原区的荒漠草原带，在小针茅草原群落中也常成为伴生种或亚优势种。

紫菀木属 *Asterothamnus* 的强旱生半灌木紫菀木 *A. alyssoides* 和中亚紫菀木 *A. centrali-asiaticus* 都是荒漠草原植被的优势种，在浅洼地与干河道的砾石质冲积土上可形成群落片段。紫菀木分布于荒漠草原带及草原化荒漠带，中亚紫菀木从荒漠草原带一直分布到阿拉善荒漠区的中部。

革苞菊属 *Tugarinovia* 是荒漠区特有的寡种属，内蒙古仅含 2 种。其中，革苞菊 *T. mongolica* 为多年生强旱生草本植物，叶革质、多刺、羽状深裂，生于砾石质坡地与丘顶，是阴山北部荒漠植被及荒漠草原的散见伴生种。

短舌菊属 *Brachanthemum* 也是限于荒漠区分布的强旱生灌木。戈壁短舌菊 *B. gobicum* 为阿拉善荒漠特有种，生于砾石质与沙砾质荒漠中，或与小针茅组成群落。星毛短舌菊 *B. pulvinatum* 是分布于内蒙古西部的石质荒漠小灌木，一直分布到柴达木盆地。

苓菊属 *Jurinea* 在内蒙古只见到 1 种，即蒙新苓菊 *J. mongolica*，是多年生旱生荒漠草本植物，分布于西鄂尔多斯及阿拉善荒漠区，往东可进入荒漠草原带，多生于沙质或砾石质荒漠植被中。

花花柴属 *Karelinia* 为单种属。花花柴 *K. caspia* 为荒漠区所特有，是生于盐化草甸及盐湿荒漠的多年生草本植物。

百花蒿属 *Stilpnolepis* 为单种属。百花蒿 *S. centiflora* 是南阿拉善—鄂尔多斯特有的一年生草本植物。

菊科植物除上述这些属、种以外，还有一些生于村舍、路边、农田及撂荒地的杂草种类，如蓟属 *Cirsium*、苦荬菜属 *Ixeris*、苦苣菜属 *Sonchus* 的一些种和苍耳 *Xanthium strumarium* 等。

禾本科　在内蒙古是仅次于菊科的第二大科，有 72 属、254 种，在各类草原植被、草甸植被的组成中具有最突出的作用，在其他植被类型中也包含着较多的禾本科植物。

早熟禾属 *Poa* 是最丰富的一属，内蒙古有 36 种，多为草甸、草原植被的重要成分。在森林草原带和草原带，硬质早熟禾 *P. sphondylodes*、渐狭早熟禾 *P. attenuata*、额尔古纳早熟禾 *P. argunensis* 是组成草原小禾草层片的常见种，特别是在小禾草草原群落中可成为优势成分。硬质早熟禾除混生于草原以外，还见于沙地与草原化草甸中。早熟禾属的中生种类更为多见：林地早熟禾 *P. nemoralis* 是喜阴的林地草本，散生于落叶松林下草本层及灌丛中；草地早熟禾 *P. pratensis* 与西伯利亚早熟禾 *P. sibirica* 均为多年生疏丛型中生禾草，生于草甸和沼泽化草甸中；散穗早熟禾 *P. subfastigiata* 是一种高大的多年生根状茎型中生禾草，在森林草原带及草原带的河滩草甸中常成为建群种或优势种。

在草原植被中，最重要的属是针茅属 *Stipa*，内蒙古有 15 种，都是多年生的旱生丛生禾草。其中有 9 种为地带性草原植被的建群种，组成 9 个重要的草原群系，并且形成了地理替代分布，也是划分不同草原地带的最主要标志。贝加尔针茅 *S. baicalensis* 在内蒙古是耐旱性最低的一种针茅，主要分布在东部的森林草原带及山地上，组成森林草原带的典型地带性草原群系，并且经常在线叶菊草原、羊草草原中成为优势种或重要伴生植物。大针茅 *S. grandis* 是典型草原带最基本的草原建群种，地带性意义最为突出。克氏针茅 *S. krylovii* 是比大针茅旱生性更强的一种典型草原建群种，广泛见于典型草原带，特别是在典型草原带西部最干旱的区域内，它组成最主要的优势群系。此外，克氏针茅也经常成为某些大针茅草原、羊草草原及线叶菊草原的亚优势种或伴生种，在荒漠草原带的小针茅草原中也是极为常见的零星散生成分。本氏针茅 *S. bungeana* 是内蒙古南部暖温型草原带的主要建群种，不进入蒙古高原草原区，往南广泛分布于华北地区、黄土高原及西藏的草原地区。在本氏针茅的分布区内，因农业发达、土地垦殖率高，所以原生的大面积本氏针茅草原保留得不多。以上四种针茅是亲缘很近的一组，即光芒组 Sect. *Leiostipa* 针茅，在内蒙古典型草原带及森林草原带的草原植被组成中起着决定性的作用。小针茅 S. klemenzii 是蒙古高原区地带性荒漠草原的主要建群种，在典型棕钙土上形成优势群系。小针茅也进入荒漠区，组成草原化荒漠植被的附属层片或少量混生于各类荒漠植被中。小针茅渗入典型草原植被的幅度很小，但可沿着典型草原带的盐湿低地外围分布，一直可达呼伦贝尔西部克鲁伦河和乌尔逊河流域。沙生针茅 S. glareosa 也是荒漠草原的建群种，多在沙质棕钙土上形成群落，并且经常在荒漠植被中组成附属层片，或少量伴生。戈壁针茅 S. gobica 生于荒漠草原带及典型草原带西部的石质山地与丘陵，是砾石质草原的建群种，一般只形成小面积的群落。蒙古针茅 S. mongolorum 是更加旱生化的一个种，主要在荒漠区的石质山地丘陵上形成群落，并常与细柄茅属 Ptilagrostis 等组成混合群落。小针茅、沙生针茅、戈壁针茅、蒙古针茅这四种小型针茅都是旱生性很强的荒漠草原建群植物，决定着荒漠草原的面貌，而且也属于近亲缘的一组——羽针组 Sect. Smirnova。短花针茅 S. breviflora 是旱生幅度较大的荒漠草原种，主要分布于内蒙古高原最南部及阴山山脉以南的草原地区，往东分布到燕山北麓赤峰一带的黄土丘陵草原地区，往西一直分布到青藏高原。短花针茅的建群分布是在荒漠草原带，组成旱生性较低的荒漠草原群系，也经常渗入典型草原带混生在本氏针茅草原与克氏针茅草原中。在荒漠植被中，也常有短花针茅出现，例如，卷叶锦鸡儿荒漠的小禾草层片往往以短花针茅为主要成分，草原化的红砂荒漠、绵刺荒漠等群落中也常有短花针茅零散伴生。另外内蒙古还有两种分布比较局限的针茅，异针茅 S. aliena 和甘青针茅 S. przewalskyi，只见于西部的贺兰山、龙首山等山地草原中。

细柄茅属 Ptilagrostis 是针茅属的近缘属，内蒙古分布的种很少，限于干旱区的山地与石质丘陵分布。最主要的一个种是中亚细柄茅 P. pelliotii，是西鄂尔多斯与阿拉善荒漠植被以及贺兰山、狼山的山地荒漠草原的伴生种或优势种。

隐子草属 Cleistogenes 也是一组草原丛生禾草。其中，分布最广的是糙隐子草 C. squarrosa。它是典型草原带中大针茅草原、克氏针茅草原及羊草草原的下层优势种；在草原放牧退化演替系列中，可出现糙隐子草占优势的次生小禾草群落；进入荒漠草原带，糙隐子草又常为小针茅草原的伴生成分。无芒隐子草 C. songorica 是荒漠草原的优势种和荒漠植被的伴生种，可看作是糙隐子草的旱生替代种。多叶隐子草 C. polyphylla 分布于内蒙古东部和南部，常在贝加尔针茅草原、线叶菊草原和某些羊草草原中成为小禾草层片的主要成分。

羊茅属 Festuca 除含有草原成分以外，也有森林及草甸种。羊茅 F. ovina 是一种耐寒旱生的山地草原密丛小禾草，在森林草原带和草原带的山地与丘陵上部可形成羊茅草原群落，或在线叶菊草原与贝加尔针茅草原中成为亚优势种及伴生种，在某些固定沙地上也能见到羊茅草原群落的片段。远东羊茅 F. extremiorientalis、雅库羊茅 F. jacutica 均为山地森林成分。紫羊茅 F. rubra 是草甸中生禾草，生于山地林缘草甸或河滩草甸中。达乌里羊茅 F. dahurica 生于典型草原带的沙地，是沙地小禾草草原的优势种或建群种。蒙古羊茅 F. mongolica 生于典型草原带的砾石质山地丘陵坡地及丘顶，是山地草原的建群种。达乌里羊茅与蒙古羊茅在生境上互为替代。

银穗草 Leucopoa albida 是典型的山地草原特征种，为多年生丛生禾草，在内蒙古山地顶部均可见到银穗草草原群落片段。

菭草属 Koeleria 在内蒙古仅有 2 种。菭草 K. macrantha 是泛北极草原区分布的广域种，为多年生密丛旱生小禾草，虽然一般不成为建群种，但在典型草原和草甸草原的许多群落中是常见的伴生种或优势种。阿尔泰菭草 K. altaica 是草原区东部的山地禾草—杂类草草原的伴生种。

冰草属 *Agropyron* 在内蒙古有 4 种，为多年生旱生疏丛禾草，是沙质草原的建群种或优势种。冰草 *A. cristatum* 在草原区和森林草原带有广泛分布，除在沙质栗钙土上组成冰草草原以外，还是针茅草原、羊草草原的重要伴生成分，甚至可成为亚优势种。沙生冰草 *A. desertorum* 的旱生性较强，在典型草原带组成沙质草原，并混生于其他典型草原群落及沙地植被中。沙芦草 *A. mongolicum* 是更耐旱的一种，主要生于荒漠草原带的沙地上，也可进入干草原及荒漠带的沙质土上。西伯利亚冰草 *A. sibiricum* 是匍匐根状茎型的沙地旱生禾草，常见于草原带的沙地。

赖草属 *Leymus* 在内蒙古有 7 种，为根状茎型禾草。羊草 *L. chinensis* 是广幅旱生草原建群种。在森林草原带，羊草草原是分布最广的优势群系，占据着水分条件比较优越的生境，又能适应土壤的轻度盐化与碱化组成多种不同的群落类型。在典型草原带，羊草草原也占一定比例，分布在相对低洼的地形上。羊草在贝加尔针茅草原、大针茅草原、克氏针茅草原以及某些草原化草甸植被中常有伴生，甚至组成较发达的根状茎禾草层片。赖草 *L. secalinus* 是一种轻度耐盐的旱中生草甸建群种，在草原区和荒漠区的盐化低地上可形成赖草草甸，或混生于芨芨草草甸与其他盐化草甸中，也为田边杂草。

芨芨草属 *Achnatherum* 在内蒙古分布着几种生态特点不同的大型丛生禾草。芨芨草 *A. splendens* 为耐盐旱中生植物，是分布很广的盐化草甸建群种。芨芨草草甸从典型草原带一直到荒漠区都有分布，但不进入森林草原带。芨芨草草甸的类型也是很多样的，反映着不同地带生境条件的差异。远东芨芨草 *A. extremiorientale*、羽茅 *A. sibiricum* 是伴生于草原化草甸、草甸草原以及山地灌丛的中旱生禾草。

碱茅属 *Puccinellia* 在内蒙古有 11 种，均为耐盐中生禾草，是组成盐生草甸的建群种或优势种，分布较多的是星星草 *P. tenuiflora*、碱茅 *P. distans*、大药碱茅 *P. macranthera* 等。

大麦草属 *Hordeum* 在内蒙古只有几种盐化草甸成分，最主要的一种是短芒大麦草 *H. brevisubulatum*。它分布很广，为多年生耐盐中生丛生禾草，是盐化草甸的优势种，各地带的碱茅草甸、芨芨草草甸、马蔺草甸等盐化草甸中常有短芒大麦草混生。

鹅观草属 *Roegneria* 是内蒙古较丰富的一属，有 22 种，分布也很广，各地带均有不同的种分布，但缺乏建群种和优势种，都是少量散生在各类生境中，多为草甸或山地中生成分，如毛盘鹅观草 *R. barbicalla*、纤毛鹅观草 *R. ciliaris*、吉林鹅观草 *R. nakaii*、缘毛鹅观草 *R. pendulina*、紫穗鹅观草 *R. purpurascens*、直穗鹅观草 *R. gmelinii* 等。

翦股颖属 *Agrostis* 在内蒙古有 6 种，均为草甸中生禾草。巨序翦股颖（小糠草）*A. gigantea* 与歧序翦股颖（蒙古翦股颖）*A. divaricatissima* 都是广泛分布的低湿地草甸建群种，在西辽河流域、大兴安岭及内蒙古高原草原带都有小糠草草甸、蒙古翦股颖草甸的分布。本属的其他种多为草甸伴生成分。

看麦娘属 *Alopecurus* 内蒙古有 5 种，都是森林区与森林草原带的草甸或沼泽草甸中生禾草。短穗看麦娘 *A. brachystachyus* 为多年生匍匐根状茎型禾草，是河滩草甸的建群种，但也常混生于其他禾草草甸群落中。苇状看麦娘 *A. arundinaceus* 多见于大兴安岭地区的河滩沼泽化草甸中。

雀麦属 *Bromus* 在内蒙古有几种草甸中生植物，最主要的一种是无芒雀麦 *B. inermis*，为多年生根状茎型禾草，也是森林草原带及草原带的草甸建群种，组成典型草甸及草原化草甸的多种群落类型。其他种主要分布在大兴安岭的山地草甸及河谷草甸中。

拂子茅属 *Calamagrostis* 在内蒙古有 3 种，为高大的多年生根状茎型中生禾草。假苇拂子茅 *C. pseudophragmites* 与拂子茅 *C. epigeios* 分布都很广，在内蒙古各地带的河滩低地均可成为建群种，组成这两种拂子茅草甸。拂子茅也常散生在较潮湿的沙地上。大拂子茅 *C. macrolepis* 主要见于森林草原带的草甸植被中。

披碱草属 *Elymus* 的 8 种植物也是中生草甸成分，广泛分布于山地与草原区。披碱草 *E. dahuricus*、垂穗披碱草 *E. nutans*、肥披碱草 *E. excelsus*、老芒麦 *E. sibiricus* 等都是常见的草甸伴生种或优势种。

野古草属 *Arundinella* 在内蒙古仅有 1 种，即毛秆野古草 *A. hirta*，为多年生根状茎型旱中生禾草。毛秆野古草主要分布在大兴安岭以东和阴山山脉以南的地区，蒙古高原地区几无分布，是草原化草甸的建群种和优势种，也常混生于贝加尔针茅草原、线叶菊草原和羊草草原中。

大油芒属 *Spodiopogon* 在内蒙古只有 1 种，即大油芒 *S. sibiricus*，分布于草原区和山地，但主要分布在大兴安岭以东及阴山山地以南的地区，在蒙古高原区作用很小，是一种根状茎型旱中生禾草，在山地草甸和草甸草原中成为优势植物或伴生植物。

异燕麦属 *Helictotrichon* 的种类不多，较为常见的异燕麦 *H. schellianum* 可成为山地草原的优势成分，在草甸草原、林缘草甸中也有零星生长。大穗异燕麦 *H. dahuricum* 为山地草甸植物。

野青茅属 *Deyeuxia* 在内蒙古分布的种均为中生或湿中生植物。大叶章 *D. purpurea* 多生于山地林下、林缘草甸及沼泽化草甸中，主要分布于大兴安岭及其两麓地区，是组成沼泽化草甸的建群种或优势种。野青茅 *D. pyramidalis*、密穗野青茅 *D. conferta* 等也是山地草甸成分。

芦苇 *Phragmites australis*、菵草 *Beckmannia syzigachne*、牛鞭草 *Hemarthria altissima*、荻 *Miscanthus sacchariflorus* 都是见于内蒙古的沼泽草甸建群种。其中，芦苇是高大的根状茎型禾草，分布于内蒙古各地带的沼泽低地上。菵草是多年生疏丛禾草，内蒙古也有分布。牛鞭草为根状茎型禾草，限于大兴安岭以东及阴山山地以南分布。荻是分布于西辽河流域的大型根状茎型禾草，不进入蒙古高原地区。这四种植物，在内蒙古均为单种属。

茅香属 *Anthoxanthum* 的茅香 *A. nitens* 和狼尾草属 *Pennisetum* 的白草 *P. flaccidum* 都是草原撂荒地上常见的根状茎型禾草，并可组成次生群落。茅香也常生于草甸中，成为其优势植物。白草也大量生在内蒙古东部、南部较潮湿的沙地上，形成沙地白草群落。

沙鞭属 *Psammochloa* 是亚洲中部蒙古高原特有的单种属。沙鞭 *P. villosa* 是典型的沙生根状茎型禾草，在草原区西部、荒漠草原带及荒漠区的裸沙地上常形成沙鞭占优势的先锋植物群落，在半固定和固定沙地上可混生在沙蒿群落等沙地植被中。

禾本科还有许多一年生植物种属，在植被的组成中起着不同的作用。有些种是草甸植被的混生成分，如长芒稗 *Echinochloa caudata* 是沼泽草甸的常见种，荩草 *Arthraxon hispidus* 是河滩草甸成分，扎股草 *Crypsis aculeata* 是盐化草甸植物。另有一些种是农田与撂荒地杂草，如狗尾草 *Setaria viridis*、金色狗尾草 *Setaria pumila*、止血马唐 *Digitaria ischaemum*、大画眉草 *Eragrostis cilianensis* 以及水田中常见的稗 *Echinochloa crusgalli* 等。还有若干种是荒漠草原及荒漠植被中组成雨季一年生禾草层片的成分，如虎尾草 *Chloris virgata*、小画眉草 *Eragrostis minor*、冠芒草 *Enneapogon desvauxii*、三芒草 *Aristida adscensionis*、锋芒草 *Tragus mongolorum* 等。

莎草科　该科在内蒙古的植物区系组成中非常重要，含 14 属、148 种。在植被组成中，它首先是沼泽、草甸植被的重要成分，也在林下草本层片和草原附属层片中占有一定地位。适应于湿润生境的属、种占全科的大多数，旱生种类很少。

薹草属 *Carex* 是内蒙古植物种最丰富的一属，达 100 种之多。内蒙古的各种植被类型中都有薹草属植物参与。生于落叶松林下草本层的薹草有兴安薹草 *C. chinganensis*、球穗薹草 *C. globularis*、低矮薹草 *C. humilis*、矮丛薹草 *C. callitrichos* var. *nana* 等。沙地樟子松林下常有额尔古纳薹草 *C. argunensis*。阔叶林下的凸脉薹草 *C. lanceolata* 常为草本层的优势成分。草甸和沼泽草甸中，薹草的种类最丰富，野笠薹草 *C. drymophila*、紫鳞薹草 *C. angarae*、小粒薹草 *C. karoi*、膜囊薹草 *C. vesicaria*、无脉薹草 *C. enervis*、大穗薹草 *C. rhynchophysa* 都是比较常见的种。森林区和森林草原带的河滩沼泽植被常以膨囊薹草 *C. schmidtii* 为建群种，组成草丘沼泽（塔头墩子）。薹草属的旱生种不多，主要有寸草薹 *C. duriuscula*、黄囊薹草 *C. korshinskii*，广泛分布于草原带，都是多年生根状茎小型薹草。寸草薹生态适应幅度较宽广，在羊草草原、针茅草原和小禾草草原中均可成为下层优势成分或伴生种，在芨芨草草甸和其他轻度盐化草甸中也常形成附属层片，或少量混生。由于寸草薹的地下匍匐茎极发达，靠地下芽的营养繁殖能力很强，所以放牧频繁的羊草草原及针茅草原在退化演替系列中常发生寸草薹占绝对优势的次生群落。典型草原带分布的黄囊薹草常在沙质栗钙土的大针茅草原和羊草草原中形成薹草层片，或生于砾石质丘陵坡地上。脚薹草 *C. pediformis* 是森林草原带的草甸草原特征植物，在线叶菊草原、贝加尔针茅草原和某些羊草草原中，常常形成很发达的薹草层片。砾薹草 *C. stenophylloides* 是荒漠草原的伴生种，经常出现在短花针茅草原和戈壁针茅草原中，也可偶见于某些荒漠群落中。

嵩草属 *Kobresia* 是高寒草甸的典型植物，内蒙古的种类不多。在大兴安岭北部的高寒草甸群落及高寒草甸化草原群落中，嵩草 *K. myosuroides* 是建群种或优势种。在贺兰山的山地草甸（海拔 2500 米以上）中，分布着一种很矮小的嵩草，高山嵩草 *K. pygmaea*。

莎草科的其他属、种也多是草甸和沼泽的植物种类成分，如蔗草属 *Scirpus*、莎草属 *Cyperus*、羊胡子草属 *Eriophorum*、扁莎属 *Pycreus*、扁穗草属 *Blysmus* 等都有比较常见的种。

百合科 植物种类也很丰富，内蒙古有 20 属、81 种，在植被的组成中有较显著的作用，森林、灌丛、草甸、草原以及荒漠植被中都有百合科的植物。

内蒙古百合科中最大的属是葱属 *Allium*，有 34 种，广布于内蒙古各地带，均为多年生草本植物。在草甸草原群落中，山葱 *A. senescens* 和黄花葱 *A. condensatum* 是常见的伴生种。双齿葱 *A. bidentatum* 与矮葱 *A. anisopodium* 经常伴生于针茅草原和羊草草原中，在某些群落中可形成较密集的葱类层片。野韭 *A. ramosum* 主要见于低湿草甸群落中，也可生于草甸化草原群落。细叶葱 *A. tenuissimum* 是旱生性较强的一种，在典型草原和荒漠草原群落中都有伴生。多根葱 *A. polyrhizum* 是荒漠草原的特征植物，经常伴生在小针茅草原群落中，甚至形成葱类层片，在轻度碱化地段上可出现多根葱建群的葱类卓原群落，在草原化荒漠植被中也常有多根葱出现。蒙古葱 *A. mongolicum* 也是荒漠草原和荒漠带的旱生植物，喜生于沙质土壤，在荒漠草原群落、草原化荒漠群落以及芨芨草盐化草甸中都常有蒙古葱混生。此外，在草原区的山地、丘陵石质地段上，还有蒙古野葱 *A. prostratum* 等葱类生长。

天门冬属 *Asparagus* 内蒙古有 11 种，分布于各地带。兴安天门冬 *A. dauricus* 是分布于山地森林区、森林草原带及草原带的中旱生草类，主要伴生在草甸草原和草原群落中，也可见于林缘草甸。戈壁天门冬 *A. gobicus* 的旱生性更强，它是荒漠草原的特征种，经常伴生于轻壤、沙壤质棕钙土的小针茅草原群落中。曲枝天门冬 *A. trichophyllus* 是草原带山地草原或灌丛的一种。

内蒙古的黄精属 *Polygonatum*、百合属 *Lilium*、藜芦属 *Veratrum* 及萱草属 *Hemerocallis* 植物均为多年生中生草类。黄精属的玉竹 *P. odoratum*、黄精 *P. sibiricum* 是山地林下及灌丛的散生成分。百合属的毛百合 *L. dauricum*、山丹 *L. pumilum* 是山地林缘草甸或灌丛的伴生植物，条叶百合 *L. callosum* 多散生在山地杂类草草原及草原化草甸中。藜芦属的藜芦 *V. nigrum* 是山地杂类草草甸及灌丛的伴生植物。萱草属的小黄花菜 *H. minor* 在草甸化草原及山地林缘草甸中有较多的混生。

知母属 *Anemarrhena* 是百合科的单种属。知母 *A. asphodeloides* 在内蒙古草原区有广泛分布，多生于羊草草原及针茅草原中，在某些草原群落中可成为亚优势种，在山地草原及灌丛中也常有少量混生。

鸢尾科　内蒙古有 2 属、16 种。鸢尾属 *Iris* 有 15 种，都是多年生草本。在植被组成中，作用最突出的是马蔺 *I. lactea* var. *chinensis*，它是草原区盐化草甸的建群植物，为耐盐中生草本，在盐湿低地上组成马蔺盐化草甸。其他鸢尾属植物均为各类植物群落的伴生种，其中射干鸢尾 *I. dichotoma*、囊花鸢尾 *I. ventricosa* 是山地草原及草甸草原的中旱生伴生种；细叶鸢尾 *I. tenuifolia* 是广泛生于草原和荒漠草原的旱生植物，但在群落中只有零散的伴生；大苞鸢尾 *I. bungei* 是伴生于荒漠化草原和荒漠的特征种。

兰科　内蒙古有 20 属、29 种，绝大多数都是山地林下、灌丛和林缘草甸的中生草类，少数为沼泽植物，在旱生植被（草原、荒漠）中兰科植物不起作用。

在内蒙古的单子叶植物区系中，还有一些水生、沼生植物的科属，其中包括香蒲科、黑三棱科、眼子菜科、水鳖科、水麦冬科、泽泻科、花蔺科、天南星科、浮萍科、鸭跖草科、雨久花科、灯心草科等。它们在内蒙古的地带性植被组成中没有明显地位，是沼泽和水生植被的组成成分。

五、植物分布区类型的分析

内蒙古地区的植物区系属于泛北极植物区，其中东部的大兴安岭北段处于欧洲—西伯利亚针叶林植物区，大兴安岭东侧及燕山北部处于东亚夏绿阔叶林植物区，广大的草原地域属于欧亚草原植物区，西部的荒漠区属于亚洲荒漠植物区。内蒙古自第三纪中新世以来受亚洲大陆中部干燥化的影响，植物区系成分中半干旱和干旱地区的种类占主导地位。

内蒙古西北面与蒙古国的草原区和戈壁荒漠区连接在一起，它们的区系组成是很一致的；东北面和西伯利亚针叶林区相接；东南面与我国东北、华北森林区以及黄土高原草原区为邻；西南面，通过河西走廊两侧的山地与青藏高原相连。可见，内蒙古的植物区系受到多方面的深刻影响和渗透，使得许多植物分布区在内蒙古互相交叠，进而丰富了区系地理成分。下面分别阐述内蒙古种子植物科、属、种的分布区类型与地理分布特征。

（一）植物科的分布区类型

植物科的形成与分布是长期适应地理环境变迁的产物，对于区域气候条件的耐受性是受遗传性控制的，因此植物科的分布区具有一定的稳定性。内蒙古的种子植物共有 127 科，是本省区植物区系的主体，所以首先对种子植物科一级分类群的分布区进行分析。

根据吴征镒对中国种子植物地理分布的研究，并考虑到科的起源与发展特点，可将内蒙古种子植物的 127 科分为不同的分布区类型，并归纳为世界分布型、热带分布型、温带分布型、东亚分布型和古地中海分布型（见表 38）。

世界分布型的科是在世界各大陆广泛分布的科，既包括全球普遍分布的科，也有相对集中

表 38　内蒙古种子植物科的分布类型

分布区类型及变型		植物科
世界分布 （57 科）	温带—热带广布 （30 科）	荨麻科、檀香科、马齿苋科、苋科、睡莲科、金鱼藻科、豆科、酢浆草科、鼠李科、葡萄科、椴树科、锦葵科、沟繁缕科、瑞香科、小二仙草科、杉叶藻科、白花丹科、木樨科、龙胆科、唇形科、玄参科、狸藻科、车前科、香蒲科、眼子菜科、角果藻科、水鳖科、泽泻科、浮萍科、薯蓣科
	温带分布为主 （18 科）	蓼科、藜科、毛茛科、十字花科、虎耳草科、蔷薇科、亚麻科、远志科、水马齿科、瓣鳞花科、柳叶菜科、五加科、伞形科、杜鹃花科、报春花科、菊科、禾本科、莎草科
	热带分布为主 （9 科）	景天科、堇菜科、萝藦科、旋花科、紫草科、茄科、天南星科、鸢尾科、兰科
热带分布 （27 科）	泛热带分布 （26 科）	金粟兰科、榆科、桑科、桑寄生科、马兜铃科、粟米草科、防己科、牻牛儿苗科、蒺藜科、芸香科、苦木科、卫矛科、无患子科、大戟科、千屈菜科、凤仙花科、马钱科、夹竹桃科、菟丝子科、马鞭草科、紫葳科、茜草科、葫芦科、雨久花科、谷精草科、鸭跖草科
	旧大陆热带分布 （1 科）	胡麻科
温带分布 （39 科）	泛北极分布 （20 科）	大麻科、石竹科、芍药科、小檗科、罂粟科、紫堇科、岩高兰科、槭树科、藤黄科、半日花科、鹿蹄草科、睡菜科、花葱科、列当科、忍冬科、五福花科、败酱科、桔梗科、水麦冬科、百合科
	泛北极—南温带间断分布 （13 科）	松科、柏科、麻黄科、杨柳科、胡桃科、桦木科、壳斗科、茅膏菜科、柽柳科、胡颓子科、山茱萸科、黑三棱科、灯心草科
	古北极分布 （3 科）	菱科、川续断科、花蔺科
	东亚—北美间断分布 （3 科）	五味子科、透骨草科、菖蒲科
东亚分布 （1 科）		猕猴桃科
古地中海分布 （3 科）		白刺科、骆驼蓬科、锁阳科

主要分布于热带或温带的科，实际上不可能有绝对均衡分布于世界各大陆的科。据此可将内蒙古世界分布型的各科分为三个类型，其中温带—热带分布科30个，以温带分布为主的科18个，以热带分布为主的科有9个，合计57科，分别占总科数的23.6%、14.2%、7.1%，即占总科数的44.9%。可见在内蒙古植物区系中，世界分布型的科占有很大的比例，表明了内蒙古地区植物区系是泛北极植物区系的组成部分，具有统一的区系形成与演变的历程。

热带分布型的科，可分为泛热带分布科、旧大陆热带分布2类，反映了劳亚古陆在大陆漂移的分离过程中植物区系的演变。内蒙古的热带分布科共27科，占总科数的21.3%，说明内蒙古植物区系的演化也有一定的热带亲缘联系。

温带分布型的科包含泛北极分布科、泛北极—南温带间断分布的科，即全温带分布科，这些科是温带分布型的主体。全温带分布科以泛北极分布科为主，但也有南半球温带的属种，共有33科，约占温带分布科的84.6%。此外，还有局限在古北极分布的3个科，在东亚—北美间断分布的3个科。

古地中海分布型的科有3个，东亚分布型的科仅1个。

温带分布科连同世界分布型各科的温带分布类群，在内蒙古植物区系中占有主导地位，由此可见，内蒙古植物区系属于温带性质。如属种十分丰富的菊科、禾本科、莎草科、毛茛科、蔷薇科、藜科、十字花科、蓼科、伞形科等，在内蒙古都是以温带成分为主的世界分布科。此外，豆科也是温带性质的，石竹科、百合科、杨柳科等也都是温带分布科。这些科的属种成为内蒙古植物区系组成的基本成分。

(二) 植物属的分布区类型

属一级分类群的分布区往往体现着植物演化、迁移、扩散的过程，是植物区系历史与地理特征的集中表现。

内蒙古种子植物属的分布区类型的研究，完全引用吴征镒1991年发表在《云南植物研究》（增刊Ⅳ）和吴征镒等2011年发表的《中国种子植物区系地理》中的方案，划分为15个类型，另划分20个变型，归纳为世界分布、热带分布、温带分布、地中海区至中亚分布、东亚分布、中国及内蒙古特有分布六类（见表39）。

世界分布属，内蒙古有80属，其中水生、沼生与湿地植物的属较多，如荇菜属 *Nymphoides*、睡莲属 *Nymphaea*、香蒲属 *Typha*、狸藻属 *Utricularia*、茨藻属 *Najas*、眼子菜属 *Potamogeton*、杉叶藻属 *Hippuris* 等。还有较多的农田杂草类植物的属，如藜属 *Chenopodium*、独行菜属 *Lepidium*、旋花属 *Convolvulus*、车前属 *Plantago*、苍耳属 *Xanthium* 等。在内蒙古，物种最丰富的世界分布属是薹草属 *Carex*，它是草甸与沼泽植被的主要成分，黄芪属 *Astragalus* 是山地草甸与草原植被中具有代表性的世界属。

热带分布属在内蒙古植物区系中主要是一些泛热带属，反映了本植物区系历史上与热带区系的一些联系。这些属在内蒙古所含的种都很少，如马兜铃属 *Aristolochia*、金粟兰属 *Chloranthus*、谷精草属 *Eriocaulon*、三芒草属 *Aristida*、牛鞭草属 *Hemarthria*、马齿苋属 *Portulaca*、蒺藜属 *Tribulus* 等。

温带（泛北极）分布属是内蒙古最丰富多样的分布型。其中，泛北极分布型最多，有156属，还有泛北极—南温带间断分布及环极分布、北极—高山分布等变型。内蒙古分布十分广泛的蒿

表 39　内蒙古种子植物属的分布区类型

分布区类型及变型	属数
1. 世界分布	80
2. 泛热带分布	53
2_1 热带亚洲、大洋洲和南美洲（墨西哥）间断分布	1
2_2 热带亚洲、非洲和南美洲间断分布	1
3. 热带亚洲和热带美洲间断分布	7
4. 旧大陆热带分布	7
4_1 热带亚洲、非洲和大洋洲间断分布	1
5. 热带亚洲至热带大洋洲分布	4
6. 热带亚洲至热带非洲分布	10
7. 热带亚洲（印度—马来西亚）分布	6
8. 泛北极分布	156
8_1 环极分布	9
8_2 北极—高山分布	5
8_3 泛北极—南温带（全温带）间断分布	48
8_4 欧亚和南美洲温带间断分布	7
8_5 地中海区、东亚、新西兰和墨西哥到智利间断分布	1
9. 东亚—北美间断分布	34
9_1 东亚和墨西哥间断分布	1
10. 古北极分布	72
10_1 地中海区、西亚或中亚和东亚间断分布	15
10_2 地中海区和喜马拉雅间断分布	2
10_3 欧亚和南部非洲（有时也在大洋洲）间断分布	11
11. 东古北极分布	36
12. 地中海区、西亚至中亚分布	46
12_1 地中海区至中亚和南美洲、大洋洲间断分布	1
12_2 地中海区至中亚和墨西哥间断分布	2
12_3 地中海区至温带、热带亚洲、大洋洲和南美洲间断分布	3
12_4 地中海区至热带非洲和喜马拉雅间断分布	1
12_5 地中海区至北非、中业、北美洲西南、南部非洲、智利和大洋洲（泛地中海）间断分布	1
13. 中亚分布	21
13_1 中亚东部分布	11
13_2 中亚至喜马拉雅和西藏分布	3
13_3 中亚至喜马拉雅—阿尔泰和太平洋北美洲间断分布	2
14. 东亚分布	35
15. 中国特有分布	14
总计	707

属 *Artemisia*、针茅属 *Stipa*、葱属 *Allium*、委陵菜属 *Potentilla*、棘豆属 *Oxytropis* 都是泛北极分布属的典型代表。柳属 *Salix*、风毛菊属 *Saussurea* 也是较大的泛北极分布属。

东亚—北美间断分布属在内蒙古也有分布，如胡枝子属 *Lespedeza*、黄华属 *Thermopsis*、罗布麻属 *Apocynum*、草苁蓉属 *Boschniakia*、珍珠梅属 *Sorbaria*、透骨草属 *Phryma*、五味子属 *Schisandra*、短星菊属 *Brachyactis*、梓树属 *Catalpa*、鹿药属 *Smilacina* 等。这些属的分布既反映了内蒙古与东亚植物区系的联系，也表现出两大陆间植物区系的联系。

古北极（欧亚温带或旧世界温带）分布属是内蒙古分布较多的属。在植物区系与植被组成中作用较突出的属有隐子草属 *Cleistogenes*、鹅冠草属 *Roegneria*、芨芨草属 *Achnatherum*、沙参属 *Adenophora*、百里香属 *Thymus*、柽柳属 *Tamarix*、沙棘属 *Hippophae*、草木樨属 *Melilotus* 等。在草原区具有特征意义的植物属有石竹属 *Dianthus*、麻花头属 *Klasea*、蓝刺头属 *Echinops*、旋覆花属 *Inula*、橐吾属 *Ligularia*、糙苏属 *Phlomis*、山莓草属 *Sibbaldia*、萱草属 *Hemerocallis*、顶冰花属 *Gagea*、郁金香属 *Tulipa* 等。

东古北极（温带亚洲）分布属在内蒙古最有代表性的属是锦鸡儿属 *Caragana*、亚菊属 *Ajania*、线叶菊属 *Filifolium*、驼绒藜属 *Krascheninnikovia*、地蔷薇属 *Chamaerhodos*、狼毒属 *Stellera*、防风属 *Saposhnikovia*、裂叶荆芥属 *Schizonepeta*、大油芒属 *Spodiopogon*、蝟菊属 *Olgaea*、瓦松属 *Orostachys*、芯芭属 *Cymbaria*、轴藜属 *Axyris* 以及限于干旱区出现的细柄茅属 *Ptilagrostis* 等。此外，在大兴安岭还有钻天柳属 *Chosenia*、杭子梢属 *Campylotropis* 等分布。

地中海区、西亚至中亚分布属反映了内蒙古干旱区植物区系的特点，是内蒙古植物区系的重要成分。其中广泛分布在地中海区至中亚的属有红砂属 *Reaumuria*、梭梭属 *Haloxylon*、白刺属 *Nitraria*、沙拐枣属 *Calligonum*、盐爪爪属 *Kalidium*、假木贼属 *Anabasis*、裸果木属 *Gymnocarpos*、半日花属 *Helianthemum*、单刺蓬属 *Cornulaca*、盐豆木属 *Halimodendron*、花花柴属 *Karelinia*、燥原荠属 *Ptilotrichum*、盐生草属 *Halogeton*、盐穗木属 *Halostachys*、角茴香属 *Hypecoum*、雾冰藜属 *Bassia*、肉苁蓉属 *Cistanche*、锁阳属 *Cynomorium* 等，这些都是荒漠区的优势植物及特征植物属。

限于中亚东部（亚洲中部）分布的属在内蒙古还有绵刺属 *Potaninia*、沙冬青属 *Ammopiptanthus*、革苞菊属 *Tugarinovia*、紫菀木属 *Asterothamnus*、短舌菊属 *Brachanthemum*、小甘菊属 *Cancrinia*、栉叶蒿属 *Neopallasia*、脓疮草属 *Panzerina*、兔唇花属 *Lagochilus*、合头藜属 *Sympegma*、戈壁藜属 *Iljinia*、沙蓬属 *Agriophyllum*、沙芥属 *Pugionium*、沙鞭属 *Psammochloa* 等，它们也是内蒙古荒漠区的重要成分。

东亚分布属在内蒙古也有不少代表属，如侧柏属 *Platycladus*、莸属 *Caryopteris*、刺榆属 *Hemiptelea*、黄檗属 *Phellodendron*、扁核木属 *Prinsepia*、文冠果属 *Xanthoceras*、五加属 *Eleutherococcus*、翠菊属 *Callistephus*、猕猴桃属 *Actinidia* 等。这些属在内蒙古的分布，反映了与东亚区系的联系。

在内蒙古分布的中国特有属有 14 属：虎榛子属 *Ostryopsis*、阴山荠属 *Yinshania*、连蕊芥属 *Synstemon*、针喙芥属 *Acirostrum*、贺兰芹属 *Helania*、四合木属 *Tetraena*、地构叶属 *Speranskia*、文冠果属 *Xanthoceras*、羌活属 *Notopterygium*、蝟实属 *Kolkwitzia*、百花蒿属 *Stilpnolepis*、黄缨菊属 *Xanthopappus*、蚂蚱腿子属 *Myripnois*、管花蒲公英属 *Neo-taraxacum*。其中四合木属、管花蒲公英属是内蒙古特有属。

（三）植物种的分布区类型

1. 植物区系地理成分分析

植物种的分布区是在该种演化的历史过程中受气候环境影响而发生传播、迁移和分化的产物。因此，每个植物种都具有不完全的分布区。为了研究植物种分布区的相似性和差异性，首先要对十分复杂的植物种分布区进行归纳。根据植物种现有分布资料及气候、地形、种的生物习性、可能迁移的途径等相关因素，把分布范围一致、生态适应相近的植物种分布区归为一类，以便进一步研究植物区系的地理、历史特点。现将内蒙古 2619 种维管植物的分布区归纳为 11 个分布区类型（见表 40），并分别对各类型及其次级类型的植物种作简要的说明。

（1）世界分布种是世界各地都有分布的植物种。内蒙古有 68 种，占全部种数的 2.6%。在内蒙古植物区系和植被组成中主要是一些水生、沼生和农田杂草。水烛 *Typha angustifolia*、穿叶眼子菜 *Potamogeton perfoliatus*、龙须眼子菜 *Stuckenia pectinata*、茨藻 *Najas marina*、角果藻 *Zannichellia palustris*、菖蒲 *Acorus calamus*、浮萍 *Lemna minor* 等是水生植被中常见的世界种。芦苇 *Phragmites australis*、水葱 *Schoenoplectus tabernaemontani* 等是沼泽植物群落的建群种。地肤 *Kochia scoparia*、藜 *Chenopodium album*、马齿苋 *Portulaca oleracea*、田旋花 *Convolvulus arvensis*、画眉草 *Eragrostis pilosa*、虎尾草 *Chloris virgata*、毛马唐 *Digitaria ciliaris*、狗尾草 *Setaria viridis* 等是农田杂草中最常见的世界分布种。

（2）泛温带分布种是指分布在地球南、北半球温带大陆的植物种。内蒙古有 13 种，占全部种数的 0.5%。数量虽然很少，但却说明南、北半球温带植物区系的一些联系。蕨类植物扇羽小阴地蕨 *Botrychium lunaria* 和蕨 *Pteridium aquilinum* var. *latiusculum* 是山地林下常见的植物。灰绿藜 *Chenopodium glaucum*、荠 *Capsella bursa-pastoris*、蒺藜 *Tribulus terrestris*、稗 *Echinochloa crusgalli* 是最常见的农田杂草。水茫草 *Limosella aquatica*、杉叶藻 *Hippuris vulgaris* 是沼泽植被的常见植物。

（3）泛北极（北温带）分布种一般是指分布在北半球的欧洲、亚洲、北美洲温带、寒带大陆广泛的植物种，也有一些沿山脉向南扩展到亚热带和热带，但其分布中心仍在泛北极。这样的种内蒙古有 255 种，占全部种数的 9.7%。内蒙古出现的泛北极森林林下植物主要有小木贼 *Hippochaete scirpoides*、冷蕨 *Cystopteris fragilis*、荚果蕨 *Matteuccia struthiopteris*、岩蕨 *Woodsia ilvensis*、六齿卷耳 *Cerastium cerastoides*、假升麻 *Aruncus sylvester*、北悬钩子 *Rubus arcticus*、绿花鹿蹄草 *Pyrola chlorantha*、七瓣莲 *Trientalis europaea*、花葱 *Polemonium caeruleum*、五福花 *Adoxa moschatellina*、单蕊草 *Cinna latifolia*、茖葱 *Allium victorialis*、舞鹤草 *Maianthemum bifolium*、铃兰 *Convallaria majalis*、杓兰 *Cypripedium calceolus*、小斑叶兰 *Goodyera repens*、火烧兰 *Epipactis helleborine*、原沼兰 *Malaxis monophyllos* 等。泛北极水生植物有毛柄水毛茛 *Batrachium trichophyllum*、松叶毛茛 *Ranunculus reptans*、禾叶眼子菜 *Potamogeton gramineus*、小茨藻 *Najas minor*、水芋 *Calla palustris* 等。沼泽中出现的泛北极种有驴蹄草 *Caltha palustris*、沼委陵菜 *Comarum palustre*、沼生水马齿 *Callitriche palustris*、球尾花 *Lysimachia thyrsiflora*、睡菜 *Menyanthes trifoliata*、发草 *Deschampsia cespitosa*、三棱水葱 *Schoenoplectus triqueter*、红毛羊胡子草 *Eriophorum russeolum*、内蒙古扁穗草 *Blysmus rufus*、卵穗荸荠 *Eleocharis ovata*、假莎草薹草 *Carex pseudocyperus*、沼薹草 *Carex limosa* 等。在内蒙古草甸植被中，地榆 *Sanguisorba*

表 40　内蒙古维管植物区系地理成分统计表

植物区系地理成分	种数		百分比（%）	
1. 世界分布种	68	81	2.6	3.1
2. 泛温带分布种	13		0.5	
3. 泛北极分布种	255	288	9.7	11.0
3-1. 亚洲—北美分布种	28		1.1	
3-2. 北极—高山分布种	5		0.2	
4. 古北极分布种	246	256	9.4	9.8
4-1. 欧洲—西伯利亚分布种	10		0.4	
5. 东古北极分布种	294		11.2	
5-1. 西伯利亚分布种	10		0.4	
5-1-1. 东西伯利亚分布种	7		0.3	
5-1-1-1. 大兴安岭分布种	10		0.4	
5-2. 西伯利亚—东亚分布种	41		1.6	
5-2-1. 西伯利亚—东亚北部分布种	77		2.9	
5-2-1-1. 西伯利亚—满洲分布种	57	585	2.2	22.3
5-2-1-2. 西伯利亚—远东分布种	13		0.5	
5-3. 西伯利亚—蒙古分布种	5		0.2	
5-4. 蒙古—东亚分布种	6		0.2	
5-4-1. 蒙古—东亚北部分布种	20		0.8	
5-4-1-1. 蒙古—华北分布种	43		1.6	
5-4-1-2. 蒙古—华北—青藏高原分布种	2		0.1	
6. 东亚分布种	268		10.2	
6-1. 东亚北部（满洲—日本）分布种	119		4.5	
6-1-1. 华北—满洲分布种	17		4.5	
6-1-2. 华北分布种	149		5.7	
6-1-2-1. 黄土高原分布种	5		0.2	
6-1-2-2. 阴山分布种	23		0.9	
6-1-2-3. 祁连山—贺兰山—阴山分布种	2	867	0.1	33.1
6-1-2-4. 贺兰山分布种	18		0.7	
6-1-2-5. 祁连山—贺兰山—桌子山分布种	2		0.1	
6-1-3. 满洲分布种	69		2.6	
6-1-3-1. 辽河平原分布种	2		0.1	
6-2. 华北—横断山脉（中国—喜马拉雅）分布种	46		1.8	
6-2-1. 横断山脉分布种	34		1.3	
6-2-2. 唐古特分布种	13		0.5	
7. 青藏高原分布种	9	9	0.3	0.3

续表 40

植物区系地理成分	种数		百分比 (%)	
8. 古地中海分布种	101	101	3.9	3.9
9. 中亚—亚洲中部分布种	38	38	1.5	1.5
9-1. 黑海—哈萨克斯坦—蒙古分布种	3	3	0.1	0.1
10. 亚洲中部分布种	58		2.2	
10-1. 哈萨克斯坦—蒙古分布种	8		0.3	
10-2. 蒙古高原分布种	28		1.1	
10-2-1. 东蒙古分布种	34		1.3	
10-2-2. 科尔沁分布种	7		0.3	
10-3. 戈壁—蒙古分布种	70		2.7	
10-3-1. 东戈壁（乌兰察布）分布种	12		0.5	
10-3-1. 东戈壁—阿拉善分布种	7		0.3	
10-3-2. 鄂尔多斯分布种	4	364	0.2	13.9
10-4. 戈壁分布种	60		2.3	
10-4-1. 阿拉善戈壁荒漠分布种	4		0.2	
10-4-1-1. 东阿拉善分布种	36		1.4	
10-4-1-2. 龙首山分布种	5		0.2	
10-4-1-3. 南阿拉善分布种	22		0.8	
10-4-2. 西戈壁分布种	6		0.2	
10-4-3. 中戈壁（额济纳）分布种	3		0.1	
11. 外来入侵种	27	27	1.0	1.0
合计	2619		100	

officinalis 是五花草甸的重要建群种，水杨梅 *Geum aleppicum*、广布野豌豆 *Vicia cracca*、蓬子菜 *Galium verum*、飞蓬 *Erigeron acris*、贝加尔鼠麴草 *Gnaphalium uliginosum* 等是草甸中生植物。在泛北极成分中，落草 *Koeleria macrantha* 是草原植物的典型代表，也是草原群落中恒有度很高的伴生成分。冷蒿 *Artemisia frigida* 是广泛分布的多见的草原小半灌木，可成为草原群落的优势成分。组成沼泽草甸的泛北极植物有草甸碎米荠 *Cardamine pratensis*、小花碎米荠 *Cardamine parviflora*、梅花草 *Parnassia palustris*、沼生柳叶菜 *Epilobium palustre*、湿地勿忘草 *Myosotis caespitosa*、泽地早熟禾 *Poa palustris*、小灯心草 *Juncus bufonius* 等。在泛北极分布种中，还有6种环北极分布种：杜香 *Ledum palustre*、毛蒿豆 *Oxycoccus microcarpus*、草苁蓉 *Boschniakia rossica*、北极花 *Linnaea borealis*、甸杜 *Chamaedaphne calyculata*、松毛翠 *Phyllodoce caerulea*。

此外，另有28种局限于亚洲—北美分布的成分，如毛叶蚤缀 *Arenaria capillaris*、簇茎石竹 *Dianthus repens*、蚓果芥 *Neotorularia humilis*、唢呐草 *Mitella nuda*、矮茶藨 *Ribes triste*、泽芹 *Sium suave*、薄荷 *Mentha canadensis*、紧穗雀麦 *Bromus pumpellianus*、蟋蟀薹草 *Carex eleusinoides*、三叶鹿药 *Smilacina trifolia* 等。还有5种北极—高山分布种：天栌 *Arctous ruber*、黑果天栌 *Arctous alpinus*、越橘 *Vaccinium vitis-idaea*、笃斯越橘 *Vaccinium uliginosum*、单侧花 *Orthilia secunda*。

（4）古北极（旧世界温带或欧亚温带）分布种是指广泛分布在欧亚大陆温带、寒带地区的植物种。内蒙古有 246 种，占全部种数的 9.4%。常见的有小卷柏 *Selaginella helvetica*、五蕊柳 *Salix pentandra*、高山蓼 *Polygonum alpinum*、拳参 *Polygonum bistorta*、滨藜 *Atriplex patens*、石竹 *Dianthus chinensis*、西伯利亚铁线莲 *Clematis sibirica*、播娘蒿 *Descurainia sophia*、欧亚绣线菊 *Spiraea media*、龙牙草 *Agrimonia pilosa*、黄花苜蓿 *Medicago falcata*、毒芹 *Cicuta virosa*、鹿蹄草 *Pyrola rotundifolia*、香青兰 *Dracocephalum moldavica*、返顾马先蒿 *Pedicularis resupinata*、列当 *Orobanche coerulescens*、平车前 *Plantago depressa*、欧亚旋覆花 *Inula britannica*、无芒雀麦 *Bromus inermis*、白羊草 *Bothriochloa ischaemum*、玉竹 *Polygonatum odoratum*、手掌参 *Gymnadenia conopsea* 等。

此外，另有在欧亚针叶林区内分布的欧洲—西伯利亚分布种 10 种，有欧洲赤松 *Pinus sylvestris*、鹿蹄柳 *Salix pyrolifolia*、北侧金盏花 *Adonis sibirica*、兴安风铃草 *Campanula rotundifolia*、石生委陵菜 *Potentilla rupestris*、斜升龙胆 *Gentiana decumbens* 等。

（5）东古北极（亚洲温带）分布种是指分布在旧大陆乌拉尔山以东，亚洲温带地区的植物种。内蒙古有 294 种，占全部种数的 11.2%。榆树 *Ulmus pumila* 在草原带的沙地及古河床的两岸可形成疏林。大果榆 *Ulmus macrocarpa*（图 6）在森林草原带和草原带的山地及固定沙地上可形成片状灌丛。山地森林带的代表种主要有兴安升麻 *Cimicifuga dahurica*、球果唐松草 *Thalictrum baicalense*、歪头菜 *Vicia unijuga*、毛蕊老鹳草 *Geranium platyanthum*、兴安独

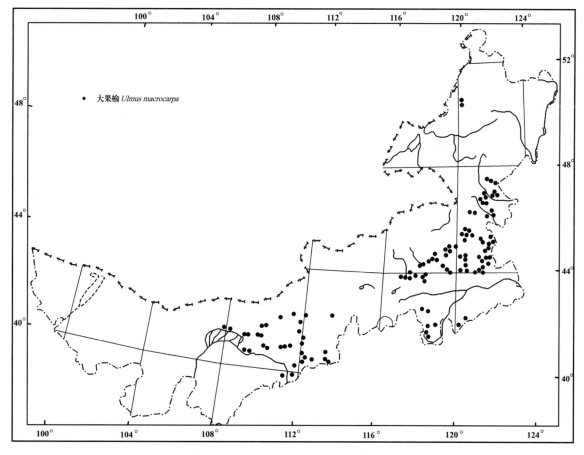

图 6　大果榆 *Ulmus macrocarpa* 在内蒙古的分布

活 *Heracleum dissectum*、红花鹿蹄草 *Pyrola incarnata*、钝叶单侧花 *Orthilia obtusata*、柳叶蒿 *Artemisia integrifolia*、垂穗披碱草 *Elymus nutans*、凸脉薹草 *Carex lanceolata*、北方鸟巢兰 *Neottia camtschatea* 等。见于草甸及林缘草甸的东古北极成分有芍药 *Paeonia lactiflora*、野罂粟 *Papaver nudicaule*、山野豌豆 *Vicia amoena*、黄海棠 *Hypericum ascyron*、秦艽 *Gentiana macrophylla*、扁蕾 *Gentianopsis barbata*、北方獐芽菜 *Swertia diluta*、短瓣蓍 *Achillea ptarmicoides*、山丹 *Lilium pumilum* 等。脚薹草 *Carex pediformis* 除大量伴生于草甸草原以外，也是山地林缘草甸的伴生成分。扁蓿豆 *Melilotoides ruthenica*、瓣蕊唐松草 *Thalictrum petaloideum*、细叶白头翁 *Pulsatilla turczaninovii*、瓦松 *Orostachys fimbriata*、二裂叶委陵菜 *Potentilla bifurca*、轮叶委陵菜 *Potentilla verticillaris*、星毛委陵菜 *Potentilla acaulis*、菊叶委陵菜 *Potentilla tanacetifolia*、草木樨状黄芪 *Astragalus melilotoides*、糙叶黄芪 *Astragalus scaberrimus*、达乌里黄芪 *Astragalus dahuricus*、达乌里胡枝子 *Lespedeza davurica*、阿尔泰狗娃花 *Heteropappus altaicus*、羽茅 *Achnatherum sibiricum*、黄囊薹草 *Carex korshinskii*、野韭 *Allium ramosum*、矮葱 *Allium anisopodium*、细叶葱 *Allium tenuissimum*、山葱 *Allium senescens* 等均为草原和草甸草原常见的伴生种植物。农田杂类草有独行菜 *Lepidium apetalum*、迷果芹 *Sphallerocarpus gracilis*、大果琉璃草 *Cynoglossum divaricatum*、蒙古鹤虱 *Lappula intermedia*、细叶益母草 *Leonurus sibiricus* 等。水生的东古北极分布种有浮毛茛 *Ranunculus natans*、沼地毛茛 *Ranunculus radicans*、达香蒲 *Typha davidiana*、竹叶眼子菜 *Potamogeton wrightii* 等。鬼箭锦鸡儿 *Caragana jubata* 为亚洲高山分布种。

此外，内蒙古有西伯利亚分布种 10 种，主要是森林成分，如西伯利亚红松 *Pinus sibirica*、唇花翠雀花 *Delphinium cheilanthum*、兴安红景天 *Rhodiola stephanii*、北黄芪 *Astragalus inopinatus*、兴安益母草 *Leonurus deminutus*、兴安野青茅 *Deyeuxia korotkyi* 等。内蒙古有东西伯利亚分布种 7 种，以森林成分为主，如扇叶桦 *Betula middendorffii*、小花耧斗菜 *Aquilegia parviflora*、细距耧斗菜 *Aquilegia leptoceras*、兴安毛茛 *Ranunculus smirnovii*、基叶翠雀花 *Delphinium crassifolium* 等。内蒙古有大兴安岭分布种 10 种，均为森林成分，如兴安翠雀花 *Delphinium hsinganense*、五岔沟乌头 *Aconitum wuchagouense*、大兴安岭乌头 *Aconitum daxinganlinense*、白狼乌头 *Aconitum bailangense*、兴安龙胆 *Gentiana hsinganica*、兴安眼子菜 *Potamogeton xinganensis*、低矮薹草（兴安羊胡子薹草）*Carex humilis*、轴薹草 *Carex rostellifera* 等。还有大兴安岭分布变种 8 个：英吉里岳桦 *Betula ermanii* var. *yingkiliensis*、银叶毛茛 *Ranunculus japonicus* var. *hsinganensis*、展毛唇花翠雀花 *Delphinium cheilanthum* var. *pubescens*、兴安费菜 *Phedimus aizoon* var. *hsinganicus*、丝叶山芹 *Ostericum maximowiczii* var. *filisectum*、卵叶红花鹿蹄草 *Pyrola incarnata* var. *ovatifolia*、狭叶长白沙参 *Adenophora pereskiifolia* var. *angustifolia*、狭叶疣囊薹草 *Carex pallida* var. *angustifolia*。

内蒙古有西伯利亚—东亚分布种 41 种，主要有单穗升麻 *Cimicifuga simplex*、蝙蝠葛 *Menispermum dauricum*、胡枝子 *Lespedeza bicolor*、茶条槭 *Acer ginnala*、三叶委陵菜 *Potentilla freyniana*、鸡腿堇菜 *Viola acuminata*、龙胆 *Gentiana scabra*、黄花列当 *Orobanche pycnostachya*、金银忍冬 *Lonicera maackii*、接骨木 *Sambucus williamsii*、败酱 *Patrinia scabiosifolia*、大丁草 *Leibnitzia anandria*、远东羊茅 *Festuca extremiorientalis*、远东芨芨草 *Achnatherum extremiorientale*、北重楼 *Paris verticillata*、小玉竹 *Polygonatum humile*、七筋姑 *Clintonia udensis*、

蜻蜓舌唇兰 *Platanthera fuscescens* 等。有西伯利亚－东亚北部分布种 77 种，主要有西伯利亚卷柏 *Selaginella sibirica*、偃松 *Pinus pumila*、水冬瓜赤杨 *Alnus hirsuta*、榛 *Corylus heterophylla*、粉枝柳 *Salix rorida*、崖柳 *Salix floderusii*、叉分蓼 *Polygonum divaricatum*、黄芦木 *Berberis amurensis*、毛山楂 *Crataegus maximowiczii*、山刺玫 *Rosa davurica*、蚊子草 *Filipendula palmata*、西伯利亚杏 *Armeniaca sibirica*、膜荚黄芪 *Astragalus membranaceus*（图 7）、树锦鸡儿 *Caragana arborescens*、兴安杜鹃 *Rhododendron dauricum*、蒙古荚蒾 *Viburnum mongolicum*、紫菀 *Aster tataricus*、猫儿菊 *Hypochaeris ciliata*、尖嘴薹草 *Carex leiorhyncha*、毛百合 *Lilium dauricum*、溪荪 *Iris sanguinea* 等。有西伯利亚－满洲分布种 57 种，主要有兴安落叶松 *Larix gmelinii*（图 8）、卷边柳 *Salix siuzevii*、大黄柳 *Salix raddeana*、柴桦 *Betula fruticosa*、长毛银莲花 *Anemone crinita*、兴安白头翁 *Pulsatilla dahurica*、楔叶茶藨 *Ribes diacanthum*、湿地黄芪 *Astragalus uliginosus*、索伦野豌豆 *Vicia geminiflora*、兴安前胡 *Peucedanum baicalense*、管花腹水草 *Veronicastrum tubiflorum*、锯齿沙参 *Adenophora tricuspidata*、山风毛菊 *Saussurea umbrosa*、额尔古纳薹草 *Carex argunensis* 等。有西伯利亚－远东分布种 13 种，主要有阿穆尔楼斗菜 *Aquilegia amurensis*、东北高翠雀花 *Delphinium korshinskyanum*、细叶黄乌头 *Aconitum barbatum*、毛茛叶乌头 *Aconitum ranunculoides*、英吉利茶藨 *Ribes palczewskii*、兴安堇菜 *Viola gmeliniana* 等。

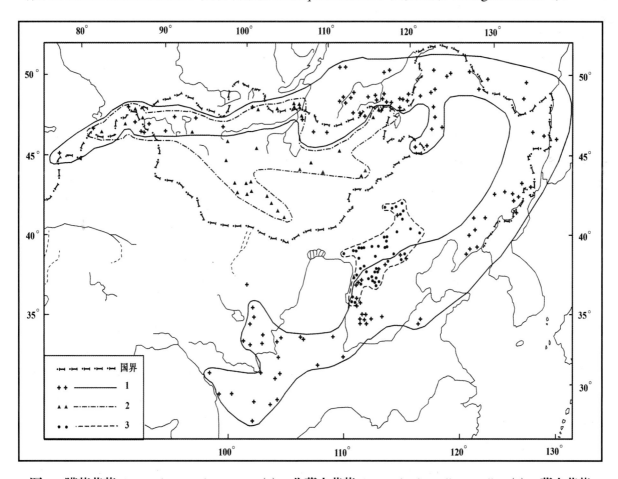

图 7 膜荚黄芪 *Astragalus membranaceus*（1）、北蒙古黄芪 *Astragalus borealimongolicus*(2)、蒙古黄芪 *Astragalus mongholicus*(3) 分布图

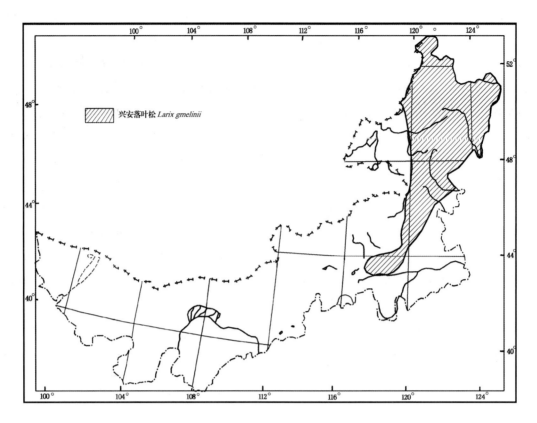

图8 兴安落叶松 *Larix gmelinii* 在内蒙古的分布

内蒙古有蒙古—东亚分布种6种，主要有白桦 *Betula platyphylla*、大叶野豌豆 *Vicia pseudo-orobus*、山黧豆 *Lathyrus quinquenervius*、艾 *Artemisia argyi* 等。有蒙古—东亚北部分布种20种，其中羊草 *Leymus chinensis* 是草原群落的重要建群种。它的分布从蒙古高原草原区向东分布至我国东北及周边地区，向南分布至华北地区，向西伸入到新疆的北部。还有矮山黧豆 *Lathyrus humilis*、灰背老鹳草 *Geranium wlassovianum*、防风 *Saposhnikovia divaricata*、线叶菊 *Filifolium sibiricum*、山尖子 *Parasenecio hastatus*、长白沙参 *Adenophora pereskiifolia*、狭叶沙参 *Adenophora gmelinii*、长柱沙参 *Adenophora stenanthina*、黄花葱 *Allium condensatum*、龙须菜 *Asparagus schoberioides*、南玉带 *Asparagus oligoclonos* 等。有蒙古—华北分布种43种，其中大针茅 *Stipa grandis* 是蒙古高原典型草原具有代表性的建群种。大针茅草原是温带典型草原主要的气候顶级群落，它的分布从蒙古高原东部向南一直延伸到华北黄土高原草原区（图9）。此外，还有草麻黄 *Ephedra sinica*、灌木铁线莲 *Clematis fruticosa*、小叶茶藨 *Ribes pulchellum*、耧斗叶绣线菊 *Spiraea aquilegifolia*、砂珍棘豆 *Oxytropis racemosa*、乳白花黄芪 *Astragalus galactites*、察哈尔黄芪 *Astragalus zacharensis*、小叶锦鸡儿 *Caragana microphylla*（图10）、狭叶锦鸡儿 *Caragana stenophylla*（图10）、二色补血草 *Limonium bicolor*、蒙古莸 *Caryopteris mongholica*（图11）、粘毛黄芩 *Scutellaria viscidula*、串铃草 *Phlomis mongolica*、碱地风毛菊 *Saussurea runcinata*、麻花头 *Klasea centauroides*、蒙古羊茅 *Festuca mongolica*、沙芦草 *Agropyron mongolicum* 等。有蒙古—华北—青藏高原分布种2种：贝加尔针茅 *Stipa baicalensis*，是草甸草原的重要建群种，是中温

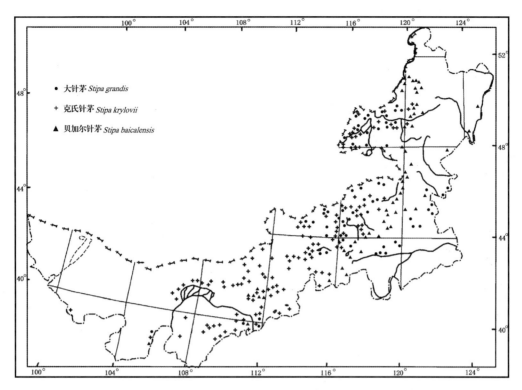

图 9　内蒙古草原区 3 种针茅 *Stipa grandis*、*Stipa krylovii*、*Stipa baicalensis* **的分布**

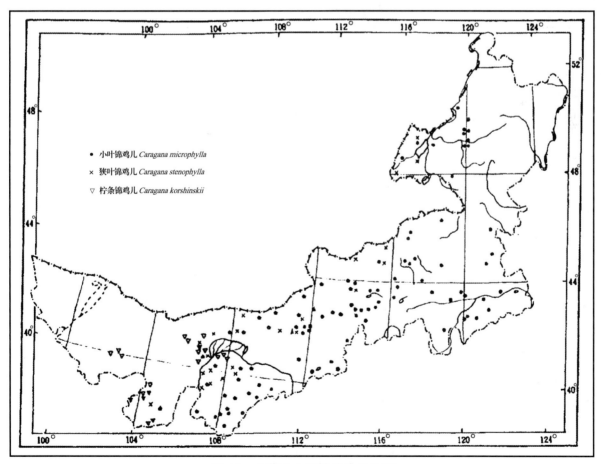

图 10　内蒙古 3 种锦鸡儿的分布

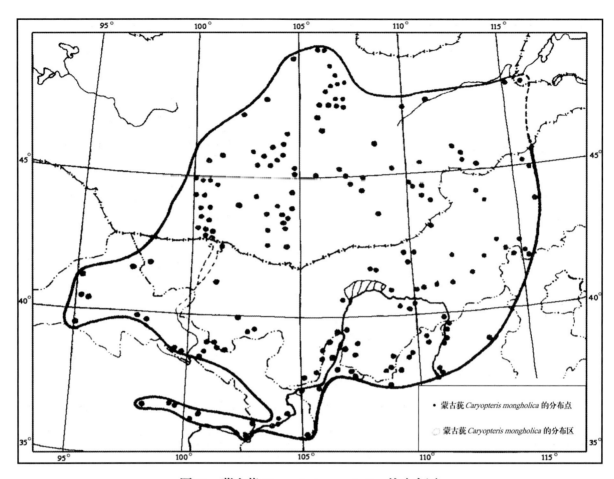

图 11 蒙古莸 *Caryopteris mongholica* 的分布区

型森林草原带的气候顶级群落，它的分布从蒙古高原的东部向南经黄土高原直至青藏高原东部，并可沿山地丘陵进入典型草原区（图9）；狼毒 *Stellera chamaejasme*，是草原群落中的毒草。

（6）东亚分布种是指分布于大兴安岭南北山地、阴山山脉、贺兰山、横断山脉以东的亚洲东部地区的植物种。内蒙古有 268 种，占全部种数的 10.2%。森林成分是东亚植物区系的主要成分，其中侧柏 *Platycladus orientalis* 在乌拉山和准格尔黄土丘陵区可形成疏林，圆柏 *Sabina chinensis* 散生于阴山山地，山杨 *Populus davidiana* 在内蒙古成为各个山地夏绿阔叶林的建群种，胡桃楸 *Juglans mandshurica* 在大青沟和宁城县黑里河林场形成胡桃楸林，黄檗 *Phellodendron amurense*、白杜 *Euonymus maackii*、毛脉卫矛 *Euonymus alatus*、色木槭 *Acer mono* 等是山地杂木林的成分。山地阔叶林中有一些中生灌木也属东亚成分，如堇叶山梅花 *Philadelphus tenuifolius*、小花溲疏 *Deutzia parviflora*、珍珠梅 *Sorbaria sorbifolia* 等。臭椿 *Ailanthus altissima* 只散生于阴山南麓及阴南黄土丘陵。其他如蒙桑 *Morus mongolica*、银露梅 *Pentaphylloides glabra*、山桃 *Amygdalus davidiana*、毛樱桃 *Cerasus tomentosa*、杠柳 *Periploca sepium*、枸杞 *Lycium chinense* 等中生灌木也是东亚分布种。草本植物中有不少东亚成分，如中华卷柏 *Selaginella sinensis*、银粉背蕨 *Aleuritopteris argentea*、华北石韦 *Pyrrosia davidii*、百蕊草 *Thesium chinense*、孩儿参 *Pseudostellaria heterophylla*、卵叶芍药 *Paeonia obovata*、白头翁 *Pulsatilla chinensis*、委陵菜 *Potentilla chinensis*、米口袋 *Gueldenstaedtia multiflora*、野大豆 *Glycine soja*、老鹳草 *Geranium wilfordii*、白鲜 *Dictamnus dasycarpus*、堇菜 *Viola arcuata*、短毛独活 *Heracleum moellendorffii*、

条叶龙胆 *Gentiana manshurica*、獐芽菜 *Swertia bimaculata*、萝藦 *Metaplexis japonica*、紫草 *Lithospermum erythrorhizon*、益母草 *Leonurus japonicus*、阴行草 *Siphonostegia chinensis*、四叶葎 *Galium bungei*、车前 *Plantago asiatica*、桔梗 *Platycodon grandiflorus*、党参 *Codonopsis pilosula*、轮叶沙参 *Adenophora tetraphylla*、小红菊 *Chrysanthemum chanetii*、兔儿伞 *Syneilesis aconitifolia*、苍术 *Atractylodes lancea*、笔管草 *Scorzonera albicaulis*、鹅观草 *Roegneria kamoji*、薤白 *Allium macrostemon*、条叶百合 *Lilium callosum*、知母 *Anemarrhena asphodeloides*、穿龙薯蓣 *Dioscorea nipponica*、天麻 *Gastrodia elata* 等。

东亚北部（东北亚或满洲—日本）分布种是指分布于大兴安岭山地、阴山山脉、贺兰山以东的亚洲东北部地区（包括俄罗斯远东地区、日本、朝鲜及我国东北和华北地区）的植物种。内蒙古有 119 种，占全部种数的 4.5%。东亚北部是我国东北和华北夏绿阔叶林区，森林成分仍占重要地位，蒙古栎 *Quercus mongolica*（图 12）（辽东栎 *Quercus liaotungensis* 并入其中）是其代表种，几乎分布于整个东亚北部地区，有时可形成纯林，为东亚北部夏绿阔叶林的重要建群种之一。黑桦 *Betula dahurica* 常与蒙古栎混生成林。杜松 *Juniperus rigida* 是山地阳坡或半阳坡生长的阳性针叶树种。朝鲜柳 *Salix koreensis*、杞柳 *Salix integra*、花曲柳 *Fraxinus rhynchophylla*、水曲柳 *Fraxinus mandschurica*、鼠李 *Rhamnus davurica* 等均是这一分布区的阔叶树种。五味子 *Schisandra chinensis* 是内蒙古阔叶林中少见的耐阴木质藤本。内蒙古林下植物主要有过山蕨 *Camptosorus sibiricus*、中岩蕨 *Woodsia intermedia*、华北鳞毛蕨 *Dryopteris goeringiana*、乌

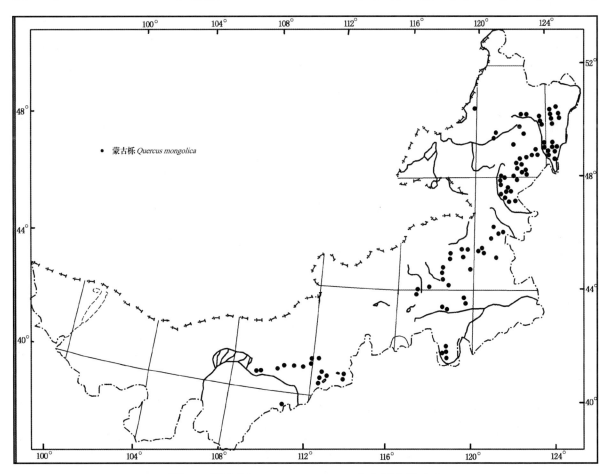

蒙古栎 *Quercus mongolica*

图 12　蒙古栎 *Quercus mongolica* 在内蒙古的分布

苏里瓦韦 *Lepisorus ussuriensis*、银线草 *Chloranthus japonicus*、褐毛铁线莲 *Clematis fusca*、阴地堇菜 *Viola yezoensis*、水珠草 *Circaea quadrisulcata*、山芹 *Ostericum sieboldii*、肾叶鹿蹄草 *Pyrola renifolia*、乌苏里风毛菊 *Saussurea ussuriensis* 等。在东亚北部分布种中，有 50 种只分布于俄罗斯远东地区、日本、朝鲜及我国东北地区，我们称其为"满洲—日本分布种"，如钻天柳 *Chosenia arbutifolia*、油桦 *Betula ovalifolia*、岳桦 *Betula ermanii*、毛孩儿参 *Pseudostellaria japonica*、细叶地榆 *Sanguisorba tenuifolia*、黑水当归 *Angelica amurensis*、兴安薄荷 *Mentha dahurica*、薄叶荠苊 *Adenophora remotiflora*、黄金蒿 *Artemisia aurata*、羽叶风毛菊 *Saussurea maximowiczii*、全缘山柳菊 *Hieracium hololeion*、羊角薹草 *Carex capricornis*、宝珠草 *Disporum viridescens* 等。

华北—满洲分布种是指在我国华北和东北地区分布的植物种。内蒙古有 117 种，占全部种数的 4.5%。主要木本植物有小青杨 *Populus pseudosimonii*、兴安杨 *Populus hsinganica*、兴安柳 *Salix hsinganica*、筐柳 *Salix lineariistipularis*、硕桦 *Betula costata*、坚桦 *Betula chinensis*、细叶小檗 *Berberis poiretii*、东北茶藨 *Ribes mandshuricum*、土庄绣线菊 *Spiraea pubescens*、山楂 *Crataegus pinnatifida*、花楸树 *Sorbus pohuashanensis*、糠椴 *Tilia mandshurica*、紫椴 *Tilia amurensis*、照山白 *Rhododendron micranthum*、华北忍冬 *Lonicera tatarinowii*、锦带花 *Weigela florida*、暖木条荚蒾 *Viburnum burejaeticum*、六道木 *Abelia biflora* 等。主要草本、半灌木植物有华北大黄 *Rheum franzenbachii*、华北驼绒藜 *Krascheninnikovia arborescens*、华北八宝 *Hylotelephium tatarinowii*、绿叶蚊子草 *Filipendula nuda*、蒙古堇菜 *Viola mongolica*、柳穿鱼 *Linaria vulgaris* subsp. *chinensis*、糙叶败酱 *Patrinia scabra*、华北蓝盆花 *Scabiosa tschiliensis*、全缘橐吾 *Ligularia mongolica*、美丽风毛菊 *Saussurea pulchra*、东北蒲公英 *Taraxacum ohwianum*、多叶隐子草 *Cleistogenes polyphylla*、攀援天门冬 *Asparagus brachyphyllus*、北火烧兰 *Epipactis xanthophaea* 等。

华北分布种以黄河流域为基本分布区，分布于辽宁南部、努鲁尔虎山、七老图山、燕山、苏木山、阴山以南，贺兰山、乌鞘岭、拉脊山以东，秦岭、淮河以北，东至渤海、黄海的广大地区。内蒙古有 149 种，占全部种数的 5.7%。油松 *Pinus tabuliformis*（图 13）是这一分布区的代表树种，其他木本植物主要有白扦 *Picea meyeri*（图 14）、青扦 *Picea wilsonii*（图 14）、华北落叶松 *Larix principis-rupprechtii*（图 15）、河北杨 *Populus × hopeiensis*、青杨 *Populus cathayana*、中国黄花柳 *Salix sinica*、脱皮榆 *Ulmus lamellosa*、旱榆 *Ulmus glaucescens*、东陵八仙花 *Hydrangea bretschneideri*、大花溲疏 *Deutzia grandiflora*、花叶海棠 *Malus transitoria*、黄刺玫 *Rosa xanthina*、元宝槭 *Acer truncatum*、文冠果 *Xanthoceras sorbifolia*、酸枣 *Ziziphus jujuba* var. *spinosa*、钝叶鼠李 *Rhamnus maximoviacziana*、蒙椴 *Tilia mongolica*、中国沙棘 *Hippophae rhamnoides* subsp. *sinensis*、沙梾 *Cornus bretschneideri*、紫丁香 *Syringa oblata*、葱皮忍冬 *Lonicera ferdinandi*、蚂蚱腿子 *Myripnois dioica* 等。主要草本植物有小五台瓦韦 *Lepisorus crassipes*、华北耧斗菜 *Aquilegia yabeana*、甘青侧金盏花 *Adonis bobroviana*、小花草玉梅 *Anemone floreminore*、雾灵乌头 *Aconitum wulingense*、华北乌头 *Aconitum jeholense*、阴山荠 *Yinshania acutangula*、针喙芥 *Acirostrum alaschanicum*、华北覆盆子 *Rubus idaeus* var. *borealisinensis*、蒙古黄芪 *Astragalus mongholicus*（图 7）、华北前胡 *Peucedanum harry-smithii*、华北白前 *Cynanchum hancockianum*、牛心朴子 *Cynanchum mongolicum*、地黄 *Rehmannia glutinosa*、华北马先蒿

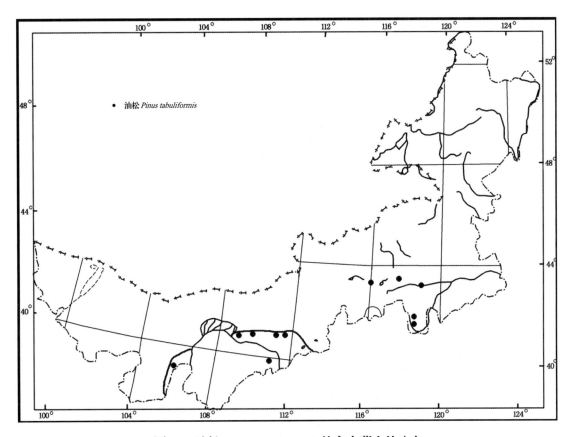

图 13　油松 *Pinus tabuliformis* **的在内蒙古的分布**

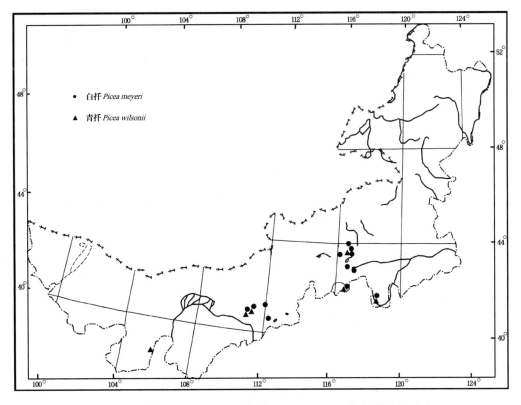

图 14　白扦 *Picea meyeri*、**青扦** *Picea wilsonii* **在内蒙古的分布**

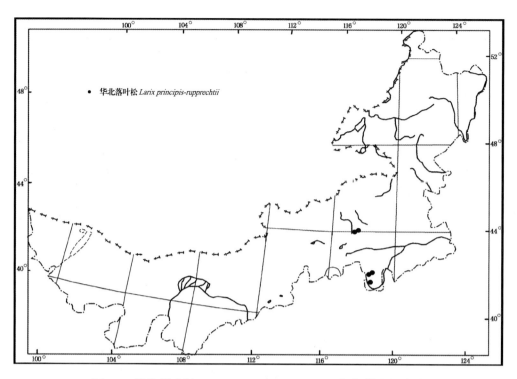

图15 华北落叶松 *Larix principis-rupprechtii* 在内蒙古的分布

Pedicularis tatarinowii、二型叶沙参 *Adenophora biformifolia*、华北米蒿 *Artemisia giraldii*、雾灵葱 *Allium stenodon*、热河黄精 *Polygonatum macropodum* 等。

此外，另有黄土高原分布种5种：秦晋锦鸡儿 *Caragana purdomii*、银州柴胡 *Bupleurum yinchowense*、蒙古芯芭 *Cymbaria mongolica*、清水河念珠芥 *Neotorularia qingshuiheensis*、和林薹草 *Carex helingeeriensis*。有阴山（包括大青山、蛮汗山、乌拉山）分布种23种，其中有大青山分布种16种，即阴山繁缕 *Stellaria yinshanensis*、紫红花麦瓶草 *Silene jiningensis*、阴山棘豆 *Oxytropis inschanica*、大青山棘豆 *Oxytropis daqingshanica*、大青山黄芪 *Astragalus daqingshanicus*、阴山马先蒿 *Pedicularis yinshanensis*、二裂沙参 *Adenophora biloba*、大青山沙参 *Adenophora daqingshanica*、粗糙鹅观草 *Roegneria scabridula*、毛花鹅观草 *Roegneria hirtiflora*、九峰山鹅观草 *Roegneria jufinshanica*、毛披碱草 *Elymus villifer*、大青山嵩草 *Kobresia daqingshanica*、阴山薹草 *Carex yinshanica*、大青山顶冰花 *Gagea daqingshanensis*、棕花杓兰 *Cypripedium yinshanicum*；有大青山—蛮汗山分布种4种，即阔叶杨 *Populus platyphylla*、阴山毛茛 *Ranunculus yinshanensis*、阴山乌头 *Aconitum yinschanicum*、紫芒披碱草 *Elymus purpuraristatus*；有蛮汗山分布种2种，即白皮杨 *Populus cana*、红纹腺鳞草 *Anagallidium rubrostriatum*；有乌拉山—大青山分布种1种，即蒙菊 *Chrysanthemum mongolicum*。有阴山—贺兰山分布种2种：贺兰玄参 *Scrophularia alaschanica*、术叶合耳菊 *Synotis atractylidifolia*。有贺兰山分布种18种：耳瓣女娄菜 *Melandrium auritipetalum*、瘤翅女娄菜 *Melandrium verrucosoalatum*、长果女娄菜 *Melandrium longicarpum*、贺兰山女娄菜 *Melandrium alaschanicum*、阿拉善银莲花 *Anemone alaschanica*、贺兰山毛茛 *Ranunculus alaschanicus*、栉裂毛茛 *Ranunculus pectinatilobus*、软毛翠雀花 *Delphinium mollipilum*、贺兰山延胡索 *Corydalis alaschanica*、阿拉善绣线菊 *Spiraea alaschanica*、贺兰山棘豆 *Oxytropis holanshanensis*、宽叶岩黄芪 *Hedysarum przewalskii*、贺兰山丁香 *Syringa pinnatifolia* var. *alashanensis*、阿拉善喉毛

花 Comastoma alashanicum、南寺黄鹌菜 Youngia nansiensis、硬叶早熟禾 Poa stereophylla、阿拉善葱 Allium alaschanicum、贺兰山顶冰花 Gagea alashanica。有祁连山—贺兰山—桌子山分布种 2 种：宁夏麦瓶草 Silene ningxiaensis、西北缬草 Valeriana tangutica。有祁连山—贺兰山—阴山分布种 2 种，如青海云杉 Picea crassifolia（图 16）。

满洲分布种是指分布于俄罗斯远东地区、朝鲜及我国东北地区的植物种。内蒙古有 69 种，占全部种数的 2.6%。其中木本植物主要有红皮云杉 Picea koraiensis、兴安圆柏 Sabina davurica、大青杨 Populus ussuriensis、矮桤木 Alnus mandshurica、毛果绣线菊 Spiraea trichocarpa、美丽绣线菊 Spiraea elegans、东北扁核木 Prinsepia sinensis、紫花忍冬 Lonicera maximowiczii。草本植物主要有远东鳞毛蕨 Dryopteris sichotensis、辽宁碱蓬 Suaeda liaotungensis、尖萼耧斗菜 Aquilegia oxysepala、披针毛茛 Ranunculus amurensis、辣蓼铁线莲 Clematis terniflora var. mandshurica、黄花乌头 Aconitum coreanum、兴安老鹳草 Geranium maximowiczii、东北凤仙花 Impatiens furcillata、全叶山芹 Ostericum maximowiczii、箭报春 Primula fistulosa、岩玄参 Scrophularia amgunensis、扫帚沙参 Adenophora stenophylla、硬叶风毛菊 Saussurea firma、朝鲜蒲公英 Taraxacum coreanum、东北眼子菜 Potamogeton mandschuriensis、龙常草 Diarrhena mandshurica、蒙古早熟禾 Poa mongolica、兴安薹草 Carex chinganensis、东北南星 Arisaema amurense、兴安鹿药 Smilacina dahurica、北陵鸢尾 Iris typhifolia 等。有兴安南部和北部分布种 3 种：内蒙古毛茛 Ranunculus intramongolicus、兴安蒲公英 Taraxacum falcilobum、内蒙鹅观草 Roegneria intramongolica。有

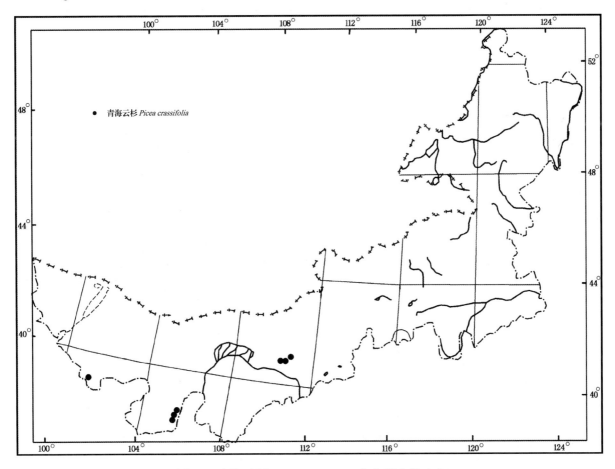

图 16 青海云杉 Picea crassifolia 在内蒙古的分布

兴安南部（罕山）分布种 3 种，即毓泉翠雀花 *Delphinium yuchuanii*、小花沙参 *Adenophora micrantha*、罕乌拉蒿 *Artemisia hanwulaensis*；分布变种 1 种，即疏毛翠雀花 *Delphinium grandiflorum* var. *pilosum*。另有辽河平原分布种 2 种：科尔沁杨 *Populus keerqinensis*、双辽薹草 *Carex platysperma*。

华北—横断山脉（中国—喜马拉雅）分布种是指分布在我国华北地区至横断山区的植物种。内蒙古有 46 种。其中木本植物主要有川滇柳 *Salix rehderiana*、乌柳 *Salix cheilophila*、红桦 *Betula albosinensis*、糙皮桦 *Betula utilis*、虎榛子 *Ostryopsis davidiana*（图 17）、木藤首乌 *Fallopia aubertii*、小丛红景天 *Rhodiola dumulosa*、蒙古绣线菊 *Spiraea mongolica*、灰栒子 *Cotoneaster acutifolius*、甘蒙锦鸡儿 *Caragana opulens*。草本植物主要有中华槲蕨 *Drynaria baronii*、内弯繁缕 *Stellaria infracta*、直梗唐松草 *Thalictrum przewalskii*、多茎委陵菜 *Potentilla multicaulis*、黄毛棘豆 *Oxytropis ochrantha*、大野豌豆 *Vicia sinogigantea*、西藏点地梅 *Androsace mariae*、互叶醉鱼草 *Buddleja alternifolia*、宽叶扁蕾 *Gentianopsis ovatodeltoidea*、康藏荆芥 *Nepeta prattii*、光果婆婆纳 *Veronica rockii*、铃铃香青 *Anaphalis hancockii*、铺散亚菊 *Ajania khartensis*、紫穗鹅观草 *Roegneria purpurascens*、裂瓣角盘兰 *Herminium alaschanicum* 等。

横断山脉分布种是指分布于从云南西南部向北经云南西北部、四川西部和西藏东部或至喜马拉雅山脉、青海东南部和甘肃西南部的植物种，少数种一直延伸到贺兰山。内蒙古有 34 种，大都分布在贺兰山山地，主要有山生柳 *Salix oritrepha*、小伞花繁缕 *Stellaria parviumbellata*、展

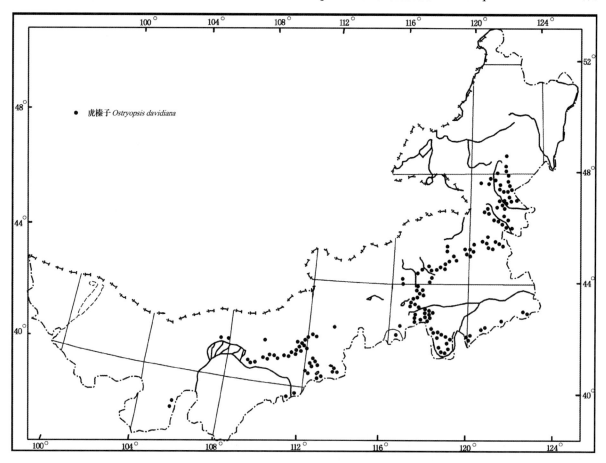

图 17　虎榛子 *Ostryopsis davidiana* 在内蒙古的分布

毛银莲花 *Anemone demissa*、甘川铁线莲 *Clematis akebioides*、阔叶景天 *Sedum roborowskii*、爪虎耳草 *Saxifraga unguiculata*、华西委陵菜 *Potentilla potaninii*、黑萼棘豆 *Oxytropis melanocalyx*、四数獐芽菜 *Swertia tetraptera*、湿生扁蕾 *Gentianopsis paludosa*、阿拉善马先蒿 *Pedicularis alaschanica*、黄樱菊 *Xanthopappus subacaulis*、藏臭草 *Melica tibetica*、藏异燕麦 *Helictotrichon tibeticum*、藏落芒草 *Piptatherum tibeticum*、双叉细柄茅 *Ptilagrostis dichotoma*、干生薹草 *Carex aridula*、青甘葱 *Allium przewalskianum* 等。

唐古特分布种是指分布于青海唐古特地区（包括青海东北部、东部和南部，甘肃西南部，四川西北部，西藏东北部）的植物种，少数种一直延伸到贺兰山或龙首山。内蒙古有 13 种，大都分布在贺兰山、龙首山山地，主要有祁连圆柏 *Sabina przewalskii*、青甘杨 *Populus przewalskii*、贺兰山繁缕 *Stellaria alaschanica*、白蓝翠雀花 *Delphinium albocoeruleum*、红花山竹子 *Corethrodendron multijugum*、三叶马先蒿 *Pedicularis ternata* 等。

（7）青藏高原分布种是指分布于青藏高原腹地（昆仑山以南、冈底斯山以北、喀拉昆仑山以东、巴颜喀拉山以西的高原地区）的植物种。内蒙古有 6 种：黄花棘豆 *Oxytropis ochrocephala*、青藏大戟 *Euphorbia altotibetica*、异针茅 *Stipa aliena*、二蕊嵩草 *Kobresia bistaminata*、青海薹草 *Carex ivanoviae*、青藏薹草 *Carex moorcroftii*。另有华北—青藏高原分布种 3 种：丛生钉柱委陵菜 *Potentilla saundersiana* var. *caespitosa*、高山嵩草 *Kobresia pygmaea*、高原嵩草 *Kobresia pusilla*。

（8）古地中海分布种是指分布于地中海以东，经欧洲东南部、西亚、中亚、亚洲中部，一直到内蒙古草原区，包括地中海常绿林区、亚非荒漠区及欧亚草原区即整个古地中海干旱和半干旱区在内的植物种。内蒙古有 101 种，占全部种数的 3.9%。其中木本植物主要有叉子圆柏 *Sabina vulgaris*、线叶柳 *Salix wilhelmsiana*、泡果沙拐枣 *Calligonum calliphysa*、木蓼 *Atraphaxis frutescens*、盐穗木 *Halostachys caspica*、木本猪毛菜 *Salsola arbuscula*、盐豆木 *Halimodendron halodendron*、小果白刺 *Nitraria sibirica*、白刺 *Nitraria roborowskii*、多枝柽柳 *Tamarix ramosissima*、河柏 *Myricaria bracteata*、沙枣 *Elaeagnus angustifolia* 等。草本植物主要有中麻黄 *Ephedra intermedia*、蒙新酸模 *Rumex similans*、盐爪爪 *Kalidium foliatum*、雾冰藜 *Bassia dasyphylla*、平卧碱蓬 *Suaeda prostrata*、盐生草 *Halogeton glomeratus*、刺沙蓬 *Salsola tragus*、驼绒藜 *Krascheninnikovia ceratoides*、木地肤 *Kochia prostrata*、东方铁线莲 *Clematis orientalis*、宽叶独行菜 *Lepidium latifolium*、小花棘豆 *Oxytropis glabra*、甘草 *Glycyrrhiza uralensis*、瓣鳞花 *Frankenia pulverulenta*、锁阳 *Cynomorium songaricum*、砾玄参 *Scrophularia incisa*、条叶车前 *Plantago minuta*、花花柴 *Karelinia caspia*、芨芨草 *Achnatherum splendens*、天山鸢尾 *Iris loczyi* 等。

（9）中亚—亚洲中部分布种是指分布于中亚和亚洲中部地区草原区和荒漠区的植物种。内蒙古有 38 种，占全部种数的 1.5%。沙生针茅 *Stipa glareosa*（图 18）是该分布型的重要植物，它是中亚及亚洲中部地区沙壤质荒漠草原的主要建群种，它的分布延伸至蒙古高原南部、鄂尔多斯高原、黄土高原、青藏高原、新疆直至阿富汗和中亚地区。其他还有中亚滨藜 *Atriplex centralasiatica*、头花丝石竹 *Gypsophila capituliflora*、小叶金露梅 *Pentaphylloides parvifolia*、西北沼委陵菜 *Comarum salesovianum*、大花荆芥 *Nepeta sibirica*、中亚草原蒿 *Artemisia depauperata*、紫花针茅 *Stipa purpurea*、紫花芨芨草 *Achnatherum regelianum*、线叶嵩草 *Kobresia filifolia*、镰叶韭 *Allium carolinianum* 等。

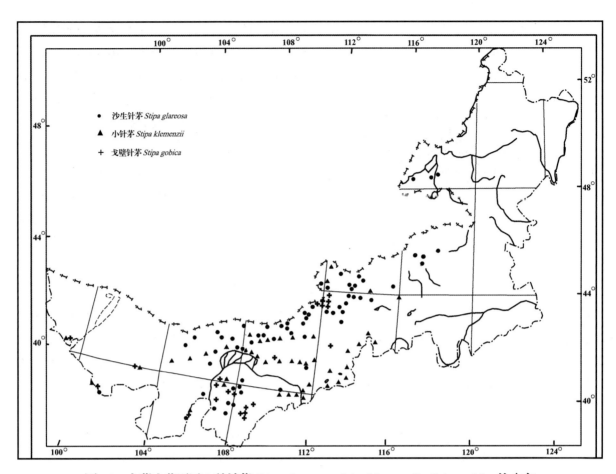

图18 内蒙古草原区3种针茅*Stipa glareosa*、*Stipa klemenzii*、*Stipa gobica*的分布

黑海—哈萨克斯坦—蒙古分布种是指分布在从东欧的黑海沿岸向东一直到我国东北松辽平原，即欧亚草原区及其邻近地区的植物种。内蒙古有3种，其中盐生酸模*Rumex marschallianus*是草原区盐化草甸的伴生种；三肋菘蓝*Isatis costata*、糙隐子草*Cleistogenes squarrosa*是典型的草原植物，是草原群落的恒有成分。

（10）亚洲中部分布种是指分布在我国新疆、甘肃、青海、内蒙古及蒙古国的干旱与半干旱地区，包括戈壁荒漠区和蒙古高原、松辽平原及黄土高原的草原区在内的植物种。内蒙古有58种，占全部种数的2.2%。其中克氏针茅*Stipa krylovii*（图9）是重要的代表植物，广布于蒙古高原、辽河平原、黄土高原、青藏高原东部的典型草原以及荒漠区的山地草原，甚至在荒漠化草原群落中也有散生。小针茅*Stipa klemenzii*（图18）是亚洲中部荒漠草原植被的主要建群种，主要分布在蒙古高原中西部荒漠草原区，也出现在荒漠区山地荒漠草原带中；向南进入我国黄土高原西北部，也分布在青藏高原荒漠草原区以及新疆中东部山地荒漠草原带。其他植物主要有高山蚤缀*Arenaria meyeri*、钝萼繁缕*Stellaria amblyosepala*、卵裂银莲花*Anemone sibirica*、高原毛茛*Ranunculus tanguticus*、甘青铁线莲*Clematis tangutica*、少花枸子*Cotoneaster oliganthus*、伏毛山莓草*Sibbaldia adpressa*、披针叶黄华*Thermopsis lanceolata*、苦马豆*Sphaerophysa salsula*、小叶忍冬*Lonicera microphylla*、臭蒿*Artemisia hedinii*、长芒草*Stipa bungeana*、短花针茅*Stipa breviflora*（图19）等。

哈萨克斯坦—蒙古分布种是指分布于从哈萨克斯坦向东到蒙古高原、黄土高原、松辽平原及西伯利亚南部与东部草原区的植物种。内蒙古有8种：多型大蒜芥*Sisymbrium*

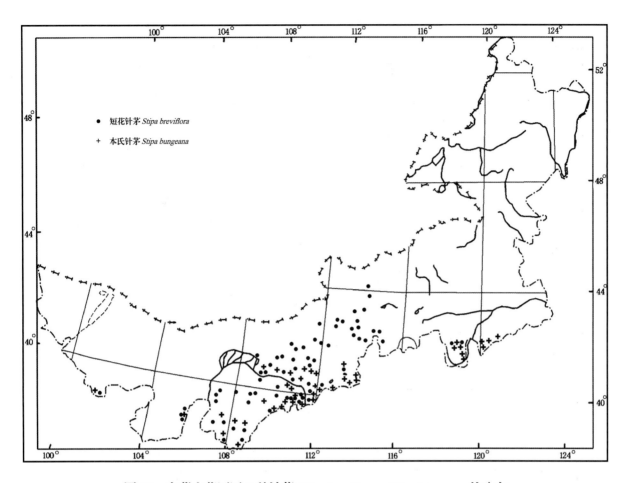

图 19　内蒙古草原区 2 种针茅 *Stipa breviflora*、*Stipa bungeana* 的分布

polymorphum、茸毛委陵菜 *Potentilla strigosa*、阿尔泰地蔷薇 *Chamaerhodos altaica*、北芸香 *Haplophyllum dauricum*、驼舌草 *Goniolimon speciosum*、钝背草 *Amblynotus rupestris*、莎菀 *Arctogeron gramineum*、黄花鸢尾 *Iris flavissima*。

　　蒙古高原分布种是指分布于蒙古高原草原区的植物种。内蒙古有 28 种，主要有全缘叶花旗杆 *Dontostemon integrifolius*、蒙古栒子 *Cotoneaster mongolicus*、绢毛山莓草 *Sibbaldia sericea*、柄扁桃 *Amygdalus pedunculata*、细弱黄芪 *Astragalus miniatus*、山竹子 *Corethrodendron fruticosum*（图 20）、灌木青兰 *Dracocephalum fruticulosum*、脓疮草 *Panzerina lanata*（图 21）、达乌里芯芭 *Cymbaria daurica*（图 22）、白头葱 *Allium leucocephalum* 等。

　　东蒙古分布种（包括达乌里—蒙古分布种）是指分布于蒙古高原东部草甸草原和典型草原区分布的植物种。内蒙古有 34 种，主要有黄柳 *Salix gordejevii*、砂生桦 *Betula gmelinii*、短苞百蕊草 *Thesium brevibracteatum*、东北木蓼 *Atraphaxis mandshurica*、宽翅虫实 *Corispermum platypterum*、矮藜 *Chenopodium minimum*、兴安繁缕 *Stellaria cherleriae*、内蒙古女娄菜 *Melandrium orientalimongolicum*、草原丝石竹 *Gypsophila davurica*、黄花白头翁 *Pulsatilla sukaczevii*、细裂白头翁 *Pulsatilla tenuiloba*、沙芥 *Pugionium cornutum*（图 23）、线棘豆 *Oxytropis filiformis*、大花棘豆 *Oxytropis grandiflora*、丛棘豆 *Oxytropis caespitosa*、平卧棘豆 *Oxytropis prostrata*、尖叶棘豆 *Oxytropis oxyphylla*、达乌里岩黄芪 *Hedysarum dahuricum*、细叶黄芪 *Astragalus tenuis*、差不嘎蒿 *Artemisia halodendron*（图 24）、光沙蒿 *Artemisia oxycephala*、东

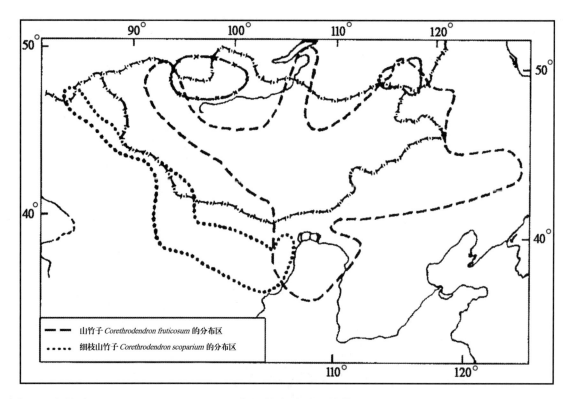

图 20 山竹子 *Corethrodendron fruticosum* 和细枝山竹子（花棒）*Corethrodendron scoparium* 的分布区

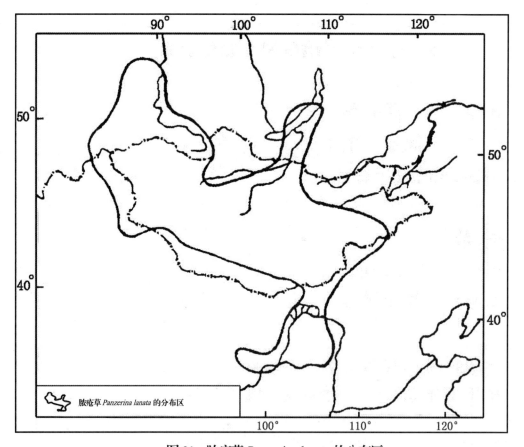

图 21 脓疮草 *Panzerina lanata* 的分布区

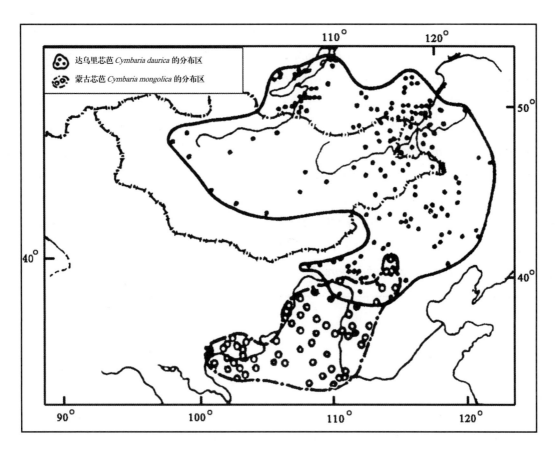

图 22　达乌里芯芭 *Cymbaria daurica* 和蒙古芯芭 *Cymbaria mongolica* 的分布区

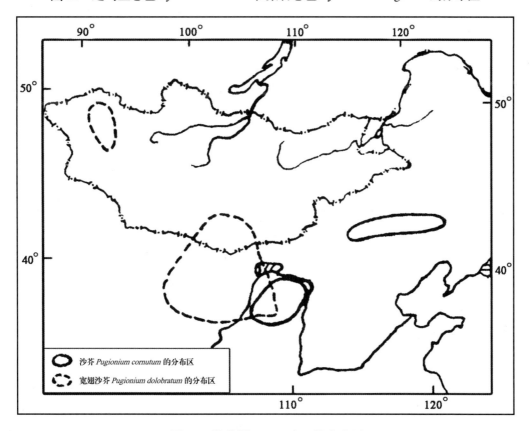

图 23　沙芥属 *Pugionium* 的分布区

北绢蒿 *Seriphidium finitum*、密花风毛菊 *Saussurea acuminata*、线叶碱茅 *Puccinellia filifolia* 等。有呼伦贝尔分布种 4 种，即呼伦白头翁 *Pulsatilla hulunensis*、海拉尔绣线菊 *Spiraea hailarensis*、沙地绣线菊 *Spiraea arenaria*、草原黄芪 *Astragalus dalaiensis*；另有 1 变种，即东北小叶茶藨 *Ribes pulchellum* var. *manshuriense*。有锡林郭勒分布种 6 种，即巴彦繁缕 *Stellaria bayanensis*、锡林穗花 *Pseudolysimachion xilinense*、草原沙参 *Adenophora pratensis*、褐沙蒿 *Artemisia intramongolica*（图24）、锡林鬼针草 *Bidens xilinensis*、蒙古郁金香 *Tulipa mongolica*；另有 3 变种，即锡林麦瓶草 *Silene repens* var. *xilingensis*、内蒙茶藨 *Ribes mandshuricum* var. *villosum*、锡林沙参 *Adenophora stenanthina* var. *angustilanceifolia*。另有科尔沁沙地分布种 5 种：辽西虫实 *Corispermum dilutum*、细苞虫实 *Corispermum stenolepis*、库伦沙参 *Adenophora kulunensis*、乌丹蒿 *Artemisia wudanica*、肋脉薹草 *Carex pachyneura*。有赤峰丘陵分布种 1 种：热河杨 *Populus manshurica*。有嫩江西部平原分布种 1 种：北方石龙尾 *Limnophila borealis*。

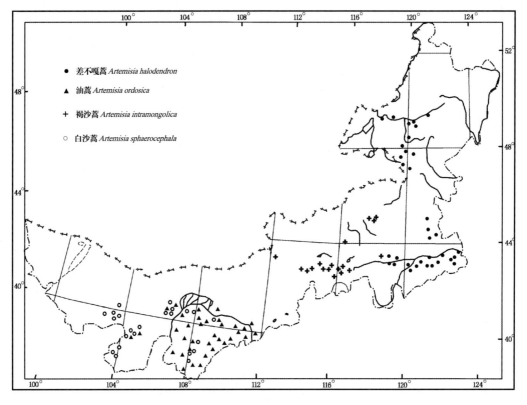

图 24　内蒙古草原区 4 种沙蒿的分布

戈壁—蒙古分布种是指分布在亚洲中部戈壁荒漠区和荒漠化草原区的植物种。内蒙古有70 种，占全部种数的 2.7%。其中最重要、最具有代表性的是红砂 *Reaumuria soongarica*（图25），它是亚洲中部荒漠植被最主要的建群种，它的分布区范围包括整个亚洲中部的戈壁荒漠区和蒙古高原的荒漠化草原区，东部甚至伸入到典型草原区的盐渍低地。其他强旱生或旱生灌木和小灌木植物主要有沙拐枣 *Calligonum mongolicum*、锐枝木蓼 *Atraphaxis pungens*、沙木蓼 *Atraphaxis bracteata*、窄叶锦鸡儿 *Caragana angustissima*；旱生和强旱生半灌木植物主要有细枝盐爪爪 *Kalidium gracile*、尖叶盐爪爪 *Kalidium cuspidatum*、珍珠猪毛菜 *Salsola passerina*（图26）、胶黄芪状棘豆 *Oxytropis tragacanthoides*、刺叶柄棘豆 *Oxytropis aciphylla*、中亚紫菀木

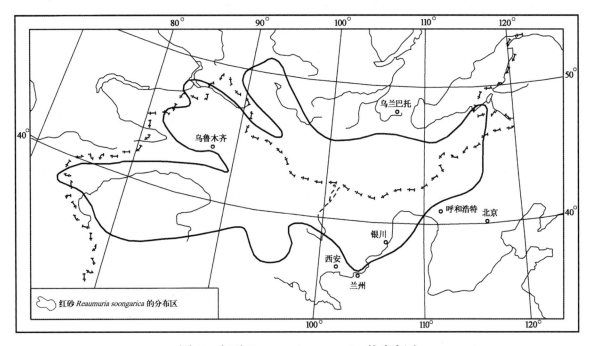

图 25　红砂 *Reaumuria soongarica* 的分布区

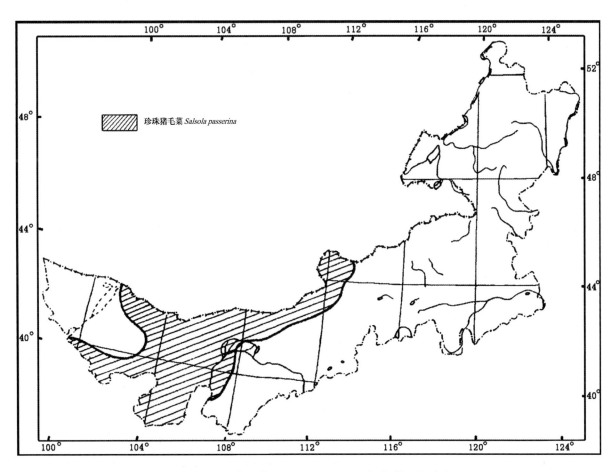

图 26　珍珠猪毛菜 *Salsola passerina* 在内蒙古的分布

Asterothamnus centrali-asiaticus、内蒙古旱蒿 *Artemisia xerophytica* 等；旱生草本植物主要有茄叶碱蓬 *Suaeda przewalskii*、蒙古猪毛菜 *Salsola ikonnikovii*、蒙古虫实 *Corispermum mongolicum*、荒漠丝石竹 *Gypsophila desertorum*、燥原荠 *Ptilotrichum canescens*、单叶黄芪 *Astragalus efoliolatus*、卵果黄芪 *Astragalus grubovii*、匍根骆驼蓬 *Peganum nigellastrum*、沙茴香 *Ferula bungeana*、黄花补血草 *Limonium aureum*、冬青叶兔唇花 *Lagochilus ilicifolius*、蓼子朴 *Inula salsoloides*、蓍状亚菊 *Ajania achilleoides*、灌木亚菊 *Ajania fruticulosa*、紊蒿 *Elachanthemum intricatum*、砂蓝刺头 *Echinops gmelinii*、蒙新苓菊 *Jurinea mongolica*、西北绢蒿 *Seriphidium nitrosum*、灰白风毛菊 *Saussurea pricei*、头序鸦葱 *Scorzonera capito*、戈壁针茅 *Stipa gobica*（图18）、蒙古针茅 *Stipa mongolorum*、沙鞭 *Psammochloa villosa*、无芒隐子草 *Cleistogenes songorica*、蒙古葱 *Allium mongolicum*（图27）、多根葱 *Allium polyrhizum*（图28）、戈壁天门冬 *Asparagus gobicus*（图29）等。此外还有东戈壁—阿拉善分布种 7 种：糖紫猪毛菜 *Salsola beticolor*、绵刺 *Potaninia mongolica*（图30）、内蒙古棘豆 *Oxytropis neimonggolica*、卷叶锦鸡儿 *Caragana ordosica*、短脚锦鸡儿 *Caragana brachypoda*、圆果黄芪 *Astragalus junatovii*、革苞菊 *Tugarinovia mongolica*（图31）。有鄂尔多斯分布种 4 种：北沙柳 *Salix psammophila*、多枝棘豆 *Oxytropis ramosissima*、宽叶水柏枝 *Myricaria platyphylla*、油蒿 *Artemisia ordosica*（图24）。

　　戈壁分布种是分布在亚洲中部荒漠区（包括阿拉善、中央戈壁、河西走廊、柴达木盆地、准噶尔戈壁、塔里木盆地及蒙古国境内的荒漠区）的植物种。内蒙古有 60 种，占全部种数的 2.3%。霸王 *Sarcozygium xanthoxylon* 是戈壁分布种，在覆沙戈壁上可成为建群种，也散生于石质残丘、固定与半固定沙地等处，它几乎分布在整个亚洲中部戈壁荒漠区，甚至向东延伸到乌兰察布高原荒漠草原区。其他超（强）旱生灌木或小灌木主要有膜果麻黄 *Ephedra przewalskii*、梭梭 *Haloxylon ammodendron*（图32）、短叶假木贼 *Anabasis brevifolia*、松叶猪毛

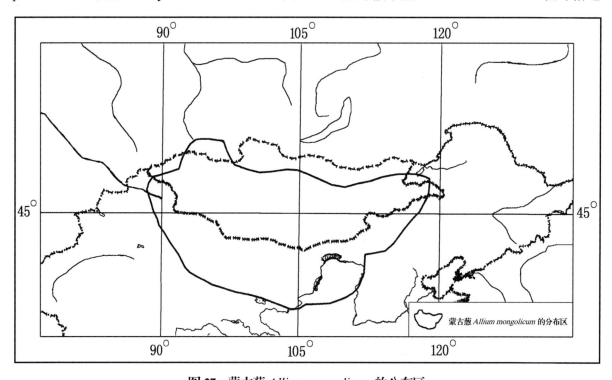

图27　蒙古葱 *Allium mongolicum* 的分布区

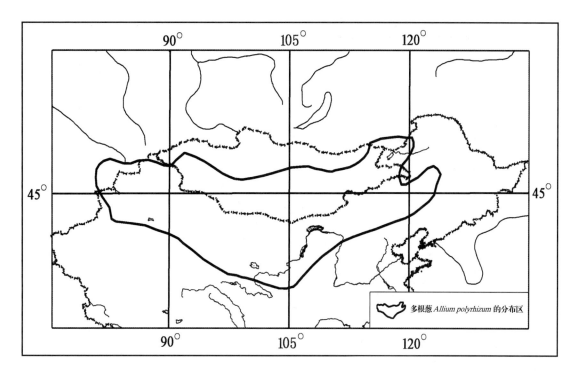

图 28 多根葱 *Allium polyrhizum* 的分布区

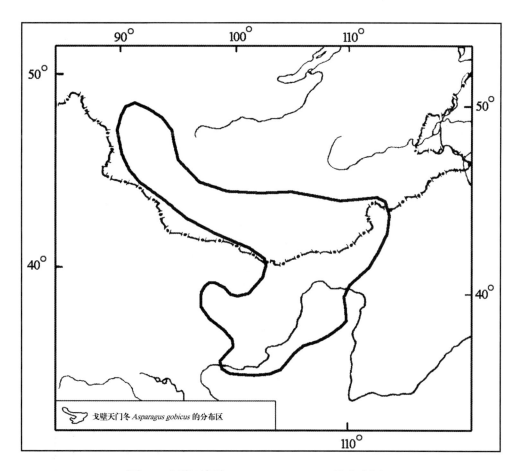

图 29 戈壁天门冬 *Asparagus gobicus* 的分布区

157

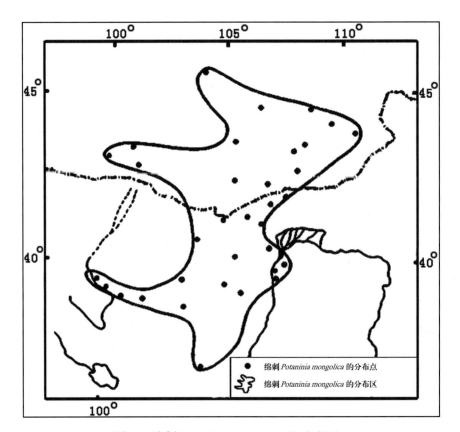

图 30 绵刺 *Potaninia mongolica* 的分布区

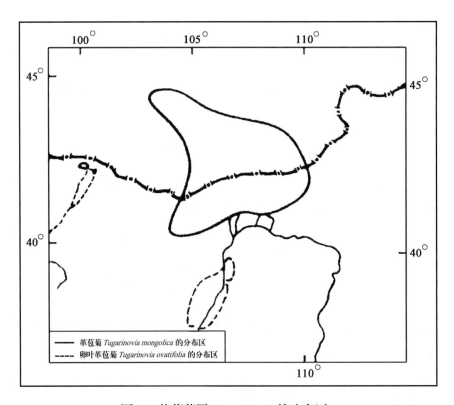

图 31 革苞菊属 *Tugarinovia* 的分布区

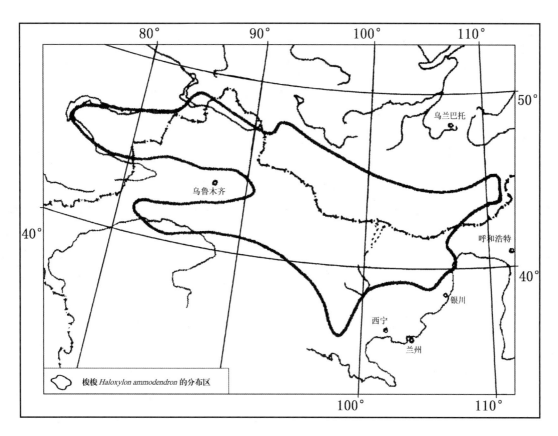

图32　梭梭 *Haloxylon ammodendron* **的分布区**

菜 *Salsola laricifolia*、蒿叶猪毛菜 *Salsola abrotanoides*、裸果木 *Gymnocarpos przewalskii*、白皮锦鸡儿 *Caragana leucophloea*、骆驼刺 *Alhagi sparsifolia*、泡泡刺 *Nitraria sphaerocarpa*、截萼枸杞 *Lycium truncatum*。超（强）旱生或旱生半灌木主要有合头藜 *Sympegma regelii*、戈壁藜 *Iljinia regelii*、细枝山竹子 *Corethrodendron scoparium*（图20）、鹰爪柴 *Convolvulus gortschakovii*、灌木小甘菊 *Cancrinia maximowiczii*、白沙蒿 *Artemisia sphaerocephala*（图24）、准噶尔蒿 *Artemisia songarica*。强旱生或旱生草本植物主要有矮大黄 *Rheum nanum*、碟果虫实 *Corispermum patelliforme*、宽翅地肤 *Kochia macroptera*、准噶尔铁线莲 *Clematis songorica*、扭果花旗杆 *Dontostemon elegans*、白毛花旗杆 *Dontostemon senilis*、胀果甘草 *Glycyrrhiza inflata*、蒙古旱雀儿豆 *Chesniella mongolica*、阿拉善黄芪 *Astragalus alaschanus*、变异黄芪 *Astragalus variabilis*（图33）、短喙牻牛儿苗 *Erodium tibetanum*、石生驼蹄瓣 *Zygophyllum rosowii*、翼果驼蹄瓣 *Zygophyllum pterocarpum*、白麻 *Apocynum pictum*、肉苁蓉 *Cistanche deserticola*、星毛短舌菊 *Brachanthemum pulvinatum*、冠毛草 *Stephanachne pappophorea* 等。在戈壁分布种中，有南戈壁分布种1种：荒漠锦鸡儿 *Caragana roborovskyi*。有中戈壁（包括蒙古国的外阿尔泰戈壁及我国新疆东部、内蒙古额济纳旗以及甘肃河西走廊西部）分布种3种：中戈壁黄芪 *Astragalus centrali-gobicus*、西域黄芪 *Astragalus pseudoborodinii*、多头紊蒿 *Elachanthemum polycephalum*。有西戈壁（包括蒙古国准噶尔戈壁及我国新疆的准噶尔戈壁）分布种6种：大果翅籽荠 *Galitzkya potaninii*、戈壁驼蹄瓣 *Zygophyllum gobicum*、伊犁驼蹄瓣 *Zygophyllum iliense*、蒙古短舌菊 *Brachanthemum mongolicum*、蒙青绢蒿 *Seriphidium mongolorum*、假盐地风毛菊 *Saussurea pseudosalsa*。有东

戈壁（包括蒙古国东戈壁及我国内蒙古乌兰察布高原）分布种 12 种：红翅猪毛菜 *Salsola intramongolica*、囊萼棘豆 *Oxytropis sacciformis*、四子王棘豆 *Oxytropis siziwangensis*、达茂棘豆 *Oxytropis turbinata*、异叶棘豆 *Oxytropis diversifolia*、狼山棘豆 *Oxytropis langshanica*、乌兰察布黄芪 *Astragalus wulanchabuensis*、包头黄芪 *Astragalus baotouensis*、紫菀木 *Asterothamnus alyssoides*、软叶紫菀木 *Asterothamnus molliusculus*、假球蒿 *Artemisia globosoides*、乌拉特葱 *Allium wulateicum*。

阿拉善戈壁荒漠分布种是指分布在蒙古国南部阿拉善戈壁，我国内蒙古乌拉特后旗（包括狼山）、鄂尔多斯市西部（包括桌子山）、阿拉善左旗、阿拉善右旗以及甘肃河西走廊中东部地区的植物种。内蒙古有 4 种：蒙古扁桃 *Amygdalus mongolica*（图 34）、酒泉黄芪 *Astragalus jiuquanensis*、柠条锦鸡儿 *Caragana korshinskii*（图 10）、沙冬青 *Ammopiptanthus mongolicus*（图 35）。有北阿拉善分布种 1 种：单小叶黄芪 *Astragalus vallestris*。有东阿拉善［包括内蒙古乌拉特后旗（包括狼山）、鄂尔多斯市西部（包括桌子山）、阿拉善左旗及河西走廊东部地区］分布种 36 种，如斑子麻黄 *Ephedra rhytidosperma*、单脉大黄 *Rheum uninerve*、圆叶木蓼 *Atraphaxis tortuosa*、阿拉善沙拐枣 *Calligonum alaschanicum*、阿拉善滨藜 *Atriplex alaschanica*、回折绣线菊 *Spiraea ningshiaensis*、哈拉乌黄芪 *Astragalus halawuensis*、阿拉善苜蓿 *Medicago alaschanica*、四合木 *Tetraena mongolica*（图 36）、针枝芸香 *Haplophyllum tragacanthoides*、刘氏大戟 *Euphorbia lioui*、长叶红砂 *Reaumuria trigyna*（图 37）、鄂尔多斯半日花 *Helianthemum ordosicum*（图 38）、内蒙西风芹 *Seseli intramongolicum*、阿拉善点地梅 *Androsace alaschanica*、兰州肉苁蓉 *Cistanche lanzhouensis*、内蒙野丁香 *Leptodermis ordosica*、宁夏沙参 *Adenophora ningxianica*、戈壁短舌菊 *Brachanthemum gobicum*、贺兰山女蒿 *Hippolytia alashanensis*、卵叶革苞菊 *Tugarinovia ovatifolia*（图 31）、羽裂风毛菊 *Saussurea pinnatidentata*、西北风毛菊 *Saussurea petrovii*、鄂尔多斯黄鹌菜 *Youngia ordosica*、阿尔巴斯针茅 *Stipa albasiensis*、东阿拉善葱 *Allium orientali-alashanicum*；只在狼山分布的有 5 种，即狼山麦瓶草 *Silene langshanensis*、狼山西风芹 *Seseli langshanense*、微硬毛建草 *Dracocephalum rigidulum*、乌拉特针茅 *Stipa wulateica*、狼山针茅 *Stipa langshanica*；只在桌子山分布的有 4 种，即桌子山菊 *Chrysanthemum zhuozishanense*、内蒙亚菊 *Ajania alabasica*、荒漠风毛菊 *Saussurea deserticola*、鄂尔多斯葱 *Allium alabasicum*。有龙首山分布种 5 种：龙首山女娄菜 *Melandrium longshoushanicum*、短果双棱荠 *Microstigma brachycarpum*、龙首山蔷薇 *Rosa longshoushanica*、毓泉风毛菊 *Saussurea mae*、阿右薹草 *Carex ayouensis*。有南阿拉善（指阿拉善戈壁南部地区，包括阿拉善左旗和阿拉善右旗的南部及甘肃河西走廊中东部地区）分布种 22 种，主要有阿拉善杨 *Populus alaschanica*、贺兰山荨麻 *Urtica helanshanica*、总序大黄 *Rheum racemiferum*、阿拉善单刺蓬 *Cornulaca alaschanica*（图 39）、二柱繁缕 *Stellaria bistyla*、小叶铁线莲 *Clematis nannophylla*、连蕊芥 *Synstemon petrovii*、阿拉善独行菜 *Lepidium alashanicum*、短龙骨黄芪 *Astragalus parvicarinatus*、甘肃驼蹄瓣 *Zygophyllum kansuense*、疏花软紫草 *Arnebia szechenyi*、沙生鹤虱 *Lappula deserticola*、百花蒿 *Stilpnolepis centiflora*、毛果小甘菊 *Cancrinia lasiocarpa*、阿右风毛菊 *Saussurea jurineioides*、雅布赖风毛菊 *Saussurea yabulaiensis*、阿拉善风毛菊 *Saussurea alaschanica*。南阿拉善分布种中有河西走廊分布种 5 种：二白杨 *Populus gansuensis*、玉门黄芪 *Astragalus yumenensis*、兰州黄芪 *Astragalus lanzhouensis*、丝裂亚菊 *Ajania nematoloba*、阿克塞蒿 *Artemisia aksaiensis*。

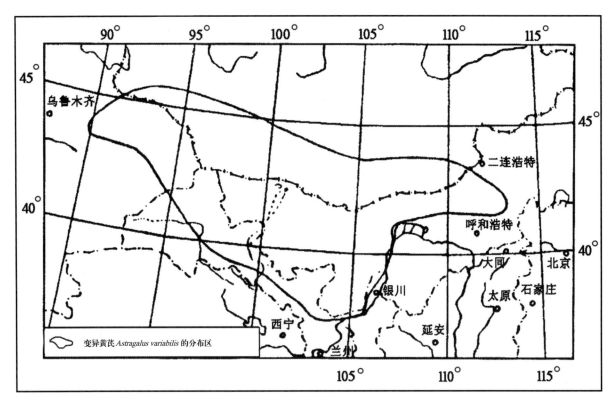

图 33　变异黄芪 *Astragalus variabilis* 的分布区

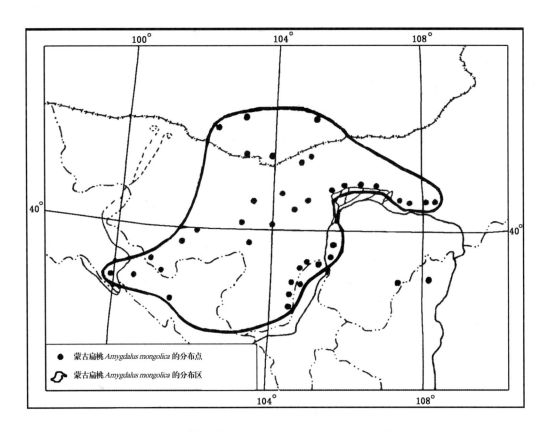

图 34　蒙古扁桃 *Amygdalus mongolica* 的分布区

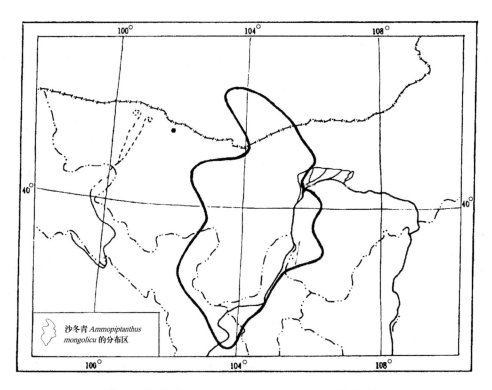

图 35　沙冬青 *Ammopiptanthus mongolicu* 的分布区

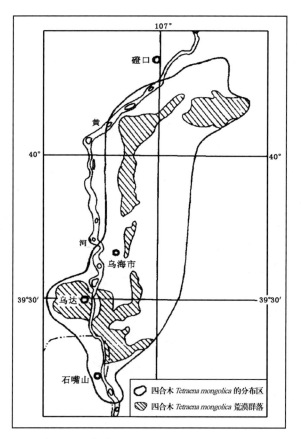

图 36　四合木 *Tetraena mongolica* 的分布区

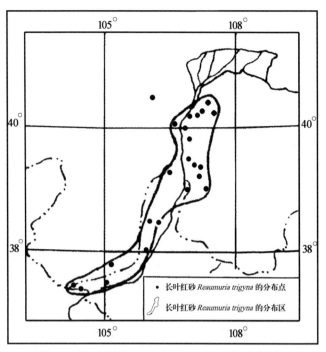

图 37　长叶红砂 *Reaumuria trigyna* 的分布区

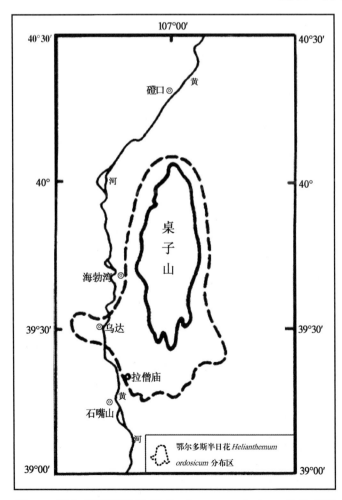

图 38　鄂尔多斯半日花 *Helianthemum ordosicum* 的分布区

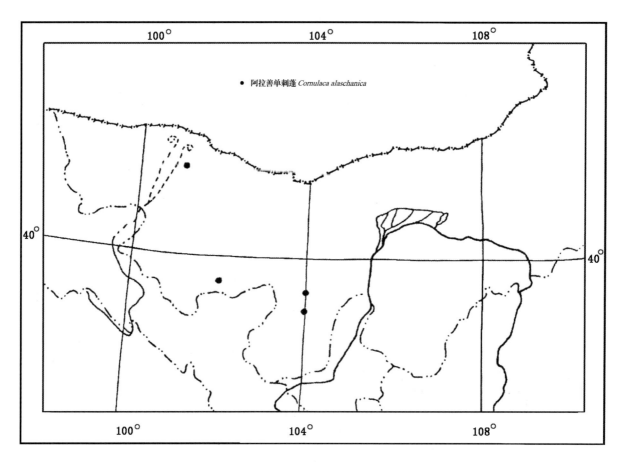

图39 阿拉善单刺蓬 *Cornulaca alaschanica* 的分布图

（11）外来入侵种主要是指从国外侵入且在野外定居的植物种。内蒙古有27种。其中从北美洲入侵的种有9种，即北美苋 *Amaranthus blitoides*、白苋 *Amaranthus albus*、斑地锦 *Euphorbia maculata*、夜来香 *Oenothera biennis*、黄花刺茄 *Solanum rostratum*、小蓬草 *Conyza canadensis*、三裂叶豚草 *Ambrosia trifida*、假苍耳 *Iva xanthiifolia*、光梗蒺藜草 *Cenchrus incertus*；从南美洲入侵的种有3种，即假酸浆 *Nicandra physalodes*、刺苍耳 *Xanthium spinosum*、牛膝菊 *Galinsoga quadriradiata*；从中美洲入侵的种有2种，即反枝苋 *Amaranthus retroflexus*、曼陀罗 *Datura stramonium*；从欧洲入侵的种有5种，即王不留行 *Vaccaria hispanica*、草木樨 *Melilotus officinalis*、臭春黄菊 *Anthemis cotula*、欧洲千里光 *Senecio vulgaris*、苇状羊茅 *Festuca arundinacea*；从西亚入侵的种有2种，即白花草木樨 *Melilotus albus*、婆婆纳 *Veronica polita*；从地中海地区入侵的种有5种，即麦毒草 *Agrostemma githago*、白车轴草 *Trifolium repens*、红车轴草 *Trifolium pratense*、琉璃苣 *Borago officinalis*、野燕麦 *Avena fatua*；从中非入侵的种有1种，即野西瓜苗 *Hibiscus trionum*。此外，内蒙古也有国内入侵种，以邻近省区的入侵较为明显。这些入侵种大都是近40多年来随着交通运输的迅速发展而带入的杂草，如凹头苋 *Amaranthus blitum*、鹅肠菜 *Myosoton aquaticum*、团扇荠 *Berteroa incana*、诸葛菜 *Orychophragmus violaceus*、泽漆 *Euphorbia helioscopia*、砂引草 *Tournefortia sibirica*、琉璃苣 *Borago officinalis*、倒提壶 *Cynoglossum amabile* 等。

　　总而言之，从表 40 的统计中可以明显看出，世界分布种和泛温带分布种共有 81 种，占 3.1%，说明内蒙古植物区系的普遍意义；泛北极分布种、古北极分布种和东古北极分布种共有 1129 种，占 43.1%，这是内蒙古植物区系的基本成分，说明内蒙古植物区系属于泛北极植物区，是温带性质的区系。这是因为内蒙古处于东亚植物区系与古地中海植物区系的东西交会地区，因此这两大植物区系才具有反映内蒙古植物区系特征的内容。虽然内蒙古的中干旱和半干旱地区约占 2/3 以上，但西部的古地中海植物区系却只有 502 种，占 19.1%；东部的湿润和半湿润地区占有面积虽不足 1/3，但东亚植物区系却有 867 种，占 33.1%。

　　在东西伯利亚分布区中，大兴安岭分布的 10 种属于内蒙古的特有成分。

　　在东亚植物区系中，对内蒙古植物区系具有重要影响的是东亚北部及满洲和华北的植物区系，有 506 种。其中阴山分布的 23 种、兴安南部和兴安北部分布的 3 种、兴安南部（罕山）分布的 3 种、辽河平原分布的 1 种和赤峰丘陵分布的 1 种均为内蒙古特有。其次对内蒙古植物区系有影响的是华北—横断山脉植物区系，有 93 种之多，其中贺兰山分布中的 18 种为内蒙古的特有（或近特有）成分。

　　在古地中海植物区系中，对内蒙古植物区系有影响的主要是蒙古、戈壁—蒙古及戈壁分布成分，有 298 种。其中东蒙古分布种（呼伦贝尔和锡林郭勒）10 种、嫩江西部平原分布种 1 种、科尔沁分布种 7 种、鄂尔多斯分布种 4 种、戈壁分布种 15 种、东阿拉善分布种 33 种、龙首山分布种 3 种、南阿拉善分布种 10 种，共计 83 种，均为内蒙古植物区系的特有种。东阿拉善分布区是最有特色的，是内蒙古和亚洲中部特有种和属分布最多的地区，也是中国植物区系特有分布的八大中心之一。这里（不包括贺兰山）有中国特有属 4 个，即四合木属 *Tetraena*（图 36）、百花蒿属 *Stilpnolepis*、地构叶属 *Speranskia*、知母属 *Anemarrhena*；有蒙古高原特和近特有属 11 个，即四合木属 *Tetraena*、绵刺属 *Potaninia*（图 30）、百花蒿属 *Stilpnolepis*、革苞菊属 *Tugarinovia*（图 31）、脓疮草属 *Panzerina*（图 21）、紊蒿属 *Elachanthemum*、沙芥属 *Pugionium*（图 23）、连蕊芥属 *Synstemon*、双棱荠属 *Microstigma*、芯芭属 *Cymbaria*（图 22）、沙鞭属 *Psammochloa*；有阿拉善戈壁荒漠特有属 5 个，即连蕊芥属 *Synstemon*、四合木属 *Tetraena*、绵刺属 *Potaninia*、百花蒿属 *Stilpnolepis*、革苞菊属 *Tugarinovia*。

　　综上，内蒙古共计有特有种 142 个，有特有属 2 个（四合木属 *Tetraena* 和管花蒲公英属 *Neotaraxacum*），没有特有科。

2. 植物地理分布的特征

　　（1）内蒙古维管植物种分布最多的地区是兴安南部山地，有 1179 种；其次是兴安北部山地，有 1083 种；第三是大青山山地，有 922 种。努鲁尔虎山、七老图山、贺兰山和龙首山等山地只有一半在内蒙古，即便如此，七老图山尚有 887 种，努鲁尔虎山有 507 种，贺兰山有 631 种。

　　（2）蕨类植物和裸子植物以及乔木和中生灌木主要集中生于山地森林区，而旱生和强旱生灌木、小灌木或半灌木主要集中生于高平原戈壁荒漠区，这是内蒙古山地和高平原戈壁植物区系地理分布的特征之一。

　　（3）包含典型草原和草甸草原的锡林郭勒分布区有维管植物 822 种。只包含典型草原的呼伦贝尔分布区有 550 种，如果把大兴安岭西麓森林草原区包括在内，呼伦贝尔分布区则有 800

余种。包含典型草原和草甸草原的科尔沁分布区有 575 种。包含典型草原和荒漠草原的鄂尔多斯分布区有 526 种。包含荒漠草原和部分典型草原的乌兰察布分布区有 488 种。

（4）包含狼山和桌子山两个山地的东阿拉善草原化荒漠地区有维管植物 526 种；而西阿拉善和额济纳戈壁荒漠区的植物种类较少，分别有 302 种和 241 种。

总之，内蒙古山地森林区的植物种类最多，高平原的草原区次之，戈壁荒漠区的植物种类最少。这种植物种类分布格局是与降水量密切相关的。山地森林区年降水量为 400～450 毫米，草原区的年降水量为 200～400 毫米，戈壁荒漠区的降水量在 200 毫米以下，降水量的多少成为植物种类分布数量多少的限制因素。

（5）内蒙古是东亚中生植物区系与古地中海旱生植物区系的交会地区，大兴安岭南北山地、阴山山脉、贺兰山是这东西两大植物区系的分界线。

（6）内蒙古共有特有种 142 个，有特有属 2 个。内蒙古东阿拉善荒漠区是内蒙古及蒙古高原乃至亚洲中部最有特色的地方，是内蒙古特有属、特有种分布最多之地，是蒙古高原特有属、特有种集中分布的地方，是中国植物区系特有分布的八大中心之一。

（7）由于内蒙古的特殊地理位置——东、西处于东亚和亚洲中部的分界线（水分因子起主导作用），南、北处于暖温带、中温带和寒温带的分界线（温度因子起主导作用），使内蒙古成为许多科、属、种植物区系地理成分的分布界限。下面仅举一些科、属为例。

内蒙古主要是一些中国—喜马拉雅分布科、属的北界一段，如壳斗科 *Fagaceae*、桑科 *Moraceae*、桑寄生科 *Loranthaceae*、苦木科 *Simaroubaceae*、猕猴桃科 *Actinidiaceae*、木樨科 *Oleaceae*、马钱科 *Loganiaceae*、马鞭草科 *Verbenaceae*、鸭跖草科 *Commelinaceae*、雨久花科 *Pontederiaceae*，侧柏属 *Platycladus*、刺榆属 *Hemiptelea*、虎榛子属 *Ostryopsis*、马兜铃属 *Aristolochia*、阴山荠属 *Yinshania*、针喙芥属 *Acirostrum*、八仙花属 *Hydrangea*、溲疏属 *Deutzia*、木蓝属 *Indigofera*、杭子稍属 *Campylotropis*、白饭树属 *Flueggea*、地构叶属 *Speranskia*、文冠果属 *Xanthoceras*、地黄属 *Rehmannia*、松蒿属 *Phtheirospermum*、野丁香属 *Leptodermis*、蝟实属 *Kolkwitzia*、党参属 *Codonopsis*、翠菊属 *Callistephus*、黄缨菊属 *Xanthopappus*、蚂蚱腿子属 *Myripnois*、芒属 *Miscanthus*、荩竹属 *Microstegium*、野黍属 *Eriochloa*、犁头尖属 *Typhonium*、菝葜属 *Smilax*、薯蓣属 *Dioscorea*、射干属 *Belamcanda*、天麻属 *Gastrodia*、朱兰属 *Pogonia*、羊耳蒜属 *Liparis* 等。

内蒙古是一些东亚分布科、属的西界一段，如五加科 *Araliaceae*、透骨草科 *Phrymaceae*，五味子属 *Schisandra*、红升麻属 *Astilbe*、黄檗属 *Phellodendron*、脐草属 *Omphalotrix*、盒子草属 *Actinostemma*、裂瓜属 *Schizopepon*、桔梗属 *Platycodon*、东风菜属 *Doellingeria*、苍术属 *Atractylodes*、龙常草属 *Diarrhena*、绵枣儿属 *Barnardia*、知母属 *Anemarrhena*、万寿竹属 *Disporum* 等。

内蒙古是一些寒温带分布科、属的南界一段，如岩高兰科 *Empetraceae*、仙女木属 *Dryas*、杜香属 *Ledum*、松毛翠属 *Phyllodoce*、甸杜属 *Chamaedaphne*、毛蒿豆属 *Oxycoccus* 等。

内蒙古是一些古地中海分布科、属的东界一段，如骆驼蓬科 *Peganaceae*、瓣鳞花科 *Frankeniaceae*、半日花科 *Cistaceae*、锁阳科 *Cynomoriaceae*、白花丹科 *Plumbaginaceae*，沙拐枣属 *Calligonum*、盐穗木属 *Halostachys*、梭梭属 *Haloxylon*（图 32）、假木贼属 *Anabasis*、盐爪爪属 *Kalidium*、合头藜属 *Sympegma*、雾冰藜属 *Bassia*、盐生草属 *Halogeton*、蛛丝蓬属

Micropeplis、戈壁藜属 *Iljinia*、舟果荠属 *Tauscheria*、沙芥属 *Pugionium*、翅籽荠属 *Galitzkya*、四棱荠属 *Goldbachia*、爪花芥属 *Oreoloma*、异果芥属 *Diptychocarpus*、绵刺属 *Potaninia*（图 30）、沙冬青属 *Ammopiptanthus*（图 35）、旱雀儿豆属 *Chesniella*、雀儿豆属 *Chesneya*、山竹子属 *Corethrodendron*、拟芸香属 *Haplophyllum*、霸王属 *Sarcozygium*、驼蹄瓣属 *Zygophyllum*、颅果草属 *Craniospermum*、软紫草属 *Arnebia*、脓疮草属 *Panzerina*（图 21）、野胡麻属 *Dodartia*、肉苁蓉属 *Cistanche*、紫菀木属 *Asterothamnus*、莎菀属 *Arctogeron*、花花柴属 *Karelinia*、短舌菊属 *Brachanthemum*、百花蒿属 *Stilpnolepis*、女蒿属 *Hippolytia*、紊蒿属 *Elachanthemum*、小甘菊属 *Cancrinia*、绢蒿属 *Seriphidium*、多榔菊属 *Doronicum*、苓菊属 *Jurinea*、顶羽菊属 *Acroptilon*、旱麦草属 *Eremopyrum*、新麦草属 *Psathyrostachys*、沙鞭属 *Psammochloa*、钝基草属 *Timouria*、冠毛草属 *Stephanachne*、郁金香属 *Tulipa* 等。

因此，内蒙古是东亚植物区系（主要是东亚成分、东亚北部成分、华北—满洲成分）的西界一段，是古地中海植物区系（主要是古地中海成分、中亚—亚洲中部成分、戈壁成分、戈壁—蒙古成分）的东界一段，是西伯利亚植物区系（主要是西伯利亚成分、东西伯利亚成分、北极—高山成分）的南界一段，是中国—喜马拉雅植物区系（主要是横断山脉成分、唐古特成分）的北界一段。

六、植物区系的地理替代分布

在内蒙古植物区系中，同属植物在亲缘上非常相近的种或同一种内的地理宗（亚种或变种），常常各自占有独立的分布区或有交叉重叠分布，在地理分布区域上相互更替，构成明显的地理替代分布现象。在内蒙古主要有以下若干属的植物形成了典型的地理替代分布，反映了属种的分化与分布区形成的演变历史。

1. 云杉属 *Picea*

内蒙古有 5 种，均属于云杉组 Scet. *Picea*，与同属同组的近缘种构成了地理替代分布。

白扦 *P. meyeri*（图 14）和青海云杉 *P. crassifolia*（图 16）都是叶先端钝、小枝基部芽鳞反卷的种，在亲缘上非常相近，区别仅在于小枝与球果颜色的不同。白扦分布在大兴安岭南部山地、华北地区燕山山脉及小五台山和山西五台山、管涔山及关帝山，为华北北部山地分布种，常组成以白扦为主的针阔混交林。青海云杉分布在阴山山脉中部（大青山）、贺兰山、六盘山、祁连山至陇南山地，为青藏高原北部山地分布种，常组成青海云杉纯林。这两种云杉，一东一西，由于水热条件组合的差异形成了明显的地理替代分布。

青扦 *P. wilsonii*（图 14）和云杉 *P. asperata* 比较相近，同为叶先端锐尖的类型，前者小枝基部芽鳞紧贴小枝，后者芽鳞先端多少向外反卷。青扦分布在华北的燕山、内蒙古中部的大青山、山西北部山地、陕西南部、湖北西部山地、甘肃中部和南部的洮河与白龙江流域、青海东部、四川东北及北部的岷江上游，组成纯林或针阔混交林，为华北北部至西部海拔 1000 ～ 2600 米山地分布种。云杉则分布在陕西西南部、甘肃洮河和白龙江流域、四川岷江上游的海拔 2400 ～ 3600 米的山地，为华北西南部与陇南山地分布种。这两种云杉，前者分布广，后者分布狭窄，是重叠分布，但在海拔上前者在较低海拔山地，后者在高海拔山地，反映了热量条件差异形成的山地垂直替代分布。在四川西北部海拔 3000～3800 米的高山上则替代分布着与这两种云杉相近的鳞皮云杉 *P. retroflexa*，仅芽鳞反卷且球果成熟前上部边缘紫红色而与之不同。

红皮云杉 *P. koraiensis* 分布于西伯利亚以南的阿尔泰山、杭爱山、肯特山、大兴安岭、小兴安岭、长白山及俄罗斯远东山地，是西伯利亚云杉 *P. obovata* 由西伯利亚地区向南分布的地理替代种。二者同为叶先端锐尖和小枝基部芽鳞反卷的类型，区别仅为一年生小枝有无腺头短毛。

2. 落叶松属 *Larix*

内蒙古境内仅有兴安落叶松 *L. gmelinii*（图8）和华北落叶松 *L. principis-rupprechtii*（图15）2 种，是亲缘上非常相近的种，球果种鳞同为五角状卵形且长大于宽，二者的区别仅是一年生枝条的粗与细、种鳞的多与少、球果的大与小。兴安落叶松是东西伯利亚分布种，向南伸入大兴安岭，在华北北部山地被华北落叶松替代，二者在大兴安岭山脉南部山地上有交叉分布。

3. 松属 *Pinus*

樟子松 *P. sylvestris* var. *mongolica* 是分布于欧洲—西伯利亚针叶林带的欧洲赤松 *P. sylvestris* 向东延伸至大兴安岭北部山地及其西侧沙地的地理替代生态变种；在长白山北坡，又被长白松 *P. sylvestris* var. *sylvestriformis* 替代。这 3 个变种的差别主要是树干和鳞盾的颜色不同。

油松 *P. tabuliformis*（图 13）、马尾松 *P. massoniana* 和高山松 *P. densata* 不仅亲缘相近，而且形成了明显的地理替代分布。油松为华北山地分布种，是我国暖温带分布的代表种，其分布区北界在内蒙古的阴山山脉一线；马尾松为长江以南各山地分布种，是我国亚热带分布的代表种；而高山松则分布在西南的横断山脉海拔 2600～3500 米高的山地上。这 3 个种主要是由于水热因子的差异形成了地理替代分布。它们的区别是：油松和高山松的针叶粗硬，长 6～15 厘米，直径 1.2～1.5 毫米，鳞脐具短刺，但前者的球果和小枝无光泽，后者有光泽；马尾松的针叶细柔，长 12～20 厘米，直径不足 1 毫米，鳞脐无刺；此外，高山松和马尾松的叶主要是 2 针 1 束，稀 3 针 1 束，而油松的叶全部是 2 针 1 束。

4. 刺柏属 *Juniperus*

分布于温带地区我国东北、华北地区及朝鲜、日本的杜松 *J. rigida*，为东亚北部分布种，向南被亚热带地区台湾及华东、华中、西南等地区分布的东亚南部分布种刺柏 *J. formosana* 替代。二者的区别在于前者叶上有 1 条白粉带，无棕色中脉，果蓝黑色；后者叶上有绿色中脉，两侧各有 1 条白色气孔带，果淡红褐色。

5. 虎榛子属 *Ostryopsis*

该属为我国特有，仅有 2 种：虎榛子 *O. davidiana*（图 17）和滇虎榛 *O. nobilis*。虎榛子由东北向西南分布于华北—横断山脉北部（至四川西北部），而到了横断山脉的南部（四川南部、云南西北部）则被滇虎榛替代。二者的区别在于前者叶下面疏生短柔毛且具褐色斑点，果苞顶端裂片长；后者叶下面被稠密淡黄色茸毛且无腺点，果苞顶端裂片极短。

6. 梭梭属 *Haloxylon*

内蒙古仅产梭梭 *H. ammodendron*（图 32）1 种。该种分布于亚洲中部和哈萨克斯坦两个荒漠区的北部，西界至里海东岸，东界到蒙古国的赛音沙达，北达斋桑盆地，南可进至柴达木盆地的东北部，为古地中海荒漠区北部分布种。与本种非常相近的仅有鳞叶为长三角形的白梭梭 *H. persicum*，分布于伊朗和阿富汗的荒漠区及哈萨克斯坦南部荒漠区，在我国新疆有所交会，为中亚南部荒漠分布种。二者一北一南，形成较明显的地理替代分布。

7. 驼绒藜属 *Krascheninnikovia*

内蒙古境内所产的华北驼绒藜 *K. arborescens* 和驼绒藜 *K. ceratoides* 在形态上非常相近，仅有植株高矮、叶的宽窄、雌花管裂片的长短之别。前者分布于我国北方草原区，向西进入荒漠草原区乃至整个欧亚大陆的干旱荒漠区后被后者替代。

8. 裸果木属 *Gymnocarpos*

该属只有 2 种。内蒙古所产的裸果木 *G. przewalskii* 分布于整个亚洲中部荒漠区，为戈壁分布种。它的近亲种西裸果木 *G. decander* 分布在非洲东北部和西亚。二者在亚非荒漠区的一东一西，形成极明显的地理替代分布。

9. 丝石竹属 *Gypsophila*

内蒙古草原区共有 4 种，形成相互替代的分布格局。草原丝石竹 *G. davurica* 为达乌里—蒙古分布种，分布在内蒙古呼伦贝尔、锡林郭勒及科尔沁分布区的典型草原和山地草原植物群落中，为常见的伴生种，向西不进入荒漠草原，向南在燕山山脉的北部消失了踪迹。荒漠丝石竹 *G. desertorum* 只分布于荒漠草原带，为荒漠草原特征种，阴山山脉为其分布区南界，向东止于典型草原带的西界，往西止于荒漠带的东界，北面进入蒙古国境内的荒漠草原，最北界分布至阿尔泰地区，为典型的蒙古成分。头花丝石竹 *G. capituliflora* 为亚洲大陆中部的山地草原种，属中亚—亚洲中部成分，阴山山脉为其分布区东界，向西经贺兰山、龙首山、准噶尔戈壁、喀什地区、天山、喀喇昆仑山，直至土耳其斯坦山地。尖叶丝石竹 *G. licentiana* 为华北山地种，阴山山脉和燕山山脉北部为其分布区北界，在地理分布上恰好与草原丝石竹互相替代，向西又与头花丝石竹互相替代。内蒙古草原区正好处于这 4 个种相互交会的地区。

10. 花旗杆属 *Dontostemon*

本属的全缘叶花旗杆 *D. integrifolius* 与花旗杆 *D. dentatus* 均为一、二年生草本，是一对非常相近的种。它们的区别仅为前者叶全缘，后者叶边缘具齿。全缘叶花旗杆的分布遍及大兴安岭山脉以西的整个蒙古高原草原区，是草原群落的特征植物；花旗杆的分布则在大兴安岭山脉以东的我国东北、华北、华东地区及俄罗斯远东地区、朝鲜、日本，为东亚北部分布种，出现在林下、林缘草甸群落中。由于气候与水分的差异，二者形成了东西间的地理替代分布。

多年生花旗杆 *D. perennis* 与白毛花旗杆 *D. senilis* 均为多年生草本，也是一对比较相近的种。它们的区别仅仅是前者植株被细曲柔毛且花瓣宽倒卵形，后者植株被开展的白色长硬毛且花瓣倒披针形。多年生花旗杆分布在蒙古高原北部的草原区和荒漠草原区，是山地或丘陵砾石质草原群落的伴生种，但不进入东蒙古草原区。白毛花旗杆则分布在蒙古高原南部的戈壁砾石质荒漠植物群落中。由于气候的热量差异，二者形成了南北间的地理替代分布。

11. 桃属 *Amygdalus*

本属在本书中是从李属 *Prunus* 分出的。蒙古扁桃 *A. mongolica*（图 34）、柄扁桃 *A. pedunculata* 和西康扁桃 *A. tangutica* 同属于扁桃属的有柄组 Sect. *Ceratoides*，亲缘相近。蒙古扁桃为阿拉善荒漠区的旱生性灌木，是戈壁荒漠特有种，分布于我国鄂尔多斯西部、狼山、贺兰山、东阿拉善及蒙古国南部。柄扁桃是草原区山地的中旱生灌木，分布在阴山山地、苏尼特地区、鄂尔多斯分布区及宁夏山地，向北延伸到蒙古国和俄罗斯西伯利亚。西康扁桃是我国四川西部及甘肃南部山区的中生灌木植物。这 3 个种的替代分布反映了在亚洲大陆的地理环境历史性演变中植物种的分化。

12. 沙冬青属 *Ammopiptanthus*

沙冬青 *A. mongolicus*（图 35）和矮沙冬青 *A. nanus* 在亲缘上是非常相近的种，二者仅有植株高矮和叶形上的差别。沙冬青分布在蒙古高原东阿拉善荒漠，矮沙冬青分布在新疆喀什地区昆仑山西北麓，形成明显的地理替代分布。这 2 个种是亚洲中部荒漠中的常绿灌木。

13. 锦鸡儿属 *Caragana*

本属近缘种的替代分布也很明晰，最典型的是小叶锦鸡儿 *C. microphylla*、柠条锦鸡儿 *C. korshinskii* 在内蒙古草原区的替代分布。二种在亲缘上十分相近，同属于小叶系。由于性状特征的交叉，二种之间在营养体上难于识别，主要根据果实长短、叶的宽窄、植株高矮上加以鉴别。小叶锦鸡儿只分布在典型草原和森林草原地带及荒漠草原地带，而柠条锦鸡儿则分布在草原化荒漠地带，二者一东一西形成明显的地理替代分布（图 10），这主要是水分因子的不同所致。

白皮锦鸡儿 *C. leucophloea* 是在亚洲大陆中部广泛分布的种，它从中亚西部经新疆北部，进入蒙古国的荒漠草原及荒漠地区，南部沿河西走廊进入阿拉善荒漠，向东分布到内蒙古的狼山山地及其北部地区。这个种与狭叶锦鸡儿 *C. stenophylla* 难于区分，是两个特别相近的种，白皮锦鸡儿从中亚西部的荒漠及荒漠草原区向东进入内蒙古草原区就逐渐被狭叶锦鸡儿所取代了。前者为荒漠旱生灌木，后者为半荒漠及草原成分。

在锦鸡儿属中只有柄荚锦鸡儿 *C. stipitata*、秦晋锦鸡儿 *C. purdomii* 和沙地锦鸡儿 *C. davazamcii* 3 种的子房和荚果基部显著具柄，且小叶均为 4～8 对、羽状排列、翼耳长为爪的

1/3，因而最相近。柄荚锦鸡儿花萼钟形、花较小、小叶较大、子房密被毛，与秦晋锦鸡儿和沙地锦鸡儿花萼管状钟形、花较大、小叶较小、子房无毛不同；秦晋锦鸡儿小叶两面疏被毛而呈绿色，花梗上部具关节，与沙地锦鸡儿小叶两面密被毛而呈灰绿色，花梗下部具关节，又有所不同。柄荚锦鸡儿分布在华北西部山地（中条山—秦岭），秦晋锦鸡儿分布在晋陕黄河两边的黄土丘陵地区，沙地锦鸡儿则分布在蒙古国的湖谷地区，3 种锦鸡儿从南至北形成明显的地理替代格局，这主要是温度因子的不同所致。

在荚果里面密被柔毛的类群（毛荚系）中，藏锦鸡儿 *C. tibetica* 和卷叶锦鸡儿 *C. ordosica* 是一对很好的亲缘种。小叶对折、翼耳明显的藏锦鸡儿分布在高海拔的横断山脉—喜马拉雅山脉的高山灌丛地区，适应高寒气候；而小叶两边向内卷曲、翼耳不明显的卷叶锦鸡儿则分布在海拔较低的蒙古高原东戈壁—东阿拉善草原化荒漠地区，适应干旱气候。二者呈西南—东北分布，形成明显的地理替代分布格局，这主要是水热因子组合的不同所致。

14. 棘豆属 *Oxytropis*

在内蒙古，棘豆属植物主要分布在草原区，为其特征植物和伴生成分，是反映各类草原群落的特征种，并且形成明显的替代分布。

蓝花棘豆 *O. caerulea* 与线棘豆 *O. filiformis* 在亲缘上是非常相近的种。前者的小叶、花和荚果均较大。在生态分布上，蓝花棘豆为中生的林缘草甸种，主要分布在森林草原带；线棘豆为旱生的山地丘陵砾石质典型草原种，广泛分布在典型草原带。前者的分布区恰好在后者分布区的北部和东部外围，构成明显的替代分布。

宽苞棘豆 *O. latibracteata* 与大花棘豆 *O. grandiflora* 在亲缘上也是十分相近的种。它们的旗瓣和苞片略有不同。前者是耐寒中生性山地草甸成分，为华北—横断山脉分布种，在内蒙古龙首山、贺兰山及山西恒山、五台山等高山带均有分布。后者是旱中生山地草甸草原成分，属于达乌里—蒙古分布种，广泛分布于大兴安岭及蒙古高原草原带。二者形成明显的南北地理替代分布。

砂珍棘豆 *O. racemosa* 与尖叶棘豆 *O. oxyphylla* 在亲缘上也是相近的种。砂珍棘豆属黄土高原—蒙古高原分布种；尖叶棘豆为砾石质草原旱生植物，是达乌里—蒙古分布种。二者的分布虽有交叉重叠，但形成比较明显的生态分异，构成明显的替代分布。

薄叶棘豆 *O. leptophylla* 与阴山棘豆 *O. inschanica* 也是近缘种。前者为草原旱生植物，属黄土高原—蒙古高原东部分布种；后者为石质山地中生植物，是阴山山地特有种，分布在前者分布区的西缘山地。二者也明显地构成了替代分布。

15. 黄芪属 *Astragalus*

中药黄芪的原植物有 3 种：膜荚黄芪 *A. membranaceus*、蒙古黄芪 *A. mongholicus* 和北蒙古黄芪 *A. borealimongolicus*。3 种药用黄芪形态相近，荚果均为半椭圆形、膨胀、薄膜质，有相近的亲缘关系。但膜荚黄芪荚果被短毛，与蒙古黄芪和北蒙古黄芪荚果无毛有别。此外，膜荚黄芪小叶 13 ~ 27，椭圆状卵形，排列稀疏；蒙古黄芪小叶 25 ~ 37，椭圆形，排列紧密；北蒙古黄芪小叶 19～31，倒卵形，排列较疏松，又与前两者有所不同。在分布上，膜荚黄芪为东亚北部—西伯利亚南部森林带的分布种，蒙古黄芪为华北森林草原带的分布种，北蒙古黄芪为蒙古高原北部草原带的分布种，三者存在着明显的地理替代分布。

灰叶黄芪 *A. discolor* 与变异黄芪 *A. variabilis* 亲缘相近。前者是草原及荒漠草原带砾石质山地旱生植物，为华北分布种，其分布区北至阴山山地，西至贺兰山；后者为荒漠区沙砾质戈壁旱生植物，主要分布在蒙古高原荒漠区内，北起蒙古国北部的外阿尔泰戈壁、湖谷、戈壁阿尔泰、东戈壁，向南经我国的阿拉善戈壁，南至宁夏的灵武、中卫以及甘肃的河西走廊，西达新疆的哈密、奇台等地，东至内蒙古乌兰察布荒漠草原区的东缘。灰叶黄芪的分布区在变异黄芪的东南面，二者形成明显的地理替代分布。

乳白花黄芪 *A. galactites* 与卵果黄芪 *A. grubovii* 亲缘比较相近。乳白花黄芪主要分布在典型草原群落中，为黄土高原—蒙古高原东部分布种；卵果黄芪主要分布在荒漠草原中，为戈壁—蒙古成分。二者形成替代分布。

察哈尔黄芪 *A. zacharensis* 与多枝黄芪 *A. polycladus* 亲缘相近，形态差别微小，但生态差异明显。前者在森林草原带和山地草甸草原群落中分布，为中旱生伴生种，属于华北—东蒙古成分；后者则为荒漠区高海拔山地旱中生植物，属于横断山脉成分，在内蒙古分布在贺兰山山地。二者形成南北替代分布。

16. 山竹子属 *Corethrodendron*

半灌木山竹子属有 5 种。山竹子 *C. fruticosum* 是分布于亚洲中部草原区的沙地种，而细枝山竹子 *C. scoparium* 是分布于亚洲中部荒漠区东北部的沙地种，二者形成东北—西南间的地理替代分布。红花山竹子 *C. multijugum* 与帕米尔山竹子 *C. krassnowii* 也是一对地理替代分布种，前者分布于唐古特地区及其邻地的山地，后者分布于喀拉昆仑山山地，二者形成西北—东南间的地理替代分布。

17. 红砂属 *Reaumuria*

长叶红砂 *R. trigyna*（图 37）分布于内蒙古、宁夏及甘肃和宁夏的交界处，沿黄河两岸的桌子山至贺兰山区及其邻近的石质与砂砾质丘陵坡地的狭长地带，面积狭小，其分布区北起内蒙古磴口黄河大桥东侧，南至甘肃和宁夏交界处的干塘地区。长叶红砂与分布在天山、昆仑山、阿尔金山、祁连山中段、青海共和县与贵德县一带的五柱红砂 *R. kaschgarica* 相近，唯本种花柱 3，稀 4～5，蒴果矩圆形、3 瓣裂，与五柱红砂花柱 5，蒴果卵球形、5 瓣裂有所不同。长叶红砂为东阿拉善分布种，五柱红砂为亚洲中部的戈壁分布种，二者在东西间形成地理替代分布现象。而且长叶红砂是由与亲缘关系最亲密、地理分布最邻近的五柱红砂演化而来。因为该属植物的分布中心在中亚—伊朗一带，且在东阿拉善黄河两岸周围的石质低山这种特殊的生态环境中雌蕊的 5 花柱演化为 3 花柱。此外，长叶红砂中偶尔出现具 4～5 花柱的类型（祖种的性状）也充分地说明了它们之间的演化关系。

18. 莸属 *Caryopteris*

莸属植物在内蒙古只有蒙古莸 *C. mongholica*（图 11）1 种，为旱生小灌木，生于海拔 600 ～ 1250 米的草原和半荒漠区的石质山坡、沙地、干河谷等生境中，为石质山地丘陵草原与半灌木植物群落的伴生种。其分布区北界在蒙古国典型草原带的北界以及我国内蒙古呼伦贝尔草原的西南端，西至河西走廊西部，南至青海湖到西宁、兰州一带，东界与典型草原区的范围相一致。不难看出，蒙古莸主要分布在蒙古高原的典型草原、荒漠草原和半荒漠地带，是黄土高原北部—蒙古高原分布种。

蒙古莸与粘叶莸 *C. glutinosa* 为蓝紫色花、全缘叶的近缘种，粘叶莸产四川，生于海拔 1800 米的山地沟谷。上述二种又与灰毛莸 *C. forrestii* 相近，同为莸组全缘叶类型。灰毛莸产于云南、贵州、四川、西藏，生于干热河谷及山地。这三个近缘种的分布在我国横断山区、黄土高原、蒙古高原形成了明显的地理替代分布，反映了内蒙古草原植物区系与中国—喜马拉雅植物区系的一些联系。

19. 芯芭属 *Cymbaria*

本属在内蒙古草原区分布有 2 种：达乌里芯芭 *C. daurica* 和蒙古芯芭 *C. mongolica*。二者十分接近，仅植株的毛被不同。达乌里芯芭的分布从西伯利亚达乌里地区，经东蒙古和兴安山地，一直延伸至我国华北北部，为黄土高原北部—蒙古高原东部分布种，出现在典型草原及山地草原群落中。蒙古芯芭的分布偏南，在内蒙古阴山山地丘陵及黄河以南地区，河北、山西、陕西、甘肃、青海、宁夏等地均有分布，为华北分布种，出现在沙质、沙砾质荒漠草原和干草原群落中。随着气候的热量差异，形成了南北间的替代分布。

20. 紫菀木属 *Asterothamnus*

本属的紫菀木 *A. alyssoides*、软叶紫菀木 *A. molliusculus* 和毛叶紫菀木 *A. poliifolius* 都是叶片较宽，且呈矩圆形、矩圆状披针形或倒披针形的类型。这三个种非常相近，仅叶的长短、植株的高矮、外层苞片的形状与颜色略有不同。前两种分布区较一致，为蒙古高原荒漠草原区的东部，后一种分布在蒙古高原荒漠草原区的西部；前两者亦称东戈壁分布种，后者亦称西戈壁分布种。前两者与后者一东一西，形成明显的地理替代分布。

该属的中亚紫菀木 *A. centraliasiaticus* 和灌木紫菀木 *A. fruticosus* 都是叶片较窄，呈条形或矩圆状条形。二种非常相近，区别仅仅是前者分枝直角开展、非帚状，后者分枝锐角上升呈帚状。前者分布于蒙古高原南部的荒漠及荒漠草原区，后者分布于新疆天山南部的戈壁荒漠区，一东一西形成地理替代分布。

21. 蒿属 *Artemisia*

内蒙古草原区蒿属植物种类繁多，亲缘联系复杂，生态分化的多样性也很突出。其中作为草原恒有成分的冷蒿 *A. frigida* 和内蒙古旱蒿 *A. xerophytica* 是在草原区形成替代分布的典型植物。

冷蒿是生态适应幅度很广的草原优势植物和特征种，在退化演替系列中可成为建群种。冷蒿广泛分布于典型草原及荒漠草原群落中，地理分布范围很广，并出现一些地理变型和生态型，但随着气候干旱程度加剧，由草原带向半荒漠带过渡中出现了形态特征相近的替代种——旱蒿。旱蒿为强旱生植物，在荒漠草原群落中成为特征种。

在内蒙古草原区，第四纪以来形成的几个风积沙地区，呼伦贝尔沙地、科尔沁沙地、浑善达克沙地、毛乌素沙地等都选择形成了独特的沙生植物区系，其中蒿属植物分化形成一系列年轻的植物种，并成为沙地植被的特征种。

差不嘎蒿 *A. halodendron*、光沙蒿 *A. oxycephala*、乌丹蒿 *A. wudanica*、褐沙蒿 *A. intramongolica*、油蒿 *A. ordosica*、白沙蒿 *A. sphaerocephala* 是同属于沙蒿组的半灌木蒿类，亲缘相近，形态特征十分相似，并且都是沙地植被的主要优势种。它们的分布区都很局限，构成了地理替代分布系列（图24）。差不嘎蒿是呼伦贝尔沙地种，可延伸分布到西辽河流域的沙地。光沙蒿是科尔沁沙地的优势植物，乌丹蒿则是在科尔沁沙地西部大量分布的沙地建群种。褐沙蒿是局限在锡林郭勒草原地浑善达克沙地的建群种。油蒿是以鄂尔多斯高原的毛乌素沙地和库布其沙漠为中心，扩展到乌兰布和沙漠和腾格里沙漠的建群种。白沙蒿是鄂尔多斯及阿拉善地区沙地植被的优势种。这一替代分布系列反映了第四纪以来环境变迁和蒿类植物种系分化的历史过程。

22. 针茅属 *Stipa*

本属植物在内蒙古草原区共有 15 种，是草原植被的主要建群种，这些种的地理替代分布在内蒙古草原区的植物区系中表现得最为典型。

首先是克氏针茅 *S. krylovii*（图9）、大针茅 *S. grandis*、贝加尔针茅 *S. baicalensis* 和本氏针茅 *S. bungeana*（图19）等光芒组 Sect. *leiostipa* 的几个近缘种，它们都是蒙古草原区和黄土高原区的草原建群种。其中，克氏针茅和大针茅为中温性典型草原的建群种，广泛分布于蒙古高原和黄土高原，是在蒙古高原占优势的草原群系，克氏针茅比大针茅更适应偏旱的气候条件。贝加尔针茅为中温型草甸草原的建群种，主要分布在阴山山脉以北的蒙古高原东部和东北的松辽平原，由内蒙古向东南经黄土高原进入青藏高原东部逐渐被近缘种丝颖针茅 *S. capillacea* 替代，由内蒙古向西经唐古特地区进入新疆又逐渐被近缘种新疆针茅 *S. sareptana* 和针茅 *S. capillata* 替代。本氏针茅为暖温性草原的建群种，在黄土高原的森林草原带及典型草原带有广泛分布，阴山山脉是它的分布区北界。

其次是羽针组 Sect. *Smirnovia* 的几个近缘种，有小针茅 *S. klemenzii*（图18）、沙生针茅 *S. glareosa*、戈壁针茅 *S. gobica* 等，为地带性荒漠草原的建群种，也可成为草原化荒漠群落的伴生种，在蒙古高原、黄土高原均有广泛分布。小针茅是占据典型地带性生境的建群种，沙生针茅是沙质荒漠草原的建群种，戈壁针茅是砾石质丘陵上的优势种，从内蒙古草原区向西在新疆境内与近缘种镰芒针茅 *S. caucasica* 形成替代分布。

属于须芒组 Sect. *Barbatae* 的短花针茅 *S. breviflora*，是内蒙古高原与鄂尔多斯高原的荒漠草原建群种，它与贺兰山、河西走廊山地及青藏高原的紫花针茅 *S. purpurea* 和新疆草原的建群种东方针茅 *S. orientalis*、昆仑针茅 *S. roborowskyi*、细叶针茅 *S. lessingiana* 等近缘种形成替代分布。

23. 隐子草属 *Cleistogenes*

隐子草属也有若干近缘的草原优势成分。糙隐子草 *C. squarrosa* 在贝加尔针茅草原、大针茅草原、克氏针茅草原、羊草草原及线叶菊草原中常组成群落下层的丛生小禾草层片，因此可以认为它是典型草原群落的恒有成分和特征植物。进入荒漠草原植物群落中，糙隐子草逐渐被近缘种无芒隐子草 *C. songorica* 替代。无芒隐子草是荒漠草原强旱生种，可成为小针茅草原及沙生针茅草原群落的优势成分，也常伴生于草原化荒漠群落中，在荒漠带及荒漠草原带成为糙隐子草的替代种。

七、植物地理分区

内蒙古植物地理学区划的位置，从东北向西南依次隶属于泛北极植物区的四个植物地理区域，即欧亚针叶林区、东亚夏绿林区、欧亚草原区和亚非荒漠区，在四个地理区域中各占一小部分。各植物区域之间，植物的科属组成、区系地理成分、生活型和植物生态类型都有很大的差异，所以各区域的生物生产力水平、植物资源的属性和价值以及开发利用方向等都有区域性特点。因此，进行植物地理分区研究具有重要的理论意义和实用价值。

关于内蒙古植物地理分区的问题，曾有不少学者从不同角度进行过探讨，提出了不同方案。在前人研究基础上，根据各地区的主导植物科属组成、优势植物分布型、生活型和生态类型等因素的相似性与差异性，按植物区、植物省、植物州三级对内蒙古进行植物地理分区论述。

植物区（Region）为植物地理分区的高级单位，是根据植物区系的特征科属和反映地带性植被分布的优势生活型类群来划分的。内蒙古的植物区分为针叶林植物区、夏绿阔叶林植物区、草原植物区、荒漠植物区。

植物省（Province）是植物地理分区的中级单位，是根据植物区内植物区系类型的分化和植物群系复合结构来划分的，它和植被生态区的界线有一定的相关性。内蒙古的针叶林植物区、夏绿阔叶林植物区都是跨入相关植物省的一部分；内蒙古草原植物区分属3个草原植物省，即松辽平原植物省、蒙古高原植物省、黄土高原植物省；内蒙古荒漠植物区分属阿拉善植物省和中戈壁植物省。

植物州（District）是植物地理省的组成部分，是根据植物省内植物区系的分异和植物群系类型划分的。例如，蒙古高原植物省在内蒙古可划分为3个草原植物州：大兴安岭西麓植物州、蒙古高原东部植物州、乌兰察布高原植物州。

根据以上原则，提出了内蒙古植物地理分区系统和分区图（图40）。

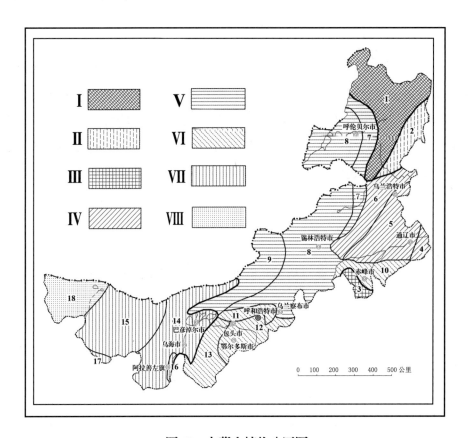

图40　内蒙古植物分区图

Ⅰ．兴安北部省
　　1. 兴安北部州
Ⅱ．岭东省
　　2. 岭东州
Ⅲ．燕山北部省
　　3. 燕山北部州
Ⅳ．科尔沁省
　　4. 辽河平原州
　　5. 科尔沁州

6. 兴安南部州
Ⅴ．蒙古高原东部省
　　7. 岭西州
　　8. 呼锡高原州
　　9. 乌兰察布州
Ⅵ．黄土丘陵省
　　10. 赤峰丘陵州
　　11. 阴山州
　　12. 阴南丘陵州

13. 鄂尔多斯州
Ⅶ．阿拉善省
　　14. 东阿拉善州
　　15. 西阿拉善州
　　16. 贺兰山州
　　17. 龙首山州
Ⅷ．中央戈壁省
　　18. 额济纳州

内蒙古植物地理分区系统

（一）针叶林植物区

Ⅰ. 兴安植物省

    1. 大兴安岭北部植物州（兴安北部州）

（二）夏绿阔叶林植物区

Ⅱ. 兴安—长白植物省

    2. 大兴安岭东麓植物州（岭东州）

Ⅲ. 华北植物省

    3. 燕山北部植物州（燕北州）

（三）草原植物区

Ⅳ. 松辽平原植物省

    4. 辽河平原植物州（辽河平原州）

    5. 科尔沁植物州（科尔沁州）

    6. 大兴安岭南部植物州（兴安南部州）

Ⅴ. 蒙古高原植物省

    7. 大兴安岭西麓植物州（岭西州）

    8. 蒙古高原东部植物州（呼锡高原州）

    9. 乌兰察布高原植物州（乌兰察布州）

Ⅵ. 黄土高原植物省

    10. 赤峰黄土丘陵植物州（赤峰丘陵州）

    11. 阴山山地植物州（阴山州）

    12. 阴南黄土丘陵植物州（阴南丘陵州）

    13. 鄂尔多斯高原植物州（鄂尔多斯州）

（四）荒漠植物区

Ⅶ. 阿拉善植物省

    14. 东阿拉善植物州（东阿拉善州）

    15. 西阿拉善植物州（西阿拉善州）

    16. 贺兰山植物州（贺兰山州）

    17. 龙首山植物州（龙首山州）

Ⅷ. 中戈壁植物省

    18. 额济纳植物州（额济纳州）

（一）针叶林植物区（欧亚大陆针叶林区的一部分）

针叶林植物区位于北纬 46° 以北的大兴安岭北部山地，占内蒙古总面积的 11.9%，其西界沿大兴安岭西坡与大兴安岭西麓植物州相接，东界自呼玛沿东麓向西南延伸至西口与夏绿阔叶林植物区（大兴安岭东麓植物州）相邻，往南逐渐向大兴安岭南部植物州过渡。山地植被以兴安落叶松明亮针叶林占绝对优势，为东西伯利亚泰加林向南的舌状延伸。由于大兴安岭北部山地东侧与东亚夏绿针阔叶混交林植物区为邻，西侧与蒙古高原草原区相接，因此，植物区系组成上表现出一定的过渡性。在内蒙古境内，针叶林植物区只含有 1 个植物省。

I. 兴安植物省:

本植物省与东西伯利亚山地兴安落叶松林的分布区一致：西起叶尼塞河东岸，东抵鄂霍茨克海岸、品仁河口及阿纳德尔河中游，北抵冻原带的南界，南达内蒙古大兴安岭。大兴安岭北部地区是本植物省南部的一个植物州。

1. 大兴安岭北部植物州（兴安北部州）

本州的范围与植物省的南界吻合。大兴安岭地处我国北方森林区大陆性气候区域，为我国境内寒温性针叶林集中分布的区域。

本州的植物种类比较丰富，据初步统计，共有植物 1083 种，位居各州种数第二。

本州植物区系中具有代表性的是东西伯利亚成分，其中兴安落叶松 *Larix gmelinii* 是组成山地针叶林的主要建群种，此外，红皮云杉 *Picea koraiensis* 也是有代表性的针叶树种。在我国境内，本州是以东西伯利亚分布型的植物区系为核心的一个独特地区。

兴安北部山地位于高纬度寒冷地区，环北极和北极—高山成分均有分布。常绿匍匐状小灌木东北岩高兰 *Empetrum nigrum* var. *japonicum*，杜鹃花科的常绿灌木杜香 *Ledum palustre*、毛蒿豆 *Oxycoccus microcarpus*、松毛翠 *Phyllodoce caerulea*、甸杜 *Chamaedaphne calyculata*，忍冬科的常绿蔓生小灌木北极花 *Linnaea borealis*，鹿蹄草科的草本植物单侧花 *Orthilia secunda* 及兰科的布袋兰 *Calypso bulbosa* 等均为本州的环北极植物种。北极—高山植物种在本州有杜鹃花科的天栌 *Arctous ruber* 和黑果天栌 *Arctous alpinus*。东古北极森林成分以钻天柳 *Chosenia arbutifolia* 和偃松 *Pinus pumila* 为例，前者分布于山间谷地，后者仅限于山地顶部，构成矮曲林。偃松还出现于长白山，反映了两区之间在区系成分上的共同点。大兴安岭北部山地也含有一定数量的欧洲—西伯利亚分布型的植物，如中生乔木欧洲赤松 *Pinus sylvestris*，中生草甸灌木鹿蹄柳 *Salix pyrolifolia*，草甸植物宽叶蒿 *Artemisia latifolia*、掌叶白头翁 *Pulsatilla patens* subsp. *multifida* 等。本州也出现一些东亚北部植物成分，如蒙古栎 *Quercus mongolica*、朝鲜柳 *Salix koreensis*、黑桦 *Betula dahurica* 均为我国东北、华北夏绿阔叶林的主要乔木树种，杞柳 *Salix integra*、毛榛 *Corylus mandshurica*、鼠李 *Rhamnus davurica* 等是具有代表性的灌木，还有沼泽草甸植物的代表荻 *Miscanthus sacchariflorus* 等。可见，大兴安岭山地植物与东亚北部植物区系也有联系。森林草原成分线叶菊 *Filifolium sibiricum* 从山地外围沿干燥阳坡和采伐迹地可渗入林区，反映了泰加林区系和蒙古草原区系的联系。

本州缺乏特有科、特有属，特有种可举出 8 种，即兴安翠雀花 *Delphinium hsinganense*、五岔沟乌头 *Aconitum wuchagouense*、大兴安岭乌头 *Aconitum daxinganlinense*、白狼乌头 *Aconitum bailangense*、兴安龙胆 *Gentiana hsinganica*、兴安眼子菜 *Potamogeton xinganensis*、低矮薹草（兴安羊胡子薹草）*Carex humilis*、轴薹草 *Carex rostellifera*，均为森林成分。还有特有变种 8 个：英吉里岳桦 *Betula ermanii* var. *yingkiliensis*、银叶毛茛 *Ranunculus japonicus* var. *hsinganensis*、展毛唇花翠雀花 *Delphinium cheilanthum* var. *pubescens*、兴安费菜 *Phedimus aizoon* var. *hsinganicus*、丝叶山芹 *Ostericum maximowiczii* var. *filisectum*、卵叶红花鹿蹄草 *Pyrola incarnata* var. *ovatifolia*、狭叶长白沙参 *Adenophora pereskiifolia* var. *angustifolia*、狭叶疣囊薹草 *Carex pallida* var. *angustifolia*。

（二）夏绿阔叶林植物区（东亚夏绿阔叶林区的一部分）

本植物区位于内蒙古东部和东南部，是东亚夏绿阔叶林植物区北部边缘的一小部分，约占内蒙古总面积的 4.07%。东亚阔叶林植物区的范围包括我国东北、华北地区及朝鲜、日本、俄国远东等，因而也称为中国—日本森林植物区。本植物区是一个植物区系相当丰富、相当古老的区域，东亚区系成分从温带一直分布到亚热带，保留了很多第三纪甚至更古老的孑遗植物。植被类型为夏绿阔叶林，主要由栎、栲、石栎和水青冈等组成，针叶树以具不同喜温属性的松属植物为主。东亚夏绿阔叶林植物区在内蒙古境内仅包括大兴安岭东麓植物州和燕山北部植物州 2 个山地森林植物州，分属于兴安—长白植物省和华北植物省。

Ⅱ . 兴安—长白植物省

本植物省是我国东北针阔混交林区向西的延伸部分，占内蒙古总面积的 3.02%，植物区系具有明显的边缘过渡特色。东北针阔混交林区的范围包括大兴安岭东麓地带、小兴安岭和长白山等地，针阔叶混交林以红松 *Pinus koraiensis* 为代表树种，并与鱼鳞云杉 *Picea jezoensis* var. *microsperma*、臭冷杉 *Abies nephrolepis*、沙冷杉 *Abies holophylla* 等针叶树种和蒙古栎 *Quercus mongolica*、槭树属 *Acer*、椴树属 *Tilia*、水曲柳 *Fraxinus mandschurica*、春榆 *Ulmus davidiana* 等东亚分布型的典型夏绿阔叶树种组成结构复杂的针阔叶混交林。受气候影响，大兴安岭东麓的夏绿阔叶林以蒙古栎林为代表，林分组成和群落结构都大为简化，并承受着草原化的深刻影响，显示出旱化的特征，可划分为一个独立的植物州。

2. 大兴安岭东麓植物州（岭东州）

本州西邻大兴安岭北部植物州，南与大兴安岭南部植物州相连。泰加林成分、阔叶林成分和达乌里—蒙古草原成分在这里相互渗透，使植物区系表现出明显的过渡性。

据现有资料统计，本州范围内共有维管束植物 731 种。本州与兴安北部植物州比较类似，在 13 个较大的植物科中有 10 个是两州共有的，其中有代表性的共有成分有兴安落叶松、白桦 *Betula platyphylla*，林下的泛北极成分鹿蹄草 *Pyrola rotundifolia*、石生悬钩子 *Rubus saxatilis*、铃兰 *Convallaria majalis* 等，环北极成分岩高兰、北极花、单侧花，欧洲—西伯利亚成分五蕊柳、水茅、掌叶白头翁等，反映了二者在植物区系组成方面的密切关系。但是，本州的植物区系中，东亚植物区系成分占有重要地位，代表性的树种除蒙古栎外，还有山杨 *Populus davidiana*、蒙桑 *Morus mongolica*、榛 *Corylus heterophylla*、珍珠梅 *Sorbaria sorbifolia*、油桦 *Betula ovalifolia* 等，桔梗 *Platycodon grandiflorus*、兔儿伞 *Syneilesis aconitifolia* 等为草甸植物的代表。东亚植物区系成分在本州占主导地位，是夏绿阔叶林植物区与东西伯利亚成分占优势的兴安北部植物州的根本差异，也是把大兴安岭东麓地带归入东北阔叶林植物区的主要依据。但本州已处于兴安植物省的西部边缘地带，因此区系组成并不具有典型性。本州缺少本省东部地区常见的和代表性阔叶树种，如椴树属、槭树属植物及胡桃楸 *Juglans mandshurica* 等；缺少东北东部常见的针叶树种，如上述的红松、臭云杉、鱼鳞云杉等；也见不到东北东部的山地针阔混交林与杂木林的分布。

本州有 1 个特有属——管花蒲公英属，1 个特有种——管花蒲公英，1 个特有变种——菱叶石沙参 *Adenophora polyantha* var. *rhombica*。东北夏绿阔叶林和针阔混交林中特有的一些单种属，如大叶子属 *Astilboides*、槭叶草属 *Mukdenia*、山茄子属 *Brachybotrys* 等的分布范围都没有延伸到本州，显示了本州位置的边缘性特征。

Ⅲ. 华北植物省

本植物省是我国暖温带北部夏绿阔叶林地带沿冀北—辽西丘陵山地向北延伸的一小部分，只占内蒙古总面积的 1.05％。在内蒙古境内，其北界可达西拉木伦河上游一带，包括冀北中低山地区和辽西丘陵低山地区，仅含 1 个植物州。

3. 燕山北部植物州（燕北州）

本州位于内蒙古的东南边缘，即赤峰市和通辽市（库伦旗）南部的七老图山与努鲁尔虎山山区。

据现有资料统计，本州共有 1001 种植物。本植物州是华北植物省最北部边缘地带的一个植物地理区域，从大区域范围看，恰好处于东北阔叶林区与华北阔叶林区的过渡地带，北面又与草原区为邻，因此区系组成和植被类型都显得混杂。森林植被以东亚分布型的蒙古栎和油松 *Pinus tabuliformis* 为主要代表种，常见树种有糠椴 *Tilia mandshurica*、色木槭 *Acermono*、黄檗等阔叶树种，林下中生灌木有毛榛 *Corylus mandshurica*、白杜 *Euonymus bungeanus*、小花溲疏 *Deutzia parviflora*、小叶鼠李 *Rhamnus parvifolia* 等，藤本植物有五味子 *Schisandra chinensis*。由于该地区大部分森林已被破坏，天然的栎林、松林以及白桦—山杨林多出现在海拔 1200 米以上的山地，在低山丘陵地带多为虎榛子 *Ostryopsis davidiana* 和土庄绣线菊 *Spiraea pubescens* 为主的灌丛所覆盖，阳坡广泛分布着白莲蒿 *Artemisia gmelinii* 和多叶隐子草 *Cleistogenes polyphylla* 为主的草原群落。在华北山地常见的酸枣 *Ziziphus jujuba* var. *spinosa*、荆条 *Vitex negundo* var. *heterophylla*、白羊草 *Bothriochloa ischaemum* 等喜暖灌木与草本植物在本州南部山地有局部出现。燕山北部山地受草原植物区系的渗透，在山地顶部有发育良好的银穗草 *Leucopoa albida* 与羊茅 *Festuca ovina* 的山地草原，在山麓地带还有本氏针茅草原和百里香群落的分布。在这里看不到华北夏绿阔叶林区南部常见的喜暖树种——栓皮栎 *Quercus variabilis*、麻栎 *Quercus dentata*、白皮松 *Pinus bungeana* 等，显示出燕山北部山地植物区系的边缘性和过渡性特征。

除东亚成分外，华北成分与东北成分在该州也占重要的位置。华北成分中除荆条为灌丛的重要成分外，杂木林成分中还有蒙椴 *Tilia mongolica* 和元宝槭 *Acer truncatum* 等，华北落叶松 *Larix principis-rupprechtii* 在本州也有零星分布。重要的东北成分大青杨 *Populus ussuriensis*、东北扁核木 *Prinsepia sinensis*、紫花忍冬 *Lonicera maximowiczii* 等亦在本州出现。

本州植物区系同上述的大兴安岭东麓植物州也有一定联系，它们都以东亚植物成分占优势，都以温带阔叶林的代表树种——蒙古栎建群，所不同的是本州喜暖的华北成分和东亚成分的作用更明显。此外，本州还有第三纪孑遗种——臭椿 *Ailanthus altissima*、酸枣、荆条、白羊草，华北特有种——文冠果 *Xanthoceras sorbifolium*、刺榆 *Hemiptelea davidii*、热河乌头 *Aconitum jeholense*、雾灵乌头 *Aconitum wulingense*、河北白喉乌头 *Aconitum leucostomum* 等的分布，也是与前者的不同之处。

角翅桦 *Betula ceratoptera*、旺业甸乌头 *Aconitum wangyedianense* 为本州的特有种。

（三）草原植物区（欧亚大陆草原区的一部分）

内蒙古的草原区地处欧亚草原区东部，并与蒙古国的草原区共同构成亚洲中部草原区的主体部分。内蒙古草原区占内蒙古总面积的 57.22%。我国东部的松辽平原草原区经大兴安岭南部山地、蒙古高原草原区、阴山山地，到鄂尔多斯高原与黄土高原草原，组成一个连续的草原区。草原的特征是以多年生旱生丛生禾草植物为优势成分，它在干旱荒漠带与湿润森林带之间占据特定的位置，是陆地生态系统的一个重要类型。由于自然、历史原因，尽管各地的草原植被在区系组成、外貌上有一定的差异，但其基本结构和生态功能都是一致的。

内蒙古草原植被的主要建群种由针茅属的光芒组 Sect. *Leiostipa*、须芒组 Scet. *Barbatae* 和羽针组 Sect. *Smhnovia* 组成。属于光芒组的种都是亚洲中部分布的大型针茅，其中贝加尔针茅 *Stipa baicalensis* 是青藏—黄土—蒙古高原东部分布成分，大针茅 *Stipa grandis* 是黄土—蒙古高原东部分布成分，克氏针茅 *Stipa krylovii* 是亚洲中部分布成分；属于羽针组和须芒组的种都是和古地中海植物区系关系比较密切的亚洲中部分布的小型针茅，其中戈壁针茅 *Stipa gobica*、沙生针茅 *Stipa glareosa*、小针茅 *Stipa klemenzii* 及短花针茅 *Stipa breviflora* 是亚洲中部广布种，蒙古针茅 *Stipa mongolorum* 是戈壁—蒙古高原分布种。

隶属于不同组的上述各种针茅在亚洲中部草原区的分布，除历史因素外，主要是受水热因素制约。它们各自对水热组合的不同耐性反应，表现出由半湿润—半干旱—干旱地带的中温带交替分布。通过研究可看出：光芒组的贝加尔针茅和大针茅与中温型半湿润—半干旱气候关系密切，主要分布在内蒙古东部地区；羽针组的小针茅、沙生针茅和戈壁针茅与中温型干旱气候关系密切，主要分布在中部和西部；光芒组的本氏针茅与暖温型半湿润—半干旱气候关系密切，主要分布在阴山山脉以南的黄土高原，向东可到华北平原，向西可延伸到西藏的雅鲁藏布江流域；须芒组的短花针茅则与暖温型的干旱气候关系密切，占据暖温型草原区并延伸到暖温型荒漠区。克氏针茅是生态适应幅度较广泛的植物，它以中温型半干旱气候和相应的山地气候为最适宜的生境。除针茅属以外，赖草属的羊草 *Leymus chinensis* 和菊科的线叶菊也是草原建群种，二者的分布都与中温型半湿润—半干旱气候关系密切，成为蒙古高原东部和松辽平原草原区的典型代表植物。可见，草原区优势植物的分布与生态条件密切相关。据此，可对草原区内进行低一级植物分区单位的分析。

据初步统计，内蒙古草原区共有维管束植物 1779 种，隶属于 590 属、127 科。其中，蕨类植物 50 种（分属于 15 科、24 属）；裸子植物 16 种（分属于 3 科、7 属）；被子植物中双子叶植物 1278 种（分属于 90 科、427 属），单子叶植物 435 种（分属于 19 科、132 属）。

草原区的植物区系，相对而言，是比较年轻的。它是在第三纪末、第四纪早期冰川作用后可能在几个中心同时发生的，也有相当一部分是从相邻的森林区、高山区和荒漠区随着气候的变化逐渐渗透和迁移而来，再经过当地气候环境的长期改造所形成的。因此植物区系的科属组成和区系地理成分都是比较丰富和复杂的。

依据草原类型和主导植物区系地理成分等特征，内蒙古草原植物区可进一步划分为 3 个草原植物省：松辽平原植物省、蒙古高原植物省和黄土高原植物省。

Ⅳ. 松辽平原植物省

松辽平原植物省是欧亚草原区最东部的一个植物区域，包括我国东北地区松花江流域和辽河流域的草原区及大兴安岭南部山地森林草原。本植物省占内蒙古总面积的 12.9%。本植物省西面与蒙古高原植物省相连，北接针叶林区，东面和南面与东亚夏绿阔叶林区为邻，因之，亚洲中部草原区特有的达乌里—蒙古区系成分、夏绿阔叶林区的东亚成分（包括华北成分和东北成分）以及欧亚针叶林区的欧洲—西伯利亚成分和东西伯利亚成分在本植物省渗透交会，成为植物区系的重要特征。

在亚洲中部草原区，本植物省植物种类比较丰富，科和属的数量均占内蒙古各草原植物省的首位，这也是本省植物种属多途径来源造成的结果。其中以菊科、禾本科、豆科、蔷薇科所占比重较大，其次为毛茛科、百合科、莎草科。植物区系的科属结构表现为草原植物区的特征。

草原植被中占主导地位的植物是亚洲中部分布成分——克氏针茅、黄土—蒙古高原东部分布成分——大针茅、青藏—黄土—蒙古高原东部分布成分——贝加尔针茅、蒙古—华北—满洲分布成分——羊草、蒙古—东亚北部分布成分——线叶菊以及欧亚草原成分——糙隐子草 *Cleistogenes squarrosa* 等。其次还有泛北极成分——冰草 *Agropyron cristatum*、落草 *Koeleria macrantha*、冷蒿 *Artemisia frigida* 和东古北极成分——白莲蒿 *Artemisia sacrorum*。森林植被则以东亚成分——蒙古栎、白桦为代表，华北成分的作用较小。灌丛植被中多以华北成分和东北成分为主，如杭子梢 *Campylotropis macrocarpa*、照山白 *Rhododendron micranthum* 等。沙地灌丛中还有华北—蒙古高原成分的小叶锦鸡儿 *Caragana microphylla* 等。低地草甸和沼泽植被的植物区系成分较为复杂。古地中海成分芨芨草 *Achnatherum splendens* 沿着盐生草甸也进入本植物省西缘。属于世界种的芦苇 *Phragmites australis*、东方香蒲 *Typha orientalis*、眼子菜 *Potamogeton distinctus* 等在沼泽及沼泽草甸中广泛分布。

泛北极成分——无芒雀麦 *Bromus inermis*、酸模 *Rumex acetosa*、萹蓄 *Polygonum aviculare*，古北极成分——黄花苜蓿 *Medicago falcata*、天蓝苜蓿 *M. lupulina*、平车前 *Plantago depressa*、欧亚旋覆花 *Inula britannica*、拂子茅 *Calamagrostis epigeios*、假苇拂子茅 *C. pseudophragmites* 以及东古北极成分——短芒大麦草 *Hordeum brevisubulatum*、散穗早熟禾 *Poa subfastigiata*、星星草 *Puccinellia tenuiflora*、马蔺 *Iris lactea* var. *chinensis* 等植物种在草甸群落中起重要作用。与热带区系有亲缘关系的荻 *Miscanthus sacchariflorus* 和白茅 *Imperata cylindrica* var. *major* 能在温暖而水分

充足的环境中形成群落，这是本植物省区别于其他两个草原植物省的重要特征之一。此外，泛北极成分、古北极成分、东古北极成分以及欧洲—西伯利亚成分的一些植物种也是山地草甸植被的重要成分，而且渗入森林和灌丛中成为下层草本。

根据植物区系组合的差异，本植物省可划分为 3 个植物州。

4. 辽河平原植物州（辽河平原州）

本州位于松辽平原植物省的东南部，是与夏绿阔叶林区相邻接的一个森林草原州。在内蒙古境内只占很小的面积，包括辽河冲积平原和平原区的沙地，海拔高度在 200 米左右。由于位置偏南，这里的气候比较温和，年均温 6℃ 左右，≥ 10℃ 的积温达 3000℃，年降水量 400 ～ 500 毫米，湿润度 0.6 ～ 0.8。水热条件既适合森林也有利于草原，故形成了森林与草原共同发育的复合景观。

本州在内蒙古的面积不大。据初步统计，全州有 558 种维管束植物，菊科和禾本科居前两位，藜科占第三位，表现了本州沙地和盐碱地比较普遍的特点。

沙地上广泛分布着榆树疏林以及榆树 *Ulmus pumila* 与蒙古栎、元宝槭（华北分布种）等混生组成的杂木疏林。蒙桑 *Morus mongolica*、小叶朴 *Celtis bungeana*、刺榆 *Hemiptelea davidii* 等东亚成分和西伯利亚杏（东亚北部分布种）、大果榆（东古北极分布种）等亦为疏林中的常见成分。在沙质草原群落中，以冰草和糙隐子草分布得最广，针茅和羊草较少。半灌木蒿类——差不嘎蒿 *Artemisia halodendron*、冷蒿和一年生蒿类——黄蒿 *Artemisia scoparia*、黄花蒿 *A. annua*、时萝蒿 *A. anethoides*，达乌里胡枝子 *Lespedeza davurica*（东古北极分布种），叉分蓼 *Polygonum divaricatum*（东西伯利亚—东亚北部成分），委陵菜 *Potentilla* spp.，虫实 *Corispermum* spp. 等均系沙质草原和疏林下的常见成分。沙坨地之间有许多平坦的滩地，土壤为草甸土，滩地的中心多形成局部的沼泽和水泡子，其植物呈环状分布，依次可见到沼泽、草甸以及向沙地过渡的草原群落等类型。沼生植物有藨草 *Scirpus triqueter*、灯心草 *Juncus* spp.、香蒲、芦苇、荻和牛鞭草 *Hemarthria altissima* 等。土壤轻度盐化的地段常有羊草、短芒大麦草分别组成的复合群落，较高的沙质滩地上有羊草草原和羊草—冰草草原。

在本州西南部（距甘旗卡镇西南约 48 公里）有一条著名的冲沟——大青沟。这是一条深约 50 米、宽 200 ～ 300 米，全长 20 公里的 "V" 字形切沟，沟分两叉，沟中清水常流。沟内残存着茂密的林木，保存了许多以长白山植物区系和华北植物区系为标志的森林群落，如在沟坡中部有蒙古栎群落分布，在谷底有水曲柳群落。其区系组成与长白山植物区内以水曲柳为主的河谷阔叶混交林相像，常见成分以水曲柳、春榆、茶条槭、色木槭、黄檗为主，混生有少量的稠李 *Padus avium* 和山荆子 *Malus baccata* 等。沟内分布的植物多数属于东北和华北区系成分，表现出长白山植物区以及华北山区森林植物区系的特色。大青沟植物区系在本州的出现也反映了和东亚阔叶林区的密切关系。

科尔沁杨 *Populus keerqinensis*、双辽薹草 *Carex platysperma* 为本州的特有种。

5. 科尔沁植物州（科尔沁州）

本州位于辽河平原州以西，包括西辽河冲积平原、大兴安岭东南麓山前地带及科尔沁沙地。

本州植物种类初步统计有 574 种。与辽河平原植物州不同的是，除去菊科和禾本科仍位居前列外，豆科居第三位，藜科和蔷薇科分别居第四和第五位。

植物区系地理成分以东蒙古成分居多，并在群落中起主导作用。其次，泛北极成分、古北极成分、东古北极成分在草甸和沼泽植被中占有重要地位，东亚和华北成分在局部较湿润生境的森林和灌丛植被中作用较明显。

辽西虫实 *Corispermum dilutum*、细苞虫实 *Corispermum stenolepis*、库伦沙参 *Adenophora kulunensis*、乌丹蒿 *Artemisia wudanica*、北方石龙尾 *Limnophila borealis*（嫩西平原分布种）、枣叶桦 *Betula gmelinii* var. *zyzyphifolia*、橙黄肋柱花 *Lomatogonium rotatum* var. *aurantiacum* 为本州的特有植物。

由于沙地的广泛覆盖，本州典型草原的发育微弱，主要分布着各种沙生植被和草甸、沼泽，个别孤立的丘陵山地上有小片森林出现。本州西部有流动和半流动沙地，东部以半固定和固定的沙地居多，自西向东出现不同的沙生植被：半裸露的沙丘上只出现少量的先锋植物——虫实和沙蓬等，半固定沙丘上以差不嘎蒿群落、东北木蓼（东蒙古分布种）群落以及黄柳、沙柳和小叶锦鸡儿等灌丛群落占优势，东部固定沙地上开始出现更新良好的榆树疏林和演替高级阶段的沙质草原——沙生冰草和糙隐子草草原。大兴安岭东南麓的山前平原地区有大针茅草原和西伯利亚杏—大针茅灌丛化草原的分布。

松树山是一个四周被沙丘包围的孤山，沙生植被一直分布到海拔 900 米的高度，上部有蒙古栎及榆树林的片断，并与西伯利亚杏、绣线菊等山地中生灌木及旱生成分生长在一起。此外，还有白杜、小叶朴、枸子木、元宝槭、锦鸡儿、油松等华北地区常见的乔灌木树种。这是本植物省内华北植物区系成分集中出现的地方。

沙丘之间的甸子地常分布着短芒大麦草、小药大麦草、赖草等组成的盐湿草甸。盐土上有碱茅、星星草、碱蓬等盐生植物。泡子与河边分布着芦苇、香蒲和薹草组成的沼泽草甸。古地中海成分的盐生草甸种——芨芨草也能延伸到本州西部，向东则逐渐消失。古热带残遗种——白茅和荻在河滩沼泽草甸中可以见到。

6. 大兴安岭南部植物州（兴安南部州）

本州是隆起于蒙古高原植物省和松辽平原植物省之间的一个山地森林—草原州。山体呈东北—西南走向，海拔高度在 1000 ~ 1800 米，最高峰近 2000 米，山峦起伏，河谷开阔，草原、森林、灌丛、山地草甸和低湿地植被均甚发达。

大兴安岭南部山地的北端与大兴安岭北部山地连成一体，西南与燕山山地相邻，因此成为欧洲—西伯利亚成分和东西伯利亚成分向南迁移、东亚成分和华北成分向北迁移的桥梁。加上本植物省的东蒙古成分和亚洲中部成分，来源于几方面的植物区系成分都在本州汇集，成为研究植物区系历史的一个关键地段。

据初步统计分析，前述内蒙古植物区系分布型中，除去亚洲中部典型荒漠成分外，计有 16 种区系分布型的植物出现在大兴安岭南部山地。如此丰富的区系分布型同时并存，充分说明了本州植被种类组成和起源上的复杂性。与其他各植物州相比较，本州植物最丰富，计有维管束植物 1179 种。

低山带的下部常分布着大针茅草原以及由糙隐子草和冷蒿等组成的次生草原。沙土生境上有沙生冰草、百里香、达乌里胡枝子、叉分蓼等组成的沙质草原。石质化的低山和丘陵上遍布着东亚分布种——白莲蒿组成的半灌木群落。低山带中部出现西伯利亚杏与贝加尔针茅、羊茅组成的灌丛化草原，草群中伴生着东亚成分的野古草和大油芒。中山带的阳坡开始出现贝加尔针茅草原、线叶菊草原和羊草草原等。草群组成中有泛北极成分——卷耳、葶苈、地榆、蓬子菜，古北极成分——黄花苜蓿、细齿草木樨、白婆婆纳，东古北极成分——兴安石竹、展枝唐松草、地蔷薇、腺毛委陵菜、细叶远志、阿尔泰狗娃花、脚薹草等草类伴生，东亚成分——东亚唐松草、多茎委陵菜、委陵菜。高海拔处、多砾石的山顶，见有东古北极山地种——银穗草以及早熟禾属的一些种组成的山地草原。局部湿润的谷坡上出现丰富的杂类草草甸，常见的植物有金莲花、大花银莲花、地榆、龙牙草及报春花属的植物等。此外，还发现由嵩草组成的山地草甸群落片段。

毓泉翠雀花 *Delphinium yuchuanii*、小花沙参 *Adenophora micrantha*、罕乌拉蒿 *Artemisia hanwulaensis* 为本州的特有植物。

各种植被在本州镶嵌交错。草原植被占据着低山带，并沿着山地阳坡延伸到中山带的山顶，与蒙古高原的草原植被相连。森林与灌丛主要分布于中山带的阴坡和半阴坡。山地草甸多分布于高峰，或出现于森林边缘。低湿地草甸和沼泽分布于河谷两岸。

山地灌丛以西伯利亚杏、大果榆、虎榛子、三裂绣线菊为优势种。照白杜鹃、金露梅、银露梅灌丛多在中山带较湿润的山坡及沟谷分布。本州的森林以蒙古栎林最有代表性，中山带开始出现山杨林、白桦林、黑桦林，常伴生着糠椴和蒙椴等。东西伯利亚分布种——兴安落叶松能沿大兴安岭山地断续地延伸到本州，见于海拔 1700 米以上的山地，并且与来自南面暖温带山地的华北分布种——华北落叶松及白扦在黄岗梁和大局子一带会合。华北常见的针叶树种——油松也可分布到黄岗梁（这是油松分布的北界）。此外，华北的小乔木种——文冠果（第三纪残遗种）和酸枣的北界均抵达本州，分布在东麓的低山带。

V. 蒙古高原植物省

蒙古高原植物省是欧亚大陆草原区亚洲中部亚区的一个古老的植物地理区域。本植物省的范围：北至唐努乌拉山、萨彦岭、肯特山等山地森林草原区，经色楞格河上游的外贝加尔草原区，到黑龙江上游的达乌里草原区；东面与大兴安岭山地针叶林区相邻；东南部与大兴安岭南部植物州相接；南面与黄土丘陵植物省之间以阴山山脉分水岭为界；西面与亚洲中部荒漠区相连。总体来看，本植物省处于欧亚针叶林区及东亚夏绿阔叶林区向亚洲中部荒漠（亚）区过渡的居间位置。因此，本省是以广义的蒙古草原植物区系成分（包括蒙古成分、达乌里—蒙古成分、戈壁—蒙古成分、哈萨克斯坦—蒙古成分）占优势的一个区域。它和相邻地区的植物区系也有一定的联系：北面，与西伯利亚南泰加林区系的关系比较密切；东面，承受着东北和华北森林区系的影响；西南面，有来自阿拉善戈壁荒漠的区系成分。这些特点不仅确定了蒙古高原本部应划分为一个独立的植物地理区域，而且也是划分省下单位——州的重要依据。

本植物省占内蒙古总面积的 31.94％。在蒙古高原本部草原区沿纬向呈东西带状分布，进入我国境内，受东南季风和大兴安岭东北—西南走向的影响，转为向南分布。蒙古高原开阔平缓，四周的山地地势高亢，中央低平，平均海拔 1000 米以上，最低为 700 米左右，与松辽平原省相比，气候的大陆性更强，湿润度更低；与阴山以南的黄土高原省相比，则年均温更低，生长季也更短。所以，蒙古高原草原植物省在欧亚大陆草原区内，是一个植物生存条件十分严酷的地区。植物的生态类群基本上以耐寒耐旱的地面芽植物、地下芽植物为主，矮高位芽植物和高位芽植物只占从属地位。与区域水热组合特征相一致，本植物省的地带性草原植被属于中温夏雨型，植物的生长高峰出现在夏季和秋初，与雨季同期，冬季休眠期很长，春季返青晚，生产力水平的波动幅度较大。

草原植被的组成中以针茅属光芒组的贝加尔针茅、大针茅、克氏针茅，羽针组的小针茅、沙生针茅和须芒组的短花针茅等占优势。黄土高原区的本氏针茅不进入蒙古高原。禾本科的糙隐子草、冰草、落草、羊草等植物为蒙古高原的恒有成分或建群种。羊茅、银穗草、鹅观草般在山地草原中具有优势作用。杂类草科属的作用因地区而异，其中菊科、豆科、蔷薇科、毛茛科、百合科、鸢尾科、石竹科、唇形科、玄参科、桔梗科、十字花科、伞形科的种类较为丰富，重要的属有线叶菊属、蒿属、麻花头属、火绒草属、狗娃花属、黄芪属、棘豆属、扁蓿豆属、麦瓶草属、黄芩属、沙参属、葱属、知母属、鸢尾属等。半灌木和小半灌木属种在本植物省西部和沙地上较为发达，尤以菊科蒿属的蒿亚属和龙蒿亚属的一些种以及亚菊属 *Ajania* 和女蒿属 *Hippolytia* 若干种的作用十分明显，如冷蒿、黑沙蒿、白沙蒿（鄂尔多斯及阿拉善沙地分布种）、女蒿（蒙古分布种）、蓍状亚菊（戈壁—蒙古分布种）等都是重要的建群种。灌木中，锦鸡儿属的作用甚为突出，种的分化从东向西构成了一个比较完整的生态地理分布系列，其中在本植物省常见的有小叶锦鸡儿、窄叶锦鸡儿、狭叶锦鸡儿等，这些种在草本植物的背景上星散分布，形成灌丛化草原景观。其他灌木属种，如绣线菊属、忍冬属、枸子木属、鼠李属等则多为山地及沙地灌丛的组成者，在草原植被中不占重要地位。乔木植物在本植物省数量很少，多出现在山地阴坡、沟谷和沙地中，不进入开阔的草原。

根据现有资料统计，本省境内共有野生维管束植物98科、441属、1212种。根据本省内植物区系的分化，可分为3个植物州。

7. 大兴安岭西麓植物州（岭西州）

本州位于蒙古高原的最东端，包括大兴安岭西麓的低山和丘陵，地势由北向南逐渐升高，北部平均800米左右，南部平均高于1000米。本州为蒙古高原气候最寒冷的地区之一，但降水量较多，湿润度较高（为0.6～0.8），属山地半湿润型气候。本州植物种类比较丰富，初步统计有维管束植物718种。与省内其他各州相比较，本州植物区系虽以草原成分为主，但也明显表现出与森林区系会合分布的特征，具有东蒙古型山地森林草原区系的复杂性。其中属于东西伯利亚成分的针叶树有兴安落叶松、樟子松和阔叶乔灌木植物30余种，还有多种林下草本植物及蕨类植物，但是在大兴安岭西麓不构成大片林地，而总是和阳坡的草原植被相结合形成森林与草原交替分布的格局。

本州的草原以贝加尔针茅、羊草及线叶菊为建群种，分别形成了生态差异比较显著的丛生禾草草原、根状茎禾草草原及直根型杂类草草原。三者在岭西低山丘陵地上构成了一种稳定的生态系列。在这三类草原群落中出现的植物绝大多数亦为东蒙古分布型。此外，广泛分布在欧亚大陆草原上的黑海—哈萨克斯坦—蒙古成分和哈萨克斯坦—蒙古成分，如糙隐子草、北芸香、莎菀、钝背草、茸毛委陵菜等也是草原群落中比较常见的成分，表明了欧亚大陆草原的统一性。

内蒙古女娄菜 *Melandriam orientalimongolicum*、呼伦白头翁 *Pulsatilla hulunensis* 为本州的特有种。

除森林成分和草原成分外，中生草甸成分在本州也较其他各州发达，往往在林缘、河流沿岸形成各种类型的草甸群落，其中分布较普遍的禾草有泛北极种——无芒雀麦、草地早熟禾、看麦娘、茅香、假苇拂子茅、老芒麦等。本州有环北极成分与北极—高山成分出现，如岩高兰、狭叶杜香、毛蒿豆、单侧花等。泛北极成分——小斑叶兰、古北极成分——鹿蹄草等也进入大兴安岭西麓。这些成分表明本州区系具有一定的过渡性，在发生上和北方森林区系的联系比较密切，这也是岭西州与本植物省其他州的重要区别。

8. 蒙古高原东部植物州（呼锡高原州）

本州位于蒙古高原的东部，包括呼伦贝尔和锡林郭勒两个区域。这里以高平原为主，地形开阔平坦，呈波状起伏，局部有石质丘陵、台地、沙地和河谷低地。气候条件具有内陆半干旱气候的典型特征，全年≥10℃的积温为 1800℃～2300℃，湿润度 0.3～0.6。

据初步统计，本州境内共有维管束植物 962 种。

本州境内大型针茅在草原植被中占优势：靠近岭西州的东半部广泛地分布着含丰富杂类草的大针茅草原和羊草草原；中部为少杂类草的大针茅草原、克氏针茅草原、糙隐子草草原；西半部大气湿润度明显下降，大针茅被克氏针茅替代，形成克氏针茅和冷蒿为主的草原。沟谷洼地和河流两岸常发育着芨芨草高草草甸。盐湿低地上，可出现红砂、盐爪爪和多根葱等。大面积的固定沙地上（如浑善达克沙地），榆树疏林和各种沙地灌丛发育良好，其间有沙生半灌木蒿类群落。禾草、杂类草草甸及小型草本沼泽呈交错分布。

本州植物区系以东蒙古草原成分为主，亚洲中部草原成分也占相当重要的地位，黑海—哈萨克斯坦—蒙古分布种和哈萨克斯坦—蒙古分布种也是本州草原植被的主要成分，东亚分布种、华北分布种与东北分布种在本州山地和沙地植被中有一定的分布，古地中海荒漠成分和戈壁—蒙古成分的作用在西半部有较为明显的表现，欧洲—西伯利亚成分和东西伯利亚成分的作用极小。

本州的呼伦贝尔特有种有海拉尔绣线菊 *Spiraea hailarensis*、沙地绣线菊 *Spiraea arenaria*、草原黄芪 *Astragalus dalaiensis*，特有变种是东北小叶茶藨 *Ribes pulchellum* var. *manshuriense*。本州锡林郭勒特有种有巴彦繁缕 *Stellaria bayanensis*、锡林穗花 *Pseudolysimachion xilinense*、草原沙参 *Adenophora pratensis*、褐沙蒿 *Artemisia intramongolica*、锡林鬼针草 *Bidens xilinensis*，特有变种有锡林麦瓶草 *Silene repens* var. *xilinensis*、内蒙茶藨 *Ribes mandshuricum* var. *villosum*、锡林沙参 *Adenophora stenanthina* var. *angustilanceifolia*。

9. 乌兰察布高原植物州（乌兰察布州）

本州位于蒙古高原南部，西面与阿拉善荒漠毗邻，东面、南面和北面均被典型草原环绕，全境处于草原向荒漠过渡的居间位置。气候具强烈的大陆性特点，进入亚洲内陆干旱地区的范围，成为蒙古高原草原省内干旱程度最高的地区。从水热组合来看，热量有所增高，湿润度明显下降，年均温 2℃～5℃，全年 ≥ 10℃的积温为 2200℃～2500℃，年降水量平均为 150～250 毫米，湿润度 0.15～0.3。境内地形条件比较单一，在广阔的高平原上分布着强烈剥蚀的石质丘陵，东西走向的地势南高北低，呈东西走向的阶梯状下降，海拔 1000～1300 米。源出于阴山山脉的间歇性河流，由南向北汇流，在中蒙国境一带形成较大面积的盐渍湿地，为盐化草甸和盐土荒漠植物的分布创造了适宜的条件。

本州植物区系以亚洲中部分布型和戈壁—蒙古分布型的旱生草本与小半灌木居主导地位，亚洲中部的超旱生灌木、半灌木荒漠成分占有一定的比重，东蒙古型、哈萨克斯坦—蒙古型的草原植物成分作用微弱，森林区系成分已全然绝迹。植物区系成分的这种组合显然是在大陆性干旱气候影响下长期选择的结果，也与本州所处的过渡性位置有关。由于干旱气候的强烈作用，本州植物区系较其他各州更为贫乏，科、属、种的数目明显下降。初步统计，共有维管束植物488 种。内蒙古的优势科是菊科，居第一位，但在本州下降到第二位，藜科上升到第四位，毛茛科和莎草科已沦为 10 种以下的次要科。科序排列的这一变化与荒漠植物区系的渗透以及草原植被的荒漠化相关。

在本州起主导作用的植物是针茅属羽针组和须芒组的几种小型针茅，包括小针茅、沙生针茅、短花针茅，它们均为亚洲中部荒漠草原种，组成了亚洲中部特有的小针茅荒漠草原。在这类草原中具有代表性的植物还有禾本科的无芒隐子草，菊科的蓍状亚菊、女蒿、蒙新苓菊、拐轴鸦葱，豆科的灰叶黄芪、长毛荚黄芪、刺叶柄棘豆，白花丹科的细枝补血草，紫草科的灰毛软紫草，石竹科的荒漠丝石竹，唇形科的冬青叶兔唇花，蒺藜科的骆驼蓬，百合科的多根葱、蒙古葱、戈壁天门冬等。这些植物大多数为亚洲中部的蒙古分布种和戈壁—蒙古分布种，本州为其分布中心，向西可进入草原化荒漠地带和荒漠区的山地，其东界较为严格，一般不进入典型草原地带。这也表明本州植物区系与阿拉善荒漠区有较密切的联系。来自荒漠地带的植物，主要为戈壁成分和古地中海成分的一些种，其中有藜科的珍珠猪毛菜、短叶假木贼、松叶猪毛菜、驼绒藜、木地肤、宽翅地肤、紫翅猪毛菜、蒙古虫实、小白藜，蒺藜科的霸王，怪柳科的红砂，蓼科的蒙古沙拐枣、东北木蓼、沙木蓼、刺针木蓼、矮大黄，车前科的条叶车前，锁阳科的锁阳及列当科的沙苁蓉、盐生肉苁蓉等。这些植物多在本州特殊生境中呈岛状分布，其中也有不少植物的分布区东界就在本州境内，所以本州植物区系具有明显的过渡性特点。

本州的特有种有红翅猪毛菜 *Salsola intramongolica*、异叶棘豆 *Oxytropis diversifolia*、囊萼棘豆 *Oxytropis sacciformis*、四子王棘豆 *Oxytropis siziwangensis*、达茂棘豆 *Oxytropis turbinata*、狼山棘豆 *Oxytropis langshanica*、包头黄芪 *Astragalus baotouensis*、乌兰察布黄芪 *Astragalus wulanchabuensis*、紫菀木 *Asterothamnus alyssoides*、软叶紫菀木 *Asterothamnus molliusculus*、假球蒿 *Artemisia globosoides*、乌拉特葱 *Allium wulateicum*。

VI. 黄土高原植物省

黄土高原植物省是欧亚草原区的亚洲中部亚区南部的一个植物地理区域，地带性的植被为暖温型草原植被。

在内蒙古境内，仅包括本植物省北部的阴山山脉南坡及其以南的鄂尔多斯高原和东部老哈河流域的黄土丘陵区，占内蒙古总面积的 12.38%。地形多以丘陵和低山为主，海拔 800～1500 米，地表覆盖深厚的黄土，经流水侵蚀与切割形成黄土梁峁、沟谷和塬面相间的地貌景观。阴山山地海拔 1500 ～ 2300 米，土壤和植被有垂直分化现象。鄂尔多斯高原海拔 1000 ～ 1500 米，为沙质与沙砾质高平原，间有许多剥蚀残丘以及湖盆洼地。本植物省位置偏南，气温较蒙古高原草原省和科尔沁草原省高，年均温 5℃～ 8℃，全年 ≥ 10℃的积温为 2700℃～ 3200℃，降水量 250 ～ 500 毫米，并且多集中于 6 ～ 9 月，湿润度 0.2 ～ 0.5。受蒙古高压的影响，形成冬季寒冷、春季多风的大陆性半干旱草原气候，只有山地气候较为湿润。

黄土高原植物省的北界位于内蒙古境内，北邻蒙古高原植物省和松辽平原植物省，东邻东亚夏绿阔叶林区，西部与荒漠区为邻，所以植物区系有过渡性特征。在本植物省占主导地位的区系成分是亚洲中部分布种和相当数量的东蒙古分布种，蒙古成分、戈壁—蒙古成分、东亚成分、华北成分也起重要作用。此外，还有泛北极成分、东古北极成分及少数的哈萨克斯坦—蒙古成分和古地中海成分参加。个别的亚洲中部山地植物种可沿龙首山、贺兰山抵达阴山山地。

据初步统计，本植物省共有野生植物 1180 种。禾本科的针茅属、隐子草属，菊科的蒿属，豆科的锦鸡儿属、黄芪属、棘豆属、胡枝子属，蔷薇科的委陵菜属，唇形科的百里香属，百合科的葱属等为重要代表属。

在本植物省草原植被组成中，喜暖的亚洲中部成分本氏针茅和短花针茅为主要建群植物，本氏针茅以阴山山脉分水岭为其分布区的北界。其次，还有克氏针茅、大针茅、沙生针茅、戈壁针茅、糙隐子草和冷蒿等在本植物省草原植被中具优势作用。此外，羊草、无芒隐子草、星毛委陵菜、二裂委陵菜、达乌里胡枝子、扁蓿豆也在草原中分布得相当普遍。

东亚北部区系成分的蒙古栎和华北区系的油松是本植物省山地森林植被的主要树种。华北区系成分的酸枣、荆条、荩蒿、白莲蒿在低山丘陵可形成灌丛和半灌木群落，白羊草在阴山南麓和黄土丘陵与本氏针茅混生形成暖温型草原群落。

以鄂尔多斯高原为分布中心的特有种——黑沙蒿以及白沙蒿、沙芦草、沙鞭和锦鸡儿属的一些种是沙地生境上的代表植物。泛北极成分、东古北极成分及古地中海的一些种，是草甸、沼泽和水生植被的主要组成者。

根据植物区系的特点和植被类型的差异，本省可划分为以下 4 个植物州。

10. 赤峰黄土丘陵植物州（赤峰丘陵州）

本州位于赤峰市南部的黄土丘陵区。年均温 6.8℃～ 7.5℃，全年 ≥ 10℃的积温为 3000℃～ 3200℃，年降水量 400 ～ 500 毫米。地势向南趋于升高，形成由草原向山地森林过渡的特征。

据初步统计，赤峰黄土丘陵地区有维管植物 471 种。赤峰丘陵特有种有 1 种：热河杨 *Populus manshurica*。

植物区系混杂是本州处于过渡地带的重要表现，许多不同的植物区系成分在这里出现，最有代表性的植物是本氏针茅、克氏针茅、短花针茅等。贝加尔针茅、大针茅、羊草均为本州草原植被的常见种或优势种。东亚植物区系的种类也在本州具有重要作用，酸枣、荆条、虎榛子、白杜等在低山灌丛植被中常有分布，蒙古栎、油松、元宝槭、臭椿等乔木树种可见于低山和黄土丘陵。这些东亚分布种和华北分布种的渗入是本州区别于蒙古高原草原的重要标志。东古北极成分在本州也有一些代表,例如草原群落中常见的扁蓿豆、腺毛委陵菜、大萼委陵菜、阿尔泰狗娃花,山地草原中的线叶菊,草甸群落中的短芒大麦草、平车前、披针叶黄华等。泛北极植物种可见于本州的草甸、草原及农田杂草,例如多裂委陵菜、海乳草是草甸的重要成分;落草、冷蒿、蓬子菜等则出现在草原中,广布野豌豆等多生于田野。属于古地中海区系的甘草是沙质草原常见的优势种,也是重要的药用植物资源。

11. 阴山山地植物州(阴山州)

阴山山脉位于蒙古高原的南缘,主要包括大青山、蛮汗山、乌拉山、狼山,海拔1700～2200米,大青山最高点为2338米。阴山北坡平缓,南坡陡峭,能承受东南海洋季风的一定影响。阴山山地植物兼具华北区系特色及蒙古草原区系特色。南麓基带分布着本氏针茅草原、白羊草草原以及大面积的百里香群落及白莲蒿半灌木群落。山地中部以绣线菊、黄刺玫、柄扁桃等山地灌丛为主。山地上部发育着不十分茂密的云杉林,局部有油松林片段,还有杜松疏林和蒙古栎林,阴坡以白桦林、山杨林为主,局部地段还有以蒙椴为主的混生林。在海拔1800米以上的山地顶部有线叶菊为建群种的山地杂类草原出现。海拔1800～2200米的阴坡有青海云杉建群的针叶林。

阴山州是植物区系较丰富的一个州,据初步统计,共有维管束植物978种。阴山州是一个典型的山地森林—草原植物州。

本州植物区系有东亚成分及华北成分的森林植物,蒙古栎、蒙椴、黄刺玫、虎榛子等为山地森林、灌丛的主要建群种,贝加尔针茅、大针茅、羊草为本州草原的优势种,线叶菊为山地草原的建群种,芍药、直立黄芪、达乌里黄芪、大花翠雀、华北蓝盆花、棉团铁线莲、麦瓶草等均为本州的草原成分。广泛分布于祁连山地的青海云杉向东止于本州,华北山地成分——蒙古栎、青扦、油松也以本州为北界。

本州的特有种有23种,其中有大青山特有种16种,即阴山繁缕 *Stellaria yinshanensis*、紫红花麦瓶草 *Silene jiningensis*、阴山棘豆 *Oxytropis inschanica*、大青山棘豆 *Oxytropis daqingshanica*、大青山黄芪 *Astragalus daqingshanicus*、阴山马先蒿 *Pedicularis yinshanensis*、二裂沙参 *Adenophora biloba*、大青山沙参 *Adenophora daqingshanica*、粗糙鹅观草 *Roegneria scabridula*、毛花鹅观草 *Roegneria hirtiflora*、九峰山鹅观草 *Roegneria jufinshanica*、毛披碱草 *Elymus villifer*、大青山嵩草 *Kobresia daqingshanica*、阴山薹草 *Carex yinshanica*、大青山顶冰花 *Gagea daqingshanensis*、棕花杓兰 *Cypripedium yinshanicum*;有大青山—蛮汗山特有种4种,即阔叶青杨 *Populus platyphylla*、阴山毛茛 *Ranunculus yinshanensis*、阴山乌头 *Aconitum yinschanicum*、紫芒披碱草 *Elymus purpuraristatus*;蛮汗山特有种2种,即白皮杨 *Populus cana*、红纹腺鳞草 *Anagallidium rubrostriata*;有乌拉山—大青山特有种1种,即蒙菊 *Chrysanthemum mongolicum*。

总之,阴山山地的区系成分以东亚成分、华北成分及东蒙古成分占主导地位,并且成为一些华北植物的分布区北界以及东蒙古成分的分布区南界。还应指出,位于草原区的阴山山脉和荒漠区边缘的贺兰山山地的区系上也有密切联系。据初步统计,二者之间仅单子叶植物的共有成分就有70多种,其中除亚洲中部共有的广布成分外,多为高寒山地草甸成分及华北森林成分。因此,阴山山脉植物的深入研究,对揭示亚洲中部山地植物区系的发生和起源,无疑是一个重点。

12. 阴南黄土丘陵植物州（阴南丘陵州）

本州系指阴山以南的黄土丘陵地区。阴山山脉的天然屏障在一定程度上减弱了冬季蒙古冷高压的影响，使气候比较温暖，年均温 5℃～7℃，全年≥10℃的积温为 2700℃～3200℃，年降水量 300～450 毫米，湿润度 0.3～0.45，是暖温型典型草原半干旱气候。本氏针茅草原是这里最有代表性的地带性草原植被类型。但是，由于垦种历史悠久，天然的本氏针茅草原已保存不多了，主要在梁顶或残丘上有小面积残留。风蚀作用常常抑制本氏针茅的发育，而唇形科的小半灌木百里香则侵入这里形成次生的偏途群落。在覆沙地上，沙生半灌木黑沙蒿群落非常发育。在丘陵坡地还保存了虎榛子灌丛、沙棘灌丛和茭蒿群落。华北常见的喜暖成分臭椿、酸枣等均有零散分布。这些都显示了与蒙古高原草原区的重大区别。

据初步统计，本州共有维管束植物 469 种。

本州区系以亚洲中部成分为主，东亚及华北区系成分的影响甚为显著，东蒙古区系成分也有一定的数量。清水河念珠芥 *Neotorularia qingshuiheense*、和林薹草 *Carex helingeeriensis* 为本州的 2 个特有种。

与前两州的不同点是：本州西半部出现了少量的荒漠草原区系成分，如短花针茅、刺叶柄棘豆、西伯利亚白刺、沙芦草等。这些区系成分的出现可以说明本州与荒漠草原的联系。此外，我国特有的单种属，忍冬科蝟实属的蝟实 *Kolkwitzia amabilis* 也延伸到了本州的黄河峡谷马栅地区，由此可进一步说明本州与东亚区系的某些联系。

13. 鄂尔多斯高原植物州（鄂尔多斯州）

本州位于鄂尔多斯高原的中部，西与阿拉善荒漠区相邻。年均温 6℃～8℃，全年≥10℃的积温为 2800℃～3200℃，年降水量 200～300 毫米，湿润度 0.2～0.3，是干旱的荒漠草原气候。本州的地质地貌条件是以沙丘与丘间低湿滩地的交错分布为特征，北部以流动和半流动沙丘为主，南部主要是固定和半固定沙丘，丘间分布着大小不等的低湿滩地和水泡子，形成沙生植被的生态系列和湿地植被的生态系列交替并存的格局。以黑沙蒿为建群种的沙生半灌木植被最为发达，常伴生白草、沙生冰草、山竹子、苦豆子、华北白前、沙珍棘豆以及多种一年生草类。两大沙地之间的中部剥蚀高平原地区分布着地带性植被，短花针茅草原与沙生针茅草原等荒漠草原群落是代表性类型。但是在侵蚀作用的影响下，针茅的建群作用受到抑制，被小半灌木冷蒿和蓍状亚菊所取代，形成次生群落。

据初步统计，本州共有维管束植物 526 种。与其他三个植物州的区别在于，东亚区系成分的作用减弱了，亚洲中部成分及戈壁—蒙古成分的主导作用更为突出。代表性植物为沙生针茅、短花针茅、戈壁针茅和小针茅，成为建群种或优势种；多根葱、蒙古葱及小灌木狭叶锦鸡儿、小叶锦鸡儿也常伴生于小针茅草原中。此外，羊柴（蒙古分布种）、黑沙蒿（鄂尔多斯近特有种）等在本州都是非常重要的植物。刺叶柄棘豆、沙鞭、女蒿、蓍状亚菊、冬青叶兔唇花、宽翅沙芥、无芒隐子草等，都是重要的戈壁—蒙古成分。古地中海成分的西伯利亚白刺、芨芨草、红砂、小花棘豆也分布到本州的盐渍土上。还有少量戈壁成分的渗入，如霸王、白沙蒿、百花蒿等。哈萨克—蒙古成分的草芸香和华北成分的尖叶丝石竹是常见的伴生种。本州尚有东古北极成分——阿尔泰狗娃花、扁蓿豆，欧亚温带成分——香唐松草，古地中海成分——叉子圆柏等分布。

本州的近特有种有 4 种：北沙柳 *Salix psammophila*、多枝棘豆 *Oxytropis ramosissima*、宽叶水柏枝 *Myricaria platyphylla*、油蒿 *Artemisia ordosica*。

本州区系与蒙古高原草原省的乌兰察布草原州是相似的，但是亚洲中部成分的本氏针茅、东亚成分中的酸枣、臭椿以及华北成分的黄刺玫、文冠果、荆条、茭蒿等特征种的存在，反映了鄂尔多斯高原与黄土高原在区系上有更密切的联系，因而把本州归入黄土高原植物省。戈壁成分及戈壁—蒙古成分的渗入又表现出鄂尔多斯高原与阿拉善荒漠的关系，说明本州植物区系具有多方面的来源和过渡性的特点。

（四）荒漠植物区（亚非大陆荒漠区的一部分）

内蒙古境内的荒漠植物区位于亚非大陆荒漠区的东翼，是一个独特的植物地理区域，通称为阿拉善荒漠区，南边与甘肃河西走廊荒漠区相连，北边与蒙古国境内的南戈壁荒漠区连成一体，西面与新疆荒漠相接，共同构成完整的亚洲中部荒漠区。内蒙古的荒漠植物区面积仅次于草原区，占内蒙古总面积的 27.62%。

从植物区系来看，亚洲中部荒漠植物区系是古老而贫乏的，古地中海区系的荒漠成分（戈壁成分）占主导地位。据初步统计，内蒙古荒漠地区共有维管束植物 843 种。

亚洲中部荒漠区的植物种类虽不丰富，但其特有现象却很突出。植被的建群种和优势种约有一半是特有种。本植物区还有蒺藜科的特有亚科——四合木亚科。特有属有以下几个：沙冬青属，共含 2 种，蒙古沙冬青分布于西鄂尔多斯—东阿拉善，矮沙冬青 *Ammopiptanthus nanus* 分布于新疆昆仑山西北麓；绵刺属，系单种属，只有 1 种，即绵刺 *Potaninia mongolica*，分布于东阿拉善—西鄂尔多斯；四合木属，单种属，四合木 *Tetraena mongolica*，仅分布于西鄂尔多斯；霸王属，只含 1 种，即霸王 *Sarcozygium xanthoxylon*，为亚洲中部戈壁荒漠分布种；革苞菊属，共含 2 种，其中革苞菊 *Tugarinovia mongolica* 分布在东阿拉善北部的戈壁阿尔泰，卵叶革苞菊 *Tugarinovia ovatifolia* 分布在贺兰山—桌子山的低山石质丘陵；百花蒿属，其百花蒿 *Stilpnolepis centiflora* 分布于东阿拉善南部—鄂尔多斯；紊蒿属，共含 2 种，紊蒿 *Elachanthemum intricatum* 分布于阿拉善及其周边地区，多头紊蒿 *Elachanthemum polycephalum* 分布于额济纳；沙芥属，含 2 种，其中巨翅沙芥出现在阿拉善及其相邻地区的沙漠中，沙芥进入蒙古高原草原区小腾格里沙地及西辽河流域沙地。种数较多的特有属如紫菀木属，共含 7 种，中亚紫菀木分布于中央戈壁以东的荒漠区和荒漠草原区，紫菀木 *Asterothamnus fruticosus* 分布于新疆天山南坡的山前地带，毛叶紫菀木 *Asterothamnus poliifolius* 分布于蒙古国西部的荒漠区和荒漠草原区，异冠毛紫菀木 *Asterothamnus heteropappoides* 分布于科布多—大湖盆地，庭齐紫菀木 *Asterothamnus alyssoides*、软叶紫菀木 *Asterothamnus molliusculus* 为蒙古高原东戈壁的特有种。

亚洲中部荒漠区具有代表性的特有种有泡泡刺（戈壁分布种）、白刺（古地中海分布种）、长叶红砂（东阿拉善戈壁分布种）、五蕊红砂 *Reaumuria kaschgarica*（塔里木—柴达木分布种）、刺旋花（戈壁—蒙古分布种）、戈壁短舌菊 *Brachanthemum gobicum*（东戈壁分布种）、蒙古沙拐枣（戈壁—蒙古分布种）、阿拉善沙拐枣（东阿拉善—西鄂尔多斯分布种）、南疆沙拐枣 *Calligonum roborowskii*（塔里木分布种）、蒙古扁桃（阿拉善分布种）、柠条锦鸡儿（阿拉善分布种）、白皮锦鸡儿（戈壁分布种）、短脚锦鸡儿（东戈壁—东阿拉善分布种）以及膜果麻黄（戈壁分布种）等。

在亚非荒漠区西部，植物种类较丰富的许多科属往往在亚洲中部亚区却是很贫乏的。例如藜科的假木贼属，在中亚荒漠中有20多种，而在亚洲中部荒漠区广泛分布的只有短叶假木贼1种，无叶假木贼 *Anabasis aphylla*、截叶假木贼 *Anabasis truncata*、粉枝假木贼 *Anabasis. pelliotii*，只能渗入塔里木荒漠区的边缘。猪毛菜属在中亚有60种之多，其中半灌木与灌木种有12种，而亚洲中部只有珍珠猪毛菜、松叶猪毛菜等5个半灌木或灌木种。梭梭属在中亚有10种，亚洲中部只有其中的2种。蓼科的沙拐枣属，中亚有70多种，亚洲中部只有6种，其中广泛分布的只有蒙古沙拐枣。此外，柽柳科的红砂属、伞形科的阿魏属、豆科的骆驼刺属、白花丹科的补血草属都有类似的情况。在亚洲中部保留的这些植物种往往又是该属中比较孤立的类型，因而更进一步表明了亚洲中部荒漠区系的特殊性。

蒿类植物在亚洲中部和中亚两个荒漠亚区的分化也是各不相同的。在中亚亚区，绢蒿属 *Seriphidium* 种类很多，作用很显著，但很少进入亚洲中部亚区。然而蒿属的龙蒿亚属的一些种，例如白沙蒿、黑沙蒿、褐沙蒿、差不嘎蒿及其近似种等则是亚洲中部亚区沙地上广泛分布的蒿类。此外，黄蒿、糜糜蒿等也是亚洲中部广为分布的一、二年生蒿类。这些差别也反映了两个亚区植物区系发展途径的不同。

根据亚洲中部荒漠区内的区系分布差异性和主导植物的组合特征，内蒙古的荒漠区可划分为2个植物省——阿拉善植物省和中戈壁植物省。

Ⅶ. 阿拉善植物省

阿拉善植物省是亚洲中部荒漠区最东部的一个植物地理区域，占内蒙古总面积的22.72%。其自然边界超出了内蒙古自治区界，东界到西鄂尔多斯；西界止于额济纳河；南界止于祁连山北麓，包括桥湾—酒泉以东的河西走廊；北界在蒙古国境内，可推移到阿尔泰山分水岭。

本植物省的地貌以沙漠、戈壁与剥蚀残山相间排列为特点。著名的大沙漠有巴丹吉林沙漠、腾格里沙漠、乌兰布和沙漠、库布其沙漠（西部）等，被破碎的剥蚀低山残丘（如沙尔扎山、巴彦诺尔公梁、巴音乌拉、雅布赖山等）分隔。残山多呈东西走向，海拔一般在1400～1600米，相对高度不超过200米。越向北沙漠面积越小，到阿拉善北部时已被残山分割为大致呈东西向的若干丘间盆地和谷地。地势越向北越低，到银根盆地时海拔不足900米。南部有些残山已被沙漠包围，形成孤立的残山（丘），如腾格里沙漠中的双黑山、通湖山等。从大地貌上看，阿拉善荒漠是一个三面环山，西部与新疆荒漠相通的半闭合内陆盆地。

阿拉善植物省是亚洲中部荒漠区中植物种类比较丰富的一个地区，据初步统计，共有维管束植物805种。平原地区植物区系类型以戈壁成分占主导地位，特别是阿拉善地方特有种的优势作用十分明显。本植物省的特有种有珍珠猪毛菜 *Salsola passerina*、绵刺、沙冬青 *Ammopiptanthus mongolicus*、四合木等。还有一些草本种类，如阿拉善单刺蓬 *Cornulaca alaschanica*、沙生鹤虱 *Lappula deserticola*、展苞猪毛菜 *Salsola ikonnikovii*、茄叶碱蓬 *Suaeda przewalskii* 以及百花蒿、紊蒿等。

除特有种外，一些典型的戈壁成分，如膜果麻黄 *Ephedra przewalskii*、泡泡刺 *Nitraria*

sphaerocarpa、合头藜 *Sympegma regelii*、松叶猪毛菜 *Salsola laricifolia*、梭梭、短叶假木贼 *Anabasis brevifolia* 等，都是阿拉善荒漠植被的基本组成成分。有些戈壁—蒙古成分，如蒙古沙拐枣、红砂、中亚木紫菀等也是群落的主要建群种。

阿拉善荒漠东面与蒙古高原草原和黄土高原草原为邻，因此草原成分特别是荒漠草原成分，对荒漠植被的影响很明显。如针茅属的沙生针茅、戈壁针茅、小针茅、短花针茅，隐子草属的无芒隐子草，亚菊属的蓍状亚菊 *Ajania achilleoides*、灌木亚菊 *Ajania fruticulosa*、*Ajania alaschanica*、束散亚菊 *Ajania parviflora*、纤细亚菊 *Ajania gracilis* 以及葱属的蒙古葱 *Allium mongolicum* 等都给予荒漠植被以明显的草原化特色，这也是本植物省与西戈壁省最重要的区别之一。

阿拉善荒漠主要是由小半灌木盐柴类和不同类型的多种灌木、矮灌木类植物组成，具有中温型荒漠向暖温型荒漠过渡的性质，群落类型的分布与地面组成物质的关系极为密切。在典型的砾石戈壁上分布着红砂、珍珠猪毛菜荒漠，覆沙或沙砾质戈壁上分布着绵刺、泡泡刺、沙冬青、霸王、四合木、短舌菊荒漠，石质残丘上则广泛分布着合头藜、短叶假木贼、松叶猪毛菜荒漠，流动、半流动沙丘上生长着稀疏的白沙蒿、蒙古沙拐枣，固定、半固定沙地上为柠条锦鸡儿群聚、黑沙蒿群聚，在盐化沙地上则以梭梭和白刺群落为主。胡杨林、沙枣林和柽柳灌丛通常和地下潜水保持着密切联系，形成小片的绿洲。

根据植物区系和植被的分异，阿拉善荒漠可划分为 2 个平原荒漠植物州和 2 个山地植物州。

14. 东阿拉善植物州（东阿拉善州）

本州是一个草原化特征明显的平原荒漠植物州。西界北起白音查干（东经 107°）经虎勒格尔、本巴图、吉兰太盐池，穿过腾格里沙漠（中北部）到雅布赖山分水岭，东界到鄂尔多斯高原西北部，故本州又可称作西鄂尔多斯—东阿拉善州。

本州降水稍多，一般年降水量 80～50 毫米，全年 ≥ 10℃ 的积温为 3000℃～3400℃，所以荒漠旱生植物生长发育旺盛，荒漠植被表现出明显的草原化特点，局部有小面积的小针茅草原复合并存。植物的区系组成也较丰富，初步统计有维管束植物 526 种。境内有中低残山，其中阿尔巴斯山（即桌子山）、狼山是许多古地中海残遗植物的"避难所"，前述的阿拉善地区许多特有种，如沙冬青、绵刺、四合木等都基本分布于这个地方。在石质残丘上分布最普遍的为松叶猪毛菜及鄂尔多斯半日花 *Helianthemum ordosicum*、木旋花 *Convolvulus tragacanthoides*、鹰爪柴 *Convolvulus gortschakovii* 群落；沙地上则以黑沙蒿、白沙蒿和柠条锦鸡儿为主；梭梭荒漠只见于吉兰泰、乌兰布和沙漠和狼山以北的海里沙漠，个别片断还见于库布其沙漠西段。典型的戈壁成分膜果麻黄、泡泡刺、裸果木 *Gymnocarpos przewalskii* 等的作用微弱。小甘菊 *Cancrinia discoidea*、大花霸王 *Zygophyllum potaninii*、束散亚菊及革苞菊等在植被的组成中也有一定作用。

本州有特有属 1 个：四合木属 *Tetraena*。本州有特有种有 36 个，斑子麻黄 *Ephedra rhytidosperma*、单脉大黄 *Rheum uninerve*、圆叶木蓼 *Atraphaxis tortuosa*、阿拉善沙拐枣 *Calligonum alaschanicum*、阿拉善滨藜 *Atriplex alaschanica*、回折绣线菊 *Spiraea tomentulosa*、哈拉乌黄芪 *Astragalus halawuensis*、阿拉善苜蓿 *Medicago alaschanica*、四合木 *Tetraena mongolica*、

针枝芸香 *Haplophyllum tragacanthoides*、刘氏大戟 *Euphorbia lioui*、长叶红砂 *Reaumuria trigyna*、鄂尔多斯半日花 *Helianthemum ordosicum*、内蒙西风芹 *Seseli intramongolicum*、阿拉善点地梅 *Androsace alaschanica*、兰州肉苁蓉 *Cistanche lanzhouensis*、内蒙野丁香 *Leptodermis ordosica*、宁夏沙参 *Adenophora ningxianica*、戈壁短舌菊 *Brachanthemum gobicum*、贺兰山女蒿 *Hippolytia alashanensis*、卵叶革苞菊 *Tugarinovia ovatifolia*、羽裂风毛菊 *Saussurea pinnatidentata*、西北风毛菊 *Saussurea petrovii*、鄂尔多斯黄鹌菜 *Youngia ordosica*、阿尔巴斯针茅 *Stipa albasiensis*、东阿拉善葱 *Allium orientali-alashanicum*；只在狼山分布的有 5 种，狼山麦瓶草 *Silene langshanensis*、狼山西风芹 *Seseli langshanense*、微硬毛建草 *Dracocephalum rigidulum*、乌拉特针茅 *Stipa wulateica*、狼山针茅 *Stipa langshanica*；只在桌子山分布的有 4 种，桌子山菊 *Chrysanthemum zhuozishanense*、内蒙亚菊 *Ajania alabasica*、荒漠风毛菊 *Saussurea deserticola*、鄂尔多斯葱 *Allium alabasicum*。这使本州成为内蒙古各州特有种种数之首，也是唯一一个有特有属的州，成为亚洲中部荒漠地区植物多样性最高的一个地区。

15. 西阿拉善植物州（西阿拉善州）

本州位于阿拉善植物省的西半部，其西界与西戈壁植物省相邻。气候较东阿拉善显著干燥，年降水量明显减少，平均 40 ～ 80 毫米，全年 ≥ 10℃的积温为 3100℃～ 3500℃。北部是浩瀚的戈壁，南部有茫茫的巴丹吉林沙漠。中蒙国境一带有些低山残丘。

本州植物的生活条件严酷，植物的区系组成更为贫乏，初步统计有维管植物 274 种，较东阿拉善州少了 52%。辽阔的戈壁滩上主要分布着由红砂、珍珠猪毛菜、泡泡刺等形成的典型荒漠群落。巴丹吉林沙漠是内蒙古面积最大的沙漠，外围是新月形沙丘链，中心是复合型高大沙山（丘），相对高度达 400 余米。几乎没有植物生长，其北部和西北部生长着稀疏的沙拐枣，东部边缘半流动沙丘上分布着白沙蒿群聚。沙漠内有一较大的湖盆称古龙乃淖，盆地中部分布着芨芨草、芦苇、小獐毛盐生草甸和盐爪爪盐湿荒漠，其外围是白刺沙堆和梭梭荒漠，梭梭长势良好，高 2 ～ 4 米。在石质残丘上生长着稀疏的合头藜、短叶假木贼荒漠群落。

东阿拉善荒漠中所特有的一系列植物在这里已消形隐迹了，沙冬青、绵刺、戈壁短舌菊也只保留了个别分布点。本州特有成分几乎没有，常见的都是亚洲中部荒漠中的广布种，如泡泡刺、霸王、沙拐枣、膜果麻黄等。但是，从这里开始出现了一些西来的成分，如花花柴 *Karelinia caspia*、骆驼蹄瓣 *Zygophyllum fabago*、中亚虫实 *Corispermum heptapotamicum*、光滨藜 *Atriplex laevis* 等。另外，柽柳属植物中除常见的长穗柽柳 *Tamarix elongata*、细穗柽柳 *Tamarix leptostachya* 外，还有刚毛柽柳 *Tamarix hispida*、紫秆柽柳 *Tamarix androssowii* 等种。这些现象表明，西阿拉善州的植区系已有向西戈壁省逐渐过渡的迹象。

16. 贺兰山植物州（贺兰山州）

贺兰山位于阿拉善植物省东缘，是内蒙古的最高山体，最高峰 3556 米。山体呈南北走向，长约 270 公里，东西宽约 30 公里，山势陡峻，雄伟壮观。

贺兰山山地植被的垂直分布现象十分明显，并且发育比较完整。西麓山前地带海拔 1600 米以下的植被基带以红砂、珍珠猪毛菜为主的草原化荒漠；1600 ～ 1800 米是由沙生针茅、短花针茅、冷蒿等组成的山地荒漠化草原；1800～1900米为一狭窄的本氏针茅草原带断续相间分布，构不成完整的层次；1800～2300米的阴坡由蒙古绣线菊等构成山地中生灌丛，并有灰榆疏林，后者在干旱的阳坡上能上升到2500米；1950～2300米的阴坡、半阴坡出现油松林（如北寺附近）；海拔升到2100～3100米时则分布着青海云杉林，其中2100～2500米为云杉＋山杨针阔混交林，2300～2800米为云杉—苔藓林，2800～3100米为云杉—鬼箭锦鸡儿疏林；2500米以上的阳坡上出现以小叶金露梅、银露梅为主的亚高山灌丛；2500米以上的平缓阳坡和沟谷则为叉子圆柏灌丛；3100～3400米的不同坡向均分布着鬼箭锦鸡儿和高山柳亚高山灌丛，在平坦地形上可形成嵩草 *Kobresia myosuroides* 高山草甸。

在区系成分上，贺兰山山地植被以亚洲中部荒漠区山地成分（如青海云杉等）为特征，占主导地位；但在中低山带明显地受华北区系成分的影响，代表植物有油松、虎榛子、酸枣、白菔、矮卫矛等；而高山、亚高山带又明显地与青藏高原高寒植物区系有一定的关系，其中嵩草属的矮生嵩草 *Kobresia humilis*、高山嵩草 *Kobresia pygmaea*，嵩草 *Kobresia myosuroides*、高原嵩草 *Kobresia pusilla* 及针茅属的甘青针茅 *Stipa przewalskyi* 等，都是青藏高原高寒草甸和高寒草原中的基本组成成分。贺兰山的植物区系与横断山脉植物区系的联系较为密切，有30多种横断山脉植物出现在贺兰山上，如山生柳 *Salix oritrepha*、柔毛蓼 *Polygonum sparsipilosum*、圆穗蓼 *Polygonum macrophyllum*、小伞花繁缕 *Stellaria parviumbellata*、展毛银莲花 *Anemone demissa*、阔叶景天 *Sedum roborowskii*、黑萼棘豆 *Oxytropis melanocalyx*、粗野马先蒿 *Pedicularis rudis*、刺参 *Morina chinensis*、直苞风毛菊 *Saussurea ortholepis*、川甘岩参 *Cicerbita roborowskii*、光盘早熟禾 *Poa hylobates*、多变早熟禾 *Poa varia*、黑紫披碱草 *Elymus atratus*、藏异燕麦 *Helictotrichon schellianum*、藏落芒草 *Piptatherum tibeticum*、高山韭 *Allium sikkimense*、青甘葱 *Allium przewalskianum* 等。这也是贺兰山植物区系的一个重要的特征。另外在高山带还有北极—高山成分的出现，如钝叶单侧花等。在贺兰山的山地草原中，以本氏针茅、短花针茅、蒙古芯芭等为代表的喜暖草原成分居多。同时，还有相当数量的亚洲中部广泛分布的草原成分，如沙生针茅、戈壁针茅、克氏针茅等。

贺兰山地理位置独特，为多种植物区系类型的共同存在、互相渗透创造了有利条件。因此，区系成分不仅来源多样，而且组成也较丰富，初步统计贺兰山共有维管束植物631种。有贺兰山特有种18个、特有变种2个：耳瓣女娄菜 *Melandrium auritipetalum*、瘤翅女娄菜 *Melandrium verrucoso-alatum*、长果女娄菜 *Melandrium longicarpum*、贺兰山女娄菜 *Melandrium alaschanicum*、阿拉善银莲花 *Anemone alaschanica*、贺兰山毛茛 *Ranunculus alaschanicus*、栉裂毛茛 *Ranunculus pectinatilobus*、软毛翠雀花 *Delphinium mollipilum*、贺兰山延胡索 *Corydalis alaschanica*、阿拉善绣线菊 *Spiraea alaschanica*、贺兰山棘豆 *Oxytropis holanshanensis*、宽叶岩黄芪 *Astragalus przewalskii*、贺兰山丁香 *Syringa pinnatifolia* var. *alashanensis*、阿拉善喉毛花 *Comastoma alashanicum*、南寺黄鹌菜 *Youngia nansiensis*、硬叶早熟禾 *Poa orinosa*、阿拉善葱 *Allium alaschanicum*、阿拉善顶冰花 *Gagea alashanica*、贺兰山翠雀花 *Delphinium albocoeruleum* var. *przewalskii*、宽裂白蓝翠雀花 *Delphinium albocoeruleum* var. *latiloba* 等。

以贺兰山为模式产地和以贺兰山（或阿拉善）命名的植物有60多种，如贺兰山女蒿 *Hippolytia alaschanensis*、阿拉善马先蒿 *Pedicularis alaschanica*、贺兰山玄参 *Scrophularia alaschanica*、阿拉善点地梅 *Androsace alaschanica*、针喙芥 *Acirostrum alashanicum*、阿拉善角盘兰 *Herminium alaschanicum*、阿拉善黄芩 *Scutellaria alaschanica*、阿拉善鹅冠草 *Roegneria alaschanica*、白花长瓣铁线莲 *Clematis macropetala* var. *albiflora*、蒙古芯芭、藓生马先蒿 *Pedicularis muscicola*、粗野马先蒿 *Pedicularis rudis*、醉马草、硬质早熟禾、内蒙古棘豆 *Oxytropis neimonggolica* 等。在内蒙古植物中，仅出现在贺兰山的植物就有 100 种以上，如乳突拟楼斗菜 *Paraquilegia anemonoides*、爪虎耳草 *Saxifraga unguiculata*、挪威虎耳草 *Saxifraga oppositifolia*、高山地榆 *Sanguisorba alpina*、中华落芒草 *Piptatherum chinense*、藏落芒草 *Piptatherum tibeticum* 等。

　　贺兰山是我国西北干旱荒漠地区一座少有的植物资源宝库，对贺兰山植物区系和植被的全面、深入研究，对了解亚洲中部植被的形成和发展具有重要的启示。另外，贺兰山也是干旱地区少有的森林生物资源基地，经国务院批准现已成为国家级自然保护区，这对资源的保护和利用起到重要的作用。

17. 龙首山植物州（龙首山州）

　　龙首山是河西走廊北山中段的主体山脉，延续的西段叫合黎山，通称北山，山体最高峰 3600 米，以分水岭为界，以南属甘肃省。山势北缓南陡。

　　山地植被旱化程度很高，植物区系多样性不高，初步统计共有维管束植物 233 种。龙首山特有种有 5 种：龙首山女娄菜 *Melandrium longshoushanicum*、短果双棱芥（短果小柱芥）*Microstigma brachycarpum*、龙首山蔷薇 *Rosa longshoushanica*、毓泉风毛菊 *Saussurea mae*、阿右薹草 *Carex ayouensis*。

　　龙首山山地南坡基本上为山地草原和山地荒漠草原，荒漠植被可上升至 2300 米左右，南侧山地阴坡上保留有团块状的青海云杉林，3000 米以上为高山草甸。北麓基带海拔 2000 米左右，以珍珠猪毛菜、红砂为代表的典型荒漠十分发达；珍珠猪毛菜、合头藜荒漠可上升到 2400 米左右；2500 米以上过渡到荒漠草原；2600 米以上阴坡出现忍冬、栒子木、黄刺玫等组成的山地灌丛，阳坡则是由克氏针茅、冷蒿、冰草、星毛委陵菜等构成的山地干草原；在接近 3000 米高度的平缓山地上发育着以紫花针茅为主的高寒草原，陡坡上是金露梅为主的亚高山灌丛；超过 3000 米以上发育着嵩草和矮生嵩草高山草甸。

　　山地植被的区系组成仍以亚洲中部山地成分为主。与贺兰山相比，二者之间的异同点都很明显。相同点在于贺兰山与龙首山上均有由青海云杉构成的寒温型针叶林，山地灌丛组成也多近同，如山沟里都有大片的西北沼委陵菜 *Comarum salesovianum* 灌丛等。不同点主要表现在龙首山植被的旱化程度增强，下部缺少华北成分形成的油松林以及夏绿阔叶灌丛；高山带植被的性质更接近于青藏高原的高寒植被，其特点是高寒草甸发育较好；高山草甸带下部出现了一条以紫花针茅为主的高寒草原带，其中可以看到丰富的嵩草属和薹草属植物。高山草甸和高寒草原为荒漠地区宝贵的山地草场资源，为当地家畜的主要放牧场。

　　龙首山的植物区系也与横断山脉的植物区系有一定的联系，如山生柳 *Salix oritrepha*、细麦瓶草 *Silene gracilicaulis*、甘川铁线莲 *Clematis akebioides*、华西委陵菜 *Potentilla potaninii*、阿拉善马先蒿 *Pedicularis alaschanica*、米蒿 *Artemisia dalailamae*、黄缨菊 *Xanthopappus subacaulis*、藏臭草 *Melica tibetica*、干生薹草 *Carex aridula* 等。

Ⅷ.中戈壁植物省

本植物省只有 1 个州。

18. 额济纳植物州（额济纳州）

中戈壁为亚洲中部极旱荒漠带的一部分。本州东界与阿拉善荒漠为邻；南部包括桥湾以西的疏勒河流域，止于祁连山北麓；西部包括哈密盆地；北部包括外阿尔泰戈壁，止于戈壁阿尔泰山南麓。内蒙古仅包括中戈壁省的东部，即额济纳河以西的广阔戈壁地带，占内蒙古总面积的 4.9%。

从地理位置上来看，中戈壁深居亚洲大陆腹部，不仅是亚洲中部荒漠的中心，也是亚洲大陆最干旱的区域之一。它远离海洋，受不到海洋性气候的湿润影响，气候大陆性极强，年降水量少于 30 毫米，全年处于绝对干旱期。冬季受蒙古高压反气旋的强烈影响，多大风，干燥剥蚀作用十分强烈；夏季炎热，温度年较差和日较差均很悬殊，物理风化过程极其旺盛。地貌以古老火成岩的中低山为主，裸岩、残石遍地皆是，砾幕十分发达，在强烈的阳光照耀下，黑色的岩砾闪闪发光，景观单调、荒凉，故有"黑戈壁"之称。大地貌上，东部边缘为弱水冲积平原，海拔较低，不高于 900 米，是境内最大的湖盆洼地；西部是辽阔的砾石戈壁，局部间有低缓的剥蚀残丘；南部有马鬃山。

中戈壁的生态环境极端严酷，除额济纳河流域植物比较丰富外，广阔戈壁滩上植物极端稀少，种类成分也相当贫乏。这里的 221 种维管植物中，裸子植物仅有 2 种（膜果麻黄和中麻黄），蕨类植物绝迹。如果除去额济纳河沿岸绿洲的植物及马鬃山山地上部的植物种类，真正的荒漠植被不过 40 余种。植物种数最多的是藜科，其次是菊科、蒺藜科、柽柳科和禾本科。本州东与阿拉善荒漠直接相接，但生态环境比阿拉善更为严酷，气候属于极端干旱型，自然景观极为荒凉，裸地面积比例很大，植被十分稀疏，植物区系也很贫乏。本州以戈壁成分及古地中海成分占优势，其中代表性植物有泡泡刺、霸王、膜果麻黄、裸果木、合头藜、短叶假木贼、蒙古沙拐枣、戈壁藜、蒿叶猪毛菜、木本猪毛菜、红砂及梭梭等。虽然本州靠近阿拉善植物省，但是阿拉善的一系列特有植物，如珍珠猪毛菜、沙冬青、绵刺、四合木、戈壁短花菊、阿拉善单刺蓬等都已消失，而且还出现了一些不进入阿拉善的西戈壁成分及中亚成分，如蒿叶猪毛菜、戈壁藜、盐生草、骆驼刺、盘果碱蓬、钩状雾冰藜及瓣鳞花等。一些亚洲中部草原种，如沙生针茅、短花针茅、戈壁针茅、多根葱、刺叶柄棘豆、菨状亚菊等仍是本州山地荒漠草原的组成成分。

从区系地理成分来看，亚洲中部荒漠分布种（即戈壁分布种）占绝对优势。泡泡刺、膜果麻黄、裸果木、霸王、合头藜、短叶假木贼、蒙古沙拐枣等在不同的基质条件下形成稀疏的植物群聚（即极旱荒漠群落类型），其结构简单，几乎是由单一的种群组成。以红砂（戈壁—蒙古分布种）、梭梭、木本猪毛菜、裸果木为代表的戈壁成分的作用较明显，还有戈壁藜 *Iljinia regelii*（仅在西北部）、蒿叶猪毛菜 *Salsola abrotanoides*、骆驼刺 *Alhagi sparsifolia* 等。在额济纳河的盐湿土壤上也有不少古地中海成分出现，如盐生草 *Halogeton glomeratus*、瓣鳞花 *Frankenia pulverulenta*、盘果碱蓬 *Suaeda heterophylla*、钩状雾冰藜 *Bassia hyssopifolia*、盐穗木 *Halostachys caspica* 等。以上这些植物的分布大致不超出本植物省东界，清楚地显示出中戈壁植物省的植物区系在组成和发生上比阿拉善植物省与中亚区系的联系更密切一些。阿拉善荒漠分布最广泛的一些植物，如珍珠猪毛菜、绵刺、沙冬青、戈壁短舌菊等也不进入中戈壁，甚至一些生态可塑性较大的一年生藜科植物，如茄叶碱蓬、蒙古虫实、碟果虫实等也不存在。这些现象也说明相邻两植物省的区系差异是十分明显的。事实上，本州与西戈壁省有较密切的联系，一些西戈壁成分在本州都有出现，如大果翅籽荠 *Galitzkya potaninii*、戈壁驼蹄瓣 *Zygophyllum gobicum*、伊犁驼蹄瓣 *Zygophyllum iliense*、蒙古短舌菊 *Brachanthemum mongolicum*、蒙青绢蒿 *Seriphidium mongolorum*、假盐地风毛菊 *Saussurea pseudosalsa*。

本州特有种极少，有中戈壁黄芪 *Astragalus centraligobicus*、西域黄芪 *Astragalus pseudoborodinii*、多头紊蒿 *Elachanthemum polycephalum* 3 种，还有变种密花碱蓬 *Suaeda glauca* var. *conferiflora*。

中戈壁荒漠植被的类型和结构也很独特，都带有极旱荒漠生态条件所赋予的深刻烙印，其中植株个体的矮化和强烈的稀疏化为显著的特征之一。少数植物个体都拥集到水分较好的径流线上，而在径流线之间的辽阔土地上却几乎没有什么高等植物生长。因而，植被的空间结构多呈线形、树枝状。在部分可能受地下潜水微弱影响的地段，广泛分布着矮化的梭梭，其高度平均在 1 米上下，株距平均大于 10 米。在砾石戈壁和粗大沙砾基质上分布着膜果麻黄，覆沙戈壁上多生长泡泡刺，在石质残丘上最典型的植物是合头藜和短叶假木贼。坡麓上分布着植丛较大但个体稀少的裸果木，这个种是本植物省的重要特征植物，只有在这里它才形成较大面积的群落。在零星小片的沙地上星散地分布着蒙古沙拐枣，个别情况下有沙蒿。红砂是耐旱性最强的植物，即使在中戈壁最严酷的生态环境中，它也能在各种基质条件下生长，且长势良好。在额济纳河两岸分布着大面积的柽柳灌丛，主要建群种有多枝柽柳 *Tamarix ramosissima*、盐地柽柳 *Tamarix karelinii*、长穗柽柳 *Tamarix elongata*、短穗柽柳 *Tamarix laxa*、细穗柽柳 *Tamarix leptostachya* 等；另外，还分布着走廊式的胡杨林和沙枣林。林下和河旁有芦苇、拂子茅、小獐毛及盐生植物构成的草甸。这些类型的结合组成了冲积平原绿洲植被景观。

马鬃山为本州境内一座海拔较高的山，但山体垂直带谱十分简单。从总体上看，植被荒漠化程度很高，合头藜荒漠群落从山麓一直上升到 2200 ～ 2300 米的高度，其上部才出现由沙生针茅、戈壁针茅、短花针茅、灌木亚菊、旱蒿构成的荒漠化草原；2500 米以上出现岛状的干草原，由克氏针茅和冷蒿等植物组成；在阴坡、半阴坡出现小面积的山地灌丛片断，无森林分布。

维管植物 TRACHEOPHYTA

分门检索表

1a. 植物无花，无种子，以孢子繁殖………………………………………**I. 蕨类植物门 Pteridophyta**

1b. 植物有花，以种子繁殖。

    2a. 胚珠外露，不包于子房内………………………………………**II. 裸子植物门 Gymnospermae**

    2b. 胚珠包于子房内………………………………………………**III. 被子植物门 Angiospermae**

I. 蕨类植物门 PTERIDOPHYTA

分科检索表

1a. 叶退化或细小，鳞片形、钻形、条形或披针形，远不如茎那样发达；孢子囊不聚生成囊群，而是单生于顶枝的孢子叶腋，孢子叶组成或不组成孢子叶球或孢子囊穗。

    2a. 茎匍匐，多分枝，无明显的节；具叶，叶螺旋状排列或交互对生；孢子囊生于孢子叶的叶腋，或生于枝顶组成孢子囊穗。

        3a. 茎通常为辐射对称，无支撑根；叶通常一型，螺旋状排列；孢子囊与孢子同型…………………………………………………………………………………………**1. 石松科 Lycopodiaceae**

        3b. 茎有背腹之分，常有支撑根；叶二型，通常为鳞片形，扁平，背腹各2列或呈4行排列；少叶一型，钻形，螺旋状着生，腹叶基部有1小舌状体（叶舌）；孢子囊与孢子异型…………………………………………………………………………………………**2. 卷柏科 Selaginellaceae**

    2b. 茎为细长圆筒形，直立，中空，有明显的节，单生或在节上有轮生枝；无真正的叶，叶退化成轮生管状而有锯齿的鞘，包围在茎的节上；孢子囊多数，生于盾状孢子叶下面，在枝顶形成单生的孢子囊穗………………………………………………………**3. 木贼科 Equisetaceae**

1b. 叶远较茎发达，单叶或复叶；孢子囊通常生于正常叶或特化叶的边缘或下面，或形成孢子囊穗，或聚生成圆形、条形、矩圆形或钩形的孢子囊群，或满布于叶片下面。

    4a. 根状茎具肉质粗根；叶二型，均出自总柄；孢子囊的壁由多层细胞组成，厚而不透明。

        5a. 复叶，一至四回羽状分裂，叶脉分离；孢子囊序为圆锥状，孢子囊圆球形，不陷入囊托内…………………………………………………………………………**4. 阴地蕨科 Botrychiaceae**

        5b. 单叶，叶脉网状；孢子囊序为穗状，孢子囊扁圆球形，陷入囊托两侧…………………………………………………………………………………………**5. 瓶尔小草科 Ophioglossaceae**

    4b. 根状茎的根不为肉质；叶一型或二型，出自根状茎；孢子囊的壁由一层细胞组成，薄而透明。

        6a. 孢子同型；陆生、附生，少为湿生植物，一般为中型或大型。

            7a. 孢子囊群靠近叶缘着生。

                8a. 根状茎和叶柄被单细胞或多细胞毛，少为刚毛，不具鳞片；孢子囊群盖长条形、碗形或杯形…………………………………………………………**6. 碗蕨科 Dennstaedtiaceae**

                8b. 根状茎和叶柄具鳞片；孢子囊群生于小脉顶端，幼时圆形，分离，成熟时往往汇合成条形；囊群盖连续，或为不同程度的断裂…………**7. 中国蕨科 Sinopteridaceae**

7b. 孢子囊群生于叶背，远离叶边，如有囊群盖，则与上述形状不同。

9a. 叶为强度二型，营养叶一回羽状至二回羽状深裂，孢子叶的变质羽片向中肋反卷成荚果状或狭缩成念珠状·····················**12. 球子蕨科 Onocleaceae**

9b. 叶为一型或二型；如为二型，孢子育叶较营养叶仅为不同程度的狭缩，从不反卷成筒状或念珠状。

10a. 孢子囊群圆形。

11a. 孢子囊群有盖。

12a. 叶柄质脆而易断，通常有关节；囊群盖下位，生于孢子囊群托基部，向上包被孢子囊群，球形、钵状、杯状或碟形，有时撕裂成睫毛状··························**13. 岩蕨科 Woodsiaceae**

12b. 叶柄不为上述情况；囊群盖上位，生于孢子囊群托顶端，覆盖于孢子囊群上，盾形、圆肾形或卵圆形。

13a. 囊群盖圆肾形或圆形。

14a. 植物体被淡灰白色单细胞的针状毛，叶柄基部横断面有2条扁宽的维管束··········**10. 金星蕨科 Thelypteridaceae**

14b. 植物体至少在根状茎上被宽鳞片，无针状毛；叶柄基部横断面有多条圆形的维管束·········**14. 鳞毛蕨科 Dryopteridaceae**

13b. 囊群盖卵形或近圆形，基部稍压在成熟的孢子囊群之下···········**9. 蹄盖蕨科 Athyriaceae**（冷蕨属 Cystopteris）

11b. 孢子囊群无盖。

15a. 叶二型，孢子叶大，绿色；营养叶（又称腐殖叶）小，幼时绿色，后变为枯棕色，坚革质；或一型，叶片基部具扩大成宽耳形的不育羽片，用以聚积腐殖质·········**16. 槲蕨科 Drynariaceae**

15b. 叶一型，叶片基部无宽耳形不育羽片；如为二型，营养叶绝不变为枯棕色和干膜质。

16a. 叶柄基部以关节着生于根状茎上，单叶，全缘或一回羽状分裂··········**15. 水龙骨科 Polypodiaceae**

16b. 叶柄基部无关节，叶三回羽状细裂，羽片以关节着生于叶轴上········**9. 蹄盖蕨科 Athyriaceae**（羽节蕨属 Gymnocarpium）

10b. 孢子囊群矩圆形或条形。

17a. 孢子囊群生于小脉顶端或背上，有盖，囊群盖矩圆形、马蹄形或上端为钩形。

18a. 鳞片为粗筛孔形，网眼大而透明；叶柄内的2条维管束向叶轴上部汇合，呈"×"形；囊群盖矩圆形或条形，常单生于小脉向轴的一侧···**11. 铁角蕨科 Aspleniaceae**

18b. 鳞片为细筛孔形，网眼狭小而不透明；叶柄内的2条维管束向叶轴上部汇合，呈"V"字形；囊群盖矩圆形、条形、腊肠形，或上端弯钩成马蹄形，生于小脉的一侧或两侧··········**9. 蹄盖蕨科 Athyriaceae**

17b. 孢子囊群沿小脉分布，无盖·············**8. 裸子蕨科 Hemionitidaceae**

6b. 孢子异型；水生植物（漂浮水面），小型··············**17. 槐叶苹科 Salviniaceae**

1. 石松科 Lycopodiaceae

多年生中小型草本。主茎长，匍匐蔓生，以气生根固着于地面或地下，具编织中柱，向上生出直立、上升或攀援的侧枝，侧枝常再次不对称分枝。小枝圆柱形，无背腹之分，扁平而有背腹之分。营养叶小，条形或条状披针形，有中脉，螺旋状排列或交互对生，无叶舌。孢子囊穗明显，顶生，有柄或无柄；孢子叶干膜质，边缘有锯齿，在枝顶组成孢子囊穗；孢子囊单生于叶腋，肾形或圆肾形；孢子同型。

内蒙古有 2 属、3 种。

分属检索表

1a. 小枝扁平，有背腹之分；叶二型，交互对生 ················1. 扁枝石松属 Diphasiastrum
1b. 小枝圆柱形，无背腹之分；叶一型，螺旋状着生 ················2. 石松属 Lycopodium

1. 扁枝石松属 Diphasiastrum Holub

主茎匍匐于地面，具互生的叶。侧枝直立或上升，多次不对称二歧式分枝，产生能育与不育小枝。不育小枝扁平，或略呈圆柱形，有背腹之分。叶 4 列，少为 5 或 6 列，背腹 2 列的叶较小，披针形，侧生 2 列的叶较大，近菱形，贴生于枝上，交互对生，少螺旋状排列。能育枝上的叶疏生，二回二叉分枝，顶端生孢子囊穗。孢子囊穗圆柱形，有长柄或短柄；孢子叶宽卵形，边缘多少有齿；孢子囊肾形，深黄色；孢子球状四面形或球形，表面具网状纹饰。

内蒙古有 1 种。

1. 扁枝石松（地刷子）

Diphasiastrum complanatum (L.) Holub in Preslia 47:108. 1975; Fl. Intramongol. ed. 2, 1:180. t.1. f.1-3. 1998.——*Lycopodium complanatum* L., Sp. Pl. 2:1104. 1753.——*D. complanatum* (L.) Holub var. *anceps* (Wallr.) Ching in Act. Bot. Yunnan. 4(2):127. 1982; Fl. Intramongol. ed. 2, 1:180. t.1. f.4. 1998.

多年生草本。主茎匍匐，疏生叶。侧枝直立或上升，不规则多次二歧式分枝，呈扇形，高 10～15cm。小枝扁平，有背腹之分。叶 4 列，交互对生，基部贴生于枝上，叶连枝宽约 2.5mm；侧叶 2 列，近菱形，较大，长 2～2.5mm，先端具向腹面弯曲的刺尖；背叶 1 列，夹于两侧叶间，条状披针形，长 1.5～2mm，先端锐尖；腹叶很小，长约为背叶的 1/2，条形，先端具短刺尖。孢子囊穗圆柱形，长约 2cm，有小柄，每 2～4 枚生于由中央枝伸出的细长总梗上，梗上具疏生的叶；孢子叶宽卵形，先端渐尖，基部具极短的柄，边缘透明，膜质，具不整齐的齿；孢子囊肾形，单生于叶腋；孢子球状四面形，有网纹。

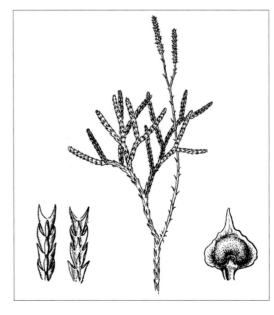

中生草本。生于森林区的兴安落叶松—杜香林下或疏林下。产兴安北部（额尔古纳市奇乾村、根河市阿龙山镇阿拉奇山）。分布于我国黑龙江、吉林、云南、贵州、四川、新疆北部，日本、朝鲜、俄罗斯（西伯利亚地区、远东地区），欧洲、北美洲。为泛北极分布种。

全草入药，能舒筋活血、祛湿利尿，主治风湿关节痛、跌打损伤、筋骨疼痛。

2. 石松属 Lycopodium L.

主茎长，匍匐于地面或地下，有疏叶。侧枝斜立，二或三回分枝。小枝多数，圆柱形，直立或斜展。叶一型，披针形、钻形或条形，6～10列，呈螺旋状排列。孢子囊穗单一，顶生，圆柱形，有柄或无柄; 孢子叶宽卵形或宽披针形; 孢子囊圆柱形或肾形; 孢子球状四面形或近圆形，表面具网状纹饰。

内蒙古有2种。

分种检索表

1a. 孢子囊穗单生于枝顶，无梗；叶缘具疏锯齿，先端具刺尖····················**1. 杉蔓石松 L. annotinum**

1b. 孢子囊穗常2～3枚生于总梗上，稀单一，有长梗；叶全缘，先端具丝状长尾尖····················

····················**2. 石松 L. clavatum**

1. 杉蔓石松（单穗石松、伸筋草、多穗石松）

Lycopodium annotinum L., Sp. Pl. 2:1103. 1753; Fl. Intramongol. ed. 2, 1:182. t.2. f.1-3. 1998.

多年生草本。主茎匍匐地面，长可达150cm，径1.5～2mm，坚韧，疏生叶。侧枝斜立，高16～20cm，枝连叶宽10～13mm，常不分枝或二叉分枝。叶密生，螺旋状排列，水平伸展，常向下反折，披针形，长5～6mm，宽1～1.3mm，先端长锐尖，基部稍狭，上部边缘具疏锯齿，稍具光泽，质较硬。孢子囊穗单生于枝端，圆柱形，长1.5～2.5cm，径4～5mm，无柄；孢子叶宽卵形，长3～3.5mm，宽2～2.5mm，边缘干膜质，具不整齐的钝齿，先端长尾状；孢子囊圆肾形，单生于叶腋; 孢子球状四面形，表面具粗网纹。

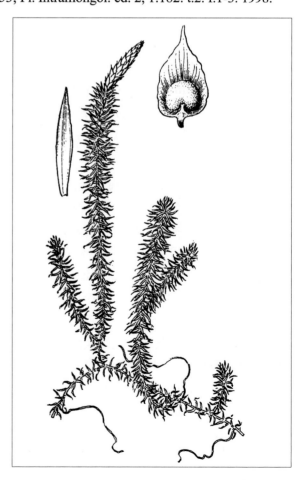

中生草本。生于森林区的兴安落叶松林下或林缘。产兴安北部（额尔古纳市、根河市、阿尔山市）。分布于我国东北、华北、华东、西北、西南地区，日本、朝鲜、蒙古国北部、俄罗斯（西伯利亚地区、远东地区）、不丹、印度北部，欧洲、北美洲。为泛北极分布种。

全草入药，能祛风湿、舒筋活血，主治跌打损伤、腰腿筋骨疼痛、风湿麻木。

2. 石松（东北石松）

Lycopodium clavatum L., Sp. Pl. 2: 1101. 1753.——*L. clavatum* L. var. *robustius* (Grev. et Hook.) Nakai in Bot. Mag. Tokyo 39:197. 1925; Fl. Intramongol. ed. 2, 1:182. 1998.——*L. aristatum* Willd. var. *robustius* Grev. et Hook. in Bot. Misc. 2:376. 1831.

多年生草本。主茎匍匐地面，坚硬，长 100～150cm，径约 2mm，疏生叶。侧枝直立或上升，高 10～15cm，枝连叶宽 8～10mm，常多回不对称二叉分枝。叶密生，螺旋状排列，斜升，开展，条状披针形，长 4～5mm，宽约 1mm，先端具易落的丝状长尾，全缘。孢子囊穗圆柱形，长 3.5～4cm，径 3～4mm，有柄，常 2～3 枚生于枝端的长总梗上，梗长 8～10cm，具疏叶；孢子叶卵状三角形，边缘干膜质，具不整齐的锯齿，先端具长尾尖；孢子囊肾形，单生于叶腋；孢子球状四面形，有密网纹。

中生草本。生于森林区的兴安落叶松林下或林缘。产兴安北部（额尔古纳市）。分布于我国黑龙江、吉林、辽宁、日本、朝鲜，南美洲、欧洲、北美洲。为泛北极分布种。

全草入药（药材名：伸筋草），能祛风湿、舒筋活络，主治风湿关节酸痛、屈伸不利、跌打损伤。

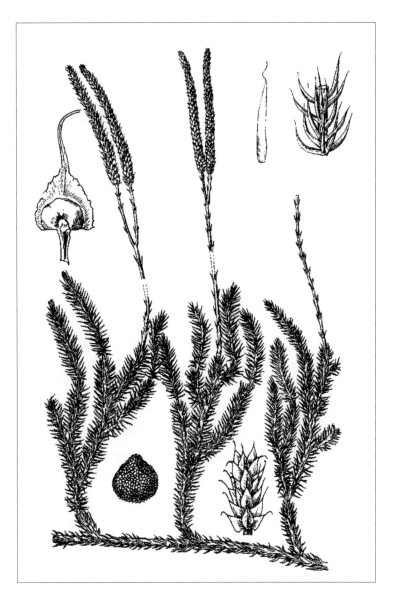

2. 卷柏科 Selaginellaceae

陆生，多年生中小型草本。主茎常匍匐，有背腹面，二歧分枝或合轴分枝，分枝处生不定根，具原生中柱或分体中柱。营养叶通常二型，背腹各 2 列，背叶常大于腹叶，无柄，近轴面叶腋有小叶舌。孢子叶同型，少异型；孢子囊肾形，单生于枝顶的叶腋，或聚成孢子囊穗；孢子异型，球状四面形，表面有疣状凸起。

内蒙古有 1 属、6 种。

1. 卷柏属 Selaginella P. Beauv.

属的特征同科。

内蒙古有 6 种。

分种检索表

1a. 主茎短，枝密生呈莲座状，干后内卷如拳。

  2a. 背、腹叶均斜展，叶尖外露，边缘具微齿·····················**1a. 卷柏 S. tamariscina var. tamariscina**

  2b. 背、腹叶均指向上，叶尖不外露，边缘全缘或微齿不明显。

    3a. 腹叶狭卵状披针形，边缘微齿不明显··········**1b. 尖叶卷柏 S. tamariscina var. ulanchotensis**

    3b. 腹叶卵状矩圆形，边缘全缘·····················**1c. 垫状卷柏 S. tamariscina var. pulvinata**

1b. 主茎匍匐或斜升，分枝不呈莲座状，干后不内卷。

  4a. 分枝圆柱形；叶 4 列，紧贴枝上，无背腹之分。

    5a. 茎下部褐黄色；叶条状披针形，背部具深沟，先端具白色长刚毛···**2. 西伯利亚卷柏 S. sibirica**

    5b. 茎下部鲜红色；叶卵形，背部具龙骨状凸起，先端具钝凸尖······**3. 圆枝卷柏 S. sanguinolenta**

  4b. 分枝背腹扁平；叶背腹各 2 列，背叶向两侧斜展，腹叶指向上。

    6a. 主茎下部具锐棱；孢子囊穗成对或单生于有叶的长梗上，不呈四棱形···**4. 小卷柏 S. helvetica**

    6b. 主茎下部圆柱形，无棱；孢子囊穗单生于枝顶，无梗，四棱形。

      7a. 背叶斜倒卵形，先端有短尖，内侧叶缘有纤毛状锯齿，外侧近全缘或上部有小锯齿·········

        ···**5. 北方卷柏 S. borealis**

      7b. 背叶椭圆状矩圆形，先端钝圆，叶缘具厚膜质白边及纤毛状锯齿···**6. 中华卷柏 S. sinensis**

1. 卷柏（还魂草、长生不死草）

Selaginella tamariscina (P. Beauv.) Spring in Bull. Acad. Roy. Sci. Brux. 10:136. 1843; Fl. Intramongol. ed. 2, 1:184. t.3. f.1-5. 1998.——*Stachygynandrum tamariscinum* P. Beauv. in Mag. Encycl. 9(5):483. 1804; Prodr. Aetheog. 105. 1805.

1a. 卷柏

Selaginella tamariscina (P. Beauv.) Spring var. **tamariscina**

多年生草本，高 5 ～ 10cm。主茎短而直立，顶端丛生多数小枝，呈莲座状，干时内卷如拳。叶厚革质，4 列，交互对生，覆瓦状排列；背叶 2 列，长卵圆形，斜展超出腹叶，长 2.5 ～ 3mm，宽 1 ～ 1.5mm，外侧具膜质狭边，有微齿，内侧具膜质宽边，近于全缘或具不明显微齿，先端

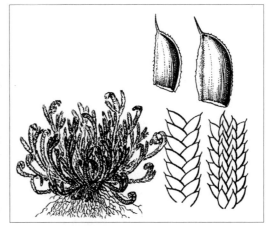

具白色长芒；腹叶 2 列，卵状矩圆形，斜展，长约 2mm，宽约 1mm，具膜质狭边，有微齿，先端具白色长芒。孢子囊穗生于小枝顶端，四棱形，长 5～15mm，径约 0.5mm；孢子叶卵状三角形，背部具龙骨状凸起，锐尖，具膜质白边，有微齿；孢子囊肾形，孢子异型。

中生草本。生于森林区和森林草原带的山坡岩缝、峭壁石缝。产兴安南部（阿鲁科尔沁旗、巴林右旗）、赤峰丘陵（库伦旗阿奇玛山）。分布于我国黑龙江、吉林、辽宁、河北、山东、山西，日本、朝鲜、俄罗斯（远东地区）。为东亚北部（满洲—日本）分布种。

全草入药（药材名：卷柏），生用能活血；炒用能止血，主治经闭、崩漏、尿血、便血、脱肛。全草入蒙药（蒙药名：麻特日音－好木苏），能利水、止血、凉血，主治产后热、尿闭、月经不调、创伤出血、鼻出血。

1b. 尖叶卷柏

Selaginella tamariscina (P. Beauv.) Spring var. **ulanchotensis** Ching et W. Wang in Fl. Pl. Herb. Chin. Bor.-Orient. 1:9,69. 1958; Fl. Intramongol. ed. 2, 1:185. t.3. f.6-9. 1998.

本变种与正种的区别是：背叶指向上，叶尖不外露；腹叶狭卵状披针形，长 1.5～2mm，宽 0.6～0.7mm，边缘微齿不明显。

中生草本。生于森林区和森林草原带的山坡岩缝。产兴安南部和科尔沁（科尔沁右翼前旗、科尔沁右翼中旗、扎赉特旗、突泉县、扎鲁特旗、库伦旗、阿鲁科尔沁旗、巴林左旗、巴林右旗、林西县、克什克腾旗、翁牛特旗、西乌珠穆沁旗）、燕山北部（喀喇沁旗、宁城县、敖汉旗）。分布于我国黑龙江、吉林、辽宁。为满洲分布变种。

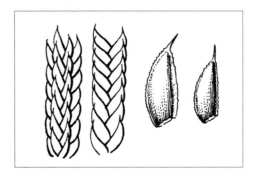

药用同卷柏。

1c. 垫状卷柏

Selaginella tamariscina (P. Beauv.) Spring var. **pulvinata** (Hook. et Grev.) Alston. in Bull. Fan Mem. Inst. Boil., Bot. 5:271. 1934; Fl. Intramongol. ed. 2, 1:185. t.3. f.18. 1998.——*Lycopodium pulvinatum* Hook. et Grev. in Bot. Misc. 2:381. 1831.

本变种与正种的区别是：腹叶并行，指向上方，不斜展，长 1.6～1.7mm，宽 0.5～0.6mm，全缘或近于全缘。

中生草本。生于草原区的山坡石缝。产阴山（乌拉山）。分布于我国东北、华北、华中、西北、西南地区和西藏，印度。为东亚分布变种。

2. 西伯利亚卷柏

Selaginella sibirica (Milde) Hieron. in Hedw. 39:290. 1900; Fl. Intramongol. ed. 2, 1:185. t.3. f.10-14. 1998.——*S. rupestris* (L.) Spring f. *sibirica* Milde in Fil. Eur. 262. 1867.

多年生草本。植株灰绿色。主茎匍匐，分枝短而多数，斜升，随处生有根托。叶密生，覆瓦状排列，条状披针形或条状矩圆形，长 2.4～2.5mm，宽 0.4～0.5mm，背部具深沟，

边缘有纤毛状齿，顶端具白色长刚毛。孢子囊穗单生于枝顶端，四棱形，长 7～15mm，直径 1.5～2mm；孢子叶狭卵状三角形，长 2～2.5mm，宽约 1mm，背部具深沟，边缘有纤毛状齿，先端具白色长刚毛；大孢子囊位于孢子囊穗下部，小孢子囊位于孢子囊穗上部。

中生草本。生于森林区的山顶岩石阴面、山坡岩面。产兴安北部、岭东和兴安南部（额尔古纳市、牙克石市、鄂伦春自治旗、科尔沁右翼前旗、扎赉特旗）。分布于我国黑龙江、吉林，日本、朝鲜、俄罗斯（西伯利亚地区）、北美洲。为亚洲—北美分布种。

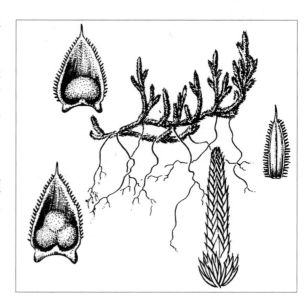

3. 圆枝卷柏（红枝卷柏）

Selaginella sanguinolenta (L.) Spring in Bull. Acad. Roy. Sci. Brux. 10(1):135. 1843; Fl. Intramongol. ed. 2, 1:187. t.3. f.15-17. 1998.——*Lycopodium sanguinolentum* L., Sp. Pl. 2:1104. 1753.

多年生草本。植株密生，灰绿色，高 10～25cm。茎细而坚实，圆柱形，斜升，下部少分枝，

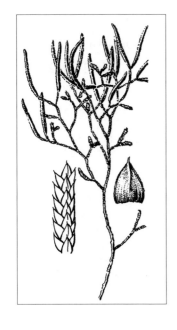

常为鲜红色，上部密生分枝。叶紧贴于茎上，覆瓦状排列，长卵形，长 1.4～1.6mm，宽 0.6～0.8mm，基部稍下延而抱茎，边缘具狭窄的膜质白边，有微锯齿，背部呈龙骨状凸起，先端有钝凸尖。孢子囊穗单生于枝顶端，四棱形，长 1～5cm，直径 1～1.5mm；孢子叶卵状三角形，长 1.4～1.5mm，宽 0.7～1mm，背部呈龙骨状凸起，边缘干膜质，有微齿，先端急尖。

中生草本。生于山坡岩石上。产兴安北部（额尔古纳市）、岭东（扎兰屯市）、兴安南部（科尔沁右翼前旗、科尔沁右翼中旗、巴林右旗、克什克腾旗）、赤峰丘陵（红山区、元宝山区、翁牛特旗）、燕山北部（喀喇沁旗、宁城县）、阴山（大青山、蛮汗山、乌拉山）、东阿拉善（桌子山）、贺兰山。分布于我国黑龙江、吉林、辽宁、新疆西部以及华北、西北、西南地区，蒙古国北部和东部、俄罗斯（西伯利亚地区）、阿富汗、尼泊尔，喜马拉雅山脉，克什米尔地区。为东古北极分布种。

4. 小卷柏

Selaginella helvetica (L.) Link in Fil. Spec. 159. 1841; Fl. Intramongol. ed. 2, 1:187. t.4. f.1-5. 1998.——*Lycopodium helveticum* L., Sp. Pl. 2:1104. 1753.

多年生草本。植株矮小，平铺地面。茎细弱，具锐棱，随处生有根托，二歧式分枝，腹背扁。叶疏生，背叶与腹叶各 2 列；背叶与分枝呈直角展开，卵状椭圆形，长 1.2～1.9mm，宽 0.7～1mm，边缘具小锯齿，先端钝尖；腹叶狭卵形，长 1～1.4mm，宽 0.5～0.8mm，边缘有小锯齿，先端渐尖，稍斜向上。孢子囊穗成对或单生于具叶的长柄上，长 5～7cm，不呈四棱形；孢子叶排列松散，一型，卵形，长 1.5～1.7mm，宽 0.9～1mm，边缘有小锯齿，先端渐尖。大孢子囊生于孢子囊穗下部，少数；小孢子囊生于孢子囊穗上部，多数。

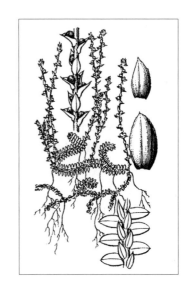

湿中生草本。生于森林区和草原区的阴湿山坡、林下湿地。产兴安北部及岭东（额尔古纳市、鄂伦春自治旗）、兴安南部（科尔沁右翼前旗）、阴山（大青山）。分布于我国黑龙江、吉林、辽宁、河北、山东、山西、陕西、甘肃南部、青海、四川、西藏、云南，日本、朝鲜、蒙古国、俄罗斯（西伯利亚地区、远东地区）、印度北部、尼泊尔，欧洲。为古北极分布种。

5. 北方卷柏（呼玛卷柏）

Selaginella borealis (Kaulf.) Spring in Bull. Acad. Roy. Sci. Brux. 10(1):141. 1843; Fl. Intramongol. ed. 2, 1:187. t.4. f.6-12. 1998.——*Lycopodium boreale* Kaulf. in Enum. Filic. 17. 1824.

多年生草本。植株匍匐蔓生。主茎细而坚韧，红褐色，二叉分枝。小枝绿色，背腹扁平。叶密生，紧贴茎上，覆瓦状排列，矩圆状卵形，长约1mm，宽0.4～0.5mm，边缘具纤毛状齿，背部具锐龙骨状凸起，先端锐尖。叶二型，背叶与腹叶各2列；背叶斜倒卵形，长1.3～1.4mm，

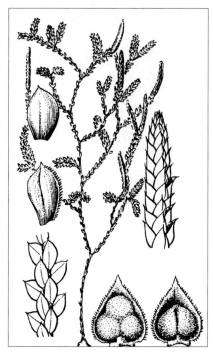

宽0.6～0.7mm，内侧叶缘具纤毛状锯齿，外侧近于全缘或在上部有小锯齿，背部稍隆起，先端锐尖；腹叶矩圆状卵形，长1～1.1mm，宽0.5～0.6mm，上部叶缘有小锯齿或近于全缘，先端有短尖。孢子囊穗较分枝稍粗，四棱形，长1～2cm，直径0.9～1.1mm；孢子叶卵形，长1.4～1.5mm，宽0.7～0.9mm，背部上方呈锐龙骨状凸起，边缘具纤毛状齿，先端锐尖；大孢子囊少数，常3～5个生于孢子囊穗中部并排成一纵列，小孢子囊多数。

中生草本。生于森林区和草原区的山坡岩石上。产兴安北部（额尔古纳市）、兴安南部（科尔沁右翼前旗）、赤峰丘陵（奈曼旗、翁牛特旗）、燕山北部（敖汉旗）。分布于我国黑龙江、吉林、辽宁，日本、俄罗斯（西伯利亚地区、远东地区）。为西伯利亚—东亚北部分布种。

6. 中华卷柏

Selaginella sinensis (Desv.) Spring in Bull. Acad. Roy. Sci. Brux. 10(1): 137. 1843; Fl. Intramongol. ed. 2, 1:189. t.4. f.13-18. 1998.——*Lycopodium sinense* Desv. in Mem. Soc. Linn. Paris 6:189. 1827.

多年生草本。植株平铺地面。茎坚硬，圆柱形，二叉分枝，禾秆色。主茎和分枝下部的叶疏生，螺旋状排列，鳞片状椭圆形，黄绿色，贴伏茎上，长1.5～2mm，宽0.9～1mm，边缘具厚膜质白边，一侧有长纤毛，另一侧具短纤毛或近于全缘，先端钝尖。分枝上部的叶呈4行排列：背

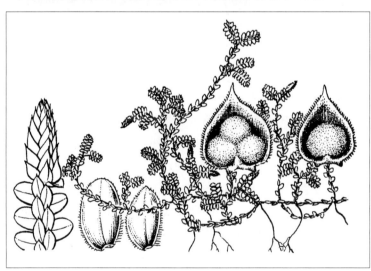

叶2列，椭圆状矩圆形，长约1.5mm，宽约1mm，先端圆形，边缘具厚膜质白边，内侧边缘下方具长纤毛，外侧边缘纤毛较短；腹叶2列，矩圆状卵形，长1～1.5mm，宽0.8～1mm，叶缘同背叶，先端钝尖，基部宽楔形。孢子囊穗四棱形，无梗，单生于枝顶，长3～7mm，直径1～1.5mm；孢子叶卵状三角形或宽卵状三角形，具厚膜质白边，有纤毛状锯齿，背部呈龙骨状凸起，先端长渐尖，大孢子叶稍大于小孢子叶；孢子囊单生于叶腋，大孢子囊少数，常生于穗下部。

中生草本。生于森林区和草原区的石质山坡。产兴安南部和科尔沁（科尔沁右翼前旗、科尔沁右翼中旗、扎赉特旗、扎鲁特旗、库伦旗、奈曼旗、阿鲁科尔沁旗、巴林左旗、巴林右旗、翁牛特旗）、辽河平原（大青沟）、赤峰丘陵、燕山北部（喀喇沁旗、宁城县、敖汉旗）、阴山（大青山、乌拉山）、阴南丘陵（准格尔旗）、贺兰山。分布于我国东北、华北、西北、华东、华中地区。为东亚分布种。

全草入药，能凉血、止血，主治咯血、吐血、衄血、尿血。

3. 木贼科 Equisetaceae

多年生草本。根状茎匍匐，深埋地下。茎具节，节上常轮生分枝，节间中空，外具肋棱，肋上常有硅质瘤状突起，槽内有气孔，茎具外韧管状中柱。叶退化，轮生，常连合成叶鞘筒，上部分裂成多数小齿。孢子叶盾形，下面生数个孢子囊，在顶端聚生成孢子叶球；孢子同型，圆球形，外壁特化为弹丝，螺旋状缠绕于孢子上。

内蒙古有 2 属、9 种。

分属检索表

1a. 气孔不下陷于表皮细胞之下；孢子囊穗钝头；茎同型或异型，入冬即枯萎⋯⋯⋯**1. 问荆属 Equisetum**
1b. 气孔下陷于表皮细胞之下；孢子囊穗尖头；茎同型，入冬不枯萎⋯⋯⋯⋯⋯**2. 木贼属 Hippochaete**

1. 问荆属 Equisetum L.

多年生草本。根状茎匍匐，深埋地下。茎同型或异型，入冬即枯萎，具节，节上常轮生分枝，节间中空，外具肋棱，肋上常有硅质瘤状突起，槽内有气孔，气孔不下陷于表皮细胞之下，茎具外韧管状中柱。叶退化，轮生，常连合成叶鞘筒，上部分裂成多数小齿。孢子叶盾形，下面生数个孢子囊，在顶端聚生成孢子叶球；孢子囊穗钝头；孢子同型，圆球形，外壁特化为弹丝，螺旋状缠绕于孢子上。

内蒙古有 5 种。

分种检索表

1a. 茎或分枝表面明显具硅质刺瘤，侧枝常向下弧曲。
  2a. 营养枝生茎上的侧枝较少，不再分枝；主茎叶鞘通常具鞘齿 14～22，鞘齿分离，具宽膜质白边
  ⋯⋯⋯⋯⋯⋯⋯⋯⋯⋯⋯⋯⋯⋯⋯⋯⋯⋯⋯⋯⋯⋯⋯⋯⋯⋯⋯**1. 草问荆 E. pratense**
  2b. 营养枝生茎上的侧枝多而密集，再次分枝；主茎叶鞘鞘齿通常数个合生，红褐色⋯⋯⋯⋯⋯⋯
  ⋯⋯⋯⋯⋯⋯⋯⋯⋯⋯⋯⋯⋯⋯⋯⋯⋯⋯⋯⋯⋯⋯⋯⋯**2. 林问荆 E. sylvaticum**
1b. 茎或分枝表面光滑，有时粗糙，但不具硅质刺瘤，侧枝通常不向下弧曲。
  3a. 茎中心孔（髓腔）约占茎断面积的 4/5，主茎叶鞘具鞘齿 18～20（～30）。
    4a. 茎上部有轮生分枝⋯⋯⋯⋯⋯⋯⋯⋯⋯⋯**3a. 水问荆 E. fluviatile f. fluviatile**
    4b. 茎不分枝或基本不分枝⋯⋯⋯⋯⋯⋯**3b. 无枝水问荆 E. fluviatile f. linnaeanum**
  3b. 茎中心孔（髓腔）约占茎断面积的 1/3，主茎叶鞘一般具鞘齿 8～12。
    5a. 侧枝的第一个节间长于该侧枝发生处茎生叶鞘长度；绿色的营养茎不育，即顶端不产生孢子囊穗；侧枝多从茎上部发出，多而长，不再分枝⋯⋯⋯⋯⋯⋯⋯**4. 问荆 E. arvense**
    5b. 侧枝的第一个节间短于该侧枝发生处茎生叶鞘长度；茎顶端产生孢子囊穗；主茎单一或自基部发出少数茎状枝，其上部轮生分枝⋯⋯⋯⋯⋯⋯⋯⋯⋯⋯⋯**5. 犬问荆 E. palustre**

1. 草问荆

Equisetum pratense Ehrh. in Hannov. Mag. 22: 138. 1784; Fl. Intramongol. ed. 2, 1:192. t.5. f.11-13. 1998.

多年生草本。根状茎棕褐色，无块茎，向上生出地上主茎。主茎淡黄色，无叶绿素，不分枝，

高 9～30cm，径约 2.5mm；叶鞘筒长 6～8mm；鞘齿 14～22，分离，长三角形，顶端长渐尖，边缘具宽的膜质白边，中脉棕褐色，基部有一圈褐色环。营养茎高 30～40cm，径 1.5～3mm，中央腔直径 0.7～0.9mm，具肋棱 14～16，沿棱具 1 行刺状凸起，槽内气孔 2 列，每列有 1 行气孔。孢子成熟后，主茎节上长出轮生绿色侧枝。侧枝水平伸展，实心，常不再分枝；叶鞘齿 3～4，三角形，先端锐尖。孢子叶球顶生，长约 1.2cm，直径约 5mm，先端钝，有柄。

中生草本。生于森林区和草原区的林下草地、林间灌丛。产兴安北部及岭西（额尔古纳市、根河市、鄂温克族自治旗）、兴安南部和科尔沁（科尔沁右旗前旗、阿鲁科尔沁旗、巴林左旗、巴林右旗、西乌珠穆沁旗东部、锡林浩特市东南部）、赤峰丘陵（翁牛特旗）、燕山北部（喀喇沁旗、宁城县、敖汉旗）、锡林郭勒（苏尼特左旗）、阴山（大青山、蛮汗山、乌拉山）。分布于我国黑龙江、吉林、辽宁、河北、山东、山西、河南、陕西、甘肃、湖北、湖南、新疆中部和北部，蒙古国、俄罗斯、日本，中亚，欧亚大陆北部，北美洲。为泛北极分布种。

全草入蒙药（蒙药名：额布斯－呼呼格），功能、主治同问荆。牛乐食。

2. 林问荆（林木贼）

Equisetum sylvaticum L., Sp. Pl. 2:1061. 1753; Fl. Intramongol. ed. 2, 1:192. t.5. f.7-10. 1998.

多年生草本。根状茎黑褐色，具块茎，向上生出地上主茎。主茎黄褐色，不分枝，高 18～30cm，径 2.5～4mm，具肋棱 14～16，沿棱具 2 列刺状凸起，槽内气孔 2 列，每列有 2～3 行气孔；叶鞘筒长 15～25mm，灰绿色；鞘齿 2～4，膜质，红褐色，卵状三角形，长 1～1.5cm，每齿由 3～6 个小齿合生而成，宿存。孢子叶球顶生，有柄，长椭圆形，长 18～22mm，径 5～8.5mm，顶端钝圆。孢子成熟后，主茎的节上轮生绿色侧枝，高 25～50cm，径 2～3mm，中央腔直径 1.5～2mm，侧枝再数次分枝；小枝水平伸展，先端稍下垂，实心；叶鞘齿通常 3，披针形。随着轮生分枝的产生，孢子叶球渐枯萎。

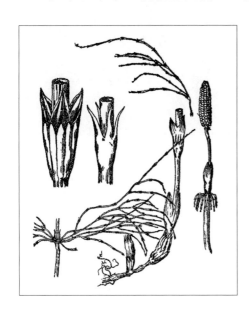

中生草本。生于森林区的山地林下草地、灌丛、湿地。产兴安北部（额尔古纳市、根河市、阿尔山市、东乌珠穆沁旗宝格达山）、兴安南部（阿鲁科尔沁旗）、燕山北部（宁城县）。分布于我国黑龙江、

吉林、辽宁、山东、山西、新疆北部，日本、蒙古国、俄罗斯，中亚，欧亚大陆北部，北美洲。为泛北极分布种。

全草入蒙药（蒙药名：敖衣音－呼呼格），功能、主治同问荆。

3. 水问荆（水木贼、溪木贼）

Equisetum fluviatile L., Sp. Pl. 2:1062. 1753; Fl. Intramongol. ed. 2, 1:193. t.7. f.1-4. 1998.

3a. 水问荆

Equisetum fluviatile L. f. **fluviatile**

多年生草本。根状茎红棕色。地上主茎高 40～60cm，径 3～6mm，中央腔直径 2.5～5mm，茎上部无槽沟，具平滑的浅肋棱 14～16，槽内气孔多行；叶鞘筒长 7～10mm，贴生茎上；鞘齿 14～16，黑褐色，狭三角状披针形，渐尖，具狭窄的膜质白边。中部以上的节生出轮生侧枝，每轮 1 至多数；叶鞘齿 4～8，狭三角形，先端渐尖。孢子叶球长椭圆形，长 1～1.2cm，直径 6～7mm，先端钝圆，无柄。

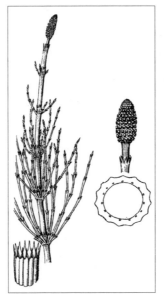

湿生草本。生于森林区和草原区的沼泽、踏头沼泽、湿草地浅水中。产兴安北部及岭东和岭西（额尔古纳市、根河市、海拉尔区、牙克石市、鄂伦春自治旗、鄂温克族自治旗）、兴安南部及科尔沁（科尔沁右翼前旗、阿鲁科尔沁旗、巴林右旗、克什克腾旗、翁牛特旗）、辽河平原（大青沟）、燕山北部（宁城县）、锡林郭勒（锡林浩特市、苏尼特左旗）。分布于我国黑龙江、吉林、甘肃、四川、西藏、云南、新疆，北半球温带和寒带地区。为泛北极分布种。

3b. 无枝水问荆（无枝水木贼）

Equisetum fluviatile L. f. **linnaeanum** (Doll) M. Broun. in Index N. Amer. Ferns 87. 1938; Fl. Intramongol. ed. 2, 1:195. t.7. f.5. 1998.——*E. limosum* L. f. *linnaeanum* Doll in Fl. Baden 1:64. 1857.

本变种与正种的区别是：茎单一，不分枝或基本不分枝。

多年生湿生草本。生于森林区的浅水中。产兴安北部（根河市）、兴安南部（巴林右旗）。分布于北半球温带地区。为泛北极分布变型。

4. 问荆（土麻黄）

Equisetum arvense L., Sp. Pl. 2:1061. 1753; Fl. Intramongol. ed. 2, 1:190. t.5. f.1-6. 1998.

多年生草本。根状茎匍匐，具球茎，向上生出地上茎。茎二型。生殖茎早春生出，淡黄褐色，无叶绿素，不分枝，高 8 ～ 25cm，径 1 ～ 3mm，具浅肋棱 10 ～ 14；茎叶鞘筒漏斗形，长

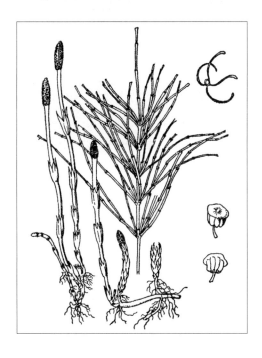

5 ～ 17mm；叶鞘齿 3 ～ 5，棕褐色，质厚，每齿由 2 ～ 3 个小齿连合而成。孢子叶球有柄，长椭圆形，钝头，长 1.5 ～ 3.3cm，径 5 ～ 8mm；孢子叶六角盾形，下生 6 ～ 8 个孢子囊。孢子成熟后，生殖茎渐枯萎，营养茎由同一根状茎生出，绿色，高 25 ～ 40cm，径 1.5 ～ 3mm，中央腔直径约 1mm，具肋棱 6 ～ 12，沿棱具小瘤状突起，槽内气孔 2 列，每列具 2 行气孔；分枝轮生，具棱 3 ～ 4，斜升挺直，常不再分枝；叶鞘筒长 7 ～ 8mm；鞘齿条状披针形，黑褐色，具膜质白边，背部具 1 浅沟。

中生草本。生于森林区和草原区的草地、河边、沙地。产兴安北部及岭西（额尔古纳市、根河市、牙克石市、鄂温克族自治旗）、兴安南部和科尔沁（科尔沁右翼前旗、扎鲁特旗、阿鲁科尔沁旗、巴林左旗、巴林右旗、克什克腾旗、翁牛特旗、库伦旗）、辽河平原（科尔沁左翼后旗）、赤峰丘陵、燕山北部（喀喇沁旗、敖汉旗）、锡林郭勒（东乌珠穆沁旗东部、锡林浩特市东南部）、阴山（大青山、蛮汗山、乌拉山）、阴南丘陵（准格尔旗）、鄂尔多斯（达拉特旗、鄂托克旗）、贺兰山、西阿拉善（阿拉善右旗）。分布于我国东北、华北、西北、西南、华中地区及新疆，北半球温带和寒带地区。为泛北极分布种。

全草入药，能清热、利尿、止血、止咳，主治小便不利、热淋、吐血、衄血、月经过多、

咳嗽气喘。全草入蒙药（蒙药名：呼呼格－额布斯），能利尿、止血、化痞，主治尿闭、石淋、尿道烧痛、淋症、水肿、创伤出血。夏季鲜草时，牛和马乐食；干草时，羊喜食。

5. 犬问荆

Equisetum palustre L., Sp. Pl. 2:1061. 1753; Fl. Intramongol. ed. 2, 1:193. t.6. f.5-8. 1998.

多年生草本。根状茎细长，黑褐色，具块茎。地上主茎绿色，高 15～30cm，径 1.5～3mm，中央腔直径 0.2～0.3mm，具锐肋棱 6～10，近于平滑，槽内气孔多行；中部以上轮生多数侧枝，斜升内曲，常不再分枝；叶鞘筒长 5～12mm；鞘齿狭条状披针形，黑褐色，背部具浅沟，具白色膜质宽边，向顶端延伸为易脱落的白色长芒。孢子叶球早期黑褐色，成熟时变棕色，长椭圆形，长 1.5～2.3cm，钝头，有长柄。

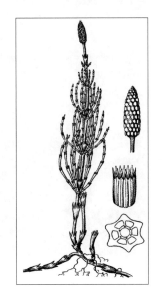

中生草本。生于森林区和草原区的林下湿地、水沟边。产兴安北部及岭东（额尔古纳市、根河市、牙克石市、鄂伦春自治旗、东乌珠穆沁旗宝格达山）、兴安南部及科尔沁（科尔沁右旗前旗、克什克腾旗）、燕山北部（宁城县）、阴山（大青山）、贺兰山。分布于我国黑龙江、吉林、辽宁、山西、陕西南部（秦岭）、新疆北部、河北、河南、湖北、湖南、江西、宁夏、甘肃、青海、四川、西藏、云南、贵州，北半球温带和寒带地区。为泛北极分布种。

全草入蒙药（蒙药名：呼呼格－额布斯），功能、主治同问荆。

2. 木贼属 **Hippochaete** Milde

多年生草本。根状茎匍匐，深埋地下。茎同型，具节，入冬不枯萎，节上常轮生分枝，节间中空，外具肋棱，肋上常有硅质瘤状突起，槽内有气孔，气孔下陷于表皮细胞之下，茎具外韧管状中柱。叶退化，轮生，常连合成叶鞘筒，上部分裂成多数小齿。孢子叶盾形，下面生数个孢子囊，在顶端聚生成孢子叶球；孢子囊穗尖头；孢子同型，圆球形，外壁特化为弹丝，螺旋状缠绕于孢子上。

内蒙古有 4 种。

分种检索表

1a. 主茎具轮生分枝；叶鞘齿 6～16，易脱落 ························**1. 节节草 H. ramosissima**
1b. 主茎不分枝，或分枝不轮生。
　　2a. 植株较高人；茎较粗，径 4～8mm；叶鞘齿 16～20，常脱落 ··············**2. 木贼 H. hyemalis**
　　2b. 植株较小；茎较细，径 0.5～2mm；叶鞘齿 3～6，宿存。
　　　　3a. 茎通常弯曲，无中央腔，节间基本实心，具肋棱 6～8；叶鞘齿 3······**3. 小木贼 H. scirpoides**
　　　　3b. 茎通常直立，具中央腔，节间中空，具肋棱 12～16；叶鞘齿 4～6···**4. 兴安木贼 H. variegata**

1. 节节草（多枝木贼、土麻黄、草麻黄）

Hippochaete ramosissima (Desf.) Milde ex Bruhin in Verh. K.K. Zool.-Bot. Ges. Wien 18:758. 1868.——*H. ramosissima* (Desf.) Borner in Fl. Deut. Volk 282. 1912; Clav. Pl. Chin. Bor.-Orient. ed. 2,

25. t.4. f.6. 1995.——*Equisetum ramosissimum* Desf. in Fl. Atl. 2:398. 1799; Fl. Intramongol. ed. 2, 1:193. t.6. f.1-4. 1998.

多年生草本。根状茎黑褐色。地上茎灰绿色，粗糙，高 25～75cm，径 1.5～4.5mm，中央腔直径 1～3.5mm；节上轮生侧枝 1～7，或仅基部分枝，侧枝斜展；主茎具肋棱 6～16，

  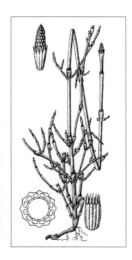

沿棱脊有 1 列疣状凸起，槽内气孔 2 列，每列具 2～3 行气孔；叶鞘筒长 4～12mm；鞘齿 6～16，披针形或狭三角形，背部具浅沟，先端棕褐色，具长尾，易脱落。孢子叶球顶生，矩圆形或长椭圆形，长 5～15mm，直径 3～4.5mm，顶端具小凸尖，无柄。

中生草本。生于草原区和荒漠区的沙地、草地等处。产科尔沁（科尔沁右翼中旗、扎鲁特旗、巴林右旗、库伦旗、奈曼旗、翁牛特旗）、辽河平原（科尔沁左翼后旗）、赤峰丘陵（红山区、喀喇沁旗）、锡林郭勒（苏尼特左旗）、阴南平原（包头市）、阴南丘陵（准格尔旗）、鄂尔多斯（达拉特旗、伊金霍洛旗、鄂托克旗）、东阿拉善（阿拉善左旗）、西阿拉善（阿拉善右旗）。广布于我国各地，北非，亚洲、欧洲、北美洲。为泛北极分布种。

全草入药，能清热利湿、平肝散结、祛痰止咳，主治尿路感染、肾炎、肝炎。

2. 木贼（锉草）

Hippochaete hyemalis (L.) Milde ex Bruhin in Verh. K.K. Zool.-Bot. Ges. Wien 18:758. 1868; Clav. Pl. Chin. Bor.-Orient. ed. 2, 25. t.4. f.7. 1995.——*Equisetum hyemale* L., Sp. Pl. 2:1062. 1753; Fl. Intramongol. ed. 2, 1:195. t.7. f.6-9. 1998.

多年生草本。根状茎粗壮，黑褐色，无块茎。地上茎直立，粗壮，质硬，粗糙，单一或仅基部分枝，高 30～60cm，径 4～8mm，中央腔直径 3～6mm，具肋棱 16～20，沿棱脊具 2 列疣状凸起，槽内气孔 2 行；叶鞘筒贴伏茎上，长 7～9mm，基部一圈呈黑褐色；鞘齿 16～20，狭条状披针形，背部具浅沟，先端长渐尖，黑褐色，常脱落。孢子叶球长椭圆形，紧密，长 6～10mm，直径 4～5mm，棕褐色，先端具小凸尖，无柄。

中生草本。生于森林区和草原区的林下湿地、湿草地、水沟边。产兴安南部及科尔沁（科尔沁右翼前旗、阿鲁科尔沁旗、克什克腾旗、西乌珠穆沁旗东部）、辽河平原（大青沟）、燕山北部（宁城县）、阴山（蛮汗山）、阴南丘陵（准格尔旗）、鄂尔多斯（达拉特旗）、贺兰山。分布于我国东北、

华北、西北、西南地区及新疆，北半球温带地区。为泛北极分布种。

全草入药（药材名：木贼），能散风热、退目翳、止血，主治目赤肿痛、迎风流泪、角膜薄翳、内痔便血。全草入蒙药（蒙药名：珠鲁古日－额布苏），能明目退翳、治伤、排脓，主治骨折、旧伤复发、赤眼、眼花症、角膜薄翳。

3. 小木贼 （蔺问荆、蔺木贼）

Hippochaete scirpoides (Michx.) Farw. in Mem. New York Bot. Gard. 6: 467. 1916; Clav. Pl. Chin. Bor.-Orient. ed. 2, 25. t.4. f.8. 1995.——*Equisetum scirpoides* Michx. in Fl. Bor.-Amer. 2:281. 1803; Fl Intramongol. ed. 2, 1:195. t.2. f.4-7. 1998.

多年生草本。根状茎细弱，棕褐色。地上茎细，质硬，常弯曲，高 6～12cm，径 0.5～0.8mm，无中央腔，具槽沟 3 或 4，具肋棱 6～8，棱上有小疣状凸起 1 列，槽内气孔 2 行；叶鞘筒长 1.5～2mm，基部黑褐色；鞘齿 3，三角状披针形，边缘具宽膜质白边，中央黑褐色，先端渐尖。孢子叶球小型，长约 3mm，径约 1.5mm，先端尖，包被于顶端叶鞘筒中，柄长约 0.6mm。

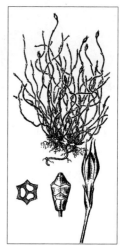

湿中生草本。生于森林区的潮湿针叶林或针阔混交林下。产兴安北部（额尔古纳市）。分布于我国黑龙江、新疆，日本、蒙古国北部、俄罗斯（西伯利亚地区、远东地区），欧洲、北美洲。为泛北极分布种。

4. 兴安木贼

Hippochaete variegata (Schleich. ex Weber. et Mohr) Milde ex Bruhin in Verh. K.K. Zool.-Bot. Ges. Wien 18:758. 1868; Clav. Pl. Chin. Bor.-Orient. ed. 2, 25. t.4. f.9. 1995.——*Equisetum variegatum* Schleich. ex Weber. et Mohr in Bot. Taschenb. 60, 447. 1807; Fl. Intramongol. ed. 2, 1:197. 1998.

多年生草本。根状茎细，分枝，黑褐色。地上茎多数，簇生，坚硬，粗糙，不分枝，高 10～20cm，径 1～2mm，中央腔小，为茎的直径的 1/4～1/3，具肋棱 12～16，每 2 条肋棱组成一个粗棱，沿棱脊有 2 列小疣状凸起，槽内有气孔 2 列；叶鞘筒长 2.5～3mm，基部黑褐色；

鞘齿 4～6，矩圆状卵形，具宽的白色膜质边缘，中央黑褐色，先端长尾状细尖，易脱落。孢子叶球先端具小凸尖，无柄。

湿中生草本。生于森林区的苔藓针叶林下或泥炭地上。产兴安北部（额尔古纳市）。分布于我国黑龙江、吉林、辽宁、四川、新疆，日本、蒙古国北部、俄罗斯（西伯利亚地区、远东地区），西南亚，欧洲、北美洲。为泛北极分布种。

4. 阴地蕨科 Botrychiaceae

陆生植物。根状茎短，直立，簇生肉质粗根。叶二型，都出自总柄；营养叶一至四回羽状分裂，通常为卵状三角形或五角形，少数为披针形或矩圆状披针形，叶脉分离，通常不明显，有柄或无柄；孢子叶出自总柄，或出自营养叶基部或中轴，高出营养叶，有长柄；总柄基部包有褐色鞘状托叶。孢子囊穗为疏散的圆锥状或紧密的总状；孢子囊圆球形，沿小穗轴排成2行，不陷入囊托内，成熟时横列，无环带，无柄；孢子具3裂缝，不具周壁，外壁具明显的疣状和不明显的小疣状纹饰。

内蒙古有2属、4种。

分属检索表

1a. 营养叶一至二回羽裂，叶鞘封闭；植物体光滑无毛；冬芽无毛，包于叶鞘内···1. 小阴地蕨属 Botrychium

1b. 营养叶三至四回羽裂，叶鞘一边开口；植物体多少被毛；冬芽被毛，部分外露···2. 假阴地蕨属 Botrypus

1. 小阴地蕨属 Botrychium Sw.

陆生植物。植株光滑无毛。根状茎短，直立，簇生肉质粗根。冬芽无毛，包于叶鞘内。叶二型，都出自总柄，总柄基部包有褐色鞘状托叶，叶鞘封闭；营养叶一至二回羽状分裂，通常为卵状三角形或五角形，少数为披针形或矩圆状披针形，叶脉分离，通常不明显，有柄或无柄；孢子叶出自总柄，或出自营养叶基部或中轴，高出营养叶，有长柄。孢子囊穗为疏散的圆锥状或紧密的总状；孢子囊圆球形，沿小穗轴排成2行，不陷入囊托内，成熟时横列，无环带，无柄；孢子具3裂缝，不具周壁，外壁具明显的疣状和不明显的小疣状纹饰。

内蒙古有3种。

分种检索表

1a. 营养叶心状卵形，二回羽裂，羽片或裂片非扇形，具中脉。

  2a. 羽片先端圆形，常重叠；原叶体直立···············1. 北方小阴地蕨 B. boreale

  2b. 羽片先端尖，通常不重叠；原叶体下垂···········2. 长白山阴地蕨 B. lanceolatum

1b. 营养叶矩圆形或矩圆状披针形，一回羽裂，羽片扇形，无中脉··········3. 扇羽小阴地蕨 B. lunaria

1. 北方小阴地蕨（北方阴地蕨）

Botrychium boreale Milde in Bot. Zeitung (Berlin)15: 880. 1857；Clav. Pl. Chin. Bor.-Orient. ed. 2, 25. t.5. f.5. 1995.

多年生草本，高5～10cm。根状茎近直立，短圆柱形，每年生长1枚叶。叶柄长3～8cm。营养叶基部二回羽状分裂，上部羽状分裂，绿色，具光泽，卵状三角形，长1～4cm，宽1～3cm，肉质，基部心形，无柄或近无柄。羽片3～5对，上升，通常相互重叠；基部的羽片最大，卵形，宽可达2cm，基部近截形，先端圆钝；上部的羽片和基部羽片的裂片椭圆形，宽可达5mm；脉离生。孢子叶二回羽裂，从叶柄顶端或近顶端生出，柄长1.5～5cm。

孢子表面具疣状凸起。

中生草本。生于林下。产兴安北部。分布于朝鲜、日本，欧洲北部，北美洲（格陵兰岛）。为泛北极分布种。

2. 长白山阴地蕨 （多枝阴地蕨）

Botrychium lanceolatum (S. G. Gmelin) Angstrom in Bot. Not. 1854:68. 1854.——*Osmunda lanceolata* S. G. Gmelin in Nov. Comm. Acad. Sci. Imp. Petrop. 12:516. 1768.——*B. manshuricum* Ching in Fl. Reip. Pop. Sin. 2:329. 1959; Fl. Intramongol. ed. 2, 1:200. 1998.

多年生草本，高 10～25cm。根状茎短，根多数。总叶柄长约 16cm，基部常褐红色。营养叶三角状矩圆形或略呈三角形，长约 5cm，宽约 6cm，二回羽状深裂，羽片倒卵状椭圆形，圆钝头，基部楔形，边缘具不等缺刻，叶脉羽状，中脉明显，无柄；孢子叶二至三回分枝，从营养叶基部生出，长约 10cm，高出营养叶，有柄。孢子囊穗三回分枝，长 6～7cm，宽约 5cm，无毛。

中生草本。生于森林区的针阔混交林下或桦木林下。产兴安北部（额尔古纳市）。分布于我国吉林（长白山），日本，亚洲、欧洲、北美洲。为泛亚北极分布种。

3. 扇羽小阴地蕨

Botrychium lunaria (L.) Sw. in J. Bot. (Schrader) 1800(2):110. 1801; Fl. Intramongol. ed. 2, 1:198. t.8. f.1-2. 1998.——*Osmunda lunaria* L., Sp. Pl. 2:1064. 1753.

多年生草本，高 5～10cm。根状茎极短，直立，具暗褐色肉质的根。叶单生；总叶柄长 3～8cm，基部有棕褐色鞘状苞片。营养叶从总柄中部以上的部位伸出，矩圆形或矩圆状披针形，长约 2cm，宽约 1cm，一回羽状全裂；羽片扇形，3～4 对，长约 5mm，宽约 6mm，先端圆形，波状，基部楔形；叶脉扇状分离，不明显；具长约 5mm 的短柄。孢子叶靠近营养叶基部抽出，远高

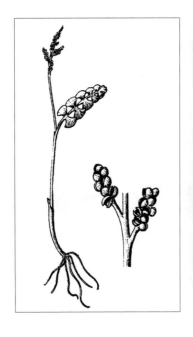

于营养叶，1～2次分枝，柄长1～3cm。孢子囊穗长约1cm，狭圆锥形，复总状；孢子囊球形；孢子极面观为三角形，赤道面观为半圆形或超半圆形，外壁具粗而明显的疣状纹饰。

中生草本。生于山地林下、林缘草甸及山沟阴湿处。产兴安北部（额尔古纳市、牙克石市、阿尔山市兴安林场）、兴安南部（巴林右旗罕山林场）、阴山（大青山的九峰山、蛮汗山）、贺兰山、龙首山。分布于我国东北、华北、西北、西南地区及台湾、新疆，印度（锡金）、不丹、尼泊尔、日本、澳大利亚、新西兰，太平洋岛屿，欧洲北部，北美洲。为泛温带分布种。

全草入药，能止血、止痢、消肿，主治子宫出血、痢疾便血、外伤出血、跌打损伤、痈肿。

2. 假阴地蕨属 Botrypus Michx.

陆生植物。植物体多少被毛。根状茎短，直立，簇生肉质粗根。冬芽被毛，部分外露。叶二型，都出自总柄，总柄基部包有褐色鞘状托叶，叶鞘一边开口。营养叶三至四回羽状分裂，通常为卵状三角形或五角形，稀披针形或矩圆状披针形，叶脉分离，通常不明显，有柄或无柄；孢子叶出自总柄，或出自营养叶基部或中轴，高出营养叶，有长柄。孢子囊穗为疏散的圆锥状或紧密的总状；孢子囊圆球形，沿小穗轴排成2行，不陷入囊托内，成熟时横列，无环带，无柄；孢子具3裂缝，不具周壁，外壁具明显的疣状和不明显的小疣状纹饰。

内蒙古有1种。

1. 劲直假阴地蕨

Botrypus strictus (Underw.) Holub in Preslia 45:277. 1973；Clav. Pl. Chin. Bor.-Orient. ed. 2, 27. t.5. f.3. 1995.——*Botrychium strictum* Underw. in Bull. Torr. Bot. Club. 30:52. 1903; Fl. Intramongol. ed. 2, 1:198. t.8. f.3-4. 1998.

多年生草本，高30～50cm。根状茎短，直立。根多数，黑褐色，肉质。叶单生；总叶柄长25～40cm，径约4mm，常被稀疏柔毛，基部被棕褐色鞘状苞片。营养叶薄，草质；叶片宽三角形，长13～20cm，宽略大于长，三回羽状深裂，叶脉羽状分枝，伸达锯齿顶端，沿叶轴和羽轴疏生柔毛，无柄。羽片7～9对，对生，卵形或矩圆状披针形，基部一对最大，长10～12cm，宽5～6cm，二回羽状深裂；一回小羽片矩圆状披针形或披针形，基部的较小，下侧先出，中部的较大，长3～8cm，宽1～1.5cm，羽状或羽状深裂；末回小羽片矩圆状卵形，长约5mm，宽3～4mm，先端具3～5个锯齿。孢子叶自营养叶的基部稍上处生出，长近等于营养叶，柄长5～7cm。孢子囊穗复穗形，长9～20cm，宽8～10mm，小穗长约1cm；孢子极面观为近圆形或三角形，外壁具明显的疣状纹饰。

中生草本。生于落叶阔叶林的林下或山谷阴湿处。产辽河平原（大青沟）。分布于我国黑龙江、吉林、辽宁、陕西、甘肃、河南、湖北、四川，日本、朝鲜。为东亚北部分布种。

全草入药，能清热解毒，可治蛇咬伤。

5. 瓶尔小草科 Ophioglossaceae

陆生，少数为附生植物。根状茎短，有肉质粗根。叶二型，有营养叶和孢子叶之分，均出自总柄；营养叶为单叶或少有分裂，叶脉网状，通常不明显；孢子叶出自营养叶基部或总柄的基部，少有出自营养叶中部，有柄。孢子囊穗条形；孢子囊扁圆球形，下陷，沿囊托两侧排列，形成条形孢子囊穗，孢子囊不具环带，成熟时横裂，无柄；孢子四面形，极面观为圆形、三角形或钝三角形，外壁具网状纹饰。

内蒙古有 1 属、1 种。

1. 瓶尔小草属 Ophioglossum L.

陆生，小型草本。根状茎短而直立，具肉质粗根。叶二型：营养叶通常单生或 2～3 枚出自根状茎顶部，卵形至披针形，全缘，叶脉网状，网眼通常不明显，无内藏小脉，有柄；孢子叶出自营养叶的基部，具长柄。

内蒙古有 1 种。

1. 狭叶瓶尔小草（一支箭、温泉瓶尔小草）

Ophioglossum thermale Kom. in Repert. Spec. Nov. Regni Veg. 13:85. 1914; Fl. Intramongol. ed. 2, 1:200. t.9. f.1-2. 1998.

多年生草本，高 18～23cm。根状茎短而直立，有一簇细长不分枝的淡褐色肉质根。总柄长 3～6cm，根生叶具有 1～3cm 长的叶柄或无柄。营养叶从根状茎的顶端生出或从总柄顶端伸出，倒披针形或椭圆形，长 2～5cm，宽 4～9mm，先端急尖，稍钝，基部狭楔形或楔形，全缘，叶脉网状，不明显，无柄。孢子叶自总柄顶端生出，有 7～11cm 长的柄，远高出营养叶。孢子囊穗长 2～5cm，条形，顶端具有小尖头；孢子球形，外壁具明显的细网状纹饰，近似穴状。

中生草本。生于草原区的草甸。产赤峰丘陵（元宝山区）。分布于我国黑龙江、吉林、辽宁、河北、山东、陕西、河南、安徽、湖北、江苏、江西、台湾、四川、云南、贵州，日本、朝鲜、俄罗斯（远东地区）。为东亚分布种。是国家三级重点保护植物。

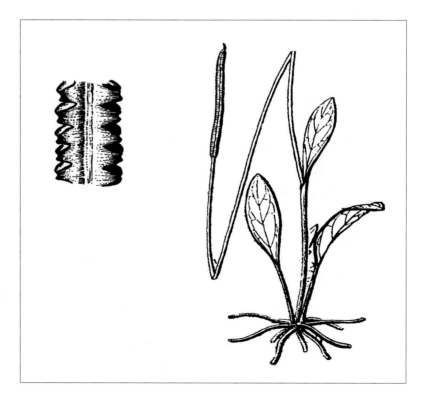

6. 碗蕨科 Dennstaedtiaceae

中型或大型陆生植物。根状茎长而横走，密被锈黄色长刚毛，无鳞片，具管状中柱。叶远生或簇生；叶片一至四回羽状分裂，薄草质或革质，被毛或光滑，无鳞片；叶轴上面具纵沟，两侧圆；羽片对生或互生；叶脉分离，羽状分枝或呈叉状，小脉不达叶缘；具长柄，柄基部无关节，通常被毛，稀光滑。孢子囊群生于叶缘内的连结脉上或近叶缘顶生于小脉顶端，线形或圆形；囊群盖条形或碗状，有时双层，外层由变质的叶缘反卷成假盖，内层为未发育好的膜质内盖；孢子四面体形而具 3 裂缝，或肾形而具单裂缝，具周壁或无，表面具颗粒、小刺状纹饰或光滑。

内蒙古有 2 属、2 种。

分属检索表

1a. 囊群盖条形，有内、外两层，外层由变质叶缘反卷成膜质假盖，内层为真盖，常发育不全或近退化⋯⋯⋯⋯⋯⋯⋯⋯⋯⋯⋯⋯⋯⋯⋯⋯⋯⋯⋯⋯⋯⋯⋯⋯⋯⋯⋯⋯⋯**1. 蕨属 Pteridium**
1b. 囊群盖由内、外两瓣融合而成，呈碗形，偶尔呈杯形下弯⋯⋯⋯⋯⋯⋯**2. 碗蕨属 Dennstaedtia**

1. 蕨属 Pteridium Gled. ex Scop.

大型植物。根状茎长而横走，内有复杂分裂的两重管状中柱，外被锈黄色短毛。叶远生；叶片革质或近革质，卵形或卵状三角形，二至三回羽状分裂；羽片互生或对生，基部一对最大，呈卵状三角形；叶脉羽状，侧脉多伸向叶缘内的一条边脉上；有长柄。孢子囊群条形，沿叶缘内的一条边脉着生；囊群盖条形，有内、外两层，外层由变质叶缘反卷成膜质假盖，内层为真盖，常发育不全或近退化；孢子具周壁，表面具颗粒、小刺状纹饰，外壁较薄不形成赤道环。

内蒙古有 1 种。

1. 蕨（蕨菜）

Pteridium aquilinum (L.) Kuhn var. **latiusculum** (Desv.) Underw. ex A. Heller in Cat. N. Amer. Pl. ed. 3, 17. 1909; Fl. Intramongol. ed. 2, 1:202. t.9. f.3-5. 1998.——*Pteris latiuscula* Desv. in Mem. Soc. Linn. Paris 6(3):303. 1827.

多年生草本，高可达 100cm。根状茎长而横走，紫黑色或暗褐色，密被锈黄色的毛，后逐渐脱落。叶远生，近革质，沿各回羽轴及叶边缘疏生短柔毛；叶片卵状三角形或宽卵形，长 25 ～ 40cm，宽 20 ～ 30cm，三回羽状分裂。羽片约 8 对，互生或近对生，基部一对最大，卵状三角形，长 20 ～ 30cm，宽 10 ～ 15cm；小羽片约 10 对，互生，三角状披针形或披针形，长 5 ～ 10cm，宽 1 ～ 2cm；末回小羽片或裂片，互生，矩圆形，长约 1cm，宽约 5mm，先端圆钝，全缘。叶脉羽状，侧脉二叉，下面隆起；叶柄粗壮，长 20 ～ 40cm，禾秆色，幼时基部被毛，后脱落无毛。孢子囊群条形，沿叶缘边脉着生，连续或间断；囊群盖条形，薄纸质，有由叶缘变质反卷而成的假盖；孢子周壁表面

具颗粒状纹饰，颗粒排列不均匀，有时排列较紧密而呈狭条状。

中生草本。生于森林区和草原区的山地林下、林缘草地、山坡草丛。产兴安北部及岭东（额尔古纳市、根河市、鄂伦春自治旗、阿荣旗）、兴安南部（科尔沁右翼前旗、巴林左旗、巴林右旗、克什克腾旗、东乌珠穆沁旗、西乌珠穆沁旗东部）、燕山北部（喀喇沁旗、宁城县、敖汉旗）、阴山（大青山、蛮汗山）。分布于我国各地（长江以北较多），日本，欧洲、北美洲。为泛北极分布变种。

根状茎含淀粉，可提取淀粉供食用。嫩叶可食用。全草入药，能清热利湿、消肿、利水、安神，主治发热、痢疾、黄疸、高血压、头昏失眠、风湿关节痛、白带。

2. 碗蕨属 Dennstaedtia Bernh.

土生中型蕨类植物。根状茎横走，较粗壮，被多细胞灰色刚毛，无鳞片。叶一型；叶片三角形或长圆形，多回羽状细裂，多少被毛，叶轴毛多，稀无毛，小羽片偏斜，基部不对称楔形；叶脉分离，羽状分枝，小脉不达叶缘，先端具水囊；具柄，上面具纵沟，有时具毛，老时脱落，多少粗糙。孢子囊群圆形，叶缘着生，顶生于每条小脉，分离；囊群盖碗形，由内瓣和外瓣合成，外瓣即为叶缘锯齿或小裂片，碗口全缘，稀缺刻，通常多少下弯，质厚，常淡绿色；囊托短，孢子囊具细长柄，环带直立，下部被囊柄中断；孢子钝三角形，无周壁或具周壁，具小瘤状纹饰，外壁加厚。

内蒙古有 1 种。

1. 溪洞碗蕨

Dennstaedtia wilfordii (T. Moore) Christ in Index Fil. Suppl. 1:24. 1913; Pl. High. China 2:152. 2012; Fl. China 2-3:156. 2013.——*Microlepia wilfordii* T. Moore in Index Fil. 299. 1861, based on *Davallia rhomboidea* Hook. in Sec. Cent. Ferns t.48. 1860, not Wall. ex Kunze (1850).

根状茎细长横走，黑色，疏被棕色节状毛。叶 2 列，疏生或近生；叶片长约 24cm，宽 6～8cm，长圆状披针形，二至三回羽状深裂。羽片 12～14 对，互生，相距 2～3cm，斜上，长 2～6cm，

宽 1～2.5cm，卵状宽披针形或披针形，一至二回深羽裂，羽柄长 3～5mm；一回小羽片长 1～1.5cm，宽不及 1cm，长圆状卵形，上先出，基部楔形，下延，斜上，羽状深裂或粗锯齿状；末回羽片先端为二至三叉短尖头，全缘。中脉不明显，侧脉纤细，羽状分叉，每小羽片有 1 小脉，不达叶缘，先端具纺锤状水囊。叶薄草质，干后淡绿或草绿色，无毛。叶轴上面有纵沟，下面圆，禾秆色。叶柄长约 14cm，直径约 1.5cm，基部黑褐色，被与根状茎同样的长毛，向上红褐色或淡禾秆色，无毛，有光泽。孢子囊群圆形，着生于末回羽片叶腋或上侧小裂片先端；囊群盖半盅形，淡绿色，口边多少呈啮齿状，无毛。

中生草本。生于山地阔叶林下沟谷潮湿处。产燕山北部山地（宁城县黑里河林场）。分布于我国黑龙江、吉林、辽宁、河北、山西、山东、安徽、江苏、河南、湖北、湖南、陕西、四川、重庆、贵州、江西、浙江、福建。为东亚分布种。

7. 中国蕨科 Sinopteridaceae

陆生中小型植物。根状茎短，直立或斜升，少为横卧，有管状中柱，少为网状中柱，被栗色或红棕色条状披针形的鳞片。叶簇生，近生，少远生；叶片披针形，卵状三角形或五角形，有时下面被白色或黄色粉粒，二至三回羽状；叶脉分离或少为网状；叶柄常栗色或近黑色，少为禾秆色，通常光滑或被短毛。孢子囊群圆形，着生于小脉顶端，少有着生于和侧脉相连的边脉上（呈条形）；有由变质的叶缘反卷而成的假盖，假盖膜质，连续或间断；孢子近圆形，具周壁，周壁具褶皱或不具褶皱，表面具颗粒状、拟网状或刺状纹饰。

内蒙古有 1 属、2 种。

1. 粉背蕨属 Aleuritopteris Fee

中小型旱生植物。根状茎短，直立或斜升，被棕色或黑色披针形至卵状披针形鳞片。叶簇生，三角形、五角形，少为披针形，二至三回羽裂，羽片对生或近对生，通常基部一对最大，纸质，下面被白色或乳黄色粉末，稀无粉；叶脉羽状，分离，通常不甚明显；叶柄连同叶轴为栗褐色或红棕色，光滑，有光泽。孢子囊群圆形，顶生脉端，靠近叶边，幼时分离，成熟时汇合成条形；囊群盖膜质，由变质叶缘反卷而成；孢子近圆形，周壁薄而透明，具褶皱或无，表面具颗粒状或拟网状纹饰。

内蒙古有 2 种。

分种检索表

1a. 夏绿植物；根状茎上的鳞片大而薄，卵状披针形，边缘有睫毛齿；叶片矩圆状披针形·····················
··**1. 华北粉背蕨 A. kuhnii**
1b. 常绿植物；根状茎上的鳞片小而厚，披针形，全缘；叶片五角形。
  2a. 叶片下面有乳白色或淡黄色粉粒·····················**2a. 银粉背蕨 A. argentea** var. **argentea**
  2b. 叶片下面无乳白色或淡黄色粉粒·····················**2b. 无粉银粉背蕨 A. argentea** var. **obscura**

1. 华北粉背蕨（华北薄鳞蕨、华北银粉背蕨）

Aleuritopteris kuhnii (Milde) Ching in Hong Kong Naturalist. 10:202. 1941.——*Leptolepidium kuhnii* (Milde) K. H. Shing et S. K. Wu in Act. Bot. Yunnan. 1(1):117. 1979; Fl. Intramongol. ed. 2, 1:203. t.10. f.3-4. 1998.——*Cheilanthes kuhnii* Milde in Bot. Zeitung (Berlin) 25:149. 1867.

多年生草本，高 20～30cm。根状茎短，直立，顶端有棕色卵状披针形鳞片；鳞片先端渐尖，基部圆形，边缘被疏睫毛。叶簇生，草质，两面无毛；叶片矩圆状披针形，长 13～20cm，宽 4～5cm，三回羽状深

裂。羽片约 10 对，无柄，相距 1～3.5cm，长三角形或矩圆形，长 2～4cm，宽 1～2cm，二回羽裂；小羽片 4～6 对，矩圆形，基部有狭翅相连，基部一对较大，长约 1cm，宽约 6mm，羽状深裂；裂片椭圆形，全缘或波状，先端钝。叶脉羽状，明显，小脉单一或分叉，伸达叶边；叶柄栗棕色，有光泽，长 4～10cm，脆而易断，下部密生淡褐色卵状披针形鳞片，鳞片边缘啮蚀而具疏毛。孢子囊群生于侧脉顶端，近叶边缘排列；囊群盖淡黄绿色，草质，裂片边缘着生，边缘波状或啮蚀状。

中生草本。生于森林区和森林草原带的山沟石缝中。产兴安北部（牙克石市）、兴安南部（科尔沁右翼前旗好仁苏木黑羊山、扎赉特旗神山、巴林右旗赛罕乌拉国家自然保护区）、燕山北部（喀喇沁旗、宁城县、敖汉旗）。分布于我国吉林、辽宁、河北、山西、河南、陕西、甘肃、四川、西藏、云南西北部，俄罗斯（远东地区）。为东亚（满洲—华北—横断山脉）分布种。

2. 银粉背蕨（五角叶粉背蕨）

Aleuritopteris argentea (Gmel.) Fee in Mem. Foug. 5:154. 1852; Fl. Intramongol. ed. 2, 1:204. t.10. f.1-2. 1998.——*Pteris argentea* Gmel. in Nov. Comm. Acad. Sci. Imp. Petrop. 12:519. t.12. f.2. 1768.

2a. 银粉背蕨

Aleuritopteris argentea (Gmel.) Fee var. **argentea**

多年生草本，高 15～25cm。根状茎直立或斜升，被有亮黑色披针形的鳞片，边缘红棕色。叶簇生，厚纸质，上面暗绿色，下面有乳白色或淡黄色粉粒；叶片五角形，长宽约相等，

5～6cm，三出。基部一对羽片最大，无柄，长 2～5cm，宽 2～3.5cm，近三角形，羽状；小羽片 3～5 对，条状披针形或披针形，羽轴下侧的小羽片较上侧的大。基部下侧 1 片特大，长 1～3cm，宽 5～15mm，浅裂，其余向

上各片渐小，稍有齿或全缘；羽片近菱形，先端羽裂，渐尖，基部楔形下延有柄或无柄；小羽片羽状，条形，基部以狭翅彼此相连，基部 1 对最大，两侧或仅下侧有几个短裂片。叶脉羽状，侧脉二叉，不明显；叶柄长 6～20cm，栗棕色，有光泽，基部疏被鳞片，向上光滑。孢子囊群生于小脉顶端，成熟时汇合成条形；囊群盖条形，连续，厚膜质，全缘或略有细圆齿；孢子圆形，周壁表面具颗粒状纹饰。

旱中生草本。生于森林区和森林草原带的山地石灰岩石缝中。产兴安北部（额尔古纳市、

鄂伦春自治旗)、岭东（扎兰屯市）、兴安南部及科尔沁（扎赉特旗、科尔沁右翼前旗、科尔沁右翼中旗、突泉县、巴林左旗、巴林右旗、克什克腾旗）、辽河平原（大青沟）、赤峰丘陵、燕山北部（喀喇沁旗、宁城县、敖汉旗）、锡林郭勒（苏尼特左旗）、阴山（大青山、乌拉山）、阴南丘陵（准格尔旗）、东阿拉善（桌子山）、贺兰山。广布于我国各地，日本、朝鲜、蒙古国、俄罗斯（远东地区）、印度、不丹、尼泊尔、缅甸北部。为东亚分布种。

全草入药，能活血通经、祛湿、止咳，主治月经不调、经闭腹痛、赤白带下、咳嗽、咯血。也入蒙药（蒙药名：吉斯－额布斯），能愈伤、明目、舒筋、调经补身、止咳、止血，主治骨折损伤、月经不调、视力减退、肺结核。

2b. 无粉银粉背蕨（无粉五角叶粉背蕨）

Aleuritopteris argentea (Gmel.) Fee var. **obscura** (Christ) Ching in Hong Kong Naturalist. 10:198. 1941; Fl. Intramongol. ed. 2, 1:206. 1998.——*Cheilanthes argentea* (Gmel.) Kunze var. *obscura* Christ in Nuov. Giorn. Bot. Ital. n.s., 4:88. 1897.

本变种与正种的区别是：叶片下面无乳白色或淡黄色粉粒。

旱中生草本。生于森林区和森林草原带的山地石灰岩石缝中。产岭东（扎兰屯市）、兴安南部及科尔沁（科尔沁右翼前旗、科尔沁右翼中旗、突泉县、扎鲁特旗、阿鲁科尔沁旗、巴林右旗）、

辽河平原（大青沟）、燕山北部（喀喇沁旗、宁城县、敖汉旗）、阴山（大青山、乌拉山）、阴南丘陵（准格尔旗石窑庙）、东阿拉善（狼山）。分布于我国辽宁、河北、河南、山东、山西、陕西、甘肃、青海、四川、贵州、云南，日本、朝鲜。为东亚分布变种。

全草入药，功效同银粉背蕨。

8. 裸子蕨科 Hemionitidaceae

陆生中小型植物。根状茎短而直立或斜升，或长而横走，具管状中柱，外被棕色或栗褐色的鳞片或毛。叶远生、近生或簇生，一型，很少近二型；叶草质、纸质或软革质，通常密被柔毛、腺毛或有节的长毛或无毛，稀被鳞片；叶片一至三回羽状，少基部为心脏形或戟形的单叶；叶脉羽状、分离，少为网状，网眼无内藏小脉；叶柄禾秆色或栗色。孢子囊群沿小脉分布，无囊群盖；孢子囊大，球状，散生，有短柄或近无柄，环带宽；孢子三角状圆形，具周壁，周壁具颗粒状、网状或拟网状纹饰。

内蒙古有 1 属、1 种。

1. 金毛裸蕨属 Paragymnopteris K. H. Shing

旱生植物。根状茎短，横卧至直立，有管状中柱，外被有棕色条形鳞片并混生有锈棕色长柔毛。叶近簇生，纸质或革质，被棕褐色长柔毛或覆瓦状披针形、浅棕色透明的鳞片；叶片披针形或矩圆状披针形，稀为卵状三角形，一至二回单数羽状。羽片多数，互生，有柄或无柄；小羽片卵圆形或矩圆形，先端钝圆，基部心形，全缘。叶脉羽状，侧脉二至三叉，伸达叶边，分离或彼此连接成狭长的网眼；叶柄和叶轴栗色或栗褐色，通常密被锈棕色或棕色长柔毛。孢子囊群条形，沿侧脉分布，隐没于柔毛或鳞片下，环带由 16 ～ 24 个加厚细胞组成；孢子圆形或三角状圆形，具明显的周壁，周壁具网状、拟网状、颗粒状纹饰。

内蒙古有 1 种。

1. 耳羽金毛裸蕨（华北金毛羽蕨、耳形川西金毛裸蕨）

Paragymnopteris bipinnata Christ var. **auriculata** (Franch.) K. H. Shing in Indian Fern. J. 10: 230. 1994.——*Gymnopteris bipinnata* Christ var. *auriculata* (Franch.) Ching in Lingnan Sci. J. 15:398. 1936; Fl. Intramongol. ed. 2, 1:206. t.11. f.1-2. 1998.——*G. vestita* Presl var. *auriculata* Franch. in Nouv. Arch. Mus. Hist. Nat. Ser. 2, 10:123. 1888.——*G. borealisinensis* Kitag. in Rep. First Sci. Exped. Manch. 4(2):83. t.12. 1935; Clav. Pl. Chin. Bor.-Orient. ed. 2, 35. t.7. f.8. 1995.

多年生草本，高 20 ～ 40cm。根状茎横走，密被锈棕色狭披针形鳞片。叶簇生，厚纸质；叶片椭圆状披针形，长 14 ～ 35cm，宽 1 ～ 4cm，一回羽状。羽片 6 ～ 11 对，互生，有短柄，卵状三角形或卵形，长 (6 ～)10 ～ 25mm，宽 5 ～ 12mm，先端圆钝，基部为不对称的心形，两面伏生淡棕黄色长柔毛，下面较密；顶生羽片最大，三角状卵形，基部圆形偏斜，或有时两侧具耳状小裂片。侧脉多回分叉，小脉分离或在叶边偶有连接成狭长的网眼；叶柄栗褐色，长 5 ～ 12cm，连同羽轴密被长柔毛，基部最密。孢子囊群沿叶脉着生，被毛覆盖，无囊群盖；孢子三角状圆形，周壁具明显的粗网状纹饰。

中生草本。生于森林区和森林草原带的山地岩石山坡或林下石缝中。产岭东（扎兰屯市）、兴安南部及科尔沁（科尔沁右翼前旗、科尔沁右翼中旗、扎赉特旗、巴林左旗、克什克腾旗）、燕山北部（喀喇沁旗、宁城县）。分布于我国辽宁、河北、河南、湖北西部、山西、陕西、山东、甘肃、四川、云南西部、西藏南部。为华北—横断山脉分布种。

9. 蹄盖蕨科 Athyriaceae

陆生中小型植物。根状茎横走，直立或斜升，内有网状中柱，外被棕色鳞片。叶簇生、近生或远生；叶片一至三回羽状或四回羽裂，少为单叶，小羽片或末回裂片上先出，边缘通常有锯齿，两面光滑或多少被有多细胞节状毛或灰色单细胞短毛；各回羽轴和主脉上有1条纵沟，彼此相通；叶脉羽状，分离，侧脉单一或分叉；叶柄上面有沟，通常禾秆色，基部常黑色，光滑或疏生鳞片，有2条维管束，向叶轴上部汇合而呈"V"字形。孢子囊群圆形、矩圆形、条形或马蹄形，背生或侧生于叶脉，沿小脉一侧或两侧着生；有囊群盖或无囊群盖；孢子肾形或圆肾形，通常具周壁。

内蒙古有 4 属、7 种。

分属检索表

1a. 羽片基部以关节着生于叶轴，孢子囊群无盖······························**1. 羽节蕨属 Gymnocarpium**
1b. 羽片基部无关节，孢子囊群有盖。
  2a. 孢子囊群圆形；囊群盖肾圆形或卵形，半下位生，即基部着生，被压在成熟的孢子囊群下面······
  ······························**2. 冷蕨属 Cystopteris**
  2b. 孢子囊群非圆形；囊群盖条形、长圆形、钩形或马蹄形，上位生。
    3a. 叶柄基部不加厚，也不尖削；囊群盖条形或条状矩圆形，通直，从不弯曲，常成对地双生于脉上，或仅在裂片基部上侧一脉上为双生······························**3. 短肠蕨属 Allantodia**
    3b. 叶柄基部加厚，向下尖削；囊群盖弓弯或弧曲，有时为钩形或马蹄形，从不成对地双生于一脉上······························**4. 蹄盖蕨属 Athyrium**

1. 羽节蕨属 Gymnocarpium Newm.

中小型植物。根状茎细长而横走，黑褐色，有网状中柱，顶端与叶柄基部疏被宽披针形或卵状披针形的棕色鳞片。叶远生；叶片三角状卵形或五角状三角形，一至三回羽裂，叶片或羽片基部以关节与叶柄或叶轴相连；叶脉分离，在末回裂片上为羽状，小脉伸达叶边；有细柄，柄基部被鳞片。孢子囊群圆形或矩圆形，着生脉上，无盖；孢子周壁表面不平，具褶皱，褶皱呈裂片状，具小穴状、网状纹饰。

内蒙古有 2 种。

分种检索表

1a. 叶轴和羽轴均被腺体，尤以基部一对羽片着生处最密；侧脉常分叉··············**1. 羽节蕨 G. jessoense**
1b. 叶轴和羽轴均无腺体；侧脉单一，很少分叉··························**2. 鳞毛羽节蕨 G. dryopteris**

1. 羽节蕨

Gymnocarpium jessoense (Koidz.) Koidz. in Act. Phytotax. Geobot. 5:40. 1936.——*Dryopteris jessoensis* Koidz. in Bot. Mag. Tokyo 38:104. 1924.——*G. disjunctum* auct. non (Rupr.) Ching: Act. Phytotax. Sin. 10(4):304. 1965; Fl. Intramongol. ed. 2, 1:214. t.14. f.4-7. 1998.

多年生草本，高 25～50cm。根状茎细长而横走，幼时被卵状披针形棕色鳞片，老时脱落。叶远生，草质，光滑，羽片和叶轴连接处密生灰白色腺体；叶片卵状三角形，长宽近相等，长 15～33cm，渐尖头，三回羽状。羽片 7～9 对，相距 2～7cm，对生，斜向上；基部一

对最大，长三角形，有短柄，长 7～15cm，宽 4～10cm，二回羽状；一回小羽片 7～9 对，斜向上，羽轴下侧小羽片较上侧的稍大，基部一对最大，三角状披针形或矩圆状披针形，尖头，基部圆截形，长 3～6cm，宽 12～25mm，羽状深裂；裂片矩圆形，先端圆钝，边缘具浅圆齿或全缘。叶脉羽状，侧脉分叉；叶柄长 15～30cm，禾秆色，基部疏被鳞片，向上光滑。孢子囊群小，圆形，背生于侧脉上部，靠近叶边，沿脉两侧各呈 1 行排列；无囊群盖；孢子具半透明的周壁，具褶皱，表面具小穴状纹饰。

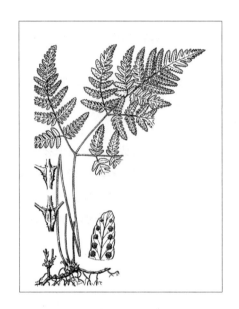

中生草本。生于森林区和草原区的山地林下阴湿处或山沟石缝中。产兴安北部及岭东（额尔古纳市、根河市、鄂伦春自治旗、扎兰屯市）、兴安南部及科尔沁（科尔沁右翼前旗好仁苏木黑羊山、科尔沁右翼中旗、扎赉特旗、巴林右旗、克什克腾旗）、燕山北部（喀喇沁旗、宁城县、兴和县苏木山）、阴山（大青山、蛮汗山、乌拉山）。分布于我国黑龙江、吉林、辽宁、河北、河南、山西、陕西、宁夏、甘肃、青海、四川、贵州、云南西部、西藏东南部、新疆北部，日本、朝鲜、俄罗斯（远东地区）、印度北部、不丹、尼泊尔、阿富汗、巴基斯坦北部，北美洲。为东亚—北美分布种。

2. 鳞毛羽节蕨（欧洲羽节蕨）

Gymnocarpium dryopteris (L.) Newm. in Phytologist 4: append. xxiv. 1851; Fl. Intramongol. ed. 2, 1:214. 1998.——*Polypodium dryopteris* L., Sp. Pl. 2:1093. 1753.

多年生草本，高 20～28cm。根状茎细长而横走，被淡棕色披针形、卵形或卵状披针形膜质的鳞片。叶远生，薄革质，光滑，羽片与叶轴有关节相连，无腺体；叶片五角形，长 7～10cm，宽与长相等或较过之，三回羽状深裂。羽片 5～6 对，斜展，相距 1～3cm，无柄，基部一对最大，长 6～8cm，宽 3～5cm，三角形，有长柄，二回羽状深裂；小羽片约 5 对，羽轴下侧的较上侧的稍大，三角状披针形或披针形，长 1.2～3cm，宽 1～15mm，羽裂；裂片矩圆形，长 5～10mm，宽 2～3mm，先端圆钝，边缘波状。叶脉羽状，侧脉单一；叶柄纤细，长 13～20cm，禾秆色，基部棕黑色，疏被卵形或卵状披针形淡棕色的鳞片，向上渐光滑。孢子囊群圆形，着生于侧脉中部或上部近叶边；无囊群盖；孢子具明显而透明的周壁，表面有网状纹饰，网眼较大。

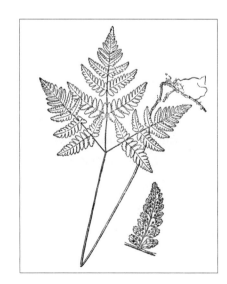

中生草本。生于森林区的山地林下阴湿处。产兴安北部（额尔古纳市、牙克石市、阿尔山市、东乌珠穆沁旗宝格达山）、兴安南部（巴林右旗）、燕山北部（喀喇沁旗、敖汉旗）。分布于我国黑龙江、吉林、辽宁、山西、陕西、新疆北部，朝鲜、俄罗斯（远东地区），欧洲、北美洲。为泛北极分布种。

2. 冷蕨属 Cystopteris Bernh.

陆生小型植物。根状茎细长而横走，或短而横卧，顶端疏生鳞片。叶草质，光滑无毛；叶片矩圆形、卵形或近五角形，一至三回羽状，稀四回羽裂，羽片有短柄；叶脉羽状，侧脉单一或分叉；叶柄禾秆色，基部被鳞片。孢子囊群圆形，背生于叶脉上；囊群盖卵形或近圆形，着生于囊托基部，被压在成熟的孢子囊群下面；孢子囊球形，环带直立；孢子肾形，周壁紧包于孢子外面，表面具刺状或细网状纹饰。

内蒙古有 2 种。

分种检索表

1a. 根状茎短粗，叶片披针形或矩圆状披针形·····················**1. 冷蕨 C. fragilis**
1b. 根状茎细长，叶片近五角形······································**2. 高山冷蕨 C. montana**

1. 冷蕨

Cystopteris fragilis (L.) Bernh. in Neues J. Bot. 1(2):26. t.2. f.9. 1806; Fl. Intramongol. ed. 2, 1:212. t.13. f.1-3. 1998.——*Polypodium fragile* L., Sp. Pl. 2:1091. 1753.

多年生草本，高 13～30cm。根状茎短而横卧，密被宽披针形鳞片。叶近生或簇生，薄草质；叶片披针形、矩圆状披针形或卵状披针形、长 10～22（～32）cm，宽（4～）5～8cm，二回羽状或三回羽裂。羽片 8～12 对，彼此远离，基部一对稍缩短，披针形或卵状披针形；中部羽片长 2～5cm，宽 1～2cm；先端渐尖，基部具有狭翅的短柄，一至二回羽状。小羽片 4～6 对，卵形或矩圆形，长 5～9（～12）mm，宽 3～9mm，先端钝，基部不对称，下延，彼此相连，羽状深裂或全裂；末回小裂片矩圆形，边缘有粗锯齿。叶脉羽状，每齿有小脉 1 条；叶柄长 6～15cm，禾秆色或红棕色，光滑无毛，基部常被少数鳞片。孢子囊群小，圆形，生于小脉中部；囊群盖卵圆形，膜质，基部着生，幼时覆盖孢子囊群，成熟时被压在下面；孢子具周壁，表面具刺状纹饰。

中生草本。生于森林区和草原区的山地林下阴湿处、山沟或阴坡石缝中。产兴安北部及岭东（额尔古纳市、鄂伦春自治旗、扎兰屯市）、兴安南部（科尔沁右翼前旗、科尔沁右翼中旗、扎赉特旗、巴林右旗、克什克腾旗、锡林浩特市白音库伦军马场）、燕山北部（喀喇沁旗、

宁城县、兴和县苏木山）、阴山（大青山、蛮汗山）、东阿拉善（桌子山）、贺兰山、龙首山。分布于我国黑龙江、吉林、辽宁、河北、河南、山东、山西、陕西、宁夏、甘肃、青海、四川西部、云南、西藏、新疆、安徽、台湾，亚洲西南部、欧洲、北美洲、南美洲、非洲。为泛北极分布种。

2. 高山冷蕨

Cystopteris montana (Lam.) Bernh. ex Desv. in Neues J. Bot. 1(2): 26. 1805; Fl. Reip. Pop. Sin. 3(2):57. t.11. f.1-3. 1999.——*C. sudetica* auct. non A. Br. et Milde: Fl. Intramongol. ed. 2, 1:212. t.13. f.4-5. 1998. ——*Polypodium montanum* Lam. in Fl. Franç. 1:23. 1779.

多年生草本，高 20～30cm。根状茎细长横走，褐黑色，无毛，疏生淡棕色的卵形鳞片。叶远生；叶片近五角形，长 8～12cm，宽与长相等或稍短，先端渐尖，四回羽状或羽裂。羽片8～10 对，下部的近对生，上部的互生，基部一对羽片最大，三角形，基部偏斜。小羽片 6～8

对，羽轴下侧小羽片较上侧的长；基部羽片下侧第一回小羽片最大，长为上侧小羽片的 2～3 倍，两侧不对称，近直角，向下开展；二回小羽片卵形，基部常下延，与小羽轴合生；末回裂片卵形，先端圆钝，近对生，斜展，以狭翅相连，羽裂。羽脉网状，主脉稍曲折，小脉单一，

稀二叉，伸向裂齿末端微凹处，羽轴及羽脉多少具毛或短腺毛；叶柄长 15～22cm，为叶片长的 1～2 倍，疏生淡棕色鳞片，向上禾秆色。孢子囊群圆形，黄棕色，生于小脉中部，每裂片具 3～7 个，每裂齿上有 1 个；囊群盖近圆形；孢子表面具短刺状或疣状凸起。

中生植物。生于荒漠区海拔 2900m 左右的阴湿岩缝、青海云杉林下及高山灌丛中。产贺兰山。分布于我国河北、山西、陕西、宁夏、甘肃、青海、四川、云南、西藏、台湾、新疆（天山），亚洲、欧洲、北美洲。为泛北极分布种。

《内蒙古植物志》第二版第一卷 213 页图版 13 图 4～5 系为本种。

3. 短肠蕨属 Allantodia R. Br.

中大型植物。根状茎横走或斜升，具网状中柱，被有黑色或棕色鳞片。叶散生或簇生；叶片宽卵形、卵状三角形或矩圆形，二回羽状或三回羽状深裂；小羽片矩圆形或披针形，基部对称，有短柄或无柄；叶脉羽状，分离，侧脉单一或分叉；叶柄基部疏被鳞片，向上光滑，连同叶轴和羽轴上面有 1 条纵沟，两侧有隆起的刀口状薄边，纵沟彼此互通。孢子囊群短条形或矩圆形，常单生于侧脉的上侧，仅在裂片基部上侧一脉上常为双生；囊群盖同形，膜质，宿存或早落；孢子椭圆形，周壁明显而透明，具少数褶皱，表面具不规则的刺状纹饰或网状纹饰。

内蒙古有 1 种。

1. 黑鳞短肠蕨（圆齿蹄盖蕨、黑鳞双盖蕨）

Allantodia crenata (Sommerf.) Ching in Act. Phytotax. Sin. 10(4):303. 1965; Fl. Intramongol. ed. 2, 1:215. t.14. f.1-3. 1998.——*Aspidium crenatum* Sommerf. in Kongl Vet. Acad. Handl. 1834:104. 1835.——*Diplazium sibiricum* (Turcz. ex Kunze) Sa. Kurata in Nameg Coll. Cult. Ferns Fern Allies. 340. 1961.

多年生草本，高 40～70cm。根状茎长而横走，径约 2mm，黑色，先端被黑褐色、卵形或卵

状披针形鳞片。叶疏生，2 列，纸质，下面被白色节状长柔毛，幼时较多；叶片长 20～35cm，宽 13～26cm，卵形或卵状三角形，三回羽状。羽片 8～12 对，互生，斜展，有短柄，相距 1.5～4.5cm，矩圆状披针形，长 9～18cm，宽 3～7cm，先端渐狭呈尾状，二回羽状；一回小羽片 12～15 对，披针形，长 1.5～4cm，宽 7～10mm，渐尖，基部平截，对称无柄，羽裂；末回裂片矩圆形，长约 3mm，顶端圆钝，基部与小羽轴合生，近全缘或有小圆齿。叶脉羽状分叉，伸达叶边；叶柄长 13～43cm，禾秆色，基部近黑色，被鳞片，向上渐光滑。孢子囊群矩圆形，每末回裂片上有 2～3 对；囊群盖膜质，边缘啮蚀，宿存。

中生草本。生于森林区和草原区的山地林下或山沟阴湿处。产兴安北部及岭东（额尔古纳市、根河市、牙克石市、扎兰屯市）、兴安南部（科尔沁右翼前旗、巴林右旗、克什克腾旗、西乌珠穆沁旗东部）、燕山北部（喀喇沁旗旺业甸林场、宁城县）、阴山（大青山）。分布于我国黑龙江、吉林、辽宁、河北、山西、河南，日本、朝鲜、俄罗斯（西伯利亚地区），欧洲。为古北极分布种。

4. 蹄盖蕨属 Athyrium Roth

中型植物。根状茎短，横卧、直立或斜升。叶簇生，草质或厚纸质。叶片矩圆形、卵形或宽披针形，二至三回羽状分裂，叶轴和羽轴上面有纵沟，彼此互通，在羽片着生处沟的两侧常有肉刺状凸起；叶脉羽状分叉，小脉伸达锯齿顶端。叶柄长，基部加厚呈腹凹背凸形，背部两侧各有瘤状气囊体1列，向下削尖，密被鳞片；鳞片卵状披针形或披针形，全缘，红棕色或褐色。孢子囊群马蹄形、新月形、矩圆形，或上部弯曲成钩形；囊群盖同形，全缘或多少有缘毛或啮蚀状，宿存；孢子肾形，具周壁或不具周壁，周壁具细网状、颗粒状小瘤状纹饰，或纹饰不明显。

内蒙古有2种。

分种检索表

1a. 根状茎上的鳞片多为棕褐色；叶片矩圆状披针形，下部2～3对羽片明显缩短·····················
···**1. 中华蹄盖蕨 A. sinense**

1b. 根状茎上的鳞片多为黑褐色；叶片卵形至宽卵形，下部羽片不缩短，少基部一对羽片缩短···········
···**2. 东北蹄盖蕨 A. brevifrons**

1. 中华蹄盖蕨（狭叶蹄盖蕨）

Athyrium sinense Rupr. in Dist. Crypt. Vasc. Ross. 41. 1845; Fl. Intramongol. ed. 2, 1:209. t.12. f.1-2. 1998.

多年生草本，高50～65cm。根状茎短，斜升，先端被棕褐色宽披针形或卵状披针形的全缘大鳞片。叶簇生，草质，叶轴、羽轴和小羽轴生有腺毛；叶片矩圆状披针形，下部稍变狭，长25～40cm，宽10～18cm，二回羽状。羽片18～20对，互生或上部的近对生，相距1～4cm，披针形，斜展，近无柄，下部2～3对羽片渐缩短，中部的羽片较大，长8～15cm，宽18～23mm，羽状深裂；小羽片15～20对，对生，彼此以矩圆形狭等间隔分开，

长10～15mm，宽3～4mm，边缘浅裂成粗齿状的小裂片，顶端有2～3个尖锯齿。叶脉羽状，在小裂片上二至三叉，伸达锯齿顶端；叶柄长20～27cm，禾秆色，基部呈黑色，被鳞片。孢子囊群矩圆形，生于裂片上侧的小脉下部，每裂片上有1个；囊群盖同形，膜质，淡棕色，边缘啮蚀状。

中生草本。生于森林区的山地林下。产兴安北部及岭东（额尔古纳市、根河市、牙克石市、阿尔山市、东乌珠穆沁旗宝格达山、扎兰屯市）、兴安南部（科尔沁右翼前旗、科尔沁右翼中旗、阿鲁科尔沁旗、巴林右旗、克什克腾旗）、燕山北部（喀喇沁旗、宁城县）。分布于我国黑龙江、吉林、辽宁、河北、河南西部、山东、山西、陕西、宁夏、甘肃。为华北—东北分布种。

根状茎及叶柄残基入药，能清热解毒、止血、杀虫，主治流行性感冒、麻疹、流脑、子宫出血、蛔虫、蛲虫。

2. 东北蹄盖蕨（多齿蹄盖蕨、短叶蹄盖蕨、猴腿蹄盖蕨）

Athyrium brevifrons Nakai ex Tagawa in Col. Ill. Jap. Pterid. 180. 1959; Fl. Intramongol. ed. 2, 1:211. t.12. f.3-4. 1998.——*A. multidentatum* auct. non (Doll) Ching: Fl. Intramongol. ed. 2, 1:211. 1998.

多年生草本，高60～120cm。根状茎短，先端和叶柄基部密被鳞片；鳞片披针形，黑褐色。叶簇生，草质；叶片卵状披针形或阔卵形，长40～60cm，宽22～30cm，三回羽状深裂。羽片15～20对，互生，无柄，相距1～4cm，基部羽片不缩短，中部羽片披针形，长13～18cm，宽4～5cm，先端渐尖，基部截形，二回羽裂；小羽片22～28对，互生，披针形，长1～2.5cm，宽5～10mm，基部无柄，下延成狭翅，羽状深裂；裂片10～15对，斜向上，矩圆形，边缘和先端有长而尖的锯齿。叶脉羽状，侧脉2～4对，伸达锯齿顶端；叶轴和羽轴禾秆色，被淡褐色卷缩的腺毛；叶柄长20～50cm，深褐色或禾秆色。孢子囊群矩圆形或马蹄形，生于裂片基部、上侧小脉的下部；囊群盖同形，膜质，白色或淡棕色，边缘啮蚀状且具短流苏；孢子无周壁，表面有颗粒状纹饰。

中生草本。

生于森林区和草原区的山地林下。产兴安北部及岭东（额尔古纳市、根河市、东乌珠穆沁旗宝格达山、扎兰屯市）、兴安南部（科尔沁右翼前旗、扎赉特旗、扎鲁特旗、阿鲁科尔沁旗、巴林右旗、克什克腾旗）、辽河平原（大青沟）、燕山北部（宁城县、敖汉旗）、阴山（乌拉山）。分布于我国黑龙江、吉林、辽宁、河北、山东、山西、陕西、四川北部，日本、朝鲜、俄罗斯（远东地区）。为东亚北部分布种。

嫩叶可做蔬菜，供食用。

10. 金星蕨科 Thelypteridaceae

陆生中小型植物。根状茎直立、斜升或横走，有简单的网状中柱，通常疏生厚鳞片。叶簇生，近生或远生，草质或纸质；叶一型，极少近二型，多为矩圆形或倒披针形，少为卵形或卵状三角形，通常二至四回羽裂，极少为单叶；羽片披针形或矩圆形；叶脉分离或连接为星毛蕨型或新月蕨型网眼；有柄，通常遍体被单细胞的针状毛，也有的被分叉毛或由 2～4 个细胞组成的针状毛。孢子囊群圆形或矩圆形，背生于小脉中部或顶端；囊群盖圆肾形，极小而早落，或无盖；孢子肾形，有周壁或无周壁，表面有褶皱，具刺状凸及颗粒状、小瘤状或网状纹饰。

内蒙古有 1 属、1 种。

1. 沼泽蕨属 Thelypteris Schmidel

中小型沼泽或草甸植物。根状茎长而横走，顶端疏生卵状披针形鳞片。叶近生或远生，草质或坚纸质；叶片矩圆状披针形，先端短渐尖，基部不变狭或略变狭，二回羽裂。羽片多数，披针形，近平展，有短柄，基部平截，对称，深羽裂；裂片卵状三角形或矩圆形，先端有 1 短尖头，全缘或波状，边缘通常变薄反卷。叶脉羽状分叉，伸达叶边；至少羽轴被柔毛；柄禾秆色，光滑，基部近黑色。孢子囊群圆形，生于小脉中部，在主脉两侧各排成 1 行，位于叶边和主脉之间；囊群盖圆肾形，淡绿色，易脱落；孢子两面型，肾形，表面有疣状凸起。

内蒙古有 1 种。

1. 沼泽蕨

Thelypteris palustris Schott in Gen. Fil. t.10. 1834; Fl. Intramongol. ed. 2, 1:217. t.11. f.3-4. 1998.——*Acrostichum thelypteris* L., Sp. Pl. 2:1071. 1753.

多年生草本，高 40～70cm。根状茎细长，横走，黑色，顶端疏被红褐色披针形鳞片。叶近生，厚纸质，有能育和不能育的区别，叶片及羽轴均被疏柔毛；叶片长 20～35cm，宽 7～18cm，宽披针形，先端短尖并羽裂，基部不变狭，二回羽状深裂。羽片 18～21 对，互生或对生，相距 1～3cm，平展，狭披针形，长 5～10cm，宽 7～15mm，渐尖头，基部截形，一回羽状深裂；裂片短圆形或卵状披针形，长 4～8mm，宽约 4mm，先端急尖，全缘，生孢子囊的裂片边缘反卷。叶脉羽状，侧脉通常二叉，伸达叶边；叶柄长 10～30cm，禾秆色，基部褐色或黑褐色，近光滑。孢子囊群圆形，生于侧脉中部；囊群盖圆肾形，膜质，边缘啮蚀状，成熟后易脱落；孢子半圆形，周壁透明，具刺状凸起。

中生草本。生于森林区的山地草甸、沼泽地。产岭东（扎兰屯市）、辽河平原（大青沟）、燕山北部（宁城县）。分布于我国黑龙江、吉林、河北、河南、山东、四川、新疆、日本、朝鲜、欧洲、北美洲。为泛北极分布种。

11. 铁角蕨科 Aspleniaceae

通常为中小型陆生或附生植物。根状茎横走、斜升或直立，有网状中柱，密被粗筛孔状鳞片。叶多数，簇生，纸质或革质；叶片单一或一至多回羽状，末回小羽片或裂片通常为斜方形或不等四边形，基部不对称，全缘或有锯齿或分裂；叶脉一至多回二叉分枝，不达叶边，分离或有时在近叶缘处连成网眼；叶柄绿色或栗色，具2条维管束，光滑或疏生有粗筛孔状鳞片。孢子囊群条形或短圆形，通常沿小脉上侧着生；囊群盖短条形或矩圆形，膜质或纸质，着生于小脉的一侧，开向中脉，或有时相对开口，孢子囊环带纵行而不完全；孢子两面型，卵圆形或肾形，具翅状或疣状周壁。

内蒙古有2属、7种。

分属检索表

1a. 叶脉分离，从不连接成网；叶片边缘有缺刻或锯齿·····················**1. 铁角蕨属 Asplenium**
1b. 叶脉网状，网眼外的小脉分离；叶片全缘·····························**2. 过山蕨属 Camptosorus**

1. 铁角蕨属 Asplenium L.

大多为石生或附生植物。根状茎短而直立，或长而横走，顶端密被黑褐色或棕色基部着生的鳞片。叶簇生或疏生，草质或纸质，无毛；叶片通常一至三回羽状，羽片或小羽片往往下延，基部不对称（上侧耳形，下侧楔形），或有时为对开式的不等四边形；叶脉分离，侧脉单一或一至多回二叉分枝，不达叶边；叶柄绿色或灰绿色或栗色，上面有1条纵沟，基部具有鳞片或光滑。孢子囊群短条形或矩圆形，通常沿侧脉上侧着生；囊群盖膜质，全缘，开向中脉或有时开向叶边；孢子椭圆形，周壁透明或不透明，褶皱连接成网或不连接，表面具小刺状纹饰或光滑。

内蒙古有6种。

分种检索表

1a. 羽片三出状分裂，裂片圆钝，有不明显的微锯齿；囊群盖边缘啮蚀状且有睫毛··················
···**1. 卵叶铁角蕨 A. ruta–muraria**
1b. 羽片羽状或羽状分裂，末回裂片有明显的尖锯齿；囊群盖全缘。
  2a. 叶柄和叶轴为绿色。
    3a. 叶为坚草质，末回裂片宽条形，沿叶轴和羽轴及叶边无膜质透明边···················
···**2. 北京铁角蕨 A. pekinense**
    3b. 叶为草质，末回裂片倒卵形，边缘有淡绿色膜质边，沿叶轴和羽轴具淡绿色隆起狭边。
      4a. 二倍体，外生孢子长28～32μm，羽片柄长可达3mm········**3. 钝齿铁角蕨 A. subvarians**
      4b. 四倍体，外生孢子长34～39μm，羽片柄长不超过1mm··········**4. 内蒙铁角蕨 A. mae**
  2b. 叶柄上部绿色，中部以下或近基部为栗褐色或栗黑色。
    5a. 叶披针形，基部羽片明显短缩；叶柄下半部栗色、深褐色或栗黑色，叶柄上半部及羽轴为绿色；小羽片彼此密接，顶端具钝牙齿·····························**5. 西北铁角蕨 A. nesii**
    5b. 叶卵状三角形，基部羽片不短缩或短缩不明显；叶柄基部背面褐色，羽轴绿色或基部背面褐色；小羽片彼此接近，顶端具阔而钝的锐锯齿··················**6. 阿尔泰铁角蕨 A. altajense**

1. 卵叶铁角蕨（陆氏铁角蕨）

Asplenium ruta-muraria L., Sp. Pl. 2:1081. 1753; Fl. Intramongol. ed. 2, 1:219. t.15. f.1-2. 1998.

多年生草本，高 3～7cm。根状茎短，横卧或斜升，密被栗黑色狭披针形鳞片，鳞片先端渐尖或呈尾状。叶簇生，坚草质，两面无毛或疏被腺体；叶片卵状三角形或卵形，长 1～2cm，

宽 1～1.5cm，二回羽状。羽片 3～5，互生，相距 2～5mm，卵形或倒卵形，有短柄或无，基部羽片最大，长 5～9mm，宽 5～8mm，先端圆钝，基部截形或宽楔形，三出全裂；小羽片 3～5，长 3～5mm，宽 3～6mm，倒卵形或扇形，先端圆钝，有不明显的微锯齿，稍有膜质边缘，两边全缘，基部宽楔形或楔形；叶脉在小羽片上为扇状分枝，小脉伸向齿内，不达齿端；叶柄纤细，长 1～5cm，连同叶轴均为绿色，有时基部为淡褐色，被狭披针形鳞片，向上疏被腺体及小鳞片。孢子囊群短条形，每羽片具 1～3 个；囊群盖条形，灰白色，膜质，边缘啮蚀状，有睫毛；孢子周壁具较密的褶皱，不连接成网状，表面具小刺状纹饰。

中生草本。生于草原区的山地石缝或岩石上。产阴山（大青山）、东阿拉善（桌子山）、贺兰山。分布于我国河北、山西、陕西、甘肃、湖南、台湾、四川、贵州、云南、西藏、新疆，亚洲西南部，欧洲、北美洲。为泛北极分布种。

2. 北京铁角蕨（小叶鸡尾草、小凤尾草）

Asplenium pekinense Hance in J. Bot. 5:262. 1867; Fl. Intramongol. ed. 2, 1:219. t.15. f.5-6. 1998.

多年生草本，高 7～15cm。根状茎短而直立，顶端密被黑褐色狭披针形的鳞片；鳞片粗筛孔，基部着生处具棕色长毛。叶簇生，坚草质，光滑无毛；叶片披针形，长 5～9cm，宽 1.5～2.5cm，二回羽状。羽片 8～10 对，互生或近对生，有短柄，相距 5～12mm，基部羽片稍短，中部羽

片长 10 ～ 13mm，宽 6 ～ 9mm，三角状卵形或菱状卵形，基部楔形，不对称，一回羽裂；裂片 2 ～ 3 对，基部上侧一枚最大，与叶轴平行，长约 5mm，宽约 2mm，先端常具 5 个锐尖锯齿，基部楔形，其余浅裂，裂片先端均具锐尖锯齿。叶脉羽状分枝，每裂片有 1 小脉，伸达齿顶端；叶柄长 2 ～ 3cm，绿色，基部被有与根状茎相同的鳞片，向上到叶轴疏生黑褐色纤维状小鳞片。孢子囊群矩圆形，每裂片有 1 ～ 3 个；囊群盖条形，灰白色，膜质，全缘。

中生草本。生于森林区和草原区的山谷石缝中。产岭东（扎兰屯市成吉思汗镇）、兴安南部（科尔沁右翼前旗索伦镇、科尔沁右翼中旗罕山）、燕山北部（喀喇沁旗旺业甸林场）、阴山（大青山）、贺兰山。广布于我国长江以南各省区，向北分布到华北和西北地区；日本、朝鲜、俄罗斯（东西伯利亚地区）、印度、巴基斯坦也有分布。为东亚分布种。

全草入药，能化痰止咳、利膈、止血，主治感冒咳嗽、肺结核、外伤出血。

3. 钝齿铁角蕨（普通铁角蕨、小铁角蕨）

Asplenium subvarians Ching in Index Fil. Suppl. 3:38. 1934.——*A. tenuicaule* auct. non Hay.: Fl. Intramongol. ed. 2, 1:220. t.16. f.1-3. 1998.

多年生草本，高 6 ～ 18cm。根状茎短而直立，先端密被栗棕色鳞片；鳞片披针形或卵状披针形，渐尖头，全缘或微啮蚀状，有光泽。叶簇生，草质，两面光滑无毛；叶片披针形，长 7 ～ 10cm，中部宽 2 ～ 3.5cm，渐尖头，基部不变狭，二回羽状。羽片 6 ～ 10 对，互生或近对生，相距 4 ～ 13mm，中部羽片长 1.5 ～ 3cm，宽 6 ～ 10mm，三角状卵形或长卵形，先端尖，基部楔形，不对称，一回羽状；小羽片 3 ～ 5 对，基部上侧一枚较大，与叶轴平行，倒卵形，长 5 ～ 10mm，宽约 4mm，其余

较小，基部楔形，不对称，羽状；小裂片 2～3 对，倒卵形，顶端有 2～3 个钝尖齿，两侧全缘。叶脉羽状，上面可见，下面不显；叶柄长 3～8cm，绿色，或基部淡棕色，疏被鳞片及小腺体，向上近光滑。孢子囊群矩圆形，生于小脉中部，每裂片有 1 个；囊群盖同形，灰白色，膜质，全缘，常开向羽轴或主脉。

中生草本。生于森林区的山地林下、林缘草甸。产兴安北部（大兴安岭）、兴安南部（巴林右旗）。分布于我国黑龙江、吉林、辽宁、河北、山西、陕西、甘肃、青海、四川、云南、江苏、江西、浙江、湖南，日本、朝鲜、俄罗斯（西伯利亚南部）、尼泊尔、不丹、印度、巴基斯坦、菲律宾。为东亚分布种。

4. 内蒙铁角蕨

Asplenium mae Viane et Reichstein in Fl. China 2-3:299. 2013.

多年生草本，高 4～20cm。根状茎短而直立，顶端具鳞片；鳞片褐色或黑褐色，三角形或狭三角形，长 1.5～2mm，宽 0.4～0.5mm，基部戟状心形，边缘具腺体、全缘或具流苏。叶簇生；叶片三角状或三角状卵形，长 (2.5～)3.5～6.5(～9)cm，宽 1～3cm，基部截形至宽楔形，羽状深裂至二回羽状，先端急尖至渐尖。羽片 5～10 对，近对生至互生，羽片柄长达 1mm，基部或基部上侧一对羽片最大，三角状卵形，长 (5～)8～12 (～20)mm，宽 (3～)5～7(～8)mm，基部不对称，上侧为截形，下侧为楔形，羽状，偶尔二回羽裂，顶端钝；小羽片 2 或 3 对，上先出，基部小羽片离生或与羽轴合生，边缘具锐尖或短尖的齿，先端钝。叶脉不明显，小脉单一或二叉，不达叶缘；叶薄草质，绿色、灰绿色或干后变为褐色；叶轴绿色，偶尔背面栗色，正面具沟槽，近无毛；叶片具 3～4 个细胞的腺毛，通常保卫细胞长 49～53μm；叶柄长 (1～)1.5～5.5(～7)cm，绿色，但基部栗色，偶尔褐色，能延伸到羽轴，被黑褐色且边缘具流苏的鳞片和单列毛，成熟植株渐变光滑，正面具沟槽。孢子囊群椭圆状线形，长 0.8～2.5mm，着生在小脉中部，每小羽片具 1～3 个，成熟时偶尔连合在一起；囊群盖白色至淡棕色，椭圆状线形，膜质，边缘全缘或浅波状，开向羽轴或主脉；孢子周壁具褶皱，表面具凸起，外生孢子平均长 34～39μm。

中生草本。生于山地潮湿石缝中。产岭东（牙克石市博克图镇）、兴安南部（扎赉特旗杨树沟林场）。分布于我国辽宁、山西。为华北分布种。

5. 西北铁角蕨

Asplenium nesii Christ in Nuov. Giorn. Bot. Ital. n. s., 4:90. 1897; Fl. Intramongol. ed. 2, 1:219. t.15. f.3-4. 1998.

多年生草本，高 5～15cm。根状茎短，直立，顶端连同叶柄基部被墨褐色披针形的全缘鳞片。叶簇生，坚草质，两面无毛；叶片披针形，长 3～8cm，宽 1～2cm，先端渐尖，二回深羽裂至全裂。羽片 8～12 对；下部几对缩短，互生或近对生，相距 5～10mm，斜三角状矩圆形或三角状卵形；中部的长 5～10mm，宽 3～5mm，钝头，基部斜楔形，不对称，羽状全裂或深裂。

小羽片或裂片 3～4 对，上先出，基部上侧一枚较大，向上渐小，倒卵形，顶端有 3～5 个粗钝齿，两侧全缘。叶脉羽状，侧脉二至三叉，每裂片有 1 条小脉；叶柄长 1～5cm，绿色，近基部褐色或栗黑色，疏生褐色条状披针形鳞片。孢子囊群矩圆形，每裂片具 1～3 个，靠近主脉或羽轴；囊群盖半月形，灰白色，膜质，全缘；孢子周壁具较密的褶皱。

中生草本。生于草原区和荒漠区的山地干旱石缝中。产阴山（大青山、乌拉山）、贺兰山。分布于我国河北、山西、陕西、宁夏、甘肃、青海、四川、西藏、云南、新疆，印度北部、尼泊尔、巴基斯坦北部、阿富汗。为亚洲中部分布种。

6. 阿尔泰铁角蕨

Asplenium altajense (Kom.) Grub. in Bot. Mater. Gerb. Bot. Inst. Kom. Akad. Nauk S.S.S.R. 20:33. 1960：Fl. China 2-3:301. 2013.——*A. sarelii* Hook. ["saulii"] f. *altajense* Kom. in Izv. Imp. Bot. Sada Petra Velikago 16:150. 1916.

多年生草本，5～15cm。根状茎短而直立，先端密被鳞片；鳞片棕褐色至黑色，下三角形，长 2～3.5mm，宽 0.3～0.5mm，全缘。叶丛生，纸质，干后绿色至灰绿色，上面有纵沟，略被棕褐色纤维状小鳞片；叶片二回羽状半裂或羽状，狭三角状卵形，长 8～9cm，宽 2～2.5cm，

先端急尖，基部羽片稍短缩。羽片（5～）10～15 对，下部的羽片近对生，常为三角状扇形或近圆形，上部的羽片互生，先端羽片逐渐减小为长 0.5～1cm 的羽状半裂，通常第二到第四对羽片最大，柄长达 1mm，腹面具沟槽，中部的羽片三角状卵形，长约 11mm，宽 8～10mm，基部为不对称的圆截形，上侧紧靠叶轴，下侧楔形，一回羽状，先端钝；小羽片 2 或 3 对，斜升，基部上侧一枚较大，近匙形，长 4～5mm，宽 2～4mm，基部楔形，与羽轴合生并下延成翅，边缘撕裂成线形的急尖头裂片，裂片斜向上且彼此密接，向上各对小羽片与基部的同形而略小，最终羽片末端小羽片融合成羽状。叶脉隐约可见，上面稍微隆起，小脉二叉状或二回二叉状，伸入裂片先端，但不达叶边；叶柄长 2.5～3.5（～6）cm，基部被鳞片，背部呈褐色，上部为绿色，叶柄腹面近光滑、绿色，具沟槽。羽片基部至中部的小羽片各具 2～4 个孢子囊群，孢子囊群狭椭圆形，长 1～2.5mm；囊群盖灰绿色，狭椭圆形，膜质，全缘，开向羽轴或主脉；孢子周壁加厚，外壁平均长 32～34μm。

　　中生草本。生于山地潮湿岩缝中。产内蒙古西部。分布于我国宁夏、四川、新疆，蒙古国、俄罗斯（阿尔泰地区、西伯利亚南部）。为亚洲中部分布种。

2. 过山蕨属 Camptosorus Link

　　小型植物。根状茎短，顶端有栗黑色、粗筛孔状鳞片。叶簇生，草质或纸质，无毛；叶近二型，单一，披针形，先端长渐尖，常呈鞭状延伸，着地生根进行营养繁殖，基部楔形或垂耳形，全缘；叶脉网状，网眼 1～2（～3）行在主脉两侧不规则排列，无内藏小脉，网眼外的小脉分离，不达叶边。孢子囊群短条形或矩圆形，沿主脉两侧排成 1～3 行，近主脉的一行较规则；囊群盖同形，膜质；孢子囊的环带由 19 个加厚细胞组成。

　　内蒙古有 1 种。

1. 过山蕨（马蹬草）

Camptosorus sibiricus Rupr. in Dist. Crypt. Vasc. Ross. 45. 1845; Fl. Intramongol. ed. 2, 1:220. t.16. f.4-5. 1998.——*Asplenium ruprechtii* Sa. Kurata in Enum. Jap. Pterid. 338. 1961.

多年生草本，高 5～15cm。根状茎短而直立，先端密被栗黑色狭披针形膜质小鳞片。叶簇生草质，近二型，两面无毛。孢子叶披针形、椭圆形或近圆形，长 10～15cm，宽 5～8mm，先端尾尖呈鞭状，长可达 7cm，其顶端着地生根长出新植物体，基部楔形或圆形，边缘全缘；叶

柄长 0.5～4cm，绿色，无毛。营养叶较小。叶脉网状，无内藏小脉，网眼外的小脉分离，不达叶边缘。孢子囊群短条形，生于网脉的一侧或相对的两侧，沿中脉两侧各排成 1～2 行；囊群盖短条形或矩圆形，灰色，膜质，全缘，开向中脉；孢子圆肾形，周壁透明具褶皱，褶皱连接成大网状，表面具小刺状纹饰。

中生草本。生于森林区的山地林下、林缘潮湿的石壁上。产兴安北部及岭东（额尔古纳市、扎兰屯市）、兴安南部（科尔沁右翼前旗）、辽河平原（大青沟）、赤峰丘陵（红山区）、燕山北部（喀喇沁旗、宁城县、敖汉旗大黑山）、锡林郭勒（克什克腾旗曼陀山）、阴山（辉腾梁、蛮汗山）。分布于我国黑龙江、吉林、辽宁、河北、山西、陕西、宁夏、四川、河南、山东、江苏北部，日本、朝鲜、俄罗斯（远东地区）。为东亚北部分布种。

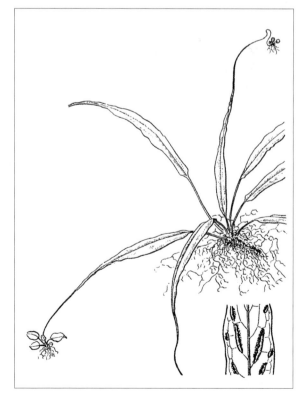

12. 球子蕨科 Onocleaceae

陆生植物。根状茎粗短而直立，少长而横走，具网状中柱，被卵状披针形至披针形膜质的鳞片。叶簇生或疏生，有柄，二型。营养叶矩圆状披针形或卵状三角形，一回羽状至二回羽状深裂；羽片条状披针形至宽披针形，互生，无柄，全缘或有微齿；叶脉羽状，分离或连接成网状，网眼无内藏小脉。孢子叶矩圆形至条形，一回羽状；羽片强度反卷成荚果状或念珠状，初时绿色，后变深紫色或栗黑色；叶脉分离，羽状，侧脉的顶端通常有膨大水囊。孢子囊群圆形，着生于脉背的囊托上；有下位囊群盖或无盖，外面被变质而反卷的叶片所包被；孢子囊球形，有长柄，环带有 36～40 个增厚细胞；孢子肾形，具透明薄膜状的周壁，略具褶皱，表面有小刺状纹饰。

内蒙古有 2 属、2 种。

分属检索表

1a. 根状茎短而直立或斜升，营养叶的叶脉分离，孢子叶的羽片反卷成荚果状……**1. 荚果蕨属 Matteuccia**
1b. 根状茎长而横走，营养叶的叶脉连接成网状，孢子叶的羽片反卷成分离的念珠状…………………………
…………………………………………………………………………………………………**2. 球子蕨属 Onoclea**

1. 荚果蕨属 Matteuccia Todaro

中型植物。根状茎短而粗壮，直立或斜升，被棕色披针形鳞片。叶簇生，二型，有柄。营养叶矩圆状披针形或倒披针形，二回羽状深裂；羽片狭披针形，互生，平展，无柄；叶脉羽状，分离，伸达叶边；叶草质或纸质，近光滑，或仅沿叶轴、羽轴和中脉有少数柔毛，或疏生鳞片。孢子叶矩圆形至披针形，一回羽状；羽片条形，互生，近无柄，两侧反卷成荚果状，包着孢子囊群。孢子囊群球形，着生于小脉背上的囊托上；有囊群盖或无；孢子肾形，周壁透明，稍具褶皱，表面具小刺状纹饰。

内蒙古有 1 种。

1. 荚果蕨（黄瓜香、小叶贯众、野鸡膀子）

Matteuccia struthiopteris (L.) Tod. in Giorn. Sci. Nat. Econ. Palermo 1:235. 1866; Fl. Intramongol. ed. 2, 1:224. t.17. f.1-2. 1998.——*Osmunda struthiopteris* L., Sp. Pl. 2:1066. 1753.

多年生草本，高 50～90cm。根状茎短而直立，被棕色披针形的膜质鳞片。叶簇生，二型。营养叶草质，光滑无毛，仅沿叶轴、羽轴及主脉被有柔毛；叶片矩圆状披针形、矩圆状倒披针形，长 40～70cm，宽 17～22cm，下部十多对羽片逐渐缩小成耳形，二回羽状深裂。羽片 40～60 对，互生，相距 1～2cm，披针形或三角状披针形，中部的最大，长 7～10cm，宽 12～16mm，先端渐尖，羽片深裂达羽轴；裂片矩圆形，先端圆，全缘或有浅波状圆齿。叶脉羽状，分离；叶柄长 10～18cm。孢子叶较短，直立，有粗硬而较长的柄；叶片狭倒披针形，长 15～25cm，宽 5～7cm，一回羽状；羽片两侧向背面反卷成荚

果状，深褐色。孢子囊群圆形，生于叶脉背上凸起的囊托上；囊群盖膜质，白色，成熟后破裂消失。

中生草本。生于森林区和草原区的山地林下、溪边疏林下。产兴安北部及岭东（根河市满归镇、鄂伦春自治旗）、兴安南部（科尔沁右翼前旗、巴林右旗、克什克腾旗）、辽河平原（大青沟）、燕山北部（宁城县大坝沟、喀喇沁旗）、阴山（大青山、乌拉山）。分布于我国黑龙江、吉林、辽宁、河北、山西、陕西、甘肃、河南、湖北、四川、云南、西藏、新疆北部，日本、朝鲜、俄罗斯，北欧，北美洲。为泛北极分布种。

根状茎及残存叶柄入药，能杀虫、清热解毒、凉血、止血，主治风热感冒、湿热癍疹、吐血、衄血、血痢、血崩、带下。也入蒙药（蒙药名：纳日苏－额布斯），能清热解毒、治伤，主治毒热、狂犬病、食物中毒、温病、旧伤复发。

2. 球子蕨属 Onoclea L.

中型植物，陆生。根状茎横走，黑色，有网状中柱，被鳞片。叶疏生，二型，有柄。营养叶绿色革质，一回羽状；羽片宽披针形，基部 1～2 对，有短柄；叶脉明显连接成六角形网眼，无内藏小脉。孢子叶二回羽状；羽片条形，有短柄，一回羽状深裂；小羽片反卷成小圆球形，彼此分离。孢子囊群背生于小脉的囊托上；囊群盖下位，包被囊群，外面被反卷的小羽片包成念珠状；孢子两面型，表面有细纹。

内蒙古有 1 种。

1. 球子蕨（间断球子蕨）

Onoclea sensibilis L. var. **interrupta** Maxim. in Prim. Fl. Amur. 337. 1859; Fl. Intramongol. ed. 2, 1:224. t.18. f.1-2. 1998.

多年生草本，高30～60cm。根状茎长而横走，棕黑色，近光滑。叶疏生，二型。营养叶草质，两面疏被短毛，叶轴与羽轴疏被披针形褐色小鳞片；叶片宽三角状卵形，长15～25cm，宽12～25cm，一回羽状深裂。羽片6～9对，相距1～3cm，长矩圆形、披针形或狭卵形，除下部1～2对有短柄外，其上的均无柄，基部下延且与叶轴合生，基部的一对较大，长6～13cm，宽2～3cm，边缘浅裂或波状，或全缘；裂片三角形，全缘，先端钝圆。叶脉网状，网眼内无内藏小脉，近叶边的小脉分离；叶柄长13～35cm，禾秆色，光滑，稀有淡棕色膜质鳞片。孢子叶二回羽状，

强度狭缩，长8～18cm，宽2～3cm；羽片条形；小羽片两侧紧缩成小球形，包被孢子囊群，彼此分离；有长柄，长20～40cm。孢子囊群圆形，生于裂片小脉背部的囊托上；囊群盖膜质，下位生，向上包被囊群；孢子圆肾形，周壁透明而脱落，具褶皱，表面有小刺状纹饰。

中生草本。生于森林区的阔叶林下阴湿草地、林缘草甸上。产岭东（扎兰屯市）、辽河平原（大青沟）、燕山北部（宁城县黑里河林场）。分布于我国黑龙江、吉林、辽宁、河北、山西、河南，日本、朝鲜、俄罗斯（远东地区）。为东亚北部分布变种。

13. 岩蕨科 Woodsiaceae

中小型石生或旱生植物。根状茎短而直立或横卧，被棕色膜质披针形的鳞片。叶簇生，草质或纸质，多少被透明的节状长毛或粗毛，有时被腺毛或鳞片；叶片矩圆状披针形至狭披针形，一至二回羽裂；叶脉羽状，分离，不达叶边；叶柄质地脆而易断，顶端通常有 1 个关节。孢子囊群圆形，着生于小脉顶端或背上的囊托上。囊群盖下位，膜质，碟形至杯形，边缘有流苏状睫毛；或为球形、膀胱形，顶端有一开口；或由着生于囊托上的多细胞卷曲长毛构成；除囊群盖外，有时叶边变质反卷而形成假盖。孢子囊群球形，环带由 16 ～ 22 个加厚细胞组成；孢子具周壁，周壁形成褶皱，表面具颗粒状、小刺状及小瘤状纹饰。

内蒙古有 2 属、9 种。

分属检索表

1a. 叶柄无关节；囊群盖膀胱状，由数枚基部愈合的裂片组成，顶端有一孔形开口，光滑无毛··············
···**1. 膀胱蕨属 Protowoodsia**
1b. 叶柄通常有 1 个关节；囊群盖碟形、杯状，边缘有流苏状长睫毛或退化为卷曲长毛··············
···**2. 岩蕨属 Woodsia**

1. 膀胱蕨属 Protowoodsia Ching

属的特征同种。

内蒙古有 1 种。

1. 膀胱蕨（东北岩蕨）

Protowoodsia manchuriensis (Hook.) Ching in Lingnan Sci. J. 21:37. 1945; Fl. Intramongol. ed. 2, 1:226. t.19. f.4-5. 1998.——*Woodsia manchuriensis* Hook. in Sec. Cent. Ferns t.98. 1861.

多年生草本，高 13 ～ 20cm。根状茎短，直立，先端被棕色卵状披针形或披针形的全缘鳞片。叶簇生，薄草质，两面光滑无毛；叶片矩圆状披针形，长 8 ～ 15cm，宽 2 ～ 3cm，先端羽裂，基部变狭，二回羽状深裂。羽片 13 ～ 18 对，下部 2 ～ 3 对羽片缩小成耳形，对生，向上为互生，相距 5 ～ 10mm，中部羽片较大，长 10 ～ 15mm，宽 5 ～ 7mm，三角状披针形，先端钝，基部截形，不对称，上侧裂片较大，羽状深裂；裂片 4 ～ 5 对，矩圆形，基部一对最大，向上逐渐缩小，先端有浅钝齿，两侧全缘。叶脉羽状，侧脉不达叶边；叶柄长 1.5 ～ 3(～ 5)cm，亮淡栗色，纤细，基部被有与根状茎同样的鳞片，向上连同叶轴疏生小鳞片及短毛，无关节。孢子囊群圆形，生于侧脉顶端，每裂片具 1 个；囊群盖下位，膀胱状，膜质，灰白色，顶端有 1 个开口；孢子肾形或椭圆形，周壁具褶皱，连接成明显的大网状，表面具稀疏的小刺。

中生草本。生于森林区的林下石缝中或石质山坡上。产岭东（扎兰屯市）、兴安南部（扎赉特旗神山林场、科尔沁右翼前旗索伦镇）。分布于我国黑龙江、吉林、辽宁、山东、山西、河北、河南、贵州、四川、安徽、江西、浙江，日本、朝鲜、俄罗斯（远东地区）。为东亚分布种。

2. 岩蕨属 Woodsia R. Br.

小型石生植物。根状茎短，直立或斜升，被棕色膜质的鳞片。叶簇生，草质或近纸质，光滑无毛，或有节状长柔毛和短腺毛，或沿叶脉疏生鳞片；叶片狭披针形，　至二回羽状；羽片全缘至羽状深裂；叶脉羽状，不达叶边；叶柄禾秆色至栗色，基部被鳞片，向上被毛或光滑，通常在不同部位有1个关节。孢子囊群圆形，顶生或背生于小脉上；囊群盖下位，碟形、杯形，边缘具流苏状睫毛，或退化为卷曲长毛。

内蒙古有 8 种。

分种检索表

1a. 叶柄无关节，叶片两面及叶轴均密被锈色毛······························**1. 密毛岩蕨 W. rosthorniana**
1b. 叶柄有关节。
　2a. 叶柄上的关节位于中部以下，少近中部；囊群盖蝶形。
　　3a. 植物体纤细矮小，高 7 ～ 10cm；叶柄禾秆色或淡绿色，叶片无毛或近光滑。
　　　4a. 叶无毛，羽片无柄。
　　　　5a. 根状茎及叶柄基部鳞片卵状披针形或椭圆形，边缘有不规则的齿状凸起；囊群盖浅碟状，不规则的 5 ～ 6 裂，边缘有节状长柔毛；叶片矩圆状披针形··········
　　　　　　···**2. 旱岩蕨 W. hancockii**
　　　　5b. 根状茎及叶柄基部鳞片披针形或卵状披针形，先端渐尖，边缘全缘；囊群盖细裂，呈毛状；叶片条状披针形·····································**3. 光岩蕨 W. glabella**
　　　4b. 叶轴和羽轴下面及叶缘疏被节状毛，羽片具短柄············**4. 陕西岩蕨 W. shensiensis**
　　3b. 植物体较粗壮；叶柄栗色；全株被长节状毛及狭披针形鳞片，尤以叶轴及羽轴较密··········
　　　　···**5. 岩蕨 W. ilvensis**
　2b. 叶柄上的关节位于中部以上，靠近叶片基部羽片。
　　6a. 囊群盖蝶形；中部羽片椭圆形或长披针状三角形，基部对称或近对称，心形或略呈耳状······
　　　　···**6. 心岩蕨 W. subcordata**
　　6b. 囊群盖杯形；羽片基部不对称，歪楔形，羽片多少呈耳状镰形。
　　　7a. 叶片狭披针形；羽片镰状矩圆形，基部上侧有小耳状凸起，边缘无毛··········
　　　　···**7. 耳羽岩蕨 W. polystichoides**
　　　7b. 叶片卵状披针形；羽片三角形，基部上侧稍凸起，边缘被褐色节状长毛··········
　　　　···**8. 中岩蕨 W. intermedia**

1. 密毛岩蕨（罗氏岩蕨）

Woodsia rosthorniana Diels in Bot. Jahrb. Syst. 29:187. 1900; Fl. Intramongol. ed. 2, 1:228. t.20. f.4-6. 1998.

多年生草本，高 7 ～ 11cm。根状茎短而直立，顶端连同叶柄密被棕色膜质披针形的鳞片

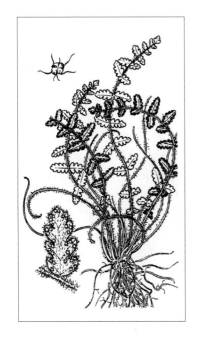

及长毛。叶簇生，草质，叶片两面连同叶轴密被棕色节状长毛，幼时色淡；叶片条状披针形或条状倒披针形，长5～8cm，宽1.5～2cm，先端稍钝，基部渐变狭，二回羽状深裂。羽片10～15对，矩圆形或近长三角形，对生或互生，相距8～12mm，中部羽片较大，长8～10mm，宽约5mm，先端钝圆，基部平截近对称，具极短的柄，羽状深裂，下部羽片逐渐缩小，最下部的1～2对缩小成耳状；裂片4～5对，深裂至中部以下，裂片先端圆钝，边缘全缘或波状。叶脉羽状，分离，不甚明显；叶柄无关节，质脆易断，长2～6cm，棕色（幼时禾秆色），密被棕色长毛，疏被狭披针形鳞片。孢子囊群圆形，着生于侧脉顶端；囊群盖浅碟状，边缘有节状长毛，成熟后裂成3～5瓣。

中生草本。生于夏绿阔叶林区的石质山坡石缝中或林下。产燕山北部（宁城县石佛村）。分布于我国辽宁、河北、陕西、甘肃、四川、云南、西藏，不丹。为华北—横断山脉—喜马拉雅分布种。

2. 旱岩蕨（华北岩蕨）

Woodsia hancockii Bak. in Ann. Bot. (Oxford) 5:196. 1891; Fl. Intramongol. ed. 2, 1:230. t.21. f.1-3. 1998.

多年生草本，高7～9cm。根状茎短，直立，顶端连同叶柄基部密被卵状披针形或椭圆形鳞片；鳞片淡褐色，边缘有不规则齿状凸起。叶簇生，薄纸质，两面均无毛；叶片矩圆状披针形，向两端变狭，长5～7cm，中部宽8～12mm，二回羽状。羽片9～12对，通常互生，相距4～10mm，菱状卵形或披针形，长5～7mm，宽2～4mm，有短柄或无，羽片先端钝头，基部楔形或宽楔形，极不对称，羽状深裂；裂片1～2对，基部一对最大，菱形，先端3裂，两边全缘。叶脉羽状，每裂片有小脉1条，不达叶边；叶柄纤细，长1～2cm，禾秆色或淡绿色，中部以上连同叶轴被极稀疏的淡褐色节状长柔毛或无，下部具1个关节。孢子囊群圆形，生于侧脉上部，每裂片有1～3个；囊群盖浅碟形，不规则的5～6分裂，边缘有淡褐色节状长柔毛；孢子周壁具褶皱，连接成网状，表面具颗粒状纹饰。

中生草本。生于草原区的山地桦树林下石缝中。产兴安南部（巴林右旗罕乌拉山、克什克腾旗大局子林场）、燕山北部（喀喇沁旗、宁城县）、阴山（土默特左旗旧窝铺村）。分布于我国黑龙江、吉林、河北、山西、陕西，日本、朝鲜、俄罗斯（远东地区）、印度北部、尼泊尔。为东亚分布种。

3. 光岩蕨

Woodsia glabella R. Br. ex Richards. in Narr. Journey Polar Sea. 754. 1823; Fl. Intramongol. ed. 2, 1:230. 1998.

多年生草本，高5～10cm。根状茎短而直立，先端连同叶柄基部密被鳞片；鳞片宽披针形，全缘，淡棕色。叶簇生，草质，无毛；叶片条状披针形，先端渐尖，基部略渐变狭或不变狭，二回羽裂；叶柄纤细，禾秆色，长约1.5cm，光滑，或基部以上有1～2枚披针形鳞片，近基部有1个关节。羽片8～12对；下部的卵状三角形，圆钝头，基部宽圆形，长、宽约5mm，3裂，裂片狭长扇形，顶端具粗钝齿；中部羽片矩圆形，短尖头，基部稍不对称，上侧近平截，下侧楔形，浅裂，裂片有粗浅裂。孢子囊群生于侧脉背上；囊群盖浅碟状，边缘撕裂成长毛。

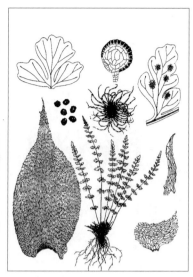

　　中生草本。生于草原区和荒漠区的山地岩石缝中。产阴山（大青山）、贺兰山。分布于我国吉林、河北、甘肃、青海、云南、新疆，日本、蒙古国北部，欧洲、北美洲。为泛北极分布种。

4. 陕西岩蕨

Woodsia shensiensis Ching in Sinensia 3(5):141. 1932;Fl. China 2-3:400. 2013.

　　多年生草本，高10～15cm。根状茎短而直立，连同叶柄基部密被鳞片；鳞片披针形，长约3mm，先端长渐尖，浅棕色，膜质，全缘。叶簇生，薄草质，上面光滑，下面略被棕色的节状毛，叶缘和叶轴、羽轴下面均疏被棕色节状毛；叶片披针形，长7～10cm，中部宽1.5～2.9cm，二回深羽裂至二回羽状。羽片8～10对，斜展或斜向上，具短柄，互生或下部2～3对对生，相距约1cm，下部羽片缩小，中部的较大，卵状菱形，长1～1.5cm，宽7～10mm，尖头，基部为不对称的阔楔形，羽状深裂或为羽状；裂片2～3对，斜向上，倒卵形，基部一对最大，长可达7mm，向上的裂片逐渐缩小，边缘有粗锯齿或圆齿。叶脉清晰可见，在下部裂片上为羽状，小脉斜向上，不达叶边；叶柄长3～5cm，纤细，禾秆色，下部有关节，向上被少数狭披针形鳞片。孢子囊群近圆形，通常顶生脉端，每裂片有2～4个；囊群盖碟形，边缘有长柔毛。

　　中生草本。生于草原区的山地林下。产阴山（大青山）。分布于我国陕西（眉县、太白山、鄠邑区、涝峪山）及重庆（城口县）。为华北（大青山—秦岭）分布种。

5. 岩蕨

Woodsia ilvensis (L.) R. Br. in Prodr. Fl. Nov. Holl. 158. 1810; Fl. Intramongol. ed. 2, 1:232. t.22. f.1-3. 1998.——*Acrostichum ilvense* L., Sp. Pl. 2:1071. 1753.

　　多年生草本，高12～20cm。根状茎短，直立，顶端连同叶柄基部密被褐色卵形、披针形鳞片。

叶簇生，纸质，上面密被灰白色节状长柔毛，下面密被淡褐色节状长毛及狭披针形鳞片；叶片矩圆状披针形，长 7 ～ 13(～ 17)cm，宽 1.5 ～ 3cm，渐尖头，二回羽状深裂。羽片 15 ～ 20 对，互生，相距 3 ～ 9mm，下部 2 ～ 3 对羽片稍缩小，中部羽片长 10 ～ 17mm，宽 5 ～ 7mm，三角状披针形或矩圆状披针形，先端钝，基部截形，对称，羽状深裂；

裂片矩圆形，全缘。叶脉羽状，侧脉单一，不达叶边；叶柄栗色，有光泽，长 5 ～ 12cm，中部以上被有与叶轴同样的毛及鳞片，中部以下有 1 个关节。孢子囊群圆形，生于侧脉顶端；囊群盖下位，浅碟形，不规则的 5 ～ 6 裂，边缘细裂成淡褐色长毛；孢子周壁具褶皱，连接成明显的大网状，表面有小刺。

中生草本。生于森林区和草原区的山地岩石缝中。产兴安北部（额尔古纳市、根河市、牙克石市、鄂温克族自治旗东部、东乌珠穆沁旗宝格达山）、兴安南部（扎赉特旗、科尔沁右翼前旗、科尔沁右翼中旗、突泉县、阿鲁科尔沁旗、巴林右旗、克什克腾旗）、燕山北部（喀喇沁旗、宁城县）。分布于我国黑龙江、吉林、辽宁、河北、新疆，北温带地区。为泛北极分布种。

6. 心岩蕨（亚心岩蕨、等基岩蕨）

Woodsia subcordata Turcz. in Bull. Soc. Imp. Nat. Mosc. 5:206. 1832; Fl. Intramongol. ed. 2, 1:232. t.19. f.1-3. 1998.

多年生草本，高 13 ～ 22cm。根状茎短，直立或斜升，顶端连同叶柄基部密被卵状披针形、狭披针形的边缘有长毛的淡褐色鳞片。叶簇生，纸质，两面均疏被灰色或灰棕色膝曲长节状毛及棕色线形小鳞片，有时近无毛；叶片矩圆状披针形，长 8 ～ 15cm，中部宽 2 ～ 3cm，顶端圆钝或渐尖，下部略变窄，二回羽裂。羽片 8 ～ 16 对，互生，稀近对生，相距 4 ～ 10mm，中部羽

片长6～20mm，宽3～10mm，椭圆形或长三角形披针状，先端圆钝，基部对称或近对称，心形或略呈耳状，羽状浅裂或中裂；裂片3～5对，圆形或矩圆形，彼此密接，边缘全缘。叶脉羽状，上面明显，侧脉不达叶边缘；叶柄长2～8cm，栗褐色或褐色，有光泽，顶端有斜升或水平的关节（关节有时不甚明显），基部以上疏被节状长毛及狭披针形小鳞片。孢子囊群圆形，生于侧脉顶端；囊群盖蝶形，不规则撕裂，边缘有淡褐色长毛；孢子周壁有褶皱，连接成明显的大网状。

中生草本。生于落叶阔叶林带和草原区的山地岩石缝中。产兴安南部（扎赉特旗、巴林右旗、克什克腾旗、锡林浩特市东南部）、燕山北部（喀喇沁旗、宁城县、兴和县苏木山）、阴山（大青山）。分布于我国黑龙江、吉林、辽宁、河北、山西，日本、朝鲜、蒙古国东部（东蒙古地区）、俄罗斯（远东地区）。为东亚北部分布种。

7. 耳羽岩蕨

Woodsia polystichoides D.C. Eaton in Proc. Amer. Acad. Arts. 4:110. 1858; Fl. Intramongol. ed. 2, 1:233. t.21. f.4-6. 1998.

多年生草本，高10～22cm。根状茎短，直立，连同叶柄基部密被棕色卵状披针形膜质鳞片。叶簇生，纸质，两面均被长柔毛，并沿主脉下面疏生小鳞片；叶片狭披针形或狭倒披针形，长6～15(～18)cm，宽1.6～3cm，一回羽状；羽片15～23对，对生或互生，平展，下部几对逐渐缩小，斜向下，相距5～10mm，中部羽片长8～15mm，宽4～7mm，镰状披针形，钝头，基部不对称，下侧斜楔形，上侧截形并有一小耳状凸起，边缘浅波状或全缘；叶脉羽状，侧脉除在上侧耳状凸起上为羽状分枝，其余均二叉，不达叶边；叶柄长2～6(～8)cm，褐色或深禾秆色，近顶端有1个关节，通体到叶轴密生长毛和淡褐色披针形鳞片。孢子囊群圆形，着生于二叉脉上侧分枝顶端；囊群盖下位，杯状，淡褐色，边缘不规则浅裂，具长睫毛；孢子周壁具褶皱，连接成明显的大网状，表面具不明显的颗粒状纹饰。

中生草本。生于森林区和草原区的山地沟谷阴湿岩石缝中。产岭东(扎兰屯市)、兴安南部(扎

赉特旗、克什克腾旗）、燕山北部（喀喇沁旗、宁城县）、阴山（大青山）。分布于我国黑龙江、吉林、辽宁、台湾，华北、西北、华东、华中地区；日本、朝鲜、俄罗斯（远东地区）也有分布。为东亚分布种。

8. 中岩蕨（东亚岩蕨）

Woodsia intermedia Tagawa in Act. Phytotax. Geobot. 5:250. 1936; Fl. Intramongol. ed. 2, 1:233. t.22. f.4-6. 1998.

多年生草本，高 13～20cm。根状茎短粗，直立，先端连同叶柄密被淡棕色披针形、卵状披针形的鳞片，鳞片边缘疏被长毛。叶簇生，纸质，上面近无毛或具极稀疏的毛，下面疏被淡褐色节状长柔毛及狭披针形鳞片；叶片卵状披针形，长 8～15cm，宽 2～4cm，先端渐尖，钝头，一回羽状。羽片 10～16 对，互生或对生，相距 3～10(～22)mm，三角形，中部羽片长 1～2cm，基部最宽 7～12mm，先端圆钝，基部宽楔形或截形，两侧不对称，上侧有一枚裂片较大呈耳状，下部 1～2 对羽片稍缩小，羽状浅裂或

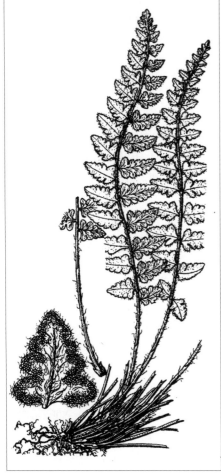

深裂；裂片 2～3 对，矩圆形或圆形，先端圆，边缘被淡褐色分节长毛。叶脉羽状，不达叶边；叶柄长 4～8cm，栗色或淡栗色，有光泽，上部有 1 个关节。孢子囊群圆形，生于小脉顶端；囊群盖下位，杯状，边缘细裂，密生长毛；孢子周壁具褶皱，常连接成明显的大网状，表面具颗粒状纹饰。

中生草本。生于森林区和草原区的山地岩石缝中。产兴安北部（牙克石市）、岭东（扎兰屯市）、兴安南部（扎赉特旗、科尔沁右翼前旗、科尔沁右翼中旗、巴林右旗、克什克腾旗、锡林浩特市东南部）、燕山北部（喀喇沁旗、宁城县、兴和县苏木山）、锡林郭勒（苏尼特左旗）、阴山（大青山）。分布于我国黑龙江、吉林、辽宁、河北、山西、山东、河南，日本、朝鲜、俄罗斯（远东地区）。为东亚北部分布种。

14. 鳞毛蕨科 Dryopteridaceae

中型陆生植物。根状茎短，直立或斜升，有网状中柱，密被红棕色、褐色或黑色的大鳞片。叶簇生；叶一型，一至多回羽状或羽裂，背面常沿叶脉疏生小鳞片或鳞毛，叶脉分离，少有连成网状（如贯众属 *Cyrtomium*），叶轴、羽轴及主脉上面有纵沟互通；叶柄基部不具关节，内有多条维管束，通常密被与根状茎同样的鳞片。孢子囊群圆形，着生于小脉背上或顶端；囊群盖圆肾形或圆形，以缺刻着生或盾状着生，有时无盖；孢子二面型，椭圆形或长椭圆形，具周壁，周壁具褶皱。

内蒙古有 2 属、7 种。

分属检索表

1a. 囊群盖圆形，盾状着生；羽片基部上缘具耳状凸起，小羽片为上先出·············**1. 耳蕨属 Polystichum**

1b. 囊群盖圆肾形，以缺刻处着生；羽片基部对称，不具耳状凸起，小羽片为下先出·······················
···**2. 鳞毛蕨属 Dryopteris**

1. 耳蕨属 Polystichum Roth

根状茎短，直立或斜升，被鳞片。鳞片棕色、红棕色、褐色或黑色，通常质薄，全缘或有缘毛，基部通常呈撕裂状。叶簇生；叶片矩圆形或披针形，一回羽状至三回羽裂；小羽片为上先出，末回小羽片通常为镰形，少为矩圆形，边缘常有芒状锯齿，基部不对称，上侧截形，并常具耳状凸起，下侧偏斜，或有时下延成羽轴翅；叶脉羽状，分离；具柄，被鳞片。孢子囊群圆形，通常顶生于小脉上，有时为背生；囊群盖圆形，盾状着生，稀无盖；孢子两面型，矩圆形或圆形，通常有刺或疣状凸起。

内蒙古有 3 种。

分种检索表

1a. 叶片长 7～18cm，宽 1.5～3.5cm，黄绿色，狭披针形或狭椭圆状披针形；羽片 11～24 对，裂片顶端钝；叶柄禾秆色，叶轴两面被纤毛状线形鳞片··············**1. 毛叶耳蕨 P. mollissimum**

1b. 叶片长 25～60cm，宽 4～24cm；羽片 19～32 对，裂片顶端具齿尖或芒状；叶轴下面被线形、披针形鳞片。

　2a. 叶片狭椭圆形或披针形，黄绿色，宽 4～14cm；羽片 24～32 对；叶柄禾秆色··················
　···**2. 中华耳蕨 P. sinense**

　2b. 叶片宽披针形或倒披针形，绿色，宽 14～24cm；羽片 19～25 对；叶柄基部棕色··················
　···**3. 布朗耳蕨 P. braunii**

1. 毛叶耳蕨

Polystichum mollissimum Ching in Fl. Xizang. 1:232. 1983.

多年生草本，夏绿，高 7～20cm。根茎短，直立，密被披针形棕色鳞片。叶簇生，纸质，两面具毛状小鳞片，下面较密；叶片黄绿色，狭披针形，长 7～18cm，宽 1.5～3.5cm，二回羽状分裂。羽片 11～24 对，互生，无柄，披针形，中部的长 0.8～2cm，宽 4～8mm，基部上侧具耳凸，羽状深裂；裂片 3～6 对，斜长圆形，长 1～3mm，宽 0.5～1.5mm，两侧具小齿。

叶脉羽状，不明显；叶轴禾秆色，两面密被纤毛状并混生线形鳞片；叶柄长 2～8cm，纤细，禾秆色，密被披针形、线形黄棕色鳞片。孢子囊群着生于羽轴两侧或裂片主脉两侧；囊群盖圆盾形，边缘具钝齿缺刻。

中生草本。生于山地林下。产阴山（九峰山）、贺兰山。分布于我国河北（小五台山）、山西、陕西（太白山）、甘肃（兴隆山）、青海、四川西部、西藏、云南西北部。为东亚（中国—喜马拉雅）分布种。

2. 中华耳蕨

Polystichum sinense Christ in Bull. Soc. Bot. Franc. 52 (Mem. 1): 30. 1905; Fl. Intramongol. ed. 2, 1:235. t.20. f.1-3. 1998.——*Aspidium prescottianum* Wall. ex Mett. var. *sinense* Christ in Boll. Soc. Bot. Ital. 10: 289. 1901.

多年生草本，夏绿，高 20～70cm。根状茎短，直立，密被披针形棕色鳞片。叶簇生，草质，两面有纤毛状的小鳞片，背面较密；叶片狭椭圆形或披针形，长 25～58cm，宽 4～14cm，先端渐尖，向基部变狭，二回羽状深裂或少为二回羽状。羽片 24～32 对，互生，略斜向上，柄极短，披针形，中部的长 2.5～7cm，宽 0.6～2cm，先端渐尖，基部偏斜近截形，上侧有耳凸，羽状深裂达羽轴；裂片 7～14 对，近对生，斜向上，斜卵形或斜矩圆形，长 4～12mm，宽 2～5mm，先端尖，基部斜楔形并下延于羽轴，上侧略有耳凸，两侧有前倾的尖齿，具羽状脉，两面不明显。叶轴禾秆色，腹面有纵沟，两面有线形棕色鳞片，背面混生宽披针形至狭卵形鳞片；叶柄长 5～34cm，基部直径 2～5mm，禾秆色，腹面有浅纵沟，密被卵形、披针形、线形棕色鳞片。孢子囊群位于裂片主脉两侧；囊群盖圆形，盾状，边缘有齿缺。

中生草本。生于草原区的山地林下岩石上或山沟岩石缝中。产阴山（大青山、蛮汗山）、贺兰山。分

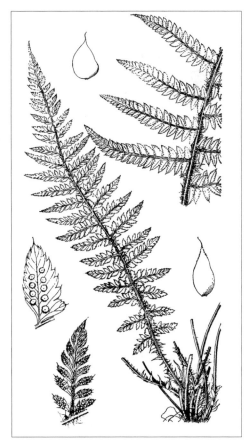

布于我国陕西、宁夏、甘肃、青海、四川、西藏、云南、新疆、台湾，不丹、印度、尼泊尔、巴基斯坦，克什米尔地区。为东古北极分布种。

3. 布朗耳蕨

Polystichum braunii (Spenner) Fee in Mem. Foug. 5:278. 1852.

多年生草本，夏绿，高40～70cm。根状茎短，直立或斜升，密生线形淡棕色鳞片。叶簇生，薄草质，两面密生淡棕色长纤毛状小鳞片；叶片绿色，宽披针形或倒披针形，长36～60cm，中部宽14～24cm，先端渐尖，中部能育，向基部逐渐变狭，下部不育，二回羽状。羽片19～25对，互生，斜向上，具短柄，披针形，先端渐尖，基部不对称，中部羽片长10～15cm，宽2.3～2.8cm，一回羽状。小羽片（2～）6～17对，互生，无柄，矩圆形，长0.9～1.7cm，宽0.5～0.9cm，先端急尖，具锐尖头，基部楔形，下延，上侧全缘，或少数大型个体具锯齿甚至浅裂，具短或较长的芒，耳凸呈弧形，不明显，下侧具芒，羽片基部上侧一枚最大，具缺刻或羽裂状；小羽片具羽状脉，侧脉5～7对，二歧分叉，明显。叶轴腹面有纵沟，背面密生淡棕色线形、披针形鳞片和较大鳞片；大鳞片卵状披针形，长和宽可达4.5mm，先端尾状或长渐尖，边缘近全缘；羽轴具狭翅，腹面有纵沟，背面生淡棕色线形鳞片。叶柄长13～21cm，基部棕色，腹面有纵沟，密生淡棕色线形、披针形鳞片和较大鳞片；大鳞片卵形、卵状披针形或宽披针形，淡棕色，但下部的中间常带黑棕色，具光泽，密生或略疏生，长可

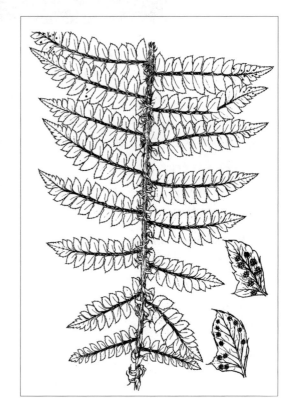

达13mm，宽可达6mm，先端长渐尖或尾状，边缘近全缘或略具齿。孢子囊群圆形，大，每小羽片具（1～）3～6对，主脉两侧各1行，靠近主脉，生于小脉末端，有时为近脉端生；囊群盖圆形，盾状，边缘全缘。

中生草本。生于山地林缘石缝中。产燕山北部山地（宁城县黑里河林场）。分布于我国黑龙江、吉林、辽宁、河北、山西、河南西部、安徽、湖北西北部、陕西、甘肃南部、四川、西藏、新疆，俄罗斯（西伯利亚地区）、日本，朝鲜半岛，欧洲、北美洲。为泛北极分布种。

2. 鳞毛蕨属 Dryopteris Adans.

陆生中型植物。根状茎短粗，直立或斜升。叶簇生，纸质或草质；叶片卵状披针形至披针形，一至三回羽状或四回羽裂；小羽片基部对称或少有不对称，上侧不为耳状凸起；叶脉羽状，侧脉单一或二至三叉，通常伸达叶边，下侧小脉先出。叶柄上面凹，下面凸，密被鳞片；鳞片棕色、栗色、棕褐色或栗黑色，卵形至披针形，边缘有齿牙，或呈流苏状，或全缘。孢子囊群圆形，

生于小脉上；囊群盖圆肾形，膜质或纸质，以深缺刻着生于叶脉，宿存或早脱落；孢子单裂缝，周壁具褶皱，常形成片状凸起。

内蒙古有 4 种。

分种检索表

1a. 叶二回羽裂，叶片椭圆状披针形或倒披针形。

  2a. 植株较小，高 20～30cm；叶柄淡绿色或禾秆色；叶片两面无毛，有金黄色腺体；叶轴和羽轴被鳞片；全叶片着生孢子囊群……………………………………**1. 香鳞毛蕨 D. fragrans**

  2b. 植株高大，高 50～65cm；叶柄淡褐色；叶片下面被淡褐色柔毛；羽轴及中脉较密，但无鳞片；孢子囊群仅生于叶片上半部………………………………**2. 远东鳞毛蕨 D. sichotensis**

1b. 叶三至四回羽裂，叶片矩圆状卵形、椭圆状卵形或卵形。

  3a. 根状茎斜升；叶通常三至四回羽裂，基部一对羽片斜三角形…………**3. 广布鳞毛蕨 D. expansa**

  3b. 根状茎横卧；叶通常三回羽状深裂，基部一对羽片长椭圆形或广披针形………………………………………………………………………………………**4. 华北鳞毛蕨 D. goeringiana**

1. 香鳞毛蕨（香叶鳞毛蕨）

Dryopteris fragrans (L.) Schott in Gen. Fil. t.9. 1834; Fl. Intramongol. ed. 2, 1:237. t.23. f.1-2. 1998.——*Polypodium fragrans* L., Sp. Pl. 2:1089. 1753.

多年生草本，高 20～30cm。根状茎短粗，直立或斜升，先端密被褐色三角状披针形鳞片。叶簇生，草质，两面均光滑无毛，有金黄色腺体；叶片倒披针形或长椭圆形，长 13～20cm，宽 2.5～3.5cm，二回羽状全裂。羽片 20～25 对，互生，相距 3～9mm，披针形，中部最大，长 12～17mm，宽 5～7mm，先端钝，基部宽楔形或近截形，一回羽状；小羽片 5～7 对，矩圆形，长约 3mm，宽约 1.5mm，先端圆钝，基部下延至羽轴成狭翅，边

缘具圆锯齿，下部多对羽片逐渐缩小，基部有1～2对呈耳状。叶脉羽状分枝。叶柄长5～13cm，淡绿色或禾秆色，连同叶轴和羽轴密被卵形、披针形亮黄褐色鳞片；鳞片边缘具细齿，先端尾尖，具有金黄色或褐色腺体。孢子囊群圆形，生于侧脉中下部以下或近基部；囊群盖圆肾形，膜质，灰白色，边缘啮蚀状；孢子周壁具褶皱，形成瘤块状突起。

中生草本。生于森林区和草原区的山地碎石山坡或石砬子上。产兴安北部及岭东（额尔古纳市、根河市、牙克石市、扎兰屯市）、兴安南部（科尔沁右翼前旗、扎赉特旗、巴林右旗、克什克腾旗、西乌珠穆沁旗东部）、燕山北部（宁城县）。分布于我国黑龙江、吉林、辽宁、河北、新疆北部，日本、朝鲜、蒙古国北部和东部、俄罗斯（远东地区），欧洲、北美洲。为泛北极分布种。

2. 远东鳞毛蕨

Dryopteris sichotensis Kom. in Bull. Jard. Bot. Pierre le Grand Petrop. 16:146. 1916; Fl. Intramongol. ed. 2, 1:239. t.23. f.3-4. 1998.

多年生草本，高50～65cm。根状茎褐色，粗壮，直立或斜升，先端密被黄褐色及淡褐色鳞片；鳞片卵状披针形、披针形、狭条形，先端渐尖呈长尾状，全缘。叶簇生，近革质，上面近无毛，下面疏被淡褐色柔毛，羽轴和中脉较密；叶片长椭圆形，向两端变狭，长40～50cm，中部宽13～16cm，二回羽状。羽片约26对，互生，相距约1cm，中部的最大，长7～10cm，宽约2cm，披针形，先端渐尖，基部截形，对称，一回羽状全裂；裂片矩圆形，长6～9mm，宽约3mm，先端圆钝，边缘具重钝圆浅齿，基部相连成宽翅。叶脉羽状，明显，侧脉单一或二叉状分枝，不达叶边；叶柄长8～13cm，淡褐色，基部密被与根状茎上相同的鳞片，向上稀疏。孢子囊群圆形，分布于叶片上半部，着生于侧脉中部以下，在裂片上排成2行；囊群盖小，圆肾形，淡褐色，厚膜质，近全缘。

中生草本。生于森林区的山地石质山坡石缝中。产兴安北部（阿尔山市白狼镇鸡冠山）。分布于我国黑龙江、吉林，俄罗斯（远东地区）。为满洲分布种。

3. 广布鳞毛蕨

Dryopteris expansa (C. Presl) Fraser-Jenk. et Jermy in Fern Gaz. 11(5):338. 1977; Fl. Intramongol. ed. 2, 1:239. t.24. f.1-2. 1998.——*Nephrodium expansum* C. Presl in Rel. Haenk. 1:38. 1825.

多年生草本，高 55 ～ 90cm。根状茎斜升，先端连同叶柄基部密被鳞片；鳞片棕褐色，边缘淡棕色，卵状披针形、卵形、狭披针形，先端尾状渐尖，全缘。叶簇生，草质，两面光滑无毛，叶轴和羽轴疏被棕褐色狭披针形鳞片及鳞毛；叶片矩圆状卵形或五角状卵形，长 24 ～ 50cm，中下部最宽 12 ～ 35cm，三回羽状全裂或基部四回羽裂。羽片 6 ～ 12 对，对生或互生，相距 2 ～ 10cm，有柄，基部一对最大，长 10 ～ 17cm，宽 3 ～ 5cm，斜三角形，二回羽状全深或三回羽裂；小羽片 10 ～ 13 对，斜展，基部下侧一枚最大，长 2 ～ 3.5cm，宽 9 ～ 13mm，矩圆状披针形，顶端尖，有柄，一回羽状全裂或二回羽裂；末回小裂片矩圆形，斜展，长 6 ～ 8mm，宽约 2mm，先端与边缘具刺尖的重锯齿。叶脉羽状，侧脉达齿端或边缘；叶柄长 25 ～ 40cm，禾秆色，

疏被淡褐色卵形、卵状披针形鳞片，基部较密，并略具褐色腺体。孢子囊群圆形，生于侧脉上部或近顶端；囊群盖淡褐色，圆肾形，厚膜质，边缘全缘或稍呈浅波状。

中生草本。生于森林区的山地林下或草甸。产兴安北部（根河市、牙克石市、鄂伦春自治旗、阿尔山市摩天岭）。分布于我国黑龙江、吉林、辽宁、河北，日本、朝鲜、俄罗斯（远东地区），欧洲、北美洲。为泛北极分布种。

4. 华北鳞毛蕨（美丽鳞毛蕨、金毛狗脊）

Dryopteris goeringiana (Kunze) Koidz. in Bot. Mag. Tokyo 43:386. 1929; Fl. Intramongol. ed. 2, 1:239. t.24. f.3-4. 1998.——*Aspidium goeringianum* Kuntze in Bot. Zeitung (Berlin) 6:557. 1848.

多年生草本，高 65 ～ 75cm。根状茎横卧，连同叶柄基部被褐棕色狭披针形鳞片。叶近簇生，草质，两面无毛，仅沿叶轴和羽轴疏被棕色狭披针形鳞片及鳞毛；叶片椭圆状卵形，长 25 ～ 40cm，中部最宽 17 ～ 30cm，下部羽片近相等，三回羽状深裂。羽片 13 ～ 15 对，互生，相距 1 ～ 6cm，长椭圆形或广披针形，中部以下的羽片长 11 ～ 27cm，宽 3 ～ 7cm，先端渐尖，

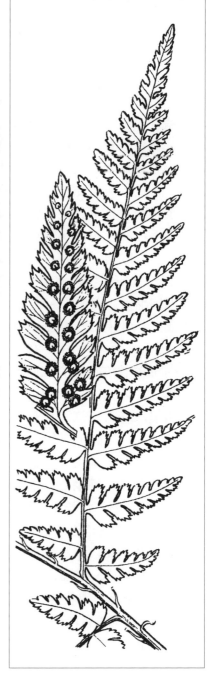

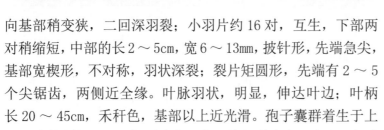

向基部稍变狭，二回深羽裂；小羽片约 16 对，互生，下部两对稍缩短，中部的长 2～5cm，宽 6～13mm，披针形，先端急尖，基部宽楔形，不对称，羽状深裂；裂片矩圆形，先端有 2～5 个尖锯齿，两侧近全缘。叶脉羽状，明显，伸达叶边；叶柄长 20～45cm，禾秆色，基部以上近光滑。孢子囊群着生于上侧小脉的中部以下，每裂片有 1 个（基部裂片有 3 个）；囊群盖圆肾形，褐色，厚膜质，全缘，宿存。

中生草本。生于森林区的山地林下。产兴安北部（鄂伦春自治旗）、兴安南部（扎赉特旗）、燕山北部（喀喇沁旗、宁城县）。分布于我国黑龙江、吉林、辽宁、河北、河南、山东、山西、陕西、甘肃、四川，日本、朝鲜、俄罗斯（远东地区）。为东亚北部分布种。

15. 水龙骨科 Polypodiaceae

常为附生，很少为土生。根状茎横走，有网状中柱，被有盾状着生的鳞片。叶通常一型，少为二型，单叶，全缘、分裂或一回羽状，纸质或革质，无毛或被单毛、星状毛；叶脉为各式的网状，少有分离，网眼内有单一或分叉的内藏小脉；叶柄基部常以关节与根状茎相连。孢子囊群圆形、矩圆形或条形，有时满布于叶背面；无囊群盖；孢子囊柄长，有 3 行细胞，环带纵行，通常有 12 ～ 18 个增厚细胞；孢子为椭圆形，单裂缝，具周壁或不具周壁，易脱落，表面有疣状、瘤状、刺状、颗粒状纹饰或光滑。

内蒙古有 3 属、5 种。

分属检索表

1a. 叶羽状深裂或一回羽状 ··**1. 多足蕨属 Polypodium**

1b. 叶为单叶，全缘或波状；状孢子囊群位于叶边和主脉之间，或布满叶下面，幼时有盾状隔丝或星状毛覆盖。

  2a. 叶片光滑；孢子囊群位于叶边和主脉之间，各有 1 行排列，幼时有圆盾形隔丝覆盖················ ··**2. 瓦韦属 Lepisorus**

  2b. 叶片下面密被星状毛，上面稀疏；孢子囊群生于内藏小脉顶端，成熟时满布于叶片下面，幼时有 星状毛覆盖··**3. 石韦属 Pyrrosia**

1. 多足蕨属 Polypodium L.

中小型附生植物。根状茎长而横走，密生鳞片。叶一型；叶片羽状深裂或一回羽状，无毛或稍被柔毛；叶脉分离，或沿主脉两侧各有 1 行大网眼，每网眼内有 1 条内藏小脉，网眼外的小脉分离，伸达叶边。孢子囊群圆形，着生于侧脉基部上侧一小脉顶端，在裂片中脉两侧各排成 1 行，通常无隔丝；孢子椭圆形，不具周壁，外壁具疣状纹饰。

内蒙古有 1 种。

1. 小多足蕨（东北水龙骨、小水龙骨）

Polypodium sibiricum Sipliv. in Nov. Sist. Vyssh. Rast. 11:329. 1974.——*P. virginianum* auct. non L.: Fl. Intramongol. ed. 2, 1:243. t.25. f.1-2. 1998.

多年生草本，高 12 ～ 18cm。根状茎长而横走，密被披针形或卵状披针形的棕色鳞片。叶近生，厚纸质；叶片矩圆状披针形，长 (5 ～)8 ～ 17cm，宽 2 ～ 3.5cm，先端渐尖，一回羽状深裂几达叶轴；裂片 13 ～ 24 对，矩圆形或披针形，长 1 ～ 2cm，宽 3 ～ 5mm，先端圆钝，边缘浅波状或向顶端有缺刻状浅锯齿；叶脉羽状分叉，不明显；叶柄长 3 ～ 6cm，禾秆色。孢子囊群圆形，在主脉和叶边之间各呈 1 行排列，靠近叶边，无盖；

孢子较大，外壁具较大的疣状纹饰。

　　中生草本。生于森林区的山地林下、林缘石缝中。产兴安北部及岭东（额尔古纳市、根河市、牙克石市、扎兰屯市）、兴安南部（扎赉特旗、科尔沁右翼前旗）。分布于我国黑龙江、吉林、辽宁、河北，日本、朝鲜、蒙古国、俄罗斯（西伯利亚地区），北美洲。为亚洲—北美分布种。

2. 瓦韦属 Lepisorus (J. Sm.) Ching

　　通常附生。根状茎横走，被卵形至披针形鳞片，鳞片全缘或有小齿。叶单一，远生或近生，革质，少为草质，无毛，一型；叶片披针形或条状披针形，向两端渐变狭窄，基部常下延，全缘或波状，下面多少被鳞片；中脉明显，侧脉不见，网状，网眼内有内藏小脉，小脉顶端有棒形水囊。孢子囊群圆形或矩圆形，在主脉两侧各排成1行，幼时有粗筛孔的盾状隔丝，老时脱落；孢子囊有长柄；孢子椭圆形，不具周壁，正面观常为界线模糊的云块状纹饰，或呈拟网状或穴状。

　　内蒙古有2种。

分种检索表

1a. 叶革质，质厚；叶片先端渐尖，具尖头；根状茎纤细，丝状，直径1～1.5mm·····················
···1. 乌苏里瓦韦 L. ussuriensis
1b. 叶草质，质薄；叶片先端具圆头或钝圆；根状茎不呈丝状，直径2～3mm···**2. 小五台瓦韦 L. crassipes**

1. 乌苏里瓦韦（大石韦、剑刀草、青根）

Lepisorus ussuriensis (Regel et Maack) Ching in Bull. Fan Mem. Inst. Biol. 4:91. 1933; Fl. Intramongol. ed. 2, 1:243. t.20. f.7. 1998.——*Pleopeltis ussuriensis* Regel et Maack in Mem. Acad. Imp. Sci. St.-Petersb. Ser. 7, 4:175. 1861.

　　多年生草本，高9～20cm。根状茎细长而横走，丝状，直径1～1.5mm，密被鳞片；鳞片近黑色，卵状狭披针形，先端渐尖为长发状，质地厚，不透明，边缘有不整齐的小齿，网眼密。叶疏生，革质，草绿色，基部密被鳞片，向上稀少或无；叶片长披针形，向两端渐变狭，基部呈狭楔形，先端渐尖头，长8～18cm，中部宽4～10mm，主脉两面突出，小脉不明显，叶柄长1.5～5cm。孢子囊群圆形或短椭圆形，锈褐色，生于主脉与叶边之间，各排成1行，彼此分离，囊群内密生多数孢子囊，幼时有盾状隔丝覆盖。

　　中生草本。生于草原区的沟谷岩石或树皮上。产科尔沁（科尔沁左翼后旗双福庙）、燕山北部（宁城县黑里河林场）。分布于我国黑龙江、吉林、辽宁、河北、河南、山东、安徽，日本、朝鲜、俄罗斯（远东地区）。为东亚北部分布种。

　　全草入药，能消肿止痛、止血、利尿、祛风清热。

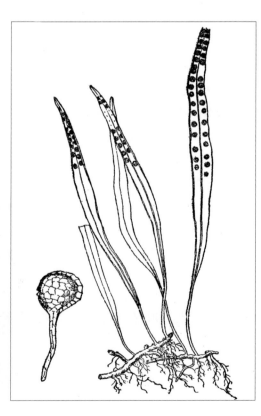

2. 小五台瓦韦（粗柄瓦韦）

Lepisorus crassipes Ching et Y. X. Lin in Act. Bot. Yunnan. 5:18. 1983.——*L. hsiawutaiensis* Ching et S. K. Wu in Act. Bot. Yunnan. 5(1):6. 1983; Fl. Intramongol. ed. 2, 1:244. t.26. f.4-6. 1998.

多年生草本，高 5 ~ 18cm。根状茎横走，直径 2 ~ 3mm，密被鳞片；鳞片深棕色，卵状披针形，先端渐尖，具长毛发状长尾，边缘有长的刺状凸起，筛孔大而透明。叶近生，干后薄纸质，灰绿色；叶片宽条状披针形，长 3 ~ 13cm，宽 4 ~ 9(~ 13)mm，向顶端通常不变狭，圆头（少为钝尖头）；基部渐变狭，楔形，下延；叶脉网状，内藏小脉单一或分叉，不明显；叶柄长 (0.5 ~)1 ~ 3cm，禾秆色，基部被鳞片，向上光滑。孢子囊群圆形，生于主脉和叶边之间，幼时有黑褐色盾状隔丝覆盖。

中生草本。附生于草原区的山地岩石或树干上。产阴山（大青山、乌拉山）、贺兰山。分布于我国河北、山西、陕西、甘肃、青海、四川、湖北。为华北山地分布种。

3. 石韦属 Pyrrosia Mirb.

附生植物。根状茎横走，具网状中柱，密被卵状披针形鳞片，鳞片边缘通常有锯齿或毛。叶远生或近生，一型或近二型，单叶，厚革质；叶片条形、披针形或长卵形，全缘，很少为戟形或掌状分裂；侧脉斜向上，明显，或隐藏在叶肉中，小脉网状（通常不明显），网眼内有内藏小脉，顶端有水囊，并在叶片上面形成明显的注点；叶片下面密被星芒状毛，上面稀疏，稀两面近无毛；有柄或近无柄，基部有关节与根状茎相连。孢子囊群小圆形或近圆形，生于内藏小脉顶端，成熟时汇合，有星状毛隔丝；孢子椭圆形，具周壁，表面有较密的小瘤状纹饰。

内蒙古有 2 种。

分种检索表

1a. 叶一型，叶片披针形，向两端变狭，长过于叶柄，下面星状毛的臂为针形⋯⋯**1. 华北石韦 P. davidii**

1b. 叶近二型，叶片椭圆形或长卵形，钝头，基部楔形，有长叶柄，下面星状毛的臂为披针形⋯⋯⋯⋯⋯⋯
⋯⋯⋯⋯⋯⋯⋯⋯⋯⋯⋯⋯⋯⋯⋯⋯⋯⋯⋯⋯⋯⋯⋯⋯⋯⋯⋯⋯⋯⋯**2. 长柄石韦 P. petiolosa**

1. 华北石韦（北京石韦）

Pyrrosia davidii (Giesenh. ex Diels) Ching in Act. Phytotax. Sin. 10(4):301. 1965; Fl. Intramongol. ed. 2, 1:244. t.26. f.2-3. 1998.——*Niphobolus davidii* Giesenh. ex Diels in Nat. Pflanzenfam. 1(4); 325. 1899.——*Polypodium davidii* Baker in Ann. Bot. 5:472. 1891.

多年生草本，高（4～）10～25cm。根状茎长而横走，密被褐色或黑褐色的边缘有睫毛的披针形鳞片。叶密生，一型，软革质，干后常向上卷成筒状；叶片披针形，长（2～）7～15cm，中部宽（4～）5～10mm，向两端渐变狭，基部狭楔形且下延，有时几达柄基部，全缘，上面幼时疏生星状毛，老时无毛，有明显的洼点，下面密被黄棕色具针形臂的星状毛；叶脉不明显；叶柄长1～5cm，短于叶片，淡绿色，基部被黑褐色鳞片，向上被星状毛。孢子囊群小圆形，在侧脉呈多行排列，满布于叶片下面，无盖，具淡褐色星芒状隔丝。

中生草本。生于草原区和森林草原带的山地岩石缝中。产兴安南部和科尔沁（扎鲁特旗、阿鲁科尔沁旗、巴林左旗、翁牛特旗、克什克腾旗）、燕山北部（喀喇沁旗、宁城县、敖汉旗、多伦县南部）、锡林郭勒（苏尼特左旗）、阴山（大青山）。分布于我国黑龙江、辽宁、河北、河南、山东、山西、甘肃、贵州、四川、西藏、云南、湖北、湖南、台湾，朝鲜。为东亚分布种。

全草入药，功效同长柄石韦。也入蒙药（蒙药名：哈丹呼吉），功能、主治均同长柄石韦。

2. 长柄石韦（有柄石韦）

Pyrrosia petiolosa (Christ) Ching in Bull. Chin. Bot. Soc. 1:59. 1935; Fl. Intramongol. ed. 2, 1:245. t.26. f.1. 1998.——*Polypodium petiolosum* Christ in Nuov. Giorn. Bot. Ital. n.s., 4:96. t.1. f.2. 1897.

多年生草本，高 5 ～ 16cm。根状茎长而横走，密被褐色鳞片；鳞片披针形或卵状披针形，边缘有睫毛，覆瓦状排列。叶远生，近二型，相距 2 ～ 4cm，厚革质。营养叶矮小，长卵形或椭圆形，长 3 ～ 4cm，宽 7 ～ 15mm，先端钝圆，基部楔形，边缘全缘，上面无毛或疏被星状毛，有洼点，下面密被灰棕色具披针形臂的星状毛，柄与叶近等长。孢子叶较大，长 4 ～ 7cm，宽 1 ～ 2cm，形同营养叶，干后常向上反卷，下面连同叶柄密被灰棕色有披针形臂的星状毛，叶柄长 5 ～ 10cm。孢子囊群深棕色，满布于叶片下面，成熟时露出。

中生草本。生于森林区和草原区的山地岩石缝中。产岭东（扎兰屯市）、兴安南部和科尔沁（扎赉特旗、科尔沁右翼中旗、库伦旗、阿鲁科尔沁旗）、燕山北部（喀喇沁旗、宁城县、敖汉旗）。分布于我国黑龙江、吉林、辽宁、华北、西北、西南地区和长江流域中下游地区；朝鲜、俄罗斯（远东地区）也有分布。为东亚分布种。

全草入药（药材名：石韦），能利尿通淋、清热滞热、止血，主治小便不利、淋痛、尿血、尿路结石、肾炎水肿、肺热咳嗽。也入蒙药（蒙药名：巴日古乐图-哈丹呼吉），能清热解毒、治伤排脓，主治骨折、旧伤复发、跌打肿痛、外伤出血、烫伤、毒热。

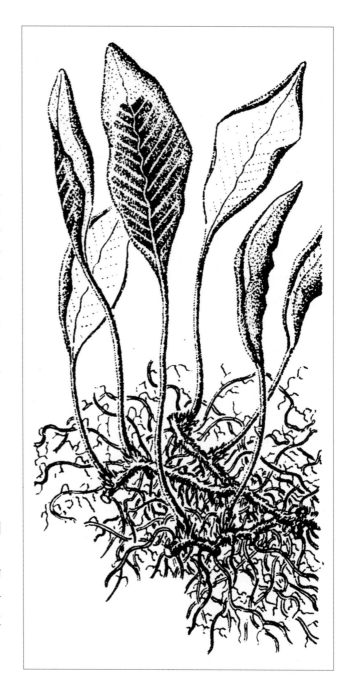

16. 槲蕨科 Drynariaceae

大型或中型附生植物。根状茎横走，粗肥，肉质，具穿孔的网状中柱，密被盾状着生的褐棕色不透明鳞片。叶近生或疏生，柄基部不以关节着生于根状茎上；叶片深羽裂或羽状，二型或一型。叶为一型，则基部扩大成宽耳形的不育羽片，用以聚积腐殖质，枯棕色或枯黄色，向上为正常的绿色并产生孢子囊群。叶为二型，则分两种，一种为大而绿色的孢子叶，兼具营养和繁殖功能，纸质；另一种为腐殖叶，短而基生，幼时绿色，不久即变为枯棕色，坚革质。羽片或裂片以关节着生于叶轴上，老时或干后全部脱落；叶脉为槲蕨型，各回叶脉粗而隆起，彼此以直角相连，形成或大或小的四方形网眼，小网眼内具少数分离小脉。孢子囊群着生于小网眼内的分离小脉上，有时生于几条小脉交结点上，无囊群盖，亦无隔丝；孢子囊为水龙骨型。

内蒙古有 1 属、1 种。

1. 槲蕨属 Drynaria（Bory）J. Sm.

中型附生植物。叶二型：营养叶矮小，枯棕色，干膜质，浅裂，稀为深羽裂，无柄；孢子叶高大，基部无关节，叶片近羽状全裂，裂片披针形，边缘有缺刻状细齿，基部有时以关节着生于叶轴，但不易脱落，有柄。孢子囊群着生于侧脉交结点上，圆形，通常不陷入叶肉内，不具隔丝，无囊群盖。

内蒙古有 1 种。

1. 中华槲蕨（秦岭槲蕨、毛姜、骨碎补）

Drynaria baronii Diels in Nat. Pflanzenfam. 1(4):330. 1899.——*D. sinica* Diels in Bot. Jahrb. Syst. 29(2):208. 1900; Fl. Intramongol. ed. 2, 1:247. t.25. f.3-4. 1998.

多年生草本，高 13～20（～40）cm。根状茎横走，粗约 1cm，肉质，密被红棕色鳞片；鳞片披针形，基部宽卵形，向上渐狭成钻形，边缘有睫毛，盾状着生。叶二型。营养叶（又称腐殖叶）矮小，矩圆形，深羽裂，基部下延，幼时绿色，不久即变为枯棕色，无柄。孢子叶高大，绿色；叶片卵状披针形，长 11～18cm，宽 6～10cm，羽状深裂几达叶轴；裂片 13～15 对，互生，彼此以等宽间隔分开，矩圆形，长 3～5cm，宽 8～15mm，先端圆钝，边缘有不明显的细齿，下部 2～3 对缩短，基部一对下侧沿叶柄下延成狭翅；网脉明显，有内藏小脉，沿叶脉与叶轴均被白色短毛；叶柄长 2～5（～10）cm，粗约 2mm，基部被鳞片。孢子囊群圆形，着生于网脉交结点上，沿主脉两侧各排成 1 行，通常着生于叶片的上半部；孢子的周壁表面有很小的刺，常脱落，孢子的外壁上有较小的疣状纹饰。

中生草本。生于荒漠区的山地草甸或灌木林下。产贺兰山。分布于我国河南、山西、陕西、甘肃、青海、四川、云南西北部、西藏东部。为华北—横断山脉分布种。

根状茎入药，能补肾接骨。

17. 槐叶苹科 Salviniaceae

小型漂浮植物。茎纤细，横走，被毛，无真正的根。叶3枚轮生，排成3列；其中2列漂浮水面，为正常叶，绿色，全缘，上面密被乳头状突起，下面被毛，有明显的中脉；另1列细裂成须根状的假根，悬垂于水中。孢子果簇生于假根基部，或沿假根成对着生；大孢子囊8～10个着生于较小的孢子果内，有短柄，每囊内有1个大孢子；小孢子囊多数，生于较大的孢子果内，有长柄，每囊内有小孢子64个。

单属科。内蒙古有1属、1种。

1. 槐叶苹属 Salvinia Seg.

属的特征同科。

内蒙古有1种。

1. 槐叶苹

Salvinia natans (L.) All. in Fl. Pedem. 2:289. 1785; Fl. Intramongol. ed. 2, 1:248. t.25. f.5-6. 1998.——*Masilea natans* L., Sp. Pl. 2:1099. 1753.

一年生草本，小型漂浮植物。茎纤细，横走，密被淡褐色节状毛，无根。叶3枚轮生：上面2枚漂浮水面，在茎的两侧水平排列；下面1枚细裂成丝状，悬垂于水中成假根，密被毛。水面叶片矩圆形，长6～9mm，宽3～5mm，先端圆钝，基部圆形或略呈心形，全缘，上面绿色，在侧脉间有5～6个乳头状突起，突起上生有一簇短硬毛，下面密被褐色短毛；有1～2mm长被毛的短叶柄，或无柄。孢子果4～8，簇生于水下叶的基部，外被疏散的成束短毛，有大小之分；大孢子果小，生少数有短柄的大孢子囊，囊中有1个大孢子；小孢子果略大，生多数有柄的小孢子囊，囊中有64个小孢子。小孢子为球形或近球形，3裂缝，外壁较薄、光滑；大孢子很大，为花瓶状，瓶颈向内收缩，3裂缝位于孢子的顶端瓶口处，外壁表面有很浅的小洼；大、小孢子均无周壁。

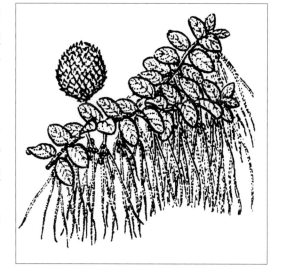

小型漂浮水生草本。生于池塘、水田、静水溪河中。产嫩江西部平原(扎赉特旗保安沼农场)。分布于我国黑龙江、吉林、新疆，华北地区及长江以南各省区；日本、越南、印度，非洲、欧洲也有分布。为古北极分布种。

全草入药，也可做绿肥和猪、鸭的饲料。

II. 裸子植物门 GYMNOSPERMAE

分科检索表

1a. 乔木，稀为灌木；花无假花被，胚珠无珠被管。

    2a. 叶和种鳞螺旋状排列，或叶簇生，叶针形或条形·······················**18. 松科 Pinaceae**

    2b. 叶和种鳞对生或轮生，叶鳞片形或针形·····················**19. 柏科 Cupressaceae**

1h. 灌木或草本状灌木；花具假花被，胚珠顶端具珠被管；叶退化成鞘状，膜质，先端 2 裂或 3 裂·······

···**20. 麻黄科 Ephedraceae**

18. 松科 Pinaceae

常绿或落叶乔木，稀为灌木。有树脂。叶条形或针形，在长枝上螺旋状排列，在短枝上簇生。球花单性，雌雄同株；雄球花具有多数螺旋状排列的雄蕊，花药 2，花粉有气囊或无气囊；雌球花具多数螺旋状排列的珠鳞和苞鳞，珠鳞的腹面基部具 2 枚倒生胚珠，苞鳞与珠鳞常分离。球果直立或下垂；种鳞扁平，木质或革质，宿存或脱落，发育种鳞腹面具 2 粒种子；种子上端具 1 个膜质的翅，稀无翅；子叶 2 ～ 16。

内蒙古有 3 属、11 种，另有 3 栽培种。

分属检索表

1a. 叶常绿，单生或束生。

    2a. 叶单生，四棱状锥形；小枝具叶枕·································**1. 云杉属 Picea**

    2b. 叶束生，针形；小枝无叶枕·······································**2. 松属 Pinus**

1b. 叶脱落，单生；小枝无叶枕···**3. 落叶松属 Larix**

1. 云杉属 Picea A. Dietr.

常绿乔木。树皮薄，鳞片状。枝轮生，小枝具隆起叶枕。叶螺旋状排列，辐射伸展，四棱状锥形，四面有白色气孔线，或仅上面有气孔线；树脂道 2，边生，稀无树脂道。雄球花黄色或红色，单生于叶腋，稀单生于枝顶，雄蕊多数，花药 2，药隔圆卵形，花粉粒有气囊；雌球花绿色或紫红色，单生于枝顶，直立，珠鳞多数，腹面基部生 2 枚胚珠，背面下部有极小苞鳞。球果当年成熟，下垂；种鳞薄木质，宿存；苞鳞短小，不露出；种子有翅，膜质。

内蒙古有 5 种。

分种检索表

1a. 叶四菱状锥形，四面有气孔线；种鳞倒卵形。

    2a. 小枝基部宿存芽鳞的先端紧贴小枝，不反曲；一年生枝淡灰褐色，二年生枝淡灰色；叶先端尖···

···**1. 青扦 P. wilsonii**

    2b. 小枝基部宿存芽鳞的先端反曲或开展。

        3a. 叶先端尖，长 1 ～ 2.5cm，宽 1 ～ 1.5mm；球果成熟前种鳞背部绿色，熟后褐色；种鳞露出部分平滑，无纵纹·····························**2. 红皮云杉 P. koraiensis**

        3b. 叶先端钝或微钝。

4a. 二年生枝淡粉红色或褐黄色，被明显或微明显的白粉，有或多或少的短毛，稀光滑；叶较粗，宽 2 ～ 2.5mm；球果成熟前种鳞上部边缘紫红色，背部绿色··············**3. 青海云杉 P. crassifolia**

4b. 二年生枝黄褐色或淡褐色，无白粉，有毛或无毛；叶较细，宽 1.2 ～ 2mm。

　　5a. 冬芽褐色或淡褐色，一年生叶淡灰蓝绿色··············**4a. 白扦 P. meyeri** var. **meyeri**

　　5b. 冬芽淡红褐色，叶灰绿色··············**4b. 沙地云杉 P. meyeri** var. **mongolica**

1b. 叶条形，近扁平，下面无气孔线，上面有 2 条白粉气孔带；种鳞卵状椭圆形··············

··············**5. 兴安鱼鳞云杉 P. jezoensis** var. **microsperma**

1. 青扦（刺儿松、扦树松）

Picea wilsonii Mast. in Gard. Chron. Ser. 3, 33:133. f.55-56. 1903; Fl. Intramongol. ed. 2, 1:250. t.27. f.1-6. 1998.

乔木，高达 20m，胸径达 50cm。树冠塔形。树皮暗灰色，裂成不规则鳞片脱落。一年生枝淡灰褐色或淡黄灰色，无毛，稀疏生短毛；二、三年生枝淡灰色或灰色；冬芽卵圆形，黄褐色或灰褐色，无树脂，小枝基部宿存的芽鳞不反曲。叶四棱状锥形，长 8 ～ 13mm，宽 1.2 ～ 1.7mm，先端尖，横断面四棱形或扁菱形，每面各具气孔线 4 ～ 6，微具白粉。球果卵状圆柱形或椭圆状长卵形，长 4.5 ～ 8cm，直径 2 ～ 2.5cm，成熟前绿色，成熟后淡黄褐色或淡褐色。中部种鳞倒卵形，长 14 ～ 20mm，宽 10 ～ 14mm；种鳞上部圆形或有急尖头，或呈钝三角形，背面无明显的条纹；苞鳞匙形或条形，长约 5mm。种子倒卵形，暗褐色，长 4 ～ 5mm，连翅长 10 ～ 16mm。花期 5 月，球果成熟期 9 ～ 10 月。

中生乔木。生于海拔 1400 ～ 1750m 的山地阴坡或半阴坡，常成单纯林，或与其他针叶树、阔叶树组成混交林。产燕山北部（宁城县、多伦县南部）、阴山（大青山）、贺兰山。分布于我国河北北部、山西、陕西南部、甘肃南部、湖北西部、四川北部、青海东部。为华北分布种。

本种可作为荒山造林或森林更新树种，亦

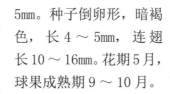
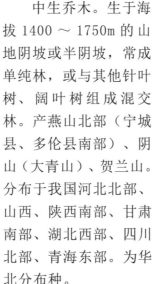
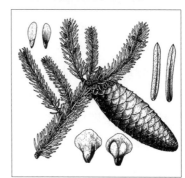
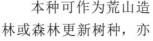

可栽培作庭园绿化树种。木材可做建筑、土木工程、枕木、电线杆、家具、包装箱及木纤维工业原料等用材。

2. 红皮云杉（红皮臭）

Picea koraiensis Nakai in Bot. Mag. Tokyo 33:195. 1919; Fl. Intramongol. ed. 2, 1:253. t.28. f.7-12. 1998.

乔木，高达 35m，胸径达 80cm。树冠尖塔形。树皮灰褐色或灰色，呈不规则长薄片状脱落，裂缝和薄片内侧红褐色。一年生枝淡红褐色或淡黄褐色，有光泽；二、三年生枝淡红褐色或淡褐色；冬芽圆锥形，红褐色，微有树脂，上部芽鳞常开展或微向外反曲，于小枝基部宿存，芽鳞的先端常反曲。叶四棱状锥形，先端急尖，较细，长 1～2.5cm，宽 1～1.5mm，横断面四棱形，上面每侧有气孔线 5～8，下面每侧具气孔线 3～5，小枝上面的叶直上伸展，小枝下面和两侧的叶向两侧平展或微向上弯伸。球果卵状圆柱形或长卵状圆柱形，长 5～8cm，直径 2.5～3.5cm。种鳞成熟前绿色，成熟时褐色；中部种鳞倒卵形或三角状倒卵形，先端圆形，基部宽楔形，鳞背露出部分平滑，微有光泽；苞鳞条形。种子倒卵形，暗褐色，长约 4mm，连翅长 13～16mm。花期 5～6月，球果成熟期 9 月。

寒温性中生乔木。生于山地河谷低湿地、河流两旁、溪边及山坡平缓坡脚地带，常与针阔叶树种混交成林。产兴安北部（额尔古纳市、根河市）。分布于我国黑龙江、吉林东部、辽宁东部，朝鲜北部、俄罗斯（远东地区）。为满洲分布种。

木材材质轻软、纹理通直，可做建筑、桥梁、枕木、电线杆、坑木、航空、乐器、胶合板、造纸原料等用材。

3. 青海云杉（扞树）

Picea crassifolia Kom. in Bot. Mater. Gerb. Glavn. Bot. Sada R.S.F.S.R. 4:177. 1923; Fl. Intramongol. ed. 2, 1:251. t.27. f.7-12. 1998.

乔木，高达 23m，胸径可达 60cm。一年生枝淡绿黄色，后变淡粉红色或粉红褐色；二、三年生枝淡粉红色或褐黄色，无毛或有疏毛，被白粉或无白粉；冬芽圆锥形，淡褐色，无树脂，小枝基部芽鳞宿存且先端向外反曲。叶四棱状锥形，长 1.2～2.2cm，宽 2～2.5mm，先端钝或钝尖，横断面四棱形，上面每侧具气孔线 5～7，下面每侧具气孔线 4～6，小枝上面的叶向上伸展，小枝下面和两侧的叶向上弯伸。球果圆锥状圆柱形或矩圆状圆柱形，长 7～11cm，直径 2～3cm；幼球果紫红色，直立。成熟前种鳞背部绿色，上部边缘仍呈紫红色，成熟时褐色；中部种鳞倒卵形，先端

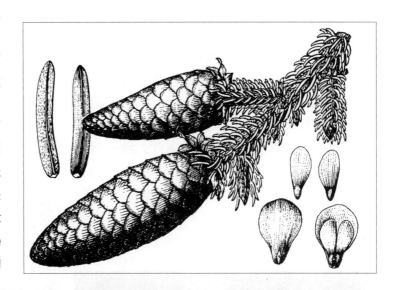

圆形，边缘呈波状或全缘；苞鳞三角状匙形。种子倒卵形，褐色，长约 4mm，连翅长约 14mm。花期 5 月，球果成熟期 9 月。

寒温性中生乔木。生于海拔 1750～3100m 的山地阴坡或半阴坡及潮湿的谷地，常形成纯林，或与白桦、山杨组成混交林，为寒温性暗针叶林的建群种。产阴山（大青山）、贺兰山、龙首山。分布于我国甘肃中部和东部、青海北部和东部、宁夏西北部和南部。为阴山—贺兰山—唐古特分布种。

本种为内蒙古西部高山区重要的森林更新树种和荒山造林树种，亦可作为庭园观赏树种。木材用途同青扞。

4. 白扞（红扞）

Picea meyeri Rehd. et E. H. Wilson in Pl. Wilson. 2:28. 1914; Fl. Intramongol. ed. 2, 1:250. t.28. f.1-6. 1998.

4a. 白扦

Picea meyeri var. **meyeri** Rehd. et E. H. Wilson

乔木，高达 30m，胸径约 60cm。树皮灰褐色，裂成不规则的薄片脱落。一年生小枝淡黄褐色，密生或疏生短毛，或无毛；二、三年生枝黄褐色或淡褐色；冬芽圆锥形，淡褐色或褐色，微有树脂，芽鳞先端微向外反曲，小枝基部芽鳞宿存，先端向外反曲。叶四棱状锥形，长 1～2cm，宽 1.2～1.8mm，先端微钝或钝，横断面四棱形，上面具气孔线 6～9，下面具气孔线 3～5，小枝上面的叶伸展，小枝两侧和下面的叶向上弯伸，一年生叶淡灰蓝绿色，二、三年生叶暗绿色。球果矩圆状圆柱形，微有树脂，长 6～9cm，

直径 2.5～3.5cm；幼球果紫红色，直立，成熟前绿色，下垂，成熟时褐黄色。中部种鳞倒卵形，长约 1.6cm，宽约 1.2cm，先端圆形、截形或钝三角形，鳞背露出部分有条纹。种子倒卵形，暗褐色，长约 3.5mm，直径约 2mm，连翅长 1～1.5cm。花期 5 月，球果成熟期 9 月。

中生乔木。生于海拔 1400～1700m 的山地阴坡或半阴坡，常形成单纯林，或与其他针叶树、

阔叶树组成混交林。产兴安南部（巴林右旗）、燕山北部（喀喇沁旗、宁城县、多伦县南部）、阴山（大青山、蛮汗山）。分布于我国河北北部、山西北部、陕西。为华北北部分布种。

木材用途同青扦。

4b. 沙地云杉（蒙古云杉）

Picea meyeri Rehd. et E. H. Wilson var. **mongolica** H. Q. Wu in Bull. Bot. Res. 6(2):153. 1986; Fl. Intramongol. ed. 2, 1:251. 1998.——*P. mongolica* (H. Q. Wu）W. D. Xu in Bull. Bot. Res. 14(1):66. 1994.

本变种一年生枝淡橙黄色或黄色，有密毛，二、三年生枝淡黄色或灰黄色；冬芽淡红褐色；球果成熟前紫色，成熟后褐色。正种一年生枝淡黄褐色，密生或疏生短毛，或无毛，二、三年生枝黄褐色或淡褐色；冬芽黄褐色或褐色；球果成熟前绿色，成熟后褐黄色。

中生乔木。生于海拔约 1000m 的沙地，常形成单纯林，偶有少量白桦混入。产兴安南部（克什克腾旗白音敖包、乌兰布统草原、锡林浩特市白音锡勒牧场东南部、正蓝旗东北部）。为兴安南部沙地分布变种。

木材用途同青扦。

5. 兴安鱼鳞云杉

Picea jezoensis (Sieb. et Zucc.) Carr. var. **microsperma** (Lindl.) W. C. Cheng et L. K. Fu in Fl. Reip. Pop. Sin. 7:159. 1978; Fl. China 4:31. 1999.——*Abies microsperma* Lindl. in Gard. Chron. 1861:22. 1861.

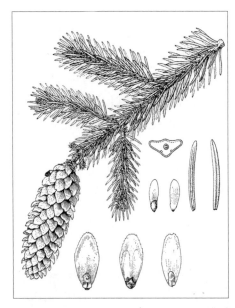

乔木，高可达 50m。树冠尖塔形或圆柱形。幼树皮暗褐色；老树皮灰色，呈鳞片状块裂。大枝较短，平展。一年生枝褐色或淡褐色，黄或淡黄色，无毛或疏生短毛，微有光泽；二、三年生枝淡灰色。叶条形，微弯，长 1～2cm，宽 1.5～2mm，先端微钝，上面具 5～8 条气孔线，下面亮绿色，无气孔线。球果长圆状圆柱形或长卵形，长 (3～)4～6.5(～9)cm，直径 2～2.5(～5)cm，成熟前绿色，成熟时褐色或淡黄褐色；种鳞薄，排列疏松，卵状椭圆形、菱状椭圆形、菱状卵形、斜方状宽卵形或斜方状倒卵形，边缘有不规则细齿；种子连翅长约 9mm。花期 5～6 月，球果成熟期 9～10 月。

中生乔木。生于森林区海拔 300～800m 的山地，常与针阔叶树组成混交林，或形成小面积的单纯林。产兴安北部及岭东（根河市、牙克石市、鄂伦春自治旗）。分布于我国黑龙江省，日本、俄罗斯（远东地区）。为东亚北部（满洲—日本）分布变种。

2. 松属 Pinus L.

常绿乔木，稀灌木。有树脂。冬芽有鳞片。针叶 2、3 或 5 针为一束，每束基部为被芽鳞组成的叶鞘包围，叶鞘脱落或宿存。球花单性同株；雄球花腋生，簇生于幼枝的基部，多数呈穗状花序，雄蕊多数，花药 2，花粉有气囊；雌球花单生或 2～4 朵生于新枝顶端。球果直立或下垂，二年（稀三年）成熟；种鳞木质，厚，宿存，上部露出部分为鳞盾，有横脊或无横脊，鳞盾的先端或中央有呈瘤状突起的鳞脐，鳞脐有刺或无刺；种子有翅或无翅，子叶 3～18。

内蒙古有 4 种，另有 2 栽培种。

分种检索表

1a. 针叶 2 针一束，叶鞘宿存。

  2a. 针叶长 6.5～15cm，不扭曲；种鳞的鳞盾多呈扁菱形或菱状多角形，肥厚隆起或微隆起，横脊较钝，鳞脐较大，有不脱落的短刺 ························ **1. 油松 P. tabuliformis**

  2b. 针叶长 3～9cm，扭曲；种鳞的鳞盾斜方形或多角形，显著隆起向后反曲或不反曲，横脊较锐，鳞脐小，有易脱落的短刺。

3a. 冬芽红褐色；针叶较短粗，长 3 ~ 7cm，径约 2mm··········**2a. 欧洲赤松 P. sylvestris** var. **sylvestris**

3b. 冬芽褐色或淡黄褐色；针叶较细长，长 4 ~ 9cm，径 1.5 ~ 2mm·············

·············**2b. 樟子松 P. sylvestris** var. **mongolica**

1b. 针叶 3 ~ 5 针一束，叶鞘早落。

4a. 针叶 3 针一束；种鳞的鳞脐背生，有短刺。栽培··············**3. 白皮松 P. bungeana**

4b. 针叶 5 针一束；种鳞的鳞脐顶生，无刺。

5a. 小枝有密毛；球果较小，长 3 ~ 8cm，直径 2.5 ~ 4.5cm。

6a. 针叶长 6 ~ 10cm，直径 1 ~ 1.4mm；树脂道 3 或 2，中生；种鳞的鳞盾疏生短毛；乔木···

··············**4. 西伯利亚红松 P. sibirica**

6b. 针叶长 4 ~ 6cm，稀可达 8.3cm，直径约 1mm；树脂道 2，稀 1，边生；种鳞的鳞盾无毛；

灌木，稀小乔木··············**5. 偃松 P. pumila**

5b. 小枝无毛；球果较大，长 10 ~ 15cm，直径 5 ~ 8cm。栽培··············**6. 华山松 P. armandii**

1. 油松（短叶松）

Pinus tabuliformis Carr. in Traite Gen. Conif. ed. 2, 1:510. 1867; Fl. Intramongol. ed. 2, 1:258. t.30. f.1-6. 1998.

乔木，高可达 25m，胸径可达 1.8m。树皮深灰褐色或褐灰色，裂成不规则较厚的鳞状块片，裂缝及上部树皮红褐色。一年生枝较粗，淡灰黄色或淡红褐色，无毛，幼时微被白粉；冬芽圆柱形，顶端尖，红褐色，微具树脂，芽鳞边缘有丝状缺裂。针叶 2 针一束，长 6.5 ~ 15cm，直径约 1.5mm，粗硬，不扭曲，边缘有细锯齿，两面有气孔线，横断面半圆形；叶鞘淡褐色或

淡黑褐色，宿存，有环纹。球果卵球形或圆卵形，长 4 ~ 9cm，成熟前绿色，成熟时淡橙褐色或灰褐色，留存树上数年不落；鳞盾多呈扁菱形或菱状多角形，肥厚隆起或微隆起，横脊显著，鳞脐凸起有刺，刺不脱落；种子褐色，卵圆形或长卵圆形，长 6 ~ 8mm，直径 4 ~ 6mm，连翅长 15 ~ 18mm。花期 5 月，球果成熟于翌年 9 ~ 10 月。

中生乔木。生于海拔 800 ~ 1500m 山地的阴坡或半阴坡，常形成纯林，或与其他针阔叶树种组成混交林。阳性树种，性耐干冷和瘠薄土壤，在酸性、中性或钙质黄土上均能良好生长。内蒙古南部地区普遍栽培。产兴安南部南端（克什克腾旗）、赤峰丘陵（翁牛特旗）、燕山北部（喀喇沁旗、宁城县、敖汉旗）、阴山（大青山、乌拉山）、阴南丘陵（准格尔旗）、贺兰山。

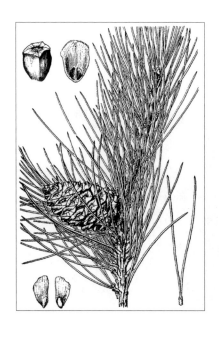

分布于我国吉林东部、辽宁、河北、山东、河南西部、山西、陕西、宁夏南部、甘肃东部、青海东部、四川北部和西部。为典型的华北分布种。

本种为内蒙古重要造林树种之一，亦可作为城市绿化树种。木材可做建筑、桥梁、矿柱、枕木、车辆、家具、造纸等用材。树干可采割松脂。树皮可提取栲胶。瘤状节或支枝节入药（药材名为"油松节"，蒙药名为"那日苏"），能祛风湿、止痛，主治关节疼痛、屈身不利。花粉入药（药材名：松花粉），能燥湿收敛，主治黄水疮、皮肤湿疹、婴儿尿布性皮炎。松针入药，能祛风燥湿、杀虫、止痒，主治风湿痿痹、跌打损伤、失眠、浮肿、湿疹、疥癣，并能防治流脑、流感。球果入药（药材名：松塔），能祛痰、止咳、平喘，主治慢性气管炎、哮喘。

2. 欧洲赤松

Pinus sylvestris L., Sp. Pl. 2:1000. 1753; Fl. China 4:18. 1999.

2a. 欧洲赤松

Pinus sylvestris L. var. **sylvestris**

乔木，高可达 30m，胸径可达 1m。树干下部树皮黑褐色或灰褐色，深裂成不规则的鳞状块片脱落，裂缝棕褐色；上部树皮及枝皮黄色或褐黄色，薄片脱落。一年生枝淡黄绿色，无毛，二、三年生枝灰褐色；冬芽红褐色，长卵圆形，有树脂。针叶2针一束，长3～7cm，直径约2mm，硬直，扭曲，边缘有细锯齿，两面有气孔线，横断面半圆形；叶鞘宿存，黑褐色。球果圆锥状卵形，长3～6cm，直径2～3cm，成熟前绿色，成熟时淡褐色，成熟后逐渐脱落直至翌年春季；鳞盾扁平或三角状隆起，隆起向后反曲或不反曲，横脊较锐，斜方形或多角形，鳞脐小，有易脱落的短刺；种子长卵圆形或倒卵圆形，微扁，黑褐色，长4～5.5mm，连翅长11～15mm。花期6月，球果成熟于翌年9～10月。

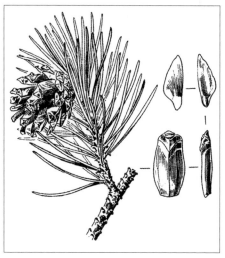

中生乔木。生于海拔400～900m山地的山脊、山顶和阳坡。产兴安北部（额尔古纳市、根河市、牙克石市、阿尔山市北部）。分布于我国黑龙江西北部、吉林，蒙古国北部、俄罗斯、哈萨克斯坦，西南亚，欧洲。为欧洲—西伯利亚分布种。

2b. 樟子松（海拉尔松）

Pinus sylvestris L. var. **mongolica** Litv. in Sched. Herb. Fl. Ross. 5:160. 1905; Fl. Intramongol. ed. 2, 1:260. t.31. f.1-6. 1998.

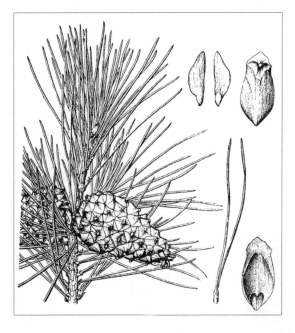

本变种与正种的区别是：鳞盾多呈斜方形，纵横脊显著，肥厚，具瘤状突起；冬芽褐色或淡黄褐色；针叶较细长，长 4 ～ 9cm，径 1.5 ～ 2mm。

中生乔木。生于较干旱的沙地及石砾沙土地区，常形成纯林，或与白桦、落叶松组成混交林；在红花尔基和海拉尔河南部沙地形成大面积的樟子松纯林，自然更新良好。产岭西及呼伦贝尔（海拉尔区、鄂温克族自治旗、新巴尔虎左旗）。分布于蒙古国东部（大兴安岭）。为呼伦贝尔沙地分布变种。本变种在内蒙古亦普遍栽培。

用途同油松。阳性树种，耐寒，抗旱性强，适应性广，为我国北方干旱地区广为引种的重要造林树种之一。枝节入蒙药（蒙药名：海拉尔 - 那日苏），功能、主治同油松。

3. 白皮松（白果松）

Pinus bungeana Zucc. ex Endl. in Syn. Conif. 166. 1847; Fl. Intramongol. ed. 2, 1:260. t.31. f.7-8. 1998.

乔木。幼树树皮灰绿色，平滑；中壮龄树皮裂成不规则薄片脱落，内皮淡黄绿色；老树树皮淡褐灰色或灰白色，块片状脱落后露出粉白色内皮。一年生枝灰绿色，无毛；冬芽卵圆形，红褐色，无树脂。针叶 3 针一束，暗绿色，粗硬，长

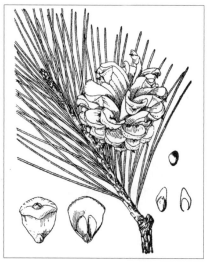

5～10cm，直径1.5～2mm，边缘有细锯齿，横断面宽纺锤形或扇状三角形，叶鞘脱落。球果卵球形或圆锥状卵球形，长5～7cm，直径4～6cm，成熟前绿色，成熟时淡黄褐色。种鳞矩圆状宽楔形，先端厚；鳞盾近菱形，有横脊；鳞脐背生，有刺，尖头向下反曲。种子灰褐色，近倒卵圆形，约1cm，宽5～6mm；种翅短，约5mm，有关节，易脱落。花期5月，球果成熟于翌年10月。

中生乔木。内蒙古呼和浩特市和包头市引种栽培，生长发育良好。分布于我国河北、山西、河南西部、陕西南部、甘肃东南部、四川北部、湖北西部。为华北分布种。

由于树姿优美、苍翠挺拔、树皮奇特，是城市和庭园绿化树种。木材用途同油松。果实入药（中药材名：松塔），能祛痰、止咳、平喘，主治慢性支气管炎。种子可食。

4. 西伯利亚红松（鲜卑五针松、新疆五针松）

Pinus sibirica Du Tour in Nouv. Dict. Hist. Nat. 18:18. 1803; Fl. Intramongol. ed. 2, 1:262. t.32. f.1-6. 1998.——*P. hingganensis* H. J. Zhang in Bull. Bot. Res. Harbin 5(1):151. 1985.

乔木，高可达20m，胸径可达50cm。树皮灰褐色，裂成不规则鳞状块片。小枝粗壮，黄褐色，密被淡黄色柔毛；冬芽淡褐色，圆锥形，顶端尖。针叶5针一束，长（6～）8～10cm，直径1～1.2（～1.4）mm，柔软，稍扭曲，边缘有细锯齿，上面无气孔线，下面每侧具3～4（～5）条气孔线，横断面近三角形，树脂道3（2个生于上面，中生，稀边生；1个生在下

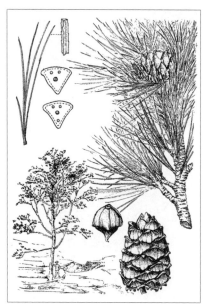

面角部，中生）或 2，叶鞘早落。球果直立，圆锥状卵形，长 5～8cm，直径 3～4.5cm，成熟后种鳞不张开或微张开。种鳞宽楔形，先端微反曲；鳞盾紫褐色，宽菱形或三角状半圆形，具疏短毛，鳞脐顶生，明显，褐色。种子生于种鳞腹面基部的凹槽中，不脱落，倒卵圆形，长 8～10mm，直径 5～8mm，无翅。花期 6 月下旬，球果成熟于翌年 9～10 月。

中生乔木。生于海拔 900～1300m 山地冷湿的山顶及山坡坡麓地带，常单株散生在偃松—落叶松林内，分布面积较广，但数量较少，未见纯林。产兴安北部（额尔古纳市奇乾乡和莫尔道嘎镇、根河市满归镇）。分布于我国黑龙江（漠河县图强镇）、新疆北部，哈萨克斯坦北部、蒙古国北部、俄罗斯（西伯利亚地区）。为西伯利亚分布种。

种子可食。木材用途同兴安落叶松。

5. 偃松（爬松）

Pinus pumila (Pall.) Regel in Index Sem. Hort. Bot. Imp. Petrop. 1859:23. 1859; Fl. Intramongol. ed. 2, 1:262. t.33. f.1-6. 1998.——*P. cembra* L. var. *pumila* Pall. in Fl. Ross. 1(1):5. 1784.

灌木，稀小乔木，高 3～6m，直径可达 15cm。树干常伏卧状，先端斜上，生于山顶则近直立丛生状。树皮灰褐色或暗褐色，裂成片状脱落。一年生枝褐色，密被淡褐色柔毛；二、三年

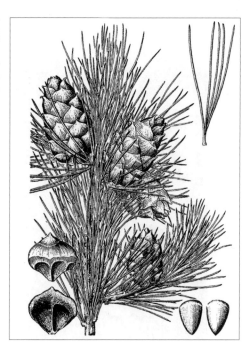

生枝，暗红褐色；冬芽红褐色，圆锥状卵形，先端尖，微有树脂。针叶 5 针一束，长 4～6(～8.3)cm，直径约 1mm，横断面近梯形；树脂道 2，稀 1，边生；叶鞘早落。球果直立，圆锥状卵形或卵球形，成熟后淡紫褐色或红褐色，长 3～5cm，直径 2.5～3cm，种鳞不张开或微张开。中部种鳞近宽菱形或斜方状

宽倒卵形；鳞盾宽三角形，上部圆，背部厚隆起，边缘微向外反曲，下部底边近截形；鳞脐顶生，明显，紫黑色，先端具凸尖，微反曲。种子生于种鳞腹面下部的凹槽中，不脱落，暗褐色，三角状倒卵圆形，微扁，长 7～10mm，直径 5～7mm，无翅。花期 6～7 月，球果成熟于翌年 9 月。

中生灌木，稀小乔木。生于海拔 1200m 以上的山顶或山脊，常组成矮林，或与西伯利亚刺柏混生，或在兴安落叶松林下形成茂密的矮林。产兴安北部（额尔古纳市、根河市、鄂伦春自治旗）。分布于我国黑龙江（小兴安岭）、吉林（老爷岭、长白山），日本、朝鲜、蒙古国北部、俄罗斯（东西伯利亚地区、远东地区）。为东西伯利亚—东亚北部（满洲—日本）分布种。

树干矮小多弯曲，仅供器具及薪炭用材。木材及树根可提松节油。种子可食。

6. 华山松（白松）

Pinus armandii Franch. in Nouv. Arch. Mus. Hist. Nat. Ser. 2, 7:95. 1884; Fl. Intramongol. ed. 2, 1:264. t.34. f.1-2. 1998.

乔木。老树树皮呈灰色；幼树树皮灰绿色，平滑。一年生枝绿色或灰绿色，无毛；冬芽圆柱形，褐色，微具树脂。针叶 5 针一束，长 8～10cm，直径 1～1.5mm，横断面三角形，边缘有细齿，叶鞘早落。球果大型，下垂，圆锥状长卵形，长 10～15cm，直径 5～8cm，成熟前绿色，成熟时褐黄色，种鳞张开，种子脱落。中部种鳞近斜方状倒卵形，肥厚；鳞盾近斜方状或宽三角状斜方形，无纵脊；鳞脐不明显，顶生。种子黄褐色或暗褐色，倒卵圆形，长 1～1.5cm，直径 6～10mm，无翅。花期 6 月，球果成熟于翌年 10 月。

中生乔木。内蒙古呼和浩特市、乌兰察布市蛮汗山林场三道沟有栽培。分布于我国河北西南部、河南西部、山西南部、陕西南部、甘肃南部、宁夏南部、青海东部、湖北西部、海南、四川、贵州、云南、西藏东南部。为华北南部—西南（华北南部—横断山脉—云贵高原）分布种。

种子可供食用。木材等用途同油松。

3. 落叶松属 **Larix** Mill.

落叶乔木。有树脂。树皮厚，有沟纹。枝有长短之分。叶倒披针状窄条形，扁平，有气孔线，螺旋状排列于主枝，簇生于短枝。球花单性同株，单生于短枝顶端；雄球花黄色，球形或长椭圆形，雄蕊多数，花药2，药隔小、鳞片状，花粉无气囊；雌球花长椭圆形，珠鳞多，每珠鳞腹面基部着生2倒生胚珠。球果近球形或卵状长椭圆形，当年成熟，具短梗；种鳞革质，宿存；苞鳞短小，不露出或露出，露出部分直伸、反曲或向后反折；种子有翅；子叶6～8。

内蒙古有2种，另有1栽培种。

分种检索表

1a. 球果中部种鳞长大于宽，呈五角状卵形；种鳞无毛，有光泽。

  2a. 球果较小，长1.2～3cm，直径1～2cm，种鳞14～20（～30）；一年生长枝较细，直径约1mm ·················**1. 兴安落叶松 L. gmelinii**

  2b. 球果较大，长2～4cm，直径2～2.5cm，种鳞26～45；一年生长枝较粗，直径1.5～2.5mm······ ·················**2. 华北落叶松 L. principis-rupprechtii**

1b. 球果中部种鳞长宽近相等，呈四方状宽卵形或近方圆形；种鳞背部及上部边缘有细小瘤状突起，间或中部有短毛。栽培·················**3. 日本落叶松 L. kaempferi**

1. 兴安落叶松（落叶松）

Larix gmelinii (Rupr.) Kuzen. in Trudy Bot. Muz. Rossiisk. Akad. Nauk 18:41. 1920; Fl. Intramongol. ed. 2, 1:255. t.29. f.1-4. 1998.——*Abies gmelinii* Rupr. in Beitr. Pflanzenk. Russ. Reich. 2:56. 1845.

乔木，高可达35m，胸径可达90cm。树冠卵状圆锥形。树皮暗灰色或灰褐色，纵裂成鳞片状剥落，剥落后内皮呈紫红色。一年生长枝纤细，直径约1mm，淡黄褐色或淡褐色，有毛或无毛，基部常有毛；二、三年生枝褐色、灰褐色或灰色；短枝直径2～3mm，顶端叶枕之间有黄白色长柔毛。叶条形或倒披针状条形，柔软，长1.5～3cm，宽在1mm以内，先端尖或钝尖；上面平，中脉不隆起，有时两侧各有1～2气孔线；下面中脉隆起，每侧各有2～3气孔线。球果幼时紫红色，成熟前卵圆形或椭圆形，成熟时上端种鳞张开，球果呈倒卵状球形，黄褐色、褐色或紫褐色，长1.2～3cm，直径1～2cm。种鳞14～20(～30)；中部种鳞五角状卵形，长1～1.5cm，宽0.8～1.2cm，先端平或微凹，有光泽，无毛，有条纹；苞鳞较短，不露出，长为种鳞的1/3～1/2，长三角状卵形或卵状披针形，先端具中肋延长的急尖头。种子倒卵形，灰白色，具淡褐色条纹，长3～4mm，连翅长约10mm。花期5～6月，球果成熟期9月。

中生乔木。生于海拔300～1670m山地的

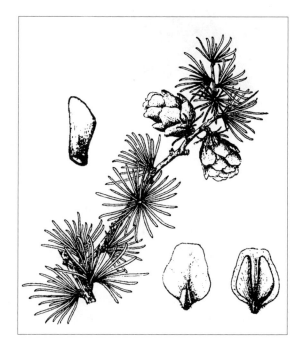

各种立地环境条件，如阴坡、阳坡、山麓、山顶、沼泽、泥炭沼泽、草甸、湿润河谷、火山喷出物等处，常组成大面积纯林，或与白桦、黑桦、丛桦、山杨、樟子松、蒙古栎、偃松等组成混交林，为寒温性明亮针叶林的建群种。产兴安北部及岭东和岭西（额尔古纳市、根河市、鄂伦春自治旗、牙克石市、莫力达瓦达斡尔族自治旗、阿荣旗、扎兰屯市、陈巴尔虎旗）、兴安南部（巴林右旗、克什克腾旗）。分布于我国黑龙江、吉林东北部，朝鲜、蒙古国东北部、俄罗斯（东西伯利亚地区、远东地区）。为东西伯利亚—满洲分布种。

本种为内蒙古大兴安岭森林更新和荒山造林的主要树种。木材纹理直，结构细密，有树脂，耐久用，可做建筑、枕木、矿柱、电线杆、桩木、桥梁、车辆及家具等用材。树皮可提取栲胶，树干可采割松脂。

2. 华北落叶松（雾灵落叶松）

Larix principis–rupprechtii Mayr in Fremdl. Wald-Parkb. 309. 1906; Fl. Intramongol. ed. 2, 1:255. t.29. f.9-12. 1998.

乔木，高可达30m，胸直径达1m。树冠圆锥形。树皮灰褐色或棕褐色，纵裂成不规则小块片状脱落。一年生长枝淡褐色或淡褐黄色，幼时有毛，后脱落，被白粉，直径1.5～2.5mm；二、三年生枝灰褐色或暗灰褐色；短枝灰褐色或暗灰色，直径3～4mm，顶端叶枕之间有黄褐色柔毛。叶窄条形，先端尖或钝，长1.5～3cm，宽约1mm；上面平，稀每边有1～2气孔线；下面中肋隆起，每边有2～4气孔线。球果卵圆形或矩圆状卵形，长2～4cm，直径2～2.5cm，成熟时淡褐色，有光泽。种鳞26～45，背面光滑无毛，不反曲；中部种鳞近五角状卵形，先端截形或微凹，边缘有不规则细齿；苞鳞暗紫色，条状矩圆形，不露出，长为种鳞的1/2～2/3。种子斜倒卵状椭圆形，灰白色，长3～4mm，连翅长10～12mm。花期4～5月，球果成熟期9～10月。

中生乔木。生于海拔1400～1800m山地的阴坡、阳坡沟谷边，常组成纯林，或与青扦、白扦、山杨、白桦组成混交林。产兴安南部（巴林右旗、克什克腾旗、锡林浩特市东南部）、燕山北部（喀喇沁旗、

宁城县）。内蒙古南部山地如大青山、蛮汗山、苏木山等有栽培。分布于我国河北北部、山西、河南西部。为华北分布种。

本种为我国华北、西北地区山地主要造林树种之一。木材用途同兴安落叶松。树皮可提取栲胶。

3. 日本落叶松

Larix kaempferi (Lamb.) Carr. in Fl. Serr. Jard. Eur. (Ghent) 11:97. 1856; Pl. High. China 3:50. f.76. 2000; Fl. China 4:36. 1999.——*Pinus kaempferi* Lamb. in Descr. Pinus 2:5. 1824.——*L. olgensis* auct. non Henry: Fl. Intramongol. ed. 2, 1:256. t.29. f.5-8. 1998.

乔木。树冠塔形。树皮暗褐色，鳞片状脱落。幼枝被淡褐色柔毛，后渐脱落；一年生枝淡黄色，有白粉，径约 1.5mm；短枝直径 2～5mm，顶端有疏柔毛。冬芽紫褐色，顶芽近球形；芽鳞三角形，边缘具睫毛，先端具长尖。叶倒披针状线形，长 1.5～2.5cm，宽 1～2mm，先端微尖，上面平，下面中脉隆起，两面均有气孔线，下面常具 5～8 条。雄球花淡黄褐色，卵圆形，长 6～8mm，直径约 5mm；雌球花紫红色；种鳞反曲，被白粉，先端 3 裂，中裂急尖。雌球果圆柱状卵形，成熟时黄褐色，长 2～4cm，直径 1.5～2.8cm。种鳞近圆形，长 1～1.5cm，宽 1～1.5cm，先端平截而微凹，背面具褐色瘤状突起和短毛；苞鳞紫红色，窄长圆形，长 7～10mm，基部略宽，先端 3 裂，中肋延长成尾状长尖，不露出。种子倒卵圆形，长 3～4mm，直径约 2mm，连翅长 1～1.5cm。花期 4～5 月，球果成熟期 10 月。

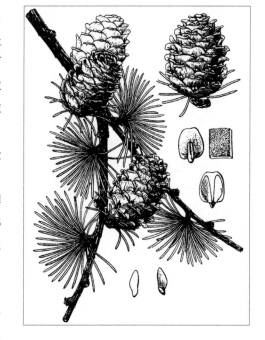

中生乔木。内蒙古赤峰市喀喇沁旗、乌兰察布市兴和县苏木山及大青山等地有栽培。原产日本，为日本种。我国黑龙江、吉林、辽宁、河北、河南、山东、浙江、江西、四川、新疆等地亦有栽培。

本种树形优美，生长迅速，是有发展前途的造林树种，但对土壤肥力和水分要求较其他落叶松高。

19. 柏科 Cupressaceae

常绿乔木或灌木。有树脂。叶二型，鳞形或刺形，或同一树上二者兼有，交叉对生或 3～4 叶轮生，稀螺旋状着生。球花单性，雌雄同株或异株，顶生或腋生；雄球花有 3～8 对交叉对生的雄蕊，每雄蕊有花药 2～6，花粉无气囊；雌球花有 3～16 枚交叉对生或 3～4 枚轮生的珠鳞，每珠鳞有 1 至数枚胚珠；苞鳞和珠鳞合生。球果圆球形、卵圆形或圆柱形；种鳞木质或革质，成熟时开裂，或肉质合生成浆果状而成熟时不开裂，每种鳞腹面基部有种子 1 至数粒；种子无翅或周围具窄翅。

内蒙古有 3 属、7 种。

分属检索表

1a. 种鳞成熟时木质，张开；叶全部为鳞叶 ·· 1. 侧柏属 Platycladus
1b. 种鳞肉质，成熟时不张开或仅顶端微张开；叶为刺叶或鳞叶。
    2a. 叶为刺叶或鳞叶，或同一树上二者兼有，刺叶基部无关节，下延生长；冬芽不明显；球花单生于枝顶 ·· 2. 圆柏属 Sabina
    2b. 叶全为刺叶，基部有关节，不下延生长；冬芽显著；球花单生于叶腋 ·········· 3. 刺柏属 Juniperus

1. 侧柏属 Platycladus Spach

属的特征同种。

单种属。

1. 侧柏（香柏、柏树）

Platycladus orientalis (L.) Franco in Portugaliae Act. Biol. Ser. B. Sist. Vol. "Julio Henriques" :33. 1949; Fl. Intramongol. ed. 2, 1:266. t.35. f.1-4. 1998.——*Thuja orientalis* L., Sp. Pl. 2:1002. 1753.

常绿乔木，高可达 20m，胸径可达 1m。树冠圆锥形。树皮淡灰褐色，纵裂成条片。生鳞叶的小枝直展，扁平，排成一平面。叶鳞形，长 1～3mm，先端微钝；小枝中央的叶的露出部分呈倒卵状菱形或斜方形，背面中间有条状腺槽；两侧的叶船形。球果近卵圆形，长 1.5～2cm，成熟前近肉质，蓝绿色，被白粉；成熟时种鳞张开，木质，红褐色。球果中间 2 对种鳞倒卵形或椭圆形，鳞背顶端的下方有一向外弯曲的尖头；上部一对种鳞窄长，近柱形，顶端有向上的尖头；下部一对种鳞短小。种子卵圆形或近椭圆形，顶端微尖，灰褐色或紫褐色，长 4～8mm，无翅或极窄的翅；子叶 2。花期 5 月，球果成熟于 10 月。

中生乔木。生于海拔 1700m 以下向阳干燥瘠薄的山坡或岩石裸露的石崖缝中或

黄土覆盖的石质山坡上，常与油松组成混交林，或成散生林，或成疏林。产阴山（大青山、乌拉山）、阴南丘陵（准格尔旗）。内蒙古呼和浩特市、包头市、鄂尔多斯市等地普遍栽培。分布于我国吉林东部、辽宁西部、河北、河南、山东、山西、陕西、甘肃东部、四川、湖北西部、湖南、江苏、江西、安徽、浙江、福建、广东北部、广西北部、云南、西藏东南部，越南、朝鲜、俄罗斯（远东地区）。为东亚分布种。

全国各地都有栽植，常做庭园绿化树种。木材淡黄褐色，有香气，材质细密，坚实耐用，可做建筑、造船、桥梁、家具、雕刻、细木工、文具等用材。种子入药（药材名：柏子仁），能滋补强身、养心安神、润肠，主治神经衰弱、心悸、失眠、便秘。叶和果实入蒙药（蒙药名：阿日查），能清热利尿、止血、消肿、治伤、祛黄水，主治肾热、膀胱热、尿闭、发症、风湿性关节炎、痛风、游痛症。枝叶入药（药材名：侧柏叶），能凉血、止血、止咳，主治咯血、衄血、吐血、咳嗽痰中带血、尿血、便血、崩漏。

2. 圆柏属 Sabina Mill.

常绿乔木、灌木，直立或匍匐。冬芽不显著。叶刺形或鳞形，幼树之叶全为刺形，老树之叶为刺形或鳞形或二者兼有；刺叶基部无关节，下延生长，3叶轮生，稀交叉对生；鳞叶交叉对生，菱形。雌雄异株或同株，球花单生于短枝顶；雌球花具 2～4 对珠鳞，胚珠 1～2。球果通常于翌年成熟，稀当年或第三年成熟；种鳞合生，肉质，不张开；种子 1～6，无翅；子叶 2～6。

内蒙古有 4 种。

分种检索表

1a. 乔木；球果卵圆状球形，顶端圆形。

　　2a. 刺叶长 6～12mm；球果较小，直径 6～8mm，内有 2～4 粒种子，稀 1 粒种子···**1. 圆柏 S. chinensis**

　　2b. 刺叶长 4～7mm；球果较大，直径 8～13mm，内有 1 粒种子··············**2. 祁连圆柏 S. przewalskii**

1b. 匍匐灌木。

　　3a. 球果常呈不规则球形；刺叶常出现在壮龄及老龄植株上，壮龄植株的刺叶多于鳞叶，刺叶较窄···

　　···**3. 兴安圆柏 S. davurica**

　　3b. 球果倒三角状球形；刺叶仅出现在幼龄植株上，壮龄植株上几乎全为鳞叶，刺叶较宽··············

　　···**4. 叉子圆柏 S. vulgaris**

284

1. 圆柏（桧柏）

Sabina chinensis (L.) Ant. in Cupress. Gatt. 54. 1857; Fl. Intramongol. ed. 2, 1:268. t.35. f.5-7. 1998.——*Juniperus chinensis* L. in Mant. Pl. 1:127. 1767; Fl. China 4:74. 1999.——*S. chinensis* (L.) Ant. var. *alashanensis* Z. Y. Chu et C. Z. Liang in Fl. Helan Mount. 56. 2011.

乔木，高可达 20m，胸径可达 3.5m。树冠塔形。树皮灰褐色，纵裂条片脱落。叶二型：刺叶 3 叶交叉轮生，长 6～12mm，先端渐尖，基部下延，上面微凹，有 2 条白粉带，下面拱圆；鳞叶交叉对生或 3 叶轮生，菱状卵形，排列紧密，长 1.5～2mm，先端钝或微尖，下面近中部具椭圆形的腺体。雌雄异株，稀同株；雄球花黄色，椭圆形，雄蕊 5～7 对，常各具花药 3～4。球果近圆球形，成熟前淡紫褐色，成熟时暗褐色，直径 6～8mm，被白粉，微具光泽，内有 2～4 粒种子，稀 1 粒种子；种子卵圆形，黄褐色，微具光泽，长约 6mm，具棱脊及少数树脂槽。花期 5 月，球果成熟于翌年 10 月。

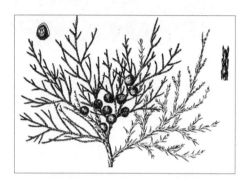

中生乔木。生于草原区海拔 1300m 以下的山坡丛林中，稀生于荒漠区海拔 1900m 左右的山地半阳坡。产阴山（大青山、乌拉山）、贺兰山（峡子沟）。分布于我国河北西北部、河南、山东、山西、陕西南部、甘肃东南部、四川、湖北西部、湖南、安徽、江苏、江西、福建、浙江、广东北部、广西北部、贵州、云南西北部、日本、朝鲜、缅甸。为东亚分布种。

除东北外全国各地都有栽培，常做庭园树。木材淡褐红色，有香气，坚韧致密，耐腐力强，可做建筑、家具、文具及工艺品等用材。树根、枝叶可提取柏木脑及柏木油，种子可提制润滑油。枝叶入药，能祛风散寒、活血解毒，主治风寒感冒、风湿关节痛、荨麻疹、肿毒初起。叶入蒙药（蒙药名：乌和日－阿日查），功能、主治同侧柏。

2. 祁连圆柏（蒙古圆柏）

Sabina przewalskii (Kom.) W. C. Cheng et L. K. Fu in Fl. Reip. Pop. Sin. 7:375. 1978; Fl. Intramongol. ed. 2, 1:268. t.36. f.8-9. 1998.——*Juniperus przewalskii* Kom. in Bot. Mater. Gerb. Glavn. Bot. Sada R.S.F.S.R. 5:28. 1924; Fl. China 4:76. 1999.

小乔木，高可达 4m。树皮灰色或灰褐色，裂成条片脱落。生鳞叶的小枝近方形或圆柱形，直或稍弧状弯曲，直径 1～2mm。叶二型：鳞叶排列较疏或较密，交互对生，菱状卵形，长 1～2.5mm，多少被蜡粉，先端尖或微尖，下面基部或近基部有圆形、卵圆形或椭圆形腺体；刺叶 3 叶轮生，斜展，长 4～7mm，上面凹，有白粉带，中脉隆起，下面拱圆或具钝脊。雌雄同株。球果卵圆形或近球形，长

8～13mm，成熟前绿色，成熟时蓝褐色、蓝黑色或黑色，微具光泽，内有1粒种子；种子扁球形或近球形，直径7～10mm，两端平截或微凹，表面具有或深或浅的不规则的树脂槽，两侧有明显凸起的棱脊。

中生小乔木。生于荒漠区海拔2800～3000m山地的阳坡。产龙首山。分布于我国甘肃、青海、四川北部。为唐古特分布种。

木材用途同圆柏。叶入药，能止血、镇咳，主治鼻衄、百日咳。圆柏叶炭主治咯血、吐血、尿血、便血、子宫出血。叶入蒙药（蒙药名：查斯图音-乌和日-阿日查），功能、主治同侧柏。

3. 兴安圆柏

Sabina davurica (Pall.) Ant. in Cupress. Gatt. 56. t.77. 1857; Fl. Intramongol. ed. 2, 1:270. t.36. f.1-3. 1998.——*Juniperus davurica* Pall. in Fl. Ross. 1(2):13. t.55. 1789.

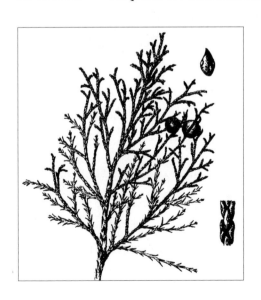

匍匐灌木。枝皮紫褐色，裂成薄片剥落。叶二型：刺叶常出现在壮龄及老龄植株上，壮龄植株上的刺叶多于鳞叶，交叉对生，排列疏松，窄披针形或条状披针形，长3～6mm，先端渐尖，上面凹陷，有宽白粉带，下面拱圆，有钝脊，近基部有腺体；鳞叶交叉对生，排列紧密，菱状卵形或斜方形，长1～3mm，先端急尖、渐尖或钝，叶背中部有椭圆形或矩圆形腺体。雄球花卵圆形或近矩圆形，雄蕊6～9对；雌球花与球果着生于向下弯曲的小枝顶端。球果常呈不规则球形，较宽，长4～6mm，直径6～8mm，成熟时暗褐色至蓝紫色，被白粉，内有1～4粒种子；种子卵圆形，扁，顶端急尖，有不明显的棱脊。花期6月，球果成熟于翌年8月。

中生匍匐灌木。生于海拔 400～1400m 的多石山地、山顶岩石缝中或沙丘上，常与偃松、岳桦伴生。产兴安北部及岭东（额尔古纳市、根河市、牙克石市、鄂伦春自治旗、阿尔山市）、兴安南部（克什克腾旗、锡林浩特市东南部）。分布于我国黑龙江、吉林（长白山），朝鲜、俄罗斯（远东地区）。为满洲分布种。

为保土固沙树种，也供观赏。叶入蒙药（蒙药名：杭根－乌和日－阿日查），功能、主治同侧柏。

4. 叉子圆柏 （沙地柏、臭柏）

Sabina vulgaris Ant. in Cupress. Gatt. 58. t.80. 1857; Fl. Intramongol. ed. 2, 1:270. t.36. f.4-7. 1998.——*Juniperus sabina* L., Sp. Pl. 2:1039. 1753; Fl. China 4:74. 1999.

匍匐灌木，稀直立灌木或小乔木，高不足 100cm。树皮灰褐色，裂成不规则薄片脱落。叶二型：刺叶仅出现在幼龄植株上，交互对生或 3 叶轮生，披针形，长 3～7mm，先端刺尖，上面凹，下面拱圆，叶背中部有长椭圆形或条状腺体；壮龄树上几乎全为鳞叶，交互对生，斜方形或菱状卵形，长约 1.5mm，先端微钝或急尖，叶背中部有椭圆形或卵形腺体。雌雄异株，稀同株；雄球花椭圆形或矩圆形，长 2～3mm，雄蕊 5～7 对，各具花药 2～4；雌球花和球果着生于向下弯曲的小枝顶端。球果倒三角状球形或叉状球形，长 5～8mm，直径 5～9mm，成熟前蓝绿色，成熟时褐色、紫蓝色或黑色，多少被白粉，内有种子 (1～)2～3(～5)；种子微扁，卵圆形，长 4～5mm，顶端钝或微尖，有纵脊和树脂槽。花期 5 月，球果成熟于翌年 10 月。

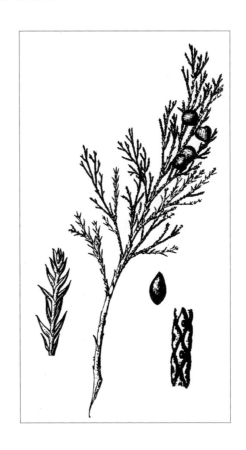

旱中生匍匐灌木。生于草原区海拔 1100～2800m 的多石山坡上或沟谷中，或针叶林、针阔叶混交林下，或固定沙丘上。在毛乌素沙地上可形成沙地柏密集灌丛，为当地一大特殊景观。产锡林郭勒（浑善达克沙地、阿巴嘎旗、

苏尼特左旗、锡林浩特市）、科尔沁（翁牛特旗白音套海苏木）、乌兰察布（达尔罕茂明安联合旗）、阴山（大青山、乌拉山、狼山）、鄂尔多斯（毛乌素沙地、伊金霍洛旗、乌审旗、库布其沙漠、达拉特旗）、贺兰山、龙首山。分布于我国山西西部、陕西北部、宁夏西北部、甘肃中部、青海东部、新疆（天山），蒙古国北部、土耳其，中亚、欧洲南部。为古地中海分布种。

本种耐旱性强，可做水土保持及固沙造林树种。枝叶入药，能祛风湿、活血止痛，主治风湿性关节炎、类风湿性关节炎、布氏杆菌病、皮肤瘙痒。叶入蒙药（蒙药名：伊曼－阿日查），功能、主治同侧柏。

3. 刺柏属 Juniperus L.

常绿乔木或灌木。小枝圆柱形或四棱形，冬芽显著。叶刺形，3叶轮生，基部有关节，不下延生长。雌雄同株或异株，球花单生于叶腋；雄球花具5对雄蕊；雌球花具3枚珠鳞，胚珠3，生于珠鳞之间。球果浆果状，球形，2～3年成熟；种鳞3，合生，肉质，苞鳞与种鳞合生，仅顶端尖头分离，成熟时不张开或仅球果顶端微张开；种子3，有棱脊及树脂槽。

内蒙古有2种。

分种检索表

1a. 乔木或灌木；叶质厚，条状针形，挺直，上面凹成深槽，白粉带位于凹槽之中，较绿色边带窄………
…………………………………………………………………………………………**1. 杜松 J. rigida**
1b. 匍匐灌木；叶质薄，披针形或椭圆状披针形，稍呈镰状弯曲，上面微凹，不成深槽，白粉带较绿色边带宽……………………………………………………………………**2. 西伯利亚刺柏 J. sibirica**

1. 杜松（崩松、刚桧）

Juniperus rigida Sieb. et Zucc. in Abh. Math.-Phys. Cl. Konigl. Bayer. Akad. Wiss. 4(3):233. 1846; Fl. Intramongol. ed. 2, 1:272. t.37. f.1-3. 1998.

乔木或灌木，高可达11m。树冠塔形或圆柱形。树皮褐灰色，纵裂成条片脱落。小枝下垂或直立，幼枝三棱形，无毛。刺叶3叶轮生，条状针形，质厚，挺直，长12～22mm，宽约1.2mm，顶端渐窄，先端锐尖，上面凹成深槽，白粉带位于凹槽之中，较绿色边带窄，下面有明显的纵脊，横断面呈"V"状。雌雄异株；

雄球花着生于一年生枝的叶腋，椭圆形，黄褐色；雌球花亦腋生于一年生枝的叶腋，球形，绿色或褐色。球果圆球形，直径 6～8mm，成熟前紫褐色，成熟时淡褐黑色或蓝黑色，被白粉，内有 2～3 粒种子；种子近卵圆形，顶端尖，钝棱 4，具树脂槽。花期 5 月，球果成熟于翌年 10 月。

旱中生小乔木或灌木。生于阔叶林区和草原区海拔 1400～2200m 的山地阳坡或半阳坡上，或干燥岩石裸露山顶、山坡石缝中。产兴安南部（巴林右旗、克什克腾旗、西乌珠穆沁旗东部、锡林浩特市东南部）、燕山北部（喀喇沁旗）、乌兰察布（达尔罕茂明安联合旗、乌拉特中旗）、阴山（大青山、乌拉山）、阴南丘陵（东胜区、准格尔旗）、东阿拉善（狼山、桌子山）、贺兰山。分布于我国黑龙江东南部、吉林东北部、辽宁东部、河北北部、山西、陕西、宁夏、甘肃东部、青海东部，日本、朝鲜、俄罗斯（远东地区）。为东亚北部分布种。

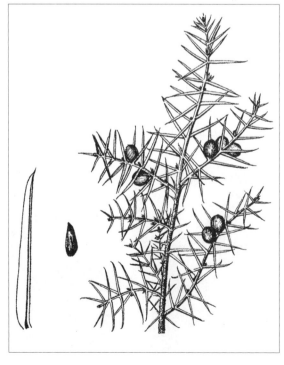

本种树姿优美，为内蒙古著名庭园绿化树种。木材坚硬，纹理致密，耐腐力强，可做工艺品、雕刻、家具、器皿、农具等用材。果实入药，能发汗、利尿、镇痛，主治风湿性关节炎、尿路感染、布氏杆菌病。叶、果实入蒙药（蒙药名：乌日格苏图－阿日查），功能、主治同侧柏。

2. 西伯利亚刺柏（鲜卑刺柏、高山桧、山桧）

Juniperus sibirica Burgsd. in Anleit. Sich. Erzieh. Holzart. 2:124. 1787; Fl. Intramongol. ed. 2, 1:274. t.37. f.4-5. 1998.

匍匐灌木，高 30 ～ 70cm。树皮灰色。小枝密，枝皮红褐色或紫褐色。刺叶 3 叶轮生，披针形或椭圆状披针形，质薄，通常稍呈镰状弯曲，长 7 ～ 13mm，宽约 1.5mm，先端急尖或上部

渐窄或锐尖头，上面微凹，不成深槽，白粉带较绿色边带宽，下面具棱脊。球花单生于一年生枝的叶腋。球果圆球形，直径 5 ～ 7mm，成熟时褐黑色或红褐色，被白粉，内有 3 粒种子，间或 1 ～ 2 粒；种子卵球形，黄褐色，顶端尖，有棱角，长约 5mm。花期 6 月，球果成熟于翌年 8 月。

中生匍匐灌木。生于针叶林区海拔 600 ～ 1700m 的干燥石砾质山地或疏林下。产兴安北部及岭东（额尔古纳市、根河市、鄂伦春自治旗）。分布于我国黑龙江、吉林东部、辽宁、新疆中部和北部、西藏西南部，日本、朝鲜、蒙古国、俄罗斯（西伯利亚地区、远东地区），中亚、西亚、北美洲西部，喜马拉雅山脉，欧洲。为泛北极分布种。

本种为寒冷地带山地水土保持树种。

20. 麻黄科 Ephedraceae

灌木、亚灌木或草本状灌木。茎直立或匍匐，多分枝；小枝绿色，有节，对生或轮生。叶退化为鞘状，膜质，先端2或3裂成三角状裂片，在节上对生或轮生。花单性，雌雄异株，稀同株。雄球花单生或数朵密集生，雄花有2～8对交叉对生或轮生（每轮3枚）的苞片，每苞片内具1雄花；花被膜质，先端2裂；雄蕊2～8，花丝合成1～2束或于先端分离，花药1～3室。雌球花的苞片2～8对，交叉对生或轮生（每轮3枚），雌花着生在上端的1～3枚苞片内；具顶端开口的囊状假花被，包于胚珠外；胚珠1，直立，有膜质珠被1层，上部延长成珠被管，由假花被管口伸出，珠被管直或弯曲。花序上部的4～6枚苞片于种子成熟时变为肉质，呈红色或橘红色，或为膜质。种子1～3，当年成熟，假花被发育为革质假种皮，胚乳丰富，子叶2。

单属科。内蒙古有7种。

1. 麻黄属 Ephedra L.

属的特征同科。

内蒙古有7种。

分种检索表

1a. 雌球花成熟时苞片干燥成半透明的薄膜质，淡褐色（**1. 膜果麻黄组 Sect. Alaeae Stapf**）；种子通常3，稀2；叶3裂和2裂混生，先端急尖或渐尖；植株高大，高50～100cm（～240cm）·················
···**1. 膜果麻黄 E. przewalskii**
1b. 雌球花成熟时苞片肥厚，肉质，红色，浆果状（**2. 麻黄组 Sect. Ephedra**）。
  2a. 种子表面具横列碎片状凸起；叶2裂，先端钝或稍尖；种子2；小枝呈假轮生状排列·················
···**2. 斑子麻黄 E. rhytidosperma**
  2b. 种子表面无碎片状凸起。
    3a. 植株矮小，高3～10cm，铺散地面；叶2裂，先端钝尖或急尖；种子1·················
···**3. 单子麻黄 E. monosperma**
    3b. 植株高大，高20～100cm，直立草本状灌木。
      4a. 雌花胚珠的珠被管较长，弯曲；叶3裂和2裂混生，裂片先端长渐尖；种子通常3，稀2
···**4. 中麻黄 E. intermedia**
      4b. 雌花胚珠的珠被管较短，直或稍弯；叶2裂（蛇麻黄叶偶混生3裂）。
        5a. 种子2；植株高10～40cm；小枝节间较粗长，长2～5.5cm，直径1～2mm。
          6a. 小枝先端直，不弯曲；种子卵形，先端无尖头；叶裂片先端钻形或狭三角形·····
···**5. 草麻黄 E. sinica**
          6b. 小枝先端弯曲；种子披针形，先端有小尖头；叶裂片先端钝或稍尖·················
···**6. 蛇麻黄 E. distachya**
        5b. 种子1；叶裂片先端钝或稍尖；植株高30～100cm；小枝节间较细短，长1～3cm，直径1～1.5mm·······················**7. 木贼麻黄 E. major**

1. 膜果麻黄

Ephedra przewalskii Stapf in Osterr. Akad. Wiss. Math.-Nat. Kl. Denkschr. 56(2):40. t.1, t.3. f.1-6. 1889; Fl. Intramongol. ed. 2, 1:278. t.40. f.1-4. 1998.

灌木，高 50～100(～240)cm。木质茎明显，茎皮灰黄色或灰白色，裂后显出细纤维，长条状纵裂成不规则的小块状剥落。枝直立，粗糙，具纵槽纹。小枝绿色，2～3 枝生于黄绿色

的老枝节上，分枝基部再生小枝，形成假轮生；小枝节间较粗，长 2～4(～5)cm，直径 (1～)2～3mm。叶多为 3 裂并混有少数 2 裂者；裂片短三角形或三角形，长 0.3～0.5mm，先端急尖或渐尖，稍具膜质缘，鞘长 1～1.8mm，几乎全为红褐色，干后裂片裂至基部，先端向外反曲。雄球花密集成团状复穗花序，对生或轮生于节上，淡褐色或褐黄色，圆球形，直径 2～3mm；苞片 3～4 轮，每轮 3 枚，膜质，淡黄绿色或黄色，中肋草质绿色，宽倒卵形或圆卵形；假花被似盾状凸起，稍扁，倒卵形；雄蕊 7～8，花丝大部合生，顶端分离，花药具短梗。雌球花淡绿褐色或淡红褐色，近圆球形，直径 3～4mm；苞片 4～5 轮，每轮 3 枚，稀 2 枚对生，中央部分绿色，较厚，其余为干燥膜质，扁圆形或三角状扁卵形，几全离生，基部窄缩成短柄状或具明显的爪，最上一轮或一对苞片各生 1 雌花；胚珠顶端呈短颈状，珠被管长 1.5～2mm，外露，直立、弯曲或卷曲，裂口约占全长的 1/2。雌球花成熟时苞片薄膜状，干燥半透明，淡褐色。种子 3，稀 2，包于干燥膜质苞片内，深褐色，长卵圆形，长约 4mm，直径 2～2.5mm，顶端呈细尖凸状，表面有细而密的纵皱纹。花期 5～6 月，种子成熟期 7～8 月。

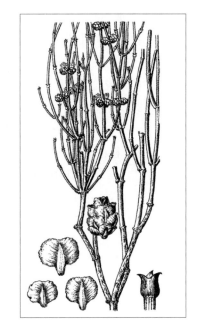

超旱生灌木。生于荒漠区的石质荒漠、石质残丘或砾石质戈壁滩上，在地表径流地段可形成大面积群落，在盐碱土上也能生长。产东阿拉善（乌拉特后旗、鄂托克旗、阿拉善左旗）、西阿拉善（阿拉善右旗）、额济纳。分布于我国宁夏北部、甘肃（河西走廊）、青海北部、新疆，蒙古国、巴基斯坦，中亚。为戈壁分布种。

本种可做固沙树种。茎枝可供药用，亦可做燃料。

2. 斑子麻黄

Ephedra rhytidosperma Pachom. in Not. Syst. Herb. Inst. Bot. Acad. Sci. Uzbeckistan. 18:51. 1967; Fl. Intramongol. ed. 2, 1:277. t.39. f.1-4. 1998.

矮小垫状灌木，高 10～20cm。木质茎明显，弯曲向上，灰褐色。小枝绿色，较短，密集于节上呈假轮生状，具粗纵槽纹，节间长 0.8～1.8cm，直径 0.8～1mm。叶 2 裂；裂片为短而

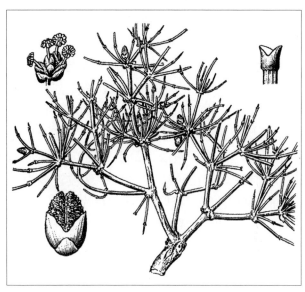

宽的三角形，长约 0.5mm，先端钝或稍尖，鞘长约 0.5mm，几乎全为褐色，仅裂片边缘为白色膜质。雄球花对生于节上，长 2～3mm，无梗，具 2～3 对苞片，假花被片倒卵圆形；雄蕊 5～8，花丝全部合生，近 1/2 露出花被之外。雌球花单生，苞片 2(～3) 对：下部一对较小，深褐色，

具膜质缘；上部一对矩圆形，长约 5mm，深褐色，具较宽膜质缘，上部近 1/2 裂开。雌花 2；胚珠外围的假花被粗糙，有横列碎片状细密凸起；花被管长 0.6～1mm，先端斜直，稍弯曲。种子 2，较苞片长，约 1/3 外露，棕褐色，椭圆状卵圆形、卵圆形，长约 6mm，直径约 3mm，背部中央及两侧边缘具凸起的黄色纵棱，棱间及腹面均有锈黄色横列碎片状细密凸起。花期 5～6 月，种子成熟期 7～8 月。

强旱生小灌木。生于半荒漠区的山麓和山前坡地，可形成斑子麻黄群落。产贺兰山。分布于我国宁夏（贺兰山）、甘肃北部（宝积山）。为东阿拉善低山丘陵分布种。

本种可做半荒漠地区的造林树种。含少量麻黄素，可做药用。

3. 单子麻黄 （小麻黄）

Ephedra monosperma Gmel. ex C. A. Mey. in Mem. Acad. Imp. Sci. St.-Petersb. Ser. 6, Sci. Math. Seconde Pt. Sci. Nat. 5:279(Vers. Monogr. Gatt. Ephedra 89). 1846; Fl. Intramongol. ed. 2, 1:277. t.39. f.5-7. 1998.

矮小草本状灌木，高 3～10cm，常铺散地面。木质茎短小，埋于地下，长而多节，弯曲并有节结状凸起，有节部生根，地上部枝丛生。绿色小枝较开展，常弯曲，具细纵槽纹，光滑；节间短，长 0.8～2cm，直径 0.8～1mm。叶 2 裂；裂片短三角形，长约 0.5mm，先端急尖或钝尖，膜质鞘长 1～1.5mm，上部膜质，围绕基部的显著变厚，呈褐色坏，其余为白色。雄球花多呈复穗状，单生于枝顶或对生于节上，长 3～4mm，直径 2～4mm；苞片 3～4 对，近圆形，带绿色，两侧具较宽的膜质边缘，合生部分近 1/2；雄蕊 7～8，花丝完全合生。雌球花单生于枝顶，或对生于节上，具短而弯曲的梗，梗长约 0.9mm。雌球花苞片 3 对；下面的一对基部合生，宽卵圆形，具膜质边缘；最上一对苞片圆形，约 1/2 合生。雌花通常 1，稀 2；珠被管多为长而弯曲，稀较短直。雌球花成熟时苞片肉质，红色，稍带白粉，卵圆形或矩圆状卵形，长约 6mm，直径 3～4mm。种子 1，外露，三角状矩圆形，长约 5mm，直径约 3mm，棕褐色，具不等长纵纹。花期 6 月，种子成熟期 8 月。

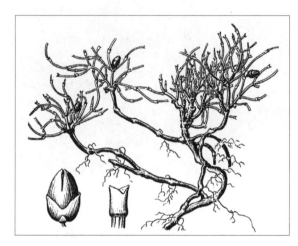

旱生矮小草本状灌木。喜生于森林草原带和草原区的石质山坡或山顶石缝中，亦见于荒漠区

山地草原带的干燥山坡。产兴安北部（额尔古纳市、牙克石市）、呼伦贝尔、兴安南部（巴林右旗、克什克腾旗、锡林浩特市东南部）、阴山（大青山、蛮汗山）、龙首山。分布于我国河北西部、山西、甘肃西南部、青海、新疆、四川西部、西藏东部，蒙古国、巴基斯坦、哈萨克斯坦、俄罗斯（西伯利亚地区、远东地区）。为东古北极分布种。

冬季，羊和骆驼均乐食其干枝叶。

4. 中麻黄

Ephedra intermedia Schrenk ex C. A. Mey. in Mem. Acad. Imp. Sci. St.-Petersb. Ser. 6, Sci. Math. Seconde Pt. Sci. Nat. 5:278(Vers. Monogr. Gatt. Ephedra 88). 1846; Fl. Intramongol. ed. 2, 1:280. t.40. f.5-7. 1998.

灌木，高20～50(～100)cm。木质茎短粗，灰黄褐色，直立或匍匐斜上，基部多分枝，茎皮干裂后呈细纵纤维。小枝直立或稍弯曲，灰绿色或灰淡绿色，具细浅纵槽纹，槽上具白色小瘤状突起，触之有粗糙感；节间长3.0～5.5(～6.5)cm，直径约(1～)2mm。叶3裂及2裂混生；裂片钝三角形或先端具长尖头的三角形，长1～2mm，中部淡褐色，具膜质边缘，鞘长2～3mm，围绕基部的变厚部分为深褐色，余处为白色。雄球花常数朵（稀2～3朵）密集于节上呈团状，几无梗；苞片5～7对交叉对生或5～7轮生（每轮3枚）；雄蕊5～8，花丝合生，花药无梗。雌球花2～3朵生于节上，具短梗，梗长约1.5mm，由3～5轮（每轮3枚）或3～5对交叉对生的苞片组成；苞片基部合生，具窄膜质缘，最上一轮或一对有2～3朵雌花；珠被管长达3mm，螺旋状弯曲。雌球花成熟时苞片肉质，红色，椭圆形、卵圆形或矩圆状卵圆形，长6～10mm，直径5～8mm。种子通常3，稀2，包于红色肉质苞片内，不外露，卵圆形或长卵圆形，长5～6mm，直径约3mm。花期5～6月，种子成熟期7～8月。

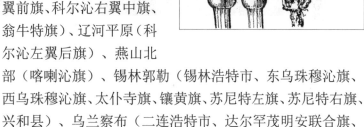

旱生灌木。生于干旱与半干旱地区的沙地、山坡及草地上。

产呼伦贝尔（新巴尔虎左旗）、科尔沁（科尔沁右翼前旗、科尔沁右翼中旗、翁牛特旗）、辽河平原（科尔沁左翼后旗）、燕山北部（喀喇沁旗）、锡林郭勒（锡林浩特市、东乌珠穆沁旗、西乌珠穆沁旗、太仆寺旗、镶黄旗、苏尼特左旗、苏尼特右旗、兴和县）、乌兰察布（二连浩特市、达尔罕茂明安联合旗、乌拉特中旗）、阴山（大青山）、阴南丘陵（准格尔旗）、鄂尔多斯（鄂托克旗、杭锦旗、伊金霍洛旗）、西阿拉善（阿拉善右旗）、额济纳。分布于我国吉林西部、辽宁西部、河北北部、山东、山西北部、陕西北部、宁夏、甘肃、青海东部、新疆、西藏东部，蒙古国、俄罗斯、伊朗、阿富汗、巴基斯坦，中亚、西南亚。为古地中海分布种。

本种可做固沙造林树种。茎和根入药，草质茎入蒙药（蒙药名：查干－哲日根），功能、主治同草麻黄。肉质苞片可食。

5. 草麻黄（麻黄）

Ephedra sinica Stapf in Bull. Misc. Inform. Kew 1927:133. 1927; Fl. Intramongol. ed. 2, 1:275. t.38. f.1-4. 1998.

草本状灌木，高可达 30cm，稀较高。基部多分枝，丛生。木质茎短，或呈匍匐状。小枝直立或稍弯曲，具细纵槽纹，触之有粗糙感；节间长 2～4(～5.5)cm，直径 1～1.5(～2)mm。

叶 2 裂，鞘占叶全长的 1/3～2/3；裂片长约 0.5(～0.7)mm，先端钻形或狭三角形，上部膜质薄，围绕基部的变厚，几乎全为褐色，其余略为白色。雄球花为复穗状，长约 14mm，具总梗，梗长约 2.5mm；苞片常 4 对，淡黄绿色；雄蕊 7～8(～10)，花丝合生或顶端稍分离。雌球花单生，顶生于当年生枝，腋生于老枝，具短梗，梗长 1～1.5mm，幼花卵圆形或矩圆状卵圆形。雌花苞片 4 对；下面的或中间的苞片卵形，先端锐尖或近锐尖；下面的苞片长，1～2mm，基部合生；中间的苞片较宽，合生部分占 1/4～1/3，边缘膜质，其余的为暗黄绿色；最上一对合生部分达 1/2 以上。雌花 2；珠被管长 1～1.5mm，直立或顶端稍弯曲，管口裂缝窄长，占全长 1/4～1/2，常疏被毛。雌球花成熟时苞片肉质，红色，矩圆状卵形或近圆球形，长 6～8mm，直径 5～6mm。种子通常 2，包于红色肉质苞片内，不外露或与苞片等长，长卵形，长约 6mm，直径约 3mm，深褐色，一侧扁平或凹，一侧凸起，具 2 条槽纹，较光滑。花期 5～6 月，种子成熟期 8～9 月。

旱生草本状灌木。生于草原区的丘陵坡地、平原、沙地，为石质和沙质草原的伴生种，局部地段可形成群聚，为草原种。产岭西、呼伦贝尔、兴安南部、赤峰丘陵、燕山北部、辽河平原、科尔沁、锡林郭勒、乌兰察布、阴山、阴南丘陵（准格尔旗）、鄂尔多斯、贺兰山。分布于我国黑龙江西部、吉林西部、辽宁西部、河北北部、山西北部、山东北部、山西北部、宁夏北部、甘肃中部、青海东部，蒙古国。为黄土—蒙古高原分布种。

茎入药（药材名：麻黄），能发汗、散寒、平喘、利尿，主治风寒感冒、喘咳、哮喘、支气管炎、水肿。根入药（药材名：麻黄根），能止汗，主治自汗、盗汗。茎也入蒙药（蒙药名：哲日根）能发汗、清肝、化痞、消肿、治伤、止血，主治黄疸性肝炎、创伤出血、子宫出血、吐血、便血、咯血、搏热、劳热、内伤。

冬季，羊和骆驼乐食其干草。

6. 蛇麻黄（双穗麻黄）

Ephedra distachya L., Sp. Pl. 2:1040. 1753; Fl. Desert. Reip. Pop. Sin. 1:15. t.4. f.13-16. 1985；Fl. China 4:99. 1999.

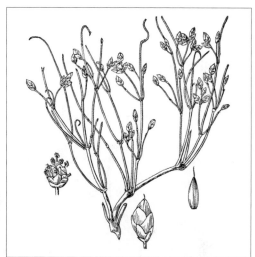

小灌木，高 15～25cm。具匍匐根状茎，开展。小枝先端弯曲或卷曲，径约 1mm，节间长 2～3cm。叶基部结合成鞘，在 1/3～1/2 处 2 裂，偶混生 3 裂；裂片三角形，先端钝或稍尖。雄球穗单一，有梗或无梗，轮生或顶生，卵形或宽卵形，苞片锐尖。雌球穗单一或成束，顶生或生于节上，窄卵形；苞片宽卵形，内部苞片在基部或在 1/3 处结合，边缘无膜质；珠被管直，短，长可达 1mm，成熟时红色，浆果状。种子通常 2，披针形或几为条形，深褐色，有光泽，长 3～3.5mm，宽 1～1.5mm，先端有细尖头。花期 5～6 月，种子成熟期 7 月。

超旱生草本状灌木。生于荒漠区的低山石质山坡，为荒漠种。产贺兰山（三关口）。分布于我国新疆北部，俄罗斯（西西伯利亚地区），高加索地区、克里米亚地区、地中海地区，中亚、南欧。为古地中海分布种。

7. 木贼麻黄（山麻黄）

Ephedra major Host in Fl. Austriac. 2:671. 1831; Sp. Catal. of China Vol. 1. Pl. Spermatophytes (I) :4 ——*E. equisetina* Bunge in Mem. Acad. Imp. Sci. St.-Petersb. Ser. 6, Sci. Math. 7:501. 1851; Fl. Intramongol. ed. 2, 1:275. t.38. f.5-8. 1998.

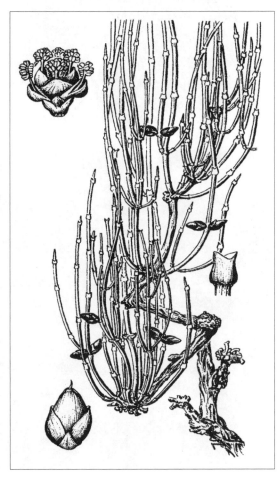

　　直立灌木，高可达 100cm。木质茎粗长，直立或部分呈匍匐状，灰褐色，茎皮呈不规则纵裂，中部茎枝直径 2.5 ～ 4mm。小枝细，直径约 1mm，直立，具不甚明显的纵槽纹，稍被白粉，光滑；节间长 1 ～ 3cm，直径 1 ～ 1.5mm。叶 2 裂；裂片短三角形，长约 0.5mm，先端钝或稍尖，鞘长 1.8 ～ 2mm。雄球花穗状，1 ～ 3(～ 4) 朵集生于节上，近无梗，卵圆形，长 2.5 ～ 4mm，宽 2 ～ 2.5mm；苞片 3 ～ 4 对，基部约 1/3 合生；雄蕊 6 ～ 8，花丝合生，稍露出。雌球花常 2 朵对生于节上，长卵圆形。雌花苞片 3 对：最下一对卵状菱形，先端钝；中间一对为长卵形；最上一对为椭圆形，近 1/3 或稍高处合生，先端稍尖，边缘膜质，其余为淡褐色。雌花 1 ～ 2；珠被管长 1.5 ～ 2mm，直立，稍弯曲。雌球花成熟时苞片肉质，红色，长约 8mm，直径约 5mm，近无梗。种子通常 1，棕褐色，长卵状矩圆形，长约 6mm，直径约 3mm，顶部压扁似鸭嘴状，两面凸起，基部具 4 条槽纹。花期 5 ～ 6 月，种子成熟期 8 ～ 9 月。

　　旱生灌木。生于干旱与半干旱地区的山顶、山谷、河谷、沙地及石砬子上。产燕山北部（喀喇沁旗）、锡林郭勒（苏尼特左旗）、乌兰察布（达尔罕茂明安联合旗额尔登敖包和小文公山地）、阴山（大青山）、阴南丘陵（准格尔旗）、东阿拉善（狼山、桌子山）、贺兰山、龙首山。分布于我国河北西北部、山西北部、陕西北部、甘肃、青海东部、新疆北部和西部，蒙古国、俄罗斯（西伯利亚地区）、阿富汗，中亚。为古地中海分布种。

　　本种可做固沙造林的灌木树种。茎入药，也入蒙药（蒙药名：哈日－哲日根），功能、主治同草麻黄。

III. 被子植物门 ANGIOSPERMAE

分科检索表

1a. 子叶 2，花通常 4～5 基数（**A. 双子叶植物纲 Dicotyledoneae**）。

  2a. 无花瓣；花萼有或无，或呈花瓣状。

    3a. 花单性，雄花排列成荑葇花序，或雌雄花都排列成荑葇花序。

      4a. 叶为羽状复叶····················**23. 胡桃科 Juglandaceae**

      4b. 叶为单叶。

        5a. 果实下无壳斗；雌雄花都排列成荑葇花序，稀簇生。

          6a. 种子被毛，蒴果····················**22. 杨柳科 Salicaceae**

          6b. 种子无毛，非蒴果。

            7a. 花萼常 4 裂，聚花果····················**27. 桑科 Moraceae**

            7b. 花萼退化或无，坚果或小坚果····················**24. 桦木科 Betulaceae**

        5b. 坚果包在壳斗内，雌花单生或簇生····················**25. 壳斗科 Fagaceae**

    3b. 花单性、两性或杂性，但不形成荑葇花序。

      8a. 子房每室含多数胚珠。

        9a. 离生心皮，菁葖果····················**42. 毛茛科 Ranunculaceae**

        9b. 合生心皮，蒴果。

          10a. 直立草本。

            11a. 花被裂片 4，子房 1 室，侧膜胎座····**51. 虎耳草科 Saxifragaceae**（金腰属）

            11b. 花被裂片 5，稀 4，子房数室，中轴胎座····**36. 粟米草科 Molluginaceae**

          10b. 缠绕草本；花被管状，裂片 1 或 3····················**32. 马兜铃科 Aristolochiaceae**

      8b. 子房每室含 1 至数枚胚珠。

        12a. 雄花呈球状头状花序，雌花 2，同生于具钩刺的总苞中···················· **124. 菊科 Compositae**（苍耳属）

        12b. 雌雄花非上述情况。

          13a. 心皮 2 至多数，离生；聚合瘦果····················**42. 毛茛科 Ranunculaceae**

          13b. 心皮单一或数枚合生。

            14a. 子房下位或半下位。

              15a. 草本。

                16a. 叶轮生，水生或沼生····**88. 杉叶藻科 Hippuridaceae**

                16b. 叶互生或对生，陆生。

                  17a. 叶互生。

                    18a. 多年生草本，根非肉质。野生····················**30. 檀香科 Santalaceae**

                    18b. 二年生草本；根肉质，肥大。栽培····················**34. 藜科 Chenopodiaceae**（甜菜属）

                  17b. 叶对生，叶柄与基部相连····**21. 金粟兰科 Chloranthaceae**

              15b. 灌木或乔木。

19a. 叶互生或对生，被银色鳞片；非寄生植物······**83. 胡颓子科 Elaeagnaceae**

19b. 叶对生，无银色鳞片；寄生植物······**31. 桑寄生科 Loranthaceae**

14b. 子房上位。

　20a. 具膜质托叶鞘······**33. 蓼科 Polygonaceae**

　20b. 无托叶鞘。

　　21a. 草本。

　　　22a. 寄生肉质草本，叶鳞片互生，花杂性······**89. 锁阳科 Cynomoriaceae**

　　　22b. 非寄生草本，花两性或单性。

　　　　23a. 无花萼。

　　　　　24a. 植株具乳汁，杯状聚伞花序······**63. 大戟科 Euphorbiaceae**

　　　　　24b. 植株无乳汁，单花腋生······**64. 水马齿科 Callitrichaceae**

　　　　23b. 有花萼。

　　　　　25a. 花萼呈花瓣状。

　　　　　　26a. 雄蕊与花萼裂片同数，二者不合生。

　　　　　　　27a. 花排成头状或紧密穗状，羽状复叶······

　　　　　　　　　　······**52. 蔷薇科 Rosaceae**（地榆属）

　　　　　　　27b. 花单生叶腋，单叶······**95. 报春花科 Primulaceae**

　　　　　　26b. 雄蕊数量为花萼裂片的 2 倍或同数，二者合生，花萼筒状······

　　　　　　　　　　······**82. 瑞香科 Thymelaeaceae**

　　　　　25b. 花萼不呈花瓣状。

　　　　　　28a. 花柱 2 或更多。

　　　　　　　29a. 掌状复叶或单叶有掌状脉，有宿存的托叶······

　　　　　　　　　　······**28. 大麻科 Cannabaceae**

　　　　　　　29b. 叶有羽状脉，无托叶。

　　　　　　　　30a. 花有干膜质苞片······**35. 苋科 Amaranthaceae**

　　　　　　　　30b. 花无干膜质苞片······**34. 藜科 Chenopodiaceae**

　　　　　　28b. 花柱单一。

　　　　　　　31a. 叶细裂成丝状，水生植物······**40. 金鱼藻科 Ceratophyllaceae**

　　　　　　　31b. 叶不裂成丝状，常有刺毛；陆生植物······**29. 荨麻科 Urticaceae**

　　21b. 木本。

　　　32a. 单性花。

　　　　33a. 聚花果，雌花萼片 4······**27. 桑科 Moraceae**（桑属）

　　　　33b. 蒴果或核果，萼片 5 或 3。

　　　　　34a. 萼片 5，雄蕊 5；蒴果······**63. 大戟科 Euphorbiaceae**（白饭树属）

　　　　　34b. 萼片 3～6，雄蕊 3；核果······**65. 岩高兰科 Empetraceae**

　　　32b. 两性花。

　　　　35a. 雄蕊 2，翅果，叶对生······**97. 木樨科 Oleaceae**（白蜡树属）

　　　　35b. 雄蕊 4～9，翅果或核果，叶互生······**26. 榆科 Ulmaceae**

2b. 花有花萼和花瓣。

　　36a. 花瓣分离。

　　　　37a. 雄蕊多数，10 枚以上，超过花瓣的 2 倍。

　　　　　　38a. 子房下位或半下位。

　　　　　　　　39a. 水生植物，叶浮于水面‥‥‥‥‥‥‥‥‥‥‥‥‥‥**39. 睡莲科 Nymphaeaceae**

　　　　　　　　39b. 陆生植物。

　　　　　　　　　　40a. 肉质草本，花萼裂片 2，蒴果盖裂‥‥‥‥‥‥‥**37. 马齿苋科 Portulacaceae**

　　　　　　　　　　10b. 木本。

　　　　　　　　　　　　41a. 叶互生，有托叶；梨果；无不育花‥‥‥‥‥‥**52. 蔷薇科 Rosaceae**

　　　　　　　　　　　　41b. 叶对生，无托叶；蒴果；花序边缘有不孕性花‥‥‥‥‥

　　　　　　　　　　　　　　‥‥‥‥‥‥‥‥‥‥‥**51. 虎耳草科 Saxifragaceae**（八仙花属）

　　　　　　38b. 子房上位。

　　　　　　　　42a. 周位花；萼片 4～5，花瓣 4～5，雄蕊多数，三者均着生于花托的边缘‥‥‥‥

　　　　　　　　　　‥‥‥‥‥‥‥‥‥‥‥‥‥‥‥‥‥‥‥‥**52. 蔷薇科 Rosaceae**

　　　　　　　　42b. 下位花。

　　　　　　　　　　43a. 花瓣多数，狭楔形，雄蕊状；水生植物‥‥‥‥‥‥‥‥‥‥‥‥

　　　　　　　　　　　　‥‥‥‥‥‥‥‥‥‥‥‥**39. 睡莲科 Nymphaeaceae**（萍蓬草属）

　　　　　　　　　　43b. 非上述情况。

　　　　　　　　　　　　44a. 心皮离生。

　　　　　　　　　　　　　　45a. 茎缠绕或攀援。

　　　　　　　　　　　　　　　　46a. 叶对生，花两性‥‥‥**42. 毛茛科 Ranunculaceae**（铁线莲属）

　　　　　　　　　　　　　　　　46b. 叶互生，花单性。

　　　　　　　　　　　　　　　　　　47a. 心皮 3～6；核果，黑紫色‥‥‥‥‥‥‥‥‥

　　　　　　　　　　　　　　　　　　　　‥‥‥‥‥‥‥‥‥‥**44. 防己科 Menispermaceae**

　　　　　　　　　　　　　　　　　　47b. 心皮多数；聚合浆果，红色‥‥‥‥‥‥‥‥

　　　　　　　　　　　　　　　　　　　　‥‥‥‥‥‥‥‥**45. 五味子科 Schisandraceae**

　　　　　　　　　　　　　　45b. 茎直立。

　　　　　　　　　　　　　　　　48a. 无托叶，种子有胚乳，雄蕊螺旋状排列于花托上。

　　　　　　　　　　　　　　　　　　49a. 花大型，具花盘‥‥‥‥‥‥**41. 芍药科 Paeoniaceae**

　　　　　　　　　　　　　　　　　　49b. 花小型，无花盘‥‥‥‥‥**42. 毛茛科 Ranunculaceae**

　　　　　　　　　　　　　　　　48b. 常有托叶，种子无胚乳，雄蕊轮状排列于花托的边缘‥‥‥‥

　　　　　　　　　　　　　　　　　　‥‥‥‥‥‥‥‥‥‥‥**52. 蔷薇科 Rosaceae**

　　　　　　　　　　　　44b. 心皮合生。

　　　　　　　　　　　　　　50a. 单体雄蕊，花药 1 室‥‥‥‥‥‥‥‥**74. 锦葵科 Malvaceae**

　　　　　　　　　　　　　　50b. 非上述情况。

　　　　　　　　　　　　　　　　51a. 聚伞花序，花序轴下半部与苞片合生；木本；被星状毛‥‥

　　　　　　　　　　　　　　　　　　‥‥‥‥‥‥‥‥‥‥‥**73. 椴树科 Tiliaceae**

　　　　　　　　　　　　　　　　51b. 花序轴不与苞片合生。

　　　　　　　　　　　　　　　　　　52a. 单性花。

53a. 雌雄同株或异株；子房 3 室，每室具 1～2 胚珠；蒴果·············**63. 大戟科 Euphorbiaceae**

53b. 雌雄异株；子房 3 至多室，每室具少数至多数胚珠；浆果······**75. 猕猴桃科 Actinidiaceae**

52b. 两性花。

　　54a. 雄蕊花丝合生成 3～5 束···**76. 藤黄科 Clusiaceae**

　　54b. 雄蕊离生。

　　　　55a. 植株具乳汁；萼片 2，花瓣 4（～8）····························**46. 罂粟科 Papaveraceae**

　　　　55b. 植株无乳汁；萼片 5，少 4；花瓣 5，少 4。

　　　　　　56a. 萼片 4～5，大小一样；子房 3～5 室，中轴胎座。

　　　　　　　　57a. 浆果状核果；单叶，不分裂，肉质；灌木········**57. 白刺科 Nitrariaceae**

　　　　　　　　57b. 蒴果；叶二至三回羽状全裂，草质；草本·······**58. 骆驼蓬科 Peganaceae**

　　　　　　56b. 萼片 5，3 大、2 小；子房 1 室，侧膜胎座·················**80. 半日花科 Cistaceae**

37b. 雄蕊 10 或更少，如多于 10 时则不超过花瓣的 2 倍。

　　58a. 成熟雄蕊与花瓣同数且对生。

　　　　59a. 心皮 5～10，分离；聚合瘦果；草本·····················**52. 蔷薇科 Rosaceae**（地蔷薇属）

　　　　59b. 心皮合生。

　　　　　　60a. 子房 1 室。

　　　　　　　　61a. 具刺灌木；萼片 6；花瓣 6；雄蕊 6，花药瓣裂；心皮单一···········

　　　　　　　　　　··**43. 小檗科 Berberidaceae**

　　　　　　　　61b. 草本；萼片 2；花瓣 4；雄蕊 4，花药纵裂；心皮 2，合生···········

　　　　　　　　　　···**46. 罂粟科 Papaveraceae**（角茴香属）

　　　　　　60b. 子房 2 至数室。

　　　　　　　　62a. 藤本，有卷须；单叶或复叶·······························**72. 葡萄科 Vitaceae**

　　　　　　　　62b. 直立灌木或乔木，无卷须；单叶·······················**71. 鼠李科 Rhamnaceae**

　　58b. 成熟雄蕊与花瓣不同数，或同数与花瓣互生。

　　　　63a. 子房下位。

　　　　　　64a. 伞形花序或复伞形花序。

　　　　　　　　65a. 草本，双悬果·······································**91. 伞形科 Umbelliferae**

　　　　　　　　65b. 木本，浆果或核果·······························**90. 五加科 Araliaceae**

　　　　　　64b. 非伞形花序。

　　　　　　　　66a. 水生植物。

　　　　　　　　　　67a. 花两性；叶二型，沉水叶，对生，无柄；浮水叶互生，在顶端簇生，呈莲座状，具柄···**85. 菱科 Trapaceae**

　　　　　　　　　　67b. 花单性或杂性；叶轮生或互生，叶一型，无柄，无浮水叶·················

　　　　　　　　　　　　·····································**87. 小二仙草科 Haloragaceae**

　　　　　　　　66b. 陆生植物。

　　　　　　　　　　68a. 草本；萼片 2 或 4，花瓣 2 或 4，雄蕊 2 或 8·····**86. 柳叶菜科 Onagraceae**

　　　　　　　　　　68b. 木本。

　　　　　　　　　　　　69a. 子房 1 室，含多数胚珠；浆果···**51. 虎耳草科 Saxifragaceae**（茶藨子属）

　　　　　　　　　　　　69b. 子房 2 室，含 1～2 胚珠；核果··········**92. 山茱萸科 Cornaceae**

63b. 子房上位。

　　70a. 叶片上具透明腺点……………………………………………**60. 芸香科 Rutaceae**

　　70b. 叶片上无透明腺点。

　　　　71a. 心皮离生。

　　　　　　72a. 肉质草本，心皮通常5………………………………**50. 景天科 Crassulaceae**

　　　　　　72b. 非肉质草本，心皮2………………**51. 虎耳草科 Saxifragaceae**（落新妇属）

　　　　71b. 心皮单一或数枚合生。

　　　　　　73a. 心皮2或数枚合生。

　　　　　　　　74a. 花冠"十"字形；雄蕊6，四强，稀2～4；角果……**48. 十字花科 Cruciferae**

　　　　　　　　74b. 不为上述情况。

　　　　　　　　　　75a. 子房每室具1胚珠，乔木，奇数羽状复叶。栽培…**66. 漆树科 Anacardiaceae**

　　　　　　　　　　75b. 子房每室具2至多数胚珠，草本或灌木。

　　　　　　　　　　　　76a. 子房1室。

　　　　　　　　　　　　　　77a. 特立中央胎座，少基生胎座…………**38. 石竹科 Caryophyllaceae**

　　　　　　　　　　　　　　77b. 侧膜胎座。

　　　　　　　　　　　　　　　　78a. 花辐射对称。

　　　　　　　　　　　　　　　　　　79a. 水生食虫植物，叶折成囊状………………………………

　　　　　　　　　　　　　　　　　　……………………………………**49. 茅膏菜科 Droseraceae**

　　　　　　　　　　　　　　　　　　79b. 非上述情况。

　　　　　　　　　　　　　　　　　　　　80a. 种子被毛，花瓣内侧无鳞片状附属物（红砂属

　　　　　　　　　　　　　　　　　　　　　　植物每片花瓣里具2枚鳞片）…………………

　　　　　　　　　　　　　　　　　　　　　　……………………………**79. 柽柳科 Tamaricaceae**

　　　　　　　　　　　　　　　　　　　　80b. 种子无毛。

　　　　　　　　　　　　　　　　　　　　　　81a. 花瓣内侧具1枚鳞片状附属物……………

　　　　　　　　　　　　　　　　　　　　　　………………**78. 瓣鳞花科 Frankeniaceae**

　　　　　　　　　　　　　　　　　　　　　　81b. 花瓣内侧无鳞片状附属物………………

　　　　　　　　　　　　　　　　　　　　　　　…**51. 虎耳草科 Saxifragaceae**（唢呐草属、

　　　　　　　　　　　　　　　　　　　　　　　梅花草属）

　　　　　　　　　　　　　　　　78b. 花两侧对称，有距；种子无毛。

　　　　　　　　　　　　　　　　　　82a. 花2基数，雌蕊2，心皮合生…………………

　　　　　　　　　　　　　　　　　　…………………………**47. 紫堇科 Fumariaceae**

　　　　　　　　　　　　　　　　　　82b. 花5基数，雌蕊3，心皮合生……**81. 堇菜科 Violaceae**

　　　　　　　　　　　　76b. 子房2至多室。

　　　　　　　　　　　　　　83a. 花两侧对称。

　　　　　　　　　　　　　　　　84a. 萼片3，其中1枚有距；雄蕊5………………………………

　　　　　　　　　　　　　　　　　　………………………**70. 凤仙花科 Balsaminaceae**

　　　　　　　　　　　　　　　　84b. 萼片5，无距；雄蕊8…………**62. 远志科 Polygalaceae**

　　　　　　　　　　　　　　83b. 花辐射对称。

　　　　　　　　　　　　　　　　85a. 雄蕊与花瓣不同数，亦非为花瓣2倍，通常8。

86a. 叶对生，双翅果······**68. 槭树科 Aceraceae**

86b. 叶互生，蒴果······**69. 无患子科 Sapindaceae**

85b. 雄蕊与花瓣同数，或为花瓣 2 倍。

  87a. 复叶。

    88a. 羽状复叶。

      89a. 双数羽状复叶，草本或灌木······**59. 蒺藜科 Zygophyllaceae**

      89b. 单数羽状复叶，乔木······**61. 苦木科 Simaroubaceae**

    88b. 掌状三出复叶······**54. 酢浆草科 Oxalidaceae**

  87b. 单叶。

    90a. 木本，种子有红色假种皮······**67. 卫矛科 Celastraceae**

    90b. 草本，种子无红色假种皮。

      91a. 花药顶孔开裂······**93. 鹿蹄草科 Pyrolaceae**

      91b. 花药纵裂。

        92a. 花瓣和雄蕊都着生于花萼管上······**84. 千屈菜科 Lythraceae**

        92b. 花瓣和雄蕊都着生于花托上，萼片离生。

          93a. 陆生；花较大，组成花序，稀单生于茎顶。

            94a. 蒴果，每室种子多数······**51. 虎耳草科 Saxifragaceae**

            94b. 蒴果，每室种子 1～2。

              95a. 雄蕊花丝基部合生，花柱分离···**56. 亚麻科 Linaceae**

              95b. 雄蕊分离，花柱合生······**55. 牻牛儿苗科 Geraniaceae**

          93b. 水生或沼生草本；叶对生或轮生；花极小，单生于叶腋；蒴果，种子多数······**77. 沟繁缕科 Elatinaceae**

73b. 心皮 1，子房 1 室。

  96a. 蝶形花冠，花瓣 4～5，花萼 4～5；雄蕊（9）+1 或 8～10，分离；荚果············**53. 豆科 Leguminosae**

  96b. 辐射花冠，花瓣 3，花萼 3，雄蕊 3；瘦果······**52. 蔷薇科 Rosaceae**（绵刺属）

36b. 花瓣合生，或基部多少合生。

  97a. 雄蕊与花冠裂片同数而对生。

    98a. 花柱 1，果实含数粒至多数种子······**95. 报春花科 Primulaceae**

    98b. 花柱 5，果实含 1 粒种子······**96. 白花丹科 Plumbaginaceae**

  97b. 雄蕊与花冠裂片同数而互生，或较花冠裂片少而互生。

    99a. 子房下位。

      100a. 草质藤本，有卷须；瓠果、浆果，稀为蒴果······**122. 葫芦科 Cucurbitaceae**

      100b. 茎直立或藤本，无卷须；非瓠果。

        101a. 头状花序。

          102a. 雄蕊花药合生，花丝分离，为聚药雄蕊······**124. 菊科 Compositae**

          102b. 雄蕊离生······**121. 川续断科 Dipsacaceae**

        101b. 非头状花序。

          103a. 雄蕊与花冠裂片同数，或为其 2 倍。

104a. 具托叶，叶轮生或对生；草质藤本或直立草本·················**117. 茜草科 Rubiaceae**

104b. 无托叶。

 105a. 子房半下位至下位；雄蕊为花瓣裂片数量的 2 倍，花药 1 室·················
··**119. 五福花科 Adoxaceae**

 105b. 子房下位；雄蕊与花冠裂片同数，花药 2 室。

  106a. 木本，无乳汁或液汁·················**118. 忍冬科 Caprifoliaceae**

  106b. 草本，有乳汁或液汁·················**123. 桔梗科 Campanulaceae**

103b. 雄蕊较花冠裂片少。

 107a. 子房 2 室，上室退化，下室有 2 枚胚珠；水生草本·····**112. 胡麻科 Pedaliaceae**（茶菱属）

 107b. 子房 3 室，仅其中 1 室可成熟，仅有 1 枚胚珠；陆生草本···**120. 败酱科 Valerianaceae**

99b. 子房上位。

108a. 子房 2 室；花柱 2，在顶端合生；柱头 1。

 109a. 雄蕊分离，花粉粒彼此分离·················**101. 夹竹桃科 Apocynaceae**

 109b. 雄蕊互相连合，花粉粒常连合成花粉块·················**102. 萝藦科 Asclepiadaceae**

108b. 非上述情况。

 110a. 雄蕊着生于花盘上，花药常顶孔开裂；木本·················**94. 杜鹃花科 Ericaceae**

 110b. 雄蕊着生于花冠上。

  111a. 子房 4 深裂，花柱着生于子房基部。

   112a. 叶对生或轮生；花冠两侧对称，唇形·················**108. 唇形科 Labiatae**

   112b. 叶互生，花冠辐射对称·················**106. 紫草科 Boraginaceae**

  111b. 子房不深裂，花柱自子房顶端伸出。

   113a. 花冠辐射对称，不呈唇形。

    114a. 雄蕊 2。

     115a. 木本·················**97. 木樨科 Oleaceae**

     115b. 草本·················**110. 玄参科 Scrophulariaceae**

    114b. 雄蕊 4～5。

     116a. 子房 1 室，侧膜胎座。

      117a. 叶对生，花冠裂片旋转状或覆瓦状排列，陆生···········
··**99. 龙胆科 Gentianaceae**

      117b. 叶互生，花冠裂片内向镊合状排列，水生或沼生········
··**100. 睡菜科 Menyanthaceae**

     116b. 子房 2 至多室。

      118a. 无叶，寄生草质藤本·········**104. 菟丝子科 Cuscutaceae**

      118b. 自生绿色植物。

       119a. 雄蕊 4。

        120a. 草本，叶基生···**116. 车前科 Plantaginaceae**

        120b. 木本，叶茎生·····**98. 马钱科 Loganiaceae**

       119b. 雄蕊 5。

        121a. 花冠完整，几无裂片；萼片离生或仅基部

合生…………………………………………………………**103. 旋花科 Convolvulaceae**

121b. 花冠明显具裂片，萼片合生。

122a. 子房 3 室……………………………………………**105. 花葱科 Polemoniaceae**

122b. 子房 2 室。

123a. 子房每室具 1 胚珠，核果…………………**106. 紫草科 Boraginaceae**（紫丹属）

123b. 子房每室具多数胚珠，浆果或蒴果………………**109. 茄科 Solanaceae**

113b. 花冠两侧对称，常唇形。

124a. 自生绿色植物。

125a. 水生食虫植物，有捕虫囊…………………………**114. 狸藻科 Lentibulariaceae**

125b. 陆生植物。

126a. 子房每室有 1～2 枚胚珠。

127a. 子房 2～8 室，每室有 1～2 枚胚珠……**107. 马鞭草科 Verbenaceae**

127b. 子房 1 室，仅有 1 枚胚珠………………**115. 透骨草科 Phrymaceae**

126b. 子房每室有多数或数枚胚珠。

128a. 种子有翅，无胚乳。

129a. 子房 1 室，侧膜胎座，有时因侧膜胎座深入而为 2 室，呈中轴胎座…………………………………**111. 紫葳科 Bignoniaceae**

129b. 子房 2 室，每室又被假隔膜分为 2 室，中轴胎座…………………………………………………**112. 胡麻科 Pedaliaceae**（胡麻属）

128b. 种子无翅，有胚乳…………………………**110. 玄参科 Scrophulariaceae**

124b. 寄生草本，叶退化成鳞片状…………………………**113. 列当科 Orobanchaceae**

1b. 子叶 1，叶通常有平行叶脉；花常 3 基数（**B. 单子叶植物纲 Monocotyledoneae**）。

130a. 花无花被。

131a. 花包藏在颖片（壳状鳞片）中，1 至多数花形成小穗。

132a. 秆实心，多少呈三棱形；茎生叶呈 3 行排列，叶鞘闭合；小坚果……………………………………………………………………………**134. 莎草科 Cyperaceae**

132b. 秆中空，圆筒形；茎生叶呈 2 行排列，叶鞘常在一侧开裂；颖果………………………………………………………………………**133. 禾本科 Gramineae**

131b. 花不包藏在颖片中。

133a. 植物体微小，无叶，仅有漂浮于水面或沉于水中的叶状体…………………………………………………………………………………**137. 浮萍科 Lemnaceae**

133b. 植物体有茎和叶。

134a. 花腋生，不形成稠密的花序。

135a. 叶缘无刺；柱头 1，斜盾状…………**128. 角果藻科 Zannichelliaceae**

135b. 叶缘常具刺，柱头 2～4…**129. 水鳖科 Hydrocharitaceae**（茨藻属）

134b. 花密集成稠密的花序。

136a. 花形成球形的头状花序。

137a. 头状花序单生于基部无叶的花葶顶端；叶狭窄，呈禾叶状…………………………………………………………………………**138. 谷精草科 Eriocaulaceae**

137b. 头状花序散生于具叶的茎或枝条的上部，雄花序在上，雌花序在下┉┉┉┉┉┉┉┉┉ ┉┉┉┉┉┉┉┉┉┉┉┉┉┉┉┉┉┉┉┉┉┉┉┉**126. 黑三棱科 Sparganiaceae**

136b. 花形成紧密的穗状花序。

  138a. 花序呈蜡烛状，具多数毛状小苞片，无佛焰苞┉┉┉┉┉┉**125. 香蒲科 Typhaceae**

  138b. 花序不呈蜡烛状，无毛状小苞片，具明显的佛焰苞┉┉┉┉┉**136. 天南星科 Araceae**

130b. 花有花被。

  139a. 心皮离生，内轮花被花瓣状。

    140a. 花 3 基数。

      141a. 伞形花序，蓇葖果┉┉┉┉┉┉┉┉┉┉┉**132. 花蔺科 Butomaceae**

      141b. 花常轮生成总状或圆锥花序，聚合瘦果┉┉┉**131. 泽泻科 Alismataceae**

    140b. 花被萼片状，花常 4 基数，花被片 4，雄蕊 4，心皮 4；水生┉┉┉┉ ┉┉┉┉┉┉┉┉┉┉┉┉┉┉┉┉**127. 眼子菜科 Potamogetonaceae**

  139b. 心皮合生。

    142a. 子房上位。

      143a. 肉穗花序┉┉┉┉┉┉┉┉┉┉┉┉┉┉┉**135. 菖蒲科 Acoraceae**

      143b. 非肉穗花序。

        144a. 花小，花被片绿色，风媒。

          145a. 穗形总状花序；蒴果自宿存的中轴上裂为 3 或 6 瓣，每果瓣内仅有 1 粒种子┉┉┉┉┉┉┉┉┉**130. 水麦冬科 Juncaginaceae**

          145b. 圆锥花序、伞形花序或头状花序；蒴果室背开裂，内有 3 至多数 种子┉┉┉┉┉┉┉┉┉┉┉┉┉┉**141. 灯心草科 Juncaceae**

        144b. 花大，花被片有明显的色彩，虫媒。

          146a. 花被分为花萼与花冠。

            147a. 叶互生，基部具鞘；聚伞花序顶生或腋生，雄蕊 6 或 3┉┉┉ ┉┉┉┉┉┉┉┉┉┉**139. 鸭跖草科 Commelinaceae**

            147b. 叶生于茎顶，呈 1 轮；花单一顶生，雄蕊常 8 或更多┉┉┉ ┉┉┉┉┉┉┉┉┉┉**142. 百合科 Liliaceae**（重楼属）

          146b. 花被裂片彼此相同。

            148a. 水生，直立或漂浮；雄蕊 6，大小不等┉┉┉┉┉┉ ┉┉┉┉┉┉┉┉┉┉**140. 雨久花科 Pontederiaceae**

            148b. 陆生；雄蕊 6 或 4，彼此相同┉┉┉┉**142. 百合科 Liliaceae**

    142b. 子房下位。

      149a. 花辐射对称。

        150a. 茎缠绕；叶具网状叶脉；花小，单性┉┉┉┉┉**143. 薯蓣科 Dioscoreaceae**

        150b. 茎直立；叶具平行叶脉；花大，两性┉┉┉┉┉**144. 鸢尾科 Iridaceae**

      149b. 花两侧对称；雄蕊 1 或 2，常和花柱合生┉┉┉┉┉┉**145. 兰科 Orchidaceae**

21. 金粟兰科 Chloranthaceae

草本、灌木或小乔木。单叶对生，具羽状脉，边缘通常具锯齿，托叶小。花小，两性或单性，排成穗状、头状或圆锥花序，顶生或腋生。两性花无花被；雄蕊 1～3，合生成一体；雌蕊 1，子房下位，1 室，胚珠单生。单性花雄花多数，雄蕊 1；雌蕊少数，有与子房贴生的 3 枚萼齿状花被。核果，外果皮多少肉质，内果皮坚硬；种子具胚乳，胚极小。

内蒙古有 1 属、1 种。

1. 金粟兰属 Chloranthus Swartz

多年生草本或半灌木。叶对生或呈轮生状，叶柄基部相连接。花序穗状或圆锥形；花两性，生于极小的苞腋内；雄蕊通常 3，稀 1，着生于子房上部一侧，中央的花药 2 室或偶无花药，两侧的花药 1 室，如为单雄蕊则花药 2 室；子房有下垂直生的胚珠 1 枚，柱头截平或分裂。核果，球形、倒卵形或梨形。

内蒙古有 1 种。

1. 银线草（四块瓦、四叶七）

Chloranthus japonicus Sieb. in Nov. Act. Acad. Caes. Leop.-Carol. Nat. Cur. 14(2):681. 1829; Fl. Intramongol. ed. 2, 2:9. t.1. f.1-4. 1991.

多年生草本，高约 40cm。根状茎横走，分枝，生多数细长须根。茎直立，单生，不分枝。叶对生；下部节上者退化为鳞片状，膜质，宽卵形，长 4～5mm；正常叶生于茎顶，4 枚，对生，呈假轮生状，纸质，宽倒卵形或宽椭圆形，长 10～14cm，宽 7～9cm，顶端锐尖，基部楔形，边缘有齿牙状锐锯齿，齿间具腺体，近基部 1/4 以下全缘，两面无毛，侧脉 6～8 对，网脉明显，叶柄长 10～15mm。穗状花序单一，顶生，连总花梗长约 5cm；苞片三角形或近半圆形，长约 1mm，不裂或具 3～4 齿裂；花两性，无花被；雄蕊 3，白色，条形，长约 5mm，基部合生，着生于房上部外侧，中央的 1 枚无花药，两侧的 2 枚在基部各有 1 个 1 室的花药；子房卵形，无花柱，柱头截平。核果，绿色，倒卵球形，长约 2mm，无梗。花期 6～7 月，果期 7 月。

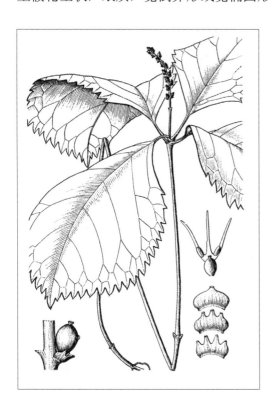

湿中生草本。生于阔叶林区的沟谷杂木林阴湿处。产辽河平原（科尔沁左翼后旗大青沟）、燕山北部（宁城县黑里河林场）。分布于我国黑龙江、吉林、辽宁、河北、河南、山东、山西、陕西、甘肃，日本、朝鲜、俄罗斯（远东地区）。为东亚北部分布种。

全草入药，能散寒、祛风、行瘀、解毒，主治风寒咳嗽、妇女经闭、风痒、跌打损伤、痈肿疮疖。

22. 杨柳科 Salicaceae

落叶乔木或灌木。单叶互生，少对生，具托叶。花单性，雌雄异株；荑荑花序，花先叶开放或与叶同放，少为后叶开放；无花被；花生于苞片腋部，具杯状花盘、腺体或无；雄花具2至多数花蕊；雌蕊由2心皮合生，子房1室，柱头2～4裂，胚珠多数，侧膜胎座。蒴果，2～4（～5）裂；种子基部附有由胎座表皮细胞形成的白色丝状长毛，无胚乳或有少量胚乳。

内蒙古有3属、49种，另有15栽培种。

分属检索表

1a. 枝条先端具顶芽，芽鳞多数；荑荑花序下垂，苞片先端有缺裂，花具杯状花盘；叶柄较长⋯⋯⋯⋯⋯⋯⋯⋯⋯⋯⋯⋯⋯⋯⋯⋯⋯⋯⋯⋯⋯⋯⋯⋯⋯⋯⋯⋯⋯⋯**1. 杨属 Populus**

1b. 枝条先端无顶芽，芽鳞1；荑荑花序下垂或直立，苞片全缘，无杯状花盘；叶柄较短。

  2a. 雄花序下垂，花丝与苞片连合；花柱2裂；花无腺体⋯⋯⋯⋯⋯**2. 钻天柳属 Chosenia**

  2b. 雄花序直立，花丝与苞片分离；花柱单一或不明显；花有腺体⋯⋯⋯⋯**3. 柳属 Salix**

1. 杨属 Populus L.

落叶乔木。除胡杨外均具顶芽，芽鳞多数。有长枝及短枝之分，髓心五角状。叶互生，在不同枝条上常呈不同形状，叶柄较长。雄荑荑花序下垂，花常先叶开放；苞片先端为不规则分裂，稀为齿裂或全缘，具杯状花盘；雄蕊3至多数，花药红色，稀黄色。蒴果2～4（～5）瓣裂；种子多数，细小，有白色绵毛。

内蒙古有18种，另有9栽培种。

分种检索表

1a. 叶缘具裂片、缺刻、波状齿，或全缘，若为锯齿（如响叶杨）则叶柄近顶端具2个腺点。

  2a. 花盘膜质，早落；叶两面同色，均为灰蓝色或灰色（**1. 胡杨组 Sect. Turanga** Bunge）；根际萌生叶和幼树叶披针形，全缘或具1～2个裂齿；成年树短枝的叶通常为肾状扇形、卵圆形或三角状卵圆形，上部有不规则裂齿⋯⋯⋯⋯⋯⋯⋯⋯⋯⋯⋯⋯⋯⋯⋯⋯⋯⋯⋯⋯**1. 胡杨 P. euphratica**

  2b. 花盘非膜质，宿存；苞片密被长柔毛，开花不脱落（**2. 白杨组 Sect. Populus**）。

    3a. 叶缘具裂片或缺刻。

      4a. 长枝叶掌状3～5浅裂或深裂，长枝叶、短枝叶及叶柄均具白色茸毛。栽培。

        5a. 叶基部宽楔形或圆形，稀近心形或截形；长枝叶浅裂，先端钝尖；树皮灰白色；树冠宽阔⋯⋯⋯⋯⋯⋯⋯⋯⋯⋯⋯⋯⋯⋯⋯⋯**2a. 银白杨 P. alba** var. **alba**

        5b. 叶基部截形；长枝叶深裂，先端尖；树皮灰绿色；树冠圆柱形或尖塔形⋯⋯⋯⋯⋯⋯⋯⋯⋯⋯⋯⋯⋯⋯⋯⋯⋯**2b. 新疆杨 P. alba** var. **pyramidalis**

      4b. 长枝叶叶缘具疏齿，幼叶披针形，无齿，老叶下面无毛⋯⋯⋯⋯**3. 河北杨 P. × hopeiensis**

    3b. 叶缘具波状齿或内曲圆锯齿。

      6a. 叶近圆形、菱状卵形或宽卵形，叶缘具波状齿⋯⋯⋯⋯⋯⋯**4. 山杨 P. davidiana**

      6b. 叶宽卵形或卵形，叶缘具内曲圆锯齿。栽培⋯⋯⋯⋯**5. 响叶杨 P. adenopoda**

1b. 叶缘具整齐锯齿。

  7a. 叶两面同色，稀异色；叶缘具半透明边缘；叶柄两侧压扁，或圆柱形、近圆柱形（**3. 黑杨组** Sect. **Aigeiros** Duby）。

    8a. 叶柄圆柱形或近圆柱形，叶缘半透明边缘极窄。

      9a. 叶先端长渐尖或尾尖，芽先端长渐尖。栽培。

        10a. 叶柄有毛，叶缘无毛…………………………………………**6. 中东杨 P. × berolinensis**

        10b. 叶柄无毛，叶缘具疏毛…………………………………………**7. 小黑杨 P. × xiaohei**

      9b. 叶先端渐尖，芽先端急尖，叶柄无毛，叶缘具疏毛或无毛………**8. 热河杨 P. manshurica**

    8b. 叶柄两侧扁，叶缘半透明边缘较宽，先端渐尖。栽培。

      11a. 小枝粗壮，有棱角；叶常为三角形；树冠卵形…………………**9. 加拿大杨 P. × canadensis**

      11b. 小枝较细，无棱角；叶常为菱状三角形或菱状卵形，或为扁三角形；树冠圆柱形。

        12a. 长枝叶菱状三角形；侧枝基部向上弯曲，形成柱状树冠；树皮光滑，壮幼龄时呈灰白色…………………………………………………**10a. 箭杆杨 P. nigra var. thevestina**

        12b. 长枝叶扁三角形；侧枝与主干所成夹角很小，不弯曲；树皮粗糙，灰黑色…………………………………………………………**10b. 钻天杨 P. nigra var. italica**

  7b. 叶两面不同色，叶缘无半透明边缘，叶柄圆柱形（**4. 青杨组** Sect. **Tacamahaca** Spach）。

    13a. 叶柄圆柱形，叶下面淡黄绿色或苍白色。

      14a. 叶最宽处常在中部或中上部。

        15a. 叶菱状卵形、菱状椭圆形或菱状倒卵形，基部楔形；蒴果 2 瓣裂。

          16a. 叶柄、叶两面沿脉及蒴果无毛……………………………**11. 小叶杨 P. simonii**

          16b. 叶柄、叶两面沿脉、果序轴及蒴果均被毛…………**12. 青甘杨 P. przewalskii**

        15b. 叶近圆形或椭圆形，基部圆形或浅心形；蒴果 3 ～ 4 瓣裂。

          17a. 小枝被毛，或仅幼枝被毛；叶先端短尖，常扭转。

            18a. 小枝无棱，花序轴无毛。

              19a. 叶仅下面脉上或近基部微被柔毛…………**13. 甜杨 P. suaveolens**

              19b. 叶两面沿脉被柔毛。栽培……………………**14. 辽杨 P. maximowiczii**

            18b. 小枝有棱，花序轴被毛……………………………**15. 大青杨 P. ussuriensis**

           17b. 小枝无毛；短枝叶两面无毛，上面具皱纹，下面带白色或稍呈粉红色；冬芽具浓胶质，树脂气味重……………………………………**16. 香杨 P. koreana**

      14b. 叶最宽处在中下部。

        20a. 小枝与果序轴无毛。

          21a. 小枝无棱，叶缘锯齿不上下交错起伏。

            22a. 叶狭卵形或卵形，先端渐尖…**17a. 兴安杨 P. hsinganica var. hsinganica**

            22b. 叶卵圆形，先端具短凸尖……………………**18. 青杨 P. cathayana**

          21b. 小枝有棱；叶缘具上下起伏的波状齿，叶菱状卵形，先端渐尖…………………………………………**19a. 小青杨 P. pseudosimonii var. pseudosimonii**

        20b. 小枝与果序轴被毛。

          23a. 小枝具棱。

            24a. 枝、叶有强烈苦味；叶卵形至卵状披针形，边缘具锯齿；雄蕊 30 ～ 40

··**20. 苦杨 P. laurifolia**

24b. 枝、叶无强烈苦味，叶卵形至卵状椭圆形。

    25a. 苞片腹面无白色长柔毛。

        26a. 叶缘仅上半部具稀疏钝齿，雄蕊（3～）4～6（～10）·····················

        ··**21. 科尔沁杨 P. keerqinensis**

        26b. 叶缘中部以下具锯齿，雄蕊 10～17·····························

        ··**19b. 展枝小青杨 P. pseudosimonii var. patula**

    25b. 苞片腹面着生或多或少的白色长柔毛··················**22. 阔叶杨 P. platyphylla**

23b. 小枝无棱。

    27a. 树皮浅灰白色或灰色，表面有白粉。

        28a. 叶宽卵形或三角状卵形，基部心形，叶柄具疏毛··················**23. 白皮杨 P. cana**

        28b. 叶卵形，基部楔形，叶柄无毛··················**24. 阿拉善杨 P. alaschanica**

    27b. 树皮灰绿色，表面无白粉。

        29a. 叶卵圆形，先端具短凸尖，基部心形或圆形·····················

        ····················**17b. 毛轴兴安杨 P. hsinganica var. trichorachis**

        29b. 叶长椭圆形或卵状椭圆形，先端渐尖或长渐尖，基部楔形或宽楔形·····················

        ··**25. 内蒙杨 P. intramongolica**

13b. 叶柄圆柱形，先端侧扁；叶下面淡绿色或淡绿白色。栽培。

    30a. 幼枝有毛；短枝叶菱状三角形、菱状椭圆形或菱状卵圆形，基部楔形或广楔形，仅上面沿脉

    有毛···**26. 小钻杨 P. × xiaozhuanica**

    30b. 幼枝无毛；短枝叶宽卵形或菱状卵形，基部圆形或阔楔形，两面无毛·····················

    ···**27. 二白杨 P. × gansuensis**

1. 胡杨（胡桐）

Populus euphratica Oliv. in Voy. Emp. Othoman. 3:449. f.45-46. 1807; Fl. Intramongol. ed. 2, 2:15. t.2. f.1-3. 1991.

乔木，高达 30m。树皮淡黄色，基部条裂。小枝淡灰褐色，无毛或有短茸毛。叶形多变化，苗期和萌条叶披针形，边缘全缘或具 1～2 个齿；成年树上的叶肾状扇形、卵圆形或三角状卵圆形，长 2～5cm，宽 3～7cm，先端有粗齿，基部楔形至圆形或平截，有 2 个腺点，两面同色，

为灰蓝色或灰色，有毛或无毛；叶柄长 1 ～ 3cm，稍扁，无毛或有毛。花序轴或花梗被短毛或无毛；苞片近菱形，长约 3mm，上部有疏齿；花盘杯状，干膜质，边缘有凹缺齿，早落；雄花序长 1.5 ～ 2.5cm；雌花序长 3 ～ 5cm，柱头紫红色。果穗长 6 ～ 10cm；蒴果长椭圆形，长约 1.5cm，2 瓣裂。花期 5 月，果期 6 ～ 7 月。

潜水耐盐旱中生—中生乔木。喜生于盐碱土壤中，为吸盐植物。主要生于荒漠区的河流沿岸及盐碱湖边，为荒漠河岸林的建群种，也稀少地生长于残丘间干谷或干河床边。产乌兰察布（四子王旗北部）、东阿拉善（巴彦淖尔市北部、杭锦旗西部、乌海市黄河河心岛、阿拉善左旗）、西阿拉善（阿拉善右旗）、额济纳（额济纳旗）。分布于我国宁夏、甘肃（河西走廊）、青海（柴达木盆地）、新疆，蒙古国西部和南部、俄罗斯（高加索地区）、巴基斯坦、伊朗、阿富汗、叙利亚、土耳其、伊拉克，高加索地区，中亚。为古地中海分布种。是国家三级重点保护植物。

本种是我国西北荒漠、半荒漠区的主要造林树种。树脂（药名：胡桐碱）入药，能清热解毒、制酸、止痛，主治牙痛、咽喉肿痛等。木材可做农具及家具用材，也可做建房用材和燃料等。

2. 银白杨

Populus alba L., Sp. Pl. 2:1034. 1753; Fl. Intramongol. ed. 2, 2:15. t.2. f.4-5. 1991.

2a. 银白杨

Populus alba L. var. **alba**

乔木，高在 35m 以上。树皮灰白色，平滑，老干粗糙沟裂。幼枝密生白色茸毛；叶芽圆锥形，密被白茸毛或仅边缘有幼细毛；花芽卵形，着生于短枝上；叶芽和花芽均具胶质。长枝叶卵形或三角状卵形，长 4 ～ 10cm，宽 3 ～ 6cm，掌状 3 ～ 5 裂或不裂，裂片具三角状粗齿，基部宽楔形或圆形，稀近心形或截形，上面初被茸毛，后变光滑，下面密

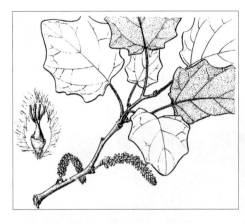 

生白茸毛，或于秋后渐落。短枝叶较小，卵形或长椭圆状卵形，长 2.5～5cm，边缘具深波状齿牙，背面具灰色茸毛。叶柄近圆形，长 1.3～5cm，被茸毛。雄花序长 3～7.5cm；苞片紫红色，楔状椭圆形，边缘具不整齐牙齿和长缘毛；雄蕊 6～11。雌花序长 2～5cm，花序轴被茸毛；苞片边缘具不整齐的锯齿和长缘毛；花盘斜杯形，绿色；子房椭圆形，先端尖，具短梗；柱头 2，各 2 裂。蒴果光滑，具短柄，通常 2 瓣裂。花期 3～4 月，果熟期 5～6 月。

中生乔木。原产欧洲、北非、亚洲西部和北部。我国新疆（额尔齐斯河）有天然林。为古地中海分布种。内蒙古中西部及我国华北、西北地区有栽培。

树形高耸，枝叶美观，可做绿化树种。性耐寒，深根性，但在浅土层根芽水平繁殖力强，抗风蚀，可做护坡水土保持树种。木材可做建筑、器具、造纸等用材。

2b. 新疆杨

Populus alba L. var. **pyramidalis** Bunge in Mem. Acad. Imp. Sci. St.-Petersb. Div. Sav. 7:498. 1854; Fl. Intramongol. ed. 2, 2:17. 1991.

本变种与正种的区别是：树冠呈圆柱形或尖塔形，树干直；树皮灰绿色，光滑，少裂；萌条叶和长枝叶掌状深裂，较大，长 8～15cm，基部平截；短枝叶近圆形或椭圆形，边缘具粗锯齿，下面绿色，初被薄茸毛，后渐脱落。

中生乔木。原产欧洲、西亚、中亚，为古地中海分布变种。内蒙古中西部及我国华北、西北地区广泛栽培。

 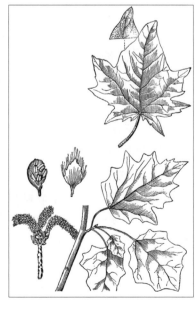

3. 河北杨（椴杨、串杨）

Populus × hopeiensis Hu et Chow in Bull. Fan Mem. Inst. Boil. Bot. 5(6):305. 1931; Fl. Intramongol. ed. 2, 2:17. t.3. f.6-8. 1991.

乔木，高可达 30m。树冠宽卵形。树皮近白色，光滑。小枝圆筒形，光滑，灰褐色；冬芽卵形，无胶质，红褐色，有光泽，被稀疏短柔毛。短枝叶卵形或近圆形，长 3.5～6.5cm，先端尖或圆形，基部截形或圆形，边缘通常有 3～7 个波状齿，沿脉及边缘微被柔毛，后变光滑，上面暗绿色，

背面苍白色；叶柄扁形，光滑，与叶近等长。幼树的基部叶带有菱形、倒长卵形或宽披针形的全缘叶，或 1～2 裂，有时呈扇形，先端齿裂。雌花序密生白色长柔毛，苞片被白色长柔毛，花梗短而显著；柱头 2，各 2 浅裂。雄蕊 6；花盘淡绿色，基部有短柔毛。花期 4 月，果期 5～6 月。

中生乔木。生于暖温型草原带的山沟、黄土丘坡上。产阴南丘陵（准格尔旗）、鄂尔多斯（乌审旗巴图湾和纳林河村）。分布于我国河北、山西、陕西、宁夏、甘肃、青海。为华北分布种。

因本种耐旱力在乔木树种中较强，故为内蒙古南部、陕北、甘肃、宁夏南部黄土丘陵及风蚀沙地造林良种。木材做建筑、家具、农具等用材。

4. 山杨（火杨）

Populus davidiana Dode in Bull. Soc. Hist. Nat. Autun 18:189. 1905; Fl. Intramongol. ed. 2, 2:19. t.3. f.1-5. 1991.

乔木，高可达 20m。树冠圆形或近圆形。树皮光滑，淡绿色或淡灰色，老树基部暗灰色。小枝无毛，光滑，赤褐色；叶芽顶生，卵圆形，光滑，微具胶质，褐色。短枝叶为卵圆形、圆形或三角状圆形，长 3～8cm，宽 2.5～7.5cm，基部圆形、宽圆形或截形，边缘具波状浅齿，初疏被柔毛，后变光滑；萌发枝叶大，长可达 13.5cm；叶柄扁平，长 1.5～5.5cm。雄花序轴

疏被柔毛；苞片深裂，褐色，具疏柔毛；雄蕊 5～12，花药带红色。雌花苞片淡褐色，被长柔毛；花盘杯状，边缘波形；柱头 2 裂，各 2 深裂，呈红色，近无柄。蒴果椭圆状纺锤形，通常 2 裂。花期 4～5 月，果期 5～6 月。

中生乔木。生于森林区和森林草原带的山地阴坡或半阴坡上，在森林区也见于阳坡，为夏绿阔叶林的建群种，常与白桦形成混交林。产兴安北部、岭东、岭西、兴安南部、赤峰丘陵、

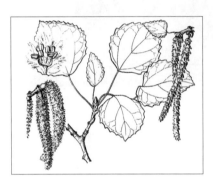

燕山北部、乌兰察布（达尔罕茂明安联合旗吉穆斯泰山）、阴山、阴南丘陵、东阿拉善（狼山）、贺兰山、龙首山。分布于我国黑龙江、吉林、辽宁、河北、山西、河南、山东西部、陕西、宁夏南部、甘肃东部、青海东部和东北部、新疆中部和北部、云南、安徽、贵州、四川、西藏、湖北西北部、湖南西部、广西西南部，朝鲜、俄罗斯（远东地区）。为东亚分布种。

本种是我国北部山区营造水土保持林及水源林的最佳种树；亦是浅根性树种，根蘖繁殖力极强，在华北山区常与实生苗相结合形成护坡自然林。树皮入蒙药（蒙药名：奥力牙苏），能排脓，主治肺脓肿。木材暗白色，质轻软，有弹性，可做造纸原料、火柴杆、民用建材等用材。

5. 响叶杨

Populus adenopoda Maxim. in Bull. Soc. Imp. Nat. Mosc. 54(1):50. 1879; High. Pl. China 5:289. f.462. 2003.

乔木，高 15～30m。树冠卵形。树皮灰白色，光滑，老时深灰色，纵裂。小枝较细，暗赤褐色，被柔毛；老枝灰褐色，无毛；芽圆锥形，有黏质，无毛。叶卵状圆形或卵形，长 5～15cm，宽 4～7cm，先端长渐尖，基部截形或心形，稀近圆形或楔形，边缘有内曲圆锯齿，齿端有腺点；上面无毛或沿脉有柔毛，深绿色，光亮；下面灰绿色，幼时被密柔毛；叶柄侧扁，被茸毛或柔毛，长 2～8(～12)cm，顶端有 2 个显著腺点。雄花序长 6～10cm，苞片条裂，有长缘毛，花盘齿裂，花序轴有毛。果序长 12～20(～30)cm；蒴果卵状长椭圆

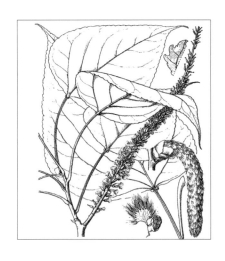

形，长 4～6mm，稀 2～3mm，先端锐尖，无毛，有短柄，2 瓣裂；种子倒卵状椭圆形，长约 2.5mm，暗褐色。花期 3～4 月，果期 4～5 月。

中生乔木。内蒙古巴彦淖尔市、呼和浩特市有栽培。分布于我国甘肃东部、陕西、河南西部和南部、安徽、江苏南部、浙江、福建北部、江西、湖北、湖南、广东北部、广西、贵州、云南东部、四川。为东亚分布种。

本种是长江中下游海拔 1000m 以下山区土层深厚地方的重要造林树种。木材白色，心材微红，干燥易裂，做建筑、器具、造纸等用材。叶含挥发油 0.25%，也可做饲料。

6. 中东杨

Populus × berolinensis Dipp. in Handb. Laubh. 2:210. 1892; Fl. Intramongol. ed. 2, 2:19. t.4. f.6. 1991.

乔木，高可达 25m。树冠宽椭圆形。树皮灰绿色，老时呈沟裂。小枝有或无棱角，黄褐色至棕褐色；冬芽长卵形，先端渐尖，近于绿色，有胶质。叶卵形或菱状卵形，长 7～10cm，宽 3～3.5cm，先端长渐尖，基部楔形或圆形，边缘具腺齿，近基部渐稀疏，有极狭的半透明边缘，上面深绿色，下面淡绿色；叶柄圆柱形，长 2～5cm，幼叶柄被疏柔毛。葇荑花序长 4～7cm，无毛，雄蕊 15～40。果序长可达 18cm；蒴果有柄，2 瓣裂。

中生乔木。本种为青杨和钻天杨的杂交种，生长迅速。内蒙古呼伦贝尔市、通辽市有栽培。我国黑龙江、吉林、辽宁、河北，中亚，欧洲都有栽培。

7. 小黑杨

Populus × xiaohei T. S. Hwang et Liang in Bull. Bot. Res. Harbin 2(2):109. 1982; Fl. China 4:160. 1999.

乔木，高可达 20m。树冠长卵形。树干通直；老树干基部有浅裂，暗灰褐色。树皮光滑，灰绿色，皮孔条状，稀疏，原叶柄着生处下方有 3 条棱线。侧枝较多，斜上，与主干成 45°～60°；萌枝淡灰绿色，于叶痕下方有 3 条明显棱线；短枝圆，淡灰褐色或灰白色。叶芽圆锥形，微红褐色，先端长渐尖，贴枝直立；花芽牛角状，先端向外弯曲，常 3～4 枚复生；叶芽和花芽均有黏质。长枝叶常为广卵形或菱状三角形，先端短渐尖或突尖，基部微心形或广楔形；叶柄短而扁，带红色；苗期枝端初发叶时，叶腋内含黄色黏质。短枝叶菱状椭圆形或菱状卵形，长 5～8cm，宽 4～4.5cm，先端长尾状或长渐尖，基部楔形或阔楔形，边缘圆锯齿

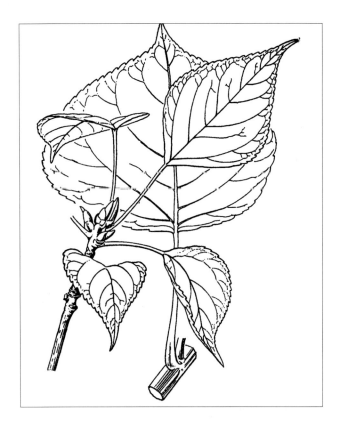

具疏毛，近基部全缘，具极狭半透明边，上面亮绿色，下面淡绿色，光滑；叶柄先端侧扁，黄绿色，长2～4cm，无毛。雄花序长4.5～5.5cm，有花50余朵，雄蕊20～30；花盘扇形，黄色；苞片纺锤形，黄色，先端褐色，条状分裂。雌花序长5～7cm，果期长达17cm。蒴果较大，卵状椭圆形，具柄，2瓣裂；种子6～10，倒卵形，较大，红褐色。花期4月，果期5月。

中生乔木。本种是小叶杨 *P. simonii* Carr. 与黑杨 *P. nigra* L. 的杂交种，广泛栽培于我国内蒙古、黑龙江、吉林、辽宁、河北、河南、山东、山西、陕西、宁夏、甘肃、青海等地。为华北—满洲分布种。

喜光，喜冷湿气候，喜生于土壤肥沃、排水良好的砂质壤土上，生长快，适应能力很强，具有较强的抗寒、抗旱、耐瘠薄、耐盐碱的生物学特性。

本种是东北、华北及西北平原地区的绿化树种。材质细密，色白，心材不明显，可做造纸、纤维、火柴杆和民用建材等用材。

8. 热河杨

Populus manshurica Nakai in Rep. Exped. Manch. Sect. IV:73. 1936; Fl. China 4:160. 1999.

乔木。幼枝灰黄色，无毛，萌发枝有明显腺点；芽长椭圆状披针形，先端急尖，长8～14mm，色暗，有黏性。叶菱状三角形、菱状椭圆形或广菱状卵圆形，长约7.5cm，宽约5.5cm，先端渐尖，基部圆形或楔形，边缘具圆齿状锯齿，有缘毛或无，上面绿色，无皱纹，下面淡绿色，无毛；叶柄长，圆柱形，长1.7～5.2cm。

中生乔木。生于干燥平原。产赤峰丘陵（赤峰市至辽宁省建平县）。为辽西分布种。

9. 加拿大杨（加杨）

Populus × canadensis Moench in Verz. Ausl. Baume 81. 1785; Fl. Intramongol. ed. 2, 2:19. t.4. f.1-3. 1991.

乔木，高可达30m。树冠卵形。树皮厚，老时呈灰黑色，或深纵裂。枝条向上斜伸；小枝具明显棱角，或呈圆筒形，棕褐色，有光泽；冬芽大，通常长7～8mm，有时可达2.7cm，呈牛角状，先端尖而反曲，绿色，具胶质，枝条下部

的芽紧贴；花芽褐绿色，圆锥形，鳞片多达 14 枚。叶三角形或三角形卵状，长、宽 7～10cm，先端渐尖，基部截形或宽楔形，有时具腺点，边缘具内曲弧形锯齿，半透明体上有白色柔毛，上面深绿色，下面稍浅；叶柄两侧压扁，呈淡红色。雄花序长 7～15cm，光滑无毛；苞片淡绿褐色，先端丝状条裂；花盘淡黄绿色；雄蕊 15～45。雌花序轴长可达 27cm。蒴果卵圆形，先端尖锐，2～3 瓣裂。花期 4 月，果熟期 5～6 月。

中生乔木。原产北美洲东部，为北美东部分布种。内蒙古及我国北方地区有栽培。

本种在内蒙古南部冬季最低气温在－30℃以上的地区生长良好，可做行道树或庭园树。木材可做器具、造船、造纸、火柴杆等用材。

10. 黑杨

Populus nigra L., Sp. Pl. 2:1034. 1753.

内蒙古无正种。

10a. 箭杆杨（电杆杨）

Populus nigra L. var. **thevestina** (Dode) Bean in Not. Trees et Shrubs 2:217. 1914; Fl. Intramongol. ed. 2, 2:20. t.4. f.4-5. 1991.

乔木，高可达 30m。树冠塔形至圆柱形。树干端直，壮幼龄树干光滑，老则基部浅裂。树皮粉白色、灰白色或淡绿色。侧枝基部常弯曲向上而与主干平行生长；小枝细长，浅灰色，一年生枝常呈淡褐绿色。叶形变化较大，多为三角形、三角状卵形或卵状菱形，长 2.5～8cm，宽 3～7cm，先端渐尖，基部楔形或宽楔形，无腺点，边缘具整齐钝锯齿，两面光滑无毛；叶柄较细，两侧扁。雌花序长约 5cm，具短花梗；花盘边缘呈波状；柱头 2。蒴果 2 瓣裂。花期 4 月，果熟期 5 月。

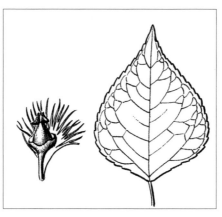

中生乔木。原产中亚、西亚、北非、欧洲，为古地中海分布变种。内蒙古呼和浩特市、包头市和巴彦淖尔市以及我国辽宁、河北、陕西、宁夏、云南等地有栽培。

本种木材松软，边材黄白色，心材微褐色，文理通顺，易加工，通常做板材或民用檩材。

10b. 钻天杨（美国白杨、黑杨）

Populus nigra L. var. **italica** (Moench) Koehne in Deut. Dendrol. 81. 1893; Fl. Intramongol. ed. 2, 2:20. 1991.

本变种与箭杆杨的区别是：树干灰黑色，深裂，与加拿大杨近似；小枝色泽亦如加拿大杨，侧枝与主干所夹角小而不弯曲；长枝叶扁三角形。

中生乔木。原产中亚、西亚、欧洲，为古地中海分布变种。内蒙古包头市、鄂尔多斯市以及我国辽宁、河北、福建、江苏、陕西、四川有栽培。

树干高大挺直，可做防护林、行道树树种。材质松软，可做造纸及火柴杆用材。树皮含单宁 3.3%。

11. 小叶杨（明杨）

Populus simonii Carr. in Rev. Hort. 1867:360. 1867; Fl. Intramongol. ed. 2, 2:34. t.12. f.5-7. 1991.

乔木，高可达 22m。树皮灰绿色，老时暗灰黑色，深裂。小枝和萌发枝有棱角，红褐色，后变黄褐色，无毛；冬芽细长，稍有胶质，棕褐色，光滑无毛。叶菱状卵形、菱状椭圆形或菱状倒卵形，长 4～10cm，宽 2.5～4cm，先端渐尖或突尖，基部楔形或狭楔形，长枝叶中部以上最宽，边缘有细锯齿，上面通常无毛，下面淡绿白色，无毛；叶柄长 0.5～4cm，上面带红色。

雄花序长 4～7cm；苞片边缘齿裂，半齿半条裂，或条裂；雄蕊通常 8～9。雌花序 3～6cm。果序长可达 15cm，无毛；蒴果长 2～3cm，2（～3）瓣裂。花期4月，果熟期5～6月。

中生乔木。内蒙古通辽市和赤峰市有野生，呼和浩特市、包头市及内蒙古南部地区有广泛栽培。

分布于我国黑龙江、吉林、辽宁、河北、河南、山西、陕西、宁夏、甘肃、青海、四川、云南、湖北、湖南。为东亚分布种。我国新疆、山东、江苏、安徽、浙江、广西亦有栽培。

本种性喜湿，耐瘠薄土壤，易于插条繁殖，播种繁殖成活率很高，为我国北方主要造林树种之一。树皮入蒙药（蒙药名：宝日－奥力牙苏），功能、主治同山杨。材质比黑杨组各种坚硬，可做民用檀材。春季幼嫩叶可食用，老叶为良好饲料。

11a. 短毛小叶杨

Populus simonii Carr. f. **brachychaeta** P. Yu et C. F. Fang in Bull. Bot. Res. 4(1):123. 1984; Fl. Intramongol. ed. 2, 2:35. 1991.

本变型与正种的区别是：围着种子的毛很短，很少。

中生乔木。生于沙丘间的小溪旁。产科尔沁（库伦旗）。

本变型因其胎座和胎座周围的毛不发育，果实成熟时不吐"杨絮"，不污染环境，可选育为绿化行道树。插条繁殖可以保存其短毛性状。

11b. 扎鲁小叶杨

Populus simonii Carr. f. **robusta** C. Wang et Tung in Bull. Bot. Res. 2(2):117. 1982; Fl. Intramongol. ed. 2, 2:35. 1991.

本变型与正种的区别是：树冠斜卵形，干形通直，枝斜上。

中生乔木。产兴安南部（扎鲁特旗）。

性耐寒、耐旱、耐盐碱，抗病虫害，生长迅速，材质比一般小叶杨更好，可作为营造农田防护林、用材林、固沙林及四旁绿化树种，宜推广使用。

11c. 菱叶小叶杨

Populus simonii Carr. var. **rhombifolia** Kitag. in Lineam. Fl. Mansh. 158. t.5. 1939；Fl. Intramongol. ed. 2, 2:35. 1991.——*P. simonii* Carr. f. *rhombifolia* (Kitag.) C. Wang et Tung in Fl. Reip. Pop. Sin. 20(2):27. 1984.

本变种与正种的区别是：叶型较小，菱形或窄菱形，先端逐渐尖锐，基部为楔形。

中生乔木。内蒙古有少量栽培，见于呼和浩特市人行道、乌兰察布市四子王旗苗圃。分布于我国辽宁、甘肃、陕西。为华北分布变种。

11d. 圆叶小叶杨

Populus simonii Carr. var. **rotundifolia** S. C. Lu ex C. Wang et Tung in Bull. Bot. Res. 2(2):116. 1982; Fl. Reip. Pop. Sin. 20(2):27. 1984.

本变种与正种的区别是：叶近圆形或倒卵形，革质，上面暗绿色，下面苍白色，先端近圆形。

中生小乔木。生于森林草原带沙地。产辽河平原（科尔沁左翼后旗大青沟）、赤峰丘岭（赤峰市）。为辽西分布变种。

11e. 短序小叶杨

Populus simonii Carr. var. **liaotungensis** (C. Wang et Skv.) C. Wang et Tung in Fl. China 4:149. 1999.——*P. simonii* Carr. var. *breviamenta* T. Y. Sun in J. Nanjing Forest. Univ. 4:116. f.7(1-5). 1986; Fl. Intramongol. ed. 2, 2:36. 1991.

本变种与正种的区别是：树冠呈卵形；侧枝细，与主干夹角呈约30°；叶菱状椭圆形或菱状卵形，上面沿主脉、侧脉有短柔毛；果穗长2～4cm，被短柔毛；蒴果小，长约3mm，宽约2mm，被短柔毛。

中生乔木。产阴山（凉城县、蛮汗山林场）。乌兰察布市四子王旗（苗圃）有栽培。分布于我国辽宁、河北。为华北分布变种。

本种冠形美观、干形直，可做庭园观赏树，亦为农田防护林良种。

12. 青甘杨

Populus przewalskii Maxim. in Bull. Acad. Imp. Sci. St.-Petersb. 27:540. 1882; Fl. China 4:148. 1999.——*P. simonii* Carr. var. *griseoalba* T. Y. Sun in J. Nanjing Forest. Univ. 4:116. f.7(6-10). 1986; Fl. Intramongol. ed. 2, 2:36. 1991.——*P. simonii* Carr. var *ovata* T. Y. Sun in J. Nanjing Forest. Univ. 4:115. 1986; Fl. Intramongol. ed. 2, 2:36. 1991.

乔木，高可达 20m。树干挺直。树皮灰白色，较光滑；下部色较暗，有沟裂。叶菱状卵形，长 4.5 ～ 7cm，宽 2 ～ 3.5cm，先端短渐尖至渐尖，基部楔形，边缘有细锯齿，近基部全缘，上面绿色，下面发白色，两面脉上有毛；叶柄长 2 ～ 2.5cm，有柔毛。雌花序细，长约 4.5cm，花序轴有毛；子房卵形，被密毛；柱头 2 裂，再分裂；花盘微具波状缺刻。果序轴及蒴果被柔毛；蒴果卵形，2 瓣裂。

中生乔木。生于荒漠区和草原区的山麓溪岸、路边。产乌兰察布（四子王旗）、阴南平原（呼和浩特市）、阴南丘陵（凉城县、准格尔旗）、西阿拉善（阿拉善右旗南部）、额济纳（额济纳旗南部）。分布于我国甘肃中部和南部、青海中部和东北部、四川北部。为华北—唐古特分布种。

用途同小叶杨。为我国西北地区绿化树种。

13. 甜杨（西伯利亚白杨）

Populus suaveolens Fisch. in Allg. Garten. 9:404. 1841; Fl. Intramongol. ed. 2, 2:22. t.6. f.3-4. 1991.

乔木，高可达 26m。树冠长卵形。树皮灰绿色。小枝黄褐色，稍被柔毛，圆柱形，有光泽；冬芽大而渐尖，贴生枝上，含有大量树脂，有香气。叶倒卵状矩圆形、卵圆形、椭圆形或椭圆状矩圆形，通常中部最宽，长 5 ～ 12cm，宽 2 ～ 5.5cm，先端渐尖，通常扭转，边缘有圆齿及睫毛，上面暗绿色，下面苍白色，嫩叶两面均有柔毛；叶柄长 0.5 ～ 3（～ 4）cm，光滑无毛，或疏生柔毛。萌生枝叶有时长达 18cm，基部近心形；根际萌生枝叶矩圆状椭圆形、倒披针状椭圆形或长椭圆形，先端具短尖。荑荑花序长可达 10cm，每花具短柄；苞片宽倒卵形，白色；花盘杯状；子房圆锥形。蒴果球形，近无柄，无毛，3 瓣裂。花果期 5 ～ 6 月。

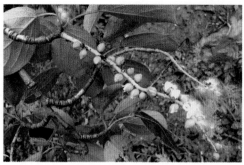

湿中生乔木。生于森林区的山谷河岸。产兴安北部（额尔古纳市、大兴安岭、阿尔山市五岔沟镇）。分布于我国黑龙江西部和南部、辽宁、陕西南部、甘肃东南部，蒙古国北部、俄罗斯（西伯利亚地区、远东地区）、土耳其。为东古北极分布种。

14. 辽杨（马氏杨、臭梧桐）

Populus maximowiczii A. Henry in Gard. Chron. Ser. 3, 53:198. f.89. 1913; Fl. Intramongol. ed. 2, 2:22. t.5. f.1. 1991.

乔木，高可达 30m，胸径可达 2m。树皮幼时灰绿色，深纵裂。小枝粗壮，圆柱形，有短柔毛，初带红色，后变灰色；冬芽多胶质。叶较厚，椭圆形或椭圆状卵形，长 6 ～ 12cm（萌发枝叶长可达 20cm），宽 4 ～ 9cm，先端渐尖或突渐尖，常扭曲，基部近心形，边缘具腺的波状锯齿，上面有皱纹，下面带白色，两面叶脉及网脉上均有柔毛；叶柄长 2 ～ 5cm，有毛。雄花序长 5 ～ 10cm，雄蕊 30 ～ 40。果序长 10 ～ 25cm；蒴果 3 ～ 4 瓣裂，无梗或近无梗。花期 4 月，果期 6 月。

中生乔木。内蒙古赤峰市有栽培。分布于我国黑龙江东南部、吉林东部、辽宁南部、河北北部、陕西西南部、甘肃东部，日本、朝鲜、俄罗斯（远东地区）。为东亚北部分布种。

木材可做建筑、造船、造纸、火柴杆等用材。

15. 大青杨

Populus ussuriensis Kom. in Bot. Zhurn. S.S.S.R. 19:510. 1934; High. Pl. China 5:294. f.471. 2003.

乔木，高可达 30m，胸径 1 ～ 2m。树冠圆形。树皮幼时灰绿色，较光滑；老时暗灰色，纵沟裂。嫩枝灰绿色，稀红褐色，有短柔毛，其断面近方形；芽色暗，有黏质，圆锥形，长渐尖。叶椭圆形、广椭圆形至近圆形，长 5 ～ 12cm，宽 3 ～ 7（～ 10）cm，先端突短尖且扭曲，基部近心形或圆形，边缘具圆齿，密生缘毛，上面暗绿色，下面微白色，两面沿脉密生或疏生柔毛；叶柄长 1 ～ 4cm，密生与叶脉相同的毛。花序长 12 ～ 18cm，花序轴密生短毛，基部更为明显。蒴果无毛，近无柄，长约 7mm，3 ～ 4 瓣裂。花期 4 月上旬至 5 月上旬，果期 5 月中下旬至 6 月中下旬。

中生乔木。生于森林区的河边、河谷坡地林中。产兴安北部（大兴安岭）。分布于我国黑龙江、吉林东部、辽宁东部、河北北部，朝鲜、俄罗斯（远东地区）。为满洲分布种。

本种为东北东部山地森林更新主要树种之一。木材白色，材质轻软致密，耐朽力强，可做建筑、造船、造纸、火柴杆等用材。

16. 香杨（朝鲜杨）

Populus koreana Rehd. in J. Arnold Arbor. 3:226. 1922; Fl. Intramongol. ed. 2, 2:22. t.5. f.2. 1991.

乔木，高可达 30m，胸径可达 1.5m。树冠宽卵形。树皮幼时灰绿色，光滑；老时暗灰色，深沟裂。小枝圆柱形，呈红褐色，粗壮，无毛；芽大，富胶质，有浓香气，长卵形或长圆锥形，先端渐尖，栗色或淡红褐色。长枝叶狭卵状椭圆形、椭圆形或倒椭圆状披针形，长 5～15cm，

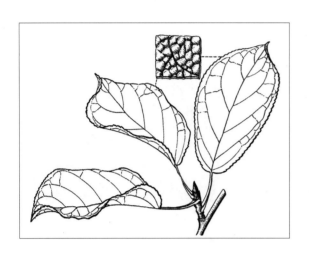

宽约 8cm，基部通常楔形，叶柄长 0.4～1.5cm。短枝叶椭圆形、椭圆状矩圆形、椭圆状披针形或倒卵状椭圆形，长 4～12cm，先端尖或钝，基部狭圆形或宽楔形，边缘具腺状圆锯齿，上面暗绿色，有明显皱纹，下面带白色或稍呈粉红色；叶柄长 1.5～3cm，顶端有短柔毛。雄花序长 3.5～5cm；雄蕊 10～30，花药暗紫色；花序轴无毛。雌花序长约 3.5cm，无毛。蒴果卵形，无柄，2～4 瓣裂。花期 4 月下旬，果熟期 6 月。

中生乔木。生于森林区的山地阴坡、河边。产兴安北部（额尔古纳市）、燕山北部（宁城县黑里河林场）。分布于我国黑龙江、吉林东部、辽宁东北部、河北北部，日本、朝鲜、俄罗斯（远东地区）。为东亚北部（满洲—日本）分布种。

木材白色至淡褐色，轻软致密，耐腐力强，做胶合板、建筑、造纸等用材。

17. 兴安杨（河杨）

Populus hsinganica C. Wang et Skv. in Ill. Man Woody Pl. N.-E. China 124. 1955; Fl. Intramongol. ed. 2, 2:25. t.7. f.4-5. 1991.

17a. 兴安杨

Populus hsinganica C. Wang et Skv. var. **hsinganica**

乔木，高 18m 以上，胸径可达 50cm。树干通直，常为扁形。树皮灰绿色，下部有沟裂。小枝圆柱形，光滑无毛，绿灰色；冬芽矩圆形，有胶质，鳞片边缘有睫毛。短枝叶卵圆形、卵形或近心形，长 6～7cm，宽 4.5～6cm，先端突短尖，基部心形或圆形，上面绿色，沿脉有毛或光滑，下面淡绿色、无毛，边缘疏生浅锯齿，叶柄长 4～8cm。根际萌生枝叶与青杨完全相同。雄花序光滑无毛；苞片条裂，中部淡白色；雄蕊通常 30～40。雌花序轴光滑无毛，苞片中部白色；子房有短梗，心皮 3～4 或 2。果序长 8～12cm；蒴果球状卵形，3～4 或 2 瓣裂。花期 5 月，

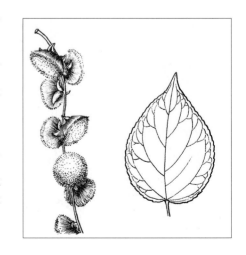

果熟期 6 ～ 7 月。

中生乔木。生于森林区和森林草原带的山地阴坡、河谷沿岸。产兴安北部(牙克石市)、阴山(大青山、蛮汗山、乌拉山)。分布于我国河北北部。为华北北部—兴安分布种。

本种为华北地区山地营造水源林及水土保持林的良好适用树种。材质坚硬，可做民用建筑、家具等用材。

17b. 毛轴兴安杨

Populus hsinganica C. Wang et Skv. var. **trichorachis** Z. F. Chen in Bull. Bot. Res. Harbin 8(1):115. 1988; Fl. Intramongol. ed. 2, 2:25. 1991.

本变种与正种的区别是：短枝具短柔毛，叶柄及果序轴均被柔毛，叶两面沿脉具毛。

中生乔木。生于山沟。产阴山(井尔沟林场龙潭沟)。分布于我国河北北部(燕山)。为华北北部(阴山—燕山)分布变种。

18. 青杨 (河杨、家白杨、大叶白杨)

Populus cathayana Rehd. in J. Arnold Arbor. 12:59. 1931; Fl. Intramongol. ed. 2, 2:29. t.7. f.1-3. 1991.

乔木，高可达 30m，胸径可达 1m。树冠宽卵形。幼树皮灰绿色，光滑；老树皮暗灰色，具沟裂。当年生枝圆柱形，幼时橄榄绿色，后变橙黄色至灰黄色，无毛；冬芽圆锥形，无毛，多胶质，略呈红色。长枝叶与短枝叶同型，上面绿色，下面带白色，边缘具细密锯齿；叶柄近圆柱形，长 2 ～ 6cm。萌生枝叶菱状长

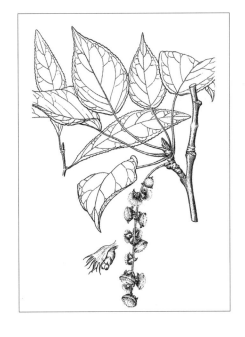

椭圆形、宽披针形或宽倒披针形，叶柄长 1 ～ 2cm。雄花序长 5 ～ 6cm，每花具雄蕊 30 ～ 35；雌花序长 4 ～ 5cm，光滑无毛，子房卵圆形，柱头 2 ～ 4 裂。蒴果具短梗或无梗，卵球形，急尖，长 7 ～ 9mm，(2 ～)3 ～ 4 瓣裂，先端反曲。花期 4 月，果熟期 5 ～ 6 月。

中生乔木。生于草原区海拔 1300 ～ 2000m 的阴坡或沟谷中。产阴山(大青山、蛮汗山、乌拉山)、贺兰山。分布于我国辽宁东南部、河北、河南西部、山西、陕西南部、山东、甘肃、宁夏、青海东部、四川西部、湖北西部。为华北分布种。黑龙江、吉林、新疆有栽培。

本种为华北、西北地区营造水源林、护岸林及水土保持林的良好树种，亦为城市绿化及用材良种。材质优良，结构细，可做家具等用材。

19. 小青杨

Populus pseudosimonii Kitag. in Bull. Inst. Sci. Res. Manch. 3:601. 1939; Fl. Intramongol. ed. 2, 2:32. t.12. f.1-4. 1991.

19a. 小青杨

Populus pseudosimonii Kitag. var. **pseudosimonii**

乔木，高可达 20m。树冠卵形。树皮灰白色，老时呈浅沟裂。当年生枝绿色或淡褐绿色，有棱角或圆柱形，光滑无毛；冬芽圆锥形，黄红色，具胶质。长枝叶较大，卵圆形，长可达 10cm，宽约 6cm，先端短渐尖，基部宽楔形、楔形或近圆形，边缘具内曲、上下起伏的波状腺齿。短枝叶卵形或菱状卵形，长 4～7cm，宽 2.5～4cm，先端渐尖，基部楔形、宽楔形或近圆形；边缘具波状腺齿，无毛或有毛，锯齿分布到叶基或近基部；上面绿色，沿主脉被短柔毛；下面带白色，光滑无毛；叶柄长 1.3～4.8cm，微扁。萌生枝叶倒卵状椭圆形或长椭圆形，先端渐尖或钝尖，基部狭椭圆形，两面均有毛，具短柄。雄花序轴光滑无毛，苞片呈条裂或浅裂，雄蕊通常 20～30。蒴果具细柄，长椭圆形，2～3 瓣裂。花期 4 月，果熟期 6 月。

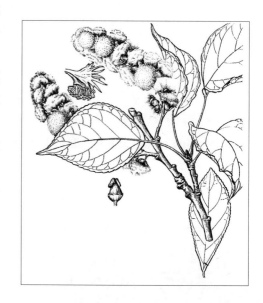

中生乔木。生于海拔 2000m 以下的山坡、山沟及河岸。产辽河平原（科尔沁左翼后旗大青沟）、燕山北部（七老图山）、阴山（大青山）。内蒙古城镇普遍栽培。分布于我国黑龙江西南部、吉林中东部、辽宁南部、河北北部、河南西部、山西北部、陕西南部、甘肃东南部、青海、四川北部。为华北—满洲分布变种。

本种喜光，适应性强，抗寒，耐旱，耐瘠薄土壤，为防风固沙、护堤固土、绿化观赏树种。材质较软，可做一般建筑用材。

19b. 展枝小青杨

Populus pseudosimonii Kitag. var. **patula** T. Y. Sun in J. Nanjing Forest. Univ. 4:113. f.3. 1986; Fl. Intramongol. ed. 2, 2:34. 1991.

本变种与正种的区别是：枝条纤细，开展，向下弯曲或下垂；短枝叶卵形或卵状椭圆形，叶缘锯齿平展，不呈波状起伏；雄蕊 10～17；果序轴具疏毛，蒴果具较长（约 1mm）的柄。

中生乔木。生于河滩沙地。产阴山（武川县）。内蒙古呼和浩特市、乌兰察布市四子王旗有栽培。分布于我国辽宁、河北。为华北北部分布变种。

本种抗寒力强，抗烂皮病，但易受封闭冻害，呼和浩特市、包头市多用作城市行道树及四旁绿化树种。

20. 苦杨

Populus laurifolia Ledeb. in Fl. Alt. 4:297. 1833; Fl. Intramongol. ed. 2, 2:26. t.6. f.1-2. 1991.

乔木，高15～25m。树皮灰白色或灰褐色，老则变粗糙，具深沟裂。小枝纤细具棱角，淡黄色，通常顶端密生茸毛；冬芽细长呈尖圆锥形，富胶质，下部芽鳞有茸毛。萌生枝叶披针形或卵状披针形，长6～15cm，宽2～6cm，先端渐尖，基部楔形、圆形或微心形，边缘密生腺锯齿，有缘毛；短枝叶卵形、长卵形、卵状椭圆形或卵状披针形，长3～7cm，宽2～4cm，先端渐尖、长渐尖或尖，基部圆形、近心形或宽楔形，上面暗绿色，沿脉被短柔毛，下面带白色。苞片近圆形，基部楔形，先端细条裂，褐色；雄花序长5～6cm，雄花具雄蕊30～40。果轴密被茸毛；蒴果卵球形，无毛或被梳毛，长5～6cm，2～3裂。花期4～5月，果期6月。

中生乔木。生于山谷。产阴山（凉城县沙乎子村）。分布于我国新疆北部（阿勒泰地区、塔城地区），蒙古国北部和西部、俄罗斯（西伯利亚地区）。为西伯利亚分布种。

木材松软，树皮、叶有强烈苦味，含3.5%的鞣料物质，可制皮革。木材含49%的纤维素，可做造纸用材。

21. 科尔沁杨

Populus keerqinensis T. Y. Sun in Fl. Intramongol. 1:277. t.47. 1985; Fl. Intramongol. ed. 2, 2:32. t.11. f.1-6. 1991.

乔木，高可达28m，直径可达55cm。树皮不规则纵裂。当年枝细柔、有光泽，具棱脊；冬芽细尖而贴生，鳞片光滑，有胶质。短枝叶卵形、长卵形、宽卵形或椭圆状卵形，近革质，长3～7cm，宽2～4cm，先端渐尖以至长渐尖，基部楔形、宽楔形或圆形，边缘的中上部疏生钝齿，上面暗绿色，沿中脉及侧脉疏生短毛，下面变白色且光滑无毛；叶柄长1～4cm，沿槽有疏毛。长枝叶狭卵形、宽卵形或斜方形。根际萌生枝叶倒卵形，先端突短尖或圆形，基部狭楔形，边缘仅中上部具褐色腺齿，上面沿主脉具疏毛。苞片狭楔形，长约3mm，宽约1.5mm，细条裂或不规则齿裂；雄蕊（3～）4～6（～10）；雌花序长不超过4cm。果序轴有毛；果柄长约2mm，具疏毛；蒴果通常2瓣裂。花期4月，果期5～6月。

中生乔木。生于阔叶林带的沟谷潮湿沙土地。产辽河平原（科尔沁左翼后旗大青沟）。为大青沟分布种。

本种树体高大，最适于潮湿土地生长，为森林草原区风蚀沙地造林良种。

22. 阔叶杨（粗枝青杨、二青杨）

Populus platyphylla T. Y. Sun in Fl. Intramongol. 1:277. t.45. 1985; Fl. Intramongol. ed. 2, 2:29. t.10. f.1-4. 1991.——*P. platyphylla* T. Y. Sun var. *glauca* T. Y. Sun et Z. F. Chen in J. Nanjing Forest. Univ. 4:115. t.5. 1986; Fl. Intramongol. ed. 2, 2:32. 1991.——*P. platyphylla* T. Y. Sun var. *flaviflora* T. Y. Sun et Z. F. Chen in J. Nanjing Forest. Univ. 4:114. t.4. 1986; Fl. Intramongol. ed. 2, 2:32. 1991.

乔木，高可达 25m，胸径达 50cm 以上。树皮乳白色。幼龄树干的叶痕下面有 3 条维管束棱鞘。当年生枝赤褐色或绿褐色，通常有棱，二年枝黄褐色；冬芽暗褐色，长圆锥形，直立，具胶质。短枝叶宽卵形、菱状卵形或卵形，4～9cm，宽 3.5～7cm，先端突渐尖，基部圆形或宽楔形，稀近截形，边缘有内曲的腺齿，近叶基处平滑或有稀齿，余为内曲腺齿；上面暗浓绿色，沿主、侧脉有毛；下面带白色，通常有疏生毛；叶柄长 2～6cm，至少近叶基处有疏毛。长枝叶宽卵形或卵状圆形。根际萌生枝叶倒卵形或倒卵状椭圆形，先端微尖或短渐尖。雄花序长约 5cm，雄蕊通常 12～24，苞片腹面有 10～30 条白色长毛。果序轴长 10～12cm，具疏生毛；蒴果具短梗，卵形，长 6～7mm，2～3（～4）瓣裂。花期 4 月，果熟期 6 月。

中生乔木。生于草原区海拔 1600m 左右的山地黄土沟谷、河岸、村边渠道及田边。产阴山（大青山、蛮汗山）。为阴山分布种。内蒙古乌兰察布市集宁区、凉城县、卓资县有栽培。我国山西、河北、北京等地也有栽培。

本种抗寒耐旱力强，生长快速，愈伤力大，可以封闭烂皮病，是阴山的造林良种之一，亦为城市主要绿化树种。

23. 白皮杨（白皮青杨）

Populus cana T. Y. Sun in J. Nanjing Forest. Univ. 4:111. f.2. 1986; Fl. Intramongol. ed. 2, 2:25. t.8. f.1-4. 1991.

乔木，高可达 23m。树皮浅灰白色，光滑，表面有白粉。一、二年生枝绿褐色或绿褐灰色，圆柱状，光滑无毛；冬芽多胶质，芽鳞边缘具睫毛。短枝叶宽卵形或三角状卵形，长 5～7cm，宽 2.5～6cm，先端长渐尖或渐尖，基部心形或圆形，边缘具钝锯齿，密生缘毛，近基部全缘或具疏齿，在叶基两侧通常有腺点，叶片下面带灰白色，毛较少。萌生枝叶常为倒卵状椭圆形，基部通常钝或近圆形。长枝叶卵形，与短枝不同；叶柄长 2～5cm，具疏毛。雄花序长 5～6cm，有疏毛，后渐脱落；苞片遂裂，无毛；雄蕊（20～）35～50（～57）。果序长 10～15cm；蒴果具短柄，果圆球形，具凸尖，通常 3～4 瓣裂。

中生乔木。生于田边、路旁。产阴山（凉城县六苏木镇）。为蛮汗山分布种。

本种是城市绿化、农田防护林优良树种。木材坚硬，不开裂，可做建筑及家具用材。

Flora of China（4:152.1999.）将本种并入毛轴兴安杨 *P. hsinganica* C. Wang et Skv. var. *trichorachis* Z. F. Chen，似觉不妥。

24. 阿拉善杨

Populus alaschanica Kom. in Repert. Spec. Nov. Regni Veg. 13:233. 1914; Fl. China 4:153. 1999.

乔木，高 6～18m。树皮灰色，微具白粉。小枝细。叶卵形，长 2～7cm，宽 1～9cm，先端长渐尖，基部楔形，边缘有锯齿，上面黄绿色，叶脉明显突出；叶柄细，无毛。雄花序长约 3cm；雌花序长 10～17cm，具短梗；苞片分裂，边缘有长毛。果柄与果序轴具长柔毛。

中生乔木。Komarov 认为本种是欧洲山杨 *P. tremula* L. 与青甘杨 *P. przewalskii* Maxim. 的自然杂交种。分布于内蒙古阿拉善左旗（巴彦浩特镇）和阿拉善右旗南部。为南阿拉善分布种。

25. 内蒙杨

Populus intramongolica T. Y. Sun et E. W. Ma in J. Nanjing Forest. Univ. 4:109. f.1. 1986; Fl. Intramongol. ed. 2, 2:26. t.9. f.1-4. 1991.

乔木，高可达 22m。树皮绿灰色，光滑。当年生枝绿棕色，后变成浅灰绿色；冬芽胶质，鳞片有睫毛或具棱角，先端常为尾状。短枝叶长椭圆形、卵状椭圆形或菱状椭圆形，长 5～10cm，宽 2.5～6cm，先端渐尖或长渐尖，基部楔形或宽楔形，边缘具圆齿，密生缘毛，上面绿色，沿主脉、侧脉具柔毛，下面灰白色，无毛或有疏生毛；叶柄长 2～10cm，具或多或少的短柔毛。长枝叶和短枝叶同型。萌生枝叶椭圆状披针形、狭长矩圆状椭圆形、狭椭圆形或倒披针形，向先端逐渐尖锐，基部狭楔形，边缘具腺钝齿，下面带白色。雄花序轴有毛，苞片遂裂，雄蕊（15～）20～30（～47）。果序长 12～16cm，具疏毛；苞片红色，遂裂；蒴果具短柄，（2～）3（～4）瓣裂。花果期 4～6 月。

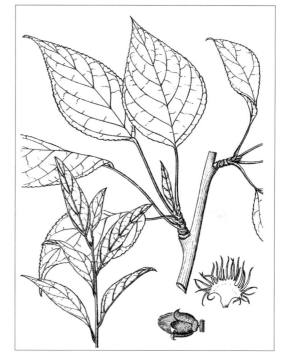

中生乔木。生于草原区的山地沟谷。产阴山（大青山、蛮汗山）。分布于我国河北、山西、北京。为华北分布种。

26. 小钻杨 （赤峰杨）

Populus × xiaozhuanica W. Y. Hsu et Liang in Bull. Bot. Res. Harbin 2(2):107. 1982; Fl. China 4:159. 1999.

乔木，高可达 30m。树冠圆锥形或塔形。树干通直，尖削度小；老树主干基部浅裂，褐灰色，皮孔分布密集，呈菱状。幼树皮光滑，灰绿色、灰白色或绿灰色。侧枝与主干分枝角度较小，常小于 45°，斜上生长；幼枝呈圆筒状，微有棱，灰黄色，有毛；芽长椭圆状圆锥形，先端钝尖，

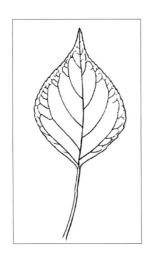

长8～14mm，赤褐色，有黏质，腋芽较顶芽细小。萌发枝或长枝叶较大，菱状三角形，稀倒卵形，先端突尖，基部广楔形至圆形。短枝叶形多变化，菱状三角形、菱状椭圆形或广菱状卵圆形，长3～8cm，宽2～5cm，先端渐尖，基部楔形至广楔形，边缘有腺锯齿，近基部全缘，有的有半透明的边，上面绿色，沿脉有疏毛，有时近基部较密，下面淡绿色，无毛；叶柄长1.5～3.5cm，圆柱形，先端微扁，略有疏毛，至顶端较密，或光滑。雄花序长5～6cm，花75～80，雄蕊8～15；雌花序长4～6cm，花50～100，柱头2裂。果序长10～16cm；蒴果较大，卵圆形，2(～3)瓣裂；种子倒卵形，红褐色。花期4月，果期5月。

中生乔木。本种是小叶杨 *P. smonii* Carr. 与钻天杨 *P. nigra* L. var. *italica* (Moench) Koehne 的自然杂交种，是农田防护林、绿化造林的优良树种。广泛栽培在内蒙古赤峰市及我国吉林、辽宁、河南、山东。为华北—满洲分布种。模式标本采自赤峰。

本种耐干旱、耐寒冷、耐盐碱，抗病虫害能力强，生长快，适应性强，材质良好，是干旱地区、沙地、轻碱地或沿河两岸营造用材林或农田防护林的树种，也是绿化树种。

27. 二白杨

Populus × gansuensis C. Wang et H. L. Yang in Bull. Bot. Res. Harbin 2(2):106. 1982; Fl. China 4:153. 1999.

乔木，高可达20m。树冠长卵形或狭椭圆形。树干通直。树皮灰绿色，光滑；老树基部浅纵裂，带红褐色。枝条粗壮，近轮生状，斜上，与主干常成45°；雄株较开展，可达60°，萌发枝与幼枝具棱。萌发枝叶或长枝叶三角形或三角状卵形，较大，长宽近相等，7～8cm，先端短渐尖，基部截形或近圆形，边缘近基部具钝锯齿；短枝叶宽卵形或菱状卵形，中部以下最宽，长5～6cm，宽4～5cm，先端渐尖，基部圆形或阔楔形，边缘具细腺锯齿，近基部全缘，上面绿色，下面苍白色；叶柄圆柱形，上部侧扁，长3～5cm。雄花序细长，长6～8cm，雄蕊8～13，花丝长为花药的3倍。雌花序长5～6cm，子房无毛；苞片扇形，长2～2.5mm，边缘具线状裂片；花序轴无毛。果序长可达12cm；蒴果长卵形，长4～5mm，2瓣裂；果柄长约0.5mm。花期4月，果期5月。

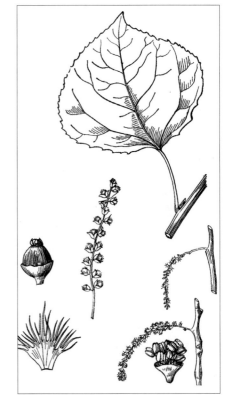

中生乔木。生于村庄道旁、渠边。内蒙古阿拉善右旗有栽培。分布于甘肃武威市、张掖市、酒泉市等地。为河西走廊分布种。

本种在河西走廊地区栽培历史悠久，深受当地群众喜爱。在水肥条件好的土地上生长迅速，抗病虫害能力强，为营造沙区防护林的优良树种。

2. 钻天柳属 Chosenia Nakai

属的特征同种。

单种属。

1. 钻天柳（上天柳、朝鲜柳）

Chosenia arbutifolia (Pall.) A. K. Skv. in Bot. Mater. Gerb. Bot. Inst. Kom. Akad. Nauk S.S.S.R. 18:43. f.4-7. 1957; Fl. Intramongol. ed. 2, 2:36. t.14. f.1-5. 1991.——*Salix arbutifolia* Pall. in Fl. Ross. 1(2):79. 1788.

大乔木，高可达 30m，胸径可达 1m。树皮灰色，不规则纵裂。在冬、春季节，一、二年生枝呈紫红色，无毛，有光泽，有时具白粉，在夏、秋季节则呈黄绿色或黄褐色。叶互生，倒披针状矩圆形、披针状矩圆形或披针形，长 3～6cm，宽 5～12mm，先端渐尖，基部楔形，边缘疏生细齿或近于全缘，两面无毛，上面深绿色，下面苍白色，叶柄长 5～7mm，无托叶。雄花序细圆柱形，下垂，长 1.5～3cm，直径 3～4mm；苞片宽倒卵

形或近圆形，淡紫色，边缘具疏毛；雄蕊 5，花丝基部与苞片连合；无腺体。雌花序斜展，长 2～4cm，直径 4～5mm，基部有明显的花絮梗，梗上着生 1～2 枚小叶；雌花在花序轴上稀疏排列；苞片矩圆形，绿色，光滑或有疏毛，果期苞片脱落；子房有短柄，花柱 2，离生，柱头 2 裂。蒴果长 3～4mm，2 瓣开裂。花期 5 月，果期 6 月。

中生乔木。生于森林区的河流两岸及低湿地。产兴安北部及岭东和岭西（额尔古纳市、根河市、牙克石市、鄂伦春自治旗、阿尔山市、扎兰屯市）。分布于我国黑龙江、吉林东部、辽宁东部和北部、河北，朝鲜、日本、俄罗斯（远东地区）。为东亚北部（满洲—日本）分布种。是国家三级重点保护植物。

《内蒙古植物志》第二版第二卷 37 页、44 页的钻天柳、五蕊柳（图版 13）与三蕊柳、白柳（图版 14）的图版说明错误，应将图版 13 与图版 14 的图版说明互换。

本种耐寒，速生。可做建筑、家具、造纸及菜墩用材。

本种小枝及雄花序的苞片在冬、春季节呈紫红色，形成特殊景观。

3. 柳属 Salix L.

乔木或灌木。无顶芽，侧芽外只有 1 枚芽麟。单叶，常互生，全缘或有腺齿，有托叶或缺。花单性，雄雌异株；菜荑花序先叶开放或与叶同时开放，常直立或弯曲，少下垂；每花有苞片 1，全缘，常宿存；腺体 1 或 2；雄花有 2 至多数雄蕊，花丝分离、连合或部分连合；雌蕊由 2 心皮组成，子房无柄或有柄，花柱明显或近于无花柱，柱头 1 或 2 裂。蒴果 2 瓣开裂；种子极小，有白色丝状长毛。

内蒙古有 30 种，另有 6 栽培种。

以雄株为主的分种检索表

1a. 雄花的雄蕊 3 或 4 ～ 9。

　2a. 雄蕊 4 ～ 9，通常为 5；叶倒卵状矩圆形、矩圆形或长椭圆形，上面有光泽 [**1. 五蕊柳组** Sect. **Pentandrae** (Hook.) Schneid.]···**1. 五蕊柳 S. pentandra**

　2b. 雄蕊 3；叶披针形或倒披针形，上面无明显光泽（**2. 三蕊柳组** Sect. **Amygdalinae** W. Koch.）······
　　···**2. 三蕊柳 S. nipponica**

1b. 雄花的雄蕊 2，分离，部分连合或完全合生。

　3a. 雄蕊完全分离。

　　4a. 叶披针形、条状披针形、倒披针形或条形，长比宽大 5 倍以上。

　　　5a. 叶两面无毛或仅幼时疏被毛，边缘多有细锯齿，少为波状缘。

　　　　6a. 乔木，叶多为披针形或狭卵状披针形。

　　　　　7a. 叶缘有细密腺齿。

　　　　　　8a. 枝上无白粉，二、三年生枝多为黄色或黄褐色；雄花背、腹各具 1 个腺体，苞片黄绿色（**3. 柳组** Sect. **Salix**）。

　　　　　　　9a. 幼叶两面被白色绢毛，后渐脱落。栽培··········**3. 白柳 S. alba**

　　　　　　　9b. 幼叶不被白色绢毛。

　　　　　　　　10a. 叶柄上有腺点，萌生枝叶长 15cm 以上。栽培······**4. 爆竹柳 S. fragilis**

　　　　　　　　10b. 叶柄上无腺点。

　　　　　　　　　11a. 枝下垂，叶先端多为长渐尖。栽培·········**5. 垂柳 S. babylonica**

　　　　　　　　　11b. 枝直立或斜上开展，叶先端渐尖或长渐尖。

　　　　　　　　　　12a. 花药黄色；叶披针形，宽不到 1.2cm。栽培。

　　　　　　　　　　　13a. 树冠球形，叶柄长 2 ～ 4mm······**6. 圆头柳 S. capitata**

　　　　　　　　　　　13b. 树冠广圆形，叶柄长 5 ～ 8mm···**7. 旱柳 S. matsudana**

　　　　　　　　　　12b. 花药红色或紫红色，叶卵状披针形或披针形··················
　　　　　　　　　　　···**8. 朝鲜柳 S. koreensis**

　　　　　　　　8b. 枝上常被白粉，紫红色或红褐色；雄花仅有 1 个腹腺，苞片黑色或黑褐色（**9. 粉枝柳组** Sect. **Daphnella** Ser. ex Duby）·············**9. 粉枝柳 S. rorida**

　　　　　7b. 叶全缘或呈波状，幼时被短柔毛，后脱落（**10. 蒿柳组** Sect. **Vimen** Dum.）···········
　　　　　···**10. 卷边柳 S. siuzevii**

　　　　6b. 灌木；叶条形，边缘有明显的腺齿；树皮及老枝黄白色，有光泽（**12. 黄柳组** Sect.

Flavidae Y. L. Chang et Skv.）··**11. 黄柳 S. gordejevii**

5b. 叶下面密被白色绢毛，全缘或有不规则的皱褶（**10. 蒿柳组** Sect. **Vimen** Dum.）。

14a. 叶倒披针形或长圆状倒披针形，最宽处在中部以上。

15a. 小枝被毛，叶下面密被灰白色绢毛··**12. 毛枝柳 S. dasyclados**

15b. 小枝无毛，叶下面无毛或有柔毛··**13. 川滇柳 S. rehderiana**

14b. 叶披针形、条形或条状披针形，最宽处在中部以下。

16a. 叶披针形，基部宽楔形或楔形，上面有短柔毛。栽培··········**14. 吐兰柳 S. turanica**

16b. 叶条形或条状披针形，基部狭楔形，上面初被短柔毛，后渐脱落···**15. 蒿柳 S. schwerinii**

4b. 叶有各种形状，长不超过宽的 5 倍（个别萌枝叶除外）。

17a. 叶长椭圆形、椭圆形、长椭圆状披针形或披针形，宽常不超过 1cm（越桔柳叶宽可达 1.5cm）。

18a. 叶缘具细密腺齿，干后不变黑色；灌木，高常在 100cm 以上（**4. 繁柳组** Sect. **Denticulatae** Schneid.）··**16. 密齿柳 S. characta**

18b. 叶全缘，干后常变黑色（沼柳除外）；小灌木，高不超过 100cm。

19a. 幼枝无毛或疏生短柔毛；叶互生，两面无毛（**6. 越桔柳组** Sect. **Myrtilloides** Koeh.）··· ··**17. 越桔柳 S. myrtilloides**

19b. 幼枝及叶两面或下面被白色或黄色茸毛，叶互生或近于对生（**11. 沼柳组** Sect. **Incu-baceae** A. Kern.）。

20a. 幼枝及叶下面被白色茸毛；叶长椭圆形、椭圆状披针形或披针形，干后变黑色··· ··**18a. 细叶沼柳 S. rosmarinifolia var. rosmarinifolia**

20b. 幼枝及叶密被黄色茸毛；叶多为披针形，干后不变黑色·········· ··**18b. 沼柳 S. rosmarinifolia var. brachypoda**

17b. 叶卵形、倒卵形、卵状披针形或近圆形，宽超过 1cm。

21a. 雄花具背腺和腹腺，基部合生成花盘状（**5. 硬叶柳组** Sect. **Sclerophyllae** Schneid.）；幼枝无毛；子房和蒴果密被毛··**19. 山生柳 S. oritrepha**

21b. 雄花仅具 1 个腹腺。

22a. 托叶较大，半圆形或肾形，宽可达 1cm；叶卵圆形、卵状矩圆形或卵形，两面无毛，边缘有细密锯齿（**7. 鹿蹄柳组** Sect. **Hastatae** A. Kern.）··········**20. 鹿蹄柳 S. pyrolifolia**

22b. 托叶较小，常早落；叶下面有或多或少柔毛，或无毛，全缘或有疏齿（**8. 黄花柳组** Sect. **Vetrix** Dum.）。

23a. 雄花序粗壮，直径在 1cm 以上。

24a. 叶大型，倒卵形、卵形、近圆形或椭圆形，长 5～10cm，宽 3～6cm，下面密被柔毛··**21. 大黄柳 S. raddeana**

24b. 叶稍小，长 3～7cm，宽 1～3cm。

25a. 叶卵形、倒卵圆形、卵状披针形或椭圆形······**22. 中国黄花柳 S. sinica**

25b. 叶矩圆形或矩圆状披针形··**23. 皂柳 S. wallichiana**

23b. 雄花序较细，直径在 1cm 以内。

26a. 小灌木，高约 100cm；苞片黄绿色··**24. 兴安柳 S. hsinganica**

26b. 大灌木或小乔木，苞片先端深褐色或黑色。

27a. 叶两面幼时多少被柔毛，后脱落无毛··········**25. 谷柳 S. taraikensis**

27b. 叶下面被白色茸毛⋯⋯⋯⋯⋯⋯⋯⋯⋯⋯⋯⋯⋯⋯⋯⋯⋯⋯⋯⋯⋯**26. 崖柳 S. floderusii**

3b. 雄蕊部分或全部连合。

  28a. 雄蕊中下部连合。

    29a. 灌木；叶倒卵状椭圆形、倒披针状矩圆形、倒披针形或椭圆形，长比宽不超过 5 倍（**13. 杞柳组** Sect. **Caesiae** A. Kern.）。

      30a. 叶对生或近于对生，倒披针状矩圆形或倒披针形，幼叶常带紫红色⋯**27. 杞柳 S. integra**

      30b. 叶互生，椭圆形或倒卵状椭圆形，幼叶绿色⋯⋯⋯⋯⋯⋯⋯**28. 砂杞柳 S. kochiana**

    29b. 乔木；叶狭卵状披针形或披针形，长比宽大 6 倍以上（**3. 柳组** Sect. **Salix**）⋯⋯⋯⋯⋯ ⋯⋯⋯⋯⋯⋯⋯⋯⋯⋯⋯⋯⋯⋯⋯⋯⋯⋯⋯⋯⋯⋯⋯⋯⋯⋯⋯**8. 朝鲜柳 S. koreensis**

  28b. 雄蕊全部连合。

    31a. 叶长为宽的 5 倍以上，花序基部具小叶。

      32a. 叶条形、条状披针形或条状倒披针形，长常不超过 5cm，下面被茸毛；苞片淡黄色或淡褐色（**14. 乌柳组** Sect. **Cheilophilae** Hao）。

        33a. 叶长为宽的 5～6 倍，上部较宽；小枝通常较粗，初被茸毛；苞片倒卵状椭圆形 ⋯⋯⋯⋯⋯⋯⋯⋯⋯⋯⋯⋯⋯⋯⋯⋯⋯⋯⋯⋯⋯⋯⋯**29. 乌柳 S. cheilophila**

        33b. 叶长为宽的 6 倍以上，中部较宽；小枝纤细，无毛或有疏毛。

          34a. 苞片长圆形，先端截形或圆钝。

            35a. 小枝淡黄色或黄褐色，花药黄色⋯⋯⋯⋯⋯⋯⋯⋯⋯⋯⋯ ⋯⋯⋯⋯⋯⋯⋯⋯**30a. 小穗柳 S. microstachya** var. **microstachya**

            35b. 小枝红褐色，花药常为红色⋯⋯⋯⋯⋯⋯⋯⋯⋯⋯⋯⋯ ⋯⋯⋯⋯⋯⋯⋯⋯**30b. 小红柳 S. microstachya** var. **bordensis**

          34b. 苞片长卵形或卵形，先端尖或钝；小枝紫红色或栗色⋯⋯⋯⋯⋯ ⋯⋯⋯⋯⋯⋯⋯⋯⋯⋯⋯⋯⋯⋯⋯⋯⋯⋯⋯**31. 线叶柳 S. wilhelmsiana**

      32b. 叶披针形、倒披针形或条状倒披针形，通常长超过 5cm。

        36a. 幼枝、叶被毛（**16. 郝柳组** Sect. **Haoanae** C. Wang et Ch. Y. Yang）⋯⋯⋯⋯⋯ ⋯⋯⋯⋯⋯⋯⋯⋯⋯⋯⋯⋯⋯⋯⋯⋯⋯⋯⋯⋯⋯⋯⋯**32. 黄龙柳 S. liouana**

        36b. 幼枝、叶无毛（**15. 筐柳组** Sect. **Helix** Dum.）。

          37a. 花序无梗或近无梗。

            38a. 叶最宽处多在中上部，宽 5～10mm；托叶条形，长 5～10mm，萌生枝上的托叶长可达 2cm⋯⋯⋯⋯⋯⋯⋯⋯**33. 筐柳 S. linearistipularis**

            38b. 叶最宽处在中下部，宽 2～4mm；托叶狭条形，长不超过 5mm，常早落 ⋯⋯⋯⋯⋯⋯⋯⋯⋯⋯⋯⋯⋯⋯⋯**34. 北沙柳 S. psammophila**

          37b. 花序梗长 5～10mm；叶条状披针形，最宽处在中上部⋯⋯⋯⋯⋯⋯ ⋯⋯⋯⋯⋯⋯⋯⋯⋯⋯⋯⋯⋯⋯⋯⋯⋯⋯⋯⋯**35. 细枝柳 S. gracilior**

    31b. 叶长为宽的 5 倍以下，叶椭圆状长圆形；花序基部无小叶 [**17. 细柱柳组** Sect. **Subviminales** (Seemen) Schneid.]⋯⋯⋯⋯⋯⋯⋯⋯⋯⋯⋯⋯⋯⋯**36. 细柱柳 S. gracilistyla**

以雌株为主的分种检索表

1a. 子房无毛。

 2a. 子房柄明显。

  3a. 花柱短或近无花柱。

   4a. 叶倒卵状矩圆形、矩圆形或长椭圆形，上面有光泽 [**1. 五蕊柳组** Sect. **Pentandrae** (Hook.) Schneid.] ························**1. 五蕊柳 S. pentandra**

   4b. 叶披针形或倒披针形，上面无明显光泽（**2. 三蕊柳组** Sect. **Amygdalinae** W. Koeh.）········ ························**2. 三蕊柳 S. nipponica**

  3b. 花柱明显。

   5a. 花序无总梗或仅在果期稍伸长，基部无叶或只有 1～3 枚鳞片状小叶。

    6a. 一、二年生枝上无白粉，叶卵圆形、卵形或卵状矩圆形（**7. 鹿蹄柳组** Sect. **Hastatae** A. Kern.）························**20. 鹿蹄柳 S. pyrolifolia**

    6b. 一、二年生枝上常有白粉，叶披针形（**9. 粉枝柳组** Sect. **Daphnella** Ser. ex Duby）······ ························**9. 粉枝柳 S. rorida**

   5b. 花序有总梗，基部有 2～3 枚正常叶或长度超过 1cm 的小叶。

    7a. 叶椭圆状披针形或长椭圆形，边缘有细密锯齿（**4. 繁柳组** Sect. **Denticulatae** Schneid.） ························**16. 密齿柳 S. characta**

    7b. 叶椭圆形，全缘（**6. 越桔柳组** Sect. **Myrtilloides** Koeh.）······**17. 越桔柳 S. myrtilloides**

 2b. 子房无柄或近无柄。

  8a. 叶披针形，边缘有细密腺齿，长一般在 4cm 以上（**3. 柳组** Sect. **Salix**）。

   9a. 叶柄上有腺点，叶片两面无毛。栽培················**4 爆竹柳 S. fragilis**

   9b. 叶柄上无腺点。

    10a. 雌花只有 1 个腹腺（白柳的雌花有时有背腺）。

     11a. 枝直立或斜升，叶先端渐尖或长渐尖。

      12a. 幼叶两面被白色绢毛，后渐脱落················**3. 白柳 S. alba**

      12b. 幼叶不被白色绢毛，而疏被白色柔毛················**6. 圆头柳 S. capitata**

     11b. 枝下垂，叶先端多为长渐尖················**5. 垂柳 S. babylonica**

    10b. 雌花有背腺、腹腺各 1················**7. 旱柳 S. matsudana**

  8b. 叶条形或条状披针形，近全缘或有疏齿，通常长不超过 5cm（**14. 乌柳组** Sect. **Cheilophilae** Hao）。

   13a. 小枝淡黄色或黄褐色················**30a. 小穗柳 S. microstachya** var. **microstachya**

   13b. 小枝红褐色················**30b. 小红柳 S. microstachya** var. **bordensis**

1b. 子房被毛。

 14a. 子房有长柄或较明显的柄。

  15a. 小乔木或灌木；叶互生，较大，宽常在 1cm 以上（**8. 黄花柳组** Sect. **Vetrix** Dum.）。

   16a. 花序无柄。

    17a. 叶大型，倒卵圆形、卵形、近圆形或椭圆形，长 5～10cm，宽 3～6cm················ ························**21. 大黄柳 S. raddeana**

    17b. 叶稍小，矩圆形或矩圆状披针形，长 3～6cm，宽 1～2cm················

·························**23. 皂柳 S. wallichiana**

16b. 花序有柄。

18a. 小灌木，高约 100cm；叶椭圆形、倒卵状椭圆形或卵形，下面网脉明显隆起·········
·························**24. 兴安柳 S. hsinganica**

18b. 小乔木或灌木，高在 100cm 以上；叶下面网脉明显不隆起。

19a. 叶两面无毛或仅沿脉有疏毛。

20a. 子房有长柄，几与子房等长·········**25. 谷柳 S. taraikensis**

20b. 子房柄较短，长约为子房的 1/3；叶椭圆形或倒卵形·········
·························**22. 中国黄花柳 S. sinica**

19b. 叶下面被白色茸毛·········**26. 崖柳 S. floderusii**

15b. 小灌木；叶互生或近对生，较小，宽常在 1cm 以内（**11. 沼柳组 Sect. Incubaceae** A. Kern.）。

21a. 幼枝及叶下面被白色茸毛；叶长椭圆形、椭圆状披针形或披针形，干后变黑色·········
·························**18a. 细叶沼柳 S. rosmarinifolia** var. **rosmarinifolia**

21b. 幼枝及叶密被黄色茸毛；叶多为披针形，干后不变黑色·········
·························**18b. 沼柳 S. rosmarinifolia** var. **brachypoda**

14b. 子房无长柄或几无柄。

22a. 叶较宽，长为宽的 5 倍以下。

23a. 雌花有 1 个腹腺。

24a. 花序基部无小叶［**17. 细柱柳组 Sect. Subviminales** (Seemen) Schneid.］，叶椭圆状长圆形·········**36. 细柱柳 S. gracilistyla**

24b. 花序基部有小叶（**13. 杞柳组 Sect. Caesiae** A. Kern.）。

25a. 叶对生或近对生，倒披针状矩圆形或倒披针形，幼叶常带红色·········
·························**27. 杞柳 S. integra**

25b. 叶互生，椭圆形或倒卵状椭圆形，幼叶绿色·········**28. 砂杞柳 S. kochiana**

23b. 雌花背、腹腺各 1，基部合生成花盘状（**5. 硬叶柳组 Sect. Sclerophyllae** Schneid.）；幼枝被毛；子房具短柔毛，无柄；苞片宽倒卵形，被毛·········**19. 山生柳 S. oritrepha**

22b. 叶较狭，条形、条状披针形、披针形或狭卵状披针形，长为宽的 5 倍以上。

26a. 叶下面被绢毛。

27a. 花柱明显；叶下面密被银白色绢毛，全缘或有不规则的皱褶（**10. 蒿柳组 Sect. Vimen** Dum.）。

28a. 叶倒披针形或长圆状倒披针形，最宽处在中部以上。

29a. 小枝被毛，叶下面密被灰白色绢毛·········**12. 毛枝柳 S. dasyclados**

29b. 小枝无毛，叶下面无毛或有柔毛·········**13. 川滇柳 S. rehderiana**

28b. 叶披针形、条形或条状披针形，最宽处在中部以下。

30a. 叶披针形，基部宽楔形或楔形，上面有短柔毛·········**14. 吐兰柳 S. turanica**

30b. 叶条形或条状披针形，基部狭楔形，上面初被短柔毛，后渐脱落·········
·························**15. 蒿柳 S. schwerinii**

27b. 花柱无或极短；叶条形、条状披针形或条状倒披针形，通常长不超过 5cm，下面被绢毛（**14. 乌柳组 Sect. Cheilophilae** Hao）。

31a. 叶长为宽的 5～6 倍，上部较宽；小枝较粗，初被茸毛，灰黑色或黑红色……………………
…………………………………………………………………**29. 乌柳 S. cheilophila**

31b. 叶长为宽的 6 倍以上，中部较宽；小枝纤细，无毛或有疏毛，紫红色…………………………
…………………………………………………………………**31. 线叶柳 S. wilhelmsiana**

26b. 叶下面无毛。

32a. 叶缘无细腺齿，全缘或呈波状，幼时被短柔毛，后脱落（**10. 蒿柳组** Sect. **Vimen** Dum.）……
……………………………………………………………**10. 卷边柳 S. siuzevii**

32b. 叶缘有细腺齿。

33a. 乔木；叶卵状披针形或披针形，先端长渐尖；苞片淡黄绿色（**3. 柳组** Sect. **Salix**）……
……………………………………………………………**8. 朝鲜柳 S. koreensis**

33b. 灌木；叶披针形、倒披针形或条形，先端渐尖；苞片黑褐色或深褐色。

34a. 树皮及老枝黄白色，有光泽；子房和蒴果疏被长柔毛（**12. 黄柳组** Sect. **Flavidae** Y. L. Chang et Skv.）……………………………………………**11. 黄柳 S. gordejevii**

34b. 树皮灰褐色，老枝黄褐色或带紫色，无光泽；子房和蒴果密被长柔毛。

35a. 花序基部具鳞片，幼枝、叶被毛（**16. 郝柳组** Sect. **Haoanae** C. Wang et Ch. Y. Yang）……………………………………………**32. 黄龙柳 S. liouana**

35b. 花序基部具小叶，幼枝、叶无毛（**15. 筐柳组** Sect. **Helix** Dum.）。

36a. 花序无梗或近无梗。

37a. 叶最宽处多在中上部，宽 5～10mm；托叶条形，长 5～10mm，萌生枝上的托叶长可达 2cm……………………**33. 筐柳 S. linearistipularis**

37b. 叶最宽处在中下部，宽 2～4mm；托叶狭条形，长不超过 5mm，常早落
……………………………………………**34. 北沙柳 S. psammophila**

36b. 花序梗长 5～10mm；叶条状披针形，最宽处在中上部……………………………
………………………………………………………**35. 细枝柳 S. gracilior**

1. 五蕊柳

Salix pentandra L., Sp. Pl. 2:1016. 1753; Fl. Intramongol. ed. 2, 2:43. t.14. f.6-9. 1991.——
S. pentandra L. var. *obovalis* C. Y. Yu in Bull. Bot. Lab. N.-E. Forest. Inst. Harbin 9:30. 1980；Fl. Intramongol. ed. 2, 2:45. 1991; Fl. China 4:178. 1999.

灌木或小乔木，高可达 3m。树皮灰褐色。一年生小枝淡黄褐色或淡黄绿色，无毛，有光泽。低出叶倒卵形或卵状椭圆形，边缘有稀腺齿，下面边缘或先端有长柔毛。叶片倒卵状矩圆形、矩圆形或长椭圆形，长 3～7cm，两面无毛，上面亮绿色，下面苍白色，叶柄长 5～12mm，托叶早落。花序与叶同时开放，具总柄，着生在当年生小枝的先端，花序轴密被白色长毛。雄花序圆柱形，长 3～5cm，直径 8～10mm；

雄蕊 4～9（通常 5），花
丝不等长，中下部有柔毛，
花药圆球形，黄色；苞片倒
卵形或卵状椭圆形，淡黄褐
色，两面疏生长柔毛；腺体
2，背、腹各 1，常叉裂。
雌花序圆柱形，长 3～4cm，
果期可达 6cm；子房卵状圆
锥形，具短柄，无毛，花柱
短，柱头 2 裂；苞片椭圆形

或椭圆状卵形，黄褐色，具疏长柔毛；腺体 2，背、腹各 1，腹腺常 2～3 裂。蒴果长 5～7mm，
光滑无毛。花期 5 月下旬至 6 月上旬，果期 7～8 月。

　　湿中生灌木或小乔木。生于森林区和草原区积水的草甸、沼泽地、林缘或较湿润的山坡上，
为山地柳灌丛的建群种或优势种。产兴安北部和兴安南部及岭西和岭东（额尔古纳市、根河市、
鄂伦春自治旗、牙克石市、科尔沁右翼前旗、巴林右旗、克什克腾旗、东乌珠穆沁东部）、燕
山北部（喀喇沁旗）、锡林郭勒（正蓝旗、多伦县、苏尼特左旗南部）、阴山（大青山、蛮汗
山）。分布于我国黑龙江、吉林东部、辽宁中部、河北北部、山西、陕西中部和南部、河南西部、
宁夏南部、甘肃东部、新疆北部、四川西南部、云南北部，朝鲜、蒙古国北部和西部、俄罗斯（西
伯利亚地区），欧洲。为古北极分布种。

　　木材可做小农具。开花较晚，为晚期蜜源植物。叶含蛋白质较多，可做野生动物的饲料。
羊乐食其嫩枝和叶。因花药颜色鲜黄、叶片亮绿色，可栽培供观赏。

　　《内蒙古植物志》第二版第二卷 37 页、44 页的钻天柳、五蕊柳（图版 13）与三蕊柳和白柳（图
版 14）的图版说明错误，应将图版 13 与图版 14 的图版说明互换。

2. 三蕊柳

Salix nipponica Franch. et Sav. in Enum. Pl. Jap. 1:495. 1875; Fl. China 4:180. 1999.——*S. triandra* auct. non L.: Fl. Intramongol. ed. 2, 2:45. t.13. f.1-5. 1991.

　　灌木或小乔木，高可达 3m。树皮灰褐色。小枝黄绿色或淡黄褐色，幼时有长柔毛，二年生
小枝具白霜。叶披针形或倒披针形，长 3～10cm，宽 5～12mm，先端渐尖，基部圆形或楔形，
上面深绿色，下面苍白色，有白粉，无毛，或幼时有疏毛后光滑，边缘有细腺齿，叶柄长约
1cm；托叶卵形或卵状披针
形，脱落。花序与叶同时开
放，圆柱形，长 3～5cm，
直径 4～7mm；花序梗长
1～1.5cm，其上着生 3～4
枚小叶，全缘或具稀疏腺齿。
雄花苞片淡黄色，矩圆形或
倒卵状矩圆形，外侧被疏
毛；腺体 2，背、腹各 1，

长约为苞片的 1/3，雄蕊 3，花药金黄色，花丝基部具柔毛。子房具短柄，柄为苞片长的 1/3，花柱不明显，柱头 2 裂。蒴果无毛。花期 5 月，果期 6 月。

湿生灌木或小乔木。生于森林区的河流两岸及沟塘边。产岭东（扎兰屯市）、燕山北部（宁城县）。分布于我国黑龙江、吉林、辽宁、河北东北部、河南西部、山东东北部、山西南部、陕西西南部、江苏南部、浙江西北部、湖北西北部、湖南、日本、朝鲜、俄罗斯（远东地区）。为东亚分布种。

本种为护岸树种。树皮可提取单宁。

3. 白柳（新疆长叶柳）

Salix alba L., Sp. Pl. 2:1021. 1753; Fl. Intramongol. ed.2, 2:45. t.13. f.6-7. 1991.

乔木，高可达 20m。树皮深灰色，纵裂。小枝黄绿色或褐色，初被绢毛，后渐光滑。叶长椭圆形、长椭圆状披针形或倒披针状长椭圆形，长 3 ～ 10cm，宽 1 ～ 1.5cm，先端急尖，基部楔形或钝圆，边缘有腺齿，幼时两面密被银白色绢毛，后渐脱落；叶柄长 2 ～ 5mm，被毛；托

叶披针形，早落。花序与叶同时开放，圆柱形，长约 3cm，具总梗，基部有小叶；苞片淡黄褐色，卵形，边缘及外侧基部疏生柔毛。雄蕊 2，离生，花药圆球形，黄色，花丝基部有柔毛；腺体 2，背、腹各 1。子房圆锥形，无毛，无柄或具短柄，花柱短，柱头 2 浅裂；腹腺 1，背腺有或缺。蒴果 2 瓣开裂。花期 4 ～ 5 月，果期 5 ～ 6 月。

中生乔木。内蒙古阿拉善盟阿拉善左旗巴彦浩特镇等地有栽培，河北、山东、宁夏、甘肃、青海、西藏也有栽培。分布于我国新疆，俄罗斯、印度北部、巴基斯坦、阿富汗、伊朗，西南亚，欧洲。为古地中海分布种。

本种生长迅速，为防护林带及四旁绿化的重要树种。木材可做建筑及家具等用材。

4. 爆竹柳

Salix fragilis L., Sp. Pl. 2:1017. 1753; Fl. Intramongol. ed. 2, 2:47. 1991.

乔木，高可达 20m。树皮深灰色或灰黑色，纵沟裂。小枝粗壮，绿色，无毛；芽卵形，褐色，先端尖，无毛。叶披针形，长 8 ～ 10cm，宽 1 ～ 1.5cm，萌生枝叶长可达 15cm、宽可达 2.5cm，先端长渐尖，基部楔形，边缘有腺齿，上面深绿色，下面色较浅，两面无毛；叶柄长 2 ～ 7mm，上部有腺点及短柔毛，或无毛，萌生枝叶柄可达 1.2cm；托叶小，卵形，具齿牙缘，或无托叶。花序与叶同时开放，雄花序长 3 ～ 5cm，宽 4 ～ 6mm，总柄长约 1cm，其上有 2 ～ 3 枚小叶；雄蕊 2，离生，花丝下部有时具短柔毛，花药黄色；苞片黄色或暗黄色；腺体 2，背、腹各 1。雌花未见。

中生乔木。原产欧洲。为欧洲分布种。内蒙古呼和浩特市及我国东北地区有栽培。
本种生长快，是较好的绿化树种。

5. 垂柳

Salix babylonica L., Sp. Pl. 2:1071. 1753; Fl. Intramongol. ed. 2, 2:46. 1991.

乔木，高可达 15m。树皮灰黑色，不规则纵裂。小枝细长，下垂，黄绿色、黄褐色或淡红色，无毛。叶披针形或条状披针形，长 8～15cm，宽 5～15mm，先端常为长渐尖，基部楔形，边缘

有细腺齿，上面绿色，下面色淡，幼时有微毛，后渐脱落；叶柄长约 1cm，有短柔毛。花序具总梗，花序轴具短柔毛，雄花序长 1.5～3cm，雌花序长可达 4cm；苞片矩圆形，黄绿色，边缘有睫毛。雄花有雄蕊 2，花丝分离，基部有白色柔毛；腺体 2，背、腹各 1。雌花子房卵状矩圆形，长约 3mm，无毛，花柱极短，柱头 2 裂；腹腺 1。蒴果长约 4mm。花期 4 月，果期 5 月。

中生乔木。生于河流两岸及水分条件较好的平原等地区。内蒙古一些城镇、公园有栽培。主要分布于我国长江流域。为长江流域分布种。现在我国各地普遍栽培，亚洲、欧洲、南美洲、北美洲也有栽培。

本种因生长迅速、树形优美，成为园林绿化的优良树种。木材做家具、农具及造纸等用材。枝条入药，能祛风、利尿、止痛、消肿，主治风湿痹痛、淋病、小便不通、丹毒等。

《内蒙古植物志》第二版第二卷 46 页本种图版说明错误，图版 14 图 6～7 是白柳 *Salix alba* L. 的插图。

6. 圆头柳

Salix capitata Y. L. Chou et Skv. in Ill. Man. Woody Pl. N.-E. China 149, 551. t.38(II)., t.39. f.58. 1955; Fl. Intramongol. ed. 2, 2:46. 1991.

乔木，高 10～15m。树冠圆球形。树皮深灰色，不规则纵裂。小枝细长，黄绿色或黄褐色。叶披针形，长 3～7cm，宽 5～12mm，先端渐尖，基部楔形，上面绿色，下面苍白色，无毛或幼时有毛，边缘细腺齿，叶柄长 2～4mm；托叶披针形，边缘有腺齿。雌花序狭圆柱形，

长 1.5～2cm，直径 4～6mm，与叶同时开放；具短柄，长 3～5mm；有 2～3 枚小叶，小叶披针形；子房卵状圆锥形，长 1.5～2mm，近无毛，无柄，花柱短，柱头 2 裂，每裂再浅裂；苞片长椭圆形，淡黄色，先端尖，与子房近等长，背面无毛，仅基部及腹面有疏长柔毛；腹腺 1。雄花未见。蒴果黄褐色，长 4～6mm。花期 5 月，果期 6 月。

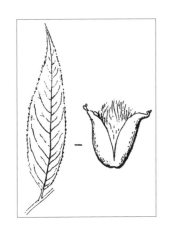

中生乔木。内蒙古呼和浩特市、包头市五当召等地有栽培，我国黑龙江、河北、陕西、甘肃等省也有栽培。野生种分布于我国黑龙江、辽宁。模式标本采自哈尔滨。为满洲分布种。

本种耐旱、耐寒，为优良的园林绿化树种。木材做建筑及家具等用材。

7. 旱柳（河柳、羊角柳、白皮柳）

Salix matsudana Koidz. in Bot. Mag. Tokyo 29:312. 1915; Fl. Intramongol. ed. 2, 2:49. t.15. f.1-4. 1991.

乔木，高 10 余米。树皮深灰色，不规则浅纵裂。枝斜升，大枝绿色，小枝黄绿色或带紫红色，

光滑无毛或具短柔毛。叶披针形，长 5～10cm，宽 5～15mm，先端渐尖或长渐尖，基部楔形，边缘具细锯齿，两面无毛，上面深绿色，下面苍白色；叶柄长 5～8mm，疏生柔毛；托叶披针形，早落。花序轴有长柔毛，基部有 2～3 枚小叶；苞片卵形，外侧中下部有白色短柔毛，先端钝，黄绿色；腺体 2，背、腹各 1。雄花序短圆柱形，长 1～1.5cm，直径约 6cm，花梗短；雄蕊 2，花丝基部有长毛，花药卵形，黄色。雌花序矩圆形，长 1.2～2cm，直径约 5mm；子房矩圆形，光滑无毛，无柄，花柱极短，柱头 2 裂。蒴果 2 瓣裂。花期 4～5 月，果期 5～6 月。

中生乔木。生于河流两岸、山谷、沟边。内蒙古普遍栽培，我国华中、西北地区及江苏、安徽、四川等地亦有栽培。天然分布于我国东北、华北地区，俄罗斯（远东地区）。为华北—满洲分布种。

本种抗寒、喜光、喜湿润，是护岸及庭园、行道绿化树种。木材做建筑、家具、矿柱等用材。枝条供编织。花期早而长，为蜜源植物。

本种在内蒙古还有 2 个变型及 1 个栽培变种。馒头柳（f.

umbraculifera Rehd.）：树冠半圆球形；背腺退化，干瘪而无色。龙爪柳 [f. *tortuosa* (Vilm.) Rehd.]：枝条卷曲，向上或下垂。塔形旱柳（cv. *pyramidalis*）：又名钻天柳，树干通直，分枝角度小，生长较快。这 3 种在内蒙古均有栽培。

8. 朝鲜柳

Salix koreensis Anderss. in Prodr. 16(2):271. 1868; Fl. Intramongol. ed. 2, 2:47. t.15. f.5-9. 1991.

乔木，高可达 20m。树皮深灰色或灰黑色，不规则纵裂。一、二年生枝黄色、浅灰色或带绿色，无毛；芽长卵形，长 3～5mm，黄色或黄褐色，无毛。叶披针形或卵状披针形，长 5～12cm，

宽 1～1.8cm，先端长渐尖，基部钝圆或宽楔形，边缘有细密的腺齿，上面深绿色，下面有白粉，两面无毛；叶柄长 6～10mm，无毛；萌枝上有托叶，卵状披针形，先端渐尖，边缘有锯齿。花先叶开放或与叶同时开放；花序圆柱形，无柄或有极短的柄，基部有 2～3 枚小型叶，花序轴有柔毛。雄花序长 2～3cm，直径 5～7mm；雄蕊 2，分离，花丝有时中下部连合，近基部有长柔毛，花药红色；苞片椭圆形或卵形，先端急尖，淡黄色，两面有毛；腺体 2，背、腹各 1。雌花序长 1～2cm，直径 5～8mm；子房卵形或长圆形，淡黄绿色，背面及边缘被柔毛；腺体 2，背、腹各 1，有时缺背腺。花期 5 月，果期 6 月。

中生乔木。生于森林区的山坡、山沟、河流两岸。产兴安北部及岭东（额尔古纳市、根河市、牙克石市、扎兰屯市、阿尔山市）、辽河平原（大青沟）、燕山北部（喀喇沁旗）。分布于我国黑龙江、吉林、辽宁、河北东北部、山东东北部、江苏中部、陕西、甘肃等，日本、朝鲜、俄罗斯（远东地区）。为东亚北部分布种。

本种是绿化树种。木材做建筑、造纸等用材。枝条可供编织。

9. 粉枝柳

Salix rorida Laksch. in Herb. Fl. Ross. 7:131. 1911; Fl. Intramongol. ed. 2, 2:61. t.17. f.4-7. 1991.

乔木，高可达 15m。树冠卵圆形。树皮灰褐色，片状剥裂。一、二年生枝紫红色或红褐色，无毛，常明显具白粉，芽光滑。叶披针形，长 5～12cm，宽 0.8～1.5cm，上面深绿色，下面淡绿色，有白粉，两面无毛，先端渐尖，基部楔形或钝圆，边缘具整齐的腺齿，叶柄长 3～10mm，托叶卵形或卵圆形。花序先叶开放，长 2～4cm，直径 1～1.5cm。雄花序长椭圆形；雄蕊 2，长约 8mm，花丝分离，光滑无毛；苞片椭圆形，先端黑色，两面密被白色长毛，有时边缘有腺

齿；腹腺 1，矩圆形。雌花序无梗，圆柱形；子房光滑无毛，有明显的柄，花柱细长，长 1～2mm，柱头 2 裂；苞片矩圆形，黑褐色，密被长柔毛；腹腺 1，与子房柄近相等。果序长可达 6cm，蒴果长 4～6mm。花期 5 月，果期 6 月。

中生乔木。生于森林区的河流两岸、山沟、林地，为山地或河岸柳灌丛的建群种或优势种。产兴安北部及岭西和岭东（额尔古纳市、根河市、鄂伦春自治旗、阿尔山市、东乌珠穆沁旗宝格达山）、兴安南部（巴林右旗）、燕山北部（喀喇沁旗、宁城县）。分布于我国黑龙江、吉林东部、辽宁、河北北部，日本、朝鲜、蒙古国北部、俄罗斯（西伯利亚地区、远东地区）。为西伯利亚—东亚北部分布种。

本种为早春蜜源植物及护岸树种。木材做建筑、家具等用材。羊和骆驼乐食其嫩枝与叶，马和牛偶尔采食。

本种因其一、二年生枝为紫红色或红褐色及枝条具白粉等特性，在无雌、雄花序时易与钻天柳相混。但本种叶多为披针形，有托叶，而钻天柳的叶多为倒披针状矩圆形，且无托叶。

10. 卷边柳

Salix siuzevii Seemen in Repert. Spec. Nov. Regni Veg. 5:17. 1908: Fl. Intramongol. ed. 2, 2:62. 1991.

灌木或乔木，高可达 6m。树皮灰绿色。一、二年生枝细长，黄绿色或淡褐色，无毛。叶披针形，

长 5～7cm，宽 6～12mm，萌枝叶长可达 14cm、宽可达 2cm，先端渐尖，基部宽楔形，边缘浅波状或近于全缘，上面深绿色，有光泽，下面具白粉，且幼时被短柔毛，后渐脱落，叶柄长 2～10mm；托叶披针形或条形，长为叶柄之半，常早落。花序先叶开放，无总柄，基部无小叶。雄花序圆柱形，长约 3cm，直径约 1cm；雄蕊 2，花丝离生，光滑无毛，花药黄色；苞片倒卵状披针形，先端黑褐色，两面被长毛；腺体 1，腹生，长圆柱形。雌花序圆柱形，长 2～3cm，果期可伸长达 5cm，直径 5～8mm；子房卵状圆锥形，被短柔毛，基部有子房柄，柄长 0.5～0.8mm，花柱细长，长 0.7～1mm，柱头 2 裂；苞片椭圆形，被长毛；腹腺 1，长约为子房柄之半，或比子房柄稍短。蒴果长 3～5mm。花期 5 月，果期 6 月。

湿生灌木或小乔木。生于森林区的河流两岸、沟塘。产兴安北部及岭西和岭东（额尔古纳市、鄂伦春自治旗、扎兰屯市、阿尔山市、东乌珠穆沁旗宝格达山）。分布于我国黑龙江、吉林东部、辽宁中部和东部，朝鲜、俄罗斯（东西伯利亚地区、远东地区）。为东西伯利亚—满洲分布种。

本种为早春蜜源植物。枝条可供编织。

11. 黄柳（小黄柳）

Salix gordejevii Y. L. Chang et Skv. in Ill. Man. Woody Pl. N.-E. China 183, 553. t.62. f.87., t.63. f.1-10. 1955; Fl. Intramongol. ed. 2, 2:69. t.25. f.5-8. 1991.

灌木，高100～200cm。树皮淡黄白色，不裂。一年生枝黄色，有光泽；当年幼枝黄褐色，细长，无毛；芽长圆形，无毛或微被毛。叶狭条形，长3～8cm，宽3～5mm，先端渐尖，基部楔形，边缘具细密腺齿（叶幼时腺齿不明显），上面深绿色，下面苍白色，两面光滑无毛；叶柄长2～5mm，具柔毛，先端黑褐色；托叶条形，长3～5mm，边缘有腺点，脱落。雄蕊2，分离，花丝无毛；子房矩圆形，长2～3mm，疏被柔毛，花柱极短，柱头2裂；腺体1，腹生。蒴果长3～4mm。花期5～6月。

旱中生灌木。生于森林草原带及干草原带的固定、半固定沙地，为沙地柳灌丛的建群种或优势种。产兴安北部（牙克石市）、呼伦贝尔（海拉尔区西山、新巴尔虎左旗）、兴安南部及科尔沁（科尔沁右翼前旗南部、阿鲁科尔沁旗、翁牛特旗、巴林右旗、克什克腾旗）、辽河平原（大青沟）、锡林郭勒（浑善达克沙地）。内蒙古呼和浩特市有栽培。分布于我国黑龙江南部、吉林西部、辽宁西部，蒙古国东部、俄罗斯（达乌里地区）。为达乌里—蒙古分布种。

本种为森林草原地带及干草原带的固沙造林树种。羊和骆驼乐食其嫩枝与叶。

12. 毛枝柳

Salix dasyclados Wimm. in Flora 32:35. 1849; Fl. China 4:255. 1999.

灌木或乔木，高5～8m。树皮褐色或黄褐色。小枝褐色，被灰白色长柔毛或近无毛；芽卵圆形，褐色，被白柔毛。叶宽披针形、倒披针形、长圆状披针形或倒卵状披针形，长

5～20cm，最宽处一般在中部以上，先端短渐尖，基部楔形，侧脉10～12对，上面污绿色，稍被短柔毛或近无毛，下面灰色，被绢质灰白色短柔毛，全缘或具腺锯齿，反卷；叶柄短，被短柔毛；托叶较大，卵状披针形，边缘有锯齿。花序先叶开放，较大，几无花序梗。雄花序较长，长2.5～4cm，直径约1.8cm；雄蕊2，花丝离生，无毛，花药黄色；苞片2，先端黑色，被长毛；腺体1，腹生。雌花序较长，粗圆柱形，长4～5.5cm，直径约1.2cm；子房卵状圆锥形，具短柄，花柱长，柱头2裂，外曲；腺体1，腹生，长约为子房柄的2倍。花期4月，果期5月。

湿中生灌木或乔木。多生于森林区山地的水边湿地。产兴安北部（大兴安岭）。分布于我国黑龙江、吉林、辽宁、山东、陕西、新疆，日本、蒙古国北部和西部、俄罗斯，欧洲。为古北极分布种。

本种是护岸树种。枝条可编筐。

13. 川滇柳（狭叶柳）

Salix rehderiana C. K. Schneid. in Pl. Wilson. 3:66. 1916; High. Pl. China 5:356. f.572. 2003; Fl. China 4:255. 1999.

灌木或乔木，高5～8m。树皮褐色或黄褐色。小枝褐色，有灰白色长柔毛或近无毛；芽卵圆形，褐色，有白柔毛。叶阔披针形、倒披针形、长椭圆状披针形、倒卵状披针形，长5～20cm，宽2～3.5cm，最宽处一般在中部以上，先端短渐尖，基部楔形，侧脉10～12对，上面污绿色，稍有短柔毛或近无毛，下面灰色，有绢质短柔毛，全缘或具腺锯齿，反卷；叶柄短，有短柔毛；托叶较大，卵状披针形，边缘有锯齿。花序先叶开放，较大，几无花序梗。雄花序较长，长2.5～4cm，直径约1.8cm；雄蕊2，花丝离生，无毛，花药黄色；苞片2色，先端黑色，有长毛；腺体1，腹生。雌花序较长，粗圆柱形，长4～5.5cm，直径约1.2cm；子房卵状圆锥形，有短柄，具长柔毛，花柱长，柱头2裂、外曲；腺体1，腹生，长约为子房柄的2倍。花期4月，果期5月。

中生灌木。生于荒漠区的山顶灌丛。产贺兰山、龙首山。分布于我国河北西部、山西、陕西南部、宁夏南部、甘肃东部、青海、湖北（汉川市）、四川、贵州东北部、云南西部和南部、西藏东部和南部。为华北—横断山脉分布种。

本种可做护岸树种。枝条可编筐。

14. 吐兰柳（土伦柳）

Salix turanica Nas. in Fl. U.R.S.S. 5:138, 709. 1936; Fl. Intramongol. ed. 2, 2:62. t.22. f.4-6. 1991.

灌木，高约200cm。老枝淡黄色或黄褐色，光滑无毛；当年枝浅灰色，密被灰白色柔毛。叶披针形，长5～10cm，宽1～1.6cm，先端渐尖，基部宽楔形或楔形，全缘或具有不规则的皱褶，上面深绿色，具短柔毛，背面密被银白色绢毛；叶柄长5～10mm，密被浅灰色柔毛；托叶卵状披针形，早落。花先叶开放。雌花序长1.5～2.5cm，直径5～7mm，具短柄；子房卵形，密被灰白色柔毛，有短梗，花柱细长，柱头2裂；苞片倒卵形，淡褐色，两面有长柔毛；腹腺1，细圆柱形，长约为子房之半。雄花未见。蒴果长3～5mm，密被灰白色柔毛。花期4月下旬，果期5月。

湿中生灌木。生于荒漠区河谷沿岸。分布于我国新疆额尔齐斯河流域及伊犁地区，蒙古国西部和西南部、印度西北部、巴基斯坦、阿富汗、伊朗，中亚。为中亚分布种。内蒙古鄂尔多斯市东胜区和达拉特旗展旦召引种栽培。

本种可做固沙及水土保持树种。

15. 蒿柳（绢柳、清钢柳）

Salix schwerinii E. L. Wolf in Mitt. Deutsch. Dendrol. Ges. 407. 1929; Fl. China 4:256. 1999.——*S. viminalis* L. var. *gmelini* (Pall.) Anderss in Prodr. 16(2):266. 1868; Fl. Intramongol. ed. 2, 2:67. 1991.——*S. viminalis* L. var. *angustifolia* Turcz. in Fl. Baic. Dahur. 2:379. 1854; Fl. Intramongol. ed. 2, 2:65. t.23. f.6. 1991.——*S. viminalis* auct. non L.: Fl. Intramongol. ed. 2, 2:65. t.23. f.1-5. 1991.

灌木或小乔木，高可达 10m。树皮灰绿色。二年生枝褐色或黄褐色，无毛，幼枝有短柔毛。叶条形或条状披针形，长 10～15（～20）cm，宽 0.5～1.5cm，最宽处在中部以下，先端渐尖或急尖，基部狭楔形，边缘全缘或微呈波状，反卷，上面深绿色，幼时疏被短毛，后渐脱落，下面密被银白色丝状长柔毛，有光泽；叶柄长 5～10mm，有丝状毛；托叶条状披针形，常早落。花序先叶开放，无柄，基部无叶。雄花序椭圆形或椭圆状卵形，长 2～3cm，直径 1.2～1.5cm；雄蕊 2，花丝分离，无毛，花药黄色；苞片椭圆形，褐色，先端黑褐色，两面有长柔毛；腹腺 1，圆柱形，长为苞片的 1/3～1/2。雌花序圆柱形，长 1.5～2.5cm，

果期可达 4cm，直径 8～10mm；子房无柄，密被丝状毛；花柱明显，长 1～1.5mm；柱头 2 裂，反曲，每裂先端再 2 浅裂；苞片卵圆形，两面被长柔毛，黑褐色，先端圆形；腹腺 1，扁平，先端截形，比苞片稍短。蒴果长 4～5mm，被丝状毛。花期 5 月上中旬，果期 5 月下旬至 6 月上旬。

湿中生灌木或小乔木。生于森林区的林缘湿地、河流两岸。产兴安北部及岭东（额尔古纳市、根河市、鄂伦春自治旗、牙克石市、阿尔山市、东乌珠穆沁旗宝格达山、扎兰屯市）、兴安南部（阿鲁科尔沁旗、巴林右旗、克什克腾旗）、燕山北部（喀喇沁旗、宁城县）。分布于我国黑龙江、吉林、辽宁、河北、山西西北部、河南西部和东南部、新疆中部和北部，日本、朝鲜、蒙古国北部、俄罗斯（东西伯利亚地区、远东地区）。为东古北极分布种。

本种为早春蜜源植物。叶可饲养柞蚕，枝可供编织。

16. 密齿柳

Salix characta C. K. Schneid. in Pl. Wilson. 3:125. 1916; Fl. Intramongol. ed. 2, 2:49. t.22. f.1-3. 1991.

灌木。幼枝被疏柔毛，后渐脱落；二、三年生枝黄褐色或紫褐色；芽卵形，黄褐色，无毛。叶长椭圆状披针形，长 1.5 ～ 4.5cm（长枝叶及萌枝叶长可达 7cm），宽 5 ～ 10mm，先端渐尖，基部楔形，边缘有细密锯齿，上面深绿色，下面色淡，两面无毛或仅下面沿脉疏生毛；叶柄长 2 ～ 7mm，上面被短柔毛。花序长 2 ～ 3cm，有短柄，花序轴被柔毛。雄蕊 2，离生，花丝无毛；苞片近圆形，褐色，两面被或多或少的柔毛；腹腺 1。子房矩圆形，近无毛，有柄，花柱明显，柱头短、矩圆形；苞片卵形，先端尖；腹腺 1。蒴果矩圆形，长约 4mm。

中生灌木。生于草原区海拔 1700 ～ 3000m 的山坡及沟边。产兴安南部（锡林浩特市东南部）、燕山北部（喀喇沁旗、宁城县）、阴山（大青山、乌拉山）、贺兰山。分布于我国河北、山西、陕西、甘肃、青海等省区。为华北分布种。

本种为薪炭柴，亦为水土保持树种。

17. 越桔柳

Salix myrtilloides L., Sp. Pl. 2:1019. 1753; Fl. Intramongol. ed. 2, 2:52. t.17. f.1-3. 1991.

直立小灌木，高 30 ～ 80cm。树皮灰色。枝无毛或有疏柔毛。叶质薄，椭圆形或椭圆状卵形，长 1 ～ 3.5cm，宽 5 ～ 15mm，先端钝圆或微尖，基部圆形，全缘，稀有浅齿，上面深绿色，

下面苍白色（干后变为黑色），两面光滑无毛或仅在幼时疏生柔毛；叶柄短，长 2 ～ 4mm；托叶小，披针形或卵状披针形，脱落。花与叶同时开放。雄花序顶生于小枝先端，圆柱状，长 1 ～ 1.5cm，基部具数枚小叶；雄蕊 2，分离，花丝无毛；苞片近于圆形，两面疏生长柔毛；腹腺 1，长约为苞片的 1/2。雌花序卵形，花序梗上也有小叶；子房矩圆形，光滑，具柄，柄长可达 3mm，花柱短，柱头 2 裂；苞片与子房柄近等长，黄褐色，两面疏生毛；腹腺 1，圆柱形，与子房柄近等长。蒴果长 6 ～ 8mm。

湿生小灌木。生于森林区的水甸子及较湿润的地方。产兴安北部（额尔古纳市、根河市、鄂伦春自治旗、牙克石市、阿尔山市、东乌珠穆沁旗宝格达山）。分布于我国黑龙江、吉林北部、辽宁东部，朝鲜、蒙古国北部、俄罗斯（西伯利亚地区），欧洲。为古北极分布种。

幼枝叶可为家畜饲料。

18. 细叶沼柳（西伯利亚沼柳）

Salix rosmarinifolia L., Sp. Pl. 2:1020. 1753; Fl. Intramongol. ed. 2, 2:67. t.24. f.4-6. 1991.

18a. 细叶沼柳

Salix rosmarinifolia L. var. **rosmarinifolia**

灌木，高 50～100cm。老枝褐色或灰褐色，无毛；当年枝黄色或黄绿色，被短柔毛；芽卵圆形，被短柔毛。叶互生或近对生，干后常变黑色，长椭圆形或披针状椭圆形，长 1.5～4cm，宽 3～6mm，先端急尖或短尖，基部钝圆或楔形，全缘，上面深绿色，无毛，下面有白茸毛；叶柄长 2～4mm，被短柔毛；托叶多存在于萌生枝上，披针形，长 2～7mm。花先叶开放。雄

花序近无柄，基部无小叶，卵圆形，长 8～12mm，直径 6～12mm；雄蕊 2，离生，花丝无毛，花药金黄色；苞片椭圆形，先端尖，两面被长柔毛，淡黄色；腹腺 1，圆柱形，长为苞片的 1/3～1/2。雌花序圆柱形，长 1.5～2cm，近无柄；子房短圆锥状卵形，密被柔毛，有短柄，近无花柱，柱头 2 裂；苞片长椭圆形，褐色或先端黑褐色，两面被毛；腹腺 1。果期果序可长达 4cm，有总柄，其上有数枚小叶；蒴果长 6～8mm，被柔毛。

湿生灌木。生于森林区和草原区的有积水的沟塘附近、较湿润的灌丛中和草甸上，为沼泽柳灌丛的建群种。产兴安北部和兴安南部及岭西和岭东（鄂伦春自治旗、牙克石市、海拉尔区、鄂温克族自治旗、新巴尔虎左旗、科尔沁右翼前旗、科尔沁右翼中旗、东乌珠穆沁旗宝格达山、阿鲁科尔沁旗、巴林左旗、巴林右旗、克什克腾旗）、科尔沁、燕山北部（宁城县）。分布于我国黑龙江、吉林、辽宁、新疆北部，朝鲜、蒙古国北部和西部、俄罗斯（西伯利亚地区），

中亚，欧洲。为古北极分布种。

本种是早春蜜源植物。枝条可供编织。

18b. 沼柳

Salix rosmarinifolia L. var. **brachypoda** (Trautv. et C. A. Mey.) Y. L. Chou in Fl. Reip. Pop. Sin. 20(2):331. t.97. f.1-8. 1984; Fl. Intramongol. ed. 2, 2:67. t.24. f.1-3. 1991.——*S. repens* L. var. *brachypoda* Trautv. et C. A. Mey. in Medd. Sibir. Reise 2(2):79. 1856.

本变种与正种的区别是：幼枝、叶及开放的雌花序被金黄色或黄茸毛；叶多为披针形或条状披针形，干后常变为黑色。

湿生灌木。生于森林带和草原带有积水的沟塘附近、较湿润的灌丛中和草甸上，为沼泽柳灌丛的建群种。产兴安北部和兴安南部及岭西和岭东（额尔古纳市、根河市、牙克石市、扎兰屯市、阿尔山市、科尔沁右翼前旗、鄂温克族自治旗、新巴尔虎左旗、东乌珠穆沁旗宝格达山、阿鲁科尔沁旗、翁牛特旗、巴林右旗）、科尔沁、燕山北部（喀喇沁旗、宁城县）、阴山（大青山）。分布于我国黑龙江、吉林东部、辽宁中部和南部、甘肃东南部，朝鲜、蒙古国北部、俄罗斯（远东地区）。为华北—满洲—蒙古北部分布变种。

用途同正种。

19. 山生柳（毛蕊杯腺柳、尖叶杯腺柳）

Salix oritrepha C. K. Schneid. in Pl. Wilson. 3:113. 1916; High. Pl. China 5:337. f.535:1-3. 2003; Fl. China 4:222. 1999.——*S. cupularis* Rehd. var. *lasiogyne* Rehd. in J. Arnold Arbor. 4:141. 1623; Fl. Intramongol. ed. 2, 2:52. t.16. f.1. 1991; Fl. China 4:222. 1999.——*S. cupularis* Rehd. var. *acutifolia* S. Q. Zhou in Act. Bot. Bor.-Occid. Sin. 4(1):2. 1984; Fl. Intramongol. ed. 2, 2:52. t.16. f.2. 1991; Fl. China 4:221. 1999.

灌木，高80～100cm。多分枝，老枝灰褐色或深灰色；幼枝紫红色或紫褐色，光滑无毛；芽矩圆状卵形，长4～8mm。叶互生或于短枝簇生，倒卵状矩圆形、宽椭圆形或卵圆形，长1～3cm，宽8～15mm，先端钝圆或微尖，基部圆形、长宽楔形，上面绿色，光滑无毛，下面苍白色，被白粉，全缘，叶柄长5～8mm；托叶小，卵圆形。花序长1～1.5cm，直径4～6mm。雄花序具花序梗，梗长5～8mm，其上着生小型叶；苞片倒卵圆形，黄褐色，长约为花丝的1/2，边缘被白色长柔毛；背、腹腺

各 1，腹腺先端有时分裂。子房密被短茸毛，花柱明显，柱头 2，先端分裂；背、腹腺各 1，腹腺常 2～4 裂，基部连合成杯状。蒴果长约 4mm，密被灰白色短茸毛，具短柄。花期 6 月，果期 8 月至 9 月上旬。

中牛灌木。生于荒漠区的海拔 2800～3200m 高山地带，常形成山生柳灌丛。产贺兰山、龙首山。分布于我国宁夏西北部、甘肃东南部、青海、四川西部、云南西北部、西藏东部和南部。为横断山脉分布种。

20. 鹿蹄柳

Salix pyrolifolia Ledeb. in Fl. Alt. 4:270. 1833; Fl. Intramongol. ed. 2, 2:54. t.18. f.1. 1991.

灌木，高约 200cm。一、二年生枝褐色或紫褐色，光滑无毛或幼时有疏柔毛；芽黄褐色，卵圆形，基部及先端常被疏毛。叶卵圆形、卵形或卵状矩圆形，长 2～8cm，宽 1.5～6cm，上面深绿色，下面苍白色，具白霜，两面无毛，边缘具细密锯齿，叶脉明显；叶柄长 8～15mm，无毛；托叶较大，肾形，边缘有明显的齿牙。花先叶开放或与叶近于同时开放，花序长 3～4cm（雌花序果期长可达 7cm），

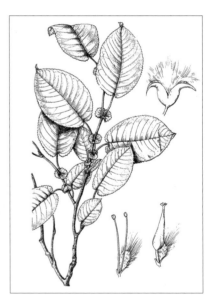

圆柱形，近于无柄，基部有鳞片状小叶，花序轴上有长柔毛；苞片矩圆形，先端钝或渐尖，褐色，两面有疏柔毛；腺体 1，腹生，矩圆形。雄蕊 2，花丝离生，光滑无毛。子房圆锥形，无毛，柄长 4～6mm，花柱短，柱头 2 裂。蒴果长 6～7mm。花期 5～6 月，果期 6～7 月。

中生灌木。生于针叶林带海拔 1300～1700m 的林缘及山地河谷中。产兴安北部（额尔古纳市、根河市、牙克石市）、兴安南部（巴林右旗）。分布于我国黑龙江北部、新疆中部和北部，蒙古国北部和西部、俄罗斯（西伯利亚地区、达乌里地区），欧洲。为欧洲—西伯利亚分布种。

本种可提取单宁，亦有防止水土冲刷的作用。

21. 大黄柳

Salix raddeana Laksch. ex Nas. in Fl. U.R.S.S. 5:707. 1936; Fl. Intramongol. ed. 2, 2:57. 1991.

灌木或小乔木。老枝深褐色，嫩枝有灰色长柔毛，后无毛；芽卵形，先端尖，深褐色，被短柔毛。叶近革质，倒卵圆形、卵形、近圆形或椭圆形，长 5 ～ 10cm，宽 3 ～ 6cm，先端渐尖，

基部圆形或宽楔形，全缘或疏生不规则锯齿，上面深绿色，下面有灰白色长茸毛；叶柄长 1 ～ 1.5cm，被柔毛。花先叶开放，雄花序椭圆形，长 2 ～ 3cm，直径 1.5 ～ 2cm，无柄，花序轴有柔毛。雄蕊 2，分离，花丝无毛或仅基部有疏柔毛，花药矩圆形，黄色；苞片卵状椭圆形，褐色，先端黑色，渐尖，两面密被长柔毛；腹腺 1。雌花序长 2 ～ 2.5cm（果期可伸长至 7 ～ 8cm），直径约 1cm（果期可达 1.5cm），有短柄，其上有 1 ～ 3 枚小叶；子房长圆锥形，被灰色柔毛，具柄，柄长 2 ～ 2.5mm，花柱明显，柱长约 1mm，柱头2 裂，每裂再 2 浅裂；腹腺 1。蒴果长约 1cm。花期 4 月，果期 5 月。

中生乔木。生于森林区的山地疏林林缘。产兴安北部（额尔古纳市、根河市、牙克石市、鄂伦春自治旗、阿尔山市）、兴安南部（阿鲁科尔沁旗、巴林右旗）、燕山北部（喀喇沁旗、宁城县、敖汉旗）。分布于我国黑龙江、吉林东部、辽宁、河北北部，朝鲜、俄罗斯（东西伯利亚地区、远东地区）。为东西伯利亚—满洲分布种。

本种为早春蜜源植物。

22. 中国黄花柳

Salix sinica (K. S. Hao ex C. F. Fang et Skv.) G. Zhu in Novon 8:465. 1998; Fl. Intramongol. ed. 2, 2:57. t.20. f.1. 1991.——*S. caprea* L. var. *sinica* K. S. Hao ex C. F. Fang et Skv. in Novon 8:467. 1998.

灌木或小乔木，高可达 4m。幼枝灰绿色或灰褐色，被灰色柔毛，后渐脱落；二、三年生枝常较粗壮，黄褐色或黄绿色，光滑无毛；芽卵圆形或卵形，黄褐色，无毛。叶形多变化，椭圆形、

卵状披针形或倒卵形，质薄，长 3～7cm，宽 1.5～3cm，先端渐尖、急尖或稍钝，基部钝圆或宽楔形，边缘全缘或有稀疏稀齿，上面深绿色，下面苍白，幼时有柔毛，后脱落；叶柄长 7～12mm，无毛或被疏毛；托叶卵形，有疏腺齿，常早落。花先叶开放。雄花序椭圆形，近无柄，长 2～3cm，直径 1.2～1.5cm；雄蕊 2，离生，花丝比苞片长约 2 倍；腹腺 1。雌花序长 3～4cm，

果期可达 8cm，无柄；子房卵状圆锥形，被柔毛，有柄，柄长约为子房的 1/3；苞片椭圆状卵形，先端黑褐色，被长柔毛；腹腺 1。蒴果长 7～9mm，具柔毛。花期 5 月，果期 6 月。

　　中生灌木或小乔木。生于草原区的山地林缘及沟边。产阴山（大青山、乌拉山）、贺兰山。分布于我国河北、甘肃东部、宁夏、青海东部。为华北分布种。

　　本种为水土保持树种。木材可做小家具、农具等用材。

23. 皂柳

Salix wallichiana Anderss. in Kongl. Vet. Akad. Handl. 1850:477. 1851; Fl. Intramongol. ed. 2, 2:59. t.21. f.1-2. 1991.

　　灌木或小乔木。枝褐色、紫褐色或黄褐色，幼时被柔毛，后脱落无毛；芽矩圆状卵形，褐色，无毛。叶矩圆形、倒卵状矩圆形或矩圆状披针形，长 3～6cm，宽 1～2cm，先端渐尖或急尖，基部楔形或钝圆，边缘全缘或有稀疏锯齿，上面深绿色，下面苍白色，无毛或有柔毛；叶柄长 5～12mm，有柔毛或近无毛；托叶肾形，边缘有齿牙。

　　花先叶开放，无柄或几无柄，花序轴密生柔毛。雄花序细圆柱形，长 2.5～4cm，直径约 1cm；雄蕊 2，离生，花丝无毛或疏具柔毛；苞片长椭圆形，被柔毛；腹腺 1。雌花序圆柱形，长 2～5cm；子房狭圆锥形，被毛，子房柄短或授粉后逐渐伸长，有的果柄可与苞片近等长，花柱短或明显，柱头直立，2～4 裂。蒴果有柔毛或近无毛，长可达 9mm。花期 4～5 月，果期 5～6 月。

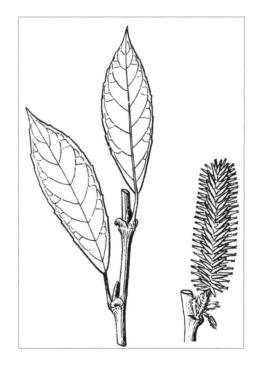

　　中生灌木或小乔木。生于草原区的山地河岸。产阴山（大青山）、贺兰山。分布于我国河北北部、河南西部、山西、江苏东南部、江西东北部、浙江西北部、湖北西部、湖南西部、陕西中部和南部、甘肃东部、宁夏、青海南部、四川、贵州、云南、西藏东部和南部，尼泊尔、不丹、印度。为东亚分布种。

　　本种为水土保持树种。枝可供编织。

24. 兴安柳

Salix hsinganica Y. L. Chang et Skv. in Ill. Man Woody Pl. N.-E. China 173, 556. t.55. f.78., t.56. f.1. 1955; Fl. Intramongol. ed. 2, 2:54. t.19. f.4. 1991.

灌木，高约 100cm。当年枝绿色或带褐色，有柔毛，二年生枝褐色或紫褐色；芽卵形，先端尖，初有短柔毛，后脱落。叶椭圆形、倒卵状椭圆形或卵形，长 1～5cm，宽5～20mm，先端急尖或短尖，基部宽楔形或钝圆，边缘全缘或有不整齐的疏齿，上面绿色，下面苍白色，网脉在下面明显隆起，幼叶两面被柔毛，后逐渐脱落；叶柄长2～6mm，被柔毛；托叶斜卵形，长2～4mm。花序先叶开放或与叶同时开放，椭圆形或短圆柱形，长 1～2.5cm。雄花序无梗；雄蕊2，分离，花丝下面疏生长柔毛，花药黄色；苞片矩圆形，黄绿色，两面有长毛；腹腺1。雌花序基部有柄，有2～3枚小叶，果期可伸长达5cm；子房卵状圆锥形，密被柔毛，有明显的子房柄，柄长2～3mm，被短柔毛，花柱短，柱头2～4裂；苞片矩圆形，比子房柄稍短或与之近等长，淡黄色；腺体1，腹生。蒴果长4～6mm，被短柔毛。花期5～6月，果期6～7月。

湿中生灌木。生于森林区和草原区的沼泽中或较湿润的山坡上。产兴安北部和兴安南部及岭东和岭西（额尔古纳市、根河市、牙克石市、扎兰屯市、科尔沁右翼前旗、东乌珠穆沁旗、西乌珠穆沁旗东部）、阴山（大青山）。分布于我国黑龙江西北部。为阴山—兴安分布种。

叶富含蛋白质。

25. 谷柳（波纹柳）

Salix taraikensis Kimura in J. Fac. Agricult. Hokk. Univ. 26(4):419. 1934; High. Pl. China 5:353. 2003; Fl. China 4:247. 1999.——*S. livida* Wahlenb. in Fl. Lapp. 272. t.16. f.7. 1823; Fl. Intramongol. ed. 2, 2:56. t.19. f.1-3. 1991.——*S. starkeana* auct. non Willd.: Fl. Intramongol. ed. 2, 2:59. t.20. f.2-3. 1991.

灌木。枝幼时被柔毛，后渐脱落，老枝浅灰色或灰褐色；芽黄褐色，被短柔毛。叶较薄，椭圆形或宽椭圆形，少为倒卵状椭圆形，长（2～）6～10cm，宽（1.5～）4～5cm，先端急尖、钝或圆，基部圆形或宽楔形，边缘有疏齿或近于全缘，上面深绿色，下面苍白色，幼时多少被柔毛，后渐脱落；叶柄长2～7mm，疏被柔毛；托叶斜卵形，边缘具齿，无毛。花序先叶开放，长约2.5cm，有柄，其上生有数枚小型叶。雄蕊2，离生，花丝无毛；苞片椭圆状卵形，黄褐色，两面被长柔毛；腹腺1。子房卵状圆锥形，被短柔毛，有长柄，长柄与子房近等长，花柱短，柱头2裂苞片、腺体同雄花。蒴果长6～8mm，被疏毛。花期5月，果熟期6月。

中生灌木。生于森林区和草原区较湿的山沟、草地及林缘。产兴安北部（额尔古纳市、根河市、牙克石市、阿尔山市）、岭东（扎兰屯市）、阴山（大青山）。分布于我国黑龙江、吉林、辽宁、河北、山西、新疆中部和北部及西部，日本、朝鲜、蒙古国北部和西部、俄罗斯（西伯利亚地区、远东地区）。为东古北极分布种。

26. 崖柳

Salix floderusii Nakai in Fl. Sylv. Kor. 18:123. 1930; Fl. China 4:247. 1999.——*S. xerophila* auct. non Flod.: Fl. Intramongol. ed. 2, 2:61. t.21. f.3-4. 1991.

灌木或小乔木，高可达6m。幼枝被短柔毛，后渐脱落；芽褐色，被短柔毛。叶椭圆形、倒卵状长椭圆形或披针状长椭圆形，长3～6cm，宽1.5～3cm，先端短尖或急尖，基部钝圆或宽楔形，上面深绿色，无毛或疏生短柔毛，下面色淡，被白色茸毛，近于全缘或有疏齿；叶柄长4～10mm，有毛；托叶常宿存于萌生枝、长枝上，卵状披针形。花先叶开放或与叶近同时开放。雄花序长圆形，长1.8～2.5cm，直径约1cm，无梗；雄蕊2，离生，花丝无毛或下部有疏长毛；腹腺1。雌花序长2～4cm，果期可达6cm，有短梗；子房卵状圆锥形，被柔毛，子房柄长可达5mm，花柱短，柱头2深裂；苞片长椭圆形，两面被毛；腹腺1。蒴果长5～8mm，有柔毛。花期5月，果期6月。

中生灌木或小乔木。生于森林区林缘较干燥的地方。产兴安北部（额尔古纳市、根河市）、岭东（扎兰屯市）。分布于我国黑龙江、吉林、辽宁、河北、山西，朝鲜、俄罗斯（东西伯利亚地区、远东地区）。为东西伯利亚—满洲—华北分布种。

本种为早春蜜源树种。

27. 杞柳（白箕柳）

Salix integra Thunb. in Syst. Veg. ed.14, 880. 1784; Fl. Intramongol. ed. 2, 2:69. t.26. f.1-2. 1991.

灌木，高 100 ～ 300cm。二年生枝灰褐色或黄绿色；当
年枝纤细，绿色或带红色，光滑无毛；芽长卵形，无毛。叶
对生、近对生或互生，倒披针形、倒披针状矩圆形或长椭圆
形，长 3 ～ 6cm，宽 5 ～ 10mm，先端急尖，基部钝圆或宽楔形，
边缘有细锯齿，上面深绿色，下面苍白色，有白粉，幼叶常
带紫红色，叶柄长 2 ～ 5mm，无托叶。花序先叶开放，对生
或近对生，长约 1.5cm，轴上密被长柔毛，无花序梗，基部
着生 2 ～ 4 枚小型叶。雄蕊 2，完全合生，花丝光滑无毛；
苞片倒卵形，黑褐色或黄褐色，被毛；腹腺 1。子房长卵形，
被柔毛，无柄，花柱不明显，柱头 2 ～ 4 裂。蒴果长 3 ～ 4mm，
被长柔毛。花期 4 月下旬至 5 月上旬，果期 5 月中下旬。

湿中生灌木。生于夏绿阔叶林带的河流、水沟两岸。产
辽河平原（大青沟）。分布于我国黑龙江、吉林东部、辽宁、
河北北部、河南东南部、山东（泰安市）、安徽南部，日本、
朝鲜北部、俄罗斯（乌苏里地区）。为东亚北部分布种。

本种为护岸树种。枝条可供编织。

28. 砂杞柳

Salix kochiana Trautv. in Mem. Acad. Imp. Sci. St.-Petersb. Div. Sav. 3:632. t.1. 1837; Fl. Intramongol. ed. 2, 2:71. t.26. f.3-4. 1991.

灌木，高 100 ～ 200cm。老
枝灰褐色；一年生枝淡黄色，光
滑无毛，有光泽。叶倒卵状椭圆
形或椭圆形，长（1.5 ～）3 ～ 7cm，
宽 2 ～ 3cm，先端急尖或稍钝，基
部宽楔形，边缘全缘或具不明显
的疏齿，上面深绿色，下面苍白色，
被白霜，两面光滑无毛，叶柄长
2 ～ 4mm；托叶小，早落。花序圆
柱形，长 2 ～ 3cm，直径 6 ～ 8mm，
花序轴具柔毛，基部有短梗，其
上有小型叶。雄蕊 2，花丝中下
部连合，光滑无毛，花药圆球形，
黄色；苞片倒卵形，淡黄色，背

面疏生长柔毛；腹腺 1，圆柱形，比苞片稍短。子房密被短茸毛，具短柄，花柱极短，柱头 4 裂；苞片淡黄色，椭圆形，背部及先端具长柔毛；腹腺 1，与子房柄近等长，先端常叉裂。蒴果长约 5mm，被短茸毛。花期 5 月，果期 6 月。

　　湿中生灌木。生于草原区的沙丘间低地及森林区的灌丛沼泽。产兴安北部（牙克石市）、呼伦贝尔（海拉尔区）、兴安南部（巴林右旗）、锡林郭勒（浑善达克沙地）。分布于我国黑龙江、吉林，蒙古国北部、俄罗斯（西伯利亚地区）。为西伯利亚—满洲分布种。

29. 乌柳（筐柳、沙柳）

Salix cheilophila C. K. Schneid. in Pl. Wilson. 3:69. 1916; Fl. Intramongol. ed. 2, 2:71. t.27. f.1-4. 1991.

　　灌木或小乔木，高可达 4m。枝细长，幼时被绢毛，后脱落；一、二年生枝常为紫红色或紫褐色，有光泽。叶条形、条状披针形或条状倒披针形，长 1.5～5cm，宽 3～7mm，先端尖或渐尖，基部楔形，边缘常反卷，中上部有细腺齿，基部近于全缘，上面幼时被绢状柔毛，后渐脱落，下面有明显的绢毛，叶柄长 1～3mm。花序先叶开放，圆柱形，长 1.5～2.5cm，直径 3～4mm，

花序轴有柔毛。雄蕊 2，完全合生，花丝无毛，花药球形，黄色；苞片倒卵状椭圆形，淡褐色或黄褐色，先端钝或微凹，基部有柔毛；腹腺 1，狭圆柱形。子房近无柄，卵形或卵状椭圆形，密被短柔毛，花柱极短。蒴果长约 3mm，密被短毛。花期 4～5 月，果期 5～6 月。

　　湿中生灌木或小乔木。生于草原区的河流、沟溪两岸、沙丘间低湿地，为沙地或河岸柳灌丛的建群种或优势种。产兴安南部（克什克腾旗）、阴山（大青山、蛮汗山、乌拉山）、阴南丘陵（准格尔旗、东胜区）、鄂尔多斯（伊金霍洛旗、乌审旗、达拉特

旗）、贺兰山、龙首山。分布于我国河北、河南、山西、陕西、宁夏、甘肃、青海、四川西部、西藏东部、云南西北部。为华北—横断山脉分布种。

本种是护堤、固沙树种。枝条可供编织。枝、叶入药，能解表祛风，用于麻疹初期斑疹不透、皮肤瘙痒及慢性风湿。

30. 小穗柳

Salix microstachya Turcz. ex Trautv. in Mcm. Acad. Imp. Sci. St.-Petersb. Div. Sav. 3:628. 1837; Fl. Intramongol. ed. 2, 2:73. t.27. f.5-6. 1991.

30a. 小穗柳

Salix microstachya Turcz. ex Trautv. var. **microstachya**

灌木，高 100～200cm。二年生枝黄褐色淡黄色；当年枝细长，常弯曲或下垂，幼时被绢毛，

后渐脱落。叶条形或条状披针形，长 1.5～4.5cm，宽 2～5mm，先端渐尖，基部楔形，边缘全缘或有不明显的疏齿，幼时两面密被绢毛，后渐脱落，叶柄长 1～3mm，无托叶。花序与叶同时开放，细圆柱形，长 1～2cm，直径 3～4mm，具短梗，其上着生小型叶，花序轴具柔毛；雄蕊 2，完全合生，花药黄色，球形，花丝光滑无毛；子房卵状圆锥形，无毛，花柱明显，柱头 2 裂；苞片淡黄色或褐色，倒卵形或卵状椭圆形，先端近于截形，有不规则的齿牙，基部具长柔毛；腺体 1，腹生。蒴果长 3～4mm，无毛。花期 5 月，果期 6 月。

湿中生灌木。生于森林草原带的沙丘间低地、河流两岸，为沙地或河岸柳灌丛的优势种。产呼伦贝尔（海拉尔区）、科尔沁（阿鲁科尔沁旗、翁牛特旗、巴林右旗、克什克腾旗）。分布于蒙古国东部和北部及西部、俄罗斯（西伯利亚地区）。为蒙古高原分布种。

本种为固沙树种。枝条可供编织。羊和骆驼乐食其嫩枝叶。

30b. 小红柳

Salix microstachya Turcz. ex Trautv. var. **bordensis** (Nakai) C. F. Fang in Fl. Reip. Pop. Sin. 20(2):355. 1984; Fl. Intramongol. ed. 2, 2:73. 1991.——*S. bordensis* Nakai in Rep. Exped. Manch. Sect. 4:74. 1936.

本变种与正种的区别是：小枝红褐色，花药常为红色。

湿中生灌木。生于草原区的沙丘间低地、河谷。产科尔沁（科尔沁右翼中旗、奈曼旗、翁牛特旗、阿鲁科尔沁旗、巴林右旗、克什克腾旗）、锡林郭勒（苏尼特左旗、正镶白旗）、鄂尔多斯（乌审旗、达拉特旗）、东阿拉善（磴口县）、贺兰山。分布于我国黑龙江、吉林、辽宁、河北、宁夏、河北、甘肃等省区。为华北—满洲分布变种。

用途同正种。

31. 线叶柳

Salix wilhelmsiana Bieb. in Fl. Taur.-Cauc. 3:627. 1819; High. Pl. China 5:362. f.586. 2003; Fl. China 4:265. 1999.

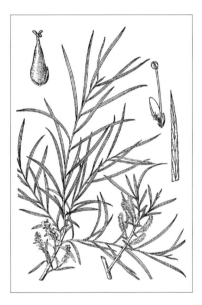

灌木或小乔木，高 5～6m。小枝细长，末端半下垂，紫红色或栗色，被疏毛，稀近无毛；芽卵圆形，先端钝，有茸毛。叶条形或条状披针形，长 2～6cm，宽 2～4mm，嫩叶两面密被茸毛，后仅下面有疏毛，边缘有细锯齿，稀近全缘，叶柄短；托叶细小，早落。花序与叶近同时开放，密生于去年的小枝上。雄花序近无梗；雄蕊 2，连合成单体，花丝无毛，花药黄色（初红色），球形；苞片卵形或长卵形，淡黄色或淡黄绿色，外面和边缘无毛，稀有疏柔毛或基部较密，先端尖或钝；腹腺 1。雌花序细圆柱形，长 2～3cm，果期伸长，基部具小叶；子房卵形，密被灰茸毛，无柄；花柱较短，红褐色；柱头几乎直立，全缘或 2 裂；苞片卵圆形，淡黄绿色，仅基部有柔毛；腺 1，腹生。花期 5 月，果期 6 月。

中生灌木。生于荒漠带、半荒漠带及荒漠化草原带的河谷。产鄂尔多斯、东阿拉善、贺兰山、西阿拉善、额济纳。分布于我国陕西北部和西南部、宁夏、甘肃、青海东部、新疆，印度、巴基斯坦、伊朗、土耳其，西南亚、中亚、欧洲。为古地中海分布种。

32. 黄龙柳

Salix llouana C. Wang et Ch. Y. Yang in Bull. Bot. Lab. N.-E. Forest. Inst. Harbin 9:97. 1980; High. Pl. China 5:363. f.588. 2003.

灌木。树皮淡黄色。小枝黄褐或红褐色，沿芽附近常有短茸毛，一、二年枝密被灰茸毛；芽扁，卵圆形，密被茸毛。

叶倒披针形或披针形，常上部较宽，长 6～10cm，宽 1.5～2.5cm，短枝叶较小，先端短渐尖，基部楔形或阔楔形，边缘微外卷，有腺锯齿，上面淡绿色，下面苍白色，幼叶有短茸毛，成叶仅叶脉有毛，叶脉淡褐色，两面凸出；叶柄长 5～10mm，密被茸毛；托叶披针形，先端渐尖，基部渐狭，具腺齿，长于叶柄。花与叶近同时开放，雄花序未见。雌花序卵圆形至短圆柱形，长 1～2.5cm，径 6～7mm，无梗，基部具椭圆形下面有长毛的鳞片；子房圆锥形，密被灰茸毛，无柄，花柱短至缺，柱头全缘或 2 裂；苞片倒卵圆形或近圆形，先端圆，暗褐或栗色，两面有灰白色长柔毛；腺体 1，腹生，细小。花期 4 月，果期 5 月。

湿中生灌木。生于草原区的河岸。产鄂尔多斯（达拉特旗）。分布于我国山西南部、陕西中部和南部、宁夏南部、甘肃东部、河南西部、山东中部、山西西南部、湖北西部、四川东北部。为华北分布种。

33. 筐柳（棉花柳、白茋柳、蒙古柳）

Salix linearistipularis K. S. Hao in Repert. Spec. Nov. Regni Veg. Beih. 93:102. 1936; Fl. Intramongol. ed. 2, 2:73. t.25. f.1-4. 1991.

灌木，高 150～250cm。老枝灰色或灰褐色，光滑无毛；一年生枝黄褐色，无毛。叶倒披针形、倒披针状条形或条形，最宽处在中部以上，长 4～10cm，宽 5～10mm，萌生枝叶常更大一些，先端急尖或渐尖，基部楔形，边缘具腺齿，幼时疏生毛，后变光滑，叶柄长 3～10mm；托叶条形，长 5～10mm，萌生枝的托叶长可达 2cm，边缘有腺齿。花序圆柱形，长 1.5～2.5cm，总梗短或近无总梗，基部常生有 1～3 枚小型叶。雄蕊 2，完全合生，花药球形，花丝光滑无毛；

苞片倒卵状椭圆形，黑褐色，两面生有长柔毛；腹腺 1，圆柱形。子房卵形，密被灰白色短毛，无柄，花柱短，柱头 2 裂，每裂再 2 浅裂。蒴果密被短柔毛，长 3～4mm。花期 5 月，果熟期 5～6 月。

中生灌木。生于草原地带的山地、河边、沟塘边及丘间低地。产岭东（扎兰屯市）、兴安南部及科尔沁（科尔沁右翼前旗、科尔沁右翼中旗、科尔沁左翼后旗、阿鲁科尔沁旗、翁牛特旗、巴林右旗、克什克腾旗）、燕山北部（喀喇沁旗、宁城县、敖汉旗）、锡林郭勒（多伦县）、阴南平原（土默特右旗）、阴南丘陵（准格尔旗）、鄂尔多斯（乌审旗）。分布于我国黑龙江南部、吉林、辽宁、河北、河南西部和北部、山东西南部、山西、陕西、甘肃东南部、宁夏、湖北西北部。为华北—满洲分布种。

枝条细长、柔软，可供编筐、篓等用。

34. 北沙柳（沙柳、西北沙柳）

Salix psammophila C. Wang et Ch. Y. Yang in Bull. Bot. Lab. N.-E. Forest. Inst. Harbin 9:104. 1980; Fl. Intramongol. ed. 2, 2:74. t.18. f.2-6. 1991.

灌木，高 200～400cm。树皮灰色。老枝颜色变化较大，浅灰色、黄褐色或紫褐色。小枝叶长可达 12cm，先端渐尖，基部楔形，边缘有稀疏腺齿，上面淡绿色，下面苍白色，幼时微具柔毛，后光滑，叶柄长 3～5mm；托叶狭条形，长不超过 5mm，常早落，萌枝上的托叶常较长。花先叶开放，长 1.5～3cm，具短梗，基部有小叶，花序轴具柔毛；苞片卵状矩圆形，先端钝圆，中上部黑色或深褐色，基部有长柔毛；腺体 1，腹生。雄花具雄蕊 2，完全合生；花丝基部有短柔毛；花药黄色或紫色，近球形，4 室。子房卵形，无柄，被柔毛；花柱明显，长约 1mm；柱头 2 裂。蒴果长约 5.8mm，被柔毛。花期 4 月下旬，果期 5 月。

旱中生沙生灌木。生于草原区的流动、半固定沙丘及沙丘间低地，为沙地柳灌丛的建群种。产鄂尔多斯（毛乌素沙地、库布其沙漠）、东阿拉善（临河区、磴口县、乌兰布和沙漠）。分布于我国陕西北部、宁夏东北部，其他省区多引种栽培。为鄂尔多斯高原分布种。

本种较耐旱，抗沙埋，生长迅速，为毛乌素沙地的优良固沙树种。枝条细长、轻软、洁白，可供编筐、篮等用。

35. 细枝柳

Salix gracilior (Siuz.) Nakai in Rep. Exped. Manch. Sect. 4(4):7. 1936; High. Pl. China 5:364. f.591. 2003; Fl. China 4:271. 1999.——*S. mongolica* Siuz. f. *gracilior* Siuz. in Trudy. Bot. Muz. Imp. Akad. Nauk 9:90. f.2. 1912.

灌木，高 200～300cm。树皮灰色。小枝纤细，淡黄或淡绿色，无毛。叶条形或条状披针形，长 3～6cm，宽 3～4mm，常中上部较宽，先端渐尖，基部楔形，边缘有腺齿，上面绿色，下面较淡，成叶无毛，中脉淡黄色，侧脉呈锐角开展；叶柄长 3～5mm，无毛；托叶线条形或披针形，常早落。花序与叶近同时开放，细圆柱形，长 2～4cm，直径 3～5mm，果序较粗或很密，花序梗长 5～10mm，或较短，基部具小叶；雄蕊 2，花丝合生，基部有柔毛，花药黄色；子房卵形或椭圆形，密被茸毛，柄很短，花柱短，柱头头状；

苞片长倒卵形，淡褐色，同色，稀2色，无毛或有疏毛；腺体1，腹生，淡褐色，细小。蒴果有茸毛。花期5月，果期5～6月。

湿中生灌木。生于森林区和草原区的河边、沟边、沙区低湿地。产兴安北部（大兴安岭）、呼伦贝尔西部、科尔沁、辽河平原。分布于我国黑龙江、吉林、辽宁、河北北部、山西北部、陕西北部、宁夏北部、山东东部。为华北—满洲分布种。

本种为固岸、固沙造林树种。枝条供编织。

36. 细柱柳

Salix gracilistyla Miq. in Ann. Mus. Bot. Lugd.-Bat. 3:26. 1867; High. Pl. China 5:360. f.581. 2003; Fl. China 4:261. 1999.

灌木。小枝黄褐色或红褐色，初有茸毛，后无毛；芽长圆状卵形，先端尖，黄褐色，有柔毛。叶椭圆状长圆形、倒卵状长圆形或长圆形，长约5(～12)cm，宽1.5～2(～3.5)cm，先端急尖，基部楔形，上面深绿色，无毛，下面灰色，有绢质柔毛，春与初夏开展的幼叶无毛或近无毛，夏、秋开展的叶下面密被绢毛，边缘有锯齿，叶脉明显凸起，叶柄明显；托叶大，半心形。花序先叶开放，长2.5～3.5cm(果序长可达8cm)，直径1～1.5cm，无花序梗。雄蕊2，花药红色或红黄色，花丝合生为1，无毛，长可达6mm；苞片椭圆状披针形，先端急尖，上部黑色，两面密生长毛；腺体1，腹生，细长，红黄色。子房椭圆形，被茸毛，无柄，花柱细长，柱头2裂；苞片和腺体的特征同雄花，但较短小。蒴果被密毛。花期4月，果期5月上旬。

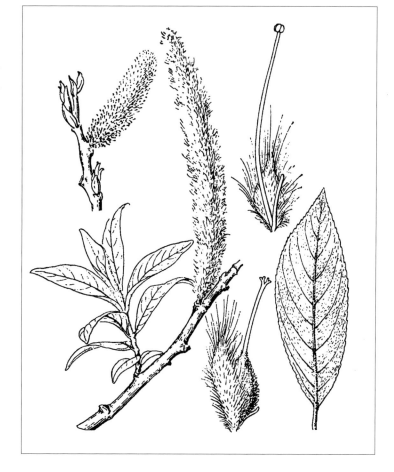

中生灌木。生于森林区的山沟溪旁。产兴安北部（大兴安岭）。分布于我国黑龙江、吉林、辽宁、河北东北部，日本、朝鲜、俄罗斯（远东地区）。为东亚北部（满洲—日本）分布种。

本种为护堤、观赏树种，亦可供编织等用。用播种、插条等法繁殖。

23. 胡桃科 Juglandaceae

落叶乔木或灌木。冬芽具鳞片或裸露。叶互生，单数羽状复叶，无托叶。花雌雄同株。雄花为葇荑花序，下垂，常集成穗状；雄蕊3至多数，花被具不规则的裂片，花丝短而分离，花药2室，纵裂。雌花单生或数朵合生；花被4裂，与苞片和子房合生；雌蕊由2心皮合生，子房下位，胚珠1，花柱2。核果或坚果，为一肉质的外果皮所包住，或4瓣裂，或有翅；种子2～4裂，无胚乳；子叶肉质或叶状褶曲，富油质，胚2裂，具短轴。

内蒙古有1属、1种，另有1栽培属、2栽培种。

分属检索表

1a. 冬芽无柄，羽状复叶的叶轴不具翅翼，核果肥大、无翅···1. 胡桃属 Juglans
1b. 冬芽具柄，羽状复叶的叶轴具窄翅翼，小坚果带翅···2. 枫杨属 Pterocarya

1. 胡桃属 Juglans L.

乔木。小枝髓心呈片状；芽具数枚鳞片，无柄。单数羽状复叶，互生，无托叶。花雌雄同株；多数雄花排成葇荑状花序；萼4裂；子房1，花柱2，柱头内侧为羽毛状。果为大核果，不裂；外果皮肉质肥厚，平滑或有毛；内果皮骨质，具皱纹；种子有薄种皮，基部2～4裂；子叶多肉，富含油质。

内蒙古有1种，另有1栽培种。

分种检索表

1a. 小叶全缘，叶、小枝无毛，外果皮光滑，果具2棱。栽培···1. 胡桃 J. regia
1b. 小叶具细锯齿，叶、小枝被毛，外果皮被毛，果具8棱···2. 胡桃楸 J. mandshurica

1. 胡桃（核桃）

Juglans regia L., Sp. Pl. 2:997. 1753; Fl. Intramongol. ed. 2, 2:75. t.28. f.1-2. 1991.

乔木，高可达30m。树皮灰色，浅纵沟裂。小枝光滑，髓心片状；冬芽球形，具数枚鳞片，幼时两面皆被淡黄色茸毛。单数羽状复叶，叶长20～27（～30）cm；小叶通常7，稀5或9，圆状卵形至长椭圆形，长6～13cm，宽3～8.5cm，先端钝或短尖，基部圆形或歪形，边缘全缘，上面暗绿色，无毛，下面淡绿色，幼时仅脉腋具簇毛。花与叶同时开放；雄葇荑花序长5～10（～15）cm，花密生，具苞及小苞片，花被6裂，腹面具雄蕊6～30，花药黄色；雌花序穗状，直立于枝条顶端，具花1～4，花被5裂，子房与苞合生，花柱短，柱头2裂，绿色。核果近球形或椭圆形；外果皮绿色，光滑，直径4～5cm；果核常为卵球形，稀椭圆形，先端微短尖，具皱褶，表面具2棱；种子呈脑状，富含油脂。花期5月上旬，果期10月。

中生乔木。内蒙古呼和浩特市、包头市、赤峰市有栽培，我国华北、西北、西南、华中、华南地区亦有大量栽培。分布于我国新疆西北部和西部，中亚、西亚、南亚。为中亚—西亚分布种。

木材坚实，纹理美观，不翘不裂，耐腐朽，为重要国防用材，亦可做四旁绿化、公路、行道、庭园绿化树种。核桃仁含油率一般在74%左右。种子（药材名：核桃仁）入药，能温肺、定喘、补肾固精，主治虚寒喘嗽、腰膝酸软、遗精阳痿。也入蒙药（蒙药名：胡西格），效用与主治同中药。外果皮及枝条含单宁，可做燃料及鞣制皮革。外壳可制活性炭。

2. 胡桃楸（山核桃、核桃楸）

Juglans mandshurica Maxim. in Bull. Cl. Phys.-Math. Acad. Imp. Sci. St.-Petersb. Ser. 2, 15:127. 1856; Fl. Intramongol. ed. 2, 2:77. t.28. f.3-6. 1991.

乔木，高可达20m。树皮灰色或暗灰色，光滑，具细纵裂。小枝灰色，粗壮，被腺毛，髓心薄片状，灰褐色；冬芽大，被黄褐色毛；叶痕猴脸形。单数羽状复叶互生；小叶9～17，卵状矩圆形或矩圆形，长5～14（～20）cm，宽3～6cm，先端尖或短渐尖，上面暗绿色，且幼

时被短柔毛，后渐脱落，下面淡绿色，且沿主脉密生短细毛，边缘具细锯齿，叶轴和总叶柄密生黄褐色腺毛。花单性，雌雄同株；雄荑黄花序腋生，长10～20（～30）cm，先叶开放，萼片3～4，雄蕊8～40；雌穗状花序顶生，直立，花5～10，生于密被短柔毛的花轴上，与叶同时开放，萼片4，子房下位，乳头状柱头2裂。核果球形或卵圆形，暗红色，长4～6cm，直径3～4cm，先端尖，外果皮具褐色腺毛；果核卵形或椭圆形，坚硬，先端锐尖，表面具8纵棱，有不规则的下凹皱纹；种仁较瘦小，含油脂少。花期5月，果期10月。

中生乔木。喜生于土壤肥沃和排水良好的山坡或谷地。产兴安南部（巴林右旗）、辽河平原（大青沟）、燕山北部（喀喇沁旗、宁城县、敖汉旗）。内蒙古呼和浩特市、兴安盟有栽培。分布于我国黑龙江、吉林、辽宁、河北、山西、河南北部、安徽、浙江、福建、台湾、广西、贵州、湖北、湖南、江苏、江西、陕西、四川、云南，朝鲜北部、俄罗斯（远东地区）。为东亚分布种。是国家三级重点保护植物。

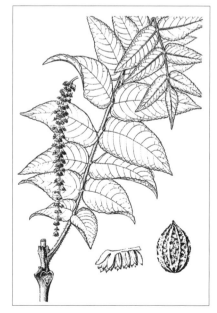

木材质好，不翘不裂，为重要国防工业用材，亦可做庭园绿化树种。果皮入药，可治胃病；枝皮或干皮能清热解毒、止痢、明目，主治泄泻、痢疾、白带、目赤。皮、枝、叶及外果皮含鞣质，可提制栲胶及做燃料。种仁可食，并可榨油，含油率约70%。

2. 枫杨属 Pterocarya Kunth.

落叶乔木。冬芽裸露，具柄。羽状复叶互生，有锯齿，小叶近无柄，无托叶。花单性，雌雄同株，与叶同时开放，为下垂的柔荑花序；雄花序生于老枝叶腋，萼片 1～4，雄蕊 6～18；雌花序生于当年生枝顶，苞片 1，小苞片 2，下部与子房合生，子房 1 室，每室具 1 胚珠，花柱 2 裂，柱头头状。果为坚果，翅 2。

内蒙古有 1 栽培种。

1. 枫杨

Pterocarya stenoptera C. DC. in Ann. Sci. Nat. Bot. Ser. 4, 18:34. 1862: Fl. Intramongol. ed. 2, 2:79. t.29. f.1-4. 1991.

乔木，高可达 10m。树皮暗灰色，深纵裂。嫩枝被柔毛。小枝灰褐色，无毛；皮孔圆形凸起，褐色；冬芽具柄，似叶状，长而扁，密被黄褐色腺毛。单数羽状复叶，长 10～20cm，叶柄长 2～5cm；顶生小叶片常缺，故被误认为双数羽状复叶；叶轴具窄翅，与叶柄均被黄褐色腺毛。小叶 11～15（～23），矩圆形或窄矩圆形，长 3～10cm，宽 1.5～3.5cm，先端常急尖或钝圆，基部歪斜；上面深绿色，具凸起的细小疣状体，沿脉密被短毛；下面淡绿色，初被短柔毛，后渐脱落，仅在脉腋间簇生黄褐色毛；叶边缘具整齐内弯细锯齿；小叶无柄，与叶轴连接处密被黄色短毛。雄柔荑花序长 3～7cm，单生于去年生枝的叶痕腋内，花序轴被黄色毛，雄花具苞片及小苞片，萼片 1～6，雄蕊 5～12。雌柔荑花序单生于枝顶，长 10～17cm，花序轴被疏毛及短柔毛；花自花轴基部 4cm 以上着生，生于苞腋，两侧各具 1 枚小苞片；萼片 4；花柱 2，柱头头状。果序长 18～30cm。坚果矩圆形，长 5～7mm，被黄褐色毛；果翅窄矩圆形，长 8～12mm，宽 3～6mm，密被细小疣状凸起。花期 5 月，果期 9 月。

中生乔木。内蒙古呼和浩特市、包头市、赤峰市有栽培，我国华北和东北南部地区亦有栽培。分布于我国辽宁、河北、甘肃东南部、陕西南部、河南、山东、安徽、江苏、浙江、福建、台湾、湖北、湖南、江西、广东北部、广西北部、海南、贵州、云南、四川、日本、朝鲜。为东亚分布种。

本种可做庭园观赏树种。材质轻软，收缩性小，不翘不裂，可做家具、纸浆用材。树皮入药，用于治疗龋齿痛、疥癣、烫火伤。树皮纤维坚韧，出麻率达 38%。果实可做饲料。种子可榨油，其含油率达 28.83%（去翅）。

24. 桦木科 Betulaceae

落叶乔木或灌木。芽具鳞片。单叶，互生，叶缘常具锯齿，稀浅裂或全缘，叶脉羽状。花单性，雌雄同株。雄花排成下垂的荑黄花序，花被和苞鳞结合，每苞鳞有雄蕊 2～20，花药 2 室，药室分离或合生、纵裂。雌花排成荑黄状、总状、球穗状或簇生花序，具多数苞鳞，无花被，或具花被并与子房贴生；子房下位，2 室，每室具 1 胚珠，花柱 2。小坚果具翅或无翅，外被果苞，无胚乳，胚直立，子叶扁平。

内蒙古有 4 属、17 种。

分属检索表

1a. 果苞鳞片状，木质或革质，外部有时具短毛，每果苞有小坚果 2～3；果扁平，较小，有翅。

　2a. 果苞革质，顶端具 3 裂片，成熟时脱落，每果苞有小坚果 3；雄蕊 2；冬芽无柄···**1. 桦木属 Betula**

　2b. 果苞木质，顶端具 5 裂片，成熟时不落，每果苞有小坚果 2；雄蕊 4；冬芽有柄或无·········

　　···**2. 桤木属 Alnus**

1b. 果苞钟状、管状或囊状，厚纸质，外部被刺毛状腺体或短毛，每果苞有坚果 1～2；果球形，较大，无翅。

　3a. 果苞钟状或管状；坚果大，大部或全部为果苞所包；叶大型·····················**3. 榛属 Corylus**

　3b. 果苞囊状；坚果小，全部为果苞所包；叶小型·····················**4. 虎榛子属 Ostryopsis**

1. 桦木属 Betula L.

落叶乔木或灌木。树皮呈薄纸质分层剥落或块状剥落。幼枝通常密生隆起的树脂状腺体或腺点，皮孔横扁，冬芽无柄，芽鳞多数。单叶，下面常具腺点。雄蕊 2，药室分离，顶端有毛。雌荑黄花序生于小枝顶，每苞鳞内着生雌花 3 朵，无花被。果苞革质，成熟时脱落；果序轴纤细，宿存。小坚果扁平，两侧具或宽或窄的膜质翅，花柱宿存；种子单生，种皮膜质。

内蒙古有 12 种。

分种检索表

1a. 小坚果具明显的膜质翅，翅宽为果的 1/3 以上。

　2a. 叶脉 8 对以下。

　　3a. 乔木。

　　　4a. 树皮白色，薄层状剥裂；叶下面和叶柄无毛；膜质翅与果等宽或稍宽·····················

　　　···**1. 白桦 B. platyphylla**

　　　4b. 树皮黑褐色，龟裂或小块状剥裂；叶下面和叶柄被毛；膜质翅宽约为小坚果的 1/2········

　　　···**2. 黑桦 B. dahurica**

　　3b. 灌木或小乔木。

　　　5a. 叶宽倒卵形，先端圆钝，侧脉 3～5 对；膜质翅较果稍宽······**3. 扇叶桦 B. middendorffii**

　　　5b. 叶非倒卵形，先端尖，侧脉 4～7 对。

　　　　6a. 小枝和叶无毛，膜质翅比小坚果宽。

7a. 灌木，或 5m 以下的小乔木；小坚果倒卵形、倒卵状椭圆形或椭圆形················· ···**4a. 砂生桦 B. gmelinii** var. **gmelinii**

7b. 高可达 10m 的小乔木，小坚果卵形···············**4b. 枣叶桦 B. gmelinii** var. **zyzyphifolia**

6b. 小枝和叶被毛，膜质翅比小坚果窄。

8a. 叶下面无腺点或无明显的腺点，无毛或脉上微有毛；果苞之侧裂片微开展或斜展········· ···**5. 柴桦 B. fruticosa**

8b. 叶下面有密而明显的腺点，幼叶密被毛；果苞之侧裂片直立或微开展············· ···**6. 油桦 B. ovalifolia**

2b. 叶脉 8 对以上。

9a. 果序单生兼有 2 ～ 4 枚聚生，或排成总状。

10a. 小枝密生树脂状腺体及短柔毛；叶下面沿脉密被长柔毛，脉腋间密生黄色髯毛········· ···**7. 糙皮桦 B. utilis**

10b. 小枝疏生树脂状腺体，无毛；叶下面沿脉无毛或疏被长柔毛，脉腋间有时微被毛，但不 呈明显的髯毛···**8. 红桦 B. albosinensis**

9b. 果序全部单生。

11a. 芽鳞无毛；叶长卵形，侧脉 10 ～ 16 对，下面脉腋间簇生髯毛··········**9. 硕桦 B. costata**

11b. 芽鳞密被银白色茸毛；叶卵形或宽卵形，侧脉 8 ～ 12 对，下面脉腋间无髯毛。

12a. 果序矩圆形，柄长 3 ～ 6mm··············**10a. 岳桦 B. ermanii** var. **ermanii**

12b. 果序卵形，柄长约 6mm··············**10b. 英吉里岳桦 B. ermanii** var. **yingkiliensis**

1b. 小坚果具极狭的革质翅，翅宽为果的 1/5 ～ 1/4。

13a. 叶下面疏生腺点，果翅的上部与果贴生···**11. 坚桦 B. chinensis**

13b. 叶下面密生明显的腺点；果翅的上部与果分离，伸出呈角状，先端被纤毛··········· ···**12. 角翅桦 B. ceratoptera**

1. 白桦（粉桦、桦木）

Betula platyphylla Suk. in Trav. Mus. Bot. Acad. Imp. Sci. St.-Petersb. 8:220. t.3. 1911; Fl. Intramongol. ed. 2, 2:81. t.30, t.35. f.1. 1991.

乔木，高 10 ～ 20（～ 30）m。树皮白色，层状剥裂，内皮呈赤褐色。枝灰红褐色，光滑，密生黄色树脂状腺体；小枝红褐色，幼时稍有毛，后无毛，有时密生黄色树脂状腺体或无；冬芽卵形或椭圆状卵形，长 5 ～ 9mm，宽 2 ～ 3mm，先端尖，具 3 对芽鳞，稍带黏性，鳞片褐色，边缘具纤毛。叶稍厚，纸质，三角状卵形、长卵形、菱状卵形或宽卵形，长 3 ～ 7cm，宽 2.5 ～ 5.5cm，先端渐尖，有时呈短尾状渐尖，基部截形、宽楔形或楔形，有时微心形，边缘具不规则的粗重锯齿；上面绿色，幼时被短柔毛和腺点，后渐

脱落，各脉凸起；下面淡绿色，无毛，密生腺点，侧脉 5～8 对；叶柄细，长 1.5～2cm，初时有极短柔毛，后无毛。果序单生，圆柱形，下垂或斜展，长 2.5～4cm，直径 5～10mm；序梗 7～13mm，幼时密被短柔毛，后近无毛，散生黄色树脂状腺体。果苞长 4～6（～7）mm，初时背面密被极短柔毛，后渐脱落，边缘具短纤毛，基部楔形或宽楔形，上部具 3 裂片；中裂片三角状卵形，长约 1.5（～2）mm，宽 0.8～1.2mm，先端短尾状渐尖或钝；侧裂片倒卵形或矩圆形，长约 2mm，宽约 1.5mm，斜展、平展或下弯，较中裂片稍长、相等或宽。小坚果宽椭圆形或椭圆形，长约 2mm，宽约 1.5mm，背面疏被极短柔毛；膜质翅长约 3mm，宽 1.5～1.7mm，比小坚果长约 1/3，比果稍宽或与果等宽。花期 5～6 月，果期 8～9 月。

中生乔木。在原始林被采伐后或火烧迹地上，常与山杨混生构成次生林，为先锋树种；有时组成纯林，或散生在其他针阔混交林中，为山地白桦林的建群种或落叶松—白桦林的优势种。产兴安北部和兴安南部及岭东和岭西（额尔古纳市、根河市、鄂伦春自治旗、牙克石市、鄂温克族自治旗东部、阿尔山市、扎兰屯市、阿荣旗、科尔沁右翼前旗、扎鲁特旗北部、阿鲁科尔沁旗北部、巴林右旗北部、林西县北部、克什克腾旗北部、西乌珠穆沁旗东部、锡林浩特市东南部）、赤峰丘陵（翁牛特旗南部）、燕山北部（喀喇沁旗、宁城县、敖汉旗）、阴山（大青山、蛮汗山、乌拉山）、贺兰山。分布于我国黑龙江、吉林东部、辽宁东部、河北、河南西部、山西、陕西、宁夏西北部和南部、甘肃东部、青海东部和南部、四川西部、云南西北部、西藏东部，日本、朝鲜北部、蒙古国东部和东北部、俄罗斯（远东地区）。为蒙古东部—东亚分布种。

本种树皮洁白，树姿优美，可做庭园绿化树种。木材黄白色，纹理直，结构细，可做胶合板、枕木、矿柱、车辆、建筑等用材。羊乐吃其干叶。树皮入药，能清热利湿、祛痰止咳、消肿解毒，主治肺炎、痢疾、腹泻、黄疸、肾炎、尿路感染、慢性气管炎、急性扁桃腺炎、牙周炎、急性乳腺炎、痒疹、烫伤。树皮还能提取桦皮油及栲胶。木材和叶可做黄色染料。

2. 黑桦（棘皮桦、千层桦）

Betula dahurica Pall. in Reise Russ. Reich. 3:224. 1776; Fl. Intramongol. ed. 2, 2:84. t.31. f.1-3, t.35. f.2. 1991.

乔木，高 5～18（～20）m。树皮黑褐色，龟裂，有深沟，或稍剥裂。枝红褐色或灰紫褐色，具光泽，无毛；小枝红褐色，幼时疏被长柔毛，后渐脱落或稍有毛，密生黄白色树脂状腺体；冬芽长卵形，长 3～5mm，宽约 2mm，先端急尖，具 3 对芽鳞，带黏性，鳞片锈褐色，边缘具密短毛。叶较厚，纸质，长卵形、卵形、宽卵形、菱状卵形或椭圆形，长 3～6cm，宽 2～5cm，

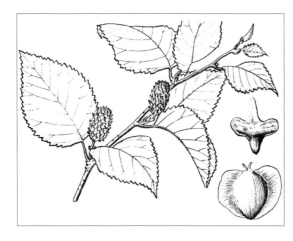

先端锐尖或渐尖，基部宽楔形、圆形或楔形，边缘具不规则的粗重锯齿；上面暗绿色，被伏生长柔毛，沿中脉尤密；下面淡绿色，沿脉被伏生长柔毛，脉腋间簇生黄白色髯毛，侧脉6～8对；叶柄长4～10mm，被长柔毛或稍有毛。果序矩圆状圆柱形，单生，直立或斜升，长1～1.8cm，直径约1cm；序梗长3～9mm，被长柔毛或稍有毛，密生白色树脂状腺体。果苞长4～6mm，边缘稍有毛或无毛，背面拱起，无毛，基部宽楔形，上部具3裂片；中裂片披针形或卵状披针形，长2～2.5mm，宽约1mm，先端钝；侧裂片宽卵形或卵圆形，长约1.5mm，宽约2mm，斜展、平展或微下弯，比中裂片宽或稍短。小坚果宽椭圆形，稀倒卵形，长2.5～3mm，宽2～2.5mm，幼时顶部被短毛；膜质翅宽1～1.2mm，约为果宽的1/2。花期5～6月，果期8～9月。

中生乔木。喜生于土壤较薄而干燥的阳坡或平坦的小丘陵上，常散生于落叶松林中，有时也和蒙古栎混生。产兴安北部和兴安南部及岭东和岭西（额尔古纳市、根河市、鄂伦春自治旗、牙克石市、阿尔山市、扎兰屯市、阿荣旗、科尔沁右翼前旗、扎鲁特旗北部、阿鲁科尔沁旗北部、巴林左旗、巴林右旗北部、林西县北部、克什克腾旗北部、东乌珠穆沁旗、西乌珠穆沁旗）、赤峰丘陵（翁牛特旗南部）、燕山北部（喀喇沁旗、宁城县、敖汉旗、多伦县南部）。分布于我国黑龙江、吉林东部、辽宁北部和中部、河北北部、山西、陕西，日本、朝鲜、俄罗斯（远东地区）。为东亚北部（满洲—日本）分布种。

本种树皮厚、耐火，可选为林区森林防火带的造林树种。心材红褐色，边材淡黄色，材质坚重，可做火车车厢、车轴、胶合板、家具、枕木及建筑等用材。

3. 扇叶桦（小叶桦）

Betula middendorffii Trautv. et C. A. Mey. in Reise Sibir. 1(2), Fl. Ochot. Phaenog. 2:84. t.21. 1856; Fl. Intramongol. ed. 2, 2:85. t.32. f.1-3, t.35. f.3. 1991.

灌木，丛生，高50～200（～250）cm。树皮红褐色，具光泽，纸片状剥裂，内表皮灰色。枝开展，暗红褐色，无毛，具白粉，密生白色树脂状腺体，散生皮孔；小枝暗红色，密被短柔毛，

密生树脂状腺体；冬芽卵状球形，长 0.2～0.4cm，暗褐色，具 2～3 对芽鳞，有黏性，鳞片边缘具白色睫毛。叶厚，近革质，倒卵形，长 1.2～2.8cm，宽 0.8～2.2cm，先端钝或圆，基部宽楔形或圆形，边缘具不规则的钝锯齿；上面绿色，具光泽，仅沿脉疏被长柔毛，他处几无毛；下面淡绿色，仅沿中脉被短柔毛，他处无毛，被稀疏的腺点，侧脉 3～5 对；叶柄长 2～4mm，密被短柔毛。果序单生，下垂或斜展，矩圆形，长 15～20mm，直径 9～13mm，顶生于短枝，基部有 2 叶；序梗长 3～5mm，密被短柔毛，散生褐色树脂状腺体。果苞长 6～9mm，基部楔形，边缘具短纤毛，背面光滑，上部具 3 裂片；中裂片披针形，宽约 1mm，长 2.5～3mm，先端不反卷；侧裂片披针形，稀卵状披针形，长 1.5～2.5mm，宽 1～1.2mm，直立。小坚果椭圆形，稀卵形，长约 3mm，宽约 1.5mm，无毛；翅宽约 1.8mm，膜质，较果稍宽。花期 5～6 月，果期 8～9 月。

耐阴中生灌木。生于山地落叶松林下。

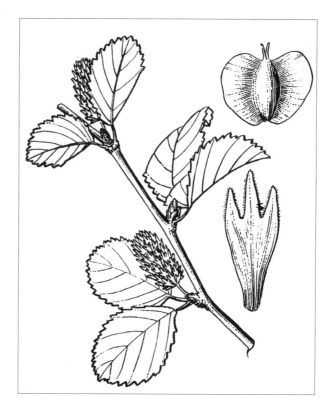

产兴安北部（额尔古纳市、根河市）。分布于我国黑龙江西北部，俄罗斯（东西伯利亚地区）。为东西伯利亚分布种。

本种是营造薪炭林的良好树种，亦可做燃料。

4. 砂生桦（圆叶桦）

Betula gmelinii Bunge in Mem. Acad. Imp. Sci. St.-Petersb. Div. Sav. 2:607. 1835; Fl. Intramongol. ed. 2, 2:87. t.32. f.4-6, t.35. f.4. 1991.

4a. 砂生桦

Betula gmelinii Bunge var. **gmelinii**

灌木，高 100～300cm。树皮暗灰黑色。枝直立，暗紫褐色或灰紫褐色，无毛，生较密或稀疏的树脂状腺体；小枝紫褐色或灰褐色，密生黄褐色或白色树脂状腺体，密被极短的柔毛，间有疏生的长柔毛或近无毛；冬芽长卵形，长约 5mm，宽约 2mm，具 2 或 3 对芽鳞，稍带黏性，鳞片黄褐色，边缘被疏长毛。叶厚纸质，较硬，椭圆形、卵形、宽卵形、菱状卵形、菱形或狭

菱形，长 1～4.3cm，宽 5～22mm，先端锐尖或圆钝，基部楔形或宽楔形，边缘具不规则细而尖的锯齿；上面绿色，被伏生长柔毛或几无毛，或仅沿中脉较密，腺点少或无；下面淡绿色，仅沿脉疏生柔毛，密被锈褐色腺点，侧脉 4～6 对；叶柄长 1～5mm，初密被长柔毛和腺点，后渐脱落。果序单生，直立，矩圆形，长 1～1.7cm，直径 4～8mm；序梗长 1～4mm，密被锈褐色短柔毛，有时散生黄褐色树脂状腺体。果苞长约 4mm，基部楔形，上部具 3 裂片；中裂

片三角状卵形或矩圆形，长约 1.5（～2）mm，宽约 1mm，先端钝、平展；侧裂片宽卵形，长约 1.2（～1.5）mm，宽约 1.1mm，斜展，稀下弯，比中裂片稍短或稍宽。小坚果倒卵形、倒卵状椭圆形，长约 2.5mm，宽约 1.5mm，顶部疏被短柔毛；果翅膜质，宽约 1.8（～2）mm，两翅顶部超过柱头或与之相等。花期 5～6 月，果期 8～9 月。

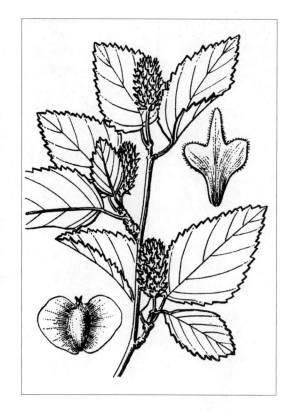

中生灌木。喜生于草原区的沙地及沙丘间地，为沙地灌丛的优势种。产岭西（额尔古纳市、新巴尔虎左旗）、科尔沁（翁牛特旗、库伦旗、克什克腾旗）、辽河平原（科尔沁左翼后旗）、锡林郭勒（西乌珠穆沁旗、锡林浩特市东南部、正蓝旗）。分布于我国黑龙江西北部、吉林西北部、辽宁北部，俄罗斯（东西伯利亚地区）。为达乌里—蒙古分布种。

本种为固定沙丘、防止沙化的优良灌木树种。春季，骆驼喜食，马在饲草缺乏时也食其嫩枝。

4b. 枣叶桦

Betula gmelinii Bunge var. **zyzyphifolia** (C. Wang et Tung) G. H. Liu et E. W. Ma in Fl. Intramongol. ed. 2, 2:87. t.35. f.4a. 1991.——*B. zyzyphifolia* C. Wang et Tung in Bull. Bot. Res. Harbin 1(1-2):134. t.8. 1981.

本变种与正种的区别是：小乔木，树高可达 10m，小坚果卵形。

中生灌木。生于沙地及沙丘间地。产科尔沁（翁牛特旗）。为科尔沁分布变种。

用途同砂生桦。

5. 柴桦（柴桦条子、枝丛桦）

Betula fruticosa Pall. in Reise Russ. Reich. 3(2):758. 1776; Fl. Intramongol. ed. 2, 2:88. t.32. f.7-9, t.35. f.5. 1991.

丛生灌木，高 50～250cm。树皮暗褐色。枝黑紫褐色，有时为灰黑色，密生树脂状腺体，光滑；小枝紫褐色，有时为锈褐色，密被短柔毛，密生黄色树脂状腺体；冬芽卵圆形，长 3～4mm，宽约 2mm，具 2 对芽鳞，稍带黏性，边缘具淡黄色睫毛。叶稍厚，近革质，卵形、宽卵形或卵圆形，长 1～3.5cm，宽 0.8～2.8cm，先端急尖或圆钝，基部圆形或宽楔形，边缘具不规则的细钝锯齿；上面绿色，疏被长柔毛或仅沿脉有长柔毛；下面淡绿色，仅沿脉疏被长柔毛，无腺点或稍有不明显腺点，侧脉 4～6 对；叶柄长 0.2～0.8mm，密被短柔毛，间有疏生长柔毛，后渐脱落。果序单生于短枝顶，直立或开展，矩圆形或短圆柱形，长 7～18mm，直径 3～7mm；序梗长 2～5mm，密被极短的柔毛，散生树脂状腺体。果苞长 4～6mm，仅边

缘具短纤毛，基部楔形，上部具 3 裂片；中裂片矩圆形，稀卵形，长约 2mm，宽约 0.9（～ 1.1）mm；侧裂片矩圆形，稀钝菱形或倒卵圆形，长约 1（～ 1.5）mm，宽约 0.9（～ 1.2）mm，斜展或开展，稍短于中裂片，有时比中裂片稍宽。小坚果宽椭圆形，长约 2mm，宽约 1.5mm，顶部被柔毛；膜质翅宽约（0.5 ～）0.8mm，比果窄 1/3 ～ 1/2，两翅顶部水平线低于柱头。花期 5 ～ 6 月，果期 8 ～ 9 月。

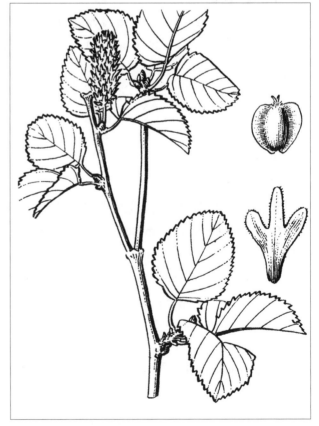

湿中生灌木。喜生于老林林缘的沼泽或水甸子。在内蒙古，兴安落叶松被采伐后，本种常形成较密的灌丛。产兴安北部及岭东（额尔古纳市、根河市、鄂伦春自治旗、牙克石市、阿尔山市、扎兰屯市）。分布于我国黑龙江北部和西北部，朝鲜、蒙古国东北部、俄罗斯（东西伯利亚地区、远东地区）。为东西伯利亚—满洲分布种。

本种为水土保持的优良灌木树种。其花芽为林区"飞龙"鸟冬季的主要食物。羊在春季采食其嫩枝及幼叶。

6. 油桦（油桦条子、卵叶桦）

Betula ovalifolia Rupr. in Bull. Acad. Imp. Sci. St.-Petersb. 15:378. 1857.——*B. fruticosa* Pall. var. *ruprechtiana* Trautv. in Prim. Fl. Amur. 254. 1859; Fl. Intramongol. ed. 2, 2:88. t.32. f.10-12, t.35. f.5a. 1991.

灌木，高 100 ～ 200cm。树皮灰褐色。枝条暗褐色，无毛或疏被毛，疏生树脂状腺体；小枝褐色，密被黄色长柔毛和短柔毛，被或疏或密的树脂状腺体。叶椭圆形、宽椭圆形、菱状椭圆形、

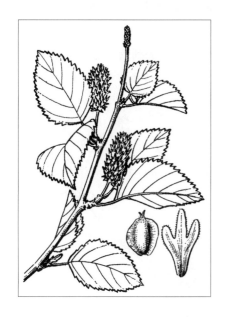

菱状卵形或倒卵形，长 3 ～ 5.5cm，宽 2 ～ 4cm，顶端圆钝或锐尖，基部宽楔形、楔形或近圆形，边缘具细而密的齿牙状单锯齿；上面绿色，下面粉绿色，幼时两面密被白色长柔毛，后渐无毛或疏被毛，或仅沿脉疏被毛，下面密被腺点，侧脉 5 ～ 7 对；叶柄长 3 ～ 7mm，幼时密被白色长柔毛。果序直立，单生，矩圆形，极少近圆球形，长 1.5 ～ 3cm，直径 7 ～ 12mm；序梗短，长 2 ～ 6mm，疏被短柔毛。果苞长 5 ～ 8mm，仅边缘具纤毛，他处无毛，基部楔形，上部具 3 裂片；中裂片矩圆形，稀卵形，顶端圆；侧裂片卵形或矩圆形，直立或微开展，稍短于中裂片。小坚果椭圆形，长约 3mm，宽约 1.5mm，顶端疏被毛，膜质翅宽为果的 1/2 ～ 1/3。

湿中生灌木。生于林中沼泽或非常潮湿的落叶松—白桦林中。产兴安北部及岭东（额尔古纳市、根河市、鄂伦春自治旗、牙克石市、阿尔山市、扎兰屯市）、兴安南部（西乌珠穆沁旗迪彦林场）。分布于我国黑龙江、吉林东部，日本、朝鲜、俄罗斯（远东地区）。为东亚北部（日本—满洲）分布种。

7. 糙皮桦（臭桦）

Betula utilis D. Don in Prodr. Fl. Nepal. 58. 1825; Fl. Intramongol. ed. 2, 2:89. t.33. f.1-3, t.35. f.6. 1991.

乔木，高可达 25m。树皮红褐色或暗红褐色，薄层状剥裂。枝条暗褐色；小枝灰褐色，幼时密被短柔毛，后渐脱落，多少具散生腺点。叶卵形或长卵形，长 4 ～ 9cm，宽 2 ～ 4cm，顶端渐尖或长渐尖，有时呈短尾状，基部钝圆形或近心形，边缘有不规则的重锯齿；上面幼时密被白色长柔毛，后渐脱落变少；下面密生腺点，沿脉密被白色长柔毛，脉腋间密生黄色短髯毛，侧脉 8 ～ 14 对；叶柄长 8 ～ 20mm，疏被毛或近无毛。雄花序长 3.5 ～ 5.5cm，直径约 6mm。果序单生，兼有 2 ～ 4 枚聚生或排成总状，近圆柱形，长 3 ～ 5cm，直径 8 ～ 12mm；序梗长 8 ～ 15mm，被短柔毛，具树脂状腺体。果苞长 6 ～ 8mm，边缘具短纤毛；中裂片披针形，先端锐尖；侧裂片近圆形或圆匙形，长为中裂片的 1/3 ～ 1/4。小坚果卵形，长 2 ～ 3mm，宽 1.5 ～ 2mm，膜质翅宽为小坚果的一半或与之近等宽。

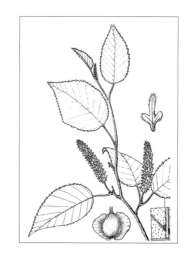

中生乔木。生于夏绿阔叶林带的山坡杂木林中。产燕山北部

（宁城县）。分布于我国河北北部、山西、陕西南部、宁夏南部、甘肃东部、青海东部和南部、四川西部、云南西北部、西藏东部和南部，尼泊尔、不丹、印度、阿富汗。为华北—横断山脉—喜马拉雅分布种。

本种可做建筑用材。树皮可提炼栲胶、造纸。

8. 红桦（风桦、红皮桦）

Betula albosinensis Burk. in J. Linn. Soc. Bot. 26:497. 1889; Fl. Intramongol. ed. 2, 2:89. t.33. f.4-6, t.35. f.7. 1991.

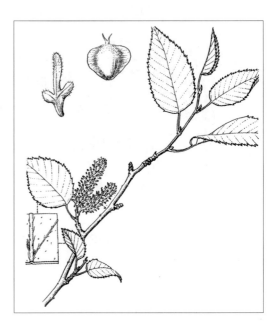

乔木，高可达 25m。树皮淡红褐色或紫红色，有光泽和白粉，薄层状剥落，纸质。枝条红褐色；小枝红褐色或紫褐色，无毛，有时疏生树脂状腺点。叶卵形，长 3～7cm，宽 1.5～4.5cm，顶端渐尖，基部圆形，边缘具不规则的重锯齿；上面暗绿色，无毛或仅沿脉疏被毛；下面淡绿色，沿脉具白色长柔毛，并有黄褐色腺点，侧脉 9～14 对，在下面隆起；叶柄长 5～15mm，无毛，或有稀疏的柔毛。雄花序圆柱形，长 3～7cm，无梗；苞鳞卵形，紫红色，边缘具睫毛。果序圆柱形，单生或兼有 2～4 枚排成总状，长 3～4cm，直径 6～10mm；果序梗长约 1cm，疏被短柔毛和树脂状腺点。果苞长 4～7mm；中裂片矩圆状披针形，顶端圆或急尖；侧裂片近圆形，长约为中裂片的 1/3。小坚果倒卵圆形，长 2～3mm，宽 1.5～2mm，上部疏生短柔毛，膜质翅约为果宽的 1/2。花期 5～6 月，果期 9 月。

中生乔木。生于夏绿阔叶林带的山坡杂木林中。产燕山北部（宁城县）。分布于我国河北西北部、河南西部、山西、陕西南部、宁夏南部、甘肃东部、青海东部和南部、湖北西部、四川中部、云南西北部。为华北—横断山脉分布种。

木材坚硬，结构细致，可制作器具、枕木。树皮可用于干馏桦皮和提取栲胶。

9. 硕桦（枫桦、黄桦）

Betula costata Trautv. in Mem. Acad. Imp. Sci. St.-Petersb. Div. Sav. 9:253. 1859; Fl. Intramongol. ed. 2, 2:91. t.31. f.7-9, t.35. f.8. 1991.

乔木，高可达 25（～30）m。树皮黄褐色或灰褐色，纸片状成层剥裂。枝暗紫褐色，无毛；小枝褐色，幼时密被长柔毛，密生黄色树脂状腺体；冬芽窄卵形，长 3～7mm，宽 1.5～2mm，部分带黏性，具 2 对芽鳞，鳞片淡褐色，无毛。叶长卵形或卵形，长 3.2～7.2cm，宽 1.8～4.5cm，先端长渐尖或尾状渐尖，基部圆形，稀心形，边缘具细尖重锯齿；上面绿色，幼时被柔毛，沿中脉尤显，后渐脱落或稍有毛；下面淡绿色，密生黄色腺点，沿各脉被伏生长柔毛，脉腋间簇生锈褐色髯毛，侧脉 10～16 对；叶柄长 7～19mm，密被短柔毛，间或疏被长柔毛，或稍有毛，多少散生腺点。果序单生，直立或斜展，矩圆形，长 1.2～1.8（～4.5）cm，直径 7～15mm；序梗长 3～5（～8）mm，被短柔，散生树脂状腺体。果苞长（5～）7～8（～10）mm，上部具3枚裂片，裂片边缘具纤毛；中裂片条状披针形或条形，长3～5mm，宽约0.9mm，顶端钝；侧裂片卵形或倒卵形，长约2.1mm，宽约1.1mm，顶端钝尖或圆，斜展或直立。小坚果倒卵形，长约2.8mm，宽约1.7mm，顶部有极短柔毛，膜质翅宽约0.9mm（约为果的1/2）。花期5～6月，果期8～9月。

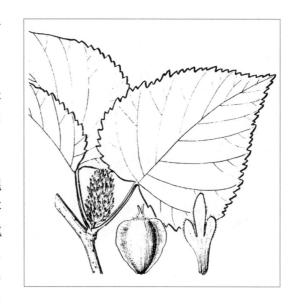

中生乔木。喜生于半阴坡，或散生于针阔混交林中。产兴安北部（大兴安岭）、燕山北部（喀喇沁旗、宁城县）、阴山（九峰山）。分布于我国黑龙江、吉林东部、辽宁东部、河北北部，朝鲜、俄罗斯（乌苏里地区）。为华北北部—满洲分布种。

心材黄红色，边材白色，纹理通直，材质较松，干后易裂，可制作板材、胶合板材及支柱。

10. 岳桦

Betula ermanii Cham. in Linn. 6:537. 1831; Fl. Intramongol. ed. 2, 2:91. t.31. f.4-6, t.35. f.9. 1991.

10a. 岳桦

Betula ermanii Cham. var. **ermanii**

乔木，高6～12（～20）m。树皮灰黄白色，成层纸片状剥落。枝暗红褐色，无毛，散生白色皮孔；幼枝暗绿色，后变红褐色，初时密被长柔毛，后渐脱落，稍有毛或无毛，散生树脂状腺体；冬芽矩圆形、卵球形、倒卵形，长约4（～6）mm，宽约2.5mm，具3对芽鳞，带黏性，鳞片深褐色，且密被白色茸毛或仅边缘具纤毛。叶片薄，较硬，卵形、宽卵形、椭圆形或三角状卵形，长1.8～6.5cm，宽1.1～5.5cm，先端急尖、渐尖或呈短尾状，基部圆形、圆截形、宽楔形或呈心形，边缘具不规则的锐尖粗重锯齿，齿缘被柔毛；上面暗绿色，疏被长毛，沿脉尤密；下面淡绿色，仅沿脉密被伏生长柔毛，密被黄色腺点，侧脉8～12对；叶柄长0.5～2cm，

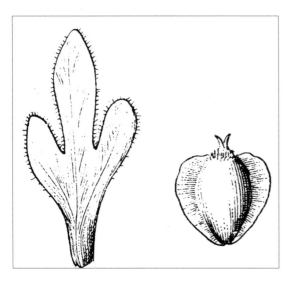

初时密被长柔毛，后渐脱落。果序单生，有时2枚并生，直立，矩圆形，稀宽卵形，长1.5～2cm，直径8～10mm；序梗短，长2～6mm，密被白色长柔毛，后渐脱落，稍有树脂状腺体。果苞长3～7mm，除裂片边缘具纤毛外，他处无毛，基部楔形，背面散生腺点，上部具3裂片；中裂片条状披针形，先端钝；侧裂片条状矩圆形，长约1.8mm，近直立。小坚果倒卵形，长约3mm，宽1.8～2mm，顶部被短柔毛；膜质翅宽约0.8（～0.6）mm，为果的1/2～1/3。花期5～6月，果期8～9月。

中生乔木。喜生于半阴坡山脊，常与兴安落叶松混生，在高山带生长者常为丛生状。产兴安北部（额尔古纳市、根河市、阿尔山市）、兴安南部（巴林右旗）。分布于我黑龙江东南部、吉林中部和东部、辽宁东部，日本、朝鲜、俄罗斯（堪察加半岛）。为东亚北部（满洲—日本）分布种。

本种木材比其他同属树种坚硬，可做建筑用材。

10b. 英吉里岳桦

Betula ermanii Cham. var. **yingkiliensis** Liou et Z. Wang in Gen. Chin. Woody Pl. 200, 559. t.71. f.102., t.72II. f.1-9. 1955; Fl. Intramongol. ed. 2, 2:92. t.35. f.9a. 1991.

本变种与正种的区别是：芽鳞边缘具纤毛；果序卵形，长达3cm，序梗长约6mm；果苞之侧裂片斜展，顶端钝，较窄，基部下延成倒三角形的裂片。

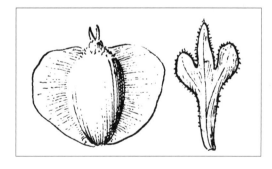

中生乔木。喜生于亚高山带或高山脊处，常与兴安落叶松混生。产兴安北部（大兴安岭英吉里山）。为大兴安岭分布变种。

用途同岳桦。

11. 坚桦（杵桦）

Betula chinensis Maxim. in Bull. Soc. Imp. Nat. Mosc. 54(1): 47. 1879; Fl. Intramongol. ed. 2, 2:92. t.34. f.6-7, t.35. f.10. 1991.

小乔木或灌木。树皮黑褐色或灰褐色，块状剥裂或纵裂。枝条灰褐色或紫红色，有多数皮

孔，无毛，小枝幼时密被柔毛；芽卵圆形或长圆形，密被细毛，鳞片边缘具纤毛。叶厚纸质，卵形、宽卵形，长 1.5～4.5cm，宽 1.2～3cm，先端锐尖或钝圆，基部圆形或钝圆形，有时为宽楔形，边缘具不规则的重锯齿；上面暗绿色，幼时密被长柔毛，后渐脱落成疏长柔毛或仅沿主脉被毛；下面淡绿色，沿脉被长柔毛，多少具树脂状腺体，脉腋间疏生髯毛，侧脉 7～9（～10）对，在下面隆起；叶柄长 3～8mm，密被长柔毛，有时具树脂状腺体。雄花序长 1.2～2.5cm，直径约 5mm。果序单生，卵球形，长 1～1.8cm，直径 0.8～1.4cm，序梗极短，长 1～2mm。果苞长 5～10mm，背面被短柔毛，基部楔形，上部具 3 枚裂片；中裂片披针形，有时条状披针形，顶端尖，有时反折或微反折；侧裂片披针形或卵形，长为中裂片的 1/3～1/2，边缘有纤毛。小坚果卵球形或宽倒卵形，长 2.5～4mm，宽 1.5～3mm，上部被短柔毛，果翅极狭。花期 5 月，果期 8～9 月。

中生小乔木或灌木。生于夏绿阔叶林带的山坡、山脊或石质山坡上。产燕山北部（宁城县、敖汉旗）。分布于我国吉林东南部、辽宁、河北、河南西部、山东东北部、山西、陕西南部、甘肃东部，朝鲜。为华北—满洲南部分布种。

木材特别坚硬，可做车轴、杵槌、家具用材。树皮含鞣质，可提取栲胶，煎成汁可做染料。

12. 角翅桦

Betula ceratoptera G. H. Liu et Y. C. Ma in Bull. Bot. Res. Harbin 9(4):55. 1989; Fl. Intramongol. ed. 2, 2:95. t.34. f.1-5, t.35. f.11. 1991.

小乔木，高 3～5m。树皮紫褐色，具横向皮孔。枝条紫褐色至灰褐色，幼嫩小枝疏被短柔毛。叶卵形或椭圆状卵形，长 2～4.5cm，宽 1～2.9cm，先端急尖或钝，基部圆形，有时宽楔形，常偏斜，边缘具不规则的重锯齿或锯齿；上面深绿色，幼时密被长柔毛，后渐脱落，成熟时疏被长柔毛；下面淡绿色，密生明显腺点，沿脉被长柔毛，侧脉 6～9 对，在下面明显隆起；叶柄长 5～9mm，密被长柔毛。果序单生，卵球形，直立或斜展，长约 1.5cm，直径 0.9～1.1cm，果序梗极短，长 1～2mm，被短柔毛。果苞长 5～7mm，边缘具短纤毛及腺点，上部具 3 枚裂片；中裂片条形，先端圆钝，反折，长为侧裂片的 3～4 倍。小坚果卵形或宽卵形，长 2～3mm，宽 1.5～2.2mm，两面中上部被短柔毛；两侧的革质翅狭，呈叶状，黄褐色，倒披针形，内折，先端圆钝，下部 2/3 与果贴生，上部 1/3 向上伸出呈角状，先端具纤毛。

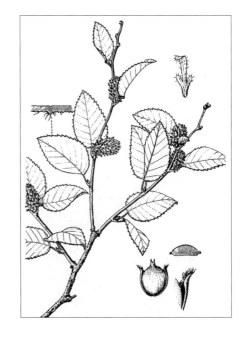

中生小乔木。生于夏绿阔叶林带的石质山坡和山顶上。产燕山北部（宁城县黑里河林场）。为燕山北部分布种。

2. 桤木属 Alnus Mill.

落叶乔木或灌木。冬芽具柄或无。单叶，互生，边缘具锯齿或浅裂，托叶早落。花单性，雌雄同株。雄葇荑花序细长，下垂；雄蕊4，稀1～3；药瓣不分离，先端无毛。雌葇荑花序短，矩圆形或圆柱形，每苞鳞内着生雌花2朵，子房2室。果苞木质，宿存，顶端5浅裂；小坚果小而扁平，具膜质或厚纸质翅；种子单生，种皮膜质。

内蒙古有2种。

分种检索表

1a. 冬芽具柄；小枝密被锈黄色短柔毛，间有长柔毛；叶近圆形，稀卵形，边缘具浅波状裂片，裂片具不规则粗锯齿；膜质翅窄厚，宽约为果的1/4·······················**1. 水冬瓜赤杨 A. hirsuta**

1b. 冬芽无柄；小枝通常无毛，有时被稀疏毛；叶宽卵形或椭圆形，边缘具不规则的密而细的尖锯齿，上面无毛，下面有时被疏长柔毛；膜质翅与果等宽·······················**2. 矮桤木 A. mandshurica**

1. 水冬瓜赤杨（辽东桤木、水冬瓜）

Alnus hirsuta Turcz. ex Rupr. in Bull. Cl. Phys.-Math. Acad. Imp. Sci. St.-Petersb. Ser. 2, 15:376. 1875; High. Pl. China 4:274. 2000.——*A. sibirica* Fisch. ex Turcz. in Bull. Soc. Imp. Nat. Mosc. 11:101. 1838; Fl. Intramongol. ed. 2, 2:96. t.36. f.1-3. 1991.

小乔木或乔木，高3～12（～18）m。树干不圆，有粗棱。树皮灰褐色，少剥裂。枝暗灰色或灰紫褐色，无毛，具纵棱；小枝紫褐色或淡青褐色，密被锈黄色短柔毛，间有长柔毛，稀无毛；冬芽具有长柔毛的柄，卵形或矩圆形，长3～7mm，宽2～5mm，先端钝，带有香味的黏性脂油，常具2枚芽鳞，鳞片深紫褐色、光亮，且疏被长柔毛。叶稍厚，纸质，近圆形，稀卵形，长1.7～7cm，宽1.5～7.4cm，先端圆（稀锐尖），基部圆形或宽楔形（稀近心形），边缘具浅波状裂片，裂片具不规则的粗锯齿；上面深绿色，各脉下凹，疏被伏生长柔毛；下面淡绿色或灰绿色，各脉凸起，密被短柔毛或稍有毛至无毛，在脉上呈锈褐色，稀脉腋间具簇生的髯毛，侧脉5～10对；叶柄长0.4～2.5cm，密被短柔毛，间有长柔毛。果序2～8（～14）枚排成总状或圆锥状，序轴被毛或近无毛，矩圆形或近球形，长1～1.8cm，宽0.8～1.2cm，具光泽；序梗极短，长2～4（～10）mm，或近无柄，被长柔毛。果苞木质，长2～3（～4）mm，先端钝圆，基部楔形，顶部具5枚浅裂片。小坚果倒卵形或椭圆形，长2～3mm，宽约1.5mm；

膜质翅窄厚，宽 0.3～0.5mm，约为果的 1/4。花期 5 月中下旬，果期 8～9 月。

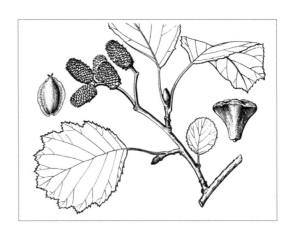

中生小乔木或乔木。生于针叶林带的山坡林中、水湿地或河流两岸。产兴安北部及岭东和岭西（额尔古纳市、根河市、鄂伦春自治旗、牙克石市）。分布于我国黑龙江、吉林东部、辽宁东部、山东中部，日本、朝鲜、俄罗斯（西伯利亚地区、远东地区）。为西伯利亚—东亚北部分布种。

本种可栽培为庭园绿化树种及护堤改良土壤的造林树种。材质坚硬，黄白色，可做建筑、家具、农具、火柴杆等用材。树皮可提制栲胶。本种还是良好的蜜源植物。

2. 矮桤木 （东北桤木、矮赤杨）

Alnus mandshurica (Callier ex C. K. Schneid.) Hand.-Mazz. in Oesterr. Bot. Z. 81:306. 1932; Fl. China 4:303. 1999.——*A. fruticosa* Rupr. var. *mandshurica* Callier ex C. K. Schneid. in Ill. Handb. Laubholzk. 1:121. 1904.——*A. fruticosa* auct. non Rupr.: Fl. Intramongol. ed. 2, 2:96. t.36. f.4-7. 1991.

灌木或小乔木，高 2.5～7（～10）m。树皮暗灰色，光滑。枝灰紫褐色，光滑；小枝紫褐色，常无毛，有时稍有稀疏毛；冬芽无柄，长卵形，长 6～9mm，宽 2～4mm，先端急尖，富有芳香味的黏性油脂，常具 5 枚芽鳞，鳞片深紫褐色，且边缘具纤毛。叶厚纸质，宽卵形、卵形、椭圆形或宽椭圆形，长 3～10cm，宽 2～7.5cm，先端锐尖或钝尖，基部圆形或宽楔形，有时两侧不对称，边缘具不规则的密而细的尖锯齿；上面暗绿色，各脉下凹，无毛；下面淡绿色，被疏长毛或无毛，脉腋间簇生黄色髯毛，侧脉 7～13 对；叶柄粗壮，长 4～15mm，疏被短柔毛，散生黑色腺点。果序 3～5（～7）枚排成总状，矩圆形或近球形，长 10～18mm，宽约 8mm；序梗纤细，斜伸或下垂，长 3～25mm，疏被短柔毛或几无毛。果苞木质，长约 4mm，基部楔形，顶部具 5 枚浅裂片，裂片先端圆。小坚果椭圆形，长约 2.5mm，宽约 1.5mm；膜质翅宽，与果近等宽。花期 5 月中下旬，果期 8～9 月。

中生灌木或小乔木。生于针叶林带海拔 300～1000m 的

山坡、林缘、泉源附近及溪流两岸。产兴安北部及岭东和岭西（额尔古纳市、根河市、鄂伦春自治旗、牙克石市）。分布于我国黑龙江西北部、吉林东部、辽宁东部，朝鲜北部、俄罗斯（远东地区）。为满洲分布种。

木材可制作器具、箱板等。木炭为无烟火药的原料。树皮、果实可提制栲胶。冬芽为"飞龙"鸟冬季食物。

3. 榛属 Corylus L.

落叶灌木或小乔木。单叶，互生，较大，边缘多为重锯齿或小浅裂。花单性，雌雄同株。雄荑荑花序圆柱形，下垂，无花被；雄蕊 4～8，花丝短，2 裂，花药先端被疏柔毛。雌花序为头状，具花被，顶端具不规则的小齿；子房下位，1～2 室，每室具 1 倒生胚珠。坚果簇生或单生，部分或全部被钟状或管状总苞所包围；种子 1；子叶肉质肥厚，发芽时留在壳内。

内蒙古有 2 种。

分种检索表

1a. 叶卵圆形或倒卵形，先端平截或凹缺，中央具三角状骤尖或短尾状尖的裂片；果苞钟状，部分包住坚果
⋯⋯⋯⋯⋯⋯⋯⋯⋯⋯⋯⋯⋯⋯⋯⋯⋯⋯⋯⋯⋯⋯⋯⋯⋯⋯⋯⋯⋯⋯**1. 榛 C. heterophylla**

1b. 叶宽卵形或矩圆状倒卵形，先端明显急尖，具 5～9（～11）枚骤尖的小裂片；果苞管状，全部包住坚果⋯⋯⋯⋯⋯⋯⋯⋯⋯⋯⋯⋯⋯⋯⋯⋯⋯⋯⋯⋯⋯⋯⋯⋯⋯⋯**2. 毛榛 C. mandshurica**

1. 榛（榛子、平榛）

Corylus heterophylla Fisch. ex Trautv. in Pl. Imag. Descr. 10. t.4. 1844; Fl. Intramongol. ed. 2, 2:98. t.37. f.1-4. 1991.

灌木或小乔木，高 1～2（～7）m。树皮灰褐色，具光泽。多分枝，植丛密集。枝暗灰褐色，光滑，具细裂纹，散生黄色皮孔；小枝黄褐色，密被短柔毛，间有疏生长柔毛，有时稍生红色刺毛状腺体或无；冬芽卵球形，两侧稍扁，长 2～4mm，宽 1～2mm，鳞片黄褐色，且边缘具纤毛。叶卵圆形或倒卵形，长 3～9cm，宽 2.2～8cm，先端平截或凹缺，中央具三角状骤尖或短尾状尖的裂片，基部心形或宽楔形（少截形），有时两侧稍不对称，边缘具不规则的重锯齿，在中部以上尤其在先端常有小浅裂；上面深绿色，稍有毛或无毛；

下面淡绿色，被短柔毛，沿脉较密，侧脉 3～5（～6）对；叶柄较细，长 1～1.8cm，疏被柔毛，间有散生的红褐色刺毛状腺体或后渐脱落。雌雄同株，先叶开放。雄荑荑花序 2～3 枚生于叶腋，圆柱形，下垂，长 4～6cm；雄蕊 8，花药黄色。雌花无柄，着生于枝顶，鲜红色；子房无毛，花柱 2，外露。果单生或 2～3（～5）个簇生成头状。果苞（由 1～2枚苞片组成）钟状，外面具凸起的细条棱，密被短柔毛，间有疏长柔毛及红褐色刺毛状腺体（稀无腺体），较果长约 1 倍（稀较果短），上部浅裂，具 6～9 枚三角形裂片；裂片边缘全缘，

稀具锯齿，两面被密短柔毛及刺毛状腺体。果序梗长 9～13mm，密被短柔毛，间有散生的红褐色刺毛状腺体。坚果近球形，长约 15mm，仅顶端密被极短柔毛或几无毛。花期 4～5 月，果期9 月。

中生灌木或小乔木。生于夏绿阔叶林带的向阳山地、多石的沟谷两岸、林缘或采伐迹地。本种由于萌发力强，常形成灌丛，俗称"榛材颗"。产兴安北部和岭东（牙克石市、鄂伦春自治旗、阿荣旗、阿尔山市、扎赉特旗、科尔沁右翼前旗）、辽河平原（大青沟）、燕山北部（喀喇沁旗、宁城县）。分布于我国黑龙江、吉林东部、辽宁、河北、河南西部、山西、陕西南部、宁夏南部、甘肃东部，日本、朝鲜、俄罗斯（东西伯利亚地区、远东地区）。为东西伯利亚—东亚北部分布种。

本种是水土保持的优良树种，也是很好的护田灌木树种。种子含淀粉 15%，可食用，也可加工成粉制糕点。含油量 51.6%，榨出油后枳可供食用，也可制成榛子乳、榛子粉、榛子脂等。种仁入药，能调中、开胃、明目。树皮、叶和果苞均含鞣质，可提制栲胶。叶可做柞蚕饲料；嫩叶晒干后贮藏，为猪的冬季饲料。木材可做手杖、伞柄。

2. 毛榛（火榛子、毛榛子）

Corylus mandshurica Maxim. in Bull. Acad. Imp. Sci. St.-Petersb. 15:137. 1856; Fl. Intramongol. ed. 2, 2:99. t.37. f.5-6. 1991.

灌木，高 300～400cm。树皮灰褐色或暗灰色，有龟裂。多分枝，植丛密集。枝灰褐色，光滑，具细裂纹，皮孔明显；小枝黄褐色，密被长柔毛，有时上部较稀；冬芽卵形，长 2～4mm，

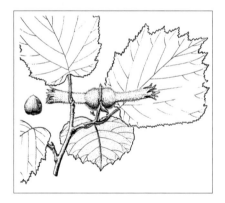

宽约 1mm，鳞片暗褐色，且被灰色毛。叶宽卵形、矩圆状倒卵形，长 3～11cm，宽 2～9cm，顶部具 5～9（～11）枚骤尖的裂片或最中央的裂片呈短尾状，基部心形，稀圆形，边缘具不规则的粗锯齿；上面深绿色，幼时疏被柔毛，后渐脱落成近无毛；下面淡绿色，疏被短柔毛，沿脉较密，侧脉 5～7 对；叶柄细，长 1.5～3cm，疏被长柔毛，间有短柔毛，有时被散生的黄色刺毛状腺体。雌雄同株，花先叶开放；雄葇荑花序 2～3（～4）生于叶腋，矩圆形，长 4～12mm；雌花序 2～4，生于枝顶或叶腋。果单生或 2～5（～6）个簇生，通常 2～3 个能发育成果，长约 6mm。果苞管状，在坚果上部骤形坚缩，长 1.5～3（～5）cm，外面被黄色刚毛，间生白色短柔毛（近基部尤密），先端有不规则的披针形裂片，裂片边缘全缘；序梗粗壮，长 8～17mm，密被黄色硬毛，间有短柔毛。坚果近球形，长约 12mm，密生白色茸毛。花期 5 月，果期 9 月。

中生灌木。常生于白桦、山杨、蒙古栎林中及山坡上。产燕山北部（喀喇沁旗、宁城县、敖汉旗）。分布于我国黑龙江、吉林东部、辽宁东部和西部、河北、河南、山西、陕西南部、宁夏南部、甘肃东部、青海东部、四川北部，日本、朝鲜、俄罗斯（远东地区）。为东亚北部分布种。

种子较小，含淀粉 20% 左右，含油量近 50%。用途同榛子。

4. 虎榛子属 Ostryopsis Decne.

落叶灌木。单叶互生，边缘具不规则的重锯齿。花单性，雌雄同株。雄花葇荑花序状，无

花被；雄蕊 4～8，花丝先端 2 裂，花药顶端具毛。雌花序甚短，排成总状，花被与子房贴生；子房下位，2 室，每室具 1 倒生胚珠，花柱 2。小坚果被顶端 4 裂的厚纸质总苞所包，总苞常延伸成管状；种子 1。

内蒙古有 1 种。

1. 虎榛子（棱榆）

Ostryopsis davidiana Decne. in Bull. Soc. Bot. Franc. 20:155. 1873; Fl. Intramongol. ed. 2, 2:100. t.37. f.7-8. 1991.

灌木，高 100～200（～500）cm。树皮淡灰色，稀剥裂。基部多分枝，植丛密集。枝暗灰褐色，无毛，具细裂纹，黄褐色皮孔明显。小枝黄褐色，密被黄色极短柔毛，间有疏生长柔毛，近基部散生红褐色刺毛状腺体，具黄褐色皮孔；皮孔圆形，凸起，纵裂。冬芽卵球形，长约 3mm，芽鳞数枚，红褐色，膜质，呈覆瓦状排列，背面被黄色短柔毛，边缘尤密。叶宽卵形、椭圆状卵形，稀卵圆形，长 1.5～7cm，宽 1.3～5.5cm，先端渐尖或锐尖，基部心形（稀为圆形），边缘具粗重锯齿，中部以上有浅裂；上面绿色，各脉下陷，被短柔毛，沿脉尤密；下面淡绿色，各脉凸起，密被黄褐色腺点，疏被短柔毛，沿脉尤密，脉腋间具簇生的髯毛，侧脉 7～9 对；叶柄长 2～10cm，密被短柔毛，间或疏生长柔毛。雌雄同株。雄葇荑花序单生于叶腋，下垂，矩圆状圆柱形，长 1～2cm，直径约 4mm，不裸露越冬；花序梗极短；苞鳞宽卵形，外面疏被短柔毛，每苞片具雄蕊 4～6。果序总状，下垂，由 4 至十余个果组成，着生于小枝顶端，果梗极短；序梗细，长约 2cm，密被短柔毛，间有疏生的长柔毛。果

苞厚纸质，长 1～1.3cm，外具紫红色细条棱，密被短柔毛；上半部延伸成管状，先端 4 浅裂；裂片披针形，长 1～2.5mm，边缘密被柔毛；下半部紧包果，成熟后一侧开裂。小坚果卵圆形或近球形，长 3～6.5mm，直径 3～5mm，栗褐色，光亮，疏被短柔毛，具细条纹；顶部初时具白色膜质长嘴，长约 3mm，后渐脱落。花期 4～5 月，果期 7～8 月。

中生灌木。生于森林草原带和草原带的山地阴坡和半阴坡及林缘，常形成密集的虎榛子灌丛。黄土丘陵区有广泛分布。产兴安南部（扎赉特旗西南部、扎鲁特旗北部、阿鲁科尔沁旗北部、巴林左旗北部、巴林右旗北部、林西县北部、克什克腾旗北部、西珠穆沁旗东部）、赤峰丘陵、

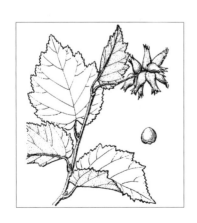

燕山北部、锡林郭勒（太仆寺旗南部、正蓝旗南部）、乌兰察布（达尔罕茂明安联合旗吉穆斯泰山）、阴山（大青山、蛮汗山、乌拉山）、阴南丘陵（准格尔旗阿贵庙）、贺兰山。分布于我国辽宁西部、河北、河南、山西、陕西、宁夏、甘肃东部、青海东部、四川西北部、云南西北部。为华北—横断山脉分布种。

本种是山坡或黄土沟岸的水土保持树种。种子蒸炒可食，亦可榨油，其含油量在 10% 左右，可食用，亦可制作肥皂。树皮含鞣质 5.95%，叶含鞣质 14.88%，均可提制栲胶。枝条可用来编织农具。

25. 壳斗科 Fagaceae

乔木，稀灌木。单叶，互生，全缘，有锯齿或裂片，具叶柄，托叶早落。花单性，雌雄同株，单被花；雄花为细长穗状花序或荑花花序，稀头状花序，花被4～7裂，雄蕊数常与花被裂片同数或其倍数；雌花1～3朵生于总苞中，集成穗状或簇生，子房下位。总苞在果实成熟时木质化，形成壳斗，每壳斗具1～3个坚果。种子1，无胚乳；子叶肥大，肉质，发芽时多不出土。

内蒙古有1属、1种。

1. 栎属 Quercus L.

落叶或常绿乔木，稀灌木。具顶芽，芽鳞多数。叶互生，边缘具锯齿或分裂，稀全缘。雄荑花花序细长，下垂，花被4～7裂，雄蕊4～12（通常6）；雌花单生，或多数构成穗状花序，花被4～9裂，子房3室，每室具2胚珠，花柱与子房室同数。坚果，基部为杯状总苞，外被覆瓦状鳞片。

内蒙古有1种。

1. 蒙古栎（五台栎、辽东栎、柞树）

Quercus mongolica Fisch. ex Ledeb. in Fl. Ross. 3(2):589. 1850; Fl. Intramongol. ed. 2, 2:104. t.38. f.2. 1991.——*Q. wutaishanica* Mayr in Fremdl. Wald-Parkbaume 504. 1906; Fl. Reip. Pop. Sin. 22:238. t.74. f.3. 1998.——*Q. mongolica* Fisch. ex Turcz. var. *liaotungensis* (Koidz.) Nakai in Bot. Mag. Tokyo 29:58. 1915; Fl. Intramongol. ed. 2, 2:104. t.38. f.1. 1991.——*Q. liaotungensis* Koidz. in Bot. Mag. Tokyo 26:166. 1912.

落叶乔木，高可达30m。树皮暗灰色，深纵裂。当年生枝褐色，光滑；二年生枝灰紫褐色，无毛；皮孔凸起，圆形，淡褐色，纵裂；冬芽矩圆形或长卵形，栗褐色，具多数鳞片，鳞片边

缘具白纤毛。叶革质，稍厚硬，倒卵状椭圆形或倒卵形，长6～14（～17）cm，宽3～8.5（～11.5）cm，先端钝圆或急尖，基部耳形，边缘具5～10（～12）对波状裂片；上面暗绿色，幼时中脉有毛，后渐脱落；下面淡绿色，各脉凸起，幼时沿脉被毛，老时变光滑；叶自中部渐窄，叶柄长2～8cm。雄花为荑花花序，下垂，花期延长，长6～8cm；花被常6～7裂；雄蕊8，黄色。雌花具6裂花被，花柱宿存。坚果长卵圆形或椭圆形，长2～3cm，直径1～1.8cm，单生或2～3个集生，顶部稍凹呈圆形，密被黄色短茸毛。壳斗浅碗状，包围果实1/2～1/3；壳斗外壁苞片小，三角状卵形，背面呈瘤状突起或扁干，最上面的苞片薄、渐尖，形成不整齐的齿状边缘。花期6月，果期10月。

中生乔木。生于土壤深厚、排水良好的坡地上，常与山杨、白桦或黑桦混生；或生于干燥山坡上，常与油松、蒙椴、色木槭等混生；有时为纯林。本种为东亚北部夏绿阔叶林的主要建群种之一。产兴安北部及岭西和岭东（额尔古纳市、鄂伦春自治旗、阿尔山市、阿荣旗、扎兰屯市、扎赉特旗）、兴安南部（科尔沁右翼前旗、扎鲁特旗北部、阿鲁科尔沁旗北部、巴林左旗、巴林右旗北部、林西县北部、克什克腾旗西北部、西乌珠穆沁旗东部）、辽河平原（大青沟）、赤峰丘陵（红山区、松山区、翁牛特旗松树山）、燕山北部（喀喇沁旗、宁城县、敖汉旗、多伦县南部）、阴山（大青山、蛮汗山、乌拉山）、鄂尔多斯（准格尔旗石窑沟村）。分布于我国黑龙江、吉林、辽宁、河北、河南西部、山东、山西、陕西南部、宁夏西北部、甘肃东南部、青海东部、四川北部，日本、朝鲜、俄罗斯（远东地区）。为东亚北部分布种。

木材坚硬，可做建筑、器具、胶合板用材。树皮入药，能清热、解毒、利湿，主治肠炎、腹泻、痢疾、黄疸、痔疮。果实入蒙药（蒙药名：查日苏），能止泻、止血、祛黄水，主治血痢、腹痛、肠刺痛、小肠痧、痔疮出血。种子含淀粉，可以酿酒。树皮、壳斗、叶均可提制栲胶。叶可喂蚕。种子油供制肥皂及其他工业用。

本种在《内蒙古植物志》第二版第二卷104页中记载贺兰山有分布，经查，本种既无文献记载，也无标本，我们在实地考察中也从未见到，所以很可能贺兰山不产该种。

26. 榆科 Ulmaceae

乔木或灌木，多落叶。芽具鳞片，稀裸露。单叶互生，常呈 2 列排列，基部偏斜或对称，叶脉羽状或三出叶脉；托叶常呈膜质，早落。花小，两性、单性或杂性，单生、簇生或为腋生的聚伞花序，单被花；花萼 4～5 裂，稀 6～9 裂，宿存或脱落。雄蕊常与花萼裂片同数而对生，稀较多，花药 2 室，纵裂。雌蕊由 2 心皮组成，子房上位，通常 1 室（稀 2 室），胚珠 1，花柱 2 裂。翅果、核果或小坚果，顶端常有宿存的花柱；种子无胚乳或极少，胚直立、弯曲或内卷，子叶发芽时出土。

内蒙古有 3 属、8 种，另有 2 栽培种。

分属检索表

1a. 果为翅果或小坚果，叶脉羽状。

  2a. 翅果周围有宽翅；小枝无刺；叶基多偏斜；花两性，常先叶开放，多花簇生或组成短聚伞花序⋯⋯⋯⋯⋯⋯⋯⋯⋯⋯⋯⋯⋯⋯⋯⋯⋯⋯⋯⋯⋯⋯⋯⋯⋯⋯⋯⋯⋯⋯⋯**1. 榆属 Ulmus**

  2b. 小坚果偏斜，在上半部具鸡头状窄翅；小枝具棘刺；叶基对称，不偏斜；花杂性，与叶同时开放，花单生或 2～4 朵簇生⋯⋯⋯⋯⋯⋯⋯⋯⋯⋯⋯⋯⋯⋯⋯**2. 刺榆属 Hemiptelea**

1b. 果为核果，无翅；叶脉基部三出，叶基常偏斜⋯⋯⋯⋯⋯⋯⋯⋯⋯⋯⋯**3. 朴属 Celtis**

1. 榆属 Ulmus L.

乔木，少灌木。单叶互生，2 列，多具重锯齿，稀单齿，叶基常偏斜，托叶膜质。花两性，簇生或组成短聚伞花序，少散生于当年枝基部；花萼钟形，先端 4（～9）裂；雄蕊与花萼裂片同数而对生；雌蕊由 2 心皮合生。翅果周围具膜质翅，先端有缺口，基部有宿存的花萼；种子无胚乳。

内蒙古有 6 种，另有 2 栽培种。

分种检索表

1a. 果核位于翅果的中部、近中部或中下部，上端不接近缺口。

  2a. 翅果两面及边缘被毛。

    3a. 花由花芽抽出，花或翅果多簇生于去年生枝上；当年生枝被柔毛；树皮纵裂，粗糙，不脱落；小枝有时两侧具扁平的木栓翅⋯⋯⋯⋯⋯⋯⋯⋯**1. 大果榆 U. macrocarpa**

    3b. 花几乎全部由混合芽抽出，花或翅果散生于当年生枝的基部或近基部；当年生枝被伸展的腺状毛；树皮裂成不规则的薄片，脱落；小枝无木栓翅⋯⋯⋯⋯⋯**2. 脱皮榆 U. lamellosa**

  2b. 翅果除顶端凹缺处被毛外，其余处光滑无毛；小枝无木栓翅。

    4a. 叶先端不裂。

      5a. 翅果近圆形，果核位于翅果的中部或微偏上；叶缘具不规则而较钝的重锯齿或单锯齿⋯⋯⋯⋯⋯⋯⋯⋯⋯⋯⋯⋯⋯⋯⋯⋯⋯⋯⋯⋯⋯⋯⋯⋯**3. 榆树 U. pumila**

      5b. 翅果宽椭圆形，果核位于翅果的中下部或近中部；叶缘具整齐而尖锐的重锯齿。栽培⋯⋯⋯⋯⋯⋯⋯⋯⋯⋯⋯⋯⋯⋯⋯⋯⋯⋯⋯⋯⋯⋯**4. 欧洲白榆 U. laevis**

    4b. 叶先端通常 3～7 裂；翅果椭圆形，果核位于翅果的中下部或近中部⋯**5. 裂叶榆 U. laciniata**

1b. 果核位于翅果的上部或中上部，上端接近缺口。

6a. 花多由混合芽抽出；翅果多散生于当年生枝的基部，近圆形或宽椭圆形，长 1.5～2.5cm，果翅较厚。

　　7a. 翅果除顶端缺口处被毛外，其余处光滑无毛·················**6a. 旱榆 U. glaucescens** var. **glaucescens**

　　7b. 翅果两面具柔毛·······························**6b. 毛果旱榆 U. glaucescens** var. **lasiocarpa**

6b. 花多由花芽抽出；翅果簇生于去年生枝上，倒卵形或椭圆形，长不超过 1.5cm，果翅较薄。

　　8a. 小枝有时具全面膨大而不规则纵裂的木栓层，树冠卵圆形·········**7. 春榆 U. davidiana** var. **japonica**

　　8b. 小枝不具木栓翅，树冠呈较紧密的圆球形。栽培··············**8. 圆冠榆 U. densa**

1. 大果榆（黄榆、蒙古黄榆）

Ulmus macrocarpa Hance in J. Bot. 6:332. 1868; Fl. Intramongol. ed. 2, 2:108. t.39. f.3-4. 1991.

落叶乔木或灌木，高可达 16m。树皮灰色或灰褐色，浅纵裂。一、二年生枝黄褐色或灰褐色，幼时被疏毛，后光滑无毛，其两侧有时具扁平的木栓翅。叶厚革质，粗糙，倒卵状圆形、宽倒卵形或倒卵形，稀宽椭圆形，叶的大小变化甚大，长 3～10cm，宽 2～6cm，先端短尾状尖或凸尖，基部圆形、楔形或微心形，近对称或稍偏斜；上面被硬毛，后脱落而留下凸起的毛迹；下面具疏毛，脉上较密，边缘具短而钝的重锯齿，少为单齿；叶柄长 3～10mm，被柔毛。花 5～9 朵簇生于去年生枝上或当年生枝基部；花被钟状，上部 5 深裂，裂片边缘具长毛，宿存。翅果倒卵形、近圆形或宽椭圆形，长 2～3.5cm，宽 1.5～2.5cm，两面及边缘具柔毛，果核位于翅果中部；果柄长 2～4mm，被柔毛。花期 4 月，果熟期 5～6 月。

旱中生小乔木或灌木。生于森林草原带和草原带海拔 700～1800m 的山地、沟谷及固定沙地，可形成片状大果榆灌丛或矮林。产岭西、岭东、呼伦贝尔、兴安南部、辽河平原、科尔沁、赤峰丘陵、燕山北部、锡林郭勒、乌兰察布、阴山、阴南丘陵。分布于我国黑龙江、吉林、辽宁、河北、河南、山西、山东、江苏北部、安徽北部、湖北西部、陕西、甘肃东部、青海东部，朝鲜、蒙古国北部和东部及东南部、俄罗斯（东西伯利亚地区、远东地区）。为东古北极分布种。

本种为固沟、固坡的水土保持树种。木材坚硬，组织致密，可用来制作车辆及各种用具。种子含油量较高，油的脂肪酸主要以癸酸（是医药和轻化工工业中制作药剂和塑料增塑剂等不可缺少的原料）占优势。果实可制成中药材"芜荑"，能杀虫、消积，主治虫积腹痛、小儿疳泻、冷痢、疥癣、恶疮。

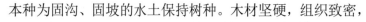

1a. 垂枝大果榆

Ulmus macrocarpa Hance cv. **pendula**

该栽培变种的树冠呈伞状，小枝弯曲下垂。为园林观赏树种，内蒙古呼和浩特市有栽培。用家榆做砧木、大果榆幼枝做接穗进行嫁接繁殖。

2. 脱皮榆（沙包榆）

Ulmus lamellosa C. Wang et S. L. Chang in Act. Phytotax. Sin. 17(1):47. t.4. f.2. 1979; Fl. Intramongol. ed. 2, 2:110. t.40. f.1-3. 1991.

落叶乔木，高可达 8m。树皮灰色，不规则薄片状剥落。幼枝紫褐色，被柔毛和腺毛，后渐光滑；一、二年生枝上无木栓翅。单叶互生，倒卵形或倒卵状椭圆形，长 4～10cm，宽 3～5cm，先端长渐尖或突尖，基部偏斜，少近对称而呈楔形，边缘具重锯齿；上面密生硬毛，脱落后留下突出的毛迹，粗糙；下面有稀疏硬毛，稍粗糙；叶柄长 2～5mm，被柔毛。花出自混合芽或花芽，散生于当年生枝下部或簇生

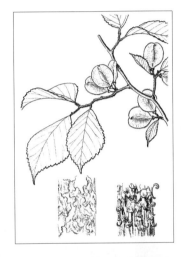

于去年生枝上。翅果矩圆形或近圆形，长 1.5～2.5cm，宽 1.5～2cm，两面及边缘具柔毛，果核位于翅果的近中部。花期 4 月，果期 5 月。

中生乔木。生于草原带海拔 1200m 左右的山沟。产阴山（九峰山、乌拉山梅力更）。分布于我国河北北部、河南北部、山西。为华北分布种。

木材可做建筑、农具等用材。

3. 榆树（白榆、家榆）

Ulmus pumila L., Sp. Pl. 1:326. 1753; Fl. Intramongol. ed. 2, 2: 112. t.41. f.3-6. 1991.

乔木，高可达 20m，胸径可达 1m。树冠卵圆形。树皮暗灰色，不规则纵裂，粗糙。小枝黄褐色、灰褐色或紫色，光滑或具柔毛。叶矩圆状卵形或矩圆状披针形，长 2～7cm，宽 1.2～3cm，先端渐尖或尖，基部近对称或稍偏斜，圆形、微心形或宽楔形，上面光滑，下面幼时有柔毛，

后脱落或仅在脉腋簇生柔毛，边缘具不规则而较钝的重锯齿或为单锯齿，叶柄长 2～8mm。花先叶开放，两性，簇生于去年生枝上；花萼 4 裂，紫红色，宿存；雄蕊 4，花药紫色。翅果近圆形或卵圆形，长 1～1.5cm，除顶端缺口处被毛外，他处无毛；果核位于翅果的中部或微偏上，与果翅颜色相同，为黄白色；果柄长 1～2mm。花期 4 月，果熟期 5 月。

旱中生乔木。常见于森林草原带及草原带的山地、沟谷及固定沙地上，在干草原带和荒漠草原带则往往沿着古河道两岸稀疏生长，或在固定沙地形成榆树疏林，形成特殊的稀树景观。本种为我国北方地区四旁绿化及营造防护林、用材林的主要树种。产内蒙古各地。分布于我国黑龙江、吉林、辽宁、河北、河南西部、山西、山东西部、陕西、宁夏、甘肃、青海东部、四川中部和西北部、西藏南部、新疆中部，朝鲜、蒙古国、俄罗斯，中亚。为东古北极分布种。

材质坚硬，花纹美观，可做建筑、家具、农具等用材。种子含油，用途同大果榆。树皮入药，能利水、通淋、消肿，主治小便不通、水肿等。羊和骆驼喜食其叶。

3a. 钻天榆

Ulmus pumila L. cv. **pyramidalis** in Fl. Intramongol. ed. 2, 2:112. 1991.

该栽培变种枝条向上，分枝角度小，树冠较狭窄。原产河南孟州市一带。内蒙古有少量栽培。

3b. 垂枝榆

Ulmus pumila L. cv. **pendula** in Fl. Intramongol. ed. 2, 2:112. 1991.

该栽培变种小枝细长、弯曲下垂，树冠呈伞状。内蒙古有栽培。为园林观赏的优良树种。用家榆做砧木、垂枝榆幼枝做接穗进行嫁接繁殖。

4. 欧洲白榆（新疆大叶榆）

Ulmus laevis Pall. in Fl. Ross. 1:75. t.48. f.6. 1784: Fl. Intramongol. ed. 2, 2:108. t.39. f.1-2. 1991.

落叶乔木。树皮灰褐色，初平滑，后鳞片状剥落，最后不规则纵裂。嫩枝被柔毛，后渐光滑，老枝常散生圆点状皮孔。叶多为倒卵形，稀卵形或宽椭圆形，长 5～13cm，宽 3～8cm，先端多短尾状尖或突尖，基部明显偏斜，边缘具整齐而尖锐的重锯齿，齿端内弯，上面无毛或仅在中脉凹陷处散生柔毛，下面被柔毛，后渐光滑或沿脉及脉腋有柔毛；叶柄长 0.5～1cm，具毛或较光滑。花出自混合芽或花芽，常几朵至多数形成短聚伞花序，着生于去年生枝上或生于当年生枝基部；花梗纤细，长 6～20mm；花被钟形，黄绿色，先端 6～9 裂，裂片褐色；雄蕊 6～8，伸出花被。翅果宽椭圆形或近圆形，长 10～14mm，宽 8～12mm，两面无毛，仅翅的边缘具密的睫毛；果核位于翅果的中下部或近中部，基部有宿存的花被。花期 4 月下旬，果期 5 月。

中生乔木。原产欧洲，为欧洲分布种。内蒙古呼和浩特市、赤峰市有栽培，我国东北地区及北京、山东、江苏、安徽、新疆等地也有栽培。

本种为园林绿化及防护林树种。木材坚硬，可做建筑、家具等用材。

5. 裂叶榆（大叶榆）

Ulmus laciniata (Trautv.) Mayr in Fremdl. Wald-Parkbaume 523. t.243. 1906: Fl. Intramongol. ed. 2, 2:110. t.41. f.1-2. 1991.——*U. montana* With. var. *laciniata* Trautv. in Mem. Acad. Imp. Sci. St.-Petersb. Div. Sav. 9:246. 1859.

落叶乔木。树皮暗灰色或浅灰色，浅纵裂，不规则片状剥落。当年生枝黄褐色或灰褐色，幼时被疏毛，后变光滑；二年生枝灰褐色或淡灰色。叶倒卵形或三角状倒卵形，稀卵形及矩圆状卵形，长 5～14cm，宽 3～10cm，萌枝叶更大一些，先端通常 3～7 裂，裂片先端长尾状尖或渐尖，基部明显偏斜，较大的一侧常覆盖叶柄，边缘有重锯齿，上面密生硬毛，粗糙，下面被短柔毛，稍粗糙；叶柄极短，长 2～7mm，被柔毛。聚伞花序簇生于去年生枝上部；萼钟形，先端 5～6 裂；雄蕊 5～6，伸出于萼外，花药紫红色。翅果椭圆形或卵状椭圆形，长 1.5～2cm，宽约 1cm；果核较小，位于翅果的中下部或近中部，无毛，仅先端凹缺内具毛。花期 4～5 月，果熟期 5～6 月。

中生乔木。生于阔叶林带和草原带海拔 700～1500m 的山坡及沟谷杂木林中。产兴安南部（阿鲁科尔沁旗、巴林右旗）、燕山北部（喀喇沁旗）、阴山（大青山）。分布于我国黑龙江东北部、吉林东部、辽宁、河北、河南、山西、山东西部、陕西南部，日本、朝鲜、俄罗斯（东西伯利亚地区、远东地区）。为东西伯利亚—东亚北部分布种。

木材坚硬，纹理通直，可做家具、农具等用材。

本种在无果及叶先端不为 3～5 裂的情况下，易与大果榆相混。但大果榆的枝条有时具扁平的木栓翅，叶基近对称或稍偏斜，其较大的一侧不覆盖叶柄，可以与其区别。

6. 旱榆（灰榆、山榆）

Ulmus glaucescens Franch. in Nouv. Arch. Mus. Hist. Nat. Ser. 2, 7:77. 1884; Fl. Intramongol. ed. 2, 2:113. t.42. f.1-2. 1991.

6a. 旱榆

Ulmus glaucescens Franch. var. **glaucescens**

乔木或灌木。当年生枝通常为紫褐色或紫色，稀黄褐色，具疏毛，后渐光滑；二年生枝深灰色或灰褐色。叶卵形或菱状卵形，长 2～5cm，宽 1～2.5cm，先端渐尖或骤尖，基部圆形或宽楔形，近于对称或偏斜，两面光滑无毛，稀下面有短柔毛及上面较粗糙，边缘具钝而整齐的单锯齿；叶柄长 4～7mm，被柔毛。花出自混合芽或花芽，散生于当年生枝基部，或 5～9 朵簇生于去年生枝上；花萼钟形，长 2～3mm，先端 4 浅裂，宿存。翅果宽椭圆形、椭圆形或近圆形，长 15～25mm，宽 12～18mm；果核多位于翅果的中上部，上端接近缺口，缺口处具柔毛，他处光滑；翅较厚，近于革质；果梗与宿存花被近等长，被柔毛。花期 4 月，果熟期 5 月。

旱生乔木或灌木。生于草原区和荒漠区海拔 1000～2600m 的向阳山坡、山麓及沟谷等地，有时形成疏林。产阴山（大青山、乌拉山）、阴南丘陵（准格尔旗阿贵庙）、东阿拉善（桌子山、狼山）、贺兰山、龙首山。分布于我国辽宁西部、河北西北部、河南北部和南部、山西西部、山东西部、宁夏西北部、陕西、甘肃东部、青海东部和西北部。为华北分布种。

本种耐干旱，耐寒冷，可做我国西北地区荒山造林树种。木材坚硬耐用，可做农具、家具等用材。羊、猪食其叶与果实。

本种在无果的情况下，易与家榆混淆。但家榆叶常较长，可达 8cm，质地较薄，叶缘多为重锯齿；而旱榆的叶较短，质地较厚，叶缘多单齿。

6b. 毛果旱榆

Ulmus glaucescens Franch. var. **lasiocarpa** Rehd. in J. Arnold Arbor. 11:157. 1930; Fl. Intramongol. ed. 2, 2:113. 1991.

本变种与正种的区别是：翅果两面有长柔毛。

习性、生境同正种。产阴山（九峰山）、贺兰山。分布于我国河北西北部、陕西北部、宁夏西北部、青海东部。为华北分布变种。

7. 春榆（沙榆）

Ulmus davidiana Planch. var. **japonica** (Rehd.) Nakai in Fl. Sylv. Kor. 19:26. t.6. 1932; Fl. Intramongol. ed. 2, 2:113. t.42. f.3-4. 1991.——*U. campestris* L. var. *japonica* Rehd. in Cycl. Amer. Hort. 4:1882. 1902.

乔木。树皮浅灰色，不规则开裂。幼枝被疏或密的柔毛，小枝周围有时有全面膨大而不规则纵裂的木栓层。叶倒卵形或倒卵状椭圆形，长 3～10cm，宽 1.5～4cm，先端尾状渐突尖，基部歪斜；叶面散生硬毛，后脱落，常留有毛迹，不粗糙或粗糙；叶缘具较整齐的重锯齿；叶柄长 5～10mm，被毛。花簇生于去年生枝上；萼钟状，4浅裂。翅果倒卵形或倒卵状椭圆形，长 1～1.5cm，宽 7～10mm；果核深褐色，位于翅果的中上部，先端接近缺口，无毛；果翅较薄，色淡，无毛；果梗长约 2mm。花期 4～5 月，果熟期 5～6 月。

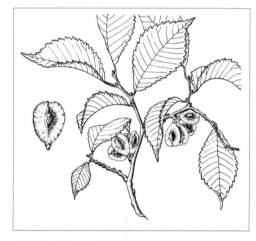

中生乔木。生于森林带和草原带的河岸、沟谷及山麓。产兴安北部（额尔古纳市、根河市、牙克石市）、兴安南部（阿鲁科尔沁旗、巴林右旗、克什克腾旗北部）、岭东（扎兰屯市）、辽河平原（大青沟）、赤峰丘陵（翁牛特旗松树山）、燕山北部（喀喇沁旗、宁城县、敖汉旗）、阴山（大青山、蛮汗山）。分布于我国黑龙江、吉林、辽宁、河北、河南、山西、山东、安徽、浙江、湖北、陕西、宁夏、甘肃、青海东部，日本、朝鲜、蒙古国东部和东北部、俄罗斯（东西伯利亚地区、远东地区）。为东古北极分布种。

本变种耐寒冷，喜光，为内蒙古中东部造林树种。木材优良，花纹美丽，可做建筑、造船、家具等用材。

本变种与正种的主要区别是：正种翅果果核上被或疏或密的柔毛，而本变种的果核无毛。本变种有时

叶面也粗糙，叶的中上部较宽，因此，在无果的情况下，易与大果榆相混。但是本变种的枝条上常有全面膨大而不规则纵裂的木栓层，一、二年生枝颜色较深，多为紫褐色，叶缘具深而尖的重锯齿；而大果榆枝条上常有扁平的木栓翅，一、二年生枝颜色较浅，多为淡黄褐色，叶缘具浅而钝的重锯齿或兼有单齿。

8. 圆冠榆

Ulmus densa Litv. in Sched. Herb. Fl. Ross. 6:163. 1908; Fl. Intramongol. ed. 2, 2:115. 1991.

落叶乔木。树皮不规则纵裂。枝稠密，斜上伸展，形成紧密的圆球树冠，冠幅可达 10～20m；当年生枝黄褐色，疏被柔毛。叶卵形、矩圆状卵形或倒卵形，长4～9cm，宽2～4cm，先端渐尖，基部稍偏斜，边缘具重锯齿或有单齿；上面幼时有硬毛，脱落后有毛迹，稍粗糙；下面幼时被柔毛，后渐脱落，脉腋簇生柔毛；叶柄长0.5～1cm，具柔毛。花簇生于去年生枝上，花被4裂。翅果矩圆形或矩圆状卵形，长1～1.5cm，除顶端缺口处被柔毛外，他处无毛；果核位于翅果中上部，先端接近缺口。花期4月，果熟期5月。

中生乔木。原产中亚，为中亚分布种。内蒙古呼和浩特市有栽培。

本种枝叶繁茂、树冠呈圆球形，是具有观赏价值的树种。圆冠榆虽能结实，但种子不能萌发，因此常用家榆做砧木、圆冠榆枝条做接穗进行套接或芽接繁殖。

2. 刺榆属 Hemiptelea Planch.

落叶乔木。小枝坚硬，呈刺状。叶互生，2列排列，叶脉羽状，边缘为单锯齿，具短柄。花杂性，具短梗，单生或2～4朵聚生于当年生枝上；花萼杯状，4～5裂；雄蕊4～5，与花萼裂片对生；子房上位。坚果，先端具偏斜的翅，基部有宿存的花萼。

本属仅1种。

1. 刺榆（枢）

Hemiptelea davidii (Hance) Planch. in Compt. Rend. Hebd. Seances Acad. Sci. 74:132. 1872; Fl. Intramongol. ed. 2, 2:116. t.43. f.1-3. 1991.——*Planera davidii* Hance in J. Bot. 6:333. 1868.

小乔木或灌木，高可达10m。幼枝灰褐色，具柔毛；小枝常硬化成刺状，刺长2～6cm。叶矩圆形或椭圆形，长2～5cm，宽1.5～2.5cm，先端钝尖，基部浅心形，边缘具单齿，齿端较钝，背面侧脉明显，侧脉8～12对，两面无毛，叶具短柄。坚果较扁，先端具窄翅，偏斜，形似鸡头，长5～7mm。花期5月，果实成熟期10月。

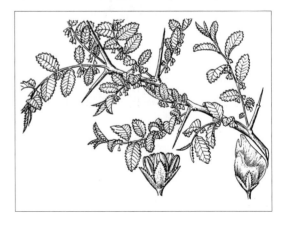

中生小乔木或灌木。生于草原带的固定沙丘，为沙地疏林的伴生种。产辽河平原（科尔沁左翼

后旗）。分布于我国黑龙江、吉林南部、辽宁、河北、河南、山东、山西、陕西南部、宁夏、甘肃东部、安徽、江苏西南部、浙江、江西北部、湖北、湖南北部、广西东北部，朝鲜。为东亚分布种。

本种是固沙树种。木材坚实，是制作农具、器具等的优良用材。

3. 朴属 Celtis L.

落叶或常绿的乔木或灌木。单叶互生，膜质或革质，基部偏斜，三出脉，有明显的叶柄。花两性或杂性同株，单生、簇生或呈聚伞花序，生于叶腋；萼4～6，完全分离或仅基部连合，绿色或紫色；雄蕊与萼片同数。核果卵圆形或近于球形，外果皮肉质，内果皮骨质，光滑或具皱纹。

内蒙古有1种。

1. 小叶朴（黑弹树、朴树）

Celtis bungeana Blume in Mus. Bot. 2:71. 1856; Fl. Intramongol. ed. 2, 2:116. t.43. f.4. 1991.

落叶乔木，高可达10m。树皮浅灰色，较平滑。小枝褐色，无毛。叶卵形或卵状披针形，长3～8cm，宽2～3cm，先端渐尖，基部偏斜，边缘具疏齿或近于全缘，上面深绿色，有光泽，下面淡绿色，两面无毛，叶柄长约5mm；托叶狭长，早落。核果近球形，直径5～7mm，黑紫色；果核光滑，白色；果柄纤细，长1～2cm。

中生乔木。生于草原带的向阳山地。产辽河平原（大青沟）、赤峰丘陵（翁牛特旗、库伦旗青龙山）、燕山北部（喀喇沁旗、宁城县、敖汉旗）、阴山（大青山白石头沟和枣沟、乌拉山）、东阿拉善（狼山）。分布于我国辽宁、河北、河南、山东、山西、陕西、宁夏、甘肃东部、青海东部、江苏、安徽、浙江、江西北部、湖北、湖南、四川、云南、西藏东部，朝鲜。为东亚分布种。

木材色淡，纹理致密，可做建筑、器具等用材。树干、树皮或枝条入药，能止咳、祛痰，主治慢性气管炎。

27. 桑科 Moraceae

常绿或落叶的乔木或灌木，有时为藤本，稀为草本，常具白色乳汁。叶互生或对生，边缘全缘、具锯齿或分裂；具托叶，有时宿存。花单性，同株或异株，小型，辐射对称，常密集成头状、穗状或荑葇花序，生于花托外部，或在肥大的花托内壁。雄花花被片 2～6（通常 4），分离，或多少基部连合；雄蕊与花被片同数且对生，直立或内曲，具弹性。雌花花被片 4，多少连合；子房上位至下位，1～2 室，柱头 1～2；胚珠倒生或悬垂，稀直立。聚花果或隐花果，小果由小瘦果或小核果组成；种子常具胚乳，胚弯曲；子叶厚，扁平，常不对称。

内蒙古有 1 属、1 种，另有 1 栽培种。

1. 桑属 Morus L.

落叶乔木或灌木。冬芽具 3～6 枚覆瓦状排列的鳞片。单叶，互生，全缘，具锯齿，齿牙裂或分裂，基部具三至五出脉；托叶小，早落。花单性，同株或异株，花与叶同时开放；雌雄花均为穗状花序，有梗，腋生，花被片 4 裂；雄蕊 4，与花被片对生，花丝在芽中内弯；退化雌蕊陀螺形，雌花花被片在果期增大而肉质，子房无柄，1 室，花柱极短，柱头 2 裂。果肉质，由多数小瘦果组成，外被肉质花萼；种子近球形，种皮膜质，胚乳丰富，子叶矩圆形。

内蒙古有 1 种，另有 1 栽培种。

分种检索表

1a. 叶缘锯齿齿端无刺尖，叶下面脉腋具簇生毛；花柱极短。栽培 ·····················**1. 桑 M. alba**
1b. 叶缘锯齿齿端具刺尖，叶下面脉腋无簇生毛；花柱明显 ·······························**2. 蒙桑 M. mongolica**

1. 桑（家桑、白桑）

Morus alba L., Sp. Pl. 2:986. 1753; Fl. Intramongol. ed. 2. 2:120. t.44. f.1-3. 1991.

乔木或灌木，高 3～8（～15）m。树皮厚，黄褐色，不规则的浅纵裂。当年生枝细，暗绿褐色，密被短柔毛；小枝淡黄褐色，幼时密被短柔毛，后渐脱落；冬芽黄褐色，卵球形。单叶互生，卵形、卵状椭圆形或宽卵形，长 6～13（～16）cm，宽 4～8（～13）cm，先端渐尖、短尖或钝，基部圆形或浅心形，稍偏斜；边缘具不整齐的疏钝锯齿，有时浅裂或深裂；上面暗绿色，无毛；下面淡绿色，沿脉疏被短柔毛及脉腋有簇毛；叶柄长 1～4.5cm，初有毛，后脱落；托叶披针形，淡黄褐色，长 0.8～1cm，被毛，早落。花单性，雌雄异株，均排成腋生穗状花序；雄花序

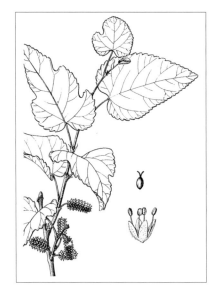

长 1 ～ 3cm，被密毛，下垂，花被片 4，雄蕊 4，中央有不育雌蕊；雌花序长 8 ～ 20mm，直立或倾斜，花被片 4，结果时变肉质，花柱几无或极短，柱头 2 裂，宿存。果实称桑葚，为聚花果，球形至椭圆状圆柱形，浅红色至暗紫色（有时白色），长 10 ～ 25mm；果柄密被短柔毛；聚花果由多数卵圆形、外被肉质花萼的小瘦果组成，种子小。花期 5 月，果熟期 6 ～ 7 月。

中生乔木或灌木。常栽培于田边、村边。科尔沁（科尔沁右翼中旗）、辽河平原（大青沟）、赤峰丘陵（红山区、翁牛特旗）、燕山北部（喀喇沁旗、宁城县、敖汉旗）、阴南丘陵（准格尔旗）、鄂尔多斯（鄂托克旗、达拉特旗）及呼和浩特市等地有栽培。原产我国中部和北部地区。为东亚分布种。世界各地均有栽培。

木材坚重，可做家具用材，也可用来雕刻。叶可入药（药材名：桑叶），能散风热、明目，主治风热感冒、咳嗽、头晕、头痛、目赤；根皮（药材名：桑白皮）入药，能利尿，主治肺热喘咳、面目浮肿、尿少；嫩枝入药（药材名：桑枝），能祛风湿、利关节，主治肩臂、关节酸痛麻木；果穗入药（药材名：桑葚），能补肝益肾、养血生津，主治头晕、目眩、耳鸣、心悸、头发早白、血虚便秘；果实入蒙药（蒙药名：衣拉马），能补益、清热，主治骨热、血盛。种子可榨油，亦可制作油漆等。叶还可以饲蚕。

2. 蒙桑（山桑、刺叶桑、崖桑）

Morus mongolica (Bur.) C. K. Schneid. in Pl. Wilson. 3:296. 1916; Fl. Intramongol. ed. 2, 2:120. t.44. f.4-5. 1991.——*M. alba* L. var. *mongolica* Bur. in Prodr. 17:241. 1873.——*M. mongolica* Schneid. var. *diabolica* Koidz. in Bot. Mag. Tokyo 31:36. 1917; Fl. Intramongol. ed. 2, 2:121. 1991.

灌木或小乔木，高 3 ～ 8m。树皮灰褐色，呈不规则纵裂。当年生枝初为暗绿褐色，后变为褐色，光滑；小枝浅红褐色，光滑；冬芽暗褐色，矩圆状卵形。单叶互生，卵形至椭圆状卵形，长 4 ～ 16cm，

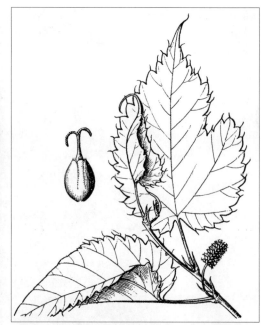

宽 3.5～9cm，先端长渐尖、尾状渐尖或钝尖，基部心形，边缘具粗锯齿，齿端具长达 3mm 的刺尖，不分裂或 3～5 裂，上面深绿色，下面淡绿色，两面无毛；叶柄长 2～6cm，无毛；托叶早落。花单性，雌雄异株，腋生下垂的穗状花序。雄花序长约 3cm，早落；花被片 4，暗黄绿色；雄蕊 4，花丝内曲（开花时伸直），有不育雄蕊。雌花序短，长约 1.5cm，花被片 4；花柱明显，高出子房，柱头 2 裂。聚花果圆柱形，长 8～10mm，成熟时红紫色至紫黑色。花期 5 月，果熟期 6～7 月。

中生灌木或小乔木。生于森林草原带和草原带的向阳山坡、山麓、丘陵、低地、沟谷或疏林中。产岭东（扎兰屯市中和镇）、兴安南部和科尔沁（科尔沁右翼前旗、科尔沁右翼中旗、阿鲁科尔沁旗、巴林右旗、翁牛特旗）、辽河平原（科尔沁左翼后旗）、燕山北部（喀喇沁旗、宁城县、敖汉旗）、乌兰察布（乌拉特中旗）、阴山（大青山、乌拉山）、东阿拉善（桌子山）。分布于我国黑龙江、吉林、辽宁、河北、河南、山东、山西、陕西南部、甘肃东部、江苏、安徽北部、湖北、湖南西北部、广西东北部、四川中部和西南部、云南、贵州、西藏东南部，日本、朝鲜。为东亚分布种。

材质坚硬，可制作器具等。树皮可做纤维造纸及人造棉原料。根皮、果实入药（蒙药名：蒙古乐－依拉马），功能、主治同桑。叶不饲蚕。

28. 大麻科 Cannabaceae

直立或缠绕性草本。无乳液。单叶互生或对生，通常为掌状复叶、掌状 3～7 裂或不裂，具托叶。单性花，雌雄异株，稀同株，花序腋生；雄花呈聚伞圆锥花序，花萼 5 裂，裂片覆瓦状排列。雄蕊 5，与花被片对生，雄蕊在芽中直立；花药 2 室，纵裂，无不发育的子房。雌花无柄，集生或球穗状，具明显而大型的苞片；花萼与子房紧贴，膜质，全缘；子房无柄，1 室，花柱 2 裂；胚珠单生，悬垂。果为瘦果，被宿存花被所包；种子具肉质胚乳，胚弯曲或螺旋状内卷。

内蒙古有 2 属、2 种，另有 1 栽培种。

分属检索表

1a. 缠绕性草本；叶对生，掌状 3～7 裂⋯⋯⋯⋯⋯⋯⋯⋯⋯⋯⋯⋯⋯⋯⋯⋯**1. 葎草属 Humulus**

1b. 直立草本；叶互生或下部叶对生，掌状复叶，小叶披针形⋯⋯⋯⋯⋯⋯⋯⋯**2. 大麻属 Cannabis**

1. 葎草属 Humulus L.

多年生草质藤本。茎粗糙。单叶对生，3～7 裂。花单性异株；雄花排成圆锥花序式的总状花序，萼 5 裂，雄蕊 5；雌花每 2 朵生于宿存、覆瓦状排列的苞片内，排成一假葇荑花序，结果时变成球果状体，每花有一全缘萼包围子房，花柱 2。果为扁平的瘦果。

内蒙古有 1 种，另有 1 栽培种。

分种检索表

1a. 多年生；叶不裂或 3 中裂，稀 5 裂。栽培⋯⋯⋯⋯⋯⋯⋯⋯⋯⋯⋯⋯**1. 啤酒花 H. lupulus**

1b. 一年生；叶掌状分裂，裂片（3～）5～7，卵形或卵状披针形⋯⋯⋯⋯⋯**2. 葎草 H. scandens**

1. 啤酒花（忽布）

Humulus lupulus L., Sp. Pl. 2:1028. 1753; Fl. Intramongol. ed. 2, 2:121. t.45. f.1. 1991.

多年生缠绕草本，长可达 10m。茎枝和叶柄密生细毛，有倒刺，粗涩；茎绿色，具 6 条纵棱，中空。叶纸质，对生，卵形，宽 4～8cm，不裂或 3 中裂，稀 5 裂，先端锐尖或短尾尖，基部心形或圆形，边缘具粗锯齿；上面暗绿色，密生小刺毛；下面淡绿色，被疏毛和黄色小油点；叶柄长不超过叶，具 6 棱，上面有浅沟。花单性，雌雄异株；花序生于叶腋，雄花排列成圆锥花序。雄花细小，黄绿色；萼片 5；雄蕊 5，花药大，黄色。雌花每 2 朵生于 1 苞片腋部，排成近圆形的穗状花序，长 3～6cm；苞片椭圆形，淡黄色，长 5～10mm；花被缺如；每花具子房 1，花柱 2 裂；花后苞片呈膜质翼状，向一侧增大，被有茸毛及腺点，先端钝；雌花成熟时在苞片基部包着 1 或 2 个扁平的瘦果，并生大量黄粉（细小的腺体），称香蛇麻腺（给啤酒以特殊芳香及爽快苦味之物，又有防腐之效）。花期 7～8月，果期 8～9 月。

多年生缠绕中生草本。原产欧洲。内蒙古南部广泛栽培，阴山（大青山）有少量逸生；我国东北、华北地区也有栽培。

分布于我国甘肃西南部、四川北部、新疆北部，亚洲北部和西北部、北美洲东部、北非，欧洲。为泛北极分布种。

茎皮可用来造纸。未经授粉的雌花（习称"啤酒花"），用于酿造啤酒。雌花含蛇麻腺，能健胃、镇静、利尿，用于治疗不眠症、膀胱炎等。由啤酒花提取的浸膏，能抗菌消炎，用于治疗肺结核、结核性胸膜炎、麻风。

2. 葎草（勒草、拉拉秧）

Humulus scandens (Lour.) Merr. in Trans. Amer. Philos. Soc. n.s., 24(2):138. 1935; Fl. Intramongol. ed. 2, 2:123. t.45. f.2-5. 1991.——*Antidesma scandens* Lour. in Fl. Cochinch. 1:157. 1790.

一年生缠绕草本。茎长达数米，淡黄绿色，较强韧，表面具 6 条纵棱，棱上生倒刺，棱间被短柔毛。叶纸质，对生，肾状五角形，直径 7～10cm，掌状深裂，裂片（3～）5～7，卵形或卵状披针形，长 3～7cm，宽 1～3cm，先端急尖或渐尖，边缘有粗锯齿，齿缘具刚毛；上面深绿色，各脉及叶面散生刚毛；下面淡绿色，有黄色小腺点，散生刚毛，沿主脉尤密；两面均糙涩；叶柄长 3～14cm，具细棱，密生倒刺。花单性，雌雄异株，花序腋生。雄花穗为圆锥花序，总梗长约 10cm，花序长 15～30cm，具多数小花，淡黄绿色，萼片 5，雄蕊 5；苞片披针形，外侧生有茸毛及细油点；雄蕊花药大，矩圆形，长约 2mm，花丝丝状，短。雌花穗由 10 余朵

花组成短穗状，下垂，每 2 朵花外具 1 枚卵形、有白刺毛和黄色小腺点的苞片；花被退化为全缘的膜质片；子房 1；花柱 2，褐红色，突出，早落。果穗团集，绿色；苞片在花后长成圆形，先端骤尖成短尾状，长约 9mm，被长白毛。瘦果卵圆形，淡黄色，两面凸，长约 5mm，直径约 4mm，密被茸毛，成熟后毛渐落且为栗色，坚硬。花期 7～8 月，果期 8～9 月。

缠绕中生草本。生于路边、路旁荒地。产兴安北部（牙克石市）、科尔沁（科尔沁右翼前旗、突泉县）、辽河平原（大青沟）、赤峰丘陵（红山区）、燕山北部（喀喇沁旗、宁城县、敖汉旗）、阴山（大青山）、阴南平原（九原区、土默特右旗）、鄂尔多斯（伊金霍洛旗）。分布于我国除新疆和青海外的各省区，日本、朝鲜、越南、俄罗斯，北美洲东部，欧洲。为泛北极分布种。

全草入药，能清热解毒、利尿消肿，主治淋病、小便不利、泄泻、痢疾、肺结核、肺脓肿、痈毒；外用治痔疮、湿疹、荨麻疹、毒蛇咬伤。

2. 大麻属 Cannabis L.

直立草本。单叶互生或对生，通常为掌状复叶，具托叶。单性花，雌雄异株，花序腋生。雄花为圆锥花序，长可达 25cm；花萼 5 裂，裂片覆瓦状排列；雄蕊 5；花药在芽中直立，2 室，纵裂，无不发育的子房。雌花簇生于叶腋，每花具叶状苞片；花萼与子房紧贴，膜质，全缘；子房无柄，1 室，花柱 2 裂；胚珠单生，悬垂。果为瘦果，被宿存花被所包；种子具肉质胚乳，胚弯曲或螺旋状内卷。

内蒙古有 1 种。

1. 大麻（火麻、线麻）
Cannabis sativa L., Sp. Pl. 2:1027. 1753; Fl. Intramongol. ed. 2, 2:124. t.46. f.1-3. 1991.

1a. 大麻
Cannabis sativa L. f. **sativa**

一年生草本，高 100～300cm。根木质化。茎直立，皮层富纤维，灰绿色，具纵沟，密被短柔毛。叶互生或下部叶对生，掌状复叶，小叶 3～7（～11），生于茎顶的叶具 1～3 枚小叶。叶片披针形至条状披针形，两端渐尖，边缘具粗锯齿；上面深绿色，粗糙，被短硬毛；下面淡绿色，密被灰白色毡毛；叶柄长 4～15cm，半圆柱形，上有纵沟，密被短绵毛；托叶侧生，线状披针形，长 8～10mm，先端渐尖，密被短绵毛。花单性，雌雄异株，雄株名牡麻或（桑）麻，雌株名苴麻或苎麻，花序生于上部叶的叶腋。雄花排列成长而疏散的圆锥花序，淡黄绿色；萼片 5，长卵形，背面及边缘均有短毛，无花瓣；雄蕊 5，长约 5mm；花丝细长；花药大，黄色，悬垂，富于花粉；无雌蕊。雌花序呈短穗状，绿色；每朵花外具 1 枚卵形苞片，先端渐尖，内有 1 枚薄膜状花被，紧包子房，二者背面均有短柔毛；雌蕊 1，子房球形，无柄，花柱二歧。瘦果扁卵形，硬质，灰色，基部无关节，难以脱落，表面光滑而有细网纹，全部被宿存的黄褐色苞片所包裹。花期 7～8 月，果期 9～10 月。

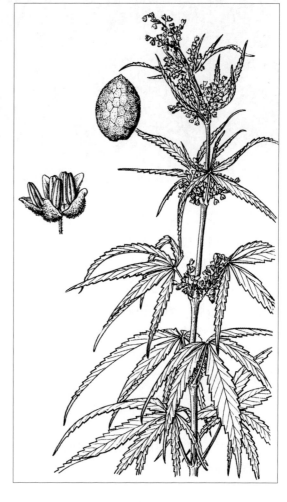

中生草本。原产中亚。世界各地均有栽培。分布于我国新疆北部，蒙古国西部、不丹、印度、中亚。为南亚—中亚分布种。

种仁入药（药材名：火麻仁），能润燥、通便，用于肠燥便秘。也入蒙药（蒙药名：敖老森-乌日），能通便、杀虫、祛黄水，主治便秘、痛风、游痛症、关节炎、淋巴结肿、黄水疮。

1b. 野大麻

Cannabis sativa L. f. **ruderalis** (Janisch.) Chu in Fl. Pl. Herb. Chin. Bor.-Orient. 2:3. 1959; Fl. Intramongol. ed. 2, 2:124. t.46. f.4-5. 1991.——*C. ruderalis* Janisch. in Uchen Zap. Saratovsk. Gosud. Chernyshevskogo Univ. 2(2):14. 1924.

本变型与正种的区别是：植株较矮小；叶及果实均较小；瘦果长约 3mm，直径约 2mm，成熟时表面具棕色大理石状花纹，基部具关节。

中生草本。生于森林区和草原区的向阳干山坡、固定沙丘、丘间低地。产兴安北部及岭东和岭西（额尔古纳市、牙克石市、阿尔山市伊尔施林场、鄂温克族自治旗、新巴尔虎左旗）、呼伦贝尔（海拉尔区、新巴尔虎右旗）、兴安南部及科尔沁（科尔沁右翼中旗、阿鲁科尔沁旗、翁牛特旗、巴林左旗、巴林右旗、克什克腾旗）、燕山北部（喀喇沁旗、宁城县）、锡林郭勒（东乌珠穆沁旗、锡林浩特市、正蓝旗、苏尼特左旗）、阴山（大青山、乌拉山）、鄂尔多斯（达拉特旗）、东阿拉善（磴口县）。分布于我国东北，蒙古国东部和北部及西部，西伯利亚地区，中亚，欧洲。为古北极分布变型。

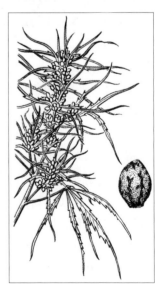

叶干后羊食。种仁入蒙药（蒙药名：和仁-敖老森-乌日），功能、主治同大麻。

29. 荨麻科 Urticaceae

草本，稀为木本。全株有时具螯毛。茎具液汁，常具坚韧纤维。单叶对生或互生，通常边缘有锯齿或缺刻，稀全缘，叶肉内多具明显的钟乳体，有叶柄；托叶离生或合生，常早落。花单性，稀两性，雌雄同株或异株，小型，辐射对称，常为腋生聚伞花序，稀单生；花被2～5裂，绿色。雄蕊与花被裂片同数而对生，花丝在花蕾中内曲，退化雄蕊鳞片状或缺。雌花花被果期常增大；子房上位，1室，花柱单一，柱头头状、画笔状或羽毛状，有时呈丝状；胚珠1，通常基生，直立。瘦果或核果；种子小，具丰富的油质胚乳。

内蒙古有4属、8种。

分属检索表

1a. 叶对生。
　　2a. 植物体上有螯毛···**1. 荨麻属 Urtica**
　　2b. 植物体上无螯毛···**2. 冷水花属 Pilea**
1b. 叶互生。
　　3a. 植物体上有螯毛，叶缘有锯齿或牙齿·························**3. 蝎子草属 Girardinia**
　　3b. 植物体上无螯毛，叶全缘·····································**4. 墙草属 Parietaria**

1. 荨麻属 Urtica L.

一年生或多年生草本，具螯毛。单叶对生，有托叶。花单性，穗状、总状聚伞花序或叉状聚伞花序。雄花花被4裂；雄蕊4，与花被裂片对生，花蕾时内曲。雌花花被4裂，不同型，背生2枚花后增大；子房直立，几无花柱，柱头为画笔状；胚珠直生。瘦果包被于花后增大的花被内。

内蒙古有4种。

分种检索表

1a. 叶掌状3深裂或3全裂，裂片再呈缺刻状羽状分裂·················**1. 麻叶荨麻 U. cannabina**
1b. 叶不分裂，边缘有锯齿或牙齿。
　　2a. 叶片卵形、宽卵形或宽椭圆状卵形，稀卵状披针形；雌雄同株，稀异株。
　　　　3a. 雄花序生于茎枝上部的叶腋，雌花序生于茎枝下部的叶腋；叶片上钟乳体短棒状，托叶条状披针形···**2. 宽叶荨麻 U. laetevirens**
　　　　3b. 雄花序生于茎枝下部的叶腋，雌花序生于茎枝上部的叶腋；叶片上钟乳体点状，托叶三角状披针形或狭长椭圆形···**3. 贺兰山荨麻 U. helanshanica**
　　2b. 叶片披针形、矩圆状披针形或狭卵状披针形，稀狭椭圆形；雌雄异株···**4. 狭叶荨麻 U. angustifolia**

1. 麻叶荨麻 （焮麻）

Urtica cannabina L., Sp. Pl. 2:984. 1753; Fl. Intramongol. ed. 2, 2:127. t.47. f.6-7. 1991.

多年生草本。全株被柔毛和螯毛。具匍匐根状茎。茎直立，高100～200cm，丛生，通常不分枝，具纵棱和槽。叶片五角形，长4～13cm，宽3.5～13cm，掌状3深裂或3全裂；裂

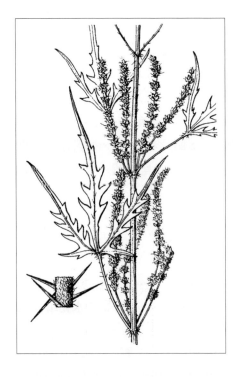

片再呈缺刻状羽状深裂或羽状缺刻，小裂片边缘具疏生缺刻状锯齿，最下部的小裂片外侧边缘具 1 个长尖齿，各裂片顶端小裂片细长、条状披针形；叶片上面深绿色，叶脉凹入，疏生短伏毛或近于无毛，密生小颗粒状钟乳体；叶片下面淡绿色，叶脉稍隆起，被短伏毛和疏生的螫毛；叶柄长 1.5～8cm；托叶披针形或宽条形，离生，长 7～10mm。花单性，雌雄同株或异株，同株者雄花序生于下方；雌花序呈穗状聚伞花序丛生于茎上部叶腋间，分枝，长可达 12cm，具密生花簇；苞片膜质，透明，卵圆形。雄花直径约 2mm，花被 4 深裂；裂片宽椭圆状卵形，长约 1.5mm，先端尖而略呈盔状。雄蕊 4；花丝扁，长于花被裂片；花药椭圆形，黄色；退化子房杯状，浅黄色。雌花花被 4 中裂，裂片椭圆形；背生 2 枚裂片花后增大，宽椭圆形，较瘦果长，包着瘦果；侧生 2 枚裂片小。瘦果宽椭圆状卵形或宽卵形，长 1.5～2mm，稍扁，光滑，具少数褐色斑点。花期 7～8 月，果期 8～9 月。

中生杂草。生于人类和动物经常活动的干燥山坡、丘陵坡地、沙丘坡地、山野路旁、居民点附近。产兴安北部及岭东和岭西（额尔古纳市、牙克石市、鄂伦春自治旗、扎兰屯市）、呼伦贝尔（海拉尔区、新巴尔虎左旗、新巴尔虎右旗）、兴安南部及科尔沁（扎赉特旗、科尔沁右翼前旗、科尔沁右翼中旗、扎鲁特旗、阿鲁科尔沁旗、翁牛特旗、巴林左旗、巴林右旗、克什克腾旗）、辽河平原（科尔沁左翼后旗）、燕山北部（喀喇沁旗、宁城县）、锡林郭勒（东乌珠穆沁旗、西乌珠穆沁旗、锡林浩特市、苏尼特左旗、正蓝旗、正镶白旗、太仆寺旗、察哈尔右翼中旗）、乌兰察布（四子王旗、达尔罕茂明安联合旗、乌拉特前旗）、阴山（大青山、乌拉山）、阴南平原、阴南丘陵、鄂尔多斯、东阿拉善（狼山）、贺兰山。分布于我国黑龙江东南部、吉林东部、辽宁中部、河北北部、山西中部和北部、陕西中部、宁夏西北部、甘肃东部、青海、四川西北部、新疆中部，蒙古国东部和北部及西部、俄罗斯（西伯利亚地区），中亚、西南亚，欧洲。为古北极分布种。

全草入药，能祛风、化瘀、解毒、温胃，主治风湿、胃寒、糖尿病、瘀症、产后抽风、小儿惊风、荨麻疹，也能解虫蛇咬伤之毒。茎皮纤维可做纺织物和绳索的原料。嫩茎叶可做蔬菜食用。青鲜时羊和骆驼喜采食，牛乐吃。全草入药（蒙药名：哈拉盖-敖嘎），能除"协日乌素"、解毒、镇"赫依"、温胃、破瘀，主治腰腿及关节疼痛、虫咬伤。

2. 宽叶荨麻

Urtica laetevirens Maxim. in Bull. Acad. Imp. Sci. St.-Petersb. 22:236. 1877; Fl. Intramongol. ed. 2, 2:128. t.48. f.6-7. 1991.

多年生草本。根状茎匍匐。茎直立，通常单一或有腋生短枝，高 30～90cm，具纵钝棱，疏生螫毛和短柔毛，螫毛透明。叶片宽卵形、卵形或宽椭圆状卵形，长 4～9cm，宽 2～5.5cm，先端锐尖或尾状尖，基部近截形、宽楔形或浅心形，边缘具大型粗锯齿，有时有缘毛，两面均密生细短毛，密布短棒状钟乳体和散生的螫毛，主脉 3～5，下面稍隆起；叶柄长 1.5～3cm，疏生螫毛和柔毛；托叶离生，条状披针形，长 4～12mm，渐尖，膜质。花单性，雌雄同株或异株；同株时雄花序成对生于茎枝上部的叶腋，总状聚伞状，长 5～8cm，花密集，花轴有柔毛。雌花序成对生于下方叶腋，聚伞状，较短，具断续着生的簇生花，花轴有柔毛；苞片小，矩圆形或条形，长约 1～1.2mm。雄花花被 4 深裂；裂片椭圆形或椭圆状卵形，内凹，背面具伏生柔毛；雄蕊 4，花丝比

花被裂片长，花药黄色，且近圆形；退化雌蕊半透明杯状。雌花花被 4 深裂；侧生 2 枚裂片较小，椭圆状卵形；背生 2 枚花后增大，宽卵形，长约 1.5mm，背部和边缘有长柔毛，包被瘦果。瘦果卵形或宽卵形，稍扁平，长 1～1.5mm，近光滑。花期 7～8 月，果期 8～9 月。

中生草本。生于阔叶林带的山坡林下阴湿处、林缘路旁、山谷溪流附近、水边湿地、沟边。产岭东（扎兰屯市）、兴安南部（阿鲁科尔沁旗、巴林右旗）、燕山北部（宁城县）、贺兰山、龙首山。分布于我国黑龙江、吉林南部、辽宁中部、河北、河南西部、山东西部、山西、陕西南部、甘肃西南部、青海东北部、湖北西部、湖南西北部和西南部、安徽西南部、四川、云南西北部、西藏东部，日本、朝鲜、俄罗斯（乌苏里地区）。为东亚分布种。

茎皮纤维可做纺织物和绳索的原料。

3. 贺兰山荨麻

Urtica helanshanica W. Z. Di et W. B. Liao in Pl. Vasc. Helanshanicae 327. t.6. 1987; Fl. Intramongol. ed. 2, 2:131. 1991.

多年生草本。全株被白色粗伏毛，节上常有螫毛。茎直立，高 50～90cm，近四棱形，具纵棱。叶片卵形，稀卵状披针形，长 5～17cm，宽 2～8.5cm，先端尾状渐尖，基部宽楔形至截形，边缘具 8～12 对大型粗牙齿，有时近羽裂，上面密布点状钟乳体，下面沿脉被白色粗伏毛及疏螫毛，主脉 3，下面稍隆起，叶柄长 2～5.3cm；托叶三角状披针形或狭长椭圆形，长 4～8mm。花雌雄同株；雄花序圆锥形，成对生于茎下部叶腋；雌花序密穗状，成对生于茎上部叶腋；雄

花序和雌花序之间叶腋的花序常为雌雄同序；苞片小，宽倒卵形。雄花花被4深裂，裂片椭圆形；雄蕊4，花丝舌状；退化雌蕊半透明杯状。雌花花被4深裂；裂片圆形或宽椭圆形，背面具白色粗伏毛；背生2枚花被片花后增大，长1～1.3mm，背面中脉上各具1根螯毛，包被瘦果；侧生2枚花被片较小，长约为背生裂片的1/4。瘦果椭圆形，稍扁平，长约1.2mm，黄棕色，表面具腺点和颗粒状白色分泌物。花期6～7月，果期7～8月。

中生草本。生于阴坡山沟、林缘湿处、干河床边。产贺兰山（阿拉善左旗哈拉乌北沟）、龙首山。分布于我国宁夏。为南阿拉善山地（贺兰山—龙首山）分布种。

全草入蒙药（蒙药名：阿拉善乃-哈拉盖），功能、主治同麻叶荨麻。

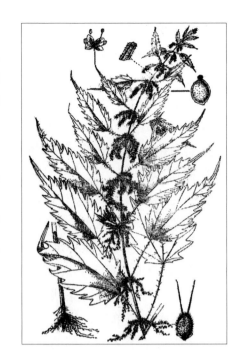

4. 狭叶荨麻（螯麻子）

Urtica angustifolia Fisch. ex Hornem. in Suppl. Hort. Bot. Hafn. 107. 1819; Fl. Intramongol. ed. 2, 2:128. t.47. f.1-5. 1991.

多年生草本。全株密被短柔毛与疏生螯毛。具匍匐根状茎。茎直立，高40～150cm，通常单一或稍分枝，四棱形，其棱较钝。叶对生，矩圆状披针形、披针形或狭卵状披针形，稀狭椭圆形，长5～12cm，宽1.2～3cm，先端渐尖，基部近圆形或宽心形，稀近截形，边缘具粗锯齿，齿端锐尖（有时向内稍弯），上面绿色，密布点状钟乳体，下面淡绿色，主脉3（上面稍凹入，下面明显隆起）；叶柄较短，长0.5～2cm；托叶狭披针形或条形，离生，膜质，长5～9mm。

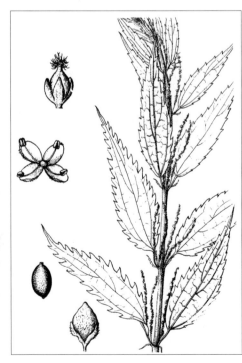

花单性，雌雄异株；花序在茎上部叶腋丛生，穗状，或分枝多而呈狭圆锥状，长 2～5cm；花密集成簇，断续着生；苞片长约 1mm，膜质。雄花具极短柄或近于无柄，直径约 2mm；花被 4 深裂；裂片椭圆形或卵状椭圆形，长约 1.8mm，先端钝尖，内弯；雄蕊 4，花丝细而稍扁，花药宽椭圆形；退化雌蕊杯状。雌花无柄；花被片 4，矩圆形或椭圆形；背生 2 枚裂片花后增大，宽椭圆形，紧包瘦果，比瘦果稍长；子房矩圆形或长卵形，成熟后黄色，长 1～1.2mm，包于宿存花被内。花期 7～8 月，果期 8～9 月。

中生草本。生于森林区和草原区的山地林缘、灌丛间、溪沟旁、湿地、山野阴湿处、水边、沙丘灌丛间。产兴安北部及岭东和岭西（额尔古纳市、根河市、牙克石市、鄂温克族自治旗、鄂伦春自治旗、阿尔山市、扎兰屯市）、呼伦贝尔（海拉尔区）、兴安南部及科尔沁（扎赉特旗、科尔沁右翼前旗、科尔沁右翼中旗、阿鲁科尔沁旗、翁牛特旗、巴林右旗、克什克腾旗、东乌珠穆沁旗东部）、辽河平原（科尔沁左翼后旗）、燕山北部（喀喇沁旗、宁城县、敖汉旗）、阴山（大青山、蛮汗山、乌拉山）。分布于我国黑龙江南部、吉林东部、辽宁北部和西部、河北北部、山东西部、山西北部，日本、朝鲜、蒙古国东部和北部及西部、俄罗斯（西伯利亚地区、远东地区）。为东古北极分布种。

茎皮纤维是很好的纺织、绳索、纸张原料。茎叶含鞣质，可提供栲胶。全草入药，效用与麻叶荨麻相同。全草入蒙药（蒙药名：奥存－哈拉盖），功能、主治同麻叶荨麻。幼嫩时可当野菜吃，青鲜时马、牛、羊和骆驼均喜采食。

2. 冷水花属 **Pilea** Lindl.

一年生或多年生草本，稀为半灌木。全株无螫毛。单叶对生，有托叶。花单性，雌雄异株或同株，形成腋生集团状聚伞花序，有时形成圆锥花序。雄花花被片 2～4，稀 5，雄蕊与花被片同数而对生。雌花花被片 3 或 5，同型或不同型，退化雄蕊鳞片状或缺；子房直立，无花柱，柱头毛笔状；胚珠直立。瘦果卵形或椭圆形，稍扁平，果皮膜质。

内蒙古有 2 种。

分种检索表

1a. 雌花被片 3；叶卵形，边缘具锐尖齿。

　　2a. 雌花被片条状披针形或三角状锥形，叶先端渐尖或尾状尖·······**1a. 透茎冷水花 P. pumila** var. **pumila**

　　2b. 雌花被片卵形或卵状椭圆形，叶先端钝、锐尖或短渐尖······**1b. 荫地冷水花 P. pumila** var. **hamaoi**

1b. 雌花被片 2；叶菱状圆形，全缘或波状，先端钝·················**2. 矮冷水花 P. peploides**

1. 透茎冷水花（水荨麻）

Pilea pumila (L.) A. Gray in Manual 437. 1848; Fl. Intramongol. ed. 2, 2:132. t.49. f.1-5. 1991.——*Urtica pumila* L., Sp. Pl. 2:984. 1753.

1a. 透茎冷水花

Pilea pumila (L.) A. Gray var. **pumila**

一年生草本。茎直立或有时基部稍斜生而生根，高 15～50cm，有纵棱，肉质，多水汁，半透明，平滑无毛，有时生有钟乳体，多分枝，节部稍膨大。叶对生，卵形、宽卵形或宽椭圆形，有时近菱形，长 2～7.5cm，宽 1～4.5cm，先端渐尖、尾状尖或短渐尖，基部宽楔形，边缘具锐尖锯齿，下半部常无锯齿，两面疏生短毛，且密生排列不规则的短棒状钟乳体，主脉 3，下面明显隆起；叶柄细，长 0.5～6cm，近叶片处有细毛；托叶小，卵形或宽椭圆形，早落。花单性，雄雌同株；聚伞花序腋生，无总花梗，多分枝，通常比叶柄短，雌雄花混生于同一花序内；苞片小型，矩圆状锥形。雄花无柄；花被片通常 2，倒卵状船形，长约 0.5mm，先端下部有短角；雄蕊 2，花丝长，花药近圆形。雌花具短柄；花被片 3，条状披针形或三角状锥形，长约 2mm，先端呈小兜状而突尖，果期增大；退化雄蕊 3，矩圆形，短于花被片，内折；子房卵形。瘦果卵形，稍扁平，长 1～1.5mm，平滑，有时散生稍隆起的褐色斑点。花期 7～8 月，果期 8～9 月。

湿中生草本。生于湿润的林内、林缘、山地岩石间、沟谷、溪边、河岸、草甸、河谷。产科尔沁（科尔沁右翼中旗）、辽河平原（科尔沁左翼后旗）、燕山北部（宁城县、敖汉旗）。分布于我国黑龙江、吉林、辽宁、河北、河南西部、山东、山西、陕西南部、宁夏、甘肃东南部、四川、江苏、安徽、江西、浙江、福建、台湾、湖北西部、湖南、广东北部、广西北部、云南、贵州、西藏东部，日本、朝鲜、蒙古国、俄罗斯（西伯利亚地区），北美洲。为亚洲—北美分布种。

根状茎入药，有清热利尿之效。

1b. 荫地冷水花

Pilea pumila (L.) A. Gray var. **hamaoi** (Makino) C. J. Chen in Bull. Bot. Res. Harbin 2(3):103. 1982;Fl. Intramongol. ed. 2, 2:132. 1991.——*P. hamaoi* Makino in Bot. Mag. Tokyo 10:364. 1896.

本变种与正种的区别是：雌花花被片较宽，果期卵状、卵状椭圆形或倒卵状矩圆形，侧生的 2 枚或 1 枚常长过果实，背面中脉显著，中间的 1 枚花被片较侧生的短约一半；不育雌花的花被片明显增长，中央有一条绿色带，边缘膜质，透明；叶先端常微钝或锐尖，稀短渐尖。

湿中生草本。生于阔叶林带的湿润而多阴的林下、山坡岩石间。产辽河平原（科尔沁左翼后旗）。分布于我国黑龙江、吉林、河北，日本、朝鲜。为东亚北部（满洲—日本）分布变种。

2. 矮冷水花（苔水花）

Pilea peploides (Gaudich.) Hook. et Arn. in Bot. Beech. Voy. 96. 1832; Fl. China 5:119. 2003.——*Dubrueilia peploides* Gaudich. in Voy. Uranie 495. 1830.

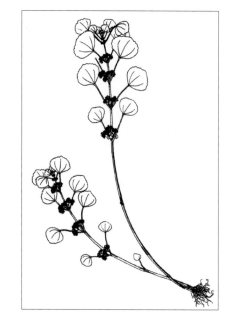

一年生草本。全株无毛。茎细弱，高 3.5～15cm，单一或分枝。叶交互对生，下叶成对，茎顶的叶密集成假轮状；叶片卵圆形或卵状扁圆形乃至菱状圆形，长、宽均为 1～2cm，有时可达 3cm，基部广楔形或近圆形，先端钝尖或钝圆，边缘具不明显的微波状齿牙或全缘，稀具明显的齿牙，叶基附近无齿牙，表面生有近于横列的短棒状钟乳体，背面具锈褐色腺点，主脉 3；有长柄，叶柄比叶短或长。花雌雄同株，淡绿色，小型，稍呈头状密簇于叶腋，具总梗，比叶柄短，雌雄花混生；雄花较小，花被片 4，雄蕊 4；雌花花被片 2，不等大，其中 1 枚较大，宽倒披针形，与瘦果等长，果期加厚，亦具钟乳体。瘦果小，黄褐色，卵形，平滑，稍呈双凸镜状。花期 7～8 月，果期 8～9 月。

中生草本。生于阔叶林带的山坡石缝中、长苔藓的岩石上。产燕山北部（赤峰市南部）。分布于我国辽宁、河北、河南、安徽、江西、浙江、福建、台湾、湖南、广东、广西、贵州，不丹、印度北部、越南、印度尼西亚、缅甸、泰国、日本、朝鲜、俄罗斯（西伯利亚地区），太平洋诸岛。为西伯利亚—东亚分布种。

3. 蝎子草属 **Girardinia** Gaudich.

一年生或多年生草本，稀亚灌木。全株被螫毛。单叶互生，边缘具粗牙齿或 3～5 浅裂；托叶合生，叶状，宿存。花单性，雄雌同株或异株，簇生，花束排列成穗状二歧聚伞花序。雄花花被片 4～5 深裂，雄蕊与花被片同数而对生，退化雌蕊球形或杯状。雌花花被片合生成管状，2 裂，不等大；子房直立；花柱长，丝状，脱落；柱头锥形。瘦果压扁。

内蒙古有 1 种。

1. 蝎子草

Girardinia diversifolia (Link) Friis subsp. **suborbiculata** (C. J. Chen) C. J. Chen et Friis in Fl. China 5:91. 2003.——*G. suborbiculata* C. J. Chen in Act. Phytotax. Sin. 30:476. 1992.——*G. cuspidana* auct. non Wedd.: Fl. Intramongol. ed. 2, 2:133. t.48. f.1-5. 1991.

一年生草本。全株被螫毛和伏硬毛。茎直立，高 25～130cm，具纵条棱，通常单一或上部叶腋有短枝。叶互生，卵形、宽椭圆形或近圆形，长 4.5～16cm，宽 3.5～14cm，先端渐尖或尾尖，稀锐尖，基部近截形或圆形，边缘具缺刻状大型牙齿，有时大牙齿边缘还有小牙齿，

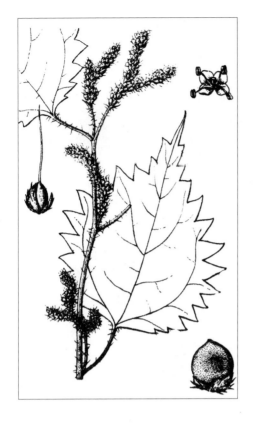

表面密生小球状钟乳体，基出脉 3，常带红色，叶柄长 1～9cm；托叶合生，三角状锥形，长约 1cm。花单性，雌雄同株；花序腋生，比叶短，少分枝，具总梗。雄花序总状或穗状，生于下部；雄花花被片 4～5 深裂；雄蕊 4～5，与花被片对生；退化雌蕊杯形。雌花序为穗状二歧聚伞状，生于上部；雌花花被片 2 裂，裂片不等大；上端裂片宽椭圆形，先端具 2～3 个微齿，背面中部龙骨状凸起，果熟时抱托瘦果基部；下端裂片小，条形；花柱丝

陈宝瑞／摄

形，长约 2.5mm，结果时向下反曲。瘦果宽卵形，长 1.8～2.2mm，宽约 1.5mm，光滑或疏生小疣状凸起，扁平而双凸镜状，常密生于果序一侧。花期 7～8 月，果期 8～10 月。

中生草本。生于森林区和森林草原带的林下、林缘阴湿地、山坡岩石间、山沟边、宅旁、废墟上。产岭东（扎兰屯市）、科尔沁（科尔沁右翼前旗、科尔沁右翼中旗、扎赉特旗）。分布于我国吉林、辽宁、河北、河南西部、山东西部、山西东部、陕西南部，朝鲜。为华北—满洲分布种。

茎皮纤维可做纺织物和绳索的原料。

4. 墙草属 Parietaria L.

一年生或多年生草本。全株无螫毛。叶互生，小型，全缘，具三出脉，有柄，无托叶。花杂性，在叶腋组成团集的聚伞花序；苞片离生或合生；两性花和雄花花被片 4 或 3 深裂，镊合状排列。雄蕊 4 或 3，着生于花被基部，与花被片对生，花丝内折。雌花花被基部筒状，顶端 4 浅裂，果期宿存，花后不增大；子房椭圆形，花柱短或无花柱，柱头较长，呈画笔状或头状。瘦果包于宿存的花被内，种子有丰富的胚乳。

内蒙古有 1 种。

1. 小花墙草（墙草）

Parietaria micrantha Ledeb. in Icon. Pl. 1:7. t.22. 1829; Fl. Intramongol. ed. 2, 2:134. t.49. f.6-9. 1991.

一年生草本。全株无螫毛。茎细而柔弱，稍肉质，直立或平卧，高 10～30cm，有时可达

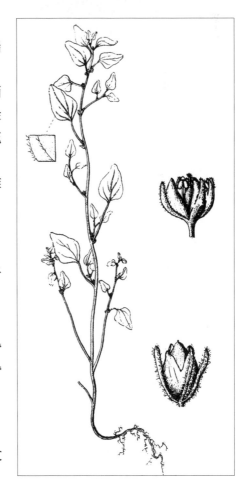

50cm，多分枝，散生微柔毛或近无毛。叶互生，卵形、菱状卵形或宽椭圆形，长5～30mm，宽3～20mm，先端微尖或钝尖，基部圆形、宽椭圆形或微心形，有时偏斜，全缘，两面被疏生柔毛，上面密布细点状钟乳体；叶柄长2～15mm，有柔毛。花杂性，在叶腋组成具3～5朵花的聚伞花序，两性花生于花序下部，其余为雌花；花梗短，有毛；苞片狭披针形，与花被近等长，有短毛。两性花花被片4深裂，极少5深裂，裂片狭椭圆形；雄蕊4，与花被片对生。雌花花被片筒状钟形，先端4浅裂，极少5浅裂，花后呈膜质并宿存；子房椭圆形或卵圆形，花柱极短，柱头较长。瘦果宽卵形或卵形，长1～1.5mm，稍扁平，具光泽，成熟后黑色，略长于宿存花被；种子椭圆形，两端尖。花期7～8月，果期8～9月。

中生草本。生于森林区和森林草原带的山坡阴湿处、石缝间、湿地上。产兴安北部（牙克石市）、岭东（扎兰屯市）、呼伦贝尔（满洲里市）、兴安南部和科尔沁（扎赉特旗、科尔沁右翼前旗、科尔沁右翼中旗、巴林左旗、巴林右旗、林西县、克什克腾旗、锡林浩特市东南部）、燕山北部（喀喇沁旗、兴和县苏木山）、阴山（九峰山、察哈尔右翼中旗辉腾梁）、东阿拉善（桌子山）、贺兰山（大水沟）。分布于我国黑龙江、吉林、辽宁、河北、河南、山东、山西、陕西、宁夏、甘肃、青海、新疆、安徽、湖北、湖南、台湾、四川、贵州、云南、西藏，日本、朝鲜、蒙古国北部、俄罗斯（西伯利亚地区）、不丹、尼泊尔、印度北部、巴基斯坦，中亚、西南亚、北非，欧洲、南美洲、大洋洲。为世界分布种。

全草入药，有拔脓消肿之效。

411

30. 檀香科 Santalaceae

草本、灌木或乔木，有时为半寄生状态。单叶互生或对生，全缘，常无柄，有时退化为鳞片状，无托叶。花小型，两性或单性，通常淡绿色或白色，辐射对称，常具苞片和小苞片；花被单层，常稍肉质，与花盘合生，基部常呈管状，先端 3～6 齿裂或 3～6 全裂。雄蕊生于花被片基部，与花被片对生；花药 2 室，纵裂。子房 1 室，下位或半下位，包于花盘内；花柱短，单一；柱头不裂或 3～6 裂；中轴胎座，胚珠 1～3。坚果或核果；种子近于球形；胚乳丰富，胚直立。

内蒙古有 1 属、4 种。

1. 百蕊草属 Thesium L.

多年生草本，绿色，常半寄生于其他植物根上，稀为一年生草本或灌木状。叶互生，条形或鳞片状。花小，两性，单生于叶腋或组成二歧聚伞花序；苞片通常叶状，生于花下，小苞片 2（有时缺）；花被绿色或绿黄色，下部筒状、漏斗状或钟状，并与子房合生，上部 4～5 裂；雄蕊 4～5；子房下位，花柱丝状，柱头头状或有时 3 裂，胚珠 1～3；花盘不明显。核果或小坚果，表面有纵棱或有皱缩状网状棱。

内蒙古有 4 种。

分种检索表

1a. 果实表面具网脉棱，子房无子房柄。
  2a. 果梗长不超过 4mm ···**1a. 百蕊草 T. chinense** var. **chinense**
  2b. 果梗长 5～11mm ···**1b. 长梗百蕊草 T. chinense** var. **longipedunculatum**
1b. 果实表面具纵脉棱，纵脉棱偶有分叉，但不形成网脉棱；子房有子房柄。
  3a. 花长 4～6mm，子房柄长 0.2～0.5mm，宿存花被比果短。
    4a. 果实成熟后果柄不反折，总花梗通常不呈"之"字形曲折，叶具 3 脉 ···························
    ···**2. 长叶百蕊草 T. longifolium**
    4b. 果实成熟后果柄反折；总花梗呈"之"字形曲折；叶通常具 1 脉，有时具 3 脉 ···············
    ···**3. 急折百蕊草 T. refractum**
  3b. 花长约 8mm，子房柄长 0.8～1mm，宿存花被比果长 ···············**4. 短苞百蕊草 T. brevibracteatum**

1. 百蕊草（珍珠草）

Thesium chinense Turcz. in Bull. Soc. Imp. Nat. Mosc. 10(7):157. 1837; Fl. Intramongol. ed. 2, 2:136. t.50. f.4. 1991.

1a. 百蕊草

Thesium chinense Turcz. var. **chinense**
多年生草本。根直生，顶部有时多头。茎直立或近直立，高 15～45cm，丛生，有时单生，纤细，圆柱状，具纵棱，无毛，上部多分枝。叶互生，条形，长 1.5～4.5cm，宽 1～2mm，先端渐尖或急尖，全缘，具软骨质顶尖，稍肉质，主脉1，明显，无叶柄。花两性，小型，单生于叶腋；花梗极短，长不超过4mm。苞片1，叶状，条形，通常比花长3～4倍；小苞片2，狭条形，长2～6mm。花被绿白色，长2～3mm，下部合生成筒状钟形，顶端具5浅裂；裂片内面有不太明显的束毛，先端锐尖而稍内曲，下部与子房合生。雄蕊5，生于花被筒近喉部，或生于花被片的基部而与其对生；花丝短，不伸出花被之外。子房下位；花柱极短，不超出雄蕊，近圆锥形。坚果球形、椭圆形或椭圆状球形，长2～3mm，直径1.5～2mm，绿色或黄绿色，顶端具宿存花被，表面具明显的网状脉棱，果梗长不超过4mm。花期5～6月，果期6～7月。

旱生草本。生于阔叶林带和草原带的砾石质坡地、干燥草坡、山地草原、林缘、灌丛间、沙地边缘、河谷干草地。产岭东（扎兰屯市）、兴安南部和科尔沁（科尔沁右翼前旗、科尔沁右翼中旗、奈曼旗、阿鲁科尔沁旗、翁牛特旗、克什克腾旗）、辽河平原（科尔沁左翼后旗）、燕山北部（兴和县苏木山）、锡林郭勒（镶黄旗）、乌兰察布（达尔罕茂明安联合旗南部）、阴山（大青山）、阴南丘陵（准格尔旗）。分布于我国除西藏、新疆外的各省区，日本、朝鲜、俄罗斯（远东地区）。为东亚分布种。

全草入药，能清热解毒、补肾涩精，主治急性乳腺炎、肺炎、肺脓肿、扁桃体炎、上呼吸道感染、肾虚腰痛、头昏、遗精。

1b. 长梗百蕊草

Thesium chinense Turcz. var. **longipedunculatum** Y. C. Chu in Fl. Pl. Herb. Chin. Bor.-Orient. 2:107. 1959; Fl. Intramongol. ed. 2, 2:137. 1991.

本变种与正种的区别是：果梗较长，通常长5～11mm。

旱生草本。生于森林草原带的干燥坡地。产兴安南部和科尔沁（扎赉特旗、科尔沁右翼前旗、科尔沁右翼中旗）。分布于我国黑龙江、吉林、辽宁、山东、山西、四川。为华北—满洲分布变种。

2. 长叶百蕊草

Thesium longifolium Turcz. in Bull. Soc. Imp. Nat. Mosc. 25(2):469. 1852; Fl. Intramongol. ed. 2, 2:137. t.50. f.1-3. 1991.

多年生草本。根直生，稍肥厚，多分枝，顶部多头。茎丛生，直立，或外围者基部斜升，高15～50cm，具纵棱，中上部分枝多；枝较直，无毛。叶互生，条形或条状披针形，长2～4.5cm，宽1～2.5mm，稍肉质，先端锐尖，顶端淡黄色，基部稍狭窄，全缘，边缘微粗

糙，主脉 3，茎下部有时有小型叶或鳞片状叶，无叶柄。花单生于叶腋，长 4～5mm，在茎枝上部集生成总状花序或圆锥花序；花梗长 4～20mm，有细纵棱。苞片 1，叶状，条形，长约 1cm；小苞片 2，狭披针形，长约 4.5mm，先端尖，边缘粗糙。花被白色或绿白色，长 2.5～3.5mm，基部筒状，与子房合生，上部 5 深裂；裂片条形或条状披针形，先端钝尖而稍内曲，背面绿色，有 1 条纵棱，边缘微粗糙或具小型耳状凸起，筒部具明显的纵脉棱。雄蕊 5，生于花被片基部，与其对生，短于或等长于花被片；花丝细而短；花药矩圆形，淡黄色。子房下位，倒圆锥形，长约 2mm，无毛，子房柄长约 0.5mm；花柱内藏；柱头圆球形，浅黄色。坚果近球形或椭圆状球形，长 3.5～4mm，通常黄绿色，顶端有宿存花被及花柱；果实表面具 5～8 条明显的纵脉棱和少数分叉的侧脉棱，但绝不形成网状脉棱；果梗长 4～14mm；种子 1，球形，浅黄色。花期 5～7 月，果期 7～8 月。

中旱生草本。生于森林区和草原区的沙地、沙质草原、山坡、山地草原、林缘、灌丛、草甸。产兴安北部（额尔古纳市、根河市、牙克石市）、呼伦贝尔（海拉尔区）、兴安南部和科

尔沁（扎赉特旗、科尔沁右翼前旗、科尔沁右翼中旗、巴林右旗、翁牛特旗）、赤峰丘陵（红山区）、燕山北部（喀喇沁旗、宁城县、敖汉旗）、锡林郭勒（西乌珠穆沁旗、锡林浩特市、阿巴嘎旗、苏尼特左旗、正蓝旗）、乌兰察布（乌拉特中旗）、阴山（大青山、蛮汗山、乌拉山）、阴南丘陵（准格尔旗）、鄂尔多斯（鄂托克旗）、龙首山（桃花山）。分布于我国黑龙江、吉林西部、辽宁东部、河北北部、河南西部、山西东北部、山东、江苏西部、江西、湖北、湖南、青海、四川西部、云南东部和西北部、西藏东南部，蒙古国北部、俄罗斯（东西伯利亚地区）。为东古北极分布种。

全草入药，能祛风清热、解痉，主治感冒、中暑、小儿肺炎、咳嗽、惊风。

3. 急折百蕊草

Thesium refractum C. A. Mey. in Bull. Acad. Imp. Sci. St.-Petersb. 8:340. 1841; Fl. Intramongol. ed. 2, 2:137. t.50. f.5. 1991.

多年生草本。根直生，粗壮，顶部多分枝，稍肥厚。茎数条至多条丛生，高 20～45cm，具明显的纵棱。叶互生，条形或条状披针形，长 2.5～5cm，宽 2～2.5mm，先端通常钝或微尖，顶端浅黄色，基部收狭不下延，全缘，两面微粗糙，主脉通常 1 条，有时基部有不明显的3 条脉，无叶柄。花长 4～6mm，在茎枝上部集成总状花序或圆锥花序；总花梗呈"之"字形

曲折，尤其在果熟期更明显；花梗长 5～8mm，有纵棱，花后外倾并渐反折。苞片 1，长 6～8mm，叶状，开展，先端尖，全缘；小苞片 2，条形，长 2.5～4mm。花被白色或浅绿白色，长 1～3mm，筒状或宽漏斗状，下部与子房合生，上部 5 深裂；裂片条状披针形，先端钝尖而内曲，背面有 1 条纵棱，中部两侧具小型耳状凸起，筒部有明显的脉棱。雄蕊 5，内藏。子房椭圆形，长约 3mm，无毛，子房柄长 0.2～0.3mm；花柱圆柱形，比花被裂片短。坚果椭圆形或卵形，长约 3mm，宽 2～2.5mm，常黄绿色，顶端具宿存花被及花柱，宿存花被长 1.5～2.5mm；果实表面具 4～10 条不明显的纵脉棱和少数分叉的侧脉棱，但不形成网状脉棱；果梗长达 1cm，熟时反折；种子 1，椭圆形或球形，黄色。花期 6～7 月，果期 7～9 月。

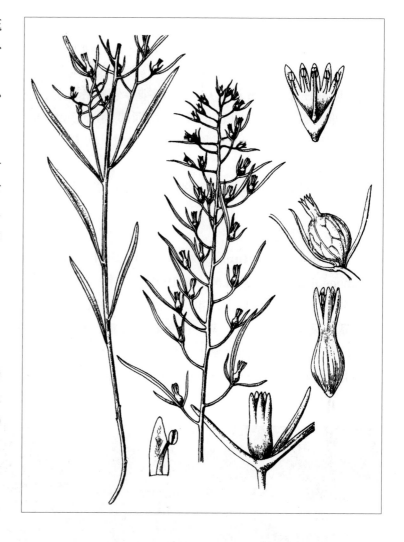

中旱生草本。生于森林区和草原区的山坡草地、砾石质坡地、沙地、林缘、草甸。产兴安北部和兴安南部及岭东和岭西和科尔沁（额尔古纳市、根河市、鄂温克族自治旗、扎兰屯市、扎鲁特旗、科尔沁右翼前旗、科尔沁右翼中旗、巴林右旗、克什克腾旗）、呼伦贝尔（陈巴尔虎旗、新巴尔虎右旗）、辽河平原（科尔沁左翼后旗）、锡林郭勒（西乌珠穆沁旗、锡林浩特市、正蓝旗、太仆寺旗）、燕山北部（喀喇沁旗）、阴山（大青山、蛮汗山、乌拉山）。分布于我国黑龙江东南部、吉林西部、辽宁北部、河北、河南、山西、湖北、湖南、宁夏南部、甘肃中部和东部、青海东南部、新疆中部和北部、四川西部、云南北部和东部、西藏东部，日本、朝鲜、蒙古国东部和北部及西部、俄罗斯，中亚。为东古北极分布种。

全草入药，能清热解痉、利湿消疳，主治小儿肺炎、支气管炎、肝炎、小儿惊风、腓胸肌痉挛、风湿骨痛、小儿疳积、血小板性紫癜。

4. 短苞百蕊草

Thesium brevibracteatum P. C. Tam in Bull. Bot. Res. Harbin 1(3):73. f.3. 1981; Fl. Intramongol. ed. 2, 2:139. t.50. f.6. 1991.

多年生草本。根直立，黄褐色或黄棕色，顶部多分枝。茎数条丛生，常直立，或基部斜升，

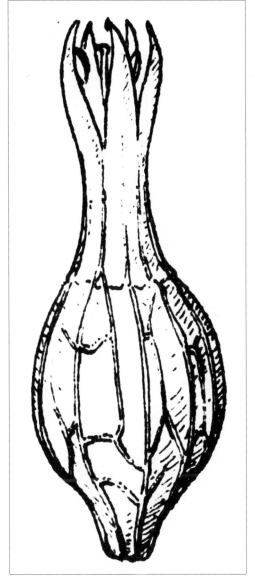

高 25～30cm，有明显的纵棱，横切面呈四棱形，上部分枝多。叶稀疏，条形，长 2～3.5cm，宽 2～2.5mm，先端短尖，稍肉质，基部渐狭，边缘有肉质微刺，两面微粗糙，主脉 1，无叶柄。花单生于叶腋，稀 2～3 朵聚生，长约 8mm，茎枝上部集成总状花序或圆锥花序；花梗长约 5mm，微粗糙，多向上稍弧形弯曲。苞片 1，狭条形，长 5～7mm；小苞片 2，狭条形或钻形，长约 3mm。花被白色或淡绿白色；与子房合生的花被管呈圆筒状，长约 3mm；裂片 5，狭矩圆形或宽条形，长 4～5mm，先端内曲。雄蕊 5，长约 2mm。子房柄长 0.8～1mm；花柱圆柱形，长约 2.5mm。坚果卵形、近球形或宽椭圆形，长 3～3.5mm，宽 2.5～3mm，通常黄绿色；顶端宿存花被长 3.8～4.5mm，比果长；果实表面有 10 条左右明显的纵脉棱和近平行或斜出的少数分叉的侧脉棱，但不形成网状脉棱；果梗长 5～8mm；种子 1，矩圆形或近球形，淡黄色。花期 7～8月，果期 8～9月。

　　旱生草本。生于草原区的沙地、沙丘阳坡、山坡向阳处、干旱草原，为沙质草原或沙地植被的伴生种。产兴安南部（科尔沁右翼前旗）、呼伦贝尔（新巴尔虎左旗）、锡林郭勒（锡林浩特市、正蓝旗）。为东蒙古分布种。

31. 桑寄生科 Loranthaceae

半寄生灌木。通常以寄生根寄生在其他植物的茎枝上，小枝往往脆而易折。单叶对生，稀互生或轮生，革质或草质，全缘，有时退化成鳞片状，无托叶。花两性或单性，雌雄同株或异株，辐射对称，组成穗状花序、聚伞花序或簇生，具苞片；花被单层，2～6深裂或离生，镊合状排列，常贴生于子房；雄蕊与花被片同数而对生，并生于花被上或其基部，花药2至多室；子房下位，1室，直立胚珠1。浆果或核果，种子1，胚直立，有胚乳。

内蒙古有2属、2种。

分属检索表

1a. 花序穗状或聚伞状，花被花瓣状，花药2室·······················**1. 桑寄生属 Loranthus**
1b. 花单生或簇生，花被小而花萼状，花药4至多室·····················**2. 槲寄生属 Viscum**

1. 桑寄生属 Loranthus Jacq.

常绿或落叶半寄生灌木。茎枝圆柱形，常叉状分枝，多暗褐色。单叶对生或互生，具羽状脉。花两性或单性，呈穗状花序或聚伞花序；苞片1；花被基部合生成管状，上部裂片4～6，裂片呈花瓣状；雄蕊与花被片同数而对生，花药2室，近球形；子房下位，1室，胚珠1。浆果，种子1。

内蒙古有1种。

1. 北桑寄生（欧洲栎寄生）

Loranthus tanakae Franch. et Sav. in Enum. Pl. Jap. 2:482. 1876; Fl. Intramongol. ed. 2, 2:140. t.51. f.1-3. 1991.

落叶半寄生小灌木。茎枝圆柱形，高可达100cm，丛生，嫩时绿色或浅褐色，老时黑褐色，常二歧分枝，无毛，具蜡质层。叶对生，草质，倒卵形、倒卵状椭圆形或椭圆形，长2.5～4.5cm，宽0.8～2cm，先端钝圆或有短突尖，基部楔形，稍下延至叶柄中部，全缘，两面均无毛，叶

柄长 4～8mm。花两性，小型；穗状花序顶生，长 2.5～5cm，具 5～8 对疏生的小花；苞片 1，很小；花萼筒状，很短，顶端截形，暗绿色；花瓣 6，倒披针形或狭矩圆形，长 1～2mm，黄绿色，离生。雄蕊 6，稍短于花瓣；花药球形，2 室。子房下位，1 室；花柱柱状，长约 1mm；柱头球形或圆锥形。浆果球形或卵状球形，黄色或橙黄色，直径 6～8mm，表面平滑，半透明状。花期 5～6月，果期 9～10 月。

半寄生小灌木。常寄生于栎属、榆属、桦木属的植物体上，也见于杏树上。产阴南丘陵（准格尔旗）。分布于我国河北、山西、山东、陕西、甘肃东南部、四川北部，日本、朝鲜。为东亚北部（华北—日本）分布种。

2. 槲寄生属 Viscum L.

常绿寄生灌木。茎有明显的节，绿色，常叉状分枝。叶对生，具直出平行脉。花单性，雌雄同株或异株，小型，单生或簇生于叶腋或枝顶端，也有的组成很短的聚伞花序，无梗；花被 3～4 裂，萼状；雄蕊与花被片同数而对生，无花丝，花药 4 至多室，多孔裂；雌花花被下部与子房合生，子房 1 室，花柱短或近于无花柱，柱头头状，基底胎座。浆果，果皮富含黏胶质；种子 1，有胚乳。

内蒙古有 1 种。

1. 槲寄生（北寄生）

Viscum coloratum (Kom.) Nakai in Rep. Veg. Ooryongto 17. 1919; Fl. Intramongol. ed. 2, 2:142. t.51. f.4-5. 1991.——*V. album* L. subsp. *coloratum* Kom. in Trudy Imp. St.-Petersb. Bot. Sada 22:107. 1903.

半寄生常绿小灌木。茎枝圆柱状，高 30～90cm，绿色或黄绿色，常二或三叉状分枝，节处稍膨大，节间长 7～12cm。单叶对生，倒披针形或矩圆状披针形，长 3～8cm，宽 0.7～1.5cm，稍肉质，先端钝，基部长楔形，全缘，两面无毛，有光泽，具 3～5 条直出主脉，无柄或具短柄。花单性，雌雄异株，单生或簇生于枝端或分叉处，黄绿色

或淡黄色，无梗；苞杯状。雄花 3～5 朵簇生；花被肥厚，杯状，顶端 4 裂；花被片卵形或椭圆形，先端钝圆；雄蕊与花被片同数而着生于花被片上，无花丝，花药多室，花粉黄色。雌花 3～5 朵簇生于粗短的总花梗上；花被钟形，下部与子房合生，顶端 4 裂；花被片卵形或宽卵形，长 2.5～3.5mm，先端稍尖；子房下位，1 室，无花柱，柱头头状，胚珠 1。浆果球形，直径 6～8mm，成熟后淡黄色或橙红色，半透明，有光泽，具宿存花柱，果皮内黏液质丰富；种子 1，有胚乳。花期 4～5 月，果期 8～9 月。

半寄生小灌木。常寄生于杨树、柳树、栎树、梨树、桦树、桑树上。产岭东（扎兰屯市）、兴安南部（扎赉特旗、科尔沁右翼前旗）、赤峰丘陵（红山区）、燕山北部（喀喇沁旗、宁城县）、阴山（大青山、乌拉山）、东阿拉善（狼山）、阴南丘陵（准格尔旗阿贵庙）。分布于我国黑龙江、吉林、辽宁、河北、河南、山西、陕西、宁夏、甘肃、青海、湖北、湖南、江苏、江西、安徽、浙江、福建、台湾、广东、广西、贵州、四川，日本、朝鲜、俄罗斯（远东地区）。为东亚分布种。

全株入药，有补肾肝、除风湿、强筋骨、安胎催乳之效，也有强心、降血压的作用。

32. 马兜铃科 Aristolochiaceae

草本或灌木，常为缠绕性。单叶互生，全缘或 3～5 裂，具柄，无托叶。花两性，两侧对称或辐射对称；花被单层，花瓣状，常 3 裂，暗紫色或黄绿色。雄蕊 6 或多数；花药 2 室，纵向开裂，分离或与花柱合生。雌蕊由 4～6 枚心皮组成；子房下位或半下位，4～6 室；胚珠数枚至多数，中轴胎座或侧膜胎座。蒴果，室间开裂或室背开裂；种子多数，扁平；胚细小，胚乳丰富。

内蒙古有 1 属、1 种。

1. 马兜铃属 Aristolochia L.

多年生草本或灌木，常为缠绕性，稀直立。芽小，常数枚叠生。叶具 5～7 脉，基部通常心形。花两性，两侧对称，在叶腋单生，成束或排列成短总状花序；花被管状，弯曲，上部呈 1 舌片或 3 浅裂；雄蕊 6，环绕花柱排列，并与花柱合生；子房下位，6 室，花柱短，柱头 4～6 裂。蒴果，6 瓣裂。

内蒙古有 1 种。

1. 北马兜铃（马兜铃、斗苓、臭瓜旦、茶叶包）

Aristolochia contorta Bunge in Enum. Pl. China Bor. 58. 1833; Fl. Intramongol. ed. 2, 2:143. t.52. f.1-3. 1991.

多年生缠绕草本。全株无毛。根深，圆柱形，黄褐色，肉质。茎长 100～300cm，有细纵条棱，有特殊臭气。单叶互生，宽卵状心形或三角状心形，长 3～10cm，宽 2.5～9cm，先端钝或短锐尖，基部深心形，全缘或微波状，下面灰绿色，主脉 5～7，较明显；叶柄通常比叶短，长 1～5cm。花两性，3～10 朵簇生于叶腋，长 2.5～3.5cm；花梗细，长 1～2cm。花被喇叭状；下部绿色，膨大成球形；中部管状，稍弯曲；中下部连接处内侧被长腺毛；上部暗紫色，向一面扩大成三角状披针形或卵状披针形的侧片，侧片先端延伸成细长丝状，并多少卷曲；花被具 6 条纵脉及明显的网状脉。雄蕊 6，贴生于花柱体周围；近无花丝；花药 2 室，纵裂。子房下位，通常圆柱形，长约 1cm，6 室，具多数胚珠；花柱短，肉质，6 裂；柱头 6。蒴果宽倒卵形、椭圆状倒卵形或近球形，长 3～5cm，

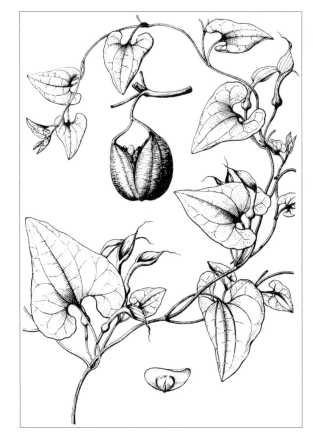

宽 2～3cm，顶端圆或微凹，基部宽楔形，室间开裂，果梗亦开裂成 6 条；种子多数，扁平三角形，长 3～5mm，宽 3～6mm，顶端截形，边缘具宽 2～4mm 的膜质翅。花期 6～8 月，果期 9～10 月。

缠绕中生草本。生于阔叶林带和草原带的山地林缘、灌丛、沟谷及较潮湿处。产兴安南部（扎鲁特旗、阿鲁科尔沁旗）、辽河平原（科尔沁左翼后旗）、赤峰丘陵（红山区）、燕山北部（喀喇沁旗、敖汉旗、兴和县苏木山）、阴山（大青山、蛮汗山）。分布于我国黑龙江中部、吉林东南部、辽宁东部、河北、河南西部、山东、山西、陕西南部、甘肃东部，日本、朝鲜、俄罗斯（远东地区）。为东亚北部分布种。

根和果实入药，有祛痰、镇咳、发汗之效，亦有解蛇毒之效。地上部分入药，能行气、利水、消肿，用于治疗妊娠水肿、关节肿痛。

33. 蓼科 Polygonaceae

一年生或多年生草本，稀为灌木或乔木。茎直立或缠绕，有时平卧，节部通常膨大。单叶互生，稀对生，全缘，稀分裂；托叶通常膜质，褐色或白色，鞘状。花两性，稀单性异株，整齐，簇生，或由花族（每朵至数朵花簇生于鞘状苞或小苞内）组成穗状、总状、头状及圆锥花序；花梗通常具关节，基部具小型苞片；花被片 5，稀 3～6，宿存；雄蕊通常 8，稀 6～9 或更少；花盘腺状，环形，有时缺；子房上位，1 室，具 1 枚直生胚珠，花柱 2 或 3，离生或下部合生。果实为瘦果，三棱形或两面凸起，部分或全部包于宿存的花被内，稀具肋状凸起并有刺毛或翅；种子具丰富的粉质胚乳，胚多少偏于一侧或侧生，子叶通常扁平。

内蒙古有 7 属、65 种，另有 2 栽培种。

分属检索表

1a. 花被片 6。

　2a. 瘦果具翅；柱头头状，雄蕊通常 9，内花被片果期不增大或稍增大·················**1. 大黄属 Rheum**

　2b. 瘦果不具翅；柱头画笔状，雄蕊通常 6，内花被片果期通常增大·················**2. 酸模属 Rumex**

1b. 花被片 4 或 5。

　3a. 灌木或半灌木。

　　4a. 叶常退化为鳞片状；雄蕊 12～18；瘦果具 4 条肋状凸起，有刺毛或翅；半灌木·················**3. 沙拐枣属 Calligonum**

　　4b. 叶不退化为鳞片状；雄蕊 6～8；瘦果不具肋状凸起，亦无刺毛或翅；灌木·················**4. 木蓼属 Atraphaxis**

　3b. 草本，稀为灌木。

　　5a. 果期花被片不增大；茎通常直立或平卧，少缠绕。

　　　6a. 瘦果与花被等长或微露出·················**5. 蓼属 Polygonum**

　　　6b. 瘦果比花被长 1～2 倍·················**6. 荞麦属 Fagopyrum**

　　5b. 果期外面的 3 枚花被片增大，变为翅或龙骨状凸起；茎缠绕·················**7. 首乌属 Fallopia**

1. 大黄属 Rheum L.

多年生草本。根粗壮，断面多为黄色，根状茎粗短直立，节间短缩。茎直立，中空，节膨大明显。基生叶呈密或疏的莲座状，茎生叶互生；叶片宽大，全缘、皱波或分裂，掌状脉，稀为掌状的羽状脉；托叶鞘发达。花小，白绿色或紫红色，通常为圆锥花序，稀为穗状或圆锥状；小花梗细弱，丝状，具关节；花被片 6，排列为 2 轮；雄蕊通常 9。花柱 3，较短，开展或反曲；柱头多膨大，头状、近盾状或如意状。瘦果三棱状，具翅，宿存花被不增大或稍增大。

内蒙古有 5 种，另有 1 栽培种。

分种检索表

1a. 叶全缘而不分裂或为波状。

　2a. 具茎生叶及腋部有花枝的叶，叶不为革质，叶片心状卵形或三角状卵形。

　　3a. 叶绿色，三角状卵形或狭长三角形，边缘强皱波状；果实卵状椭圆形；植株高 60～150cm

··1. 波叶大黄 R. rhabarbarum

　3b. 叶柄和基出脉紫红色，叶片心状卵形，边缘稍皱波状；果实宽椭圆形；植株高 50～85cm······
　　···2. 华北大黄 R. franzenbachii

　2b. 通常无茎生叶或具 1～2 枚腋部有花枝的叶，叶为革质或半革质；植株高 10～50(～70)cm。

　　4a. 茎具 1～2 枚腋部有花枝的叶，叶宽卵形、心状宽卵形或近圆形；花序多为一次分枝；果椭

　　　圆形···3. 总序大黄 R. racemiferum

　　4b. 茎花葶状，不具叶；花序通常二次分枝。

　　　5a. 叶革质，叶片肾圆形或近圆形，叶脉掌状，主脉3；果肾圆形，长 11～12mm，宽 12～14mm

　　　　···4. 矮大黄 R. nanum

　　　5b. 叶半革质，叶片卵形、长卵形、菱状卵形或倒卵形，叶脉为掌状的羽状脉，主脉1；果

　　　　宽椭圆形，长 15～17mm，宽 13～15mm························5. 单脉大黄 R. uninerve

1b. 叶浅裂至半裂，裂片多呈较窄的三角形。栽培···························6. 掌叶大黄 R. palmatum

1. 波叶大黄

Rheum rhabarbarum L., Sp. Pl. 1:372. 1753; Fl. China 5:343. 2003.——*R. undulatum* L., Sp. Pl. ed.2, 1:531. 1762; Fl. Intramongol. ed. 2, 2:146. t.53. f.1-3. 1991.——*R. undulatum* L. var. *longifolium* C. Y. Cheng et T. C. Kao in Act. Phytotax. Sin. 13(3):79. t.11. f.1. 1975; Fl. Intramongol. ed. 2, 2:149. 1991.

　　植株高 60～150cm。根肥大。茎直立，粗壮，具细纵沟纹，无毛，通常不分枝。基生叶大，三角状卵形至宽卵形，长 10～16cm，宽 8～14cm，先端钝，基部心形，边缘具强皱波，具 5 条由基部射出的粗大叶脉，叶柄、叶脉及叶缘被短毛；叶柄长 7～12cm，半圆柱形，甚壮硬。茎生叶较小，卵形，边缘呈波状，具短柄或近无柄。托叶鞘长卵形，暗褐色，下部抱茎，不脱落。

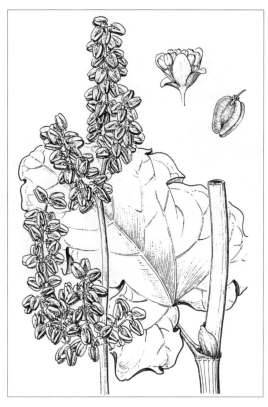

圆锥花序直立顶生；苞片小，肉质，通常破裂而不完全，内含3～5花；花梗纤细，中部以下具关节；花白色，直径2～3mm；花被片6，卵形或近圆形，排成2轮，外轮3枚较厚而小，花后向背面反曲；雄蕊9。子房三角状卵形；花柱3，向下弯曲，极短；柱头扩大，稍呈圆片形。瘦果卵状椭圆形，长8～9mm，宽6.5～7.5mm，具3棱，沿棱有宽翅，先端略凹陷，基部近心形，具宿存花被。

中生草本。散生于针叶林区、森林草原带山地的石质山坡、碎石坡麓及富含砾石的冲刷沟内，为山地草原群落的伴生种，也零星见于草原地带北部山前地带的草原群落中。产兴安北部（牙克石市）、呼伦贝尔（满洲里市）、兴安南部（科尔沁右翼前旗）。分布于我国黑龙江西部、吉林，蒙古国北部和东部及东南部、俄罗斯（东西伯利亚地区）。为东西伯利亚—满洲分布种。

用途同华北大黄。

《内蒙古植物志》第二版中的图版号标错，应为53，并非54。

2. 华北大黄（山大黄、土大黄、子黄、峪黄）

Rheum franzenbachii Munt. in Act. Congr. Bot. Amst. 1877:212. 1879; Fl. Intramongol. ed. 2, 2:149. t.54. f.1-4. 1991.

植株高30～85cm。根肥厚。茎粗壮，直立，具细纵沟纹，无毛，通常不分枝。基生叶大，心状卵形，长10～16cm，宽7～14cm，先端钝，基部近心形，边缘具皱波，上面无毛，下面稍有短毛；叶脉3～5，由基部射出，并于下面凸起，紫红色；叶柄长7～12cm，半圆柱形，甚壮硬，紫红色，被短柔毛。茎生叶较小，有短柄或近无柄。托叶鞘长卵形，暗褐色，下部抱茎，不脱落。圆锥花序直立顶生；苞片小，肉质，通常破裂而不完全，内含3～5花；花梗纤细，长3～4mm，中下部有关节；花白色，较小，直径2～3mm；花被片6，卵形或近圆形，排成2

轮，外轮3枚较厚而小，花后向背面反曲；雄蕊9。子房呈三棱形；花柱3，向下弯曲，极短；柱头略扩大，稍呈圆片形。瘦果宽椭圆形，长约10mm，宽约9mm，具3棱，沿棱生翅，顶端略凹陷，基部心形，具宿存花被。花期6～7月，果期8～9月。

旱中生草本。散生于阔叶林区和山地森林草原带的石质山坡、砾石质坡地、沟谷，为山地石生草原群落的稀见种，数量较少，但景观上比较醒目。产兴安北部和岭西（额尔古纳市、鄂温克族自治旗）、呼伦贝尔（陈巴尔虎旗、新巴尔虎左旗、海拉尔区）、兴安南部（阿鲁科尔沁旗、巴林左旗、巴林右旗、克什克腾旗）、赤峰丘陵（红山区）、燕山北部（喀喇沁旗、敖汉旗）、锡林郭勒（西乌珠穆沁旗、锡林浩特市、苏尼特左旗）、乌兰察布（达尔罕茂明安联合旗南部）、阴山（大青山、蛮汗山、乌拉山）、阴南丘陵（准格尔旗）、贺兰山。分布于我国河北、河南西部、山西。为华北—兴安分布种。

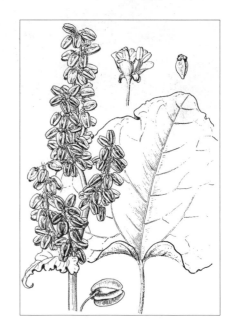

根入药，能清热解毒、止血、祛瘀、通便、杀虫，主治便秘、疟腮、痈疖肿毒、跌打损伤、烫火伤、瘀血肿痛、吐血、衄血。多做兽药用。根入蒙药（蒙药名：奥木日特音－西古纳），能清热、解毒、缓泻、消食、收敛，主治腑热"协日热"、便秘、经闭、消化不良、疮疡疖肿。根还可做工业染料的原料，也可提制栲胶。栽培叶可做蔬菜食用。

Flora of China（5:343. 2003.）将其并入波叶大黄 *R. rhabarbarum* L.，似觉不妥。

3. 总序大黄

Rheum racemiferum Maxim. in Bull. Acad. Imp. Sci. St.-Petersb. 26:503. 1880; Fl. Intramongol. ed. 2, 2:152. t.55. f.1-5. 1991.

多年生草本，高30～70cm。根状茎直伸或稍弯曲，顶端靠近地面部分膨大成椭圆形或近球形，有时稍分枝，密被黑褐色枯叶柄；外皮黑褐色，常剥裂。根肥厚，圆锥形，深可达150cm，粗约3cm，黑褐色，外皮常皱缩。茎粗壮，直立，具细纵沟纹，无毛，不分枝。基生叶大，革质，宽卵形、心状宽卵形或近圆形，长5～15cm，宽5～13cm，先端钝或圆，基部近心形，边缘具皱波及不整齐的微波状齿，上面绿色，下面灰绿色，两面无毛；主脉3～5，并于下面凸起，常呈紫红色；柄长2～9cm，较粗壮，基部稍扩大，紫红色。茎生叶2～3，其中1～2枚腋部具花枝，叶片较小，有短柄或近无柄。托叶鞘宽卵形，近膜质，红褐色，松弛，不脱落。

圆锥花序顶生，直立；花序轴及分枝具细纵沟纹；苞片小，披针形，长约 2mm，膜质，褐色；花梗纤细，长 3～5mm，中下部具关节；花白绿色，较小，直径 2～3mm。花被片 6，边缘质薄而呈白色，中心质厚而呈绿色，下面被微毛，排成 2 轮；外轮 3 枚较小，矩圆状椭圆形，边缘略纵向内曲，呈船形；内轮 3 枚较大，宽椭圆形，略平展。雄蕊 9。子房三棱形；花柱 3，向下弯曲，极短；柱头扩大成如意状。瘦果椭圆形，长约 12mm，宽 8.5～9.5mm，具 3 棱，沿棱生翅，顶端略凹陷，基部心形，具宿存花被。花期 6～7 月，果期 7～8 月。

中旱生草本。散生于荒漠区山地的石质山坡、碎石质坡麓、岩石缝中，为山地荒漠草原和草原化荒漠的伴生种，景观上比较明显。产乌兰察布（达尔罕茂明安联

合旗）、东阿拉善（桌子山、狼山）、贺兰山、龙首山。分布于我国甘肃中北部、宁夏西北部。为东戈壁—南阿拉善山地分布种。

4. 矮大黄

Rheum nanum Siev. ex Pall. in Neue. Nord. Beytr. Phys. Geogr. Erd.-Volkerbeschreib. 7:264. 1796; Fl. Intramongol. ed. 2, 2:152. t.56. f.1-4. 1991.

多年生草本，高 10～20cm。根肥厚，直伸，圆锥形，根状茎顶部密被暗褐色或棕褐色膜质托叶鞘及枯叶柄；外皮暗褐色，具横皱纹。茎由基部分出 2 个花葶状枝，不具叶，具纵沟槽，无毛。叶基生，革质，肾圆形至近圆形，先端圆形，基部浅心形，边缘具不整齐皱波及白色星

状瘤，上面疏生星状瘤，下面沿叶脉疏生乳头状突起和星状瘤；叶脉掌状，主脉 3，由基部射出，并于下面凸起；具短柄。圆锥花序顶生，分枝开展，粗壮，具纵沟槽；苞片小，卵形，长约 1mm，肉质，褐色；花梗长约 2mm，基部具关节；花小，黄色。花被片 6，排成 2 轮；外轮 3 枚较小，矩圆形，边缘略纵向内曲，呈船形，果期向下反折；内轮 3 枚较大，宽卵形，长 3～4mm，宽 2.5～3mm。雄蕊 9，花丝较短。子房三棱形；花柱 3，

向下弯曲；柱头膨大成头状。瘦果肾圆形，宽大于长，长 1.1～1.2cm，宽 1.2～1.4cm，具 3 棱，沿棱生宽翅，呈淡红色，顶端圆形或略凹陷，基部浅心形，具宿存花被。花果期 5～6 月。

旱生草本。多散生于草原化荒

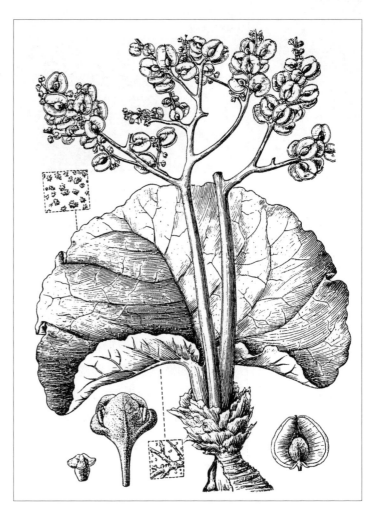

漠地带的低地，有时也进入荒漠带的石质残丘坡地或沟谷干河床中，在砾质荒漠群落中亦有少量生长。产东阿拉善（乌拉特后旗、鄂托克旗、阿拉善左旗）、西阿拉善（阿拉善右旗）、额济纳。分布于我国甘肃（河西走廊）、新疆北部和东北部，蒙古国西部和南部及东南部、俄罗斯（西西伯利亚地区）、哈萨克斯坦。为戈壁—蒙古分布种。

骆驼、绵羊、山羊喜食其叶。

5. 单脉大黄

Rheum uninerve Maxim. in Bull. Acad. Imp. Sci. St.-Petersb. 26:503. 1880; Fl. Intramongol. ed. 2, 2:155. t.57. f.1-5. 1991.

多年生草本，高 10～20cm。根状茎直伸，节间短缩，黑褐色，顶端靠近地面部分膨大，密被枯叶柄。根肉质，肥厚，圆锥形，稍分枝，暗褐色或黄褐色，外皮常皱缩。叶基生，半革质，卵形、宽卵形、长卵形、菱状卵形或倒卵形，长 4～12cm，宽 3～7.5cm，先端钝或圆形，基部宽楔形或楔形，边缘具较弱的皱波及不整齐波状齿，两面略粗糙；叶脉为掌状的羽状脉，并于下面凸起；叶柄长 1.5～4cm，具细纵沟纹，疏生柔毛，中部具关节；托叶鞘贴生于叶柄下半部。圆锥花序 1～3，自根状茎顶部生出，与基生叶等长或超出基生叶；花序轴具细纵沟纹，近无毛；苞片小，三角状卵形，黄褐色；花梗纤细，长 4～5mm，下部具关节；花小，直径 4～5mm。花被片 6，排成 2 轮；外轮 3 枚较小，椭圆形；内轮 3 枚较大，宽椭圆形；两者边缘质薄而呈

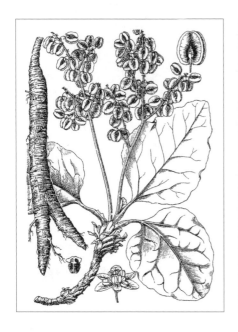

白色，中心呈淡紫红色、略厚，均被微毛，花后向背面展开。雄蕊9。子房三棱形；花柱3，向下弯曲；柱头膨大成头状。瘦果宽椭圆形，长15～17mm，宽13～15mm，具3棱，沿棱生宽翅，呈淡红紫色，顶端略凹陷，基部心形，具宿存花被。花期6～7（～8）月，果期8～9月。

中旱生草本。散生于荒漠草原带和荒漠带山地的石质山坡、岩石缝隙和冲刷沟中。产东阿拉善（桌子山、狼山）、西阿拉善（阿拉善右旗）、贺兰山。分布于我国宁夏北部、甘肃中部、青海东部，蒙古国南部（戈壁—阿尔泰地区）。为东阿拉善—陇北山地分布种。

6. 掌叶大黄（葵叶大黄、北大黄、天水大黄）

Rheum palmatum L, Syst. Nat. ed.10, 2:1010. 1759; Fl. Intramongol. ed. 2, 2:155. t.58. f.1-4. 1991.

多年生草本，高可达200cm。根及根状茎粗壮，肥厚，稍木质，外皮暗褐色，断面深黄色。根状茎横切面的外围有排列紧密的环星点，环内尚有疏散的星点。茎直立，粗壮，圆柱形，中空，绿色，无毛或被稀疏柔毛，有不甚明显的纵纹。基生叶和下部茎生叶宽卵形或近圆形，长、宽近相等，可达35cm，掌状浅裂至半裂，基部浅心形，边缘具3～7枚裂片，裂片多呈较窄的三角形，全缘或具粗锯齿或浅裂片，先端锐尖，两面疏生乳头状小突起和白色短刺毛，下面沿叶脉较密，具3～5条基出叶脉；具长柄，叶柄粗壮，肉质，与叶近等长，疏生乳头状小突起。茎生叶较小，有短柄。托叶鞘大，筒状，长约5cm，淡褐色。花序圆锥状，顶生，长10～20cm，分枝开展，亦被乳头状小突起及白色短毛；花小，红紫色或带红紫色，直径约4mm，数朵簇生；花梗纤细，长约3mm，中部以下具关节。花被片6，排成2轮；内花被片椭圆形，全缘，长约1.5mm；外花被片稍小，矩圆状椭圆形。雄蕊9，稍露出花被之外。子房三棱形；花柱3，向下弯曲；柱头头状。瘦果长方状椭圆形，长约10mm，宽7～8mm，具3棱，沿棱生翅，顶端微凹陷，基部近心形，棕色。花期6月，果期7～8月。

中生草本。内蒙古西部有栽培。分布于我国陕西西南部、甘肃南部、青海东北部、四川西部、湖北西部、云南、西藏东部和南部。为横断山脉分布种。

根入药（药材名：大黄），能泻热攻下、破积滞、行瘀血，主治实热便秘、食积痞满、里急后重、湿热黄疸、血瘀经闭、痈肿疔毒、跌打损伤、吐血、衄血；外用可治烫火伤。也入蒙药（蒙药名：阿拉根－给西古纳）。根含鞣质，可提制栲胶。

2. 酸模属 Rumex L.

一年生或多年生草本，稀为半灌木。茎直立，通常具沟纹，分枝或仅上部分枝。叶基生和茎生，有柄或无柄，全缘或皱波状，托叶鞘易破裂脱落。花两性，稀单性；花序由簇生的花组成顶生圆锥花序；花梗具关节。花被片6，排列为2轮，宿存，外轮3枚不增大；内轮3枚通常于果期增大，全缘，有牙齿或针刺状细裂片，通常其中1枚、2枚或每枚的背面中脉基部具1个瘤状突起，或全部无瘤状突起。雄蕊通常6，排列成3对，与外轮花被片对生；花丝短，细弱。花柱3，柱头画笔状，向外弯曲。瘦果三棱形，包于增大的内轮花被片内。

内蒙古有13种。

分种检索表

1a. 基生叶和茎下部叶的基部为戟形或箭形，花单性。

  2a. 叶基部为戟形，两侧有耳状裂片，直伸或稍弯；内花被片果期不增大或稍增大……………………………………………………………………………………………………**1. 小酸模 R. acetosella**

  2b. 叶基部为箭形，内花被片果期显著增大。

    3a. 根为须根，叶片卵状矩圆形………………………………………**2. 酸模 R. acetosa**

    3b. 根为直根，叶片卵状矩圆形或矩圆状披针形………………**3. 直根酸模 R. thyrsiflorus**

1b. 基生叶和茎下部叶的基部为楔形、圆形或心形，花两性。

  4a. 内花被片背面无小瘤。

    5a. 基生叶三角状卵形或三角状心形，基部深心形，下面脉上被短硬糙毛…**4. 毛脉酸模 R. gmelinii**

    5b. 基生叶矩圆状披针形或宽披针形，基部圆形或宽楔形，下面脉上具乳头状突起……………………………………………………………………………………………**5. 长叶酸模 R. longifolius**

  4b. 内花被片部分或全部背面有小瘤。

    6a. 内花被片全缘或有微波状齿。

      7a. 内花被片全部有小瘤，基生叶和茎下部叶的基部为楔形……**6. 皱叶酸模 R. crispus**

      7b. 内花被片仅1枚或均有大小不等的小瘤；基生叶和茎下部叶的基部圆形或心形，稀楔形…………………………………………………………………………………………**7. 巴天酸模 R. patientia**

    6b. 内花被片边缘有锐尖齿或针状齿。

      8a. 多年生草本，内花被片边缘有不规则锐尖齿。

        9a. 内花被片宽心形，基部心形，长4～5mm，宽6～7mm……**8. 羊蹄 R. japonicus**

        9b. 内花被片三角形，基部截形至微心形，长3～4mm，宽约4mm……**9. 狭叶酸模 R. stenophyllus**

      8b. 一年生草本，内花被片边缘有针状齿。

        10a. 内花被片仅有1枚背面具小瘤；基生叶披针形或椭圆状披针形，基部楔形或圆形；茎由基部分枝。

          11a. 具小瘤的花被片的刺长超过花被片宽度的2～6倍，其他2枚刺相对较短………………………………………………………………………………………………**10. 盐生酸模 R. marschallianus**

          11b. 全部花被片上的刺近等长，不超过自身花被片的宽度………**13. 蒙新酸模 R. similans**

        10b. 内花被片各枚背面均具小瘤。

12a. 茎由上部分枝；基生叶披针形或狭披针形，基部楔形·······················**11. 刺酸模 R. maritimus**

12b. 茎由基部分枝；基生叶矩圆形或披针状矩圆形，基部圆形或心形·············**12. 齿果酸模 R. dentatus**

1. 小酸模

Rumex acetosella L., Sp. Pl. 1:338. 1753; Fl. Intramongol. ed. 2, 2:158. t.59. f.1-5. 1991.

多年生草本，高 15～50cm。根状茎横走。茎单一或多数，直立，细弱，常呈"之"字形曲折，具纵条纹，无毛，一般在花序处分枝。叶片披针形或条状披针形，长 1.5～6.5cm，宽 1.5～6mm，先端渐尖，基部戟形，两侧耳状裂片较短而狭，外展或向上弯，全缘，无毛；茎下部叶柄长 2～5cm，茎上部叶无柄或近无柄；托叶鞘白色，撕裂。花序总状，构成疏松的圆锥花序；花单性，雌雄异株，2～7 朵簇生在一起；花梗长 2～2.5mm，无关节；花被片 6，2 轮。雄花花被片直立，外花被

片较狭而呈椭圆形，内花被片宽椭圆形，长约 1.5mm，宽约 1mm；雄蕊 6，花丝极短，花药较大，长约 1mm。雌花外花被片椭圆形，内花被片菱形或宽卵形，长 1～2mm，宽 1～1.8mm，有隆起的网脉，果期内花被片不增大或稍增大；子房三棱形，柱头画笔状。瘦果椭圆形，有 3 棱，长不超过 1mm，淡褐色，有光泽。花期 6～7 月，果期 7～8 月。

旱中生草本。生于草甸草原及典型草原地带的沙地、丘陵坡地、砾石地、路旁。产岭西（额

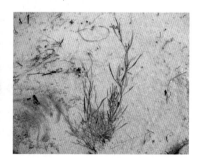

尔古纳市、鄂温克族自治旗）、岭东（扎兰屯市）、呼伦贝尔（陈巴尔虎旗、新巴尔虎左旗、新巴尔虎右旗、海拉尔区、满洲里市）、兴安南部及科尔沁（科尔沁右翼中旗、阿鲁科尔沁旗、巴林左旗、巴林右旗、克什克腾旗）、锡林郭勒（东乌珠穆沁旗、锡林浩特市、多伦县、苏尼特左旗）。分布于我国黑龙江中部和西南部、河北北部、河南东南部、山东、江西、湖北东南部、湖南西北部、浙江中部、福建、台湾北部、四川、云南、新疆北部，日本、朝鲜、蒙古国北部和东部、俄罗斯（西伯利亚地区）、哈萨克斯坦、印度，高加索地区，欧洲、北美洲。为泛北极分布种。

夏、秋季节，绵羊、山羊采食其嫩枝叶。

2. 酸模（山羊蹄、酸溜溜、酸不溜）

Rumex acetosa L., Sp. Pl. 1:337. 1753；Fl. Intramongol. ed. 2, 2:158. t.59. f.6-7. 1991.

多年生草本，高30～80cm。须根。茎直立，中空，通常不分枝，有纵沟纹，无毛。基生叶与茎下部叶卵状矩圆形，长2.5～12cm，宽1.5～3cm，先端钝或锐尖，基部箭形，全缘，有时略呈波状，上面无毛，下面叶脉及叶缘常具乳头状突起，叶柄长6～10cm；茎上部叶较狭小，披针形，无柄且抱茎；托叶鞘长1～2cm，易破裂。花序狭圆锥状，顶生，分枝稀疏，纤细，弯曲；花单性，雌雄异株；苞片三角形，膜质，褐色，具乳头状突起；花梗中部具关节；花被片6，2轮，红色。雄花花被片直立，椭圆形，外花被片较狭小，内花被片长约2mm，宽约1mm；雄蕊6，花丝甚短，花药大，长约1.5mm。雌花外花被片椭圆形，反折；内花被片直立，果期增大，圆形，

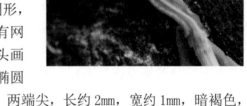

近全缘，基部心形，有网纹；子房三棱形，柱头画笔状，紫红色。瘦果椭圆形，有3棱，角棱锐，两端尖，长约2mm，宽约1mm，暗褐色，有光泽。花期6～7月，果期7～8月。

中生草本。生于森林区和草原区的山地林缘、草甸、路旁。产兴安北部及岭东和岭西（额尔古纳市、牙克石市、鄂伦春自治旗、鄂温克族自治旗）、呼伦贝尔（陈巴尔虎旗、新巴尔虎右旗）、兴安南部及科尔沁（扎赉特旗、科尔沁右翼前旗、科尔沁右翼中旗、乌兰浩特市、阿鲁科尔沁旗、翁牛特旗、巴林右旗、克什克腾旗）、辽河平原（科尔沁左翼后旗、大青沟）、燕山北部（喀喇沁旗、宁城县、兴和县苏木山）、锡林郭勒（锡林浩特市）、阴山（大青山）。分布于我国各地，日本、朝鲜、蒙古国北部和西部、俄罗斯（西伯利亚地区），中亚，欧洲、北美洲。为泛北极分布种。

全草入药，能凉血、解毒、通便、杀虫，主治内出血、痢疾、便秘、内痔出血；外用治疗疥癣、疗疮、神经性皮炎、湿疹等。根入蒙药（蒙药名：爱日干纳），能杀"黏"、下泻、消肿、

愈伤，主治"黏"疫、痧疾、丹毒、乳腺炎、腮腺炎、骨折、全伤。嫩茎叶味酸，可做蔬菜食用。夏季山羊、绵羊采食其绿叶。牧民认为此草泡水供羊饮用，有增进食欲之效。此草亦可做猪饲料。根叶含鞣质，可提制栲胶。

3. 直根酸模（东北酸模）

Rumex thyrsiflorus Fingerh. in Linn. 4:380. 1829; Fl. China 5:335. 2003.——*R. thyrsiflorus* Fingerh. var. *mandshuricus* A. Bar. et B. Skv. in Diagn. Pl. Nov. et Minus Congnit. Mandsh. 2. t.1. f.8. 1943; Fl. Intramongol. ed. 2, 2:160. t.60. f.1-4. 1991.

多年生草本，高 30～100cm。根垂直，木质，粗大，有时分枝。茎直立，具纵深沟，无毛或具乳头状突起。基生叶与茎下部叶卵状矩圆形或矩圆状披针形，长 3～15cm，宽 0.8～2cm，先端渐尖或锐尖，基部箭形，两裂片往下向外伸展，裂片狭而尖，全缘或具不明显的细齿或呈波状，两面无毛或沿叶及叶缘被短刺毛与乳头状突起，叶柄长 6～14cm；茎上部叶渐次狭小，无柄或有短柄，抱茎。圆锥花序顶生，花单性，雌雄异株；苞片三角形，膜质，褐色；花梗中部以下有关节；花被片 6，2 轮，红紫色。雄花花被片直立，椭圆形，外花被片较狭小，内花被片长约 2mm，宽约 1mm；雄蕊 6，花丝甚短，花药长约 1mm。雌花外花被片椭圆形，反折；内花被片直立，果期增大呈圆状宽卵形或近肾形，先端圆形或稍近截形或微心形，基部心形，边缘稍具圆齿；子房三棱形，柱头画笔状，紫红色。瘦果椭圆形，有 3 棱，角棱锐，两端尖，长 1.9～2.2mm，宽 1～1.5mm，暗褐色，有光泽，花被宿存。花期 6～7 月，果期 7～8 月。

中生草本。生于草原区东部山地、河边低湿地、较湿润的固定沙地，为草甸、草甸化草原群落和沙地植被的伴生种。产岭东（阿荣旗）、岭西及呼伦贝尔（陈巴尔虎旗、鄂温克族自治旗、海拉尔区、新巴尔虎左旗）、兴安南部和科尔沁（科尔沁右翼前旗、扎赉特旗、阿鲁科尔沁旗、巴林左旗、巴林右旗、克什克腾旗）、锡林郭勒（锡林浩特市、正蓝旗）。分布于我国黑龙江、吉林、新疆北部，蒙古国东部和北部及西部、俄罗斯，中亚，欧洲、北美洲。为泛北极分布种。

4. 毛脉酸模

Rumex gmelinii Turcz. ex Ledeb. in Fl. Ross. 3:508. 1850; Fl. Intramongol. ed. 2, 2:162. t.60. f.5-7. 1991.

多年生草本，高30～120cm。根状茎肥厚。茎直立，粗壮，具沟槽，无毛，微红色或淡黄色，中空。基生叶与茎下部叶大，三角状卵形或三角状心形，长8～14cm，宽7～13cm，先端钝

头，基部深心形，全缘或微皱波状，上面无毛，下面脉上被糙硬短毛；具长柄，柄长达30cm，具沟。茎上部叶较小，三角状狭卵形或披针形，基部微心形。托叶鞘长筒状，易破裂。圆锥花序，通常多少具叶，直立；花两性，多花簇状轮生，花簇疏离；花梗较长，长2～8mm，中下部具关节。花被片6；外花被片卵形，长约2mm；内花被片果期增大，椭圆状卵形、宽卵形或圆形，长3.5～6mm，宽3～4mm，圆头，基部圆形，全缘或微波状，背面无小瘤。雄蕊6，花药大，花丝短。花柱3，侧生，柱头画笔状。瘦果三棱形，深褐色，有光泽。花期6～8月，果期8～9月。

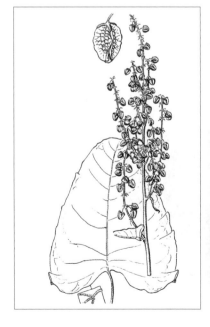

湿中生草本。多散生于森林区和草原区的河岸、林缘、草甸或山地，为草甸或沼泽化草甸群落的伴生种。产兴安北部及岭西和呼伦贝尔（额尔古纳市、牙克石市、陈巴尔虎旗、鄂温克族自治旗、新巴尔虎左旗、新巴尔虎右旗）、兴安南部（科尔沁右翼前旗、阿鲁科尔沁旗、巴林左旗、巴林右旗、克什克腾旗）、燕山北部（喀喇沁旗、宁城县、兴和县苏木山）、锡林郭勒（东乌珠穆沁旗、锡林浩特市）、阴山（大青山、蛮汗山）。分布于我国黑龙江、吉林东部、辽宁中部、河北北部、山西北部，陕西中部和南部、宁夏南部、甘肃东南部、青海东北部、新疆北部，日本、朝鲜、蒙古国北部和东部、俄罗斯（东西伯利亚地区、远东地区）。为东古北极分布种。

根入蒙药（蒙药名：霍日根－其赫），功能、主治同酸模。

5. 长叶酸模

Rumex longifolius DC. in Fl. Franc. ed.3, 5(Suppl.6.):368. 1815; Fl. China 5:336. 2003.

多年生草本。茎直立，高60～120cm，粗壮，分枝，具浅沟槽。基生叶矩圆状披针形或宽披针形，长20～35cm，宽5～10cm，顶端急尖，基部宽楔形或圆形，边缘微波状，下面沿叶脉具乳头状小突起，叶柄具沟槽且比叶片短；茎生叶披针形，顶端尖，基部楔形，叶柄短；托叶鞘膜质，破裂，脱落。花序圆锥状；花两性，多花轮生；花梗纤细，中下部具关节，关节果期膨大，明显。花被片6；外花被片披针形；内花被片果期增大，圆肾形或圆心形，长5～16mm，宽6～7mm，顶端圆钝，基部心形，边缘全缘，具细网脉，全部无小瘤。瘦果狭卵形，长2～3mm，具2锐棱，褐色，有光泽。花期6～7月，果期7～8月。

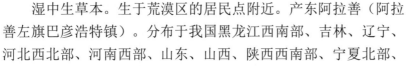

湿中生草本。生于荒漠区的居民点附近。产东阿拉善（阿拉善左旗巴彦浩特镇）。分布于我国黑龙江西南部、吉林、辽宁、河北西北部、河南西部、山东、山西、陕西西南部、宁夏北部、甘肃、青海、新疆、四川、湖北西部，日本、俄罗斯、欧洲、北美洲。为泛北极分布种。

6. 皱叶酸模（羊蹄、土大黄）

Rumex crispus L., Sp. Pl. 1:335. 1753; Fl. Intramongol. ed. 2, 2:162. t.61. f.1-2. 1991.

多年生草本，高50～80cm。根粗大，

断面黄棕色，味苦。茎直立，单生，通常不分枝，具浅沟槽，无毛。叶片薄纸质，披针形或矩圆状披针形，长9～25cm，宽1.5～4cm，先端锐尖或渐尖，基部楔形，边缘皱波状，两面均无毛，叶柄比叶稍短；茎上部叶渐小，披针形或狭披针形，具短柄；托叶鞘筒状，常破裂，脱落。花两性，多花簇生于叶腋，或在叶腋形成短的总状花序，合成一狭长的圆锥花序；花梗细，长2～5mm，果期稍伸长，中部以下具关节。花被片6；外花被片椭圆形，长约1mm；内花被片宽卵形，先端锐尖或钝，基部浅心形，边缘微波状或全缘，网纹明显，各具 1 个小瘤；小瘤卵形，长 1.7～2.5mm。雄蕊 6。花柱 3，柱头画笔状。瘦果椭圆形，有 3 棱，角棱锐，褐色，有光泽，长约 3mm。花果期 6～9 月。

中生草本。生于阔叶林区和草原区的山地、沟谷、河边，也进入荒漠区海拔较高的山地，为草甸、草甸化草原和山地草原群落的伴生种或杂草。产呼伦贝尔（新巴尔虎左旗、新巴尔虎右旗）、兴安南部和科尔沁（扎赉特旗、科尔沁右翼前旗、科尔沁右翼中旗、乌兰浩特市、翁牛特旗、巴林右旗、克什克腾旗）、辽河平原（大青沟）、赤峰丘陵（红山区）、燕山北部（喀喇沁旗、宁城县、敖汉旗）、锡林郭勒（锡林浩特市、阿巴嘎旗、苏尼特左旗、正镶白旗）、乌兰察布（达尔罕茂明安联合旗）、阴山（大青山）、阴南平原、鄂尔多斯（伊金霍洛旗、鄂托克旗）、贺兰山、龙首山。分布于我国黑龙江南部、吉林东部、辽宁、河北、河南西部、山东、山西、陕西、宁夏、甘肃东部、青海、新疆中部和北部、湖北、湖南北部、浙江东部、福建、台湾、贵州、四川北部、广西北部、云南西北部、日本、朝鲜、蒙古国西部和西南部、俄罗斯（西伯利亚地区、远东地区）、缅甸、泰国，中亚，欧洲、北美洲。为泛北极分布种。

根入药，能清热解毒、止血、通便、杀虫，主治鼻出血、功能性子宫出血、血小板减少性紫癜、慢性肝炎、肛门周围炎、大便秘结；外用主治外痔、急性乳腺炎、黄水疮、疖肿、皮癣等。根和叶均含鞣质，可提制栲胶。根也入蒙药（蒙药名：伊曼－爱日干纳），功能、主治同酸模。

7. 巴天酸模（山荞麦、羊蹄叶、牛西西）

Rumex patientia L., Sp. Pl. 1:333. 1753; Fl. Intramongol. ed. 2, 2:163. t.62. f.1-5. 1991.

多年生草本，高 100～150cm。根肥厚。茎直立，粗壮，不分枝或分枝，具纵沟纹，无毛。基生叶与茎下部叶矩圆状披针形或长椭圆形，长 15～20cm，宽 5～7cm，先端锐尖或钝，基部

圆形、宽楔形或近心形，边缘皱波状至全缘，两面近无毛；有粗壮的叶柄，腹面具沟，长 4～8cm。茎上部叶狭小，矩圆状披针形、披针形至条状披针形，具短柄。托叶鞘筒状，长 2～4cm。圆锥花序大型，顶生并腋生，狭长而紧密，有分枝，直立，无毛；花两性，多花簇状轮生，花簇紧接；花梗短，近等长或稍长于内花被片，中部以下具关节。花被片 6，2 轮；外花被片矩圆状卵形，全缘，果期外展或微向下反折，内折；内花被片宽心形，果期增大，长约 6mm，宽 5～7mm，钝圆头，基部心形，全缘或有不明显的细圆齿，膜质，棕褐色，有凸起的网纹，只 1 枚具小瘤，

小瘤长卵形，其余 2 枚无小瘤或小瘤发育较差。瘦果卵状三棱形，渐尖头，基部圆形，棕褐色，有光泽，长约 5mm。花期 6 月，果期 7～9 月。

中生草本。生于阔叶林区和草原区的河流两岸、低湿地、村边、路旁等处，为草甸中常见的伴生种。产兴安北部和岭西（额尔古纳市、牙克石市）、呼伦贝尔（新巴尔虎左旗）、科尔沁、锡林郭勒（东乌珠穆沁旗、苏尼特左旗）、乌兰察布（达尔罕茂明安联合旗）、阴山（大青山）、阴南平原（呼和浩特市、包头市）、阴南丘陵（准格尔旗）、鄂尔多斯（伊金霍洛旗、乌审旗、东胜区）、东阿拉善（磴口县）。分布于我国黑龙江南部、吉林东部、辽宁中部、河北、河南西部、山东、山西、陕西、宁夏、甘肃东部、青海、新疆中部和北部、湖北西部、湖南北部、贵州北部、四川中西部，蒙古国西部和南部、俄罗斯，中亚，欧洲。为古北极分布种。

根入药，能凉血止血、清热解毒、杀虫，主治功能性出血、吐血、咯血、鼻衄、牙龈出血、胃出血、十二指肠出血、便血、紫癜、便秘、水肿；外用治疥癣、疮疖、脂溢性皮炎。根也入蒙药（蒙药名：乌和日－爱日干纳），功能、主治同酸模。

8. 羊蹄（锐齿酸模、刺果酸模）

Rumex japonicus Houtt. in Nat. Hist. 2(8):394. 1777; Fl. China 5:338. 2003.——*R. hadroocarpus* Rech. f. in Candollea 12:92-93. 1949; Fl. Intramongol. ed. 2, 2:166. t.63. f.1-6. 1991.

多年生草本，高 60～80cm。根粗大。茎直立，不分枝或分枝，具纵沟纹，无毛，淡褐色或红褐色。基生叶与茎下部叶披针形或长椭圆形，长 10～35cm，宽 3～5cm，先端锐尖，基部

楔形，全缘或略呈波状，两面无毛，下面脉显著隆起；具粗壮的叶柄，柄上面有沟，长5～25cm。茎上部叶渐小，矩圆形、披针形或条状披针形，先端锐尖，基部渐狭，有时近圆形，具短柄。托叶鞘筒状，常破裂，脱落。圆锥花序大型，顶生或腋生，通常具叶，在植株下部常有腋生的总状花序；花两性，多数花簇状轮生，花簇于上部渐紧接而下部渐疏离；花梗短，果期伸长，近基部具关节。花被片6，2轮；外花被片矩圆状卵形，全缘，果期外展或稍向下反折；内花被片果期增大，宽心形，长4～5mm，宽6～7mm，先端锐尖，基部心形，边缘有多数不整齐的锐尖牙齿，具明显的网纹，各具1个矩圆状卵形的小瘤；小瘤长1～1.5mm，表面具明显网纹。雄蕊6，比花被片短。花柱3，柱头画笔状。瘦果三棱形，长约2mm，深褐色，两端尖，有光泽。花期6～7月，果期8～9月。

中生草本。生于草原区的沟渠边、河滩、湿地、田边、路旁等处。产科尔沁（科尔沁右翼中旗、突泉县、阿鲁科尔沁旗、克什克腾旗）、赤峰丘陵（红山区、喀喇沁旗）、阴南丘陵（呼和浩特市）。分布于我国黑龙江南部、吉林、辽宁中部、河北、宁夏、河南、山东东部、山西中部、陕西南部、江西、湖北、湖南、江苏、安徽、浙江、福建、台湾北部、贵州北部、四川中西部、广东、广西、海南，日本、朝鲜、俄罗斯（远东地区）。为东亚分布种。

9. 狭叶酸模

Rumex stenophyllus Ledeb. in Fl. Alt. 2:58. 1830; Fl. Intramongol. ed. 2, 2:166. t.61. f.3-4. 1991.

多年生草本，高40～100cm。茎直立，带红紫色，稍有沟棱，无毛或被微毛，由上部分枝。基生叶和茎下部叶椭圆形或狭椭圆形，长4～15cm，宽0.6～4cm，先端短渐尖，基部楔形，边缘有波状小齿牙，叶柄长1～4cm；茎上部叶较狭小，狭披针形或条状披针形，具短柄或几无柄；托叶鞘筒状，膜质，易破裂。花两性，多花簇状轮生于叶腋，组成顶生具叶的圆锥花序；花梗长3～5mm，果期稍伸长，且向下弯曲，基部具关节。花被片6，2轮；外花被片矩圆形；内花被片三角状心形，长3～4mm，宽约4mm，先端锐尖，边缘有锐尖齿牙，齿牙短于花被片的宽度，基部截形至微心形，全部有小瘤。瘦果有锐三棱，长约3mm，淡褐色。花期6～7月。

湿中生草本。生于草原区的低湿草甸。产呼伦贝尔。分布于我国黑龙江南部、吉林东部、新疆中部和北部，蒙古国北部和西部、俄罗斯，中亚，欧洲。为古北极分布种。

根入药，功能、主治同巴天酸模。

10. 盐生酸模（单瘤酸模、马氏酸模）

Rumex marschallianus Rchb. in Icon. Bot. Pl. Crit. 4:58. 1826; Fl. Intramongol. ed. 2, 2:170. t.65. f.4-5. 1991.

一年生草本，高 10～30cm。具须根。茎直立，细弱，具纵沟纹，紫红色，有分枝。基生叶和茎下部叶披针形或椭圆状披针形，长 1～3cm，宽 5～7mm，先端锐尖或渐尖，基部楔形或圆形，边缘皱波状，叶柄长 6～20mm；茎上部叶较狭，柄短；托叶鞘通常破裂脱落。花两性，

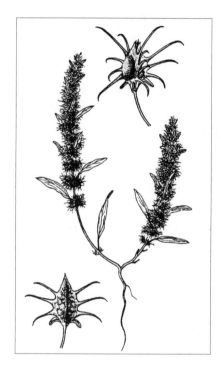

多花簇状轮生于叶腋，组成具叶的圆锥花序；花具短梗，梗长 1～1.5mm，基部具关节。花被片 6，外花被片椭圆形。内花被片果期增大，宽卵形或三角状宽卵形，长 1.6～2.1mm，宽 0.8～1.2mm，先端渐尖，基部圆形，边缘具 2～3 对针状长刺，刺长 1.5～7mm，具网纹；仅 1 枚内花被片具 1 个小瘤（小瘤椭圆形，长约 1mm），其他 2 枚无小瘤但各具 3 对长刺，且具小瘤的花被片边缘的刺明显长于无小瘤的花被片边缘的刺。瘦果三棱状卵形，长约 1mm，黄褐色，有光泽。花果期 7～8 月。

耐盐中生草本。群生或散生于草原区的湖滨、河岸湿地、泥泞地，为盐化草甸、草甸、沼泽化草甸群落的伴生种。产呼伦贝尔（新巴尔虎右旗）、科尔沁（克什克腾旗）、锡林郭勒（苏尼特左旗南部）、阴南丘陵（凉城县）。分布于我国新疆中部和北部，蒙古国、俄罗斯、哈萨克斯坦，欧洲东南部。为黑海—哈萨克斯坦—蒙古分布种。

11. 刺酸模（长刺酸模）

Rumex maritimus L., Sp. Pl. 1:335. 1753; Fl. Intramongol. ed. 2, 2:168. t.65. f.1-3. 1991.

一年生草本，高 15～50cm。茎直立，分枝，具明显的棱和沟槽，无毛或被短柔毛。基生叶和茎下部叶披针形或狭披针形，长 1.5～9cm，宽 3～15mm，先端锐尖或渐尖，基部楔形，全缘，两面无毛，柄长 5～30mm；茎下部叶较宽大，有时为长椭圆形，上部叶较狭小；托叶鞘通常易破裂。花两性，多花簇状轮生于叶腋，组成顶生具叶的圆锥花序，愈至顶端花簇间隔愈小；花梗长 1～1.5mm，果期稍伸长且向下弯曲，下部具关节。花被片 6，绿色，花期内、外花被片近等长，雄蕊突出于花被片外；外花被片狭椭圆形，长约 1mm，果期外展；内花被片卵状矩圆形或三角状卵形，长 2.5～3mm，宽 1～1.3mm，边缘具 2 个针刺状齿，长近等于或超过内花被片，背面各具 1 个矩圆形或矩圆状卵形的小瘤，小瘤长 1～1.5mm，且有不甚明显的网纹。雄蕊 9。

子房三棱状卵形；花柱 3，纤细；柱头画笔状。瘦果三棱状宽卵形，长约 1.5mm，尖头，黄褐色，光亮。花果期 6～9 月。

耐盐中生草本。生于森林区和草原区的河流沿岸、湖滨盐化低地，为草甸或盐化草甸群落的伴生种。产兴安北部及岭西（额尔古纳市、牙克石市、鄂温克族自治旗）、呼伦贝尔（海拉尔区、陈巴尔虎旗）、兴安南部及科尔沁（科尔沁右翼前旗、科尔沁右翼中旗、乌兰浩特市、突泉县）、乌兰察布（达尔罕茂明安联合旗）、阴南平原（托克托县、土默特右旗）。分布于我国黑龙江、吉林、辽宁中北部、河北中部、山东、山西北部、陕西北部、新疆北部，蒙古国东部和东北部及西南部、俄罗斯（西伯利亚地区、远东地区）、哈萨克斯坦、欧洲、北美洲。为泛北极分布种。

全草入药，能杀虫、清热、凉血，主治痈疮肿痛、秃疮、疥癣、跌打肿痛。

12. 齿果酸模

Rumex dentatus L., Mant. Pl. 2:226. 1771; Fl. Intramongol. ed. 2, 2:168. t.64. f.1-5. 1991.

一年生草本，高 10～30cm。茎直立，多由基部分枝。枝斜升，具沟纹，无毛或被微毛。叶片矩圆形或披针状矩圆形，长 2～6cm，宽 5～15mm，先端钝或锐尖，基部圆形或心形，边缘波状或微皱波状，两面无毛，叶柄长 1～3cm，托叶鞘短筒状。花序圆锥状，顶生，通常具叶；花两性，多花簇生于叶腋，花簇疏离或上部紧接而下部疏离；花梗长 3～5mm，无毛，果期稍伸长且向下弯曲，基部具关节。花被片 6，2 轮，黄绿色；外花被片矩圆形，长 1～1.5mm。内花被片果期增大，卵形，长约 4mm，先端锐尖，边缘具 3～4 对（稀 5 对）的长短不等的针刺状齿；齿较花被片短，直伸或稍弯曲，具明显的网纹；每枚内花被片各具 1 个卵状矩圆形的小瘤，长约 1.5mm，有不甚明显的网纹。雄蕊 6。花柱 3，柱头画笔状。瘦果卵状三棱形，具尖锐角棱，长约 2mm，褐色，光亮。花期 5～6 月，果期 7 月。

湿中生草本。生于草原区的河岸、湖滨低湿地。产乌兰察布（达尔罕茂明安联合旗、乌拉特前旗）。分布于我国河北中部和南部、河南、山东、山西南部、陕西南部、甘肃东南部、江西北部、湖北、湖南、江苏、安徽、浙江、福建、台湾、贵州、四川东部和南部、云南，印度、尼泊尔、俄罗斯、阿富汗，中亚、欧洲东南部、北非。为古北极分布种。

根叶可入药，能解毒、清热、杀虫、治癣。

13. 蒙新酸模

Rumex similans K. H. Rechinger in Candollea 12:133. 1949; Fl. China 5:340. 2003.

一年生草本。茎直立，紫红色，高 10 ～ 30（～ 50）cm，自基部分枝，具细纵棱。茎下部叶椭圆形或披针状椭圆形，长 1.5 ～ 8cm，宽 0.7 ～ 2cm，顶端急尖，基部宽楔形或圆形，边缘皱波状，叶柄长 1 ～ 3cm；上部叶较小。花序总状，具叶，通常数枚组成圆锥状花序；花两性，多花轮生；花梗细，基部具关节。外花被片椭圆形。内花被片果期增大，卵状三角形，顶端钻状渐尖，基部圆形，仅 1 枚明显具小瘤，边缘每侧具 3 ～ 4 个狭齿；齿长 1 ～ 1.5mm，通常不超过自身花被片的宽度。瘦果卵形，长 1 ～ 1.5mm，具 3 锐棱，褐色，有光泽。花期 6 ～ 7 月，果期 7 ～ 8 月。

耐盐中生草本。生于荒漠区的盐生荒漠和沙地。产额济纳。分布于我国新疆，蒙古国、哈萨克斯坦、俄罗斯（西西伯利亚地区），欧洲东南部。为古地中海分布种。

3. 沙拐枣属 Calligonum L.

半灌木。多分枝，枝常曲折，开展，很少直伸；嫩枝草质，有关节。叶互生，退化为鳞片状、条形或锥形，托叶鞘短小。花两性，单生或数朵排成疏散的花束；花被片 5，不相等，果期不增大；雄蕊 12 ～ 18，花丝锥状，基部结合；子房具 4 棱，柱头头状。瘦果直或弯曲，沿棱肋具刺毛或翅，有时有膜质囊包被刺毛。

内蒙古有 3 种。

分种检索表

1a. 果实具薄膜，呈泡果状 ······**1. 泡果沙拐枣 C. calliphysa**
1b. 果实具刺毛。
  2a. 果（带刺毛）宽卵形，稀近球形，直径 20 ～ 25mm；植株高大，通常高 100 ～ 300cm ······
  ····**2. 阿拉善沙拐枣 C. alaschanicum**
  2b. 果（带刺毛）宽椭圆形，直径 7 ～ 18mm；植株较低矮，通常高 30 ～ 150cm ······
  ····**3. 沙拐枣 C. mongolicum**

1. 泡果沙拐枣

Calligonum calliphysa Bunge in Hort. Bot. Dorpat. 8. 1839; Fl. China 5:325. 2003.

半灌木，高 40 ～ 100cm。多分枝，枝开展；老枝黄灰色或淡褐色，呈"之"字形拐曲；幼枝灰绿色，有关节，节间长 1 ～ 3cm。叶线形，长 3 ～ 6mm，与托叶鞘分离；托叶鞘膜质，淡黄色。花通常 2 ～ 4，生于叶腋，较稠密；花梗长 3 ～ 5mm，中下部有关节；花被片宽卵形，鲜时白色，背部中央绿色，干后淡黄色。瘦果椭圆形，不扭曲，肋较宽，每肋有刺 3 行，刺密、柔软，外

罩一层薄膜，呈泡状果；果圆球形或宽椭圆形，长9～12mm，宽7～10mm，幼果淡黄色、淡红色或红色，成熟果淡黄色、黄褐色或红褐色。花期4～6月，果期5～7月。

强旱生半灌木。生于荒漠区海拔300～800m的砾石质荒漠。产额济纳。分布于我国新疆中部和北部，俄罗斯（西西伯利亚地区、欧洲部分），中亚、西南亚。为古地中海分布种。

2. 阿拉善沙拐枣

Calligonum alaschanicum A. Los. in Izv. Glavn. Bot. Sada S.S.S.R. 26:600. f.7. 1927; Fl. Intramongol. ed. 2, 2:171. t.66. f.5. 1991.

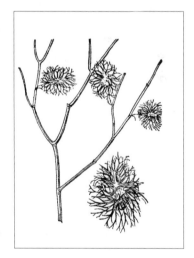

半灌木，高160～300cm。老枝暗灰色，当年枝黄褐色，嫩枝绿色，节间长1～3.5cm。叶长2～4mm。花淡红色，通常2～3朵簇生于叶腋；花梗细弱，下部具关节；花被片卵形或近圆形；雄蕊约15，与花被片近等长；子房椭圆形。瘦果宽卵形，稀近球形，长20～25mm，向右或向左扭曲，具明显的棱和沟槽，每棱肋具刺毛2～3排；刺毛长于瘦果的宽度，呈叉状二至三回分枝，顶叉交织，基部微扁，分离或微结合，不易断落。花果期6～8月。

沙生强旱生半灌木。生于典型荒漠区的流动、半流动沙地和覆沙戈壁上，多散生在荒漠群落中。产东阿拉善（库布其沙漠、腾格里沙漠）。分布于我国甘肃（民勤县）。为东阿拉善荒漠分布种。

用途同沙拐枣。

3. 沙拐枣（甘肃沙拐枣、戈壁沙拐枣、蒙古沙拐枣）

Calligonum mongolicum Turcz. in Bull. Soc. Imp. Nat. Mosc. 5:204. 1832; Fl. Intramongol. ed. 2, 2:171. t.66. f.1-4. 1991.——*C. chinense* A. Los. in Izv. Glavn. Bot. Sada S.S.S.R. 26:601. 1927; Fl. Intramongol. ed. 2, 2:173. 1991.——*C. gobicum* (Bunge ex Meisn.) A. Los. in Izv. Glavn. Bot. Sada S.S.S.R. 26:598. f.3. 1927; Fl. Intramongol. ed. 2, 2:173. t.66. f.6. 1991.——*C. mongolicum* Turcz. var. *gobicum* Bunge ex Meisn. in Prodr. 14(1):29. 1856.

　　半灌木，高 30 ～ 150cm。分枝呈"之"形弯曲，老枝灰白色，当年枝绿色，节间长 1 ～ 3cm，具纵沟纹。叶细鳞片状，长 2 ～ 4mm。花淡红色，通常 2 ～ 3 朵簇生于叶腋；花梗细弱，下部具关节；花被片卵形或近圆形，果期开展或反折；雄蕊 12 ～ 16，与花被近等长；子房椭圆形，有纵列鸡冠状凸起。瘦果椭圆形，直或稍扭曲，长 7 ～ 18mm，两端锐尖，棱肋和沟不明显；刺毛较细，易断落，每棱肋具 3 排毛刺（有时有 1 排发育不好），基部稍加宽，二回分叉，刺毛互相交织，长等于或短于瘦果的宽度。花期 5 ～ 7 月，果期 8 月。

　　沙生强旱生半灌木。广泛生于典型荒漠区、荒漠草原区的流动沙地、半流动沙地、覆沙戈壁、砂质坡地、沙砾质坡地或干河床上，为沙质荒漠群落的重要建群种。也经常散生于或群生于蒿类群落和梭梭荒漠中，为其常见伴生种。产锡林郭勒（苏尼特左旗北部、二连浩特市）、鄂尔多斯（鄂托克旗）、东阿拉善（乌拉特后旗、磴口县、乌海市、库布其沙漠、腾格里沙漠、乌兰布和沙漠）、西阿拉善（阿拉善右旗）、额济纳。分布于我国甘肃（河西走廊）、青海（柴达木盆地）及新疆中部、北部和东部，蒙古国西部和南部。为戈壁—蒙古分布种。

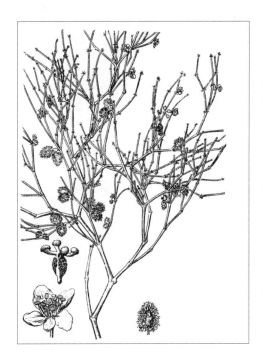

　　本种可做固沙植物。为优等饲用植物，夏秋季骆驼喜食其枝叶，冬春采食较差；绵羊、山羊夏秋季乐意采食其嫩枝及果实。根及带果全株入药，治小便混浊、皮肤皲裂。

　　C. mongolicum、*C. chinense* 和 *C. gobicum* 这 3 种具刺毛的沙拐枣属植物，其瘦果的形状、大小、每棱肋具刺毛的排数等性状均不稳定，而且其分布区彼此重叠，故将它们合为一种。

4. 木蓼属 Atraphaxis L.

灌木。多分枝，小枝顶端常呈刺状。叶互生或簇生，具短柄。花小，两性，白色或粉红色，1至数朵簇生于节部托叶鞘状的苞腋内，呈顶生或侧生的总状花序；花被片5或4，2轮，外轮2枚较小，常向外反卷；雄蕊6或8（～9），花丝基部常扩大；子房具3棱或扁平，花柱2～3，分离或基部连合，柱头粗棒状或头状。瘦果三棱形或扁平，包在增大的花被内。

内蒙古有6种。

分种检索表

1a. 总状花序侧生，小枝顶端无叶而呈刺状，叶倒卵形、椭圆形或条状披针形……**1. 锐枝木蓼 A. pungens**
1b. 总状花序顶生或侧生，小枝顶端具叶而不呈刺状。

  2a. 外轮花被片果期水平开展或向上弯，不反折。

    3a. 外轮花被片椭圆形，细小；叶倒披针形、披针状矩圆形或条形…**2. 东北木蓼 A. manshurica**
    3b. 外轮花被片宽卵形或近圆形，较大。

      4a. 叶两面密生蜂窝状腺点，沿中脉及边缘具乳头状突起，叶片近圆形，先端圆钝并具短尖；内花被片近扇形…………………………………………………………**3. 圆叶木蓼 A. tortuosa**

      4b. 叶无腺点，也无乳头状突起，叶片绿色或黄绿色，圆形、宽卵形、宽椭圆形、倒披针形、披针状矩圆形或条形，先端圆钝、锐尖或渐尖；内花被片圆形……**4. 沙木蓼 A. bracteata**

  2b. 外轮花被片反折，贴梗；叶灰绿色或蓝绿色。

    5a. 小灌木，高20～70cm；花梗关节在中部，花序单一，且不分枝；叶披针形、矩圆形或狭披针形，先端通常渐尖或钝…………………………………………**5. 木蓼 A. frutescens**

    5b. 灌木，高100～200cm；花梗关节在中下部，花序分枝；叶矩圆形或倒卵形，先端通常渐尖

    ……………………………………………………………………………………**6. 长枝木蓼 A. virgata**

1. 锐枝木蓼（刺针枝蓼）

Atraphaxis pungens (M. B.) Jaub. et Spach. in Ill. Pl. Orient. 2:14. 1844; Fl. Intramongol. ed. 2, 2:176. t.67. f.1-3. 1991.——*Tragopyrum pungens* M. B. in Fl. Taur.-Cauc. 3:285. 1819-1820.

小灌木，高30～50cm。多分枝，木质化，顶端无叶，呈刺状，外皮条状剥裂，小枝灰白色或灰褐色，老枝灰褐色。叶互生，革质，椭圆形、倒卵形或条状披针形，长1.5～2cm，宽

5～12mm，先端尖或钝，基部宽楔形或楔形，全缘，常微向下反卷，灰绿色，无毛，上面平滑，下面网脉明显，具短柄；托叶鞘筒状，白色，顶端2裂。总状花序侧生于当年生的木质化小枝上，花序短而密集；苞片卵形，膜质，透明；花梗中部具关节；花淡

红色。花被片 5，2 轮；内轮花被片果期增大，近圆形或圆心形；外轮花被片宽椭圆形，反折。雄蕊 8。子房倒卵形；柱头 3 裂，近头状。瘦果卵形，具 3 棱，暗褐色，有光泽。花果期 6～9 月。

石生旱生小灌木。生于荒漠草原带和荒漠带的石质丘陵坡地、河谷、阶地、戈壁、固定沙地。产乌兰察布（苏尼特左旗北部、苏尼特右旗、二连浩特市、四子王旗、达尔罕茂明安联合旗）、鄂尔多斯（鄂托克旗）、东阿拉善（乌拉特后旗、阿拉善左旗、库布其沙漠）、西阿拉善（阿拉善右旗）。分布于我国宁夏北部、甘肃（河西走廊）、青海（柴达木盆地）、新疆北部，蒙古国东部和南部及西部、俄罗斯（西伯利亚地区）、哈萨克斯坦。为戈壁—蒙古分布种。

本种可做固沙植物。骆驼喜采食其枝叶。

2. 东北木蓼（东北针枝蓼）

Atraphaxis manshurica Kitag. in Rep. First Sci. Exped. Manch. Sect. 4, 4:75. 1936; Fl. Intramongol. ed. 2, 2:176. t.68. f.1-5. 1991.

灌木，高 100cm 左右。上部多分枝，有匍匐枝；老枝灰褐色，外皮条状剥裂；嫩枝褐色，有光泽。叶互生，革质，倒披针形、披针状矩圆形或条形，长 1.5～4cm，宽 2～12mm，先端锐尖或钝，基部渐狭，全缘，无毛，有明显网状脉，近无柄；托叶鞘筒状，褐色。总状花序顶生或侧生；苞片矩圆状卵形，淡褐色或白色，膜质；花常 2～4 朵生于 1 苞腋内，淡红色；花梗长 2～3mm，中部以上具关节。花被片 5，2 轮；内轮花被片果期增大，卵状椭圆形或宽椭圆形；外轮花被片椭圆形，水平伸展。雄蕊 8。子房长卵形，具 3 棱；柱头 3 裂，头状。瘦果卵形，长 3～4mm，具 3 棱，先端尖，基部宽楔形，暗褐色，略有光泽。花果期 7～9 月。

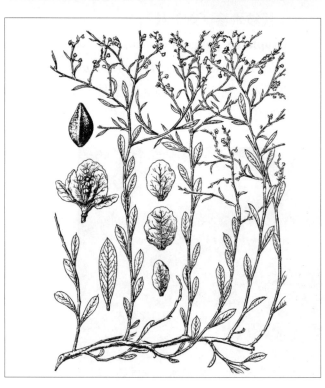

沙生中旱生灌木。生于典型草原区东部的沙地和碎石质坡地。产呼伦贝尔（新巴尔虎右旗）、兴安南部和科尔沁（科尔沁右翼中旗、阿鲁科尔沁旗、巴林右旗、克什克腾旗、翁牛特旗）、赤峰丘陵（红山区）、锡林郭勒（西乌珠穆沁旗、正蓝旗）。分布于我国吉林西部、辽宁西北部、河北北部等地。为东蒙古分布种。

本种可做固沙植物。饲用价值与沙木蓼近似。

3. 圆叶木蓼

Atraphaxis tortuosa A. Los. in Izv. Glavn. Bot. Sada S.S.S.R. 26(1):44. 1927; Fl. Intramongol. ed. 2, 2:177. t.69. f.7-9. 1991.

灌木，高50～60cm。多分枝，呈球状；嫩枝较细弱，常弯曲，淡褐色，有乳头状突起；老枝灰褐色，外皮条状剥裂。叶革质，近圆形、宽椭圆形或宽卵形，长1～1.5cm，宽1～1.3cm，

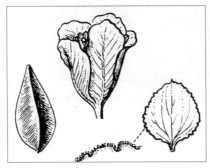

先端钝圆并具短尖头，基部宽楔形或近圆形，边缘有皱波状钝齿，两面绿色或灰绿色，密生蜂窝状腺点，中脉凸起，沿中脉及边缘有乳头状突起，具短柄，托叶鞘褐色。总状花序顶生；苞片菱形，基部卷折呈斜漏斗状，褐色，膜质，基部有乳头状突起；每3朵花生于1苞腋内；花梗长5～8mm，中部具关节，有乳头状突起；花小，粉红色或白色，后变棕色或褐色。花被片5，2轮；外轮花被片肾圆形，上升，少水平开展，不反折；内轮花被片近扇形。雄蕊8。子房椭圆形；花柱2～3，

下部合生；柱头头状。瘦果尖卵形，长约5mm，具3棱，暗褐色，有光泽。花期5～6月。

石生旱生小灌木。生于荒漠草原带的石质低山丘陵。产乌兰察布（白云鄂博矿区、达尔罕茂明安联合旗吉穆斯泰山）、阴山（乌拉山西段）、东阿拉善（狼山、桌子山）、贺兰山（三关口）。为东阿拉善山地（狼山—乌拉山—贺兰山）分布种。

4. 沙木蓼

Atraphaxis bracteata A. Los. in Izv. Glavn. Bot. Sada S.S.S.R. 26(1):43. 1927; Fl. Intramongol. ed. 2, 2:177. t.69. f.1-3. 1991.——*A. bracteata* A. Los. var. *latifolia* H. C. Fu et M. H. Zhao in Fl. Intramongol. 2:368. t.16. f.7. 1979; Fl. Intramongol. ed. 2, 2:178. 1991. ——*A. bracteata* A. Los. var. *angustifolia* A. Los. in Izv. Glavn. Bot. Sada S.S.S.R. 26(1):44. 1927; Fl. Intramongol. ed. 2, 2:178. 1991.

灌木，高100～200cm。枝直立或开展，嫩枝淡褐色或灰黄色；老枝灰褐色，外皮条状剥裂。叶互生，革质，圆形、卵形、长倒卵形、宽卵形、倒披针形、披针状矩圆形、条形或宽椭圆形，长1～3cm，宽1～2cm，先端锐尖或圆钝，有时具短尖头，基部楔形、宽楔形或稍圆，全缘或

具波状折皱，有明显的网状脉，无毛，具短柄；托叶
鞘膜质，白色，基部褐色。花少数，生于一年生枝上部，
每 2～3 朵花生于 1 苞腋内，呈总状花序；花梗细弱，
长达 6mm，中上部具关节。花被片 5，2 轮，粉红色；
内轮花被片圆形或心形，长宽相等或长小于宽；外轮
花被片宽卵形，水平开展，边缘波状。雄蕊 8，花丝
基部扩展并连合。瘦果卵形，具 3 棱，暗褐色，有光泽。
花果期 6～9 月。

沙生旱生灌木。生于荒漠区和荒漠化草原带的流
动、半流动沙丘中下部，也出现于石质残丘坡地或沟
谷岩石缝处的沙土上。产锡林郭勒（阿巴嘎旗、苏尼
特左旗）、乌兰察布（二连浩特市、苏尼特右旗、四
子王旗、达尔罕茂明安联合旗、乌拉特中旗、乌拉特
后旗）、鄂尔多斯（杭锦旗、乌审旗、鄂托克旗）、
东阿拉善（乌拉特后旗、阿拉善左旗）、西阿拉善（阿
拉善右旗）。分布于我国陕西北部、宁夏北部、甘肃
（河西走廊）、青海北部、新疆，蒙古国西部和南部。
为戈壁—蒙古分布种。

本种可做固沙植物。为良等饲用植物，夏、秋季
山羊、绵羊乐食其嫩枝叶；骆驼于春、夏季喜食，秋、
冬乐食。

5. 木蓼

Atraphaxis frutescens (L.) Eversm. in Reise Orenbg. Buchara 115. 1823; Fl. Intramongol. ed. 2,
2:178. t.69. f.4-6. 1991.——*Polygonum frutescens* L., Sp. Pl. 1:359. 1753.

灌木，高 20～70cm。多分枝；小枝开展或向上，灰白色或灰褐色，木质化，顶端具叶和花，
无刺；老枝灰褐色，外皮条状剥裂。叶互生，狭披针形、披针形或矩圆形，长 10～20mm，宽
3～10mm，先端尖或钝，有硬骨质短尖，基部楔形或宽楔形，全缘或稍有齿牙，灰蓝绿色，无毛，

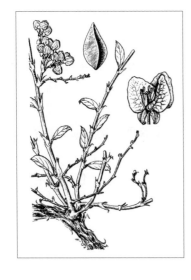

下面网脉明显，无柄或具短柄；托叶鞘筒状，长 3～4mm，膜质，上部白色，下部淡褐色，顶端开裂。总状花序顶生于当年生小枝末端，花梗中部具关节。花被片玫瑰色或白色；内轮花被片果期增大，半圆形或近心形；外轮花被片较小，反折。瘦果卵形，具 3 棱，暗褐色，有光泽。花果期 6～8 月。

旱生灌木。生于荒漠区石质丘陵坡麓、干河床、覆沙戈壁滩上。产乌兰察布（达尔罕茂明安联合旗）、西阿拉善（阿拉善右旗北部）、额济纳。分布于我国宁夏北部、甘肃（河西走廊）、青海（柴达木盆地）、新疆中部和北部，蒙古国东部和南部及西部、俄罗斯、哈萨克斯坦，东欧。为古地中海分布种。

绵羊、山羊采食其枝叶，冬季无叶时只有骆驼采食其枝条。茎枝入蒙药（蒙药名：毛登－希乐得格），能化热、调元、燥"协日乌素"、表疹，主治瘟病、感冒发烧、痛风、麻疹、风湿性关节炎、疮疡。

6. 长枝木蓼

Atraphaxis virgata (Regel) Krassnov in Scripta Soc. Geogr. Ross. 19:295. 1888; Fl. China 5:331. 2003.

灌木，高 100～200cm。分枝开展；老枝伸长，具灰褐色皮，先端有叶或花，无刺针；一年生枝长，伸出丛外，无毛，无刺。叶灰绿色，倒卵形或矩圆形，基部渐窄成柄，先端稍渐尖，有硬骨质短尖（尖长 0.5～2mm），全缘或稍有齿牙，两面无毛，背面网状脉不明显。总状花序生于当年枝末端，长 5～15cm，花稀疏；花梗长 3～5mm，关节在中下部。花被片

5，玫瑰色具白色缘或全部白色；内轮 3，宽椭圆形，长 5～6mm；外轮 2，较小，果期反折。瘦果长卵状三棱形，暗褐色，光滑。花果期 5～7 月。

超旱生灌木。生于荒漠区的低山石质残丘或岩石缝、干河床上。产额济纳（黑鹰山、蒜井子）。分布于我国新疆北部、甘肃西北部，蒙古国西南部，中亚。为戈壁分布种。

本种植株高大，可做固沙植物。

5. 蓼属 Polygonum L.

一年生或多年生草本,稀灌木。茎直立、平卧、斜升或缠绕,稀漂浮水上,通常茎节显著膨大。叶互生,多为全缘,叶柄与托叶鞘多少合生;托叶鞘膜质或草质,通常呈圆筒形,先端截形或斜形,全缘或开裂。花两性,稀单性,簇生;花簇具苞,腋生或集生,呈穗状、头状或圆锥花序;花梗短,通常具关节,基部具小苞;苞和小苞均膜质;花被5或4深裂,稀6裂,宿存;花盘发达,腺状,环形或缺少;雄蕊3~9,通常8;花柱2~3,离生或中部以下多少合生,柱头头状,子房扁平或三棱形。果实为瘦果,两面凸起,卵形、圆球形或三棱形,包于宿存花被内或微露于花被之外;胚位于一侧,子叶扁平。

内蒙古有 33 种。

分种检索表

1a. 叶基部具关节,托叶鞘通常分裂。花丝条形,基部扩大;花单生或数朵簇生于叶腋,稀呈总状花序（**1. 萹蓄组** Sect. **Polygonum**）。

  2a. 一年生草本。

    3a. 茎直立;花序穗状,顶生;叶披针形或条状披针形;瘦果光滑,有光泽……………………………………………………………………………………**1. 帚蓼 P. argyrocoleon**

    3b. 茎平卧或上升;花 1~7,束状腋生。

      4a. 花梗中部具关节,雄蕊5;瘦果光滑,有光泽;叶条状矩圆形或倒卵状披针形…………………………………………………………………………**2. 习见蓼 P. plebeium**

      4b. 花梗顶部具关节,雄蕊8;瘦果密被小点或点状条纹,无光泽或稍有光泽。

        5a. 瘦果密被点状条纹,无光泽,顶端钝;叶狭椭圆形、矩圆状倒卵形或条状披针形……………………………………………………………………**3. 萹蓄 P. aviculare**

        5b. 瘦果被小点,稍有光泽,顶端长尖;叶椭圆形或长圆形………**4. 尖果萹蓄 P. rigidum**

  2b. 多年生草本,叶椭圆形或倒卵形…………………………………**5. 岩萹蓄 P. cognatum**

1b. 叶基部不具关节,托叶鞘不分裂或 2 裂。花丝条形,狭窄;花序头状、穗状、总状或圆锥状。

  6a. 花序头状,花被片 4 裂（**2. 头序蓼组** Sect. **Cephalophilon** Meisn.）。

    7a. 托叶鞘 2 裂;叶三角状卵形,先端钝,上面无毛,下面疏被白色柔毛…………………………………………………………………………**6. 柔毛蓼 P. sparsipilosum**

    7b. 托叶鞘圆筒形,先端截形;叶三角状卵形、卵形或卵状披针形,先端锐尖,基部下延成翅状或耳垂状,两面疏生白色刺状毛………………………………**7. 头序蓼 P. nepalense**

  6b. 花序穗状,花被片 5 裂 [**3. 春蓼组** Sect. **Persicaria** (Mill.) Meisn.]。

    8a. 托叶鞘圆筒形,先端截形。

      9a. 多年生草本,根状茎横卧,叶柄由托叶鞘中部以上伸出,水生、沼生或陆生植物…………………………………………………………………………**8. 两栖蓼 P. amphibium**

      9b. 一年生草本,茎直立或基部伏卧,叶柄由托叶鞘中部以下或近基部伸出,陆生植物。

        10a. 穗状花序紧密,粗壮,圆柱形。

          11a. 托叶鞘上部边缘具草质环状翅,或干膜质裂片;花粉红色至白色;植株高可达 200cm……………………………………………………………………**9. 荭草 P. orientale**

          11b. 托叶鞘上部边缘截形,无草质翅,亦无干膜质裂片;植株较低矮。

12a. 托叶鞘狭，紧贴茎上，尤以上部明显；叶披针形或条状披针形，上面无新月形斑痕·············
···**10. 桃叶蓼 P. persicaria**

12b. 托叶鞘松弛，不紧贴茎上；叶披针形、矩圆形或矩圆状椭圆形，上面常有紫黑色新月形斑痕。

13a. 叶下面无白色绵毛··················**11a. 酸模叶蓼 P. lapathifolium var. lapathifolium**

13b. 叶下面密生白色绵毛··············**11b. 绵毛酸模叶蓼 P. lapathifolium var. salicifolium**

10b. 穗状花序稀疏，常间断不连接，近于条形。

14a. 果实压扁，两面或仅一面凸起；花柱通常 2。

15a. 花被具明显的腺点；叶披针形，有辣味及腺点··················**12. 水蓼 P. hydropiper**

15b. 花被无腺点；叶条形或条状披针形，无辣味及腺点··················**13. 多叶蓼 P. foliosum**

14b. 果实三棱形，花柱通常 3。

16a. 叶下面具腺点。

17a. 叶披针形，宽可达 1.5cm；瘦果长约 2mm··················**14. 东北蓼 P. longisetum**

17b. 叶条形，宽达 3mm；瘦果长约 1.5mm··················**15. 楔叶蓼 P. trigonocarpum**

16b. 叶下面无腺点，叶条状披针形或条形··················**16. 朝鲜蓼 P. koreense**

8b. 托叶鞘斜形。

18a. 花序圆锥状（**4. 补血宁组** Sect. **Aconogonon** Meisn.）。

19a. 叶基部略呈戟形，具 2 枚钝的或稍尖的小裂片；瘦果黑色。

20a. 叶矩圆形、长椭圆形或披针形，植株较高大··················
···**17a. 西伯利亚蓼 P. sibiricum var. sibiricum**

20b. 叶条形或狭条形，植株矮小··················**17b. 细叶西伯利亚蓼 P. sibiricum var. thomsonii**

19b. 叶基部楔形或圆形，无小裂片；瘦果褐色。

21a. 瘦果通常比花被短，或与之等长，通常包于花被内；植株较小。

22a. 叶极狭，狭条形，宽 0.5 ～ 4mm，边缘常反卷·········**18. 细叶蓼 P. angustifolium**

22b. 叶较宽，矩圆形、披针形、卵状披针形或条形，宽 5 ～ 15mm，边缘不反卷。

23a. 叶矩圆形、长披针形或条形，宽 5 ～ 8mm；花序枝均由叶腋生出··················
···**19. 白山蓼 P. ocreatum**

23b. 叶卵披针状形或披针形，宽 7 ～ 15mm；花序枝不全部由叶腋生出··············
···**20. 兴安蓼 P. ajanense**

21b. 瘦果通常比花被长，显著超出花被；植株高大。

24a. 植株几乎由基部开展，呈叉状分枝，外观呈圆球形；叶披针形、椭圆形、矩圆形
或矩圆状条形；瘦果较大，长 5 ～ 6（～ 7）mm·········**21. 叉分蓼 P. divaricatum**

24b. 植株不由基部分枝，仅上部分枝；叶卵状披针形；瘦果较小，长 3.5 ～ 5mm·········
···**22. 高山蓼 P. alpinum**

18b. 花序不为圆锥状。

25a. 茎无刺，不分枝；根状茎肥厚，肉质或木质；叶主要为基生叶；花序不分枝，穗状（**5. 拳
参组** Sect. **Bistorta** D. Don）。

26a. 花穗较细，中下部常具珠芽；叶柄上部不具下延的翅··················**23. 珠芽蓼 P. viviparum**

26b. 花穗较宽，无珠芽。

27a. 叶柄不具下延的翅；基生叶和茎下部叶长圆形或披针形，先端钝尖，基部近心形；

花穗矩圆形，短穗状·················**24. 圆穗蓼 P. macrophyllum**

27b. 叶柄上部具下延的翅。

  28a. 叶近革质，基生叶和茎下部叶的基部圆形、截形或微心形。

    29a. 基生叶和茎下部叶矩圆状卵形或宽椭圆状卵形，宽 3～8cm·················

    ·················**25. 太平洋蓼 P. pacificum**

    29b. 基生叶和茎下部叶矩圆状披针形、披针形至狭卵形，宽 1～3cm···**26. 拳参 P. bistorta**

  28b. 叶草质，薄，基生叶和茎下部叶的基部楔形。

    30a. 茎中上部叶抱茎，有明显的叶耳，上部叶一般不呈条形或刺毛状·················

    ·················**27. 耳叶蓼 P. manshuriense**

    30b. 茎生叶不抱茎，亦无叶耳，上部叶常呈条形或刺毛状······**28. 狐尾蓼 P. alopecuroides**

25b. 茎具倒生钩刺，分枝；植株无根状茎，或具有非肉质的根状茎；叶主要为茎生叶；花序分枝（**6. 刺蓼组** Sect. **Echinocaulon** Meisn.）。

  31a. 茎攀援；叶正三角形，叶柄盾状着生·················**29. 穿叶蓼 P. perfoliatum**

  31b. 茎直立或平卧；叶披针形、长卵状披针形或戟形，叶柄不为盾状着生。

    32a. 叶基部楔形·················**30. 柳叶刺蓼 P. bungeanum**

    32b. 叶基部箭形或戟形。

      33a. 叶长卵状披针形，基部箭形·················**31. 箭叶蓼 P. sagittatum**

      33b. 叶戟形。

        34a. 叶柄有狭翅，叶片无星状毛·················**32. 戟叶蓼 P. thunbergii**

        34b. 叶柄无翅，叶片两面密被星状毛和疏被短刺毛······**33. 长戟叶蓼 P. maackianum**

1. 帚蓼（帚萹蓄）

Polygonum argyrocoleon Steud. ex Kunze in Linn. 20:17. 1847; Fl. China 5:286. 2003.

一年生草本。茎直立，高 50～90cm，无毛，具纵棱；多分枝，分枝斜升，呈帚状，节稍膨大，节间长可达 5cm。叶披针形或条状披针形，长 1.5～4cm，宽 6～8mm，中脉微凸出，侧脉不明显，顶端急尖，基部狭楔形，通常早落；叶柄短，具关节；托叶鞘膜质，长 4～7mm，下部褐色，上部白色，具 6～8 脉，顶部 2 裂，以后撕裂。花 1～3，生于茎、枝的上部，形成穗状花序；花梗细弱，顶部具关节，与花被近等长。花被 5 深裂，红色或淡红色，边缘白色；花被片椭圆形，长约 2mm。瘦果卵形，具 3 锐棱，长 2～2.5mm，褐色，平滑，有光泽，包藏于宿存花被内。花期 6～7 月，果期 7～8 月。

中生草本。生于荒漠区的河边、沟谷湿地。产东阿拉善（杭锦旗）、西阿拉善（阿拉善右旗）。分布于我国甘肃中北部、青海西部、新疆（青河县），蒙古国西部、俄罗斯、伊朗、阿富汗、中亚、西南亚。为古地中海分布种。

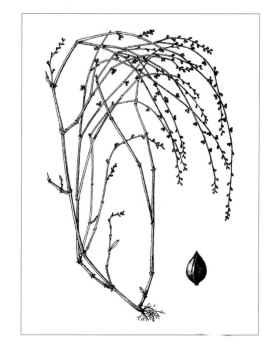

2. 习见蓼（铁马鞭）

Polygonum plebeium R. Br. in Prodr. 420. 1810; Fl. Intramongol. ed. 2, 2:185. t.71. f.1-4. 1991.

一年生草本，高 10～30cm。茎匍匐或直立，多分枝，具沟纹，节间通常较叶短。叶片条状矩圆形、狭椭圆形或倒卵状披针形，长 5～10mm，宽 1～2mm，先端钝或锐尖，基部楔形，全缘，侧脉不显，无毛，叶近无柄；托叶鞘膜质，无脉纹或脉纹不显著。花小，1 至数朵簇生于叶腋；花梗甚短，中部具关节。花被 5 深裂；花被片矩圆形，长约 2mm，粉红色或白色。雄蕊 5。花柱 3，很短，柱头头状。瘦果椭圆形或菱形，具 3 棱，长 1～1.5mm，黑色或黑褐色，表面有光泽，全部包于宿存的花被内。

中生草本。生于路边、田边、河边湿地。产阴南平原（包头市）、龙首山。我国除西藏、青海外，其他省区均有分布；亚洲其他地区，北非，大洋洲、欧洲也有分布。为古北极分布种。

用途同萹蓄。

3. 萹蓄（萹竹竹、异叶蓼）

Polygonum aviculare L., Sp. Pl. 1:362. 1753; Fl. Intramongol. ed. 2, 2:182. t.70. f.1-5. 1991.

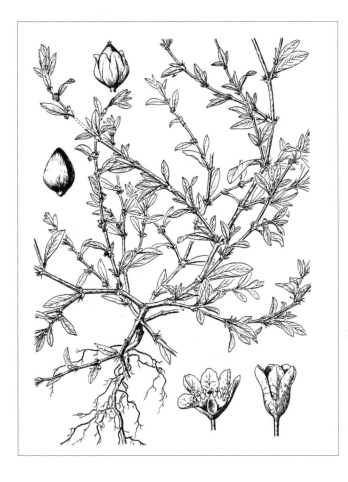

一年生草本，高 10～40cm。茎平卧或斜升，稀直立，由基部分枝，绿色，具纵沟纹，无毛，基部圆柱形，幼具棱角。叶片狭椭圆形、矩圆状倒卵形、披针形、条状披针形或近条形，长 1～3cm，宽 5～13mm，先端钝圆或锐尖，基部楔形，全缘，蓝绿色，两面均无毛，侧脉明显，叶基部具关节，叶具短柄或近无柄；托叶鞘下部褐色，上部白色透明，先端多裂，有不明显的脉纹。花几遍生于茎上，常 1～5 朵簇生于叶腋；花梗细而短，顶部有关节。

花被 5 深裂；花被片椭圆形，长约 2mm，绿色，边缘白色或淡红色。雄蕊 8，比花被片短。花柱 3，柱头头状。瘦果卵形，具 3 棱，长约 3mm，黑色或褐色，表面具不明显的细纹和小点，无光泽，微露于宿存花被之外。花果期 6～9 月。

中生杂草。群生或散生于路边、田野、村舍附近、河边湿地等处，为盐化草甸和草甸群落的伴生种。产内蒙古各地。广布于我国各省区，亚洲、欧洲、北美洲。为泛北极分布种。

全草入药（药材名：萹蓄），能清热利尿、祛湿杀虫，主治热淋、黄疸、疥癣湿痒、女子阴痒、阴疮、阴道滴虫。又为优等饲用植物，山羊、绵羊夏、秋季乐食嫩枝叶，冬、春季采食较差；有时牛、马也乐食；为猪的优良饲料。耐践踏，再生性强。

4. 尖果萹蓄

Polygonum rigidum Skv. in Diagn. Pl. Nov. Mandsh. 5. 1943; Fl. China 5:286. 2003.

一年生草本。茎直立或上升，高 30～50cm，多分枝，具纵棱。叶椭圆形或长圆形，长 1～3cm，宽 3～7mm，顶端圆钝或稍尖，基部楔形，上面中脉、侧脉皆明显，下面中脉、侧脉微凸出，边缘全缘；叶柄短，基部具关节；托叶鞘下部褐色，上部白色，具 5～9 脉，撕裂。花 2～7，簇生于叶腋，在侧枝上部排列较紧密；花梗长 1.5～2mm，顶部具关节。花被 5 深裂，开裂至 2/3；花被片长圆形，长 2～2.5mm，背部具凸出的脉，边缘白色或淡红色。瘦果卵形，具 3 棱，深褐色，密被小点，微有光泽，长 2.5～3.5mm，顶端具长尖，突出于宿存花被。花期 6～8 月，果期 7～8 月。

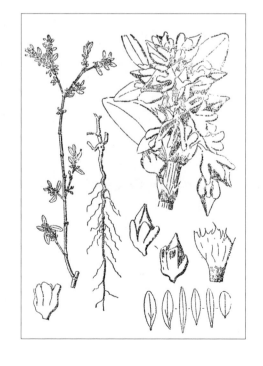

中生草本。生于草原区的路边、田边。产呼伦贝尔（海拉尔区）。分布于我国黑龙江、吉林、辽宁、河北、山西、陕西、甘肃，俄罗斯（远东地区）。为华北—满洲分布种。

5. 岩蔍蓄（岩生蓼）

Polygonum cognatum Meisn. in Monogr. Polyg. 91. 1826; Fl. Intramongol. ed. 2, 2:185. t.71. f.5-6. 1991.

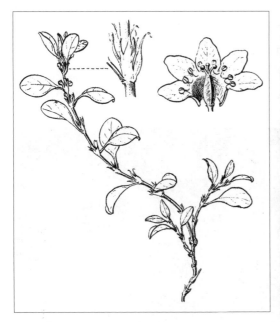

多年生草本，高 5～10cm。根细长，木质化，深褐色。茎平卧或斜升，不分枝或由基部分枝，淡红色或灰绿色，无毛，具纵沟纹，常沿沟棱微被乳头状突起。叶片椭圆形或倒卵形，长 1～2（～3）cm，宽 5～12（～15）mm，先端钝圆或稍尖，基部渐狭，全缘，两面无毛；叶具短柄，柄长 2～5mm；托叶鞘白色，透明，有褐色脉纹，先端 2 至数裂。花几遍生于茎上，常 1～3 朵簇生于叶腋；花梗长 1～3mm，顶端具关节。花被裂至 1/2，基部收缩，绿色；花被片卵形，边缘粉红色或白色。瘦果卵形，具 3 棱，黑色，有光泽。花果期 6～9 月。

旱中生草本。生于草原区的山地石质坡地。产锡林郭勒（东乌珠穆沁旗）。分布于我国新疆北部和西北部，蒙古国北部和西部、俄罗斯（西伯利亚地区），中亚。为东古北极分布种。

6. 柔毛蓼

Polygonum sparsipilosum A. J. Li in Fl. Reip. Pop. Sin. 25(1):65. 1998; Fl. China 5:305. 2003.——*P. pilosum* (Maxim.) Hemsl. in J. Linn. Soc. Bot. 26:345. 1891; Fl. Intramongol. ed. 2, 2:188. t.71. f.7-9. 1991.——*Koenigia pilosa* Maxim. in Bull. Acad. Imp. Sci. St.-Petersb. 27:531. 1881.

一年生草本，高 10～30cm。茎直立，细弱，有分枝，节上被倒生的白色柔毛。叶片三角状卵形，长 5～15mm，宽 5～10mm，先端钝或稍尖，基部圆形或截形，稍下延，全缘而有缘毛，上面无毛，下面疏被白色柔毛，具短柄；托叶鞘膜质，褐色，上部 2 裂。花簇生于枝端，具叶状总苞，苞膜质；花梗短或几无梗；花被白色，长约 1.5mm，4 深裂，花被片宽椭圆形；雄蕊 7～8，较花被短，2～5 枚发育；花柱 3，柱头头状。瘦果椭圆形，具 3 棱，长约 2mm，黄褐色，有光泽，包于宿存的花被内。花果期 7～9 月。

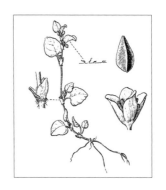

中生草本。生于荒漠区的山地岩石缝隙、林缘、阴湿坡地。产贺兰山。分布于我国陕西、甘肃、青海、四川、西藏。为横断山脉分布种。

7. 头序蓼（尼泊尔蓼、头状蓼）

Polygonum nepalense Meisn. in Monogr. Polyg. 84. 1826; Fl. China 5:303. 2003.——*P. alatum* Hamilt. ex D. Don in Prodr. Fl. Nepal. 72. 1825; Fl. Intramongol. ed. 2, 2:188. t.72. f.1-6. 1991.

一年生草本，高 10 ~ 30cm。茎细弱，直立或平卧，通常分枝，无毛或近节处被稀疏白色刺状毛和腺毛。叶片三角状卵形、卵形或卵状披针形，长 3 ~ 4cm，宽 2 ~ 3cm，先端锐尖，基

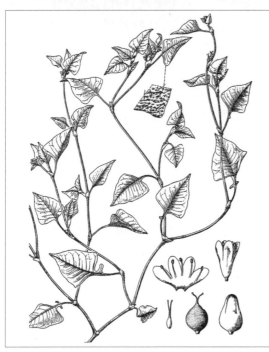

部截形或圆形，沿叶柄下延成翅状或耳垂形，边缘微波状，两面疏生白色刺状毛，下面密生腺状小点，边缘具细乳头状突起；叶柄通常在下部的较长，上部的较短或近无柄，抱茎；托叶鞘筒状，淡褐色，先端斜截形，基部被白色刺状毛和腺毛，易破裂。头状花序顶生和腋生，直径 0.5 ~ 1.5cm，具叶状总苞，总苞基部被腺毛；苞卵状椭圆形，长 2 ~ 3mm，通常无毛，内含 1 朵花；花梗短。花被筒状或钟状，淡紫色至白色，长 2 ~ 3mm，通常 4 深裂；花被片矩圆形，先端钝圆。雄蕊 5 ~ 6，与花被近等长，花药暗紫色。花柱 2，下部合生，柱头头状。瘦果扁宽卵形，两面凸起，直径约 2mm，先端微尖，黑色，密生小点，无光泽，包于宿存花被内。

山地中生草本。多散生于森林草原带和草原带的河谷、溪旁，为山地草甸群落的伴生种。产兴安南部及科尔沁（突泉县、巴林右旗）、燕山北部（喀喇沁旗、宁城县）、阴山（大青山）、贺兰山。分布于我国除新疆外的各省区，日本、朝鲜、俄罗斯（远东地区）、不丹、尼泊尔、印度（锡金）、马来西亚、菲律宾、印度尼西亚、泰国、巴基斯坦、印度，北非。为亚洲—北非分布种。

8. 两栖蓼（醋柳）

Polygonum amphibium L., Sp. Pl. 1:361. 1753; Fl. Intramongol. ed. 2, 2:188. t.73. f.1-5. 1991.

多年生草本，为水陆两生植物。

生于水中者：茎横走，无毛，节部生不定根。叶浮于水面，矩圆形或矩圆状披针形，长 5～12cm，宽 2.5～4cm，先端锐尖或钝，基部通常为心形，有时为圆形，两面均无毛；上面

有光泽，主脉下凹；下面主脉凸起，侧脉多数，几乎与主脉垂直；具长柄；托叶鞘筒状，长约 1.5cm，平滑，顶端截形。

生于陆地者：茎直立或斜升，分枝或不分枝，被长硬毛，绿色稀为淡红色。叶片矩圆状披针形，长 5～14cm，宽 1～2cm，先端渐尖，两面及叶缘均被硬伏毛，上面中心常有 1 暗色斑迹，侧脉与主脉成锐角，有短柄或近无柄，托叶鞘被长硬毛。

花序通常顶生，椭圆形或圆柱形，为紧密的穗状花序，长 2～4cm；总花梗较长，有时在总花梗基部侧生 1 枚较小的花穗；苞片三角形，内含 3～4 花；花梗极短。花被粉红色，稀白色，5 深裂，长约 4mm；花被片卵状匙形，覆瓦状排列。雄蕊通常 5，与花被片互生而包于其内，花药粉红色。子房倒卵形，略扁平；花柱 2，基部合生，露于花被外。

水生—中生草本。生于河溪岸边、湖滨、低湿地、农田。产内蒙古各地。分布于我国各省区，广布于亚洲、欧洲、北美洲。为泛北极分布种。

9. 荭草（红蓼、东方蓼、水红花）

Polygonum orientale L., Sp. Pl. 1:362. 1753; Fl. Intramongol. ed. 2, 2:189. t.74. f.1-5. 1991.

一年生草本，高 100～200cm。茎直立，中空，分枝，多少被直立或贴伏的粗长毛。叶片卵形或宽卵形，长 8～20cm，宽 4～12cm，先端渐狭成锐尖头，基部近圆形或微带楔形，有时略呈心形，全缘，两面均被疏长毛及腺点，主脉及侧脉显著，两面均凸出；茎下部叶较大，上部叶渐狭而呈卵状披针形；叶具长柄，比叶片短，被长毛，基部扩展；托叶鞘杯状或筒状，被长毛，顶端绿色而呈叶状，或为干膜质状裂片，具缘毛。花穗紧密，顶生或腋生，圆柱形，长 2～8cm，直径 1～1.5cm，下垂，常数枚排列成圆锥状；苞鞘状，宽卵形，外侧被疏长毛，边

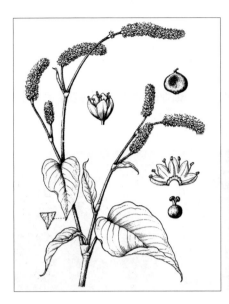

缘具长缘毛，内含1～5花；花梗细，被柔毛；花粉红色至白色；花被5深裂，花被片椭圆形，长约3mm。雄蕊7，露于花被外；其中5枚与花被片互生，着生于花被片近缘部；其余2枚与花被片对生，着生于花被片基部。花盘具数枚裂片。花柱2，基部合生，稍露于花被外，柱头头状。瘦果近圆形，扁平，两面中央微凹，先端具短尖头，直径约3mm，黑色，有光泽，包于花被内。花果期6～9月。

　　高大中生草本。多栽培，也有逸生。生于田边、路旁、水沟边、庭园住舍附近。产科尔沁（科尔沁右翼前旗）、赤峰丘陵（敖汉旗）、阴南平原（呼和浩特市、包头市）、鄂尔多斯（伊金霍洛旗、鄂托克旗、达拉特旗）。分布于我国除西藏外的各省区，亚洲、欧洲也有分布。为古北极分布种。

　　果实及全草可入药。果实（药材名：水红花子）能活血、消积、止痛、利尿，主治胃痛、腹胀、脾肿大、肝硬化腹水、颈淋巴结结核。全草能祛风利湿、活血止痛，主治风湿性关节炎。

10. 桃叶蓼

Polygonum persicaria L., Sp. Pl. 1:361. 1753; Fl. Intramongol. ed. 2, 2:192. t.75. f.6-11. 1991.

　　一年生草本，高20～60cm。茎直立或基部斜升，不分枝或分枝，无毛或被稀疏的硬伏毛。叶片披针形或条状披针形，长2～10cm，宽0.2～2cm，先端长渐尖，基部楔形，两面无毛或被疏毛，主脉与叶缘具硬刺毛；叶柄短或近于无柄，下部者较明显，长不超过1cm，被硬刺毛；托叶鞘紧密包围茎，疏生伏毛，先端截形，具长缘毛。圆锥花序由多数花穗组成，顶生或腋生，直立，紧密，较细，长1.5～5cm；总花梗近无毛或被稀疏柔毛，有时具腺；苞漏斗状，长约1.5mm，紫红色，先端斜形，疏生缘毛；花梗比苞短；花被粉红色或白色，微有腺，长约3mm，通常5深裂；雄蕊通常6，比花被短；花柱2，稀3，向外弯曲。瘦果宽卵形，两面扁平或稍凸，稀具3棱，长1.8～2.5mm，黑褐色，有光泽，包于宿存的花被内。花果期7～9月。

　　湿中生草本。生于草原区的河岸和低湿地。产兴安北部和兴安南部及岭西和科尔沁（牙克石市、鄂温克族自治旗、科尔沁右翼前旗、科尔

沁右翼中旗、扎赉特旗、阿鲁科尔沁旗、克什克腾旗）、呼伦贝尔（新巴尔虎左旗、满洲里市）、燕山北部（喀喇沁旗、宁城县、敖汉旗）、锡林郭勒（锡林浩特市、苏尼特左旗）、乌兰察布（达尔罕茂明安联合旗）。分布于我国黑龙江中东部、吉林东部、辽宁、河北东北部、河南、山东西部、山西东部、陕西南部、甘肃东南部、青海、新疆中部和北部、江苏中部和南部、安徽南部、浙江、福建、台湾、江西、湖北、湖南中部、贵州中部、四川南部，亚洲、欧洲、非洲、北美洲。为泛北极分布种。

11. 酸模叶蓼（马蓼、旱苗蓼、大马蓼）

Polygonum lapathifolium L., Sp. Pl. 1:360. 1753; Fl. Intramongol. ed. 2, 2:192. t.77. f.1-4. 1991.

11a. 酸模叶蓼

Polygonum lapathifolium L. var. **lapathifolium**

一年生草本，高 30～80cm。茎直立，有分枝，无毛，通常紫红色，节部膨大。叶片披针形、矩圆形或矩圆状椭圆形，长 5～15cm，宽 0.5～3cm，先端渐尖或全缘，叶缘被刺毛；叶

柄短，有短粗硬刺毛；托叶鞘筒状，长 1～2cm，淡褐色，无毛，具多数脉，先端截形，无缘毛或具稀疏缘毛。圆锥花序由数枚花穗组成；花穗顶生或腋生，长 4～6cm，近直立；具长梗，侧生者梗较短，密被腺点；苞漏斗状，边缘斜形并具稀疏缘毛，内含数花；花被淡绿色或粉红色，长 2～2.5mm，通常 4 深裂，被腺点，外侧 2 枚裂片各具 3 条明显凸起的脉纹；雄蕊通常 6；花柱 2，近基部分离，向外弯曲。

瘦果宽卵形，扁平，微具棱，长 2～3mm，黑褐色，光亮，包于宿存的花被内。花期 6～8 月，果期 7～10 月。

轻度耐盐湿中生草本。多散生于阔叶林带、森林草原带、草原带及荒漠草原带的低湿草甸、河谷草甸和山地草甸，常为伴生种。产内蒙古各地。分布于我国各省区，北非，亚洲、欧洲、北美洲、大洋洲。为世界分布种。

果实可做"水红花子"入药。全草入蒙药（蒙药名：乌兰－初麻孜），能利尿、消肿、祛"协日乌素"、止痛、止吐，主治"协日乌素"病、关节痛、疥、脓疱疮。

11b. 绵毛酸模叶蓼

Polygonum lapathifolium L. var. **salicifolium** Sibth. in Fl. Oxon. 129. 1794; Fl. Intramongol. ed. 2, 2:195. 1991.

本变种与正种的区别是：叶片下面密生白色绵毛。

产地、生境同正种。分布于我国各省区，

日本、俄罗斯（西伯利亚地区）、印度、印度尼西亚、缅甸。为东古北极分布变种。

12. 水蓼（辣蓼）

Polygonum hydropiper L., Sp. Pl. 1:361. 1753; Fl. Intramongol. ed. 2, 2:195. t.75. f.1-5. 1991.

一年生草本，高 30～60cm。茎直立或斜升，不分枝或基部分枝，无毛，基部节上常生根。叶片披针形，长 3～7cm，宽 5～15mm，先端渐尖，基部狭楔形，全缘，有辣味，两面被黑褐色腺点，有时沿主脉被稀疏硬伏毛，叶缘具缘毛，具短柄；托叶鞘筒状，长约 1cm，褐色，被稀疏短伏毛，先端截形，具短睫毛。花穗细长，顶生或腋生，长 4～7cm，常弯垂；花疏生，下部间断；苞漏斗状，先端斜形，具腺点及睫毛或近无毛；花通常 3～5 朵簇生于 1 苞内，花梗比苞长。花被 4～5 深裂，淡绿色或粉红色，密被褐色腺点；花被片倒卵形或矩圆形，大小不等。雄蕊通常 6，稀 8，包于花被内。花柱 2～3，基部稍合生，柱头头状。瘦果卵形，长 2～3mm，通常一面平一面凸，稀三棱形，暗褐色，有小点，稍有光泽，包于宿存花被内。花果期 8～9 月。

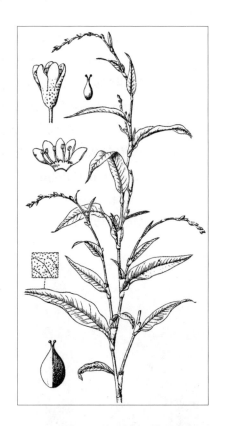

中生—湿生草本。多散生或群生于森林带、森林草原带、草原带的低湿地、水边或路旁。产岭西（额尔古纳市、鄂温克族自治旗）、呼伦贝尔（陈巴尔虎旗、海拉尔区）、兴安南部及科尔沁（科尔沁右翼前旗、科尔沁右翼中旗、巴林右旗、克什克腾旗）、燕山北部（喀喇沁旗、宁城县）、锡林郭勒（东乌珠穆沁旗、锡林浩特市、苏尼特左旗南部）、乌兰察布（达尔罕茂明安联合旗）、阴山（大青山）、阴南平原、鄂尔多斯（伊金霍洛旗、乌审旗）、东阿拉善（杭锦旗、阿拉善左旗）。分布于我国各省区，日本、朝鲜、蒙古国北部和西部、俄罗斯、尼泊尔、印度、泰国、马来西亚、印度尼西亚、斯里兰卡、澳大利亚，中亚，欧洲、北美洲。为世界分布种。

全草或根、叶入药（药材名：辣蓼），能祛风利湿、散瘀止痛、解毒消肿、杀虫止痒，主治痢疾、胃肠炎、腹泻、风湿性关节痛、跌打肿痛、功能性子宫出血；外用治毒蛇咬伤、皮肤湿疹。也入蒙药（蒙药名：楚马悉）。

13. 多叶蓼

Polygonum foliosum H. Lindb. in Meddel. Soc. Faun. Fl. Fenn. 27:3. 1900; Fl. Intramongol. ed. 2, 2:196. 1991.

一年生草本，高可达 70cm。茎平滑，稍弯曲，单一或由基部分枝。叶片条状披针形或条形，长 2 ～ 4cm，宽 1.5 ～ 6mm，先端钝，基部渐狭，具短柄；托叶鞘狭钟状，无毛或少有伏毛，边缘具短缘毛。花穗长 2 ～ 4cm，径约 2mm，顶生或腋生；花被长 2 ～ 2.5mm，无腺点；雄蕊 5；花柱 2。瘦果卵形，长约 2mm，两侧扁，平滑，有光泽。

湿中生草本。生于森林区的河滩及湖边。产兴安北部（大兴安岭）。分布于我国黑龙江、吉林、辽宁、安徽，日本、朝鲜、俄罗斯（欧洲部分、西伯利亚地区、远东地区）。为古北极分布种。

14. 东北蓼（长鬃蓼）

Polygonum longisetum Bruijn in Pl. Jungh. 3:307. 1854; Fl. China 5:292. 2003.——*P. manshuricola* Kitag. in Rep. Inst. Sci. Res. Manch. 121. 1942.(pro syn.); Fl. Intramongol. ed. 2, 2:196. t.78. f.4-6. 1991.

一年生草本，高 70 ～ 100cm。茎单一或自基部呈叉状分枝，基部平卧或倾斜，具纵沟纹，无毛，通常紫色。叶片披针形或狭披针形，长 2 ～ 7cm，宽 0.5 ～ 1.5cm，先端渐尖，基部楔形，中脉及叶缘有短刺毛，下面被腺点，具短柄；托叶鞘圆筒形，长 5 ～ 12mm，具数条纵脉纹，被短伏毛，上端截形，具长缘毛，毛长 3 ～ 5mm。花穗顶生或腋生，细长，长可达 5cm，上部着花较密，下部间断；苞狭钟状，带紫色，上端具短缘毛，通常比花短；花被 5 裂，粉紫色，疏生腺点；花柱 3 或 2。瘦果通常三棱形，长约 2mm，黑色，有光泽。花果期 6 ～ 9 月。

中生草本。散生于草原区的河边草甸。产科尔沁（翁牛特旗）。分布于我国除青海、新疆、西藏外的各省区，日本、朝鲜、俄罗斯（远东地区）、印度、印度尼西亚、马来西亚、菲律宾、缅甸、尼泊尔，克什米尔地区。为东亚分布种。

15. 楔叶蓼

Polygonum trigonocarpum (Makino) Kudo et Masam. in Ann. Rep. Taihoku Bot. Gard. 2:53. 1932; Fl. Intramongol. ed. 2, 2:196. t.78. f.1-3. 1991.——*P. minus* Huds. f. *trigonocarpum* Makino in Bot. Mag. Tokyo 28:111. 1914.

一年生草本，高 10 ～ 25cm。茎较细弱；下部有分枝，伏卧；上部直立，带红褐色，无毛。叶片条形或条状披针形，长 1 ～ 3cm，宽 1.3 ～ 3mm，先端渐尖，基部楔形，中脉及叶缘有短刺毛，下面具稀疏的淡绿色盘状腺点，具短柄；托叶鞘圆筒形，长 5～10mm，被短伏毛，上端有长缘毛。花穗狭圆柱状，长 2～3cm，着花较密，下部间断；苞狭钟状，上端具短缘毛；花被淡红色，长约 2mm，具少数腺点。瘦果卵状三棱形，长可达 1.5mm，黑色，有光泽，包于花被内。花果期 7～9 月。

中生草本。生于森林区的河边草甸。产兴安北部（大兴安岭）。分布于我国东北地区，日本、朝鲜。为东亚北部（满洲—日本）分布种。

16. 朝鲜蓼

Polygonum koreense Nakai in Bot. Mag. Tokyo 33:6. 1919; Fl. Intramongol. ed. 2, 2:198. t.79. f.1-3. 1991.

一年生草本，高可达 70cm。茎单一或由基部分枝，带红紫色，无毛。叶片条状披针形或条形，长 3～8cm，宽 0.3～0.7cm，先端渐尖，基部截形或近圆形，沿中脉及叶缘有短刺毛，下面密被粗点而非腺点，近无柄；托叶鞘圆筒状，长约 7mm，先端截形，具长缘毛，毛长约 5mm。花穗细长，着花较稀，基部通常间断；苞钟状，具长缘毛；花被 5 裂，淡红色，疏生脱落性腺点；雄蕊 8；花柱 3。瘦果三棱形，长约 1.5mm，黑褐色，有光泽。花果期 7～9 月。

湿中生草本。生于草原区的河边。产兴安南部（科尔沁右翼前旗、阿鲁科尔沁旗）、科尔沁（翁牛特旗、敖汉旗）。分布于我国东北、华北地区，朝鲜。为华北—满洲分布种。

17. 西伯利亚蓼（剪刀股、醋柳）

Polygonum sibiricum Laxm. in Nov. Com. Acad. Sci. Petrop. 18:531. t.7. f.2. 1773; Fl. Intramongol. ed. 2, 2:198. t.80. f.1-5. 1991.

17a. 西伯利亚蓼

Polygonum sibiricum Laxm. var. **sibiricum**

多年生草本，高 5～30cm。具细长的根状茎。茎斜升或近直立，通常自基部分枝，无毛，节间短。叶片近肉质，矩圆形、披针形、长椭圆形或条形，长 2～15cm，宽 2～20mm，先端锐尖或钝，基部略呈戟形，且向下渐狭而成叶柄，两侧小裂片钝或稍尖，有时不发育则基部为楔形，全缘，两面无毛，具腺点，具短柄。花序为顶生的圆锥花序，由数枚花穗相集而成；花穗细弱，花簇着生，间断，不密集；苞宽漏斗状，上端截形或具小尖头，无毛，通常内含花 5～6；花具短梗，中部以上具关节，时常下垂。花被 5 深裂，黄绿色；花被片近矩圆形，长约 3mm。雄蕊 7～8，与花被近等长。花柱 3，甚短，柱头头状。瘦果卵形，具 3 棱（棱钝），黑色，平滑

而有光泽，长2.5～3mm，包于宿存花被内或微露出。花期6～7月，果期8～9月。

耐盐中生草本。广布于草原和荒漠地带的盐化草甸，为盐生植物群落的优势种。产内蒙古各地。分布于我国黑龙江西南部、吉林西部、辽宁、河北、河南北部、山东东北部、山西、陕西、宁夏、甘肃、青海、新疆、江苏北部、安徽北部、湖北、湖南、四川西部、云南西北部、西藏，蒙古国、俄罗斯（西伯利亚地区、远东地区）、印度（锡金）、尼泊尔、哈萨克斯坦、阿富汗，克什米尔地区。为东古北极分布种。

为中等饲用植物，骆驼、绵羊、山羊乐意采食其嫩枝叶。根入药，治水肿。

17b. 细叶西伯利亚蓼

Polygonum sibiricum Laxm. var. **thomsonii** Meisn. in Ann. Sci. Nat. Bot. Ser. 6:351. 1866; Fl. China 5:308. 2003.

本变种与正种的区别是：叶条形或狭条形，植株矮小。

耐盐中生草本。广布于草原化荒漠带和荒漠地带的盐化草甸。产鄂尔多斯、东阿拉善、西阿拉善。分布于我国青海、西藏、新疆，尼泊尔、巴基斯坦、阿富汗，克什米尔地区，中亚。为古地中海分布变种。

18. 细叶蓼

Polygonum angustifolium Pall. in Reise Russ. Reich. 3:230. 1776; Fl. Intramongol. ed. 2, 2:201. t.79. f.4-6. 1991.

多年生草本，高15～70cm。茎直立，多分枝，开展，稀少量分枝，具细纵沟纹，通常无毛。叶狭条形至矩圆状条形，长2～6cm，宽0.5～3mm，先端渐尖或锐尖，基部渐狭，边缘常反卷，两面通常无毛，稀具疏长毛，下面主脉显著隆起，营养枝上部的叶常密生；托叶鞘微透明，脉纹明显，常破裂。圆锥花序无叶或下部具叶，疏散，由多数腋生和顶生的花穗组成；苞卵形，膜质，褐色，内含1～3花；花梗无毛，上端具关节，长1～2mm。花被白色或乳白色，5深裂，长2～2.5mm，果期长约3mm；花被片倒卵形或倒卵状披针形，大

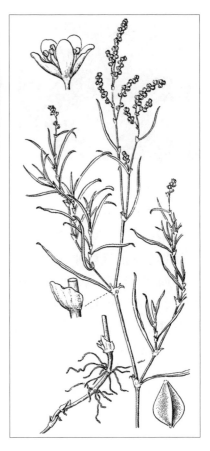

小略相等，开展。雄蕊7～8，比花被短。花柱3，柱头头状。瘦果卵状菱形，具3棱，长约2.5mm，褐色，有光泽，包于宿存花被内。花果期7～8月。

旱中生草本。多散生于森林草原带的林缘草甸和山地草甸草原，为其伴生种。产兴安北部、岭东、岭西、呼伦贝尔、兴安南部和科尔沁（科尔沁右翼前旗、乌兰浩特市、阿鲁科尔沁旗、巴林左旗、巴林右旗、克什克腾旗、翁牛特旗）、赤峰丘陵（红山区）、锡林郭勒（东乌珠穆沁旗、西乌珠穆沁旗、锡林浩特市、阿巴嘎旗、苏尼特右旗）。分布于我国黑龙江、河北，蒙古国北部和东部、俄罗斯（东西伯利亚地区、远东地区）。为东古北极分布种。

青鲜状态牛、羊、马、骆驼乐食，干枯后采食较差。

19. 白山蓼

Polygonum ocreatum L., Sp. Pl. 1:361. 1753; Fl. China 5:309. 2003.——*P. laxmannii* Lepech. in Nov. Act. Acad. Petrop. 10:414. t.13. 1797; Fl. Intramongol. ed. 2, 2:201. t.81. f.1-2. 1991.

多年生草本，高30～50cm。茎直立，呈"之"字形曲折，由基部强烈而开展地分枝，稀少量分枝或几不分枝，多少被硬毛或无毛。叶片长披针形、矩圆形或条形，长3～6cm，宽5～8mm，

先端渐尖或稍钝，基部楔形，边缘向下反卷，两侧及中脉伏生长或短的刺毛，稀无毛，具短柄；托叶鞘褐色，具数条纵脉纹，疏被长毛。圆锥花序开展，花序枝除顶部1～2个外均由叶腋生出；苞披针形，背部具暗褐色龙骨状凸起，基部及边缘疏生长毛，内着3～4花；花梗长2～2.5mm，比苞长，无毛，先端具关节；花被淡黄色，长约3mm，果期可达4.5mm；雄蕊8；花柱3，柱头头状。瘦果三棱形，长3～4mm，褐色，有光泽，包于花被内。花期7～8月。

中生草本。生于森林草原带的山地杂类草草甸。产岭西（额尔古纳市、海拉尔区）、兴安南部（阿鲁科尔沁旗、巴林右旗）、锡林郭勒（锡林浩特市）。分布于我国吉林，俄罗斯（欧洲部分、西伯利亚地区、远东地区），极地地区。为古北极分布种。

20. 兴安蓼（高山蓼）

Polygonum ajanense (Regel et Tiling) Grig. in Fl. U.R.S.S. 5:666. t.46. f.2. 1936; Fl. China 5:309. 2003;Fl. Intramongol. ed. 2, 2:204. t.81. f.3-5. 1991.——*P. polymorphum* Ledeb. var. *ajanense* Regel. et Tiling in Fl. Ajan. 116. 1858.

　　多年生草本，高 10 ～ 30cm。茎由基部分枝，疏松而开展，微被短柔毛或近无毛。叶片卵状披针形或披针形，长 3 ～ 5cm，宽 7 ～ 15mm，先端渐尖，微钝头，基部近圆形、宽楔形和楔

形，上面通常无毛，下面沿叶脉疏被伏毛，边缘有短缘毛，具短柄；托叶鞘褐色，疏被长毛。圆锥花序疏松而开展；花被淡黄色，长 2.5 ～ 3mm，果期长达 3.5mm，5 深裂；雄蕊 8；花柱 3，柱头头状。瘦果三棱形，长 2.5 ～ 3mm，包于花被内或与之等长，有时微露出。花期 7 ～ 8 月。

　　中生草本。散生或群生于森林区的高山顶部岩石露头处和碎石坡地，有时形成小片群落。产兴安北部（额尔古纳市、根河市、牙克石市）。分布于我国东北地区，日本、朝鲜、俄罗斯（东西伯利亚地区、远东地区）。为东西伯利亚—东亚北部分布种。

　　全草入蒙药（蒙药名：兴安乃－希没乐得格），功能、主治同叉分蓼。

21. 叉分蓼（酸不溜）

Polygonum divaricatum L., Sp. Pl. 1:363. 1753; Fl. Intramongol. ed. 2, 2:204. t.82. f.1-3. 1991.

　　多年生草本，高 70 ～ 150cm。茎直立或斜升，有细沟纹，疏生柔毛或无毛，中空，节部通常膨胀；多分枝，常呈叉状，疏散而开展，外观形成圆球形株丛。叶片披针形、椭圆形或矩圆状条形，长 5 ～ 12cm，宽 0.5 ～ 2cm，先端锐尖、渐尖或微钝，基部渐狭，全缘或缘部略呈波状，两面被疏长毛或无毛，边缘常具缘毛或无毛，具短柄或近无柄；托叶鞘褐色，脉纹明显，有毛或无毛，常破裂而脱落。花序顶生，大型，为疏松开展的圆锥花序；苞卵形，长 2 ～ 3mm，膜质，褐色，内含 2 ～ 3 花；花梗无毛，上端有关节，长 2 ～ 2.5mm。花被白色或淡黄色，5

深裂，长 2.5～4mm；花被片椭圆形，大小略相等，开展。雄蕊 7～8，比花被短。花柱 3，柱头头状。瘦果卵状菱形或椭圆形，具 3 锐棱，长 5～6（～7）mm，比花被长约 1 倍，黄褐色，有光泽。花期 6～7 月，果期 8～9 月。

旱中生草本。生于森林草原、山地草原的草甸或坡地及草原带的固定沙地，为草原沙地建群种或沙质草原的优势种。产兴安北部及岭东和岭西（额尔古纳市、牙克石市、鄂温克族自治旗、阿荣旗）、呼伦贝尔（新巴尔虎左旗、海拉尔区、满洲里市）、兴安南部及科尔沁（乌兰浩特市、科尔沁右翼中旗、阿鲁科尔沁旗、巴林左旗、巴林右旗、克什克腾旗）、辽河平原（科尔沁左翼后旗）、赤峰丘陵（翁牛特旗、红山区）、燕山北部（喀喇沁旗、宁城县、敖汉旗）、锡林郭勒（东乌珠穆沁旗、锡林浩特市、阿巴嘎旗、正蓝旗）、乌兰察布（达尔罕茂明安联合旗）、阴山（大青山）、阴南丘陵（准格尔旗）、鄂尔多斯（东胜区、乌审旗、达拉特旗、鄂托克旗）。分布于我国黑龙江、吉林、辽宁、河北、河南、山东、山西、陕西，朝鲜、蒙古国北部和东部、俄罗斯（东西伯利亚地区、远东地区）。为东西伯利亚—东亚北部分布种。

为中等饲用植物，青鲜的或干后的茎叶绵羊、山羊乐食，马、骆驼有时也采食一些。根含鞣质，可提取栲胶。全草及根入药。全草能清热消积、散瘿止泻，主治大、小肠积热及瘿瘤、热泻腹痛。根能祛寒温肾，主治寒疝、阴囊出汗。根及全草入蒙药（蒙药名：希没乐得格），能止泻、清热，主治肠刺痛、热性泄泻、肠热、便带脓血。

22. 高山蓼（华北蓼）

Polygonum alpinum All. in Auct. Syn. 42. 1773; Fl. China 5:309. 2003; Fl. Intramongol. ed. 2, 2:206. t.83. f.1-6. 1991.——*P. jeholense* (Kitag.) Bar. et Skv. ex S. X. Li et Y. L. Chang in Fl. Pl. Herb. Chin. Bor.-Orient. 2:48. 1959; Clav. Pl. Chin. Bor.-Orient. 131. 1995.

多年生草本，高 50～120cm。茎直立，微呈"之"字形曲折，下部常疏生长毛，上部毛较少，淡紫红色或绿色，具纵沟纹，上部常分枝但侧枝较短，通常疏生长毛。叶片卵状披针形至披针形，长 3～8cm，宽 1～2（～3）cm，先端渐尖，基部楔形，稀近圆形，全缘，上面深绿色，粗糙或近平滑，下面淡绿色，两面被柔毛，边缘密被缘毛，叶稍具短柄；托叶鞘褐色，具疏长毛。圆锥花序顶生，通常无毛，几乎无叶，有时花序的侧枝下具 1 枚条状披针形叶片；苞卵状披针形，背部具褐色龙骨状凸起，基部包围花梗，边缘及下部有时微有毛，内含 2～4 花；花具短梗，顶部具关节。花被乳白色，5 深裂；花被片卵状椭

圆形，长 2～3mm，果期长 3～3.5mm。雄蕊 8。花柱 3，柱头头状。瘦果三棱形，淡褐色，有光泽，常露于花被外，长 3.5～5mm。花期 7～8 月，果期 8～9 月。

中生草本。散生于森林和森林草原带的林缘草甸和山地杂类草草甸。产兴安北部和岭西及岭东（额尔古纳市、牙克石市、鄂温克族自治旗、扎兰屯市、阿荣旗）、呼伦贝尔（新巴尔虎左旗、新巴尔虎右旗）、兴安南部和科尔沁（科尔沁右翼前旗、阿鲁科尔沁旗、巴林右旗）、燕山北部（喀喇沁旗、宁城县、兴和县苏木山）、锡林郭勒（锡林浩特市、苏尼特左旗、正蓝旗）、阴山（大青山、蛮汗山）。分布于我国黑龙江南部、吉林北部、辽宁、河北西北部、山西东北部、青海南部、新疆北部，蒙古国东部和北部及西部、俄罗斯（西伯利亚地区、高加索地区、远东地区），中亚、西南亚、欧洲。为古北极分布种。

牛与绵羊乐食其枝叶。全草入蒙药（蒙药名：阿古兰－希没乐得格），功能、主治同叉分蓼。

23. 珠芽蓼（山高粱、山谷子）

Polygonum viviparum L., Sp. Pl. 1:360. 1753; Fl. Intramongol. ed. 2, 2:206. t.84. f.1-4. 1991.

多年生草本，高 10～35cm。根状茎粗短，肥厚，有时呈钩状卷曲，紫褐色，多须根，具残留的老叶。茎直立，不分枝，通常 2～3 个自根状茎上发出，细弱，具细条纹。叶片革质，矩圆形、卵形或披针形，长 3～8cm，宽 0.5～2cm，先端锐尖或渐尖，基部近圆形或楔形，有时微心形，不下延成翅，叶缘稍反卷，具增粗而隆起的脉端，两面无毛或下面有柔毛；基生叶与茎下部叶具长柄，叶柄无翅。茎上部叶披针形或条状披针形，渐小，无柄。托叶鞘长筒状，棕褐色，长 1.5～6cm，先端斜形，无毛。花序穗状，顶生，圆柱形，花排列紧密，长 3～7.5cm。苞膜质，淡褐色，宽卵形，先端锐尖，开展，其中着生 1 珠芽或 1～2 花；珠芽宽卵形，

长约 2.5mm，宽约 2mm，褐色，通常着生在花穗的下半部，有时可上达花穗顶端或全穗均为珠芽，珠芽常未脱离母体即可发芽生长。花梗细，比苞短或长。花被白色或粉红色，5 深裂；

花被片宽椭圆形或近倒卵形，长 2.5～3mm。雄蕊通常 8；花丝长短不等，露出或不露出于花被之外；花药暗紫色。花柱 3，细长，基部

合生；柱头小，头状。瘦果卵形，具 3 棱，先端尖，长 2.5～3mm，深褐色，有光泽。花期 6～7 月，果期 7～9 月。

耐寒中生草本。生于高山、亚高山带和海拔较高的山地顶部、地势平缓的坡地，有时也进入林缘和山地灌丛群落中，为高寒草甸或草甸草原的优势种。产兴安北部及岭西（额尔古纳市、根河市、牙克石市、阿尔山市）、兴安南部（科尔沁右翼前旗、阿鲁科尔沁旗、巴林右旗、克什克腾旗、东乌珠穆沁旗东部、锡林浩特市东南部）、燕山北部（喀喇沁旗、宁城县、敖汉旗、兴和县苏木山）、阴山（大

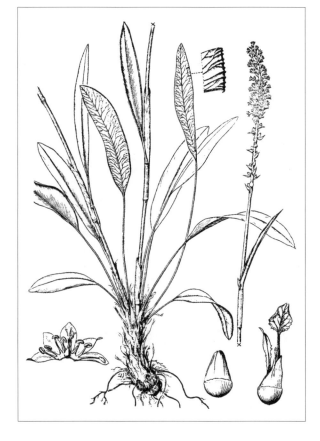

青山、蛮汗山、乌拉山）、贺兰山、龙首山。分布于我国黑龙江东南部、吉林东部、辽宁、河北、河南西部、山西、陕西南部、宁夏、甘肃、青海东部和南部、新疆、湖北西部、四川、云南北部、贵州西北部、西藏，朝鲜、日本、蒙古国北部和西部、俄罗斯、不丹、尼泊尔、印度、缅甸、泰国、中亚、西南亚，欧洲、北美洲。为泛北极分布种。

　　根状茎入药，能清热解毒、散瘀止血，主治痢疾、腹泻、肠风下血、白带、崩漏、便血、扁桃体炎、咽喉炎；外用治跌打损伤、痈疖肿毒、外伤出血。根状茎亦入蒙药（蒙药名：胡日干－莫和日），能止泻、清热、止血、止痛，主治各种出血、肠刺痛、腹泻、呕吐。根状茎亦可提取栲胶。珠芽及根状茎含淀粉，可酿酒及食用。全草青鲜状态时，绵羊、山羊乐食。

24. 圆穗蓼

Polygonum macrophyllum D. Don. in Prodr. Fl. Nep. 70. 1825; Fl. Reip. Pop. Sin. 25(1):47. t.10. f.3. 1998.

　　多年生草本。根状茎粗壮，弯曲，直径 1～2cm。茎直立，高 8～30cm，不分枝，2～3 个自根状茎发出。基生叶长圆形或披针形，长 3～11cm，宽 1～3cm，顶端急尖，基部近心形，

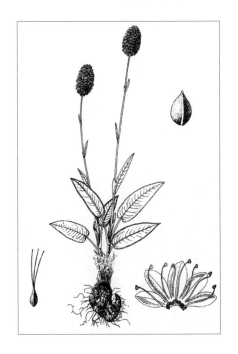

上面绿色，下面灰绿色，有时疏生柔毛，边缘叶脉增厚，外卷，叶柄长 3～8cm；茎生叶较小，狭披针形或线形，叶柄短或近无柄；托叶鞘筒状，膜质，下部绿色，上部褐色，顶端偏斜，开裂，无缘毛。总状花序呈短穗状，顶生，长 1.5～2.5cm，直径 1～1.5cm；苞片膜质，卵形，顶端渐尖，长 3～4mm，每苞内具花 2～3；花梗细弱，比苞片长。花被 5 深裂，淡红色或白色；花被片椭圆形，长 2.5～3mm。雄蕊 8，比花被长，花药黑紫色。花柱 3，基部合生，柱头头状。瘦果卵形，具 3 棱，长 2.5～3mm，黄褐色，有光泽，包于宿存花被内。花期 7～8 月，果期 9～10 月。

　　中生草本。生于海拔 3000m 以上的高山草甸。产贺兰山主峰。分布于我国陕西、甘肃、湖北、四川、贵州、云南、西藏，不丹、印度北部、尼泊尔。为横断山脉—喜马拉雅分布种。

25. 太平洋蓼

Polygonum pacificum V. Petr. ex Kom. in Trudy Imp. St.-Petersb. Bot. Sada 29:55. 1923; Fl. Intramongol. ed. 2, 2:208. 1991.

多年生草本，高 30～90cm。根状茎肥厚，常弯曲成钩状，黑色。茎单一，直立，光滑，稍具细条纹，稻秆色或淡褐绿色。基生叶近革质，矩圆状卵形或宽椭圆状卵形，长 4～12cm，宽 3～8cm，先端渐尖或短尖，基部微心形或圆形，边缘具不明显的乳头状突起，叶脉明显；具长柄，长 3～30cm。茎下部叶叶卵状披针形，基部微心形或圆形，有时为楔形，叶柄较短。茎上部叶抱茎，叶耳发达，无柄。托叶鞘膜质，管状，锈褐色，长可达 7cm，枯后撕裂残存于根状茎上；茎上部的绿褐色，上端膜质，锈色。花穗紧密，顶生，圆柱形；苞膜质，锈色，宽椭圆形，具尾尖，每苞含 1～3 花。花被 5 裂；花被片粉红色，椭圆形或卵状椭圆形。雄蕊 8，花药粉红色。花柱 3，柱头头状。瘦果宽卵形，具 3 棱，尖头，棕黑色，有光泽。

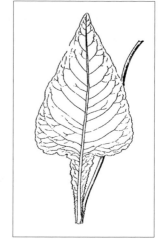

中生草本。生于草原区东部的河岸、低湿地。产科尔沁（翁牛特旗乌丹镇）。分布于我国黑龙江、吉林、辽宁、朝鲜、俄罗斯（远东地区）。为满洲分布种。

26. 拳参（紫参、草河车）

Polygonum bistorta L., Sp. Pl. 1:360. 1753; Fl. Intramongol. ed. 2, 2:208. t.85. f.1-3. 1991.

多年生草本，高 20～80cm。根状茎肥厚，弯曲，外皮黑褐色，多须根，具残留的老叶。茎直立，较细弱，不分枝，无毛，通常 2～3 个自根状茎上发出。基生叶矩圆状披针形、披针形至狭卵形，长 4～18cm，宽 1～3cm，先端锐尖或渐尖，基部钝圆或截形（有时近心形，稀宽楔形），沿叶柄下延成狭翅，边缘通常外卷，两面无毛，稀被乳头状突起或短粗毛，具长柄；托叶鞘筒状，长 3～6cm，上部锈褐色，下部绿色，无毛或有毛。茎上部叶较狭小，条形或狭披针形，无柄或抱茎。花序穗状，顶生，圆柱状，通常长 3～9cm，宽 1～1.5cm，花密集；苞片卵形或椭圆形，淡褐色，膜质，内含 4 朵花；花梗纤细，顶端具关节，较苞片长；花被白色或粉红色，

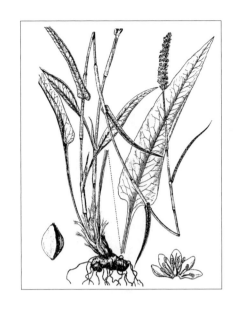

5 深裂，花被片椭圆形；雄蕊 8，与花被片近等长；花柱 3。瘦果椭圆形，具 3 棱，长约 3mm，红褐色或黑色，有光泽，常露出宿存花被外。花期 6～7 月，果期 8～9 月。

中生草本。多散生于森林草原带和草原带的山地林缘和草甸。产岭西和岭东及兴安南部（海拉尔区、扎兰屯市、扎赉特旗、科尔沁右翼前旗、巴林左旗、巴林右旗、克什克腾旗、锡林浩特市东南部）、燕山北部（喀喇沁旗、宁城县、敖汉旗）、锡林郭勒（正蓝旗南部、太仆寺旗南部、多伦县南部）、阴山（大青山、蛮汗山、乌拉山）、贺兰山。分布于我国黑龙江东北部、吉林南部、辽宁、河北、河南、山东、山西、陕西南部、宁夏南部、甘肃东部、新疆、江苏北部、安徽南部、浙江西北部、江西北部、湖北、湖南西北部，日本、蒙古国、俄罗斯（西伯利亚地区）、哈萨克斯坦，欧洲。为古北极分布种。

根状茎入药，能清热解毒、凉血止血、镇静收敛，主治肝炎、细菌性痢疾、肠炎、慢性气管炎、痔疮出血、子宫出血、惊痫；外用治口腔炎、牙龈炎、痈疖肿毒。也入蒙药（蒙药名：莫和日），能清肺热、解毒、止泻、消肿，主治感冒、肺热、瘟疫、脉热、肠刺痛、关节肿痛。

27. 耳叶蓼

Polygonum manshuriense V. Petr. ex Kom. in Trudy Imp. St.-Petersb. Bot. Sada 29:55. 1923; Fl. Intramongol. ed. 2, 2:210. t.86. f.6-9. 1991.

多年生草本，高 50～80cm。根状茎较粗短，长 3～5cm，直径 1～1.5cm，黑褐色。茎直立，不分枝，有细条纹，无毛，具 8～9 节。基生叶草质，较薄，矩圆形或披针形，长约 15cm，宽 2～3cm，先端渐尖，基部楔形，全缘或微波状，边缘常有不明显的乳头状突起，上面绿色，下面灰蓝色，无毛，叶片下延至叶柄上；具长柄，长约 15cm。茎下部叶披针形，具短柄或无柄。茎中部叶和上部叶三角状披针形，叶型大小变化很大，无柄，基部抱茎，叶耳明显。托叶鞘锈色，筒状，较长，先端斜形，茎上部者浅绿色。花序穗状，顶生，长 4～7.5cm；苞棕色，膜质，近边缘处色浅，几乎透明，椭圆形或矩圆形，长约 4mm，宽约 2mm，略呈尾尖；花被粉红色或白色，5 深裂，花被片椭圆形；雄蕊 8；花柱 3。瘦果卵状三棱形，长约 3mm，尖头，浅棕色，有光泽。花果期 7～9 月。

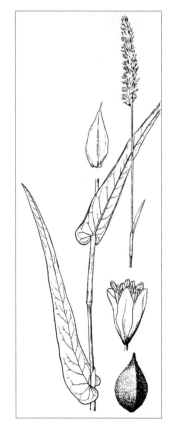

中生草本。多散生于森林草原带的山地林缘草甸、灌丛及河谷草甸，为其伴生种。产兴安北部和岭西（牙克石市、额尔古纳市）、科尔沁（突泉县）、燕山北部（喀喇沁旗、宁城县、敖汉旗）。分布于我国黑龙江、吉林、辽宁，朝鲜、俄罗斯（远东地区）。为满洲分布种。

根状茎入蒙药（蒙药名：苏门－莫和日），功能、主治同拳参。

28. 狐尾蓼

Polygonum alopecuroides Turcz. ex Bess. in Fl. Beibl. 23. 1834; Fl. Intramongol. ed. 2, 2:212. t.86. f.1-5. 1991.

多年生草本，高 80 ～ 100cm。根状茎肥厚，块根状，向上弯曲，黑色，常具残留的老叶。茎直立，具（6 ～）8 ～ 12 个节。基生叶草质，狭矩圆形、狭矩圆状披针形或条状披针形，包括下延部分在内长 10 ～ 13（～ 20）cm，宽 1 ～ 2cm，先端渐尖，基部楔形，通常全缘，有时具不明显的细齿，干后常向下反卷，上面绿色，下面带灰蓝色，无毛；具长柄，柄长 10 ～ 20cm。茎生叶狭三角状披针形、条形或刺毛状，先端渐尖，基部微心形、截形或近圆形，无叶耳凸起或微呈耳状；茎下部叶柄短，中、上部者常无柄。托叶鞘圆筒状，长约 5cm；茎下部者锈色，上端流苏状或斜形整齐；茎中上部者褐绿色，上端干膜质状锈色。花序穗状，顶生，圆柱状，长 3 ～ 6.5cm，宽约 1cm；苞膜质，近透明，中间为龙骨状，锈色，宽椭圆形，具尾尖；花被白色或粉红色，5 深裂，花被片椭圆形；雄蕊 8，常露于花被外；

花柱 3，柱头头状。瘦果菱状卵形，具 3 棱，长约 3mm，宽约 1.8mm，先端短尖，基部渐狭，棕褐色，有光泽。花果期 6 ～ 8 月。

中生草本。生于针叶林带和森林草原带的山地河谷草甸，为禾草、杂类草草甸的伴生种。产兴安北部和兴安南部及岭西和岭东及科尔沁（额尔古纳市、扎兰屯市、阿荣旗、鄂温克族自治旗、科尔沁右翼前旗、阿鲁科尔沁旗、巴林右旗、克什克腾旗）、呼伦贝尔（陈巴尔虎旗）、锡林郭勒（锡林浩特市、正蓝旗）、赤峰丘陵（红山区）、燕山北部（喀喇沁旗、敖汉旗、宁城县）、阴山（大青山、乌拉山）。分布于我国黑龙江、吉林、辽宁，蒙古国北部和东部、俄罗斯（西伯利亚地区、远东地区）。为东古北极分布种。

根状茎入药，功能、主治同拳参。牛、羊乐食其枝叶。

29. 穿叶蓼（杠板归、贯叶蓼、犁头刺）

Polygonum perfoliatum L., Syst. Nat. ed. 10, 2:1006. 1759; Fl. China 5:311. 2003, Fl. Intramongol. ed. 2, 2:212. t.87. f.1-3. 1991.

多年生草本。茎攀援，长可达 200cm 左右，具棱角，棱上有倒生钩刺，无毛。叶片正三角形，长 2 ～ 6cm，底边宽 3 ～ 8cm，先端微尖或钝，基部截形或微心形，全缘，质薄，上面无毛，下面沿叶脉疏生钩刺；叶柄长 2 ～ 6cm，疏具倒生钩刺，盾状着生；托叶鞘叶状，近圆形，抱茎。花序短穗状，顶生或腋生；苞片圆形，内有 2 ～ 4 花；花具短梗。花被 5 深裂，白色或粉红色；花被片在果期稍增厚，近肉质，变蓝色。雄蕊 8。花柱 3。瘦果球形，直径约 3mm，黑色，有光泽，包于宿存花被内。花期 6 ～ 8 月。

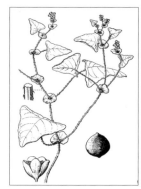

中生攀援草本。散生于夏绿阔叶林带的山地林缘草甸及沟谷低湿地，为山地草甸和河谷草甸的伴生种。产岭东（扎兰屯市）、兴安南部（科尔沁右翼前旗）、辽河平原（大青沟）、燕山北部（宁城县）。分布于我国黑龙江、吉林、辽宁、河北东北部、河南、山西、山东西部、陕西南部、甘肃东南部、江苏、安徽南部、浙江、福建、台湾、江西、湖北、湖南、广东、广西、海南、云南、贵州、四川、西藏东南部，日本、朝鲜、俄罗斯（远东地区）、越南、印度、不丹、尼泊尔，东南亚。为东亚分布种。

全草入药，能清热解毒、利尿消肿，主治水肿、黄疸、泄泻、疟疾、痢疾、百日咳、淋浊、丹毒、瘰疬、湿疹、疥癣。

30. 柳叶刺蓼（本氏蓼）

Polygonum bungeanum Turcz. in Bull. Soc. Imp. Nat. Mosc. 13:77. 1840; Fl. Intramongol. ed. 2, 2:192. t.76. f.1-6. 1991.

一年生草本，高 30～60cm。茎直立，具倒生钩刺。叶片披针形或宽披针形，长 2～13cm，宽 7～25mm，先端锐尖或稍钝，基部楔形或近楔形，上面仅沿叶脉生短硬伏毛，下面被短硬伏毛，边缘有缘毛；叶柄长约 1cm，被短硬伏毛；托叶鞘圆筒状，顶端截形，被硬伏毛，边缘生长睫毛。花序由数枚花穗组成，圆柱状，长可达 10cm，下垂，花穗细长，花序轴密被腺毛；苞片漏斗状，

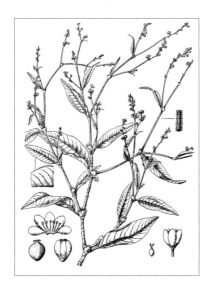

绿色或淡紫红色，无毛或生腺毛，顶端斜截形；花排列稀疏，小型，白色或粉红色，具短梗；花被 5 深裂，花被片椭圆形，顶端钝圆；雄蕊 7～8；花柱 2，中部以下合生，柱头头状。瘦果圆扁豆形，两面稍凸出，黑色，无光泽，直径约 3mm，外被宿存花被。花果期 7～8 月。

中生草本。常散生于夏绿阔叶林带和草原带的沙质地、田边、路旁湿地。产岭西和岭东（鄂温克族自治旗、扎兰屯市、扎赉特旗）、兴安南部、科尔沁（通辽市）、辽河平原（科尔沁左翼后旗）、赤峰丘陵、燕山北部（喀喇沁旗）、乌兰察布（达尔罕茂明安联合旗）、阴山（大青山）、阴南丘陵（凉城县、丰镇市、呼和浩特市）、东阿拉善（杭锦后旗）。分布于我国

黑龙江、吉林西南部、辽宁、河北、山东、山西、宁夏、甘肃、江苏，日本、朝鲜、俄罗斯（远东地区）。为东亚北部分布种。

31. 箭叶蓼

Polygonum sagittatum L., Sp. Pl. 1:363. 1753; Fl. China 5:313. 2003.——*P. sieboldii* Meisn. in Prodr. 14:133. 1856; Fl. Intramongol. ed. 2, 2:214. t.87. f.4-6. 1991.

一年生草本。茎蔓生或近直立，长达100cm，有分枝，具4棱，沿棱具倒生钩刺。叶片长卵状披针形，长2～10cm，宽（0.8～）1～2.5cm，先端锐尖或微钝，基部箭形，具卵状三角

形的叶耳，上面无毛或疏生长伏毛，下面沿中脉疏生钩刺；叶具短柄，长1～2cm，柄上具1～4排钩刺，有时近无柄；托叶鞘膜质，长5～10mm，棕色，有明显的纵脉，无毛，开裂。花序头状，成对顶生或腋生，花密集但数目不多，总花梗无毛；苞长卵形，锐尖；花被5深裂，白色或粉红色；雄蕊8；花柱3。瘦果三棱形，长约3mm，黑色，包于宿存花被内。

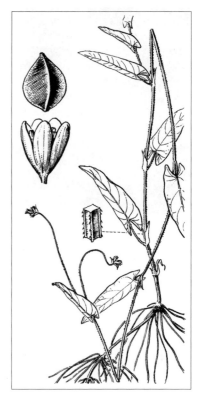

中生草本。多散生于山间谷地、河边和低湿地，为草甸、沼泽化草甸的伴生种。产兴安北部（额尔古纳市、牙克石市）、岭西（鄂温克族自治旗、新巴尔虎左旗）、岭东（扎兰屯市）、兴安南部和科尔沁（科尔沁右翼前旗、扎赉特旗、阿鲁科尔沁旗、巴林左旗、巴林右旗、克什克腾旗、锡林浩特市东南部）、辽河平原（大青沟）、燕山北部（喀喇沁旗、宁城县、敖汉旗）、贺兰山。分布于我国黑龙江、吉林北部、辽宁、河北、河南西部、山东、山西、陕西南部、甘肃东南部、江苏南部、安徽南部、浙江、福建北部、台湾北部、江西、湖北、湖南、云南西北部、贵州、四川东部，日本、朝鲜、俄罗斯（远东地区）。为东亚分布种。

全草入药，能祛风除湿、清热解毒，主治风湿性关节炎。

32. 戟叶蓼

Polygonum thunbergii Sieb. et Zucc. in Abh. Math-Phys. Cl. Konigl. Bayer. Akad. Wiss. 4(3):208. 1846; Fl. China 5:311. 2003; Fl. Intramongol. ed. 2, 2:214. t.88. f.1-3. 1991.

一年生草本，高20～60cm。茎直立或斜升，下部有时平卧，有长匍匐枝，四棱形，沿棱

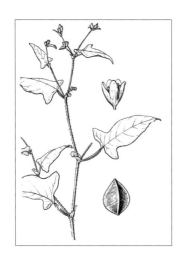

具倒生钩刺。叶片戟形，长 2～9cm，宽 2～7cm；中裂片较大，卵形，宽 2～3.5cm，先端渐尖；下部两侧有耳状裂片，宽而短，卵状三角形，宽约 1cm，钝圆；基部截形或微心形，上面疏被长伏毛，下面沿叶脉被长伏毛，叶缘有密而短的缘毛；叶柄长 0.5～3cm，具狭翅及刺毛，上部叶近无柄；托叶鞘膜质，斜圆筒形，长 5～10mm，具脉纹，有短缘毛，常有向外反卷的叶状边。花序短聚伞状，顶生或腋生，花多数，花梗密被腺毛和短毛；苞绿色，被短毛；小花梗甚短；花被 5 深裂，白色或粉红色；雄蕊 8。瘦果卵圆状三棱形，长 3～4mm，黄褐色，无光泽，包于宿存花被内。

中生草本。生于夏绿阔叶林带的河边低湿低地。产岭东（扎兰屯市）、岭西（新巴尔虎左旗）、辽河平原（大青沟）、燕山北部（宁城县黑里河林场）。分布于我国黑龙江、吉林、辽宁、河北北部、河南西部、山西、山东东北部、陕西南部、甘肃东南部、江苏西南部、安徽南部、浙江、福建、江西、湖北、湖南、广东北部、广西、云南东南部、贵州、四川中部、西藏东部，日本、朝鲜、俄罗斯（远东地区）。为东亚分布种。

33. 长戟叶蓼

Polygonum maackianum Regel in Mem. Acad. Imp. Sci. St.-Petersb. Ser. 7, 4(4):127. t.10. f.1-2. 1861; Fl. China 5:311. 2003; Fl. Intramongol. ed. 2, 2:216. t.88. f.4. 1991.

一年生草本，高 40～70cm。茎直立或斜升，四棱形，棱上有倒生钩刺和密的星状毛。叶戟形，长 2～6cm，宽 2～4cm，先端渐尖，中裂片披针状矩圆形，下部两侧有耳状披针形裂片，基部心形，两面密被星状毛和疏被短刺毛，叶缘有刺毛；叶柄长 1～2.5cm，密被星状毛，具 2 排倒生钩刺；托叶鞘膜质，上部绿色，似翅状，反卷，边缘具齿牙，被星状毛。花序头状或聚伞状，常顶生，花梗密被星状毛、腺毛或刺毛；苞披针形，有毛；花被 5 深裂，粉红色；雄蕊 8；花柱 3。瘦果三棱形，长约 3mm，褐色，有光泽，包于宿存花被内。

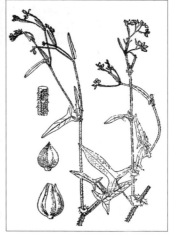

中生草本。散生于草原区东部的低湿地，为草甸群落的伴生种。产兴安南部（扎赉特旗、科尔沁右翼前旗）、燕山北部（敖汉旗大黑山）。分布于我国黑龙江、吉林、辽宁、河北、河南、山东、江苏、安徽、浙江、江西、湖北、台湾、广东、云南、贵州、四川、陕西，日本、朝鲜、俄罗斯（远东地区）。为东亚分布种。

6. 荞麦属 Fagopyrum Mill.

一年生或多年生草本。茎具细沟纹,无毛。叶互生,三角形或箭形,全缘。花两性,集为穗状总状花序或为密集的伞房花序,顶生和腋生;花梗通常具关节;花被白色或粉红色,5裂,果期不增大;雄蕊8,排列为2轮,外轮5,内轮3;花柱3,柱头头状,子房三棱形;花盘腺状。瘦果三棱形,具尖头,比花被长;胚具发达的"S"形弯曲的子叶。

内蒙古有1种,另有1栽培种。

分种检索表

1a. 瘦果卵状三棱形,表面平滑,角棱锐利;花梗无关节。栽培··················**1. 荞麦 F. esculentum**
1b. 瘦果圆锥状三棱形,表面常有沟槽,角棱仅上部锐利,下部圆钝呈波状;花梗中部具关节··············
···**2.苦荞麦 F. tataricum**

1. 荞麦

Fagopyrum esculentum Moench. in Meth. 290. 1794.——*Polygonum fagopyrum* L., Sp. Pl. 1:364. 1753.——*F. sagittatum* auct. non Gilib.: Fl. Intramongol. ed. 2, 2:219. t.90. f.1-5. 1991.

一年生草本,高30～100cm。茎直立,多分枝,淡绿色或红褐色,质软,光滑,或在茎节处和小枝上具乳头状突起。下部茎生叶三角形或三角状箭形,有时近五角形,长2.5～5cm,

宽2～6cm,先端渐尖,下部裂片圆形或渐尖,基部微凹、近心形,两面沿叶脉和叶缘被乳头状突起,具长柄;上部茎生叶片稍小,无柄;托叶鞘短筒状,顶端斜而截平,无毛,常脱落。总状或圆锥花序,腋生和顶生,花簇紧密着生。总花梗细长,不分枝;花梗细,无关节,基部有小苞片。花被淡粉红色或白色,5深裂;花被片卵形或椭圆形,长约3mm。雄蕊8,较花被片短,花药淡红色。花盘具腺状凸起。花柱3,长约1.5mm,柱头头状,子房具3棱。瘦果卵状三棱形或三棱形,具3锐角棱,先端渐尖,基部稍钝,长6～7mm,棕褐色,有光泽。花果期7～9月。

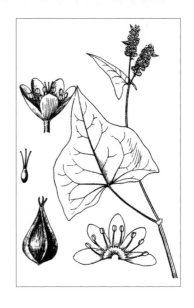

旱中生草本。除阿拉善盟外,内蒙古普遍栽培,我国其他省区亦有栽培。原产可能是中国。现广泛栽培于亚洲、欧洲、北美洲、大洋洲。

种子富含淀粉，供食用。也是蜜源植物。根及全草入药，能除湿止痛、解毒消肿、健胃，主治跌打损伤、腰腿疼痛、疮痈毒肿。种子入蒙药（蒙药名：萨嘎得），祛"赫依"、消"奇哈"，主治"奇哈"、疮痈、跌打损伤。

2. 苦荞麦（野荞麦、胡食子）

Fagopyrum tataricum (L.) Gaertn. in Fruct. Sem. Pl. 2:182. t.119. f.6. 1790; Fl. Intramongol. ed. 2, 2:219. t.90. f.6-10. 1991.——*Polygonum tataricum* L., Sp. Pl. 1:364. 1753.

一年生草本，高30～60cm。茎直立，分枝或不分枝，具细沟纹，绿色或微带紫色，光滑，

小枝具乳头状突起。下部茎生叶宽三角形或三角状戟形，长2～7cm，宽2.5～8cm，先端渐尖，基部微心形，裂片稍向外开展、尖头，全缘或微波状，两面沿叶脉具乳头状毛，叶具长柄；上部茎生叶稍小，具短柄；托叶鞘黄褐色，无毛。总状花序，腋生和顶生，细长，开展，花簇疏松；花梗中部具关节。花被白色或淡粉红色，5深裂；花被片椭圆形，长1.5～2mm，被稀疏柔毛。雄蕊8，短于花被。花柱3，较短，柱头头状。瘦果圆锥状卵形，长5～7mm，灰褐色，有沟槽，具3棱，上端角棱锐利，下端圆钝呈波状。花果期6～9月。

中生杂草。生于田边、荒地、路旁、村舍附近，多呈半野生状态，亦有栽培。除阿拉善盟外，产内蒙古各地。分布于我国河北西部、河南西部、山西北部、陕西中南部、甘肃中西部、青海、四川、西藏、湖北、湖南西北部、贵州北部、云南、新疆北部，亚洲、欧洲、北美洲。为泛北极分布种。

种子可食用或做饲料。药用同荞麦。

7. 首乌属 Fallopia Adanson

一年生或多年生草本，稀半灌木。茎缠绕。叶互生，卵形或心形，具柄；托叶鞘筒状，顶端截形或偏斜。花序总状或圆锥状，顶生或腋生；花两性；花被5深裂，外轮3枚具翅或龙骨状凸起，果期增大；雄蕊通常8，花丝丝状，花药卵形；子房卵形，具3棱，花柱3，极短，柱头头状。瘦果卵形，具3棱，包于宿存花被内。

内蒙古有4种。

分种检索表

1a. 一年生缠绕草本，花序总状。

　2a. 外轮3枚花被片背部具龙骨状凸起或狭翅，果期稍膨大······**1. 蔓首乌 F. convolvulus**

　2b. 外轮3枚花被片背部具翅，果期膨大。

　　3a. 翅具齿，内轮花被片期卵形；瘦果具小颗粒状条纹，稍有光泽···**2. 齿翅首乌 F. dentatoalata**

　　3b. 翅全缘，内轮花被片果期圆形；瘦果光滑，有光泽······**3. 篱首乌 F. dumetorum**

1b. 多年生缠绕半灌木，花序圆锥状，叶常簇生或互生······**4. 木藤首乌 F. aubertii**

1. 蔓首乌（卷茎蓼、荞麦蔓）

Fallopia convolvulus (L.) A. Love in Taxon 19(2):300. 1970; Fl. China 5:316. 2003.——*Polygonum convolvulus* L., Sp. Pl. 1:364. 1753; Fl. Intramongol. ed. 2, 2:216. t.89. f.1-3. 1991.

一年生草本。茎缠绕，细弱，有不明显的条棱，粗糙或生疏柔毛，稀平滑，常分枝。叶片三角状卵心形或戟状卵心形，长1.5～6cm，宽1～5cm，先端渐尖，基部心形至戟形，两面无毛或沿叶脉和边缘疏生乳头状小突起；叶有柄，长可达3cm，棱上具极小的钩刺；托叶鞘短，斜截形，褐色，长可达4mm，具乳头状小突起。花聚集为腋生之花簇，向上成为间断具叶的总状花序；苞近膜质，具绿色的脊，表面被乳头状突起，通常内含2～4花；花梗上端具关节，比花被短；花被淡绿色，边缘白色，长可达3mm，5浅裂，果期稍增大，里面裂片2（宽卵形），外面裂片3（舟状），背部具脊或狭翅，时常被乳头状突起；雄蕊8，比花被短；柱头3，头状花柱短。瘦果椭圆形，具3棱，两端尖，长约3mm，黑色，表面具小点，无光泽，全体包于花被内。花果期7～8月。

中生缠绕草本。多散生于阔叶林带、森林草原带和草原带的山地、草甸和农田。产兴安北部和岭西（额尔古纳市、牙克石市、鄂温克族自治旗）、呼伦贝尔（陈巴尔虎旗、海拉尔区、新巴尔虎左旗）、兴安南部和科尔沁（科尔沁右翼前旗、科尔沁右翼中旗、阿鲁科尔沁旗、巴林右旗、克什克腾旗）、辽河平原（大青沟）、燕山北部（喀喇沁旗、宁城县、

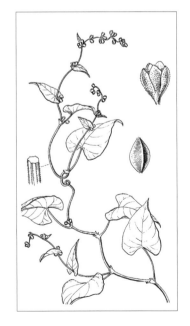

敖汉旗)、锡林郭勒(锡林浩特市、正蓝旗、西乌珠穆沁旗)、乌兰察布(达尔罕茂明安联合旗、乌拉特中旗)、阴山(大青山)、贺兰山。分布于我国黑龙江、吉林东部、辽宁、河北、河南西部、山东中部和东北部、山西、陕西南部、甘肃东部、青海东部和东南部、江苏、安徽中部、湖北西部、云南西北部、贵州中部、四川中部和北部、西藏东部、新疆北部和中部、日本、朝鲜、蒙古国北部和西部及东南部、俄罗斯(西伯利亚地区、远东地区)、不丹、尼泊尔、印度、哈萨克斯坦、巴基斯坦、阿富汗、伊朗,高加索地区,欧洲、北美洲。为泛北极分布种。

2. 齿翅首乌(齿翅蓼)

Fallopia dentatoalata (F. Schm.) Holub in Folia Geobot. Phytotax. 6:176. 1971; Fl. China 5:316. 2003.——*Polygonum dentatoalatum* F. Schm. in Mem. Acad. Imp. Sci. St.-Petersb. Div. Sav. 9:232. 1859; Fl. Intramongol. ed. 2, 2:218. t.89. f.4-5. 1991.

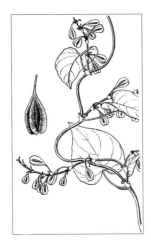

一年生草本。茎缠绕,长可达 100cm,有条纹,光滑至粗糙,带紫褐色,上部有分枝。叶片心形或卵形,长 2～6cm,宽 2～5cm,先端渐尖,基部心形,全缘,两面无毛,边缘及叶有乳头样鳞片状凸起,叶柄长 1～3cm;托叶鞘膜质,淡褐色,撕裂状,无毛。总状花序,具叶,顶生或腋生;苞筒状,长约 1.5mm,内生 4～5 花;花梗细弱,果期延长,中部以下具关节;花白色或淡绿色;花被 5 深裂,花被片不等大(外部 3 枚较大),背部具翅,翅下延至花梗而渐狭成楔形,翅缘常有疏齿或近全缘;雄蕊 8;花柱短,3 裂。瘦果三棱形,长 4～5mm,黑色,稍有光泽,具小颗粒状条纹,包于宿存花被内。

中生缠绕草本。多散生于夏绿阔叶林带的山地草甸和河谷草甸,为其伴生种。产兴安南部、燕山北部(宁城县、敖汉旗)。分布于我国黑龙江西北部和南部、吉林东部、辽宁东部、河北、河南、山东西部、山西、陕西中部和南部、甘肃东部、青海东部、江苏、安徽西部、湖北西部、云南西北部、贵州西北部、四川北部、日本、朝鲜、俄罗斯(远东地区)。为东亚分布种。

3. 篱首乌（篱蓼）

Fallopia dumetorum (L.) Holub in Folia Geobot. Phytotax. 6:176. 1971; Fl. China 5:316. 2003.——*Polygonum dumetorum* L., Sp. Pl. ed. 2, 1:522. 1762.

一年生草本。茎缠绕，长 70～150cm，具纵棱，沿棱具小凸起，无毛，多分枝。叶卵状心形，长 3～6cm，宽 1.5～4cm，顶端渐尖，基部心形或箭形，两面无毛，沿叶脉具小凸起，边缘全缘；叶柄长 1～3cm，具小凸起；托叶鞘短，膜质，偏斜，长 2～3mm，顶端尖，无缘毛。花序

总状，通常腋生，稀疏；苞片膜质，长 1.5～2mm，具脉，每苞具 2～5 花；花梗细弱，丝形，果期延长，长 3～5mm，中下部具关节。花被 5 深裂，淡绿色；花被片椭圆形，外面 3 枚背部具翅，果期增大，翅近膜质，全缘，基部微下延；花被果期外形呈圆形，直径 4～5mm。雄蕊 8。花柱 3，柱头头状。瘦果椭圆形，长 3～4mm，具 3 棱，黑色，平滑，有光泽，包于宿存花被内。花期 6～8 月，果期 8～9 月。

中生缠绕草本。生于山坡草地、沟谷灌丛。产兴安北部（大兴安岭）、兴安南部。分布于黑龙江、吉林、辽宁、河北、山东、江苏、新疆，日本、朝鲜、蒙古国（大兴安岭）、俄罗斯（西伯利亚地区、远东地区）、不丹、印度北部、尼泊尔、巴基斯坦，西南亚，欧洲。为古北极分布种。

4. 木藤首乌（木藤蓼、鹿挂面）

Fallopia aubertii (L. Henry) Holub in Folia Geobot. Phytotax. 6:176. 1971; Fl. China 5:317. 2003.——*Polygonum aubertii* L. Henry in Rev. Hort. 79:82. f.23,24. 1907; Fl. Intramongol. ed. 2, 2:216. t.88. f.5-6. 1991.

多年生草本或半灌木。茎近直立或缠绕，褐色，无毛，长可达数米。叶常簇生或互生，矩圆状卵形、卵形或宽卵形，长 2～4.5cm，宽 1～2cm，先端钝或锐尖，基部浅心形，两面均无毛，叶柄长 0.5～2.5cm；托叶鞘膜质，褐色。花序圆锥状，顶生，分枝少而稀疏；总花梗和花序轴被乳头状突起；苞膜质，褐色，鞘状，先端斜形，锐尖，内含 3～6 花；花梗细，长约 4mm，上部具狭翅，下部具关节。花被 5 深裂，白色；外面裂片 3，舟形，背部具翅，翅下延至花梗关节；里面裂片 2，宽卵形。雄蕊 8，比花被稍短。花柱极短；柱头 3，盾状。瘦果卵状三棱形，长约 3mm，黑褐色，包于花被内。花期 6～7 月。

中生缠绕半灌木。散生于荒漠区山地的林缘和灌丛间，为其伴生种。产阴南丘陵（准格尔旗）、

贺兰山。分布于我国河北、河南、山东、山西、陕西、湖北、宁夏、甘肃、青海、四川、贵州、云南、西藏。为华北—横断山脉分布种。

　　块根入药，能清热解毒、调经止血，主治痢疾、消化不良、胃痛、崩漏、月经不调；外用治疗疮初起、外伤出血。

34. 藜科 Chenopodiaceae

一年生或多年生草本，稀为小乔木或灌木。植物体光滑或被毛，常被粉粒。茎圆柱状或有棱角，无关节或具关节，直立、斜升或平卧。单叶，互生，稀对生，无托叶，全缘，有齿或分裂，稀退化为鳞片状，常为肉质。花小，两性或单性，有时雌雄异株，辐射对称或两侧对称，有苞或无苞，簇生成穗状或再形成圆锥花序，稀单生，或两歧聚伞花序；花被片通常 5，稀 1～3 或缺，离生或连合，草质或膜质，通常绿色，果期常发育为针刺状或翅状等附属物，稀无变化；雄蕊 1～5，与花被对生，花药 2 室，花丝条形或锥形，扁平。雌蕊有 2～5 枚结合的心皮；子房上位，离生或基部陷入和花被结合，球形或扁平，1 室，具 1 枚基生、侧生或弯生的胚珠；花柱 2，稀 3，柱头 2～4。果实通常为胞果，果皮疏松膜质或革质，常包被于花被内，含 1 直立或横生的种子；胚生于胚乳外围，螺旋状或环状，胚乳粉质、浆质或缺。

内蒙古有 21 属、83 种，另有 2 栽培属、3 栽培种。

分属检索表

1a. 叶圆柱形、半圆柱形或瘤状，肉质，极稀针刺状且非肉质；或退化为鳞片状，膜质或边缘膜质，稀肉质。

  2a. 枝及叶对生，枝有关节。

    3a. 叶退化成鳞片状，膜质或边缘膜质，稀肉质。

      4a. 花嵌入肉质的花序轴内，胞果直立。

        5a. 灌木，花被裂片 3，退化鳞片状叶肉质 ··············**1. 盐穗木属 Halostachys**

        5b. 一年生草本或半灌木，花被裂片 4～5，退化鳞片状叶边缘膜质 ··············

        ··············**2. 盐角草属 Salicornia**

      4b. 花不嵌入花序轴内；小半乔木；退化鳞片状叶，膜质；胞果横生 ······**3. 梭梭属 Haloxylon**

    3b. 叶短圆柱形，肉质；半灌木或多年生草本；胞果直立 ··············**4. 假木贼属 Anabasis**

  2b. 枝及叶互生，枝无关节。

    6a. 叶针刺状，非肉质；花被具 1 个刺状附属物（花被与附属物的结合体）··············

    ··············**5. 单刺蓬属 Cornulaca**

    6b. 叶圆柱形或半圆柱形，稀瘤状，肉质；花被无刺状附属物。

      7a. 花嵌入肉质的花序轴内；叶短圆柱状或瘤状，基部显著下延；胞果直立；半灌木··············

      ··············**6. 盐爪爪属 Kalidium**

      7b. 花不嵌入花序轴内；叶圆柱形或半圆柱形，基部不下延。

        8a. 花通常 3～4 朵聚集成顶生或腋生的小头状花序，胞果直立，半灌木··············

        ··············**7. 合头藜属 Sympegma**

        8b. 花序穗状、圆锥状、团伞状或单花腋生。

          9a. 果期花被片背面增厚或延伸成角状或翅状凸起，胞果横生、斜生或直立··············

          ··············**8. 碱蓬属 Suaeda**

          9b. 果期花被片背面具发达的翅状或刺状附属物。

            10a. 果期花被片背面中部生附属物。

              11a. 果期花被片背面中部生 5 个锥状或三角状附属物，胞果横生··············

              ··············**9. 雾冰藜属 Bassia**

11b. 果期花被片背面中部生翅状附属物或鸡冠状凸起。

    12a. 花有小苞片，花被圆锥形；胞果直立⋯⋯⋯⋯⋯⋯⋯⋯⋯**10. 猪毛菜属 Salsola**

    12b. 花无小苞片，花被近球形；胞果横生⋯⋯⋯⋯⋯⋯⋯⋯⋯**18. 地肤属 Kochia**

10b. 果期花被片背面近顶部生膜质翅。

    13a. 胞果直立；雄蕊 2，团伞花序⋯⋯⋯⋯⋯⋯⋯⋯⋯⋯**11. 盐生草属 Halogeton**

    13b. 胞果横生，雄蕊 5。

        14a. 一年生草本；植株幼时被蛛丝状毛；花杂性，通常 2～3 朵簇生于叶腋⋯⋯⋯

        ⋯⋯⋯⋯⋯⋯⋯⋯⋯⋯⋯⋯⋯⋯⋯⋯⋯⋯**12. 蛛丝蓬属 Micropeplis**

        14b. 半灌木；植株无蛛丝状毛；花两性，单生于叶腋⋯⋯⋯⋯**13. 戈壁藜属 Iljinia**

1b. 叶扁平，为平面叶。

  15a. 植株被毛。

    16a. 植株被分枝毛或星状毛，胞果直立。

        17a. 花两性，胞果顶端具 2 喙。

            18a. 叶和苞片先端针刺状；胞果顶端具 2 喙，与果核近等长；种子与果皮分离⋯⋯⋯

            ⋯⋯⋯⋯⋯⋯⋯⋯⋯⋯⋯⋯⋯⋯⋯**14. 沙蓬属 Agriophyllum**

            18b. 叶和苞片先端锐尖；胞果顶端具 2 喙，长为果核的 1/5～1/8；种子与果皮贴生

            ⋯⋯⋯⋯⋯⋯⋯⋯⋯⋯⋯⋯⋯⋯⋯**15. 虫实属 Corispermum**

        17b. 花单性，雌雄同株，雄花生于枝端集成短穗状花序，雌花生于叶腋。

            19a. 胞果顶端具附属物，无毛；雌花有花被⋯⋯⋯⋯**16. 轴藜属 Axyris**

            19b. 胞果顶端无附属物，被毛；雌花无花被，2 小苞片两侧压扁，中下部边缘合生成

                管，管部表面具 4 束长柔毛⋯⋯⋯⋯**17. 驼绒藜属 Krascheninnikovia**

    16b. 植株被单毛，胞果横生。

        20a. 花被附属物翅状，有脉纹⋯⋯⋯⋯⋯⋯⋯⋯⋯⋯⋯**18. 地肤属 Kochia**

        20b. 花被附属物钩状，无脉纹⋯⋯⋯⋯⋯⋯⋯⋯⋯⋯⋯**9. 雾冰藜属 Bassia**

  15b. 植株无毛，被粉层或有糠秕状被覆物，极少有乳头状突起。

    21a. 花单性，雌花无花被，子房着生于 2 枚特化的苞片内。

        22a. 植株无粉层，雌雄异株。栽培⋯⋯⋯⋯⋯⋯⋯⋯⋯**19. 菠菜属 Spinacia**

        22b. 植株多少有粉层，雌雄同株⋯⋯⋯⋯⋯⋯⋯⋯⋯⋯**20. 滨藜属 Atriplex**

    21b. 花两性，雌花有花被，子房无苞片。

        23a. 花被的下部与子房合生，合生部分在果期硬化，花被片向内拱曲。栽培⋯⋯⋯

        ⋯⋯⋯⋯⋯⋯⋯⋯⋯⋯⋯⋯⋯⋯⋯⋯⋯⋯⋯⋯**21. 甜菜属 Beta**

        23b. 花被与子房离生，不硬化。

            24a. 花多少集合成花簇，排成穗状或圆锥状花序⋯⋯⋯⋯**22. 藜属 Chenopodium**

            24b. 花单生，排成复二歧式聚伞花序⋯⋯⋯⋯⋯⋯⋯**23. 刺藜属 Dysphania**

1. 盐穗木属 Halostachys C. A. Mey. ex Schrenk

属的特征同种。

单种属。

1. 盐穗木

Halostachys caspica C. A. Mey. ex Schrenk in Bull. Cl. Phys.-Math. Acad. Imp. Sci. St.-Petersb. Ser. 2, 1:361. 1843; Fl. Intramongol. ed. 2, 2:223. t.91. f.1-3. 1991.

灌木,高150～200cm。茎直立,多分枝,枝条交互对生。小枝肉质,蓝绿色,有关节,具小凸起;老枝常无叶。叶对生,肉质,鳞片状,先端钝或锐尖,基部连合。穗状花序,长1～3.5cm,直径1.5～3mm,着生于枝端;花两性,每3朵花生于1苞腋内,无小苞片;花被合生,肉质,倒卵形,顶端3浅裂,花被片内折;雄蕊1。子房卵形;柱头2,钻状,有乳头状小突起。胞果卵形,果皮膜质;种子直立,卵形或矩圆状卵形,直径6～7mm,红褐色,两侧扁;胚半球形,有胚乳。花果期7～9月。

旱中生盐生灌木。生于荒漠区西部的河岸、湖滨潮湿盐碱土上,为盐生荒漠的建群种;有时与盐爪爪混合生长或生于柽柳灌丛和胡杨林下,为其伴生种。产额济纳。分布于我国甘肃西北部、新疆,蒙古国、巴基斯坦、阿富汗,西南亚、欧洲东南部。为古地中海分布种。

2. 盐角草属 Salicornia L.

一年生草本或半灌木。茎直立或平卧,光滑。枝对生,肉质,有节。叶不发达,鳞片状,对生。穗状花序顶生,圆柱状;花小,两性,陷入肉质的花序轴内;花被合生,肉质,倒圆锥形,4～5齿裂,果期变为海绵质;雄蕊1或2,伸出花被外。子房卵形,先端尖;柱头2,钻状,有乳头状突起。胞果包藏于海绵质的花被内,卵形或矩圆形;种子直立,矩圆形或近椭圆形;种皮薄革质,被红褐色钩状弯曲的毛;无胚乳,胚马蹄铁形。

内蒙古有1种。

1. 盐角草（海蓬子、草盐角）

Salicornia europaea L., Sp. Pl. 1:3. 1753; Fl. Intramongol. ed. 2, 2:316. t.130. f.1-3. 1991.

一年生草木,高5～30cm。茎直立,多分枝。枝灰绿色或为紫红色。叶鳞片状,长约1.5mm,先端锐尖,基部连合成鞘状,边缘膜质。穗状花序有短梗,圆柱状,长1～5cm;花每3朵成1簇,着生于肉质花序轴两侧的凹陷内;花被上部扁平;雄蕊1或2,花药矩圆形。胞果卵形,果皮膜质,包于膨胀的花被内;种子矩圆形,长1～1.5mm。花果期6～8月。

盐生中生草本。生于草原区和荒漠区的盐湖或盐渍低地，可组成以盐生草为建群种的一年生草本盐生植被。产呼伦贝尔（新巴尔虎左旗、海拉尔区）、锡林郭勒（东乌珠穆沁旗、苏尼特左旗）、乌兰察布（达尔罕茂明安联合旗）、阴南平原和阴南丘陵（呼和浩特市、准格尔旗）、鄂

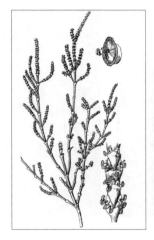

尔多斯（达拉特旗、杭锦旗、鄂托克旗）、东阿拉善（乌海市、磴口县、杭锦后旗、阿拉善左旗）、西阿拉善（阿拉善右旗）、额济纳。分布于我国辽宁西部、河北东部、山西西南部、山东北部和东北部、江苏北部、陕西北部、宁夏、甘肃（河西走廊）、青海中部和西南部、新疆中部和北部及西部，日本、朝鲜、蒙古国东部和南部及西部、俄罗斯（西伯利亚地区）、印度、中亚、西南亚、欧洲、北美洲。为泛北极分布种。

植物体含有大量盐分，家畜不乐食，如多食易引起下痢；工业上是制造碳酸钠的原料。

3. 梭梭属 Haloxylon Bunge

小半乔木。枝对生，具关节。叶对生，退化成小鳞片状，先端钝或尖。花小，两性，有2枚小苞片，单生、簇生或排列成穗状花序；花被片5，基部分离，果期增大且自背部横生翅；雄蕊5或更少，生于杯状花盘的边缘或基部，花丝条状钻形，花药椭圆形，有互生、圆形或方形的假雄蕊；柱头2裂或3～4，钻形，卷曲，子房近球形或压扁。胞果与子房同形，包藏于花被内；种子横生，扁圆形，种皮膜质；无胚乳，胚绿色，螺旋状。

内蒙古有1种。

1. 梭梭（琐琐、梭梭柴）

Haloxylon ammodendron (C. A. Mey.) Bunge in Fl. Ross. 3:820. 1851; Fl. Intramongol. ed. 2, 2:227. t.91. f.4-5. 1991.——*Anabasis ammodendron* C. A. Mey. in Fl. Alt. 1:375. 1829.

矮小的半乔木，有时呈灌木状，高1～4m。树皮灰黄色。二年生枝灰褐色，有环状裂缝；当年生枝细长，蓝色，节间长4～8mm。叶退化成鳞片状，宽三角形，先端钝，腋间有绵毛。花单生于叶腋；小苞片宽卵形，边缘膜质。花被片5，矩圆形，果期自背部横生膜质翅；翅半圆形，宽5～8mm，有黑褐色纵脉纹，全缘或稍有缺刻，基部心形，全部翅直径8～10mm；花被片翅以上部分稍内曲。胞果半圆球形，顶部稍凹，果皮黄褐色，肉质；种子扁圆形，直径约2.5mm。花期7月，果期9月。

 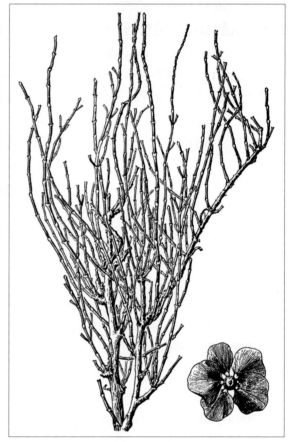

　　强旱生盐生小半乔木。生于荒漠区的湖盆低地外缘固定、半固定沙丘沙砾质—碎石沙地、砾石戈壁以及干河床；在阿拉善地区多与地下潜水相联系，形成高大（3～4m）植丛，为盐湿荒漠的重要建群种；在额济纳以西的中央戈壁，分布在平坦的碎石戈壁滩上，形成地带性的群落，植株矮化，仅 1m 左右，也以伴生种成分进入其他荒漠群落。产东阿拉善（库布其沙漠西段、乌拉特后旗、磴口县、阿拉善左旗）、西阿拉善（阿拉善右旗）、额济纳。分布于我国宁夏西北部、甘肃（河西走廊）、青海中部和西南部、新疆中部和东部及北部，蒙古国南部和西部，中亚。为戈壁分布种。是国家三级重点保护植物。

　　为荒漠地区的优等饲用植物。骆驼在冬、春、秋季均喜食，春末和夏季有时贪食嫩枝会出现肚胀腹泻现象；羊也拣食落在地上的嫩枝和果实，其他家畜常不食。

　　本种是固沙的优良树种，也是肉苁蓉的寄主。内蒙古现已广泛栽培。此外，木材可做建筑、燃料等用材。

4. 假木贼属 Anabasis L.

半灌木或多年生草本。枝有节。叶对生，肉质，常退化或每对连合成鞘状，先端钝或尖。花小，两性或兼有雌性，单生或团聚；小苞片 2。花被膜质，基部截形；花被片 5，矩圆形，先端钝，果期没有变化，或外轮以至全部横生翅，翅短小或较大。雄蕊 5，着生于短花盘上，花丝钻状，花药矩圆状卵形，假雄蕊常呈腺体状。子房压扁，卵状球形，被柔毛或乳头状毛；柱头 2，粗短。胞果包藏于花被内或露出，近球形；种子直立，圆形，压扁，种皮膜质或近革质；无胚乳，胚螺旋形。

内蒙古有 1 种。

1. 短叶假木贼（鸡爪柴）

Anabasis brevifolia C. A. Mey. in Icon. Pl. 1:10. t.39. 1829; Fl. Intramongol. ed. 2, 2:226. t.92. f.1-5. 1991.

小半灌木，高 5～15cm。主根粗壮，黑褐色。由基部主干上分出多数枝条；老枝灰褐色或

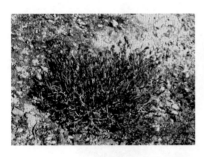

灰白色，具裂纹，粗糙；当年生枝淡绿色，被短毛，节间长 5～20mm。叶矩圆形，长 3～5mm，宽 1.5～2mm，先端具短刺尖，稍弯曲，基部彼此合生成鞘状，腋内生绵毛。花两性，1～3 朵生于叶腋；小苞片 2，舟状，边缘膜质。花被片 5；果期外轮 3 枚花被片自背侧横生膜质翅，扇形或半圆形，边缘有不整齐钝齿，具脉纹，淡黄色或橘红色；内轮 2 枚花被片生较小的翅。胞果宽椭圆形或近球形，直径约 2.5mm，黄褐色，密被乳头状突起；种子与果同型。花期 7～8 月，果期 9 月。

强旱生小半灌木。生于荒漠区和荒漠草原带的石质残丘、砾石质戈壁、黏质或黏壤质微碱化的山丘间谷地和坡麓地带，为亚洲中部石质荒漠植被的建群种之一，也以亚优势种或伴生种成分出现在珍珠柴、绵刺等其他荒漠群落中，在阴山以南的暖温型荒漠和荒漠草原中分布极少。产乌兰察布（苏尼特左旗北部、苏尼特右旗、二连浩特市、四子王旗、达尔罕茂明安联合旗、乌拉特中旗、乌拉特后旗）、鄂尔多斯（杭锦旗）、东阿拉善（阿拉善左旗）、西阿拉善（阿拉善右旗北部）、额济纳。分布于我国宁夏西北部、甘肃（河西走廊）、新疆东部和北部，蒙古国南部和西部、俄罗斯（西伯利亚西南部）、哈萨克斯坦。为戈壁分布种。

为荒漠地区的良等饲用植物。骆驼四季均乐食，马、牛采食也较好，羊采食稍差。

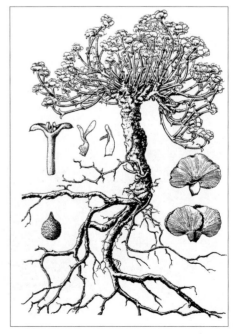

5. 单刺蓬属 Cornulaca Del.

一年生草本或小灌木。叶互生，钻状或针刺状。花极小，两性，单生或簇生于叶腋；小苞片 2，或花簇中间的花无小苞片；花被片 5，离生或合生，顶端各具 1 枚离生的膜质裂片，果期花被增大变硬，并由远轴一侧生出 1 个刺状附属物，刺状附属物和花被合成一体；雄蕊 5 或较少；花盘有或无；柱头 2，丝状，子房卵形。胞果包于增大的花被内，稍扁，卵形，果皮膜质；种子直立，种皮膜质；无胚乳，胚螺旋状。

内蒙古有 1 种。

1. 阿拉善单刺蓬

Cornulaca alaschanica C. P. Tsien et G. L. Chu in Act. Phytotax. Sin. 16(1):122. 1978; Fl. Intramongol. ed. 2, 2:318. t.130. f.4-5. 1991.

一年生草本，高 10～20cm，塔形。根细瘦，圆柱状，苍白色，通常弯曲。茎直立，圆柱状，有棱，无毛，具多数排列紧密的分枝。枝互生、斜升或平展；茎下部的枝较长，长 3～6cm，并再具短分枝；上部的枝渐短而不再分枝。叶针刺状，长 5～8mm，黄绿色，平滑、劲直或稍向外弧曲，基部扩展成三角形或宽卵形，边缘膜质，腋内束生长柔毛。花 2～3 朵簇生或单生；小苞片舟状，先端具长 2～4mm 的刺尖；花被顶端的裂片狭三角形，白色，果期花被与刺状附属物的结合体长约 6.5mm；雄蕊 5，花药狭椭圆形，先端具点状附属物，药囊基部 1/5 分离；子房微小，柱头伸出花被片外。胞果卵形，背腹扁，长 1～1.2mm。

旱生草本。生于荒漠区的流动沙丘边缘及沙丘间低地。产东阿拉善（阿拉善左旗腾格里沙漠）、西阿拉善（阿拉善右旗巴丹吉林沙漠）。分布于我国甘肃（武威市民勤县）。为南阿拉善分布种。

为优良饲用植物，羊和骆驼喜食。

6. 盐爪爪属 Kalidium Moq.

灌木或半灌木。茎直立或平卧，多分枝。枝互生，直伸或开展，具关节。叶互生，肉质，基部下延，圆柱状或退化。穗状花序顶生，圆柱状或卵状，肉质，总轴有螺旋排列的穴；花两性或单性，每1～3朵花生于1枚鳞状苞片内，藏于棒状总轴穴内；花被合生，4～5齿裂，上部扁平且呈盾状，周围具狭翅状边缘，果期海绵质；雄蕊2，花丝极短，花药矩圆形，伸出花被外；子房卵形，柱头2，钻状。胞果包藏于花被内，卵形或圆形；果皮膜质，密被小乳头状突起；种子直立，肾形或圆形，两侧压扁；胚马蹄铁形，胚乳丰富。

内蒙古有3种。

分种检索表

1a. 叶短圆柱状，长4～10mm；穗状花序较粗，直径3～4mm······**1. 盐爪爪 K. foliatum**
1b. 叶瘤状或卵状，长不足3mm或不发育；穗状花序较细，直径1.5～3mm。
  2a. 小枝细弱；叶瘤状，先端钝；穗状花序与枝条区别不明显，每1朵花生于1枚鳞状苞片内·······
    ·········**2. 细枝盐爪爪 K. gracile**
  2b. 小枝粗壮或较细弱；叶卵状，先端锐尖；穗状花序与枝条有明显区别，每3朵花生于1枚鳞状苞片内。
    3a. 植株高，高10～40cm，分枝较疏散；叶长1.5～3mm·········
    ·········**3a. 尖叶盐爪爪 K. cuspidatum var. cuspidatum**
    3b. 植株矮小，高10～15cm，分枝密集；叶长1～1.5mm···**3b. 黄毛头 K. cuspidatum var. sinicum**

1. 盐爪爪（着叶盐爪爪、碱柴、灰碱柴）

Kalidium foliatum (Pall.) Moq.-Tandon in Prodr. 13(2):147. 1849; Fl. Intramongol. ed. 2, 2:257. t.106. f.1-4. 1991.——*Salicornia foliata* Pall. in Reise Russ. Reich. 1:422. 1771. et app. 482.

半灌木，高20～50cm。茎直立或斜升，多分枝，枝灰褐色。幼枝稍为草质，带黄白色。叶圆柱形，长4～10mm，宽2～3mm，先端钝或稍尖，基部半抱茎，直伸或稍弯，灰绿色。花序穗状、圆柱状或卵形，长8～20mm，直径3～4mm；每3朵花生于1枚鳞状苞片内。胞果圆形，直径约1mm，红褐色；种子与果同型。花果期7～8月。

盐生旱生半灌木。广布于草原区和荒漠区的盐碱土上，尤喜潮湿疏松的盐土，经常在湖盆

外围、盐湿低地和盐化沙土上形成大面积的盐湿荒漠，也以伴生种或亚优势种成分出现于芨芨草盐化草甸中。产呼伦贝尔（新巴尔虎右旗）、锡林郭勒（苏尼特左旗、苏尼特右旗）、乌兰察布（二连浩特市、四子王旗、达尔罕茂明安联合旗、乌拉特中旗）、阴南平原（九原区、土默特右旗）、鄂尔多斯（鄂托克旗）、东阿拉善（乌拉特后旗、杭锦旗、阿拉善左旗）、西阿拉善（阿拉善右旗）、额济纳。分布于我国黑龙江、河北北部、宁夏北部、甘肃（河西走廊）、青海中部和西南部、新疆中部和北部，蒙古国、俄罗斯（西西伯利亚地区），中亚、西南亚、欧洲东南部。为古地中海分布种。

饲用价值同细枝盐爪爪。

2. 细枝盐爪爪（绿碱柴）

Kalidium gracile Fenzl in Fl. Ross. 3(2):769. 1851; Fl. Intramongol. ed. 2, 2:257. t.106. f.7. 1991.

半灌木，高 10～30cm。茎直立，多分枝；老枝红褐色或灰褐色；幼枝纤细，黄褐色。叶不发达，瘤状，先端钝，基部狭窄，黄绿色。花序穗状，圆柱状，细弱，长 1～3.5cm，直径约 1.5mm；每 1 朵花生于 1 枚鳞状苞片内。胞果卵形，种子与果同型。花果期 7～8 月。

盐生旱生半灌木。生于草原区和荒漠区的盐湖外围和盐碱土上，散生或群集，可成为盐湖外围、河流尾端低湿洼地盐生荒漠的建群种，也进入芨芨草盐化草甸，为其伴生成分。产呼伦贝尔（新巴尔虎右旗）、锡林郭勒（正蓝旗、苏尼特左旗、苏尼特右旗）、乌兰察布（二连浩特市、四子王旗、达尔罕茂明安联旗、乌拉特中旗）、阴南平原（九原区、土默特右旗）、鄂尔多斯（鄂托克旗）、东阿拉善（乌拉特后旗、杭锦旗、磴口县、阿拉善左旗）、西阿拉善（阿拉善右旗）、额济纳。

分布于我国宁夏北部、陕西北部、甘肃（河西走廊）、青海中部、新疆中部和西部，蒙古国。为戈壁—蒙古分布种。

为中等饲用植物。秋末至春季返青前，骆驼喜食，羊、马稍食，牛通常不食；青鲜状态除骆驼少量采食外，其他家畜均不食。

3. 尖叶盐爪爪（灰碱柴）

Kalidium cuspidatum (Ung.-Sternb.) Grub. in Bot. Mater. Gerb. Bot. Inst. Kom. Akad. Nauk S.S.S.R. 19:103. 1959; Fl. Intramongol. ed. 2, 2:259. t.106. f.5. 1991.——*K. arabicum* (L.) Moq.-Tandon var. *cuspidatum* Ung.-Sternb. in Versuch Syst. Salicorn. 93. 1866.

3a. 尖叶盐爪爪

Kalidium cuspidatum (Ung.-Sternb.) Grub. var. **cuspidatum**

半灌木，高 10～40cm。茎多由基部分枝，枝斜升。老枝灰褐色；幼枝较细弱，黄褐色或带黄白色。叶卵形，长 1.5～3mm，先端锐尖，边缘膜质，基部半抱茎，灰蓝色。花序穗状、圆柱状或卵状，长 5～15mm，直径 1.5～3mm；每 3 朵花生于 1 枚鳞状苞片内。胞果圆形，直径约 1mm；种子与果同型。花果期 7～8 月。

盐生旱生半灌木。生于草原区和荒漠区的盐土和盐碱土上，在湖盆外围、盐渍低地常形成单一群落，有时也进入盐化草甸，为其伴生种。产呼伦贝尔（新巴尔虎右旗）、锡林郭勒（东乌珠穆沁旗、苏尼特左旗）、乌兰察布（达尔罕茂明安联合旗、乌拉特前旗）、阴南平原（托克托县）、鄂尔多斯（达拉特旗、乌审旗、鄂托克旗）、东阿拉善（磴口县、阿拉善左旗）、西阿拉善（阿拉善右旗）、

额济纳。分布于我国河北西北部、宁夏北部、陕西西北部、甘肃（河西走廊）、新疆中部和西北部，蒙古国。为戈壁—蒙古分布种。

饲用价值同细枝盐爪爪。

3b. 黄毛头

Kalidium cuspidatum (Ung.-Sternb.) Grub. var. **sinicum** A. J. Li in Act. Phytotax. Sin. 16(1):117. 1978.——*K. sinicum* (A. J. Li) H. C. Fu et Z. Y. Chu in Fl. Intramongol. ed. 2, 2:259. t.106. f.6. 1991.

本变种与正种的区别是：植株矮小，高 10 ～ 15cm；分枝密集；叶长 1 ～ 1.5mm。

强旱生小半灌木。生于阿拉善荒漠南部的土质低山丘陵，也见于洪积扇边缘地带，为珍珠

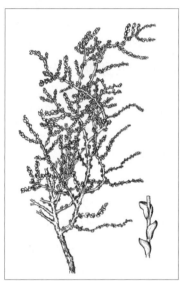

柴荒漠、合头藜荒漠的重要亚优势种或伴生种。产东阿拉善（阿拉善左旗）、西阿拉善（阿拉善右旗）、额济纳。分布于我国宁夏、甘肃、青海。为南阿拉善—柴达木分布变种。

7. 合头藜属 **Sympegma** Bunge

属的特征同种。

单种属。

1. 合头藜（合头草、黑柴）

Sympegma regelii Bunge in Bull. Acad. Imp. Sci. St.-Petersb. 25:371. 1879; Fl. Intramongol. ed. 2, 2:253. t.104. f.1-3. 1991.

小半灌木，高 10～50cm。茎直立，多分枝。老枝灰褐色，通常有条状裂纹；当年枝灰绿色。叶互生，肉质，圆柱形，长 4～10mm，直径 1～2mm，先端稍尖，基部缢缩，易断落，灰绿色。花两性，常 3～4 朵聚集成顶生或腋生的小头状花序；花被片 5，草质，边缘膜质，果期变坚硬且自近顶端横生膜质翅，宽卵形至近圆形，大小不等，黄褐色；雄蕊 5，花药矩圆状卵形，顶端有点状附属物；柱头 2。胞果扁圆形，果皮淡黄色；种子直立，直径 1～1.2mm。花果期 7～8 月。

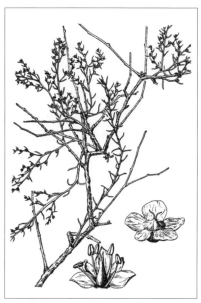

强旱生小半灌木。生于荒漠区的石质山坡或土质丘陵坡地，为山地荒漠群落的主要建群种之一。产鄂尔多斯（鄂托克旗）、东阿拉善（乌拉特后旗、乌海市、阿拉善左旗）、西阿拉善（阿拉善右旗）、龙首山、额济纳。分布于我国宁夏西部、甘肃（河西走廊）、青海、新疆中部和西部，蒙古国西部和南部、哈萨克斯坦。为戈壁分布种。

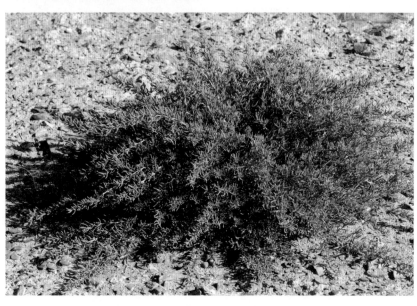

为中等饲用植物。青鲜时骆驼采食一般，干枯后喜食，其他家畜不食。

8. 碱蓬属 Suaeda Forsk. ex J. F. Gmelin

一年生草本，半灌木或灌木。茎直立、斜升或平卧。叶互生，肉质，半圆柱形或条形。花两性，通常数花集成团伞花序或单生；花序生于叶腋或腋生的短枝上；具苞片及2枚小苞片，小苞片鳞片状；花被近球形，陀螺状或坛状，5深裂或浅裂，裂片稍厚或肉质，果期背面增厚或延伸成角状或翅状凸起；雄蕊5；子房卵形或球形，柱头2～5。胞果包于花被内，种子横生、斜生或直立，种皮薄壳质，胚为平面盘旋状。

内蒙古有9种。

分种检索表

1a. 团伞花序着生在叶片基部，其总花枝与叶柄合并成短枝，外观上看好像着生在叶柄上；花被果期增厚，呈五角星状。

  2a. 团伞花序含2～5花，或单花 ··**1a. 碱蓬 S. glauca** var. **glauca**

  2b. 团伞花序含多花（5朵以上）························**1b. 密花碱蓬 S. glauca** var. **conferiflora**

1b. 团伞花序着生于叶腋或叶腋的短枝上，短枝基部与叶基不合并。

  3a. 叶肥大，先端圆钝，呈倒卵形；团伞花序大多数生于叶腋两侧的短枝上。

    4a. 花被周围果期常具狭窄的翅环，种子表面具清晰的蜂窝状点纹······**2. 茄叶碱蓬 S. przewalskii**

    4b. 花被周围果期具较宽的横翅，种子表面网纹不清晰·············**3. 肥叶碱蓬 S. kossinskyi**

  3b. 叶条形或半圆柱形，先端不明显膨大；团伞花序全部腋生。

    5a. 果期花被无凸起物和翅，亦不发育成龙骨状凸起；种子较大，直径1.5～2mm··············

    ···**4. 辽宁碱蓬 S. liaotungensis**

    5b. 果期花被具凸起物或翅，或发育成角状凸起；种子较小，直径0.8～1.5mm。

      6a. 果期花被片呈不等长的角状凸起·····························**5. 角果碱蓬 S. corniculata**

      6b. 果期花被片不呈角状凸起。

        7a. 花被片的横翅发达，并彼此并成扁平的圆盘状，总直径2.5～3.5mm；花簇排列成有叶的细长穗状花序··**6. 盘果碱蓬 S. heterophylla**

        7b. 花被片仅具短翅和凸起。

          8a. 叶先端通常具芒尖；花被片基部具相似的三角状凸起，并彼此呈五角星状·········

          ···**7. 星花碱蓬 S. stellatiflora**

          8b. 叶先端钝或锐尖，无芒尖；花被片基部具不规则的翅状、舌状或三角状凸起，彼此不呈五角星状。

            9a. 植物体通常平卧或斜升；叶先端微钝或急尖；种子表面具清晰的蜂窝状点纹，稍有光泽···**8. 平卧碱蓬 S. prostrata**

            9b. 植物体通常直立；叶先端尖或急尖；种子表面具不清晰的网点纹，黑色，有光泽

            ···**9. 盐地碱蓬 S. salsa**

1. 碱蓬（猪尾巴草、灰绿碱蓬）

Suaeda glauca (Bunge) Bunge in Bull. Acad. Imp. Sci. St.-Petersb. 25:362. 1879; Fl. Intramongol. ed. 2, 2:269. t.111. f.1-3. 1991.——*Schoberia glauca* Bunge in Enum. Pl. China Bor. 56. 1833.

1a. 碱蓬

Suaeda glauca (Bunge) Bunge var. **glauca**

一年生草本，高 30～60cm。茎直立，圆柱形，浅绿色，具条纹，上部多分枝。分枝细长，斜升或开展。叶条形、半圆柱状或扁平，灰绿色，长 1.5～3（～5）cm，宽 0.7～1.5mm，先端钝或稍尖，光滑或被粉粒，通常稍向上弯曲；茎上部叶渐变短。花两性，单生或 2～5

朵簇生于叶腋的短柄上，或呈团伞状，通常与叶具共同之柄；小苞片短于花被，卵形，锐尖。花被片 5，矩圆形，向内包卷；果期花被增厚，具隆脊，呈五角星状。胞果有 2：其一扁平，圆形，紧包于五角星形的花被内；其二呈球形，上端稍裸露，花被不为五角星形。种子近圆形，横生或直立，有颗粒状点纹，直径约 2mm，黑色。花期 7～8 月，果期 9 月。

湿生盐生草本。群集或零星生长于草原区和荒漠区的盐渍化和盐碱湿润的土壤上，能形成群落或层片。产呼伦贝尔（鄂温克族自治旗、新巴尔虎左旗、新巴尔虎右旗）、科尔沁（科尔沁右翼中旗、阿鲁科尔沁旗）、锡林郭勒（苏尼特左旗）、乌兰察布（四子王旗、达尔罕茂明安联合旗）、阴山及阴南平原（呼和浩特市、包头市）、鄂尔多斯、东阿拉善、西阿拉善、额济纳。分布于我国黑龙江西南部、河北、河南北部、山西、山东、江苏北部、浙江、陕西北部、宁夏、甘肃（河西走廊）、青海东北部和西北部、新疆中部，日本、朝鲜、蒙古国东部和南部、俄罗斯（西伯利亚东南部、远东地区）。为东古北极分布种。

为中等饲用植物，骆驼采食，山羊、绵羊采食较少。是一种良好的油料植物，种子油可制肥皂和油漆等。此外，全株含有丰富的碳酸钾，可做印染、玻璃、化工等领域化学制品的原料。

1b. 密花碱蓬

Suaeda glauca (Bunge) Bunge var. **conferiflora** H. C. Fu et Z. Y. Chu in Fl. Intramongol. ed. 2, 2:270. t.111. f.4. 1991.

本变种与正种区别是：团伞花序含多花（5朵以上）。正种通常单生或2～5朵簇生。

盐生湿生草本。生于荒漠区河岸盐湿土壤上。产额济纳。为额济纳分布变种。

用途同正种。

2. 茄叶碱蓬（阿拉善碱蓬）

Suaeda przewalskii Bunge in Bull. Acad. Imp. Sci. St.-Petersb. 25(1):260. 1879; Fl. Intramongol. ed. 2, 2:270. t.112. f.1-2. 1991.

一年生草本，高10～30cm。茎平卧或直立，圆柱形，无毛，具条纹，由基部分枝。枝斜升，

开展。叶倒卵形，长0.5～2cm，宽1.5～3mm，先端钝圆，基部渐狭成柄状，通常弯曲，黄绿色，有粉粒。花两性或雌性，5～7朵簇生于叶腋，呈团伞状；小苞片短于花被，卵形，白色，膜质。花被半球形，果期花被周围常具极窄的翅状环边（有时无凸起物）；花被片5，向上包卷，基部合生，宽卵形，肉质，边缘膜质。雄蕊5；花药宽卵形或近圆形，伸出花被外。柱头2。种子近圆形，两面稍压扁，直径约1.5mm，黑褐色，有光泽，表面具清晰的蜂窝状点纹。花果期7～10月。

盐生湿生草本。生于荒漠区的盐碱湖滨、盐湖洼地或沙丘间低地，能形成小群落，有时呈零星分布。产鄂尔多斯（鄂托克前旗）、东

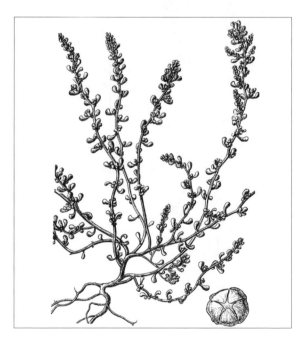

阿拉善（乌拉特后旗、杭锦旗、阿拉善左旗）、西阿拉善（阿拉善右旗）。分布于我国宁夏北部、甘肃（河西走廊），蒙古国西部和南部。为戈壁—蒙古分布种。

可做饲草，骆驼和羊采食。

3. 肥叶碱蓬

Suaeda kossinskyi Iljin in Izv. Glavn. Bot. Sada S.S.S.R. 25:201. 1926; Fl. Intramongol. ed. 2, 2:273. t.112. f.3. 1991.

一年生草本，高 10～30cm。全株无毛，黄绿色。根圆柱形，褐色，主根明显。茎直立，多由基部分枝。枝斜升，圆柱形，有条棱。叶极肥厚，多水汁，生在茎和主枝上，匙形，半圆

柱状，长达 1.5cm，宽约 2mm，先端钝圆，基部楔形至广楔形，近无柄。花两性或雌性，通常 2～5 朵团集，生于叶腋及无柄的短枝上；花被顶基扁，5 裂，花被片近三角形，果期基部向四周延伸成不规则的较宽横翅。雄蕊 1～2 枚发育；花丝扁平，不伸出花被外；花药卵状圆形，长约 0.3mm。柱头 2，细小，叉开；花柱不明显。种子横生，圆形，稍扁或为双凸镜形，直径约 1mm，红褐色至黑色，有光泽，表面具不清晰的浅网纹；种皮薄壳质或膜质。花果期 8～10 月。

盐生湿中生草本。生于荒漠区河流两岸潮湿土壤和强盐渍化土壤上，零星分布，有时群居。产额济纳。分布于我国甘肃、新疆，蒙古国西部、俄罗斯（欧洲部分），中亚。为古地中海分布种。

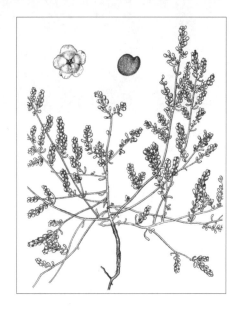

4. 辽宁碱蓬

Suaeda liaotungensis Kitag. in J. Jap. Bot. 19:65. 1943; Fl. Intramongol. ed. 2, 2:273. t.111. f.5-6. 1991.

一年生草本，高 30～60cm。全株粉绿色，秋季常变红色。茎直立或平卧，粗壮，由基部

或上部分枝。枝细长，斜升。叶矩圆状条形至狭条形，半圆柱状或扁平，长 0.5～3cm，宽 1～2mm，先端稍尖或钝，基部渐狭。花两性或雌性，3～6 朵簇生于叶腋，呈团伞状；小苞片短于花被；花被片 5，绿色，肉质，卵状椭圆形或近圆形，边缘膜质，果期不呈龙骨状凸起，不具翅。种子横生，近圆形或宽卵形，两面稍压扁，直径 1.5～2mm，黑色，有光泽，表面具点纹。花果期 8～10 月。

盐生湿生草本。生于草原区的盐碱地。产科尔沁（巴林右旗、翁牛特旗）、锡林郭勒（苏尼特左旗、正蓝旗）。分布于我国辽宁。为满洲分布种。

5. 角果碱蓬

Suaeda corniculata (C. A. Mey.) Bunge in Trudy Imp. St.-Petersb. Bot. Sada 6:429. 1880; Fl. Intramongol. ed. 2, 2:273. t.111. f.7. 1991.——*Schoberia corniculata* C. A. Mey. in Fl. Alt. 1:399. 1829.

一年生草本，高 10～30cm。全株深绿色，秋季变紫红色，晚秋常变黑色，无毛。茎粗壮，

由基部分枝，斜升或直立，有红色条纹。枝细长，开展。叶条形，半圆柱状，长 1～2cm，宽 0.7～1.5mm，先端渐尖，基部渐狭，常被粉粒。花两性或雌性，3～6 朵簇生于叶腋，呈团伞状；小苞片短于花被；花被片 5，肉质或稍肉质，向上包卷，包住果实，果期背部生不等大的角状凸起，凸起之一发育伸长成长角状；雄蕊 5，花药极小，近圆形；柱头 2，花柱不明显。胞果圆形，有光泽，具清晰的点纹。花期 8～9 月，果期 9～10 月。

盐生湿生草本。群集或零星生长于盐碱或盐湿土壤上，能形成群落或层片。在内蒙古可以与芨芨草盐生草甸形成镶嵌分布的复合群落，在盐湖、水泡子外

围形成优势群落。除大兴安岭外，产内蒙古各地。分布于我国黑龙江西南部、吉林西部、辽宁西部、河北北部、宁夏北部、甘肃（河西走廊）、青海北部、新疆北部、西藏西北部，蒙古国、俄罗斯（西伯利亚地区、欧洲部分南部），中亚、欧洲东南部（乌克兰）。为古地中海分布种。

用途同碱蓬。

6. 盘果碱蓬

Suaeda heterophylla (Kar. et Kir.) Bunge in Trudy Imp. St.-Petersb. Bot. Sada 6(2):429. 1880; Fl. Intramongol. ed. 2, 2:274. t.113. f.5. 1991.——*Schoberia heterophylla* Kar. et Kir. in Bull. Soc. Imp. Nat. Mosc. 14:734. 1841.

一年生草本，高20～50cm。茎直立或上倾，圆柱形，有微条棱，多分枝，很少单一。叶条形，半圆柱状，长1～2cm，宽1～1.5mm，灰蓝绿色，先端微钝或稍尖，具很细的芒尖，基部渐狭，上部叶较短宽，叶腋有短枝。团伞花序通常有3～5花，腋生，团伞花序再排列成有叶的细长穗状花序；花两性，无柄。花被顶基扁，绿色，5裂，花被片三角形，果期基部向外延伸成横翅；翅通常钝圆，彼此并成圆盘形，盘的直径2.5～3.5mm。花药近圆形。柱头2。种子横生，双凸镜形或扁卵形，直径约1mm，成熟时黑色，稍有光泽，表面具清晰点纹。花期7～9月，果期9～10月。

盐生湿生草本。生于荒漠区的盐湿洼地及河岸盐碱化土壤上，在局部地段可形成群落。产额济纳。分布于我国宁夏西部、甘肃（河西走廊）、青海西部、新疆，蒙古国西部和南部，中亚、西南亚、东欧。为古地中海分布种。

粗饲草。青鲜时骆驼采食，干后羊也食。

7. 星花碱蓬

Suaeda stellatiflora G. L. Chu in Act. Phytotax. Sin. 16(1):122. 1978; Fl. Intramongol. ed. 2, 2:274. t.113. f.6. 1991.

一年生草本，高20～50cm。茎多自基部分枝，外倾、平卧或直立，有微条棱。叶条形，半圆柱状或稍扁，宽约1mm，稍弯曲，先端锐尖或钝，具芒尖，少无芒尖，基部稍压扁，几无柄；茎上部和分枝上的叶较短，披针形或卵形，上面平，下面凸。团伞花序通常含2～5花，腋生；花两性。花被稍肉质，顶基略扁，5深裂，果期花被片的基部向外伸出几乎等大的三角状翅凸；翅凸彼此并成五角星状，总直径1.5～2mm。雄蕊5，不伸出花被外，花药半球形。柱头2。果皮与种皮分离；种子横生，双凸镜形，直径约1mm，表面具清晰点纹。花果期9～11月。

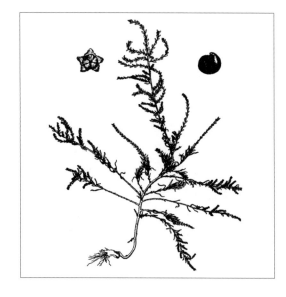

　　盐生湿生草本。生于荒漠区、半荒漠带的盐碱地、湖边及河岸，群生或零星分布。产东阿拉善（阿拉善左旗）、西阿拉善（阿拉善右旗）。分布于我国宁夏西部、甘肃（河西走廊）、新疆中部和西北部。为戈壁分布种。

　　为粗劣饲草。

8. 平卧碱蓬

Suaeda prostrata Pall. in Ill. Pl. 55. t.47. 1803; Fl. Intramongol. ed. 2, 2:276. t.113. f.3-4. 1991.

　　一年生草本，高 10～30cm。茎平卧或斜升。茎基部分枝稍木质化，具微条棱，光滑，无毛；

茎上部分枝平展。叶条形，半圆柱状，长 5～15mm，宽 1～1.5mm，先端急尖或微钝，基部稍收缩并稍压扁，光滑或被粉粒；侧枝上的叶较短，等长或稍长于花被。团伞花序，花两性，2～5 朵腋生；小苞片短于花被，卵形或椭圆形，膜质，白色；花被稍肉质，5 深裂，果期花被片增厚成兜状，基部向外延伸出不规则的翅状或舌状凸起；雄蕊 5，花药宽矩圆形或近圆形，花药长约 0.2mm，花丝稍外伸；柱头 2，花柱不明显。胞果顶基扁；果皮膜质，淡黄褐色；种子双凸镜形，直径 1.2～1.5mm，黑色，表面具清晰的蜂窝状点纹，稍有光泽。花期 6～9 月，果期 8～10 月。

　　盐生湿生草本。生于草原区和荒漠区的盐碱地或重盐渍化土壤上，在盐碱化的湖边、河岸和洼地常形成群落，为盐生植物群落建群种之一。产阴南丘陵、鄂尔多斯、东阿拉善、西阿拉善、额济纳。分布于我国河北、江苏北部、山西、陕西、宁夏、甘肃、青海（柴达木盆地）、新疆，蒙古国西部和南部、俄罗斯（西西伯利亚地区、欧洲部分南部），中亚、西南亚、欧洲东南部。为古地中海分布种。

　　用途同碱蓬。

9. 盐地碱蓬（黄须菜、翅碱蓬）

Suaeda salsa (L.) Pall. in Ill. Pl. 46. 1803; Fl. Intramongol. ed. 2, 2:274. t.113. f.1-2. 1991.——*Chenopodium salsum* L., Sp. Pl. 1:221. 1753.

一年生草本，高 10 ～ 50cm。全株绿色，晚秋变红紫色或墨绿色。茎直立，圆柱形，无毛，有红紫色条纹，上部多分枝或由基部分枝，有时不分枝。枝细弱。叶条形，半圆柱状，长 1 ～ 3cm，宽 1 ～ 2mm，先端尖或急尖；枝上部叶较短。团伞花序，通常含 3 ～ 5 花，腋生，在分枝上排列成间断的穗状花序，花两性或兼有雌性；小苞片短于花被，卵形或椭圆形，膜质，白色；花被半球形，花被片基部合生，果期花被片背面显著隆起成兜状或龙骨状，基部具大小不等的翅状凸起；雄蕊 5，花药卵形或椭圆形；柱头 2，丝状，有乳头，花柱不明显。种子横生，双凸镜形或斜卵形，直径 0.8 ～ 1.5mm，黑色，表面有光泽，网点纹不清晰或仅边缘较清晰。花果期 8 ～ 10 月。

盐生湿生草本。生于盐碱地或盐湿土壤上，星散或群集分布，在盐碱湖滨、河岸、洼地常形成群落。除大兴安岭以外，产内蒙古各地。分布于我国黑龙江西南部、吉林西部、辽宁西部、河北、山西、陕西北部、宁夏北部、甘肃西北部、青海、新疆中部和北部、山东、江苏东北部、浙江东北部，朝鲜、蒙古国东部和南部及西部，亚洲、欧洲均广为分布。为古北极分布种。

9. 雾冰藜属 Bassia All.

一年生草本或半灌木。茎直立或斜升，细长，被长毛。叶互生，条形，扁平或半圆柱状，多少被毛，无柄。花两性，单生或团聚于叶腋，无小苞片；花被球状壶形，无毛或有毛，5 裂，内卷，果期花被片背部生 5 个钩状、锥状或三角形附属物；雄蕊 5，花丝条形，花药卵形；子房通常宽卵形，柱头 2。胞果包于花被内，压扁；种子横生，宽卵形或近圆形，种皮膜质；胚球形，有胚乳。

内蒙古有 3 种。

分种检索表

1a. 叶圆柱形或半圆柱状条形，肉质，先端钝；花序不为穗状，果期花被片附属物锥状或三角状。

    2a. 果期花被片附属物锥状，呈五角星状；植株被开展的长柔毛··················**1. 雾冰藜 B. dasyphylla**

2b. 果期花被片附属物呈三角状，不呈五角星状；植株被卷曲柔毛…………**2. 肉叶雾冰藜 B. sedoides**
1b. 叶扁平，披针形或条状披针形，草质，先端锐尖；花序穗状，果期花被片附属物为钩状刺……………
……………………………………………………………**3. 钩刺雾冰藜 B. hyssopifolia**

1. 雾冰藜（巴西藜、肯诺藜、五星蒿、星状刺果藜）

Bassia dasyphylla (Fisch. et C. A. Mey.) Kuntze in Revis. Gen. Pl. 2.546. 1891; Fl. Intramongol.
ed. 2, 2:295. t.119. f.1-3. 1991.——*Kochia dasyphylla* Fisch. et C. A. Mey. in Enum. Pl. Nov. 1:12. 1841.

一年生草本，高 5～30cm。全株被灰白色长毛。茎直立，具条纹，黄绿色或浅红色，多分枝。分枝开展，细弱，后变硬。叶肉质，圆柱状或半圆柱状条形，长0.3～1.5cm，宽1～5mm，

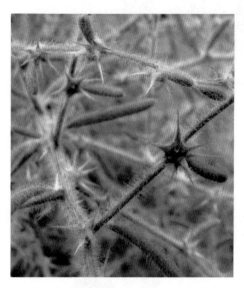

先端钝，基部渐狭。花单生或2朵集生于叶腋，但仅1朵发育；花被球状壶形，草质，5浅裂，果期花被片背侧中部生5个锥状附属物，呈五角星状。胞果卵形；种子横生，近圆形，压扁，直径1～2mm，平滑，黑褐色。花果期8～10月。

旱生草本。散生或群生于草原区和荒漠区的沙质和沙砾质土壤上，也见于沙质撂荒地和固定沙地，稍耐盐；自荒漠草原带向西，个体数量明显增多，在沙地上可形成单一群落。产呼伦贝尔（新巴尔虎左旗、新巴尔虎右旗）、兴安南部和科尔沁（科尔沁右翼中旗、阿鲁科尔沁旗、翁牛特旗、巴林右旗、克什克腾旗）、赤峰丘陵（红山区）、锡林郭勒（西乌珠穆沁旗、锡林浩特市、阿巴嘎旗、苏尼特左旗、正蓝旗、镶黄旗、兴和县）、乌兰察布（达尔罕茂明安联合旗、四子王旗）、阴山（大青山、蛮汗山、乌拉山）、阴南平原（呼和浩特市、包头市）、阴南丘陵（准格尔旗）、鄂尔多斯、东阿拉善、

西阿拉善、额济纳。分布于我国黑龙江西南部、吉林西部、辽宁西北部、河北北部、山西北部、山东、陕西北部、宁夏、甘肃（河西走廊）、青海中部和西南部、西藏西北部、新疆，蒙古国、俄罗斯（西西伯利亚地区），中亚、西南亚。为古地中海分布种。

为中等饲用植物。夏末秋初时马乐食，秋季绵羊、山羊、骆驼乐食。

2. 肉叶雾冰藜

Bassia sedoides (Schrad.) Asch. in Beitr. Fl. Aethiop. 187. 1867; Fl. China 5:387. 2003.——*Kochia sedoides* Schrad. in Neues J. Bot. 3:86. 1809; Based on *Salsola sedoides* Pall. in Reise Russ. Reich. 1:492. 1771.

一年生草本，高 10～60cm。茎直立，密被卷曲的灰白色柔毛。分枝多集中于茎中部，帚状，与茎间夹角通常小于 45°；少有不分枝者。叶条形或稍为圆柱状，肉质，肥厚，深绿色，长 3～17mm，宽约 1mm，先端钝，略向基部渐狭，密被贴生的短毛和混生少数长刚毛。花腋生，通常 2，稀 1 或 3 朵团集，除茎下部外几乎遍布全株而以上部最密；花被筒密被柔毛，上部 5 浅裂，果期背部生 5 个短的三角状附属物，其长度较花直径稍短或等长，平展或略向上翘。雄蕊和子房同属描述。果实广卵形或椭圆状卵形，光滑；种子与果同型。花果期 8～9 月。

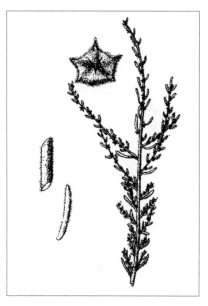

旱生草本。生于荒漠区的干谷、干河床。产额济纳（黑鹰山）。分布于我国新疆北部，蒙古国、俄罗斯（西西伯利亚地区），中亚、西南亚，欧洲。为古地中海分布种。

3. 钩刺雾冰藜（钩状刺果藜）

Bassia hyssopifolia (Pall.) Kuntze in Revis. Gen. Pl. 2:547. 1891; Fl. Intramongol. ed. 2, 2:297. t.119. f.4-6. 1991.——*Salsola hyssopifolia* Pall. in Reise Russ. Reich. 1:491. 1771.

一年生草本，高 20～50cm。全株密被灰白色卷曲的长柔毛，后期大部脱落。茎直立，自基部分枝，斜升，常带红色。叶草质，扁平，披针形或条状披针形，长 1～2.5cm，宽 1～3mm，先端尖，基部渐狭，有短柄。花单生或 2～3 朵集生于叶腋，排列成紧密的穗状花序；花被筒卵圆形，先端有 5 齿，略反折，背面密被长柔毛，果期花被片背部生 5 个钩刺状的附属物；雄蕊 5，伸出花被外；子房卵形，花柱短，柱头 2（稀 3）。胞果卵圆形；种子横生，卵形，直径 1～1.7mm，平滑。花果期 8～9 月。

盐生中生草本。仅见于荒漠区盐湿沙地上，为盐生灌丛、胡杨林下及居民点附近的伴生植物。产东阿拉善（鄂托克旗）、额济纳。分布于我国甘肃（河西走廊）、新疆，蒙古国西部和西南部、俄罗斯（西伯利亚地区），中亚、西南亚、欧洲东南部、非洲东北部。为古地中海分布种。

10. 猪毛菜属 Salsola L.

一年生草本、半灌木或灌木。叶互生，稀对生，圆柱形、半圆柱形或条形。花序穗状或圆锥状；花两性，单生或簇生于苞腋；苞片卵形；小苞片 2；花被 5 深裂，果期自背面中部横生伸展的干膜质或革质翅，有时为鸡冠状凸起，翅以上部分内折，包着果实；雄蕊 5；子房球形或卵形。果实为胞果，球形，果皮膜质或肉质；种子横生，稀直立，扁圆形；胚螺旋形，无胚乳。

内蒙古有 12 种。

分种检索表

1a. 灌木或半灌木。

  2a. 叶锥形或三角形；植株密被鳞片状"丁"字形毛，灰白或灰绿色；短枝缩短成球芽状；花药自基部分离至近顶部；种子横生或直立；半灌木⋯⋯⋯⋯⋯⋯⋯⋯**1. 珍珠猪毛菜 S. passerina**

  2b. 叶半圆柱形或棱条状条形；植株无毛，绿色，不具球芽；花药自基部分离至 2/3 处；种子横生。

    3a. 花被片翅黄色或无色，翅以上部分膜质，向外反折成莲座状；叶狭条形，具棱条，横截面三角形，顶端扁平，具刺尖；灌木⋯⋯⋯⋯⋯⋯⋯⋯**2. 木本猪毛菜 S. arbuscula**

    3b. 花被片翅粉色、黄褐色或紫褐色，翅以上部分稍革质，不向外反折，聚集成圆锥体或紧贴果实；叶条状半圆柱形或圆柱形，先端具短尖。

      4a. 小灌木；老枝皮深灰色或近黑色，顶端多硬化成刺状；果期花被片（包括翅）直径 8～14mm，翅聚集成圆锥体，翅与翅之间相互衔接；叶半圆柱形，上面具沟槽，横截面凹形⋯⋯⋯⋯⋯⋯⋯⋯**3. 松叶猪毛菜 S. laricifolia**

      4b. 半灌木；老枝皮淡灰色或灰褐色，枝不呈刺状；果期花被片（包括翅）直径 5～7mm，翅紧贴果实不呈圆锥体，翅与翅之间有间隔、不衔接；叶圆柱形，横截面圆形⋯⋯⋯⋯⋯⋯⋯⋯⋯⋯⋯⋯⋯⋯⋯⋯⋯⋯⋯⋯**4. 蒿叶猪毛菜 S. abrotanoides**

1b. 一年生草本。

  5a. 果期花被片背部不生翅，或具不规则的革质凸起。

    6a. 果期花被片背部生出窄而肥厚的凸起，使整个花被折成截形的面，中间稍呈小锥体；叶狭披针形，近扁平；花单生，几遍布全株，苞片、小苞片开展，花药长约 0.5mm，柱头长为花柱的 7 倍以上⋯⋯⋯⋯⋯⋯⋯⋯**5. 柴达木猪毛菜 S. zaidamica**

    6b. 果期花被片背部生出鸡冠状凸起，有时为 2 浅裂；叶条状圆柱形；花序穗状，生于枝条上部，苞片、小苞片紧贴花序轴，花药长 1～1.5mm，柱头长为花柱的 1.5～2 倍⋯**6. 猪毛菜 S. collina**

  5b. 果期花被片背部生翅。

    7a. 果期只有 1 枚花被片背部生翅，花药长约 0.3mm；植株矮小；分枝多平卧⋯⋯⋯⋯⋯⋯⋯⋯⋯⋯⋯⋯⋯⋯⋯⋯⋯⋯⋯⋯⋯⋯⋯⋯**7. 单翅猪毛菜 S. monoptera**

    7b. 果期全部花被片背部生翅，花药长 0.5～1.5mm；植株高大；分枝直立或斜升。

      8a. 叶条形或条状披针形，稀植株中下部叶条状半圆柱形；果期花被片所生的翅无色或白色，全部干膜质。

        9a. 苞片、小苞片果期向下强烈反折，叶具明显的白色中脉，植株呈灰蓝绿色，茎枝粗硬，通常无毛⋯⋯⋯⋯⋯⋯⋯⋯⋯⋯⋯⋯**8. 蒙古猪毛菜 S. ikonnikovii**

        9b. 苞片、小苞片果期开展，叶具 1 条稍隆起的主脉，植株呈绿色或紫色，茎枝密被乳头状短糙毛···**9. 薄翅猪毛菜 S. pellucida**

8b. 叶条状半圆柱形；果期花被片所生的翅紫色、淡紫色、淡红色，后期褪色或变成灰褐色，干膜质、革质或半革质。

   10a. 苞片、小苞片果期向下反折；花被片所生的翅紫色，3 个大翅与 2 个小翅有间隔互不衔接，小翅条形；柱头与花柱近等长·······················**10. 糖紫猪毛菜 S. beticolor**

   10b. 苞片、小苞片果期不反折，花被片所生的翅红色、淡红色，柱头长为花柱的 3～4 倍。

      11a. 果期花被片所生的翅全部革质，红色，3 个大翅为不规则的三角状倒卵形··**11. 红翅猪毛菜 S. intramongolica**

      11b. 果期花被片所生的翅全部干膜质或基部近革质，无色或淡紫红色，后期常变成灰褐色，3 个大翅为肾形、扇形或倒卵形·······················**12. 刺沙蓬 S. tragus**

1. 珍珠猪毛菜（珍珠柴、雀猪毛菜）

Salsola passerina Bunge in Linn. 17:4. 1843; Fl. Intramongol. ed. 2, 2:233. t.95. f.1-2., t.100. f.1. 1991.

半灌木，高 5～30cm。树皮灰色或灰褐色，不规则剥裂。根粗壮，木质化，常弯曲；外皮暗褐色或灰褐色，不规则剥裂。茎弯曲，常劈裂，多分枝。老枝灰褐色，有毛；嫩枝黄褐色，常弧形弯曲，密被鳞片状"丁"字形毛。叶互生，锥形或三角形，长 2.5～3mm，宽约 2mm，肉质，密被鳞片状"丁"字形毛，灰白或灰绿色；叶腋和短枝着生球状芽，亦密被毛。花穗状，着生于枝条上部；苞片卵形或锥形，肉质，有毛；小苞片宽卵形，长于花被；花被片 5，长卵形，有"丁"字形毛，果期自花被片背侧中部横生干膜质翅。翅黄褐色或淡紫红色；其中 3 个翅较大，肾形或宽倒卵形，具多数扇状脉纹，水平开展或稍向上弯，顶端边缘有不规则波状圆齿；另 2 个翅较小，倒卵形；全部翅（包括花被）直径 8～10mm。花被片翅以上部分聚集成

近直立的圆锥状。雄蕊 5；花药条形，自基部分离至近顶部，顶端有附属物。柱头锥形。胞果倒卵形；种子圆形，横生或直立。花果期 6～10 月。

超旱生小半灌木。生于荒漠区的砾石质、沙砾质戈壁或黏质土壤及荒漠草原带盐碱湖盆地中，为阿拉善荒漠最重要的建群种之一，组成优势群落类型。产乌兰察布（苏

尼特左旗、苏尼特右旗、四子王旗、达尔罕茂明安联合旗、乌拉特中旗）、东阿拉善（乌拉特后旗、狼山、杭锦旗、鄂托克旗、阿拉善左旗）、西阿拉善（阿拉善右旗）。分布于我国宁夏北部、甘肃（河西走廊）、青海（柴达木盆地），蒙古国西部和南部。为戈壁—蒙古分布种。

为放牧场的良等饲用植物。是骆驼的主要饲料之一，青鲜或干枯后为骆驼所喜食；绵羊、山羊在青鲜时乐食，干枯后采食较差；牛、马采食较差。种子含油量约 17%，供制工业用油。

2. 木本猪毛菜（白木猪毛菜、灌木猪毛菜）

Salsola arbuscula Pall. in Reise Russ. Reich. 1:487. t.G. f.l. 1771; Fl. Intramongol. ed. 2, 2:235. t.96. f.4-6., t.100. f.12. 1991.

灌木，高 40～100cm。茎多分枝，开展。老枝灰褐色，粗糙，有纵裂纹；幼枝乳白色，有光泽，无毛；二年生以上枝条顶端多硬化成刺。叶互生，狭条形，具棱条，长 0.5～3cm，宽 1～2mm，肉质，先端扁平，具刺尖，基部扩展，扩展处的上部缢缩，灰绿色或绿色，疏生乳头状突起，

叶横截面三角形。花单生于苞腋，通常在茎及枝的上端排列成穗状花序；苞片条形；小苞片卵形，长于花被，直伸或弯曲，先端尖，基部稍扩展，上面平或凹，下面凸起，无毛或被乳头状突起；花被片 5，矩圆形，果期自花被片背侧中下部横生干膜质翅。翅黄色或无色；其中 3 个翅较大，肾形或宽倒卵形，具多数扇状脉纹，水平开展或稍向上弯曲，顶端边缘有不规则波状圆形齿；另 2 个翅较小，近矩圆形；

全部翅（包括花被）直径 8～10mm。花被片翅以上部分膜质，向外反折成莲座状。雄蕊 5，花药条形，花药顶端有披针形的附属物。柱头钻形。胞果倒圆锥形，果皮膜质，黄褐色；种子横生，直径 2～2.5mm。

超旱生灌木。生于荒漠区的覆沙戈壁和干河床内，也见于戈壁径流线上，在荒漠群落中多为伴生种，也可成为建群种。产东阿拉善（乌拉特后旗、阿拉善左旗）、西阿拉善（阿拉善右旗）、额济纳。分布于我国宁夏西北部、甘肃（河西走廊）、青海中部、新疆东部和北部，蒙古国西部和南部、伊朗、阿富汗、巴基斯坦，中亚、欧洲东南部。为古地中海分布种。

为中等饲用植物，几乎全年为骆驼采食。

《内蒙古植物志》第二版第二卷235页图版96中的图号有误，图1～3应为松叶猪毛菜 *S. laricifolia*，图4～6应为本种。

3. 松叶猪毛菜

Salsola laricifolia Turcz. ex Litv. in Herb. Fl. Ross. 49:No.2443. 1913; Fl. Intramongol. ed. 2, 2:235. t.96. f.1-3., t.100. f.7. 1991.

小灌木，高20～50cm。茎多分枝。老枝深灰色或黑褐色，开展，多硬化成刺；幼枝淡黄白色或灰白色，有光泽，常具纵裂纹。叶互生或簇生，条状半圆形，长1～1.5cm，宽1～2mm，肉质，肥厚，先端有短尖，基部扩展，扩展处的上部缢缩，上面有沟槽，下面凸起，黄绿色，叶横截面凹形。花单生于苞腋，在枝顶排列成穗状花序；苞片条形；小苞片宽卵形，长于花被。

花被片5，长卵形，稍坚硬，果期自背侧中下部横生干膜质翅；翅红紫色或淡紫褐色，肾形或宽倒卵形，具多数扇状脉纹，水平开展或稍向上弯，顶端边缘有不规则波状圆齿，全部翅（包括花被）直径8～14mm；花被片翅以上部分聚集成圆锥状。雄蕊5；花药矩圆形，顶端有条形的附属物，先端锐尖。柱头锥状。胞果倒卵形，种子横生。花期6～8月，果期9～10月。

强旱生小灌木。生于荒漠区的石质低山残丘，广布于亚洲中部荒漠，是草原化石质荒漠群落的主要优势种，在狼山、桌子山、雅布赖山等的低山带形成松叶猪毛菜草原化荒漠群落，也以伴生种成分见于石质、砾石质典型荒漠群落中。产乌兰察布（苏尼特左旗、苏尼特右旗、四子王旗、达尔罕茂明安联合旗、乌拉特中旗）、鄂尔多斯（鄂托克旗）、东阿拉善（乌拉特后旗、乌海市、阿拉善左旗）、

西阿拉善（阿拉善右旗）、贺兰山、龙首山。分布于我国宁夏西北部、甘肃（河西走廊）、新疆北部，蒙古国南部，中亚。为戈壁分布种。

为中等饲用植物，骆驼乐食其嫩枝和叶。

4. 蒿叶猪毛菜（灰叶猪毛菜）

Salsola abrotanoides Bunge in Bull. Acad. Imp. Sci. St.-Petersb. 25:366. 1879; Fl. Intramongol. ed. 2, 2:237. t.96. f.7-9., t.100. f.5. 1991.

半灌木，高 15～40cm。老枝灰褐色，有不规则的纵纹；二年生枝黄褐色，有细条棱；一年生枝黄绿色。叶互生，老枝上叶生于短枝顶端似簇生，圆柱形，长 1～2cm，宽 1～2mm，先端钝、稍锐尖或有小尖头，基部扩展，在扩展处的上部缢缩成叶柄，叶片自缢缩处脱落，叶横截面圆形。花序穗状，通常细弱；花排列稀疏，稀排列密集；苞片显著比叶小；小苞片狭卵形，比花被短，边缘膜质；花被片卵形，背部肉质，先端钝，果期自花被片背侧中部横生膜质翅。翅鲜时粉色，干后易变成黄褐色；其中 3 个翅较大，半圆形，有多数粗壮的脉；另 2 个稍小，为倒卵形；各翅间有间隔，不衔接，果期翅（包括花被）直径 5～7mm。花被片翅以上部分顶端钝，背部肉质，边缘膜质，紧贴果实。花药附属物极小。柱头钻形，扁平，长约为花柱的 2 倍。种子横生。花期 7～8 月，果期 9～10 月。

超旱生半灌木。生于荒漠区的石质低山丘陵、干山坡、山麓及湖盆黏质碱化土壤上，呈零星分布，在石质荒漠群落中有时成为优势种。产额济纳（马鬃山）。分布于我国甘肃（河西走廊）、青海（柴达木盆地）、新疆东部和中部，蒙古国西部和南部。为戈壁种。

5. 柴达木猪毛菜

Salsola zaidamica Iljin in Bot. Mater. Gerb. Bot. Inst. Kom. Akad. Nauk S.S.S.R. 17:122. f.1. 1955; Fl. Intramongol. ed. 2, 2:237. t.97. f.5-6.,t.100. f.4. 1991.

一年生草本，高 10～30cm。茎自基部强烈分枝，呈密丛状，草绿色。枝互生，最基部的枝近对生而伸展，茎、枝密生乳头状小突起。叶互生，多而密集，狭披针形，近扁平，密被乳头状小突起，顶端具小长刺状尖，基部边缘膜质，通常反折。花单生，几遍布全株；苞片条形

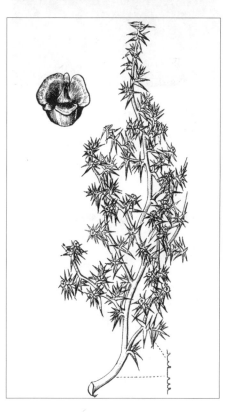

或狭披针形，先端渐尖成刺尖，苞片长于小苞片，通常向下反折；小苞片长于花被，卵形，基部边缘稍为膜质，苞片与小苞片均被乳头状突起，背部有棱脊，果期变硬稍革质。花被片 5，狭卵形，近膜质，果期革质，且自背侧中部生狭窄而肥厚的凸起；花被片凸起以上部分向中央折曲，紧包果实，形成截形的面，中央部分为薄膜质，脱落后在中央形成一个小圆孔；整个花被外形似盘状，淡褐色或褐色，直径 3～5mm。雄蕊 5；花药矩圆形，长约 0.5mm。柱头丝状，长为花柱的 7 倍以上。果实与花被同形，直径约 1.5mm；种子横生。花期 7～8 月，果期 9～10 月。

旱生草本。生于荒漠区砂质、沙砾质含黏土的戈壁和盐碱洼地边缘，在局部地段可形成小群落。产东阿拉善、西阿拉善、额济纳（额济纳旗）。分布于我国甘肃（河西走廊）、青海（柴达木盆地）、新疆东部，蒙古国西南部。为戈壁分布种。

《中国植物志》25 卷 2 分册 178 页关于本种的描述正确，但图版 39 图 4～5 不是本种。

6. 猪毛菜（山叉明棵、札蓬棵、沙蓬）

Salsola collina Pall. in Ill. Pl. 34. t.26. 1803; Fl. Intramongol. ed. 2, 2:239. t.97. f.1-4.,t.100. f.11. 1991.

一年生草本，高 30～60cm。茎近直立，通常由基部分枝，开展；茎及枝淡绿色，有白色或紫色条纹，被稀疏的短糙硬毛或无毛。叶条状圆柱形，肉质，长 2～5cm，宽 0.5～1mm，

先端具小刺尖，基部稍扩展，下延，深绿色，有时带红色，无毛或被短糙硬毛。花通常多数，生于茎及枝上端，排列为细长的穗状花序，稀单生于叶腋；苞片卵形，具锐长尖，绿色，边缘膜质，背面有白色隆脊，花后变硬；小苞片狭披针形，紧贴花序轴，先端具刺尖；花被片披针形，膜质透明，直立，长约 2mm，较短于苞，果期背部生有鸡冠状革质凸起，有时为 2 浅裂。雄蕊 5，稍超出花被；花丝基部扩展；花药矩圆形，长 1～1.5mm，顶部无附属物。柱头丝形，长为花柱的 1.5～2 倍。胞果倒卵形，果皮膜质；种子倒卵形，顶端截形。花期 7～9 月，果期 8～10 月。

旱中生草本。喜生于松软的沙质土壤上，为温带地区的习见种，经常进入草原和荒漠群落中成为伴生种，亦为农田、路边或撂荒地杂草，可形成群落或纯群落。产内蒙古各地。广布于我国黑龙江西南部、吉林、辽宁、河北、河南西部和北部、山西、山东西部、江苏西北部、湖南、陕西中部和北部、宁夏、甘肃、青海、新疆北部和西北部、四川西部、云南北部和西北部、西藏东部和南部、朝鲜、蒙古国、俄罗斯（西伯利亚地区）、印度、巴基斯坦，中亚，欧洲、北美洲。为泛北极分布种。

为良等饲用植物。青鲜状态或干枯后，骆驼喜食；绵羊、山羊在青鲜时乐食，干枯后采食用较差；牛马稍采食。全草入药，能清热凉血、降血压，主治高血压。

7. 单翅猪毛菜（沙蓬、刺蓬）

Salsola monoptera Bunge in Bull. Acad. Imp. Sci. St.-Petersb. 25:364. 1879; Fl. Intramongol. ed. 2, 2:239. t.98. f.1-2.,t.100. f.8. 1991.

一年生草本。植株自基部分枝。分枝平展，多平卧，矮小，通常高在10cm以下；分枝上部互生，下部近对生，茎、枝密生鸡冠状凸起和短硬毛。叶片丝状三棱形或半圆柱形，长0.5～1.5cm，

宽0.5～1mm，黄绿色，有短硬毛，顶端有刺状尖，基部稍扩展。花序穗状，有时花遍布于植株；苞片披针形，顶端延伸，有刺状尖，边缘膜质，背部隆起；小苞片短于苞片。花被片长卵形，膜质，顶端尖，果期变革质，仅1枚花被片背面生翅，其余的花被片背面生齿状凸起；翅小，膜质，倒卵圆形，通常向外伸展；花被片翅以上部分顶端尖，向中央聚集，形成平面。雄蕊长于花被；花药长约0.3mm，附属物极小。柱头丝状，长为花柱的4～6倍，花柱极短。种子横生，直径约1mm。花期7～8月，果期8～10月。

旱生草本。生于荒漠区的干河床或河滩上，为荒漠群落的偶见种。产额济纳（额济纳旗马鬃山）。分布于我国甘肃、青海、西藏、新疆，蒙古国东部和中部及西部、俄罗斯（阿尔泰地区）。为戈壁—蒙古分布种。

饲用价值同猪毛菜。

8. 蒙古猪毛菜（展苞猪毛菜、蒙古沙蓬）

Salsola ikonnikovii Iljin in Izv. Bot. Sada Acad. Nauk S.S.S.R. 30:748. 1932; Fl. Intramongol. ed. 2, 2:241. t.98. f.3-4.,t.100. f.3. 1991.——*S. potaninii* auct. non Iljin: Fl. Intramongol. ed. 2, 2:242. t.99. f.1-2.,t.100. f.6. 1991.

一年生草本，高10～30cm。茎由基部分枝，斜升或倾卧，茎和枝灰蓝绿色，干后变黄白色或淡紫色，具白色条纹，通常无毛。叶多数，互生；中部和下部叶条状圆柱形，肉质，长10～30mm，宽约1mm，先端有硬刺尖，基部稍扩展，上面具浅沟槽，疏生乳头状短糙硬毛，水平开展或向下弯曲；上部叶较密，多反折，较短，近披针形，扁平，有1条脉，边缘膜质并疏生乳头状突起。花单生于苞腋，通常在茎及枝的上端排列成密集的穗状花序；苞片、小苞片与叶近似，但较宽短，强烈反折。花被片透明膜质，白色，有毛，以后脱落；其中3枚较大，矩圆状卵形，先端变窄，锐尖或钝；另2枚较狭小，果期于背侧横生翅。翅白色；其中3个翅较大，膜质，扇形，

具多数扇状脉纹，水平开展或稍向上弯，顶端边缘有不规则锯齿或波状圆齿；另2个翅不发达，锥状，革质；全部翅（包括花被）直径5～7mm。花被片翅以上部分先端不呈针状，聚集成短圆锥状，果期大部变硬，仅先端为干膜质。雄蕊5；花药矩圆形，长约1mm，顶端无附属物，自基部向上分离至1/3处。柱头丝形，与花柱近等长或较短。胞果倒卵形，果皮膜质；种子横生。花果期7～10月。

旱生草本。生于荒漠区的柽柳沙包丛间沙地上，常散见于荒漠草原群落中，为亚洲中部半荒漠沙地特有种。产乌兰察布（苏尼特左旗、达尔罕茂明安联合旗腾格尔淖尔）、阴南丘陵（准格尔旗）、鄂尔多斯（鄂托克旗）、东阿拉善（乌拉特后旗、阿拉善左旗）。分布于我国宁夏，蒙古国西部和南部。为戈壁—蒙古分布种。

用途同猪毛菜。

9. 薄翅猪毛菜（戈壁沙蓬、戈壁猪毛菜）

Salsola pellucida Litv. in Sched. Herb. Fl. Ross. 8:16. 1922; Fl. Intramongol. ed. 2, 2:241 t.98. f.5-6.,t.100. f.13. 1991. ——*S. gobicola* Iljin in Bot. Mater. Gerb. Bot. Inst. Kom. Akad. Nauk S.S.S.R. 17:124. 1955.

一年生草本，高10～40cm。全株呈绿色或紫色，干后白黄色。茎粗壮，直立，通常由基部分枝。下部枝多对生并接近，伸长，斜升；茎及枝具白色条纹，被乳头状短糙硬毛。叶互生，条状披针形，肉质，长5～30mm，宽1～3mm，先端具硬刺尖，基部扩展，扁平，主脉1，稍隆起，两面疏生乳头状突起。花单生于苞腋，多数于枝端或枝侧形成短穗状花序；苞片长卵形，具长刺尖，肉质，基部稍扩展，边缘干膜质，被乳头状短糙硬毛；小苞片锥状，先端具刺尖，苞片、小苞片均于果期开展；花被透明膜质，无色或白色，卵形或披针形，长约2mm，先端渐尖，果期于背侧中下部横生干膜质翅。翅白色；其中3个翅较大，肾形、倒卵形或扇形，具多数扇状凸起而呈褐色的脉纹，水平开展或稍向上弯，顶端边缘有不规则缺刻状钝齿或裂片；另2个翅甚小，短条状；全部翅（包括花被）直径5～8mm。花被片翅以上部分近膜质，条状披针形，先端渐尖呈针状，聚集在中央呈圆锥状。雄蕊5；花药矩圆形，长约1mm，自基部分离至中部，顶端具点状附属物。柱头2裂，丝状，长为花柱的3～4倍。胞果倒卵形，果皮膜质；种子横生。花期6～8月，果期8～9月。

强旱生草本。生于荒漠区沙地或覆沙戈壁上，散生或群集，能形成层片或成为群落的伴生种。产鄂尔多斯（鄂托克前旗）、东阿拉善（乌拉特后旗、狼山、阿拉善左旗）、西阿拉善（阿拉善右旗）、额济纳。分布于我国宁夏中部、甘肃（河西走廊）、青海（柴达木盆地）、新疆，高加索地区，中亚。为古地中海分布种。

10. 糙紫猪毛菜

Salsola beticolor Iljin in Bull. Jard. Bot. Acad. Sci. U.R.S.S. 30:747. 1932; Fl. Intramongol. ed. 2, 2:244. t.99. f.3-4.,t.100. f.9. 1991.

一年生草本，高30～50cm。茎通常由基部分枝。下部枝多对生并接近，斜升，开展；茎及枝绿色，具紫褐色条纹，被短毛。叶互生，条状圆柱形，肉质，长2～4cm，宽1～2mm，先端有硬刺尖，基部扩展，边缘干膜质，密被乳头状短糙硬毛。花单生于苞腋，通常在茎及枝的上端排列成密集的穗状花序；苞片卵形，具长刺尖，基部扩展，边缘干膜质，有毛；小苞片锥状，伸长，先端具长刺尖，开展，苞片、小苞片均反折；花被片5，紫色，先端白色，无毛，透明膜质，果期于背侧中上部横生干膜质翅。翅紫色，干后为淡红色；其中3个较大，肾形或倒卵形，具多数扇状细脉纹，水平开展或稍向上弯，顶端边缘有不规则波状圆齿；另2个翅不发达，条形；各翅分离，间隔而不相衔接，全部翅（包括花被）直径4～7mm。花被片翅以上部分聚集成圆锥状。雄蕊5；花药矩圆形，顶部无附属物。柱头2裂，丝形，与花柱近等长。胞果倒卵形，果皮膜质；种子横生。花果期7～10月。

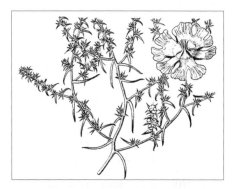

旱生草本。生于荒漠草原带的砂质地和沙砾质地上，也散见于草原和荒漠群落中。产乌兰察布、东阿拉善。分布于我国宁夏、甘肃。为东戈壁—东阿拉善分布种。

用途同薄翅猪毛菜。

11. 红翅猪毛菜

Salsola intramongolica H. C. Fu et Z. Y. Chu in Fl. Intramongol. 2:142, 368. t.76. 1979; Fl. Intramongol. ed. 2, 2:244. t.95. f.3-4.,t.100. f.2. 1991.

一年生草本，高10～15cm。茎直立，通常由基部分枝，斜升，开展；茎及枝具紫红色条纹，疏生乳头状短糙硬毛。叶互生，条状圆柱形，肉质，长1～2.5cm，宽1～1.5mm，先端有硬刺尖，基部扩展，上面具浅沟槽，疏生乳头状短糙硬毛。花单生于苞腋，多数于枝端或枝

侧形成短穗状花序；苞片披针状锥形，质厚，先端有小刺尖，基部扩展，边缘稍薄，疏生乳头状突起；小苞片卵形，先端具刺尖，两者均于果期开展；花被片5，白色，膜质，果期于背侧横生革质厚翅。翅红色，有毛；其中3个翅较大，呈不规则三角状倒卵形，具不甚明显的脉纹，边缘有少数不规则的牙齿或裂片；另2个翅较狭小，呈不规则矩圆形，顶端2裂；全部翅（包括花被）直径4～5mm。花被片翅以上部分聚集成圆锥状，大部紫红色，仅先端白色。雄蕊5；花药矩圆形，长约1mm，顶端无附属物。柱头2～3裂，丝形，长为花柱的3～4倍。胞果倒卵形，果皮膜质；种子横生。

　　旱生草本。生于荒漠草原带的沙地和盐化沙地，可形成层片。产乌兰察布。为乌兰察布分布种。

　　用途同猪毛菜。

12. 刺沙蓬（沙蓬、苏联猪毛菜）

Salsola tragus L., Cent. Pl. 2:13. 1756; Fl. China 5:411. 2003.——*S. pestifer* A. Nelson in New Man. Bot. Centr. Rocky Mts. ed. 2:169. 1909; Fl. Intramongol. ed. 2, 2:245. t.99. f.5-6.,t.100. f.10. 1991.

　　一年生草本，高15～50cm。茎直立或斜升，由基部分枝，坚硬，绿色，圆筒形或稍有棱，具白色或紫红色条纹，无毛或具乳头状短糙硬毛。叶互生，条状圆柱形，肉质，长1.5～4cm，宽1～2mm，先端有白色硬刺尖，基部稍扩展，边缘干膜质，两面苍绿色，无毛或有短糙硬毛，边缘常被硬毛状缘毛。花1～2朵生于苞腋，通常在茎及枝的上端排列成穗状花序；小苞片卵形，边缘干膜质，全缘或具微小锯齿，先端具刺尖，质硬；花被片5，其中有2枚较短而狭，锥形或长卵形，直立，长约2mm，花期为透明膜质，果期于背面中部横生5个干膜质或近革质翅。

其中3个翅较大，肾形、扇形或倒卵形，橘红色、淡紫红色或无色，后期常变为灰褐色，具多数扇状脉纹，水平开展或稍向上，顶端有不规则圆齿；另2个翅较小，匙形；各翅边缘互相衔接或重叠，全部翅（包括花被）直径4～10mm。花被片的上端为薄膜质，聚集在中央呈圆锥状，高出翅，基部变厚硬并包围果实。雄蕊5；花药矩圆形，顶部无附属物。柱头2裂，丝形，长为花柱的3～4倍。胞果倒卵形，果皮膜质；种子横生。花期7～9月，果期9～10月。

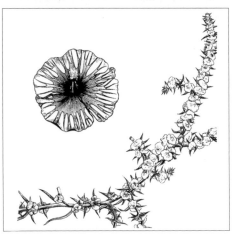

旱中生草本。生于沙质和沙砾质土壤上，喜疏松土壤，也进入农田成为杂草，多雨年份在荒漠草原和荒漠群落中常形成发达的层片。产内蒙古各地。分布于我国黑龙江西南部、吉林西部、辽宁西北部、河北中部、山东东北部、江苏北部、山西、陕西北部、宁夏、甘肃（河西走廊）、西藏南部、新疆，蒙古国、中亚、西南亚、欧洲东南部。为古地中海分布种。现世界各地都有生长。

用途同猪毛菜。

11. 盐生草属 **Halogeton** C. A. Mey.

一年生草本。叶互生，肉质，圆柱状，先端钝或有刺毛，基部扩展。团伞花序；花杂性，簇生；小苞片2；花被5深裂，圆锥状，花被片披针形，果期自花被片背面的近顶部横生膜质的翅；雄蕊2，花药矩圆形；柱头2，丝状。胞果，果皮膜质；种子直立，圆形；胚螺旋状，无胚乳。

内蒙古有1种。

1. 盐生草

Halogeton glomeratus (M. Beib.) C. A. Mey. in Icon. Pl. 1:10. t.40. 1829; Fl. Intramongol. ed. 2, 2:318. t.131. f.1-3. 1991.——*Anabasis glomerata* M. Beib. in Mem. Soc. Imp. Nat. Mosc. 1:110. 1806.

一年生草本，高5～30cm。茎直立，基部多分枝。枝互生，基部枝近对生，无毛，灰绿色，茎和枝常紫红色。叶圆柱状，长4～12mm，宽1～2mm，先端有黄色长刺毛，易脱落，基部扩大，半抱茎，叶腋有白色长毛束。花腋生，通常4～6朵聚集成团伞花序，几乎遍布全株；苞片卵形。花被片披针形，膜质，背面有1条粗脉，果期自背面近顶部生翅；翅半圆形，膜质，大小近相等，有明

显脉纹，有时翅不发育而花被增厚成革质。胞果球形或卵球形；种子直立，圆形。花果期7～9月。

强旱生草本。仅见于荒漠区西部轻度盐渍化的黏壤质、沙砾质、沙质戈壁滩上，在荒漠带极端严酷的生境条件下能形成群落，并常以伴生成分进入其他荒漠群落。产西阿拉善、额济纳。分布于我国甘肃（河西走廊）、青海、西藏西北部、新疆、蒙古国西部和西南部、俄罗斯（西西伯利亚地区），中亚。为古地中海分布种。

12. 蛛丝蓬属 Micropeplis Bunge

属的特征同种。

单种属。

1. 蛛丝蓬（白茎盐生草、蛛丝盐生草、小盐大戟）

Micropeplis arachnoidea (Moq.-Tandon) Bunge in Reliq. Lehmann 303. 1852; Fl. Intramongol. ed. 2, 2:320. t.131. f.4-5. 1991.——*Halogeton arachnoideus* Moq.-Tandon in Prodr. 13(2):205. 1849; Fl. China 5:401. 2003.

一年生草本，高10～40cm。茎直立，自基部分枝。枝互生，灰白色，幼时被蛛丝状毛，后脱落。叶互生，肉质，圆柱形，长3～10mm，宽1.5～2mm，先端钝，有时具小短尖，叶腋有绵毛。花小，杂性，通常2～3朵簇生于叶腋；小苞片2，卵形，背部隆起，边缘膜质。花被片5，宽披针形，膜质，先端钝或尖，全缘或有齿，果期自背面的近顶部生翅；翅半圆形，膜质，透明。雄花的

花被常缺；雄蕊 5，花药矩圆形。柱头 2，丝形。胞果宽卵形，背腹压扁；果皮膜质，灰褐色；种子圆形，横生，直径 1～1.5mm；胚螺旋状。花果期 7～9 月。

耐盐碱的旱中生草本。多生于荒漠地带的碱化土壤、石质残丘覆沙坡地、沟谷干河床沙地或砾石戈壁滩上，为荒漠群落常见伴生种，沿盐渍低地也进入荒漠草原地带，但一般很少进入典型草原地带。产呼伦贝尔（新巴尔虎右旗）、锡林郭勒（东乌珠穆沁旗）、乌兰察布（苏尼特左旗、苏尼特右旗、二连浩特市、四子王旗、达尔罕茂明安联合旗、乌拉特中旗、乌拉特前旗）、阴南平原（托克托县、土默特右旗）、鄂尔多斯（达拉特旗、鄂托克旗、鄂托克前旗）、东阿拉善（乌拉特后旗、狼山、磴口县、阿拉善左旗）、西阿拉善（阿拉善右旗）、贺兰山、龙首山、额济纳。分布于我国山西西北部、陕西北部、宁夏、甘肃、青海、新疆中部和北部、蒙古国东部和南部及西部、俄罗斯（西伯利亚地区）、哈萨克斯坦。为戈壁—蒙古分布种。

为中等饲用植物。骆驼乐食，山羊、绵羊采食较差。

13. 戈壁藜属 **Iljinia** Korov.

属的特征同种。

单种属。

1. 戈壁藜（伊氏藜、盐生木）

Iljinia regelii (Bunge) Korov. in Fl. U.R.S.S. 6: 309,878. t.10. f.8. 1936; Fl. Intramongol. ed. 2, 2:255. t.105. f.1-4. 1991.——*Haloxylon regelii* Bunge in Bull. Acad. Imp. Sci. St.-Petersb. 25:368. 1879.

半灌木，植株高 20～50cm。多分枝，下部木质化，灰白色，光滑。当年生枝革质，暗绿色，肉质多汁，干枯后变黑色；果期嫩枝基部具明显关节，易沿关节脱落。叶互生或偶有对生，棒状，光滑，向上镰状弧曲，先端头状变粗，长 0.5～1.5mm，暗绿色，多汁液，叶腋有短绵毛，常与叶舌合生。花两性，单生于叶腋，无柄；小苞片 2，半圆形，背面隆起，具膜质狭边，与花被等长或稍短于花被。花被片 5，近圆形或宽椭圆形，边缘膜质，果期变硬，背面近先端处生横翅；

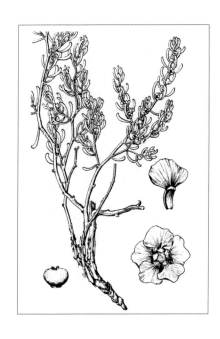

翅半圆形，全缘或具缺刻，干膜质，平展或稍反曲。雄蕊5；花丝短，丝状；花药卵形，先端具细尖状附属物。花盘杯状，稍肥厚，具5枚半圆形裂片。子房卵形，平滑无毛；花柱极短；柱头2，内侧有颗粒状凸起。胞果半球形；果皮稍肉质，黑褐色；种子横生，顶基扁，直径约1.25mm；种皮膜质，黄褐色；胚平面螺旋状，无胚乳。花期7～9月，果期8～10月。

旱生半灌木。生于荒漠带、极端荒漠地带的山涧、丘间谷地、坡麓、低地边缘，耐盐碱，喜表土疏松的强石膏化土壤，常单独形成稀疏的荒漠群落，有时也进入其他荒漠群落成为建群种或伴生种。产额济纳。分布于我国甘肃（河西走廊西部）、新疆中部和西北部，蒙古国南部和西南部、哈萨克斯坦。为戈壁分布种。

饲用价值较低，干枯后仅为骆驼采食。

14. 沙蓬属 Agriophyllum M. Bieb.

一年生草本。茎直立，从基部分枝，光滑或被分枝状毛。叶互生，全缘，尖锐，具3至多条叶脉，无柄或具柄。花序穗状；具苞片，覆瓦状排列；无小苞片；花两性，无柄，单生于苞腋内；花被片1～5，分离，膜质，矩圆形或披针形，顶端啮蚀状撕裂；雄蕊1～5，花丝扁平，花药矩圆形；子房卵形，腹背压扁，柱头2，丝状。果实矩圆形或近圆形，上部边缘具翅或无，顶端具果喙，2裂，果皮与种皮分离；种子直立，扁平，圆形或椭圆形；胚环形，胚乳较丰富。

内蒙古有1种。

1. 沙蓬（沙米、登相子）

Agriophyllum squarrosum (L.) Moq.-Tandon in Prodr. 13(2):139. 1849; Fl. China 5:367. 2003.——*Corispermum squarrosum* L., Sp. Pl. 1:4. 1753.——*A. pungens* (Vahl.) Link. ex A. Dietr. in Sp. Pl. 1:124. 1831. excl. syn. L.; Fl. Intramongol. ed. 2, 2:277. t.114. f.1-4. 1991.——*Corispermum pungens* Vahl in Enum. Pl. 1:17. 1805.

一年生草本，高15～50cm。茎坚硬，浅绿色，具不明显条棱，幼时全株密被分枝状毛，后脱落，多分枝。最下部分枝通常对生或轮生，平卧；上部分枝互生，斜展。叶披针形或条形，长1.3～7cm，宽4～10mm，先端渐尖有小刺尖，基部渐狭，有3～9条纵行的脉，幼时下面密被分枝状毛，后脱落，叶无柄。花序穗状，紧密，宽卵形或椭圆状，无梗，通常1（～3）枚着生于叶腋；苞片宽卵形，先端急缩且具短刺尖，后期反折；花被片1～3，膜质；雄蕊2～3，花丝扁平，锥形，花药宽卵形；子房扁卵形，被毛，柱头2。胞果圆形或椭圆形，两面扁平或背面稍凸，除基部外周围有翅，顶部具果喙，果喙深裂成2个条状扁平的小喙，小喙先端外侧各有1个小齿；种子近圆形，扁平，光滑。花果期8～10月。

沙生旱生草本。生于流动、半流动沙地和沙丘，在草原区沙地和荒漠区沙漠中分布极为广泛，往往可以形成大面积的先锋植物群聚。除农区和呼伦贝尔林区外，几产内蒙古。分布于我国黑龙江西南部、吉林西部、辽宁西北部、河北、河南北部、山西北部、陕西北部、宁夏、甘肃（河

西走廊)、青海中部和东部、西藏中南部、新疆、蒙古国西部和南部、俄罗斯（西伯利亚地区）、哈萨克斯坦，西南亚。为古地中海分布种。

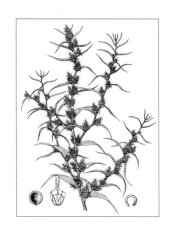

为良等饲用植物。骆驼终年喜食，山羊、绵羊仅乐食其幼嫩的茎叶，牛、马采食较差。开花后即迅速粗老而多刺，家畜多不食。种子可做精料补饲家畜；磨粉后煮熬成糊喂缺奶羔羊，可做幼畜的代乳品。此外，农牧民常采收其种子作为粮食食用。种子萌发力甚强且快，在流动沙丘上遇雨便萌发，具有特殊的先期固沙性能，故而在荒漠地带是一种先锋固沙植物。

种子入蒙药（蒙药名：曲里赫勒），能发表解热，主治感冒发烧、肾炎。

15. 虫实属 Corispermum L.

一年生草本。全株无毛或具软毛，有时被星状毛。叶互生，狭窄，扁平，全缘，具 1～3 脉，无柄。花序穗状，顶生和侧生，花密生或疏离；苞片叶状，狭披针形至近圆形，常具白色膜质边缘，具 1～3 脉；无小苞片；花两性，无梗，单生。花被片 1～3，不等大，透明膜质；近轴花被片 1，直立，较大；远轴花被片 2，较小或无。雄蕊 1～5；花丝条形；花药矩圆形，常伸出。子房宽卵形、椭圆形或近球形；花柱短；柱头 3，向外弯曲。胞果直立，矩圆形至圆形，一面凸，一面凹或平，顶端锐尖，近圆形或下陷成缺刻状，基部楔形、近圆形或心形。果核通常倒卵形或椭圆形，稀近圆形，平滑，具斑点、瘤状或乳头状突起，有光泽或无，被星状毛或无；果喙明显，上部具 2 喙尖；果翅宽或窄或近于无，全缘或啮蚀状，半透明或不透明；果皮与种皮紧贴。种子直立；胚球形，胚乳较丰富。

内蒙古有 13 种。

分种检索表

1a. 果实顶端锐尖或圆形，不呈缺刻。

　2a. 果实碟状或盆状，圆形或近圆形；果翅狭窄，边缘明显向腹面反折；叶长椭圆形或倒披针形，较宽，宽 4～10mm，具 3 脉·······························**1. 碟果虫实 C. patelliforme**

　2b. 果实不为碟状或盆状；果翅宽或窄或近无翅，边缘不向腹面反折；叶条形或条状倒披针形，较窄，宽 0.3～6mm，具 1 脉。

3a. 穗状花序圆柱状，疏松，细长；苞片明显由叶片过渡成狭卵形，有窄或较窄的膜质边缘，具1脉。

　　4a. 果实宽椭圆形、椭圆形至矩圆状椭圆形，长 1.5～3mm，宽 1～2mm。

　　　　5a. 果背部具瘤状突起；翅极窄，近无翅·················**2. 蒙古虫实 C. mongolicum**

　　　　5b. 果背部无瘤状突起；翅窄，为果核宽的 1/8～1/10········**3. 中亚虫实 C. heptapotamicum**

　　4b. 果实倒卵状矩圆形，长 3～4mm，宽约 2mm。

　　　　6a. 果实无毛·····························**1a. 绳虫实 C. declinatum** var. **declinatum**

　　　　6b. 果实被星状毛·····················**4b. 毛果绳虫实 C. declinatum** var. **tylocarpum**

3b. 穗状花序棍棒状或圆柱状，紧密，通常粗壮，或仅在花序基部具少数疏离的花；苞片除花序基部少数为叶状或披针形外，均为宽卵形或卵形，有较宽的膜质边缘，具 1～3 脉。

　　7a. 穗状花序通常圆柱形，稍细，直径 3～8mm，通常约 5mm；果实长 2～4mm，宽 1.5～2.5mm。

　　　　8a. 果实倒卵状椭圆形，长 3～4mm，宽 2～2.5mm··············**5. 西伯利亚虫实 C. sibiricum**

　　　　8b. 果实宽椭圆形或矩圆状倒卵形，长 2～3.5(～3.75)mm，宽 1.5～2mm。

　　　　　　9a. 果实无毛·····················**6a. 兴安虫实 C. chinganicum** var. **chinganicum**

　　　　　　9b. 果实被星状毛·················**6b. 毛果兴安虫实 C. chinganicum** var. **stellipile**

　　7b. 穗状花序通常棍棒状，较粗，直径 8～15mm，通常约 10mm；果实长 3～4mm，宽 2～3mm。

　　　　10a. 果实基部近圆形，被星状毛；翅窄，为果核宽的 1/8～1/10·····················

　　　　　　···**7. 烛台虫实 C. candelabrum**

　　　　10b. 果实基部通常心形，无毛；翅较宽，为果核宽的 1/3～1/2········**8. 华虫实 C. stauntonii**

1b. 果实顶端下陷成不同程度的缺刻。

　　11a. 穗状花序棍棒状，粗壮，紧密或仅在花序基部具少数疏离的花；苞片由披针形逐渐过渡为卵形或宽椭圆形，有较宽的膜质边缘，具 1～3 脉。

　　　　12a. 果实椭圆形或倒卵状椭圆形，长 3～4.5mm，宽 2～3.5mm。

　　　　　　13a. 果实被星状毛·················**9a. 软毛虫实 C. puberulum** var. **puberulum**

　　　　　　13b. 果实无毛·················**9b. 光果软毛虫实 C. puberulum** var. **ellipsocarpum**

　　　　12b. 果实宽倒卵形，长 3.5～4.5mm，宽 2.5～4mm。

　　　　　　14a. 果实无毛·····················**10a. 辽西虫实 C. dilutum** var. **dilutum**

　　　　　　14b. 果实被星状毛·················**10b. 毛果辽西虫实 C. dilutum** var. **hebecarpum**

　　11b. 穗状花序圆柱状，纤细，疏松；苞片由叶片逐渐过渡成披针形或卵形，有窄的膜质边缘，具 1(～3) 脉。

　　　　15a. 果实矩圆状椭圆形，长 3～4mm，宽 2.5～3mm，顶端缺刻浅而宽；翅宽 0.4～0.7mm。

　　　　　　16a. 果实无毛·················**11a. 长穗虫实 C. elongatum** var. **elongatum**

　　　　　　16b. 果实被星状毛·············**11b. 毛果长穗虫实 C. elongatum** var. **stellatopilosum**

　　　　15b. 果实近圆形，长 4～5.5mm，宽 3.5～5mm，顶端缺刻深而狭；翅宽 1～1.5mm。

　　　　　　17a. 果长 4～4.5mm，宽 3.5～4.5mm，果核椭圆状倒卵形，翅宽约 1mm·············

　　　　　　　　·································**12. 宽翅虫实 C. platypterum**

　　　　　　17b. 果长 4.5～5.5mm，宽 4～5mm，果核长椭圆形，翅宽约 1.5mm 或稍宽。

　　　　　　　　18a. 果实被星状毛·················**13a. 细苞虫实 C. stenolepis** var. **stenolepis**

　　　　　　　　18b. 果实无毛·················**13b. 光果细苞虫实 C. stenolepis** var. **psilocarpum**

1. 碟果虫实（盆果虫实）

Corispermum patelliforme Iljin in Izv. Glavn. Bot. Sada S.S.S.R. 28:643. 1929; Fl. Intramongol. ed. 2, 2:282. t.115. f.l. 1991.——*C. patelliforme* Iljin var. *pelviforme* H. C. Fu et Z. Y. Chu in Fl. Intramongol. 2, 2:88. t.47. f.2. 1979; Fl. Intramongol. ed. 2, 2:280. t.115. f.2. 1991. syn. nov.

一年生草本，高 10～45cm。茎直立，圆柱状，被散生的星状毛。分枝多集中于中上部，斜升。叶长椭圆形或倒披针形，长 1～4.2cm，宽 4～10mm，先端钝圆，具小突尖，基部渐狭，

具 3 脉，干时皱缩。穗状花序圆柱状，长 1.5～4（～8）cm，宽 0.6～1cm，通常其中、上部较密，下部较稀疏；苞片和叶有明显的区别，花序中、上部的苞片卵形或宽卵形，少数下部的苞片宽披针形，长 0.5～1.5cm，宽 0.3～0.7cm，先端锐尖或骤尖，具小短尖头，基部圆形，具较狭的膜质边缘，具 1～3 脉，果期苞片掩盖果实；花被片 3，近轴花被片宽卵形或近圆形，长约 1mm；雄蕊 5，与花被等长或稍长，花丝钻形。果实圆形或近圆形，直径 2～5mm，扁平，背面平坦或凸出，腹面凹入较浅或较深，呈碟状或盆状，棕色或浅棕色，有光泽，无毛和其他附属物；果翅极窄，向腹面反折；果喙不显。花果期 8～9 月。

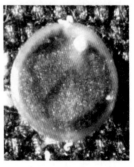

沙生旱生草本。生于荒漠区流动、半流动沙丘上，也见于干河床沙地。产鄂尔多斯（鄂托克旗、杭锦旗）、东阿拉善（阿拉善左旗腾格里沙漠、乌兰布和沙漠）、西阿拉善（阿拉善右旗巴丹吉林沙漠）。分布于我国宁夏西部、甘肃（河西走廊）、青海中部（柴达木盆地），蒙古国西部和南部。为阿拉善—柴达木分布种。

为良等饲用植物。骆驼青绿时采食，干枯后十分喜食；绵羊、山羊在青绿时采食较少，秋冬采食；马稍食；牛通常不食。牧民常收集其种子做饲料，补喂瘦弱畜及幼畜。

2. 蒙古虫实

Corispermum mongolicum Iljin in Izv. Glavn. Bot. Sada S.S.S.R. 28:648. 1929; Fl. Intramongol. ed. 2, 2:282. t.115. f.5. 1991.——*C. mongolicum* Iljin var. *macrocarpum* Grub. in Pl. As. Centr. 2:56. 1966.

一年生草本，高 10～35cm。茎直立，圆柱形，被星状毛，通常分枝集中于基部。最下部分枝较长，平卧或斜升；上部分枝较短，斜展。叶条形或倒披针形，长 1.5～2.5cm，宽 0.2～0.5cm，先端锐尖，具小尖头，基部渐狭，具 1 脉。穗状花序细长，不紧密，圆柱形；苞片条状披针形至卵形，长 5～20mm，宽约 2mm，先端渐尖，基部渐狭，具 1 脉，被星状毛，具宽的白色膜质边缘，全部包被果实；花被片 1，矩圆形或宽椭圆形，顶端具不规则细齿；雄蕊 1～5，超出花被片。果实宽椭圆形至矩圆状椭圆形，长 1.5～2.5（～3）mm（通常约 2mm），宽 1～1.5mm，顶端近圆形，基部楔形，背部具瘤状突起，腹面凹入；果核与果同形，黑色、黑褐色至褐色，有光泽，通常具瘤状突起，无毛；果喙短，喙尖约为喙长的 1/2；翅极窄，几近于无翅，浅黄色，全缘。花果期 7～9 月。

沙生旱生草本。生于荒漠区和草原区的沙质土壤、覆沙戈壁和沙丘上，在荒漠群落中可形成层片。产科尔沁（巴林左旗）、锡林郭勒（锡林浩特市）、乌兰察布（达尔罕茂明安联合旗）、鄂尔多斯（达拉特旗、鄂托克旗、杭锦旗）、东阿拉善（乌海市、阿拉善左旗）、西阿拉善（阿拉善右旗）、额济纳。分布于我国宁夏、甘肃、新疆东部和南部，蒙古国、俄罗斯（西西伯利亚地区）。为戈壁—蒙古分布种。

用途同碟果虫实。

3. 中亚虫实

Corispermum heptapotamicum Iljin in Trudy Bot. Inst. Akad. Nauk S.S.S.R. Ser. 1, Fl. Sist. Vyssh. Rast. 3:165. 1937; Fl. Intramongol. ed. 2, 2:283. t.115. f.6. 1991.

一年生草本，高 9～30cm。茎直立，圆柱形，密被毛，后期部分脱落，多分枝，斜升或稍平卧。叶条形或倒披针形，长 1.5～4cm，宽 2～6（～8）mm，先端锐尖，具小尖头，基部渐狭，无毛或被毛，具 1 脉。穗状花序细长，稍密，长 4～18cm，通常长 5～10cm；苞片条形、披针形至卵形，长 4～17mm，宽 1.5～2.5mm，先端锐尖或渐尖，基部渐狭或近圆形，无毛或被毛，具 1 脉，具狭的白色膜质边缘；花被片 1，稀 3，近轴花被片矩圆形，顶

端锐尖，远轴2枚通常不发育；雄蕊1，稀3，通常超过花被片。果实椭圆形，长2.5～3mm，宽1.5～2mm，顶端近圆形，基部近圆形，背面凸起，腹面凹入，无毛；果核倒卵形，光亮，绿色；果喙短，粗壮，喙尖短，直立，具浅黄色狭边；果翅宽为果核的1/10～1/8，不透明，全缘或啮齿状。花果期7～9月。

沙生旱生草本。生于草原区至荒漠区的砾质戈壁、沙丘和湖滨沙地。产锡林郭勒（锡林浩特市、正蓝旗）、乌兰察布（达尔罕茂明安联合旗）、额济纳。分布于我国甘肃西部、新疆，哈萨克斯坦东部。为戈壁—蒙古分布种。

4. 绳虫实

Corispermum declinatum Steph. ex Iljin in Trudy Prikl. Bot. 19(2):69. 1928; Fl. China 5:369. 2003; Fl. Intramongol. ed. 2, 2:283. t.115. f.4., t.116. f.1-5. 1991.

4a. 绳虫实

Corispermum declinatum Steph. ex Iljin var. **declinatum**

一年生草本，高15～50cm。茎直立，稍细弱，分枝多。最下部分枝较长，斜升，绿色或带红色，具条纹。叶条形，长2～3（～6）cm，宽1.5～3mm，先端渐尖，具小尖头，基部渐狭，具1脉。穗状花序细长，稀疏；苞片较狭，条状披针形至狭卵形，长3～7mm，宽约3mm，先端渐尖，具小尖头，具1脉，边缘白色膜质，除上部萼片较果稍宽外均较果窄；花被片1，稀3，近轴花被片宽椭圆形，先端全缘或啮蚀状；雄蕊1～3，花丝长约为花被的2倍。果实倒卵状矩圆形，长3～4mm，宽1.5～2mm，中部以上较宽，顶端锐尖，稀近圆形，基部圆楔形，背面中央稍扁平，腹面凹入，无毛；果核狭倒卵形，平滑或稍具瘤状突起；果喙长约0.5mm，喙尖约为喙长的1/3，直立；边缘具狭翅，翅宽为果核的1/8～1/3。花果期6～9月。

沙生旱生草本。生于草原区的沙质土壤和固定沙丘上。产科尔沁（翁牛特旗、克什克腾旗）、锡林郭勒（西乌珠穆沁旗、锡林浩特市、苏尼特左旗、苏尼特右旗、化德县）、乌兰察布（达尔罕茂明安联合旗、四子王旗）、鄂尔多斯（达拉特旗、东胜区、鄂托克旗、杭锦旗）。分布于我国辽宁、河北西北部、山西东北部、陕西北部、甘肃（河西走廊）、青海东部、新疆，蒙古国北部、俄罗斯（西伯利亚南部）、哈萨克斯坦。为东古北极分布种。

用途同碟果虫实。

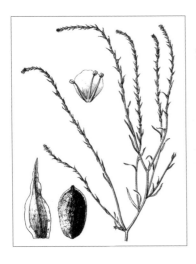

4b. 毛果绳虫实（瘤果虫实、喙虫实）

Corispermum declinatum Steph. ex Iljin var. **tylocarpum** (Hance) C. P. Tsien et C. G. Ma in Fl. Reip. Pop. Sin. 25(2):56. t.10. f.3. 1979; Fl. Intramongol. ed. 2, 2:285. t.115. f.3. 1991.——*C. tylocarpum* Hance in J. Bot. 6:47. 1868; Fl. China 5:370. 2003.

本变种与正种区别是：果实被星状毛。

沙生旱生草本。生于草原区和荒漠区的固定沙地、沙丘和沙质撂荒地上。产科尔沁（科尔

沁右翼中旗、巴林左旗、翁牛特旗、敖汉旗、红山区）、锡林郭勒（苏尼特左旗、苏尼特右旗）、乌兰察布（达尔罕茂明安联合旗、乌拉特中旗）、阴山（大青山）、阴南平原（包头市）、阴南丘陵（凉城县）、鄂尔多斯（东胜区、乌审旗、鄂托克旗、杭锦旗）、东阿拉善（阿拉善左旗）、额济纳。分布于我国辽宁、河北、山西、河南、江苏北部、陕西、甘肃、青海、新疆，蒙古国。为东古北极分布变种。

用途同碟果虫实。

5. 西伯利亚虫实

Corispermum sibiricum Iljin in Bull. Jard. Bot. Princ. U.R.S.S. 28:649. 1929; Fl. Intramongol. ed. 2, 2:285. t.115. f.12. 1991.

一年生草本，高 10～40cm。茎直立，单一或基部分枝，下部带紫红色，被散生柔毛或星状毛，有时光滑无毛。叶条形或条状披针形，稀近丝状，长 1～4.6cm，宽 0.3～3mm，先端渐尖，稀短渐尖，基部渐狭，全缘，被星状毛。穗状花序圆柱形，长 2～3cm，宽约 5mm，向下稍弯曲，花较密；苞片卵形或宽卵形，通常具 1 脉，具宽的白色膜质边缘，背部密被星状毛，完全覆盖果实；花被片 1～3；雄蕊通常 5。果实倒卵形或倒卵状椭圆形，淡黄褐色，长 3～4mm，宽 2～2.5mm，背部凸起，形成平坦的面，腹面微凹，顶端圆形或近圆形，基部心形；具较宽的翅，果翅宽为果核的 1/10～1/3（通常为 1/6～1/5），不透明，全缘。花果期 7～9 月。

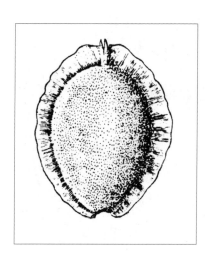

沙生旱生草本。生于草原区的沙丘上。产岭西和呼伦贝

尔（陈巴尔虎旗、海拉尔区）、科尔沁（巴林右旗）。分布于我国黑龙江、辽宁，俄罗斯（西伯利亚地区）。为西伯利亚—满洲分布种。

6. 兴安虫实

Corispermum chinganicum Iljin in Izv. Glavn. Bot. Sada S.S.S.R. 28:648. 1929; Fl. Intramongol. ed. 2, 2:285. t.115. f.8. 1991.——*C. chinganicum* Iljin var. *microcarpum* Iljin in Izv. Glavn. Bot. Sada S.S.S.R. 28:648. 1929; Fl. Intramongol. ed. 2, 2:286. 1991. syn. nov.

6a. 兴安虫实

Corispermum chinganicum Iljin var. **chinganicum**

一年生草本，高 10～50cm。茎直立，圆柱形，绿色或紫红色，由基部分枝。下部分枝较长，斜升；上部分枝较短，斜展，初期疏生长柔毛，后无毛。叶条形，长 2～5cm，宽约 2mm，先端渐尖，具小尖头，基部渐狭，具 1 脉。穗状花序圆柱形，稍紧密，长（1.5～）4～5cm，直径 3～8mm（通常约 5mm）；苞片披针形至卵形或宽卵形，先端渐尖或骤尖，具 1～3 脉，具较宽的白色膜质边缘，全部包被

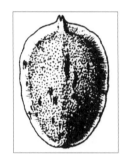

果实；花被片 3，近轴花被片 1，宽椭圆形，顶端具不规则的细齿；雄蕊 1～5，稍超过花被片。果实矩圆状倒卵形或宽椭圆形，长 2～3.5（～3.75）mm，宽 1.5～2mm，顶端圆形，基

部近圆形或近心形，背部凸起，腹面扁平，无毛；果核椭圆形，灰绿色至橄榄色，后期为暗褐色，有光泽，常具褐色斑点或无；无翅或翅狭窄，宽为果核的 1/8～1/7，浅黄色，不透明，全缘；小喙粗短，为喙长的 1/4～1/3。花果期 6～8 月。

沙生旱生草本。生于草原区的沙质土壤上。产呼伦贝尔（陈巴尔虎旗、海拉尔区）、科尔沁（科尔沁右翼中旗、阿鲁科尔沁旗、翁牛特旗、巴林右旗、克什克腾旗）、赤峰丘陵（红山区、喀喇沁旗、敖汉旗）、锡林郭勒（西乌珠穆沁旗、锡林浩特市、苏尼特左旗、镶黄旗）、乌兰察布（达尔罕茂明安联合旗）、阴山（大青山）、阴南丘陵（准格尔旗）、鄂尔多斯（乌审旗、准格尔旗、东胜区、达拉特旗、杭锦旗）。分布于我国黑龙江西南部和东部、吉林西北部、辽宁北部、河北北部、山东东北部、宁夏、甘肃、蒙古国、俄罗斯(西伯利亚地区东南部)。为华北—蒙古分布种。

用途同碟果虫实。

6b. 毛果兴安虫实

Corispermum chinganicum Iljin var. **stellipile** C. P. Tsien et C. G. Ma in Act. Phytotax. Sin. 16(1):118. 1978; Fl. Intramongol. ed. 2, 2:286. 1991.

本变种与正种区别是：果实被星状毛。

沙生旱生草本。生于草原区和荒漠区的沙质地。产赤峰丘陵（敖汉旗）、锡林郭勒（苏尼特左旗）、乌兰察布（达尔罕茂明安联合旗）、阴山（大青山、蛮汗山）、鄂尔多斯（伊金霍洛旗、乌审旗、鄂托克旗）、额济纳。分布于我国黑龙江、陕西。为戈壁—蒙古分布变种。

7. 烛台虫实（乌丹虫实）

Corispermum candelabrum Iljin in Izv. Glavn. Bot. Sada S.S.S.R. 28:645. 1929; Fl. Intramongol. ed. 2, 2:288. t.115. f.7., t.117. f.1-5. 1991.

一年生草本，高 6～60cm。茎直立，粗壮，圆柱形，果期绿色或微紫色，疏被毛或无毛。分枝多集中于基部，斜升，有时呈灯架状弯曲。叶条形至宽条形，长 1.5～4.5cm，宽 0.2～0.6cm，先端渐尖，具小尖头，基部渐狭，具 1 脉。穗状花序棍棒状或圆柱状，上部较粗宽，下部渐变细，长 1～25cm（通常长 4～6cm），宽 7～15mm（通常宽 8～10mm），下部花稀疏；苞片条状披针形至卵形或宽卵形，长 0.5～1.6cm，宽 0.2～0.6cm，先端渐尖或骤尖，具 1～3 脉，具白色膜质边缘，除下部的苞片外均较果宽。花被片 3；近轴花被片矩圆形或宽卵形，长约 1.5mm，顶部圆形，具不规则细齿；远轴 2 花被片小，三角状。雄蕊 5，较花被片长。果实矩圆状倒卵形或宽椭圆形，

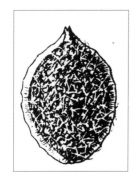

长 3～4mm，宽 2～2.5mm，顶端圆形，基部近圆形，背部凸起，腹面近扁平或稍凹入，被星状毛；果核椭圆形，顶端圆形，基部楔形，背部具瘤状突起；果喙粗短，直立或略叉分；翅狭窄，不透明，宽为果核的 1/10～1/8，边缘具不规则细钝齿。花果期 7～9 月。

沙生旱生草本。生于草原区的半固定沙地和沙丘上。产科尔沁（科尔沁右翼中旗、阿鲁科尔沁旗、翁牛特旗）、赤峰丘陵（红山区、喀喇沁旗、敖汉旗）、锡林郭勒（锡林浩特市）、阴南平原（呼和浩特市）、鄂尔多斯（乌审旗、鄂托克旗）。分布于我国辽宁西部、河北北部、山东。为华北分布种。

用途同碟果虫实。

8. 华虫实（施氏虫实）

Corispermum stauntonii Moq.-Tandon in Chenop. Monogr. Enum. 104. 1840; Fl. Intramongol. ed. 2, 2:288. t.115. f.9. 1991.

一年生草本，高 15～50cm。茎直立，圆柱形，绿色或紫红色，无毛或被稀疏的星状毛，由基部分枝。最下部分枝较长，斜升；上部分枝较为斜展。叶条形或条状披针形，长 2～5cm，

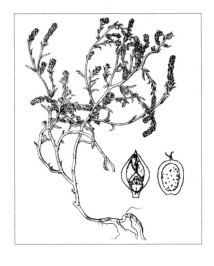
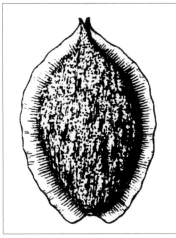

宽 2～3.5mm，先端渐尖，具小尖头，基部渐狭，毛较稀疏，具 1 脉。穗状花序棍棒状或圆柱状，通常长 2～5cm，直径 8～10mm，紧密或下部稀疏；苞片条状披针形、披针形至宽卵形，长 0.5～1cm，宽 2～5mm，先端渐尖或骤尖，具小尖头，基部圆形，具 1～3 脉，具较宽的白色膜质边缘，掩盖果实。花被片 1～3；近轴花被片宽椭圆形或宽卵形，顶部圆形，具不规则细齿；远轴花被片 2，小，近三角形，有时不发育。雄蕊 3～5，均比花被片长。果实宽椭圆形，长 3.5～4mm，宽 2.5～3mm，顶端圆形，基部通常心形，背部凸起，中央压扁，腹面凹入或扁平，无毛；果核椭圆形，具深褐色小斑点；果喙粗短，直立；果翅较宽，为果核宽的 1/3～1/2，较薄，不透明，边缘具不规则的细齿。花果期 7～9 月。

沙生旱生草本。生于草原区的沙地、沙质土壤及沙质撂荒地。产科尔沁（科尔沁右翼中旗、巴林右旗、翁牛特旗、克什克腾旗）、锡林郭勒（正蓝旗）、乌兰察布（集宁区）、阴南平原（呼和浩特市）。分布于我国黑龙江西南部、辽宁北部、河北中部。为华北—满洲分布种。

9. 软毛虫实

Corispermum puberulum Iljin in Izv. Glavn. Bot. Sada S.S.S.R. 28:645. 1929; Fl. Intramongol. ed. 2, 2:289. t.115. f.10. 1991.

9a. 软毛虫实

Corispermum puberulum Iljin var. **puberulum**

一年生草本，高 15～50cm。茎直立，粗壮，圆柱形，淡绿色或紫红色，具条纹，疏生星状毛，基部多分枝。最下部分枝较长，斜升；上部分枝较短，斜展。叶条形或披针形，长 1～3cm，宽 3～5mm，先端渐尖，具小尖头，基部渐狭，具 1 脉，无毛或疏生星状毛。穗状花序粗壮，紧密，棍棒形

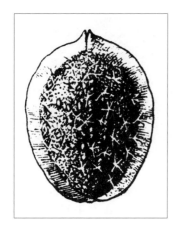

或圆柱形，通常长 3～5cm，直径约 0.8cm；苞片披针形至宽卵形，先端渐尖或骤尖，基部圆形，具 1～3 脉，具宽的白色膜质边缘，疏生星状毛，全部掩盖果实。花被片 1～3；近轴花被片 1，椭圆形或宽倒卵形，顶端圆形，近全缘；远轴 2，较小或不发育。雄蕊 1～5，较花被片长。果实宽椭圆形或倒卵状椭圆形，长 3～4mm，宽 2～3.5mm，顶端圆

形，基部近心形，背面微凸起，中央扁平，腹面凹入或略扁平，两面均被星状毛；果核椭圆形，黄绿色；果喙明显，喙尖直立；果翅较宽，为果核宽的 1/6～1/3（最宽可达 1/2），薄，不透明，边缘全缘或具不规则的细齿。花果期 6～9 月。

沙生旱生草本。生于草原区的沙地、沙丘、沙质撂荒地。产科尔沁（科尔沁右翼中旗、巴林右旗、克什克腾旗）、阴山（大青山）、阴南丘陵（准格尔旗）。分布于我国黑龙江西南部、辽宁北部、河北、山东东北部。为华北—满洲分布种。

9b. 光果软毛虫实

Corispermum puberulum Iljin var. **ellipsocarpum** C. P. Tsien et C. G. Ma in Act. Phytotax. Sin. 16:118. 1978; Fl. Intramongol. ed. 2, 2:289. 1991.

本变种与正种的区别是：植株通常较高，30～50cm；花序较长，5～7cm；果实较大，长 3.7～4.5mm，宽 2.8～3.2mm，无毛。

沙生旱生草本。生于草原区的沙地、固定沙丘上。产科尔沁（翁牛特旗）、锡林郭勒（锡林浩特市、正蓝旗）、乌兰察布（兴和县）。分布于我国黑龙江、辽宁、河北、山东。为华北—满洲分布变种。

用途同碟果虫实。

10. 辽西虫实

Corispermum dilutum (Kitag.) C. P. Tsien et C. G. Ma in Act. Phytotax. Sin. 16(1):119. 1978; Fl. Intramongol. ed. 2, 2:289. t.115. f.13. 1991.——*C. thelelegium* Kitag. var. *dilutum* Kitag. in Rep. First. Sci. Exped. Manch. Sect. 4, 2:105. 1935.

10a. 辽西虫实

Corispermum dilutum (Kitag.) C. P. Tsien et C. G. Ma var. **dilutum**

一年生草本，高 5～30cm。茎直立，圆柱形，绿色或下部紫色，稍被星状毛，果期毛脱离，由基部分枝。最下部分枝较长，斜升或平卧；上部分枝较短，斜展。叶条形，长 2.5～4.5cm，宽 2～6mm（通常宽约 3mm），先端锐尖，具小尖头，基部渐狭，具 1 脉，绿色，疏生星状毛。穗状花序倒卵状或棍棒状，长 1～3（～10）cm，直径 1～1.5cm，紧密；苞片宽披针形、卵形至宽卵形，长 5～10（～22）mm，宽 4～6mm，先端锐尖或骤尖，具小尖头，基部圆形，具 3 脉，具宽的白色膜质边缘，其上部有明显的乳头状突起。花被片 3；近轴花被片 1，宽椭圆形或近圆形，长约 1.2mm，顶端具不规则小齿；远轴 2，小，三角形。雄蕊 3～5，超过花被片。果实倒宽卵形，长 3.5～4.5mm，宽 2.5～4mm，顶端具明显的钝角状缺刻，基部心形或近心形，背部凸起，腹部凹入，无毛；果核倒卵形，黄绿色，具少数褐色斑纹和泡状凸起；果喙长约 0.8mm，喙尖为喙长的 1/3～1/2，直立；翅较宽，约 0.7mm，黄褐色，不透明，边缘具不规则细齿。花果期 7～9 月。

 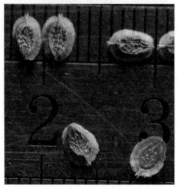

沙生旱生草本。生于草原区的沙地、沙丘。产科尔沁（巴林左旗、翁牛特旗）。为科尔沁沙地分布种。

10b. 毛果辽西虫实

Corispermum dilutum (Kitag.) C. P. Tsien et C. G. Ma var. **hebecarpum** C. P. Tsien et C. G. Ma in Act. Phytotax. Sin. 16:119. 1978; Fl. Intramongol. ed. 2, 2:290. 1991.

本变种与正种的区别是：果实两面被星状毛。

生境、分布同正种。

11. 长穗虫实

Corispermum elongatum Bunge in Prim. Fl. Amur. 224. 1859; Fl. Intramongol. ed. 2, 2:290. t.115. f.11. 1991.

11a. 长穗虫实

Corispermum elongatum Bunge var. **elongatum**

一年生草本，高 18 ～ 50cm。茎直立，圆柱形，疏生毛，分枝多，呈帚状。最下部分枝较长，斜升；上部分枝通常斜展。叶狭条形，长 3 ～ 5cm，宽 2 ～ 4mm，先端渐尖，具小尖头，基部渐

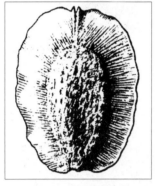

狭，具 1 脉，深绿色。穗状花序圆柱状，较稀疏，延长，长 3 ～ 11cm（通常 5 ～ 8cm），直径约 6mm；下部的花疏离至稀疏，上部稍密；苞片披针形至卵形，先端渐尖或骤尖，基部圆形，具白色膜质边缘，具 1 ～ 3 脉，绿色，果期毛脱落；花被片 3；雄蕊 5，超过花被片。果实矩圆状椭圆形，长 3 ～ 4mm，宽 2.5 ～ 3mm，顶端具浅而宽的缺刻，基部圆楔形，背部凸起，中央扁平，腹部凹入，无毛；果喙较短，长约 0.7mm，直立；翅宽 0.4 ～ 0.7mm，为果核宽的 1/6 ～ 1/2，不透明，边缘具不规则细齿，全缘或呈波状。花果期 7 ～ 9 月。

沙生旱生草本。生于草原区的沙地、沙丘。产呼伦贝尔（陈巴尔虎旗、海拉尔区、新巴尔虎右旗）、科尔沁（巴林右旗）、乌兰察布（四子王旗、达尔罕茂明安联合旗）。分布于我国黑龙江、吉林东部、辽宁、宁夏中部，蒙古国西部和西南部、俄罗斯（西伯利亚地区东南部、远东地区）。为东古北极分布种。

11b. 毛果长穗虫实（星毛虫实）

Corispermum elongatum Bunge var. **stellatopilosum** Wang Wei et Fuh in Fl. Pl. Herb. Chin. Bor.-Orient. 2:85,111. 1959; Fl. Intramongol. ed. 2, 2:290. 1991.

本变种与正种的区别是：苞片、花轴、果实密被星状毛。

生境、分布同正种。

12. 宽翅虫实（鳞虫实）

Corispermum platypterum Kitag. in Rep. First Sci. Exped. Manch. Sect. 4, 2:100. f.12. 1935; Fl. Intramongol. ed. 2, 2:291. t.115. f.15. 1991.

一年生草本，高 30～50cm。茎直立，圆柱形，绿色，被稀疏的毛。分枝纤细，基部的分枝最长，斜升。叶条形，长 3～5cm，宽约 1mm，先端渐尖，具小尖头，基部渐狭，全缘，具 1 脉。穗状花序圆柱状，纤细，具稀疏的花，下部疏离，上部稍密。上部苞片椭圆形至卵状；下部苞片条形至卵状披针形，长 1.5～3cm，宽 1～1.5mm，仅基部稍具白色膜质边缘，显著比果窄；中部以上披针形至卵形；苞片均具膜质边缘，比果稍窄。花被片 1～3；近轴花被片宽卵形，顶端圆形，具不规则的细齿，基部圆形，白色膜质；远轴 2，小，三角形。雄蕊 3～5，花丝比花被片长。果实近圆形，长 4～4.5mm，

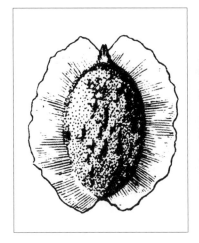

宽 3.5～4.5mm，顶部下陷成锐角状缺刻，基部圆楔形或心形，背面凸起，中央压扁，腹面扁平，无毛；果核椭圆状倒卵形，长约 3.5mm，宽约 2mm，顶端圆形，基部楔形；果喙长约 1.2mm，喙尖约为喙长的 1/4；果翅宽约 1mm，薄，半透明，边缘具不规则的细齿。花果期 7～9 月。

沙生旱生草本。生于草原区比较湿润的沙地、沙丘上。产呼伦贝尔（海拉尔区）、科尔沁（翁牛特旗）、赤峰丘陵（红山区）。分布于我国吉林西部、辽宁西北部、河北东北部。为东蒙古（呼伦贝尔—科尔沁）分布种。

用途同碟果虫实。

13. 细苞虫实

Corispermum stenolepis Kitag. in Rep. First Sci. Exped. Manch. Sect. 4, 2:102. f.13. 1935; Fl. Intramongol. ed. 2, 2:291. t.115. f.14. 1991.

13a. 细苞虫实

Corispermum stenolepis Kitag. var. **stenolepis**

一年生草本，高 15～50cm。茎直立，圆柱形。分枝纤细，集中于中上部，通常下部分枝较长。叶狭条形，长 3.5～4.5cm，宽约 2mm，先端渐尖，具小尖头，基部渐狭，全缘，具 1 脉。穗状花序较细，具稀疏的花；苞片条状披针形至披针形，先端渐尖，具小短尖，长 0.6～3.5cm，宽 0.1～0.2cm，具白色膜质边缘，明显比果实窄；花被片 1，宽椭圆形，长 0.9～1.2mm，宽约 0.6mm；雄蕊 1～3，花丝比花被片长。果实近圆形，长 4.5～5.5mm，宽 4～5mm，顶端下陷成深缺刻，基部心形，背面凸起，中央扁平，腹面近平或稍凹入，两面均被星状毛；果核长椭圆形，长约 3mm，宽约 1.5mm；果喙长 1.5～2mm，喙尖约为喙长的 1/4，外弯；果翅宽约 1.5mm 或稍宽，较薄，向两侧弯曲，半透明，边缘具不规则细齿。花果期 8～9 月。

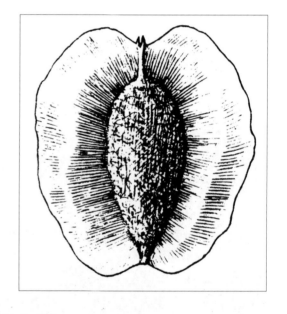

沙生旱生草本。生于草原区的河滩或固定沙丘上。产科尔沁（阿鲁科尔沁旗）、赤峰丘陵（红山区）。分布于我国吉林西部、辽宁（朝阳市）。为科尔沁沙地分布种。

用途同碟果虫实。

13b. 光果细苞虫实

Corispermum stenolepis Kitag. var. **psilocarpum** Kitag. in Rep. First Sci. Exped. Manch. Sect. 4, 2:103. f.12. 1935; Fl. Intramongol. ed. 2, 2:291. 1991.

本变种与正种的区别是：果实无毛。

生境、分布同正种。

16. 轴藜属 Axyris L.

一年生草本。茎直立或平卧，密被星状毛或近于无毛。叶互生，扁平，披针形或宽卵形，具柄。花单性，雌雄同株。雄花数朵簇生于叶腋，于茎、枝上部集成穗状花序；无苞片和小苞片；花被裂片 3～5；雄蕊 2～5。雌花数朵构成紧密的二歧聚伞花序，腋生；具苞片，无小苞片；花被片 3～4，背部被毛，果期增大，包被果实；子房卵形，背腹压扁，花柱短，柱头 2。胞果直立，椭圆形、倒卵形或球形，顶端通常具附属物，附属物冠状、三角状或乳头状；种子直生，与果同形；胚马蹄铁形，胚乳较多。

内蒙古有 3 种。

分种检索表

1a. 植株通常高大；茎直立，分枝斜升；叶较大，披针形至卵形，具短柄；雄花序穗状；果实顶端的附属物冠状或三角状。

  2a. 叶片较大，长 3～7cm，披针形，下面星状毛较密；果实长椭圆状倒卵形，不具同心圆状皱纹；顶端附属物较大，1 个，冠状，中央微凹⋯⋯⋯⋯⋯⋯⋯⋯⋯**1. 轴藜 A. amaranthoides**

  2b. 叶片较小，长 0.5～3.5cm，椭圆形、卵形或矩圆状披针形，两面密被星状毛；果实宽椭圆状倒卵形，侧面具同心圆状皱纹；顶端附属物较小，2 个，三角状⋯⋯⋯⋯**2. 杂配轴藜 A. hybrida**

1b. 植株矮小；茎枝平卧或斜升；叶较小，宽椭圆形、宽卵形或近圆形，长 0.5～1.5cm，叶柄明显；雄花序头状；果实顶端有 2 个附属物，乳头状⋯⋯⋯⋯⋯⋯⋯⋯**3. 平卧轴藜 A. prostrata**

1. 轴藜

Axyris amaranthoides L., Sp. Pl. 2:979. 1753; Fl. Intramongol. ed. 2, 2:292. t.118. f.1-7. 1991.

一年生草本，高 20～80cm。茎直立，粗壮，圆柱形，稍具条纹，幼时被星状毛，后期大

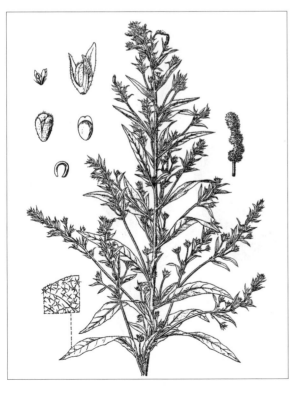

部脱落。分枝多，常集中于中部以上，纤细，下部分枝较长，愈向上愈短。叶片先端渐尖，具小尖头，基部渐狭，全缘，下面密被星状毛，后期毛脱落；茎生叶较大，披针形，长 3～7cm，宽 0.5～1.3cm，脉显著；枝生叶及苞片较小，狭披针形或狭倒卵形，长约 1cm，宽 2～3mm，边缘通常内卷；具短柄。雄花序呈穗状；花被片 3，膜质，狭矩圆形，背面密被星状毛，后期脱落；雄蕊 3，比花被片短或等长。雌花数朵构成短缩的聚伞花序，位于枝条下部叶腋。雌花花被片 3，膜质，背部密被星状毛；侧生的 2 枚花被片较大，宽卵形或近圆形；近苞片处的花被片较小，矩圆形；果期花被片均增大，包被果实。胞果长椭圆状倒卵形，侧扁，长 2～3mm，灰黑色，顶端有 1 个冠状附属物，其中央微凹。花果期 8～9 月。

中生农田杂草。散生于森林区和草原区的沙质撂荒地和居民点附近。产兴安北部（额尔古纳市、牙克石市、鄂伦春自治旗）、岭东（扎兰屯市）、呼伦贝尔（海拉尔区、新巴尔虎左旗、满洲里市）、兴安南部和科尔沁（科尔沁右翼前旗、科尔沁右翼中旗、阿鲁科尔沁旗、巴林右旗、克什克腾旗）、辽河平原（科尔沁左翼后旗）、赤峰丘陵（翁牛特旗）、燕山北部（喀喇沁旗、敖汉旗）、锡林郭勒（锡林浩特市、苏尼特左旗）、乌兰察布（达尔罕茂明安联合旗）、阴山（大青山、蛮汗山）、阴南平原（呼和浩特市、包头市）、阴南丘陵（准格尔旗）、鄂尔多斯（伊金霍洛旗）。分布于我国黑龙江、吉林、辽宁、河北、山西、陕西中部和北部、甘肃东部、青海东部和中南部、新疆，日本、朝鲜、蒙古国北部和东部、俄罗斯、哈萨克斯坦，欧洲、北美洲。为泛北极分布种。

2. 杂配轴藜

Axyris hybrida L., Sp. Pl. 2:980. 1753; Fl. Intramongol. ed. 2, 2:294. t.118. f.8. 1991.

一年生草本，高 5～40cm。茎直立，由基部分枝。枝通常斜升，幼时被星状毛，后期脱落。叶片卵形、椭圆形或矩圆状披针形，长 0.5～3.5cm，宽 0.2～1cm，先端钝或渐尖，具小尖头，

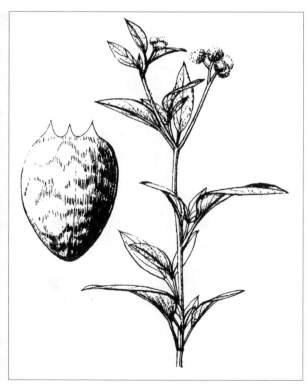

基部楔形，全缘，下面叶脉明显，两面均密被星状毛，具短柄。雄花序穗状；花被片 3，膜质，矩圆形，背面密被星状毛，后期脱落；雄蕊 3，伸出花被外。雌花无梗，通常构成聚伞花序，生于叶腋；苞片披针形或卵形，背面密被星状毛；花被片 3，背部密被星状毛。胞果宽椭圆状倒卵形，长 1.5 ～ 2mm，宽约 1.5mm，侧面具同心圆状皱纹，顶端有 2 个小的三角状附属物。花果期 7 ～ 8 月。

中生杂草。是沙质撂荒地常见的植物，也见于固定沙地、干河床。产兴安北部及岭东（牙克石市、鄂伦春自治旗）、呼伦贝尔（海拉尔区、陈巴尔虎旗）、兴安南部和科尔沁（科尔沁右翼前旗、科尔沁右翼中旗、巴林右旗、克什克腾旗）、锡林郭勒（锡林浩特市、西乌珠穆沁旗、苏尼特左旗、太仆寺旗、察哈尔右翼中旗）、乌兰察布（四子王旗南部、达尔罕茂明安联合旗南部）、阴山（大青山、乌拉山）、鄂尔多斯（乌审旗）、贺兰山、龙首山。分布于我国黑龙江、河北、山西、河南、甘肃、青海、新疆、云南、西藏，蒙古国、俄罗斯（西伯利亚地区）、尼泊尔，克什米尔地区、中亚、西南亚。为东古北极分布种。

3. 平卧轴藜

Axyris prostrata L., Sp. Pl. 2:980. 1753; Fl. Intramongol. ed. 2, 2:294. t.118. f.9-10. 1991.

一年生草本，高 2 ～ 8cm。茎、枝平卧或斜升，密被星状毛，后期大部脱落。叶片宽椭圆形、宽卵形或近圆形，长 0.5 ～ 1.5cm，宽 0.4 ～ 0.9cm，先端圆形，具小尖头，基部急缩并下延至柄，

全缘，两面均被星状毛，中脉不显；叶具长柄，与叶近等长。雄花序聚集成头状花序，无苞片和小苞片；花被片 3 ～ 5，膜质，倒卵形，背部密被星状毛，后期毛脱落；雄蕊 3 ～ 5，花药宽矩圆形，花丝条形，伸出花被外。雌花无梗，着生于苞片柄上，无小苞片；苞片倒卵形，背部密被星状毛；花被片 3，膜质，背部密被星状毛。

胞果圆形或倒宽卵形，侧扁，侧面具同心圆状皱纹；顶端有 2 个附属物，较小，乳头状，有时不显。花果期 7 ～ 8 月。

耐寒中生矮小草本。见于荒漠区的山地或干河床内。产贺兰山、额济纳。分布于我国青海、西藏、新疆（巴音郭楞蒙古自治州和静县），蒙古国东部和北部及西部、俄罗斯（西西伯利亚地区）、尼泊尔、塔吉克斯坦。为亚洲中部分布种。

17. 驼绒藜属 **Krascheninnikovia** Gueld.

半灌木，直立或呈垫状。全株被星状毛。叶互生，单生或成束，具柄。花单性，雌雄同株。雄花无梗，数朵成簇在枝顶构成念珠状或头状花序，无苞片和小苞片；花被片 4，膜质，卵形或椭圆形；雄蕊 4，花药矩圆形，花丝条形，伸出花被外。雌花无梗，1～2 朵腋生，具苞片，无花被；小苞片 2，合成雌花管，侧扁，椭圆形或倒卵形，上部分裂成 2 枚角状或兔耳状裂片，果期管外具 4 束长毛或短毛；子房椭圆形，花柱短，柱头 2。胞果直立，扁平，椭圆形或狭倒卵形，上部被长毛；果皮膜质，不与种皮连合；种子直生，与果同形；胚马蹄铁形。

内蒙古有 2 种。

分种检索表

1a. 植株较矮；叶较小，条形或条状披针形，下面具 1 条中脉，非羽状脉；雌花管裂片为管长的 1/3～1/2 ···**1. 驼绒藜 K. ceratoides**

1b. 植株较高；叶较大，披针形或矩圆状披针形，羽状脉；雌花管裂片为管长的 1/5～1/4 ··**2. 华北驼绒藜 K. arborescens**

1. 驼绒藜（优若藜）

Krascheninnikovia ceratoides (L.) Gueld. in Nov. Comm. Acad. Sci. Imp. Petrop. 16:555. 1772; Fl. China 5:359. 2003.——*Axyris ceratoides* L., Sp. Pl. 2:979. 1753.——*Ceratoides latens* (J. F. Gmel.) Reveal et Holmgren in Taxon 21(1):209. 1972; Fl. Intramongol. ed. 2, 2:228. t.93. f.1-4. 1991.——*Ceratoides intramongolica* H. C. Fu, J. Y. Yang et S. Y. Zhao in Fl. Intramongol. ed. 2, 2:230. 1991.

半灌木，高 30～100m。分枝多集中于下部。叶较小，条形、条状披针形、披针形或矩圆形，长 1～2cm，宽 2～5mm，先端锐尖或钝，基部渐狭、楔形或圆形，全缘，具 1 脉，有时近基部有 2 条不甚显著的侧脉，极稀为羽状，两面均有星状毛。雄序较短而紧密，长可达 4cm。雌花管椭圆形，长 3～4mm，密被星状毛；雌花管裂片角状，其长为管长的 1/3～1/2，叉开，先端锐尖，果期管外具 4 束长毛，约与管等长。胞果椭圆形或倒卵形，被毛。花果期 6～9 月。

强旱生半灌木。生于草原区西部和荒漠区的沙质、沙砾质土壤中，为小针茅草原的伴生种，在草原化荒漠向典型荒

漠过渡地带可形成大面积的驼绒藜荒漠群落，也出现在其他荒漠群落中。产锡林郭勒（东乌珠穆沁旗、锡林浩特市、正蓝旗、镶黄旗、苏尼特左旗、苏尼特右旗）、乌兰察布（四子王旗、达尔罕茂明安联合旗、乌拉特中旗）、鄂尔多斯（伊金霍洛旗、杭锦旗、鄂托克旗）、东阿拉善（乌拉特后旗、阿拉善左旗）、西阿拉善（阿拉善右旗）、额济纳。分布于我国宁夏、甘肃、青海、西藏、新疆，欧亚大陆干旱地区和北非也有分布。为古地中海分布种。

　　为优等饲用植物。家畜采食其当年生枝条。骆驼与山羊、绵羊四季均喜食，以秋冬最为喜食，绵羊与山羊除喜食其嫩枝条外，亦喜食其花序；马四季均喜采食；牛的适口性较差。在干旱地区有引种价值。

　　本种粗蛋白质及钙含量较高，且无氮浸出物的含量甚多，为富有营养价值的植物，尤其在越冬期间，尚含有较多的蛋白质，且冬季地上部分保存良好，这对冬季饲养家畜具有一定意义。

　　花可入药，主治气管炎、肺结核。

2. 华北驼绒藜（驼绒蒿）

Krascheninnikovia arborescens (Losina-Losinsk.) Czerep. in Vasc. Pl. Russia et Adj. States 186. 1995; Fl. China 5:359. 2003.——*Eurotia arborescens* Losina-Losinsk. in Izv. Akad. Nauk. S.S.S.R. Ser. 7, Otd. Fiz.-Mat. Nauk. 9:999. 1930.——*Ceratoides arborescens* (Losina-Losinsk.) C. P. Tsien et C. G. Ma in Fl. Reip. Pop. Sin. 25(2):27. t.5 f.5-6. 1979; Fl. Intramongol. ed. 2, 2:230. t.93. f.5-8. 1991.

　　半灌木，高 100～200cm。分枝多集中于上部，较长。叶较大，叶片披针形或矩圆状披针形，长 2～5（～7）cm，宽 0.7～1（～1.5）cm，先端锐尖或钝，基部楔形至圆形，全缘，通常具明显的羽状叶脉，两面均有星状毛，具短柄。雄花序细长而柔软，长可达 8cm。雌花管倒卵形，长约 3mm；花管裂片粗短，其长为管长的 1/5～1/4，先端钝，略向后弯，果期管外两侧的中上部具 4 束长毛，下部有短毛。胞果椭圆形或倒卵形，被毛。花果期 7～9 月。

　　旱生半灌木。散生于草原区和森林草原带的干燥山坡、固定沙地、旱谷和干河床内，为山地草原和沙地植

被的伴生种或亚优势种。产兴安南部和科尔沁（科尔沁右翼中旗、阿鲁科尔沁旗、巴林右旗、林西县、克什克腾旗）、燕山北部（敖汉旗）、锡林郭勒（锡林浩特市、阿巴嘎旗、正蓝旗、镶黄旗、太仆寺旗、苏尼特左旗、苏尼特右旗、察哈尔右翼中旗）、乌兰察布（四子王旗、达尔罕茂明安联合旗）、阴山（大青山、蛮汗山、乌拉山）、阴南丘陵（准格尔旗）、鄂尔多斯（伊金霍洛旗、杭锦旗）、龙首山。分布于我国吉林西部、辽宁西部、河北西北部、山西中北部、陕西北部、甘肃东部、青海东部、四川北部。为华北—兴安南部分布种。

饲用价值同驼绒藜，在干旱地区颇有引种栽培价值。

18. 地肤属 Kochia Roth

一年生草本或半灌木。植株被绢状密卷毛或柔毛，稀无毛。茎多分枝，枝细弱。叶互生，无柄。花小，两性或雌性，无梗，单生或簇生于叶腋，于枝上构成间断或密集的穗状花序。花被球形、壶形或杯形，无苞；花被片5，内曲，果期背部发育成平展的翅或凸起。雄蕊5，伸出花被外，花丝条形，花药卵形或宽椭圆形。子房宽卵形；柱头2～3，条形。胞果包于花被内；种子横生，扁圆形；胚环形，胚乳少量，粉质。

内蒙古有6种。

分种检索表

1a. 小半灌木，叶条形或狭条形。

　　2a. 叶密被开展绢毛···**1a. 木地肤 K. prostrata** var. **prostrata**

　　2b. 叶密被贴伏绢毛···**1b. 灰毛木地肤 K. prostrata** var. **canescens**

1b. 一年生草本。

　　3a. 叶扁平，披针形或条状披针形。

　　　　4a. 花下无柔毛··**2. 地肤 K. scoparia**

　　　　4b. 花下有束生长柔毛···**3. 碱地肤 K. sieversiana**

　　3b. 叶圆柱状、半圆柱状或近棍棒状。

　　　　5a. 花被的附属物均为翅状，等大，边缘啮蚀状·····················**4. 毛花地肤 K. laniflora**

　　　　5b. 花被的附属物翅状或角刺状，不等大，边缘全缘。

　　　　　　6a. 果期有 3 枚花被片的附属物为翅状，披针形或矩圆形，先端尖，脉纹黑色或带红紫色；另

　　　　　　　　2 枚花被片常形成垂直的角刺状凸起·····················**5. 黑翅地肤 K. melanoptera**

　　　　　　6b. 果期有 3 枚花被片的附属物为翅状，宽卵形或矩圆状倒卵形，先端钝圆或稍尖，脉纹黄褐

　　　　　　　　色；另 2 枚花被片的附属物亦为翅状，卵形或披针形···········**6. 宽翅地肤 K. macroptera**

1. 木地肤（伏地肤）

Kochia prostrata (L.) Schrad. in Neues J. Bot. 3:85. 1809; Fl. Intramongol. ed. 2, 2:247. t.101. f.1-3. 1991.——*Salsola prostrata* L., Sp. Pl. 1:222. 1753.

1a. 木地肤

Kochia prostrata (L.) Schrad. var. **prostrata**

　　小半灌木，高 10～60cm。根粗壮，木质。茎基部木质化，浅红色或黄褐色。分枝多而密，于短茎上呈丛生状；枝斜升，纤细，被白色柔毛，有时被长绵毛，上部近无毛。叶于短枝上呈簇生状，叶片条形或狭条形，长 0.5～2cm，宽 0.5～1.5mm，先端锐尖或渐尖，两面被疏或密的开展的绢毛。花单生或 2～3 朵集生于叶腋，或于枝端构成穗状花序；花无梗，不具苞；花被壶形或球形，密被柔毛。花被片 5，密生柔毛，果期变革质，自背部横生 5 个干膜质薄翅；翅菱形或宽倒卵形，顶端边缘有不规则钝齿，基部渐狭，具多数暗褐色扇状脉纹，水平开展。雄蕊 5，花丝条形，花药卵形。花柱短；柱头 2，有羽毛状凸起。胞果扁球形；果皮近膜质，紫褐色；种子横生，卵形或近圆形，黑褐色，直径 1.5～2mm。花果期 6～9 月。

　　旱生小半灌木。生态变异幅度很大，在小针茅—葱类草原中可成为优势种，亦可进入草原化荒漠群落中。产兴安北部及岭东和岭西（额尔古纳市、牙克石市、鄂伦春自治旗）、呼伦贝尔（海拉尔区、新巴尔虎左旗、

满洲里市）、兴安南部和科尔沁（科尔沁右翼中旗、阿鲁科尔沁旗、翁牛特旗、巴林右旗、克什克腾旗、敖汉旗）、锡林郭勒（西乌珠穆沁旗、锡林浩特市、苏尼特左旗、正蓝旗、太仆寺旗）、乌兰察布（四子王旗、达尔罕茂明安联合旗、乌拉特中旗、乌拉特前旗）、鄂尔多斯（杭锦旗、鄂托克旗）、东阿拉善（狼山、阿拉善左旗巴彦浩特镇）、龙首山（桃花山）。分布于我国黑龙江西南部、辽宁西北部、河北西北部、山西东北部、陕西北部、宁夏中部、甘肃（河西走廊）、青海（海南藏族自治州兴海县）、西藏、新疆北部，蒙古国，中亚、西南亚、欧洲南部。为古地中海分布种。

为优等饲用植物。绵羊、山羊和骆驼喜食，秋冬季更喜食，一般认为秋季食之对绵羊、山羊有抓膘作用。马、牛在春季和夏季采食一般，结实后喜食。本种在内蒙古干草原与荒漠草原以至荒漠地区进行栽培或用以改良草场是很有前途的。

1b. 灰毛木地肤

Kochia prostrata (L.) Schrad. var. **canescens** Moq.-Tandon in Chenop. Monogr. Enum. 93. 1840; Fl. Intramongol. ed. 2, 2:249. 1991.

本变种与正种的区别是：当年生枝有密的灰白色柔毛，叶密被贴伏的绢毛。

旱生小半灌木。生于荒漠草原带的山坡及沙地。产锡林郭勒（苏尼特左旗、镶黄旗）、乌兰察布（达尔罕茂明安联合旗）。分布于我国宁夏、甘肃、新疆。为戈壁—蒙古分布变种。

2. 地肤（扫帚菜）

Kochia scoparia (L.) Schrad. in Neues J. Bot. 3:85 1809; Fl. Intramongol. ed. 2, 2:249. t.102. f.1-4. 1991.——*Chenopodium scoparium* L., Sp. Pl. 1:221. 1753.

一年生草本，高 50～100cm。茎直立，粗壮，常自基部分枝。分枝多斜升，具条纹，淡绿色或浅红色，至晚秋变为红色，幼枝有白色柔毛。叶片披针形至条状披针形，长 2～5cm，

宽 3 ～ 7mm，扁平，先端渐尖，基部渐狭成柄状，全缘，无毛或被柔毛，边缘常有白色长毛，逐渐脱落，淡绿色或黄绿色，通常具 3 条纵脉，叶无柄。花无梗，通常单生或 2 朵生于叶脉，于枝上排成稀疏的穗状花序。花被片 5，基部合生，黄绿色，卵形，背部近先端处有绿色隆脊及横生的龙骨状凸起，果期龙骨状凸起发育为横生的翅；翅短，卵形，膜质，全缘或有钝齿。胞果扁球形，包于花被内；种子与果同形，直径约 2mm，黑色。花期 6 ～ 9 月，果期 8 ～ 10 月。

中生杂草。多见于夏绿阔叶林区和草原区的撂荒地、路旁、村边，散生或群生，亦为常见农田杂草。几产内蒙古各地。分布几遍全国；澳大利亚，亚洲、欧洲、非洲、南美洲、北美洲也有分布。为世界分布种。

嫩茎叶可供食用。果实及全草入药（果实药材名：地肤子），能清湿热、利尿、祛风止痒，主治尿痛、尿急、小便不利、皮肤瘙痒；外用治皮癣及阴囊湿疹。种子含油量约 15%，供食用及工业用。

3. 碱地肤（秃扫儿）

Kochia sieversiana (Pall.) C. A. Mey. in Fl. Alt. 1:415. 1829; Fl. Pl. Herb. Chin. Bor.-Orient. 2:89. t.87. 1959.——*K. scoparia* (L.) Schrad. var. *sieversiana* (Pall.) Ulbr. ex Aschers. et Graebn. in Syn. Mitteleur. Fl. 5:163. 1913; Fl. Intramongol. ed. 2, 2:251. t.102. f.5. 1991.——*Suaeda sieversiana* Pall. in Ill. Pl. 45. t.38. 1803.

一年生草本，高 20 ～ 100cm。根木质化。茎直立，由基部分枝。分枝斜升，带黄绿色或稍带红色，枝上端密被白色或黄褐色卷毛，枝的中下部光滑无毛。叶互生；下部茎生叶长圆状倒卵形或倒披针形，基部狭窄成柄状，先端稍钝；上部茎生叶长圆形，披针形或线形，基部收缩，先端渐尖；全缘，扁平，通常质厚，两面有毛或无毛，但边缘有长茸毛，长 4 ～ 5cm，宽 2 ～ 4mm。

花排成较紧密的穗状，花序下方的花较稀疏以至于间断；花杂性，通常 1 ～ 2 朵集生于叶腋的长白毛束中，使整个花序通常呈绵毛状。花被于果期背部延长为 5 个短翅；翅厚短，圆形或椭圆形，有圆齿，并具明显脉纹。

　　旱中生草本。广布于草原区和荒漠区，多生于盐碱化的低湿地和质地疏松的撂荒地上，亦为常见的农田杂草和居民点附近的伴人植物。几产内蒙古各地。分布于我国黑龙江、吉林、辽宁、河北、山东、山西、陕西、甘肃、宁夏、青海、新疆，俄罗斯（西伯利亚地区），中亚。为东古北极分布种。

　　为中等饲用植物。骆驼、羊和牛乐食，青嫩时可做猪饲料。药用同地肤。

4. 毛花地肤

Kochia laniflora (S. G. Gmel.) Borb. in Balaton Fl. 340. 1900; Fl. Intramongol. ed. 2, 2:251. 1991.——*Salsola laniflora* S. G. Gmel. in Reise Russ. Reich. 1:160. 1770-1774.

　　一年生草本，高 20 ～ 40cm。茎直立，常带紫红色，具细条棱，色条不明显，疏被柔毛，后无毛，不分枝或少分枝。枝斜升，细瘦。叶半圆柱状，长 5 ～ 20mm，宽 0.5 ～ 1mm，先端渐尖，稍被绢状长柔毛，直伸或稍内弯，近无柄。花通常 2 ～ 3 朵团集于叶腋，生于茎和分枝上部，形成间断的穗状花序。花被密被黄色绢毛；花被片的翅状附属物膜质，等大，菱状卵形至条形，具棕褐色脉纹，边缘啮蚀状。雄蕊 5，花药矩圆形。柱头 2 或 3。胞果扁球形；果皮膜质，与种子离生；种子宽卵形，长 1.5 ～ 2mm，黑褐色。花果期 7 ～ 9 月。

　　旱中生草本。生于荒漠区的沙地、山坡、河流沿岸。产额济纳。分布于我国新疆北部，中亚、西南亚、北非，欧洲。为古地中海分布种。

5. 黑翅地肤

Kochia melanoptera Bunge in Trudy Imp. St.-Petersb. Bot. Sada 6(2):417. 1880; Fl. Intramongol. ed. 2, 2:251. t.103. f.1-2. 1991.

　　一年生草本，高 5 ～ 25cm。全株灰绿色，干后变黑绿色。常自基部分枝。枝斜升，具条纹，被白色长柔毛，并混生短柔毛。叶圆柱形，长 5 ～ 20mm，宽约 1mm，先端钝，基部渐狭，疏生毛或近无毛。花无梗，通常单生或 2 朵生于叶腋，于枝上排成稀疏的穗状花序。花被有毛或近无毛，果期仅 3 枚花被片背部横生翅；翅披针形或矩圆形，先端尖，全缘，脉纹明显，黑色或带红紫色；

另 2 枚花被片无翅，常形成垂直的角刺状凸起。胞果扁球形，包于花被内。花果期 7～9 月。

耐盐碱的旱中生草本。广泛生于荒漠草原带和荒漠区的砾石质或黏壤质土壤上，散生或群聚，多雨年份可形成季节性层片。产乌兰察布（苏尼特左旗、达尔罕茂明安联合旗、乌拉特中旗）、鄂尔多斯（杭锦旗、鄂托克旗）、东阿拉善（乌拉特后旗、狼山、阿拉善左旗）、西阿拉善（阿拉善右旗）、额济纳。分布于我国宁夏北部、甘肃（河西走廊）、青海中部、新疆，蒙古国西部和南部、哈萨克斯坦。为戈壁—蒙古分布种。

6. 宽翅地肤

Kochia macroptera Iljin in Bull. Jard. Bot. Acad. Sc. U.R.S.S. 30:366. 1932; Fl. Intramongol. ed. 2, 2:253. t.103. f.3. 1991.

一年生草本，高 15～20cm。茎直立，自基部多分枝。枝斜升，疏被柔毛。叶圆柱状或近

棍棒状，长 0.5～1.5cm，宽 0.5～0.8mm，先端钝，基部渐狭，被短柔毛。花两性，通常 1～3 朵团集，遍生叶腋；花被近球形，被短柔毛。花被附属物有 5 个；其中 3 个较大，翅状，宽卵形至矩圆状倒卵形，先端钝圆或稍尖，全缘，脉纹黄褐色；另 2 个较小的附属物亦为翅状，卵形或披针形。胞果扁球形，包于花被内。花果期 7～9 月。

盐生旱中生草本。仅见于荒漠草原带和荒漠区的盐化或碱化的黏壤质土壤上，为盐生荒漠小半灌木群落的伴生种。产乌兰察布（二连浩特市）、东阿拉善、西阿拉善、额济纳。分布于我国甘肃西部。为戈壁分布种。

19. 菠菜属 Spinacia L.

一年生草本。叶互生，全缘或具缺刻，有柄。花单性，集成团伞花序，雌雄异株；雄花通常再排列成顶生的有间断的穗状圆锥花序，花被 4～5 深裂，雄蕊与花被片同数；雌花生于叶腋，无花被，子房着生于 2 枚合生的小苞片内，苞片在果期革质或硬化，子房近球形，柱头 4～5，丝状。胞果扁，圆形；种子直立；胚球形，胚乳丰富，粉质。

内蒙古有 1 栽培种。

1. 菠菜（赤根菜）

Spinacia oleracea L., Sp. Pl. 2:1027. 1753; Fl. Intramongol. ed. 2, 2:297. 1991.

一年生草本，高 40～60cm。根圆锥形，带红色。茎直立，中空，脆弱多汁，不分枝或稍分枝。叶戟形至卵形，先端尖，基部戟形或箭形，全缘或有少数牙齿状裂片。雄花序穗状圆锥状，花

被片 4，黄绿色；雄蕊 4，伸出于花被外。雌花团集于叶腋；小苞片两侧稍扁，顶端具 2 个小齿，背面通常各具 1 个棘状附属物。胞果卵形或近圆形，直径约 2.5mm，两侧扁，褐色。花果期 5～6 月。

中生草本。原产伊朗。我国和世界各地普遍栽培。

做蔬菜食用，富含维生素及磷、铁。

20. 滨藜属 Atriplex L.

一年生、多年生草本或灌木。常被白粉粒。叶互生，稀对生，无柄或具柄。团伞花序生于叶腋，于茎、枝上形成穗状花序，或构成圆锥状花序；花通常单性，有时两性，雌雄同株或异株。雄花不具苞片；花被片 3～5，无附属物；雄蕊 3～5，花丝分离或下部连合，花药圆形或卵形。雌花苞片 2，果期增大，闭合、分离或下部合生，边缘有牙齿或全缘，表面平滑或有各种凸起，不具花被及退化雄蕊，稀有花被；子房卵形或扁球形；花柱 2，丝状，基部合生。果实包于增大的苞内；果皮薄，膜质；种子通常直立；胚环形。

内蒙古有 7 种，另有 1 栽培种。

分种检索表

1a. 果苞卵形至圆形，全缘。
  2a. 果苞表面具清晰的网状脉纹，像榆树的翅果；茎圆柱形。
    3a. 果苞先端锐尖，植物体近无粉。栽培······························**1. 榆钱菠菜 A. hortensis**
    3b. 果苞先端圆形或微凹，植物体有粉····························**2. 野榆钱菠菜 A. aucheri**
  2b. 果苞无网状脉纹，非榆钱状；茎四棱形；叶宽卵形或三角状卵形，基部浅心形或截形··············
    ···**3. 阿拉善滨藜 A. alaschanica**
1b. 果苞非上述形状，边缘多少有齿。
  4a. 果苞二型：一为球形，表面密被瘤状突起；另一为略扁平，不具瘤状突起。
    5a. 果苞长 4～8mm，宽 4～10mm············**4a. 中亚滨藜 A. centralasiatica var. centralasiatica**
    5b. 果苞长 10～15mm，宽 10～17mm········**4b. 大苞中亚滨藜 A. centralasiatica var. megalotheca**
  4b. 果苞均为同型。
    6a. 叶较宽，长不超过宽的 2 倍；果苞边缘全部合生或仅顶部分离。
      7a. 叶卵状披针形或矩圆状卵形，稍被白粉，呈绿色或灰绿色，全缘或微波状；果苞顶端有 3
        齿，表面不密布棘状凸起。
        8a. 果苞表面无棘状凸起或具 1～3 个棘状凸起················**5a. 野滨藜 A. fera var. fera**
        8b. 果苞表面具多个三角形扁刺状凸起和少数刺状凸起····························
        ··**5b. 角果野滨藜 A. fera var. commixta**
      7b. 叶菱状卵形、卵状三角形或宽三角形，下面密被粉粒，呈银白色，边缘具不整齐的波状
        钝牙齿；果苞表面密布短棘状凸起··················**6. 西伯利亚滨藜 A. sibirica**
    6b. 中部茎生叶披针形至条形，长为宽的 3 倍以上；果苞中下部合生，上部分离。
      9a. 果苞菱形或卵状菱形，有粉，边缘合生的部位几达中部··············**7. 滨藜 A. patens**
      9b. 果苞非上述情况，近无粉，边缘仅在最基部合生。
        10a. 果苞卵状三角形或近心形，较薄··················**8a. 北滨藜 A. laevis var. laevis**
        10b. 果苞近菱形、扇形或肾形，较厚··················**8b. 囊苞北滨藜 A. laevis var. saccata**

1. 榆钱菠菜

Atriplex hortensis L., Sp. Pl. 2:1053. 1753; Fl. Intramongol. ed. 2, 2:260. t.107. f.7. 1991.

一年生草本，高 60～150cm。茎直立，圆柱形，多分枝，无毛。叶互生或对生，稍肉质，三角状卵形，长 4～9cm，宽 3～6cm，先端钝或短尖，基部戟形，全缘或有齿裂，有时近波

状，两面绿色，近无粉，具长柄；上部叶卵状披针形或披针形，全缘。花单性，雌雄同株；圆锥状总状花序，顶生或腋生。雄花5基数。雌花二型：一种无苞片，花被片5；另一种无花被，苞片2。苞片彼此离生，果期包住果实，几圆形，全缘，呈榆钱状，直径10～15mm，表面具明显网状脉纹，先端锐尖。胞果肾形；果皮薄，与种子紧贴；种子与果同形，直立，扁，褐色，有光泽，长约2.5mm，宽约3mm。花果期7～9月。

中生草本。原产欧洲、西亚，为欧洲—西亚分布种。现世界各地栽培。我国黑龙江、吉林、辽宁、河北、山西、陕西有栽培，内蒙古亦有少量栽培。

为高产的良等饲用植物，又可做蔬菜食用。

2. 野榆钱菠菜

Atriplex aucheri Moq.-Tandon in Chenop. Monogr. Enum. 51. 1840; Fl. Intramongol. ed. 2, 2:262. t.107. f.6. 1991.

一年生草本，高30～90cm。茎直立，圆柱形，有条纹，通常不分枝或上部有少数分枝。枝细瘦，斜升，有粉。叶片三角状戟形至三角状披针形，长4～10cm，宽2～8cm，先端钝，基部心形至宽楔形，边缘具锯齿，或锯齿裂片状，通常近基部的第二对齿较长，有时近全缘，上面无粉，深绿色，下面密被粉，呈灰白色，叶柄长1～3cm。花单性，雌雄同株，形成顶生的穗状圆锥状花序。雄花花被片5，雄蕊5。雌花二型。有花被的雌花花被片5，无苞片；种子横生，扁球形，直径约1.5mm；种皮薄壳质，黑色，有光泽。无花被的雌花具2枚苞片，苞片仅基部着生点合生；苞片果期宽卵形至矩圆形，长6～10mm，先端圆形或微凹，全缘，表面具浮凸的网状脉，有粉；种子直立，扁平，圆形，直径3～4mm；种皮膜质，稀薄壳质，黄褐色，无光泽。花果期8～10月。

旱生草本。生于戈壁荒漠及干旱山沟。产额济纳。分布于我国新疆中部，阿富汗、伊朗，高加索地区，中亚、欧洲东南部。为古地中海分布种。

3. 阿拉善滨藜

Atriplex alaschanica Y. Z. Zhao in Act. Phytotax. Sin. 35(3):257. f.1. 1997.

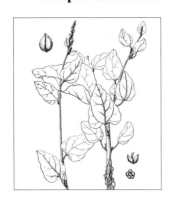

一年生草本，高约30cm。茎直立，四棱形，无粉，有分枝。下部叶对生，中部叶和上部叶互生；叶片宽卵形或三角状卵形，长3～6cm，宽1.5～5cm，上面无粉，下面有粉，全缘或浅波状，先端急尖，基部浅心形或截形，叶柄长0.5～1.5cm。穗状花序顶生或腋生；雄花花被裂片5，雄蕊5；雌花苞片卵圆形，直径1～2mm，有密粉，全缘，先端急尖。花期7～8月。

中生草本。生于荒漠区的路旁、田边。产东阿拉善（阿拉善左旗）。为东阿拉善分布种。

4. 中亚滨藜 (中亚粉藜、麻落粒)

Atriplex centralasiatica Iljin in Trudy Bot. Inst. Acad. Nauk S.S.S.R. Ser.1, Fl. Sist. Vyssh. Rast. 2:124. 1936; Fl. Intramongol. ed. 2, 2:262. t.108. f.1-7. 1991.

4a. 中亚滨藜

Atriplex centralasiatica Iljin var. **centralasiatica**

一年生草本，高 20～50cm。茎直立，钝四棱形，多分枝。枝黄绿色，密被粉粒。叶互生，菱状卵形、三角形、卵状戟形或长卵状戟形，有时为卵形，长 1.5～6cm，宽 1～4cm，先端钝或短渐尖，基部宽楔形，边缘通常有少数缺刻状钝牙齿，中部的一对齿较大且呈裂片状，上面绿色，稍有粉粒，下面密被粉粒，银白色，具短柄或近无柄。花单性，雌雄同株，簇生于叶腋，呈团伞花序，于枝端及茎顶形成间断的穗状花序；雄花花被片 5，雄蕊 3～5；雌花无花被，苞片 2。苞片边缘合生，仅先端稍分离或合生，果期膨大，包住果实，菱形或近圆形，有时呈 3 裂片状，长 4～8mm，宽 4～10mm，通常在同一

株上可见有两种形状：一种膨大成球形，通常背部密被瘤状突起，上部边缘草质，有牙齿；另一种略扁平，不具瘤状突起，边缘具牙齿，基部楔形。胞果宽卵形或圆形，直径 2～3mm；种子扁平，棕色，光亮。花果期 7～8 月。

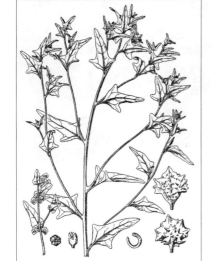

盐生中生草本。生于荒漠区和草原区的盐化或碱化土壤及盐碱土壤上。产锡林郭勒（苏尼特左旗、察哈尔右翼后旗）、乌兰察布（达尔罕茂明安联合旗、固阳县）、阴南平原（托克托县）、鄂尔多斯（乌审旗、鄂托克旗）、东阿拉善（阿拉善左旗）、西阿拉善（阿拉善右旗）。分布于我国吉林西部、辽宁西部、河北、山东、山西、陕西中部和北部、宁夏、甘肃、青海、西藏西部、新疆，蒙古国、俄罗斯（西伯利亚地区）、中亚。为中亚—亚洲中部分布种。

药用同西伯利亚滨藜。

4b. 大苞中亚滨藜

Atriplex centralasiatica Iljin var. **megalotheca** (Popov ex Ilijin) G. L. Chu in Fl. Reip. Pop. Sin. 25(2):41. 1979.——*A. megalothca* Popov ex Ilijin in Fl. U.R.S.S. 6:873. 1936.——*A. centralasiatica* Iljin var.*macrobracteata* H. C. Fu et Z. Y. Chu in Fl. Intramongol. 2:71,368. 1979; Fl. Intramongol. ed. 2, 2:264. 1991.

本变种与正种的区别是：果苞较大，长 10～15mm，宽 10～17mm。

盐生中生草本。生于草原区芨芨草滩。产乌兰察布（四子王旗、苏尼特右旗）、阴南平原（呼和浩特市）。分布于我国甘肃西部、青海东部、新疆南部，哈萨克斯坦。为亚洲中部分布变种。

5. 野滨藜（三齿滨藜、三齿粉藜）

Atriplex fera (L.) Bunge in Mem. Acad. Imp. Sci. St.-Petersb. Ser. 7, 27(8):6. 1880; Fl. Intramongol. ed. 2, 2:264. t.109. f.1-2. 1991.——*Spinacia fera* L., Sp. Pl. ed. 2, 2:1456. 1763.

5a. 野滨藜

Atriplex fera (L.) Bunge var. **fera**

一年生草本，高 30～60cm。茎直立或斜升，钝四棱形，具条纹，黄绿色，通常多分枝，有时不分枝。叶互生，卵状披针形或矩圆状卵形，长 2.5～7cm，宽 5～25mm，先端钝或渐尖，基部宽楔形或近圆形，全缘或微波状缘，两面绿色或灰绿色，上面稍被粉粒，下面被粉粒且后

期渐脱落，叶柄长 8～20mm。花单性，雌雄同株，簇生于叶腋，呈团伞花序。雄花 4 或 5 基数，早脱落。雌花无花被；苞片 2，边缘全部合生，果期两面膨胀，包住果实，呈卵形、宽卵形或椭圆形，木质化，具明显的梗，顶端具 3 齿，中间的一齿稍尖，两侧的齿稍短而钝，表面被粉状小膜片，不具棘状凸起或具 1～3 个棘状凸起。果皮薄膜质，与种子紧贴；种子直立，圆形，稍压扁，暗褐色，直径 1.5～2mm。花期 7～8 月，果期 8～9 月。

盐生中生草本。生于草原区的湖滨、河岸、低湿地的盐化土及盐碱土上，也生于居民点、路旁及沟渠附近。产呼伦贝尔（新巴尔虎左旗、新巴尔虎右旗、海拉尔区、满洲里市）、科尔沁（科尔沁右翼中旗、林西县、巴林右旗、克什克腾旗）、锡林郭勒（西乌珠穆沁旗、锡林浩特市、苏尼特左旗）、乌兰察布（达尔罕茂明安联合旗）、阴南平原（托克托县、九原区、土默特右旗）、鄂尔多斯。分布于我国黑龙江、吉林西部、河北西北部、山西、陕西北部、甘肃（河西走廊）、青海中部和东部、新疆中部，蒙古国、俄罗斯（西伯利亚地区）。为戈壁—蒙古分布种。

为中等饲用植物。干枯后除马以外各种家畜均乐食。

5b. 角果野滨藜

Atriplex fera (L.) Bunge var. **commixta** H. C. Fu et Z. Y. Chu in Fl. Intramongol. 2:73,368. t.42. f.3. 1979; Fl. Intramongol. ed. 2, 2:264. t.109. f.3. 1991.

本变种与正种的区别是：果苞表面具多数三角形扁刺状凸起和少数棘状凸起。

盐生中生草本。生于河岸低湿地的盐碱土上。产锡林郭勒（苏尼特左旗、集宁区）、西阿拉善（阿拉善右旗）、额济纳。为戈壁—蒙古分布变种。

6. 西伯利亚滨藜（刺果粉藜、麻落粒）

Atriplex sibirica L., Sp. Pl. ed. 2, 2:1493. 1763; Fl. Intramongol. ed. 2, 2:266. t.110. f.1-3. 1991.

一年生草本，高 20～50cm。茎直立，钝四棱形，通常由基部分枝，被白粉粒。枝斜升，有条纹。叶互生，菱状卵形、卵状三角形或宽三角形，长 3～5（～6）cm，宽 1.5～3（～6）cm，先端微钝，基部宽楔形，边缘具不整齐的波状钝牙齿，中部的一对齿较大，呈裂片状，稀近全缘，上面绿色，平滑或稍有白粉，下面密被粉粒，银白色，具短柄。花单性，雌雄同株，簇生于叶腋，呈团伞花序，于茎上部构成穗状花序。雄花花被片 5；雄蕊 3～5，生于花托上。雌花无花被，被 2 枚合生苞片包围；果期苞片膨大，木质，宽卵形或近圆形，两面凸，呈球状，顶端具牙齿，基部楔形，有短柄，表面被白粉，生多数短棘状凸起。胞果卵形或近圆形；果皮薄，贴附种子；种子直立，圆形，两面凸，稍呈扁球形，红褐色或淡黄褐色，直径 2～2.5mm。花期 7～8 月，果期 8～9 月。

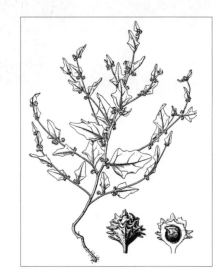

盐生中生草本。生于草原区和荒漠区的盐化土及盐碱土上，也散生于居民点附近、路旁。产呼伦贝尔（新巴尔虎左旗、新巴尔虎右旗、满洲里市）、科尔沁（科尔沁右翼中旗、阿鲁科尔沁旗、翁牛特旗、巴林右旗、克什克腾旗）、赤峰丘陵（红

山区、敖汉旗）、锡林郭勒（锡林浩特市、苏尼特左旗、正蓝旗、镶黄旗）、乌兰察布（达尔罕茂明安联合旗、固阳县）、阴山及阴南平原（大青山、呼和浩特市、包头市）、鄂尔多斯、东阿拉善（阿拉善左旗）、西阿拉善、额济纳。分布于我国黑龙江西南部、吉林西部、辽宁西部、河北西北部、山西、陕西北部、宁夏中部和北部、甘肃（河西走廊）、青海中部和西南部、新疆西北部，蒙古国、哈萨克斯坦、俄罗斯（西伯利亚地区），欧洲。为古地中海分布种。

为中等饲用植物。在内蒙古西部地区秋冬季节，除马以外，羊、骆驼、牛均乐食，而以骆驼采食最好；青鲜时各种家畜一般不采食。果实入药，能清肝明目、祛风活血、消肿，主治头痛、皮肤瘙痒、乳汁不通。

7. 滨藜（碱灰菜）

Atriplex patens (Litv.) Iljin in Izv. Glavn. Bot. Sada S.S.S.R. 26:415. 1927; Fl. Intramongol. ed. 2, 2:266. t.107. f.1-3. 1991.——*A. littoralis* L. var. *patens* Litv. in Sched. Herb. Fl. Ross. 5:12. 1905.

一年生草本，高 20 ～ 80cm。茎直立，有条纹，上部多分枝。枝细弱，斜升。叶互生，在茎基部的近对生；叶片披针形至条形，长 3 ～ 9cm，宽 4 ～ 15mm，先端尖或微钝，基部渐狭，

边缘有不规则的弯锯齿或全缘，两面稍有粉粒，柄长 5 ～ 15mm。花单性，雌雄同株，团伞花簇形成稍疏散的穗状花序，腋生。雄花花被片 4 ～ 5，雄蕊和花被片同数。雌花无花被；苞片 2，中部以下合生，果期为菱形或卵状菱形，表面疏生粉粒，有时生小凸起，上半部边缘常有齿，下半部全缘。种子近圆形，扁，红褐色或褐色，光滑，直径 1 ～ 2mm。花果期 7 ～ 10 月。

盐生中生草本。生于草原区和荒漠区的盐渍化土壤上。产兴安北部及岭东和岭西（额尔古纳市、鄂伦春自治旗）、呼伦贝尔（海拉尔区、满洲里市、鄂温克族自治旗、新巴尔虎左旗）、科尔沁（科尔沁右翼前旗、科尔沁右翼中旗、阿鲁科尔沁旗、翁牛特旗、克什克腾旗）、锡林郭勒（西乌珠穆沁旗、锡林浩特市、苏尼特左旗、苏尼特右旗）、乌兰察布（达尔罕茂明安联合旗、固阳县）、阴山及阴南平原（大青山、呼和浩特市、包头市）、鄂尔多斯、东阿拉善（阿拉善左旗）。分布于我国黑龙江中和西南部、吉林西部、辽宁西部、河北、山东、山西、陕西北部、宁夏北部、甘肃（河西走廊）、青海东部、新疆西北部，蒙古国、俄罗斯（西伯利亚地区、远东地区）、中亚、西亚、欧洲东南部。为古北极分布种。

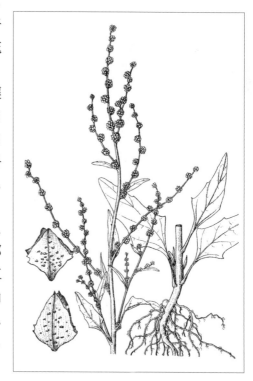

8. 北滨藜（光滨藜）

Atriplex laevis C. A. Mey. in Icon. Pl. 1:10. 1829; Fl. China 5:363. 2003.——*A. gmelinii* auct. non C. A. Mey.: Fl. Intramongol. ed. 2, 2:268. t.107. f.4-5. 1991.

8a. 北滨藜

Atriplex laevis C. A. Mey. var. **laevis**

一年生草本，高 30 ～ 50cm。茎直立或斜升，无毛，通常由基部分枝。下部枝常对生，斜升或平卧。叶互生，披针形至条形，长 2.5 ～ 9.5cm，宽 1.5 ～ 5mm，先端尖或渐尖，稀钝，基部渐狭，全缘，稀稍具波状牙齿，无毛或近无毛，柄长 5 ～ 15mm。花单性，雌雄同株，团伞花簇于茎或枝端形成梢疏的穗状花序。雄花花被片 5，雄蕊 5。雌花无花被；苞片 2，下半部分合生，上半部分分离，果期呈近心形或三角状卵形，基部近圆形或宽楔形，无柄，全缘或有 1 ～ 3 个不明显的牙齿，先端渐尖，有 3 脉，中脉明显而凹陷，无凸起或中脉两侧各有 1 个凸起，近无粉，成熟时开展。种子黑色，近圆形，扁，有光泽，直径 1.2 ～ 1.5mm；胚环形。

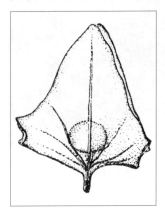 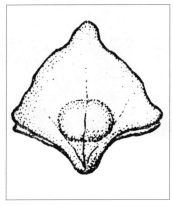 

盐生中生草本。生于草原区的盐湿土壤上。产岭东（鄂伦春自治旗）、锡林郭勒（阿巴嘎旗）、阴南平原（凉城县）。分布于我国新疆，蒙古国、俄罗斯（西伯利亚地区），中亚、西南亚、欧洲东南部。为古地中海分布种。

8b. 囊苞北滨藜

Atriplex laevis C. A. Mey. var. **saccata** (H. C. Fu et Z. Y. Chu) Y. Z. Zhao in Class. Fl. Ecol. Geogr. Distr. Vasc. Pl. Inn. Mongol. 120. 2012.——*A. gmelinii* C. A. Mey. var. *saccata* H. C. Fu et Z. Y. Chu in Fl. Intramongol. 2:76. 368. t.43. f.5. 1979; Fl. Intramongol. ed. 2, 2:268. t.107. f.6. 1991. syn. nov.

本变种与正种的区别是：果苞较厚，近菱形、扇形或肾形，长 5 ～ 6mm，宽 5 ～ 8mm；种子直径 2 ～ 3mm。

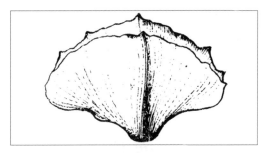

盐生中生草本。生于盐碱地上。产阴南平原（凉城县）。为阴南平原分布变种。

21. 甜菜属 Beta L.

二年生或多年生草本。植株光滑无毛。根通常肥厚，多浆汁。叶宽大，基生叶丛生，茎生叶互生，具长柄。花小，两性，绿白色，无梗，单生或簇生于叶腋，或排列成穗状，再组成圆锥花序；花被片 5，基部连合，背部有棱，果期基部变硬与果实相结合；雄蕊 5，花药矩圆形；子房半下位，花柱 2～3，胚珠 1，直立。胞果与花被基部结合，果期花簇基部常相互连接，后全部脱落；种子横生，圆形或肾形；胚球形或近球形，胚乳丰富。

内蒙古有 1 栽培种。

分变种检索表

1a. 根倒圆锥形或纺锤形，紫红色；叶脉紫红色····················**1a. 甜菜 B. vulgaris** var. **vulgaris**
1b. 根肥大或肥厚，白色或淡橙黄色；叶脉非紫红色。
  2a. 根纺锤形，肥厚，白色；富含糖分···················**1b. 糖萝卜 B. vulgaris** var. **altissima**
  2b. 根肥大，淡橙黄色；糖分少·······················**1c. 饲用甜菜 B. vulgaris** var. **lutea**

1. 甜菜（恭菜、糖菜、糖萝卜）

Beta vulgaris L., Sp. Pl. 1:222. 1753; Fl. Intramongol. ed. 2, 2:298. 1991.

1a. 甜菜

Beta vulgaris L. var. **vulgaris**

二年生草本，高 50～100cm。根纺锤形或倒圆锥形，紫红色。茎直立，有沟纹，分枝多或少。基生叶大，矩圆形，长 20～30cm，宽 12～18cm，先端钝或稍尖，基部宽楔形、截形或浅心形，全缘，常呈皱波状，叶面皱缩不平，淡绿色或深绿色，叶脉粗，紫红色；具长柄，粗壮。茎生叶较小，菱形、卵形或矩圆状披针形。花序圆锥状，花 2 至数朵集成腋生花簇。胞果通常 2 或数个基部结合；种子扁平，双凸镜状，直径 2～3mm；种皮革质，红褐色，光亮。花期 5～6 月，果期 7～8 月。

中生草本。原产北非、西南亚、欧洲，现世界范围广泛栽培，且变异很大，被分为若干亚种、变种和变型。内蒙古有 2 个主要栽培变种。

1b. 糖萝卜

Beta vulgaris L. var. **altissima** Doll in Rhein. Fl. 293. 1843; Fl. China 5:354. 2003.——*B. vulgaris* L. var. *saccharifera* Alef.; Fl. Intramongol. ed. 2, 2:298. 1991.

本变种与正种的区别：根纺锤形，白色，肥厚，富含糖分。

主要在内蒙古、华北地区栽培。

根为制糖原料，叶可做蔬菜及猪的青饲料。

1c. 饲用甜菜

Beta vulgaris L. var. **lutea** DC. in Fl. Franc. ed. 3, 3:383. 1805; Fl. Intramongol. ed. 2, 2:298. 1991.

本变种与正种的区别是：根肥大，淡橙黄色，糖分少。

主要在甘肃、内蒙古地区栽培。

根、叶供做饲料。

22. 藜属 Chenopodium L.

一年生或多年生草本。全株被粉粒或腺状毛，稀无毛。有时基部木质化。叶互生，有柄或无柄。花小，通常两性，无苞片或具小苞片，簇生团伞花序排成穗状或圆锥花序；花被片 5，稀 3 或 4，绿色，背面中央略肥厚或具隆脊，果期包围果实，稀开展；雄蕊 5，稀较少。子房球形或卵形，上下扁；花柱短；柱头 2～5，分离，条形。果实为胞果，扁球形、球形或卵形，包于花被内或外露；果皮薄膜质，不开裂；种子横生，稀直立；胚球形或马蹄铁形，胚乳丰富，粉质。

内蒙古有 13 种。

分种检索表

1a. 叶全缘。

 2a. 叶的先端具小尖头，花在茎和分枝上部排列成长于叶的花序。

  3a. 叶较宽，卵形、宽卵形、三角状卵形、长卵形或菱状卵形，长宽近相等·············
   ···························**1a. 尖头叶藜 C. acuminatum** subsp. **acuminatum**

  3b. 叶较小，狭卵形、矩圆形至披针形，长显著大于宽·····················
   ·······················**1b. 狭叶尖头叶藜 C. acuminatum** subsp. **virgatum**

 2b. 叶的先端无小尖头，花在腋生分枝上排列成短于叶的花序。

  4a. 叶片狭长，条形或条状披针形，长 0.9～5cm，全缘。

   5a. 植株矮小，高 5～20cm；叶近无柄，背面无白粉；雄蕊不超出花被···**2. 矮藜 C. minimum**

   5b. 植株高大，高 30～200cm；叶具长柄，背面被白粉；雄蕊超出花被·········
    ·······························**3. 细叶藜 C. stenophyllum**

  4b. 叶片短小，三角状卵形，下部边缘两侧各有 1 个钝状凸起。

   6a. 叶片短小，长 3～15mm；种子表面近光滑，或具不明显的细纹·········**4. 小白藜 C. iljinii**

   6b. 叶片较大，长 15～30mm；种子表面具蜂窝状洼点·····················**5. 平卧藜 C. karoi**

1b. 叶缘多少有裂齿，在中部以下具 1 枚或数枚侧裂片。

 7a. 叶呈掌状浅裂状，基部微心形或圆状截平；花在茎和分枝的上部排列成长于叶的花序·············
  ·······························**6. 杂配藜 C. hybridum**

 7b. 叶不呈掌状浅裂状，基部楔形。

  8a. 植株高 100～300cm，下部叶长可达 20cm，花序下垂·············**7. 杖藜 C. giganteum**

  8b. 植株通常较矮；叶长不超过 8cm；花序直立，长不超过 8cm。

   9a. 叶三角状戟形，呈 3 裂状。

    10a. 叶片下部边缘两侧各有 1 枚长裂片；花在花序上排列稠密；花序较粗壮，短于叶或
     与之近等长·······························**8. 小藜 C. ficifolium**

    10b. 叶片下部边缘两侧各有 1 枚 2 浅裂的牙齿状裂片；花在花序上排列稀疏；花序细瘦，
     明显长于叶·······························**9. 菱叶藜 C. bryoniifolium**

   9b. 叶椭圆形、披针形、三角状卵形、菱形或菱状卵形，不呈 3 裂状，边缘具波状齿或锯齿状浅裂。

    11a. 花被片 3～4；种子横生，兼有直立及斜生的。

     12a. 植物体有粉；叶椭圆形或披针形，边缘具波状齿，上面深绿色，下面灰绿色或
      淡紫红色·······························**10. 灰绿藜 C. glaucum**

12b. 植物体近无粉；叶卵形、菱形或菱状卵形，两面同为绿色。

 13a. 叶柄较短，长 1～2.5cm；叶片边缘锯齿状浅裂，先端渐尖⋯⋯⋯⋯**11. 红叶藜 C. rubrum**

 13b. 叶柄较长，长 2～6cm；叶片边缘有不整齐的弯缺状大齿，先端锐尖，基部两侧各有 1 枚尖
  裂片⋯⋯⋯⋯⋯⋯⋯⋯⋯⋯⋯⋯⋯⋯⋯⋯**12. 东亚市藜 C. urbicum** subsp. **sinicum**

11b. 花被片 5；种子全为横生；叶三角状卵形、菱状卵形，有时呈狭卵形或披针形，边缘具不整齐的波状
 牙齿，或呈缺刻状，稀近全缘，上面深绿色，下面灰白色或淡紫色⋯⋯⋯⋯⋯⋯**13. 藜 C. album**

1. 尖头叶藜（绿珠藜、渐尖藜、油杓杓）

Chenopodium acuminatum Willd. in Ges. Naturf. Freunde Berlin Neue Schrift. 2:124. t.5. f.2.
1799; Fl. Intramongol. ed. 2, 2:307. t.120. f.3., t.125. 1991.

1a. 尖头叶藜

Chenopodium acuminatum Willd. subsp. **acuminatum**

一年生草本，高 10～30cm。茎直立，分枝或不分枝。枝通常平卧或斜升，粗壮或细弱，
无毛，具条纹，有时带紫红色。叶片卵形、宽卵形、三角状卵形、长卵形或菱状卵形，长 2～4cm，

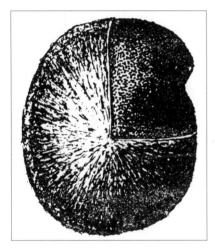

宽 1～3cm，先端钝圆或锐尖，具短尖头，基部宽楔形或圆
形，有时近平截，全缘，通常具红色或黄褐色半透明的环边，
上面无毛，淡绿色，下面被粉粒，灰白色或带红色；叶具柄，
长 1～3cm。茎上部叶渐狭小，几为卵状披针形或披针形。
花每 8～10 朵聚生为团伞花簇，花簇紧密地排列于花枝上，
形成有分枝的圆柱形花穗，或再聚为尖塔形大圆锥花序，花
序轴密生玻璃管状毛；花被片 5，宽卵形，背部中央具绿色龙
骨状隆脊，边缘膜质，白色，向内弯曲，疏被膜质透明的片
状毛，果期包被果实，全部呈五角星状；雄蕊 5，花丝极短。
胞果扁球形，近黑色，具不明显放射状细纹及细点，稍有光泽；
种子横生，直径约 1mm，黑色，有光泽，表面有不规则点纹。

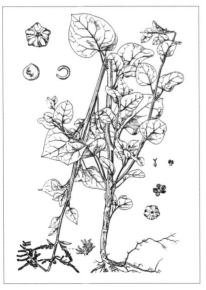

花期6～8月，果期8～9月。

中生杂草。生于草原区的盐碱地、河岸沙质地、撂荒地和居民点附近的沙壤质土壤上。产岭西及呼伦贝尔（额尔古纳市、鄂温克族自治旗、新巴尔虎左旗、新巴尔虎右旗）、兴安南部（扎赉特旗、阿鲁科尔沁旗、巴林右旗、克什克腾旗）、辽河平原（大青沟）、赤峰丘陵（红山区）、燕山北部（喀喇沁旗、宁城县）、锡林郭勒（东乌珠穆沁旗、西乌珠穆沁旗、锡林浩特市、阿巴嘎旗、镶黄旗、苏尼特左旗、苏尼特右旗、武川县）、乌兰察布（四子王旗、达尔罕茂明安联合旗）、阴山（大青山）、阴南平原、鄂尔多斯、东阿拉善（狼山、阿拉善左旗）。分布于我国黑龙江、吉林、辽宁中北部、河北、河南、山东、山西、陕西北部、甘肃中部和西南部、宁夏北部、青海东北部、新疆中部和北部、浙江，日本、朝鲜、蒙古国、俄罗斯（西西伯利亚地区），中亚。为东古北极分布种。

开花结实后，山羊、绵羊采食它的籽实，青绿时骆驼稍采食。可做猪饲料。种子可榨油。

1b. 狭叶尖头叶藜

Chenopodium acuminatum Willd. subsp. **virgatum** (Thunb.) Kitam. in Act. Phytotax. Geobot. 20:206. 1962; Fl. Intramongol. ed. 2, 2:309. 1991.——*C. virgatum* Thunb. in Nov. Act. Reg. Soc. Sci. Upsal. 7:143. 1815.

本亚种与正种的区别是：叶较狭小，狭卵形、矩圆形至披针形，长明显大于宽。

中生杂草。生于草原区的湖边荒地。产呼伦贝尔（新巴尔虎左旗、新巴尔虎右旗）、锡林郭勒（锡林浩特市、苏尼特左旗）。分布于我国辽宁、河北、江苏、浙江、福建、台湾、广东、广西，日本、越南东北部。为东亚分布亚种。

2. 矮藜（无刺刺藜）

Chenopodium minimum W. Wang et P. Y. Fu in Fl. Pl. Herb. Chin. Bor.-Orient. 2:98,111. 1959.——*C. aristatum* L. var. *inerme* W. Z. Di in Pl. Vasc. Helanshanicae 81,326. 1986; Fl. Intramongol. ed. 2, 2:305. 1991.——*Dysphania aristata* (L.) Mosyakin et Clemants var. *inermis* (W. Z. Di) Y. Z. Zhao in Class. Fl. Ecol. Geogr. Distr. Vasc. Pl. Inn. Mongol. 124. 2012.

一年生小型草本，高3.5～20cm。茎稍有棱，被白粉或粉状毛，直立，单一或分枝。叶互生，质厚，条形或倒披针状条形，长9～30mm，宽1～5mm，基部渐狭成柄状，先端钝，全缘，两面通常光滑，具1条稍明显的中脉，近无柄。花两性，团伞花序稍有梗或近无梗，2～6朵簇生于腋出的花轴上；花被片5，卵形或椭圆形，果期稍呈长圆形，背部中央绿色，较厚，稍隆起呈龙骨状，边缘黄白色，膜质。雄蕊5，不超出花被；花丝扁平呈片状，甚短；花药淡黄色。子房呈稍扁的球形；柱头2，甚短，不超出花被。果实近圆形，两面凸，或呈扁球状，直径5～8mm；果

皮薄，具明显的或不明显的
总状皱纹；种子栗褐色或黑
褐色，光滑。花果期6～7月。

中生杂草。生于草原
区的山沟、干河床、撂荒地、
田边、路旁沙质地。产呼伦
贝尔（新巴尔虎左旗、新巴
尔虎右旗）、兴安南部（克
什克腾旗）、赤峰丘陵（红
山区）、锡林郭勒（锡林浩
特市、阿巴嘎旗、苏尼特左
旗）、贺兰山、东阿拉善（桌
子山）。分布于蒙古国。为东蒙古分布种。

3. 细叶藜

Chenopodium stenophyllum (Makino) Koidz. in Bot. Mag. Tokyo 39:305. 1925; Fl. Pl. Herb. Chin. Bor.-Orient. 2:98. 1959.——*C. album* var. *stenophyllun* Makino in Bot. Mag. Tokyo 27:28. 1913.

一年生草本。茎直立，多枝，稀单一。分
枝斜上或上升，高30～200cm。叶互生，狭条形、
条形或披针形，基部楔形，上部渐狭，先端尖或钝，
全缘或具不整齐的大、小牙齿，表面平滑，背面
被白粉，老叶有时无白粉，长2～5（～7）cm，

宽3～20mm，具长柄。团伞花序于花枝上排成穗状；花枝腋生或顶生，常分枝，构成大圆锥花序；
花轴及花被上被白粉；花被片5，椭圆状，中央部绿色，较厚，呈龙骨状凸起，周边白色膜质，
甚宽；雄蕊5，超出花被；子房扁球状，柱头2，不超出花被（花期）。果实扁椭圆形，两面
凸或呈扁球状，初期生小泡状凸起，后期部分、大部或全部小泡脱落变成皱纹；种子近黑色，
直径1～3mm。花期8～9月，果期9～10月。

中生杂草。生于田间、路旁、荒地、居民点附近。产内蒙古各地。分布于我国黑龙江、吉林、
辽宁。为华北—满洲分布种。

4. 小白藜

Chenopodium iljinii Golosk. in Bot. Mater. Gerb. Bot. Inst. Kom. Akad. Nauk S.S.S.R.13:65. 1950; Fl. Intramongol. ed. 2, 2:307. t.120. f.9., t.124. f.1-8. 1991.

一年生草本，高 10～25cm。茎直立，多分枝。枝细长，斜升，具条纹，黄绿色，老时变

紫红色，密被白色粉粒。叶片三角状卵形或卵状戟形，长 3～15mm，宽 2～12mm，先端钝或锐尖，基部宽楔形，两侧常有 2 枚浅裂片，上面光滑或疏被白色粉粒；叶具短柄，柄长 2～5mm。花序腋生或顶生，再形成疏散的圆锥花序；花被片 5，宽卵形或椭圆形，被粉粒，背部中央绿色，较厚，呈龙骨状凸起，边缘膜质，先端钝或微尖，果期包被果实；雄蕊 5，超出花被；子房扁球形，柱头 2。胞果深棕褐色；果皮薄，初期生小泡状凸起；种子横生，两面凸，呈扁球形或扁卵圆形，直径约 0.75mm，边缘具钝棱，黑色，有光泽，表面近光滑或具有不明显放射状细纹；胚球形。花果期 7～8 月。

盐生中生草本。生于荒漠草原带和荒漠带的碱土和盐碱土上。产乌兰察布（达尔罕茂明安联合旗）、东阿拉善（鄂托克旗西部、磴口县、阿拉善左旗）、西阿拉善（阿拉善右旗）、贺兰山。分布于我国宁夏、甘肃、四川西北部、青海（祁连山）、新疆（天山），蒙古国、哈萨克斯坦。为戈壁—蒙古分布种。

5. 平卧藜

Chenopodium karoi (Murr) Aellen in Repert. Spec. Nov. Regni Veg. 26:149. 1929; Fl. China 5:381. 2003.——*C. album* L. subsp. *karoi* Murr in Neu. Ubers. Bl.-Pfl. Voralberg 1:97. 1923.——*C. prostratum* Bunge in Act. Hort. Petrop. 10(2):594. 889; Fl. Reip. Pop. Sin. 25(2):92. 1979.

一年生草本，高 20～40cm。茎平卧或斜升，多分枝，圆柱状或有钝棱，具绿色色条。叶片卵形至宽卵形，通常 3 浅裂，长 1.5～3cm，宽 1～2.5cm，上面灰绿色，无粉或稍有粉，下面苍白色，有密粉，具互生浮凸的离基三出脉，基部宽楔形；中裂片全缘，很少微有圆齿，先端钝或急尖并有短尖头；侧裂片位于叶片中部或稍下，钝而全缘；叶柄长 1～3cm，细瘦。花数朵簇生，再于小分枝上排列成短于叶的腋生圆锥状花序；花被片 5，稀 4，卵形，先端钝，背面微具纵隆脊，边缘膜质并带黄色，果期通常

闭合；雄蕊与花被片同数，开花时花药伸出花被；柱头 2，稀 3，丝形。果皮膜质，黄褐色，与种子贴生；种子横生，双凸镜状，直径 1 ～ 1.2mm，黑色，稍有光泽，表面具蜂窝状洼点。花果期 8 ～ 9 月。

中生杂草。生于草原区和荒漠区的居民点附近。产锡林郭勒（辉腾梁）、乌兰察布（武川县、四子王旗）、东阿拉善。分布于我国河北、甘肃、青海、四川、西藏、新疆，蒙古国、俄罗斯（西伯利亚地区、远东地区），中亚。为东古北极分布种。

6. 杂配藜（大叶藜、血见愁）

Chenopodium hybridum L., Sp. Pl. 1:219. 1753; Fl. Intramongol. ed. 2, 2:311. t.120. f.7., t.127. f.1-5. 1991.

一年生草本，高 40 ～ 90cm。茎直立，粗壮，具 5 锐棱，无毛，基部通常不分枝。枝细长，斜升。叶片质薄，宽卵形或卵状三角形，长 5 ～ 9cm，宽 4 ～ 6.5cm，先端锐尖或渐尖，基部微心形或几为圆状截形，边缘具不整齐微弯缺状渐尖或锐尖的裂片，呈掌状浅裂状，两面无毛，下面叶脉凸起，黄绿色；叶具长柄，长 2 ～ 7cm。花序圆锥状，较疏散，顶生或腋生；花两性兼有雌性；花被片 5，卵形，先端圆钝，基部合生，边缘膜质，背部具肥厚隆脊，腹面凹，包被果实。

胞果双凸镜状；果皮薄膜质，具蜂窝状的4～6条角形网纹；种子横生，扁圆形，两面凸，直径1.5～2mm，黑色，无光泽，边缘具钝棱，表面具明显的深洼点；胚环形。花期8～9月，果期9～10月。

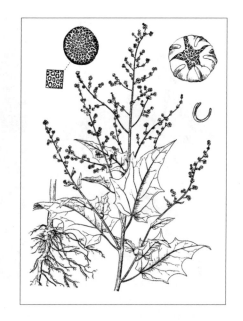

中生杂草。生于林缘、山地沟谷、河边及居民点附近。产兴安北部及岭东（额尔古纳市、根河市、鄂伦春自治旗、牙克石市）、呼伦贝尔（鄂温克族自治旗、新巴尔虎左旗）、兴安南部及科尔沁（科尔沁右翼前旗、科尔沁右翼中旗、科尔沁左翼中旗、科尔沁左翼后旗、阿鲁科尔沁旗、翁牛特旗、巴林右旗、克什克腾旗）、燕山北部（喀喇沁旗、宁城县、敖汉旗）、锡林郭勒（锡林浩特市、苏尼特左旗、正镶白旗）、乌兰察布（达尔罕茂明安联合旗、乌拉特中旗）、阴山（大青山、乌拉山）、阴南平原（呼和浩特市、包头市）、阴南丘陵（准格尔旗）、鄂尔多斯（东胜区、乌审旗）、东阿拉善（狼山）、贺兰山。分布于我国黑龙江、吉林、辽宁中部、河北、河南西部、山东中部、山西、陕西、宁夏、甘肃、青海、四川西部、浙江、云南、西藏东部、新疆中部和北部，日本、朝鲜、蒙古国、印度东北部、俄罗斯（西伯利亚地区），中亚，夏威夷群岛，欧洲、北美洲。为泛北极分布种。

地上部分入药，能调经、止血，主治月经不调、功能性子宫出血、吐血、衄血、咯血、尿血。种子可榨油及酿酒。嫩枝叶可做猪饲料。

7. 杖藜

Chenopodium giganteum D. Don. in Prodr. Fl. Nepal. 75. 1825; Fl. China 5:382. 2003.

一年生大型草本，高可达300cm。茎直立，粗壮，基部直径可达5cm，具条棱及绿色或紫红色色条，上部多分枝，幼嫩时顶端的嫩叶有彩色密粉而现紫红色。叶片菱形至卵形，长可达20cm，宽可达16cm，先端通常钝，基部宽楔形，上面深绿色，无粉，下面浅绿色，有粉或老后变为无粉，边缘具不整齐的浅波状钝锯齿；上部分枝上的叶片渐小，卵形至卵状披针形，有齿或全缘；叶柄长为叶长的1/2～2/3。花序为顶生大型圆锥状花序，多粉，开展或稍收缩，果期通常下垂；花两性，在花序中数朵团集或单生；花被片5，卵形，绿色或暗紫红色，边缘膜质；雄蕊5。胞果双凸镜状，果皮膜质；种子横生，直径约1.5mm，黑色或红黑色，边缘钝，表面具浅网纹。花期8月，果期9～10月。

中生杂草。逸生于居民点附近。产燕山北部（喀喇沁旗王爷庙）。原产未知。分布于我国辽宁、河北、河南、陕西、甘肃、四川、贵州、云南、湖北、湖南、广西、台湾。世界各地普遍栽培。

8. 小藜

Chenopodium ficifolium Sm. in Fl. Brit. 1:276. 1800; Fl. China 5:383. 2003.——*C. serotinum* auct. non L.: Fl. Intramongol. ed. 2, 2:314. t.120. f.5., t.128. f.1-4. 1991.

一年生草本，高 20～50cm。茎直立，有角棱及条纹，疏被白粉，渐变光滑，单生或分枝。叶片长卵形或矩圆形，长 2.5～5cm，宽 1～3cm，先端钝，基部楔形，边缘有不整齐波状牙

齿，两面疏被白粉；叶具柄，细弱，长 1～3cm。下部叶 3 裂；近基部有 2 枚较大的裂片，椭圆形或三角形；中裂片较长，两侧边缘几乎平行，具波状牙齿或全缘。上部叶渐小，矩圆形，有浅齿或近全缘。花序穗状，腋生或顶生，短于叶或与之近等长，全枝形成圆锥花序；花被片 5，宽卵形，先端钝，淡绿色，边缘白色，微有龙骨状凸起，向内弯曲，被粉粒；雄蕊 5，和花被片对生，且长于花被片；柱头 2，条形。胞果包于花被内；果皮膜质，有明显的蜂窝状网纹；种子横生，圆形，直径约 1mm，黑色，边缘有棱，表面有清晰的六角形细洼；胚环形。花期 6～7 月，果期 7～9 月。

中生杂草。生于草原区和荒漠区的潮湿和疏松的撂荒地、田间、路旁、垃圾堆。产阴南平原（呼和浩特市）、鄂尔多斯（鄂托克旗）、东阿拉善（阿拉善左旗）。除青藏高原外，分布几乎遍及全国；蒙古国北部和西部、俄罗斯（西伯利亚地区），中亚，欧洲、北美洲均有分布。为泛北极分布种。

9. 菱叶藜

Chenopodium bryoniifolium Bunge in Del. Sem. Hort. Petrop. 10. 1876; Fl. Intramongol. ed. 2, 2:309. t.120. f.2. 1991.

一年生草本，高 30～80cm。茎直立，绿色，具条纹，光滑无毛，不分枝或分枝。枝细长，斜升。叶片三角状戟形、长三角状菱形或卵状戟形，先端锐尖或稍钝，基部宽楔形，其两侧各有 1 枚牙齿状裂片，裂片稍向外伸展，具锐尖或钝头，整个叶片呈 3 裂状，上面绿色，下面疏被白粉而呈白绿色；上部叶渐小，近矩圆形或椭圆状披针形；叶具细长柄。花无梗，单生于小枝或少

数花聚为团伞花簇，再形成宽阔的疏圆锥花序，花序明显长于叶；花被片5，宽倒卵形或椭圆形，先端钝，背部具绿色的龙骨状隆脊，半包被果实。果皮薄，与种子紧贴，具不平整的放射状线纹；种子横生，暗褐色或近黑色，有光泽，直径1.25～1.5mm，具放射状网纹。花期7月，果期8月。

中生杂草。生于森林区和草原区的湿润而肥沃的土壤上，偶见于河岸地、湿地。产兴安北部和岭东（额尔古纳市、牙克石市、科尔沁右翼前旗）、兴安南部（巴林左旗）、阴南丘陵（清水河县）。分布于我国黑龙江中北部、吉林东部、辽宁中部、河北东北部，日本、朝鲜、俄罗斯（东西伯利亚地区、远东地区）。为东西伯利亚—东亚北部分布种。

10. 灰绿藜（水灰菜）

Chenopodium glaucum L., Sp. Pl. 1:220. 1753; Fl. Intramongol. ed. 2, 2:305. t.120. f.6., t.123. f.1-4. 1991.

一年生草本，高15～30cm。茎通常由基部分枝，斜升或平卧，有沟槽及红色或绿色色条，无毛。

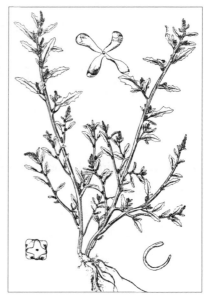

叶片稍厚,带肉质,矩圆状卵形、椭圆形、卵状披针形、披针形或条形,长2~4cm,宽7~15mm,先端钝或锐尖,基部渐狭,边缘具波状牙齿,稀近全缘,上面深绿色,下面灰绿色或淡紫红色,密被粉粒,中脉黄绿色;叶具短柄,长3~10mm。花序穗状或复穗状,顶生或腋生;花被片3或4,稀5,狭矩圆形,先端钝,内曲,背部绿色,边缘白色膜质,无毛;雄蕊通常3或4,稀1~5,花丝较短;柱头2,甚短。胞果不完全包于花被内,果皮薄膜质;种子横生,稀斜生,扁球形,暗褐色,有光泽,直径约1mm。花期6~9月,果期8~10月。

耐盐中生杂草。生于草原区和森林草原区的居民点附近和轻度盐渍化农田,荒漠区亦有少量分布。产岭西和呼伦贝尔(额尔古纳市、牙克石市、陈巴尔虎旗、鄂温克族自治旗、新巴尔虎左旗)、兴安南部及科尔沁(科尔沁右翼中旗、阿鲁科尔沁旗、巴林右旗、克什克腾旗)、赤峰丘陵(红山区)、燕山北部(喀喇沁旗、宁城县)、锡林郭勒(锡林浩特市、苏尼特左旗、镶黄旗、察哈尔右翼中旗)、乌兰察布(达尔罕茂明安联合旗)、阴山(大青山、蛮汗山)、阴南平原(呼和浩特市、包头市)、鄂尔多斯、东阿拉善(狼山、磴口县)、西阿拉善(阿拉善右旗)。除台湾、福建、江西、广东、广西、贵州、云南外,我国其他省区均有分布;广布于南、北半球的温带地区。为泛温带分布种。

为中等饲用植物。骆驼喜食,又为猪的良好饲料。

11. 红叶藜

Chenopodium rubrum L., Sp. Pl. 1:218. 1753; Fl. Intramongol. ed. 2, 2:307. 1991.

一年生草本,高30~80cm。茎直立或斜升,平滑,淡绿色或带红色,具条棱。叶片卵形至菱状卵形,肉质,长4~8cm,宽2~6cm,先端渐尖,基部楔形,边缘锯齿状浅裂,有时不裂;裂齿3~5对,三角形,不等大,通常稍向上弯,先端微钝;叶两面均为浅绿色,有时带红色,下面稍有粉;叶有柄,柄长1~2.5cm。花两性兼有雌性,数朵集合成花簇,排列成穗状圆锥花序;花被片3或4,稀5,倒卵形,绿色,背部凸而中央稍肥厚,无粉或稍有粉;柱头2,极短。果皮膜质,带白色;种子稍扁,球形或宽卵形,直立、斜生及横生,红黑色至黑色,直径0.75~1mm,表面具明显的矩圆形点纹。花果期8~10月。

中生杂草。生于路旁、田边及轻度盐碱地。产锡林郭勒、乌兰察布、东阿拉善、额济纳。分布于我国黑龙江、宁夏、甘肃、新疆北部,蒙古国西部,中亚至小亚细亚半岛,欧洲、北美洲。为泛北极分布种。

12. 东亚市藜

Chenopodium urbicum L. subsp. **sinicum** H. W. Kung et G. L. Chu in Act. Phytotax. Sin. 16(1):121. 1978; Fl. Intramongol. ed. 2, 2:311. t.120. f.10., t.126. f.1-5. 1991.

一年生草本，高30～60cm。茎粗壮，直立，淡绿色，具条棱，无毛，不分枝或上部分枝。枝斜升。叶片菱形或菱状卵形，长5～12cm，宽4～9（～12）cm，先端锐尖，基部宽楔形，

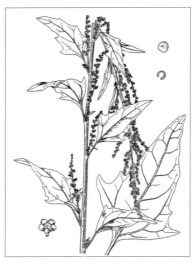

边缘有不整齐的弯缺状大锯齿，有时仅近基部生2枚尖裂片，自基部分生3条明显的叶脉，两面光绿色，无毛；上部叶较狭，近全缘；叶具长柄，长2～6cm。花序穗状圆锥状，顶生或腋生，花两性兼有雌性。花被3～5裂；花被片狭倒卵形，先端钝圆，基部合生，背部稍肥厚，黄绿色，边缘膜质淡黄色，果期通常开展。雄蕊5，超出花被。柱头2，较短。胞果小，近圆形，两面凸或呈扁球状，直径0.5～0.7mm；果皮薄，黑褐色，表面有颗粒状凸起；

种子横生、斜生，稀直立，红褐色，边缘锐，有点纹。花期8～9月，果期9～10月。

中生杂草。生于草原区的盐化草甸和杂类草草甸较湿润的轻度盐渍化土壤上，也见于摞荒地和居民点附近。产呼伦贝尔（海拉尔区）、科尔沁（科尔沁右翼中旗）、阴南平原（呼和浩特市）、乌兰察布（乌拉特中旗）、鄂尔多斯（乌审旗）。分布于我国黑龙江、吉林、辽宁、河北、山西、陕西北部、山东、江苏北部。为华北—满洲分布种。

13. 藜（白藜、灰菜）

Chenopodium album L., Sp. Pl. 1:219. 1753; Fl. Intramongol. ed. 2, 2:314. t.120. f.1., t.129. f.1-6. 1991.

一年生草本，高30～120cm。茎直立，粗壮，圆柱形，具棱，有沟槽及红色或紫色色条，嫩时被白色粉粒，多分枝。枝斜升或开展。叶片三角状卵形或菱状卵形（有时上部叶呈狭卵形或披针形），长3～6cm，宽1.5～5cm，先端钝或尖，基部楔形，边缘具不整齐的波状牙齿，或稍呈缺刻状，稀近全缘，上面深绿色，下面灰白色或淡紫色，密被灰白色粉粒，叶具长柄。花黄绿色，每8～15朵或更多聚成团伞花簇，多数花簇排成腋生或顶生的圆锥花序；花被片5，宽卵形至椭圆形，被粉粒，背部具纵隆脊，边缘膜质，先端钝或微尖；雄蕊5，伸出花被外；花柱短，柱头2。胞果全包于花被内或顶端稍露；果皮薄，初生小泡状凸起，后期小泡脱落变成皱纹，和种子紧贴；种子横

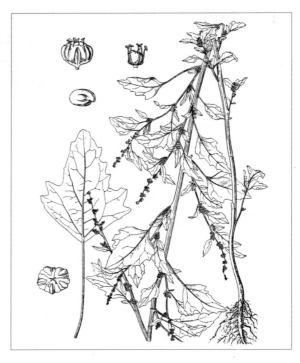

生，两面凸或呈扁球形，直径 1～1.3mm，光亮，近黑色，表面有浅沟纹及点洼；胚环形。花期 8～9 月，果期 9～10 月。

中生杂草。生于田间、路旁、荒地、居民点附近和河岸低湿地。产内蒙古各地。世界各国都有分布。为世界分布种。

为猪的优良饲料，终年均可利用，生饲或煮后喂均可；牛亦乐食，骆驼、羊利用较差。一般以干枯时利用较好，为中等饲用植物。全草及果实入药，能止痢、止痒，主治痢疾腹泻、皮肤湿毒瘙痒。全草也入蒙药（蒙药名：诺衣乐），能解表、止痒、治伤、解毒，主治"赫依热"、金伤、心热、皮肤瘙痒。

23. 刺藜属 Dysphania R. Br.

一年生草本。被粉粒状腺体或短柔毛，或无毛。叶互生，叶片扁平，全缘或羽状分裂，具柄。花单生，呈复二歧聚伞花序，花序分枝末端具针刺状不育枝或无；花两性；花被片 5，绿色；雄蕊 5，与花被片对生。胞果圆形或扁圆形；种子横生，有光泽；胚环形或半环形，胚乳丰富。

内蒙古有 2 种。

分种检索表

1a. 叶羽状浅裂至深裂；植物体具腺毛，有强烈香气；花序末端无针刺状的不育枝⋯⋯⋯⋯⋯⋯⋯⋯⋯⋯⋯⋯⋯⋯⋯⋯⋯⋯⋯⋯⋯⋯⋯⋯⋯⋯⋯⋯⋯⋯⋯**1. 菊叶香藜 D. schraderiana**
1b. 叶全缘，条形或条状披针形；植物体不具腺毛，无香气；花序末端的不育枝呈针刺状⋯⋯⋯⋯⋯⋯⋯⋯⋯⋯⋯⋯⋯⋯⋯⋯⋯⋯⋯⋯⋯⋯⋯⋯⋯⋯⋯⋯⋯⋯⋯⋯⋯⋯⋯⋯⋯⋯**2. 刺藜 D. aristata**

1. 菊叶香藜（菊叶刺藜、总状花藜）

Dysphania schraderiana (Roemer et Schultes) Mosyakin et Clemants in Bot. Zhurn. 59:383. 2002; Fl. China 5:377. 2003.——*Chenopodium schraderianum* Roemer et Schultes in Syst. Veg. 6:260. 1820.——*Chenopodium foetidum* Schrad. in Mag. Ges. Naturk. Freunde Berlin 2:79. 1808; Fl. Intramongol. ed. 2, 2:302. t.120. f.4., t.121. f.1-4. 1991.

一年生草本，高 20～60cm。植株有强烈香气，全株具腺体及腺毛。茎直立，分枝。下部枝较长，上部枝较短，有纵条纹，灰绿色，老时紫红色。叶片矩圆形，长 2～4cm，宽 1～2cm，羽状浅裂至深裂，先端钝，基部楔形，裂片边缘有时具微小缺刻或牙齿，上面深绿色，下面浅绿色，两面有短柔毛和棕黄色腺点；上部或茎顶的叶较小，浅裂至不分裂；叶具柄，长 0.5～1cm。花多数，单生于小枝的腋内或末端，组成二歧式聚伞花序，再集成塔形的大圆锥花序；花被片 5，卵状披针形，长 0.3～0.5mm，背部稍具隆脊，绿色，被黄色腺点及刺状凸起，边缘膜质，白色；雄蕊 5，不外露。胞果扁球形，不全包于花被内；种子横生，扁球形，直径 0.5～1mm；种皮硬壳质，黑色或红褐色，有光泽；胚半球形。花期 7～9 月，果期 9～10 月。

中生杂草。生于草原区的撂荒地和居民点附近的潮湿、疏松的土壤上。产兴安南部和科尔

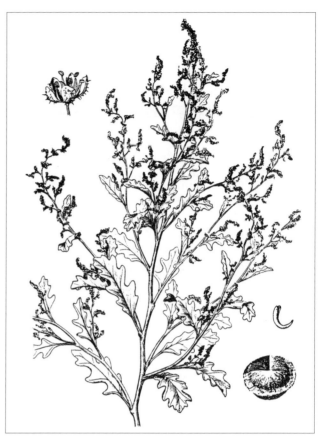

沁（阿鲁科尔沁旗、克什克腾旗）、燕山北部（喀喇沁旗）、锡林郭勒（太仆寺旗、苏尼特右旗、察哈尔右翼中旗）、阴山（大青山、蛮汗山）、鄂尔多斯、贺兰山。分布于我国辽宁西部、河北、山西、陕西、甘肃、青海东部和南部、四川西部、云南北部和西北部、西藏东部，亚洲、欧洲、非洲均有分布。为古北极分布种。

全草可入药，主治喘息、炎症、痉挛、偏头痛等。

2. 刺藜（野鸡冠子花、刺穗藜、针尖藜）

Dysphania aristata (L.) Mosyakin et Clemants in Bot. Zhurn. 59:383. 2002; Fl. China 5:376. 2003.——*Chenopodium aristatum* L., Sp. Pl. 1:221. 1753; Fl. Intramongol. ed. 2, 2:302. t.120. f.8., t.122. f.1-6. 1991.

一年生草本，高 10～25cm。茎直立，圆柱形，稍有角棱，具条纹，淡绿色或老时带红色，无毛或疏生毛。分枝多，开展，下部枝较长，上部枝较短。叶条形或条状披针形，长 2～5cm，宽 3～7mm，先端锐尖或钝，基部渐狭成不明显的叶柄，全缘，两面无毛，秋季变成红色，中脉明显。二歧聚伞花序，分枝多且密，枝先端具刺芒；花近无梗，生于刺状枝腋内；花被片 5，矩圆形，长约 0.5mm，先端钝圆或尖，背部绿色，稍具隆脊，边缘膜质白色或带粉红色，内曲；雄蕊 5，不外露。胞果上下压扁，圆形；果皮膜质，不全包于花被内；种子横生，扁圆形，黑褐色，有光泽，直径约 0.5mm；胚球形。花果期 8～10 月。

中生杂草。生于森林区和草原区的沙质地或固定沙地，为农田杂草。产兴安北部及岭东和岭西（额尔古纳市、根河市、牙克石市、鄂伦春自治旗）、呼伦贝尔（满洲里市、新巴尔虎左旗、

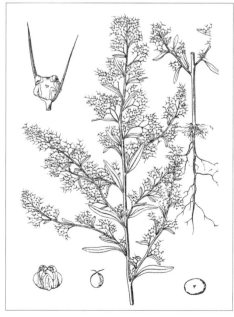

新巴尔虎右旗）、兴安南部和科尔沁（科尔沁右翼前旗、科尔沁右翼中旗、巴林右旗、克什克腾旗）、锡林郭勒（锡林浩特市、苏尼特左旗、正蓝旗、镶黄旗、太仆寺旗、多伦县、察哈尔右翼中旗）、乌兰察布（四子王旗南部、达尔罕茂明安联合旗南部）、阴山（大青山、蛮汗山）、阴南平原、阴南丘陵（准格尔旗）、鄂尔多斯（达拉特旗、伊金霍洛旗、乌审旗、鄂托克旗）、贺兰山。分布于我国黑龙江、吉林、辽宁、河北、河南西部、山东西北部、山西、陕西、宁夏、甘肃、四川北部、青海、新疆中部和北部，日本、朝鲜、蒙古国、俄罗斯（西伯利亚地区），中亚，欧洲、北美洲。为泛北极分布种。

在夏季各种家畜稍采食。全草入药，能祛风止痒，主治皮肤瘙痒、荨麻疹。

567

35. 苋科 Amaranthaceae

草本，稀灌木。茎直立或平卧。单叶，互生或对生，托叶缺。花两性，稀为单性，小型；花序密集成聚伞花序，再形成穗状或圆锥状花序，有时为头状；苞片 1，小苞片 2，干膜质；花被片 3～5，干膜质，离生或基部愈合；雄蕊 1～5，与花被片对生，花丝离生或基部多少愈合；心皮 2～3，合生，子房上位，1 室，柱头头状或 2～3 裂，胚珠 1 至多数。果实为胞果，稀为浆果；果皮薄膜质，不裂、不规则开裂或顶端盖裂；种子 1 或多数，有光泽；胚环状，胚乳粉质。

内蒙古有 1 属、4 种，另有 1 栽培属、4 栽培种。

分属检索表

1a. 花丝上部离生，基部连合成杯状；花柱伸长；胚珠或种子 2 至多数。栽培············**1. 青葙属 Celosia**

1b. 花丝离生，花柱极短或无，胚珠或种子 1································**2. 苋属 Amaranthus**

1. 青葙属 Celosia L.

草本。叶互生，有叶柄。花两性，为顶生或腋生的密穗状花序；苞片及小苞片宿存；花被片 5，宿存。雄蕊 5；花丝钻状或丝状，上部离生，基部连合成杯状。花柱 1；柱头头状，微 2～3 裂；胚珠 2 至多数。胞果盖裂。

内蒙古有 1 栽培种。

1. 鸡冠花

Celosia cristata L., Sp. Pl. 1:205. 1753; Fl. Intramongol. ed. 2, 2:321. 1991.

一年生草本，高 30～60cm。叶卵形、卵状披针形或披针形，长 5～13cm，宽 2～6cm，先端渐尖，基部渐狭，全缘。花序顶生，扁平，肉质，鸡冠状、卷冠状或羽毛状的穗状花序，下面有数个较小的花序分枝，呈圆锥状矩圆形，表面羽毛状；花被片红色、紫色或黄色，宿存。胞果卵形，长约 3mm，包于宿存的花被内。

中生草本。内蒙古庭园中有少量栽培。我国各地均有栽培。原产印度，为印度分布种。现广泛栽培于世界各地。

栽培于庭园、花坛，或做盆栽供观赏。花和种子入药，能止血、凉血、止泻，主治痔疮出血、功能性子宫出血、白带、妇女血崩、赤痢、肠出血等。花序入蒙药（蒙药名：铁汉－色其格－其其格），能止血、止泻，主治各种出血、赤白带下、肠刺痛、肠泻。

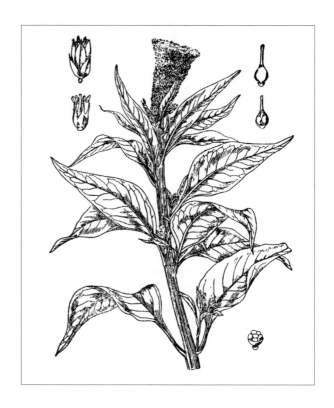

2. 苋属 Amaranthus L.

一年生草本。叶互生，有柄。花小，单性，雌雄同株或异株，或为杂性，无梗；花簇腋生，或腋生及顶生，再集合成直立或下垂的圆锥状穗状花序；花被片 5，稀 4，薄膜质；雄蕊 5 或 1～4，离生。子房卵形；花柱极短或缺；柱头 2～3，钻状或条形；胚珠 1，直立。胞果侧扁，盖裂或不规则开裂，或不裂；种子球形，凸镜状，边缘钝或锐，光亮，平滑。

内蒙古有 4 种，另有 3 栽培种。

分种检索表

1a. 花被片 5，雄蕊 5；植株较高大；花呈顶生或腋生的穗状花序，再组成圆锥花序；果环状横裂（**1. 五被组** Sect. **Amaranthus**）。

　2a. 植物体有毛···**1. 反枝苋 A. retroflexus**

　2b. 植物体无毛或近无毛。栽培。

　　3a. 圆锥花序下垂，中央花序尾状···**2. 尾穗苋 A. caudatus**

　　3b. 圆锥花序直立，中央花序不呈尾状。

　　　4a. 雌花苞片长约为花被片的 2 倍，种子白色·································**3. 千穗谷 A. hypochondriacus**

　　　4b. 雌花苞片长约为花被片的 1.5 倍，种子棕褐色·······························**4. 繁穗苋 A. cruentus**

1b. 花被片 3 或 4（5），雄蕊 3；植株较矮小；花呈腋生的穗状花序，或呈短的顶生穗状花序（**2. 三被组** Sect. **Blitopsis** Dumort.）。

　5a. 果环状横裂。

　　6a. 花被片通常 4，有时 5···**5. 北美苋 A. blitoides**

　　6b. 花被片 3···**6. 白苋 A. albus**

　5b. 果不裂，花被片 3···**7. 凹头苋 A. blitum**

1. 反枝苋（西风古、野千穗谷、野苋菜）

Amaranthus retroflexus L., Sp. Pl. 2:991. 1753; Fl. Intramongol. ed. 2, 2:322. t.132. f.1-4. 1991.

一年生草本，高 20～60cm。茎直立，粗壮，分枝或不分枝，被短柔毛，淡绿色，有时具淡紫色条纹，略有钝棱。叶片椭圆状卵形或菱状卵形，长 5～10cm，宽 3～6cm，先端锐尖或微缺，具小突尖，基部楔形，全缘或波状缘，两面及边缘被柔毛，下面毛较密，叶脉隆起；叶

柄长 3～5cm，有柔毛。圆锥花序顶生和腋生，直立，由多数穗状序组成，顶生花穗较侧生者长；苞片及小苞片锥状，长 4～6mm，远较花被长，顶端针芒状，背部具隆脊，边缘透明膜质；花被片 5，矩圆形或倒披针形，长约 2mm，先端锐尖或微凹，具芒尖，透明膜质，有绿色隆起的中肋；雄蕊 5，超出花被；柱头 3，长刺锥状。胞果扁卵形，环状横裂，包于宿存的花被内；种子近球形，直径约 1mm，黑色或黑褐色，边缘钝。花期 7～8 月，果期 8～9 月。

中生杂草。生于田间、路旁、住宅附近。产内蒙古各地。分布于我国黑龙江、吉林、辽宁、河北、山西、山东、宁夏、甘肃、青海、新疆、浙江。为外来入侵种。原产热带美洲，为热带美洲种。现广布世界各地。

嫩茎叶可食，为良好的养猪养鸡饲料。植株可做绿肥。全草入药，能清热解毒、利尿、止痛、止痢，主治痈肿疮毒、便秘、下痢。

2. 尾穗苋（老枪谷）

Amaranthus caudatus L., Sp. Pl. 2:990. 1753; Fl. Intramongol. ed. 2, 2:324. t.132. f.5-6. 1991.

一年生草本，高100cm以上。茎直立，粗壮，具钝棱角，单一或稍分枝，淡绿色或带粉红色，

幼时被短柔毛，后渐脱落。叶片菱状卵形或菱状披针形，长 4～15cm，宽 2～8cm，先端渐尖或圆钝，具突尖，基部宽楔形，全缘或波状缘，两面无毛，在叶脉上疏被柔毛。由雌雄花混生的花簇形成多数穗状花序，再集成顶生圆锥花序，红色或绿色，下垂，中央分枝特长，呈尾状；苞片及小苞片披针形，长约 3mm，顶端尾尖，边缘有疏齿；花被片长 2～2.5mm，顶端具突尖，雄花的花被片矩圆形，雌花的花被片矩圆状披针形；雄蕊稍超出花被；柱头 3。胞果近球形，直径约 3mm，环状横裂；种子近球形，直径约 1mm，淡棕黄色，具厚的环形边缘。花期 7～8 月，果期 9～10 月。

中生草本。原产热带，为热带分布种。内蒙古一些城市庭园中有少量栽培。我国及世界各地栽培。有时为野生杂草。

供观赏。种子供食用。根入药，能滋补、强壮身体，主治头昏、四肢无力、小儿疳积。亦可做家畜及家禽饲料。

3. 千穗谷（玉谷）

Amaranthus hypochondriacus L., Sp. Pl. 2:991. 1753; Fl. Intramongol. ed. 2, 2:324. 1991.

一年生草本，高 30～100cm。茎绿色或紫色，分枝，无毛或上部微被柔毛。叶片菱状卵形或矩圆状披针形，长 3～10cm，宽 1.5～3.5cm，先端锐尖或渐尖，基部楔形，全缘或波状缘，无毛，叶柄长 1～7cm。圆锥花序顶生，直立，圆柱状，由多数穗状花序组成，花簇在花序上排列紧密；苞片及小苞片卵状钻形，长 4～5mm，绿色或紫红色；花被片矩圆形，长 2～2.5mm，顶端锐尖或渐尖，绿色或紫红色，有 1 条深色中脉，呈长突尖。胞果近菱状卵形，长 3～4mm，环状横裂，绿色，上部带紫色，超出宿存花被；种子近球形，直径约 1mm，白色，具锐环边。花期 7～8 月，果期 8～9 月。

中生草本。原产北美洲，为北美种。内蒙古西部有少量栽培。我国吉林、河北、四川、新疆、云南等地有栽培。

种子经加工可拌糖食用。庭园栽培，可供观赏。

4. 繁穗苋（老鸦谷、老来红）

Amaranthus cruentus L., Syst. Nat. ed.10, 2:1269. 1759; Fl. China 5:419. 2003.——*A. paniculatus* L., Sp. Pl. ed. 2, 2:1046. 1763; Fl. Intramongol. ed. 2, 2:324. 1991.

一年生草本，高 50～100cm。茎直立，粗壮，分枝或不分枝，光滑或粗涩，幼时被柔毛，后渐脱落，绿色，有时为淡红色，具条棱。茎中部叶为菱状卵形或卵状矩圆形，上部叶为卵状披针形，长 8～15cm，宽 3～6.5cm，先端锐尖或渐尖，具刺芒尖，基部楔形，全缘或波状缘，无毛，绿色或紫红色，叶柄与叶近等长或稍短。圆锥花序顶生，由多数花穗组成，粗壮，紧密，直立或后期下垂，多刺毛，紫红色或绿色；

苞片锥状，具隆脊，顶端锐尖，较花被片长约 1.5 倍；花被片 5，矩圆状披针形、条状矩圆形至披针形，薄膜质，稍不等长，先端锐尖；雄蕊 5，超出花被片；柱头 3，具细齿。胞果椭圆形，环状横裂，和宿存花被片等长；种子倒卵状宽椭圆形，直径约 1.2mm，棕褐色，具肥厚环边。花期 6～8 月，果期 9～10 月。

中生草本。内蒙古一些城市庭园中有少量栽培。我国各地栽培或野生。广泛分布于世界各地。为世界分布种。

栽培供观赏。茎叶可做蔬菜，种子可食用或酿酒。

5. 北美苋

Amaranthus blitoides S. Watson in Proc. Amer. Acad. Arts 12:273. 1877; Fl. Intramongol. ed. 2, 2:326. t.133. f.1-4. 1991.

一年生草本，高 15～30cm。茎平卧或斜升，通常由基部分枝，绿白色，具条棱，无毛或近无毛。叶片倒卵形、匙形至矩圆状倒披针形，长 0.5～2cm，宽 0.3～1.5cm，先端钝或锐尖，具小突尖，基部楔形，全缘，具白色边缘，上面绿色，下面淡绿色，叶脉隆起，两面无毛，叶柄长 5～1.5mm。花簇小型，腋生，有少数花；苞片及小苞片披针形，长约 3mm。花被片通常 4，有时 5；雄花花被片卵

状披针形，先端短渐尖，雄蕊 3；雌花花被片矩圆状披针形，长短不一，基部呈软骨质肥厚。胞果椭圆形，长约 2mm，环状横裂；种子卵形，直径 1.3～1.6mm，黑色，有光泽。花期 8～9 月，果期 9～10 月。

中生杂草。生于草原区和森林草原带的田边、路旁、居民地附近、山谷。产岭西及呼伦贝尔（额尔古纳市、鄂温克族自治旗、新巴尔虎左旗）、科尔沁（乌兰浩特市、阿鲁科尔沁旗、巴林右旗、克什克腾旗）、赤峰丘陵（红山区）、锡林郭勒（苏尼特左旗、集宁区）、阴山（大青山、蛮汗山、乌拉山）、阴南平原（九原区）、阴南丘陵（准格尔旗）、鄂尔多斯（东胜区、鄂托克旗）。为外来入侵种。现在内蒙古大有蔓延之势，我国辽宁、河北也有。原产北美洲，为北美种，后传至欧洲和亚洲。

6. 白苋

Amaranthus albus L., Syst. Nat. ed. 10, 2:1268. 1759; Fl. Intramongol. ed. 2, 2:326. t.133. f.5-6. 1991.

一年生草本，高 20～30cm。茎斜升或直立，由基部分枝。分枝铺散，绿白色，无毛或有时被糙毛。叶小而多，叶片倒卵形或匙形，长 8～20mm，宽 3～6mm，先端圆钝或微凹，具突尖，

基部渐狭，边缘微波状，两面无毛，叶柄长 3～5mm。花簇腋生，或呈短穗状花序；苞片及小苞片钻形，长 2～2.5mm，稍坚硬，顶端长锥状锐尖，向外反曲，背面具龙骨。花被片 3，长约 1mm，稍呈薄膜状；雄花花被片矩圆形，先端长渐尖；雌花花被片矩圆形或钻形，先端短渐尖。雄蕊 3，伸出花外。柱头 3。胞果扁平，倒卵形，长约 1.3mm，黑褐色，皱缩，环状横裂；种子近球形，直径约 1mm，黑色至黑棕色，边缘锐。花期 7～8 月，果期 9 月。

中生杂草。生于草原区的田边、路旁、居民地附近的杂草地上。产呼伦贝尔（新巴尔虎左旗）、科尔沁（科尔沁右翼前旗）、赤峰丘陵（红山区）。分布于我国黑龙江、河北、新疆。为外来入侵种。原产北美洲，为北美种，后传至日本、中国、俄罗斯和欧洲。

幼嫩时可做青贮饲料。

7. 凹头苋

Amaranthus blitum L., Sp. Pl. 1:990. 1753; Fl. China 5:421. 2003.——*A. lividus* L., Sp. Pl. 2:990. 1753.

一年生草本，高 10～30cm。全株无毛。茎伏卧而上升，从基部分枝，淡绿色或紫红色。叶片卵形或菱状卵形，长 1.5～4.5cm，宽 1～3cm，顶端凹缺，有 1 个芒尖，或芒尖微小不显，基部宽楔形，全缘或稍呈波状，叶柄长 1～3.5cm。花组成腋生花簇，直至下部叶的腋部，生在茎端和枝端者组成直立的穗状花序或圆锥花序；苞片及小苞片矩圆形，长不及 1mm；花被片 3，矩圆形或披针形，长 1.2～1.5mm，淡绿色，顶端急尖，边缘内曲，背部有 1 条隆起中脉；雄蕊 3，比花被片稍短；柱头 3 或 2，果熟时脱落。胞果扁卵形，长约 3mm，不裂，微皱缩而近平滑，超出宿存花被片；种子环形，直径约 12mm，黑色至黑褐色，边缘具环状边。花期 7～8 月，果期 8～9 月。

中生杂草。生于草原区的田边、路旁、居民地附近的杂草地上。产岭东（扎兰屯市）、赤峰丘陵（红山区）、阴南平原和阴南丘陵（呼和浩特市）。除宁夏、青海、西藏外，全国广泛分布；日本、尼泊尔、印度（锡金）、越南、老挝，北非，欧洲、南美洲均有分布。为世界分布种。

茎叶可做猪饲料。全草入药，可止痛、收敛、利尿及制解热剂；种子有明目，利大、小便，去寒热的功效；鲜根有清热解毒的作用。

36. 粟米草科 Molluginaceae

一年生或多年生草本，或为半灌木或灌木。光滑无毛或被稀疏的毛。茎直立或平卧。单叶互生或假轮生，稀对生，基部常呈莲座状，全缘，托叶膜质或无。花序为顶生或近腋生的聚伞花序，稀单生；花两性，稀单性且有时雌雄异株，辐射对称，下位花，稀为周位花；花被片5，稀4，离生或下部合生成筒状，花被片白色或粉红色至紫色，星粟草属中的花具黄色边缘；花瓣无或少数至多数，白色、粉红色或紫色。雄蕊3～5或多数，排成多轮，离生或基部合生；花药纵向开裂。子房上位；皮2～5或多数，合生；中轴胎座；每室胚珠多数，稀1，近基生；花柱数目与心皮数相同。果实通常为室背开裂的蒴果，在针晶粟草属中具3～15果瓣；种子具细长弯胚，包围粉质胚乳。

内蒙古有1属、1种。

1. 粟米草属 Mollugo L.

一年生或多年生草本。茎铺散、斜升或直立，多分枝，无毛。单叶，基生、近对生或假轮生，全缘。花小，具梗，顶生或腋生，簇生或呈聚伞花序、伞形花序；花被片5，离生，草质，常具透明干膜质边缘；雄蕊通常3，有时4或5，稀更多（6～10），与花被片互生，无退化雄蕊。心皮3(～5)，合生；子房上位，卵球形或椭圆球形，3(～5)室；每室有多数胚珠，着生于中轴胎座上；花柱3(～5)，线形。蒴果球形，果皮膜质，部分或全部包于宿存花被内，室背开裂为3(～5)果瓣；种子多数，肾形，平滑或有颗粒状凸起或脊具凸起肋棱，无种阜和假种皮；胚环形。

内蒙古有1种。

1. 线叶粟米草

Mollugo cerviana (L.) Ser. in Prodr. 1:392. 1824; Fl. China 5:439. 2003.——*Pharnaceum cerviana* L., Sp. Pl. 1:272. 1753.

一年生小草本，高7～8cm。无毛。根细，单一。茎多数，细挺，斜升，基部多叶包围成莲座状。叶3～10枚假轮生，灰绿色，线形，长5～10mm，宽0.3～0.5mm，顶端尖头，无柄。3花组成聚伞花序，伞状，顶生或腋生；花梗细挺，长7～8mm；花被片5，椭圆形至长圆形，顶端钝，长2～2.5mm，边缘白色，膜质，中间绿色；雄蕊3～5，短于花被片；花柱3，短小。蒴果宽椭圆形，与花被片等长或稍短；种子多数，细小，褐色，稍有光泽，近半圆形，有细网纹。花期6～7月。

中生小草本。生于草原化荒漠带的山前洼地。产东阿拉善（狼山）。分布于我国河北、新疆，蒙古国、俄罗斯（西伯利亚地区）、哈萨克斯坦、印度、越南、斯里兰卡、澳大利亚、欧洲、非洲、北美洲、南美洲。为世界分布种。

辛智鸣／摄

37. 马齿苋科 Portulacaceae

肉质草本或小灌木。单叶互生或对生，全缘；托叶干膜质，有时呈毛状。花两性，辐射对称，单生或呈圆锥花序、头状花序或聚伞花序；萼片通常2，离生或基部与子房合生；花瓣通常4或5，稀为多数，离生或基部稍连合；雄蕊和花瓣同数而对生，有时较少或较多；子房上位或下位，少半下位，1室，特立中央胎座或基生胎座，有1至多数胚珠，花柱单生，柱头2～9。蒴果近膜质，常盖裂或2～3瓣裂，稀不开裂；种子多数，少为2，有粉质胚乳。

内蒙古有1属、1种，另有1栽培种。

1. 马齿苋属 Portulaca L.

肉质草本。平卧地面。单叶互生或近对生，扁平，或圆柱形，上部者形成总苞。萼片2，下部呈筒状，与子房合生；花瓣通常6，着生于花萼上；雄蕊8至多数；子房半下位，花柱3～9裂。蒴果，1室，盖裂，有多数种子。

内蒙古有1种，另有1栽培种。

分种检索表

1a. 叶倒卵状楔形或匙状楔形；花较小，直径4～5mm，黄色；茎节无毛······1. 马齿苋 P. oleracea
1b. 叶圆柱形；花较大，直径25～40mm，有多种颜色；茎节上被丛毛。栽培···············
···········2. 大花马齿苋 P. grandiflora

1. 马齿苋（马齿草、马苋菜）

Portulaca oleracea L., Sp. Pl. 1:445. 1753; Fl. Intramongol. ed. 2, 2:327. t.134A. f.1-4. 1991.

一年生肉质草本。全株光滑无毛。茎平卧或斜升，长10～25cm，多分枝，淡绿色或红紫色。叶肥厚肉质，倒卵状楔形或匙状楔形，长6～20mm，宽4～10mm，先端圆钝，平截或微凹，基部宽楔形，全缘，中脉微隆起，叶柄短粗。花小，黄色，3～5朵簇生于枝顶，直径4～5mm，无梗；总苞片4～5，叶状，近轮生；萼片2，对生，盔形，左右压扁，长约4mm，先端锐尖，

背部具翅状隆脊；花瓣5，黄色，倒卵状矩圆形或倒心形，顶端微凹，较萼片长；雄蕊8～12，长约12mm，花药黄色。雌蕊1；子房半下位，1室；花柱比雄蕊稍长，顶端4～6裂，条形。蒴果圆锥形，长约5mm，自中部横裂成帽盖状；种子多数，细小，黑色，有光泽，肾状卵圆形。花期7～8月，果期8～10月。

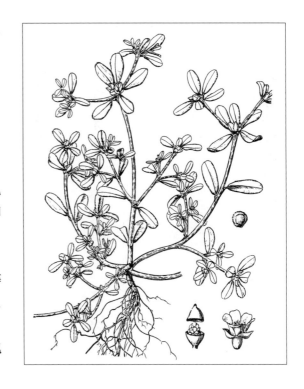

中生草本。生于田间、路旁、菜园，为习见田间杂草。产内蒙古各地。分布遍及世界温带和热带地区。为世界分布种。

全草入药，能清热利湿、凉血解毒、利尿，主治细菌性痢疾、急性胃肠炎、急性乳腺炎、痔疮出血、尿血、赤白带下、蛇虫咬伤、疔疮肿毒、急性湿疹、过敏性皮炎、尿道炎等。可做土农药，用来杀虫和防治植物病害。嫩茎叶可做蔬菜，也可做饲料。

2. 大花马齿苋（龙须牡丹、洋马齿苋、半支莲）

Portulaca grandiflora Hook. in Bot. Mag. 56:t.2885. 1829; Fl. Intramongol. ed. 2, 2:329. 1991.

一年生肉质草本。茎平卧或斜升，长10～20cm，多分枝，稍带紫红色，节上被丛毛。叶不规则互生，圆柱形，长1～2.5cm，直径1～3mm，肉质，叶柄短或近无柄。花顶生，单花或数朵簇生，直径2.5～4cm，基部有轮生叶状的苞片；萼片2，宽卵形；花瓣5或重瓣，有白色、黄色、紫色、红色、粉红色等，倒心形。蒴果近椭圆体，盖裂；种子多数，灰褐色或灰黑色，表面被小瘤状突起。花果期7～10月。

中生草本。我国庭园有栽培。原产巴西，为南美分布种。

本种为观赏植物，采用扦插或播种繁殖，极易成活。

植物蒙古文名、中文名、拉丁文名对照名录

说明：植物名称前的数字，第一个为科名代号，第二个为属名代号，第三个为种名及种下等级名代号。

I. ᠆᠆᠆ 蕨类植物门 **PTERIDOPHYTA**

1. ᠆᠆᠆ 石松科 **Lycopodiaceae**

1-1 ᠆᠆᠆ 扁枝石松属 *Diphasiastrum* Holub

1-1-1 ᠆᠆᠆ 扁枝石松 *Diphasiastrum complanatum* (L.) Holub

1-2 ᠆᠆᠆ 石松属 *Lycopodium* L.

1-2-1 ᠆᠆᠆ 杉蔓石松 *Lycopodium annotinum* L.

1-2-2 ᠆᠆᠆ 石松 *Lycopodium clavatum* L.

2. ᠆᠆᠆ 卷柏科 **Selaginellaceae**

2-1 ᠆᠆᠆ 卷柏属 *Selaginella* P. Beauv.

2-1-1 ᠆᠆᠆ 卷柏 *Selaginella tamariscina* (P. Beauv.) Spring

2-1-1a ᠆᠆᠆ 卷柏 *Selaginella tamariscina* (P. Beauv.) Spring var. *tamariscina*

2-1-1b ᠆᠆᠆ 尖叶卷柏 *Selaginella tamariscina* (P. Beauv.) Spring var. *ulanchotensis* Ching et W. Wang

2-1-1c ᠆᠆᠆ 垫状卷柏 *Selaginella tamariscina* (P. Beauv.) Spring var. *pulvinata* (Hook. et Grev.) Alston.

2-1-2 ᠆᠆᠆ 西伯利亚卷柏 *Selaginella sibirica* (Milde) Hieron.

2-1-3 ᠆᠆᠆ 圆枝卷柏 *Selaginella sanguinolenta* (L.) Hieron.

2-1-4 ᠆᠆᠆ 小卷柏 *Selaginella helvetica* (L.) Link

2-1-5 ᠆᠆᠆ 北方卷柏 *Selaginella borealis* (Kaulf.) Spring

2-1-6 ᠆᠆᠆ 中华卷柏 *Selaginella sinensis* (Desv.) Spring

3. ᠆᠆᠆ 木贼科 **Equisetaceae**

3-1 ᠆᠆᠆ 问荆属 *Equisetum* L.

4-1 ᠣᠳᠣᠭᠠᠨ ᠤ ᠡᠪᠡᠰᠦ ᠨᠠᠷ ᠤᠨ ᠣᠪᠤᠭ 小阴地蕨属 *Botrychium* Sw.

4. ᠣᠳᠣᠭᠠᠨ ᠤ ᠡᠪᠡᠰᠦ ᠨᠠᠷ ᠤᠨ ᠣᠪᠤᠭ 阴地蕨科 **Botrychiaceae**

(Schleich. ex Weber. et Mohr) Midle ex Bruhin

3-2-4 ᠰᠢᠪᠠᠭᠤᠨ ᠬᠤᠶᠢᠯᠠᠰᠣ 兴安木贼 *Hippochaete variegata*
Farw.

3-2-3 ᠪᠢᠴᠢᠬᠠᠨ ᠬᠤᠶᠢᠯᠠᠰᠣ 小木贼 *Hippochaete scirpoides* (Michx.)

3-2-2 ᠬᠤᠶᠢᠯᠠᠰᠣ 木贼 *Hippochaete hyemalis* (L.) Midle ex Bruhin
Midle ex Bruhin

3-2-1 ᠦᠶᠡᠲᠦ ᠡᠪᠡᠰᠦ 节节草 *Hippochaete ramosissima* (Desf.)

3-2 ᠬᠤᠶᠢᠯᠠᠰᠣ ᠨᠠᠷ ᠤᠨ ᠣᠪᠤᠭ 木贼属 *Hippochaete* Milde

3-1-5 ᠨᠣᠬᠠᠢ ᠠᠰᠠᠪᠠᠷ 犬问荆 *Equisetum palustre* L.

3-1-4 ᠠᠰᠠᠪᠠᠷ 问荆 *Equisetum arvense* L.

L. f. *linnaeanum* (Doll) M. Broun.

3-1-3b ᠰᠠᠯᠠᠭ᠎ᠠ ᠦᠭᠡᠢ ᠣᠰᠣᠨ ᠠᠰᠠᠪᠠᠷ 无枝水问荆 *Equisetum fluviatile*

3-1-3a ᠣᠰᠣᠨ ᠠᠰᠠᠪᠠᠷ 水问荆 *Equisetum fluviatile* L. f. *fluviatile*

3-1-3 ᠣᠰᠣᠨ ᠠᠰᠠᠪᠠᠷ 水问荆 *Equisetum fluviatile* L.

3-1-2 ᠣᠢ ᠶᠢᠨ ᠠᠰᠠᠪᠠᠷ 林问荆 *Equisetum sylvaticum* L.

3-1-1 ᠲᠠᠯ᠎ᠠ ᠶᠢᠨ ᠠᠰᠠᠪᠠᠷ 草问荆 *Equisetum pratense* Ehrh.

6-2 ᠣᠢᠮᠠᠷᠠᠭ᠎ᠠ ᠡᠪᠡᠰᠦ ᠨᠠᠷ ᠤᠨ ᠣᠪᠤᠭ 碗蕨属 *Dennstaedtia* Bernh.

(Desv.) Underw. ex A. Heller

6-1-1 ᠡᠪᠡᠰᠦ 蕨 *Pteridium aquilinum* (L.) Kuhn. var. *latiusculum*

6-1 ᠡᠪᠡᠰᠦ ᠨᠠᠷ ᠤᠨ ᠣᠪᠤᠭ 蕨属 *Pteridium* Gled. ex Scop.

6. ᠣᠢᠮᠠᠷᠠᠭ᠎ᠠ ᠡᠪᠡᠰᠦ ᠨᠠᠷ ᠤᠨ ᠣᠪᠤᠭ 碗蕨科 **Dennstaedtiaceae**

5-1-1 ᠨᠠᠷᠢᠨ ᠨᠠᠪᠴᠢᠲᠦ 狭叶瓶尔小草 *Ophioglossum thermale* Kom.

5-1 ᠪᠤᠯᠠᠭᠤᠷ ᠡᠪᠡᠰᠦ ᠨᠠᠷ ᠤᠨ ᠣᠪᠤᠭ 瓶尔小草属 *Ophioglossum* L.

5. ᠪᠤᠯᠠᠭᠤᠷ ᠡᠪᠡᠰᠦ ᠨᠠᠷ ᠤᠨ ᠣᠪᠤᠭ 瓶尔小草科 **Ophioglossaceae**

strictus (Underw.) Holub

4-2-1 ᠡᠭᠡᠳᠡᠷᠡᠭᠰᠡᠨ ᠣᠳᠣᠭᠠᠨ ᠤ ᠡᠪᠡᠰᠦ 劲直假阴地蕨 *Botrypus*

4-2 ᠬᠤᠳᠣᠭᠠᠨ ᠤ ᠡᠪᠡᠰᠦ ᠨᠠᠷ ᠤᠨ ᠣᠪᠤᠭ 假阴地蕨属 *Botrypus* Michx.

4-1-3 ᠳᠡᠯᠬᠡᠭᠡᠷ ᠣᠳᠣᠭᠠᠨ ᠤ ᠡᠪᠡᠰᠦ 扇羽小阴地蕨 *Botrychium lunaria* (L.) Sw.
lanceolatum (S. G. Gmelin) Angstrom

4-1-2 ᠣᠷᠲᠣ ᠠᠭᠤᠯᠠ ᠶᠢᠨ ᠣᠳᠣᠭᠠᠨ ᠤ ᠡᠪᠡᠰᠦ 长白山阴地蕨 *Botrychium*
Milde

4-1-1 ᠤᠮᠠᠷᠠᠳᠦ ᠶᠢᠨ ᠣᠳᠣᠭᠠᠨ ᠤ ᠡᠪᠡᠰᠦ 北方小阴地蕨 *Botrychium boreale*

8-1-1 ᠴᠢᠬᠢᠨ ᠳᠠᠯᠠᠪᠴᠢᠲᠤ ᠡᠪᠡᠰᠦ 耳羽金毛裸蕨 *Paragymnopteris bipinnata* H. Shing

8-1 ᠠᠯᠲᠠᠨ ᠦᠰᠦᠲᠦ ᠡᠪᠡᠰᠦᠨ ᠦ ᠲᠥᠷᠥᠯ 金毛裸蕨属 *Paragymnopteris* K. H. Shing

8. ᠨᠢᠴᠦᠭᠦᠨ ᠦᠷᠡᠲᠦ ᠡᠪᠡᠰᠦᠨ ᠦ ᠣᠪᠤᠭ 裸子蕨科 **Hemionitidaceae**

7-1-2b ᠲᠣᠭᠤᠰᠤ ᠦᠭᠡᠢ ᠡᠪᠡᠰᠦ 无粉银粉背蕨 *Aleuritopteris argentea* (Gmel.) Fee var. *obscura* (Christ) Ching

7-1-2a ᠮᠥᠩᠭᠦᠨ ᠲᠣᠭᠤᠰᠤᠲᠤ ᠡᠪᠡᠰᠦ ᠂ ᠮᠥᠩᠭᠦᠨ ᠲᠣᠭᠤᠰᠤᠲᠤ ᠡᠪᠡᠰᠦ 银粉背蕨 *Aleuritopteris argentea* (Gmel.) Fee

7-1-2 ᠮᠥᠩᠭᠦᠨ ᠲᠣᠭᠤᠰᠤᠲᠤ ᠡᠪᠡᠰᠦ ᠂ ᠮᠥᠩᠭᠦᠨ ᠲᠣᠭᠤᠰᠤᠲᠤ ᠡᠪᠡᠰᠦ 银粉背蕨 *Aleuritopteris argentea* (Gmel.) Fee

7-1-1 ᠤᠮᠠᠷᠠᠳᠤ ᠲᠣᠭᠤᠰᠤᠲᠤ ᠡᠪᠡᠰᠦ 华北粉背蕨 *Aleuritopteris kuhnii* (Milde) Ching

7-1 ᠲᠣᠭᠤᠰᠤᠲᠤ ᠡᠪᠡᠰᠦᠨ ᠦ ᠲᠥᠷᠥᠯ 粉背蕨属 *Aleuritopteris* Fee

7. ᠳᠤᠮᠳᠠᠳᠤ ᠤᠯᠤᠰ ᠤᠨ ᠡᠪᠡᠰᠦᠨ ᠦ ᠣᠪᠤᠭ 中国蕨科 **Sinopteridaceae**

6-2-1 ᠵᠤᠭᠤᠷᠢ ᠶᠢᠨ ᠠᠶᠠᠭᠠᠲᠤ ᠡᠪᠡᠰᠦ 溪洞碗蕨 *Dennstaedtia wilfordii* (T. Moore) Christ

---

9-4-2 ᠵᠡᠭᠦᠨ ᠬᠣᠶᠢᠲᠤ ᠲᠤᠭᠤᠷᠠᠢᠲᠤ ᠡᠪᠡᠰᠦ 东北蹄盖蕨 *Athyrium brevifrons* Nakai ex Tagawa

9-4-1 ᠳᠤᠮᠳᠠᠳᠤ ᠲᠤᠭᠤᠷᠠᠢᠲᠤ ᠡᠪᠡᠰᠦ 中华蹄盖蕨 *Athyrium sinense* Rupr.

9-4 ᠲᠤᠭᠤᠷᠠᠢᠲᠤ ᠡᠪᠡᠰᠦᠨ ᠦ ᠲᠥᠷᠥᠯ 蹄盖蕨属 *Athyrium* Roth

9-3-1 ᠬᠠᠷ᠎ᠠ ᠬᠠᠯᠢᠰᠤᠲᠤ ᠡᠪᠡᠰᠦ 黑鳞短肠蕨 *Allantodia crenata* (Sommerf) Ching

9-3 ᠪᠣᠭᠤᠨᠢ ᠭᠡᠳᠡᠰᠦᠲᠦ ᠡᠪᠡᠰᠦᠨ ᠦ ᠲᠥᠷᠥᠯ 短肠蕨属 *Allantodia* R. Br.

9-2-2 ᠥᠨᠳᠦᠷ ᠠᠭᠤᠯᠠ ᠶᠢᠨ ᠡᠪᠡᠰᠦ 高山冷蕨 *Cystopteris montana* (Lam.) Bernh. ex Desv.

9-2-1 ᠬᠦᠢᠲᠡᠨ ᠡᠪᠡᠰᠦ 冷蕨 *Cystopteris fragilis* (L.) Bernh.

9-2 ᠬᠦᠢᠲᠡᠨ ᠡᠪᠡᠰᠦᠨ ᠦ ᠲᠥᠷᠥᠯ 冷蕨属 *Cystopteris* Bernh.

9-1-2 ᠬᠠᠯᠢᠰᠤᠲᠤ ᠡᠪᠡᠰᠦ 鳞毛羽节蕨 *Gymnocarpium dryopteris* (L.) Newm.

9-1-1 ᠥᠳᠥᠯᠢᠭ ᠡᠪᠡᠰᠦ 羽节蕨 *Gymnocarpium jessoense* (Koidz.) Koidz.

9-1 ᠥᠳᠥᠯᠢᠭ ᠡᠪᠡᠰᠦᠨ ᠦ ᠲᠥᠷᠥᠯ 羽节蕨属 *Gymnocarpium* Newm.

9. ᠲᠤᠭᠤᠷᠠᠢᠲᠤ ᠡᠪᠡᠰᠦᠨ ᠦ ᠣᠪᠤᠭ 蹄盖蕨科 **Athyriaceae**

Christ var. *auriculata* (Franch.) K. H. Shing

10. ᠬᠥᠬᠡᠷᠡᠯᠳᠦ ᠣᠢᠮᠠᠨ ᠤ ᠢᠵᠠᠭᠤᠷ 金星蕨科 **Thelypteridaceae**

10-1 ᠨᠠᠮᠤᠭ ᠤᠨ ᠣᠢᠮᠠᠨ 沼泽蕨属 *Thelypteris* Schmidel

10-1-1 ᠨᠠᠮᠤᠭ ᠤᠨ ᠣᠢᠮᠠᠨ 沼泽蕨 *Thelypteris palustris* Schott

11. ᠲᠡᠮᠦᠷᠯᠢᠭ ᠣᠢᠮᠠᠨ ᠤ ᠢᠵᠠᠭᠤᠷ 铁角蕨科 **Aspleniaceae**

11-1 ᠲᠡᠮᠦᠷᠯᠢᠭ ᠣᠢᠮᠠᠨ 铁角蕨属 *Asplenium* L.

11-1-1 ᠥᠨᠳᠡᠭᠡᠨ ᠲᠡᠮᠦᠷᠯᠢᠭ ᠣᠢᠮᠠᠨ 卵叶铁角蕨 *Asplenium ruta-muraria.* L.

11-1-2 ᠪᠡᠭᠡᠵᠢᠩ ᠲᠡᠮᠦᠷᠯᠢᠭ ᠣᠢᠮᠠᠨ 北京铁角蕨 *Asplenium pekinense* Hance

11-1-3 ᠮᠣᠬᠤᠷ ᠰᠢᠳᠦᠲᠦ ᠲᠡᠮᠦᠷᠯᠢᠭ ᠣᠢᠮᠠᠨ 钝齿铁角蕨 *Asplenium subvarians* Ching

11-1-4 ᠥᠪᠦᠷ ᠮᠣᠩᠭᠤᠯ ᠲᠡᠮᠦᠷᠯᠢᠭ ᠣᠢᠮᠠᠨ 内蒙铁角蕨 *Asplenium mae* Viane et Reichstein

11-1-5 ᠪᠠᠷᠠᠭᠤᠨ ᠬᠣᠢᠲᠦ ᠲᠡᠮᠦᠷᠯᠢᠭ ᠣᠢᠮᠠᠨ 西北铁角蕨 *Asplenium nesii* Christ

11-1-6 ᠠᠯᠲᠠᠢ ᠲᠡᠮᠦᠷᠯᠢᠭ ᠣᠢᠮᠠᠨ 阿尔泰铁角蕨 *Asplenium altajense* (Kom.) Grub.

11-2 ᠠᠭᠤᠯᠠ ᠳᠠᠪᠠᠬᠤ ᠣᠢᠮᠠᠨ 过山蕨属 *Camptosorus* Link

11-2-1 ᠠᠭᠤᠯᠠ ᠳᠠᠪᠠᠬᠤ ᠣᠢᠮᠠᠨ 过山蕨 *Camptosorus sibiricus* Rupr.

12. ᠪᠥᠮᠪᠦᠭᠡᠯᠢᠭ ᠣᠢᠮᠠᠨ ᠤ ᠢᠵᠠᠭᠤᠷ 球子蕨科 **Onocleaceae**

12-1 ᠪᠤᠷᠴᠠᠭ ᠤᠨ ᠣᠢᠮᠠᠨ 荚果蕨属 *Matteuccia* Todaro

12-1-1 ᠪᠤᠷᠴᠠᠭ ᠤᠨ ᠣᠢᠮᠠᠨ 荚果蕨 *Matteuccia struthiopteris* (L.) Tod.

12-2 ᠪᠥᠮᠪᠦᠭᠡᠯᠢᠭ ᠣᠢᠮᠠᠨ 球子蕨属 *Onoclea* L.

12-2-1 ᠪᠥᠮᠪᠦᠭᠡᠯᠢᠭ ᠣᠢᠮᠠᠨ 球子蕨 *Onoclea sensibilis* L. var. *interrupta* Maxim.

13. ᠬᠠᠳᠠᠨ ᠣᠢᠮᠠᠨ ᠤ ᠢᠵᠠᠭᠤᠷ 岩蕨科 **Woodsiaceae**

13-1 ᠳᠠᠪᠦᠰᠠᠭᠲᠤ ᠣᠢᠮᠠᠨ 膀胱蕨属 *Protowoodsia* Ching

13-1-1 ᠳᠠᠪᠦᠰᠠᠭᠲᠤ ᠣᠢᠮᠠᠨ 膀胱蕨 *Protowoodsia manchuriensis* (Hook.) Ching

13-2 ᠬᠠᠳᠠᠨ ᠣᠢᠮᠠᠨ 岩蕨属 *Woodsia* R. Br.

13-2-1 ᠥᠲᠦᠯᠢᠭ ᠬᠠᠳᠠᠨ ᠣᠢᠮᠠᠨ 密毛岩蕨 *Woodsia rosthorniana* Diels

13-2-2 ᠬᠠᠭᠤᠷᠠᠢ ᠬᠠᠳᠠᠨ ᠣᠢᠮᠠᠨ 旱岩蕨 *Woodsia hancockii* Bak.

13-2-3 ᠭᠢᠯᠠᠭᠠᠷ ᠬᠠᠳᠠᠨ ᠣᠢᠮᠠᠨ 光岩蕨 *Woodsia glabella* R. Br. ex Richards.

13-2-4 ᠱᠠᠨᠰᠢ ᠬᠠᠳᠠᠨ ᠣᠢᠮᠠᠨ 陕西岩蕨 *Woodsia shensiensis* Ching

13-2-5 ᠬᠠᠳᠠᠨ ᠣᠢᠮᠠᠨ 岩蕨 *Woodsia ilvensis* (L.) R. Br.

13-2-6 ᠵᠢᠷᠦᠬᠡᠨ ᠬᠠᠳᠠᠨ ᠣᠢᠮᠠᠨ 心岩蕨 *Woodsia subcordata* Turcz.

14-2-4 (Kunze) Koidz. 华北鳞毛蕨 *Dryopteris goeringiana*

14-2-3 (C. Presl) Fraser-Jenk. et Jermy 广布鳞毛蕨 *Dryopteris expansa*
Kom.

14-2-2 Schott 远东鳞毛蕨 *Dryopteris sichotensis*

14-2-1 香鳞毛蕨 *Dryopteris fragrans* (L.)

14-2 鳞毛蕨属 *Dryopteris* Adans.
Fee

14-1-3 布朗耳蕨 *Polystichum braunii* (Spenner)

14-1-2 中华耳蕨 *Polystichum sinense* Christ
Ching

14-1-1 毛叶耳蕨 *Polystichum mollissimum*

14-1 耳蕨属 *Polystichum* Roth

14. 鳞毛蕨科 **Dryopteridaceae**

13-2-8 中岩蕨 *Woodsia intermedia* Tagawa

13-2-7 耳羽岩蕨 *Woodsia polystichoides* D. C. Eaton

baronii Diels

16-1-1 中华槲蕨 *Drynaria*

16-1 槲蕨属 *Drynaria* (Bory) J. Sm.

16. 槲蕨科 **Drynariaceae**

15-3-2 长柄石韦 *Pyrrosia petiolosa* (Christ)
Ching

15-3-1 华北石韦 *Pyrrosia davidii* (Giesenh. ex
Diels) Ching

15-3 石韦属 *Pyrrosia* Mirb.
Ching et Y. X. Lin

15-2-2 小五台瓦韦 *Lepisorus crassipes*
(Regel et Maack) Ching

15-2-1 乌苏里瓦韦 *Lepisorus ussuriensis*

15-2 瓦韦属 *Lepisorus* (J. Sm.) Ching

15-1-1 小多足蕨 *Polypodium sibiricum* Sipliv.

15-1 多足蕨属 *Polypodium* L.

15. 水龙骨科 **Polypodiaceae**

18-1-4b ᠮᠣᠩᠭᠣᠯ ᠵᠤᠯᠵᠠᠭ᠎ᠠ᠂ ᠡᠯᠡᠰᠦᠨ ᠵᠤᠯᠵᠠᠭ᠎ᠠ 沙地云杉 *Picea meyeri* Rehd. et E. H. Wilson var. *mongolica* H. Q. Wu

18-1-4a ᠵᠤᠯᠵᠠᠭ᠎ᠠ 白扦 *Picea meyeri* var. *meyeri* Rehd. et E. H. Wilson

18-1-4 ᠵᠤᠯᠵᠠᠭ᠎ᠠ 白扦 *Picea meyeri* Rehd. et E. H. Wilson

18-1-3 ᠬᠥᠬᠡᠨᠠᠭᠤᠷ ᠵᠤᠯᠵᠠᠭ᠎ᠠ 青海云杉 *Picea crassifolia* Kom.

18-1-2 ᠤᠯᠠᠭᠠᠨ ᠵᠤᠯᠵᠠᠭ᠎ᠠ 红皮云杉 *Picea koraiensis* Nakai

18-1-1 ᠬᠥᠬᠡ ᠵᠤᠯᠵᠠᠭ᠎ᠠ 青扦 *Picea wilsonii* Mast.

18-1 ᠵᠤᠯᠵᠠᠭ᠎ᠠ ᠶ᠋ᠢᠨ ᠲᠥᠷᠥᠯ 云杉属 *Picea* A. Dietr.

18. ᠨᠠᠷᠠᠰᠤ ᠶ᠋ᠢᠨ ᠢᠵᠠᠭᠤᠷ 松科 **Pinaceae**

GYMNOSPERMAE

II. ᠢᠯᠡᠷᠬᠡᠢ ᠦᠷ᠎ᠡ ᠲᠦ ᠤᠷᠭᠤᠮᠠᠯ ᠤᠨ ᠰᠠᠯᠪᠤᠷᠢ 裸子植物门 **GYMNOSPERMAE**

17-1-1 ᠬᠣᠸᠠᠢ ᠨᠠᠪᠴᠢᠲᠤ ᠪᠠᠯᠭᠠᠰᠤ 槐叶苹 *Salvinia natans* (L.) All.

17-1 ᠬᠣᠸᠠᠢ ᠨᠠᠪᠴᠢᠲᠤ ᠪᠠᠯᠭᠠᠰᠤ ᠶ᠋ᠢᠨ ᠲᠥᠷᠥᠯ 槐叶苹属 *Salvinia* Seg.

17. ᠬᠣᠸᠠᠢ ᠨᠠᠪᠴᠢᠲᠤ ᠪᠠᠯᠭᠠᠰᠤ ᠶ᠋ᠢᠨ ᠢᠵᠠᠭᠤᠷ 槐叶苹科 **Salviniaceae**

---

19. ᠬᠠᠰᠢ ᠶ᠋ᠢᠨ ᠢᠵᠠᠭᠤᠷ 柏科 **Cupressaceae**

18-3-3 ᠶᠠᠫᠣᠨ ᠱᠠᠭᠠᠵᠠ 日本落叶松 *Larix kaempferi* (Lamb.) Carr.

18-3-2 ᠤᠮᠠᠷᠠᠳᠤ ᠬᠢᠲᠠᠳ ᠱᠠᠭᠠᠵᠠ 华北落叶松 *Larix principis-rupprechtii* Mayr

18-3-1 ᠬᠢᠩᠭᠠᠨ ᠱᠠᠭᠠᠵᠠ 兴安落叶松 *Larix gmelinii* (Rupr.) Kuzen.

18-3 ᠱᠠᠭᠠᠵᠠ ᠶ᠋ᠢᠨ ᠲᠥᠷᠥᠯ 落叶松属 *Larix* Mill.

18-2-6 ᠬᠤᠸᠠᠱᠠᠨ ᠨᠠᠷᠠᠰᠤ 华山松 *Pinus armandii* Franch.

18-2-5 ᠬᠡᠪᠲᠡᠭᠡ ᠨᠠᠷᠠᠰᠤ 偃松 *Pinus pumila* (Pall.) Regel

18-2-4 ᠰᠢᠪᠢᠷ ᠤᠯᠠᠭᠠᠨ ᠨᠠᠷᠠᠰᠤ 西伯利亚红松 *Pinus sibirica* Du Tour Endl.

18-2-3 ᠴᠠᠭᠠᠨ ᠬᠠᠯᠢᠰᠤ ᠨᠠᠷᠠᠰᠤ 白皮松 *Pinus bungeana* Zucc. ex Endl.

18-2-2b ᠮᠣᠩᠭᠣᠯ ᠨᠠᠷᠠᠰᠤ 樟子松 *Pinus sylvestris* L. var. *mongolica* Litv.

18-2-2a ᠧᠦ᠋ᠷᠣᠫᠠ ᠤᠯᠠᠭᠠᠨ ᠨᠠᠷᠠᠰᠤ 欧洲赤松 *Pinus sylvestris* L. var. *sylvestris*

18-2-2 ᠧᠦ᠋ᠷᠣᠫᠠ ᠤᠯᠠᠭᠠᠨ ᠨᠠᠷᠠᠰᠤ 欧洲赤松 *Pinus sylvestris* L.

18-2-1 ᠲᠣᠰᠤᠯᠢᠭ ᠨᠠᠷᠠᠰᠤ 油松 *Pinus tabuliformis* Carr.

18-2 ᠨᠠᠷᠠᠰᠤ ᠶ᠋ᠢᠨ ᠲᠥᠷᠥᠯ 松属 *Pinus* L.

18-1-5 ᠬᠢᠩᠭᠠᠨ ᠵᠢᠭᠠᠰᠤᠨ ᠬᠠᠢᠷᠰᠤᠲᠤ ᠵᠤᠯᠵᠠᠭ᠎ᠠ 兴安鱼鳞云杉 *Picea jezoensis* (Sieb. et Zucc.) Carr. var. *microsperma* (Lindl.) W. C. Cheng et L. K. Fu

22-1-11b ᠬᠠᠷ᠎ᠠ ᠤᠯᠠᠭᠠᠨ ᠤᠯᠢᠶᠠᠰᠤ 扎鲁小叶杨 *Populus simonii* Carr. f. *brachychaeta* P. Yu et C. F. Fang

22-1-11a ᠤᠯᠠᠭᠠᠨ ᠤᠯᠢᠶᠠᠰᠤ 短毛小叶杨 *Populus simonii* Carr. f.

22-1-11 ᠤᠯᠠᠭᠠᠨ ᠤᠯᠢᠶᠠᠰᠤ 小叶杨 *Populus simonii* Carr.

22-1-10b ᠳ᠋ᠤᠳᠧ ᠤᠯᠢᠶᠠᠰᠤ 钻天杨 *Populus nigra* L. var. *italica* (Dode)Bean

22-1-10a ᠬᠠᠷ᠎ᠠ ᠤᠯᠢᠶᠠᠰᠤ 箭杆杨 *Populus nigra* L. var. *thevestina* (Moench) Koehne

22-1-10 ᠬᠠᠷ᠎ᠠ ᠤᠯᠢᠶᠠᠰᠤ 黑杨 *Populus nigra* L.

22-1-9 ᠺᠠᠨᠠᠳᠠ ᠤᠯᠢᠶᠠᠰᠤ 加拿大杨 *Populus* × *canadensis* Moench

22-1-8 ᠷᠧᠾᠧ ᠤᠯᠢᠶᠠᠰᠤ 热河杨 *Populus manshurica* Nakai

Liang

22-1-7 ᠵᠢᠵᠢᠭ ᠬᠠᠷ᠎ᠠ ᠤᠯᠢᠶᠠᠰᠤ 小黑杨 *Populus* × *xiaohei* T. S. Hwang et

22-1-6 ᠳᠤᠮᠳᠠᠳᠤ ᠳᠣᠷᠣᠨᠠᠲᠤ ᠤᠯᠢᠶᠠᠰᠤ 中东杨 *Populus* × *berolinensis* Dipp.

22-1-5 ᠳᠠᠭᠤᠲᠤ ᠨᠠᠪᠴᠢᠲᠤ ᠤᠯᠢᠶᠠᠰᠤ 响叶杨 *Populus adenopoda* Maxim.

22-1-4 ᠠᠭᠤᠯᠠ ᠶᠢᠨ ᠤᠯᠢᠶᠠᠰᠤ 山杨 *Populus davidiana* Dode

22-1-3 ᠾᠧᠪᠧᠢ ᠤᠯᠢᠶᠠᠰᠤ 河北杨 *Populus* × *hopeiensis* Hu et Chow

Bunge

22-1-2b ᠮᠥᠩᠭᠦᠨ ᠤᠯᠢᠶᠠᠰᠤ 新疆杨 *Populus alba* L. var. *pyramidalis*

22-1-2a ᠮᠥᠩᠭᠦᠨ ᠤᠯᠢᠶᠠᠰᠤ 银白杨 *Populus alba* L. var. *alba*

22-1-19 ᠵᠢᠵᠢᠭ ᠨᠣᠭᠣᠭᠠᠨ ᠤᠯᠢᠶᠠᠰᠤ 小青杨 *Populus pseudosimonii* Kitag.

22-1-18 ᠨᠣᠭᠣᠭᠠᠨ᠂ ᠤᠯᠢᠶᠠᠰᠤ 青杨 *Populus cathayana* Rehd.

22-1-17b ᠦᠰᠦᠲᠦ ᠬᠢᠩᠭᠠᠨ ᠤ ᠤᠯᠢᠶᠠᠰᠤ 毛轴兴安杨 *Populus hsinganica* C. Wang et Skv. var. *trichorachis* Z. F. Chen Skv. var. *hsinganica*

22-1-17a ᠬᠢᠩᠭᠠᠨ ᠤ ᠤᠯᠢᠶᠠᠰᠤ 兴安杨 *Populus hsinganica* C. Wang et

2-1-17 ᠬᠢᠩᠭᠠᠨ ᠤ ᠤᠯᠢᠶᠠᠰᠤ 兴安杨 *Populus hsinganica* C. Wang et Skv.

22-1-16 ᠦᠨᠦᠷᠲᠦ ᠤᠯᠢᠶᠠᠰᠤ 香杨 *Populus koreana* Rehd.

22-1-15 ᠶᠡᠬᠡ ᠨᠣᠭᠣᠭᠠᠨ ᠤᠯᠢᠶᠠᠰᠤ 大青杨 *Populus ussuriensis* Kom. *maximowiczii* A. Henry

22-1-14 ᠰᠥᠩᠭᠦ ᠨᠠᠪᠴᠢᠲᠤ ᠤᠯᠢᠶᠠᠰᠤ 甜杨 *Populus suaveolens* Fisch.

22-1-13 ᠯᠢᠶᠣᠤ ᠤᠯᠢᠶᠠᠰᠤ 辽杨 *Populus*

22-1-12 ᠴᠢᠩᠭᠠᠨ ᠠᠮᠲᠠᠲᠤ ᠤᠯᠢᠶᠠᠰᠤ 青甘杨 *Populus przewalskii* Maxim. var. *liaotungensis* (C. Wang et Skv.) C. Wang et Tung

22-1-11e ᠤᠭᠤᠲᠤᠷ ᠰᠡᠭᠦᠯᠲᠦ ᠤᠯᠢᠶᠠᠰᠤ 短序小叶杨 *Populus simonii* Carr. *rotundifolia* S. C. Lu ex C. Wang et Tung

22-1-11d ᠳᠤᠭᠤᠷᠢᠭ ᠨᠠᠪᠴᠢᠲᠤ ᠤᠯᠢᠶᠠᠰᠤ 圆叶小叶杨 *Populus simonii* Carr. var. *rhombifolia* Kitag.

22-1-11c ᠷᠣᠮᠪᠠ ᠨᠠᠪᠴᠢᠲᠤ ᠤᠯᠢᠶᠠᠰᠤ 菱叶小叶杨 *Populus simonii* Carr. var. *robusta* C. Wang et Tung

22-3-1 五蕊柳 *Salix pentandra* L.

22-3 柳属 *Salix* L.

22-2-1 钻天柳 *Chosenia arbutifolia* (Pall.) A. K. Skv.

22-2 钻天柳属 *Chosenia* Nakai

22-1-27 二白杨 *Populus* × *gansuensis* C. Wang et H. L. Yang

22-1-26 小钻杨 *Populus* × *xiaozhuanica* W. Y. Hsu et Liang

22-1-25 内蒙杨 *Populus intramongolica* T. Y. Sun et E. W. Ma

22-1-24 阿拉善杨 *Populus alaschanica* Kom.

22-1-23 白皮杨 *Populus cana* T. Y. Sun

22-1-22 阔叶杨 *Populus platyphylla* T. Y. Sun

22-1-21 科尔沁杨 *Populus keerqinensis* T. Y. Sun

22-1-20 苦杨 *Populus laurifolia* Ledeb.

22-1-19b 展枝小青杨 *Populus pseudosimonii* Kitag. var. *patula* T. Y. Sun var. *pseudosimonii*

22-1-19a 小青杨 *Populus pseudosimonii* Kitag.

22-3-18a 细叶沼柳 *Salix rosmarinifolia* L. var. *rosmarinifolia*

22-3-18 细叶沼柳 *Salix rosmarinifolia* L. var. *rosmarinifolia*

22-3-17 越桔柳 *Salix myrtilloides* L.

22-3-16 密齿柳 *Salix characta* C. K. Schneid.

22-3-15 蒿柳 *Salix schwerinii* E. L. Wolf

22-3-14 吐兰柳 *Salix turanica* Nas.

22-3-13 川滇柳 *Salix rehderiana* C. K. Schneid.

22-3-12 毛枝柳 *Salix dasyclados* Wimm.

22-3-11 黄柳 *Salix gordejevii* Y. L. Chang et Skv.

22-3-10 卷边柳 *Salix siuzevii* Seemen

22-3-9 粉枝柳 *Salix rorida* Laksch.

22-3-8 朝鲜柳 *Salix koreensis* Anderss.

22-3-7 旱柳 *Salix matsudana* Koidz.

22-3-6 圆头柳 *Salix capitata* Y. L. Chou et Skv.

22-3-5 垂柳 *Salix babylonica* L.

22-3-4 爆竹柳 *Salix fragilis* L.

22-3-3 白柳 *Salix alba* L.

22-3-2 三蕊柳 *Salix nipponica* Franch. et Sav.

var. bordensis (Nakai) C. F. Fang

22-3-30b ᠬᠥᠬᠡ ᠪᠤᠷᠭᠠᠰᠤ 小红柳 *Salix microstachya* Turcz. ex Trautv.

Trautv. var. *microstachya*

22-3-30a ᠬᠡᠮᠡᠷᠡᠭᠡᠨ ᠪᠤᠷᠭᠠᠰᠤ 小穗柳 *Salix microstachya* Turcz. ex

22-3-30 ᠨᠠᠷᠢᠨ ᠪᠤᠷᠭᠠᠰᠤ 小穗柳 *Salix microstachya* Turcz. ex Trautv.

22-3-29 ᠤᠯᠠ ᠪᠤᠷᠭᠠᠰᠤ 乌柳 *Salix cheilophila* C. K. Schneid.

22-3-28 ᠡᠯᠡᠰᠦ ᠪᠤᠷᠭᠠᠰᠤ 砂杞柳 *Salix kochiana* Trautv.

22-3-27 ᠵᠠᠭ ᠪᠤᠷᠭᠠᠰᠤ 杞柳 *Salix integra* Thunb.

floderusii Nakai

22-3-26 ᠬᠠᠳᠠᠨ (ᠴᠣᠬᠣᠷ) ᠪᠤᠷᠭᠠᠰᠤ 崖柳 *Salix*

22-3-25 ᠭᠣᠣᠯ ᠪᠤᠷᠭᠠᠰᠤ 谷柳 *Salix taraikensis* Kimura

22-3-24 ᠬᠢᠩᠭᠠᠨ ᠪᠤᠷᠭᠠᠰᠤ 兴安柳 *Salix hsinganica* Y. L. Chang et Skv.

(K. S. Hao ex C. F. Fang et Skv.) G. Zhu

22-3-23 ᠰᠠᠪᠤ ᠪᠤᠷᠭᠠᠰᠤ 皂柳 *Salix wallichiana* Anderss.

22-3-22 ᠳᠤᠮᠳᠠᠳᠤ ᠪᠤᠷᠭᠠᠰᠤ 中国黄花柳 *Salix sinica*

22-3-21 ᠶᠡᠬᠡ ᠰᠢᠷ᠎ᠠ ᠪᠤᠷᠭᠠᠰᠤ 大黄柳 *Salix raddeana* Laksch. ex Nas.

22-3-20 ᠭᠦᠷᠦᠭᠡᠰᠦᠨ ᠪᠤᠷᠭᠠᠰᠤ 鹿蹄柳 *Salix pyrolifolia* Ledeb.

22-3-19 ᠠᠭᠤᠯᠠ ᠶᠢᠨ ᠪᠤᠷᠭᠠᠰᠤ 山生柳 *Salix oritrepha* C. K. Schneid.

L. var. *brachypoda* (Trautv. et C. A. Mey) Y. L. Chou

22-3-18b ᠨᠠᠮᠤᠭ ᠤᠨ ᠪᠤᠷᠭᠠᠰᠤ (ᠵᠢᠵᠢᠭ ᠤᠨ) ᠪᠤᠷᠭᠠᠰᠤ 沼柳 *Salix rosmarinifolia*

24-1 ᠬᠤᠰᠤ ᠶᠢᠨ ᠲᠥᠷᠥᠯ 桦木属 *Betula* L.

24. ᠬᠤᠰᠤ ᠶᠢᠨ ᠢᠵᠠᠭᠤᠷ 桦木科 **Betulaceae**

23-2-1 ᠵᠢᠭᠠᠰᠤᠨ ᠵᠢᠭᠦᠷᠲᠦ · ᠬᠠᠰᠢᠶᠠᠲᠤ ᠮᠣᠳᠤ 枫杨 *Pterocarya stenoptera* C. DC.

23-2 ᠵᠢᠭᠦᠷᠲᠦ ᠬᠤᠰᠢᠭ᠎ᠠ ᠶᠢᠨ ᠲᠥᠷᠥᠯ 枫杨属 *Pterocarya* Kunth.

23-1-2 ᠮᠠᠨᠵᠤ ᠶᠢᠨ ᠬᠤᠰᠢᠭ᠎ᠠ 胡桃楸 *Juglans mandshurica* Maxim.

23-1-1 ᠬᠤᠰᠢᠭ᠎ᠠ 胡桃 *Juglans regia* L.

23-1 ᠬᠤᠰᠢᠭ᠎ᠠ ᠶᠢᠨ ᠲᠥᠷᠥᠯ 胡桃属 *Juglans* L.

23. ᠬᠤᠰᠢᠭ᠎ᠠ ᠶᠢᠨ ᠢᠵᠠᠭᠤᠷ 胡桃科 **Juglandaceae**

22-3-36 ᠨᠠᠷᠢᠨ ᠪᠤᠷᠭᠠᠰᠤ 细柱柳 *Salix gracilistyla* Miq.

22-3-35 ᠨᠠᠷᠢᠨ ᠮᠥᠴᠢᠷᠲᠦ ᠪᠤᠷᠭᠠᠰᠤ 细枝柳 *Salix gracilior* (Siuz.) Nakai

Yang

22-3-34 ᠡᠯᠡᠰᠦᠨ ᠬᠠᠢᠯᠠᠰᠤ ᠪᠤᠷᠭᠠᠰᠤ 北沙柳 *Salix psammophila* C. Wang et Ch. Y.

22-3-33 ᠱᠠᠭᠠᠵᠠᠩ ᠪᠤᠷᠭᠠᠰᠤ 筐柳 *Salix linearistipularis* K. S. Hao

Yang

22-3-32 ᠰᠢᠷᠠᠯᠵᠢᠨ ᠪᠤᠷᠭᠠᠰᠤ 黄龙柳 *Salix liouana* C. Wang et Ch. Y.

22-3-31 ᠨᠠᠷᠢᠨ ᠨᠠᠪᠴᠢᠲᠤ ᠪᠤᠷᠭᠠᠰᠤ 线叶柳 *Salix wilhelmsiana* Bieb.

24-2 ᠬᠠᠶᠢᠯᠠᠰᠤ ᠶᠢᠨ ᠲᠦᠷᠦᠯ 桤木属 *Alnus* Mill.

24-1-12 ᠡᠪᠡᠷᠲᠦ ᠬᠤᠰᠤ 角翅桦 *Betula ceratoptera* G. H. Liu et Y. C. Ma

24-1-11 ᠬᠠᠲᠠᠭᠤ ᠬᠤᠰᠤ 坚桦 *Betula chinensis* Maxim.

yingkiliensis Liou et Z. Wang

24-1-10b ᠢᠩᠬᠢᠯᠢ ᠶᠢᠨ ᠬᠤᠰᠤ 英吉里岳桦 *Betula ermanii* Cham. var.

24-1-10a ᠠᠭᠤᠯᠠ ᠶᠢᠨ ᠬᠤᠰᠤ 岳桦 *Betula ermanii* Cham. var. *ermanii*

24-1-10 ᠠᠭᠤᠯᠠ ᠶᠢᠨ ᠬᠤᠰᠤ 岳桦 *Betula ermanii* Cham.

24-1-9 ᠲᠤᠮᠤ ᠬᠤᠰᠤ 硕桦 *Betula costata* Trautv.

24-1-8 ᠤᠯᠠᠭᠠᠨ ᠬᠤᠰᠤ 红桦 *Betula albosinensis* Burk.

24-1-7 ᠪᠦᠳᠦᠭᠦᠨ ᠬᠤᠰᠤ 糙皮桦 *Betula utilis* D. Don

24-1-6 ᠲᠣᠰᠤᠯᠢᠭ ᠬᠤᠰᠤ 油桦 *Betula ovalifolia* Rupr.

24-1-5 ᠰᠥᠬᠡᠢ ᠬᠤᠰᠤ 柴桦 *Betula fruticosa* Pall.

zyzyphifolia (C. Wang et Tung) G. H. Liu et E. W. Ma

24-1-4b ᠴᠠᠭᠠᠷᠮᠠᠭ ᠬᠤᠰᠤ 枣叶桦 *Betula gmelinii* Bunge var.

24-1-4a ᠡᠯᠡᠰᠦᠨ ᠬᠤᠰᠤ 砂生桦 *Betula gmelinii* Bunge var. *gmelinii*

24-1-4 ᠡᠯᠡᠰᠦᠨ ᠬᠤᠰᠤ 砂生桦 *Betula gmelinii* Bunge

24-1-3 ᠳᠡᠯᠭᠡᠰᠦ ᠬᠤᠰᠤ 扇叶桦 *Betula middendorffii* Trautv. et C.

A. Mey.

24-1-2 ᠬᠠᠷ᠎ᠠ ᠬᠤᠰᠤ 黑桦 *Betula dahurica* Pall.

24-1-1 ᠴᠠᠭᠠᠨ ᠬᠤᠰᠤ 白桦 *Betula platyphylla* Suk.

Hance cv. *pendula*

26-1-1a ᠤᠨᠵᠢᠭᠤᠷ ᠶᠡᠬᠡ ᠵᠢᠮᠢᠰᠲᠦ ᠬᠠᠶᠢᠯᠠᠰᠤ 垂枝大果榆 *Ulmus macrocarpa*

26-1-1 ᠶᠡᠬᠡ ᠵᠢᠮᠢᠰᠲᠦ ᠬᠠᠶᠢᠯᠠᠰᠤ 大果榆 *Ulmus macrocarpa* Hance

26-1 ᠬᠠᠶᠢᠯᠠᠰᠤ ᠶᠢᠨ ᠲᠦᠷᠦᠯ 榆属 *Ulmus* L.

26. ᠬᠠᠶᠢᠯᠠᠰᠤ ᠶᠢᠨ ᠢᠵᠠᠭᠤᠷ 榆科 **Ulmaceae**

25-1-1 ᠮᠣᠩᠭᠤᠯ ᠴᠠᠷᠠᠰᠤ 蒙古栎 *Quercus mongolica* Fisch. ex Ledeb.

25-1 ᠴᠠᠷᠠᠰᠤ ᠶᠢᠨ ᠲᠦᠷᠦᠯ 栎属 *Quercus* L.

25. ᠴᠠᠷᠠᠰᠤ ᠶᠢᠨ ᠢᠵᠠᠭᠤᠷ 壳斗科 **Fagaceae**

24-4-1 ᠪᠠᠷᠠᠭ ᠰᠠᠮᠤᠷ 虎榛子 *Ostryopsis davidiana* Decne.

24-4 ᠪᠠᠷᠠᠭ ᠰᠠᠮᠤᠷ ᠤᠨ ᠲᠦᠷᠦᠯ 虎榛子属 *Ostryopsis* Decne.

24-3-2 ᠦᠰᠦᠲᠦ ᠰᠠᠮᠤᠷ 毛榛 *Corylus mandshurica* Maxim.

24-3-1 ᠰᠠᠮᠤᠷ 榛 *Corylus heterophylla* Fisch. ex Trautv.

24-3 ᠰᠠᠮᠤᠷ ᠤᠨ ᠲᠦᠷᠦᠯ 榛属 *Corylus* L.

Schneid.) Hand.-Mazz.

24-2-2 ᠣᠳᠬᠤᠨ ᠬᠠᠶᠢᠯᠠᠰᠤ 矮桤木 *Alnus mandshurica* (Callier ex C. K.

24-2-1 ᠦᠰᠦᠷᠬᠡᠭ ᠬᠠᠶᠢᠯᠠᠰᠤ 水冬瓜赤杨 *Alnus hirsuta* Turcz. ex Rupr.

26-3-1 ᠂᠂ · ᠂᠂᠂᠂ 小叶朴 *Celtis bungeana* Blume

26-3 ᠂᠂᠂᠂ ⊙ ᠂᠂᠂᠂ 朴属 *Celtis* L.
(Hance) Planch.

26-2-1 ᠂᠂᠂᠂ 刺榆 *Hemiptelea davidii*

26-2 ᠂᠂᠂᠂ 刺榆属 *Hemiptelea* Planch.

26-1-8 ᠂᠂᠂᠂ 圆冠榆 *Ulmus densa* Litv.

var. *japonica* (Rehd.) Nakai

26-1-7 ᠂᠂᠂᠂ · ᠂᠂᠂᠂ 春榆 *Ulmus davidiana* Planch.

var. *lasiocarpa* Rehd.

26-1-6b ᠂᠂᠂᠂ · ᠂᠂᠂᠂ 毛果旱榆 *Ulmus glaucescens* Franch.

glaucescens

26-1-6a ᠂᠂᠂᠂ 旱榆 *Ulmus glaucescens* Franch. var.

26-1-6 ᠂᠂᠂᠂ 旱榆 *Ulmus glaucescens* Franch.

26-1-5 ᠂᠂᠂᠂ 裂叶榆 *Ulmus laciniata* (Trautv.) Mayr

26-1-4 ᠂᠂᠂᠂ 欧洲白榆 *Ulmus laevis* Pall.

26-1-3b ᠂᠂᠂᠂ 垂枝榆 *Ulmus pumila* L. cv. *pendula*

26-1-3a ᠂᠂᠂᠂ 钻天榆 *Ulmus pumila* L. cv. *pyramidalis*

26-1-3 ᠂᠂᠂᠂ 榆树 *Ulmus pumila* L.

Chang

26-1-2 ᠂᠂᠂᠂ 脱皮榆 *Ulmus lamellosa* C. Wang et S. L.

---

29. ᠂᠂᠂᠂ 荨麻科 **Urticaceae**

(Janisch.) Chu

28-2-1b ᠂᠂᠂᠂ 野大麻 *Cannabis sativa* L. f. *ruderalis*

28-2-1a ᠂᠂᠂᠂ 大麻 *Cannabis sativa* L. f. *sativa*

28-2-1 ᠂᠂᠂᠂ 大麻 *Cannabis sativa* L.

28-2 ᠂᠂᠂᠂ ⊙ ᠂᠂᠂᠂ 大麻属 *Cannabis* L.

28-1-2 ᠂᠂᠂᠂ 葎草 *Humulus scandens* (Lour.) Merr.

28-1-1 ᠂᠂᠂᠂ 啤酒花 *Humulus lupulus* L.

28-1 ᠂᠂᠂᠂ 葎草属 *Humulus* L.

28. ᠂᠂᠂᠂ ⊙ ᠂᠂᠂᠂ 大麻科 **Cannabaceae**

C. K. Schneid.

27-1-2 ᠂᠂᠂᠂ 蒙桑 *Morus mongolica* (Bur.)

27-1-1 ᠂᠂᠂᠂ 桑 *Morus alba* L.

27-1 ᠂᠂᠂᠂ 桑属 *Morus* L.

27. ᠂᠂᠂᠂ 桑科 **Moraceae**

29-4-1 ᠬᠬᠢᠬᠠᠨ᠎ᠠ 小花墙草 *Parietaria micrantha* Ledeb.

29-4 ᠬᠬᠢᠬᠠᠨ᠎ᠠ ᠶᠢᠨ ᠲᠥᠷᠥᠯ 墙草属 *Parietaria* L.

subsp. *suborbiculata* (C. J. Chen) C. J. Chen et Friis

29-3-1 ᠬᠢᠯᠠᠭᠠᠨ᠎ᠠ 蝎子草 *Girardinia diversifolia* (Link) Friis

29-3 ᠬᠢᠯᠠᠭᠠᠨ᠎ᠠ ᠶᠢᠨ ᠲᠥᠷᠥᠯ 蝎子草属 *Girardinia* Gaudich.

Hook. et Arn.

29-2-2 ᠭᠡᠭᠡᠭᠡ ᠬᠥᠬᠡᠮᠳᠡᠭ 矮冷水花 *Pilea peploides* (Gaudich.)

hamaoi (Makino) C. J. Chen

29-2-1b ᠬᠥᠬᠡᠮᠳᠡᠭ 荫地冷水花 *Pilea pumila* (L.) A. Gray var.

pumila

29-2-1a ᠬᠥᠬᠡᠮᠳᠡᠭ 透茎冷水花 *Pilea pumila* (L.) A. Gray var.

29-2-1 ᠬᠥᠬᠡᠮᠳᠡᠭ 透茎冷水花 *Pilea pumila* (L.) A. Gray

29-2 ᠬᠥᠬᠡᠮᠳᠡᠭ ᠦᠨ ᠲᠥᠷᠥᠯ 冷水花属 *Pilea* Lindl.

ex Hornem.

29-1-4 ᠬᠥᠨᠳᠡᠯᠡᠨ ᠬᠠᠯᠠᠭᠠᠢ 狭叶荨麻 *Urtica angustifolia* Fisch.

B. Liao

29-1-3 ᠬᠠᠯᠠᠭᠠᠢ 贺兰山荨麻 *Urtica helanshanica* W. Z. Di et W.

29-1-2 ᠬᠠᠯᠠᠭᠠᠢ 宽叶荨麻 *Urtica laetevirens* Maxim.

29-1-1 麻叶荨麻 *Urtica cannabina* L.

29-1 ᠬᠠᠯᠠᠭᠠᠢ ᠶᠢᠨ ᠲᠥᠷᠥᠯ 荨麻属 *Urtica* L.

Franch. et Sav.

31-1-1 ᠬᠠᠷᠠᠮᠠᠭ ᠦᠨ ᠲᠥᠷᠥᠯ 北桑寄生 *Loranthus tanakae*

31-1 ᠬᠠᠷᠠᠮᠠᠭ ᠦᠨ ᠲᠥᠷᠥᠯ 桑寄生属 *Loranthus* Jacq.

31. ᠬᠠᠷᠠᠮᠠᠭ ᠦᠨ ᠢᠵᠠᠭᠤᠷ 桑寄生科 **Loranthaceae**

P. C. Tam

30-1-4 ᠬᠠᠷ᠎ᠠ ᠡᠪᠡᠰᠦ 短苞百蕊草 *Thesium brevibracteatum*

refractum C. A. Mey.

30-1-3 ᠬᠤᠷᠳᠤᠨ᠎ᠠ ᠡᠪᠡᠰᠦ 急折百蕊草 *Thesium*

longipedunculatum Y. C. Chu

30-1-1b ᠤᠷᠳᠤ ᠡᠪᠡᠰᠦ 长梗百蕊草 *Thesium chinense* Turcz. var.

longifolium Turcz.

30-1-2 ᠤᠷᠳᠤ ᠡᠪᠡᠰᠦ 长叶百蕊草 *Thesium longifolium* Turcz.

chinense

30-1-1a ᠡᠪᠡᠰᠦ 百蕊草 *Thesium chinense* Turcz. var.

30-1-1 ᠡᠪᠡᠰᠦ 百蕊草 *Thesium chinense* Turcz.

Thesium L.

30-1 ᠡᠪᠡᠰᠦ ᠶᠢᠨ ᠲᠥᠷᠥᠯ 百蕊草属

30. ᠵᠠᠨᠳᠠᠨ ᠤ ᠢᠵᠠᠭᠤᠷ 檀香科 **Santalaceae**

33-2-2 酸模 *Rumex acetosa* L.

33-2-1 小酸模 *Rumex acetosella* L.

33-2 酸模属 *Rumex* L.

33-1-6 掌叶大黄 *Rheum palmatum* L.

33-1-5 单脉大黄 *Rheum uninerve* Maxim.

33-1-4 矮大黄 *Rheum nanum* Siev. ex Pall.

33-1-3 总序大黄 *Rheum racemiferum* Maxim.

33-1-2 波叶大黄 *Rheum franzenbachii* Munt.

33-1-1 华北大黄 *Rheum rhabarbarum* L.

33-1 大黄属 *Rheum* L.

33. 蓼科 Polygonaceae

32-1-1 北马兜铃 *Aristolochia contorta* Bunge

32-1 马兜铃属 *Aristolochia* L.

32. 马兜铃科 Aristolochiaceae

31-2-1 槲寄生 *Viscum coloratum* (Kom.) Nakai

31-2 槲寄生属 *Viscum* L.

33-4-1 锐枝木蓼 *Atraphaxis pungens* (M. B.) Jaub.

33-4 木蓼属 *Atraphaxis* L.

33-3-3 沙拐枣 *Calligonum mongolicum* Turcz.

33-3-2 阿拉善沙拐枣 *Calligonum alaschanicum* A. Los.

33-3-1 泡果沙拐枣 *Calligonum calliphysa* Bunge

33-3 沙拐枣属 *Calligonum* L.

33-2-13 蒙新酸模 *Rumex similans* K. H. Rechinger

33-2-12 齿果酸模 *Rumex dentatus* L.

33-2-11 *Rumex maritimus* L.

33-2-10 盐生酸模 *Rumex marschallianus* Rchb.

33-2-9 狭叶酸模 *Rumex stenophyllus* Ledeb.

33-2-8 羊蹄 *Rumex japonicus* Houtt.

33-2-7 巴天酸模 *Rumex patientia* L.

33-2-6 皱叶酸模 *Rumex crispus* L.

33-2-5 长叶酸模 *Rumex longifolius* DC.

33-2-4 毛脉酸模 *Rumex gmelinii* Turcz. ex Ledeb.

33-2-3 直根酸模 *Rumex thyrsiflorus* Fingerh.

33-5-10 ᠨᠣᠭᠠᠨ ᠮᠥᠭᠡ 桃叶蓼 *Polygonum persicaria* L.

33-5-9 ᠣᠷᠭᠢᠭᠤᠯ ᠮᠥᠭᠡ᠂ ᠮᠣᠩᠭᠣᠯ ᠮᠥᠭᠡᠳ 荭草 *Polygonum orientale* L.

amphibium L.

33-5-8 ᠳᠠᠯᠠᠢ ᠶᠢᠨ ᠮᠥᠭᠡ 两栖蓼 *Polygonum*

33-5-7 ᠲᠣᠯᠣᠭᠠᠢᠲᠤ ᠮᠥᠭᠡ 头序蓼 *Polygonum nepalense* Meisn.

33-5-6 ᠵᠥᠭᠡᠯᠡᠨ ᠦᠰᠦᠲᠦ ᠮᠥᠭᠡ 柔毛蓼 *Polygonum sparsipilosum* A. J. Li

33-5-5 ᠬᠠᠳᠠᠨ ᠤ ᠨᠢᠳᠤᠯᠢᠭ ᠮᠥᠭᠡ 岩萹蓄 *Polygonum cognatum* Meisn.

33-5-4 ᠡᠷᠡᠦ ᠵᠢᠮᠢᠰᠲᠦ ᠮᠥᠭᠡ 尖果萹蓄 *Polygonum rigidum* Skv.

33-5-3 ᠨᠢᠳᠤᠯᠢᠭ ᠮᠥᠭᠡ 萹蓄 *Polygonum aviculare* L.

33-5-2 ᠪᠥᠭᠡ ᠮᠥᠭᠡ 刁见蓼 *Polygonum plebeium* R. Br.

Kunze

33-5-1 ᠮᠥᠩᠭᠥᠨ ᠮᠥᠭᠡ 帚蓼 *Polygonum argyrocoleon* Steud. ex

Krassrov

33-5 ᠮᠥᠭᠡᠳ ᠤᠨ ᠲᠥᠷᠥᠯ 蓼属 *Polygonum* L.

33-4-6 ᠨᠠᠷᠢᠨ ᠮᠥᠭᠡ ᠲᠥᠷᠥᠯ 长枝木蓼 *Atraphaxis virgata* (Regel)

33-4-5 ᠮᠣᠳᠣᠯᠢᠭ ᠮᠥᠭᠡ 木蓼 *Atraphaxis frutescens* (L.) Eversm.

33-4-4 ᠡᠯᠡᠰᠦᠨ ᠮᠥᠭᠡ 沙木蓼 *Atraphaxis bracteata* A. Los.

33-4-3 ᠳᠥᠭᠥᠷᠢᠭ ᠨᠠᠪᠴᠢᠲᠤ ᠮᠥᠭᠡ 圆叶木蓼 *Atraphaxis tortuosa* A. Los.

33-4-2 ᠵᠡᠭᠦᠨ ᠬᠣᠢᠲᠤ ᠮᠥᠭᠡ 东北木蓼 *Atraphaxis mandshurica* Kitag.

et Spach.

angustifolium Pall.

33-5-18 ᠨᠠᠷᠢᠨ ᠮᠥᠭᠡ᠂ ᠬᠦᠬᠡ ᠮᠥᠭᠡᠳ 细叶蓼 *Polygonum*

sibiricum Laxm. var. *thomsonii* Meissn.

33-5-17b ᠨᠠᠷᠢᠨ ᠬᠦᠬᠡ ᠮᠥᠭᠡ 细叶西伯利亚蓼 *Polygonum*

sibiricum Laxm. var. *sibiricum*

33-5-17a ᠬᠦᠬᠡ ᠮᠥᠭᠡ᠂ ᠨᠠᠷᠢᠨ ᠮᠥᠭᠡᠳ 西伯利亚蓼

Polygonum sibiricum Laxm.

33-5-17 ᠬᠦᠬᠡ ᠮᠥᠭᠡ 西伯利亚蓼 *Polygonum sibiricum* Laxm.

33-5-16 ᠰᠣᠯᠣᠩᠭᠣᠰ ᠮᠥᠭᠡ 朝鲜蓼 *Polygonum koreense* Nakai

(Makino) Kudo et Masam.

33-5-15 ᠰᠢᠪᠠᠭᠤᠨ ᠮᠥᠭᠡ 楔叶蓼 *Polygonum trigonocarpum*

33-5-14 ᠵᠡᠭᠦᠨ ᠬᠣᠢᠲᠤ ᠮᠥᠭᠡ 东北蓼 *Polygonum longisetum* Bruijn

33-5-13 ᠣᠯᠠᠨ ᠨᠠᠪᠴᠢᠲᠤ ᠮᠥᠭᠡ 多叶蓼 *Polygonum foliosum* H. Lindb.

33-5-12 ᠤᠰᠤᠨ ᠮᠥᠭᠡ 水蓼 *Polygonum hydropiper* L.

lapathifolium L. var. *salicifolium* Sibth.

33-5-11b ᠨᠣᠣᠰᠣᠯᠢᠭ ᠮᠥᠭᠡ 绵毛酸模叶蓼 *Polygonum*

lapathifolium L. var. *lapathifolium*

33-5-11a ᠭᠠᠱᠢᠭᠤᠨ ᠨᠠᠪᠴᠢᠲᠤ ᠮᠥᠭᠡ 酸模叶蓼 *Polygonum*

lapathifolium L.

33-5-11 ᠭᠠᠱᠢᠭᠤᠨ ᠨᠠᠪᠴᠢᠲᠤ ᠮᠥᠭᠡ 酸模叶蓼 *Polygonum*

33-5-33 长戟叶蓼 Polygonum maackianum Regel

33-5-32 戟叶蓼 Polygonum thunbergii Sieb. et Zucc.

33-5-31 箭叶蓼 Polygonum sagittatum L.

33-5-30 Polygonum bungeanum Turcz.

33-5-29 穿叶蓼 Polygonum perfoliatum L. 柳叶刺蓼

33-5-28 狐尾蓼 Polygonum alopecuroides Turcz. ex Bess.

33-5-27 耳叶蓼 Polygonum manshuriense V. Petr. ex Kom.

33-5-26 拳参 Polygonum bistorta L.

33-5-25 太平洋蓼 Polygonum pacificum V. Petr. ex Kom.

33-5-24 圆穗蓼 Polygonum macrophyllum D. Don

33-5-23 珠芽蓼 Polygonum viviparum L.

33-5-22 高山蓼 Polygonum alpinum All.

33-5-21 叉分蓼 Polygonum divaricatum L.

33-5-20 兴安蓼 Polygonum ajanense (Regel et Tiling) Grig.

33-5-19 白山蓼 Polygonum ocreatum L.

34-3-1 梭梭 Haloxylon ammodendron (C. A. Mey.) Bunge

34-3 梭梭属 Haloxylon Bunge

34-2-1 盐角草 Salicornia europaea L.

34-2 盐角草属 Salicornia L.

34-1-1 盐穗木 Halostachys caspica C. A. Mey. ex Schrenk

34-1 盐穗木属 Halostachys C. A. Mey. ex Schrenk

34. 藜科 Chenopodiaceae

33-7-4 木藤首乌 Fallopia aubertii (L. Henry) Holub

33-7-3 篱首乌 Fallopia dumetorum (L.) Holub

33-7-2 齿翅首乌 Fallopia dentatoalata (F. Schm.) Holub

33-7-1 蔓首乌 Fallopia convolvulus (L.) A. Love

33-7 首乌属 Fallopia Adanson

33-6-2 荞麦 Fagopyrum esculentum Moench.

33-6-1 苦荞麦 Fagopyrum tataricum (L.) Gaertn.

33-6 荞麦属 Fagopyrum Mill.

34-12 ᠬᠥᠪᠥᠩ ᠬᠠᠯᠠᠭᠠᠢ ᠶᠢᠨ ᠲᠥᠷᠥᠯ 蛛丝蓬属 *Micropeplis* Bunge

34-11-1 ᠬᠠᠷᠮᠠᠭ ᠴᠢᠨᠵᠤ ᠡᠪᠡᠰᠤ 盐生草 *Halogeton glomeratus* (M. Bieb.) C. A. Mey.

34-11 ᠬᠠᠷᠮᠠᠭ ᠴᠢᠨᠵᠤ ᠡᠪᠡᠰᠤᠨ ᠤ ᠲᠥᠷᠥᠯ 盐生草属 *Halogeton* C. A. Mey.

34-10-12 ᠡᠷᠭᠡᠰᠤᠲᠦ ᠰᠢᠷᠭᠡᠯᠵᠢᠨ ᠤ ᠲᠥᠷᠥᠯ 刺沙蓬 *Salsola tragus* L.

34-10-11 ᠤᠯᠠᠭᠠᠨ ᠳᠠᠯᠠᠪᠴᠢᠲᠤ 红翅猪毛菜 *Salsola intramongolica* H. C. Fu et Z. Y. Chu

34-10-10 ᠨᠢᠮᠭᠡᠨ ᠪᠤᠷᠴᠠᠭ 糖紫猪毛菜 *Salsola beticolor* Iljin

34-10-9 ᠨᠢᠮᠭᠡᠨ ᠳᠠᠯᠠᠪᠴᠢᠲᠤ 薄翅猪毛菜 *Salsola pellucida* Litv.

34-10-8 ᠮᠣᠩᠭᠣᠯ ᠰᠢᠷᠭᠡᠯᠵᠢᠨ 蒙古猪毛菜 *Salsola ikonnikovii* Iljin

34-10-7 ᠭᠠᠭᠴᠠ ᠳᠠᠯᠠᠪᠴᠢᠲᠤ 单翅猪毛菜 *Salsola monoptera* Bunge

34-10-6 ᠰᠢᠷᠭᠡᠯᠵᠢᠨ 猪毛菜 *Salsola collina* Pall.

34-10-5 ᠴᠠᠶᠢᠳᠠᠮ ᠰᠢᠷᠭᠡᠯᠵᠢᠨ 柴达木猪毛菜 *Salsola zaidamica* Iljin

34-10-4 ᠰᠢᠷᠭᠡᠯᠵᠢᠨ ᠰᠢᠶᠠᠭ ᠰᠢᠷᠭᠡᠯᠵᠢᠨ 蒿叶猪毛菜 *Salsola abrotanoides* Bunge

34-10-3 ᠨᠠᠷᠠᠰᠤᠨ 松叶猪毛菜 *Salsola laricifolia* Turcz. ex Litv.

34-10-2 ᠮᠣᠳᠤᠯᠢᠭ ᠰᠢᠶᠠᠭ ᠰᠢᠷᠭᠡᠯᠵᠢᠨ 木本猪毛菜 *Salsola arbuscula* Pall.

34-10-1 ᠰᠤᠪᠤᠳ ᠰᠢᠷᠭᠡᠯᠵᠢᠨ 珍珠猪毛菜 *Salsola passerina* Bunge

34-15-6 ᠴᠢᠩᠭᠠᠨ ᠬᠣᠷᠤᠬᠠᠢ ᠦᠷᠡᠲᠦ 兴安虫实 *Corispermum chinganicum* Iljin

34-15-5 ᠰᠢᠪᠸᠷᠢᠶ᠎ᠠ ᠬᠣᠷᠤᠬᠠᠢ ᠦᠷᠡᠲᠦ 西伯利亚虫实 *Corispermum sibiricum* Iljin

34-15-4b ᠦᠰᠦᠲᠦ ᠳᠡᠭᠡᠭᠡᠰᠦᠲᠦ ᠬᠣᠷᠤᠬᠠᠢ ᠦᠷᠡᠲᠦ 毛果绳虫实 *Corispermum declinatum* Steph. ex Iljin var. *tylocarpum* (Hance) C. P. Tsien et C. G. Ma

34-15-4a ᠳᠡᠭᠡᠭᠡᠰᠦᠲᠦ ᠬᠣᠷᠤᠬᠠᠢ ᠦᠷᠡᠲᠦ 绳虫实 *Corispermum declinatum* Steph. ex Iljin var. *declinatum* Steph. ex Iljin

34-15-4 ᠳᠡᠭᠡᠭᠡᠰᠦᠲᠦ ᠬᠣᠷᠤᠬᠠᠢ ᠦᠷᠡᠲᠦ 绳虫实 *Corispermum declinatum* Steph. ex Iljin var. *heptapotamicum* Iljin

34-15-3 ᠳᠤᠮᠳᠠᠳᠤ ᠠᠽᠢᠶ᠎ᠠ ᠶᠢᠨ ᠬᠣᠷᠤᠬᠠᠢ ᠦᠷᠡᠲᠦ 中亚虫实 *Corispermum*

34-15-2 ᠮᠣᠩᠭᠣᠯ ᠬᠣᠷᠤᠬᠠᠢ ᠦᠷᠡᠲᠦ 蒙古虫实 *Corispermum mongolicum* Iljin

34-15-1 ᠲᠠᠪᠠᠭᠯᠢᠭ ᠬᠣᠷᠤᠬᠠᠢ ᠦᠷᠡᠲᠦ 碟果虫实 *Corispermum patelliforme* Iljin

34-15 ᠬᠣᠷᠤᠬᠠᠢ ᠦᠷᠡᠲᠦ ᠶᠢᠨ ᠲᠥᠷᠥᠯ 虫实属 *Corispermum* L.

34-14-1 ᠡᠯᠡᠰᠦᠨ 沙蓬 *Agriophyllum squarrosum* (L.) Moq.-Tandon

34-14 ᠡᠯᠡᠰᠦᠨ ᠤ ᠲᠥᠷᠥᠯ 沙蓬属 *Agriophyllum* M. Bieb.

34-13-1 ᠭᠣᠪᠢ ᠶᠢᠨ ᠱᠠᠷᠢᠯᠵᠢ 戈壁藜 *Iljinia regelii* (Bunge) Korov.

34-13 ᠭᠣᠪᠢ ᠶᠢᠨ ᠱᠠᠷᠢᠯᠵᠢ ᠶᠢᠨ ᠲᠥᠷᠥᠯ 戈壁藜属 *Iljinia* Korov.

34-12-1 ᠬᠥᠪᠥᠩ ᠬᠠᠯᠠᠭᠠᠢ 蛛丝蓬 *Micropeplis arachnoidea* (Moq.-Tandon) Bunge

centralasiatica

34-20-4a ᠬᠤᠸᠠ ᠬᠤᠮᠤᠯᠢ 中亚滨藜 Atriplex centralasiatica Iljin var.

34-20-4 ᠬᠤᠮᠤᠯᠢ 中亚滨藜 Atriplex centralasiatica Iljin

34-20-3 ᠠᠯᠠᠱᠠ ᠬᠤᠮᠤᠯᠢ 阿拉善滨藜 Atriplex alaschanica Y. Z. Zhao

34-20-2 ᠬᠡᠭᠡᠷ᠎ᠡ ᠶᠢᠨ ᠬᠠᠶᠢᠯᠠᠰᠤ ᠬᠤᠮᠤᠯᠢ 野榆钱菠菜 Atriplex aucheri Moq.-Tandon

34-20-1 ᠬᠠᠶᠢᠯᠠᠰᠤ ᠬᠤᠮᠤᠯᠢ 榆钱菠菜 Atriplex hortensis L.

34-20 ᠬᠤᠮᠤᠯᠢ ᠶᠢᠨ ᠲᠥᠷᠥᠯ 滨藜属 Atriplex L.

34-19-1 ᠮᠠᠨᠵᠢᠨ ᠨᠣᠭᠤᠭ᠎ᠠ 菠菜 Spinacia oleracea L.

34-19 ᠮᠠᠨᠵᠢᠨ ᠨᠣᠭᠤᠭ᠎ᠠ ᠶᠢᠨ ᠲᠥᠷᠥᠯ 菠菜属 Spinacia L.

34-18-6 ᠥᠷᠭᠡᠨ ᠵᠢᠭᠦᠷᠲᠦ ᠪᠠᠰᠠᠭ᠎ᠠ 宽翅地肤 Kochia macroptera Iljin

34-18-5 ᠬᠠᠷ᠎ᠠ ᠵᠢᠭᠦᠷᠲᠦ ᠪᠠᠰᠠᠭ᠎ᠠ 黑翅地肤 Kochia melanoptera Bunge Borb.

34-18-4 ᠨᠣᠣᠰᠤᠯᠢᠭ ᠪᠠᠰᠠᠭ᠎ᠠ 毛花地肤 Kochia laniflora (S. G. Gmel.) sieversiana (Pall.) C. A. Mey.

34-18-3 ᠨᠣᠣᠰᠤᠯᠢᠭ ᠪᠠᠰᠠᠭ᠎ᠠ ᠂ ᠮᠠᠷᠵᠠ ᠪᠠᠰᠠᠭ᠎ᠠ 碱地肤 Kochia scoparia (L.) Schrad. var. canescens Moq.-Tandon

34-18-2 ᠪᠠᠰᠠᠭ᠎ᠠ 地肤 Kochia scoparia (L.) Schrad.

34-18-1b ᠮᠣᠳᠤᠯᠢᠭ ᠪᠠᠰᠠᠭ᠎ᠠ 灰毛木地肤 Kochia prostrata (L.)
prostrata

34-18-1a ᠮᠣᠳᠤᠯᠢᠭ ᠪᠠᠰᠠᠭ᠎ᠠ 木地肤 Kochia prostrata (L.) Schrad. var.

---

lutea DC.

34-21-1c ᠮᠠᠨᠵᠢᠨ ᠶᠢᠨ ᠴᠠᠭᠠᠨ 饲用甜菜 Beta vulgaris L. var.
altissima Doll

34-21-1b ᠲᠡᠵᠢᠭᠡᠯ ᠶᠢᠨ ᠮᠠᠨᠵᠢᠨ 糖萝卜 Beta vulgaris L. var.
vulgaris

34-21-1a ᠮᠠᠨᠵᠢᠨ ᠂ ᠴᠠᠭᠠᠨ ᠮᠠᠨᠵᠢᠨ 甜菜 Beta vulgaris L. var.

34-21-1 ᠮᠠᠨᠵᠢᠨ ᠶᠢᠨ ᠮᠠᠨᠵᠢᠨ 甜菜 Beta vulgaris L.

34-21 ᠮᠠᠨᠵᠢᠨ ᠶᠢᠨ ᠲᠥᠷᠥᠯ 甜菜属 Beta L.
saccata (H. C. Fu et Z. Y. Chu) Y. Z. Zhao

34-20-8b ᠤᠭᠤᠲᠠᠲᠤ ᠬᠤᠮᠤᠯᠢ 囊苞北滨藜 Atriplex laevis C. A. Mey. var.

34-20-8a ᠤᠮᠠᠷᠠᠲᠤ ᠬᠤᠮᠤᠯᠢ 北滨藜 Atriplex laevis C. A. Mey. var. laevis

34-20-8 ᠤᠮᠠᠷᠠᠲᠤ ᠬᠤᠮᠤᠯᠢ 北滨藜 Atriplex laevis C. A. Mey.

34-20-7 ᠵᠠᠳᠠᠭᠠᠢ ᠬᠤᠮᠤᠯᠢ ᠂ ᠲᠠᠷᠬᠠᠭᠰᠠᠨ ᠬᠤᠮᠤᠯᠢ 滨藜 Atriplex patens (Litv.) Iljin

34-20-6 ᠰᠢᠪᠸᠷᠢᠶ᠎ᠠ ᠬᠤᠮᠤᠯᠢ 西伯利亚滨藜 Atriplex sibirica L.
commixta H. C. Fu et Z. Y. Chu

34-20-5b ᠡᠪᠡᠷᠲᠦ ᠬᠡᠭᠡᠷ᠎ᠡ ᠬᠤᠮᠤᠯᠢ 角果野滨藜 Atriplex fera (L.) Bunge var.

34-20-5a ᠬᠡᠭᠡᠷ᠎ᠡ ᠬᠤᠮᠤᠯᠢ 野滨藜 Atriplex fera (L.) Bunge var. fera

34-20-5 ᠬᠡᠭᠡᠷ᠎ᠡ ᠬᠤᠮᠤᠯᠢ 野滨藜 Atriplex fera (L.) Bunge
Iljin var. megalothea (Popov ex Iljin) G. L. Chu

34-20-4b ᠲᠣᠮᠣ ᠦᠷ᠎ᠡ ᠲᠦ ᠬᠤᠮᠤᠯᠢ 大苞中亚滨藜 Atriplex centralasiatica

597

34-22-12　ᠮᠣᠩᠭᠣᠯ　东亚市藜 Chenopodium urbicum L. subsp.

34-22-11　ᠮᠣᠩᠭᠣᠯ　红叶藜 Chenopodium rubrum L.

34-22-10　ᠮᠣᠩᠭᠣᠯ　灰绿藜 Chenopodium glaucum L.

34-22-9　ᠮᠣᠩᠭᠣᠯ　菱叶藜 Chenopodium bryoniifolium Bunge

34-22-8　ᠮᠣᠩᠭᠣᠯ　小藜 Chenopodium ficifolium Sm.

34-22-7　ᠮᠣᠩᠭᠣᠯ　杖藜 Chenopodium giganteum D. Don.

34-22-6　ᠮᠣᠩᠭᠣᠯ　杂配藜 Chenopodium hybridum L.

34-22-5　ᠮᠣᠩᠭᠣᠯ　平卧藜 Chenopodium karoi (Murr) Aellen

34-22-4　ᠮᠣᠩᠭᠣᠯ　小白藜 Chenopodium iljinii Golosk.

34-22-3　ᠮᠣᠩᠭᠣᠯ　细叶藜 Chenopodium stenophyllum (Makino) Koidz.

34-22-2　ᠮᠣᠩᠭᠣᠯ　矮藜 Chenopodium minimum W. Wang et P. Y. Fu

34-22-1b　ᠮᠣᠩᠭᠣᠯ　狭叶尖头叶藜 Chenopodium acuminatum Willd. subsp. acuminatum Willd.

34-22-1a　ᠮᠣᠩᠭᠣᠯ　尖头叶藜 Chenopodium acuminatum Willd. subsp. acuminatum Willd.

34-22-1　ᠮᠣᠩᠭᠣᠯ　尖头叶藜 Chenopodium acuminatum Willd. subsp. virgatum (Thunb.) Kitam.

34-22　ᠮᠣᠩᠭᠣᠯ　藜属 Chenopodium L.

34-22-13　ᠮᠣᠩᠭᠣᠯ　藜 Chenopodium album L.

sinicum H. W. Kung et G. L. Chu

35-2-6　ᠮᠣᠩᠭᠣᠯ　白苋 Amaranthus albus L.

35-2-5　ᠮᠣᠩᠭᠣᠯ　北美苋 Amaranthus blitoides S. Watson

35-2-4　ᠮᠣᠩᠭᠣᠯ　繁穗苋 Amaranthus cruentus L.

35-2-3　ᠮᠣᠩᠭᠣᠯ　千穗谷 Amaranthus hypochondriacus L.

caudatus L.

35-2-2　ᠮᠣᠩᠭᠣᠯ　尾穗苋 Amaranthus

35-2-1　ᠮᠣᠩᠭᠣᠯ　反枝苋 Amaranthus retroflexus L.

35-2　ᠮᠣᠩᠭᠣᠯ　苋属 Amaranthus L.

35-1-1　ᠮᠣᠩᠭᠣᠯ　鸡冠花 Celosia cristata L.

35-1　ᠮᠣᠩᠭᠣᠯ　青葙属 Celosia L.

35.　ᠮᠣᠩᠭᠣᠯ　苋科 Amaranthaceae

34-23-2　ᠮᠣᠩᠭᠣᠯ　刺藜 Dysphania aristata (L.) Mosyakin et Clemants

34-23-1　ᠮᠣᠩᠭᠣᠯ　菊叶香藜 Dysphania schraderiana (Roemer et Schultes) Mosyakin et Clemants

34-23　ᠮᠣᠩᠭᠣᠯ　刺藜属 Dysphania R. Br.

Hook.

37-1-2 ᠲᠣᠮᠣᠭᠠᠲᠤ ᠲᠠᠨ᠎ᠠ ᠳᠠᠷᠠᠰᠤ᠋ 大花马齿苋 *Portulaca grandiflora* Hook.

37-1-1 ᠲᠠᠨ᠎ᠠ ᠳᠠᠷᠠᠰᠤ᠋ 马齿苋 *Portulaca oleracea* L.

37-1 ᠲᠠᠨ᠎ᠠ ᠳᠠᠷᠠᠰᠤᠨ ᠤ ᠲᠥᠷᠥᠯ 马齿苋属 *Portulaca* L.

37. ᠲᠠᠨ᠎ᠠ ᠳᠠᠷᠠᠰᠤᠨ ᠤ ᠢᠵᠠᠭᠤᠷ 马齿苋科 Portulacaceae

36-1-1 ᠰᠢᠷᠠᠯᠵᠢᠨ ᠲᠠᠪᠠᠭ 线叶粟米草 *Mollugo cerviana* (L.) Ser.

36-1 ᠲᠠᠪᠠᠭ ᠡᠪᠡᠰᠦᠨ ᠤ ᠲᠥᠷᠥᠯ 粟米草属 *Mollugo* L.

36. ᠲᠠᠪᠠᠭ ᠡᠪᠡᠰᠦᠨ ᠤ ᠢᠵᠠᠭᠤᠷ 粟米草科 Molluginaceae

35-2-7 ᠬᠣᠷᠣᠭᠣᠢᠲᠤ ᠨᠣᠭᠣᠭᠠᠨ ᠠᠷᠪᠠᠢ 凹头苋 *Amaranthus blitum* L.

中文名总索引

矮丛薹草 6:329、6:378

矮大黄 1:424、1:428

矮地蔷薇 2:495

矮蒿 5:149、5:186

矮黑三棱 6:9、6:14

矮火绒草 5:75、5:76

矮角蒿 4:330、4:331

矮狼杷草 5:98、5:99

矮冷水花 1:407、1:409

矮藜 1:554、1:556

矮柳穿鱼 4:264

矮桤木 1:380、1:381

矮山黧豆 3:149、3:150

矮生多裂委陵菜 2:464、2:483

矮生嵩草 6:317

矮生薹草 6:357

矮天山赖草 6:162

矮葶点地梅 4:33

矮卫矛 3:270、3:272

矮香豌豆 3:150

矮小孩儿参 2:9

矮羊茅 6:65、6:70

矮针蔺 6:293

艾 5:149、5:183、5:190、5:197、5:198

艾蒿 5:183

艾蒿组 5:147

艾菊 5:130

艾组 5:148

爱日格－额布斯 2:339

爱日于纳 1:433

昂黑鲁马－宝日其格 3:168

昂凯鲁莫勒－比日羊古 4:199

凹舌兰 6:531

凹舌兰属 6:529

凹舌掌裂兰 6:529、6:531

凹头苋 1:569、1:574

敖纯－其其格 5:57

敖老森－乌日 1:401

敖鲁毛斯 4:415

敖衣音－呼呼格 1:214

傲母展巴 3:308

奥存－哈拉盖 1:407

奥古薹草 6:389

奥国鸦葱 5:356

奥力牙苏 1:316

奥木日特音－西古纳 1:426

奥木日阿特音－博格日乐吉根 2:445

奥日牙木格 2:177

澳恩布 3:457

B

八宝 2:340、2:342、2:343

八宝属 2:335、2:340

八股牛 3:242

八仙花属 1:302、2:353、2:375

巴尔古津蒿 5:151、5:215

巴嘎巴盖－其其格 5:361

巴嘎拉－其图－查干胡日 6:494

巴嘎－模和日－查干 6:494

巴乐古纳 3:331

巴力木格 4:144、4:149

巴日古乐图－哈丹呼吉 1:265

巴日森－塔布嘎 6:410

巴天酸模 1:431、1:437、1:439

巴西嘎 4:286

巴西藜 1:502

巴彦繁缕 2:17、2:30

芭蕉扇 6:505

拔地麻 4:404

菝葜属 6:431、6:491

霸王 3:228、4:346

霸王属 3:228

白八宝 2:340、2:342、2:343

白背 5:314

白扁豆 3:173

白柠条 3:121

白暖条 4:391

白皮锦鸡儿 3:118、3:130

白皮柳 1:341

白皮青杨 1:328

白皮松 1:274、1:276

白皮杨 1:312、1:328

白婆婆纳 4:316

白扦 1:269、1:271、1:272、1:281

白前 4:110

白楸 4:333

白屈菜 2:223

白屈菜属 2:223

白三叶 3:156

白桑 1:396

白沙蒿 5:150、5:202

白山蒿 5:146、5:157

白山蓟 5:314

白山蓼 1:451、1:464

白山薹草 6:325、6:347

白射干 6:505

白首乌 4:109、4:119

白薯 4:129

白松 1:279

白莎蒿 5:215

白桃 2:500

白条纹龙胆 4:70、4:73

白头葱 6:432、6:440

白头翁 2:132、2:137

白头翁属 2:92、2:132

白万年蒿 5:170

白薇 4:109、4:110

白鲜 3:242

白鲜属 3:239、3:242

白苋 1:569、1:573

白香草木樨 3:165

白羊草 6:280

白杨组 1:310

白叶蒿 5:149、5:191

白叶委陵菜 2:471

白颖薹草 6:325、6:342

白榆 1:389

白玉草 2:61

白缘蒲公英 5:359、5:368

白指甲花 3:198

百合科 1:308、6:430

百合属 6:430、6:464

百花蒿 5:133

百花蒿属 5:37、5:107、5:133

百花山鹅观草 6:131

百花山花楸 2:416

百金花 4:69

百金花属 4:67、4:68

百里香 4:226、4:227、4:228

百里香属 4:180、4:226

百里香叶齿缘草 4:160、4:164

百脉根属 3:3、3:15

百脉根族 3:3、3:15

百蕊草 1:412

百蕊草属 1:412

柏科 1:268、1:283

柏氏白前 4:119

柏树 1:283

柏子仁 1:284

败酱 4:399、5:375

败酱草 4:400

败酱科 1:306、4:399

败酱属 4:399

稗 6:257、6:258、6:260

稗属 6:44、6:257

稗子 6:258

斑地锦 3:254、3:255

斑点果薹草 6:327、6:363

斑点虎耳草 2:358、2:361

610

火焰草属 4:262、4:278

火杨 1:315

火榛子 1:383

霍日根－其赫 1:436

藿香 4:193

藿香属 4:179、4:193

J

芨芨草 4:345、6:218、6:219

芨芨草属 6:42、6:204、6:218、6:229

鸡肠繁缕 2:20

鸡豆 3:115

鸡儿肠 5:59

鸡冠花 1:568

鸡毛狗 5:269

鸡树条荚蒾 4:390

鸡头黄精 6:497

鸡腿菜 3:339

鸡腿堇菜 3:334、3:339

鸡娃草 4:52

鸡娃草属 4:44、4:52

鸡心七 6:549

鸡眼草 3:201、3:202

鸡眼草属 3:5、3:201

鸡爪柴 1:487

积机草 6:219

基叶翠雀花 2:186、2:187

畸形果鹤虱 4:152、4:159

畸形鹤虱 4:159

吉林鹅观草 6:119、6:129

吉林水葱 6:289、6:290

吉日乐格－扎木日 2:435

吉如很－其其格 3:247

吉氏蒿 5:223

吉氏木蓝 3:16

吉斯－额布斯 1:227

极地早熟禾 6:75、6:83

急弯棘豆 3:33、3:35

急性子 3:283

急折百蕊草 1:412、1:415

棘豆属 3:4、3:33

棘豆亚属 3:33

棘皮桦 1:369

蒺藜 3:231

蒺藜草属 6:44、6:263

蒺藜科 1:305、3:228

蒺藜属 3:228、3:231

戟叶鹅绒藤 4:109、4:117

戟叶蓼 1:452、1:474

戟叶兔儿伞 5:234

蓟 5:317、5:323

蓟属 5:35、5:36、5:264、5:317

稷 6:255、6:256

鲫瓜笋 5:384

冀北翠雀花 2:188

加地侧蕊 4:89

加地肋柱花 4:89

加拿大飞蓬 5:72

加拿大杨 1:311、1:318、1:320

加杨 1:318

家艾 5:183

家白杨 1:325

家稗 6:258、6:260

家佩蓝 4:240

家桑 1:396

家山黧豆 3:149

家榆 1:389、1:390、1:392、1:394

夹竹桃科 1:306、4:104

荚果蕨 1:244

荚果蕨属 1:244

荚蒾属 4:379、4:390

假报春 4:36、4:37

假报春属 4:21、4:36

假贝母 4:413

假贝母属 4:411、4:413

景天科 1:304、2:335

景天三七 2:350

景天属 2:335、2:348

九顶草 6:232

九峰山鹅观草 6:120、6:136

九莲灯 5:106

九头妖 5:312

韭 6:432、6:436

韭子 6:437

酒花黄芪 3:112

酒泉黄芪 3:71、3:104

救荒野豌豆 3:133、3:143

菊蒿 5:130

菊蒿属 5:37、5:108、5:130

菊花白 2:299

菊苣族 5:34、5:345

菊科 1:300、1:305、5:34、5:349

菊属 5:39、5:107、5:118

菊叶刺藜 1:565

菊叶蒿 5:171

菊叶委陵菜 2:464、2:479

菊叶香藜 1:565

菊芋 5:105、5:106

巨大狗尾草 6:265、6:268

巨胜子 5:384

巨序剪股颖 6:196

苣荬菜 5:374、5:375

具翅香豌豆 3:154

具刚毛荸荠 6:299、6:303

具芒碎米莎草 6:309

锯齿草 5:113

锯齿沙参 5:10、5:25

锯叶家蒿 5:194

聚花风铃草 5:5、5:6

聚穗莎草 6:308

聚头蒿 5:227

聚头绢蒿 5:224、5:227

卷柏 1:206、1:207

卷柏科 1:201、1:206

卷柏属 1:206

卷苞风毛菊 5:273、5:294

卷边柳 1:332、1:337、1:343

卷耳 2:37、2:39

卷耳属 2:1、2:37

卷茎蓼 1:478

卷毛蔓乌头 2:196、2:208

卷毛婆婆纳 4:321、4:325

卷毛沙棘 3:456、3:458

卷须亚属 3:132

卷叶锦鸡儿 3:117、3:124

卷叶锦鸡儿 4:346

卷叶薹草 6:330、6:385

卷叶唐松草 2:112、2:118

绢蒿属 5:37、5:107、5:224

绢柳 1:346

绢毛蒿 5:146、5:158

绢毛匍匐委陵菜 2:468

绢毛山莓草 2:491、2:492

绢毛委陵菜 2:464、2:481

绢毛细蔓委陵菜 2:463、2:468

绢毛绣线菊 2:382、2:388

绢茸火绒草 5:76、5:79

蕨 1:223

蕨菜 1:223

蕨类植物门 1:201

蕨麻委陵菜 2:475

蕨属 1:223

K

喀什风毛菊 5:284

卡氏沼生马先蒿 4:288、4:295

堪察加飞蓬 5:68、5:70

堪察加鸟巢兰 6:521

看麦娘 6:185、6:187

看麦娘属 6:42、6:185

毛果长穗虫实 1:520、1:530

毛孩儿参 2:5

毛蒿豆 4:18

毛蒿豆属 4:9、4:18

毛红柳 3:324

毛花地肤 1:539、1:542

毛花鹅观草 6:119、6:128

毛花绣线菊 2:383、2:393

毛棘豆 3:46

毛假繁缕 2:5

毛尖茶 4:208

毛建草 4:197、4:202

毛姜 1:266

毛接骨木 4:394、4:395

毛节毛盘草 6:118、6:124

毛节缬草 4:404

毛节缘毛草 6:121

毛金腰 2:363、2:364

毛金腰子 2:364

毛茎花葶 4:136

毛旌节马先蒿 4:287、4:290

毛笠莎草 6:307、6:308

毛连菜 5:358

毛连菜属 5:40、5:345、5:357

毛马唐 6:261

毛马先蒿 4:299

毛脉翅果菊 5:380、5:383

毛脉柳叶菜 3:369、3:373

毛脉鼠李 3:292

毛脉酸模 1:431、1:435

毛脉卫矛 3:270、3:271

毛南芥 2:333

毛盘鹅观草 6:118、6:124

毛披碱草 6:150、6:157

毛平车前 4:353、4:358

毛蕊杯腺柳 1:349

毛蕊老鹳草 3:207

毛沙芦草 6:140、6:144

毛山荆子 2:423、2:424

毛山黧豆 3:149、3:153

毛山楂 2:411

毛山茱萸 3:457

毛水苏 4:223

毛酸浆 4:247

毛穗赖草 6:158、6:163

毛穗藜芦 6:478、6:479

毛薹草 6:327、6:359

毛桃 2:500

毛田葛缕子 3:404、3:406

毛条 3:121

毛西伯利亚冰草 6:140、6:145

毛豨莶 5:96

毛序胀果芹 3:425、3:426

毛偃麦草 6:139

毛药列当 4:336、4:338

毛叶鹅观草 6:119、6:127

毛叶耳蕨 1:254

毛叶蓝盆花 4:407、4:408

毛叶老牛筋 2:12

毛叶毛盘草 6:118、6:125

毛叶三裂绣线菊 2:383、2:390

毛叶水栒子 2:403、2:404

毛叶苕子 3:135

毛叶纤毛草 6:119、6:129

毛叶蚤缀 2:10、2:12

毛樱桃 2:508、2:509

毛颖芨芨草 6:218、6:223

毛莠莠 6:268

毛缘剪秋罗 2:48

毛泽兰 5:41

毛榛 1:382、1:383

毛榛子 1:383

毛枝狗娃花 5:51

毛枝柳 1:333、1:336、1:344

651

沙旋覆花 5:88

沙榆 1:393

沙苑蒺藜 3:84

沙苑子 3:84

沙枣 3:360、3:361

沙竹 6:228

砂葱 6:433、6:447

砂狗娃花 5:49、5:51

砂棘豆 3:61

砂蓝刺头 5:257

砂杞柳 1:334、1:336、1:356

砂生地蔷薇 2:493、2:496

砂生桦 1:368、1:372、1:373

砂引草 4:138

砂引草属 4:138

砂珍棘豆 3:35、3:61、3:62

山巴豆 3:174

山苞米 6:409

山薄荷 4:199

山叉明棵 1:509

山沉香 4:64

山刺菜 5:266

山刺玫 2:431、2:434

山葱 6:433、6:453

山大黄 1:425

山大料 3:26

山大烟 2:224

山丹 6:465、6:466

山丹丹花 6:466

山定子 2:423

山豆根 2:219、3:16

山豆花 3:196

山豆秧根 2:219

山遏蓝菜 2:264

山风毛菊 5:273、5:293

山高粱 1:468

山梗菜 5:33

山枸杞 4:244

山谷子 1:468

山桧 1:290

山蒿 5:148、5:176

山核桃 1:365

山黑豆 3:140

山胡萝卜 3:413

山胡萝卜缨子 3:442

山胡麻 3:216

山花椒秧 2:221

山槐 3:8

山槐子 2:416

山黄檗 2:216

山黄菅 6:273

山黄连 2:223

山茴香 3:452

山茴香属 3:387、3:452

山鸡儿肠 5:45

山棘豆 3:63

山尖菜 5:234

山尖子 5:234

山芥 2:304

山芥属 2:241、2:243、2:304

山芥叶蓼菜 2:260

山荆子 2:423

山菊 5:123

山卷耳 2:37、2:38

山苦菜 5:385

山苦荬 5:397、5:401

山梨 2:418

山黧豆 3:149、3:151

山黧豆属 3:4、3:149

山里红 2:411、2:412、2:413

山蓼 2:173

山林薹草 6:325、6:340、6:347

山柳菊 5:402

山柳菊属 5:40、5:345、5:401

拉丁文名总索引

内蒙古植物志 *Flora Intramongolica*